Handbuch der Werkstoffprüfung

Zweite Auflage

Herausgegeben
unter besonderer Mitwirkung
der Staatlichen Materialprüfungsanstalten Deutschlands
der zuständigen Forschungsanstalten der Hochschulen
der Max-Planck-Gesellschaft und der Industrie

Von

Erich Siebel

Erster Band

Prüf- und Meßeinrichtungen

Springer-Verlag Berlin Heidelberg GmbH
1958

Prüf- und Meßeinrichtungen

Bearbeitet von

E. Amedick, Berlin · R. Berthold, Wildbad · K. H. Bußmann,
Berlin · H. H. Emschermann, Berlin · W. Ermlich† · L. Föppl,
München · F. Förster, Reutlingen · R. Glocker, Stuttgart
M. Hempel, Düsseldorf · W. Hengemühle, Dortmund · K. Hild,
Braunschweig · A. U. Huggenberger, Zürich · E. Krägeloh, Stuttgart
H. de Laffolie, Münster i. W. · W. Lohrer, Stuttgart · P. Melchior,
Berlin · E. Mönch, München · H. Oschatz, Darmstadt
J. Schramm, Bayonne/USA. · S. Schwaigerer, Düsseldorf · W. Seith†
E. Siebel, Stuttgart · O. Vaupel, Berlin

Herausgegeben von

Prof. Dr.-Ing. E. Siebel und **Dipl.-Ing. N. Ludwig**

Direktor der Staatlichen Materialprüfungsanstalt   Geschäftsführer des Fachnormenausschusses
an der Technischen Hochschule Stuttgart   Materialprüfung im D. N. A.

Zweite verbesserte Auflage

Mit 1015 Abbildungen

Springer-Verlag Berlin Heidelberg GmbH

1958

ISBN 978-3-662-41949-6   ISBN 978-3-662-42006-5 (eBook)
DOI 10.1007/978-3-662-42006-5

Vorwort zur zweiten Auflage.

Das Handbuch der Werkstoffprüfung umfaßt 5 Bände, von denen Band I die Prüf- und Meßeinrichtungen, Band II die Prüfung der metallischen Werkstoffe, Band III die Prüfung der nichtmetallischen Baustoffe, Band IV die Papier- und Zellstoffprüfung und der 1958 zum ersten Male erscheinende Band V die Prüfung der Textilien behandelt. Den bisher in zweiter Auflage erschienenen Bänden IV (1953), II (1955) und III (1957) folgt jetzt als letzter der neubearbeitete Band I.

Ebenso wie bei Band II war auch bei Band I auf Grund der in den letzten beiden Jahrzehnten sprunghaften Entwicklung der Materialprüfung eine völlige Neubearbeitung notwendig. Die Überarbeitung von Band I und II war gemeinsam in Angriff genommen worden. Bei der ersten Planung erschien der ursprünglich in Band II zusammengefaßte Stoff zu umfangreich. Daher sind die früher in Band II erschienenen Abschnitte über die „Einrichtungen und Verfahren der metallographischen Prüfung", die „chemische Untersuchung metallischer Werkstoffe" und die „spektrochemische Analyse" nunmehr in Band I aufgenommen worden. Von dem in der ersten Auflage enthaltenen Abschnitt „Sondereinrichtungen" wurde nur der Abschnitt über „Härteprüfgeräte" übernommen. Dagegen sind die anderen Sondereinrichtungen bereits in den entsprechenden Abschnitten von Band II behandelt worden. Der Abschnitt über „Zerstörungsfreie Werkstoffprüfung" wurde um die Unterabschnitte „Ultraschallprüfung" und „Induktive Verfahren" erweitert.

Von den Mitarbeitern der ersten Auflage sind Prof. W. ERMLICH, Prof. G. FIEK, Dr.-Ing. E. LEHR und Prof. Dr. W. SEITH verstorben. Ich gedenke ihrer in dankbarer Erinnerung. Die Herausgabe des Handbuches war nur dadurch möglich, daß aus den Kreisen der Staatl. Materialprüfungsämter, der Hochschulen, der Max-Planck-Institute und der Industrie Mitarbeiter für die Bearbeitung der einzelnen Abschnitte und Unterabschnitte gewonnen werden konnten, die sich trotz ihrer sonstigen starken Beanspruchung für das Zustandekommen dieses Werkes eingesetzt haben. Ich hoffe, daß dieser Band ebenso wie die anderen Bände allen, die sich mit der Werkstoffprüfung befassen, ein Leitfaden werden wird.

Stuttgart, Februar 1958

E. Siebel.

Inhaltsverzeichnis.

Einleitung.
Grundlagen und Entwicklung der Werkstoffprüfung.
Von Professor Dr.-Ing. E. SIEBEL, Stuttgart.

I. Prüfmaschinen für zügige Beanspruchung.
Von Dipl.-Ing. P. MELCHIOR und Dr.-Ing. H. H. EMSCHERMANN, Berlin.

II. Prüfmaschinen für stoßartige Beanspruchung.

Von Dipl.-Ing. E. AMEDICK und Professor Dipl.-Ing. K. H. BUSSMANN, Berlin.

III. Prüfmaschinen für schwingende Beanspruchung.

Von Dr.-Ing. H. Oschatz, Darmstadt, und Dr. phil. nat. M. Hempel, Düsseldorf.

IV. Härteprüfmaschinen und -geräte
Von Dipl.-Ing. W. Hengemühle, Dortmund.

V. Untersuchung von Werkstoffprüfmaschinen.
Von Professor Dipl.-Ing. W. Ermlich† und Dipl.-Ing. W. Hengemühle, Dortmund.

VII. Spannungsoptische Messungen.

Von Professor Dr. phil. L. Föppl und Professor Dr.-Ing. E. Mönch, München.

VIII. Verfahren und Einrichtungen zur röntgenographischen Spannungsmessung.

Von Professor Dr. phil. R. Glocker, Stuttgart.

IX. Zerstörungsfreie Werkstoffprüfung.

Von Professor Dr.-Ing. R. Berthold, Wildbad, Dr. phil. O. Vaupel, Berlin, und Dr. phil. F. Förster, Reutlingen.

X. Einrichtungen und Verfahren der metallographischen Prüfung.

Von Dr.-Ing. J. Schramm, Bayonne/USA, unter Mitwirkung von Dr.-Ing. E. Krägeloh, Stuttgart.

XI. Die chemische Untersuchung metallischer Werkstoffe.
Von Dr. Dipl.-Chem. W. Lohrer, Stuttgart.

XII. Spektrochemische Analyse.

Von Professor Dr. phil. W. SEITH† und Dr. rer. nat H. DE LAFFOLIE, Münster/W.

Einleitung.

Grundlagen und Entwicklung der Werkstoffprüfung.

Von E. Siebel, Stuttgart.

1. Verfahren und Ziele der Werkstoffprüfung.

Als Werk- und Baustoffe bezeichnet man diejenigen Materialien, die zur Herstellung von Maschinen, Fahrzeugen, Gebrauchsgegenständen und Bauwerken aller Art verwendet werden. Tab. 1 gibt einen Überblick über die *industriellen Werkstoffe*. Das gemeinsame Merkmal derselben ist ihre *Festigkeit*, welche sie zur Aufnahme der in den Bauteilen auftretenden Kraftwirkungen befähigt. Es kommen daher nur feste Körper für diese Art der Verwendung in Frage. Im übrigen kann der Aufbau der Werk- und Baustoffe weitgehend wechseln. Meist weisen diese Stoffe mikrokristallines Gefüge auf, wie die Metalle, zahlreiche Mineralien sowie die Faserstoffe, Zellulose und Holz. Der Aufbau vermag homogen oder inhomogen zu sein, wobei mehrere Kristallarten nebeneinander auftreten können, oder wie beim Beton mehr oder weniger grobkörnige Bestandteile durch ein Bindemittel zusammengehalten werden. Neben den in der Natur vorkommenden anorganischen und organischen Stoffen erlangen die künstlichen Werkstoffe, wie z. B. die Kunstharze, Kunstfasern, Zement und Beton eine immer größere Bedeutung.

Die Grundlagen für die Verwendbarkeit eines Stoffs als Werk- und Baustoff bildet

Tabelle 1. *Industrielle Werkstoffe.*

Metallische Werkstoffe

    Gußeisen und Stahl
    Nichteisenmetalle

Mineralische Baustoffe und Erzeugnisse

    Natursteine
    Bindemittel, Zement und Beton
    Gebrannte Steine und keramische Erzeugnisse
    Straßenbaustoffe
    Gläser
    Asbest

Organische Bau- und Werkstoffe

    Holz und Kork
    Zellstoff und Papier
    Faserstoffe
    Häute und Leder
    Gummi
    Kunststoffe (Plaste)

nach dem Gesagten sein Festigkeitsverhalten. Außer den *Festigkeitseigenschaften* können jedoch auch die für die Verarbeitung maßgebenden *technologischen Eigenschaften*, wie z. B. eine leichte Formbarkeit, oder *physikalische Eigenschaften*, wie ein gutes oder schlechtes elektrisches Leitvermögen, die Wärmeleitfähigkeit, sein Verhalten gegen Bestrahlung durch Neutronen usw., oder *chemische Eigenschaften*, wie Korrosionsbeständigkeit und Zunderbeständigkeit, den Verwendungszweck eines Werkstoffs bestimmen. Die richtige Auswahl der Werkstoffe und ihre günstigste Ausnutzung in den daraus hergestellten Bauteilen ist nur dann gewährleistet, wenn ihre Eigenschaften genau bekannt sind. Es ergibt sich daraus die Notwendigkeit, diese Eigenschaften durch die Werkstoffprüfung festzulegen und zu überwachen.

Die hierfür entwickelten *Prüfverfahren* lassen sich nach der Art der zu ermittelnden Eigenschaften einteilen in

1. *Mechanisch-technologische Prüfverfahren* zur Bestimmung der *Festigkeitseigenschaften*, d. h. der Grenzbeanspruchungen bis zum Auftreten bleibender Formänderungen oder bis zum Bruch, der entsprechenden Grenzformänderungen sowie des elastischen Verhaltens bei verschiedenen Beanspruchungsverhältnissen;

zur Bestimmung der *Oberflächeneigenschaften*, die durch den Eindringwiderstand (Härte) sowie durch den Abnutzungs- und Verschleißwiderstand gekennzeichnet sind;

zur Bestimmung der *für die Formgebung maßgebenden Eigenschaften*, also insbesondere zur Ermittlung des Formänderungswiderstandes und des Formänderungsvermögens bei der bildsamen Formgebung sowie des Verhaltens bei der spanabhebenden Formgebung;

zur Bestimmung der *für den Zusammenbau maßgebenden Eigenschaften*, wie z. B. der sogenannten Schweißbarkeit.

2. *Physikalische Prüfungen* zur Bestimmung des Raumgewichts, der Kennwerte für die Federung und Wärmeausdehnung, der Wärmeleitfähigkeit und spezifischen Wärme; zur Bestimmung der elektrischen und magnetischen Eigenschaften;

zur Bestimmung der chemischen Zusammensetzung (Spektralanalyse); zur Bestimmung des Feinbaus der Werkstoffe.

3. *Metallographische Prüfungen* zur Bestimmung des Gefügeaufbaus; zur Ermittlung und Überwachung von Zustandsänderungen;

4. *Chemische Prüfungen* zur Bestimmung der chemischen Zusammensetzung der Werkstoffe und ihrer Widerstandsfähigkeit gegen chemischen Angriff (Korrosion).

5. *Zerstörungsfreie Prüfungen* zur Ermittlung von Rissen, Unganzheiten und Ungleichförmigkeiten.

Ziel der Werkstoffprüfung wird es stets bleiben, die Eigenschaften der Werkstoffe durch die Ermittlung der maßgebenden Stoffwerte voll zu erfassen[1]. Dieses Ziel wird sich bei allen den Eigenschaften verwirklichen lassen, bei denen die Abhängigkeit von den verschiedenen Einflußgrößen klar erkannt und durch eindeutige Gesetze festgelegt ist. So können zahlreiche physikalische Eigenschaften als reine Werkstoffkennwerte zahlenmäßig bestimmt werden. Es ist dies insbesondere bei den elektrischen und magnetischen Eigenschaften sowie bei den Wärmeeigenschaften der Fall. Auch über den Aufbau und Feinbau der Werkstoffe können eindeutige Angaben gemacht werden. Das gleiche gilt von der chemischen Zusammensetzung, die durch chemische Prüfungen oder mit Hilfe der Spektralanalyse nach Art und Menge festgelegt werden kann.

---

[1] J. Bauschinger hat im ersten Heft der Mitteilungen aus dem Mechanisch-technischen Laboratorium der Kgl. Polytechnischen Schule in München die Aufgaben dieser ältesten deutschen „Materialprüfungsanstalt" wie folgt gekennzeichnet: „Diese Aufgabe besteht einfach darin, die Konstanten der Mechanik, deren Kenntnis für die Anwendung der Prinzipien dieser Wissenschaft in der Praxis notwendig ist, zu bestimmen."

Grundsätzlich anders liegen die Verhältnisse bei den mechanischen und technologischen Eigenschaften. Es zeigt sich nämlich, daß diese Eigenschaften weitgehend von den Beanspruchungsverhältnissen, der Form der Probe und der Versuchsdurchführung abhängig sind, unter denen sie ermittelt werden. Einzig die Elastizitätswerte, also Elastizitätsmodul und Poissonzahl, erweisen sich als reine Werkstoffkennwerte. Die eigentliche Werkstoff-Festigkeit wie auch die Zähigkeit oder Sprödigkeit des Werkstoffs wird verschieden sein, je nachdem, wie die Festigkeitsprüfung durchgeführt wird. Es ist daher erforderlich, die Prüfung bei verschiedenen Beanspruchungsarten vorzunehmen und aus den einzelnen Ergebnissen ein Bild von dem Gesamtverhalten des Werkstoffs zu gewinnen.

2. Festigkeitsprüfung und -forschung.

Nach Art der Kraftwirkung vermag man die in Tab. 2 zusammengestellten mechanischen Prüfungen zu unterscheiden. Bei den Festigkeitsversuchen werden prismatische Probeformen und möglichst einfache Kraftwirkungen bevorzugt. Versuche mit mehrachsiger Beanspruchung kommen nur für die Klärung festigkeitstheoretischer Fragen in Betracht. Die Versuche können statisch mit kleiner Formänderungsgeschwindigkeit oder als Zeitstandversuche, dynamisch mit großer Formänderungsgeschwindigkeit oder mit schwingender Belastung durchgeführt werden. Alle diese Versuche führen zu verschiedenartigen Ergebnissen, wobei jede Versuchsart meist noch verschiedene Kennwerte für die Festigkeitseigenschaften und Verformungseigenschaften liefert. Aufgabe der Festigkeitsforschung ist es, die zwischen den Ergebnissen der verschiedenen Prüfverfahren bestehenden Zusammenhänge klarzustellen und eindeutige Schlüsse vom Verhalten der Werkstoffe bei der Festigkeitsprüfung auf das Verhalten im Bauteil zu ermöglichen (vgl. Bd. II, Abschn. XI, A. EICHINGER, Festigkeitstheoretische Untersuchungen).

Anzustreben bleibt es selbstverständlich, das Festigkeitsverhalten der Werkstoffe durch möglichst wenige Festigkeits- und Formänderungswerte zu kennzeichnen. Solange die vorstehend geschilderten Zusammenhänge noch nicht voll erkannt sind, kann man auf die Vielzahl der Prüfverfahren und der daraus hergeleiteten Werkstoffkennwerte nicht verzichten, wobei man die Prüfung möglichst den Betriebsverhältnissen des entsprechenden Bauteils anpassen wird. Man muß jedoch stets im Auge behalten, daß auch die so erlangten Festigkeitswerte das Festigkeitsverhalten des Werkstoffs im Bauteil noch nicht vollständig festlegen, da hier Formeinflüsse auftreten, die an einer glatten Probe nicht zu ermitteln sind.

Die bedingte Geltung der an glatten Proben gewonnenen Festigkeitswerte für die Festigkeitsrechnung ist in allen den Fällen ohne Bedeutung, in denen es nur auf einen *Vergleich* der Festigkeitszahlen ankommt. Eine derartige Handhabung der Festigkeitsprüfverfahren ist z. B. bei der Überwachung der Werkstoffherstellung oder bei der Abnahme der Werkstoffe gegeben. Hier wird man sich meist mit der Verfolgung der Festigkeitseigenschaften und Formänderungswerte im einfachen Zugversuch und durch wenige technologische Versuche begnügen, auch wenn der Werkstoff im Betrieb in anderer Weise beansprucht wird. Ein derartiges Verfahren erscheint durchaus zulässig, wenn der Zusammenhang zwischen den maßgebenden Festigkeitswerten und den Ergebnissen des Zugversuchs durch Forschung und Erfahrung erwiesen ist, und wenn die Versuchsbedingungen durch Vereinbarung (Normen) festgelegt sind.

Zahlreiche Forschungsarbeiten haben sich mit dem Nachweis derartiger Zusammenhänge durch besondere Versuche oder statistische Auswertung von

Tabelle 2. *Festigkeitsprüfungen*

Kraftwirkung	Schema	Prüfverfahren	Festigkeitseigenschaften[1]	Bevorzugte Anwendung
Zug		Zugversuch	Zugfestigkeit (σ_B), Bruchdehnung (δ) und Brucheinschnürung (ψ)	Prüfung aller Werkstoffe außer Gesteinen
		Zeitstandversuch	Zeitdehngrenzen, Zeitstandfestigkeiten	Prüfung metallischer Werkstoffe in der Wärme
		Schlagzugversuch	Spez. Bruchschlagarbeit	Selten angewendet
		Zug-Druck-Schwingversuch	Dauerschwingfestigkeit (σ_D)	Prüfung aller Werkstoffe außer Gesteinen
Druck		Druckversuch	Druckfestigkeit (σ_{dB})	Prüfung von Baustoffen, Gestein, Holz, Gummi, Kunststoffen, Lagermetalle
		Schlag-Stauch-Versuch	Spez. Bruchschlagarbeit	Selten angewendet Lagermetalle
		Knickversuch	Knickfestigkeit (σ_K)	Prüfung von Konstruktionsteilen
		Zug-Druck-Schwingversuch	Siehe unter Zug	Siehe unter Zug
Biegung		Biegeversuch	Biegefestigkeit (σ_{bB}) Bruchdurchbiegung (f_B), Biegedehngrenzen ($\sigma_{b0,2}$)	Prüfung von Baustoffen, Holz, Kunststoffen, Grauguß, Glas
		Schlagbiegeversuch	Spez. Bruchschlagarbeit (Schlagbiegezähigkeit)	Prüfung von Kunststoffen, Holz, Zink und Zinklegierungen
		Kerbschlagbiegeversuch	Spez. Bruchschlagarbeit (Kerbschlagzähigkeit)	Prüfung von Baustählen
		Umlaufbiegeversuch	Biegewechselfestigkeit σ_{bW}	Prüfung aller Werkstoffe außer Gesteinen
Verdrehung		Verdrehversuch	Verdrehfestigkeit (τ_B)	Als Festigkeitsprüfung selten (Holz)
		Schlagverdrehversuch	Spez. Bruchschlagarbeit	Werkzeugstähle
		Verdrehschwingversuch	Verdrehwechselfestigkeit (τ_W)	Prüfung metallischer Werkstoffe
Abscheren		Scherversuch	Scherfestigkeit (τ_{aB})	Prüfung von Grauguß, Holz, Nietdrähten
Örtliche Pressung		Härteprüfung	Eindringwiderstand (Härte H)	Prüfung metallischer Werkstoffe, Gummi, Holz, Kunststoffe

[1] Genormte Zeichen nach DIN 1602, Ausgabe 2.44 x; DIN 50100, Ausgabe 1.53.

geeigneten Betriebsunterlagen beschäftigt. Es konnten so z. B. Beziehungen zwischen der Zugfestigkeit und der Schwingfestigkeit, zwischen Zugfestigkeit und Härte sowie zwischen den Ergebnissen der verschiedenen Arten der Härteprüfung ermittelt werden (DIN 50150, Ausg. 5. 57). Auch zwischen den bei Raumtemperatur und in der Wärme vorhandenen Festigkeitseigenschaften lassen sich bei bestimmten Werkstoffgruppen Zusammenhänge nachweisen, desgleichen zwischen der Gefügeausbildung und der Festigkeit, Kerbschlagzähigkeit usw.

Während die Lücke in der Festigkeitsforschung sich, solange es sich um die bloße Überwachung der Werkstoffe bei der Herstellung und Abnahme handelt, nur in geringem Umfange störend bemerkbar macht, treten bereits Schwierigkeiten auf, wenn die Aufgabe vorliegt, in einem bewährten Bauteil den bisher benutzten Werkstoff durch einen anderen zu ersetzen. Schon bei ruhender Belastung läßt sich die Auswirkung einer Steigerung der Werkstoff-Festigkeit auf das Verhalten des Bauteils im Betrieb nicht mit Sicherheit voraussagen, da in der Festigkeitsrechnung nur die eigentlichen Festigkeitskennwerte, also die Grenzbeanspruchungen, welche eine Verformung oder einen Bruch herbeiführen, in Erscheinung treten, das Formänderungsverhalten jedoch unberücksichtigt bleibt. Bei schwingender Beanspruchung gestattet der an einer glatten Probe ermittelte Wert der Schwingfestigkeit noch weniger Schlüsse auf das Verhalten des Werkstoffs im Bauteil zu ziehen, da andere Faktoren, insbesondere die Kerbempfindlichkeit des Werkstoffs, sein Festigkeitsverhalten beeinflussen und sich zur Zeit durch einfache Prüfverfahren noch nicht voll erfassen lassen (vgl. Bd. II, Abschn. III, H. SIGWART, Festigkeitsprüfung bei schwingender Beanspruchung).

Bei dieser Sachlage bleibt der einzige Ausweg, nicht nur den Werkstoff zu prüfen, sondern auch das Festigkeitsverhalten der ganzen Bauteile zu untersuchen, obwohl dieses Verfahren den Nachteil hat, nicht mehr die Einzeleinflüsse getrennt zu erfassen (vgl. Bd. II, Abschn. I, H und III, C). Die Prüfung des ganzen Bauteils bietet, zumal bei Schwingbeanspruchung, die einzige Möglichkeit, um sichere Aussagen über das Verhalten des Werkstoffs in der Konstruktion zu gewinnen. Neben der Beurteilung des Betriebsverhaltens und der sorgfältigen Auswertung der auftretenden Schadensfälle liefert der Zerstörungsversuch hier die gewünschten Unterlagen über die Gestaltfestigkeit des Bauteils. Für die praktische Durchführung derartiger Versuche ist es dabei von größter Wichtigkeit, daß die Lastwechselfrequenz das Dauerschwingverhalten der Werkstoffe wenig beeinflußt, solange nicht Korrosionswirkungen an der allmählichen Zerstörung beteiligt sind. Die Versuche können daher mit hoher Lastwechselfrequenz durchgeführt, und so in verhältnismäßig kurzen Versuchszeiten Unterlagen über die Lebensdauer des Versuchsstücks gewonnen werden.

So groß die Erfolge sind, die durch die Prüfung des Werkstoffverhaltens im Bauteil hinsichtlich der günstigen Ausnutzung der Werkstoffe, der Steigerung der Lebensdauer von hochbeanspruchten Maschinenteilen, des richtigen Einsatzes neuer Werkstoffe usw. erzielt wurden, so weist diese Art der Untersuchung doch stets darauf hin, daß es mit den bisherigen Verfahren der eigentlichen Werkstoffprüfung noch nicht gelungen ist, alle für das Festigkeitsverhalten maßgebenden Eigenschaften zu erfassen. Es erscheint daher erforderlich, die Verfahren zur Festigkeitsprüfung in dieser Richtung weiter zu entwickeln und zu ergänzen. Erst die Schaffung einer Werkstoffmechanik, in welcher die Zusammenhänge zwischen Werkstoffkennwert und dem Festigkeitsverhalten im Bauwerk weitgehend festgelegt sind, vermag hier die richtigen Wege zu weisen.

3. Werkstoff- und Prüfvorschriften.

Die vorstehenden Ausführungen zeigen, welche Schwierigkeiten bei der mechanischen Werkstoffprüfung dadurch entstehen, daß die festigkeitstheoretischen Zusammenhänge bisher nur unvollständig erfaßt sind. Die ermittelten Werkstoffkennwerte erhalten daher den Charakter von Vergleichswerten oder Gütewerten, aus deren Größe nur mit Einschränkung auf das Verhalten des Werkstoffs im Bauwerk und bei der Verarbeitung geschlossen werden kann. Bei der praktischen Werkstoffprüfung treten noch weitere Schwierigkeiten hinzu, welche durch die Veränderlichkeit der Eigenschaften je nach der räumlichen Lage im Probestück, durch die Streuung der Kennwerte infolge der unvermeidbaren Abweichungen im Herstellungsgang und durch die von den Abweichungen in den Prüfbedingungen herrührenden Streuungen bedingt sind.

Die *Veränderlichkeit der Eigenschaften* an den verschiedenen Stellen eines Werkstücks oder Bauteils ist bei den metallischen Werkstoffen durch die bei der Erstarrung auftretenden Entmischungsvorgänge (Seigerung) bedingt (vgl. Abschn. X, J. Schramm). In einem Flußstahlblock werden die zuletzt erstarrenden Teile den größten Gehalt an Kohlenstoff und anderen Legierungsbestandteilen aufweisen. Die Folge ist ein verschiedenartiges Festigkeitsverhalten von Kern und Außenzone sowie von Kopf und Fuß des Blocks, das auch bei der weiteren Verarbeitung erhalten bleibt. Andere Ursachen für Abweichungen in den Festigkeitseigenschaften können bei den Metallen die verschieden starke Durchschmiedung und die verschiedenartigen Abkühlungsbedingungen bei veränderlichen Querschnitten bilden. Bei den in der Natur vorkommenden Werkstoffen, insbesondere beim Holz, bringt der Wachstumsvorgang außerordentliche Festigkeitsunterschiede mit sich. Diese Unterschiede kann man bei der Werkstoffprüfung dadurch berücksichtigen, daß man den Verlauf der Eigenschaften in allen in Betracht kommenden Querschnittsteilen untersucht. Handelt es sich jedoch um eine vergleichende Prüfung, wie sie bei der Abnahme von Werkstücken meist vorliegt, so wird man sich damit begnügen, die Stellen, an welchen die Proben zu entnehmen sind, eindeutig festzulegen. Auf jeden Fall erfordert die *Probenahme* bei der mechanisch-technologischen Werkstoffprüfung in gleicher Weise wie bei der chemischen Prüfung genaueste Überlegung, wenn sie nicht die Veranlassung zu Fehlergebnissen bilden soll.

Die Beeinflussung der Werkstoffeigenschaften durch die unvermeidbaren *Abweichungen im Herstellungsgang* oder in der Natur und die dadurch bedingte Streuung der Werkstoffkennwerte bei gleichartigen Werkstücken erfordert ebenfalls besondere Maßnahmen. Bei der Abnahme von Massenprodukten, wie z. B. von Rohren, Blechen, Formstahl usw., wird es nur in den seltensten Fällen möglich sein, jedes einzelne Werkstück oder Bauteil zu untersuchen, zumal die mechanische Prüfung meist die Zerstörung des Werkstücks bei der Entnahme der Proben bedingt. Man begnügt sich in diesem Falle mit der Entnahme von Stichproben. Die oben gekennzeichnete Streuung der Werkstoffkennwerte führt nun dazu, daß die geforderten Festigkeitseigenschaften entweder nur an der unteren Grenze des natürlichen Streugebiets liegen dürfen, oder daß die Streuungen entsprechende Berücksichtigung finden müssen. Liegt eine genügende Anzahl von Abnahmewerten vor, so besteht die Möglichkeit, eine Häufigkeitskurve aufzustellen und einen bestimmten Verlauf dieser Häufigkeitskurve als für die Abnahme der Werkstücke maßgebend zu vereinbaren. Meist wird die Anzahl der Proben aber für ein derartiges Vorgehen zu gering sein. In diesem Falle vermag man den für die Abnahme geforderten Mindestwert der betreffenden Werkstoffeigenschaften dadurch näher an den Wert der größten Häufigkeit heranzurücken, daß man beim Versagen einer Probe ein oder zwei Ersatzproben zuläßt, welche den gestellten Bedingungen genügen müssen.

Die geschilderten Gesichtspunkte müssen beim Aufstellen von *Werkstoffnormen* und *Abnahmevorschriften* auf das sorgfältigste Beachtung finden. Ziel dieser Vereinbarungen muß es sein, die Güte sämtlicher Teile der Lieferung zu gewährleisten, ohne durch übertriebene Anforderungen Anlaß zu einer unnötigen Verteuerung der Herstellung zu geben. Entspricht die Häufigkeit eines Gütewerts bei normaler Fertigung, z. B. Kurve *I* der Abb. 1, so würde eine Festlegung der Mindestanforderung durch die schraffiert bezeichnete Begrenzungslinie entweder bedingen, daß der Hersteller durch besondere Prüfverfahren alle Stücke, welche diesen Anforderungen nicht entsprechen, ausscheidet. Eine zweite Möglichkeit für den Hersteller besteht darin, durch Benutzung eines besseren Ausgangswerkstoffs unter Belassung des sonstigen Fertigungsgangs die Häufigkeitskurve entsprechend Kurve *II* nach rechts zu verschieben. Die dritte Möglichkeit wäre die, durch eine sorgfältige Überwachung des ganzen Fertigungsgangs die Grenzen der Streuung bei gleicher Lage des Höchstwerts gemäß Kurve *III* zu vermindern und so den Ausschuß zu verringern und den Abnahmebedingungen zu genügen. Zu prüfen bleibt stets, ob es nicht möglich ist, die Anforderungen herabzusetzen oder eine Ersatzprobe zuzulassen und so ohne Verteuerung des Werkstücks die Herstellung in normaler Fertigung zu ermöglichen.

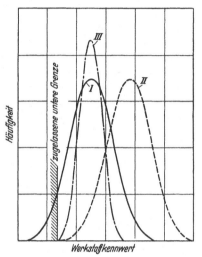

Abb. 1. Beeinflussung der Häufigkeitskurve eines Werkstoffkennwertes (*I*) durch Verbesserung des Ausgangswerkstoffs (*II*) oder Überwachung des Herstellungsgangs (*III*).

Zu beachten ist, daß sich die Häufigkeitskurven eines Gütewerts infolge der Fortschritte in den Herstellungsverfahren allmählich zu günstigeren Werten verschieben, und daß auch die Anforderungen der weiterverarbeitenden Industrie an die gleichen Werkstoffe sich meist steigern. Von Zeit zu Zeit ist daher eine Nachprüfung der in den Normen und Abnahmebedingungen festgelegten Gütewerte und ihre Anpassung an die veränderten Verhältnisse erforderlich. Weiterhin ist zu beachten, daß die verschiedenartigen Werkstoffkennwerte meist in Abhängigkeit voneinander stehen. Bei einer Festlegung bestimmter Grenzwerte einer Eigenschaft sind für die hiermit gekuppelten Eigenschaften die Grenzen ebenfalls gegeben. Eine derartige Abhängigkeit ist z. B. bei den unlegierten Stählen zwischen dem Kohlenstoffgehalt und der Zugfestigkeit, zwischen Zugfestigkeit und Bruchdehnung sowie zwischen Zugfestigkeit und Härte vorhanden. Bei der Normung der Festigkeitseigenschaften muß auf diese Zusammenhänge Rücksicht genommen werden.

Die von den *Abweichungen in den Prüfbedingungen* herrührenden Streuungen der Prüfwerte können durch Fehler in den Anzeigen der Prüfmaschinen, durch Fehler bei der Herstellung oder dem Ausmessen der Proben, beim Ablesen der Meßgeräte und beim Einspannen und Belasten der Proben hervorgerufen sein. Die Fehler in den Anzeigen der Prüfmaschine sucht man durch entsprechenden Bau und eine regelmäßige Kontrolle derselben in bestimmten Grenzen zu halten, die durch Vorschriften festgelegt werden (vgl. Abschn. V, W. ERMLICH und W. HENGEMÜHLE, Untersuchung der Prüfmaschinen). Die noch verbleibenden

Streuungen lassen sich bei genügender Sorgfalt in der Versuchsdurchführung unter genauester Beachtung der festgelegten Prüfvorschriften weitgehend einschränken. Bei den Prüfmaschinen für ruhende Belastung darf nach den deutschen Normen der Fehler in der Kraftanzeige in der Regel höchstens ± 1% erreichen (Prüfmaschinen der Klasse 1 nach DIN 51220). Unter Berücksichtigung der übrigen Prüfeinflüsse muß bei den Festigkeitswerten üblicherweise mit Abweichungen von etwa ± 2% vom Sollwert gerechnet werden. Bei Schwingbeanspruchung sind die Abweichungen bedeutend höher.

Für die laufende *Überwachung der Fertigung* und damit für die Einengung der Streuungen der Gütewerte des fertigen Werkstücks sind alle die Prüfungen von besonderer Bedeutung, welche sich ohne Entnahme von Proben an jedem Werkstück durchführen lassen. In Frage kommt hierfür z. B. eine Probebelastung. Beste Dienste leistet zur Verhinderung von Werkstoffverwechslungen oder von Fehlern in der Wärmebehandlung die Härteprüfung, welche auch bei Massenfertigung leicht an jedem Werkstück vorgenommen werden kann. In Sonderfällen können schnell durchzuführende chemische (Tüpfelanalyse) oder spektrographische Prüfverfahren oder auch Wirbelstromverfahren dazu benutzt werden, um Werkstoffverwechslungen aufzuklären (vgl. Abschn. XI, XII u. IX, D). Große Bedeutung besitzen für die laufende Überwachung noch die röntgenographischen und magnetischen Untersuchungsverfahren, die es gestatten, Materialtrennungen an der Oberfläche oder im Innern des Werkstücks ohne Zerstörung desselben zu erkennen, und so viele Ursachen für ein späteres Versagen von vornherein auszuschalten (vgl. Abschn. IX). Insbesondere für die Überwachung hochwertiger Schweißungen oder von hochbeanspruchten Teilen vermögen die zerstörungsfreien Prüfverfahren unschätzbare Dienste zu leisten.

4. Schadensuntersuchungen und Werkstoff-Forschung.

Ein wichtiges Sondergebiet der Werkstoffprüfung sind die *Schadensuntersuchungen*, durch welche die Ursachen für das Versagen eines Werkstücks ermittelt und durch Abstellen der erkannten Fehler in der Zusammensetzung oder Behandlung des Werkstoffs, in der Dimensionierung und Gestaltung des Werkstücks oder aber auch in den Betriebsbedingungen weitere Schäden vermieden werden sollen. Die vorstehende Aufzählung läßt bereits erkennen, wie verschiedenartig die Ursachen eines Schadensfalls sein können. Eine Schadensuntersuchung verspricht daher, wenn man von einfach liegenden Fällen absieht, meist auch nur dann einen Erfolg, wenn nicht nur eine Werkstoffprobe vorgelegt wird, sondern auch hinreichende Angaben über die Gestalt des Werkstücks und über die Betriebsbedingungen gemacht werden, welche zu einem Bruch oder einem sonstwie gearteten Versagen des Werkstücks geführt haben.

Welche Untersuchungsverfahren zur Aufklärung der Schadensursache herangezogen werden, wird von Fall zu Fall verschieden sein. Häufig wird eine Vereinigung mehrerer Untersuchungsverfahren am ehesten zum Ziele führen, wie z. B. die gleichzeitige Durchführung einer chemischen, mechanischen und metallographischen Untersuchung. Gerade die *metallographischen Untersuchungsverfahren* (vgl. Abschn. X) haben bei der Aufklärung von Schadensfällen große Bedeutung erlangt, da sie es gestatten, Fehler in der Wärmebehandlung der Werkstücke mit Sicherheit nachzuweisen und auch über Entmischungserscheinungen, kleinste Rißbildungen u. a. m. Aufschluß zu geben. Doch kann auch jede andre Art der Werkstoffprüfung unter Umständen zur Aufklärung der Schäden wertvolle Dienste leisten. Der Findigkeit des mit der Durchführung der Untersuchung Betrauten wird es überlassen bleiben, an Hand der vorliegenden Angaben und der zur Verfügung stehenden Versuchseinrichtungen einen gangbaren Weg für einen erfolgversprechenden Abschluß der Untersuchung zu finden.

In ähnlicher Weise wie bei den Schadensuntersuchungen wird auch bei der *Werkstoff-Forschung* von allen Arten der Werkstoffprüfung Gebrauch gemacht. In den meisten Fällen werden dabei bekannte Prüfverfahren als reine Vergleichsprüfungen benutzt, um darüber Aufschluß zu gewinnen, wie sich einzelne Eigenschaften durch bestimmte Maßnahmen beeinflussen lassen. Voraussetzung ist dabei, daß ein für den Forschungszweck geeignetes Prüfverfahren bereits vorliegt. Im andern Fall muß danach gestrebt werden, ein für den betreffenden Sonderzweck geeignetes Prüfverfahren neu ausfindig zu machen. So haben sich z. B. aus den Forschungsarbeiten über das Festigkeitsverhalten der metallischen Werkstoffe in der Wärme die Prüfverfahren zur Bestimmung der Zeitstandfestigkeit entwickelt, da die übliche Art der Festigkeitsprüfung im Kurzzeitversuch sich für diesen Sonderzweck als ungeeignet erwies. Die Erforschung neuer Werkstoffeigenschaften bedingt zwangsläufig die Entwicklung neuer Prüfverfahren, die es gestatten, diese Eigenschaften auch zahlenmäßig zu erfassen.

5. Entwicklung der Werkstoffprüfung [1].

Die Entwicklung der Werkstoffprüfung hat ihren Anfang einerseits bei der technischen Mechanik und andererseits bei den technologischen Prüfverfahren genommen. Die ersten Untersuchungen und theoretischen Überlegungen über das vorwiegend elastische Verhalten wurden von G. Galilei (1564—1642), R. Hook (1635—1703), E. Mariotte (1620—1684), J. Bernoulli (1654—1705), G. W. Leibnitz (1646—1716), Ch. A. de Coulomb (1736—1806) und anderen gemacht. Umfangreiche Festigkeitsversuche scheinen erstmals durch R. de Réaumur (1683—1757) und P. van Musschenbroek (1692—1761) durchgeführt worden zu sein, für welche letzterer in seiner umfangreichen Schrift „Introductio ad cohaerentiam corporum firmorum" die Verwendung von besonderen Zugproben für die Prüfung von Holz und Metallen in Vorschlag bringt.

Die ersten systematischen Festigkeitsversuche mit dem Ziel, Kennwerte für die Abnahme von Stahlhalbzeug festzulegen — vor allem im Zusammenhang mit dem Geschütz- und Brückenbau —, nahmen ihren Ausgang von England [T. Telford (1757—1834), Tredgold (1788—1829), G. Rennie (1791—1866), Hodgkinson (1799—1861), W. Fairbairn und andere] und Schweden [z. B. Swedenborg (1688—1772), K. Styffe]. Die Untersuchung ganzer Elemente oder Profile herrschte damals vor. In Abb. 2 ist als Beispiel die Versuchsanordnung wiedergegeben, die 1845 von W. Fairbairn [2] benutzt wurde, um

---

[1] Kennedy, A. B. W.: The use und equipment of Engineering laboratories, London 1887. — Martens, A.: Handbuch der Materialienkunde für den Maschinenbau, Berlin: Springer 1898. — Frémont, M. Ch.: Évolution des méthodes et des appareils employés par l'essai des matériaux de construction, Paris: Ch. Dunod 1900. — Leon, A.: Die Entwicklung und die Bestrebungen der Materialprüfung, Wien 1912. — Baumann, R.: Das Materialprüfungswesen und die Erweiterung der Erkenntnisse auf dem Gebiet der Elastizität und Festigkeit in Deutschland während der letzten vier Jahrzehnte, in: Beiträge zur Geschichte der Technik und Industrie Bd. 4 (1912) S. 147. — Matschoss, C.: Werkstofftagung I, Werkstoffe, VDI-Z. Bd. 71 (1927) S. 1481. — Schulz, E. H.: 100 Jahre Werkstoffprüfung, VDI-Z. Bd. 91 (1949) S. 141. — Sigwart, H., und C. Petersen: Entwicklungsmerkmale der modernen Materialprüfung, Werkstatt u. Betrieb Bd. 86 (1953) S. 235. — Pfender, M.: Die Bedeutung der Materialprüfung in Technik und Wirtschaft, Aufgaben, Organisation und Arbeitsbeispiele der Materialprüfung, VDI-Z. Bd. 97 (1955) S. 937.

[2] An account of the construction of the Britannia and Conway Tabular Bridges, S. 211. London 1849.

Biegeversuche an röhrenförmigen Trägern durchzuführen zum Nachweis der Ausführbarkeit einer von R. Stephenson vorgeschlagenen Röhrenbrücke. Das zu prüfende Rohr D hatte eine Länge von 18 Fuß (etwa 6 m) und einen Durchmesser von 12 Zoll (etwa 300 mm). Die Last G von mehreren Tonnen hing an einer Zugstange und konnte mit einer Winde J, die an einem Hebel H angriff, gesenkt und angehoben werden. In England war es D. Kirkaldy, der sich bereits 1858 eine eigene, die erste private, Versuchsanstalt eingerichtet hatte, um gegen entsprechende Gebühren für die Ingenieure und die Verwaltungen Versuche durchzuführen[1].

Die Durchführung von Festigkeitsversuchen an Proben setzt den Bau entsprechender *Prüfmaschinen* voraus, die mit einer Einrichtung zum Messen der beim Versuch auftretenden Kräfte ausgerüstet sind. Der Bau der Werkstoffprüfmaschinen nahm seinen Ausgang in Frankreich, wo bereits im Jahre 1758 Perronet eine für die Durchführung für Zug-Druck-Biegeversuche geeignete Einrichtung entwickelt wurde. Ähnliche Prüfmaschinen waren auch in Deutschland vereinzelt bekannt und z. B. von J. W. Lossen für die Prüfung von Kettenstäben beim Bau der Kettenbrücke über die Lahn 1829 benutzt[2]. Im Jahre 1852 wurde von L. Werder (1808—1885) im Auftrage der Bayrischen Staatsbahnen die erste allgemein bekannt gewordene Prüfmaschine

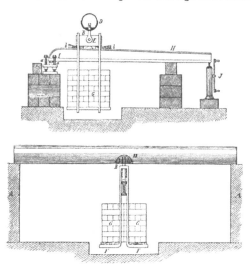

Abb. 2. Einrichtung für Festigkeitsversuche an röhrenförmigen Trägern nach Fairbairn.

entworfen. 1862 wurde bei Krupp die erste aus England bezogene Werkstoffprüfmaschine für Zugversuche an Proben aufgestellt (Abb. 3).

Während vor 1850 die Festigkeitseigenschaften der Werkstoffe nur in vereinzelten Fällen bestimmt werden konnten, wurden jetzt immer mehr Festigkeitsprüfungen durchgeführt. Auch die staatlichen Behörden erkannten den Wert dieser Arbeiten und begannen, sie zu unterstützen. So hat A. Wöhler seine Schwingungsversuche mit Eisen und Stahl in den Jahren 1860 bis 1870 auf Anordnung des Preuß. Ministers für Handel, Gewerbe und öffentliche Arbeiten durchgeführt[3]. Diese Versuche wurden Anlaß für die Entstehung der „Königlich Preußischen Versuchsanstalten" in Berlin, aus denen unter A. Martens 1904 das „Staatl. Materialprüfungsamt Berlin-Dahlem" und schließlich 1954 die „Bundesanstalt für Materialprüfung" unter M. Pfender hervorgegangen ist. 1871 wurde in München das „Mechanisch-Technische Laboratorium" unter J. Bauschinger eröffnet. Es folgten 1882 die „Materialprüfungsanstalt Stuttgart" unter C. Bach, 1895 die „Materialprüfungsanstalt Dresden" unter Scheit und 1907 die „Materialprüfanstalt Darmstadt" unter O. Berndt. Das „Staatl. Materialprüfungsamt Nordrhein-Westfalen" ist hingegen erst nach dem zweiten Welt-

[1] „Mr. Kirkaldy's new testing and experimenting works", The Engineer 29. November 1865.

[2] Dickmann, H.: St. u. E. Bd. 77 (1957) S. 581.

[3] Z. Bauw. Bd 16 (1866) S. 67.

krieg (1947) unter W. BISCHOF eröffnet worden, es ist aus dem „Eisen-Kohlen-Forschungsinstitut" in Dortmund hervorgegangen.

In der Stahlindustrie hat eine stärkere Entwicklung des Materialprüfungs-wesens etwa um die gleiche Zeit eingesetzt. 1875 wurde bei Krupp eine „Probier-anstalt" eingerichtet, in der die laufenden Materialprüfungen vorgenommen wurden. Von 1880 an wurden dann auch bei den übrigen Stahlwerken ähnliche Einrichtungen für Abnahmezwecke bereitgestellt. Aber auch die Werkstoff-verbraucher waren bemüht, sich eigene Forschungsstätten zu schaffen, in denen sie unter Benutzung wissenschaftlicher Untersuchungsverfahren ihre Werkstoff-probleme selbst lösen konnten. Die erste Forschungsstätte dieser Art war in

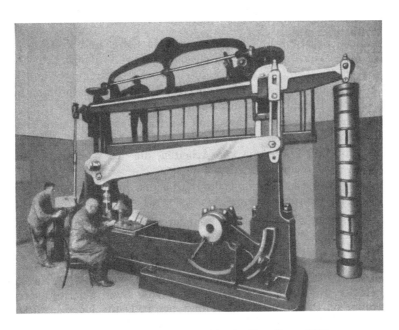

Abb. 3. Erste Materialprüfungsmaschine der Firma Krupp (1862).

Deutschland die 1898 unter R. STRIBECK gegründete Zentralstelle für wissen-schaftliche-technische Untersuchungen in Neu-Babelsberg. Seit 1890 hat das Materialprüfungswesen in der Industrie schnell einen ungeheuren Aufschwung genommen. Selbst kleinere Betriebe sind heute mit Einrichtungen ausgestattet, um die Güte der zu verarbeitenden Werkstoffe und der hergestellten Erzeugnisse zu überwachen. Im ersten Weltkrieg traten weiterhin die stoffkundlichen Institute der Kaiser-Wilhelm-Gesellschaft (jetzt: Max-Planck-Gesellschaft) hinzu; denen späterhin zahlreiche Institute zur Förderung der Luftfahrtforschung, z. B. die „Deutsche Versuchsanstalt für Luftfahrtforschung" (DVL), folgten.

Mit der Einrichtung der staatlichen und industriellen Materialprüfungs-anstalten war für planmäßige Untersuchung der Festigkeitseigenschaften der Werkstoffe eine breite Grundlage geschaffen. Auch die Ausarbeitung der Prüf-verfahren konnte jetzt vorwärtsgetrieben werden. Dabei ergab sich die Not-wendigkeit einer Vereinheitlichung dieser Verfahren, da nur so eine Vergleich-barkeit der Prüfergebnisse gewährleistet war. Am 22. September 1884 fand auf Einladung von J. BAUSCHINGER in München eine „Konferenz zur Verein-barung einheitlicher Prüfungsmethoden" statt, die von 79 Teilnehmern besucht wurde. Es folgte eine zweite Konferenz im Jahre 1886 und späterhin die Gründung des „Internationalen Verbands für die Materialprüfungen der Technik" (I.V.M.), aus dem der „Deutsche Verband für die Materialprüfungen der Technik", jetzt „Deutscher Verband für Materialprüfung" (DVM) hervorging. Der DVM hat im wesentlichen folgende Aufgaben

a) Pflege der sachlichen und organisatorischen Arbeit des Materialprüfwesens,

b) Förderung der Entwicklung von Prüfverfahren zur Ermittlung der für die technische Bewährung wichtigen Eigenschaften der Stoffe sowie der Vervollkommnung der hierzu dienenden Einrichtungen,

c) Koordinierung der Untersuchungs- und Prüfverfahren in den verschiedenen Stoffbereichen,

d) fachliche Beratung und Unterstützung in Güte- und Prüffragen, soweit diese das Materialprüfwesen betreffen oder hiervon maßgeblich beeinflußt werden,

e) Förderung der Kenntnis auf dem Gebiete der Materialprüfung und Mitwirkung bei der Heranbildung des Nachwuchses,

f) Förderung des Schrift-, Bild- und Vortragswesens auf dem Gebiet der Materialprüfung,

g) Anregung und Förderung von Arbeiten, die der Weiterentwicklung des Materialprüfwesens dienen,

h) Pflege der nationalen und internationalen Zusammenarbeit auf dem Gebiet des Materialprüfwesens.

Ähnliche Verbände bestehen auch in anderen Ländern wie z. B. der „Schweizerische Verband für die Materialprüfung der Technik" (SVMT) oder die „American Society for Testing Materials" (ASTM).

Für die Normung der Prüfverfahren wurde im Jahre 1947 der „Fachnormenausschuß Materialprüfung" (FNM) im „Deutschen Normenausschuß" (DNA) gebildet. Er übernahm die bis dahin vom DVM geleistete Arbeit der Ausarbeitung von Prüfnormen. Bisher bestehen in Deutschland etwa 500 Prüfnormen, die zum Teil in DIN-Taschenbüchern[1] zusammengefaßt worden sind.

Schließlich schlossen sich die Träger des öffentlichen Materialprüfwesens in Deutschland in dem „Verband der Materialprüfungsämter" (VMPA) zusammen. Innerhalb dieses Verbands werden alle die öffentlichen Materialprüfungsanstalten interessierenden Fragen, wie z. B. eine einheitliche Gebührenordnung, gemeinsam behandelt. Der VMPA veranstaltet seit 1948 alle ein bis zwei Jahre das „Festigkeitskolloquium".

Der heutige Stand der mechanischen Werkstoffprüfung ist dadurch gekennzeichnet, daß neben den Sonderprüfungen zur Bestimmung des Zeitstandverhaltens, der Dauerschwingfestigkeit usw. der Werkstoffe die Prüfung ganzer Bauteile und Bauwerke eine immer größere Bedeutung gewinnt. Durch die Erkenntnis, daß die auf einfachen Werkstoffkennwerten aufgebaute Festigkeitsrechnung bei Schwingbeanspruchung der Bauteile bisher zu keinem befriedigendem Erfolg führt, wurde die geschilderte Art der Prüfung unter Benutzung hochentwickelter Prüfeinrichtungen und Meßgeräte in Deutschland vor allem von A. Thum (1881—1957) und E. Lehr († 1945) gefördert.

---

[1] DIN-Taschenbuch 19, Materialprüfnormen für metallische Werkstoffe, 2. Auflage 1957; DIN-Taschenbuch 20, Mineralöl- und Brennstoffnormen 1956; DIN-Taschenbuch 21, Kunststoffnormen 1955. Beuthvertrieb, Berlin-Köln.

Neben der mechanisch-technologischen Werkstoffprüfung erlangten um die Jahrhundertwende die *metallographischen Prüfverfahren* eine immer größere Bedeutung. Die ersten Arbeiten auf metallographischem Gebiete hat wohl der französische Forscher R. DE RÉAUMUR durchgeführt. Er benutzte das Mikroskop zur Untersuchung des Gefüges und fertigte genaue Zeichnungen der Bruchflächen an. In seinen berühmten Schriften „Die Kunst, Schmiedeeisen in Stahl zu verwandeln" und „Die Kunst, gegossenes Eisen zu erweichen" behandelt er das Gefüge und die Härte des Eisens. Die ersten mikroskopischen Aufnahmen wurden vom englischen Forscher H. C. SORBY[1] veröffentlicht. In Deutschland begann unabhängig von H. C. SORBY, A. MARTENS[2] um das Jahr 1878 die mikroskopische Untersuchung der Metalle, während die metallkundlichen Arbeiten in Frankreich von F. OSMOND[3] um das Jahr 1885 eingeleitet wurden. Eine Ordnung des umfangreichen Beobachtungsstoffs war jedoch erst möglich, als B. ROZEBOOM[4] die Lehre vom heterogenen Gleichgewicht auch auf die metallischen Legierungen anwandte und im Jahre 1900 das erste Eisen-Kohlenstoff-Schaubild aufstellte. Von diesem Zeitpunkt an haben die metallographischen Untersuchungsverfahren in größtem Umfang in die Werkstoff-Forschung und -Prüfung Eingang gefunden. Nachdem die Zusammenhänge zwischen dem Gefügebau und den mechanischen Eigenschaften der Werkstoffe geklärt waren, gestattete die metallographische Untersuchung den Ursachen für das verschiedenartige Verhalten der zu prüfenden Werkstoffe nachzugehen. Die Weiterentwicklung der metallographischen Prüfverfahren wird in Deutschland besonders von der „Deutschen Gesellschaft für Metallkunde" (DGM) und vom „Verein Deutscher Eisenhüttenleute" (VDEh) gefördert.

In jüngster Zeit hat die Entwicklung der *zerstörungsfreien Prüfverfahren* eine ähnliche Bedeutung für die Werkstoffprüfung erlangt. Die Entwicklung der Röntgenstrahlen geht bereits auf das Jahr 1895 zurück. Doch blieb ihre Anwendung zunächst vorwiegend auf medizinische Zwecke beschränkt. Seit 1920 haben die röntgenographischen Untersuchungsverfahren sich jedoch mit der Schaffung von für diese Zwecke geeigneten Geräten in der Werkstoffprüfung unentbehrlich gemacht. Während die Durchleuchtung mit Röntgenstrahlen und in jüngster Zeit mit Isotopen geeignet ist, um im Innern der Werkstoffe liegende Fehlstellen anzuzeigen, vermochten Feinstrukturuntersuchungen unsere Kenntnisse über den Aufbau der Werkstoffe weitgehend zu vervollkommnen. Neben der Durchstrahlung mit Röntgen- und Gammastrahlen haben die magnetischen Prüfverfahren, die sogenannte Magnetpulverprüfung, für die Feststellung von Oberflächenfehlern eine immer größere Anwendung gefunden. Als jüngste Entwicklungen gewannen nach dem zweiten Weltkrieg die Ultraschall- und die Wirbelstromprüfverfahren immer mehr an Bedeutung. Ein Nachteil aller dieser Prüfverfahren ist es, daß eine zahlenmäßige Auswertung nicht möglich ist und daß die richtige Beurteilung der Prüfergebnisse große Erfahrungen voraussetzt. Dieses Gebiet wird in Deutschland von der „Gesellschaft zur Förderung zerstörungsfreier Prüfverfahren" betreut.

Die vorstehenden Ausführungen zeigen in kurzen Zügen (chemische Prüfverfahren, Korrosionsprüfung, Verschleißprüfung, Zerspanungsprüfung usw. konnten nicht behandelt werden), wie das Werkstoffprüfwesen in schnellem

---

[1] SORBY, H. C.: On microscopic photographs of various kinds of iron and steel. Brit. Assoc. Rep. Bd. 2 (1864) S. 189.

[2] MARTENS, A.: Handbuch der Materialienkunde für den Maschinenbau. Berlin 1898.

[3] OSMOND, F.: Transformation du fer et du carbon dans les fors, les aciers et les fontes blanches. Paris: Baudvin et Co. 1888.

[4] ROZEBOOM, B.: Eisen und Stahl vom Standpunkt der Phasenlehre. Z. phys. Chem. Bd. 34 (1900) S. 437.

Fortschreiten sich immer neue und verfeinerte Prüfverfahren zur Lösung der ihm gestellten Aufgaben nutzbar gemacht hat. Diese Entwicklung ist noch nicht zu einem Abschluß gekommen, vielmehr ist eine stetige Weiterentwicklung durch die immer neue Befruchtung von seiten der Werkstoff-Forschung gewährleistet. Dabei bilden sich die Untersuchungsverfahren der Forschung in kurzer Zeit zu Verfahren für die laufende Werkstoffprüfung aus, eine Wechselwirkung, die den steten Fortschritt des Werkstoffprüfwesens sichert.

I. Prüfmaschinen für zügige Beanspruchung [1].

Von P. Melchior und H. H. Emschermann Berlin [2].

A. Aufbau und Wirkungsweise von Prüfmaschinen.

1. Allgemeines.

a) Zügige Beanspruchung.

Die mechanische Werkstoffprüfung ermittelt vorzugsweise den *Widerstand* des Werkstoffs gegen *Verformung* und die *Verformungsfähigkeit* bis zum Bruch. Solche Versuche werden zur Feststellung der Werkstoffeigenschaften an Proben besonderer Gestalt durchgeführt, aber auch zuweilen an ganzen Konstruktionselementen (z. B. Kettengliedern), deren Gestaltfestigkeit bestimmt werden soll. Hierbei kann die Geschwindigkeit in weiten Grenzen verschieden gewählt werden. Ferner kann der Versuch entweder in einem Zuge („zügig") durchgeführt werden oder stufenweise steigend mit zwischengeschalteten Entlastungen oder mit einer häufig wiederholten Beanspruchung gleicher Höhe. Der Abschn. I beschränkt sich auf Prüfmaschinen für zügige Beanspruchung mit so geringer Geschwindigkeit, daß die Beschleunigungskräfte außer acht bleiben dürfen. Die Prüfmaschinen sind meist in gleicher Weise für zügige Beanspruchung und auch für Versuche mit zwischengeschalteter Entlastung verwendbar.

α) **Formänderung als unabhängige Variable.** Die Werkstoffprüfung im Bereich der zügigen Beanspruchung arbeitet mit einem in der Mechanik bisher vernachlässigten, geradezu übersehenen Begriff: *der zwangläufigen Verformung.* Bei gewissen Versuchsarten begnügt man sich, die Verformungen zu erzwingen, nur um die Verformungsfähigkeit des Werkstoffs festzustellen. Dies sind die sogenannten technologischen Versuche im engeren Sinne. Bei den meisten und wichtigsten Versuchen wird außerdem der *Widerstand* gegen die aufgezwungene Verformung gemessen, entweder nur als Maximalwiderstand, der für die Festigkeit bestimmend ist, oder eingehender als vollständige Funktion der Verformung bis zum Bruch. Die *Beanspruchung* (englisch: strain) ist ein komplexer Begriff und umfaßt sowohl die (erzwungene) Verformung, einerlei, ob elastisch oder plastisch, als auch die dem Widerstand gegen die Verformung gleich große von der Maschine der Probe aufgeprägte Kraft (englisch: stress).

---

[1] Diese Maschinen wurden früher oft als statische Prüfmaschinen oder als Prüfmaschinen für ruhende Belastung oder für zügige Belastung bezeichnet. Die erste Bezeichnung ist zu unbestimmt, die zweite und dritte im allgemeinen unzutreffend. Belastung und Beanspruchung dürfen im allgemeinen keineswegs gleichgesetzt werden. Über Festigkeitsversuche mit ruhender Beanspruchung vgl. Bd. II, I.

[2] Der Abschnitt A wurde von P. MELCHIOR, der Abschnitt B von H.H.EMSCHERMANN verfaßt, Abschnitt C gemeinsam.

Nach dem Reaktionsprinzip von Newton hat diese Kraft das entgegengesetzte Vorzeichen wie der Widerstand. Die Zerlegung des Kraftbegriffs in Kraft und Gegenkraft beruht aber nur auf einem Wechsel des Standpunkts. Kraft und „Gegenkraft" bedeuten ein und dieselbe (tensorielle) Größe. Wirklich sind nur die übertragenen *Spannungen*, deren geometrisches Flächenintegral die Kraft (und Gegenkraft) darstellt. Diese Spannungen kann und darf man auch nicht etwa „zerlegen" in Spannung und Gegenspannung! Sie sind vom Standpunkt unabhängig (invariant): Zugspannungen, Druckspannungen, Schubspannungen oder eine Kombination davon.

Angestrebt wird im allgemeinen ein möglichst einfacher Spannungszustand der Probe, also einachsiger Druck, einachsiger Zug, reine Biegung, reine Torsion.

Bei den meisten zügigen Versuchsarten — einerlei ob durch Zug, Druck, Biegung, Schub, Verdrehung — wird also die Formänderung als unabhängige Variable erzwungen und der Widerstand gegen die Formänderung, nämlich die Kraft oder das Moment, als abhängige Variable gemessen. Die weit verbreitete Anschauung, daß allgemein bei Prüfmaschinen mit zügiger Beanspruchung die Belastung (als Kraft) als unabhängige Variable aufgebracht werde, erweist sich als unhaltbar in allen Fällen, wo die Belastung nicht monoton ansteigt.

β) **Belastung als unabhängige Variable.** In einigen Fällen aber stellt man eine bestimmte Belastung ein, indem man eine meist sehr kleine Verformung, diesmal als abhängige Variable durch langsam von Null auf den eingestellten Wert gesteigerte Belastung erzwingt und mißt, gegebenenfalls auch bei dann konstanter Kraft in Abhängigkeit von der Zeit weiter beobachtet. Für diese Versuchsarten können u. U. die gleichen Prüfmaschinen wie in Abschn. α dienen, z. B. für statische Federprüfung (vgl. Abschn. 2f). Gewöhnlich aber benutzt man hierfür wesentlich anders konstruierte Maschinen wie die Zeitstandprüfmaschinen (vgl. Bd. II Abschn. IV A 2) und die Härteprüfmaschinen (vgl. Abschn. 2i und IV), die an anderer Stelle behandelt werden.

b) Allgemeine Gesetzmäßigkeiten über den Zusammenhang zwischen Zwangsbewegung, Reckung und Widerstand (Belastung) in Prüfmaschinen für zügige Beanspruchung.

Wir betrachten die Vorgänge in der Prüfmaschine, die gemeinhin als „Belasten" verstanden werden, etwas genauer. Ohne Beeinträchtigung der Allgemeingültigkeit können wir dabei eine bestimmte Bauart zunächst voraussetzen, z. B. das Schema einer Universalprüfmaschine nach Abb. 1. Die Zugprobe *Pr* sei eben eingespannt worden: dann hängt sie in der oberen Einspannung E_1, hat aber noch Spiel in der unteren Einspannung E_2. Erst muß der Kolben K um ein gewisses Stück gehoben werden, bis das Spiel zwischen Probe und Einspannung gerade verschwindet. Diese Stellung nehmen wir zum Ausgang. Der Kolben trägt dabei sein Eigengewicht und das Gewicht des übrigen bewegten Teils, bestehend aus dem oberen Querhaupt Q_2, den Zugstangen Z_1, Z_2, dem Tisch T, der oberen Einspannung E_1 und schließlich der Probe selbst. Alles zusammen habe das Gewicht G_0 und setze das Öl unter den Druck p_0, der an einem Manometer (gewöhnlich einem Pendelmanometer) gleich als Kraft umgewertet angezeigt wird. Der Einfachheit halber macht man diese Manometeranzeige zum Nullpunkt der weiteren Messung. Bewegt sich infolge zugepumpten Öls der Kolben um eine Strecke y, so wird die Probe um eine Strecke x gereckt, und widersteht nun mit einer Kraft P, die dem Produkt aus Öldruck p und Kolbenquerschnitt F entspricht. Unter dem Einfluß von P spannt sich die Prüfmaschine: Q_2 und T werden auf Biegung beansprucht, die Zugstangen Z_1, Z_2

auf Zug, die Säulen S_1, S_2 ihrer ganzen Länge nach auf Druck. Die Einspannungen geben etwas nach, und auch die Verbindung zwischen E_2 und den Säulen S_1, S_2 durch den Fuß F wird beansprucht. Infolgedessen ist die Reckung x der Probe kleiner als die Kolbenbewegung y, die auch die mit der Beanspruchung der Maschinenteile verbundene Formänderung aufbringt. Alle diese Formänderungen der Maschine sind elastisch und sollten nach dem HOOKEschen Gesetz der Kraft P proportional sein, sind es aber erfahrungsgemäß nicht, offenbar, weil die eine Voraussetzung hierfür nicht erfüllt ist: Unabhängigkeit des Kraftangriffs an jeder Übertragungsstelle von der Höhe der Belastung (s. Abschn. 7). Vielmehr wandern die Übertragungsstellen mit der Belastung, z. B. in den Gewindegängen.

Anfangs gibt die Maschine elastisch leichter nach als bei starker Belastung und nimmt daher verhältnismäßig viel elastische Formänderungsarbeit auf, meist mehr, als die Probe an elastischer Arbeit aufzunehmen vermag. Auch die Kraftmeßeinrichtung braucht Energie in umkehrbarer Form, bei einer Manometerfeder in verhältnismäßig kleinem Betrage, beim Pendelmanometer wie in Abb. 1 jedoch in beträchtlicher Menge.

Diese Energien liefert der Antrieb zusätzlich zur Formänderungsarbeits-

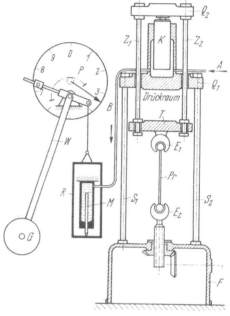

Abb. 1. Universalprüfmaschine, schematisiert.
A Ölzulauf von der Pumpe; *B* Ölrohr zum Pendelmanometer; *E_1* obere Einspannung; *E_2* untere Einspannung, einstellbar; *F* Fuß; *G* Pendelgewicht; *K* Arbeitskolben; *M* Meßkolben; *P* Kraftanzeige mit vergrößerter Pendelbewegung; *Pr* Zugprobe; *Q_1* Querhaupt mit Zylinder; *Q_2* oberes Querhaupt; *R* Rahmen zum Übertragen der Meßkolbenkraft; *S_1* und *S_2* Tragsäulen; *T* Tisch; *W* Winkelhebel, zugleich Pendelstange; *Z_1 Z_2* Zugstange.

Aufnahme der Probe. Sie werden beim Überschreiten der Höchstkraft der Probe teilweise und beim Bruch der Probe vollständig frei und sind die unmittelbare Ursache für den plötzlichen, schlagartigen Verlauf des Bruches, auch wenn der Antrieb dabei abgestellt ist.

2. Die verschiedenen Arten der Prüfmaschinen für die zügige Beanspruchung.

Allen Prüfmaschinen für zügige Beanspruchung gemeinsam ist trotz aller Verschiedenheiten der Formen der Grundgedanke des Aufbaus entsprechend ihrer Aufgabe, einen Zwang auf eine Probe auszuüben und deren Widerstand gegen den Zwang zu messen:

das *Maschinengestell* (Abschn. 8),

das *Spannwerk* als aktiver Mechanismus zur Arbeitsleistung (Abschn. 3),

die *Einspannung*, um die Probe zu fassen (Abschn. 4),

die *Kraftmeßeinrichtung*, die den Widerstand der Probe gegen Verformung mißt und anzeigt (Abschn. 5),

der (nicht unbedingt nötige) *Schaulinienzeichner* (Abschn. 6) für den Zusammenhang zwischen Kraft und Weg.

Trotz grundsätzlicher Übereinstimmung im Aufbau nach diesen Gesichtspunkten (Spannwerk, Einspannung, Kraftmessung, Gestell) unterscheiden sich die Bauarten der Prüfmaschinen für zügige Beanspruchung noch je nach dem Zweck, dem sie dienen sollen, und je nach Größe der auszuübenden Kraft und Größe der zu prüfenden Teile. Im besonderen sind auch Einzweck- und Mehrzweckprüfmaschinen zu unterscheiden. Zusatzeinrichtungen machen auch Einzweckprüfmaschinen für andere Versuchsarten brauchbar.

a) Druckprüfmaschinen (Druckpressen)[1].

Sie sind besonders einfach, weil die „Einspann"-Vorrichtung sich auf ebene Druckplatten beschränken kann, falls nur reine *Druckversuche* gemacht werden sollen, Abb. 2. Die eine der beiden Druckplatten, fast stets die obere, ist kugelig gelagert, damit auf jeden Fall eine reine Druckkraft ohne Biegemoment in der Probe entsteht, auch wenn sie von nicht genau parallelen Flächen begrenzt ist. Der Kugelmittelpunkt liegt in der Druckfläche; eine von unten zugängige Halteschraube mit konzentrischer Kugelringfläche fängt das Eigengewicht der Druckplatte ab. Die in Abb. 2 angedeutete Kraftmessung mit Meßdose und Federmanometer genügt den an solche Druck-

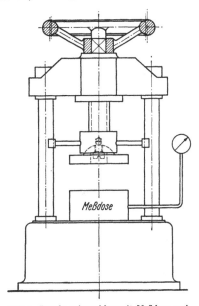

Abb. 2. Druckprüfmaschine mit Meßdose und Federmanometer.

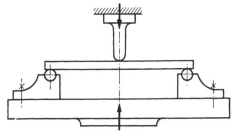

Abb. 3. Biegevorrichtung.

prüfmaschinen gestellten Anforderungen. Für *Biegeversuche* brauchen diese Prüfmaschinen nur durch geeignete Auflager und Biegeschneiden ergänzt zu werden, Abb. 3.

b) Biegeprüfmaschinen[2].

Zur Prüfung spröder Stoffe auf Biegefestigkeit macht man bei Baustoffen einen sogenannten Biegezugversuch[3] (weil der Bruch stets in der Zugzone beginnt, ein reiner Zugversuch aber nicht angängig ist) und mit Proben aus Grauguß, Holz, Kunststoffen, Sicherheitsglas usw. einen Biegeversuch. Die eigens dazu gebauten Prüfmaschinen gestatten Kräfte bis zu etwa 6 t mit verhältnismäßig einfachen Mitteln auszuüben, weil nur ein geringer Arbeitshub erforderlich ist, und werden daher vielfach als Tischmaschinen ausgeführt. Ihre Auflager für die Biegeprobe sind zylindrisch (mit Hohlkehle für Rundproben) und müssen

---

[1] DIN 51223 Beuth-Vertrieb Berlin-Köln.
[2] DIN 51227 Beuth-Vertrieb Köln-Berlin.
[3] Dieser Ausdruck wird außerhalb des Bauwesens abgelehnt.

für die verschiedenen Versuchslängen (Stützweiten) stets symmetrisch zur Maschinenachse verstellt werden. Das einfachste Mittel hierzu ist ein Schraubengetriebe mit Rechts- und Linksgewinde. Die Durchbiegung der spröden Proben bleibt stets klein im Verhältnis zur Stützweite der Probe; daher tritt kein nennenswerter Horizontalschub auf.

c) Vorrichtung für Abscherversuche.

Abscherversuche können mit entsprechender Vorrichtung entweder auf Druckprüfmaschinen (Abschn. a) gemacht werden oder auf Zugprüfmaschinen (Abschn. e), Abb. 4a und 4b. Besondere Abscherprüfmaschinen sind daher nicht üblich.

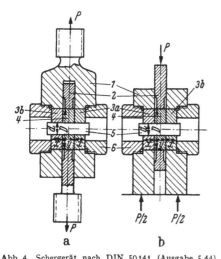

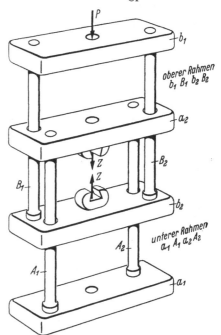

Abb. 4. Schergerät nach DIN 50141 (Ausgabe 5.44).
a) für Zug; b) für Druck.

1 Gehäuse; 2 Schieber; 3a 3b Scherbacken;
4 Scherzunge; 5 Scherprobe; 6 Schraubstopfen;
P Prüfkraft; x Dicke der Scherbacken; y Dicke
des Schiebers; d Durchmesser der Probe; D Durchmesser der Scherzunge.

Abb. 5. Umlenkvorrichtung für Druck-Zug.
$a_1 A_1 a_2 A_2$ unterer Rahmen; $b_1 B_1 b_2 B_2$ oberer Rahmen; P Druckkraft; Z Zugkraft.

d) Umlenkvorrichtung für Zug — Druck und umgekehrt.

Sogar Zugversuche lassen sich mit einfachen Umlenkvorrichtungen auf Druckprüfmaschinen grundsätzlich durchführen (Abb. 5), ebenso Druckversuche auf Zugprüfmaschinen. Hierbei sind 2 Rahmen $a_1 a_2$ und $b_2 b_1$ miteinander verschränkt, so daß die Querhäupter a_2 und b_2, die je eine Einspannvorrichtung haben, z. B. ein Gewindeloch, auseinandergehen, wenn a_1 und b_1 sich nähern. Die Rahmenstiele kommen unter Druck, sobald die zwischen a_2 und b_2 eingespannte Probe auf Zug beansprucht wird. Die Verwendung solcher Umlenkvorrichtungen setzt eine genügende Bauhöhe für den Arbeitsraum der Prüfmaschine voraus. Diese ist konstruktiv leicht zu gewinnen durch entsprechend lange Säulen für das obere Querhaupt. Die Säulen tragen nur das Eigengewicht des Querhauptes, werden daher nicht nennenswert auf Druck und Knickung beansprucht. Beim Arbeiten der Prüfmaschine erfahren sie Zugbeanspruchung.

Wird die Umlenkvorrichtung mit den Platten a_1 und b_1 in einer Zugprüfmaschine eingespannt, so entsteht zwischen a_2 und b_2 ein Raum für Druckversuche; die Einspannbacken werden dann durch Druckplatten ersetzt.

e) Zugprüfmaschinen[1].

Gewöhnlich führt man Zugversuche auf sogenannten Zugprüfmaschinen aus. Ihr Spannwerk treibt die beiden Einspannungen voneinander weg, so daß eine dazwischengespannte Probe gereckt wird, Abb. 6. Die Einspannungen sind je nach Probe-Form (Rundprobe, Flachprobe, Seil, Kette) und -Größe mannigfach gestaltet, vgl. Abschn. 4. Für Kraftbereiche unter 2 t sind einfache Zugprüfmaschinen das übliche, für größere Kraftbereiche herrschen Universalprüfmaschinen (Abschnitt f) bei weitem vor.

Die Kolbenstange ist in Schema-Abb. 6 durch Stopfbüchse mit Ledermanschette abgedichtet, deren Reibungswiderstand in weiten Grenzen schwanken kann. Deshalb bildet der im Zylinderraum oberhalb des Kolbens herrschende Druck keinen zuverlässigen Maßstab für den Widerstand der Zugprobe. Dieser Widerstand wird — ganz unabhängig von Reibung im Antrieb — von der Zugmeßdose M zwischen Querhaupt und oberer Einspannung aufgenommen (näheres Abschn. 5e) und vom angeschlossenen Federmanometer angezeigt.

Konstruktiv wesentlich anders sehen die für kleine Kräfte — Größenordnung etwa 10 bis 600 kg — vorherrschenden Zugprüfmaschinen mit Schraubenantrieb (von Hand oder motorisch) und Neigungspendel als Kraftmeßeinrichtung aus, Schema Abb. 7.

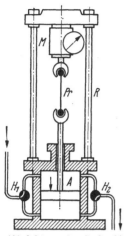

Abb. 6. Schema einer (hydraul.) Zugprüfmaschine.
A Antrieb (Scheibenkolben im Zylinder), Spannwerk; H_2 Auslaß } Stellung für für Öl } Arbeitshub; H_1 Einlaß } umzusteuern für Drucköl } für Rücklauf; M Kraftmeßeinrichtung, z. B. Meßdose mit Manometer; Pr Zugprobe; R Maschinenrahmen (Fuß, Säulen, Querhaupt).

f) Universal-Prüfmaschinen[2].

Ohne großen Mehraufwand, nämlich durch Bau des Maschinengestells nach dem Vorbild der Druck-Zug-Umkehrvorrichtung (Abb. 5), läßt sich statt der einfachen Zugprüfmaschine eine Universalprüfmaschine bauen, die für alle vorgenannten Prüfverfahren (Druck, Scherung, Biegung, Zug) gleich gut zu verwenden ist. Die meisten Prüfmaschinen im mittleren Kraftbereich von 4 bis 100 t werden deshalb als Universalprüfmaschinen gebaut. Das Schema für eine solche Anordnung zeigt Abb. 1 am Beispiel einer stehenden hydraulischen Maschine, nur ohne die Pumpe. Das Querhaupt Q_1 ist mit dem Fuß F durch die Säulen S_1 und S_2 fest verbunden und trägt in sich einen nach oben offenen Druckzylinder mit Kolben K. Wird Öl in den Zylinder gedrückt, so hebt dieser Kolben auf dem Wege über das Querhaupt Q_2 und die Zugstangen $Z_1 Z_2$ den Tisch T mit der Einspannung E_1. Dadurch verkürzt sich der Raum zwischen T und Q_1, während der Abstand $E_1 E_2$ wächst. Zwischen T und Q_1 kann man daher, genau wie auf einer Druckprüfmaschine, Druckversuche und Biegeversuche machen, also auch Druck- und Biegefedern prüfen. Dabei haben die Säulen S_1 und S_2 nur das Maschinengewicht (ohne Fuß) zu tragen und bleiben von der Arbeitskraft des Kolbens unberührt.

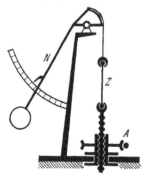

Abb. 7. Zugprüfmaschine mit mechanischem Antrieb (oder von Hand) und Neigungspendel.
A Antrieb; N Neigungspendel zur Kraftanzeige; Z Zugprobe.

---

[1] DIN 51 221 Blatt 1 bis 4 Beuth-Vertrieb Berlin-Köln.
[2] DIN 51 221 Blatt 2.

Ist aber eine Probe zwischen E_1 und E_2 eingeschaltet, so wird sie bei der gleichen Bewegung des Kolbens gereckt und überträgt den Zugwiderstand der Probe als Druckkraft in die Säulen $S_1 S_2$, die somit auch auf Knickung beansprucht werden. Dies ist bei der einfachen Zugprüfmaschine auch nicht anders. Für den leeren Rückgang ist kein besonderer Mechanismus erforderlich; beim Öffnen des (in Abb. 1 nicht gezeichneten) Ablaufventils senkt sich das System Tisch-Querhaupt-Kolben durch sein Eigengewicht.

Das Schema der Universalprüfmaschinen läßt sich mannigfaltig abwandeln, Abb. 1 und 8. Allein schon bei hydraulischem Antrieb kann der Arbeitszylinder auch im Unterteil der Maschine fest sein (Abb. 8), während der nach oben arbeitende Kolben den Arbeitstisch hebt und den Druckraum der Maschine unmittelbar darüber gegen ein auf Zugsäulen gestütztes mittleres Querhaupt bildet. Mit dem Tisch wird ein oberes Querhaupt durch Drucksäulen gehoben, so daß der Zugraum oberhalb des mittleren Querhauptes bis zum oberen Querhaupt reicht. Diese Anordnung gestattet es, den Zugraum auf verhältnismäßig einfache und dabei sehr stabile Weise in seiner Höhe der Probenlänge anzupassen. Auf die Säulen können nämlich Rohrstücke R verschiedener Höhe aufgesteckt werden, die das obere Querhaupt tragen, ohne mit ihm fest verbunden zu sein. Die sonst notwendige Einstellung mit Schrauben entfällt. Dies hat seine Vorteile bei großen Kräften, etwa von 40 t aufwärts. Ein gewisser Nachteil ist nur die Unstetigkeit der Höheneinstellung.

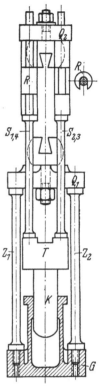

g) Federprüfmaschinen.

Auf Federprüfmaschinen werden Federn als Konstruktionselemente im elastischen Bereich auf ihr Verhalten geprüft. Mit entsprechenden, meist sehr einfachen Einspannungen wird die Maschine zum Prüfen von Schraubenfedern auf Zug (oder Druck, genauer auf Torsion) beansprucht, beim Prüfen von Blattfedern auf Biegung. Auf den Federprüfmaschinen wird die Federkennlinie aufgenommen, d. h. der Zusammenhang zwischen Formänderung der Feder und Federkraft, jedoch werden die Federn nicht bis zum Bruch beansprucht. Infolgedessen können diese Maschinen, obwohl sie im Grunde genommen wie Zugprüfmaschinen oder Universalprüfmaschinen funktionieren, wesentlich einfacher gebaut werden, da sie keinen erheblichen Stößen im Betrieb ausgesetzt sind. Mit Rücksicht auf diese einfache Konstruktion sind auch die Anforderungen an die Genauigkeit der Kraftmessungen geringer, obwohl sie — wegen der Stoßfreiheit — leicht schärfer sein könnten.

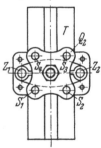

Abb. 8. Universal-Prüfmaschine mit Kolben unten.
G Grundplatte mit Zylinder; K Tauchkolben; Q_1 festes Querhaupt; Q_2 bewegtes Querhaupt; R geschlitzte Rohrstücke; $S_1 \ldots S_4$ vier Drucksäulen; T Tisch für Druck und Biegung; $Z_1 Z_2$ Zugsäulen.

h) Torsionsprüfmaschinen.

Für die Prüfung auf Verdrehfestigkeit und Drehsteifigkeit sind die vorgenannten Prüfmaschinen nicht zu gebrauchen. Hierfür dienen besondere Torsionsprüfmaschinen, die äußerlich völlig abweichend von den Zug- und Druckprüfmaschinen gebaut sind, aber trotzdem von ganz analogen Gesichtspunkten beherrscht werden, nur tritt an Stelle der axialen **Kraft** das Drehmoment um die Maschinenachse. Die Torsionsprüfmaschine besteht daher aus Spannwerk, Einspannung, Momentenmeßeinrichtung und Maschinengestell. Zur Prüfung von Drähten durch Verdrehen bis zum Abwürgen muß die Einspannung mehrere oder sogar viele volle Umdrehungen zurücklegen können. Zum Prüfen dicker Stäbe oder Rohre auf ihre elasti-

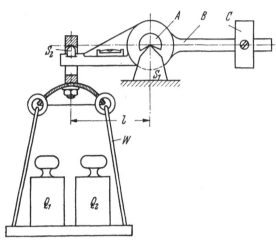

Abb. 9. Messen des Torsionsmomentes.

A Achse, als Pfanne ausgebildet, ruhend auf Schneide S_1;
B Querhebel mit der Schneide S_2 und dem Gegengewicht *C*;
l wirksamer Hebelarm; $Q_1 Q_2$ Gewichtstücke;   *W* Waagschale
mit Gehänge.

schen Torsionseigenschaften braucht man dagegen nur kleine Winkel zurückzulegen, die aber sehr feinfühlig eingestellt werden müssen. Bis zu einem Torsionsmoment von etwa 5 kgm kann man einfach mit einer Handkurbel arbeiten, bis 20 oder 30 kgm genügt eine Handkurbel mit einfachem Zahnradvorgelege. Der Handantrieb ist durchaus nicht als zu primitiv abzulehnen, denn er gestattet, recht feinfühlig zu arbeiten. Noch größere Drehmomente erreicht man mit doppeltem Vorgelege oder auch mit einfachem Schneckenrad. Das Schneckenrad hat zwar schlechten Wirkungsgrad,

kann aber leicht als selbstsperrend ausgeführt werden, was bei größerem Drehmoment wichtig ist; sonst muß man zu diesem Zweck ein Gesperre anordnen, z. B. ein Sperrklinkengetriebe, damit auf keinen Fall die Handkurbel um einen größeren Betrag zurückgeschlagen wird.

Die Torsionsprobe wird am sichersten einfach in einer vierkantigen Bohrung eingespannt, in die die vierkantig gearbeiteten Köpfe der Proben mit geringem Spiel passen. Man kann auch die in der Dreherei üblichen Einspannfutter verwenden.

Die Drehung ist, sofern sie nicht ganz klein ist, an einer üblichen Winkelteilung oder Trommel (1 Teilstrich = $^1/_{100}$ Umdrehung) zu messen, beim Verwindeversuch an Drähten zusätzlich aber mit einem Zählwerk für die ganzen Umdrehungen. Für kleine Verdrehungswinkel, wie sie bei Elastizitätsmessungen vorkommen, genügen die üblichen Teilkreise kaum. Hier muß man gegebenenfalls ein Spiegel-Feinmeßgerät, das nicht zur Maschine gehört, zusätzlich verwenden.

Das Drehmoment wird am „festen" Ende der Probe auf ein Kraftmeßgerät übertragen. Vorwiegend benutzt man dazu ein mit dem Einspannkopf fest verbundenes Neigungspendel, dessen Ausschlag über ein Sinusgetriebe übertragen wird, so daß die Anzeige linear ist (vgl. Abschn. 5b). Der Ausschlagwinkel des Pendels ist von der Verdrehung der antreibenden Einspannung in Abzug zu bringen.

Diese lästige Korrektur entfällt, wenn man einen bei der Prüfung stets waagerechten Querbalken zur Aufnahme des Moments anordnet oder, konstruktiv einfacher, das Moment mit Gewichten an einer Waagschale an entsprechend langem Hebelarm oder auch durch einen Kraftmeßbügel abfängt, wobei die durch eine Wasserwaage kontrollierte waagerechte Lage des Hebels bei jeder Belastung einzuhalten ist. Die einseitig aufgelegten Gewichte oder die vom Meßbügel aufgenommene in bezug auf die Torsionsachse einseitige Kraft ist stets mit einer Auflagerreaktion verknüpft. Um deren Einfluß auszuschalten, ist der Balken auf einer Schneide zu lagern, die in der Torsionsachse liegt, Abb. 9. Der Balken samt leerer Waagschale ist durch ein Gegengewicht so auszubalancieren, daß sein Schwerpunkt ebenfalls in der Achse liegt.

Das Maschinengestell soll so torsionssteif gebaut sein, daß es dem größt vorkommenden Torsionsmoment für sich gewachsen ist, und nicht auf die Versteifung durch das Fundament angewiesen ist. Daher ist ein geschlossener Kastenquerschnitt jeder anderen Bauform überlegen.

i) Härteprüfmaschinen[1].

Zwar kann man einige einfache Härteprüfungen allenfalls auf einer Druckprüfmaschine oder auf einer Universalprüfmaschine durchführen; die Härteprüfmaschinen (Härteprüfgeräte) sind aber als solche so weitgehend für ihre spezielle Aufgabe durchentwickelt worden, daß sie außerhalb dieses Abschnitts in einem eigenen Abschnitt (Abschn. IV) behandelt werden.

3. Spannwerk.

Der aktive Teil der statischen Prüfmaschinen, der Antrieb, ist in Anlehnung an eine Bezeichnungsweise von REULEAUX[2] das *Spannwerk*. Meist hat man dies Spannwerk den *Krafterzeuger* genannt. Diese Bezeichnung ist jedoch irreführend. Denn ohne den Widerstand der Probe bleibt das Spannwerk selbst der stärksten Maschine völlig kraftlos — wenn man vom Eigengewicht und von Reibungsverlusten bei der Bewegung absieht, schon weil diese bei brauchbaren Maschinen von der Messung ausgeschaltet oder belanglos klein sind. Erst *der Widerstand der Probe* gegen die aufgezwungene Verformung bringt die Maschine unter Spannung und *steuert damit die Belastung*. Die leider häufige Verkennung dieser einfachen Tatsache hat früher mehrfach zu Fehlentwicklungen von Prüfmaschinen geführt und hemmt noch heute die klare Begriffsbildung in der Materialprüfung. Die *Bewegung* der Maschine läßt sich durch die Steuerung des Antriebs unabhängig variieren und wird praktisch auch so gehandhabt. Dieser Bewegung ist — bei ideal starrer Maschine — die zwangläufige Reckung der Probe gleich. Der Widerstand der Probe und damit die Belastung (sowohl der Maschine als auch der Probe) ist dagegen die abhängige Variable. Die Bewegung (Reckung, Dehnung, Biegung) wird daher in der zeichnerischen Darstellung auch ganz richtig als Abszisse gewählt, der Widerstand (die Belastung) als davon abhängige Ordinate. Trotzdem wird im Text zu Unrecht häufig die „Belastung" als unabhängige Variable hingestellt, die Dehnung als abhängige[3].

a) Übersicht über die Arten des Antriebs.

Das Spannwerk kann sehr verschiedenartig konstruiert sein: Bei kleinen und kleinsten Kräften bis etwa 4 kg kann es *ein Gewicht* sein in unmittelbarer Verbindung mit dem Kolben eines Zylinders, der mit Luft oder Flüssigkeit (Wasser,

---

[1] DIN 51224 und DIN 51225 Beuth-Vertrieb Berlin-Köln.
[2] REULEAUX, F.: Theoretische Kinematik, Bd. I, Braunschweig 1875, S. 470; Bd. II, 1900, S. 577.
[3] UNOLD, G.: Stahlbaukalender, 6. Jg., 1940, S. 20.

Glycerin, Öl) gefüllt ist. Das Absinken des Kolbens wird durch Drosseln der austretenden Luft oder Flüssigkeit gesteuert, vgl. Abschn. 3 d. Für allerkleinste Kräfte, 100 g bis unter 1 g für die Prüfung von Einzelfasern, benutzt man ein in sich ausgewogenes System.

Für Kräfte von etwa 10 kg bis 10 t ist *Schraubenantrieb* geeignet. Bei Druckschrauben kann es eine einzige in der Maschinenachse sein, vgl. Abb. 2, Seite 18, Zugschrauben verwendet man auch paarweise miteinander gekoppelt; sie haben den Arbeitsraum der Maschine dann zwischen sich. Bei kleinen Schraubentrieben ist Handantrieb zwar möglich, aber Antrieb durch Elektromotor setzt sich immer mehr durch.

Mittlere und große Maschinen haben vorzugsweise (über 40 t wohl ausschließlich) *hydraulischen Antrieb*. Bei leichten Maschinen, etwa bis 100 kg Höchstkraft, nimmt man wohl hydraulischen Antrieb mit Anschluß an die Wasserleitung, die je nach dem Ort der Aufstellung etwa 2 bis 5 at Überdruck nutzbar hat. Die Maschinen von etwa 2 t Höchstkraft aufwärts mit hydraulischem Antrieb arbeiten mit Drucköl von 100 at Überdruck und mehr, selten über 400 at, obwohl noch wesentlich höherer Druck technisch einwandfrei zu beherrschen ist.

Druckzentralen für mehrere hydraulich angetriebene Maschinen, wie man sie früher verwandt hatte, sind jetzt vollständig durch Einzelantrieb verdrängt worden. Jede einzelne Maschine erhält eine Pumpe mit Elektromotor einfachster Bauart, denn er braucht nicht geregelt zu werden. Außerdem sind sowohl die Druckpumpen wie die Elektromotoren dazu ein üblicher Handelsartikel geworden, mit deren Konstruktion sich die Prüfmaschinenhersteller nicht mehr zu belasten brauchen.

b) Antrieb und Steuerung.

Die „Nutzleistung" selbst der größten Prüfmaschinen für zügige Beanspruchung bleibt in bescheidenen Grenzen; denn die Leistung als Produkt von Kraft und Geschwindigkeit bleibt auch bei großer Kraft wegen der schleichenden Geschwindigkeit sehr klein. Zum Beispiel leistet eine schwere Maschine bei 100 t Widerstand der Probe und 2 mm/s = 120 mm/min Reckgeschwindigkeit 200 kgm/s, also trotz dieser verhältnismäßig großen Geschwindigkeit noch nicht 3 PS effektiv, bei 1 mm/s nur 1,4 PS. Bei mittleren und leichten Prüfmaschinen bleibt die Effektivleistung unter 1 PS. Infolgedessen hat der mechanische Wirkungsgrad des Antriebs nur untergeordnete Bedeutung. Viel wichtiger ist ruhiges, stoßfreies Arbeiten, d. h. eine trotz stark wechselnden Widerstandes möglichst gleichförmig bleibende Reckgeschwindigkeit, und bequeme Steuerung sowohl beim Ein- und Ausschalten des Antriebs als auch bei etwaigem absichtlichem Wechsel der Reckgeschwindigkeit während des Versuchs.

Die Arbeitsgeschwindigkeit der hydraulischen Maschine wird bei laufendem Motor ausschließlich hydraulisch über Ventile gesteuert, die im Nebenschluß zur Arbeitsleistung einen mehr oder weniger größeren Teilstrom des Drucköls unbenutzt zum Pumpensumpf zurückleiten, so daß nur bei völlig abgeschlossenem Nebenschluß alles Öl dem Arbeitskolben zufließt. Diese Regelung hat zwar einen schlechten Wirkungsgrad, doch spielt dies bei der doch nur kleinen Leistung keine Rolle. Wichtig dagegen ist die feinfühlige, stoßfreie Regelung. Bei den jetzt vorherrschenden Bosch-Pumpen liegt die Regelung nicht im Nebenschluß. Vielmehr ändert hier die Steuerung die Länge des *wirksamen* Hubes; das im unwirksamen Hubteil angesaugte Öl gelangt nicht in den Druckraum und pendelt wieder zurück.

Bei dem Schema nach Abb. 6, Seite 20, ist für den Arbeitshub das Einlaßhahn-paar H_1 so zu stellen, daß der Kolben von oben beaufschlagt wird. Das Aus-laßventilpaar H_2 muß gleichzeitig den Auslaß von oben sperren und von unten freigeben. Unvollständige Freigabe mindert die Arbeitsgeschwindigkeit und regelt sie somit, wobei der Druck auf der Unterseite des Kolbens ansteigt. Zum leeren Rücklauf nach dem Zugversuch sind beide Hahnpaare umzu-schalten.

Weitere Einzelheiten über die Geschwindigkeitsregelung siehe Abschn. g.

c) Antrieb durch zulaufende Gewichte.

Diese Art des Antriebs ist nur zur Prüfung spröder Stoffe zu benutzen, deren Widerstand in Abhängigkeit von der Formänderung monoton ansteigt. Hierbei wird eine der beiden Einspannungen (in Abb. 10 ein Druckstück B im Hebel H)

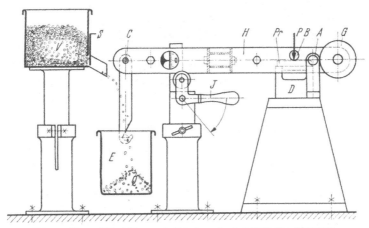

Abb. 10. Biegeprüfeinrichtung mit Belastung durch zulaufenden Bleischrot.
A feste Achse; B Druckstück im Hebel H; C Belastungsgelenk; D Biege-Auflager; E Eimer; G Gegen-gewicht; H Hebel aus zwei Stehblechen; J Arretierung; P (= 10 Q) Prüfkraft; Pr Biegeprobe; Q Gewicht des zugelaufenen Schrots; S Absperrschieber; V Vorratsbehälter.

über eine einfache oder doppelte Hebelübersetzung durch einen Eimer belastet, dem Schrotkörner in möglichst gleichförmigem Strom zurollen. Der Strom wird beim Bruch unterbrochen. Das Schrotgewicht im Eimer ist dann ein Maßstab für den größten von der Probe ausgeübten Widerstand.

Diese Art des Antriebs hat nur noch geringe Bedeutung. Sie ist aber eine der Ursachen für die weitverbreitete falsche Auffassung, als ob auch bei der Prüfung plastisch verformbarer Stoffe mit keineswegs monoton ansteigender Belastungs-Dehnungs-Charakteristik die Belastung als unabhängige Variable aufgebracht werden könne.

d) Antrieb durch Gewichte mit Luftpuffer.

Wie in Abschn. a schon kurz erwähnt, kann bei kleinen Maschinen, etwa bis 4 kg größte Prüfkraft, das treibende Gewicht G in Form eines geschliffenen schweren Kolbens unmittelbar an der unteren Einspannung von Hand an-gehängt werden; der Kolben bewegt sich in einem senkrecht stehenden Zylinder und wird zunächst durch Druckluft darin getragen. Läßt man die Luft durch ein feines Steuerventil am Fuß des Zylinders entweichen, so sinkt der Kolben nach unten und reckt damit die eingespannte Probe.

Der Luftüberdruck p im Zylinder regelt sich nach der Beziehung

$$p F = G - P \quad \text{oder} \quad P = G - p F, \tag{1}$$

wobei F den Kolbenquerschnitt und P den Widerstand der Probe (die Belastung) bedeutet. Der Luftüberdruck p und damit die Austrittsgeschwindigkeit der Luft ist — bei unveränderter Stellung des Drosselventils — somit nicht unabhängig vom jeweiligen Widerstand der Probe. Allerdings ist die Ausströmungsgeschwindigkeit und damit die Reckgeschwindigkeit nicht etwa dem Überdruck proportional, sondern in hinreichender Annäherung gilt Proportionalität für das Quadrat der Geschwindigkeit, so daß z. B. bei $P = 0{,}75\,G$, wobei p auf $^1/_4$ seines Anfangswertes zurückgeht, immer noch die halbe Absinkgeschwindigkeit bleibt. Durch weiteres Öffnen des Drosselventils von Hand, läßt sich der Geschwindigkeitsabfall einigermaßen ausgleichen, aber nicht gerade genau. Beim Bruch der Probe fängt das Luftkissen im Zylinder das Gewicht sanft ab. Zum neuen Versuch muß man das Gewicht von Hand wieder anheben und durch Preßluft halten, die entweder durch teilweises Absinken des Gewichts aus der Atmosphäre von selbst entsteht oder die man zweckmäßig aus einer Vorratsflasche entnimmt oder durch eine Druckpumpe von Hand oder maschinell erzeugt. Das Ganze nennt man zwar Schwerkraftantrieb, jedoch dient das Gewicht bei dieser Bauart nur scheinbar zum unmittelbaren Antrieb, denn seine Wirkung wird vornehmlich durch das Drosselventil gesteuert.

e) Antrieb durch Schraubenspindel.

Die Schraube ist ein sehr geeignetes Mittel, eine Bewegung von erheblicher Kraft bei geringer axialer Geschwindigkeit zu erzeugen. Der geringe Wirkungsgrad — bei der durchaus erwünschten Selbstsperrung notwendig unter 50% — stört hier nicht. Bei Druckprüfmaschinen kann die angetriebene Schraube mit einer im Gestell festen Mutter gepaart sein, muß dann aber gegen die Druckplatte über ein geeignetes Drucklager wirken, Abb. 11. Bei Kräften unter 1 t kann hierzu einfach das ballig abgedrehte Ende der Schraubenspindel dienen, sonst ein Ringspurlager oder Wälzlager. Gedreht wird die Schraubenspindel in einfachen Fällen von Hand. Motorischer Antrieb, zweckmäßig über ein Schneckenrad, verlangt entweder Mitbewegung des Schneckentriebes parallel zur Schraubenachse, wobei die Abstützung des Antriebmomentes nicht ganz einfach ist, oder Antrieb der zwischen Drucklagern gehaltenen Mutter, wobei die Schraube axial verschiebbar ist und an der Drehung durch eine in einer Keilnut verschiebliche im Gestell feste Feder verhindert wird, Abb. 12. Besser als Nut und Feder, weil praktisch spielfrei, wirkt ein leichter Querbalken an der Spindel, der an den Maschinensäulen entlanggleitet wie in Abb. 11. Die die Spindel umschließende Mutter ist gegen Axialschub durch Drucklager abgefangen und wird über Kegelräder,

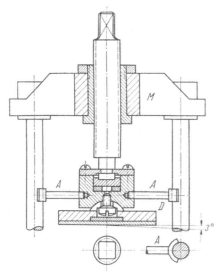

Abb. 11. Schraubenantrieb, Prinzipskizze. Bronzemutter M fest im Querhaupt. Drucklager durch die Arme A am Drehen gehindert. Druckplatte D bis 3° kugelig kippbar.

Stirnräder oder Schneckengetriebe gedreht, so daß sie die Spindel axial verschiebt. Die Spindel ist mit dem einen Einspannkopf, gewöhnlich mit dem unteren, fest verbunden. Für den Antrieb unter Last sind solche Spindeln

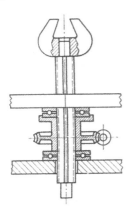

Abb. 12. Schraubentrieb mit angetriebener Mutter zwischen 2 Drucklagern. Drehung der Mutter wird durch Nut und Feder verhindert.

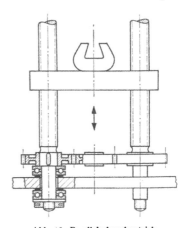

Abb. 13. Parallelschraubentrieb. Gleichzeitiger Antrieb beider Spindeln durch Zahnräder zwangläufig gesichert.

bei leichten und mittleren Maschinen sehr brauchbar. Für Elastizitätsversuche mit Feinmessung ist rein mechanischer Antrieb überragend der beste. Für die Einstellung *vor* dem Versuch ist Spindelantrieb auch bei schweren Maschinen zweckmäßig, die unter Last hydraulisch betrieben werden.

Bei Zugprüfmaschinen kann man mit Vorteil statt *einer* Schraube in der Maschinenachse *zwei* symmetrisch zur Achse gelagerte Schrauben nehmen, die beide durch Drucklager im Gestell axial unverschieblich gelagert sind. Ein Querhaupt, das in der Mitte die eine Einspannung trägt, umschließt an seinen beiden Enden mit zwei Muttergewinden die Schrauben. Diese haben einen gemeinsamen Antrieb, z. B. über Stirnräder oder je ein Kegelradpaar und geben so dem Querhaupt eine zwangläufige Parallelbewegung, Abb. 13.

Motor und seine Regelung. Das Getriebe für den Antrieb der Mutter oder der Spindel wird über entsprechende Vorgelege von einem Elektromotor angetrieben. Diese Motoren haben stets Nebenschlußcharakteristik, d. h. eine im wesentlichen konstante Drehzahl, die bei Belastung nur ganz wenig abfällt. Gleichstrom-Nebenschlußmotoren lassen sich zwar durch Steuern der Erregung in bezug auf ihre Drehzahl elektrisch regeln. Wegen des vorherrschenden Gebrauchs der billigen und dabei zuverlässigen Drehstrom-Kurzschlußmotoren, die im allgemeinen nicht regelbar sind, legt man die Geschwindigkeitsregelung bisher lieber in das Getriebe, entweder durch ein Schaltgetriebe mit verschiedenen Zahnradübersetzungen oder auch durch ein stetig veränderliches Reibradgetriebe, letztere aber nur für leichte Maschinen. Neuerdings sind auch stufenlos regelbare Elektromotoren mit sehr feinfühliger Steuerung entwickelt worden; ihre Geschwindigkeit kann von irgendeinem vorgegebenen Parameter abhängig gemacht und im Verhältnis 1:50 oder auch 1:100 verändert werden.

Die Getriebe müssen eine sehr starke Übersetzung ins Langsame hergeben in der Größenordnung von 100:1. Daher sind stets mehrere Stufen erforderlich, auch bei Schneckenvorgelegen. Als erste Stufe ist ein Keilriemengetriebe wegen seines weichen, geräuscharmen Laufs recht nützlich.

f) Hydraulischer Antrieb.

Der rein mechanische Antrieb eignet sich nur für kleine und mittlere Maschinen. Dagegen ist hydraulischer Antrieb sowohl für leichte als auch für schwere und schwerste Maschinen brauchbar.

α) **Niederdruckantrieb.** Kleine und kleinste Maschinen treibt man gern durch Kolben und Zylinder an, die über ein regelbares Drosselventil einfach an die Wasserleitung anzuschließen sind. Unter der Voraussetzung, daß die Gleichmäßigkeit des Wasserdrucks nicht durch stark schwankende Entnahme von anderer Seite gestört wird, arbeitet ein solcher Antrieb sehr ruhig und stoßfrei und läßt sich in seiner Geschwindigkeit fein regeln. Der Kolbenquerschnitt muß so reichlich bemessen sein, daß der verfügbare Wasserdruck nie ganz ausgenutzt wird. Dann bleibt der Wasserfluß durch das Drosseln im Zulaufventil und damit die Vorschubgeschwindigkeit auch bei schwankendem Druck in der Wasserleitung praktisch unabhängig vom Wasserdruck im Treibzylinder, der selbst nur vom Widerstand der Probe gesteuert wird. Den Überdruck der Wasserleitung gegen den Druck im Zylinder fängt das Zulaufventil auf. Durch weiteres Aufdrehen wird nicht die Belastung vergrößert, sondern nur der Vorschub beschleunigt. Dieser führt dann meist, aber durchaus nicht immer, auch zu größerer Belastung. Auch bei gedrosseltem Ventil kann die volle Maschinenkraft entwickelt werden, nur eben bei entsprechend verminderter Vorschubgeschwindigkeit.

Um den Kolben nach dem Versuch wieder in die Anfangsstellung zurückzuführen, muß man die Wasserleitung zum Zylinder völlig sperren und einen Ablauf für das Wasser aus dem Zylinder freigeben. Zum Zurückholen kann — bei Arbeitsrichtung nach oben — das Eigengewicht des Kolbens dienen, sonst ein Zusatzgewicht mit Umlenkung. Doppeltwirkende Kolben würden eine Stopfbüchse erfordern; diese ist aber wegen des verhältnismäßig großen und unkontrollierbaren Reibungswiderstandes unzweckmäßig. Man bevorzugt daher einfach eingeschliffene Kolben und läßt zur Minderung der Reibung Leckverluste zu, sorgt aber für glatten Ablauf des Leckwassers. Hydraulische Niederdruckantriebe sind für Kräfte bis etwa 100 kg gut geeignet.

β) **Hochdruckantrieb.** Für größere Kräfte sind — praktisch ohne Begrenzung nach oben — Hochdruckzylinder mit eingeschliffenem Tauchkolben geeignet und herrschen vor. Bei hydraulischem Antrieb des Arbeitskolbens ist der Druck im Arbeitszylinder ein Maß für den Widerstand der Probe und damit für die von der Maschine ausgeübte Kraft. Dies gilt aber nicht streng, denn ein gewisser Teil der Maschinenkraft dient zur Überwindung der Kolbenreibung, wird also als Schub auf die Zylinderwandung übertragen und nicht auf die Probe.

Die früher viel benutzten Scheibenkolben werden nur noch selten verwandt und sind fast ganz durch einfach wirkende Tauchkolben verdrängt worden. Bei Abdichtung des Kolbens mit Ledermanschette beträgt die Reibungskraft erfahrungsgemäß mehrere Prozent der aufgebrachten Kraft. Man findet sie als Differenz zwischen der aus dem Flüssigkeitsdruck und dem Kolbenquerschnitt berechneten Kolbenkraft und der mit Dynamometer ermittelten, am Kolben nach außen hin übertragenen Kraft. Wenn diese Messung gemacht ist, kann man also die Reibungskraft berücksichtigen; jedoch hat sich gezeigt, daß die durch Lederstulpen übertragene Reibungskraft verhältnismäßig starken Schwankungen unterliegt. Wenn etwa eine Maschine längere Zeit nicht gebraucht ist, kann die Reibungskraft zunächst erheblich größer sein als nach intensivem Betrieb. Montags ist sie größer als sonnabends.

Mit Rücksicht auf die immer etwas unsicheren Reibungsverhältnisse, die man nicht dauernd kontrollieren kann, beschränkt man heute die Anwendung von Ledermanschetten als Dichtung für Kolben auf sogenannte Baustoffprüfpressen, bei denen bisher bis zu 3 % Fehler in der Kraftanzeige zugelassen sind. Diese 3 % sind allerdings reichlich bemessen. Die Schwankungen der Reibungskraft erreichen nur in Ausnahmefällen diesen Betrag und bleiben gewöhnlich nur halb so groß. Bei Öl als Arbeitsflüssigkeit schwankt die Reibungskraft in günstigen Fällen nur um einige zehntel Prozent.

Da aber die Manschettenreibung immerhin eine Quelle der Unsicherheit darstellt, verwendet man heute bei hydraulisch angetriebenen Prüfmaschinen (teilweise auch für Baustoffprüfpressen) fast nur noch eingeschliffene Tauchkolben ohne Abdichtungsorgane. Diese eingeschliffenen Kolben schwimmen in Öl, das durch den schmalen Spalt zwischen Kolben und Zylinder hindurchtritt und als Lecköl aufgefangen werden muß. Infolge der Viskosität des Öles nimmt innerhalb des Spaltes in Richtung der Achse der Druck von seiner vollen Höhe bis auf Atmosphärendruck im wesentlichen nach linearem Gesetz ab, sofern der Spalt den theoretischen Voraussetzungen entspricht, überall gleich weit zu sein. Als Druckflüssigkeit ist Mineralöl mittlerer Viskosität wegen seiner guten Schmierwirkung und Beständigkeit sowohl dem Glyzerin als auch dem Wasser weit überlegen.

Ein nach oben offener Zylinder erhält am oberen Flansch eine Rinne zum Auffangen des Lecköls mit einem ständig offenen Ablaufrohr zum Ölsammelbehälter an der Pumpe. Zulauf und Ablauf am unteren Zylinderteil werden einzeln von Hand gesteuert zum Heben und Senken des Kolbens.

Eingeschliffene Kolben sind zwar ein sehr einfaches Maschinenelement, erfordern aber sehr sorgfältige Bearbeitung und auch eingehende konstruktive Überlegungen. Sie müssen zylindrisch geschliffen und geläppt sein, d. h. kreisrund mit überall gleichem Durchmesser auf ihrer ganzen Länge bei äußerst geringen Toleranzen mit Rücksicht auf die enge und notwendigerweise möglichst gleichmäßige Passung im Zylinder. Der Zylinder dagegen braucht nur am offenen Ende auf einer Länge von etwa $0,6\,d$ bis höchstens $1,0\,d$ ausgeschliffen zu sein. Das radiale Spiel ist etwa auf 1 bis 2/10000 des Durchmessers zu beschränken. Dieses Spiel aber kann streng nur bei einem einzigen Druck eingehalten sein, denn der Öldruck drückt den Kolben zusammen und den Zylinder auseinander. Wenn etwa beim Öldruck Null der Spalt zwischen Zylinder und Kolben ringsum auf seiner ganzen axialen Länge den gleichen Abstand von vielleicht 20 μ hat, so wird er bei einem Arbeitsdruck von z. B. 400 at am Kopf des Kolbens durch die elastische Verformung von Kolben und Zylinder wesentlich weiter als 20 μ sein und nur am Kolbenaustritt, wo der Ölüberdruck auf Null abgesunken ist, den ursprünglichen Wert noch haben. Die Erweiterung des Spaltes bedeutet geringeren Widerstand und infolgedessen erhöhte Strömungsgeschwindigkeit des Öls, also einen Leckölstrom, der mehr als proportional mit dem Arbeitsdruck zunimmt. Um diesen Ölstrom nicht zu groß werden zu lassen, wird man daher im unbelasteten Zustand den Spalt am Kolbenkopf so eng wie irgend möglich halten, um gerade noch Klemmung zu verhüten. Mit Rücksicht auf leichtere Herstellung und leichteres Auswechseln gibt man dem Zylinder gern eine besondere Führungsbüchse, meist aus Bronze.

Für die Berechnung der wirksamen Kolbenkraft ist außer dem Öldruck — genau genommen — weder der Querschnitt der Kolbenfläche noch der (etwas größeren) Zylinderbohrung unmittelbar maßgebend, sondern das Mittel aus beiden; denn der axiale Spaltdruck verursacht den Lecköldstrom und dieser setzt durch seine Viskosität den axialen Spaltdruck in Schubkraft um, die je zur Hälfte am Kolben und am Zylinder angreift.

Man muß bei der Konstruktion auch sehr auf die Gleichmäßigkeit der elastischen Deformation achten. Beim Kolben, der wohl stets rotationssymmetrisch gestaltet ist, macht dies keine besonderen Schwierigkeiten. Wenn das Spiel zwischen Kolben und Zylinder durch Einschleifen und Läppen gleichmäßig über dem Umfang von Kolben und Zylinder hergestellt ist, so bleibt es bei höherem Flüssigkeitsdruck im Zylinder nicht erhalten. Der Deformation begegnet man durch verhältnismäßig dicke Wandungen des Zylinders und des Kolbens, d. h. durch verhältnismäßig geringe Beanspruchungen. Den Kolben kann man äußerstenfalls massiv herstellen. Gewöhnlich ist er als dickwandiger Hohlkörper aus Gußeisen gestaltet. Man soll aber die nicht benutzte innere Oberfläche des Kolbens genau zentrisch zur äußeren Dichtungsfläche legen. Im allgemeinen wird das nur durch spanabhebende Bearbeitung der Innenfläche zu erreichen sein.

Ein einfacher Tauchkolben (Abb. 14) wird bei weitem am häufigsten angewandt. Fast immer arbeitet er senkrecht nach oben und braucht dann keine besondere Einrichtung für den Rückgang, sondern läuft unter dem Einfluß seines Eigengewichtes und des Gewichtes der mit ihm fest gekoppelten Maschinenteile selbsttätig zurück, wenn der Ablauf freigegeben ist. Der Zylinder hat unten den Einlauf mit Absperrventil und ebenfalls einen Ablauf oder Rücklauf für das Öl, das von dort zum Sumpf der Ölpumpe führt. Eben dorthin läuft auch das Lecköl. Zum Arbeitshub wird der Einlauf geöffnet bei gleichzeitig geschlossenem Ablauf; vor dem Öffnen des Ablaufs ist der Einlauf zu schließen oder aber die Pumpe stillzusetzen.

Der Zylinder bildet konstruktiv gewöhnlich einen Teil des Querhauptes, ist somit keineswegs rotationssymmetrisch gestaltet und wird daher unter dem Einfluß des Öldrucks elastisch unrund deformiert. Diesem Nachteil kann man auf verschiedenen Wegen begegnen. Man kann durch Ringnuten in der Kolbenmantelfläche für einen Ausgleich des Öldrucks sorgen und hierdurch bis zu einem gewissen Grad Klemmungen verhüten. Diese Ringnuten brauchen nur ganz schmal (etwa 5 mm) und flach (0,1 bis 0,2 mm)

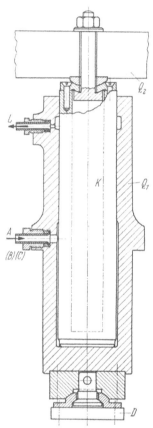

Abb. 14. Eingeschliffener Tauchkolben.
A Eintritt des Drucköls;   In gleicher Höhe (verdeckt) (*B*) Anschluß zum Manometer und (*C*) Öl-Rücklauf;   *D* obere Druckplatte mit Kugelbewegung; *K* Kolbenkörper;   *L* Lecköl-Rücklauf; Q_1 Zylinder im festen Querhaupt; Q_2 bewegliches Querhaupt, kugelig angeschlossen.

zu sein, so daß sie die aktive Dichtungsfläche kaum merklich vermindern. Sie gleichen aber den Öldruck über dem Umfang des Zylinders weitgehend aus und können so dem Festklemmen beim Unrundwerden des Zylinders vorbeugen.

Noch wirksamer ist — zweckmäßig außer den Ringnuten — ein besonderer rohrförmiger rotationssymmetrischer Zylinderkörper, der in das Querhaupt eingesetzt wird, ohne die elastischen Verzerrungen des Zylinders mitzumachen. Dieser Zylinderkörper darf nur durch einen Flansch an einem Ende mit dem

Querhaupt verbunden sein, damit er auf keinen Fall unrund wird. Natürlich muß er auch auf seiner inaktiven Außenfläche zentrisch zu einer Innenbohrung spanabhebend bearbeitet sein, damit seine Wanddicke ringsum gleich ist.

In weiterer Entwicklung dient dieser Zylinder nicht einfach als rotationssymmetrischer Druckraum, sondern nur noch als Führungszylinder, der auch auf seiner Außenseite größtenteils von der Druckflüssigkeit beaufschlagt wird. Zweckmäßig bemißt man diese Fläche so, daß die Nachgiebigkeit der Wanddicke die Spaltbreite bei zunehmendem Druck wenigstens annähernd konstant erhält. Diese Entwicklung ist planmäßig von G. WAZAU[1] betrieben worden und beschränkt sich auch nicht nur auf einen Tauchkolben, von dem bisher vorwiegend die Rede war, sondern bezieht sich auch auf Scheibenkolben mit einseitiger oder zweiseitiger Kolbenstange, die nach ähnlichen Gesichtspunkten wie ein Kolben durch Stopfbuchsen geführt wird. Hierbei soll auch der Kolbenkörper so gestaltet sein (Abb. 15a bis c), daß der zunehmende Arbeitsdruck hinter dem Kolben ihn mindestens auf einen Teil seiner Länge aufweitet.

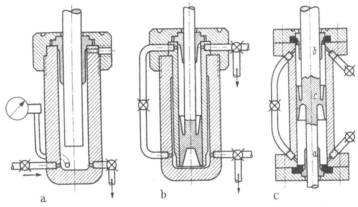

Abb. 15a. Tauchkolben mit Stopfbuchse, einfach wirkend.
Abb. 15b. Kolben mit einseitiger Kolbenstange und Stopfbuchse (doppelt wirkend).
Abb. 15c. Kolben mit beidseitiger Kolbenstange und zwei Stopfbuchsen (doppelt wirkend).

Diese Bauarten sind sowohl für Arbeitskolben brauchbar, die gleichzeitig als Meßkolben dienen, als auch für besondere Meßzylinder und -kolben zum Antrieb von Pendelmanometern.

Unter Verwendung derartig gestalteter Führungsbuchsen und Scheibenkolben lassen sich hydraulisch betriebene Prüfmaschinen bauen, die nicht nur in einer Richtung zu arbeiten vermögen. Solche Maschinen brauchen dann keinen Umführungsrahmen, um universell verwendbar zu sein. Außerdem können sie mit Hilfe von Stufenkolben mehrere Kraftbereiche erhalten. Die praktische Bedeutung dieser wohldurchdachten Konstruktionen ist jedoch bisher gering geblieben, offenbar weil die Bauart mit einem einzigen Tauchkolben mit Umlenkrahmen weniger Aufwand erfordert und auch weniger störanfällig ist.

Bei gegebenem Kolbenquerschnitt bleibt bei der Prüfung kleiner Querschnitte der Öldruck entsprechend gering. Mit Rücksicht auf genügend genaue Kraftmessung kann man auch in kleinem Kraftbereich mit hohem Öldruck arbeiten, wenn hierfür ein entsprechend kleiner Kolbenquerschnitt zur Verfügung steht. Hierzu werden zwei oder sogar drei Kolben konzentrisch ineinander angeordnet, die durch Bajonett-Verschluß, also durch Drehung um etwa 90°, ein- und aus-

[1] DRP 620020 (7. 10. 1931); DRP 686619 (20. 11. 1934); DRP 696803 (16. 5. 1934).

zukuppeln sind. Angestrebt wird wegen Ablesung der Kräfte auf der gleichen Skale vor allem das Kolbenquerschnittsverhältnis 10:1. Dies verlangt, da im Hauptbereich beide Kolben zusammen arbeiten, im kleinen Bereich nur der kleine Kolben, ein irrationales Durchmesserverhältnis $\sqrt{10}:1 = 3,16228$, das konstruktiv leicht auszuführen ist.

Die trotz aller konstruktiven Sorgfalt unvermeidlichen druckabhängigen elastischen Spaltänderungen beschränken den praktisch anwendbaren Öldruck auf meist 200 oder allenfalls 400 at, während sonst wesentlich höhere Drücke, etwa 800 oder gar 1000 at, sehr gut beherrschbar wären.

g) Geschwindigkeitsregelung des Antriebs.

Die Versuchstechnik der Materialprüfung kommt nicht mit einer konstanten Antriebsgeschwindigkeit aus. Bei gleicher Formänderungsgeschwindigkeit muß die Antriebsgeschwindigkeit der Probengröße proportional sein. Die Beobachtung der Streckgrenze beim Zugversuch verlangt langsame Reckung, aber nach Überschreiten der Streckgrenze ist wesentlich schnellere Reckung erlaubt und ist zur Verkürzung der Versuchsdauer anzustreben. Umgekehrt muß bei Feinmessungen im elastischen Bereich die Kraft einige Zeit konstant gehalten werden.

Mechanischer Antrieb von Hand erfüllt bei eingeübten Laboranten diese Anforderungen ziemlich gut. Zur leichteren Überwachung der Reckgeschwindigkeit gibt es Tachoskope: vom arbeitenden Einspannkopf wird parallel zur Probe ein Kolben in einem wassergefüllten Zylinder bewegt, dessen Wasser im Kreislauf einem senkrechten Glasrohr von wenigen Millimeter Durchmesser von unten zugeleitet wird. Auch bei Schleichbewegung des Kolbens entsteht im Glasrohr eine deutliche Strömung, die einen kleinen Rotationskörper mit propellerartigem oberen Rand im Glasrohr aufsteigen läßt. Die jeweilige Höhe wächst mit der Geschwindigkeit und läßt sich an einer Skale leicht beobachten. Vor allem läßt sich Konstanz der Geschwindigkeit und Abweichung von der Konstanz gut erkennen, so daß man danach regeln kann.

Elektromechanischer Antrieb läßt sich zwar rein elektrisch im Prinzip sehr genau regeln (vgl. Abschn. eα), wird dann aber so teuer, daß sich der Aufwand nur ausnahmsweise lohnt.

Hydraulischer Antrieb von der Wasserleitung her, läßt sich durch die üblichen Wasserventile steuern, nur sind Gummischeiben wegen ihrer elastischen Nachwirkung unzweckmäßig; besser sind Metallkegel als Abschlußkörper. Die meisten hydraulisch betriebenen Prüfmaschinen haben ihre eigene Bosch-Pumpe mit nichtregelbarem Elektromotor. Wie bereits auf S. 24 erwähnt, regelt man bei konstanter Motordrehzahl die Ölförderung der Pumpe. Doch gilt dies nur als Grobregelung. Zum Feinregeln ist ein Drosselventil mit sehr schlankem Metallkegel in die Druckölleitung eingeschaltet, mit dem man die Geschwindigkeit sehr feinfühlig regeln und auch die Kraft eine Weile halten kann. Soll aber die Kraft über mehrere Minuten oder auch Stunden konstant bleiben, so dient hierzu ein zusätzliches Drosselüberströmventil[1] mit ebener Dichtungsfläche, dessen Abschlußplatte in bestimmter Weise belastet werden kann. Sobald der Öldruck die jeweils eingestellte Anpreßkraft nur ein wenig zu überschreiten versucht, wird das Öl im Nebenschluß freigegeben, bis wieder *Gleichgewicht* besteht. Der Öldruck im Arbeitskolben kann daher den eingestellten Druck zwar unterschreiten, aber nicht überschreiten. Bei Belastung durch Gewicht (über Hebel) bleibt der Öldruck konstant; denn Unterschreiten

---

[1] Deutler, H. u. B. Jacoby: Meßtechn. Bd. 19 (1943) S. 211.

kommt praktisch nicht in Frage, solange die Pumpe läuft und Öl fördert. Statt durch das Gewicht kann das Ventil auch über eine Feder belastet werden, deren Kraft entweder von Hand eingestellt oder durch ein Getriebe programmäßig gesteuert wird, z. B. auf konstante Belastungsgeschwindigkeit. Natürlich kann bei ausgeprägter oberer Streckgrenze und nach Überschreiten der Höchstkraft die tatsächliche Belastung dem Programm nicht folgen, tut es aber im übrigen Verlauf. Für Stoffe, deren Verformungswiderstand stark geschwindigkeitsabhängig ist, z. B. für Textilien, Kunststoff-Folien oder Bitumen enthaltende Massen, ist genaue Regelung der Prüfgeschwindigkeit von wesentlicher Bedeutung. In DIN 51221 Blatt 3 „Kleine Zugprüfmaschinen" ist für diese Regelung eine Abweichung von ± 10% zugelassen.

4. Einspannung.

Die Bewegung des Spannwerks wird durch eine *Einspannung* auf die Zugprobe übertragen. Damit die Probe sich nicht als Ganzes bewegt, sondern zwangläufig gereckt wird, muß sie an beiden Enden durch Einspannungen gefaßt werden. Die andere Einspannung ist daher mit dem Maschinengestell fest verbunden, und zwar entweder unmittelbar oder auch mittelbar, dann über eine Kraftmeßeinrichtung zwischen Einspannung und Maschinengestell. Ganz wesentlich ist hierbei der zentrische Kraftangriff ohne zusätzliche Biegemomente, die das Ergebnis des Versuchs beeinträchtigen würden.

a) Einspannung für Druckversuche.

Für Druckversuche ist eine „Einspannung" nicht erforderlich; hier genügen ebene Druckplatten mit der nötigen Biegesteifigkeit. Die Achse des Probekörpers, meist in Würfelform, muß zur Vermeidung von Biegemomenten möglichst genau in der Maschinenachse liegen. Damit die Kraft zentral angreift, auch wenn der Probekörper nicht genau planparallel bearbeitet ist, muß eine der beiden Druckplatten kugelig gelagert sein. Bei neueren Maschinen ist dies stets die obere. Für kleine und mittlere Druckkräfte ist das Zwischenschalten einer vollen Stahlkugel zweckmäßig, die beiderseits in einer satt anliegenden Kalottenschale mit etwa 90° Zentriwinkel ruht, Abb. 16. Eine 10 mm-Kugel reicht bei weitem für 4 t Druckkraft, eine 30 mm-Kugel für 40 t. Für größere Kräfte erhält die Druckplatte auf ihrer rückwärtigen Tragfläche eine kugelige Vorwölbung von entsprechend größerem Radius, die in eine Höhlung oder Unterlage paßt, wie z. B. in Abb. 2 und 11 zu sehen ist. Beide Flächen müs-

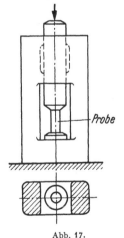

Probe

Abb. 17.
Druckvorrichtung.

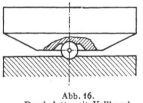

Abb. 16.
Druckplatte mit Vollkugel.

sen gehärtet und bei der Prüfung metallischer Werkstoffe gut geschmiert sein, wenn sie ihren Zweck erfüllen sollen. Sehr wirksam ist Talg mit Graphit, jedoch darf Talg nicht dauernd in Berührung mit den Stahlflächen bleiben, weil er Säure abspaltet und Rost erzeugt. Kugellagerfett mit Graphit ist insofern besser. Die mittlere Druckspannung in der Berührungsfläche darf 90 kg/mm² betragen, ohne daß damit eine scharfe Grenze gegeben ist. Am wirksamsten läßt sich die Reibung zwischen den Kugelflächen durch Einpressen von Öl während des Versuchs überwinden, wobei die Berührungsflächen so groß sein müssen, daß die Flächenpressung unter 400 kg/cm² bleibt.

Bei Druckversuchen von kleinen oder schlanken Proben mit Feinmessung stört das seitliche Spiel der einen Druckplatte gegen die andere. Man verwendet für solche Versuche besondere Vorrichtungen (Abb. 17), bei denen der Druckstempel vom Durchmesser d auf großer Länge (2 bis 3 d) mit enger Passung geführt ist, wobei das Druckwiderlager fest mit der Führung verbunden ist.

b) Einspannung für Zugversuche.

Für Zugversuche kommen recht verschiedenartige Einspannungen in Frage, namentlich für die Prüfung von Konstruktionsteilen wie Ketten (Abb. 18 und 19)

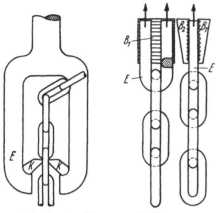

Abb. 18 u. 19. Einspannung für Ketten.
Abb. 18. Offenes Gehänge E mit zwei Schrägkeilen K.   Abb. 19. Offenes U-förmiges Schlußglied E zur Einspannung zwischen flachen Beißkeilen B_1, B_2.

und Drahtseilen. Für die üblichen Zugproben braucht man — entsprechend deren Köpfen — vornehmlich drei Einspannarten:

α) Kugelschalen mit geteilten Beilageringen für Zugproben mit Schulterkopf (Abb. 20a, 20b und 21),

β) Kugelschalen mit zylindrischer Mutter für Zugproben mit Gewindekopf (Abb. 22),

γ) Beiß- oder Klemmkeile für Flachproben, glatte Rundproben und glatte prismatische Proben sowie für Rohre, die im Ganzen geprüft werden (Abb. 23 und 24a, b und c).

α) Einspannung für Zugproben mit Schulterkopf.

Die Kugelschalen oder -hülsen können in einem Schieber ruhen, der in den Spannkopf eingeschoben wird (Abb. 20a und b), nachdem vorher die Zugprobe lose eingebracht worden ist, oder in einer außen kegeligen Hülse mit kräftigem Flansch mit prismatischen Flächen (Abb. 21), so daß die Hülse mit Zugprobe leicht in den Spannkopf einzuschieben ist und dann durch 90°-Schwenkung in entsprechender Aussparung zentrisch gehalten wird. Die Bohrung muß den Kopf der Zugprobe durchlassen und beschränkt somit den größten anwendbaren Durchmesser der Zugprobe.

Der Kugelradius der Schalen beträgt notwendigerweise das Mehrfache des Probendurchmesser. Die Kugelschalen (Abb. 20a, b und 21) sind zwar von Hand leicht einstellbar, haben aber ein beträchtliches Reibungsmoment, so daß sie die Übertragung von Biegemomenten auf die Probe nur unvollkommen ausschließen.

Das Einführen der Zugproben und Einlegen der geteilten Ringhälften erfordert jedesmal beträchtliche Verstellung der „Einspannlänge", d. i. der Abstand der Einspannköpfe voneinander, und daher einigen Zeitaufwand. Um diesen zu verkürzen, hat man die Hohlkugelschalen einseitig geschlitzt — Schlitzbreite wenig größer als der Durchmesser der Zugprobe im Versuchsteil —, so daß man die Zugprobe mit den außerhalb der Maschine eingelegten geteilten Beilageringen seitlich einschieben kann. Die Fuge der Halbringe legt man zweckmäßig quer zum Schlitz, so daß der eine Halbring den Schlitz überbrückt. Abb. 20a, b und 21 zeigen die je nach Probengröße und Kopfform verschiedenen Anordnungen für die obere Einspannung.

Damit die Kugelschalen wenigstens einigermaßen ihren Zweck erfüllen, sind sie geeignet zu schmieren. Reines Öl wird mangels Gleitgeschwindigkeit der Tragflächen weggedrängt. Man muß daher grafitiertes Öl oder Fett verwenden.

Bewährt hat sich auch Molybdänsulfid ohne Öl als Gleitmittel geringster Reibung. Recht wirksam ist eine zwischengelegte Bleifolie in Form einer Lochscheibe; ihre Anwendung empfiehlt sich besonders bei Messungen mit Kraftmeß-Kontrollstab.

β) Einspannung für Zugproben mit Gewindeköpfen. Größere Durchmesser gestattet der Gewindekopf (Abb. 22); die Mutter *12* kommt auf die Probe *11*, nachdem diese durch die Hülse *3* durchgesteckt ist. Die für Schulterkopf notwendigen geteilten Ringe entfallen hier. Somit ist die Handhabung erleichtert.

Kleine Zugproben mit Gewindeköpfen schraubt man zweckmäßig in Muffen ein, die ihrerseits von einem Kupplungsbolzen mit Schulterkopf (Abb. 25) getragen werden, so daß die Probe mit beiden Kupplungsbolzen zusammen wie eine lange Zugprobe in die Maschine eingehängt werden kann. Wenn die kugeligen Aufnahmeschalen einseitig geschlitzt sind, braucht man keine geteilten Beilageringe, sondern gibt den Bolzen einen gehärteten kugeligen Kopf.

Beim Gebrauch der Maschine können die Einspannbolzen gewöhnlich in der Maschine belassen werden, vorausgesetzt, daß sich die Gewindeköpfe der Proben leicht einschrauben und nach dem Versuch leicht lösen lassen.

Für Reihenuntersuchungen mit Rundproben gleicher Größe sind besondere Schnellspannköpfe geschaffen worden, die mit dicken Bolzen in die Kugelschalen der Einspannköpfe eingehängt werden. Abb. 26 zeigt

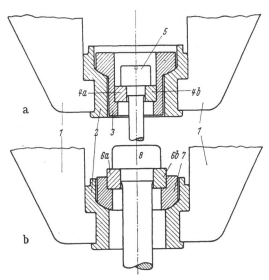

Abb. 20a. Einspannvorrichtung mit Schieber mit Kugelfläche für kleine Zugproben mit Schulterköpfen.
1 Spannkopf; *2* Schieber mit Bohrung; *3* Hülse mit Kugelflansch; *4a* u. *4b* geteilter Ring; *5* kleine Zugprobe mit Schultern.

Abb. 20b. Einspannvorrichtung mit Schieber mit Kugelfläche für große Zugproben mit Schulterköpfen.
1 Spannkopf; *2* Schieber mit Bohrung; *6a* u. *6b* geteilter Ring; *7* Kugelringschale; *8* große Zugprobe mit Schultern.

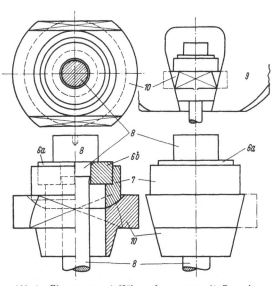

Abb. 21. Einspannung mit Hülse und Kugelfläche für Zugproben mit Schulterköpfen, gehalten durch Bajonettverschluß.
6a u. *6b* geteilter Ring; *7* Kugelringschale; *8* Zugprobe mit Schultern; *9* Spannkopf mit Bajonettverschluß; *10* einschiebbare Hülse mit Bajonettflansch und Kugelschale.

den oberen Schnellspannkopf. Die Spannköpfe sind um das Scharnier *8* auf-
zuklappen, wenn der Knebel *10* durch kurze Linksdrehung gelockert und zu-
sammen mit dem Bolzen *9* ausgeschwenkt wird.
Die rückwärtige Schalenhälfte ist dann zur
Aufnahme der Zugprobe *11* bereit, wobei die
Ringhälften *7*a und *7*b in den oberen Schalen-

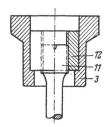

Abb. 22. Einspannung für Zugproben mit
Gewindeköpfen (*11*) wie in Abb. 20a, nur
an Stelle von 4*a* und 4*b* Gewindemutter *12*.

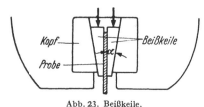

Abb. 23. Beißkeile.

hälften sogar verbleiben können; unten dagegen legt man sie besser auf den
unteren Probekopf. Beim Zuklappen und Verriegeln mit je einem Griff oben
und unten wird die Zug-
probe auch vom Deckel er-
faßt. Beim Anfahren der
Maschine kommt der untere
Probenkopf erst zur Anlage,
dann beginnt die Belastung

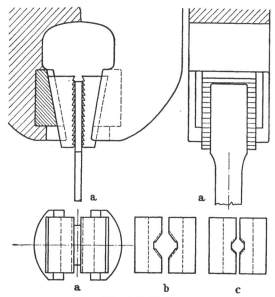

Abb. 24. Beißkeile.
a für Flachproben (Ansicht, Grundriß und Seitenansicht); *b* für
große Rund-, Sechskant- und Vierkantproben;   *c* für kleinere
Rund-, Sechskant- und Vierkantproben.

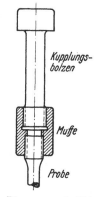

Abb. 25. Einspannung für kleine Zugproben mit Gewindeköpfen. Der Kupplungsbolzen kann statt des Schulterkopfes auch
einen Gewindekopf haben.

bis zum Bruch. Man klappt die Deckel auf und entnimmt die beiden Bruchstücke
zum Ausmessen der Bruchdehnung. Inzwischen fährt der obere Spannkopf
in die Anfangsstellung zurück, so daß die nächste Zugprobe oben und unten
eingehängt werden kann.

γ) Einspannung für Flachproben. Flachproben faßt man ganz allgemein
nur mit Beißkeilen, die ihrerseits in einen entsprechenden Schwalbenschwanz
der Prüfmaschine passen, Abb. 23 und 24a. Diese Beißkeile müssen einerseits
an den ebenen Keilflächen sehr hart sein, andererseits in den Beißflächen ähnlich wie Feilen aufgerauht sein. Diese Aufrauhung sollte sich jedoch nicht gleichmäßig über die ganze Breite der Keile erstrecken, damit sie hauptsächlich in
der Mittelebene, die durch die Maschinenachse geht, ihren Druck auf die Probe

ausüben und auf keinen Fall an den Kanten fassen. Der breite Kopf der Zugproben erfüllt seinen Zweck, auch wenn der Seitendruck der Beißkeile sich auf
den mittleren Teil in der Nähe der Probenachse beschränkt. Die Keile zum Einspannen der Textilproben haben keine scharfen Zähne, sondern eine wellige
Oberfläche, um die Proben ohne Beschädigung der Faser genügend festzuhalten.

Je schlanker der Keilwinkel, desto größer ist seine Haltekraft, aber auch die
Kraft, mit der der Schwalbenschwanz beansprucht wird. Bei leichten Maschinen

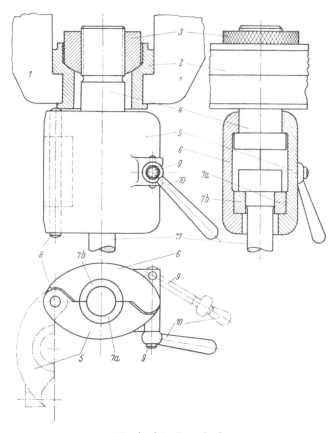

Abb. 26. Schnellspannkopf.
1 Spannkopf; *2* Schieber mit Bohrung; *3* Rändelmutter mit Kugelsitz; *4* Hängebolzen; *5* vordere Halbschale; *6* hintere Halbschale; *7a* u. *7b* geteilter Ring; *8* Scharnierbolzen; *9* Verriegelungsbolzen; *10* Knebel;
11 Zugprobe mit Schultern.

ist $\tan \alpha = 1 : 10$ zweckmäßig, Abb. 23, bei schwereren Maschinen etwa 1 : 5.
Die Keilflächen sollen möglichst geringe Reibung haben. Deshalb hat man sie
sogar mit Rollplatten konstruiert, d. h. mit zylindrischen Stahlnadeln in einem
flachen Nadelkäfig. Diese Bauart ist zwar wirksam, aber störanfällig.

Die Keile sollen sich nicht erst beim Versuch festziehen, sondern müssen
schon vorher durch Druck oder leichten Schlag, wie in Abb. 23 durch die Pfeile
angedeutet ist, festgekeilt werden. Dabei sollen beide Keile stets symmetrisch
zueinander ohne jede Versetzung liegen. Beides erreichen die auch unter dem
Namen „Schnellspannköpfe" von mehreren Werken auf verschiedenen Wegen
entwickelten Konstruktionen. Gemeinsam ist allen die von außen (seitlich oder

von vorn) von Hand zu betätigende, schlagartige, gleichzeitige Verstellung beider Keile zum Klemmen und zum Lösen. Zuweilen hat man die Gegenkeilflächen des Schwalbenschwanzes in besondere Schalen mit zylindrischer Außenfläche gelegt, damit sie sich sogar bei nicht genau parallelen Flächen des Probenkopfes richtig anlegen. Aber auch bei guter Schmierung wird zentrischer Kraftangriff dadurch nicht gesichert.

Kleine Proben lassen sich oft nicht unmittelbar in die Einspannköpfe der Maschine bringen. Dafür benutzt man dann besondere Kästchen oder Rundköpfe (mit Gegenkeilflächen), die über

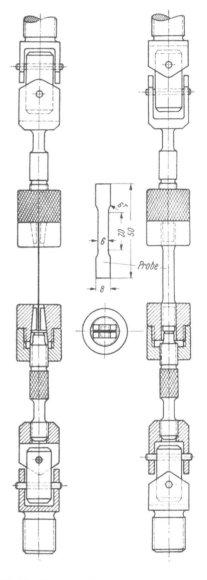

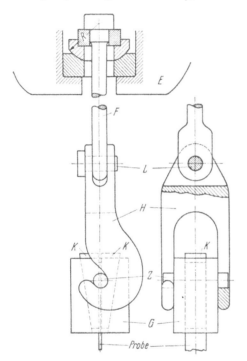

Abb. 27. Einspannung für kleine Flachzugproben.

E Einspannkopf; F Hängestange mit Schulterkopf; G Gehäuse für Keile; H Hakengabel; K zwei Flachkeile; L Gelenk; Z Zapfen am Gehäuse; R Radius der Kugelringschale.

Abb. 28. Einspannung für kleine Feinblechproben.

Zapfen und Haken oder über Tragbolzen mit den Einspannköpfen der Maschine verbunden werden. Zwei Ausführungsbeispiele sind in Abb. 27 und 28 dargestellt.

Die Beißkeile haben sich bei Flachproben so gut bewährt, daß man sie mit geringer Abänderung auch für Rundproben gut verwenden kann. Hierzu erhalten die Beißkeile eine prismatische Aushöhlung, die 90° bis 120° betragen kann und durch Feilenhieb aufgerauht ist, Abb. 24b und c. Mit derartigen Beißkeilen

lassen sich unbearbeitete zylindrische Probestäbe (z. B. MONIER-Eisen) mit
Sicherheit fassen, selbst wenn ihre Zugfestigkeit 90 kg/mm² beträgt.

c) Einspannung für Biegeversuche.

Biegeversuche lassen sich mit einfacher Zusatzvorrichtung auf jeder Druckprüfmaschine durchführen; Universalprüfmaschinen haben zu diesem Zweck
den besonderen Biegetisch. Zum üblichen Biegeversuch sind zwei Auflager
symmetrisch zur Maschinenachse erforderlich und in der Maschinenachse ein
geeignetes Druckstück (Biegeschneide, Biegedorn oder Biegefinne), Abb. 29.
Die beiden Auflager sind gewöhnlich zylindrisch an der Berührungsfläche mit
der Probe, ausnahmsweise auch scharfkantig, z. B. wenn der Elastizitätsmodul

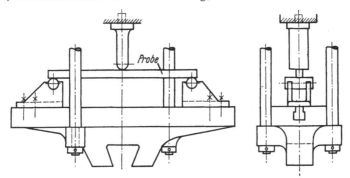

Abb. 29. Biegetisch mit Biegevorrichtung.

bei Biegung zu messen ist. Konstruktiv sind die Auflager niedrige Böckchen,
die außer dem senkrechten Druck auch eine mitunter erhebliche Schubkom-
ponente nach außen aufzunehmen haben, dies besonders beim Vorbiegen zum
Faltbiegeversuch, s. S. 40. Zur Auf-
nahme des Schubs hat der Biegetisch
T-Nuten der Länge nach, in denen
die Böckchen mit Hammerkopf-
schrauben festzuklemmen sind. Um
die symmetrische Befestigung zu
erleichtern, hat der Biegetisch häufig
eine eingeritzte Längenskale mit
dem Nullpunkt in der Kraft-Achse
und Bezifferung für die doppelte
Länge, so daß der Auflagerabstand

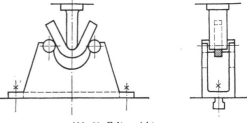

Abb. 30. Faltvorrichtung.

von der Mitte den Zahlenwert der Stützweite erhält. Meist wiederholen sich
bei den Versuchen nur wenige Stützweiten, die man dann besonders auf dem
Biegetisch markiert. Falls die Stützweite häufig verstellt werden muß, ist eine im
Biegetisch versenkt angeordnete Leitspindel mit Rechts- und Linksgewinde
zweckmäßig, die beide Böcke gleichzeitig und stets symmetrisch verschiebt.
Die zylindrischen Auflageflächen brauchen im allgemeinen nicht drehbar
zu sein, könnten also aus einem Stück mit den Böcken gearbeitet sein. Man
kann aber auch auswechselbare Walzen mit Zapfen in entsprechende Lagerstellen der Böcke einlegen, die für die größte Walze bemessen sind. Auf Drehen
der Walzen unter der Kraft kann nicht gerechnet werden. Dagegen wird häufig
eine, wenn auch geringe Kippbarkeit um eine waagerechte Achse quer zur
Walzenachse gefordert, um Torsionsbeanspruchung der Probe zu verhüten.

Das Druckstück in der Achse muß zentrisch im oberen Querhaupt des Druckraumes befestigt sein, und endet unten in einen gehärteten Halbzylinder mit waagerechter Achse quer zur Probe.

Für Faltbiegeversuche, bei denen der Horizontalschub ein Mehrfaches der senkrechten Druckkraft beträgt, reicht die Haltekraft einzelner Böckchen nicht aus. Hierfür sind feste Vorrichtungen (Abb. 30) mit zwei Widerlagern geeignet.

d) Einspannung für Abscherversuche.

Beim Scherversuch kommt es darauf an, die Probe beiderseits der beabsichtigten Scherfläche so eng wie möglich zu fassen, damit das unvermeidlich damit gekoppelte Biegemoment so klein wie möglich wird. Man kann die in Abb. 4a und 4b (Seite 19) sichtbaren Ringe *3a, 3b* und die Scherzunge *4* als die Einspannorgane auffassen. Rein äußerlich kann man natürlich die Gewindeköpfe in Abb. 4a als Einspannung bezeichnen; in Abb. 4b, dem Schergerät für Druckbelastung, entfallen solche äußeren Einspannorgane ganz, weil die Druckfläche von *1* einerseits und die obere Fläche des Schiebers *2* von den

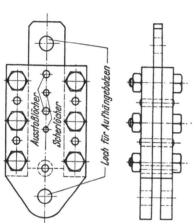

Abb. 31. Schergerät für Leichtmetalldrähte nach DIN 50141 (Ausg. 5. 44).

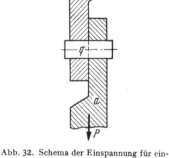

Abb. 32. Schema der Einspannung für einschnittigen Scherversuch.

a untere Scherzunge;   *b* obere Scherzunge; *P* Prüfkraft; *q* Scherquerschnitt der Probe.

Druckplatten der Druckprüfmaschine in denkbar einfachster Weise gefaßt werden.

Für die Prüfung von Leichtmetall braucht man nicht einmal ringförmige Einspannungen für Scherproben, sondern kann gemäß Abb. 31 gelochte Platten aus gehärtetem Stahl verwenden.

Alle diese Einspannvorrichtungen sind für den zweischnittigen Scherversuch geeignet, der auch bei weitem am häufigsten angewandt wird. Für den einschnittigen Versuch dient eine Einspannung nach Schema (Abb. 32), bei der die Scherebene in der Maschinenachse liegt.

5. Kraftmeßeinrichtung.

Der Widerstand, den die Probe der aufgezwungenen Formänderung entgegenstellt, und den das Spannwerk zu überwinden hat, muß zur Bestimmung der Festigkeitseigenschaften als Kraft gemessen werden. Das dazu erforderliche Kraftmeßgerät (das Dynamometer) kann sehr verschiedenartiger Bauart sein, bildet aber fast stets einen integrierenden Bestandteil der Prüfmaschine (vgl.

Abschn. 2). Es gibt aber auch Prüfmaschinen, die nur die Formänderung erzwingen, auch gegen sehr großen Widerstand, während die Kraftmeßgeräte von Fall zu Fall für große oder auch verhältnismäßig sehr kleine Kräfte eingesetzt werden (s. Abschn. 5e und 5i). Mit der Kraftanzeige kann auch eine Schaubildaufnahme verbunden sein. Abszisse ist die erzwungene Formänderung, Ordinate die Kraft.

Die Verfahren der Kraftmessung sind mannigfaltig. Den konstruktiven Mitteln nach sind zu unterscheiden:

a) Kraftmessung durch Gewichte.

α) **Direkt aufgelegt oder angehängt.** Vorher sind die Gewichte anderweit abgestützt. Bei einer oft nur kleinen Verformung übernimmt die Probe die Belastung von Null steigend bis zu voller Höhe, sofern keine merklichen Beschleunigungen beim Übergang von der Unterstützung auf die Probe entstehen, die gar nicht leicht zu vermeiden sind. Diese Beschleunigungen oder Verzögerungen vergrößern durch einen kurzen Stoß vorübergehend die auf die Probe wirkende Kraft über das Maß des Gewichts hinaus. Deshalb wird das Verfahren bei Festigkeitsversuchen kaum mehr angewandt, dagegen für die Untersuchung von Kraftmeß-Geräten (siehe Kap. V).

β) **Mit zwischengeschalteter Hebelübersetzung.** Wenn die Übersetzung die auf die Probe ausgeübte Kraft im Vergleich zum Gewicht verkleinert, so daß also ein verhältnismäßig großes Gewicht erforderlich ist, so verkleinern sich die Trägheitskräfte. Insofern ist diese Anordnung etwas günstiger als unmittelbare Gewichtsbelastung. Gewöhnlich will man aber gerade an Belastungsgewicht sparen, macht also die Belastung durch entsprechende Wahl der Hebellängen größer als die Gewichte. Dies geht bei Zeitstandversuchen, bei denen nur zu Anfang die Kraft vorsichtig aufgebracht wird und dann wochen- oder monatelang unverändert bleibt. Um die Störung durch Trägheitskräfte gering zu halten, gibt es zwei Wege: a) eine aperiodisch wirkende Dämpfung einzuschalten, b) die Gewichte fein zu unterteilen.

Gewichte mit Hebelübersetzung und Dämpfung wendet man bei Härteprüfmaschinen an, die nur bestimmte durch Norm festgelegte Prüfkräfte ausüben sollen (siehe Kap. IV). Auch für Federprüfmaschinen sind Gewichte mit Hebel — sogar ohne Dämpfung — geeignet, weil hier die Verformung der Feder unter vorgegebener Kraft zu messen ist und die Kraft monoton mit der Verformung ansteigt. In feine Stufen unterteilte Gewichte in Form von Schrotkügelchen lassen sich zur Prüfung spröder Stoffe verwenden, vgl. S. 25. Der gleichmäßig zufließende Schrotstrom wird im Augenblick des Bruchs gestoppt. Das bis dahin zugeflossene Schrotgewicht, auf einer Waage nachträglich ermittelt, ist dann proportional der Belastung beim Bruch. Der Proportionalitätsfaktor hängt vom Übersetzungsverhältnis der Hebelei ab und ist eine Apparatekonstante.

b) Kraftmessung durch Neigungspendel.

Wesentlich größere Bedeutung hat die Kraftmessung durch Neigungspendel[1], d. h. durch ein Gewicht („Pendelgewicht") an einer biegesteifen Stange. Die Auslenkung der Pendelstange unter dem Einfluß des Probenwiderstands ist ein Maß für die Kraft. Man verlangt seit etwa 1930 eine streng arithmetische Teilung der Kraftanzeige; denn nur bei arithmetischer Teilung kann man den Nullpunkt beliebig wählen oder einstellen. Die Notwendigkeit, den

---

[1] Der Ausdruck „Neigungswaage" wird besser vermieden, denn die Waage ist trotz äußerlicher Ähnlichkeit ein Gerät zum Messen von Massen, nicht von Kräften.

Nullpunkt zu verändern, ergibt sich beim Wechsel der Einspannköpfe, die verschiedenes Eigengewicht haben können. Man stellt den Nullpunkt dann jeweils so ein, daß die Maschine unmittelbar vor dem Einspannen der Probe die Kraft Null anzeigt.

Nur in einfachen Fällen wird man den Pendelausschlag unmittelbar zur Ablesung bringen. Hierbei spielt das Pendel über einen großen Sektor mit Skale. Bei der großen Mehrzahl der Prüfmaschinen benutzt man den Pendelausschlag zum Antrieb eines Zeigers, der auf einer verhältnismäßig großen Skale von meist etwa 200 bis 500 mm Durchmesser spielt.

Im einfachsten Fall (Abb. 33a) ist der Pendelausschlag der Kraft P nicht proportional; vielmehr gilt die Beziehung, wenn die Kraft P am konstanten

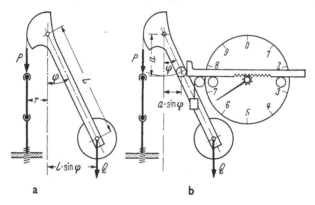

a   b

Abb. 33 a u. b. Kraftmessung mit Neigungspendel, konstanter Hebelarm der Kraft, Sinusgesetz für das Pendelgewicht. a) Schema; b) mit arithmetischer Anzeigevorrichtung.

Hebelarm r angreift und das Pendelgewicht Q an der Pendellänge L um den Winkel φ auslenkt,

$$P\,r = Q\,L \sin\varphi. \tag{2}$$

Nur für kleine Winkel φ ist $\sin\varphi$ dem Winkel proportional. Man kann mit verhältnismäßig großer Pendellänge sich auf kleine Ausschlagwinkel beschränken und erfüllt so mit einiger Annäherung die Forderung auf arithmetische Kraftanzeige.

Wenn aber die Pendelbewegung auf einen Zeiger übertragen wird, so kann man leicht die Proportionalität zwischen Kraft und Kraftanzeige durch das Übertragungsmittel erzwingen, ohne sich auf kleine Ausschlagwinkel beschränken zu müssen. Hierzu wird gemäß Abb. 33b eine waagerechte Stoßstange leicht über Rollen geführt und von einem Rotationskörper aus in ihrer Bewegung gesteuert, dessen Achse senkrecht durch die Pendelachse geht und sich in Abb. 33b als Punkt projiziert. Dann ist die Verschiebung dieser Stoßstange proportional zu $\sin\varphi$ und somit auch zu P. Die Stoßstange wird, um jegliches Umkehrspiel zu vermeiden, durch ein kleines Gewicht über eine Laufrolle mit geringer konstanter Kraft gegen die Pendelstange gedrückt, wodurch sich natürlich die Lage des Nullpunktes ein wenig verschiebt, was aber bei arithmetischer Teilung harmlos bleibt. Die Stoßstange ist selbst über zwei Rollen geführt, berührt an ihrem einen Ende mit einer senkrechten Fläche den mit der Pendelstange gekuppelten Rotationskörper (Zylinder oder Kugel) und trägt auf ihrer Ober- oder Unterseite eine eingeschnittene Verzahnung, in die das Ritzel auf der Zeigerachse eingreift.

Es kommt natürlich auf gute Verzahnung und auf richtigen Eingriff der Verzahnung an, weil jeder Fehler im Verhältnis von Zeigerlänge zu Ritzelradius sich vergrößert. Bei der jetzt allgemein benutzten Evolventen-Verzahnung macht der richtige Eingriff keine Schwierigkeiten, weil er bis zu bestimmtem Grade unabhängig vom Achsabstand gewährleistet ist. Die Zahnstange kann konstruktiv als Gewinde auf der runden Stoßstange ausgeführt sein, das Ritzel entsprechend wie ein Schneckenrad, aber mit der Funktion eines Stirnrads.

Man pflegt es so einzurichten, daß bei der für die Maschine vorgesehenen Höchstkraft der Zeiger eine volle Umdrehung macht. Es gibt auch Konstruktionen, bei denen zur Verdeutlichung der Ablesung schon bei der halben Höchstkraft eine ganze Umdrehung erreicht wird, so daß der Zeiger bei größeren Kräften die Skale ein zweites Mal durchläuft. Für den zweiten Umlauf sind dann z. B. rote Ziffern vorgesehen.

Man verlangt jetzt allgemein, daß die Ziffern der Skale senkrecht stehen, unabhängig von der Richtung der Skalenstriche. Je nach der Anordnung dreht sich der Zeiger mit zunehmender Kraft im Uhrzeigersinn oder auch entgegen gesetzt dazu. Nach DIN 51 221 Blatt 1 soll sich

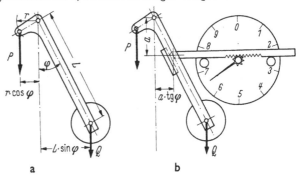

Abb. 34a u. b. Kraftmessung mit Neigungspendel, Krafthebel nach dem Kosinusgesetz, Tangensgesetz für die arithmetische Anzeige. a) Schema; b) mit arithmetischer Anzeigevorrichtung.

der Zeiger bei zunehmender Belastung im Uhrzeigersinn drehen. Der Nullpunkt kann beliebig liegen; jedoch ist es zweckmäßig, ihn nach oben wie die 12 auf der Uhr zu legen.

Wenn die Kraft P nicht an einem konstant bleibenden Hebelarm wirkt, sondern wie in Abb. 34a an einem Hebelarm $r \cos \varphi$, so gilt die Momentengleichung

$$P\, r \cos \varphi = Q\, L \sin \varphi. \tag{3}$$

In diesem Fall ist also

$$P\, r = Q\, L \tan \varphi. \tag{3'}$$

Der entsprechende Übertragungsmechanismus (Abb. 34b) unterscheidet sich vom Mechanismus in Abb. 33b nur dadurch, daß die Stoßstange in einem Rotationskörper (Zylinder oder Kugel) endet, der eine zur Pendelstange parallele Kante berührt, so daß die Zylinderachse stets durch die Pendelachse geht.

Es gibt noch eine Reihe anderer konstruktiver Möglichkeiten, die arithmetische Kraftanzeige zu erreichen; jedoch kommen sie im Grunde genommen auf die beiden dargestellten einfachen Fälle zurück.

Beim Bruch der Probe verschwindet die Kraft P sehr plötzlich, so daß das Pendel — ohne Schutzeinrichtung — mit seiner ganzen Energie nicht nur in die Nullage zurückschlägt, sondern darüber hinaus bis zur symmetrischen Lage, die der Kraftanzeige beim Bruch entspricht. Dann würde das Pendel noch eine Weile hin und her schwingen. Dies ist unzulässig; deshalb muß das Rückschlagen des Pendels verhindert werden.

Bei kleinen Maschinen hat man hierzu ein Ratschengesperre eingeführt. Nach dem Bruch der Probe muß man die Sperrklinke lösen und das Pendel von Hand in seine Ruhelage zurückführen, was natürlich bei großem Pendelgewicht schwierig wird. Die Ratschen verhindern aber auch den Rückgang des Pendels während des Versuchs, z. B. beim Übergang von der oberen zur unteren Streckgrenze und nach Überschreiten der Höchstkraft. Für Versuche an Metallen mit solchen zum Teil abfallenden Charakteristiken sind daher Ratschengesperre ungeeignet. Bei der Prüfung von Textilien stören sie nach früherer Auffassung kaum, werden aber neuerdings auch dort nicht immer gern gesehen.

Für schwerere Neigungspendel hatte man früher wohl auch ein Seilgesperre, das ohne große Anstrengung von Hand zu betätigen ist und das Pendel beliebig langsam in seine Ruhelage zurückzuführen gestattet. Alle neueren Maschinen aber haben eine entsprechend starke Dämpfung, die das Pendel am schnellen Rückschlagen verhindert. Die Dämpfung kann mit Öl oder auch mit Luft betrieben werden, aber nicht mit Coulombscher Reibung. Eine genügend wirksame Dämpfung hält das Pendel für eine verhältnismäßig lange Zeit von seiner Nullage fern. Um diese Zeit auf ein praktisch erträgliches Maß abzukürzen, sollte deshalb die Dämpfung mit Annäherung an den Nullpunkt nachlassen oder sogar ganz aufhören. Zur Vorsicht wird man immer noch einen Filz- oder Gummipuffer anbringen, um das rückschlagende Pendel aufzufangen.

Durch Auswechseln des Pendelgewichts gegen ein wesentlich leichteres Gewicht entsteht ein kleinerer Kraftbereich mit dem Vorteil genauerer Kraftanzeige als im unteren Bereich bei schwerem Pendel. Natürlich gehört zu jedem Pendelgewicht eine andere Kraftskale. Wenn die Bereiche 10 : 1 gewählt werden, ist die Umdeutung so leicht, daß praktisch eine Skale für beide Bereiche genügt.

c) Kraftmessung mit Laufgewicht.

Bei dieser Art von Kraftmessung wird ein Laufgewicht an einem im wesentlichen waagerechten Hebel über eine Leitspindel von Hand so verschoben, daß der Hebel sich dauernd waagerecht einspielt, während sich der Widerstand der

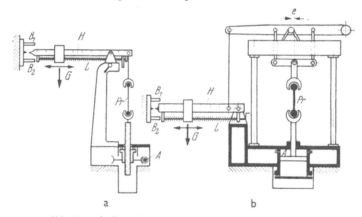

Abb. 35a u. b. Zugprüfmaschinen mit Laufgewichtsdynamometer.
a) mit einfachem Hebel für Kräfte bis etwa 1 t; b) mit doppeltem Hebel für Kräfte bis 50 t.
A Antrieb (Schnecke und Schraube bzw. Kolben); *B₁B₂* Anschläge, um den Ausschlag von *H* zu begrenzen; *e* Versetzung des Haupthebel-Lagers gegen die Zugachse, wirksamer kurzer Hebelarm; *H* prismatischer Hebel, trägt das Laufgewicht *G*; *J* Haupthebel; *L* Leitspindel zum Verstellen des Laufgewichts von Hand mit kleiner Kurbel; *Pr* Zugprobe.

Probe beim Recken ändert[1]. Anschläge begrenzen die Abweichung aus der waagerechten Lage. Die Kraft kann nach Abb. 35a am gleichen Hebel angreifen oder aber auch indirekt über ein Übersetzungsgestänge (Abb. 35b). Mit

---

[1] Die Einrichtung heißt richtig Laufgewichtsdynamometer, nicht „Laufgewichtswaage"; denn sie mißt Kräfte, aber nicht Massen. Vgl. auch Fußnote auf S. 41.

Hilfe solcher Übersetzungsgestänge können verhältnismäßig große Kräfte, der Größenordnung nach 10 oder auch 50 t, durch Laufgewichte noch handlicher Größe, vielleicht 50 kg, gemessen werden, wenn die Versetzung e des ersten Widerlagers gegen die Zugachse genügend klein ist, etwa 20 bis 100 mm. Die Stellung des Laufgewichts ist hier ein unmittelbarer Maßstab für das Drehmoment und damit für die Kraft. Die arithmetische Anzeige ist somit von selbst gegeben. Die Maschinen mit Kraftmessung und -anzeige durch Laufgewicht waren bis etwa 1925 weit verbreitet und haben sich in ihrer Art gut bewährt. Sie verlangen aber eine aufmerksame Bedienung, damit der Laufgewichtsbalken während des ganzen Versuchs frei schwebt und nicht etwa längere Zeit am oberen oder unteren Anschlag anstößt. Der Zwang zur Aufmerksamkeit ist kein ernster Nachteil. Immerhin hat man sich auch bemüht, etwa durch elektrischen Antrieb, das Laufgewicht selbsttätig einzustellen, während sich unter dem Einfluß des Hauptantriebs die Probe reckt und dabei ihren Widerstand dauernd ändert. Diese selbsttätigen Antriebe des Laufgewichts sind aber an der damals noch unvollkommen entwickelten Regeltechnik gescheitert. Heute könnte man sie völlig betriebssicher und zuverlässig konstruieren.

Die Maschinen mit Laufgewicht sind jedoch seit etwa 25 Jahren vom Markt fast verschwunden und hauptsächlich durch die Maschinen mit Pendelmanometer verdrängt worden, die nur geringe Anforderung an die Bedienung stellen und daher eine — durchaus nicht allgemein anzustrebende — höhere Reckgeschwindigkeit gestatten.

Laufgewichts-Maschinen mit mechanischem Antrieb sind für elastische Feinmessungen und für Relaxationsversuche immer noch die besten, weil sie völlig frei von geringsten Erschütterungen auch mit konstanter Kraft über lange Zeiten arbeiten.

d) Elastische Kraftmessung.

Für die Kraftmessung kann grundsätzlich jede elastische Verformung eines Konstruktionsgliedes dienen, dessen Beanspruchung der zu messenden Kraft proportional ist. Es ist daher möglich, z. B. die Säulen der Zugprüfmaschine selbst zur Kraftmessung zu benutzen. Bisher sind allerdings die auf solch kleine elastischen Formänderungen ansprechenden Meßgeräte so subtil, daß man sie für die normale Kraftanzeige in der Praxis noch nicht herangezogen hat. Nur in Sonderfällen benutzt man einfach gestaltete Konstruktionselemente, z. B. Biegebalken, zur Kraftmessung, wobei ihre Durchbiegung mit einer der üblichen Meßuhren abgetastet und angezeigt wird. Diese Meßuhren pflegen 100fache Längenvergrößerung zu haben. Für die Prüfmaschinen für zügige Beanspruchung hat sich dies Verfahren aber bisher nicht eingebürgert. Zum Teil liegt dies wohl an der sehr plötzlichen Kraftänderung beim Bruch der Probe. Die dabei frei werdenden elastischen Spannungen führen zu heftigen Beschleunigungen und damit nur schwer beherrschbaren Trägheitskräften. Deshalb sind die für die Maschinenüberwachung sehr nützlichen Kraftmeßgeräte (Abschn. V) als Betriebsgeräte an Prüfmaschinen nicht zu gebrauchen.

Grundsätzlich ist elektrische Dehnungsmessung mit aufgeklebten Dehnungsmeßstreifen („strain gages") möglich und hat, etwa von den Zugstangen abgeleitet, den Vorteil, keine zusätzlichen Wege zu benötigen. Jedoch ist die Unsicherheit der Kraftmessung dieser Art bisher meist größer als sie für Prüfmaschinen der Klasse 1 nach DIN 51220 zugelassen wird, ganz besonders bei nicht voll ausgenutztem Kraftbereich.

e) Kraftmessung durch Meßdosen.

Meßdosen sind Kolben mit Zylinder, gewöhnlich mit Öl gefüllt, und mit äußerst kleinem Hub im Vergleich zum Durchmesser. Selbst bei 300 mm Durchmesser pflegt der Hub nur den Bruchteil eines mm zu betragen. Infolgedessen können die Kolben durch Membranen mit den Zylinderkörpern drucköldicht verbunden werden.

Die Meßdosen sind verschieden gestaltet, je nachdem, ob sie nur für Druckanzeige oder auch zur Anzeige von Zugkräften benutzt werden. Das Schema einer Druckmeßdose ist in Abb. 36, das einer Zugmeßdose in Abb. 37 dargestellt. Durch Umführungsgestänge (vgl. Abschn. 2d, Abb. 5) wird jede Druckmeßdose auch zum Messen von Zugkräften geeignet, sofern sie auf einen biegefesten Balken ruht. Obwohl diese Voraussetzung meist erfüllt werden

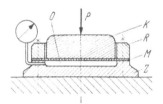

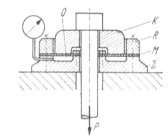

Abb. 36. Schema einer Druck-Meßdose.
K Kolben; M Membran; O Ölraum; P Druckkraft;
R Haltering; Z Zylinder.

Abb. 37. Schema einer Zug-Meßdose.
K Kolben; M Membran; O Ölraum; P Zugkraft;
R Haltering; Z Zylinder.

könnte, werden gewöhnlich die konstruktiv schwierigen Zugmeßdosen vor Druckmeßdosen mit Umführungsrahmen bevorzugt.

Die Zentrierung durch eine einzige runde Membran ist unvollkommen und setzt sehr gut zentrischen Kraftangriff voraus, eine Voraussetzung, die in der Praxis meist nicht hinreichend erfüllt ist. Dies ist der wesentliche Grund, der gegen Verwendung von Meßdosen zur Kraftmessung spricht. Bei der Zugmeßdose ist die Membran nicht scheibenförmig, sondern ringförmig, um der Zugstange den Durchtritt freizugeben.

Der Öldruck in der Meßdose wird durch eine kurze Rohrleitung auf ein Federmanometer übertragen und dort angezeigt.

Meßdosen sind schon ein altes, im ganzen gut bewährtes Konstruktionselement. Ein gewisser Nachteil ist ihre Temperaturempfindlichkeit. In Deutschland sind sie im Prüfmaschinenbau kaum noch üblich. Es fragt sich aber, ob sie nicht trotzdem eine Zukunft haben, denn in den Vereinigten Staaten von Amerika werden sie in erheblichem Umfang nicht nur angewandt, sondern auch weiter hergestellt. Als Mangel der Meßdose gilt Nullpunktverschiebung, wenn trotz aller Vorsicht die Ölfüllung nicht ganz erhalten bleibt. Dieser

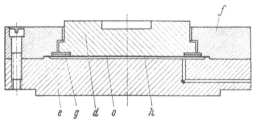

Abb. 38. Druck-Meßdose.
d Druckkolben; e Grundkörper; f Ringkörper; g Überbrückungsring; h Membran; o Ölraum.

Mangel läßt sich durch zusätzliche Schrauben, die das Ölvolumen fein zu regulieren gestatten, beheben. Im übrigen kommt es natürlich auf beste konstruktive Durchbildung der Meßdose an. Ein weiterer Nachteil liegt in der nie

genau linearen Kennlinie der Manometer mit BOURDON-Feder. In den USA
bevorzugen die Baldwin-Lima-Hamilton-Werke die Kraftmessung mit Meßdosen. Die Bauart solcher Meßdosen ist in Abb. 38 bis 40 dargestellt. Auf
die besonderen möglichen Vorteile wird in Abschn. 5i hingewiesen.

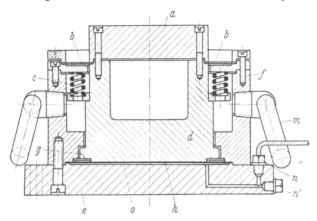

Abb. 39. Druck-Meßdose mit oberer Führung.

a Druckplatte; *b* Ringmembran zur Parallelführung; *c* Vorspannungsfedern; *d* Kolbenkörper; *e* Grundkörper;
f Ringkörper; *g* Überbrückungsring; *h* Membran; *m* Transportgriffe; *n, n'* Manometeranschluß; *o* Ölraum.

Die mangelhafte Parallelführung des Kolbens läßt sich durch Verwendung
zweier Membranen, die einen gehörigen axialen Abstand voneinander haben,
weitgehend verbessern. Dadurch bekommen die Meßdosen eine Bauhöhe, die

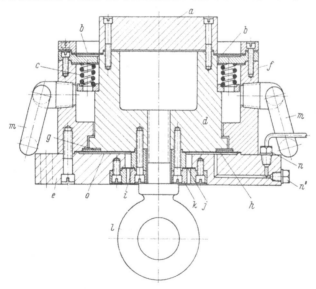

Abb. 40. Meßdose mit oberer Führung für Druck und Zug.

a Belastungsfläche für Druck; *b* Ringmembran zur Parallelführung; *c* Vorspannungsfedern; *d* Kolbenkörper;
e Grundkörper; *f* Ringkörper; *g* Überbrückungsring; *h* Membran; *i* Halsring; *j* Abdichtung; *k* Dichtungs-
ring; *l* Zugöse; *m* Transportgriffe; *n, n'* Manometeranschluß; *o* Ölraum.

annähernd ihrem Durchmesser entspricht, und sind dafür gegen Exzentrizität
der Kraftaufbringung praktisch unempfindlich. Die Konstruktion solcher Meßdosen ist in Abb. 39 für Druck und in Abb. 40 für Druck und Zug dargestellt.

Bei gleichem äußeren Durchmesser ist wegen der Unterbrechung der wirksamen Fläche um die Mitte herum die Belastbarkeit der Zugmeßdosen geringer als die sonst gleicher Druckmeßdosen. An die Meßdosen werden zur Druckanzeige Federmanometer mit BOURDON-Feder angeschlossen, weil dieses Anzeigegerät nur ein ganz geringes Ölvolumen bei der Belastung von Null bis auf die Höchstkraft aufnimmt. Die Skalen dieser Manometer können etwa 400 mm Durchmesser haben, die Skalenlänge beträgt dabei etwa 800 mm, so daß die Genauigkeit der Ablesung kaum zu wünschen übrigläßt, jedoch ist streng arithmetische Teilung dabei nicht zu erwarten.

Zur Messung kleiner Kräfte sind auch Meßdosen mit Luftfüllung statt mit Öl gebaut worden. Diese arbeiten aber nach dem Prinzip, auf das wir in Abschn. 5 i noch zurückkommen.

f) Hydraulische Kraftmessung durch Pendelmanometer.

Für hydraulisch betätigte Prüfmaschinen liegt es am nächsten, den im Arbeitszylinder durch den Widerstand der Probe beim Recken oder Drücken entstehenden Öldruck zur Kraftanzeige zu benutzen. Hierzu hat sich das von der Fa. Amsler 1904 eingeführte Pendelmanometer hervorragend gut bewährt und herrscht seit Ablauf der AMSLERschen Patente im Prüfmaschinenbau vor. Voraussetzung für die Anwendbarkeit des Verfahrens ist die Proportionalität zwischen Öldruck im Arbeitszylinder und der tatsächlich ausgeübten Kraft. Diese Proportionalität kann durch Stopfbuchsenreibung und sonstige Reibung in den Liderungen gestört sein. Bei den heute üblichen eingeschliffenen Arbeitskolben mit ausdrücklich zugelassenem Leckverlust ist diese Störung aber vernachlässigbar klein. Das Pendelmanometer hat selbst einen Meßkolben, dessen Durchmesser der Größenordnung nach etwa 1/10 des Arbeitskolbendurchmessers hat, so daß sein Querschnitt nur 1/100 der Arbeitskolbenfläche beträgt. Auch bei Meßkolben läßt man Leckverluste zu und sorgt natürlich dafür, daß das Lecköl wieder zur Pumpe zurückfließt. Außerdem kann man auch den letzter. Einfluß einer Kolbenreibung durch Drehbewegung entweder des Kolbens oder des Zylinders oder einer Buchse im Zylinder zum Verschwinden bringen. Wegen des Leckölstroms in immerhin meßbarer Dicke ist für die Kraft nicht einfach der Kolbenquerschnitt maßgebend, sondern das Mittel zwischen Kolben- und Zylinderquerschnitt.

Der Meßkolben bringt bei steigendem Öldruck ein Pendel zum Ausschlag, und zwar in gleicher Weise, wie es in Abschn. b für die unmittelbare mechanische Kraftmessung geschildert ist. Infolgedessen ist auch die durch das Pendelmanometer gesteuerte Kraftanzeige den gleichen Gesetzen unterworfen, wie dort beschrieben ist.

Damit das Pendel beim Bruch nicht plötzlich zurückschwingt, genügt hier ein Rückschlagventil zwischen Arbeits- und Meßkolben. Dieses Rückschlagventil darf aber nicht völlig abdichten, sondern muß einen langsamen Durchtritt des Öls aus dem Meßzylinder gestatten. Eine besondere Dämpfung, die das Neigungspendel braucht, erübrigt sich damit.

g) Kraftmessung mit Federmanometer.

Die Federmanometer sind seit Erfindung der geschlossenen Röhrenfeder von BOURDON recht zuverlässige Meßmittel für Flüssigkeitsdruck geworden. Die BOURDON-Feder ist ein dünnwandiges elastisches Metallrohr, dessen Achse kreisförmig gebogen ist und meist einen Halbkreis umfaßt. Das Rohr ist am einen Ende an das Drucköl angeschlossen, am anderen Ende zugelötet. Das

Profil des Rohres ist nicht kreisförmig, sondern flachgewalzt wie eine Felge mit halbrunden Kanten. Der steigende Öldruck treibt das Profil auseinander, so daß es sich der Kreisform nähert. Dadurch verringert sich die Krümmung der Rohrachse wesentlich, und das verlötete Rohrende bewegt sich kräftig. Diese Bewegung wird auf einen Zeiger übertragen und vergrößert angezeigt. Man kann die BOURDON-Manometer ähnlich wie die Pendelmanometer durch Rohre mit dem Arbeitskolben verbinden und so die Kraft des Arbeitskolbens anzeigen. Hierbei wird man die Skale des Manometers aber nicht auf den Öldruck eichen, sondern am einfachsten unmittelbar auf die Maschinenkraft, die sich aus Flüssigkeitsdruck und Querschnitt des Arbeitskolbens unmittelbar ergibt. Oft freilich beschränkt man sich darauf, die Skale einfach in Winkelgrade zu teilen, meist nur 300°, keinen Vollkreis. In diesem Fall braucht man eine besondere Tabelle, um die Winkelablesung in Kraft umzudeuten. Diese Tabelle läßt sich etwaigen Veränderungen des Manometers leicht anpassen.

Trotz weit vorgeschrittener Manometertechnik sind die Federmanometer nicht unbedingt zuverlässig und gegen Überlastung empfindlich. Solche im Betrieb immerhin gelegentlich vorkommende Überlastung kann den Nullpunkt verschieben, ohne daß man das mit Sicherheit auch merkt. Die Manometer bedürfen deshalb einer häufigen Kontrolle, und gewöhnlich hat man an den Maschinen jeweils zwei Manometer, von denen das eine laufend gebraucht wird, während das andere nur gelegentlich zur Kontrolle eingeschaltet wird. Solange Gebrauchs- und Kontrollmanometer die gleiche Anzeige ergeben, darf man diese auch für richtig halten. Sobald aber merkliche Differenzen auftreten, muß das Manometer berichtigt werden. Ob das Kontrollmanometer über lange Jahre hindurch unverändert und richtig bleibt, muß man natürlich ebenfalls von Zeit zu Zeit nachprüfen.

h) Allgemeine Gesichtspunkte für den Vergleich verschiedener Kraftanzeigeverfahren.

Alle bisher behandelten Kraftmeßgeräte der Prüfmaschinen können eine deutliche Skale für die Ablesung haben. Wenn man eine Aufzeichnung der Kraft in Abhängigkeit vom Verformungsweg wünscht, so ist das Federmanometer nur schwierig geeignet und scheidet, obwohl es auch registrierende Manometer gibt, praktisch hierfür aus, jedenfalls sollte es nur *neben* einem anzeigenden Manometer benutzt werden. Alle anderen Verfahren sind aber für die Aufzeichnung ziemlich gleichwertig.

Energetisch sind die Verfahren der Kraftmessung aber verschieden zu beurteilen. Die Kraftmessung mit Laufgewicht arbeitet praktisch energielos, weil das Laufgewicht in horizontaler Lage verschoben wird, wobei zwar eine gewisse Reibung zu überwinden ist, aber keine Gravitationsarbeit geleistet werden muß.

Die Neigungspendel und die Pendelmanometer nehmen dagegen eine erhebliche Gravitationsenergie auf. Diese Energie E ergibt sich aus dem Pendelgewicht Q, der Pendellänge L und dem Ausschlagwinkel φ zu

$$E = Q L \cos \varphi. \tag{4}$$

Hier ist $L \cos \varphi$ nichts anderes als die Hubhöhe h. Die zum Ausschlag des Pendels erforderliche Arbeit wird bei Maschinen mit Neigungspendel durch die zu prüfende Probe hindurchgeleitet, d. h., die Arbeitsbewegung der einen Einspannung dient nicht nur zum Recken der Probe und zum Spannen der Maschine, sondern auch zur Bewegung des Neigungspendels. Infolgedessen sind Maschinen mit Neigungspendel verhältnismäßig „weich".

Bei den hydraulisch angetriebenen Maschinen mit Pendelmanometer liegen die Dinge insofern anders, als die zum Ausschlag des Pendels benötigte Arbeit von der Pumpe unmittelbar geliefert wird und keine zusätzliche Bewegung des Arbeitskolbens verlangt. Beim Bruch der Probe wird allerdings die im Pendelmanometer gespeicherte Arbeit frei und wirkt auch auf den Arbeitszylinder zurück, gemindert jedoch durch das Rückschlagventil.

Es gibt jedoch auch eine Kraftmessung durch Servomotor, die keine Energie aus der Prüfmaschine selbst zur Betätigung verlangt.

i) Kraftmessung mit Servomotor.

Solche Kraftmessung hat den großen Vorzug, eine Null-Methode zu sein; denn sie arbeitet grundsätzlich so, daß in einem zusätzlichen Arbeitskreis der Kraft derart gesteuert wird, daß die eigentliche, primäre Kraftanzeige die Prüfmaschine auf ihre Nullstellung zurückgeführt wird. Praktische Anwendung findet diese Art von Kraftmessung hauptsächlich in Zusammenhang mit Meßdosen.

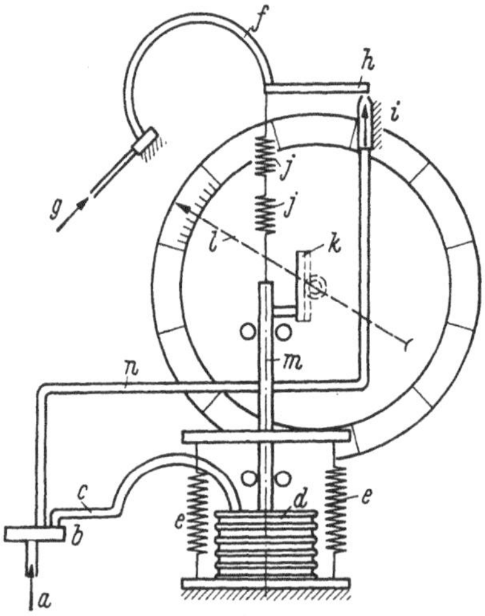

Das Prinzip einer derartigen Steuerung ist in Abb. 41 dargestellt, wie sie von der Fa. Baldwin-Lima-Hamilton seit einigen Jahren verwendet wird.

Hierbei ist an die Meßdose auch eine Bourdon-Feder angeschlossen. Diese betätigt aber nicht einen Zeiger, der auf einer Skale spielt, sondern einen Finger, der mit seiner Kuppe eine Druckluftdüse zuhält oder freigibt. Am Ende der Bourdon-Feder greift außerdem über verhältnismäßig weiche Federn die Zugkraft eines Metallbalgens an, der von einer Druckluftquelle (Pumpe oder Vorratsflasche) mit Druckluft versorgt wird. Der Druck in dem Federbalgen wird seinerseits durch die vom Finger an der Bourdon-Feder gesteuerten Düse geregelt. In weiten Grenzen unabhängig von der Druckluftquelle stellt sich der Federbalgen so ein, daß die Bourdon-Feder gerade in ihrer Nullage erhalten bleibt, so daß die dazu notwendige Kraft eine eindeutige Funktion des Öldrucks in der Meßdose ist. Diese Kraft wird durch

Abb. 41. Druckanzeiger mit Servomotor.
a Von der Druckluftquelle; *b* Diffusions- und Steuerventil; *c* Zweigstrom zum Federbalgen; *d* Federbalgen; *e* zwei Vorspannfedern; *f* Bourdon-Feder; *g* Drucköl von der Meßdose; *h* Finger an der Bourdon-Feder; *i* Austrittsdüse für Luft; *j* Spannfedern für *h*; *k* Zahnstange für Zeiger; *l* Zeiger; *m* Zugstange am Federbalgen; *n* Luftleitung zur Düse.

die weichen Federn *j* zwischen Balgen *d* und Bourdon-Feder *f* in Dehnung umgewandelt und durch ein Zeigerwerk auf großer Skale angezeigt.

Zum Messen kleiner Kräfte benutzt man, wie schon oben bemerkt, Meßdosen mit Druckluftfüllung; hierbei ist die Steuerdüse für den Luftdruck gleich in die Meßdose eingebaut, Abb. 42, so daß der Federbalgen entbehrlich ist. Der sich im Gleichgewicht einstellende Luftdruck ist dann entsprechend dem Bourdon-Manometer abzulesen. Man muß sich die untere Druckplatte *e* der Meßdose mit dem oberen Konstruktionsteil *e'* unterhalb der Mutter durch einen Rahmen, der das Gehäuse der Meßdose umfaßt, starr verbunden denken. Erst daraus ergibt sich die einwandfreie Parallelführung dieser Meßdosenbauart.

Diese Meßdosen kommen mit einem außerordentlich kleinen Steuerweg für die Kraftmessung aus, weil sie praktisch keine Energie zu leisten haben; vielmehr wird die zur Anzeige notwendige Energie der Druckluftquelle entnommen.

Die Kraftmessung über Meßdose mit Servomotor gestattet, selbst auf schweren Maschinen beliebig kleine Kräfte noch zuverlässig zu messen, und hat zur Entwicklung von Prüfmaschinen geführt, die nur die zwangläufige Verformung der Proben ausführen, während die zugehörige Kraftmessung dem konstruktiv selbständigen Kraftmeßgerät überlassen wird, das je nach der vorliegenden Aufgabe verschieden gewählt werden kann (Öldruck für große Kräfte, Luftdruck für kleine Kräfte). Innerhalb eines sehr weiten Bereichs

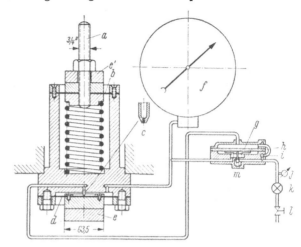

Abb. 42. TATE-EMERY-Druckmeßdose mit Preßluft.
a Anschlußbolzen für Zug; *b* Führungsmembran; *c* Austrittsdüse; *d* Abschlußmembran; *e* Druckplatte, *e'* mit *e* verbunden; *f* BOURDON-Manometer; *g* poröse Membran; *h* Austritt zur Atmosphäre; *i* feste Drossel; *j* Manometer; *k* Regelventil; *l* Anschlußventil vom Kompressor; *m* Steuerventil für Zusatzluft.

(mehr als 100 : 1) lassen sich Teilbereiche durch die Wahl der Manometerfedern abgrenzen, aber auch ohne Unterbrechung des Versuchs stetig ineinander überführen, wobei die relative Genauigkeit der Kraftmessung im wesentlichen erhalten bleibt.

6. Schaulinienzeichner.

In manchen Fällen ist es erwünscht, den gesamten Verlauf des Belastungsdehnungsvorgangs im Bild selbsttätig festzuhalten. Allgemein spannt man hierzu ein zu beschriftendes Blatt Papier auf eine zylindrische Trommel, so daß die Abszissenachse auf dem Trommelumfang liegt. Sie dient als Maß für die Reckung. Senkrecht dazu, also parallel zur Zylinderachse, wird die Kraft als Ordinate aufgetragen.

In den allermeisten Fällen begnügt man sich, die Bewegung des einen Querhauptes relativ zum Maschinengestell unmittelbar für den Antrieb der Trommel zu benutzen. Genau genommen müßte man ja die Verlängerung der Meßlänge der Probe als Abszisse nehmen, was auch gelegentlich geschieht; jedoch ist im plastischen Bereich der Unterschied zwischen dieser Verlängerung und der Bewegung des Einspannkopfs ohne wesentliche Bedeutung, so daß sich die Komplikation, die Verlängerung der Meßlänge abzugreifen, nicht lohnt. Über Umlenkrollen wird die Bewegung des arbeitenden Einspannkopfes durch eine Schnur auf den Trommelumfang übertragen. Wickelt man die Schnur auf eine auf der Trommelachse sitzende Scheibe, die den halben Trommeldurchmesser hat, so wird der Trommelumfang die verdoppelte Bewegung zeigen, was bei kurzen Proben meist zweckmäßig ist. Stärkere Vergrößerung der Bewegung lohnt sich dagegen kaum, weil die Übertragungsfehler dann ebenfalls vergrößert werden.

Die Kraftordinate kann bei Pendelmanometern von der (gewöhnlich waagerecht angeordneten) Stoßstange meist unmittelbar abgeleitet werden, ähnlich auch bei Neigungspendeln. Der Schreibstift ist an dieser Stoßstange befestigt und bestreicht (je nach der Kraft) die Höhe der Schreibtrommel. Bei Laufgewichtsdynamometern wird die Gewichtsverschiebung (Größenordnung 1 m) stark verkleinert übertragen. Angestrebt wird meist 100 mm Schreibhöhe für den ganzen Kraftbereich. So entsteht ein Diagramm des Kraftverlaufs über dem Arbeitsweg, der meist (aber nicht immer) der Verlängerung der Probe hinreichend entspricht.

Als Faden verwendet man geklöppelte Seidenschnur oder auch besondere Metallketten von nur etwa 2 mm Durchmesser. Das Ende der Schnur wird zweckmäßig durch ein kleines Gewicht, etwa 0,1 kg, unter dauernd gleichmäßiger Spannung gehalten.

Für die Beschriftung waren früher Tintenschreiber in Gebrauch. Diese geben aber nur ein verschwommenes Schriftbild. Bessere Ergebnisse liefern

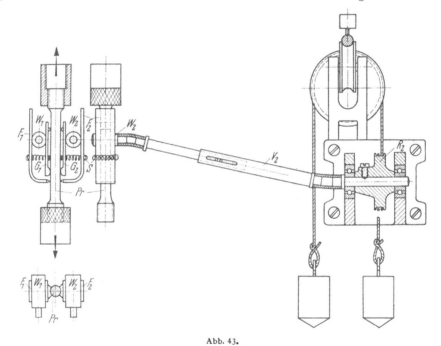

Abb. 43.

Abb. 43 u. 44. Dehnungsschreiber mit Abgriff von der Meßlänge.

$F_1 F_2$ Federn für untere Meßmarke; $G_1 G_2$ Rollbahnen für obere Meßmarke; Pr Zugprobe; $R_1 R_2$ Schnurrollen zum Antrieb der Schreibtrommel; S Schraubenfeder zum elastischen Andrücken von F, W und G an Pr; V_2 an W_2 gekoppelte Teleskopwelle mit Gummigelenken; $W_1 W_2$ bei Dehnung abrollende Walzen.

bereits Bleistifte auf mattem Kunstdruckpapier. Am meisten jedoch ist farbiges Wachspapier zu empfehlen, das mit einer Metallspitze beschriftet wird, die nur ein wenig abgerundet ist. Diese Spitze hinterläßt dann einen feinen farbigen Strich auf hellem Grunde.

Im elastischen Bereich erscheint die Aufzeichnung stets verzerrt. An Stelle der Hookeschen Geraden erhält man eine nach oben offene Kurve, die erst nachher in eine Gerade übergeht. Diese Krümmung hat man oft zu Unrecht dem benutzten Faden zur Last gelegt, obwohl dieser auch einen solchen Fehler geben könnte. In Wirklichkeit kommt die Krümmung von den elastischen Eigenschaften der Prüfmaschine her, s. Abschn. 7[1].

---

[1] Melchior, P.: Industrie-Anzeiger Bd. 75 (1953) Nr. 35 S. 423.

Man kann über leichte Gelenkwellen und Schnurgetriebe die Trommeldrehung unmittelbar von der Meßlänge der Zugprobe ableiten und erhält dann grundsätzlich richtige Diagramme in rechtwinkligen Koordinaten. Eine Prinzipskizze für diese Möglichkeit ist Abb. 43 und 44. Der Übertragungsmechanismus muß an jeder Probe von neuem befestigt und vor dem Bruch wieder abgenommen werden, was Zeit und Geduld erfordert. Deshalb haben sich solche Einrichtungen nicht eingeführt, und statt der Verlängerung der Meßlänge wird fast stets die Bewegung des Einspannkopfes der Aufzeichnung zugrunde gelegt. Diese ist aber um die elastische Nachgiebigkeit der ganzen Prüfmaschine (s. Abschn. 7) und das etwaige Rutschen in den Beißkeilen zu groß. Die Abszisse des Diagramms ist daher nicht $\Delta l = l - l_0$, sondern $\Delta l + f(P)$, abgesehen von dem nicht vorausberechenbaren unelastischem Rutschen. Die Funktion $x = f(P)$ läßt sich für jede Prüfmaschine experimentell bestimmen und hat im unteren Kraftbereich einen höheren Wert $\frac{dx}{dP}$ als im oberen. Die Umkehrfunktion $P = F(x)$ kann unmittelbar in das Diagramm $P = f(\Delta l)$ eingetragen werden und kann

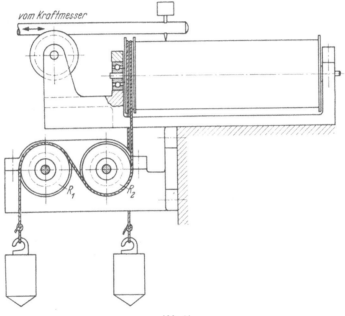

Abb. 44.

an Stelle der kartesischen Ordinatenachse als krumme Ordinatenachse dienen, während die Abszissenachse unverändert bleibt. In diesem einseitig krummlinigen System bedeutet die kartesische Aufzeichnung $P = f(\Delta l + x)$ die gesuchte Funktion $P = f(\Delta l)$.

Wenn die elastische Nachgiebigkeit der Maschine vorwiegend auf der Nachgiebigkeit des „festen" Einspannkopfes, der zum Kraftmesser führt, beruht, so ist die Funktion $P = F(x)$ fast geradlinig; dann kann ohne wesentlichen Fehler das rechtwinklige Koordinatensystem durch ein schiefwinkliges ersetzt werden. Bei kleinen Zugprüfmaschinen, z. B. für Garnprüfung, kann der Kraftweg x des „festen" Einspannkopfes $x = f(P)$ so groß sein, daß durch ihn allein (wenn die Garnprobe durch einen praktisch unnachgiebigen Stahldraht ersetzt wird) eine schräge Gerade unter etwa 45° durch den Nullpunkt im Diagramm $P = f(\Delta l + x)$ entsteht. Dann braucht man nur ein Koordinatenpapier mit entsprechend schiefwinklig vorgedruckten Ordinaten zum Aufzeichnen des Diagramms zu verwenden, um die gewünschte Funktion $P = f(\Delta l)$ zu erhalten.

Ein anderer Weg zu dem gleichen Ziel ist ein Kurventrieb x zwischen arbeitender Klemme und der Schreibtrommel, der vom Kraftmesser gesteuert wird und vom Klemmenweg $\Delta l + x = \Delta l + f(P)$ das Stück $x = f(P)$ abzieht, so daß die Trommelabszisse gleich Δl wird. Dann ist das in rechtwinkligen Koordinaten aufgezeichnete Diagramm unmittelbar richtig zu lesen als $P = f(\Delta l)$.

7. Die elastischen Eigenschaften der Prüfmaschine.

Zahlenmäßige Angaben über die elastische Nachgiebigkeit der Prüfmaschinen finden sich kaum im Schrifttum. In der Mitte der 30er Jahre waren aber Bestrebungen im Gange, die Maschinen durch zugefügte elastische Zwischenglieder absichtlich nachgiebig, d. h. „weich", zu machen. Es gelang nämlich mit Hilfe zwischengeschalteter Federn, die ausgeprägte Streckgrenze scheinbar zum Verschwinden zu bringen, woraus der Schluß gezogen wurde, daß die Streckgrenze gewöhnlich nur vorgetäuscht werde. Daß dies völlig falsch war, konnte sowohl durch einfache Überlegungen widerlegt werden, als auch durch eigens zu dem Zweck angestellte Versuche[1]. Bei den weichen Maschinen gleicht die Geschwindigkeitsabhängigkeit des Formänderungswiderstands den sonst auftretenden Kraftabfall so weit aus, daß der Widerstand der Probe konstant bleibt oder sogar monoton ansteigt. Einen Zugversuch unter Verhältnissen, die an Proben anderer Abmessung aus gleichem Werkstoff reproduziert werden können, erhält man aber auf diese Weise nicht, weil die dann auftretenden Reckgeschwindigkeiten von der Probenform und -größe abhängen. Je mehr man den doch nur schwer kontrollierbaren Geschwindigkeitseinfluß ausschalten will, desto steifer muß man die Maschine und ihren Antrieb konstruieren.

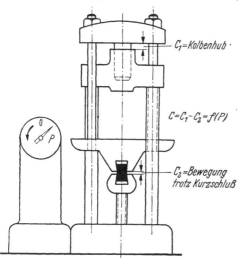

An einigen typischen Zugprüfmaschinen von 2 bis 15 t größter Zugkraft sind die elastischen Nachgiebigkeiten mit Hilfe von Meßuhren experimentell ermittelt worden[2]. Die Anordnung bei den hydraulischen

Abb. 45. Schema der Messung der elastischen Nachgiebigkeit von Universalprüfmaschinen.

Maschinen ist in Abb. 45 dargestellt, die Ergebnisse zeigen Abb. 46 und 47. Abb. 46 zeigt unmittelbar die Reckung der Prüfmaschine in Abhängigkeit der Prüfkraft. In Abb. 47 ist an Stelle der Prüfkraft der Belastungsgrad der Maschine eingesetzt, so daß bei Höchstkraft der Belastungsgrad 100% beträgt.

Die Kurven A, B, C zeigen jeweils die wesentliche Größe der Maschinenreckung, während die mit den Zeigern 1 und 2 versehenen Kurven nur Teilergebnisse bedeuten. Bei allen drei Maschinen ist die Nachgiebigkeit bei Höchst-

[1] Siebel, E., u. S. Schwaigerer: Arch. Eisenhüttenw. Bd. 13 (1939/40) S. 37.
[2] Melchior, P.: Industrie-Anzeiger Bd. 75 (1953) S. 423.

kraft in der Größenordnung von 1 mm und beträgt bei der Maschine *A* (mit Neigungspendel) sogar fast 2 mm, wobei 1,5 mm allein für die Betätigung des Neigungspendels gebraucht werden. Die hydraulischen Maschinen *B* und *C* sind insofern günstiger, weil die zur Auslenkung des Pendels notwendige Arbeit unmittelbar von der Pumpe geleistet wird, ohne durch die Maschine als Ganzes zu gehen.

Die elastischen Linien aller drei Maschinen sind nun keineswegs HOOKEsche Geraden, sondern steigen anfangs etwa 3 bis 4mal stärker als später. Dies beruht

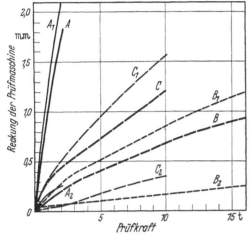

Abb. 46. Elastische Nachgiebigkeit von Universalprüfmaschinen in Abhängigkeit von der absoluten Prüfkraft.

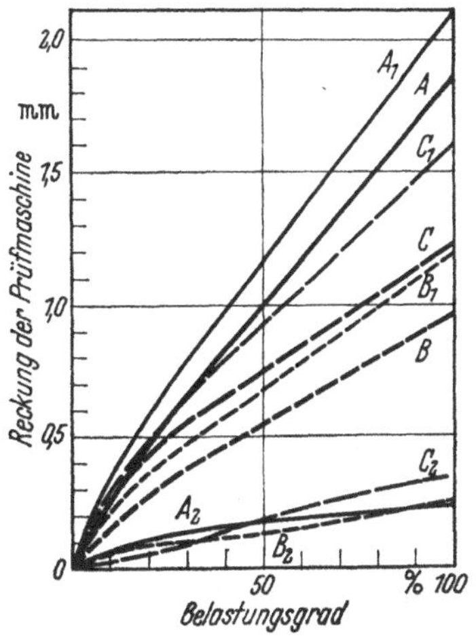

Abb. 47. Elastische Nachgiebigkeit von Universalprüfmaschinen in Abhängigkeit vom Belastungsgrad.

notwendigerweise auf einer Änderung des Spannungsangriffs in der Maschine mit zunehmender Belastung. Solche Änderungen können stattfinden

1. an den Bunden der Zugstangen, wenn sie nicht von Anfang an ringsum gleichmäßig satt anliegen,

2. in den Befestigungsgewinden der Zugstangen. Hier muß sich notwendig, weil das umschließende Gewinde auf Druck beansprucht wird, die Kraftverteilung mit zunehmender Kraft über die verschiedenen Gewindegänge hin verschieben.

3. Minimale Verbiegungen der Zug- und Druckstange können ebenfalls Abweichungen von der HOOKEschen Gerade veranlassen.

Dagegen kommen Schmierschichten als Ursache dieser Abweichungen nicht in Betracht, wenn die Abweichungen sich bei Be- und Entlastungen als gleich erweisen, wie es bei den untersuchten Maschinen der Fall war.

8. Maschinengestell.

Das Maschinengestell verbindet die Teile der Maschine zu einem Ganzen und bestimmt zusammen mit dem Sockel oder mit der Fundamentplatte die Lage der Maschine im Raum. Praktisch kommen nur zwei Lagen in Betracht: waagerecht oder senkrecht. Dem entspricht die Bewegung des Spannwerks und die Richtung der Probenachse. Man unterscheidet somit liegende und stehende Maschinen. Ihre Funktion ist genau die gleiche; die Bequemlichkeit der Bedienung kann aber stark von der Bauart abhängen. Die liegende Bauart

(DIN 51221 Blatt 4) ist gegen früher sehr zurückgetreten und beschränkt sich heute auf Maschinen zur Prüfung sehr langer Bauteile (wie Seile und Ketten) und auf vereinzelte Prüfmaschinen ungewöhnlich großer Kraftleistung. Stehende Maschinen beanspruchen weniger Grundfläche als liegende sonst gleicher Leistung, sind daher mit Einschluß der Fundament- und Gebäudekosten im allgemeinen wirtschaftlicher. Bei liegenden Maschinen geben alle Gewichtskräfte Biegemomente quer zur Maschinenachse. Diese stören natürlich viel mehr als die Gewichtskräfte der stehenden Maschinen, die nur den Nullpunkt der Kraftanzeige beeinflussen. Bei liegenden hydraulischen Maschinen verhindert das Eigengewicht der Kolben die günstige konzentrische Lage im Zylinder. Im Zweifelsfall sind senkrechte Maschinen immer vorzuziehen.

9. Maschinengröße.

a) Kraftmeßbereich.

Der Kraftleistung nach können die Maschinen für zügige Beanspruchung in außerordentlich weiten Grenzen verschieden stark gebaut sein, weil die Anforderungen in den verschiedenen Industriezweigen sehr weit auseinandergehen. Meist haben die Maschinen mehrere Meßbereiche, etwa 2 bis 5, auf die sie umgeschaltet werden können, um sich den jeweiligen Anforderungen bestens anzupassen. Die schwersten in Deutschland ausgeführten Prüfmaschinen waren für 1,5 Millionen kg größte Zug- und 3 Millionen kg Druckkraft ausgeführt. Die kleinsten haben einen größten Meßbereich bis 100 g und einen kleinsten bis 1,0 g und dienen zur Prüfung von Feindrähten und Textilfasern. Typische Größen, die am meisten in Gebrauch sind, entsprechen etwa dem geometrischen Mittel aus den genannten Grenzwerten und reichen etwa bis 10000 kg größter Zugkraft. Eine Zugprüfmaschine für 50 t ist schon eine „schwere Maschine", eine für 2 t eine leichte. Bisher bestand keine Norm für die Maschinengrößen. Im Entwurf DIN 51221 Blatt 1 (Ausg. März 1957) ist folgende Abstufung vorgeschlagen:

1 kg	10 kg	100 kg	1 t	10 t	100 t
2 kg	20 kg	200 kg	2 t	20 t	200 t
4 kg	40 kg	400 kg	4 t	40 t	
6 kg	60 kg	600 kg	6 t	60 t	

Hier ist eine möglichst einfache Gesetzmäßigkeit mit verhältnismäßig wenigen Stufen angestrebt, deren Nachbarn ein Verhältnis von höchstens 1 : 2 haben. Bisher waren vielfach feinere Stufen, aber nicht in gesetzmäßiger Ordnung, im Gebrauch, z. B. 10 t, 15 t, 20 t, 35 t, 50 t, 60 t, 75 t, 100 t.

b) Maschinengewicht.

Das Gewicht der Prüfmaschinen ist nur in großen Zügen eine Funktion der größten Prüfkraft, für die die Maschine ausgelegt ist. Bei kleinen Prüfkräften ist die Stabilität und Steifigkeit der Maschine viel wichtiger als geringes Gewicht. Erst bei größten Prüfkräften von mehreren Tonnen wächst das notwendige Maschinengewicht annähernd proportional mit der Prüfkraft. Eine Zusammenstellung über Universalprüfmaschinen verschiedener Herstellung gibt Abb. 48. Von einem einzigen Fabrikat abgesehen, ist das Streufeld ziemlich schmal. Die außerhalb dieses Streufeldes liegenden geringeren Eigengewichte beziehen sich auf das Fabrikat eines Werkes, das noch nicht über so langjährige Erfahrungen verfügt, um zu wissen, daß die Steifigkeit der Prüfmaschinen wichtiger ist als ihre Leichtigkeit.

Das Maschinengewicht für die kleinen Prüfkräfte ist 30 kg, jedoch gibt es auch sehr viel schwerere Ausführungen mit über 300 kg. Das übliche Gewicht

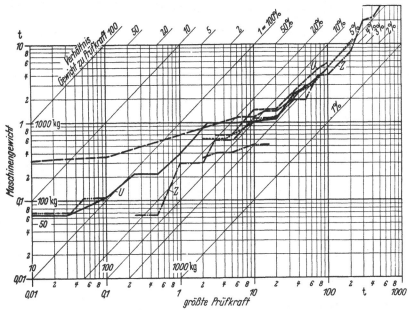

Abb. 48. Gewicht von Universalprüfmaschinen (U) und Zugprüfmaschinen (Z) in Abhängigkeit von der größten Prüfkraft.

für 10 t, richtiger Megapond, größte Prüfkraft ist 1 bis 1,5 t, wobei von der besonders leichten Ausführung mit 520 kg abgesehen werden mag. Etwa von 20 t (20 Mp) an aufwärts steigt das Maschinengewicht ungefähr proportional mit der Prüfkraft und beträgt (in kg) 4 bis 7%, meist nahezu 5% der Prüfkraft (in kp). In Abb. 48 sind außer den rechtwinkligen Koordinaten auch Linien unter 45° eingetragen und beziffert; sie stellen das Verhältnis vom Gewicht zur Prüfkraft dar.

B. Ausgeführte Konstruktionen.

1. Allgemeines.

In den folgenden Abschnitten können nur verhältnismäßig wenig Beispiele aus der Vielfalt der vorhandenen Ausführungsformen der Werkstoffprüf-maschinen gebracht werden. Die Auswahl umfaßt weder ausschließlich neue Maschinen, noch soll sie eine besondere Qualität anzeigen. Es sollten lediglich die wesentlichen Merkmale an Hand typischer Beispiele dargestellt werden. Dabei beschränkt sich die Auswahl nicht ausschließlich auf die von Firmen serienmäßig gefertigten Modelle, wenn diese auch naturgemäß im Vordergrund stehen. Vielmehr sind auch Sonderausführungen und relativ einfache Einrichtungen, soweit sie ähnlichen Zwecken wie die Prüfmaschinen dienen und sich als zweckmäßig erwiesen haben, erwähnt.

2. Druckprüfmaschinen.

Für die Ermittlung der Druckfestigkeit von Baustoffen, soweit sie durch Würfeldruckversuche bestimmt wird, sind relativ einfache Prüfmaschinen verwendbar. Die Kraft wird fast durchweg hydraulisch erzeugt. In den meisten Fällen erübrigt sich eine zusätzliche Verstellmöglichkeit des oberen Querhauptes, da die Würfelabmessungen genormt sind. Die untere Druckplatte sitzt direkt auf dem Arbeitskolben, die obere Druckplatte stützt sich über Halbkugel und Kugelpfanne gegen den Maschinenrahmen ab. Abb. 49 stellt eine 200 t-Druckprüfmaschine dar; durch Schweißung des Maschinenrahmens ist eine besonders einfache Konstruktion möglich. Der Kolben ist eingeschliffen und erhält das Drucköl von einer Elektropumpe. Die Kraft wird im dargestellten Fall durch Federmanometer gemessen; statt dessen kann auch ein Pendelmanometer angeschlossen werden.

Abb. 49. Druckprüfmaschine mit eingeschliffenem Kolben der Mohr & Federhaff A.-G., größte Prüfkraft 200 t.

Um die Prüfung auf Baustellen zu erleichtern, ist eine transportable Druckprüfmaschine, ebenfalls mit hydraulischer Krafterzeugung, entwickelt worden (Abb. 50). Im Gegensatz zu der obengenannten Maschine wird der Öldruck nicht mittels Elektropumpe, sondern mit einer von Hand betätigten Spindelpreßpumpe erzeugt. Bei dem erforderlichen hohen Druck ist natürlich das Fördervolumen klein, so daß Leckverluste möglichst vermieden werden müssen. Daher wird an Stelle eines eingeschliffenen Kolbens ein Kolben mit Manschettendichtung benutzt.

Eine einfache Prüfeinrichtung, die sich für sehr große und sperrige Prüfstücke gut bewährt hat, ist in Abb. 51 wiedergegeben. Sie besteht im wesentlichen aus einem Rahmengerüst mit einem beweglichen Querhaupt, an dem ein oder mehrere Preßtöpfe für Kräfte bis 200 t angebracht werden können. Die Bolzenverbindung zwischen den beiden senkrechten Ständern und dem Querhaupt ist lösbar, so daß es mittels der beiden an den Ständern angebrachten Winden vor dem Versuch auf eine gewünschte Höhe eingestellt werden kann.

Eine sehr universell verwendbare Druckprüfmaschine für 500 t Höchstkraft zeigt Abb. 52. Wie fast stets bei Druckprüfmaschinen, ist der Arbeitskolben unten angeordnet; auf der unteren, kräftig gehaltenen Grundplatte ruht der Druckzylinder. Rechts und links von ihm ist je eine mit Gewinde versehene Säule angebracht. Längs dieser beiden Säulen kann das obere Querhaupt mittels Motor- und Schneckenantrieb in vertikaler Richtung eingestellt werden. Am Säulengestell befindet sich in Höhe der oberen Kolbenfläche eine Doppelschiene, auf der wahlweise verschiebbar ein Drucktisch für Druckversuche oder eine Vorrichtung mit zwei Auflagern für Biegeversuche über den Kolben geschoben werden kann.

In Prüflaboratorien mit weitgespanntem Arbeitsgebiet, in denen neben den Werkstoffen vielfach wechselnde Konstruktionsteile und größere Konstruktionen untersucht werden, reichen die durch die gebräuchlichen Prüfmaschinen gegebenen Möglichkeiten häufig nicht aus. In der BAM Berlin-Dahlem hat sich für viele derartige Aufgaben eine Maßnahme außerordentlich bewährt, deren Anwendung aus Abb. 53 erkennbar ist. In den Boden der Prüfhalle ist ein I-Träger mit großem Widerstandsmoment so tief eingelassen, daß lediglich ein Flansch aus dem Boden herausragt. Dieser Träger

Abb. 50. Transportable Druckprüfmaschine (Würfelpresse) mit handbetätigter Spindelpreßpumpe des Chemischen Laboratorium für Tonindustrie, größte Prüfkraft 250 t.

dient als Basis für die verschiedensten Prüfaufbauten. Der Kraftverlauf geht vom Träger über die Probe und den oder die Drucktöpfe in Zugstangen über, die ihrerseits wieder am Träger angeflanscht sind. Neben dem in Abb. 53 dargestellten Biegebelastungsversuch an einem Spannbetonbalken können auch

Abb. 51. Belastungsgerüst, größte Prüfkraft 200 t. (BAM Berlin-Dahlem.)

Mauern, Gerüste u. ä. Bauteile untersucht werden. Ein besonderer Vorzug dieses Verfahrens ist noch die Platzersparnis, da nach Abschluß eines Versuchs alle Einzelteile bis auf den im Boden einbetonierten Träger beiseite geräumt werden können.

Abb. 52. Druckprüfmaschine für Druck-, Knick- und Biegeversuche der Losenhausenwerke A.-G., größte Prüfkraft 500 t.

Abb. 53. In Fußboden eingelassener I-Träger als Spannfundament für Belastungsversuche. (Biegebelastungsversuch an Spannbetonbalken.)

3. Biegeprüfmaschinen.

Die gebräuchlichste Art des Biegeversuchs ist in Abb. 54 als Schema angedeutet. Die Probe ist als Biegebalken auf zwei Stützen gelenkig gelagert und
wird durch eine Kraft belastet. Im Gegensatz zu der normalen Bauart, bei der
die Kraft vertikal nach unten
auf die horizontal liegende
Probe wirkt, ist die Kraftrichtung bei der in Abb. 55
abgebildeten Maschine horizontal. Durch diese Bauart
ist die Probenunterseite während des Versuchs der Betrachtung zugängig. Ein Gerät für
Biegeversuche an Kunststoffen ist das in Abb. 56 schematisch dargestellte Dynstat-
gerät [1] (wie der Name andeutet,
ist es nicht nur für statische
Versuche, sondern auch für
dynamische Versuche —
Schlagbiegeversuche — ge-
eignet). Vor Beginn des Versuchs hängt das Pendel 4 in
Richtung der Probenlängs-
achse senkrecht nach unten.

Abb. 55. Biegeprüfmaschine mit horizontaler Kraftrichtung der
Mohr & Federhaff A G., größte Prüfkraft 50 t.

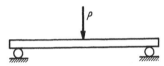

Abb. 54. Schema eines Biegeversuchs.

Durch Verdrehen der oberen Probeneinspannung 2 um den Winkel α wird über die Probe 1
ein Moment auf das Pendel ausgeübt und dieses
dadurch um den Winkel β aus der Ruhelage
ausgelenkt. Die Einspannung wird über Wellen,
Kegelräder und Schnecken durch das rechts am
Gehäuse befindliche Handrad 5 verdreht (Abbildung 57). Der Winkel β und damit das
Biegemoment kann nach dem Bruch an der
durch die Schleppzeigerstellung 6 markierten
Skale 7, die direkt in kgcm beschriftet ist, abgelesen werden. Der Winkel α ist an der
Winkelskale 8 ablesbar.

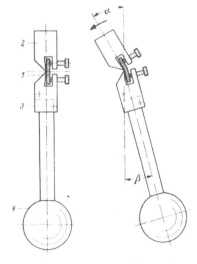

Abb. 56. Statischer Biegeversuch beim Dynstat-Gerät (schematisch).
1 Probe; 2 obere Probeneinspannung; 3 untere Probeneinspannung; 4 Pendel; α Verdrehwinkel der oberen Einspannung gegen
die Ruhelage; β Verdrehwinkel des Pendels gegen die Ruhelage.

[1] Dynstat, Beschreibung der BAM.

Probe unbelastet   Probe belastet

Abb. 57. Dynstat-Gerät für Schlagbiege- und statische Biegeversuche an Kunststoff.
(MPA Berlin-Dahlem, Bauart SCHOB-NITSCHE-SALEWSKI.)

1 Probe;   *2* obere Probeneinspannung;   *3* untere Probeneinspannung;   *4* Pendel;   *5* Handrad;   *6* Schleppzeiger
für Biegemoment;   *7* Biegemomentskale;   *8* Winkelskale.

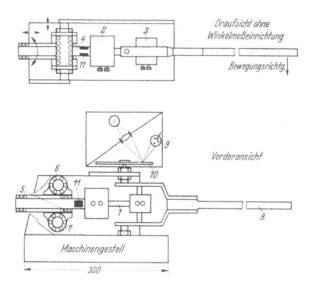

Abb. 58. Biegeprüfmaschine für gleichbleibendes Biegemoment über die Probenlänge ohne Zusatzbeanspruchung
(schematisch).
(Nach C. ROHRBACH.)

1 Probe;   *2, 3* Spannköpfe;   *4* Bolzenansatz; *5, 6, 7* Kugelführungen;   *8* Handhebel;   *9* Photozelle;   *10* Winkelscheibe;   *11* Meßstreifen.

Zum Aufbringen eines gleichbleibenden Biegemoments über die Probenlänge hat C. ROHRBACH[1] eine Biegemaschine gebaut, bei der keine Längs-,
Quer- oder Torsionskräfte auftreten können. Abb. 58 zeigt ein Schema
dieser Maschine. Die Probe *1* ist in zwei Spannköpfe *2* und *3* eingespannt.
Der linke Spannkopf *2* ist mit einem zylindrischen Bolzenansatz *4* versehen, der mit Kugelführung *5* in einem Hohlzylinder dreh- und verschiebbar gelagert ist. Hierdurch werden Längs- und Torsionsbeanspruchungen
der Probe vermieden. Senkrecht zur Bewegungsrichtung dieser Kugelführung
sind zwei weitere ähnliche Führungen *6* und *7* vorgesehen, um Querkräfte
zu vermeiden. Das Moment wird mit Hilfe des Handhebels *8* aufgebracht.
Der Biegewinkel wird durch Zählen
der an einer Photozelle *9* vorbei-
wandernden, punktförmig beleuchteten
Skalenteile einer am Handhebel befestigten Winkelscheibe *10* ermittelt.
Zur Messung des Biegemoments sind
auf den Bolzen am linken Spannkopf
zwei Dehnmeßstreifen *11* geklebt.

4. Zugprüfmaschinen.

Für kleine Belastungen, z. B. für
die Draht-, Kunststoff-, Papier-, Textil-
und Kautschukprüfung werden vielfach Prüfmaschinen der in Abb. 59
gezeigten Type benutzt. Das Schema
einer derartigen Zugprüfmaschine mit
Neigungspendel ist in Abb. 7 dargestellt. Als Maschinenrahmen dient
ein auf einer Grundplatte befestigter
Ständer mit überkragendem freiem
Ende, an dem unter Zwischenschaltung des Neigungspendels die Probe
einseitig angreift. Die Einspannung des
unteren Probenendes wird hydraulisch
oder über Schraubspindelantrieb nach
unten bewegt und dadurch das Pendel
entsprechend dem Widerstand der
Probe aus gelenkt. Beim Bruch der
Probe wird das Pendel durch Sperrklinken in einer feinen Verzahnung der
Kreisbogenkraftskale in seiner Maxi-

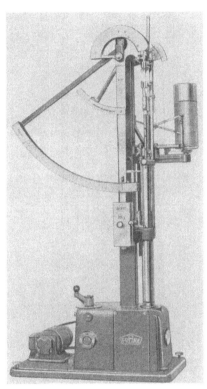

Abb. 59.
Zugprüfmaschine mit Neigungspendel
der K. Frank G. m. b. H.

malstellung festgehalten. Eine Maschine mit ähnlichem Arbeitsprinzip, aber
geschlossener Bauart, zeigt Abb. 60. Neuerdings werden für die Lagerung des
Neigungspendels an Stelle von Stahlschneiden und Stahlpfannen vielfach Kugellager benutzt.

Ein Beispiel dafür, wie durch Einsatz elektrischer und elektronischer
Mittel der Zugversuch weitgehend automatisiert werden kann, ist die in Abb. 61
dargestellte Zugprüfmaschine für faden- und bandförmige Proben[2]. Die Ver-

[1] Arch. Eisenhüttenw. Bd. 16 (1955) S. 213.
[2] Druckschrift der Fa. Zwick u. Co.

formung erzeugt ein mechanischer Antrieb des unteren Spannkopfes *3* mittels Elektromotors. Die Widerstandskraft der Probe wird über den oberen Spannkopf *2* auf eine, im rechten oberen Kopfteil der Maschine befindlichen Biegefeder übertragen; deren Auslenkung wird mittels induktiven Gebers gemessen.

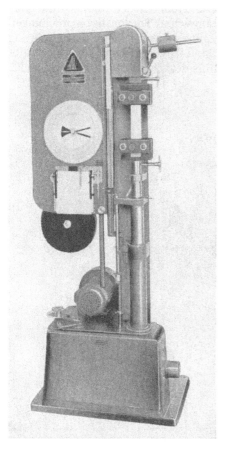

Abb. 61.
Zugprüfmaschine für faden- und bandförmige Proben mit elektronischer Kraftmessung und elektrischer Steuerung der Zwick u. Co. K. G., größte Prüfkraft 20 kg.
2, 3 Spannköpfe;
4 Lichtmarkengalvanometer.

Abb. 60.
Zugprüfmaschine mit Neigungspendel von Louis Schopper, größte Prüfkraft 1000 kg.

Die Kraft kann am Lichtmarkengalvanometer *4* abgelesen oder unter Benutzung eines photoelektrischen Nachlaufschreibers auf Papier registriert werden. Da die Höchstkraft auch mit elektromechanischem Zählwerk angezeigt wird, kann z. B. bei einer Versuchsreihe durch fortlaufende Zählung sofort der Mittelwert gebildet werden. Durch eine Anzahl von Drucktasten können die Einspannlängen gewählt und ebenfalls durch Drucktasten die verschiedenen Betriebsarten, Einzelmessung, Dehnungspendeln (der bewegliche Spannkopf pendelt zur Feststellung der Lasthysterese zwischen zwei einstellbaren Anschlägen, bis nach einer vorgewählten Zahl von Pendelungen die Maschine sich stillsetzt), vollautomatisch eingestellt werden. (Die Maschine führt selbsttätig mit automatischer Einspannung eine vorwählbare Zahl von Messungen durch.)

Als Beispiel einer Maschine mit Laufgewichtsdynamometer ist in Abb. 62 eine Zugprüfmaschine der MAN für 30 t dargestellt. Die Verlängerung der oberen Einspannung *2* greift an den in Schneiden im oberen Querhaupt des Rahmens gelagerten Haupthebel *3* an.

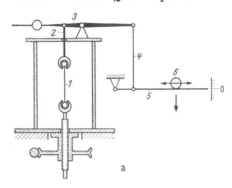

Von dort wird die Kraft über eine Zugstange *4* auf den Laufgewichtshebel *5* übertragen. Beim Versuch muß das Laufgewicht *6* ständig so verschoben werden, daß das von der Probe *1* auf den Laufgewichtshebel *5* ausgeübte Moment gleich dem der Gewichtskraft des Laufgewichtes ist und der Laufgewichtshebel zwischen den Anschlägen frei schwebt.

Eine interessante platzsparende Bauart einer Zugprüfmaschine zeigt Abb. 63. Die Probe *1* ist in einem Druckzylinder *2* mit einem Ende am unteren Sockel *3*, mit dem anderen Ende am Kolben *4* angeschraubt. Der Vorschub und die Kraft wird durch Einpumpen von Öl in den Zylinderraum bewirkt, in dem sich auch die Probe befindet. Eine Meßuhr am oberen Zylinderdeckel tastet die Bewegung des Kolbens ab und gestattet damit die Ablesung der Probendehnung. Ein Manometer zeigt den Öldruck und damit die Kraft an. Während des Versuchs ist die Probe nicht zugänig und kann auch nicht beobachtet werden.

Eine kombinierte Anlage, mit der Zug- und Druckversuche gemacht werden können (Abb. 64), stellt in gewissem Sinne einen Übergang zu den Universalprüfmaschinen dar.

b

Abb. 62. Zugprüfmaschine mit Laufgewichtsdynamometer und mechanischem Antrieb der MAN.

1 Probe; *2* obere Einspannung; *3* Haupthebel; *4* Zugstange; *5* Laufgewichtshebel; *6* Laufgewicht.

Beide Maschinen arbeiten hydraulisch und werden wahlweise vom gleichen Pult gesteuert. Während eine Maschine gefahren wird, kann die zweite eingerichtet werden. Bei der Druckprüfmaschine ist besonderer Wert auf parallele Lage der Druckplatten gelegt. Der obere Druckplattenkörper *2* ist deshalb durch Laschen an Führungsleisten des Maschinenrahmens abgestützt, der untere Druckplattenkörper *3* durch acht Rollen an den Führungsleisten *4* geführt, und der Maschinenrahmen, obgleich er normalerweise auf Zug beansprucht ist, durch eingeschweißte Rippen torsionssteif gemacht.

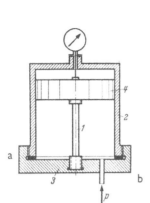

Abb. 63. Zugprüfmaschine mit besonders geringer Bauhöhe der A. M. Erichsen G. m. b. H., größte Prüfkraft 6 oder 12 t.

1 Probe; *2* Druckzylinder; *3* unterer Sockel; *4* Kolben.

Abb. 64. Prüfmaschinentandem für Zug- bzw. Druckkraft der Losenhausenwerke A.-G., größte Prüfkraft 200 t.
2 oberer Druckplattenkörper; *3* unterer Druckplattenkörper; *4* Führungsleisten; *5* Rollen.

5. Universalprüfmaschinen.

Die vielseitigen Versuchsmöglichkeiten auf Universalprüfmaschinen (Abb. 65) haben dieser Type eine besondere Vorzugsstellung in der Materialprüfung verschafft. In beschränktem Maße können sogar Torsionsversuche gemacht werden (Abb. 66). Die Möglichkeit, durch ein zusätzliches Lastwechselgerät den Anwendungsbereich hydraulischer Universalprüfmaschinen auch zu Dauerschwingversuchen mit niedrigen Frequenzen hin zu erweitern, soll nur erwähnt werden (Abb. 67).

Eine Prüfmaschine für Kräfte bis 4 t mit mechanischem Antrieb und Neigungspendel zeigt Abb. 68. Das mittlere Querhaupt wird über zwei rechts und links im Maschinenrahmen liegende Spindeln vertikal bewegt. Durch die elektronische Motorsteuerung ist eine stufenlose Regelung der Geschwindigkeit innerhalb eines großen Bereiches möglich.

Durch Einbau der Hebelei und des Druckzylinders in das Maschinenbett kann eine Prüfmaschine mit hydraulischem Antrieb und Neigungspendel im eigentlichen Arbeitsraum sehr zugängig und übersichtlich gestaltet werden (Abbildung 69). Der bewegliche Zylinder *2*

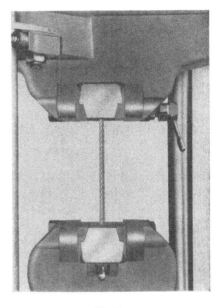

Abb. 65 a.

wirkt bei festgehaltenem Kolben über die Zugstangen *3* auf das Zugquerhaupt *4*. Von dort wird die Kraft entweder direkt über die Druckprobe oder über die Zugprobe, Wiegequerhaupt *5*, zwei Drucksäulen *6* auf den Wiegetisch *7* ge-

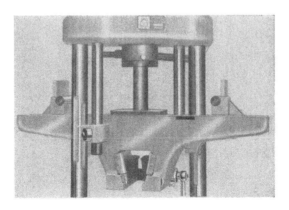

Abb. 65 b.

leitet, der sich über Schneiden auf den im Maschinenbett befindlichen Haupthebel *8* stützt, von dem die Kraft über Zwischenhebel *9* und Gehänge *10* zum Pendel *11* geleitet wird.

Abb. 65 c.

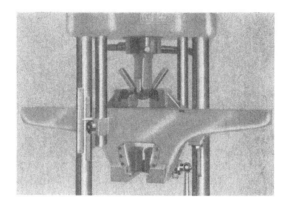

Abb. 65 d.

Abb. 65 e.

Abb. 65. Untersuchungen auf Universal-Prüfmaschinen.
a Zugversuch an Seil; b Druckversuch; c Scherversuch; d Faltversuch; e Biegeversuch.

Abb. 66. Universalprüfmaschine mit Einrichtung für zusätzliche Verdrehbeanspruchung. Antrieb hydraulisch, für Verdrehung mechanisch von Louis Schopper. Pendelmanometer, größte Prüfkraft 50 t.

Abb. 67. Universalprüfmaschine mit Lastwechselgerät zur Durchführung von Dauerschwingversuchen mit niedrigen Frequenzen der Mohr & Federhaff A.-G.

Auch liegende Maschinen können als Universalprüfmaschinen verwendet werden. Sie sind besonders dann zweckmäßig, wenn lange Proben untersucht werden sollen. Vorwiegend werden sie für Ketten- und Seilprüfungen benutzt, können aber auch für Knickversuche (Abb. 70) und Biegeversuche Verwendung finden. Die Kraft wird bei derartigen Maschinen fast ausschließlich hydraulisch erzeugt. Der Kraftverlauf ist über den Maschinenrahmen geschlossen, das Fundament dient lediglich zur Aufnahme des Maschinengewichtes.

Abb. 68. Universalprüfmaschine mit mechanischem Antrieb und Neigungspendel der Fa. Lohmann v. Tarnogrocki, größte Prüfkraft 4 t.

Zur Kraftmessung sind neben Manometern und Laufgewichtsdynamometern insbesondere bei schweren Maschinen Meßplatten in Verbindung mit Pendel-manometer geeignet (Abb. 70a). Der Zylinder *1* ist am Maschinenrahmen *2* pendelnd aufgehängt und überträgt die Zugkraft über die Zugstangen *3* auf die Traverse *4*. Diese drückt die ebenfalls pendelnd aufgehängte Meßplatte *5* gegen die Platte *6*, die in einem starr mit dem Maschinenrahmen *2* verbundenem Gehäuse *7* festgelagert ist. Beide Meßplatten sind an den Berührungsflächen eben geschliffen und besitzen eine zentrische Aussparung. Der dadurch ge-bildete mittlere Hohlraum wird ständig mit Preßöl gefüllt, das durch den ring-förmigen Spalt zwischen den beiden Platten austritt. Je größer die zu messende

b

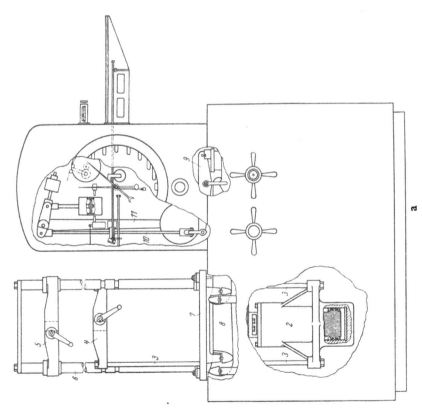

a

Abb. 69. Universalprüfmaschine mit hydraulischem Antrieb und Neigungspendel der Fa. Tinius Olsen, größte Prüfkraft 30 und 60 t.
2 beweglicher Zylinder; 3 Zugstange; 4 Zugquerhaupt; 5 Wiegequerhaupt; 6 Drucksäule; 7 Wiegetisch; 8 Haupthebel; 9 Zwischenhebel; 10 Gehänge; 11 Pendel.

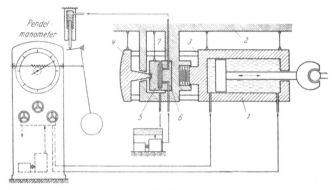

Abb. 70 a.

Abb. 70 b.

Abb. 70 c.

Abb. 70. Liegende Universalprüfmaschine mit Meßplatten und Pendelmanometer der Mohr & Federhaff A.-G., größte Prüfkraft 200 t.
a) Pendelmanometer mit Meßplatten; *1* Zylinder; *2* Maschinenrahmen; *3* Zugstange; *4* Traverse; *5* Meßplatte; *6* Platte; *7* Gehäuse; b) Maschine mit Biegetisch; c) Gesamtansicht.

Zugkraft ist, welche die beiden Platten *5* und *6* zusammendrückt, um so enger wird der Spalt und um so größer muß der Öldruck sein, um das Öl durch den

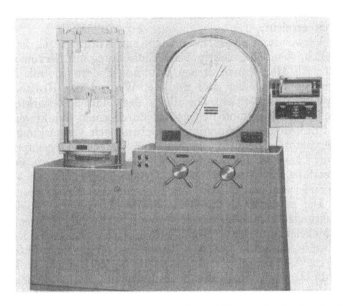

Abb. 71. Universalprüfmaschine mit hydraulischem Antrieb und Messung des Druckes im Zylinder mittels BOURDON-Manometer und elektronischer Anzeige der Fa. Tinius Olsen, größte Prüfkraft 30 t.

Abb. 72. Universalprüfmaschine mit hydraulischem Antrieb und Kraftmessung mittels Druckdose der Fa. Baldwin-Lima-Hamilton.

Spalt zu drücken. Der Öldruck selbst ist der zu messenden Kraft genau proportional und wird mit einem an den Hohlraum angeschlossenen Pendelmanometer gemessen. Die Einrichtung ähnelt im Prinzip einem Zylinder mit eingeschliffenem Kolben. Im Gegensatz zu diesem liegen jedoch die Dichtungsflächen senkrecht zur Kraftrichtung, so daß wegen fehlender metallischer Berührung keine Reibung eintritt. Daher wird auch bei kleinen Kräften eine gute Meßgenauigkeit erreicht.

Auch bei Verwendung eines Manometers zur Kraftmessung ist eine Registrierung möglich, wenn eine elektronische Einrichtung mit Servomotor benutzt wird (Abb. 71). Als Meßelement dienen Bourdon-Federn, die mit dem Druckraum im Zylinder verbunden sind und bei Wechsel des Kraftbereichs entsprechend umgeschaltet werden. Die durch den Öldruck bewirkte Bewegung des freien Endes der Bourdon-Feder wird durch einen induktiven Weggeber abgefühlt und die Ausgangsspannung des Gebers nach Verstärkung zur Steuerung eines Servomotors benutzt, der mit dem Skalenzeiger gekuppelt ist. Die Meßgenauigkeit hängt lediglich von der Qualität der Bourdon-Feder ab.

Die Verwendung von Druckdosen als Dynamometer hat den Vorzug, daß die Kraftmessung unabhängig von der Eigenart der Krafterzeugung in der Maschine ist. Der in der Dose durch die Prüfkraft erzeugte Flüssigkeitsdruck wird durch Leitungen zum Meßelement geleitet. Bei Lastbereichwechsel werden verschiedene Meßelemente an die Druckleitung geschaltet (genaue Beschreibung der Wirkungsweise Abschn. A 5 e S. 46). Durch Anwendung eines echten Kompensationsverfahrens wird erreicht, daß das elastische Meßelement praktisch nicht verformt wird. Dadurch wird eine besonders hohe Nullpunktsicherheit und Unempfindlichkeit gegen Temperatureinflüsse erzielt. Bei der in Abb. 72 wiedergegebenen Maschine wird die Kraft vom Druckkolben über die Druckdose auf den Arbeitstisch übertragen, von dort entweder über eine Druckprobe direkt auf das untere Querhaupt und damit über die mit Gewinde versehenen Zugsäulen zurück zum Maschinenfuß oder beim Zugversuch vom Arbeitstisch zunächst über die beiden Drucksäulen auf das obere Querhaupt und dann über die Zugprobe zum unteren Querhaupt.

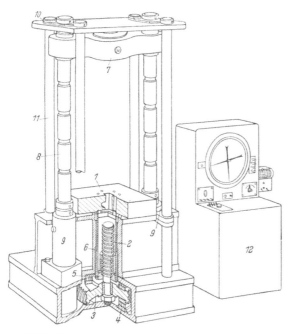

Neuerdings ermöglichen Dehnungsmeßstreifen den Bau von Kraftmeßelementen für nahezu beliebige Kräfte. Da sich derartige Kraftmeßelemente außerdem durch einfachen Aufbau und große Steifigkeit auszeichnen, ist ihre Anwendung im Prüfmaschinenbau naheliegend. Nachteilig ist die geringe Überlastbarkeit und die Tatsache, daß der Meßbereich eines Kraftmeßelementes nicht umschaltbar ist. Die Kon-

Abb. 73. Prüfmaschine mit mechanischem Antrieb und Kraftmessung mit Dehnungsmeßstreifen der Firma Baldwin-Lima-Hamilton.

1 Arbeitstisch; 2 Spindel; 3 Zahnrad; 4 Druckkugellager;
5 Mutter mit eingelegten Kugeln; 6 Führungszylinder;
7 Querhaupt; 8 Hauptsäulen; 9 Kraftmeßelemente; 10 Stützplatten; 11 Stützsäulen; 12 Steuerpult.

struktion einer 70 t-Maschine (Zug und Druck) mit mechanischem Antrieb zeigt Abb. 73[1]. Zwangsverformung und Kraftmessung sind klar getrennt. Der Arbeitstisch *1* wird durch die Spindel *2* nach oben oder unten bewegt. Ein elektrischer Motor treibt die Spindel über das Zahnrad *3* an. Als Widerlager für das Zahnrad *3* dienen die Druckkugellager *4*. Die Mutter *5* bildet das untere Ende eines Kolbens, der im Zylinder *6* geführt ist und den Arbeitstisch *1* seitlich stabilisiert. Zur Verminderung der Reibung sind in die Schraubengangnuten von Spindel und Mutter Kugeln eingelegt, so daß ein Schrauben-Kugellager entsteht. Durch eine zwischen dem Arbeitstisch *1* und dem Querhaupt *7* befindliche Probe werden über das

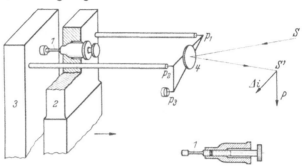

Abb. 74. Mikro-Universalprüfmaschine eingerichtet für Zugversuch (schematisch).
1 Probe; *2* Schwenkhebel; *3* Biegefeder; *4* Spiegel.

Querhaupt *7* auf die Hauptsäulen *8* und damit auf die Kraftmeßelemente *9* Zug- oder Druckkräfte übertragen. Die Seitenstabilität der Hauptsäulen *8* bei Zugversuchen wird über zwei Stützplatten *10* und vier Stützsäulen *11* verbessert. Die Kraftmeßelemente *9* sind elektrisch an den Meßverstärker im Steuerpult *12* angeschlossen.

Für die Bestimmung der Festigkeitseigenschaften von Werkstoffen mit Hilfe sehr kleiner Proben sind vor allem von P. CHEVENARD[2,3] Mikrozerreißmaschinen entwickelt worden (Abb. 74). Die Probe *1* ist zwischen die freien Enden eines von einem Motor schwenkbaren Hebels *2* und einer als Dynamometer wirkenden Biegefeder *3* gespannt. Als Anzeigeeinrichtung für die Kraft als Funktion der

Abb. 75. Mikro-Universalprüfmaschine mit Lichtschaubildzeichner für Zug-, Biege- und Scherversuche der Fa. A. J. Amsler, größte Prüfkraft 350 kg.

Dehnung dient ein sogenannter optischer Dreifuß, bestehend aus einem auf den drei Punkten P_1, P_2, P_3 gelagerten Invarplättchen mit einem aufgeklebten Spiegel *4*. P_1 ist mit dem Hebel, P_2 mit der Biegefeder verbunden, während P_3 als Fixpunkt starr am Gehäuse befestigt ist. Eine Rechtsbewegung des Hebels *1* überträgt eine Kraft über die Probe *1* auf die Biegefeder *3*. Die dadurch bewirkte Rechtsauslenkung der Feder *3* wird auf den Spiegel geleitet und bewirkt eine kraftproportionale Auslenkung des reflektierten Lichtstrahls S'

---

[1] Testing Topics Bd. 11, Nr. 4 (1956) S. 1 der Baldwin-Lima-Hamilton, Corp.
[2] Rev. Métall. Bd. 39 (1942) S. 33.
[3] Druckschrift „Mikroprüfungen" der Fa. A. J. Amsler.

nach unten. Die Dehnung der Probe verursacht eine entsprechende Kippbewegung des Spiegels um die Achse P_2, P_3 und damit eine Lichtstrahlauslen-
kung nach vorn. Die Bewegung des Lichtpunkts wird auf lichtempfindlichem
Papier registriert. Mit geringen Änderungen kann die Maschine ähnlich wie
eine Universal-Prüfmaschine auch für Biege- und Scherversuche benutzt
werden (Abb. 75).

6. Federprüfmaschinen.

Bei einer Prüfmaschine für 100 kg wird die Verformung mit Handhebel über
eine Zahnradübersetzung aufgebracht (Abb. 76). Sie läßt sich als Weg der

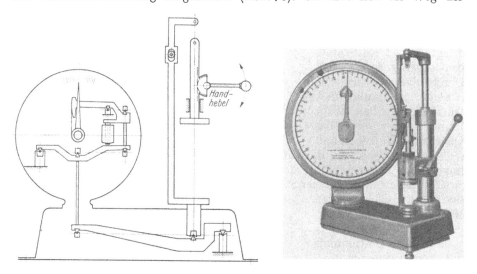

Abb. 76. Federprüfmaschine mit Handantrieb und Neigungspendel der Emmericher Maschinenfabrik, größte Prüfkraft 100 kg.

oberen Druckplatte an einem Maßstab ablesen, die Kraft mittels Neigungspendel messen. Für Serienprüfungen sind Automaten entwickelt, bei denen der
Prüfer die einzelnen Federn nur noch auf das Transportband aufsetzen muß.
Der Belastungsvorgang und die Sortierung in drei Güteklassen (zu schwach,
gut, zu stark), erfolgt automatisch durch die Maschine (Abb. 77). Auch bei
großen Kräften (1000 kg) kann die Verformung von Hand aufgebracht werden
(Abb. 78). Das mittlere Querhaupt wird durch Drehen des Handrads abwärts
bewegt und ähnlich wie bei einer Universal-Prüfmaschine entweder die untere
Feder auf Druck oder eine oben angehängte Feder auf Zug beansprucht. Das
Kraftmeßgerät, ein Federdynamometer, befindet sich im mittleren Querhaupt.

Zur Prüfung sehr kräftiger Federn, z. B. für Eisenbahn- und Automobilbau,
sind Maschinen mit hydraulischem Antrieb entwickelt worden (Abb. 79). Der
Steuerstand ist zur Vermeidung von Unfällen seitlich von der Maschine angeordnet. Die Kraft mißt ein Pendelmanometer. Kraft und Weg werden an je
einer Skale angezeigt. Zur Erleichterung von Serienprüfungen sind zusätzliche
Einrichtungen vorgesehen; ein Kraftvorwähler bewirkt das selbsttätige An-
steuern einer eingestellten Prüfkraft, durch eine besondere Einrichtung wird
der Federweganzeiger im Augenblick des Aufsetzens der oberen Druckplatte
auf die Feder in Nullstellung gebracht und schließlich ist eine Vorwahl des
Federwegs möglich.

7. Torsionsprüfmaschinen.

Die Verdrehung der Probe kann von Hand oder bei größeren Drehmomenten durch elektrischen Antrieb geschehen. Das Moment wird in den meisten Fällen mit Hilfe eines Neigungspendels gemessen. Bei einer Maschine mittlerer Größe

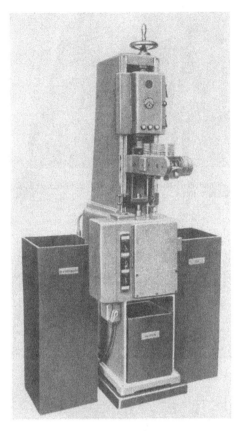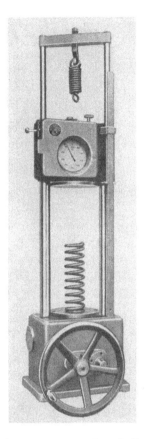

Abb. 77. Federprüfautomat (Elasticometer) mit Kraftmessung durch Feder von Reicherter, größte Prüfkraft 120 kg.

Abb. 78. Federprüfmaschine mit Handantrieb und Federdynamometer von Reicherter, größte Prüfkraft 1000 kg.

(Abb. 80) wird der Pendelausschlag auf einen Zeiger übertragen und kann auch auf einer Schreibtrommel, die von der Vorgelegewelle der Maschine angetrieben wird, als Funktion des Drehwinkels geschrieben werden. Das rechte über eine Umlenkrolle angehängte Gewicht soll die Probe gestreckt halten. Sollen größere Momente aufgenommen werden, muß an Stelle des in Abb. 80 gezeigten offenen Gestells der Maschinenrahmen als geschlossener Kastenrahmen mit großer Torsionssteifigkeit ausgebildet sein (Abb. 81). An Stelle eines geschlossenen Rahmens kann auch als Fundament eine kräftige Spannplatte benutzt werden, auf der die beiden Einspanneinheiten in beliebigen Lagen zueinander festgespannt werden können (Abb. 82). Derartige Konstruktionen sind insbesondere zur Prüfung von biegsamen Wellen, Kardanwellen und großen Konstruktionsteilen geeignet.

Abb. 79. Federprüfmaschine mit hydraulischem Antrieb und Pendelmanometer der Mohr & Federhaff A.-G., größte Prüfkraft 40 t.

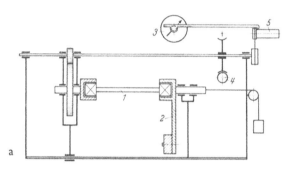

Abb. 80. Torsionsprüfmaschine mit Neigungspendel und Handantrieb der Mohr & Federhaff A.-G., größter Prüfmoment 30 kgm.

1 Probe; *2* Neigungspendel; *3* Zeiger; *4* Schneckentrieb; *5* Schreibtrommel.

Abb. 81. Torsionsprüfmaschine mit Neigungspendel und mechanischem Motorantrieb der MAN, größter Prüf moment 1000 kgm.

Abb. 82. Torsionsprüfmaschine mit veränderlicher Stellung der beiden Ständer der Mohr & Federhaff A.-G., größter Prüfmoment 150 bis 500 mkg.

C. Zusammenfassender Ausblick.

Die Untersuchung von Werkstoffen bei zügiger Beanspruchung gehört zu den ältesten Verfahren der Materialprüfung, bildet aber auch heute noch z. B. im Zugversuch ihre Grundlage. Geeignete Prüfmaschinen wurden deshalb schon sehr früh entwickelt, und einige Bauarten haben sich so bewährt, daß ihre Konstruktionsprinzipien auch noch bei den heutigen Maschinen erkennbar sind.

Die Prüfmaschinen sind zwar in Einzelheiten laufend verbessert worden, jedoch sind seit der Erfindung des Pendelmanometers keine grundlegend neuen Ideen verwirklicht worden. Als Antrieb werden beide Arten, mechanisch und hydraulisch, nebeneinander benutzt. Der mechanische Antrieb ermöglicht große Verformungen und große Verformungsgeschwindigkeiten. In Verbindung mit einem elektronisch gesteuerten Motor kann die Regelung sehr feinfühlig sein. Die großen Vorzüge des hydraulischen Antriebs gerade zur Erzeugung zügiger Beanspruchung— geräuschloser, stoßfreier Betrieb bei sehr guter Regelmäßigkeit und praktisch unbegrenzter Maximalbelastung, dazu die Möglichkeit, die Kraft aus dem Öldruck zu bestimmen — haben dieses Verfahren z. Zt. besonders in den Vordergrund gerückt.

Eine Weiterentwicklung der Prüfmaschinen wird angestrebt, die Handhabung der Maschinen einfacher zu gestalten bzw., falls es die Aufgabenstellung erlaubt, teilweise oder vollständig zu automatisieren. Die druckknopfgesteuerte Zugprüfmaschine für faden- und bandförmige Proben (Abb. 61) ist ein Beispiel dieser Entwicklung. Für das Messen und das Registrieren von Kraft und Verformung bietet die Anwendung elektrischer und elektronischer Verfahren neue Möglichkeiten. Im Gegensatz zu Laufgewichtsdynamometern und insbesondere zu Neigungspendeln und Pendelmanometern sind bei geeigneter Ausführung dieser neuen Verfahren praktisch beliebig rasche Kraft- und Verformungsänderungen mit geringem Fehler meßbar. Deshalb wird die Frage der Fehlergrenze erneut zur Diskussion gestellt.

Das allgemeine Streben nach erhöhter Genauigkeit ist auch auf dem Gebiet der Prüfmaschinen vorhanden und gilt hier in erster Linie der Kraftmessung. Ein echtes Bedürfnis, die zugelassene Fehlergrenze noch unter $\pm 1\%$ zu drücken, kann nur bei Forschungsarbeiten auftreten, nicht im Industrie-Laboratorium. Es gibt längst Prüfmaschinen, die auch nach längerem Gebrauch einen kaum nachweisbaren Fehler in der Kraftanzeige haben — die Nachweisgrenze liegt bei etwa 0,1% —, aber die Kraft ist bisher nur statisch, d. h. bei ruhendem Antrieb nachgeprüft worden. Beispielsweise wird für Dynamometer mit Dehnungsmeßstreifen, allerdings dann nur in jeweils einem Kraftbereich und bei ruhender Belastung, ein Fehler von $\pm 0,1\%$ angegeben[1].

Bei bewegter Maschine und damit veränderlicher Kraft können die Trägheitskräfte die Kraftanzeige mehr oder weniger verfälschen; die Eigenschwingungsdauer des ganzen Systems ist ein Maßstab für diese Fehlermöglichkeit. Das sonst so beliebte Pendelmanometer vergrößert die Eigenschwingungsdauer, ist also für die Messung schnell veränderlicher Kräfte schlecht geeignet. Hier hat die elektronische Kraftmessung die besten Aussichten, weil sie die steifste Bauart mit der kürzesten Eigenschwingungsdauer gestattet. Mit ihrer Hilfe wird man, ohne einen unzulässigen Fehler zu begehen, die bisher üblichen Versuchsdauern in der Größenordnung von 1 bis 5 Minuten, bei der Prüfung von Textilien bis herab zu 20 Sekunden, verkürzen können, was — wenigstens bei Massenbetrieb — einen wirtschaftlichen Vorteil bringt.

Die Einführung dieser neuen Technik in den Prüfmaschinenbau bedeutet, daß zwangläufig zu dem mechanisch-konstruktiven ein instrumenteller Aufwand hinzukommt. Die Wirkungsweise wird undurchsichtiger, die Störanfälligkeit größer. Es muß deshalb im Einzelfall geprüft werden, ob und wo der erhöhte Aufwand gerechtfertigt ist. Ferner wird wahrscheinlich in Zukunft auch das Gebiet der Spezialprüfmaschinen für Mikroproben erhöhte Bedeutung gewinnen.

---

[1] Characteristics and Applications of Resistance Strain Gages, National Bureau of Standard Circular 528 (1954).

II. Prüfmaschinen für stoßartige Beanspruchung.

Von **E. Amedick** und **K. H. Bußmann**, Berlin.

A. Allgemeine Vorbemerkung.

Der Umfang des hier behandelten Gebiets läßt es angebracht erscheinen eine Aufteilung in zwei Hauptgruppen vorzunehmen. Die erste behandelt die grundsätzlichen Überlegungen (Abschn. B) und gibt eine Zusammenstellung der technischen und physikalischen Grundlagen (Abschn. C) sowie der Meßtechnik bei schlag- und stoßartiger Beanspruchung (Abschn. D). Die Abschn. B bis D sind weitgehend allgemein gehalten. Auf ausgeführte Beispiele wird nur zurückgegriffen, wenn dies zur anschaulichen Darstellung notwendig erscheint.

Abschn. E behandelt ausgeführte Prüfeinrichtungen, insbesondere marktgängige Prüfmaschinen. Hinsichtlich der Aufbausystematik und der Grundlagen wird dort lediglich auf die entsprechenden Ausführungen der Abschn. B bis D verwiesen. Damit soll erreicht werden, daß der Benutzer alles Wissenswerte über ausgeführte Prüfeinrichtungen und Maschinen übersichtlich und zusammenhängend behandelt findet.

B. Aufgabe und Eigenarten der Werkstoffprüfung bei schlag- und stoßartiger Beanspruchung.

Die in der Werkstoffprüfung gängigen Begriffe „spröde" und „zäh" kennzeichnen das Werkstoffverhalten bei aufgezwungenen Verformungen und den als deren Folge auftretenden Trennungen (Brüche).

Sie sind im wesentlichen technologische Anschauungsbegriffe und als solche nicht ohne weiteres zahlenmäßig erfaßbar.

Die zahlenmäßige Kennzeichnung der Begriffe „spröde" und „zäh" ist nur über komplexe Vergleichszahlen möglich. Diese selbst wiederum ermöglichen auch nur einen Vergleich innerhalb arteigener Werkstoffgruppen.

Hinzu kommt, daß ausgesprochen schmeidige Werkstoffe, denen allgemein ein zähes Verhalten zugesprochen wird, unter ungünstigen Bedingungen sich auch spröde verhalten können.

Einflußgrößen, die für sich allein oder auch im Zusammenwirken das Zähigkeitsverhalten der Werkstoffe bestimmen, sind

Verformungsgeschwindigkeit,

Temperatur,

Spannungszustand (Spannungsverteilung).

1. Aufgabe der Schlagprüfung.[1]

Fast alle bekannten Werkstoffe zeigen unter der Wirkung von Schlag oder Stoß ein merklich spröderes Verhalten als unter der Einwirkung ruhender oder doch nur langsam gesteigerter Beanspruchung. Besonders anschauliche Beispiele hierfür bieten plastische Stoffe (wie Silicon, Teer). Bei ruhender (gleichbleibender) Belastung verformen sie sehr stark; beim Zugversuch schnüren sie sich weitgehend ein.

Unter der Einwirkung von Schlag- oder Stoßbeanspruchung verhalten sie sich dagegen spröde; der Bruch tritt ohne nennenswerte Verformung ein.

Erfahrungsgemäß spielt dabei die Temperatur eine maßgebliche Rolle, in dem Sinne, daß mit zunehmender Temperatur der Werkstoff sich zunehmend zäher verhält und umgekehrt.

Von großem Einfluß auf das mehr oder minder spröde Verhalten unter schlagartiger Beanspruchung ist die Spannungsverteilung im Werkstoff. Sie ist in hohem Maße von der Form der angewendeten Probe abhängig. Ist, durch die Probenform bedingt, nur einem kleinen Werkstoffvolumen die Möglichkeit gegeben, an der Verformung sich zu beteiligen, so neigt der Werkstoff zu sprödem Verhalten an der Bruchstelle. Kann umgekehrt ein größeres Volumen an der Verformung teilnehmen, so besteht Neigung zu zähem Verhalten.

Kerben wirken verformungsbehindernd; gekerbte Proben verhalten sich demnach spröder als nicht gekerbte (glatte) Proben. Dies gilt allgemein schon bei normalen (niedrigen) Verformungsgeschwindigkeiten.

Die Werkstoffprüfung bei schlag- oder stoßartiger Beanspruchung hat die Aufgabe, den Werkstoff unter Bedingungen zu untersuchen, die allgemein im Sinne einer Sprödbruchneigung wirken. Diese Bedingungen werden also im wesentlichen durch ausreichend hohe Verformungsgeschwindigkeit, die Verformung behindernde Probenform und niedrige Prüftemperatur verwirklicht.

Die Verformungsgeschwindigkeit muß, um sich genügend auszuwirken, um einige Zehnerpotenzen höher liegen als die üblicherweise im statischen Versuch angewendete. Die Dehngeschwindigkeit im statischen Versuch beträgt etwa 1 bis 100 mm/min, d. h. etwa 1/60000 bis 1/600 m/s. Die beim Schlagversuch angewendeten Dehngeschwindigkeiten (Schlaggeschwindigkeiten) dagegen liegen im allgemeinen zwischen 5 und 15 m/s (und mehr), sind also um das 50- bis 10000fache höher.

Die Verformungsgeschwindigkeit ist durch die Art der Versuchseinrichtung bestimmt und allgemein für bestimmte Versuchsarten größenordnungsmäßig festgelegt.

Die Probenform ist für laufende Prüfung zwecks besserer Vergleichbarkeit der Versuchsergebnisse durch Verabredung und Normung bestimmt.

Versuchsmäßig schwierig ist dagegen das Einhalten bestimmter Probentemperaturen, soweit sie in höherem Maße von der Raumtemperatur abweichen. Allgemein kann aus technischen Gründen die Probe nicht in der Prüfstellung geheizt oder gekühlt werden.

2. Energie und Kraft beim Schlagversuch.

Im Gegensatz zur statischen Prüfung, bei der allgemein ein übersichtlicher Zusammenhang zwischen Kraft und Probenverformung ermittelt wird, gestattet der Schlagversuch lediglich die Ermittlung der verbrauchten Schlagenergie. Die auftretenden Kräfte sind in der Regel nicht bekannt. Ihre Bestimmung

---

[1] Siehe Band II, Kapitel II.

ist meist nur unter erheblichem meßtechnischem Aufwand möglich. Die Bestimmung der zur Probenverformung und -trennung erforderlichen Energie (Verformungsarbeit) ist dagegen leicht durchführbar.

Die aus der aufgewendeten Verformungsarbeit und den Probenabmessungen ableitbaren Kennwerte — etwa Quotient aus Verformungsarbeit und Probenquerschnitt — sind mit den zur Kennzeichnung einer Werkstoffbeanspruchung verwendeten Spannungswerten allgemein nicht vergleichbar. Sie können lediglich bei einiger Erfahrung untereinander verglichen werden und dienen im wesentlichen dazu, den untersuchten Werkstoff gruppenmäßig nach seinem Verhalten einzuordnen. Sie gestatten bestenfalls nur allgemeine Aussagen wie „spröde", „zäh", „sehr zäh".

a) Definition der Schlag- und Stoßwirkung.

Stoßartige Beanspruchungen treten grundsätzlich dann auf, wenn die beanspruchende Energie in kinetischer Form (Wuchtenergie) einwirkt. Sehr schnell erfolgende Belastungen oder Belastungssteigerungen (etwa durch hydraulische Vorrichtungen oder Schwinger erzeugt), sind deshalb nicht als Stoßbelastungen anzusehen. Dies gilt insbesondere von allen Einrichtungen, denen ein zeitlich sinusförmiger Kraftverlauf eigen ist. Soweit es sich um auf mechanischem Wege erzeugte Energie handelt, ist stets die Umwandlung von kinetischer in potentielle oder Formänderungsenergie für den Stoß- oder Schlagvorgang kennzeichnend.

Bei außerordentlich schnellen Belastungssteigerungen, wie sie etwa infolge Freigabe von gespeichertem Druckmittel oder als Folge von Explosionen auftreten können, verwischen sich naturgemäß die Grenzen. Vielmehr lassen sich durch chemische Hilfsmittel (Sprengstoff) Schlagwirkungen erzeugen, die mit auch nur annähernd gleicher Rasanz über mechanische Hilfsmittel nicht erreicht werden können.

Für Schlageinrichtungen mit mechanischer Energieerzeugung mag als Definition der „echten" Schlagwirkung etwa gelten, daß der Energieträger mit seiner vollen Geschwindigkeit die Probe trifft, und daß nach dem Berühren der Probe die Energieumformung von kinetischer in potentielle (Probenfederung) oder Formänderungsarbeit (plastische Probenverformung) beginnt, der Energieträger also nicht weiter positiv beschleunigt wird. (Dies gilt auch sinngemäß für den Fall, daß die Probe mit dem Energieträger zusammen beschleunigt und der Stoß durch Abfangen der Probe erzeugt wird.)

b) Energieumwandlung und Kraftwirkung.

Die Größe der beim Schlag auf die Probe einwirkenden Kraft ist bei gegebenem Energiebetrag abhängig von der Verzögerung des Energieträgers. Maßgebend für die Größe der Beanspruchung ist der zeitliche Verlauf der Verzögerung. Sie ist damit im wesentlichen abhängig von der Formänderung der geschlagenen Probe. Die kinetische Energie wird in elastische und plastische Formänderungsarbeit umgewandelt. Geht die Energieumsetzung auf kleinem Formänderungsweg, d. h. unter starker Verzögerung vor sich, so treten größere Kräfte auf als umgekehrt.

Denkt man sich an Stelle der dem Schlag ausgesetzten Probe eine vollkommen elastische Feder, so wird die gesamte auftreffende kinetische Energie $E_k = m\,v^2/2$ in elastische Formänderungsenergie E_p umgewandelt. Ist s_{max} die größte auftretende Form- (Längen-) Änderung der Feder und C die Federkonstante, so ist

$$E_p = s_{max} \frac{P_{max}}{2}, \tag{1}$$

wobei P_{max} die größte auftretende Kraft. Da

$$P_{max} = s_{max} C,\tag{2}$$

wird

$$E_p = E_k = s_{max}^2 \frac{C}{2},\tag{3}$$

daraus

$$s_{max} = \sqrt{\frac{2 E_k}{C}}\tag{4}$$

und

$$P_{max} = \sqrt{2 C E_k}.\tag{5}$$

Mit zunehmender Federkonstante wird also die auftretende Maximalkraft größer.

Auf die Probe angewendet würde das bedeuten, daß die Probe nicht zu Bruch geht und sich außerdem vollkommen elastisch verhält, Voraussetzungen, die im allgemeinen auch nicht annähernd zutreffen. Die Probe folgt bestenfalls auf einem verhältnismäßig kleinem Dehnweg dem Hookeschen Gesetz. Im plastischen Verformungsbereich vermindert sich die Federkonstante auf einen Bruchteil des im elastischen Bereich geltenden Wertes. Da im allgemeinen die Probe zu Bruch geht, steht also meist ein erheblicher Energieüberschuß zur Verfügung. Zur Annäherung an den praktischen Fall müssen die Bedingungen dahin abgewandelt werden, daß statt der gesamten nur der zur Probenverformung und Trennung aufgewendete Betrag der kinetischen Energie, der einfach gemessen werden kann, eingesetzt wird. Die Federkonstante ist offenbar nur durch eine komplizierte Funktion darstellbar.

Damit ist bereits angedeutet, daß die auch nur angenäherte Bestimmung der beim Schlagversuch auftretenden Kraft nur über besondere Meßverfahren möglich ist, keinesfalls aber aus dem aufgewendeten Energiebetrag einfach errechnet werden kann.

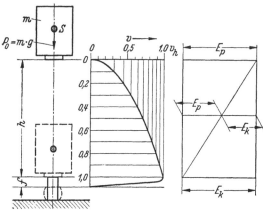

Abb. 1. Schema der Energieumsetzung beim Fallbär.
v Fallgeschwindigkeit des Bären; h freie Fallhöhe des Bären; f Verformungsweg der Probe; m Masse des Fallbären; E_p potentielle; E_k kinetische Energie.

Abb. 1 zeigt am Beispiel eines Stauchversuchs mit freifallendem Bären das Schema der Energieumsetzung. Längs des Wegs h wird die potentielle Energie E_p in kinetische Energie E_k umgesetzt. Auf dem Wege f, also nach dem Auftreffen auf die Probe und beim Verformen derselben, erfolgt unter Verzögerung des Bären die Rückwandlung in potentielle Energie. Durch die plastische Formänderung der Probe wird ein Teil der Energie in Wärme umgewandelt. Der zur elastischen Formänderung aufgewendete Anteil steht, soweit die Probe nicht bricht, in reversibler Form zur Verfügung (Stauchversuch).

3. Die Arten des Schlagversuchs.

a) Versuche bei einmaliger und wiederholter Beanspruchung.

Beim Schlagversuch kann die kurzzeitige Beanspruchung grundsätzlich einmalig oder wiederholt vorgenommen werden.

Bei *einmaliger* Schlagbeanspruchung soll die Probe durch die Einzeleinwirkung im Gewaltbruch zerschlagen werden. Dabei wird meist mit einem, den Verhältnissen entsprechend erheblichen Energieüberschuß (0,4 bis 1000 kgm) gearbeitet. Damit soll erreicht werden, daß die mit Energieverzehr verbundene Verformung bis zur endgültigen Trennung noch mit ausreichender (und möglichst gleichbleibender) Geschwindigkeit erfolgt.

Bei *wiederholter* Schlagbeanspruchung wird dagegen nicht ein Gewaltbruch, sondern über die Zerrüttung des Werkstoffs der Dauerbruch angestrebt. Dementsprechend ist der Energiebetrag des einzelnen Schlages so gering (0,01 bis 1 kgm), daß der einzelne Schlag noch keine merkliche Schädigung der Probe erwarten läßt.

Bei beiden Verfahren wird zwischen folgenden Versuchsarten unterschieden:

b) Schlag-Stauch-Versuch. (Abb. 2)

Die Probe wird axial schlagartig auf Druck beansprucht. Für die Durchführung des Versuchs gelten hinsichtlich der Beschaffenheit der Proben und der Druckflächen im allgemeinen die gleichen Bedingungen wie beim statischen Versuch. Um die Knickgefahr genügend gering zu halten, wird die Probenhöhe nicht zu groß gewählt.

c) Schlag-Zug-Versuch. (Abb. 3)

Die Probe wird schlagartig axial auf Zug beansprucht. Gewöhnlich sind die Proben als zylindrische Stäbe (meist mit Köpfen) ausgebildet. Bei diesem Versuch ist auf die möglichst genaue zentrische Ausrichtung der Probe besonders zu achten. Es kann nicht damit gerechnet werden, daß die Probe sich während der sehr kurzen Dauer der Beanspruchung auch nur beschränkt ausrichten kann. Auch

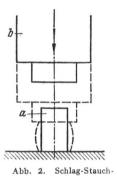

Abb. 2. Schlag-Stauch-Versuch (Schema).
a Stauchprobe; *b* Fallbär.

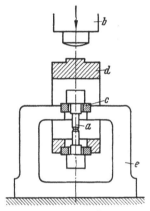

Abb. 3. Schlag-Zug-Versuch.
a (gekerbte) Zugprobe; *b* Fallbär; *c* geteilte Auflageringe für die Probenköpfe; *d* Schlagenergieübertrager; *e* festes Probenauflager.

wenn ein Ausrichten möglich wäre, würde dadurch der Versuchsablauf u. U. ungünstig beeinflußt. Gewöhnlich wird deshalb die sorgfältig ausgerichtete Probe bereits vor dem Schlag unter einer leichten Zugbeanspruchung gehalten. Die Probe kann bei Fallwerken ruhend angeordnet sein. Der Schlagimpuls kann dabei durch eine Umlenkeinrichtung auf die Probe übertragen werden (Abb. 4 und 5). Bei der Anordnung nach Abb. 4 soll die Masse des Schlagenergieübertragers *c* so gering wie möglich sein. Eine große Steifigkeit ist dagegen anzustreben. Bei der Anordnung nach Abb. 5 ist zu beachten, daß der Abstand *A* genügend groß ist, um die seitliche Auslenkung der Probe klein zu halten. Hinsichtlich des Hebels *e* gilt das oben für den Schlagenergieübertrager bereits Gesagte. Eine Übersetzung der Schlagenergie ist bei dieser Anordnung im allgemeinen nicht beabsichtigt.

Wird die Probe zusammen mit dem Energieträger beschleunigt, und die Beanspruchung der Probe durch schlagartiges Abbremsen des einen Probenendes erzeugt, so muß der sichere Sitz durch eine leichte Zugvorspannung der Probe gewährleistet sein. Diese kann, wie in Abb. 6 schematisch angedeutet, durch eine Druckfeder erzeugt werden, die die Probe mit der Anschlagbrücke verspannt. Die Probe kann aber auch durch eine Schraube vorgespannt werden.

Wesentlich ist nur, daß die Verspannung im Sinne der nachfolgenden Schlag-Zug-Beanspruchung gerichtet ist.

Für auf Pendelschlagwerken durchgeführte Schlag-Zug-Versuche sind grundsätzlich beide Anordnungen (ruhende und bewegte Probe) möglich. Abb. 7 zeigt ein Schema der ruhenden Anordnung. Dabei wird aus technischen Gründen eine von der üblichen abweichende Hammerform notwendig. Bei Pendelschlagwerken neuerer amerikanischer Bauart wird eine solche Hammerform als Normalform verwendet (vgl. Abschn. E 2 a $\beta\beta$).

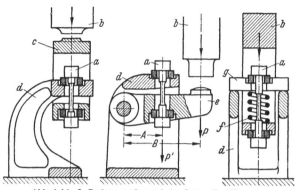

Abb. 4 bis 6. Probenanordnung beim Schlag-Zug-Versuch.

Abb. 4. Probe ruhend.

a Probe;   b Fallbär;   c Schlagenergieübertrager;   d steifer Ausleger für Probenauflager.

Abb. 5. Probe ruhend mit Zwischenhebel.

a Probe;   b Fallbär;   e Übertragungshebel;   d festes Probenauflager mit Drehpunkt für Übertragungshebel e.

Abb. 6. Probe mit Fallbär gekoppelt.

a Probe;   b Fallbär (zur Probenaufnahme ausgespart);   f Druckfeder zur Probenvorspannung;   d fester Anschlag für Schlagtraverse g, die seitlich aus Fallbär b herausragt.

Bei bewegter (mit dem fallenden Hammer verbundener) Probe kann in einfachster Weise die Schlag-Zug-Probe in ein an der Hinterseite der Hammerscheibe angebrachtes Gewindeloch geschraubt werden. Auf das andere ebenfalls mit Gewinde versehene Probenende wird eine Anschlagtraverse aufgeschraubt, die beim Durchgang durch die untere Nullstellung des Pendels auf entsprechend zurückgesetzte Anschläge trifft. Handelsübliche Pendelschlagwerke sind vielfach entsprechend ausgerüstet. Diese Anordnung hat den Nachteil, daß infolge der Fliehkraft unerwünschte und vor allem nicht kontrollierbare Zusatzbeanspruchungen auf die (meist gekerbte und darum sehr empfindliche) Probe kommen können.

Für exaktere Untersuchungen werden darum meist Sondereinrichtungen zum jeweils benutzten Pendelschlagwerk entwickelt, welche die oben erwähnten Nebeneinflüsse weitgehend auszuschalten

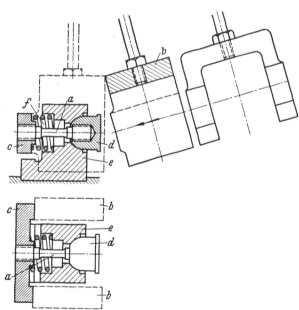

Abb. 7. Schema einer ruhenden Probenanordnung beim Schlag-Zug-Versuch auf dem Pendelschlagwerk.

a Probe;   b Hammer des Schlagpendels (Sonderbauart);   c Schlagtraverse;   d kugelig einstellbarer fester Spannkopf;   e Widerlager am Ständer des Pendelschlagwerks;   f Druckfeder zum Ausrichten der Probe.

gestatten. Abb. 8 zeigt eine von F. Körber und R. H. Sack[1] verwendete
Anordnung. Dabei wird die Probe in den entsprechend ausgearbeiteten mit
der Maulöffnung umgekehrt angeordneten Hammer eingebaut. Die mit Köpfen

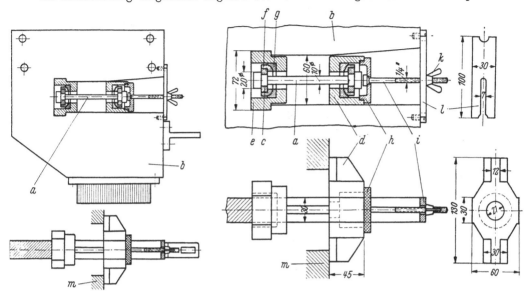

Abb. 8. Spannvorrichtung für Schlag-Zug-Versuche im Pendelschlagwerk. (Nach Körber-Sack.)

a Schlag-Zug-Probe; *b* Hammerscheibe (umgekehrt eingebaut und mit zusätzlichen Aussparungen für *e* und *d*
versehen); *e* Widerlager im Spannteil; *d* Schlagtraverse; *c* geteilte Druckringe; *f* und *g* kugelige Einlege-
schalen; *h* Gewindering als Widerlager der Spannschraube *i* mit Flügelmutter *k*; *l* geschlitzte Spannbrücke;
m Widerlager am Ständer des Pendelschlagwerks.

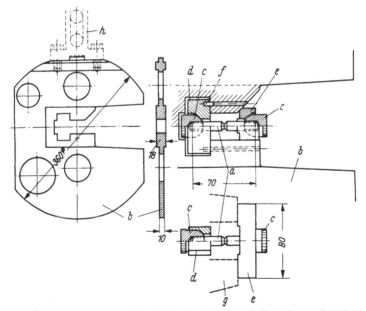

Abb. 9. Vorrichtung für Schlag-Zug-Versuche im Pendelschlagwerk (Nach Kuntze-BAM-Dahlem.)

a gekerbte Schlag-Zug-Probe (10 Ø mit Gewindeköpfen M 10 × 1); *b* Hammerscheibe (Sonderausführung);
c Spannmuttern mit Kugelauflage; *d* Widerlager im Spannteil; *e* Schlagtraverse; *f* Sicherungsstifte zur
Sicherung der Seitenlager; *g* Widerlager am Ständer des Pendelschlagwerks; *h* Pendelstange.

[1] Mitt. K.-Wilh.-Inst. Eisenforsch. Bd. 6 (1924) S. 16.

ausgebildete und in Kugelschalen abgefangene Probe wird durch eine Flügelmutter über eine Spannschraube i verspannt. Die Probenhalterung ist außerdem in der Hammerscheibenaussparung geführt, so daß keine zusätzlichen Biegekräfte an der Probe auftreten können.

Abb. 9 und 10 zeigt eine in der Bundesanstalt für Materialprüfung Berlin-Dahlem verwendete Anordnung, die von W. KUNTZE zur Untersuchung von gekerbten Schlag-Zug-Proben vorgeschlagen wurde. Die Hammerscheibe eines

Abb. 10. Anordnung der Schlag-Zug-Probe im Pendelschlagwerk. (Nach KUNTZE-BAM-Dahlem.)

a gekerbte Probe; *b* Hammerscheibe (Sonderausführung); *c* Spannmuttern mit Kugelauflage; *d* Widerlager im Spannteil; *e* Schlagtraverse; *g* Widerlager am Ständer des Pendelschlagwerks; *h* Pendelstange.

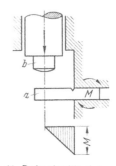

Abb. 11. Probe einseitig eingespannt.

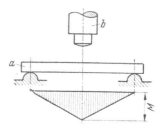

Abb. 12. Probe zweifach aufgelagert.

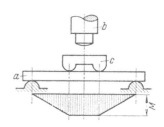

Abb. 13. Probe zweifach aufgelagert mit Schlagenergieverzweigung.

a Probe; *b* Fallbär; *c* Druckstück für Energieverzweigung; *M* Biegemoment.

Abb. 11 bis 13. Schlag-Biege-Versuch.

normalen Pendelschlagwerks mit 15/30 kgm Arbeitsinhalt wird durch eine Hammerscheibe mit umgekehrter Maulöffnung ersetzt, die mitsamt der Probenaufnahme gewichtsmäßig so ausgeglichen ist, daß die Anzeigeeinrichtung des Schlagwerks ohne weiteres für diese Versuche verwendet werden kann. Die Probe wird über als Kugelköpfe ausgebildete Hutmuttern leicht verspannt, wobei die gesamte Spannvorrichtung in axialer Probenrichtung geführt ist.

Hinsichtlich der Ausbildung der Probe sind die Ausführungen in Abschn. 2b besonders zu berücksichtigen, da die Härte des Schlags in hohem Maße von der Probenform beeinflußt werden kann. Zwecks guter Vergleichbarkeit der Versuchsergebnisse sollten die Proben also gleiche Abmessungen (Federkonstante) haben.

d) Schlag-Biege-Versuch. (Abb. 11 bis 13)

Die einseitig eingespannte oder auf zwei Punkten aufgelagerte Probe wird einem schlagartig einwirkenden Biegemoment unterworfen.

Die Proben sind häufig gekerbt, um die Bruchlage vorzuschreiben. Beim einseitig eingespannten Stab ist diese Kerbe notwendig, um einen Bruch in der Einspannstelle zu vermeiden, die gleichzeitig die Stelle des größten Biegemomentes ist.

Beim zweifach gelagerten Stab hat das Biegemoment an der Auftreffstelle des Energieträgers (Hammer, Fallbär) ein Maximum. Bei durchgehend gleichen Probeabmessungen ist darum an dieser Stelle der Bruch zu erwarten.

Um eine bestimmte Bruchlage nicht zu bevorzugen oder um ausgesprochene Schwachstellen ausfindig zu machen, kann mit verteilter Energieeinleitung (Energieverzweigung) gearbeitet werden. Innerhalb der beiden Kraftangriffsstellen ist das Biegemoment konstant. Für die Bruchlage ist dann die Stelle des geringsten Widerstandsmoments oder die durch Spannungsanhäufung infolge innerer Kerbwirkung benachteiligte bevorzugt.

e) Schlag-Verdreh-Versuch. (Abb. 14)

Die Probe wird durch ein schlagartig einwirkendes über die Probenlänge konstantes Drehmoment beansprucht. Der Bruch tritt an der schwächsten Stelle der Probe ein.

Ein reines Drehmoment kann lediglich bei umlaufenden Schlagwerken (Schwungradschlagwerke) über zwei diametral angeordnete Anschläge aufgebracht werden.

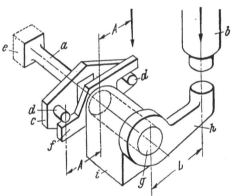

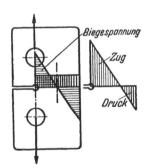

Abb. 14. Schema einer Anordnung für Schlag-Verdreh-Versuche.

a Probe; *b* Fallbär; *c* zweiarmiger Hebel fest auf dem freien Probenende mit den Anschlägen *d*; *e* eingespanntes Probenende; *f* zweiarmiger Schlaghebel, festgekoppelt über Welle *g* mit einarmigem Schlaghebel *h*, der vom Fallbären getroffen wird; *i* Lager für Welle *g*.

Abb. 15. Zug-Biege-Beanspruchung (Navy-Tear-Test-Probe).

Bei Impulsgebung durch transversal (Fallhammer) bewegte oder auf Kreisbogen (Pendelhammer) geführte Energieträger kann ein reines Drehmoment an der Probe nur über besondere Hilfseinrichtungen erzeugt werden. Wird das Moment über eine an einem einarmigen Hebel angreifende Schlagkraft erzeugt, so tritt eine freie Kraft auf, die durch ein Widerlager abgefangen werden muß.

f) Schlagversuch bei kombinierter Beanspruchung.

Die in den Abschn. b bis e genannten Beanspruchungsarten lassen sich mehr oder weniger leicht kombinieren.

So läßt sich eine Kombination *Biegung-Verdrehung* dadurch einfach darstellen, daß z. B. bei der Anordnung für den Schlag-Verdrehversuch (Abb. 14)
auf die Lagerung der Welle *g* verzichtet wird. Dann wirkt zusätzlich noch ein
Biegemoment, das an der Einspannstelle ein Maximum hat.

Die kombinierte Beanspruchung Zug-Biegung kann in einfacher Weise durch
die Formgebung der Proben erzeugt werden. So ergibt sich bei der Probenform
nach Abb. 15 und 16 die kombinierte Beanspruchung durch Verlagerung der
Kraftangriffslinie aus der Schwerlinie des Prüfquerschnitts[1].

Bei der Schnadt-Probe (Abb. 17) wird durch Ausfüllen der Bohrung mit einem
(gehärteten) Stahlzapfen erreicht, daß bei
der im Biegeversuch geschlagenen Probe
im Prüfquerschnitt im wesentlichen Zugbeanspruchungen auftreten[2].

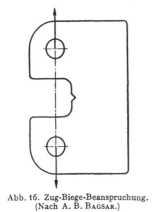

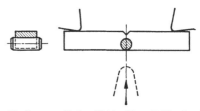

Abb. 16. Zug-Biege-Beanspruchung.
(Nach A. B. Bagsar.)

Abb. 17. Schnadt-Probe (Schlag-Biege-Prüfung); durch
eingesetzten Stahlstift in der Druckzone wird erreicht,
daß im Restquerschnitt praktisch nur Zugspannung auftritt.

Abb. 15 bis 17. Kombinierte Beanspruchung durch Formgebung der Probe.

C. Beanspruchungsverfahren.

1. Vorbemerkung.

Die in Abschn. B 2a definierte Schlag- und Stoßbeanspruchung erfolgt,
soweit es sich um mechanisch gesteuerte Schlagenergie handelt, über einen
Energieträger. Dieser wird durch eine Masse dargestellt, die auf die geforderte
Schlaggeschwindigkeit beschleunigt wird und in diesem Zustand die kinetische
Energie $m v^2/2$ hat.

Die Art, in welcher der Schlagimpuls $m v$ (auch Bewegungsgröße genannt)
erzeugt wird, ist bestimmend für die Bauart der Prüfeinrichtung und mag als
wesentliches Unterscheidungsmerkmal gelten.

Die Schlagenergie kann bereitgestellt werden über

die Speicherung potentieller Energie,
die Speicherung kinetischer Energie,
Auslösung chemischer Energie.

2. Einwirkung gespeicherter potentieller Energie.

Hierzu gehören die Einrichtungen, bei denen dem Energieträger in seiner
Ausgangsstellung ein eindeutig bestimmbarer Energiebetrag zugemessen ist.
Dabei wäre noch zu unterscheiden zwischen Einrichtungen, die dem Energie-
träger eine gleichbleibende Beschleunigung erteilen und solchen, bei denen die

---

[1] Näheres über Abb. 14 siehe Band II, Abschnitt VII B 2b, Abb. 44; Abb. 15 siehe
Band II, Abschnitt I E 5, Abb. 82.
[2] Siehe auch Band II, Abschnitt II B 2e. Abb. 8.

dem Energieträger erteilte Beschleunigung veränderlich ist, meist in dem Sinne, daß sie während des Beschleunigungsvorgangs von einem Größtwert auf einen Kleinstwert abnimmt.

a) Einrichtungen mit gleichbleibender Beschleunigung.

Sie werden vor allem dargestellt durch Fallwerke, Pendelschlagwerke u. ä., die also das gleichbleibende Beschleunigungsfeld der Erde benutzen. Gespeicherte potentielle Energie liegt hierbei insofern vor, als durch die Fallhöhe der Niveauunterschied festgelegt und damit die zur Verfügung stehende Energie vorgeschrieben ist. Durch Festlegen des Wegs ist damit auch zwangsläufig die zur Umwandlung der potentiellen in kinetische Energie zur Verfügung stehende Zeit vorgegeben.

Hierzu gehören ferner auch die Einrichtungen, die gespannte Gase als Energiespeicher verwenden, und zwar dann, wenn die Bauarten gleichbleibende Triebkraft und damit gleichbleibende Beschleunigung ermöglichen. Dies ist bei ausreichend großem Speichervolumen zumindest angenähert der Fall.

α) **Fallwerke.** Ihr wesentlicher Vorteil liegt in dem verhältnismäßig geringen mechanischen Aufwand und der übersichtlichen Anordnung. Nachteilig ist, daß die Schlaggeschwindigkeit — als wesentliche Einflußgröße des Schlagversuchs — nur mit der Wurzel aus der Fallhöhe zunimmt. Die Fallhöhe aber ist durch praktische Rücksichten begrenzt (siehe Tabelle).

	Fallhöhe m	Endgeschwindigkeit m/s
Fallwerk	10	14
Fabrikschornstein	50	31,5
Sendeturm . . .	200	63

Einer Steigerung der Fallhöhe um das 20fache entspricht also nur eine Steigerung der Geschwindigkeit um das $\sqrt{20}$fache, d. h. um das rd. 4,5fache. Die wesentlichen physikalischen Beziehungen sind folgende:

$$\text{Potentielle Energie} \qquad E_p = g\,m\,h = G\,h, \tag{6}$$

$$\text{Endgeschwindigkeit} \qquad v = \sqrt{2\,g\,h}, \tag{7}$$

$$\text{Fallzeit} \qquad t = \sqrt{\frac{2\,h}{g}}. \tag{8}$$

Dabei ist m die Masse des Energieträgers,
$\quad g$ die Erdbeschleunigung mit rd. 9,81 m/s²,
$\quad G = g\,m$ das Gewicht des Energieträgers,
$\quad h$ die Fallhöhe.

Bereitgestellte Schlagenergie und Endgeschwindigkeit sind also einfach und ausreichend genau zu errechnen. Hinsichtlich der Bestimmung der verbrauchten Schlagarbeit bzw. der nach dem Versuch noch im Energieträger vorhandenen Energie s. Abschn. D 1.

β) **Pendelschlagwerke**[1]. Sie bieten den wesentlichen Vorteil eindeutiger und sicherer Führung des Energieträgers. Daß die Bewegung sich auf einem Kreisbogen vollzieht, macht sich in der Praxis nicht störend bemerkbar, da die er-

---

[1] Siehe auch DIN 51222 (Ausgabe 1. 57).

forderlichen Verformungswege im allgemeinen recht klein sind. Durch die praktisch anwendbare Pendellänge ist die Fallhöhe und damit die Fallgeschwindigkeit gegenüber den Fallwerken weiter eingeschränkt (v_{max} = rd. 8 bis 10 m/s). Dagegen bietet das Pendelschlagwerk große Vorzüge hinsichtlich der Bestimmung der verbrauchten Schlagarbeit (s. Abschn. D 1).

Die allgemeinen physikalischen Beziehungen entsprechen unter sinngemäßer Abwandlung den für das Fallwerk geltenden.

Denkt man sich zunächst die Gesamtpendelmasse im Schwerpunkt (Abb. 18) vereinigt, so ist

$$\text{Potentielle Energie} \quad E_p = g\,m\,h = G\,h = G\,L\,(1 - \cos\alpha), \tag{9}$$

$$\text{Endgeschwindigkeit} \quad v = \sqrt{2\,g\,h} = \sqrt{2\,g\,L\,(1 - \cos\alpha)}. \tag{10}$$

In seiner unteren Totpunktlage soll das Pendel die Probe gerade berühren.

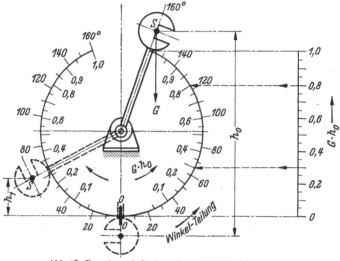

Abb. 18. Energie und Skalenaufbau beim Pendelschlagwerk.
h_0 Ausgangsfallhöhe (potentielle Energie $G\,h_0$); h_1 Steighöhe des Pendels nach dem Durchgang durch die Nullage (Probentrennung) Restenergie $G\,h_1$.

Diese Berührungsstelle und damit auch die Hammerfinne liegen in der Verlängerung Aufhängepunkt – Schwerpunkt. Die Hammerscheibe ist demnach maulförmig auszusparen.

Der Gesamtschwerpunkt des Pendels sollte möglichst nahe der Schlagstelle liegen. Die gesamte Pendelmasse ist demnach weitgehend in der Hammerscheibe zu konzentrieren, die Pendelstange also möglichst masselos zu gestalten (Rohr, Gitterkonstruktion). Sie muß anderseits genügend steif sein, um störende Schwingungen (Flattern) zu unterbinden.

Da das Pendel neben der reinen Fallbewegung mit der Fallhöhe h auch noch zusätzlich eine Drehbewegung mit der veränderlichen Winkelgeschwindigkeit ω ausführt, ist die Gesamtenergie des Pendels beim Durchgang durch die Nullage

$$E = h\,G + I\,\frac{d\omega}{dt}. \tag{11}$$

Die Gesamtenergie ist also größer als das Produkt aus der Fallhöhe h des Schwerpunkts und dem Gewicht G des Pendels. Wird in dem Produkt $h\,G$ statt h

die Fallhöhe h_0 des Stoßmittelpunkts eingesetzt, so wird damit die Gesamtenergie $E = h_0 G$ richtig berechnet.

Der Stoßmittelpunkt (Abb. 19) ist neben dem Schwerpunkt ein ausgezeich-
neter Punkt des Pendels. Das Pendel verhält sich so, als sei im Stoßmittelpunkt die Gesamtmasse des Pendels vereinigt. Der Abstand l_0 des Stoßmittelpunkts von Aufhängepunkt A ist gleich der Länge des mathematischen Pendels
gleicher Schwingungs-
dauer. Erhält das Pendel
im Stoßmittelpunkt einen
senkrecht zur Verbindungs-
linie Stoßmittelpunkt –
Aufhängepunkt gerichte-
ten Stoß, so wird dieser
durch die Trägheitskräfte
der im Pendel verteilten
Massen allein aufgenom-
men. Es tritt keine Reak-
tionskraft im Aufhänge-
punkt auf. Dies ist von
wesentlicher Bedeutung
für die Lager der Aufhänge-
achse, die damit stoßfrei
bleiben. Man wird also
bemüht sein, Schlagmittel-
punkt (Auftreffpunkt) und
Stoßmittelpunkt möglichst
zusammenfallen zu las-
sen.

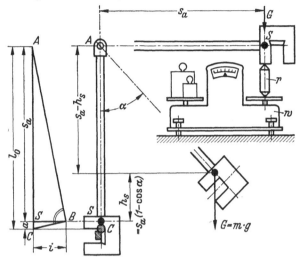

Abb. 19. Bestimmung des Stoßmittelpunkts beim Pendelhammer.
(Nach MELCHIOR.)

l_0 Abstand des Schwerpunkts C vom Drehpunkt A; s_a Abstand des
Stoßmittelpunkts S vom Drehpunkt A;
r Stütze } zur versuchsmäßigen Bestimmung des Arbeitsinhalts des
w Waage } Pendels.

Die Länge l_0 des mathe-
matischen Pendels ist maßgebend für die Bestimmung der Schlaggeschwindigkeit

$$v_0 = \sqrt{2 g l_0 (1 - \cos\alpha)} = \sin\frac{\alpha}{2} \sqrt{4 g l_0}. \qquad (12)$$

Für jeden Punkt des Pendels ist die Fallgeschwindigkeit bei gleichem Fallwinkel dem Abstand von der Drehachse proportional. Für den Schwerpunkt
ist sie in jedem Falle kleiner als $\sqrt{2 g h_s}$, wenn h_s die Fallhöhe des Schwerpunkts ist.

Ist $I_s = m i^2$ das Trägheitsmoment des (ausgebauten) Pendels, bezogen auf
den Schwerpunkt S, wobei $m = G/g$ die Masse des Pendels und i der Trägheitsradius, so ist (nach dem Satz von STEINER) das Trägheitsmoment für eine beliebige Bezugsachse X

$$I_x = I_s + m s_x^2 = m(s_x^2 + i^2) \qquad (13)$$

und für die Drehachse A

$$I_A = m(s_A + i^2). \qquad (14)$$

Aus

$$2\pi f = \sqrt{\frac{g}{l_0}} \qquad (15)$$

errechnet sich die Schwingungsdauer des mathematischen Pendels zu

$$T = 2\pi \sqrt{\frac{l_0}{g}} \qquad (16)$$

und für das physische Pendel zu

$$T = 2\pi \sqrt{\frac{I_A}{m\,g\,s_A}}, \qquad (17)$$

daraus

$$\frac{l_0}{g} = \frac{I_A}{m\,g\,s_A} \qquad (18)$$

und mit

$$I_A = m(s_A + i^2), \qquad (19)$$

$$l = l_0 = s_A + \frac{i^2}{s_A}. \qquad (20)$$

Abb. 19 zeigt den geometrischen Zusammenhang.

Wird nach P. Melchior in S der Trägheitsradius i senkrecht zu A—S aufgetragen und die zu A—B Senkrechte zum Schnitt mit der Verlängerung A—S gebracht, so ist

$$\frac{i}{s_A} = \frac{a}{i} \qquad (21)$$

und damit

$$a = \frac{i^2}{s_A}. \qquad (22)$$

Damit wird

$$l_0 = s_A + a = s_A + \frac{i^2}{s_A}. \qquad (23)$$

$a = i^2/s_A$ ist also der Abstand des Stoßmittelpunkts von S.

γ) Einrichtungen mit Energiespeicherung durch verdichtete Gase. Bei genügend großem Speichervolumen lassen sich erhebliche Energiemengen speichern. In diesem Fall kann praktisch mit einer gleichbleibenden Beschleunigungskraft (Gleichdruck) und damit gleichbleibender Beschleunigung gerechnet werden.

Die Antriebskraft P beträgt $p\,F$, wenn p den (gleichbleibenden) Druck des Speichergases und F den Querschnitt des Treibkolbens darstellen. Die Beschleunigung b ist gegeben durch $b = P/m = p\,F/m$, wenn m die gesamte zu beschleunigende Masse (Treibkolben + Bär). Am Ende des Kolbenwegs s beträgt die kinetische Energie

$$E_k = m\frac{v^2}{2} = m\,b\,s \qquad (24)$$

und analog zu Abschn. α

$$v = \sqrt{2\,b\,s} = \sqrt{\frac{2\,p\,F\,s}{m}}. \qquad (25)$$

Einrichtungen dieser Art (Schema Abb. 20) erfordern offensichtlich einen erheblichen baulichen Aufwand, bieten aber den Vorzug, auf verhältnismäßig kleinem Bauraum große Energiemengen unterzubringen. Insbesondere aber lassen sich bei nicht zu großer Bauhöhe hohe Schlaggeschwindigkeiten erreichen.

Beispiel: *Treibkolben* (gleichzeitig Bär)

Durchmesser 100 mm, $F = 80$ cm²,

Länge   rd. 630 mm,   Gewicht rd. 40 kg,

verlangte Schlagenergie rd. 1000 kgm,

$$E = 1000 = m\frac{v^2}{2} = m\,b\,s = p\,F\,s.$$

Für einen (gleichbleibenden) Arbeitsdruck von 20 at errechnet sich ein Beschleuni-
gungs-Kolbenweg von $s = 0,625$ m.
Die Auftreffgeschwindigkeit beträgt

$$v = \sqrt{2\,E\frac{g}{G}} = \sqrt{2 \cdot 1000 \cdot \frac{9,81}{40}} = 22,14\,\text{m/s}.$$

Dient bei senkrechter Anordnung die Pneumatik lediglich dazu, dem Fallbären eine Vorbeschleunigung zu erteilen, so wird die Endgeschwindigkeit des

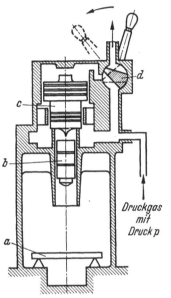

Abb. 20. Schema eines pneumatischen Schlagwerks
mit freifliegendem Kolben.
a (Biege-) Probe; b Schlagbär (Kolben); c Steuer-
kolben; d Steuerventil.

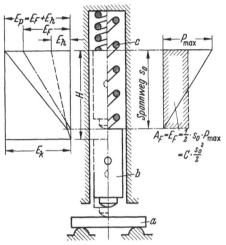

Abb. 21. Schema eines Federkraftschlagwerks.
a (Biege-) Probe; b (geführter) Fallbär (Gewicht G);
c Treibfeder mit Federkonstante C, H gesamter Weg
des Bären; S_0 Spannweg der Treibfeder; Arbeitsinhalt
der gespannten Feder $A_F = C \cdot \dfrac{S_0^2}{2}$ Gesamtenergie E_p
= Federenergie + Lageenergie des Bären
$$= C \cdot \frac{S_0^2}{2} + H \cdot G$$

Bären je nach der Fallhöhe u. U. erheblich von der Schwerefeldeinwirkung
mitbestimmt, ist also im Sinne der Abb. 32 noch vom Fallweg abhängig.
   Von W. H. Hoppmann[1] wird eine Versuchseinrichtung beschrieben, bei der
im oberen Teil eines rd. 24 m hohen Fallwerks eine pneumatische Beschleu-
nigungseinrichtung angeordnet ist. Der in dieser Weise vorbeschleunigte Fallbär besteht aus zwei Massen, die durch die Probe verbunden sind. Am Fuß
der Einrichtung wird die obere Masse von einem gabelförmigen Amboß abgefangen. Die andere Masse kann frei weiterfallen und beansprucht so die am
einen Ende festgehaltene Probe (vgl. Schema Abb. 6).
   Die Überschußenergie nach dem Trennen der Probe wird von einem hydraulisch gedämpften Federpuffer aufgenommen.

b) Einrichtungen mit veränderlicher Beschleunigung.

Hier sind zu nennen die Einrichtungen nach Abschn. a γ, wenn nicht mit
gleichbleibendem Treibdruck und damit gleichbleibender Beschleunigung gerechnet werden kann. Ferner gehören hierzu alle Einrichtungen, die mit Energiespeicherung über mechanische Formänderung (Federspannung) arbeiten. Kenn-

---

[1] Proc. Amer. Soc. Test. Mater. Bd. 47 (1947) S. 533.

zeichnend für diese Einrichtungen ist, daß die Beschleunigung des Energieträger nach irgendeiner Gesetzmäßigkeit in Abhängigkeit vom zurückgelegten
Weg abnimmt.

a) **Federschlagwerke.** Bei diesen wird die Energie durch Spannen von Feder-
elementen gemäß dem Schema Abb. 21 gespeichert. Die Federn können Schrau-
ben- oder Biege- (Flach-) Federn sein.

Ist der Federspannweg s_0 und die Federkonstante C, so beträgt die Spann-
kraft $P_0 = s_0 C$. In irgendeinem Abstand s von der (gespannten) Endlage
errechnet sie sich zu

$$P = P_0 \frac{s_0 - s}{s_0} = C (s_0 - s). \tag{26}$$

Aus $P/m = b$ ergibt sich die Beschleunigung zu $b = (s_0 - s) C/m$.
Die kinetische Energie am Ende des Federwegs s_0 ist

$$E_k = m \frac{v^2}{2} = s_0^2 \frac{C}{2} \tag{27}$$

und die Schlaggeschwindigkeit $v = s_0 \sqrt{\dfrac{C}{m}}$. $\tag{28}$

Beispiel: Waagerechte Anordnung
  geforderte Schlagenergie 250 kgm,
  Bärgewicht 40 kg = G,
  Vorspannweg der Feder $s_0 = 0,5$ m,
  erforderliche Federkonstante $C = 2 E_k/s_0^2$.

$$C = \frac{2 \cdot 250\,\text{kgm}}{0,25\,\text{m}^2} = 2000 \text{ kg/m} = 20 \text{ kg/cm}.$$

  Federabmessungen:

  Form: Druck-Schraubenfeder
  $D_a = 140$ mm $\varnothing$, Drahtdicke 20 mm $\varnothing$,
  P_{max} für $\tau = 40$ kg/mm² rd. 1000 kg = P_0,
  Federweg einer Windung unter $P = 1000$ kg rd. 10 mm,
  Windungszahl $n = 50$,
  Federkonstante $C = 1000\,\text{kg}/50 \cdot 1,0\,\text{cm} = 20$ kg/cm = 2000 kg/m.

Mit $C = 2000$ kg/m und $m = G/g = 40$ kg/9,81 m/s² und $s_0 = 0,5$ m errechnet sich
die Schlaggeschwindigkeit zu

$$v = s_0 \left(\frac{C}{m} \right)^{1/2} = 0,5 \text{ m} \left(\frac{2000 \text{ kg/m} \cdot 9,81 \text{ m/s}^2}{40 \text{ kg}} \right)^{1/2}, \qquad v = 0,5 \sqrt{490} = 11,1 \text{ m/s}.$$

Bei senkrechter Anordnung unterliegt der Schlagbär zugleich auch der Erdbeschleunigung. In diesem Fall addieren sich also Erdbeschleunigung g und Federdruckbeschleuni-
gung b, so daß $b_{ges.} = g + (s_0 - s) C/m$.

Für das vorstehende Beispiel erhöht sich dann die kinetische Energie um den Betrag
0,5 m · 40 kg = 20 kgm auf $250 + 20 = 270$ kgm (Zunahme 8%). Die Schlaggeschwindigkeit erhöht sich entsprechend

$$v_0 = \sqrt{2 E_k/m} = \sqrt{2 \cdot 270 \cdot \frac{9,81}{40}} \quad \text{auf} \quad 11,5 \text{ m/s}.$$

Ein Federkraftschlagwerk senkrechter Anordnung, bei dem die potentielle
Energie in gespannten Gummiseilen gespeichert wird, beschreiben P. E. Duwez
und D. S. Clark[1]. Die Gummiseile sind seitlich der Hammerführung angeordnet.

β) **Einrichtungen mit Energiespeicherung durch verdichtete Gase bei veränderlichem Treibdruck.** In diesem Fall gelten die in Abschn. a γ angeführten

---

[1] Amer. Soc. Test. Mater. Bd. 47 (1947) S. 502.

Beziehungen in entsprechend abzuwandelnder Form. Der Druck im Treibzylinder wird nach einer allgemeinen (polytropischen) Zustandsänderung verlaufen, deren Exponent nach den thermodynamischen Eigenschaften der Einrichtung abzuschätzen ist.

c) Einrichtungen mit Energiebereitstellung in Form chemischer Energie.

In Einrichtungen dieser Art wird die Schlagenergie in Form fester Explosivstoffe oder auch zündfähiger Gasgemische (etwa nach Art der bei Explosionsrammen verwendeten) bereitgestellt. Der Gasdruck der Explosion bestimmt den Treibdruck, sein zeitlicher Verlauf kann bei gegebenen Verhältnissen (Treibkolbenquerschnitt und Kolbenweg) durch Dosierung der Ladung in weiten Grenzen beeinflußt werden. Die Probe kann dabei über einen beschleunigten Energie

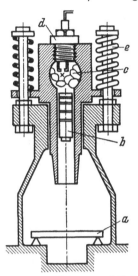

Abb. 22. Schema eines Schlagwerks mit Treibladung (Explosivstoff) und freifliegendem Kolben (Bär). *a* (Biege-) Probe; *b* Bär (Geschoß); *c* Explosionskammer mit Treibladung und Zündvorrichtung *d*; *e* Rückstoßfedern.

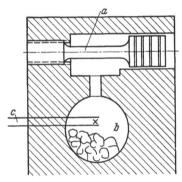

Abb. 23. Schema eines Schlagwerks mit Treibladung, Probe über Kolben unmittelbar vom Treibgasdruck beaufschlagt. *a* (Zug-) Probe, ein Ende als Treibkolben ausgebildet; *b* Explosionsraum mit Treibladung und Zündvorrichtung *c*.

träger („Geschoß") beansprucht werden, wie dies in der Schema-Abb. 22 angedeutet ist. Aus der Literatur sind lediglich Ausführungen (vgl. Abschn. E 4, Abb. 103) bekannt, bei denen gemäß der Schema-Abb. 23 die (gewöhnlich axial auf Zug oder Druck beanspruchte) Probe unmittelbar mit dem Treibkolben fest verbunden ist. Dabei wäre allerdings die in Abschn. B 1 a gegebene Definition der Schlagbeanspruchung nicht erfüllt. Jedoch verschieben sich bei dem den Explosionen eigenen rasanten Druckanstieg die Verhältnisse so, daß die Definition hier nicht mehr aufrechterhalten werden kann.

3. Einrichtungen mit kinetisch gespeicherter Energie.

Die für den Schlag erforderliche kinetische Energie $m\,v^2/2$ wird bei diesen Einrichtungen in Form kinetischer Speicherung bereitgestellt.

Auch bei den in Abschn. 2 genannten Verfahren kann u. U. von einer kinetischen Energiespeicherung gesprochen werden, wenn man berücksichtigt, daß im Energieträger bis zu seinem Auftreffen auf die Probe durch gleichbleibende oder veränderliche Beschleunigung kinetische Energie gespeichert wird. Allerdings ist hierbei der Energiebetrag durch den vorgegebenen Beschleunigungsweg oder die Zeit begrenzt. Der Endwert der Energie ist bei gegebener

Beschleunigung also vom Beschleunigungsweg abhängig. Dieser kann wegen der translatorisch erfolgenden Bewegung des Energieträgers aus praktischen Gründen nicht unbegrenzt wachsen.

a) Rotierende Energieträger.

Die nächstliegende Form eines kinetischen Speichers ist das Schwungrad. Gegenüber den in Abschn. 2 genannten Verfahren wird die translatorisch bewegte Masse m mit der Geschwindigkeit v durch eine rotierende Masse mit dem

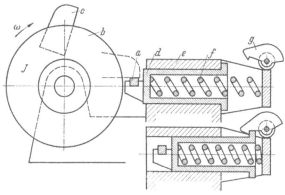

Massenträgheitsmoment I und der Winkelgeschwindigkeit ω ersetzt. Die Schlaggeschwindigkeit ist $u = r\,\omega$.

Grundsätzlich ist es gleichgültig, in welcher Zeit der Energieträger auf die Winkelgeschwindigkeit ω beschleunigt wird. Hierin liegt ein wesentlicher Vorzug dieser Einrichtungen. Da, von Lager- und Lufttreibung abgesehen, keine Verluste auftreten, kann die Energie aus kleinen Quellen (Handantrieb oder Motore kleiner Leistung) gespeichert werden, wenn die Speicherzeit bis zum Erreichen des

Abb. 24. Schlagwerk mit kinetischer Energiespeicherung (Schwungrad) und fester Schlagnase und Verschiebung der Probe in den Schlagbereich.

a (Biege-) Probe; *b* Schwungrad (Trägheitsmoment J und Winkelgeschwindigkeit ω) mit fest angeordneter Schlagnase *c*; *d* Führungsschlitten mit Probenauflage geführt in Grundgestell *e*, in Schlagstellung gebracht durch Feder *f* nach Auslösen der Sperre *g*.

Endbetrags der Energie $E_k = I\,\omega^2/2$ groß sein kann. Ist das eingespeiste Moment M, so ist die Zunahme der Drehgeschwindigkeit gegeben durch $M/I = d\omega/dt$.

Theoretisch könnten unbegrenzt hohe Schlaggeschwindigkeiten erreicht werden. Die obere Grenze ist aber durch die aus der Fliehkraft herrührenden Werkstoffbeanspruchungen mit 100 bis 200 m/s gegeben. Eine weitere Grenze ist durch die Zeit gesetzt, die notwendig ist, um die Probe in den Weg des umlaufenden Energieträgers (über den Umfang hinausragende Schlagnase) zu bringen, Abb. 24. Hierfür steht nur die Zeit eines Umlaufs zur Verfügung. Um sie zu verlängern, kann der Durchmesser des Schwungrads groß gewählt werden. Dies liegt aber nicht im Sinne der praktischen Bestrebungen, die zu kleineren Durchmessern bei größeren Drehzahlen neigen. Für die andere Möglichkeit der Energieübertragung auf die Probe —

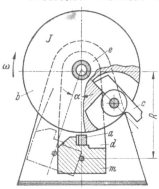

Abb. 25. Schema eines umlaufenden Schlagwerks (Schwungrad) mit fester Probe und ausklappbarer Schlagnase.

a (Biege-) Probe; *b* Schwungrad als Träger der kinetischen Energie; *c* Schlagnase, aus dem Schwungrad herausklappbar; *d* Probenauflager; *e* koaxiales Meßpendel (Impulsmeßgerät) mit Masse m am Hebelarm R zur Bestimmung des von der Probe *a* aufgenommenen Impulses.

aus dem Schwungrad herausgeklappte Stoßnase auf die in der Nähe des Umfangs fest angebrachte Probe auftreffend — Abb. 25 gelten die gleichen Überlegungen.

Neben der Möglichkeit, erhebliche Schlaggeschwindigkeiten zu erzeugen und große Energie durch Summierung kleiner Energiebeträge zu speichern, bieten die umlaufenden Schlagwerke noch den Vorzug, daß die verbrauchte Schlagarbeit durch Bestimmen der Drehzahldifferenz in einfacher Weise gemessen werden kann (siehe Abschn. D 1).

b) Kinetische Energiespeicherung über künstlich erzeugte Kraftfelder.

Die Möglichkeit, über elektromagnetische Kraftfelder ferromagnetische Körper zu beschleunigen, kann nach der in Abb. 26 schematisch angedeuteten Weise benutzt werden. Da die Einrichtung zweckmäßig senkrecht aufgebaut wird, liegt ein zusätzlich beschleunigtes Fallwerk vor.

Der Aufbau besteht im wesentlichen aus einem Führungsrohr aus unmagnetischem Werkstoff (Plexiglas u. ä.). Um dieses Rohr sind in zweckmäßig gewählten Abständen Magnetspulen konzentrisch angeordnet. Durch in der Nähe der Spulen im Rohr angeordnete Aussparungen ragen in das Rohr Kontakte hinein. Fällt der zylindrische Energieträger im Rohr abwärts, so erfährt er neben der Beschleunigung durch das Schwerefeld der Erde nach Berühren und Schließen der Kontakte über das von der jeweiligen Magnetspule entwickelte Magnetfeld noch zusätzlich eine Beschleunigung (Hineinziehen in die Spule).

Die Endgeschwindigkeit ergibt sich dann als Summe zu

$$v = \sqrt{2\,g\,h} + b_1\,t_1 + b_2\,t_2 + \cdots + b_i\,t_i. \quad (29)$$

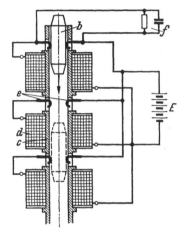

Abb. 26. Schlagwerk mit zusätzlicher Beschleunigung über Magnetfelder. (Nach UMSTÄTTER-SCHRÄPELER.)

b Schlagbär (Bolzen aus Stahl); c Führungsrohr aus Plexiglas, besetzt mit ringförmigen Magnetspulen d, zwischen den Spulen sind im Rohr Durchbrüche zum Einführen der Kontakte e; f Löschkondensatoren und Widerstände.

Die wesentlichen Kenndaten einer solchen von UMSTÄTTER-SCHRÄPELER in der Bundesanstalt für Materialprüfung Berlin-Dahlem versuchsweise erstellten Vorrichtung sind:

Bolzen   Länge rd. 120 mm gesamt,
             Durchmesser rd. 26 mm,
             Gewicht rd. 0,5 kg.

Spulen   Anzahl 6, mit Gleichstrom 220 V beschickt.
             Abstand der Kontakte rd. 100 mm,
             max. erreichte Schlaggeschwindigkeit rd. 20 m/s.

4. Einrichtungen für wiederholte Beanspruchung.

Sie sind im wesentlichen durch die Anwendung verhältnismäßig kleiner Schlagenergien gekennzeichnet. Da die Versuchsdauer von der Summe der erforderlichen Einzelschläge bestimmt wird, ist man bestrebt, die Schläge so schnell wie möglich aufeinanderfolgen zu lassen. Demgegenüber steht die Forderung, daß der einzelne Schlag sich voll auswirken soll, d. h. das neue Arbeitsspiel darf erst beginnen, wenn das vorhergehende vollständig abgelaufen ist. Solange kein Bruch eintritt, stellt die Probe ein schwingungsfähiges Gebilde dar, das durch die aufgebrachte Schlagenergie zu Schwingungen angeregt wird, die wegen der vorhandenen Dämpfung nach irgendeinem Gesetz abklingen.

Dieser Schwingungsvorgang soll vor Einsetzen eines neuen Belastungsspiels abgeklungen sein.

Das Auftreten von Resonanzzuständen muß dabei vermieden werden. Der Resonanzfall liegt vor, wenn die Impulsfolge mit der Eigenschnelle des aus Probe und Schlagbärmasse aufgebauten Schwingungssystems nahezu oder ganz identisch ist. In diesem Fall führt die Probe unter dem Impuls wesentlich größere Verformungswege aus und wird dementsprechend höher beansprucht. Liegt die Impulsfrequenz weit unter der Eigenfrequenz des geschlagenen Systems, so werden von der Probe zwischen den einzelnen Schlägen eine Reihe von Schwingungen ausgeführt. Dieser Zustand dürfte den Regelfall darstellen.

Bei Annahme eines elastischen Stoßes gilt.

$$\text{kinetische Schlagenergie } E_k = m\,v^2/2, \tag{30}$$
$$\text{potentielle (Federungs-) Energie der Probe } E_P = P_{\max}\,f/2 = C\,f^2/2. \tag{31}$$

Aus $E_K = E_P$ folgt $m\,v^2/2 = C\,f^2/2$, daraus $v/f = \sqrt{C/m} =$ kritische Kreisfrequenz ω_{kr}.

Grundsätzlich sind in der Nähe der Eigenresonanz des Systems betriebene Schlagwerke denkbar. Da in diesem Falle die Probenverformung als Schwingungsvorgang einem Sinusgesetz folgt, sind die Voraussetzungen für eine Schlag-Beanspruchung nicht mehr erfüllt.

Für die Ausführung von Dauerschlagwerken sind verschiedene mechanische Lösungen denkbar, die, da es sich um periodische Vorgänge handelt, aus einer Drehbewegung primär abgeleitet werden können.

Die Schlagenergie kann wie bei den Schlagwerken für einmalige Beanspruchung über die Erdbeschleunigung, Federkraftspeichereinrichtungen und pneumatische Speicherung bzw. pneumatische Energiezufuhr bereitgestellt werden.

a) Dauerschlageinrichtungen mit Fallbär.

Sie stellen die nächstliegende Bauform dar. Ein Fallbär wird durch eine periodisch angreifende Hebevorrichtung auf eine bestimmte Fallhöhe angehoben und dann zum freien Fall freigegeben. Der Fallbär kann über eine Nockenscheibe angehoben werden, die so ausgebildet sein muß, daß der freifallende Bär durch die Scheibe nicht in seiner Fallbewegung beeinflußt wird. Für die Hubhöhe ergeben sich bei vorgegebener Hubfrequenz Grenzen durch die zur Verfügung stehende Fallzeit des Bären, die für einen Hub h sich errechnet

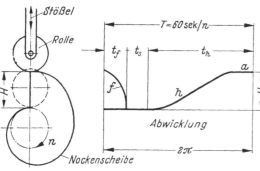

Abb. 27. Schema der Nockenscheibenausbildung beim Dauerschlagwerk.

H Hubhöhe des Nockens, mit der Drehzahl n umlaufend; Abwicklung: f Fallstrecke (Fallzeit t_f); t_s Ausschwingstrecke; t_h Anhubstrecke.

zu $t_f = \sqrt{2h/g}$. Bei gleichbleibender Drehbewegung der Nockenscheibe wäre also die Nockenform gemäß dem Schema in Abbildung 27 einzurichten, in der die Abwicklung eines Anhebenockens angedeutet ist. Die Bogenlänge 2π der Abwicklung kennzeichnet im Zeitmaßstab die Zeit T für eine Nockenumdrehung bzw. ein Spiel. Nimmt man an, daß außer der Fallzeit t_f noch eine (kleine)

Ausschwingzeit t_s (etwa für den Rücksprung des Hammers) benötigt wird, um den Schlagvorgang zu vollenden, so ist die zur Verfügung stehende Anhebezeit $t_h = T - (t_f + t_s)$.

Hinsichtlich der Ausbildung der Nockenform sind einige Forderungen zu beachten. So sollte der Bär möglichst stoßfrei angehoben werden zur Schonung aller mechanischen Zwischenglieder. Am Anfang der Hubstrecke muß also die Beschleunigung $b = 0$ sein. Das gleiche gilt für das Ende der Hubstrecke, da vermieden werden muß, daß der Hammer nach Durchlaufen der Hubstrecke noch weiter beschleunigt, also hochgeschleudert wird. Bei der Beschreibung einer ausgeführten Einrichtung in Abschn. E 2a $\alpha\beta$ (Abb. 72) ist die zweckmäßige Ausbildung einer Nockenkurve ausführlich besprochen.

Die Schlagenergie $E = m\,v^2/2 = m\,g\,h$ kann also bei vorgegebener Schlagfrequenz lediglich durch Variation von m geändert werden.

Innerhalb der bei Dauerschlagversuchen auftretenden Energiegrößen ist die dadurch erreichbare Variabilität im allgemeinen ausreichend.

Einrichtungen, die eine kürzere Anhubzeit erreichen, etwa dadurch, daß die Nockenscheibe nicht gleichförmig, sondern zwecks beschleunigtem Hubs ungleichförmig umläuft, sind nicht bekannt geworden. So könnte man daran denken, einen beschleunigten Rücklauf (Hub) durch eine Kurbelschwinge, ähnlich wie beim Shapping, zu erzeugen. Eine von F. T. STANTON[1] mitgeteilte Antriebsform, bei der eine Schubkurbel zum Anheben des an einem Stiel geführten Hammers verwendet wurde, hatte mehr die Aufgabe, die Hubhöhe zu variieren.

b) Dauerschlageinrichtungen mit Zusatzbeschleunigung.

Eine weitere Möglichkeit zur Erhöhung der Schlagfrequenz bietet die Vergrößerung der Beschleunigung b. Damit gelangt man zu federbeschleunigten Schlagwerken. Im Gegensatz zu den in Abschn. C 2b α geltenden Richtlinien kann bei den bei Dauer-

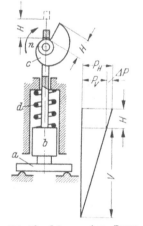

Abb. 28. Schema eines Dauer-schlagwerks mit Federbelastung.
a (Biege-) Probe; b Schlagbär; c Anhebenocken (Hubhöhe H) mit Drehzahl n umlaufend; d Treibfeder (Federkonstante C); V Vorspannweg der Feder; Vorspannkraft $P_v = VC$; H Hubhöhe (Kraftdifferenz $P = HC$).

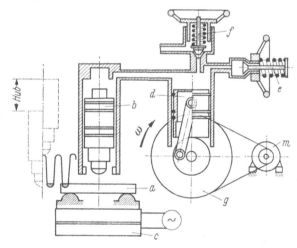

Abb. 29. Schema eines Dauerschlagwerks mit pneumatischer Kopplung.
a (Biege-) Probe; b Schlagkolben; c Schlagkraftmeßeinrichtung; d Treibkolben; e und f Regulierventile; g Schwungrad mit Kurbeltrieb des Treibkolbens d; m Antriebsmotor.

schlagwerken nicht notwendigerweise großen Hüben der Hubweg klein sein im Verhältnis zum Spannweg der Feder. Gemäß Abb. 28 ist dann der Kraft- bzw.

[1] *Engineering* Bd. 88 (1910) S. 572.

Beschleunigungsabfall über dem Beschleunigungsweg nur gering, so daß hier von einer praktisch gleichbleibenden Beschleunigung gesprochen werden kann.

Da mit zunehmender Beschleunigung bzw. wachsender Federkraft auch die gesamte Anhebevorrichtung entsprechend hoch beansprucht wird, ist auf günstige Ausbildung der Nockenform hier besonders großer Wert zu legen, wenn der Verschleiß der einzelnen Teile nicht unzulässig groß werden soll.

Für Dauerschlagwerke mit Energiezufuhr über verdichtete Gase (Druckluft) ergeben sich verschiedene Lösungen. So kann nach Abb. 29 der Energieträger als Kolben über eine pneumatische Kopplung von einem zweiten Kolben gesteuert werden, der von einem Kurbeltrieb angetrieben wird. Ein ähnliches Prinzip wird bei kleineren Schmiedehämmern angewendet.

Der Schlagkolben sollte die Probe dann treffen, wenn seine kinetische Energie am größten ist, d. h. wenn seine Geschwindigkeit ihren Maximalwert erreicht hat. Die Kolbenbewegung ist grundsätzlich sinusförmig wechselnd. Nach Abb. 30

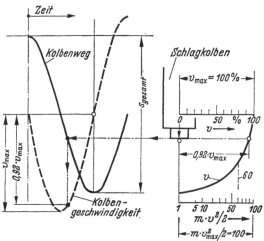

Abb. 30. Zusammenhang zwischen Weg und Geschwindigkeit des Kolbens beim Dauerschlagwerk mit pneumatischer Kopplung.

liegt die größte Kolbengeschwindigkeit beim Durchgang durch die Mittellage vor. Sie ändert sich nach der rechten Darstellung des gleichen Bildes nach einer Kreisbogenkurve. Es erscheint nicht angängig, die Auftrefflage des Kolbens an die Stelle seiner höchsten Geschwindigkeit zu legen, da dann lediglich der halbe Kolbenweg ausgenutzt wird. Die Probenverformung dürfte allgemein klein sein gegenüber dem Kolbenweg, so daß eine solch große Wegreserve für den Kolben unnötig erscheint. Nimmt man an, daß mindestens 60% des Größtwertes der kinetischen Energie beim Aufschlag noch vorhanden sein sollten, so käme etwa als unterste Trefflage die rechts angedeutete Stellung (rd. 16% vor der unteren Totpunktlage) in Betracht. In dieser Lage ist die Probe nicht nur der kinetischen Energie des Kolbens, sondern darüber hinaus auch noch in dem nächsten folgenden Zeitraum dem statischen Druck des Kolbens unter der Einwirkung des hinter dem Kolben wirkenden Gasdrucks ausgesetzt. Allgemein dürfte diese Zusatzkraft gering sein gegenüber der aus dem Kolbenschlag herrührenden Kraft. Die in Abb. 29 schematisch skizzierte Einrichtung benötigt für den dauernden Betrieb noch die im gleichen Bild angedeuteten Ventile, die gestatten, die infolge unvermeidlicher Undichtigkeiten auftretenden Phasenverschiebungen zwischen Treib- und Schlagkolben durch Zu- und Abführen von Luft rückgängig zu machen, ein Vorgang, der durch geeignete Steuereinrichtungen selbsttätig durchzuführen ist.

Nach Abb. 31 kann die Schlagenergie einer Speicherflasche entnommen werden, die zweckmäßig durch eine Pumpe laufend aufgefüllt wird. Der Schlagvorgang wird durch ein umlaufendes Steuerventil (Drehkolben) gesteuert. Dabei wird abwechselnd der Druckraum des Kolbens mit dem Druckspeicher und mit der Außenluft (Auspuff) verbunden. Der Kolben wird durch eine Feder nach Öffnen des Auslaßventils in seine Ausgangsstellung zurückgeführt. Diese Rückführung kann auch durch geeignete Trickschaltungen von der ausblasenden

Luft unterstützt werden, die über eine Umführungsleitung die untere Kolben-
seite beaufschlagt und erst dann entweicht. Rückführfeder, Speichervolumen
und Drehzahl des Steuerschiebers müssen so aufeinander abgestimmt sein,
daß der Vorgang periodisch gleichmäßig abläuft. Die von der Rückführfeder
ausgeübte Rückstellarbeit muß beim Schlagvorgang vom Kolben durch Spannen
der Feder von der Kraft P_R (Federkraft in
oberer Totpunktlage) bis zur Kraft P_E (Federkraft in unterer Kolbenlage) gespannt werden. Da naturgemäß die Feder nicht allzu
steif sein kann, wird der Zeitraum für die
Kolbenrückführung unter der Federeinwir-
kung den größten Teil des Arbeitsspiels benötigen. Die Form des Drehschiebers ist darauf abzustimmen, wenn nicht auf eine gleichmäßige Drehbewegung des Drehschiebers
zugunsten einer geeignet ungleichförmigen
verzichtet wird.

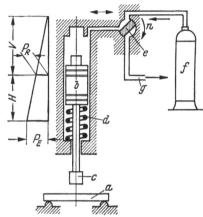

Abb. 31. Schema eines Dauerschlagwerks mit
pneumatischem Antrieb aus Druckmittelspeicher
und Kolbenrückführung durch Federkraft.

a (Biege-) Probe; *b* Schlagkolben mit Schlagkopf *c*; *d* Rückführfeder; *e* umlaufender
Steuerschieber; *g* Auslaß; *f* Druckgasspeicher.

Bei der in Abschn. E 2b (Abb. 94) beschriebenen Einrichtung wird die Kolbenrückführung durch Nocken gegen den
(gleichbleibenden) Treibgasdruck erzwungen.
Die Stoßkolben werden damit gegen eine
praktisch „sehr weiche" Feder — den Druck
des Treibgases — zurückgedrückt und nach
Freigeben durch die Nocken (bei gleichblei-
bendem Luftdruck) gleichmäßig beschleunigt. Die Einrichtung steht damit
hinsichtlich ihrer Energieerzeugung den mit Federkraft betriebenen Dauer-
Schlagwerken nahe.

D. Meßverfahren.

Die zum Erfassen der maßgeblichen Kenngrößen beim Schlagversuch erforderlichen Einrichtungen sind wegen des dynamischen Charakters des Stoßvorgangs weitgehend von den bei statischen Prüfungen anwendbaren verschieden.
Insbesondere sind bei dynamischen Versuchen die Einflüsse der Trägheitskräfte, die bei beschleunigten Massen auftreten, zu beachten. Sie sind, wenn sie
nicht eindeutig rechnerisch erfaßt werden können, möglichst zu eliminieren.
Für das Weiterleiten und Vergrößern von Meßwertanzeigen wird man weitgehend auf die Anwendung (zwangsläufig massebehafteter) mechanischer Übertragungsglieder verzichten. An deren Stelle treten optische und elektrische
Meßeinrichtungen, die trägheitsfrei arbeiten.

1. Kennzeichnende Größen.

Die wesentlichen Kenngrößen, die beim Schlagversuch gemessen werden, sind

> Schlaggeschwindigkeit,
> Schlagenergie (Schlagarbeit),
> Schlagkraft,
> Formänderung (der Probe).

Die Messung dieser Größen ist hinsichtlich des Schwierigkeitsgrads sehr
unterschiedlich. Infolgedessen werden bei Schlag- und Stoßversuchen im all-

gemeinen nur die Kenngrößen bestimmt, die mit verhältnismäßig geringem Aufwand an Meßeinrichtungen genügend sicher erfaßt werden können.

Während die Bestimmung der Schlaggeschwindigkeit und Schlagenergie sich meist auf die Erfassung von Grenz- oder Maximalwerten beschränken kann, ist die Ermittlung der Schlagkraft und der Probenformänderung meist nur dann sinnvoll, wenn diese Größen in ihrem zeitlichen Verlauf bekannt sind, umsomehr, als Kraft und Formänderung der Probe miteinander in engem Zusammenhang stehen.

2. Geschwindigkeitsmessung.

Bei Fallwerken und Pendelschlagwerken ist die Auftreffgeschwindigkeit genügend genau rechnerisch bestimmbar. Die Messung der Geschwindigkeit erübrigt sich in diesen Fällen. Das gleiche gilt in annähernd gleichem Maße für die Einrichtungen nach Abschn. C 2. Bei allen anderen Einrichtungen dagegen ist eine Geschwindigkeitsmessung nicht zu umgehen. Zwar sind geringe Unterschiede der Schlaggeschwindigkeit und damit geringe Abweichungen vom Nennwert für den Charakter des Schlagvorgangs nicht von maßgeblicher Bedeutung. Doch wird in den meisten Fällen die Schlagenergie als Produkt aus Masse des Energieträgers und seinem Geschwindigkeitsquadrat errechnet.

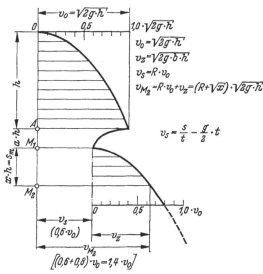

$$v_0 = \sqrt{2g \cdot h}$$
$$v_z = \sqrt{2g \cdot b \cdot h}$$
$$v_s = R \cdot v_0$$
$$v_{M_2} = R \cdot v_0 + v_z = (R + \sqrt{x}) \cdot \sqrt{2g \cdot h}$$

$$v_s = \frac{s}{t} - \frac{g}{2} \cdot t$$

Abb. 32. Geschwindigkeitsverlauf längs des Fallbärwegs. h freie Fallhöhe des Bären; A Auftreffpunkt (Berührung mit Probe) mit $v = v_0$; $A - M_1 = a\,h =$ Verformungsweg (Energieumsetzung); Geschwindigkeit im Punkt M_1 ist $v = v_s$; Längs der Fallstrecke (Meßstrecke) $M_1 - M_2$ $= x\,h = s_m$ steigert sich die Geschwindigkeit um v_z auf

$$v = v_s + v_z = v_{M_2}$$

In der Regel sind die bei der Geschwindigkeitsmessung zu beherrschenden Zeitintervalle so klein, daß eine subjektive Messung von vornherein ausscheidet. Es kommen lediglich registrierende Meßeinrichtungen in Frage.

a) Kontaktmessungen.

Hierbei werden in geeignetem Abstand voneinander angeordnete elektrische Kontakte durch den vorbeifallenden Bären betätigt und durch die entstehenden Stromstöße auf einem ablaufenden Registrierstreifen Markierungen geschrieben. Gleichzeitig wird eine, etwa über eine Stimmgabel bekannter Frequenz gesteuerte, Zeitmarkierung mitgeschrieben. Grundsätzlich wird diese Zeitmarkierung dann entbehrlich, wenn die Ablaufgeschwindigkeit des Registrierstreifens bekannt, genügend groß und gleichmäßig ist, so daß der Abstand von Markierungen auf dem Streifen unmittelbar ein Maßstab für das verflossene Zeitintervall darstellt.

Abb. 32 zeigt schematisch für den freien Fall den Geschwindigkeitsverlauf längs des Hammerwegs. Da im allgemeinen die Schlagenergie reichlich bemessen wird, ist auch die Verformungsgeschwindigkeit nicht wesentlich von der Auftreffgeschwindigkeit verschieden. Werden etwa nur 20% der Auftreffenergie zum Verformen und Zerbrechen der Probe aufgewendet, so entspricht dieser Differenz nur eine Änderung der Geschwindigkeit nach dem Schlag von rd. 10%. Bei kleinerem Energieüberschuß ergeben sich bei gleicher Meßweglänge damit größere und somit bequemer erfaßbare Geschwindigkeitsdifferenzen. Der Forderung, daß die Verformungsgeschwindigkeit sich von der Auftreffgeschwindigkeit nicht wesentlich unterscheiden sollte, dürfte jedoch allgemein der Vorrang eingeräumt werden. Wird die Geschwindigkeit des Fallbären beispielsweise über im Abstand h angeordnete Berührungskontakte gemessen, so ist wegen der beschleunigten Bewegung des Bären eine Korrektur vorzunehmen.

Der Meßweg betrage s_m, die Restgeschwindigkeit nach dem Durchschlagen der Probe sei v_s. Dann beträgt die Geschwindigkeit des Bären im Punkte M_2

$$v_{M_2} = v_s + \sqrt{2 g \, s_m}. \tag{32}$$

Die für das Durchfallen der Strecke $M_1 - M_2$ benötigte Zeit ist in jedem Falle kleiner als bei Vorliegen nur einer gleichbleibenden Geschwindigkeit $v_s = R v_0$. Für $v_s = 0$ wird also die gemessene Fallzeit für die Strecke s_m ein Maximum, nämlich $t = \sqrt{\dfrac{2 s_m}{g}}$. Der in der Meßzeit t (Zeit zwischen den Kontaktberührungen der Meßstrecke $M_1 - M_2$) zurückgelegte Weg ist

$$s_m = v_s t + \frac{g}{2} t^2, \tag{33}$$

daraus dann

$$v_s = \frac{s}{t} - \frac{g}{2} t, \tag{34}$$

wobei s als vorgegebene Strecke, g als Konstante und t durch Messung bekannt.

b) Induktive Geschwindigkeitsmessung.

Von E. LEHR wurde ein Meßverfahren zur Bestimmung der Momentangeschwindigkeit des Fallbären beim oder nach dem Durchschlagen der Probe vorgeschlagen, das sehr geeignet erscheint. Dabei wird nach Abb. 33 am Fallbären ein hufeisenförmiger Dauermagnet befestigt. Am Gestell oder Amboß wird eine aus wenigen Windungen bestehende flache Spule so angeordnet, daß sie in den Magnetspalt hineinragt. Beim Vorbeifallen des Bären bzw. Magneten an der Spule wird in dieser eine EMK induziert, deren Größe der Geschwindigkeit des Magneten proportional ist. Wird als Anzeigegerät ein Kathodenstrahloszillograph verwendet, so ist die Größe des Ausschlags auf dem Bildschirm ein Maß für die Geschwindigkeit. Als Meßgerät kann auch ein ballistisches Galvanometer verwendet werden. Das System läßt sich so einmessen, daß der Bär im Blindversuch aus verschiedenen Fallhöhen und mit diesen den aus diesen zu errechnenden Geschwindigkeiten an der Spule vorbeifällt.

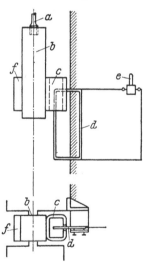

Abb. 33. Induktive Geschwindigkeitsmessung nach LEHR.

a Probe; *c* Dauermagnet am Fallbär *b* befestigt; *d* flache, aus wenigen Drähten bestehende Spule am Grundgestell befestigt; *e* Meßschleife des Oszillographen; *f* Gegengewicht zum Ausgleich des Dauermagneten *c*.

3. Energiemessung.

Sie hat die Aufgabe, die beim Schlagversuch umgesetzten Energien der Größe nach zu bestimmen und damit Aussagen über die zur *Formänderung* bzw. *Trennung* der Probe aufgewendete Arbeit zu ermöglichen.

Die vor der Probenbeanspruchung zur Verfügung stehende Energie ist, soweit sie in potentiell gespeicherter Form vorliegt, meist leicht zu errechnen und bedarf im allgemeinen keines besonderen meßtechnischen Aufwands. Bei kinetischer Speicherung in Form eines umlaufenden Schwungrads (Abschn. C 3) läuft die Energiebestimmung auf die Vermessung eines stationären Zustands (Drehzahlmessung) hinaus. In anderen Fällen dagegen ist nur die Masse des Energieträgers als konstante Größe bekannt. Die Energiebestimmung als Produkt aus Masse und Quadrat der Geschwindigkeit setzt dabei zusätzlich die Messung der Geschwindigkeit voraus.

a) Verbrauchte Schlagarbeit.

Sie kann *indirekt* aus der Differenz der vor und nach dem Versuch dem Energieträger eingeprägten Energie ermittelt werden. Eine *direkte* Messung setzt die unmittelbare Erfassung der über die Probe geleiteten Energie voraus.

α) **Bestimmung der verbrauchten Schlagarbeit aus der Restenergie.** Die Tendenz, beim Schlagversuch mit großem Energieüberschuß zu arbeiten, sichert neben einer vollständigen Trennung der Probe auch eine ausreichend hohe und während des Dehn- und Trennvorgangs praktisch gleichbleibende Verformungsgeschwindigkeit. Die Restenergie ist also von der gleichen Größenordnung wie die Gesamtenergie. Wird die (kinetische) Restenergie also in die gleiche (potentielle) Form der Anfangsenergie zurückverwandelt, läßt sie sich mit den gleichen Verfahren wie diese messen.

Beim Pendelhammer wird die verbrauchte Arbeit verhältnismäßig einfach durch Messen des Steigwinkels des Pendels nach dem Durchschlagen der Probe (s. Abb. 18) über einen Schleppzeiger bestimmt. Dieses Verfahren hat zudem den Vorzug, daß bei gleichbleibender Bewegungsrichtung gemessen wird.

Im Gegensatz dazu ist beim Fallwerk eine solche Messung nur unter Bewegungsumkehr möglich. Die Rücksprunghöhe des Bären bildet den Maßstab für die Restenergie. Sie wird ebenfalls über eine vom rückspringendem Hammer mitgenommene Schleppvorrichtung angezeigt. Aus versuchstechnischen Gründen (Vermeiden von Doppelschlägen) ist ein Abfangen des zurückgesprungenen Hammers angebracht (s. Abschn. E 2a α). Voraussetzung für die Anwendbarkeit dieses Meßverfahrens ist, daß der Stoß zwischen Amboß und Fallbär *elastisch* erfolgt, d. h. von der Restenergie des Bären darf nicht ein Teil durch plastische Formänderung (des Bären, Amboß oder auch allenfalls einer Zwischenlage) aufgezehrt und in Wärme umgewandelt werden. Die Energiegleichung gilt nur für den (annähernd) vollkommen elastischen Stoß[1].

Um die (grundsätzlich unbequeme) Bewegungsumkehr zu vermeiden, kann man die Restenergie des Bären auf eine Fangvorrichtung übertragen. Schema-Abb. 34 zeigt eine derartige (von der Fa. Amsler ausgeführte) Anordnung mit Energieübertragung.

Der Fallbär trifft nach dem Zerschlagen der Probe auf einen Fangkolben. Dieser beschleunigt einen über eine Hydraulik mit ihm verbundenen Meßkolben. Die Übertragungshydraulik bedingt durch ihre innere Reibung Verluste. Diese können aber, ähnlich wie die Eigenreibung eines Pendelschlagwerks, durch Blindversuche ermittelt werden. Dabei läßt man den Fallbären aus verschiedenen Fallhöhen (mit entsprechend verschiedener Energie) ohne Zwischenschaltung einer Probe auf die Fangvorrichtung auftreffen. Durch geeignete Abstim-

---

[1] POHL, R. W.: Einführung in die Mechanik, Akustik und Wärmelehre, 13. Aufl. Berlin-Göttingen/Heidelberg: Springer 1956.

mung der Querschnitte von Fang- und Meßkolben läßt sich ein großer Weg des Meßkolbens und damit ein bequemes und sicheres Ablesen der übertragenen Energie (richtiger: Impuls) ermöglichen.

Eine weitere Lösung zeigt die Schema-Abb. 35. Der Bär trifft nach dem Durchschlagen der Probe auf einen Fangamboß, der einen Hebel eines als Winkel-

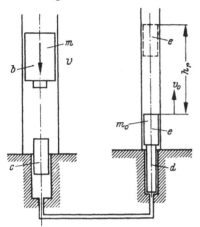

Abb. 34. Impulsmeßeinrichtung zur Bestimmung der Restenergie des Fallbären (Bauart Amsler).

b Fallbär mit Masse m_b und Restgeschwindigkeit v; *c* Treibkolben als Impulsaufnehmer, der den übertragenen Impuls hydraulisch auf den Meßkolben *d* weiterleitet. Dieser beschleunigt den Flugkolben *e* (Masse m_0) auf die Höhe h_r

$$m_b\, v = m_0\, v_0$$

$$h_r = \frac{m_0\, V_0^2/2}{m_0\, g} = \frac{E_{hr}}{G_0}$$

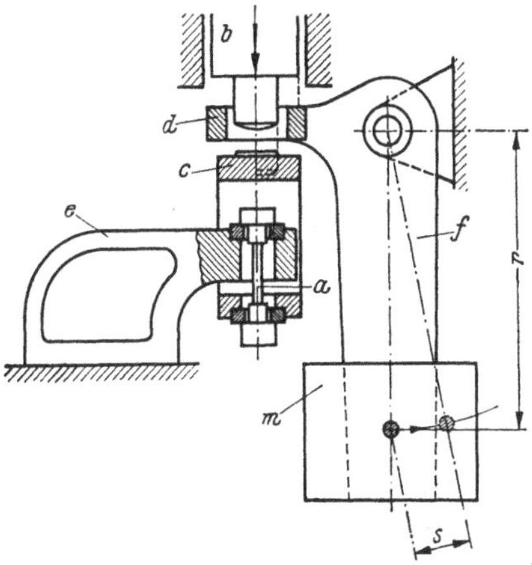

Abb. 35. Schema der Impulsmessung für die Bestimmung der Restenergie des Fallbären.

a Schlag-Zug-Probe; *b* Fallbär (geführt); *c* Schlagübertrager; *d* waagerechter (kurzer) Hebelarm der als Winkelhebel ausgebildeten Impulsmeßeinrichtung (Meßpendel) als Fangvorrichtung für den Fallbären; *e* Widerlager für die Probe; *f* senkrechter (langer) Hebelarm des Meßpendels mit Masse *m* am Hebelarm *r*; *s* Schwingweite der Meßeinrichtung.

hebel ausgebildeten Meßpendels darstellt (Ballistische Messung). Da eine *Impulsmessung* vorliegt, muß ein quasielastischer Stoß zwischen Fallbär und Fangamboß vermieden werden. Zweckmäßig wird deshalb zwischen beide eine plastische Zwischenlage (Blei u. dgl.) geschaltet. Für diesen „nicht elastischen" Stoß gilt der Impulssatz

$$m_B\, v_B = v\left(m + m_B\, \frac{r_B}{r}\right),$$

wobei

m_B die Masse des Bären,
$m\ $ die Masse des Fangpendels,
v_B die Auftreffgeschwindigkeit des Bären,
$v\ $ die Geschwindigkeit der Masse des Fangpendels.

Die Masse *m* des Fangpendels wird zweckmäßig groß gegenüber der Fallbärmasse m_B gewählt. Ebenso ist *r* möglichst groß zu wählen, um eine quasilineare Bewegung der Masse *m* zu gewährleisten. Physikalisch übersichtlicher ist die Anordnung der Abb. 38, in der die am waagerecht angeordneten Hebel angebrachte Masse über weiche Federn abgestützt wird, die ein lineares Kraftgesetz sichern.

Das „Stoßpendel" ist schwingungsfähig. Seine durch Auszählen einfach zu bestimmende Schwingfrequenz sei ω. Bei einem Ausschlag *s* der Pendelmasse *m* ist dann die Geschwindigkeit $v = s\,\omega$, und der Impuls wird

$$v\left(m + m_B\, \frac{r_B}{r}\right) = s\,\omega\left(m + m_B\, \frac{r_B}{r}\right). \tag{35}$$

Die vom Fangpendel aufgenommene (Rest-) Energie errechnet sich dann zu

$$\frac{s^2 \omega^2}{2}\left(m + m_B \frac{r_B}{r}\right) = E_R. \tag{36}$$

β) Bestimmung der verbrauchten Schlagarbeit aus dem über die Probe geleiteten Impuls. Ein solches Verfahren setzt voraus, daß die Probe mit einem gesonderten Meßsystem in Verbindung steht, das von dem Energieträger nach der Probenbeanspruchung nicht mehr beeinflußt werden kann. Da allgemein die Probe auch plastisch verformt wird, also kein elastischer Stoß vorliegt, ist hier eine Impulsmessung angebracht. Die Probe steht mit ihrem einen nicht vom Energieträger getroffenen Ende mit einem Stoßpendel-System in Verbindung, das den durch die Probe geleiteten Impuls aufnimmt. Für die Anordnung nach Schema-Abb. 36 gelten die gleichen Gesetzmäßigkeiten wie im vorhergehenden Abschnitt (Abb. 35). (Abb. 25 zeigte die Anordnung für ein umlaufendes [kinetisch speicherndes] Schlagwerk).

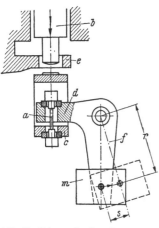

Abb. 36. Schema der Impulsmessung für die Bestimmung der von der Probe aufgenommenen Schlagenergie.

a Schlag-Zug-Probe; *b* Fallbär (geführt); *c* untere Brücke des Schlagübertragers; *d* Probenwiderlager am kurzen, waagerechten Hebelarm der als Winkelhebel ausgebildeten Impulsmeßeinrichtung (Meßpendel); *e* Fangvorrichtung für den Fallbären nach Durchschlagen der Probe; *f* senkrechter Schwinghebel der Impulsmeßeinrichtung mit Zusatzmasse *m* am Hebelarm *r*; *s* Schwingweite der Meßeinrichtung.

b) Energiebestimmung aus der Restgeschwindigkeit des Energieträgers.

Mit der (konstanten) Masse m des Energieträgers ist die Energie $m\,v^2/2$ durch die Geschwindigkeit bestimmt. Beim Fallwerk und beim Pendelhammer ist die Auftreffgeschwindigkeit eine Funktion der bekannten Fallhöhe h und damit errechenbar. Beim umlaufenden Energiespeicher (Schwungrad) ist v_0 praktisch eine Konstante, und es sind keine Bedingungen hinsichtlich der Beschleunigung des Systems bis zum Erreichen von v_0 gestellt.

Mit v_r als der nach dem Schlag dem Energieträger noch eigenen Geschwindigkeit (Restgeschwindigkeit) errechnet sich die verbrauchte Schlagarbeit als Differenz zu

$$A_v = E_0 - E_r = m\,\frac{v_0^2 - v_r^2}{2}. \tag{37}$$

Für die Ermittlung der Restgeschwindigkeit v_r bestehen eine Reihe von Möglichkeiten, deren Anwendbarkeit im Einzelfall von dem tragbaren Versuchsaufwand abhängig ist u. a. auch von dem angewendeten System vorgegeben wird.

α) Gleichförmig bewegte Energieträger. Ihre wesentlichen Vertreter sind die Schwungradschlagwerke. Die Geschwindigkeit vor und nach dem Schlag wird in einfacher Weise über eine Drehzahlmessung bestimmt. Ein wesentlicher Vorteil ist darin zu sehen, daß für diese Messung genügend Zeit zur Verfügung steht, da die Drehbewegung bei ausreichend guter Lagerung für den benötigten Zeitraum als genügend gleichförmig angesehen werden kann.

β) Beschleunigte Energieträger. Zu diesen gehören Fallbär und Pendelhammer als kennzeichnende Vertreter. Da Bär und Hammer in jedem Augenblick der Erdbeschleunigung unterworfen sind, bereitet die Geschwindigkeitsmessung einer solchen Bewegung einige Schwierigkeiten. Soll etwa beim freifallenden Hammer die Hammergeschwindigkeit (nach dem Durchschlagen der

Probe) gemessen werden, so kann die Geschwindigkeit nur für einen sehr kurzen Meßweg — und damit für ein sehr kleines Zeitintervall — als ausreichend gleichförmig angesehen werden. Die Messung ist damit an die Möglichkeit einer genügend exakten Zeitmessung gebunden, weil sehr kurze Meßzeiten erforderlich sind. Dadurch wird der erforderliche Versuchsaufwand schon erheblich. Darum besteht die Neigung, größere Meßwege und damit längere Meßzeiten anzuwenden (vgl. Abschn. 2a). Der Einfluß der beschleunigten Bewegung darf aber dabei in keinem Fall vernachlässigt werden. Eine Anordnung, bei der die Restgeschwindigkeit über Kontaktmessungen längs einer Meßstrecke bestimmt wird, ist in Abschn. E 2a α (Abb. 57) erwähnt.

4. Kraftmessung.

Neben dem zum Probendurchbruch benötigten Arbeitsaufwand interessiert grundsätzlich auch die an der Probe wirksam werdende Kraft. Zumindest sollte der auftretende Höchstwert, nach Möglichkeit aber auch der zeitliche Verlauf der Kraft bekannt sein. Wenn bei der Mehrzahl der Schlagversuche diese Kraftmessung nicht durchgeführt wird, so unterbleibt dies wohl wegen des erforderlichen meßtechnischen Aufwands.

Die Größe der im Schlagversuch auftretenden Kräfte ist nach Abschn. B 2a abhängig von der Verzögerung des Energieträgers. Die Verzögerung aber ist wiederum eine Funktion des Arbeitswegs, d. h. der Probendehnung und zusätzlich auch der elastischen Eigenschaften der Unterlage. Bei gleicher aufgenommener Schlagarbeit erfährt eine stark dehnende Probe allgemein geringere Kräfte als eine starre. Maßgebend ist also der Verlauf der Geschwindigkeitsänderung über dem Verformungsweg.

Für die Kraftmessung ergeben sich damit zwei Möglichkeiten:

direkte Messung der auftretenden Kraft über eingeschaltete Dynamometer,

indirekte Messung über die Ermittlung der Geschwindigkeitsänderung (Verzögerungsmessung).

a) Direkte Kraftmessung.

Die hierzu verwendeten Geräte müssen der Bedingung genügen, daß sie genügend trägheitsfrei sind, um den mit großer Geschwindigkeit ablaufenden Vorgängen folgen zu können. Gewöhnlich reicht es aus, den Größtwert der auftretenden Kraft zu kennen. Deshalb wird versucht, diese Größtwerte mit möglichst einfachen, sogar behelfsmäßigen Mitteln zu messen.

α) **Stauchkörper.** Eine einfache Lösung scheint zunächst in der Verwendung von Stauchkörpern aus stark plastischen Werkstoffen (Blei, Kupfer) gegeben. Sie werden in den Kraftfluß eingeschaltet und die gesamte Energie wird durch sie hindurchgeleitet. Ihre bleibende Verformung (Stauchung) kann nach dem Versuch bequem ausgemessen werden. Solche Stauchkörper werden in der Ballistik zum Messen der Gasdrucke (Höchstdrucke) von Treibladungen verwendet. An gleichartigen Parallelproben wird im statischen Versuch die Kraft bestimmt, die erforderlich ist, um eine Stauchung gleicher Größe hervorzurufen.

Gegen das Verfahren können erhebliche Bedenken geltend gemacht werden. Bei plastischen Formänderungen hat erfahrungsgemäß die Verformungsgeschwindigkeit einen maßgeblichen Einfluß auf die Größe der aufzuwendenden Kraft, jedenfalls bei Geschwindigkeitsunterschieden der hier in Frage stehenden Größenordnungen. Sinnvoller erscheint eine Kennwertbestimmung der Probekörper unter annähernd gleichen Verformungsgeschwindigkeiten und Aufnahme der auftretenden Kräfte oder besser des Kraftverlaufs.

β) Kugeleindruck. In Anlehnung an die Brinell-Härteprüfung kann eine harte Stahlkugel in den Kraftfluß eingeschaltet werden, die in einer als Gegenfläche angeordneten Stahlplatte einen Eindruck erzeugt, dessen Größe der einwirkenden Kraft proportional ist. Auch hier wird der Kennwert statisch bestimmt. Das über den Einfluß der Verformungsgeschwindigkeit in Abschn. α Gesagte gilt auch hier.

γ) Elastische Verformung (Dynamometer). Hierzu gehören alle Einrichtungen, die zum Messen der Stoßkraft ein Dynamometer in den Kraftfluß einschalten. Aus den in Abschn. B 2a genannten Gründen ist es wichtig, daß der Weg des Dynamometers klein, seine Federkonstante also groß ist, wenn eine unzulässig große Stoßmilderung vermieden werden soll.

Es scheiden demnach alle Meßgeräte aus, die einen großen Meßweg benötigen, dazu aber auch alle Geräte, deren Anzeige über massebehaftete Zeiger erfolgt. Soweit mechanische Geräte in Betracht kommen, muß also die Meßwertanzeige optisch vergrößert werden, falls dies nicht ebenso trägheitsfrei über elektrische Einrichtungen durchgeführt wird.

δ) Elastische Verformung einer Kugel. Beschränkt man sich in folgerichtiger Entwicklung der in den Abschn. α und β genannten Stauchkörperverfahren auf eine elastische Verformung der in den Kraftfluß eingeschalteten Probekörper, so erscheint der Einfluß der Belastungsgeschwindigkeit nicht mehr so erheblich.

So kann etwa eine in den Kraftfluß geschaltete harte Stahlkugel gegen eine gehärtete Stahlplatte drücken, deren Oberfläche poliert und mit einer dünnen Rußschicht überzogen ist. Unter dem Einfluß der Schlagkraft plattet sich die Kugel elastisch ab und hinterläßt einen der Abplattung proportionalen kreisförmigen Eindruck in der Rußschicht der Stahlplatte. Der Durchmesser des Abdrucks ist ein Meßstab für die Größe der aufgetretenen Kraft. Den Kennwert einer solchen elastischen Meßeinrichtung im statischen Versuch zu ermitteln, erscheint berechtigter, als bei Verwendung plastisch verformender Probekörper. Die erreichbare Meßgenauigkeit dürfte in vielen Fällen ausreichend sein. Die Meßunsicherheit kann mit $\pm 5\%$ geschätzt werden. Bei den Verfahren nach den Abschn. α und β ist zweifellos mit einer größeren Unsicherheit zu rechnen.

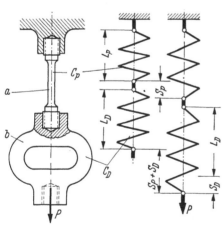

Abb. 37. Schema der Hintereinanderschaltung von Probe und Dynamometer.
a Probe mit Federkonstante C_p; *b* Dynamometer mit Federkonstante C_D; Gesamte Längung

$$s = s_p + s_D = P\left(\frac{1}{C_p} + \frac{1}{C_D}\right) = P\,\frac{C_D + C_p}{C_D\,C_p}.$$

ε) Registrierende Dynamometer. *Beeinflussung der Schlaghärte.* Bei Dynamometern zur Schlagkraftmessung ist stets eine große Federkonstante (steifes Dynamometer) anzustreben.

Bei direkter Kraftmessung sind Dynamometer und Probe hintereinander geschaltet, gemäß der Schema-Abb. 37.

Die unter dem Einfluß der Kraft P auftretende Längung s ist die Summe der Einzellängungen von Dynamometer und Probe s_D und s_P. Mit C_D und C_P als Federkonstanten von Dynamometer und Probe gilt

$$s_D = \frac{P}{s_D} \quad \text{und} \quad s_P = \frac{P}{C_P}, \tag{38}$$

$$s = s_D + s_P = P\left(\frac{1}{C_D} + \frac{1}{C_P}\right) = P\,\frac{C_D + C_P}{C_D\,C_P}. \tag{39}$$

Aus der Energiegleichung des (schwingungsfähigen) Systems

$$E = m\,\frac{v^2}{2} = s\,\frac{P}{2} = C\,\frac{s^2}{2} \tag{40}$$

ergibt sich

$$\frac{v}{s} = \sqrt{\frac{C}{m}}. \tag{41}$$

Die „Härte" des Schlags mag in etwa durch das Verhältnis v/s gekennzeichnet sein. Bei gleichem v entspricht dem kleineren Weg s (steife Probe und steifes Dynamometer) der „härtere" Schlag. Bei vollkommen elastischem Verhalten des Systems — eine rein theoretische Annahme — würde die Schlagkraft sich errechnen zu

$$P = m\,\frac{v^2}{s} \quad \text{als Größtwert.} \tag{42}$$

Allgemein wird die Federkonstante C_D des Dynamometers merklich kleiner sein als die der Probe C_P. Damit tendiert die Gesamtfederkonstante zu kleineren Werten, denen in gleicher Tendenz kleinere Werte der Schlagkraft P entsprechen.

Beispiel: Wird angenommen, daß die Probe durch einen Rundstab von 8 mm Ø ($F =$ rd. 50 mm²) gebildet wird, dessen Dehnlänge 100 mm beträgt, so errechnet sich die Federkonstante zu $C_P =$ rd. 10^4 kg/mm $= 10^5$ kg/cm. Die Auftreffgeschwindigkeit sei angenommen zu 10 m/s $= 1000$ cm/s, das Fallbärgewicht zu 100 kg (Masse $=$ rd. 0,1 kg · s²/cm). Die Federkonstante des Dynamometers sei wie folgt variiert:

1. $C_D = 0$,
2. $C_D = C_P$,
3. $C_D = 0{,}2\,C_P$,
4. $C_D = 0{,}1\,C_P$.

Die Gesamtfederkonstante C errechnet sich zu

$$C = \frac{C_D\,C_P}{C_D + C_P} \quad \text{für die einzelnen Variationen.}$$

1. $C = \quad\ C_P = \quad$ rd. 100000 kg/cm,
2. $C = 0{,}5 \ C_P = 0{,}5 \ \cdot 100000$ kg/cm,
3. $C = 1/6 \ C_P = 1/6 \ \cdot 100000$ kg/cm,
4. $C = 1/11\ C_P = 1/11 \cdot 100000$ kg/cm;

aus $s = v\,\sqrt{m/C}$ ergibt sich dann

1. $s = 1$ cm,
2. $s = 1{,}42$ cm,
3. $s = 2{,}45$ cm,
4. $s = 3{,}32$ cm.

Die Schlagkraft würde dann bei den einzelnen Variationen betragen

1. $P =$ rd. 100000 kg,
2. $P =$ rd. 70500 kg,
3. $P =$ rd. 40100 kg,
4. $P =$ rd. 30000 kg.

Es sei nochmals betont, daß diese Rechnung Bedingungen voraussetzt, die in der Praxis nicht erfüllt werden. Die errechneten Zahlenwerte sollen lediglich einen Anhalt für den Einfluß der Federkonstanten des Meßsystems geben.

Vorstehende Überlegungen zeigen, daß direkte Kraftmessung beim Schlagversuch wohl möglich und durchführbar ist, daß aber auch nur bei außerordentlich steifen Dynamometern keine merkliche „Schlagminderung" zu erwarten ist. Anderenfalls ist die Vergleichbarkeit von Versuchsergebnissen, die mit und ohne Schlagkraftmessung bei Verwendung gleicher Proben, also bei verschiedenen (Gesamt-) Federkonstanten ermittelt wurden, weitgehend in Frage gestellt.

Dies ist z. B. für die Versuchsanordnung nach Abb. 38 geltend zu machen, auf der Versuchsergebnisse gewonnen wurden, über die A. Perot[1] berichtet hat.

Hierbei ist der das Gegenlager für die Schlagzugprobe bildende Amboß an einem „Kraftmeßhebel" angeordnet. Dieser einarmige Hebel ist zwischen Amboß (Probenauflager) und Drehpunkt auf eine Feder abgestützt. Das freie Probenende trägt ein Querhaupt, das von dem (gabelförmig ausgebildeten) Fallbären getroffen wird. Diese

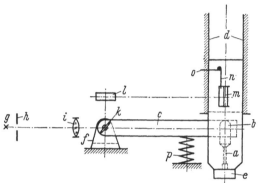

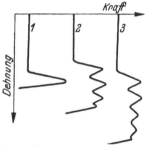

Abb. 38. Schema einer Versuchseinrichtung zur optischen Aufzeichnung der Kraft-Weg-Kurve beim Schlag-Zug-Versuch. (Nach Perot.)

a Probe; *b* Fallbär, gabelförmig über den Kraftmeßhebel *c* greifend; *d* Führung des Fallbären; *e* Querhaupt am unteren Ende der Probe *a*; *f* Drehpunktlagerung für den Kraftmeßhebel *c*; *g* Lichtquelle (Bogenlampe); *h* Punktblende; *i* Linse; *k* Drehspiegel auf der Achse des Kraftmeßhebels; *l* Prismenkombination zur Umlenkung des Lichtzeigers nach *m* (Fotoplatte in Kassette am Fallbär fest); *n* Schieber der Kassette; *o* Anschlag, über den der Kassettenschieber *n* aus der weiterfallenden Kassette herausgezogen wird; *p* Meßfeder.

Abb. 39. Kraft-Weg- (Dehnung-) Schaubilder aufgenommen mit der Vorrichtung nach Abb. 38.
1 gekerbte Schlag-Zug-Probe; *2* u. *3* Proben mit weichem Hohlkehlenübergang vom zylindrischen Schaftmittelteil zum Probenkopf.

Anordnung kann nach den obigen Ausführungen strenggenommen nicht als geeignetes Dynamometer angesprochen werden. Die mit dem Hebel gekoppelten Massen sind außerdem nicht vernachlässigbar. Die Anordnung ist deshalb eher als eine Impulsmeßeinrichtung anzusehen, für welche die in Abschn. 3 a β angeführten Beziehungen gelten.

Die Kennlinie des Dynamometers wurde sowohl statisch kraftmäßig als auch energiemäßig durch Abfangen bekannter Schlagenergien bei rein elastischen Schlägen aufgenommen. Die Anordnung stellt ein schwingungsfähiges System dar, das unter dem vom Fallbären aufgebrachten Impuls zu schwingen beginnt. Diese Schwingungen sind auch in den in der Originalarbeit mitgeteilten Kraft-Dehnungs-Schaubildern zu erkennen (Abb. 39).

Eine weitere mit „weichem" Dynamometer arbeitende Kraftmeßeinrichtung ist in Abschn. 5 b α besprochen. Das Dynamometer ist dort aus Blatt-(Biege-) Federn zusammengestellt.

„Harte" Dynamometer. Soll die vorstehend besprochene Verfälschung der Schlagcharakteristik vermieden werden, so müssen sehr steife („harte") Dynamometer verwendet werden.

---

[1] Comptes rendus Bd. 137 (1903) S. 1044.

Vorzüglich geeignet für solche Zwecke sind Piezoquarze, wie sie in Indikatoren usw. verwendet werden. Abb. 40 zeigt das Beispiel einer solchen Anordnung, wie sie von H. BRINKMANN[1] angewandt wurde. (Die verwendete Schlagvorrichtung entspricht Abb. 5.) Die an der Probe wirkende Kraft wird

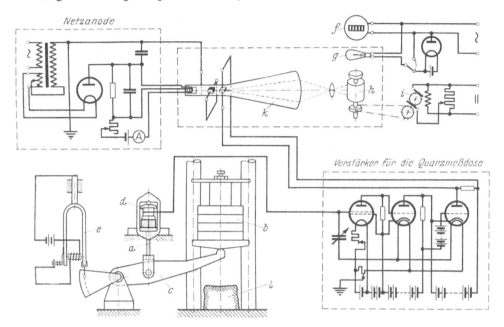

Abb. 40. Schema einer Versuchsanordnung (nach BRINKMANN) zur Aufnahme des Kraft-Dehnungs-Schaubilds beim Schlag-Zug-Versuch unter Verwendung einer piezoelektrischen Kraftmeßdose nach Abb. 41.

a Probe; *b* Fallbär; *c* Belastungshebel (vgl. Abb. 5); *d* Druckmeßdose (s. Abb. 41); *e* elektromagnetisch angeregte Stimmgabel zur Zeitmarkierung; *f* Zungenfrequenzmeßgerät; *g* Glimmlampe zur Zeitmarkierung auf dem Film der Filmtrommel *h* (Drehzahlbestimmung der Trommel) mit Antriebsmotor *i*; *k* Kathodenstrahloszillograph; *l* Fangpolster für Fallbär nach dem Bruch der Probe *a*.

unmittelbar von einer Meßdose gemessen, die mit Piezoquarzen ausgerüstet ist. Abb. 41 zeigt den Aufbau der Meßdose, deren Federkonstante sehr hoch ist, da lediglich eine steife Membran das am stärksten verformende Glied ist. Der max. Meßweg beträgt rd. 0,01 mm.

Da die Quarzkristalle nicht unmittelbar dem gesamten Schlagdruck ausgesetzt werden können, hat der Stahlkörper der Meßdose die Aufgabe, den überwiegenden Teil der auftretenden Schlagkraft aufzunehmen und weiterzuleiten. Nur ein kleinerer der Gesamtkraft proportionaler Teil der Kraft (rd. 15 kg) wird abgezweigt und über die eigentlichen Meßkörper (Quarzkristalle) geleitet. Die an den Quarzen der Meßdose in Spannungsänderungen umgesetzten Kräfte werden als Auslenkung an einem Kathodenstrahloszillographen angezeigt. Die auf dem Leuchtschirm des Oszillographen als wandernder Lichtpunkt erscheinende Anzeige wird über ein Linsensystem auf eine rotierende Filmtrommel abgebildet.

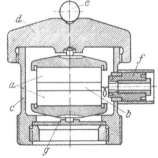

Abb. 41. Aufbau einer piezoelektrischen Kraftmeßdose nach BRINKMANN.

a Quarzkristalle, *b* Meßelektrode; *c* Rohrdynamometer (Stahl); *d* (starrer) Deckel des Meßkörpers; *e* Druckkugel zur Krafteinleitung; *f* isolierte Zuleitungsdurchführung zur Meßelektrode; *g* Membran.

[1] Dr.-Ing.-Diss. T. H. Hannover 1933.

Von einer elektrisch angeregten Stimmgabel wird auf einem mit dem Belastungshebel fest verbundenen Kupfersegment eine Zeitmarkierung mitgeschrieben, um eine Auswertung der Probendehnung nach der Zeit zu ermöglichen.

Im Bereich der technischen Messung von zeitlich sich schnell ändernden Kräften besteht der begründete Wunsch, bei Verwendung elektrischer Übertragungs- und Vergrößerungsverfahren nicht nur in der Anwendung robuste Geräte zur Verfügung zu haben, sondern auch die Meßwerte selbst als elektrische Ströme von einer Stärke zu bekommen, die ausreicht, um die Meßschleifen von Schleifenoszillographen auszulenken. Damit bietet sich der Vorzug, die Meßwertschwankungen unmittelbar auf einem ablaufenden lichtempfindlichen Papierstreifen unter gleichzeitiger Aufnahme einer geeigneten Zeitmarkierung festzuhalten. Für die als Spannungsänderungen sich ergebenden Meßwerte der Piezoquarze dagegen ist der Kathodenstrahloszillograph das geeignete Anzeigeinstrument, aber mit dem Nachteil, den zeitlichen Verlauf der Meßwerte lediglich über eine optische Zusatzeinrichtung aufnehmen zu können.

Einrichtungen, die eine Anzeige der Meßwerte über Änderung von Meßströmen geben, müssen als Dynamometer ebenfalls ausreichend steif sein. Daraus folgt, daß die Formänderungen der Meßkörper nur sehr gering sein können. Zum Aufzeichnen der Formänderungen in natürlicher Größe können Ritzschreiber dienen, deren Aufzeichnungen (auf Glasplatte, Film oder Glaszylinder) unter dem Mikroskop ausgewertet werden. Die Meßwerte können auch auf elektrischem Wege ausreichend vergrößert werden. Dazu werden Ohmsche, induktive und kapazitive Widerstandsänderungen benutzt. Für die beiden letzten können als Meßströme zweckmäßig nur Wechselströme, meist höherer Frequenz, verwendet werden.

Ohmsche Widerstandsänderung. Einige Werkstoffe ändern in erheblichem Maße ihre elektrische Leitfähigkeit unter dem Einfluß von mechanischen Beanspruchungen. Wohl am bekanntesten ist diese Eigenschaft bei Kohle. Wegen unzureichender Zugfestigkeit dieses Werkstoffs wird er lediglich zum Aufbau von (Kohle-) Druckmeßdosen verwendet. Diese sind in der Regel als Säulen aus geschichteten Kohleplatten aufgebaut. Sie werden, in einem Metallgehäuse gehalten, in den Kraftfluß eingeschaltet. Sie wurden für Zugkraftmessungen der Eisenbahn weitgehend durchentwickelt und angewendet. Über eine Anwendung bei ausgesprochenen Stoß- und Schlagversuchen ist nichts bekannt geworden. Der Grund darf wohl darin gesehen werden, daß die bei Schlag und Stoß auftretenden hohen Beschleunigungen die Anwendung von (spröden) Kohleplatten als wenig aussichtsreich erscheinen lassen.

Die elektrische Widerstandsänderung von Stahl unter mechanischer Beanspruchung ist zu gering, als daß die Kraftmessung über die Widerstandsänderung eines (auf Zug oder Druck beanspruchten) Meßkörpers aus Stahl (Zylinder) unmittelbar möglich wäre. Wird dagegen die Formänderung solcher Meßkörper auf „Geber" aus einem anderen, hinsichtlich der Abhängigkeit der elektrischen Leitfähigkeit von der mechanischen Beanspruchung wesentlich empfindlicheren Werkstoff übertragen, so kann die Formänderung (Dehnung) des Meßkörpers mittelbar in Widerstandsänderungen umgewandelt werden. Voraussetzung ist lediglich, daß der „Geber" genügend sicher mit dem eigentlichen Meßkörper (Dynamometer) verbunden werden kann, so daß er dessen Dehnungen folgt.

In zunehmendem Maße werden *Dehnungsmeßstreifen* mit Erfolg verwendet. Bei diesen wird dünner Draht (rd. 0,02 mm dick) mäanderförmig zwischen dünnen Papierlagen verklebt. Die Enden werden meist als dickere lackisolierte Drähte aus dem Streifen herausgeführt. Die elektrische Widerstandsänderung dieser wegen ihres geringen mechanischen Widerstands den Dehnungen des

Meßkörpers, auf den sie aufgeklebt werden, gut folgenden Meßstreifen kann nach einem Brückenmeßverfahren leicht über Zeigergeräte bestimmt werden. Bei schnell verlaufenden Vorgängen wird zur trägheitsfreien Anzeige ein Oszillograph verwendet, wobei elektronische Verstärkereinrichtungen nicht zu umgehen sind. Dehnungen von 10^{-5} werden dabei gut meßbar angezeigt.

Bei Stahl mit $E =$ rd. 20000 kg/mm² entspricht einer Spannungsänderung von $\sigma = 1$ kg/mm² eine Dehnung von $\sigma/E = 1/20000 = 5 \cdot 10^{-5}$. Näheres siehe in Abschn. VI C.

Kapazitive Messung. Dabei wird die Längenänderung eines (Stahl-) Meßkörpers auf die Platten eines Meßkondensators übertragen. Einer Abstandsänderung der Kondensatorplatten entspricht eine Kapazitätsänderung des Kondensators, die gemessen werden kann, wenn der Kondensator mit (hochfrequentem) Wechselstrom beschickt wird. Er ist dabei meist in einen elektrischen Schwingungskreis geschaltet, dessen Resonanzzustand durch die Kapazitätsänderungen beeinflußt wird.

Als Beispiel zeigt Abb. 42 und 43 den Aufbau einer von A. THUM und E. DEBUS[1] verwendeten kapazitiven Meßeinrichtung für ein Dauerschlagwerk.

Das Kraftmeßgerät besteht aus einem Stahlkörper der in Abb. 42 dargestellten Form. Das eine Ende der in Pfeilrichtung auf Zug beanspruchten Probe (Schraube) liegt

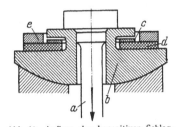

Abb. 42. Aufbau des kapazitiven Schlagkraftmeßgeräts nach THUM-DEBUS.

a Probe; *b* geerdeter Druckkörper; *c* spannungsführender Beleg des Meßkondensators; *d* (geteilte) Isolierplatte; *e* Deckring zum Verspannen der Isolierplatte.

auf dem oberen Flansch des Meßkörpers auf. Die die Probe beanspruchende Schlagkraft wird durch den Meßkörper hindurchgeleitet. Dabei verformt sich der rohrförmige Schaft wegen seines kleineren Querschnitts am stärksten. Der Querschnitt ist so gewählt, daß die Druckbeanspruchung bei den größten zu erwartenden Kräften nicht mehr als 6 kg/mm² beträgt. Die Eigenfrequenz des

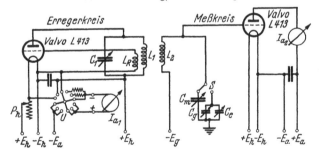

Abb. 43. Schaltschema des kapazitiven Schlagkraftmeßgeräts nach Abb. 42.

als mechanisches Schwingungssystem anzusehenden Meßkörpers beträgt rd. 9000 Hz. Der Meßkörper ist also als Dynamometer genügend steif, um dem schnell ansteigenden Kraftverlauf des Schlag- oder Stoßvorgangs trägheitsfrei und unverfälscht folgen zu können.

Der obere Flansch des Meßkörpers folgt den Längenänderungen des rohrförmigen Mittelteils. Er bildet zugleich die eine (geerdete) Platte eines Meß-

---

[1] Vorspannung und Dauerhaltbarkeit von Schraubenverbindungen, Berlin 1936.

kondensators. Die als Metallring ausgeführte Gegenplatte ist gegen den Meßkörper isoliert und führt Spannung.

Nach Abb. 43 besteht die Einrichtung aus einem Erregerkreis und einem Meßkreis. Beide sind induktiv miteinander gekoppelt. Der Erregerkreis stellt einen hochfrequenten Röhrengenerator dar, dessen (veränderliche) Kapazität durch den Meßkondensator gebildet wird. Eine Kapazitätsänderung bedingt also eine Frequenzänderung des Schwingungskreises. Als Kapazität des induktiv an den Erregerkreis angeschlossenen Meßkreises wirkt

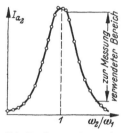

Abb. 44. Resonanzkurve des Anodenstroms zur Schaltung nach Abb. 43.

ebenfalls der Meßkondensator. Der Meßkreis wird durch den Erregerkreis zu erzwungenen Schwingungen angeregt. Beide werden so abgestimmt, daß nahezu Resonanz vorliegt. Der Strom im Meßkreis ändert sich nach Abb. 44 in Abhängigkeit vom Abstimmungsgrad. Er wird auf einen Schleifenoszillographen gegeben. Die Eigenfrequenz der Schleife beträgt 3500 Hz. Ändert sich bei Belastung die Kapazität des Meßkondensators, so ändert sich infolge der Verstimmung der Strom im Meßkreis nach Angabe der Resonanzkurve. Durch geringe Abstimmungsänderung als Folge einer Kapazitätsänderung des Meßkondensators ergeben sich große Stromänderungen im Meßkreis und damit große Meßwerte.

Die Einrichtung kann bei statischer Belastung des Kraftmeßgeräts geeicht werden. An Stelle des Meßkondensators können wahlweise zwei Prüfkondensatoren (grob und fein) eingeschaltet werden, deren Skalen unmittelbar nach der Belastung des Meßkörpers beziffert sind.

Induktive Messung. Bei dieser werden die Längenänderungen des Meßkörpers in Luftspaltänderungen eines eisengeschlossenen magnetischen Kreises umgesetzt. Abb. 45 zeigt das Schema einer solchen Anordnung. Über eine Spule wird durch einen Wechselstrom dem bis auf den Luftspalt eisengeschlossenen System eine magnetische Spannung aufgedrückt. Der magnetische Fluß in diesem System wird im wesentlichen (bei gleichbleibender Amperewindungszahl) von der Größe des Luftspalts beeinflußt. Der Magnetfluß induziert in der Wicklung einer Meßspule einen Strom, dessen Größe also ein Maß für die Größe des Luftspaltes ist. Der Luftspalt selbst wird durch die Verformung des Meßkörpers unter mechanischer Belastung geändert.

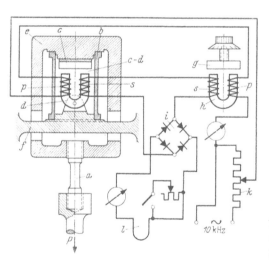

Abb. 45. Schema einer induktiven Kraftmeßeinrichtung für Schlag-Zug-Versuche. (Nach Lehr.)

a Schlag-Zug-Probe; *b* Rohrdynamometer, dessen Höhenänderung unter der Schlagkraft als Änderung des Luftspalts *c — d* induktiv vermessen wird; *c* über die Umlenkvorrichtung *e* mit dem Rohrdynamometer verbundener Anker; *d* lamellierter Wicklungsträger fest an Auflagerbrücke *f*; *g* verstellbarer Anker des Vergleichsmagneten mit Wicklungsträger *h*; *i* Trockengleichrichter in Graetzschaltung; *k* Spannungsteiler *zum Regeln des Primärstroms*; *l* Schleifenoszillograph im Meßkreis (Sekundärkreis); *p* Primärwicklungen (Erreger) mit 10 kHz Wechselstrom (konstant) gespeist; *s* Sekundärwicklungen, führen nach Maßgabe des Luftspalts *c — d* induzierten Wechselstrom, sind über Trockengleichrichter *i* gegeneinander geschaltet, wobei im Meßkreis der Differenzstrom gemessen wird.

Die bekannteste Anwendung dieses Verfahrens ist der dynamische Dehnungsmesser von E. Lehr[1].

b) Indirekte Kraftmessung.

Ist der zeitliche Geschwindigkeitsverlauf des Energieträgers (nach dem Auftreffen auf die Probe) bekannt, so kann daraus der zeitliche Verlauf der auf die Probe einwirkenden Kraft ermittelt werden nach der Beziehung $P = m\,dv/dt$.

α) Aus Zeit-Weg-Diagramm. Allgemein kann nur die Zeit-Weg-Kurve des Energieträgers direkt aufgenommen werden. Die Beschleunigung bzw. Verzögerung ist daraus durch zweimalige Differentiation ($b = dv/dt = d^2s/dt^2$) zu ermitteln. Erfahrungsgemäß ist die schrittweise Differentiation empirisch gewonnener Kurven auch bei Verwendung von Spiegellinealen sehr unsicher. Die Unsicherheit nimmt in untragbarem Maße zu, wenn das Verfahren zweimal durchzuführen ist. Es sind dann schon alle mathematischen Ausgleichsmöglichkeiten anzuwenden, um brauchbare Ergebnisse zu erhalten.

Abb. 46 zeigt als Beispiel eine von W. K. Hatt[2] aufgenommene Zeit-Weg-Kurve eines Fallbären, umfassend den Bereich kurz vor Erreichen der Höchstkraft und kurz nach dem Durchschlagen der Probe. Die Kurve wurde von einem am Fallbären befestigten Schreibstift auf einer

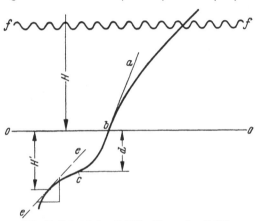

Abb. 46. Beispiel einer Zeit-Weg-Kurve eines Fallbären. (Nach Hatt.)

$o-o$ Nullinie; $a-b$ Tangente, kennzeichnet die Geschwindigkeit zu Beginn des Versuchs; $b-c$ Verlauf der Zeit-Weg-Kurve während des Schlag-Zug-Versuchs; c Wendepunkt der Kurve, kennzeichnet den Durchbruch der Probe; d Bruchdehnung der Probe; $e-e$ Tangente, kennzeichnet die Fallbärgeschwindigkeit unmittelbar nach dem Bruch der Probe; $f-f$ Zeitmarkierung der Stimmgabel.

schnell umlaufenden Trommel aufgezeichnet. Der Verlauf der Kurve zeigt einige bemerkenswerte Einzelheiten. Der Vorgang des Bruchs der Probe ist durch einen Wendepunkt der Kurve gekennzeichnet. Man beachte, daß die Kurve mit einer für heutige Begriffe recht anspruchslosen, um nicht zu sagen behelfsmäßigen, Einrichtung aufgenommen wurde.

Die wesentlichen Daten der Versuchseinrichtung sind nachstehend zusammengestellt.

Fallwerk:		
	Bärgewicht	225 bis 400 kg
	Fallhöhe	1,5 bis 1,8 m
	(Fallgeschwindigkeit	5,4 bis 6,0 m/s)
	Schlagenergie	350 bis 720 kgm
	Probe (Zugprobe)	12,2 mm $\varnothing$, Länge rd. 220 mm

Registriereinrichtung:

Schreibtrommel Durchmesser 460 mm, Länge 610 mm, Zeitmarkierung durch Stimmgabel $f = 126$ Hz.

---

[1] VDI-Z. Bd. 82 (1938) S. 541.
[2] Proc. Amer. Soc. Test. Mater. Bd. 4 (1904) S. 282.

Über Ergebnisse mit einer ähnlichen Meßeinrichtung wurde von P. Plank[1] berichtet. Dabei wurde ein älteres Amsler-Fallwerk (Fallhöhe 4 m, Bärgewicht 25,5 bis 100 kg) verwendet. Untersucht wurden Schlagzugproben von 10 mm Durchmesser und 235 mm Länge. Die Fallhöhe wurde bei den Versuchen

Abb. 47. Registriereinrichtung nach Plank zur Aufnahme der Zeit-Weg-Kurve des Fallbären.
c Schreibtrommel angetrieben über Riementrieb durch Elektromotor d; f Spindel zur Höhenverstellung der Trommel; e Schlitten; g waagerechte Feinverstellung.

jeweils so geändert, daß der Energieüberschuß gegenüber der zum Zerreißen der Proben benötigten Energie nur gering war. Abb. 47 zeigt die Anordnung der Schreibtrommel am unteren Teil des Fallwerks. Mit einem Verstellsupport konnte die Trommel feinfühlig waagerecht verstellt werden, um den günstigsten Anpreßdruck gegen den am Fallbär weich gefedert angebrachten Schreibstift einregulieren zu können.

Abb. 48 zeigt die nach diesem Verfahren aufgenommene Zeit-Weg-Kurve und die daraus entwickelten Zeit-Geschwindigkeits- und Zeit-Beschleunigungs-Kurven. Die Nullinie des Diagramms wurde bei abgesetztem Fallbären aufgenommen. Sie kennzeichnet die Lage des Schreibstifts bei Dehnungsbeginn der Probe.

In der Zeit-Weg-Kurve kennzeichnet der Abschn. a bis o den freien Fall des Bären. Er ist ein Teil einer einfachen Parabel. Über den Abschn. o bis b wird die Probe gedehnt, der Hammer also verzögert. Da im vorliegenden Fall kein Bruch der Probe eintritt, wird von der als Feder wirkenden Probe der Hammer, der im Bereich o bis b seine

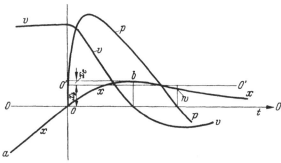

Abb. 48. Beispiel einer mit der Registriervorrichtung nach Plank (Abb. 47) aufgenommenen Zeit-Weg-Kurve des Fallbären und ihrer Auswertung.
x — x Zeit-Weg-Kurve; o — o Nullinie (bei aufgesetztem Fallbär) in der Ruhelage aufgezeichnet; o' — o' Nullinie nach Beendigung eines Vorversuchs (ohne Bruch der Probe).

Energie an die Probe abgegeben hat, von dieser nunmehr in umgekehrter Richtung beschleunigt. Es folgen nun Schwingungen, die in die Darstellung nicht mehr aufgenommen sind. Abb. 49 zeigt als weitere wesentliche Auswertung das Kraft-Weg-Diagramm eines Schlag-Zug-Versuchs, das aus der Beschleunigungskurve errechnet wurde.

Über Untersuchungen mit einem ähnlichen Verfahren, bei dem die verwendete Einrichtung gegenüber der vorstehend angeführten wesentliche Verbesserungen aufwies, berichteten F. Körber und H. A. von Storp[2]. Es wurde ein Pendelschlagwerk von 76 kgm Arbeitsinhalt verwendet. Die Fallhöhe betrug 0,827 m, das Hammergewicht 66,5 kg. Daraus errechnet sich die Schlagenergie zu rd. 55 kgm und die Auftreffgeschwindigkeit zu rd. 4 m/s.

[1] Forsch.-Arb. Ing.-Wesen (1913) Heft 213, S. 21.
[2] Mitt. K.-Wilh.-Inst. Eisenforsch. Bd. 7 (1925) S. 81.

Der Hammerweg wird nach Abb. 50 optisch auf einen Film aufgezeichnet, der auf einer rotierenden Trommel angebracht ist. Von einer Bogenlampe wird über einen Kondensator ein Lichtbündel senkrecht zur Bewegungsrichtung des Schlaghammers auf das Objektiv einer Kamera geworfen. An Stelle einer Kassette ist im hinteren Teil der Kamera eine rotierende Filmtrommel angeordnet. Der durch den Strahlengang schwingende Hammer trägt eine Fahne mit einer Blende von 0,1 mm Breite (in Bewegungsrichtung). Das Bild des Spaltes wird von der Optik auf den rotierenden Film abgebildet. Durch einen vor der Filmtrommel angeordneten senkrechten Schlitz wird eine annähernde punktförmige Ab-

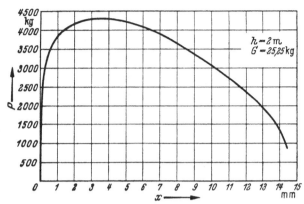

Abb. 49. Beispiel einer Auswertung als Kraft-Weg-Schaubild eines Schlag-Zug-Versuchs nach dem Verfahren von PLANK (s. Abb. 48 und 49).

bildung des Spaltes erreicht. Eine zusätzliche Zylinderlinse ermöglicht eine weitere wesentliche Erhöhung der Flächenhelligkeit. Durch eine elektromagnetische vom fallenden Hammer gesteuerte Verschlußeinrichtung wird eine unerwünschte Belichtung vermieden.

Bei einer Drehzahl der Trommel von 800 bis 1000/min betrug die Umfangsgeschwindigkeit rd. 7 bis 8 m/s. Die Geschwindigkeit wurde so gewählt, daß die

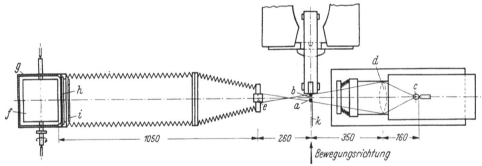

Abb. 50. Schema einer optischen Registriereinrichtung nach KÖRBER — v. STORP zur Aufnahme der Zeit-Weg-Kurve eines Pendelhammers.

a Blende; *b* senkrechter Spalt von 0,1 mm Breite in Blende *a*; *c* Bogenlampe; *d* Kondensor; *e* photographisches Objektiv; *f* Trommel mit lichtempfindlichem Papier; *g* lichtdichte Kassette; *h* Schlitz in der Mantellinie der Kassette; *i* Zylinderlinse; *k* Fahne aus schwarzem Papier.

mittlere Neigung der aufgenommenen Kurve etwa 45° betrug. Damit waren die günstigsten Voraussetzungen für die Auswertung gegeben. Der Hammerweg wurde etwa vierfach vergrößert auf der Trommel aufgezeichnet. Abb. 51 zeigt ein Beispiel für eine mit der beschriebenen Anordnung gewonnene Kurve. Die Nullinie *d*—*d* wurde bei abgelassenem Hammer (mit Probe) und kurzzeitiger Belichtung mit Umlaufen der Trommel aufgenommen. Bei *a* beginnt der Bruchvorgang und damit die Hammerverzögerung. In *b* ist der Bruch beendet. Dieser Punkt wurde dadurch bestimmt, daß an der gebrochenen Probe die bleibende

Dehnung bestimmt und in entsprechender Vergrößerung als senkrechter Abstand von *d—d* eingetragen wurde.

β) Direkte Aufzeichnung der Beschleunigung.

Hierzu können grundsätzlich alle handelsüblichen Beschleunigungsmesser verwendet werden, wenn sie für

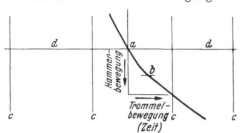

Abb. 51. Beispiel einer mit der Einrichtung nach Abb. 50
gewonnenen Aufzeichnung.

a Beginn des Zerreißvorgangs;   *b* Bruch der Probe;
c Umfangsmarkierungen auf der Trommel; *d—d* Nullinie.

die Messung der beim Schlagversuch auftretenden hohen Beschleunigungen (rd. 100 bis 200 · g) geeignet sind. Solche am (verzögerten) Energieträger anzubringenden Geräte bestehen im wesentlichen aus einer in einer seismischen Aufhängung geführten Masse, die unter dem Einfluß der auftretenden Beschleunigung dieser proportional aus ihrer Ruhelage relativ zum Gehäuse des Geräts ausgelenkt wird. Diese Auslenkung wird unmittelbar oder vergrößert auf einem Schreibgerät innerhalb des Meßgeräts registriert oder auch in elektrische Impulse umgewandelt, die an ruhenden Geräten vermessen werden können.

So wurde von H. Brinkmann[1] ein Beschleunigungsmesser mit eingebautem Piezoquarz verwendet. Er bestand aus einer topfförmig ausgebildeten Masse, die über einen Gummiring gegen die Flächen des Piezoquarz unter Vorspannung gehalten wurde. Die Masse übte auf die Piezoquarze einen der Beschleunigung proportionalen Druck aus, dessen Größe über einen Kathodenstrahloszillographen angezeigt wurde und photographisch festgehalten werden konnte. Zusätzliche Längseigenschwingungen des Bärkörpers störten jedoch die Aufzeichnungen soweit, daß eine exakte Auswertung unmöglich war. Mit dieser grundsätzlichen Schwierigkeit ist bei Anwendung derart empfindlicher Geräte bei Schlagversuchen immer zu rechnen.

5. Dehnungsmessungen.

Die Bestimmung der elastischen und plastischen Probendehnung bildet ein maßgebliches Kriterium für das Werkstoffverhalten, insbesondere für die Sprödigkeit und allenfalls vorhandene Formeinflüsse.

Erwünscht ist grundsätzlich die Kenntnis des Dehnungsverlaufs in Abhängigkeit von den auftretenden Kräften.

Kraft- und Dehnungsmessung sind bei manchen Versuchsanordnungen zwangsläufig miteinander gekoppelt.

a) Grenzdehnungsbestimmungen.

Nicht immer hat die Prüfung bei Schlag- und Stoßbeanspruchung den Bruch der Probe zum Ziel. Vielfach interessieren in höherem Maße die Zusammenhänge zwischen einzelnen Kenngrößen des Werkstoffs, die auch im statischen Versuch bestimmt werden, wie Streckgrenze, Elastizitätsgrenze usw.

Die zur Aufnahme dieser Kenngrößen erforderliche Meßgenauigkeit bedingt zwangsläufig einen entsprechenden Versuchsaufwand.

Allgemein wird bei der Bestimmung von Dehngrenzen mit wiederholter, jeweils stufenweise gesteigerter Schlagenergie gearbeitet und der Grenzwert

---

[1] Dr.-Ing.-Diss. T. H. Hannover 1933.

der Dehnung aufgenommen. Dabei ist nicht immer die Kenntnis des zeitlichen Verlaufs der Dehnung von maßgeblicher Bedeutung, als vielmehr die Möglichkeit, den auftretenden Größtwert genügend sicher zu erfassen. Unter günstigen Umständen kann eine sorgfältige direkte Beobachtung der Grenzwerte mit den bei statischen Dehnungs-messungen üblichen (mechanisch-optischen) Meßmitteln ausrei-chend sein.

α) Mechanisch-optische Meß-anordnungen. Von G. WELTER[1] wurde eine Versuchsanordnung beschrieben, die zur Ermittlung der beim Schlagversuch auf-tretenden Elastizitätsgrenze an-gewendet wurde.

Das für die Versuche ver-wendete Fallwerk in Sonderbau-art arbeitete mit einem Fall-bären von 5 kg bei 60 cm größter Fallhöhe (max. Schlagenergie 0,3 kgm). Die beiderseits mit Gewinde versehene Probe hatte im Prüfabschnitt einen Durch-messer von 8 mm. Das Fall-gewicht wurde zentrisch an einer in der Verlängerung der Proben-achse liegenden Rundstange ge-führt. Diese ist in der aus Abb. 52 ersichtlichen Weise über eine Feder mit 80 kg vor-gespannt. Das Fallgewicht trifft mit seiner oberhalb des Schwer-punkts angeordneten Prallfläche auf einen an der Führungsstange befestigten Anschlag. Der Schlag wird über die Führungsstange auf die Probe übertragen. Die

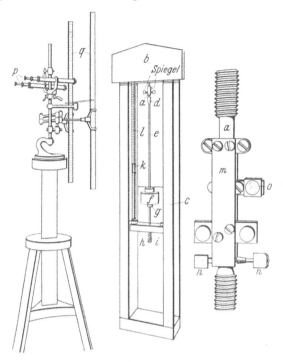

Abb. 52. Fallwerk und Meßanordnung nach WELTER zum Messen der Elastizitätsgrenze beim Schlag-Zug-Versuch.

a Probe; *b* oberes Querjoch des Fallwerkgestells; *c* Fall-werkgestell; *d* Muffe zur Verbindung von Probe und Füh-rungsstange *e*; *e* Führungsstange für das Fallgewicht; *f* Fall-gewicht; *g* Anschlag auf der Führungsstange *e*; *h* Mittelsteg des Gestells; *i* Schraubenfeder zur Vorspannung der Füh-rungsstange *e*; *k* Schleppzeiger; *l* cm-Teilung zum Messen der Fallhöhe und der Rückprallhöhe; *m* Meßfedern der MAR-TENSschen Spiegeldehnungsmeßgeräte; *n* Drehspiegel der MAR-TENSschen Spiegeldehnungsmeßgeräte; *o* Festspiegel; *p* Ab-lesefernrohre; *q* Maßstäbe zu den Ablesefernrohren.

Rücksprunghöhe des Fallgewichts wird von einem Schleppzeiger angezeigt.

Über besonders kräftig verspannte Meßfedern sind an der Probe 2 MARTENS-sche Spiegeldehnungsmesser angeordnet. Ferner ist noch ein fester Spiegel vorgesehen, der zur Kontrolle allenfalls auftretender räumlicher Verschiebungen der Probe dient.

Bei den Untersuchungen betrug die Vergrößerung 1000 : 1. Die (bleibende) Dehnung der Probe wurde in Abhängigkeit von der aufgewendeten Schlagarbeit aufgenommen. Durch Extrapolieren des so gewonnenen Kurvenzugs wurde die Schlagelastizitätsgrenze als die der bleibenden Dehnung Null zugeordnete Schlag-arbeit ermittelt.

Da von der Führungsstange ein Teil der Schlagarbeit elastisch aufgenommen wurde, mußte dieser durch einen Leerversuch (ohne zwischengeschaltete Probe) für sich gesondert bestimmt werden.

---

[1] Z. Metallkde. Bd. 16 (1924) S. 213.

Ähnliche Versuche wurden vom gleichen Verfasser auf einem Pendelschlag-werk durchgeführt. Die Versuchsanordnung zeigt Abb. 53. In diesem Falle wurde die Bewegung des Kippspiegels über einen Umkehrspiegel der Beobachtung durch Ablesefernrohre zugängig gemacht. Die Durchführung solcher Untersuchungen auf dem Pendelschlagwerk hat den Vorteil, daß die verbrauchte Schlagarbeit in einfacher Weise ermittelt werden kann.

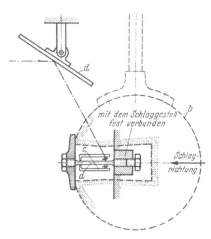

Abb. 53. Probenanordnung und Einrichtung zum Messen der Probendehnung (Bestimmung der Elastizitätsgrenze beim Schlag-Zug-Versuch) beim Pendelschlagwerk. (Nach Welter.)
a Probe; b Hammerscheibe des Pendelhammers; c Spiegel-Feindehnungsmeßgerät Bauart Martens; d Umlenkspiegel.

β) **Registrierende Meßanordnungen.** Derartige Anordnungen wurden bereits oben bei der Besprechung von Kraftmeß-einrichtungen besprochen, da Kraft- und Dehnungsmessungen vielfach mit ähnlichen Einrichtungen durchführbar sind.

Abb. 54 zeigt eine Anordnung, die von H. Deutler[1] mit einer von G. Mesmer entwickelten Meßeinrichtung verwendet wurde. Die Einrichtung dient gleichzeitig zur Kraft- und Dehnungsmessung.

Das Dynamometer besteht aus 2 gebogenen Blattfedern und ist am Amboß der Versuchseinrichtung befestigt. Die Probe von 4 mm Prüfdurchmesser bei 50 — 100 mm Prüflänge im Schaft (Federkonstante rd. 50000 bis 25000 kg/cm) ist beiderseits von Spannköpfen aufgenommen. Der eine Spannkopf ist mit der einen Blattfeder des Dynamometers verschraubt. Über den anderen Spannkopf wird die die Probe beanspruchende Schlagenergie aufgebracht.

Am dynamometerseitigen Spannkopf ist eine Linse fest angeordnet, welche die in der Richtung der Probenachse erfolgende Auslenkung des Dynamometers mitmacht. Eine aus optischen Gründen nahe bei der ersten angeordnete zweite Linse ist über Zwischenstücke mit dem anderen (krafteinleitenden) Spannkopf verbunden. Sie bewegt sich also relativ zum Spannkopf der Dynamometerseite (und zur zugehörigen Linse) um einen der Probendehnung entsprechenden Betrag. Jede der Linsen bildet einen besonderen Blendenspalt, der von einer Bogenlampe beleuchtet wird, auf dem Umfang einer mit lichtempfindlichem Film bespannten Registriertrommel ab. Die Seitenverschiebung der Linsen wird auf dem Film mit etwa 8 facher Vergrößerung aufgezeichnet (optischer Hebel). Die aus der Probendehnung herrührende Bewegung ist der aus dem Dynamometer herrührenden überlagert. Die wirkliche Probendehnung ist daher als Abstandsänderung beider Kurven zu entnehmen, wenn beide Kurven mit gleicher Vergrößerung aufgezeichnet werden.

Von einer elektrisch angeregten Stimmgabel wird eine Zeitmarkierung gegeben. Der für die Aufzeichnung der Probendehnung vorgesehene Blendenspalt wird von einer mit der Stimmgabel gekoppelten Steuerfahne im Takte der Stimmgabelfrequenz geöffnet und geschlossen, die Linie der Probendehnung also als unterbrochener Kurvenzug geschrieben.

γ) **Mechanisch-elektrische Dehnungsmessung und Registrierung.** Die Vorteile der elektrischen Registrierung, nämlich praktisch trägheitsfreie Anzeige

---

[1] Phys. Z. Bd. 33 (1932) S. 247.

über Oszillographen und die Möglichkeit, die Meßwerte auf elektrischem Wege stark zu vergrößern, lassen sich ausnutzen, wenn die Umsetzung der Proben-dehnung in elektrische Meßwerte über entsprechend ausgebildete Geber gelingt.

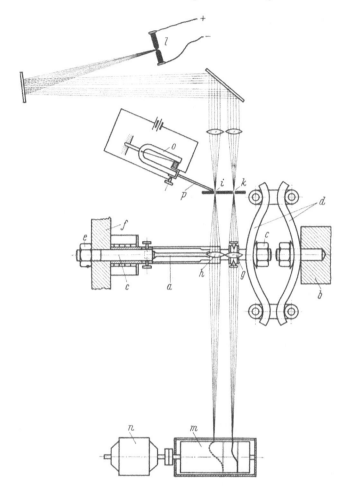

Abb. 54. Kombinierte Kraft- und Dehnungs-Meßeinrichtung nach MESSMER-DEUTLER auf optischer Grundlage. *a* Probe; *b* Amboß des Pendelschlagwerks; *c* Spannköpfe; *d* Federdynamometer, aus 2 gegeneinander ver-spannten Biegefedern aufgebaut; *f* Schlagtraverse; *g* und *h* Linsen; *i* und *k* Spaltblenden; *l* Lichtquelle (Bogen-lampe); *m* mit lichtempfindlichem Papier bespannte Registriertrommel; *n* Elektromotor zum Antrieb der Re-gistriertrommel; *o* elektromagnetisch erregte Stimmgabel; *p* Steuerfahne (an der Stimmgabel befestigt).

Durch die Probendehnung können Kapazitäten (Abstandsänderung von Kon-densatorplatten), Induktivitäten (Luftspaltänderung in einem magnetischen Kreis) und rein Ohmsche Widerstände geändert werden (vgl. aus Abschn. 4b β).

E. Ausgeführte Prüfeinrichtungen.

1. Vorbemerkung.

In diesem Abschnitt werden die ausgeführten Geräte gezeigt und beschrieben. Dabei können selbstverständlich nicht alle vorhandenen Bauarten behandelt werden, da es nicht der Sinn dieser Ausführungen sein kann, einen Katalog zu ersetzen. Es ist vielmehr in erster Linie angestrebt worden, die wichtigsten Ausführungsmöglichkeiten anzuführen, ihre konstruktiven Grundgedanken aufzuzeigen und darüber hinaus in gewissem Umfange eine Übersicht über das Vorhandene zu vermitteln. Dabei wurde in einigen Fällen nicht verschmäht, auch ältere Geräte, die sich unter Umständen nur noch vereinzelt anfinden, zu beschreiben. Dieses Vorgehen ist durch die Erfahrung gerechtfertigt, daß früher Geschaffenes, das sich im Gebrauch als gut oder mit Mängeln behaftet erwies, stets mit Vorteil als Grundlage einer folgerichtigen Entwicklung angesehen werden kann.

2. Geräte, bei denen der Schlagimpuls durch die Einwirkung gespeicherter, potentieller Energie zustande kommt.

a) Einwirkung der Erdbeschleunigung[1].

α) **Fallwerke.** αα) *Fallwerke mit einmaliger Beanspruchung der Probe.* Ein von A. Martens entworfenes, 1885 aufgestelltes und 1891 beschriebenes, sogenanntes „kleine Fallwerk" (Abb. 55) besaß, obschon es eine der ersten Anlagen dieser Art war, bereits die Hauptmerkmale der heutigen Einrichtungen. Es war ein Universal-Fallwerk für einmalige Beanspruchung und ermöglichte die Durchführung von Schlag-Druck- und Schlag-Biege-Versuchen. Eine Zusatzeinrichtung gestattete es auch Schlag-Zug-Versuche und Schlag-Ausbeulungs-Versuche vorzunehmen.

Das Fallwerk besaß kein geschlossenes Gestell. Der Fallbär *b* war vielmehr zwischen zwei gehobelten Eisenbahnschienen *d* von 5,08 m Länge geführt, die mit Befestigungsböcken *c* mit der Gebäudewand verbunden waren. Die größte ausnutzbare Fallhöhe betrug 4,5 m.

Nach Angabe von Martens konnten in dem Fallwerk „ganz gut" Bären bis zu einem Gewicht von 200 kg verwendet werden. Er selbst arbeitete bis zu seiner ersten Veröffentlichung über das Fallwerk mit Bären von rd. 36 bzw. 56 kg. Die Bären waren auswechselbar und zu diesem Zweck mit zwei eingedrehten Hälsen *j* versehen, deren zylindrischer Schaft in den zylindrischen Schaft des Hammerkörpers mit Kegelflächen übergeführt ist. An diesen Hälsen sind die Bären durch zweiteilige Querschellen *i* gefaßt, die nur an den Kegelflächen anliegen und gleichzeitig zur Führung des Bären dienen. Bei dieser Anordnung konnten die Bären ohne große Umstände von vorne ausgewechselt werden.

Der Fallbär war an dem Querhaupt *h* der Aufzugsvorrichtung über eine Sperrklinke *k* angehängt. Die Aufzugsvorrichtung bestand aus einem Windwerk *g* mit selbsthemmendem Schneckengetriebe und wurde von Hand betätigt.

Weil der Amboß *e* mit einem Gewicht von 1250 kg ausgeführt worden war, hielt man es zunächst für ausreichend, ihn durch sein Eigengewicht zu fixieren. Es zeigte sich aber, daß der Amboß nach einer Reihe von Schlägen seine Lage geändert hatte, so daß man schließlich dazu überging, ihn auf einem gesonderten Fundament *f* zu befestigen.

Eine seitlich an den Führungsschienen *d* angeordnete, in cm geteilte Meßlatte *m* diente zur Bestimmung der gewünschten Fallhöhe. Sie konnte in senkrechter Richtung verschoben werden; dadurch war es möglich, ihren Nullpunkt auf die Höhe der Probe oder ihrer Einspannvorrichtung einzustellen. Als Auslöseeinrichtung für die Sperrklinke war eine Zugkette *l* vorgesehen, deren Eigen-

---

[1] Martens, A.: Handbuch der Materialienkunde für den Maschinenbau. 2. Teil von E. Heyn, Berlin 1926. — Schulze-Vollhardt: Werkstoffprüfung für Maschinen- und Eisenbau, Berlin 1923.

gewicht durch eine unter dem Auslösehebel angreifende Feder ausgeglichen wurde. Als Reibungskraft zwischen den Führungslaschen des Bären und den Führungsschienen wurde etwa 0,5 bis 1,5 % des Bärgewichts angegeben.

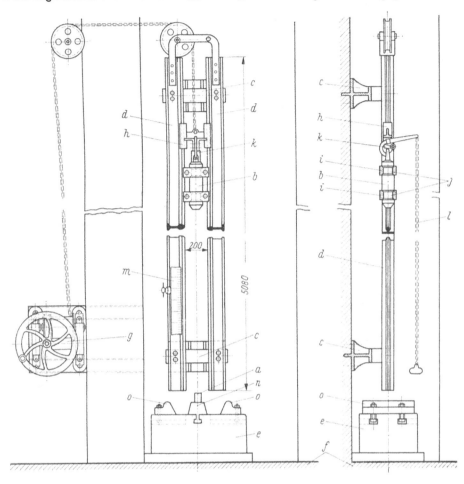

Abb. 55. Fallwerk nach MARTENS.

a Probe; *b* Fallbär; *c* Befestigung der Führungsschienen an der Gebäudewand; *d* Führungsschienen (gehobelte Eisenbahnschienen); *e* Amboß; *f* Betonfundament; *g* Windwerk mit selbsthemmendem Schneckentrieb; *h* Querhaupt der Aufzugsvorrichtung für den Bär; *i* geteilte Schellen zur Halterung und Führung des auswechselbaren Bären; *j* Hälse im Bär zur Aufnahme der Schellen *i*; *k* Sperrklinke zum Anhängen des Bärs; *l* Auslösevorrichtung für die Sperrklinke; *m* in der Höhe einstellbare Meßlatte; *n* Gegenlager für Schlag-Druck-Versuche; *o* einstellbare Auflager für Schlag-Biege-Versuche.

Während sich die grundsätzlichen Bauelemente des MARTENS-Schlagwerks im wesentlichen auch bei anderen Schlagwerken finden, ist die von A. MARTENS angegebene Einrichtung für Schlag-Zug-Versuche nicht vorbildlich und deshalb später verlassen worden. Sie sei hier trotzdem beschrieben, weil sie immerhin historisches Interesse beanspruchen kann. MARTENS bediente sich des bei statischen Versuchen bestens bewährten Rahmens zur Umlenkung der Kraft von einer oberen Angriffsstelle auf das untere Probenende (Abb. 56). Die Probe *a* mit einem Schaftdurchmesser von 20 mm wurde mit dem oberen Schulterkopf in die vorspringende Nase eines auf dem Amboß *e* festgeschraubten Stahlgußblocks *b* eingehängt. Ein in den Führungsschienen *d* gleitender, rahmenförmiger

Schlitten c, der die Probe und ihre obere Einspannung im Stahlgußblock umfängt, stützt sich auf den unteren Probenkopf ab. Der Bär schlägt auf die obere Endfläche des Schlittens. Diese Anordnung hat den Nachteil, daß ein schwierig zu erfassender Teil der Schlagenergie für die Beschleunigung der Schlittenmasse aufgebracht wird.

Das Fallwerk von B. Blount, W. G. Kirkeldy und H. R. Sankey[1] (Abb. 57) diente ausschließlich zur Durchführung von Schlag-Zug-Versuchen mit genauer Energiemessung. Es ist bemerkenswert wegen seiner großen Fallhöhe (max. 12 m entsprechend einer Auftreffgeschwindigkeit von rd. 15,4 m/s), seiner konstruktiven Ausführung und der Art der Energieermittlung. Zur Bestimmung der Restenergie

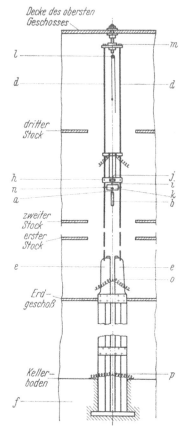

Abb. 57. Fallwerk nach Blount-Kirkaldy-Sankey.

a Probe; b Fallbär; d Führungsdrähte; e Grundgestell (Amboß); f Betonfundament; h Querjoch, auf d festgeklemmt; i Greifklaue; j Elektromagnet; k Querhaupt des Schlagkörpers, das beim Herabfallen auf e aufschlägt; l Umlenkrolle für Aufzugsleine; m oberes Querhaupt mit dem die Führungsdrähte d gespannt werden; n Sicherungsösen; o Amboßkontakt; p Fußkontakt.

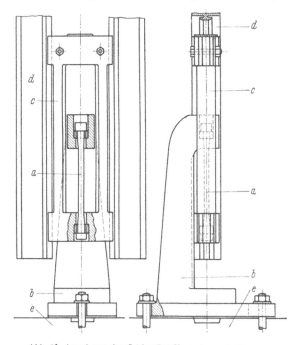

Abb. 56. Anordnung für Schlag-Zug-Versuche nach Martens.
a Probe; b Stahlgußblock; c Umführungsrahmen; d Führungsschienen; e Amboß.

nach dem Bruch der Probe wurde eine genaue Geschwindigkeitsmessung vorgenommen, auf die hier aber nicht näher eingegangen werden muß; sie ist bereits in Abschn. D 3 b β beschrieben.

Das Gewicht des Bären war zwischen 5 und 10 kg von 1 zu 1 kg regelbar, die größtmögliche Schlagarbeit betrug also etwa 120 kgm.

Das Fallwerk erstreckte sich vom Keller durch mehrere Stockwerke. Nur das Grundgestell, das in einem Betonfundament verankert war, war massiv ausgeführt. Es bestand aus zwei gußeisernen Ständern, die am Boden befestigt

[1] Engineering Bd. 89 (1910) S. 725.

und durch Querlaschen zu einem Rahmen verbunden waren, der den Amboß vertrat.

Ein festes Maschinengestell war im übrigen nicht vorhanden. Die Führungsschienen waren nämlich durch zwei straff gespannte, senkrecht ausgerichtete

Abb. 58. Einrichtung zum Erzeugen stoßartiger Beanspruchungen durch fallende Gewichte in der Bundesanstalt für Materialprüfung, Berlin-Dahlem.

a Probe; *b* Fallgewichte; *c* Gestell (Winkelstahl 70 × 70, rd. 4,3 m lang, am Boden und der Decke befestigt); *d* Führungsdrähte für *b*. die zwischen dem Konsol *e* und der Decke gespannt sind; *f* Schlitze in *b* zur Führung von *b* gegen *d*; *g* Auflager für die Probe; *h* Elektromagnet zum Anhängen von *b*; *i* höhenverstellbares Konsol zum Aufhängen von *h*.

Stahldrähte *d* ersetzt, die mit ihrem unteren Ende an den Amboßständern *e* und mit ihrem oberen Ende an einem Querhaupt *m* befestigt waren, das seinerseits an die Decke des obersten Geschosses angehängt war und an dem auch die Umlenkrolle *l* für die Aufzugsleine angeordnet war. Diese Anordnung eignete sich ausgezeichnet, um ohne großen Aufwand eine Einrichtung für Fallversuche schnell zu erstellen (von ihr wurde neuerdings im Rahmen einer Forschungsarbeit über das Stoßproblem mit bestem Erfolg für eine Fallhöhe von rd. 4 m der Bundesanstalt für Materialprüfung, Berlin-Dahlem, Gebrauch gemacht, s. Abb. 58).

Die Probe *a* ist mit dem oberen Ende in ein Querhaupt *k*, mit dem unteren Ende in den Bär *b* eingeschraubt. Alle drei Teile, Querhaupt, Probe und Bär hängen an der Greifklaue *i* eines Jochs *h*, das in der gewünschten Höhenlage an den Führungsdrähten *d* festgeklemmt ist. Die Greifklaue wird durch einen Elektromagneten *j* gehalten. Die Auslöseeinrichtung ist so gebaut, daß der Fallkörper sich beim Fall nicht dreht und keine seitliche Kraft erfährt. Der Fallkörper ist zwar aus Sicherheitsgründen mit 2 Drahtschleifen *n*, die mit großem Spiel um die Führungsdrähte *d* herumgreifen, versehen, fällt aber ungeführt völlig frei, bis das Querhaupt *k* auf die beiden oberen, horizontalen Flächen des Amboß *e* auftrifft.

Im Amboß und im Fuß sind zwei dünne „Kontaktdrähte" o und p angeordnet, die von dem Bär nach dem Bruch der Probe zerrissen werden und der Geschwindigkeitsmessung zur Bestimmung der Restenergie dienen.

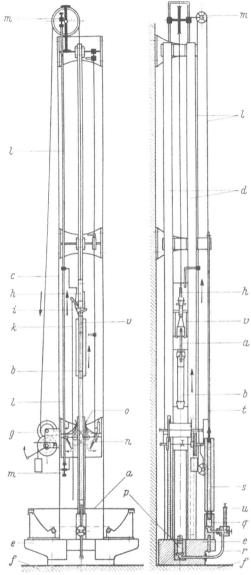

Das Universal-Fallwerk der Firma Amsler dient zur Durchführung von Schlag-Biege-Versuchen sowie von Schlag-Druck- und Schlag-Zug-Versuchen. Es wird in zwei Ausführungen, und zwar für größte Bärgewichte von 50 bzw. 100 kg entsprechend einer größten Schlagarbeit von rd. 200 bzw. 400 kgm geliefert. Beide Modelle ähneln sich stark. Wesentliche Unterscheidungsmerkmale sind nur das Bärgewicht und entsprechend das Amboßgewicht (750 bzw. 1250 kg), weshalb sie hier gemeinsam beschrieben werden.

Das Fallwerk besitzt (s. Abbildung 59) im Gegensatz zu dem von A. Martens angegebenen ein eigenes Gestell. Die Bauhöhe der Fallwerke beträgt rd. 5,8 m; die größte Fallhöhe, von der aber die Probenhöhe noch abzuziehen ist, liegt je nach der Bärgröße zwischen 3,70 und 4,25 m.

Die Fallhöhe wird durch ein über Leitrollen m laufendes, endloses Band l mit Zentimeterteilung gegenüber einem festen Zeiger, der sich in Augenhöhe befindet, gemessen. Das Band wird von dem Querhaupt h der Aufzugseinrichtung mitgenommen.

Die nach dem Durchschlagen der Probe im Bär vorhandene Restenergie wird mit einer hydraulischen Einrichtung gemessen, die in Abschn. D 3 a α bereits beschrieben ist, s. auch Abb. 34. In Abb. 59 ist die Konstruktion und in Abb. 60 die Ausführung gezeigt.

Zentrisch im Amboß e ist der Geberzylinder mit dem Geberkolben p und über eine Leitung r mit ihm verbunden, auf der Amboß-Vorderseite vor der vorderen Führungsschiene d_2 ein zweiter Zylinder q mit dem Schlagkolben an-

Abb. 59. Universal-Fallwerk Bauart Amsler (Schema).

a Probe; b Fallbär; c Gestell; d Führungsschienen; e Amboß; f Betonfundament; g Windwerk mit Sperrad und gewichtsbelasteter Bremse (Antrieb von Hand oder Elektromotor möglich); h Querhaupt der Aufzugsvorrichtung; i Sperrklinke zum Anhängen des Bärs; k Auslöseeinrichtung mit Zugleine; l endloses Meßband an h befestigt; m Leitrollen für das Meßband; n Hubvorrichtung für die Führungsschienen; o Sperrklinken zum Feststellen der Führungsschienen; p Geberkolben mit Zylinder des Energiemeßgeräts; q Schlagkolben mit Zylinder; r Verbindungsleitung; s Gegenbär; t Führungsstange mit Meßeinteilung; u Handpumpe; v Querhaupt für den Schlag-Zug-Versuch.

geordnet. Die Kolben sind in die Zylinder eingeschliffen. Die Ölfüllung der Zylinder und der Verbindungsleitung r kann durch eine festmontierte Handpumpe u ergänzt werden. Der Gegenbär s sitzt auf dem Schlagkolben auf und ist durch eine an der vorderen Führungsschiene befestigte, mit einer Teilung versehene Stange t geführt.

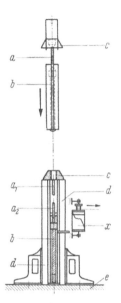

Abb. 61. Einrichtung für den Schlag-Zug-Versuch (Schema) zum Universal-Fallwerk Bauart Amsler.

Abb. 60. Unterer Teil des Universal-Fallwerks Bauart Amsler.

a Probe; b Fallbär; c Gestell; d_1 hintere und d_2 vordere Führungsschiene; e Amboß; g_1 Windwerk zum Hochziehen des Bären; g_2 gewichtsbelastete Seilbremse zum Ablassen des Querhauptes der Aufzugsvorrichtung; h Querhaupt der Aufzugsvorrichtung; k Abzugleine; l endloses Meßband; m untere Leitrolle für das Meßband; n Hubwerke für die Führungsschienen; p Kopfstück des Geberkolbens; r Verbindungsleitung; s Gegenbär; t Führungsstange für s; u Handpumpe; v Spannvorrichtung für die Probe.

a Probe; a_1 oberes und a_2 unteres Ende der zerrissenen Probe; b Fallbär für den Schlag-Zug-Versuch, der an das untere Probenende angeschraubt wird; c Querhaupt, in das obere Probenkopf eingeschraubt ist und das an die Klinke des Querhaupts der Aufzugsvorrichtung angehängt wird; d Ständer, der auf dem Amboß befestigt wird und der das Querhaupt c abfängt; e Amboß; x Schreibwerk.

Die Restenergie, mit welcher der Bär auf den Geberkolben auftrifft, wird durch das Öl auf den Schlagkolben übertragen, der den Gegenbär hochschleudert. Die Steighöhe des Gegenbärs wird durch einen Schleppzeiger auf der Führungsstange angezeigt.

Für die Schlag-Zug-Versuche ist eine Anordnung gewählt, die sich auch bei anderen Schlagwerken findet, und deren Grundprinzip auch bei den Pendelschlagwerken angewendet wird. Abb. 61 zeigt die Konstruktion, Abb. 62 die Ausführung.

Die Anordnung vermeidet die Nachteile der von A. MARTENS gewählten Einrichtung. Die Probe a ist mit ihrem oberen Ende in einem Querhaupt c befestigt, das in den Führungsschienen gleitet und an der Sperrklinke des Querhauptes der Aufzugvorrichtung hängt. An dem unteren Ende der Probe ist ohne Führung gegenüber dem Gestell der Bär b befestigt. Wird die Klinke über die Zugleine k ausgelöst, so schlägt das Querhaupt beim Herabfallen auf die oberen Endflächen eines mit dem Amboß e verschraubten Ständers d und wird so schlagartig gebremst. Der Bär versucht seinen freien Fall fortzusetzen, wird aber von Querhaupt und Probe daran gehindert. Seine kinetische Energie wird auf dem Dehnungs- bzw. Zerreißweg der Probe ganz oder z. T. in Schlagarbeit umgesetzt und dehnt oder zerreißt die Probe.

In Abb. 61 ist oben das Querhaupt mit dem über die Probe angehängten Bär dargestellt. Unten ist der Ständer gezeichnet, auf dessen oberem Ende das Querhaupt mit dem einen Teil der zerrissenen Probe zu erkennen ist. Der Bär mit dem anderen Probenteil ruht darunter auf dem Geberkolben des Energiemeßgeräts.

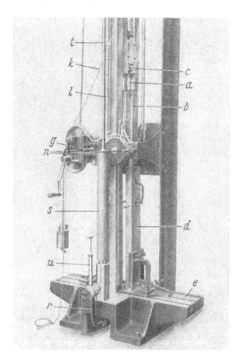

Abb. 62. Einrichtung für den Schlag-Zug-Versuch (Ansicht) zum Universal-Fallwerk, Bauart Amsler.

a Probe; *b* Fallbär; *c* Querhaupt, das in das obere Stabende eingeschraubt wird; *d* Ständer; *e* Amboß; *g* Windwerk; *k* Zugleine; *l* Meßband; *n* Schienenhubvorrichtung; *r* Verbindungsleitung; *s* Gegenbär; *t* Führungsstange; *u* Handpumpe.

Im Gegensatz zu dem vorstehend beschriebenen dient das von A. Kretschmer konstruierte Fallwerk nicht der mechanischen Materialprüfung, obschon es auch auf diesem Gebiet verwendbar ist. Es wird vielmehr dazu benutzt, in einem Kompressionsgerät bei annähernd adiabatischer Verdichtung gasförmiger Medien kurzzeitig hohe Temperaturen zu erzeugen. Die Schlagarbeit des Fallbärs, der 100 kg wiegt und aus einer Höhe von maximal 2 m herabfallen kann, verdichtet dabei den Zylinderinhalt des Kompressionsgeräts.

Abb. 63 zeigt ein Schema des Fallwerks, dessen Gestell aus einem Rohr von etwa 300 mm Durchmesser und 3,5 m Länge besteht. Das Kompressionsgerät *a* kann durch einen Ausschnitt im unteren Teil des Rohrs in dieses hinein- und unter den Fallbär geschoben werden. Das Rohr trägt am oberen Ende das Hubwerk für den Fallbär, es dient zu dessen Führung und umschließt die Bedienungs- und Steuerelemente.

Im einzelnen funktioniert es wie folgt: Der an der mechanischen Kupplung *b* hängende Bär *c* wird über das Seil *d* und das Getriebe *e* von dem Motor *f* bis zur gewünschten Fallhöhe *H* angehoben. Der federnde Verriegelungsbolzen *g* rastet dabei in der Zahnteilung *h* der Steuerwelle *i* ein. Soll der Versuch beginnen, so wird zunächst der Hebel *j* horizontal aus der Stellung I in die Stellung II geschwenkt, wodurch der Verriegelungsbolzen *g* außer Eingriff kommt und nun an dem glatten Teil der Steuerwelle *i* anliegt, an dem er später beim Fall ohne wesentliche Hemmung herabgleiten kann. Durch einen kräftigen Zug am Handgriff *k* wird über das Auslöseseil *l* die Kupplung *b* entriegelt und der Bär fällt, wobei er im Rohrgestell *m* geführt wird. Die über der Steuerwelle *i* gleitende Aussparung des Bärs verhindert, daß er sich dreht. Unmittelbar, bevor er auf *a* auftrifft, drückt er den Hebel *n* nach unten und löst so die Fixierung *o* der Steuersäule, die durch die Drehfeder *p* wieder in die Stellung I zurückgedreht wird.

Das durch die Wucht des Schlags im Zylinder der Vorrichtung *a* komprimierte Gas wirft den Fallbär nach dem Schlag wieder nach oben. Dabei ratscht der Verriegelungsbolzen g wie beim ersten Hochziehen über die Zahnteilung der Steuerwelle i. Nahe dem oberen Totpunkt schnappt der Verriegelungsbolzen ein und verhindert so, daß der Bär ein zweites Mal herabfällt.

Die motorisch abgesenkte Kupplung klinkt automatisch an dem Bär ein, der nun erneut in seine Ausgangsstellung gebracht werden kann. Soll er zu diesem Zweck gesenkt werden, so muß vorher der Hebel j in die Stellung II gebracht werden.

Die Behandlung der Fallwerke kann nicht abgeschlossen werden, ohne daß noch auf die von H. BRINK-MANN[1] entwickelte, in Abb. 64 im Schema gezeigte Zusatzeinrichtung für Fallwerke erwähnt wird, welche die Durchführung von Schlag-Zug-Versuchen ermöglicht. Sie arbeitet grundsätzlich anders als die auf S. 126 und S. 129 beschriebenen Anordnungen von A. MARTENS und der Firma Amsler.

Außerhalb der Fallwerkachse ist auf dem Amboß e ein Bock d aufgestellt, in dem über einen Rahmen g die Probe a aufgehängt ist. Am unteren Ende der Probe greift ein im Bock d auf der Achse f drehbar gelegter Hebel c an, dessen Drehpunkt f auf der einen Seite und dessen freies Ende auf der anderen Seite der Probenachse liegt. Der Bär b des Fallwerks trifft im Niedergehen dieses freie Ende und zerreißt die Probe.

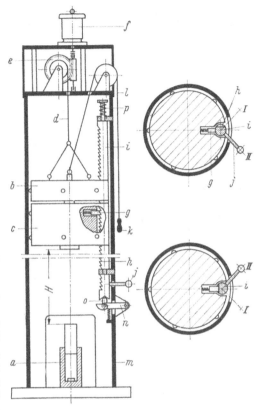

Abb. 63. 200 kgm-Fallwerk nach KRETSCHMER, Bauart BAM Berlin-Dahlem.

a Kompressionsgerät; b Kupplung; c Fallbär; d Trag- und Aufzugsseil für b; e Aufzugsgetriebe; f Aufzugsmotor; g federnde Sperrklinke; h Zahnteilung; i Steuerwelle; j Stellhebel für i; k Handgriff; l Seil der Auslöseeinrichtung; m Rohrgestell; n Hebel; o Fixierung der Steuersäule; p Verdrehfeder.

Die Probe ist mit ihrem oberen Kopf an dem Rahmen g befestigt. Dieser wieder stützt sich über eine Kugel h auf eine nach dem piezoelektrischen Prinzip arbeitende Kraftmeßdose i ab. Einzelheiten über den Aufbau dieses Kraftmeßgebers und seine Anordnung innerhalb der gesamten Meßeinrichtung sind in Abschn. D 4a ε, Abb. 40 und 41, bereits beschrieben.

Dem augenfälligen Nachteil dieser Einrichtung, daß der Hebel auf Kosten der verfügbaren Schlagenergie beschleunigt werden muß, wurde dadurch entgegengewirkt, daß dieser Hebel c und der Rahmen g aus Elektron gefertigt sind. Der Vorteil der Anordnung liegt darin, daß die Kraftmeßeinrichtung nicht in Bewegung und dadurch die Zu- und Ableitung der Meßströme erleichtert ist.

Bei den Versuchen wurde die Schlagenergie so groß gewählt, daß der Zugversuch mit erheblichem Energieüberschuß vor sich ging. Die Restenergie wurde durch Zusammenstauchen eines Plastilinklumpens j vernichtet.

---

[1] Diss. T. H. Hannover 1933.

αβ) Fallwerke mit wiederholter Beanspruchung der Probe. Obschon es kaum mehr als historisches Interesse beanspruchen kann, sei das Dauerschlagwerk von J. H. Smith und F. V. Warnock[1] (Abb. 65) als erstes beschrieben, weil es eine Bauart repräsentiert, bei der sehr hohe Schlagarbeiten je Einzelschlag aufgebracht werden können.

Das Schlagwerk arbeitete nach folgendem Prinzip: Die Probe *a* ist für Schlag-Zug-Versuche mit ihrem oberen Ende in einem Fallkörper *b* befestigt. Unten an der Probe hängt der Bär *c*. Der Fallkörper schlägt im Niedergehen auf die Prellflächen *d* auf, wodurch sein Fall plötzlich unterbrochen wird, und die Beanspruchung der Probe zustande kommt. Soweit unterscheidet sich das Fallwerk im Prinzip nicht von anderen Bauarten. Bemerkenswerter ist schon die Art, in der die ständige Wiederholung der Beanspruchung erzeugt wird. Ein zwischen den Führungsstangen *g* des Gestells auf- und abgehender Kreuzkopf *e* faßt dabei automatisch mit einem Greifer *f* den Fallkörper in der tiefsten Lage und läßt ihn in der höchsten Lage wieder fallen. Der Kreuzkopf ist mit den Führungsstangen *h* gegenüber dem Gestell des Schlagwerks zentriert.

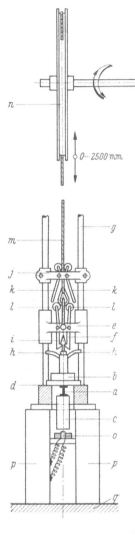

Abb. 65. Dauerschlagwerk nach Smith-Warnock.

a Probe; *b* Fallkörper mit oberer Einspannung; *c* Bär; *d* Prellflächen; *e* Kreuzkopf; *f* Greifer; *g* Führungsstangen des Gestells; *h* Querarme zur Führung von *b*; *i* Formstück; *j* verstellbares Querhaupt; *k* Führungsschienen; *l* obere Enden von *f*; *m* Drahtseil; *n* Drahtseil, das *e* trägt; *o* Ausschalter; *p* Amboß; *q* Fundament.

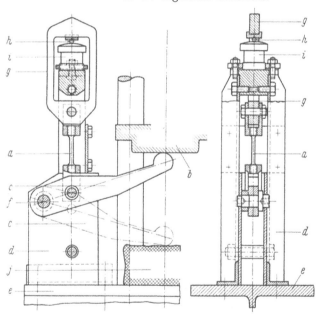

Abb. 64. Anordnung für Schlag-Zug-Versuche in Fallwerken nach Brinkmann. *a* Probe; *b* Fallbär; *c* Schlaghebel; *d* Bock; *e* Amboß; *f* Drehachse für den Hebel *c*; *g* Rahmen zum Übertragen der Schlagkraft vom oberen Probenende auf die Kraftmeßdose; *h* Kugel, über die sich der Rahmen abstützt; *i* piezoelektrische Kraftmeßdose; *j* Plastilinklotz zum Vernichten der Restenergie.

Der Fallkörper *b* ist mit zwei außen offenen Querarmen ebenfalls im Gestell geführt. Er trägt an seinem oberen Ende ein gehärtetes nach oben keilförmig

[1] Mailänder, R.: Stahl u. Eisen, Bd. 48 (1928) S. 110.

angeschärftes Formstück i, das mit seiner Schneide die Greifer des sich absetzenden Kreuzkopfs auseinanderdrängt, die dann beim Herabgleiten hinter der Schulter des Formstücks i zuschnappen.

Zum Öffnen der Greifer dienen zwei an einem in der Höhe sachdienlich verstellbaren Querhaupt j angebrachte, nach unten offene Führungsschienen k, in die die oberen Enden l der Greiferhebel hineinlaufen und durch die sie, je höher der Kreuzkopf ansteigt, immer mehr und schließlich so stark zusammengedrückt werden, daß dadurch die unteren Enden der Greiferhebel sich ausreichend öffnen und den Fallkörper freigeben.

Die Bewegung des Kreuzkopfs kommt durch einen Gleichstromregelmotor ($N = 2$ PS; $n = 1000$/min) über einen Kurbeltrieb, einen Schneckentrieb (1 : 25) und ein Scheibenvorgelege wie folgt zustande: Der Kreuzkopf hängt an einem Ende eines Drahtseils m, das mit dem anderen Ende auf der Scheibe n des Vorgelegs befestigt ist. An einer zweiten Scheibe (in Abb. 65 nicht gezeichnet) greift ein Verbindungsdraht-

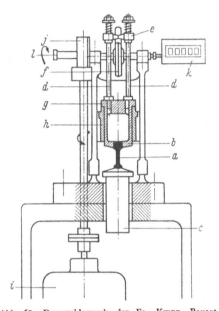

Abb. 67. Dauerschlagwerk der Fa. Krupp, Bauart Mohr & Federhaff.

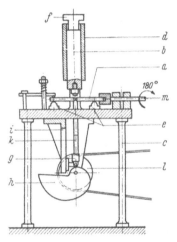

Abb. 66. Dauerschlagwerk nach Stanton.

a Rundprobe; b Bär; c Gestell; d Bärführung; e Probenauflage; f Querjoch, das den Bär trägt; g untere Traverse; h Kurvenscheibe; i Führung für g; k Seitenstangen zum Verbinden von f mit g; l Antriebsscheibe; m Wendevorrichtung für die Probe.

a Probe für den Schlag-Zug-Versuch; b Führungsstück; c Bär; d Aufhängestangen für b; e Traverse; f Kurvenscheibe; g Prellbund von b; h ortsfeste Führungsbuchse; i Antriebsmotor; j Schneckentrieb; k Zählwerk; l Antrieb für das Schaltwerk beim Schlag-Biege-Versuch.

seil zu dem verstellbaren Kurbeltrieb an, der über die Schnecke angetrieben wird. So kommt eine hin- und herdrehende Drehbewegung der Vorgelegescheibe n zustande, und der Kreuzkopf hebt und senkt sich nach einem Sinusgesetz.

Bei der Arbeit zeigte sich, daß besonders große Fehler entstehen, wenn der Fallkörper b schief auf die Prellflächen d des Amboß auftrifft. Stark anwachsende Arbeitsverluste wurden gefunden, wenn die Größe der Prellflächen unter einen bestimmten Wert sank.

Das bereits 1906 von E. Stanton[1] entwickelte Schlagwerk (Abb. 66) diente zur Durchführung von Schlag-Biege- und -Druck-Versuchen mit ständig wiederholter Beanspruchung (Schlagzahl 45/min). Die Konstruktion ist wohl die erste,

---

[1] Engineering Bd. 82 (1906) S. 33; Stahl u. Eisen Bd. 26 (1906) S. 1217. — E. Stanton u. L. Bairstow: Engineering, Bd. 86 (1908) S. 731.

bei der ein Fallbär durch einen Nocken angehoben wird. Es kann also mit Recht als Vorläufer des Dauerschlagwerks der Fa. Krupp angesehen werden. Bei diesem Gerät traf der Bär b die nach jedem Schlag um 180° um ihre Längsachse gedrehte Probe an der Stelle einer Eindrehung. Er glitt beim Auf- und Niedergehen in einer Führung d und hing an der oberen Traverse f eines Rahmens, dessen untere Traverse g mit einer Rolle auf einer Kurvenscheibe h läuft. Diese hob Rahmen und Bär an, um sie aus der höchsten Lage plötzlich fallen zu lassen. Eine zusätzliche Führung i der unteren Rahmentraverse sorgte dafür, daß die von der Kurvenscheibe ausgeübten Querkräfte keine Verklemmung des Bären herbeiführen konnten.

Die Schlaghöhe wurde dadurch geregelt, daß die untere Traverse auf den Seitenstangen k des Rahmens verschoben und dadurch die Höhe des Rahmens, d. h. die Höhe des oberen Bärendes über der Kurvenscheibe und damit auch über der Probe geändert wurde.

Ein von der Fa. Krupp entwickeltes Schlagwerk wird seit 1910 serienmäßig hergestellt. Es weist die gleichen Grundelemente auf wie das von E. Stanton, ist aber gegenüber diesem in mancher Hinsicht verbessert.

Abb. 67 zeigt die Bauart der Fa. Mohr & Federhaff[1] in der Anordnung für Schlag-Zug-Versuche. Die Probe a ist mit ihrem oberen Ende in ein topfförmiges Führungsstück b eingeschraubt. An ihrem unteren Ende ist der freihängende Bär c befestigt. Der Bär wiegt etwa 4,2 kg; die Fallhöhe beträgt etwa 30 mm, die Schlagzahl rd. 85/min.

Das Führungsstück b wird über 2 Stangen d, die oben mit einer Traverse e verbunden sind, durch eine an dieser über eine Rolle angreifende Kurvenscheibe f abwechselnd angehoben und frei fallen gelassen. Der Fallweg wird dadurch begrenzt, daß das Führungstück mit seinem oberen Bund g auf die am Gestell befestigte Führung h aufprallt. Die durch diese plötzliche Verzögerung frei werdenden Trägheitskräfte der Bärmasse beanspruchen die Probe a schlagartig auf Zug.

Sollen Schlagbiegeversuche durchgeführt werden, so wird das Führungsstück herausgenommen und statt seiner der Bär unmittelbar an die Stangen angehängt.

Durch ein vom Hauptantrieb bei l abgezweigtes Schaltgetriebe wird die Probe beim Schlag-Biege-Versuch nach jedem Schlag wahlweise um 180° oder um 14,4° um ihre Längsachse gedreht.

Das Schlagwerk wird durch einen senkrecht angeordneten Motor über einen Schneckentrieb j angetrieben. Das Zählwerk k zeigt laufend die Zahl der auf die Probe aufgebrachten Schläge (Lastspiele) an.

Abb. 68 zeigt die von der Fa. Losenhausen, Düsseldorf, entwickelte Variante des Kruppschen Dauerschlagwerks. Sie kehrt wieder zu der schon von E. Stanton gewählten Anordnung

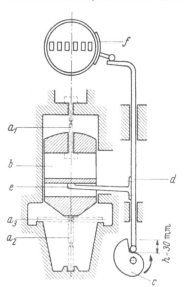

Abb. 68. Dauerschlagwerk der Fa. Krupp, Bauart Losenhausenwerk.

a Probe (a_1 für den Zugversuch, a_2 für den Druckversuch, a_3 für die Biegeversuche eingebaut); b Bär; c Kurvenscheibe; d Stößel; e Mitnehmer; f Zählwerk.

der Kurvenscheibe im Fuß des Schlagwerks zurück, vermeidet jedoch den Umführungsrahmen. Die seitlich befindliche Kurvenscheibe c überträgt über

[1] Mohr, E.: VDI-Z. Bd. 67 (1923) S. 76, S. 101 u. S. 337.

eine Mitnehmerstange e die Hub-Bewegung von 30 mm auf den Bär b, dessen Masse durch Zusatzgewichte geändert werden kann. Die Hubzahl liegt bei diesem Schlagwerk zwischen 80 und 100/min, also schon etwas höher als bei den früheren Dauerschlagwerken.

Besonders elegant ist bei dieser Bauart die Probenaufnahme gelöst. Die im oberen Teil des Gestells angeordnete Einspannung dient für Schlag-Zug-Versuche, die untere für Schlag-Druck-Versuche, und mit Hilfe zweier Auflager kann die quergelegte Probe einer Schlagbiegebeanspruchung ausgesetzt werden. In der Abbildung sind alle 3 Probenarten gestrichelt in das Schema eingezeichnet.

Das in Abb. 69 dargestellte Schlagwerk nach A. THUM und W. STÄDEL[1], Bauart MPA Darmstadt, ist insofern eine Weiterentwicklung der Kruppschen Anordnung, als es mit der wesentlich höheren Schlagzahl von 320/min bis 380/min

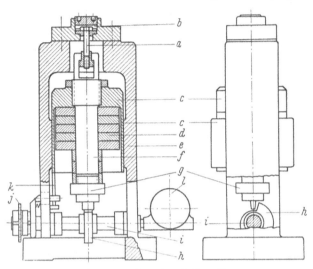

Abb. 69. Dauerschlagwerk nach THUM-STÄDEL.

a Probe; b spielfreie Einspannung der Proben im Gestell; c glockenförmig ausgebildeter Bär; d auswechselbare Hartbleigewichte; e Führung des Bärs im Gestell; f Bärstempel; g einstellbares Ende von f; h auswechselbare Kurvenscheibe; i Antriebswelle; j Kettenrad des Antriebs mit ausrückbarer Kupplung; k Stellschraube mit Hebel zum Ausrücken der Kupplung; l Zählwerk.

arbeitet und mit einem zwischen 6 und 20 kg, also in weiten Grenzen, veränderlichen Schlaggewicht ausgerüstet ist.

Mit Rücksicht auf die großen zu bewegenden Massen ist durch die Ausbildung des Bärs c als Glocke mit großem Durchmesser für eine gute, verkantungsfreie Führung gegenüber dem Gestell gesorgt. Die auf einer sehr solide ausgeführten Antriebswelle i sitzende, auswechselbare Kurvenscheibe h greift zentrisch unter dem Bär an. Das Gewicht des Bärs wird durch Hartbleiplatten d verändert, die im Inneren der Glocke festgeschraubt werden können. Mit Rücksicht auf die hohe Schlagzahl ist der größte Weg auf 10 mm beschränkt, für besonders kleine Schlagarbeiten kann er durch Auswechseln der Kurvenscheibe auf 5 oder 2 mm reduziert werden.

Die Probe a wird oben im Maschinengestell über einen Schraubstopfen b spielfrei eingespannt. Die Schlagenergie wird über eine Hammerkopfmutter vom oberen Ende des Bärs auf das untere Probenende übertragen. Damit verschieden lange Proben untersucht werden können, können im Gestellkopf verschieden dicke Unterlagen eingebaut werden.

---

[1] STÄDEL, W.: Dauerfestigkeit von Schrauben, Berlin 1933.

Im Gegensatz zu dem Kruppschen Schlagwerk wird das Schlagwerk von
A. Thum und W. Städel nicht direkt, sondern über einen Kettentrieb j und eine
Kupplung angetrieben, die
beim Bruch der Probe
automatisch ausgerückt
wird. Die Zahl der bis zu
diesem Zeitpunkt aufge-
brachten Schläge wird an
einem Zählwerk l ab-
gelesen.

Das Dauerschlagwerk
von A. Thum und E. De-
bus[1], Bauart MPA Darm-
stadt, ist zwar im wesentlichen ähnlich konstruiert
wie das Schlagwerk von
A. Thum und W. Städel,
ist aber für wesentlich
größere Schlagarbeiten
gebaut. Dafür beträgt die
Schlagzahl jedoch nur
210/min. Es sind 2 Hämmer —
Mindestgewicht 7 kg bzw.
Höchstgewicht 80 kg —
vorgesehen. Der Hub ist
konstant 10 mm. Die
Schlagarbeit wird wie bei
dem Dauerschlagwerk von
A. Thum und W. Städel
durch Hartbleieinsätze
variiert. Das Grundsätz-
liche des Aufbaus ist aus
Abb. 70 ersichtlich, die für
sich spricht.

Der Fortschritt gegen-
über den vorher beschrie-
benen Dauerschlagwerken
ist in zwei Richtungen zu sehen.
Das sind: Eine Einrichtung zum
Erzeugen einer ruhenden Vorspannung in der Probe und eine Anordnung zum Messen der durch
den Schlag erzeugten Kraft nach
ihrer Größe und ihrem zeitlichen
Verlauf.

Abb. 71 zeigt das Schema der
sehr einfach aufgebauten Vorspanneinrichtung, welche die Vorspannkraft durch eine weiche Feder er-

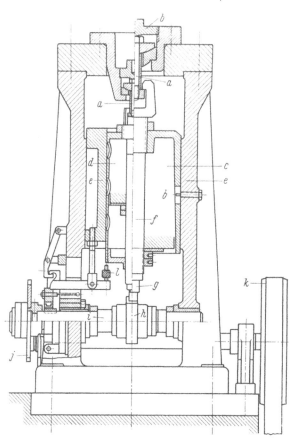

Abb. 70. Dauerschlagwerk nach Thum-Debus.

a Probe; *b* Einspannung von *a*; *c* schwerer Hammer; *d* leichter
Hammer; *e* Hammerführungen im Gestell; *f* Hammerstempel; *g* ein-
stellbares unteres Ende von *f*; *h* Kurvenscheibe; *i* Antriebswelle *j*;
Kettenrad zum Antrieb des Zählwerks mit ausrückbarer Kupplung;
k Antriebsscheibe; *l* Stellschraube mit Hebel zum Ausrücken der
Kupplung für das Zählwerk.

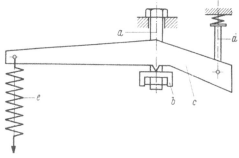

Abb. 71. Vorspanneinrichtung zum Dauerschlagwerk nach
Abb. 70.

a Probe; *b* Mutter, die in den Kopf des Hammers eingesetzt ist und die Schlagenergie überträgt; *c* Vorspann-
hebel; *d* federndes Lager von *c*; *e* weiche Vorspannfeder.

[1] Vorspannung u. Dauerhaltbarkeit
von Schraubenverbindungen, Berlin 1936.

zeugt und durch einen Hebel mit Schneide auf das untere Probenende, auf das auch die Schlagkraft wirkt, überträgt. Bemerkenswert ist, daß
das Lager des Hebels gegenüber dem Gestell federnd abgefangen ist, damit es
keine unzulässig hohe Schlagbeanspruchung erfährt.

Bei dem Schlagkraftmeßgerät wird die Längenänderung eines Druckkörpers
zur Änderung der Kapazität eines Meßkondensators benutzt. Dabei wird die
Abstimmung zweier miteinander gekoppelter elektrischer Schwingungskreise so
geändert, daß einer geringen Kapazitätsänderung des Meßkondensators eine
große Änderung des über einen Oszillographen registrierten Meßstroms entspricht. Näheres über Aufbau und Schaltung s. Abschn. D 4 a ε, Abb. 42 bis 44.

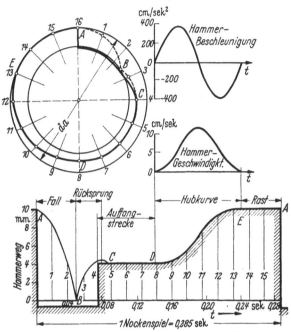

Abb. 72. Konstruktion der Form der Kurvenscheibe zum Dauerschlagwerk nach Abb. 70.

Ein Problem, nämlich das der Festlegung der Kurvenform, ist bei allen
schneller laufenden Schlagwerken von Bedeutung, die durch eine Kurvenscheibe
angetrieben werden. Bei dem Dauerschlagwerk von A. Thum und W. Debus ist es
eingehend behandelt. Dabei geht es vor allem darum, unerwünschte Zusatzbeanspruchungen auszuschalten, die dadurch entstehen, daß der Hammer die
Probe nach dem Zurückspringen vor dem nächsten regulären Schlag noch einmal
trifft. Die aus dieser Forderung entwickelte Kurvenscheibenkonstruktion
zeigt Abb. 72. Als Abszisse ist die Zeit, als Ordinate der Hammerweg und die
Lage der Nockenbegrenzung zum Grundkreis gezeichnet. AB ist der Fallweg
des Hammers. Die Kurvenscheibe fällt von A aus radial bis unter den Grundkreis ab und verläuft dort parallel zu diesem, so daß der Hammer bei B von
der Probe aufgefangen wird. Von dort wird er von der elastischen Restenergie
wieder zurückgeschleudert, und, möglichst kurz hinter seinem Kulminations-
punkt, also nahezu bei der Geschwindigkeit Null, von der inzwischen wieder
über den Grundkreis erhöhten Kurvenscheibe bei C aufgenommen. Um möglicherweise nun noch auftretende kleine Sprünge abklingen zu lassen, läuft die
Kurve bis D parallel zum Grundkreis und erhebt sich dann in einer Sinuskurve
bis E, um von dort schließlich bis zum erneuten Abfallen von A noch einmal

parallel zum Grundkreis geführt zu werden, damit der Bär vor dem Fallen vollständig zur Ruhe kommt.

Da die Rücksprunghöhe von der Beschaffenheit der Probe abhängt, empfiehlt es sich, mehrere Kurven zum Austausch bereitzuhalten. E. Debus kam bei seinen Versuchen mit 5 Kurven aus. Wegen des mit diesen Kurven erreichten ruhigen Maschinenlaufs konnte selbst nach 2jähriger Betriebsdauer kein Verschleiß der Kurvenscheiben festgestellt werden.

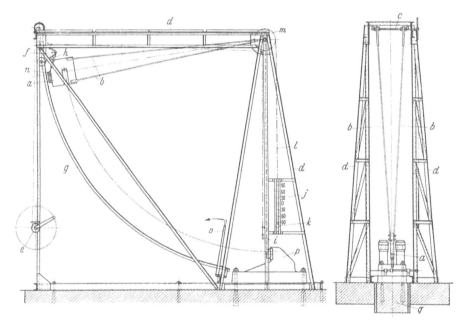

Abb. 73. Älteres 250 kgm-Charpy-Pendelschlagwerk.

a Hammerkörper; b Pendelarmrohre; c Pendelachse; d Schlagwerksgerüst; e Handwinde; f Hubwagen; g Hubbahn; h Auslöseeinrichtung; i Schnurzug zu h; j Hubhöhenskale; k Gleitzeiger; l Drahtzug zu k; m Schnurscheibe zu l; n Stahlbürste; o Bremshebel; p Amboß; q Amboßfundament.

β) **Pendelschlagwerke.** βα) *Bauarten für große Schlagarbeit.* Abb. 73 zeigt die ältere Bauart eines Charpy-Pendelschlagwerks für 250 kgm. Das Schlagwerk ist in gleicher Bauart auch für 75 und 10 kgm Schlagarbeit gebaut worden. Für das Pendelgewicht G und die Schlaghöhe H wurden folgende Werte gewählt:

	Pendelgewicht	Schlaghöhe
250 kgm-Schlagwerk:	85,0 kg	2,94 m
75 kgm-Schlagwerk:	33,0 kg	2,28 m
10 kgm-Schlagwerk:	8,2 kg	1,22 m

Der Hammerkörper a besteht aus einer flachen Stahlscheibe. Er ist an 4 Stahlrohren b befestigt, die den Pendelarm bilden. Die Pendelachse c ist mit Kugellagern in dem aus Profileisen aufgebauten Gerüst d gelagert. Der schwere Amboß p ist auf einem eigenen Betonfundament q gesondert vom Gestell untergebracht.

Der Hammer a wird durch Betätigung einer Handwinde e mit Hilfe eines Wagens f, der auf einer kreisbogenförmigen Bahn g läuft und die Auslöseeinrichtung h trägt, in die Ausgangsstellung gebracht. Durch einen Schnurzug i kann er ausgelöst werden. Die augenblickliche Stellung des Hammers wird durch einen auf einer geraden Skale j leicht gleitenden, gewichtsbelasteten Schieber k

angezeigt; dieser nimmt einen Schleppzeiger mit, der in der höchsten Lage stehenbleibt und so die Steighöhe des Hammers nach dem Versuch anzeigt. Der Schieber hängt an einem dünnen Draht l, und dieser ist wiederum auf einer leichten Schnurscheibe m befestigt, welche die Drehung der Pendelachse mitmacht.

Auf der Unterseite des Hammers a ist eine Stahlbürste n angebracht. Wird nach dem Versuch die Kreisbogenbahn g mit dem Hebel o angehoben, so streift

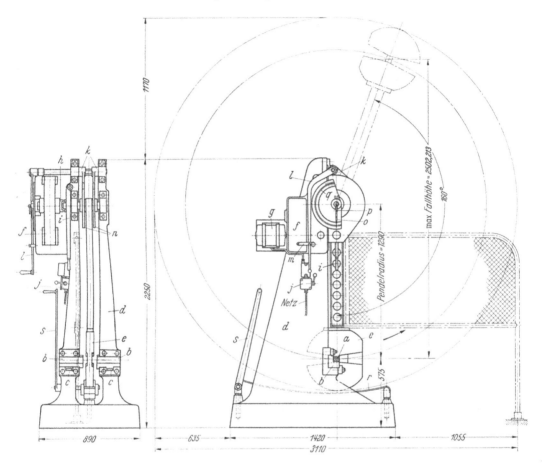

Abb. 74. Schema des 250 kgm-Pendelschlagwerks, Bauart Losenhausenwerk.

a Probe; b Auflager; c Einstellskalen für b; d Gestell; e Hammer; f Verstellgetriebe; g Verstellmotor; h Kupplung; i Kupplungshebel; j Motorschalter; k Sperrklinken; l Sperrklinkenhebel; m Sicherung zu l; n Zahnscheibe; o Zeiger; p Mitnehmer für o; q Anzeigeskale; r Bremsband; s Bremshebel.

der Hammer mit der Stahlbürste über die Bahn und wird auf diese Weise gebremst.

Ein 250 kgm-Pendelschlagwerk, das für CHARPY- und Schlag-Zug-Versuche eingerichtet ist, wird von der Fa. Losenhausen auf Wunsch gebaut. Es ist nicht ohne Reiz, die in Abb. 73 gezeigte ältere Konstruktion mit der modernen (Abb. 74) zu vergleichen. Im Prinzip weicht das Fallwerk nicht von dem ausführlich beschriebenen 75/40 kgm-Pendelschlagwerk ab. Das Verstellgetriebe ist aber schwerer ausgeführt, wie überhaupt alle Bauteile naturgemäß dem größeren Arbeitsvermögen des Schlagwerks angepaßt sind. Das Schlagwerk ist außer für den Hauptarbeitsbereich von 250 kgm für eine Reihe von Unterbereichen ausgeführt, und zwar für solche von 150; 75; 35 und 10 kgm. Diese Unterteilung wird durch verschiedene Ausgangsschlaghöhen bei gleichem Hammergewicht erreicht. Die Hammerachse ist zu diesem Zwecke mit 2 Zahnscheiben versehen, in welche die beiden Sperrklinken eingeklinkt werden können. Im 250 kgm-Bereich beträgt der Fallwinkel 160° und bei einem Pendelradius von 1290 mm

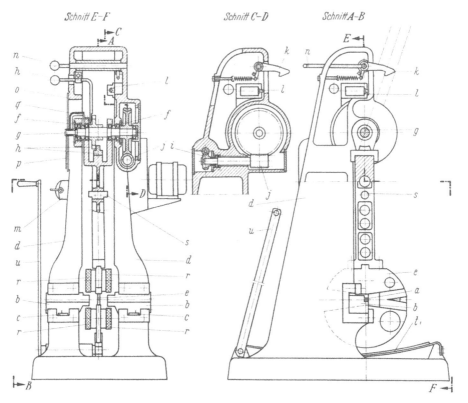

Abb. 75. 75/40 kgm-Pendelschlagwerk, Bauart Losenhausenwerk.

a Probe; b Auflager; c Einstellskalen für b; d Gestell; e Hammer; f Hammerlagerung in Kugellagern auf g; g Hammerachse; h Kupplung zwischen Hammer und Hammerachse; i, j Schneckengetriebe zum Anheben von e; k Sperrklinke für e; l Endausschalter; m Umschalter; n Auslösehebel; o Skalenscheibe; p Zeiger; q Mitnehmer für p; r Zusatzgewichte für den 75 kgm-Bereich; s Einklinknasen; t Bremsband; u Bremshebel.

die Fallhöhe 2502,2 mm. Alle weiteren Einzelheiten des Aufbaus gehen aus Abb. 74 hervor.

Das Pendelschlagwerk nach Abb. 75 ist für Schlag-Biege- (CHARPY-) und Schlag-Zug-Versuche bestimmt. Die Schlaghöhe beträgt rd. 1715 mm, entsprechend einem Fallwinkel von 160° und einem Pendelradius von 880 mm. Ohne Zusatzgewichte liefert der Hammer eine höchste Arbeit von 40 kgm, mit Zusatzgewichten beträgt sie 75 kgm. Weitere Einzeldaten sind: wirksames Pendelgewicht je nach Bereich 43,9 bzw. 23,4 kg; Schlaggeschwindigkeit 5,8 m/s; Dicke des Hammers im Probenbereich 16 mm. Bei diesem Schlagwerk wird die Probe a auf den verstellbaren und je nach dem Probenquerschnitt auswechselbaren Auflagern b aufgelegt. Skalen c an Gestell d und eine Marke an den Auflagern gestatten das leichte Einstellen der Auflager b. Der Hammer e ist mit den Kugellagern f auf der Hammerachse g leicht drehbar aufgehängt, mit der er aber über die Kupplung *h* auch fest verbunden werden kann, wenn er mit Hilfe eines doppelten Schneckengetriebes *i* und *j* von einem Verstell-Drehstrommotor bis zur Ausgangsstellung angehoben werden soll, wo er durch die federbelastete Sperrklinke *k* festgehalten wird. Ein Endausschalter *l* sorgt dafür, daß die höchste Stellung nicht überfahren wird.

Ist der Hammer nun durch die Klinke *k* gehalten, so wird das Hubgetriebe über den Umschalter *m* wieder in die Nullstellung, welche der tiefsten Pendellage entspricht, zurückgefahren. Ist die Nullstellung erreicht, so löst sich automatisch

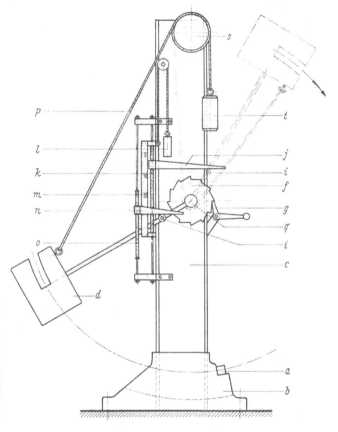

Abb. 76. Schema des 30- und 15 kgm-Pendelschlagwerks, Bauart Amsler.

a Probe; *b* Amboß; *c* Gestell; *d* Hammer; *f* Zahnsektor; *g* Sperrklinke; *i* Rolle; *j* Ausleger von *k*; *k* Schieber mit *m*; *l* Gegengewicht zu *k*; *m* Meßlineal; *n* Zeiger von *o*; *o* Zeiger-Schieber; *p* Bremsseil; *q* Hammerachse; *s* Bremsscheibe; *t* Spanngewicht für *p*.

die Kupplung *h* zwischen Hammer *e* und Hammerachse *g*, und das Schlagwerk ist bereit für den Versuch. Durch Niederdrücken des Hebels *n* wird der Hammer für den Schlag freigegeben.

Die Skalenscheibe *o* enthält 4 Skalen für die Ermittlung der verbrauchten Schlagarbeit: Eine einfache Gradeinteilung; eine Skale auf der die verbrauchte Schlagarbeit im Bereich 75 kgm unmittelbar abgelesen werden kann; eine entsprechende Skale für den 40 kgm-Bereich und schließlich eine Skale für den gleichen Bereich, welche für die DVM-Kerbschlagprobe nach DIN 50115 unmittelbar die Kerbzähigkeit liefert. Der ausgewogene Zeiger *p*, der leicht drehbar auf der Hammerachse *g* angeordnet ist, wird bei Beginn des Versuchs auf die gemeinsame Nullstellung der Skalen gestellt und nach dem Passieren der Tiefstlage durch den am Hammer angebrachten Mitnehmer *q* bis zur höchsten Durchschwinglage mitgenommen.

Mit dem Bremsband t wird der Hammer nach dem Versuch abgefangen.

$\beta\beta$) *Bauarten für mittlere Schlagarbeit.* Das Pendelschlagwerk, Bauart Amsler, kann für Charpy- und Izod- sowie für Schlag-Zug-Versuche (an Drähten, Blechstreifen und Rundstäben) verwendet werden. In seiner Konstruktion weicht es in mancher Hinsicht von anderen Bauarten ab. Die Fa. Amsler baut vier verschiedene Modelle, deren Schlagarbeitsbereiche zwischen 30 und 0,1 kgm liegen. An dieser Stelle sei das Modell für 30 kgm gezeigt, s. Abb. 76 und 77. Es besitzt einen auswechselbaren Hammer für 15 kgm und den dazugehörigen Anzeigeapparat.

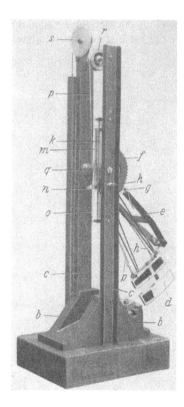

Abb. 77. Ansicht des 30 kgm-Pendelschlagwerks Bauart Amsler.

b Amboß; *c* Gestell; *d* Hammer; *e* Ausleger für *d*; *f* Zahnsektor; *g* Sperrklinke; *h* Auslöser (Schnurzug); *k* Schieber mit *m*; *m* Meßlineal; *n* Zeiger von *o*; *o* Zeigerschieber; *p* Bremsseil; *q* Hammerachse; *r* Umlenkrolle; *s* Bremsscheibe.

Besonders auffällig ist bei allen Modellen, daß die Probe nicht lotrecht unter der Drehachse des Pendels, sondern so angeordnet ist, daß das Pendel im Augenblick des Auftreffens mit der Lotrechten durch die Drehachse einen Winkel bildet. Diese Ausführung wurde gewählt, um die Schlagrichtung dem Schwerpunkt des Fundaments so gut wie möglich zu nähern, dadurch Energieverluste zu vermeiden und die Versuchsgenauigkeit zu erhöhen.

Amsler hat darauf verzichtet, seinem Hammer eine konstante Ausgangsfallhöhe zu geben. Mittels 21 verschiedener Zähne an einem Sektor *f* kann die Fallhöhe bis zu 1,50 m in Stufen variiert werden. Amsler macht dafür den Vorteil geltend, daß die Fallhöhe dem Widerstand der Probe so angepaßt werden kann, daß die eingeleitete Schlagenergie die zum Zerschlagen erforderliche nicht unnötig überschreitet, wodurch verhindert wird, daß kleine Werte der Kerbschlagzähigkeit als Differenz zweier großer Werte der Funktionen von Fall- und Steigewinkel ermittelt werden. Dabei muß allerdings in Kauf genommen werden, daß sich während eines Schlags mit geringem Energieüberschuß die Schlaggeschwindigkeit verändert; doch läßt die Hammerkonstruktion ein Arbeiten mit großem Energieüberschuß ebenso zu wie mit geringem. Bei diesem Schlagwerk ruht die Probe *a* auf einem schweren Amboß *b*, gegen den die übrige Ausführung des Schlagwerks leicht wirkt. Das Gestell *c* besteht aus zwei mit dem Amboß durch Schrauben und Stifte fest verbundenen U-Trägern. Der Hammer *d* wird in der gewünschten oberen Ausgangslage an einem Ausleger *e* (s. Abb. 77) über einem Haken angehängt, der mit Hilfe des Zahnsektors *f* über eine Sperrklinke *g* vorher in der richtigen Stellung fixiert wurde. Ein Schnurzug *h* gestattet es, die Verbindung zwischen Ausleger und Hammer zu lösen, wenn der Versuch beginnen soll.

Am Pendelarm ist eine Rolle *i* angebracht, gegen die in der Ausgangsstellung der Ausleger *j* des Schiebers *k* geschoben wird. An dem Schieber, dessen Eigengewicht durch das Gegengewicht *l* ausgeglichen ist, ist das Meßlineal *m* mit der linearen Teilung befestigt. Hat der Hammer die Probe zerschlagen und schwingt unter dem Einfluß der unverbrauchten Schlagenergie nach hinten durch, so wird der Ausleger *n* eines zweiten Schiebers *o* von der Rolle *i* mitgenommen und zeigt durch seine Stellung gegenüber der Nullmarke des Meßlineals *m* unmittelbar die verbrauchte Schlagarbeit.

Der Hammer ist mit einer automatisch wirkenden Bremse versehen, die ihn zwar unbeeinflußt durchschwingen, danach aber langsam in die Ruhelage zurückgleiten läßt und so ein mehrmaliges Hin- und Herschwingen vermeidet. An dem Hammerkopf ist ein Seil *p* befestigt, das in der Ausgangsstellung zunächst über die Hammerachse *q* umgelenkt und sodann über eine in Abb. 77 sichtbare Umlenkrolle *r* über die eigentliche Bremsscheibe *s* geführt wird. Ein Gewicht *t* hält das Seil straff. Beim Durchschlagen der Probe und dem darauffolgenden Durchschwingen verkürzt sich der Abstand zwischen dem Seilangriffspunkt am Hammer und der Bremsscheibe *s*, und das Gewicht *t* zieht das Seil lose über *s*. Beim darauffolgenden Abwärtsschwingen muß der Hammer das Seil über die Bremsscheibe zurückziehen, wodurch die noch in ihm vorhandene Restenergie vernichtet wird.

Das 30/15 kgm-Pendelschlagwerk der Fa. Losenhausenwerk ist im wesentlichen genauso gebaut wie das Schlagwerk für 75/40 kgm; nur wird der Hammer von Hand in die Ausgangsstellung gebracht. Die Abb. 78 und 79

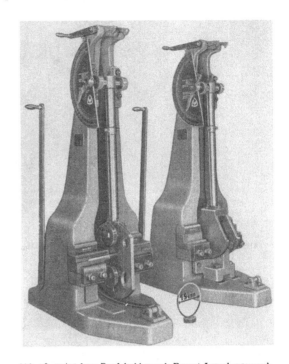

Abb. 78. 30/15 kgm-Pendelschlagwerk Bauart Losenhausenwerk.

zeigen die Umbaumöglichkeiten von CHARPY- zum IZOD-Versuch. Die Hammerlänge beträgt 800 mm, das wirksame Pendelgewicht je nach Meßbereich 19,3 bzw. 9,7 kg. Die Probe wird bei einer Geschwindigkeit des Pendels von 5,5 m/s von diesem getroffen. Die Hammerscheibe ist im Probenbereich 16 mm dick, die lichte Weite zwischen den Widerlagern zwischen 40 und 120 mm stufenlos verstellbar.

Ein von der Fa. Tinius Olsen Testing Machine Company hergestelltes Schlagwerk für IZOD-, CHARPY- und Schlag-Zug-Versuche weicht in seiner Ausführung von den bisher in Deutschland gebräuchlichen Bauformen ganz ab. Abb. 80 zeigt eine Ansicht der schweren Ausführung für 264 ft.-lbs. (36,5 kgm) und 120 ft.-lbs. (16,6 kgm).

Die nachstehende Aufstellung enthält einige Daten:

Typ	Bereich		red. Pendellänge		Schlaggeschwindigkeit		wirksames Hammergewicht	
	ft.-lbs.	kgm	inches	mm	ft./sec	m/s	lbs.	kg
Normal	264	36,5	35,43	900	16,5	5,03	60	27,2
	120	16,6	35,43	900	11	3,35	60	27,2

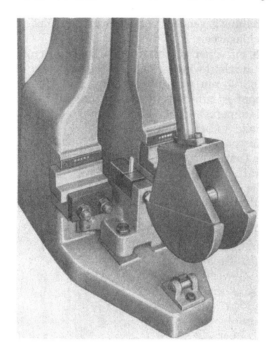

Abb. 79. Einrichtung des 30/15 kgm-Pendelschlagwerks, Bauart Losenhausenwerk, für den Izod-Versuch.

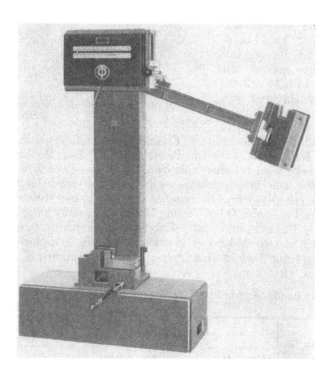

Abb. 80. Pendelschlagwerk, Bauart Tinius Olsen für 264 ft.-lbs (36,5 kgm).

Das Schlagwerk ist vor allem unter dem Gesichtspunkt entwickelt, bei Wahrung der erforderlichen Genauigkeit die Bedienung so einfach wie möglich zu machen. In diesem Sinne ist vor allem der Universal-Hammerkopf („Change-O-Matic"-Head genannt) entwickelt. Abb. 81 zeigt das Schema dieses Hammerkopfes. Nachdem die Schraube gelöst ist, kann der Kopf mit den Schlagnasen für den CHARPY- und den IZOD-Versuch und der Einspannung für die Schlag-Zug-Proben in die für die gewählte Versuchsart erforderliche Stellung gebracht werden, ohne daß große sonstige Umbauten erforderlich sind.

Der Universal-Amboß ist so ausgebildet, daß die Auflager und Anschlagflächen für den CHARPY- und den Schlag-Zug-Versuch als gemeinsames, starres Stück ausgebildet sind, das seinerseits wieder ein Bestand-

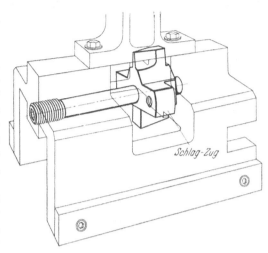

Abb. 81. Schema des „Change-O-Matic"-Hammerkopfs zum Pendelschlagwerk, Bauart Tinius Olsen.

teil des Schraubstocks ist, in dem mit Hilfe einer Handkurbel die IZOD-Proben festgespannt werden. Es ist also nicht erforderlich, den Amboß für die ver-

Abb. 82. Ansicht des 10/5 kgm-Pendelschlagwerks, Bauart VEB Werkstoffprüfmaschinen (ehemals Schopper).
a Probe; *b* Pendelhammer; *c* Ausleger; *d* Zeiger (Schlagarbeit); *e* Mitnehmer für *d*; *f* Bremshebel; *g* Meßquarz; *h* Belastungseinrichtung zum Einmessen von *g*; *i* Steuer- und Registriergerät.

schiedenen Versuchsarten umzubauen. Die offene Bauweise soll den Einbau und Ausbau der Proben erleichtern.

Diese Schlagwerke sind außerdem mit einer vollautomatischen Bremseinrichtung versehen, die den Hammer nach Überschreiten des hinteren Umkehrpunkts langsam in die senkrechte Lage hinabgleiten läßt und sich dann ausschaltet. In den Kopf des Schlagwerks ist die gerade, gleichmäßig geteilte Anzeigeeinrichtung mit zwei getrennten Skalen für den Izod- und den Charpy-Versuch eingebaut, an der die verbrauchte Schlagarbeit unmittelbar abgelesen werden kann.

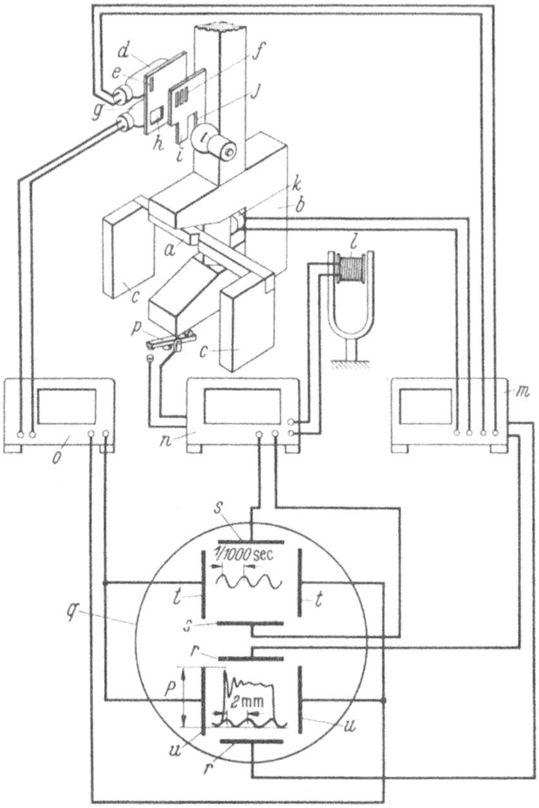

Ein 10/5 kgm-Pendelschlagwerk wird von dem VEB Werkstoffprüfmaschinen gebaut (Abbildung 82).

Für den mechanischen Aufbau des Schlagwerks ist ebenso wie in Abb. 80 die offene Bauweise gewählt, die sonst in Deutschland nicht gebräuchlich ist. Das Pendel b wird bei Beginn des Versuchs an einem horizontalen Ausleger c, der auch die Auslöseeinrichtung trägt, angehängt. Ein Mitnehmer e nimmt nach dem Durchschlagen der senkrecht unter der Pendelachse angeordneten Probe den Zeiger d, der die verbrauchte Schlagarbeit angibt, mit. Das Pendel wird dann durch eine Bandbremse üblicher Bauart mit Hilfe des Bremshebels abgefangen.

Für die Schlag-Zug-Versuche ist der Pendelkörper mit einer Bohrung versehen, in die die Schlag-Zug-Probe eingeschraubt werden kann. Am freien Ende der Probe wird eine Schlagplatte befestigt, die im Augenblick des Durchschwingens des Pendels durch den tiefsten Punkt gegen zwei am Pendelgestell angeordnete Amboßbacken schlägt.

Soweit unterscheidet sich das Schlagwerk nicht wesentlich von den übrigen, bekannten Konstruktionen. Besonders erwähnenswert ist jedoch die Zusatzeinrichtung (Abb. 83), mit deren Hilfe der Verformungswiderstand beim Durchschlagen der Probe registrierend in Abhängigkeit von Weg und Zeit gemessen werden kann. So ist es möglich, den Zusammenhang zwischen dem Verformungswiderstand, Zeit und Weg in jedem Augenblick des Vorgangs anzugeben (Kraft-Weg- bzw. Kraft-Zeit-Schaubild).

Abb. 83. Schema der Kraft-Weg-Zeit-Meßeinrichtung nach Nier zum Pendelschlagwerk nach Abb. 82.

a Probe; b Pendelhammer; c Gegenlager; d Wegmarkenfotozelle (Wegmaßstab); e feste Blende zu d; f Mehrfachschlitzblende am Pendel zu d; g Fotozelle für Horizontalablenkung; h feste Blende zu g; i Fahne am Pendel zur proportionalen Horizontalablenkung der Wegmarken; j Fahne am Pendel zur wegproportionalen Horizontalablenkung der Kraftanzeige; k Geber für die Kraftmessung, Meßquarz; l Zeitmarkengeber (1000 Hz); m Verstärker für Wegmarken bzw. der Kraftanzeige; n Verstärker für Zeitmarken; o Verstärker für Weg-(Horizontal-) Ablenkung; p Auslöser für Zeitmarken; q Elektronen-Zweistrahl-Oszillograph; r Platten für die senkrechte Ablenkung der Wegmarken bzw. die Kraftanzeige; s Platten für die senkrechte Ablenkung der Zeitmarken; t Platten für die horizontale Ablenkung der Zeitmarken; u Platten für die wegproportionale Horizontalablenkung der Wegmarken bzw. der Kraftanzeige.

Für die Kraftmessung wird eine nach dem piezoelektrischen Prinzip arbeitende Meßdose k verwendet, während die Anzeige von Verformung bzw. Weg über ein Photozellen-Blenden-System gewonnen wird. Auf diese Möglichkeit, das Kraft-Wegschaubild mit elektrischen Hilfsmitteln aufzubauen, hat bereits E. LEHR bei der Besprechung der Schwungradschlagmaschine von H. C. MANN in der ersten Auflage dieses Handbuchs (Bd. I, S. 174) hingewiesen.

Der piezoelektrische Geber k der Kraftmeßeinrichtung ist zwischen Hammerkörper und Hammerfinne so eingebaut, daß die bei der Überwindung des Formänderungswiderstands entstehende Kraft unmittelbar auf ihn wirkt. Die vom Geber gelieferten Spannungen werden über einen Verstärker m dem einen, horizontalen Plattenpaar r eines Elektronen-Zweistrahlrohrs zugeleitet und lenken dort den einen Strahl in senkrechter Richtung um einen Betrag aus, welcher der Größe der Spannung verhältnisgleich ist. Aus der Größe der Ablenkung kann die Größe der Kraft bestimmt werden, wenn vorher der Kraftmaßstab ermittelt ist. Dies geschieht wie folgt: Das senkrecht hängende Pendel wird gegen eine Probe a gelegt, die so eingerichtet ist, daß die Hammerfinne die Probe gerade berührt. Sodann wird über eine Stützstange die Stützkraft aus dem Drehmoment einer aus einem Hebel mit Gewicht bestehenden Belastungseinrichtung auf das Pendel übertragen, wodurch eine definierte statische Kraft bis zu einer Größe von 500 kg auf die Hammerfinne und damit auf den Geber ausgeübt wird.

Der Geber der Wegmaßstab-Einrichtung besteht aus einer am Gestell befestigten Fotozelle d mit Blende e, einer am Pendel befestigten Mehrfachschlitzblende f und der Beleuchtungseinrichtung. Die Geberspannung wirkt auf das gleiche Plattenpaar r wie die Spannung des Kraftgebers k. Die Steuerung der Spannungen und das Auseinanderziehen zu einer Kurve besorgt die Spannung einer zweiten, von der gleichen Lichtquelle beaufschlagten Fotozelle g. Ein 1000 Hz-Stimmgabelgenerator l gibt die Impulse für ein Zeitzeichen, die auf das zweite waagerechte Plattenpaar s des Elektronenrohrs wirkend, senkrechte Ausschläge ergeben.

Im einzelnen funktioniert die Meßeinrichtung wie folgt:

Die durch das Lichtbündel hindurchbewegte Mehrfach-Schlitzblende f ergibt an der oberen Fotozelle d eine proportional dem Blendenweg sinusförmig schwingende, mehrfache Spannungsänderung. Die Mehrfach-Schlitzblenden sind so angeordnet, daß sie nur in Aktion sind, solange der Hammer die Probe noch nicht berührt hat. Von diesem Moment an schaltet der Blendenrahmen den Lichtstrahl von der oberen Fotozelle ab. Über den gleichen Verstärker läuft von da ab die von dem Quarz k stammende Spannung zum gleichen Plattenpaar r des Elektronenrohrs.

Die untere Fotozelle g ist, solange das Pendel sich noch außer Probennähe befindet, voll vom Licht beaufschlagt. Wird die Mehrfach-Schlitzblende f wirksam, dann wird gleichzeitig durch eine am Pendel befestigte Fahne i das Licht für die untere Fotozelle mehr und mehr bis zur völligen Verdunkelung abgedeckt und durch die so entstehende Spannungsänderung die Weganzeige der oberen Fotozelle d zu einer Sinuskurve auseinandergezogen.

Im weiteren Fortschreiten der Pendelbewegung wird das obere Lichtbündel abgeblendet und das untere Lichtbündel zunächst wieder aufgeblendet. Sodann berührt der Hammer die Probe a. Der Quarz k liefert Spannung, und das untere Lichtbündel wird erneut nach und nach durch die Fahne j abgeblendet. Die so erhaltene wegabhängige zweite Spannungsänderung zieht die Kraftanzeige in gleicher Weise auseinander wie vorher die Weganzeige. — Die Spannung der unteren Fotozelle g ist bei beiden Strahlen an die senkrechten Plattenpaare t

und u gelegt, zieht also auch die Anzeige des Stimmgabelgenerators l zu einer Kurve auseinander.

Zu der Meßeinrichtung gehört ein Fotogerät mit Verschluß für $^{1}/_{2}$ bis $^{1}/_{100}$ s Belichtungszeit zur Aufnahme der Oszillographenanzeige. Um beim Fotografieren ein klares Bild der Zeitmarkenlinie zu erhalten und eine Überstrahlung zu vermeiden, wird der Zeitmarkengeber erst kurz bevor das Pendel die Probe berührt, durch einen Kontakt p eingeschaltet, der vom Pendel betätigt wird. Der Verschluß der Kamera wird von Hand bedient.

Die Verformung der Probe kann außerdem durch ein optisches Registriergerät aufgezeichnet werden. Die darin enthaltene, mit einem Film belegte Trommel läuft mit einer Umfangsgeschwindigkeit von 8 m/s um. Durch einen Spiegel,

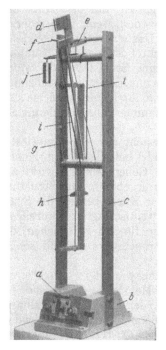

Abb. 84. Pendelschlagwerk mit 1 kgm höchster Schlagarbeit, Bauart Amsler.

Probe; b Amboß; c Gestell; d Hammer; e Klinke; f Auslöser; g Schaltarm; h Schieber für die Arbeitsanzeige; i Bremsseil; j Spanngewicht für das Bremsseil.

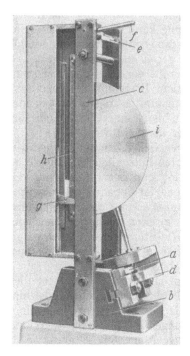

Abb. 85. Pendelschlagwerk für 40/10 kgcm-Schlagarbeit, Bauart Amsler.

a Probe; b Amboß; c Gestell; d Hammer; e Klinke; f Auslöser; g Schieber für die Arbeitsanzeige; h Anzeigeskale; i Schutz für den Schaltarm.

der entsprechend der Probenverformung abgelenkt wird, wird ein Lichtstrahl auf die Trommel geworfen und so der Verformungsweg 20- bis 50fach vergrößert aufgeschrieben.

βγ) Bauarten für geringe Schlagarbeit. Wie bei den Modellen für große und mittlere Schlagarbeit kann auch bei den Modellen für geringe Schlagarbeit keine vollständige Aufzählung erwartet werden.

Die 1 kgm- und 10 kgcm-Pendelschlagwerke, Bauart Amsler, dienen für Versuche an spröden Stoffen, wie Gußeisen, keramischen Stoffen, Zement, Hartgummi und Kunstharzpreßstoffen (Isolierstoffen). Ihre Bauart ist im Prinzip fast die gleiche wie bei dem ausführlich beschriebenen 30 kgm-Pendelschlagwerk der gleichen Firma. Nur arbeiten sie mit konstanter Ausgangsfallhöhe (beim 1 kgm-Schlagwerk beträgt sie 956 mm, beim 10 kgcm-Schlagwerk 475 mm).

Abb. 84 zeigt das 1 kgm-Schlagwerk, Abb. 85 die Ansicht des 10 kgcm-Schlagwerks. Bei dem kleinen Gerät, das mit Zusatzhämmern auch für eine Schlagarbeit von 40 kgcm umgebaut werden kann, und das sowohl CHARPY- als auch IZOD-Versuche zuläßt, kommt es in besonders hohem Maße darauf an, die Lagerreibung des Hammers so gering wie möglich zu halten. Weil es nach

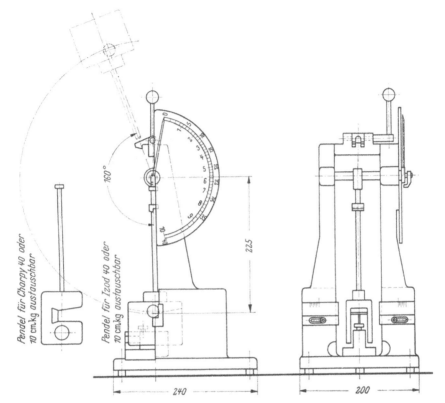

Abb. 86. Pendelschlagwerk mit 40/10 kgcm höchster Schlagarbeit, Bauart Zwick.

dem Durchschwingen leicht von Hand angehalten werden kann, ist es im Gegensatz zum 1 kgm-Schlagwerk ohne Hammerbremse ausgeführt.

Die Ableseskale ist unter Berücksichtigung der Luft- und Lagerreibung unmittelbar in kgcm geteilt und eingemessen; 1 Teilstrich entspricht $^1/_{10}$ kgcm.

Das 40/10 kgcm-Pendelschlagwerk, Bauart Zwick, Ulm, gehört zu einer Serie von Schlagwerken ähnlicher Bauart der gleichen Firma mit kleiner Schlagarbeit, die übrigen Geräte sind gestaffelt für 5, 10, 60 und 150 kgcm Arbeitsinhalt.

Abb. 86 zeigt ein Schema des 40/10 kgcm-Pendelschlagwerks. Besonders fällt die kräftige Ausführung des Gestellunterteils auf, das im Seitenriß nahezu quadratisch gehalten ist. Dadurch wird der Schwerpunktsebene der Gegenlager an die Schlagrichtung herangerückt.

Das 40/10 kgcm-Schlagwerk ist ein kombiniertes Schlagwerk für den CHARPY- und IZOD-Versuch. Beim Umbau muß das Pendel ausgewechselt werden. Die Teilung gestattet die unmittelbare Ablesung der Schlagarbeitswerte auf zwei nebeneinanderliegenden Skalen für 40 und 10 kgcm. Das Schlagwerk ist ohne Bremse ausgeführt. Ein entsprechendes Schlagwerk der Fa. Frank zeigt Abb. 87,

Abb. 87. 40/10 kgcm-Pendelschlagwerk, Bauart Frank. *a* Izod-Austauschhammer; *b* Izod-Spannvorrichtung.

links im Bild die Einrichtung für den Izod-Versuch mit dem Hammer *a* und der Spannvorrichtung *b*.

b) Einwirkung einer Feder.

Das Dauerschlagwerk nach A. Gabriel[1] dient zur Durchführung von Biege-Schlag-Versuchen an einseitig eingespannten Proben bei ständig wiederholter Beanspruchung und arbeitet ganz ähnlich wie das Dauerschlagwerk von C. B. Stromberger (s. Abb. 94). Die Schlagkörper werden durch die Kraft gespannter Schraubenfedern betätigt.

Das Gerät besteht aus sechs gleichartigen Apparaten des in Abb. 88 skizzierten Aufbaus. Diese sind nebeneinander auf einer gemeinsamen Grundplatte *l* montiert und von einem gemeinsamen, abnehmbaren Blechgehäuse *n* umgeben. Die Schlagbolzen *b*, welche die Probe *a* abwechselnd von links und rechts treffen, werden durch Hebel *d* gegen die Kraft der Schraubenfedern *c* gespannt. Die Spannhebel sind an den Einzelgeräten gelagert, während zu ihrer Betätigung für alle 6 Geräte auf jeder Seite eine gemeinsame, auf der gemeinsamen Grundplatte montierte Nockenwelle *e* vorgesehen ist.

Um die Schlagarbeit bei gleicher Auftreffgeschwindigkeit der Schlagbolzen verändern zu können, werden auf die rückwärtigen Verlängerungen der Schlagbolzen Zusatzmassen *m* aufgesetzt. Bei gleicher Masse der Schlagbolzen wird

---

[1] Dr.-Ing.-Diss. T. H. Aachen 1943.

die Schlagarbeit durch Änderung der Nockendrehzahl und damit der Schlag-zahl verändert.

Die Nockenwellen laufen mit den Drehzahlen 650, 906, 1215, 1600 und 1955/min. Daraus ergibt sich im Dauerbetrieb eine maximale Doppelschlag-zahl von rd. 2,8 Millionen je Tag. Die Stößelgewichte können zwischen 70 und 170 g variiert werden. Die geringste Auftreffgeschwindigkeit der Stößel beträgt 0,255 m/s, die größte 1,04 m/s, die geringste Schlagarbeit je Einzelschlag rd. 0,05 kgcm, die größte rd. 9,5 kgcm und die Nockenhöhe 4 mm.

Der Ausbildung der Nockenform wurde große Sorgfalt gewidmet. Besonders wurde darauf geachtet, daß die Stößel, nachdem sie die Probe getroffen hatten,

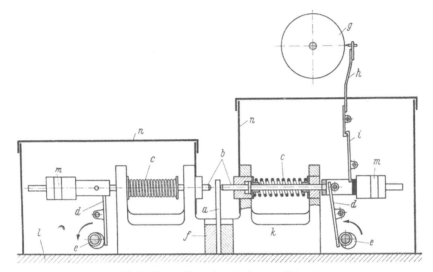

Abb. 88. Dauerschlagwerk nach Gabriel (Schema).

a Probe; b Schlagbolzen; c Schraubenfedern; d Spannhebel; e Nockenwellen; f Probeneinspannvorrichtung; g Schreibwerk; h Schreibhebel; i Halterung des Schreibhebels; k Gestell des einzelnen Prüfgeräts; l gemein-same Grundplatte für 6 Prüfgeräte; m Zusatzmassen; n gemeinsame Haube.

nicht nachschlugen. Außerdem wurde die Anordnung der Nocken so gewählt, daß durch größtmöglichen Massenausgleich ein ruhiger Lauf der Maschine ge-sichert war.

Der Betrieb der Maschine wurde durch eine Registriertrommel g überwacht. Die Trommel drehte sich mit einem gleichzeitigen axialen Vorschub von 1 mm/h vor 6 Schreibstiften. Bricht eine Probe, so klinkte der um den Weg des Spiels zwischen Antriebshebel und Nocken durchschlagende Stößel die Halterung i des zugehörigen Schreibstifts h aus, worauf dieser sich von der Trommel abhebt.

Das Dauerschlagwerk, Bauart Amsler[1] (Abb. 89 bis 91), dient zur Durchführung von Schlag-Zug-, Schlag-Druck- und Schlag-Biege-Versuchen bei ständig wiederholter Beanspruchung. Seine Schlagzahl von 600/min verweist es unter die schnellaufenden Bauarten, bei denen die Schlagenergie verhältnismäßig klein ist. Sie kann hier zwischen 7 und 40 kgcm je Schlag geregelt werden.

Der Hammer b, dessen Gewicht unveränderlich ist und $3^1/_2$ kg beträgt, wird durch den Druck zweier symmetrisch angeordneter Federn i mit einer einstellbaren Geschwindigkeit gegen die Probe a geschleudert. Die dabei wirk-sam werdende Energie $1/_2 mv^2$ ist aus Hammermasse und Hammergeschwindig-keit zu ermitteln.

---

[1] VDI-Z. Bd. 69 (1925) S. 1445.

Der Hammer *b* ist ein oben und unten seitlich mit Rollen *d* gegenüber dem Gestell *c* geführter Rahmen. In der Mitte hat er ein horizontales Querjoch *e*, auf das von oben rechts und links die beiden Federn *i* drücken und mit dessen Hilfe er von unten durch die Doppelkurbel *g* der Antriebswelle *f* nach oben gegen die Federkraft ausgelenkt wird. An jedem Ende der Doppelkurbel sind zur Übertragung der Kraft 2 Hubrollen *h* angeordnet. Der Hammer *b* trifft die

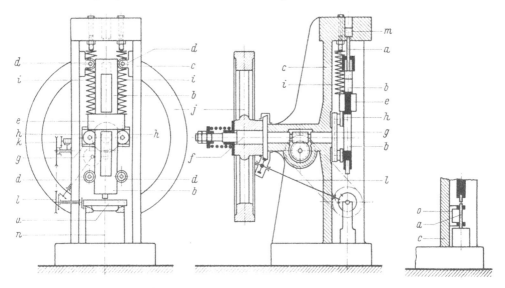

Abb. 89 bis 91. Dauerschlagwerk, Bauart Amsler (Schema).

a Probe (in Abb. 89 Biegeprobe; in Abb. 90 Zugprobe;   in Abb. 91 Druckprobe);   *b* Hammer;   *c* Gestell; *d* Rollenführung   des Hammers;   *e* Hammerquerhaupt;   *f* Hauptwelle;   *g* Hauptwellenquerhaupt;   *h* Hubrollen von *g* zum Anheben des Hammers;   *i* Druckfedern;   *j* Schwungrad (Antriebsscheibe);   *k* Zählwerk;   *l* Drehvorrichtung für die Biegeprobe;   *m* obere Einspannung der Zugprobe;   *n* Auflager für die Biegeprobe;   *o* Halterung für die Druckprobe.

Probe *a* in dem Augenblick, in dem er seine größte Geschwindigkeit hat. Das ist der Fall, wenn die Doppelkurbel *g* horizontal steht. Die Hammergeschwindigkeit ist dann gleich der Umfangsgeschwindigkeit der Kurbel

$$v = \frac{2\pi n s}{60} = 0{,}1047\,n\,s\,,$$

wobei sich *v* in cm/s ergibt, wenn *n* die Drehzahl/min der Hauptwelle (meist 300/min) und *s* der Abstand der Hubrollen *h* in cm von der Antriebsachse (feinfühlig regelbar zwischen 2 und 5 cm) ist.

Ein Schwungrad *j* (500 mm Durchmesser) auf der Antriebswelle *f* sorgt für einen gleichmäßigen Lauf der Maschine. Da der Hammer mit nahezu der gleichen Geschwindigkeit von der Probe zurückprallt, mit der er auf sie auftrifft, also mit nahezu der Umfangsgeschwindigkeit der Kurbel, entsteht zwischen der sich nach dem Schlag anlegenden Gegenhubrolle und dem Hammer nur eine verhältnismäßig geringe Relativgeschwindigkeit, was sich günstig auf den Verschleiß und hinsichtlich der Geräuschentwicklung auswirkt, die bei allen raschlaufenden Dauerschlagwerken naturnotwendig auftritt. Um eine Schädigung durch zu große Stöße zu vermeiden, ist durch eine federnde Kupplung dafür gesorgt, daß die Welle *f* in der Nabe des Schwungrads rutschen kann, wenn ein zulässiges Grenzdrehmoment überschritten wird; dadurch wird jedoch die Schlaggeschwindigkeit nicht beeinflußt.

Abb. 89 zeigt die Probenanordnung für den Biegeversuch, Abb. 90 die Einspannung für den Zugversuch. Abb. 91 schließlich zeigt, wie die Probe für den Druckversuch gehalten ist.

Beim Biegeversuch (Rundprobe 12 bis 16 mm Durchmesser, 120 mm lang; Abstand der Auflagerkanten 100 mm) wird die Probe durch eine Mitnehmerscheibe l, die von der Hauptwelle aus angetrieben wird, gleichmäßig und langsam um ihre Achse gedreht, so daß alle Teile des Umfangs in gleicher Weise beaufschlagt werden. Es ist aber auch ein Hin- und Herbiegeversuch möglich, wenn die Probe durch eine Zusatzvorrichtung nach jedem Schlag um 180° gedreht wird.

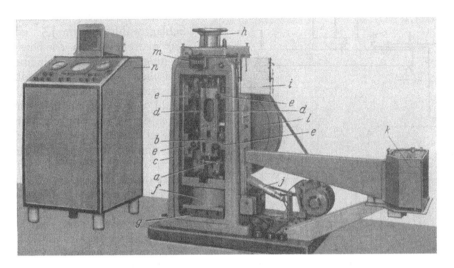

Abb. 92. Dauerschlagwerk, Bauart VEB-Werkstoffprüfmaschinen (ehemals Schopper).

a Probe; b Fallbär; c Gestell; d Druckfedern; e Führung von b gegen c; f Amboß; g genutete Spannplatte; h Spannkopf für Zugproben mit automatischem Ausgleich der bleibenden Probendehnung; i Diagrammschreiber für die Probendehnung; j Strahlwerfer; k Registriereinrichtung für die Probendurchbiegung; l Antriebsschwungrad; m Zählwerk; n Steuer- und Registrieraggregat.

Für Schlag-Zug-Versuche wird die Probe (Gesamtlänge 110 mm, Gewindeköpfe mit $^1/_4''$ Gasgewinde, Länge des dünnen Schafts zwischen den Gewinden 75 mm) mit dem oberen Ende über ein Stahlfutter mit Innengewinde in den Kopf des Maschinengestells eingehängt. Das untere Ende wird durch eine Bohrung des Hammers geführt und sodann ebenfalls mit einem Futter versehen, auf das der Hammer beim Niedergehen auftrifft.

Bei den Schlag-Druck-Versuchen wird die 70 mm lange, mit ebenen Endflächen versehene Probe gegen einen Ständer o unterhalb des Hammers gesetzt und durch eine Feder gesichert.

Wenn die Probe bricht, so unterbricht der tiefer als vorher hinablaufende Hammer über einen Ausschaltkontakt den Speisestrom des Antriebsmotors ($N = 0,5$ PS, $n = $ rd. 1500/min).

Das in Abb. 92 gezeigte Dauerschlagwerk, Bauart VEB Werkstoffprüfmaschinen, ähnelt in seinem äußeren Aufbau dem Dauerschlagwerk, Bauart Amsler. Auch es arbeitet mit 600 (wahlweise 400) Schlägen in der Minute. Der Arbeitsinhalt der Schlagbären ist jedoch mit 15 bis 150 kgcm größer als dort, was durch größere Gewichte (7, 10 und 12 kg) der austauschbaren Schlagbären erreicht wird.

Bei Zugversuchen ist das obere Ende der Probe in einem verstellbaren Kopf h aufgenommen. Dieser Kopf wird mit Hilfe einer Kontakteinrichtung so gesteuert, daß die bleibende Dehnung der Probe ständig ausgeglichen und dadurch die eingestellte Schlagenergie gleichgehalten wird. Die Hubbewegung dieses Kopfs wird zugleich auf ein Diagramm i übertragen, aus dem die Abhängigkeit zwischen Schlagzahl und bleibender Verformung ersehen werden kann. Bei

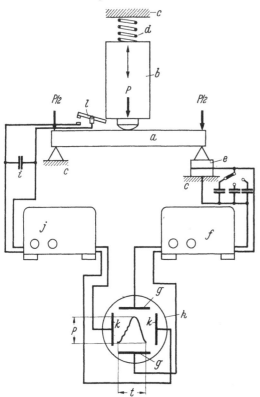

Biegeversuchen, für die verstellbare Auflager für 40 bis 200 mm Auflagerentfernung mit Höhenverstellung vorgesehen sind, können Rundproben $d_{max} = 16$ mm durch eine besondere Einrichtung nach jedem Schlag wahlweise um 3,5° oder 180° gedreht werden. Die Durchbiegung der Probe wird mit einem optischen Diagrammschreiber registriert, bei dem der Lichtstrahl von einem an der Stirnseite der Probe angebrachten Spiegel abgelenkt und auf die von einem Motor angetriebene Filmtrommel geworfen wird. Statt durch die Aufnahme kann die Bewegung des Lichtpunkts auch auf einer Mattscheibe beobachtet werden. Der auf der Spannplatte g im Grundgestell c festgespannte Amboß f für die Biegeversuche läßt sich entfernen. Dadurch kann Platz für die Befestigung von Konstruktionsteilen gewonnen werden.

Abb. 93. Schema der Kraft-Zeit-Meßeinrichtung nach Nier zum Dauerschlagwerk nach Abb. 92.

a Probe; *b* Fallbär; *c* Gestell; *d* Druckfedern; *e* Meßquarz; *f* Verstärker für P-Anzeige; *g* Ablenkplatten für P-Anzeige; *h* Elektronenstrahl-Oszillograph; *i* Zeitkondensator; *j* Verstärker für *t*-Anzeige; *k* Ablenkplatten für *t*-Anzeige; *l* Auslösung für *t*-Anzeige.

In ähnlicher Weise wie das Pendelschlagwerk der gleichen Firma ist auch das Dauerschlagwerk mit einer Registriereinrichtung zur Aufnahme eines Kraft-Zeit-Diagramms ausgerüstet, dessen Schema in Abb. 93 aufgezeichnet ist.

Unter dem einen Auflager ist ein piezoelektrischer Geber e angeordnet, dessen Spannung über einen Verstärker f an die waagerechten Platten g des Elektronen-Oszillographen h geführt ist. Der Strahl erfährt durch diese eine senkrechte, der Belastung proportionale Ablenkung. Der Kraftmaßstab wird durch Ändern der Kondensatorkapazität, wofür 7 Stufen vorgesehen sind, ermittelt.

Die horizontale Ablenkung des Strahls wird durch einen Zeitkondensator i erreicht, dessen durch den Aufladestrom entstehende Spannung der Zeit proportional ist. Der Kondensator ist im allgemeinen kurz geschlossen und wird erst im Augenblick des Schlags vom Schlagbär b geöffnet. Durch einen im Schema nicht gezeichneten zweiten Strahl, der in gleicher Weise wie beim Pendelschlagwerk seine Impulse von einem 1000 Hz-Stimmgabelgenerator bekommt, wird eine Zeitlinie gezeichnet.

Soll die Gesamtdehnung oder -durchbiegung der Proben in ihrem zeitlichen Verlauf studiert werden, so wird an die Platten des zweiten Strahls die verstärkte Spannung einer von einer Blende beeinflußten Fotozelle angelegt.

Das Schlagwerk nach C. B. STROMBERGER[1] (Abb. 94) dient zur Durchführung von Biege-Schlag-Versuchen an einseitig eingespannten Proben bei ständig wiederholter Beanspruchung. Die Schlagenergie wird durch Druckluft mit einem Betriebsdruck von rd. 1 at erzeugt, die den Zylindern c aus einem Hauptluftkessel über zwei hintereinandergeschaltete Reduzierventile und einem Windkessel zugeführt wird. Die Reduzierventile gestatten das Einregeln eines konstanten Drucks, der Windkessel ermöglicht den Ausgleich von u. U. trotzdem noch auftretenden Druckschwankungen.

Die Schlagkörper b, deren Gesamtgewicht 1,350 kg beträgt, sind als gut in die Zylinder eingepaßte Kolben von 30 mm Durchmesser ausgeführt. Durch

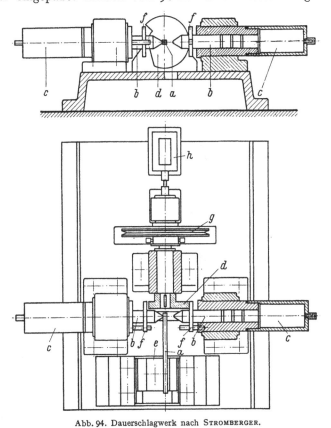

Abb. 94. Dauerschlagwerk nach STROMBERGER.

a Probe; b Schlaghämmer; c Arbeitszylinder; d Kurvenscheibe; e Spannwerk, entsprechend der Probenlänge einstellbar; f Abzugsscheibe der Schlaghämmer; g Antriebsscheibe; h Zählwerk.

eine Kurvenscheibe d werden sie mit einem Hub von 15 mm abwechselnd zurückgedrückt und losgelassen, worauf sie durch den Luftdruck gegen den Probestab a geschleudert werden, der senkrecht zur gemeinsamen Achse der Zylinder zwischen den Zylindern einseitig eingespannt angeordnet ist. Das Spannwerk e ist verstellbar, damit die Prüflänge verändert und die Stellung der Probe ihrer Dicke angepaßt werden kann. Die Steuerkurve d ist so ausgebildet, daß ein unbeabsichtigtes Nachschlagen des Hammers sicher vermieden ist.

Zur bequemeren Handhabung der Maschine wird experimentell die Schlagenergie in Abhängigkeit vom Luftdruck bestimmt. Wesentlich ist, daß die Rei-

[1] Dr.-Ing.-Diss. T. H. Darmstadt 1930.

bungsverhältnisse zwischen Kolben und Zylindern möglichst konstant gehalten werden. Experimentell wurde die Größe der Reibungsverluste mit etwa 4% bestimmt. Die Schlagenergie betrug unter Berücksichtigung der Reibungsverluste

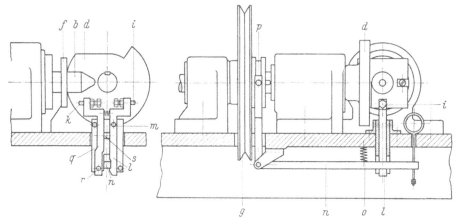

Abb. 95. Ausschalter beim Dauerschlagwerk nach Abb. 94.

b Schlaghammer; *d* Kurvenscheibe; *f* Abzugsscheibe der Schlaghämmer; *g* Antriebsscheibe; *i* Stellschraube; *k* Stellschraube; *l* Feststellhebel; *m* Drehpunkt von *l*; *n* Kupplungshebel; *o* Feder; *p* Kupplung; *q* Hebel; Drehpunkt von *q*; *s* Bolzen, der die Bewegung von *q* auf *l* überträgt.

1012 kgcm je Schlag. Die Steuerkurve läuft mit 160 bis 200 Umdrehungen je Minute entsprechend bis zu 400 Schlägen auf die Probe. Sie ist so eingerichtet, daß der Hammer frei fliegend die Probe *a* trifft.

Es ist möglich, WÖHLER-Kurven durch Regelung des Luftdrucks aufzunehmen. Die Lastspielzahl wird von einem Zählwerk *h* abgelesen, das beim Bruch der Probe wie folgt stillgesetzt wird (s. Abb. 95). Bei der mit dem Anbruch einsetzenden stärkeren Durchbiegung der Probe *a* kommen die Schlagkörper *b* gegen die Stellschrauben *i* und *k*. Bricht die Probe unter einem Schlag von rechts her, so wird der Hebel *l* um *m* gedreht und gibt den Kupplungshebel *n* frei. Unter dem Druck der Feder *o* fällt er dann nach unten und reißt die Kupplung *p* auf. Die Antriebsscheibe *g* der Maschine läuft dann zwar leer weiter, Kurve und Hubzähler sind aber stillgesetzt. Bricht die Probe durch einen Schlag von links her, so wird der Hebel *q* um *r* gedreht und überträgt seine

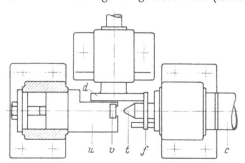

Abb. 96. Einrichtung zum Dauerschlagwerk nach Abb. 94 zur Bestimmung der Schlagenergie der Schlagkörper.

c Arbeitszylinder; *d* Kurvenscheibe; *f* Abzugsscheibe; *t* Hammer mit kugelig abgerundeter Spitze; *u* Amboß; *v* Hartbleiprobe.

Bewegung über den Bolzen *s* auf den Hebel *l* mit dem gleichen Erfolg, als wäre der Abschaltschlag von rechts her erfolgt.

Bei der Gestaltung der Probe muß darauf geachtet werden, daß der Probenkopf etwa das doppelte Widerstandsmoment hat wie der Probenschaft, damit die Brüche nicht durch Passungsrost oder andere Kerbwirkung in der Einspannung eintreten. Für eine entsprechend gute Ausrundung zwischen Kopf und

Schaft ist selbstverständlich Sorge zu tragen, wenn nicht gerade die Ausrundungsform selbst Gegenstand der Untersuchung sein soll.

Um die Auftreffenergie des Schlagkörpers messen zu können, wurde die Maschine nach dem Schema der Abb. 96 umgebaut. Der Hammer des einen Schlagkörpers wurde gegen einen neuen Hammer t ausgetauscht, der eine mit 5 mm Radius abgerundete Spitze hatte. An die Stelle des zweiten Zylinders wurde der Amboß u gesetzt, welcher als Widerlager für eine prismatische Probe v aus einer Spritzguß-Hartblei-Legierung (84,5% Pb, 12,5% Sb, 3% Sn) diente. Der Abstand zwischen der Vorderkante der Hartbleiprobe und der Hammerspitze bei zurückgezogenem Kolben wurde gleich dem Normalhub gemacht. Während des Laufs der Maschine wurde die Probe durch die Nut des Ambosses unter dem Hammer vorbeigezogen. Die Durchmesser der bei jedem Schlag entstandenen kalottenförmigen Eindrücke wurden mit solchen verglichen, die auf der gleichen Probe mit einem Fallhammer bei verschiedenen Fallhöhen erzeugt wurden.

Die Durchbiegung der Probe kann mit Hilfe eines Schwenkhebels gemessen werden, dessen Stellung durch eine Mikrometerschraube kontrolliert wird, und der an einem Ende mit einer Tastfahne aus Federstahl ausgerüstet ist. Berührt die Fahne die schwingende Probe, so wird ein Stromkreis geschlossen.

3. Geräte, bei welchen der Schlagimpuls durch die Einwirkung gespeicherter, kinetischer Energie zustande kommt.

Die Schwungradschlagmaschine für Zugversuche von H. C. MANN[1] ist für Schlagversuche bei besonders hohen Zerreißgeschwindigkeiten geeignet, wie sie auch bei Schlagwerken mit großen Fallhöhen des Bärs oder bei anderer Speicherung der potentiellen Energie nicht erreicht wurden. Auf der Schwungrad-

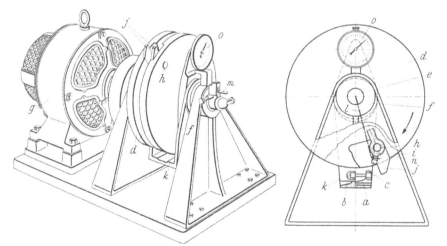

Abb. 97. Schwungrad-Schlagmaschine nach MANN.

a Probe; *b* Querhaupt; *c* Einspannung im Meßpendel; *d* Schwungrad; *e* Hohlwelle; *f* Lagerung der Welle; *g* Antriebsmotor; *h* Drehbolzen für den Schlagkörper; *i* Schlagkörper; *j* Schlagnasen des Schlagkörpers; *k* Meßpendel; *l* Seilzug; *m* Auslösehebel; *n* Anschlag; *o* Vorrichtung zur Anzeige des Wertes $1 - \cos\alpha$.

schlagmaschine von H. C. MANN wurden Versuche mit Schlaggeschwindigkeiten bis zu 100 m/s durchgeführt, MANN gibt als obere erreichbare Grenze sogar

---

[1] Proc. Amer. Soc. Test. Mater. Bd. 35 (1935), Part II, S. 323; Bd. 36 (1936), Part II, S. 85; Bd. 37 (1937), Part II, S. 102.

300 m/s an (Probenabmessungen: Schaftdurchmesser 0,252″, d. h. 6,4 mm; Schaftlänge 1″, d. h. 25,4 mm; Gesamtlänge 3″, d. h. 76,2 mm; Kopf-Gewinde-Durchmesser $^3/_4$″. Der Probenschaft ist mit schlanken Hohlkehlen in den Kopf übergeführt).

Der Aufbau der Maschine ist schematisch in Abb. 97 gezeigt. Als Energie-speicher dient ein aus zwei parallel zueinander auf der gleichen Hohlwelle e angeordneten Scheiben bestehendes Schwungrad d. Die Schwungradwelle e ist in Kugellagern f aufgenommen und wird von einem direkt gekuppelten Elektro-motor g angetrieben. In der Nähe ihrer Peripherie sind die Scheiben durch einen stabilen Bolzen h verbunden, auf dem der Schlagkörper i sitzt, der in 2 Nasen j ausläuft. Diese beiden Nasen treffen gleichzeitig ein Querhaupt b an dem freien Ende der Probe a und übertragen so den zum Zerreißen der Probe erforderlichen Teil der Schwungradenergie auf die Zugprobe.

Die Probe a ist am unteren Ende eines konzentrisch zur Schwungradachse leicht drehbar angeordneten Pendels k mit bekanntem Massenträgheitsmoment befestigt. Die Trägheit des Pendels liefert den Schlagwiderstand. Durch die für das Zerreißen der Probe a erforderliche Schlagenergie A_B wird das Pendel k um einen Winkel α ausgelenkt, der mit A_B in dem folgenden Zusammenhang steht:

$$A_B = \omega_0 K_1 (1 - \cos\alpha)^{1/2} - K_2 (1 - \cos\alpha). \tag{44}$$

In dieser Gleichung ist ω_0 die Winkelgeschwindigkeit des Schwungrads in dem Augenblick des Schlags; sie wird mit Hilfe eines Tourenzählers ermittelt. K_1 und K_2 sind Festwerte, deren Größe von den Massenträgheitsmomenten des Schwungrads und des Pendels abhängt.

Ein durch die Hohlwelle e geführter und an einer in der Längsachse der Welle geführten Muffe endender Seilzug l hält den Schlagkörper in der Ruhestellung. Wird der Auslösehebel m, nachdem das Schwungrad d auf die gewünschte Drehzahl gebracht ist, bestätigt, so wird der Schlagkörper i freigegeben. Da er unterhalb seines Schwerpunkts auf den Bolzen h aufgesteckt ist, wird er durch die Fliehkraft bis zu einem Anschlag n nach außen und in die im Bild gezeichnete Arbeitsstellung geschleudert. Um die verbrauchte Zerreißarbeit A_B schnell bestimmen zu können, ist mit dem Meßpendel k eine Vorrichtung o verbunden, die den Ausschlag α des Pendels anzeigt, aber deren Zifferblatt entsprechend dem Wert $1 - \cos\alpha$ beschriftet ist.

Für die Aufzeichnung des Zugkraft-Dehnungs-Schaubilds durch einen Kathodenstrahloszillographen schlug E. Lehr ergänzend vor, die Kraft etwa in ähnlicher Weise wie bei der Anordnung von H. Brinkmann piezoelek-trisch zu messen und durch die Dehnung den Lichtstrom für eine Fotozelle zu steuern, so daß der Fotozellenstrom in jedem Augenblick der Dehnung proportional ist. Dieses Meßprinzip ist inzwischen beim 10/5 kgm-Pendel-schlagwerk, Bauart VEB Werkstoffprüfmaschinen, Leipzig, durch M. Nier verwirklicht worden.

Die erste Schwungradschlagmaschine für Biegeversuche wurde von R. Guillery bereits im Jahre 1906 gebaut. Sie gestattet die Durchführung von Schlag-Biege-Versuchen an Proben mit 10×10 mm² Querschnitt und einer freien Auflagerlänge von 40 mm. Obwohl das ureigenste Gebiet der Schwungrad-schlagmaschinen das Gebiet der hohen Schlaggeschwindigkeiten ist, wurde die Maschine von R. Guillery bei einer Geschwindigkeit der Schlagnase von nur 8,8 m/s entsprechend einer Fallhöhe von 4 m betrieben.

Abb. 98 zeigt den Aufbau der Maschine im Schema. Die Probe a, die auf dem als Schlitten ausgebildeten Amboß b mit einer gabelförmigen Klemme c

eingespannt ist, wird im geeigneten Augenblick in den Bereich der in dem rotierenden Schwungrad d befestigten Schlagnase e gebracht und zerschlagen.

Vor Beginn des Versuchs wird der Schlitten b gegen die Kraft der starken Schraubenfeder f vom Schwungrad weg zurückgeschoben und in dieser Stellung arretiert. Das Schwungrad d wird mit der Handkurbel g oder mit der Seilscheibe h über die Zahnräder i in Gang gesetzt. Mit der Schwungradachse ist

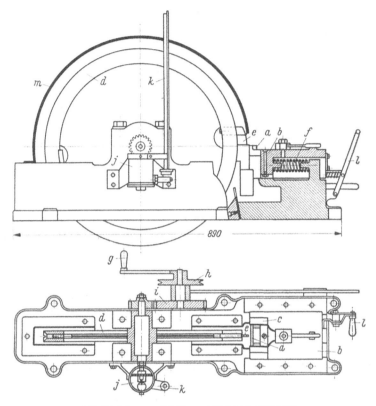

Abb. 98. Schwungrad-Schlagmaschine nach GUILLERY.

a Probe; b als Schlitten ausgebildeter Amboß; c gabelförmige Spannklemme; d Schwungrad; e Schlagnase; f Spannfeder für den Amboßschlitten; g Handkurbel; h Antriebsscheibe; i Zahnradvorgelege; j Zentrifugalpumpe; k Standrohr aus Glas mit Teilung; l Auslösehebel für den Amboßschlitten; m Schutzblech.

eine kleine Zentrifugalpumpe j gekuppelt, die Wasser in das senkrechte Glasrohr k fördert. Die Steighöhe des Wassers, die der Umdrehungszahl des Schwungrads proportional ist, wird auf einer Teilung abgelesen.

Ist die Drehzahl von 293/min erreicht, die einer Umfangsgeschwindigkeit von 8,8 m/s und einer Anfangsenergie von 60 kgm entspricht, so wird der Amboß mit Hilfe des Auslösehebels l freigegeben und von der Feder f nach vorne geschnellt. Die Bewegung des Amboßschlittens wird durch einen Anschlag begrenzt. Die Drehzahl wird nach dem Bruch der Probe erneut am Standrohr k abgelesen. Die Drehzahldifferenz ermöglicht unter Berücksichtigung des gleichbleibenden Massenträgheitsmoments des Schwungrads die Berechnung der verbrauchten Schlagarbeit.

Die Schwungradschlagmaschine für Verdrehversuche von G. V. LUERSSEN und O. V. GREENE[1] dient zur Durchführung von Drehschlagversuchen bei ver-

---

[1] Proc. Amer. Soc. Test. Mater. Bd. 33 (1933), Part. II, S. 315.

schiedenen Schlaggeschwindigkeiten. Es können Proben mit Schaftlängen zwischen 25 und 75 mm untersucht werden. Der Durchmesser der glatten Probe betrug bei den Versuchen, welche die Erbauer des Schlagwerks durchführten, 6,3 mm.

Die Bauart ist in Abb. 99 angedeutet. Die am einen Ende gegen Verdrehen gesichert eingespannte Probe a trägt an ihrem freien Ende einen zweiarmigen,

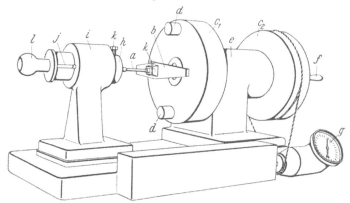

Abb. 99. Schwungrad-Schlagmaschine nach Luerssen-Greene.

a Probe;　b Hebel zum Übertragen der Schlagenergie auf a;　c_1, c_2 Schwungräder auf gemeinsamer Welle; d Schlagnasen;　e Lagerbock für den Schwungradsatz;　f Handkurbel;　g Tourenzähler;　h Spannkopf;　i Lagerbock für h;　j Verdrehsicherung für h;　k Stellschrauben;　l Handgriff zum axialen Verschieben der Probe.

symmetrisch zur Probenachse ausgebildeten Hebel b. Auf seine Enden treffen zwei im Schwungrad c_1 befestigte Schlagnasen d auf, wenn die Probe mit dem Hebel b durch eine axiale Verschiebung in ihren Bereich gerückt wird.

Die für den Versuch erforderliche kinetische Energie wird in dem Schwungradsatz gespeichert. Dieser besteht aus zwei, auf einer Welle montierten Schwungrädern c_1 und c_2. Die Welle läuft im Lagerbock e in Kugellagern und wird durch eine Handkurbel f auf die gewünschte Drehzahl gebracht. Ein Tourenzähler g, der durch einen Schnurtrieb vom Schwungrad c_2 angetrieben wird, zeigt die jeweils erreichte Tourenzahl an.

Der Kopf h für die Einspannung der Probe ist in dem Bock i gegen Verdrehung durch Nut und Feder j gesichert, aber längsverschieblich gelagert. Die Probe a, deren Enden prismatisch ausgebildet sind, ist durch Stellschrauben k in dem Spannkopf h und dem Hebel b befestigt. Hat das Schwungrad die gewünschte Tourenzahl erreicht, so wird mit dem Handgriff l die Probe axial verschoben und dadurch ihr Bruch herbeigeführt.

Gemessen wird bei dieser Einrichtung nur die Drehzahldifferenz $n_1 - n_2$ vor und nach dem Zerschlagen der Probe. Aus ihr und dem durch einen besonderen Einmeßversuch bestimmten Massenträgheitsmoment des Schwungradsatzes ergibt sich die Brucharbeit A_B in kgcm zu:

$$A_B = \frac{\pi^2}{1800}\,(n_1^2 - n_2^2)\,\theta\,.$$

Die Schwungradschlagmaschine von M. Itihara[1] dient Verdrehschlagversuchen mit zylindrischen Proben bei einmaliger Beanspruchung. Es unterscheidet sich von der Maschine nach G. V. Luerssen und O. V. Greene nicht nur hinsichtlich seiner mechanischen Ausführung, sondern vor allem auch durch

[1] Technol. Rep. Tôhoku Univ. Bd. 9 (1933), S. 16; Bd. 11 (1935), S. 489, 512, 528; Bd. 12 (1936), S. 105.

die vorgesehenen Meßeinrichtungen. Abb. 100 zeigt die Anordnung. Die Probe a ist zwischen der an einem Ende fest verankerten Drehfeder b und dem Kopf c, über den der Schlag eingeleitet wird, eingespannt. Das Schwungrad d, welches in 2 Kugellagern e gelagert ist, wird mit der konstanten Drehzahl von 1700/min durch eine Riemenscheibe f angetrieben. Die Tourenzahl des Schwungrads wird mit Hilfe des Tachometers g über-
wacht. Wird der Abzug betätigt, so schließt sich die Mitnehmerkupplung h und überträgt schlagartig die Schwungradenergie auf die Probe, die verdreht wird und bricht.

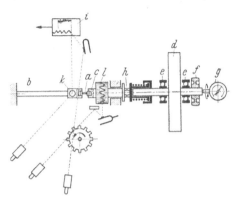

Auf der Platte i wird das Verdrehmoment fotografisch über die Ablen-
kung eines Spiegels k, montiert auf der Feder b, registriert. Auf einem Bromsilberpapier wird auf der Trommel l der zugehörige Verdrehwinkel auf dem Wege der Verdrehung der von einer Stimmgabel erzeugten Sinus-
schwingung festgehalten. Die Kombi-
nation ergibt die Verdreharbeit.

Die Masse des Schwungrads ist so groß gewählt, daß die Probe bei praktisch konstanter Drehzahl bricht.

Abb. 100. Schwungrad-Schlagmaschine für Verdreh-
versuche nach ITIHARA.

a Probe; b Drehstabfeder (Torsionsdynamometer); c Spannkopf zur Schlageinleitung; d Schwungrad; e Schwungradlagerung (Kugellager); f Antriebs-Rie-
menscheibe; g Tachometer; h Mitnehmerkupplung; i Fotoplatte (Drehmoment-Registrierung); k Spiegel; l Registriertrommel mit Bromsilberpapier (Verdreh-
winkel-Registrierung).

Bei der Maschine von E. SIEBEL und G. MENGES[1], Abb. 101 a, (Schlag-
geschwindigkeitsbereich: von 5 bis 11,5 m/s, höchstzulässige Umfangsgeschwindigkeit der Scheibe bei 1,5facher Sicherheit: 150 m/s; höchster Geschwindigkeitsabfall bei der Geschwin-
digkeit von 25 m/s: 0,1%, bei der Geschwindigkeit von 100 m/s: 0,01%; Antrieb durch Asynchronmotor 4 kW und 1420 U/min) wird die Beanspruchung durch eine starre an der Schwungscheibe sit-
zende Nase aufgebracht, in deren Bahn die Probe eingeschwenkt wird.

Abb. 101 b läßt die Einzelheiten der Anordnung erken-
nen. Zum Lösen des Schlages wird die in ihrer Achsrich-
tung gegen die Rückstellkraft einer Feder verschiebbare Welle h, auf welcher der mit der Sperrklinke i festverbun-
dene Auslösefinger g befestigt

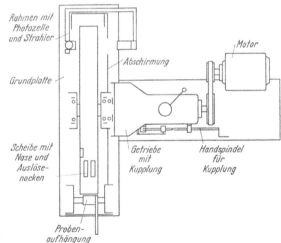

Abb. 101 a. Schwungradschlagmaschine nach SIEBEL-MENGES.

ist, so mit einer Schnur gezogen, daß der Auslösefinger g in die Bahn des Auslösenockens f kommt. Die Sperrklinke i gibt damit die Probe frei, die

---

[1] Arch. Eisenhüttenw. Bd. 28 (1957) S. 31.

durch eine Zugfeder in den Bereich der Schlagnase geschwenkt wird. Ein verstellbarer Anschlag verhindert, daß die Probe gegen die Scheibe schlägt; ihre
Bewegung wird durch eine Gegenfeder gebremst. Höhe und Verlauf der Beanspruchung in der Probe können durch Dehnungsmeßstreifen ermittelt wer-

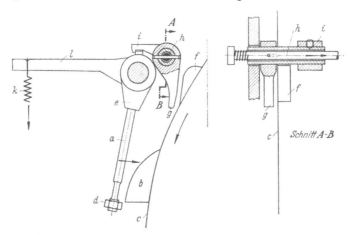

Abb. 101 b. Probenaufhängung und Einwurfvorrichtung zur Schwungradschlagmaschine nach SIEBEL-MENGES.
a Probe; b Schlagnase; c Scheibe; d Querhaupt; e drehbarer Probenaufnehmer; f Auslösenocken; g Auslösefinger; h mit dem Auslösefinger verbundene, längsverschiebbare Welle; i Klinke; k Zugfeder; l Hebel für
Zugfeder.

den, die auf dem zylindrisch ausgebildeten Dynamometerschaft der Probe angebracht sind.

G. MENGES arbeitete zur Aufzeichnung mit einer Zweistrahlröhre. Der eine
Strahl zeigte die Widerstands- oder Längenänderung in Abhängigkeit von der

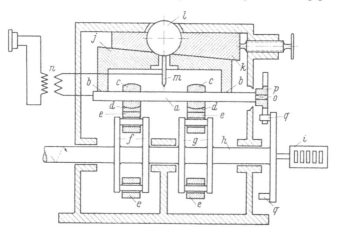

Abb. 102. Dauerschlagwerk, Bauart Maybach.
a Probe; b Auflager; c Lagerbuchsen; d Federpfannen; e Schlagrollen; f, g Scheibenpaare; h Hauptantriebswelle; i Zählwerk; j Schlitten; k Keil zum Einstellen der Probendurchbiegung; l Meßuhr; m Taststift; n Berührungsanzeige; o Vierkant an a; p Malteserkreuz; q Schaltstifte.

Zeit an, während der zweite Strahl zur Überprüfung der Zeitlinearität der
Auslenkung des Meßstrahls und als Zeitmaßstab diente.

Wegen der Einzelheiten sei auf die Dissertation von G. MENGES verwiesen[1].

---

[1] Dr.-Ing.-Diss. T. H. Stuttgart 1956.

Abb. 102 zeigt im Schema den Aufbau des Schlagwerks der Firma Maybach[1], das es gestattet, zylindrische Proben 6000mal in der Minute einer Folge von kurzzeitigen Biegebeanspruchungen zu unterwerfen. Das Schlagwerk ist in 3 Modellen für Proben von 7, 9 und 11 mm mit Stabschaftlängen von 78, 120 und 230 mm gebaut worden.

Der Stab *a* ist in den Auflagern *b* eines Schlittens aufgenommen. Symmetrisch zur Mitte sind 2 kugelig abgedrehte Lagerbüchsen *c* aufgesetzt. Über entsprechend ausgebildete Pfannen *d* drücken 2 Blattfedern den Stab in die Auflager.

Die Beanspruchung wird durch Schlagrollen *e* erzeugt. Vier von diesen sind zwischen je 2 Scheibenpaaren *f* und *g* um 90° über den Umfang versetzt angeordnet. Die Scheibenpaare *f* und *g* sitzen auf der Hauptantriebswelle *h*. Die Rollen sind so angeordnet, daß ihre Achsen im Scheibenpaar *f* mit den Achsen im Scheibenpaar *g* fluchten.

Die Hauptwelle *h* wird von einem Motor mit 0,5 kW Leistung und 1500 U/min angetrieben. Ein mit ihr gekuppeltes Zählwerk *i* zeigt die Zahl der bis zum Versuchsende aufgebrachten Schläge an.

Wird das Schlagwerk in Betrieb genommen, so streifen die Schlagrollen je nach der Einstellung des Schlittens *j*, die über den Keil *k* vorgenommen wird, mehr oder minder stark die Buchsen *d* und biegen so den Stab bei jedem Vorbeilauf durch. Das Maß der Durchbiegung wird mit Hilfe der Meßuhr *l* gemessen. Der Augenblick der Berührung zwischen Taststift *m* und Probe *a* wird elektrisch angezeigt *n*. Während der Prüfung werden Probe und Schlagrollen reichlich mit Öl bespült. Nach dem Bruch wird die Probe von einem um ihre Mitte greifenden Halter abgefangen.

Jede Probe ist am Ende mit einem Vierkant *o* versehen, auf den ein Malteserkreuz *p* aufgesetzt wird. Durch die in *p* eingreifenden Stifte *q* wird die Probe nach jedem Schlag um 90° weitergedreht.

4. Geräte, bei welchen der Schlagimpuls durch die Umwandlung chemischer Energie in mechanische zustande kommt.

Die Gasdruck-Zugvorrichtung von G. SEITZ[2] dient dazu, Proben einachsig äußerst schnell und kurz zu beanspruchen. Sie wurde in 2 Ausführungsarten gebaut, und zwar zunächst für Proben mit 4 mm Durchmesser und später für Proben mit 10 mm Durchmesser. Über den ersten Vorläufer dieser Prüfeinrichtung aus der Mitte des vorigen Jahrhunderts finden sich übrigens in der Literatur Angaben von F. ROGERS[3]: Eine Probe war zwischen 2 Geschossen befestigt und in einem Kanonenlauf eingebaut. Durch eine Pulverladung wurden die beiden Geschosse auseinandergetrieben.

Bei einer anderen Gasdruck-Zugvorrichtung, die auf M. A. COMTET[4] zurückgeht, war die Probe in 2 Kolben befestigt und mit diesen in die Bohrung eines Blocks eingesetzt. Die Probe war mit einem Pulverbeutel umhüllt. Bei den Versuchen mit dieser Vorrichtung wurde der maximale Gasdruck über Stauchzylinder gemessen.

Abb. 103 zeigt die erste, kleinere Vorrichtung von G. SEITZ. Sie besteht im wesentlichen aus einer dickwandigen, zylindrischen Druckkammer, die mehrere Öffnungen besitzt. In eine Querbohrung wird die Probe *a*, ein Proportionalstab

---

[1] LAUTE, K.: Z. Metallkde. Bd. 28 (1936) S. 233 — DRP 522424.
[2] Z. Konstruktion Bd. 4 (1952) S. 237. Verh. D. Phys. Ges. Bd. 20 (1939) S. 135.
[3] Mech. Engng. Bd. 26 (1912) S. 617 — J. West. Scotl. Iron Steel Inst. Bd. 20 (1912/13) S. 24.
[4] *Mém. de l'art Franç.* Bd. 7 (1928) S. 357.

mit 4 mm Schaftdurchmesser, eingesetzt. An einem Ende ist dieser mit einem Bund versehen und in einer in die Querbohrung eingeschraubten Fassung *b* befestigt. Das andere Ende *c* der Probe ist als Kolben mit einer wirksamen Fläche von 1 cm² ausgebildet, der in einer passenden, zylindrischen Lagerung *d* in der Wand der Druckkammer gleiten kann und gegenüber der Lagerung über ein Labyrinth abgedichtet ist. In die Öffnungen der Längsachse sind auf der einen Seite der Zündkopf *e* mit den Elektroden, auf der anderen Seite das Druckmeßelement *f* eingeschraubt. Schließlich ist noch eine fünfte Bohrung *g* vorgesehen, welche zur Aufnahme der Ausströmdüse dient.

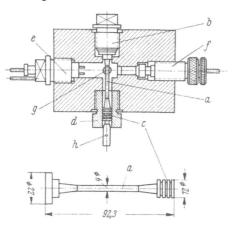

Abb. 103. Gasdruck-Zugvorrichtung nach Seitz.
(Erste Ausführung für 4 mm Stabdurchmesser.)

a Probe; *b* feste Einspannung; *c* bewegliches Probenende (Kolben mit Labyrinthdichtung); *d* Gleitführung für *c*; *e* Zündkopf mit Elektroden; *f* Geber der piezoelektrischen Druckmeßeinrichtung; *g* Bohrung für die Ausblasdüse; *h* Punktblende.

Mit Hilfe dieser Ausströmdüse wird der Druckabfall und damit die Dauer der Belastung geregelt. Da das Pulver in unverdünnter Form unregelmäßig verbrennt, muß die Düse verschlossen werden. Dies kann durch eine vor sie gelegte Reißfolie erreicht werden. Durch Änderung von Foliendicke, Düsenform und Düsenquerschnitt kann man das Ausströmen der Gase so regeln, daß bei richtiger Abgleichung der Werte praktisch jede gewünschte Druckkurve hergestellt werden kann.

Abb. 104 gibt das Schema der Meßeinrichtung wieder. In den Kolbenkopf der Probe *a* wurde eine dünne Punktblende *h* aus Aluminium (s. auch Abb. 103) eingesetzt. Sie wurde durch eine Bogenlampe *m* angeleuchtet. Mit ihrer Hilfe und durch eine Optik wurde die Stabdehnung auf eine Registriertrommel *n* übertragen. Auf die gleiche Trommel wurde neben den Lichtsignalen einer durch eine Stimmgabel gesteuerten Glimmlampe *o* der mit dem Druckgaselement *f* piezoelektrisch gemessene Druck-

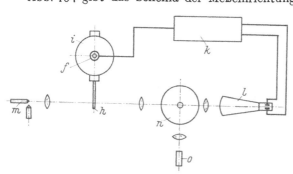

Abb. 104. Schema der Meßeinrichtung zur Gasdruck-Zugvorrichtung nach Abb. 103.

f Geberelement; *h* Punktblende; *i* Druckkammer; *k* Röhrenvoltmeter; *l* Braunsche Röhre; *m* Bogenlampe; *n* Registriertrommel; *o* Glimmlampe.

verlauf aufgezeichnet, der über ein Röhrenvoltmeter *k* und einen Verstärker durch einen Kathodenoszillographen *l* aufgenommen war.

Die optischen Verschlüsse und die ihnen gegenüber zeitlich verzögert arbeitende Zündvorrichtung wurden durch ein Helmholtz-Pendel betätigt. Nach dem Reißen des Stabs wurde die Bogenlampe durch die aus der Kolbenführung ausströmenden Gase gelöscht, damit der Film nicht überblendet wurde. Je nach der Geschwindigkeit, die erreicht werden soll, läßt man in der Druckkammer die verschiedensten Gasgemische explodieren oder Pulver verbrennen. Die schnellsten Pulver, die Seitz bei diesen Versuchen benutzte, verbrannten in 0,5 bis 1×10^{-3} Sekunden.

Die in Abb. 105 dargestellte Druckkammer für Proportionalstäbe mit 10 mm Durchmesser arbeitet in grundsätzlich gleicher Weise wie die Vorrichtung von Abb. 103. Sie wurde gebaut, weil bei den Versuchen mit den dünneren Proben Werkstoffunregelmäßigkeiten die Ergebnisse schon stark beeinflußt hatten. Alles Nähere über den Aufbau der Vorrichtung ist aus dem Schema des Bildes zu ersehen.

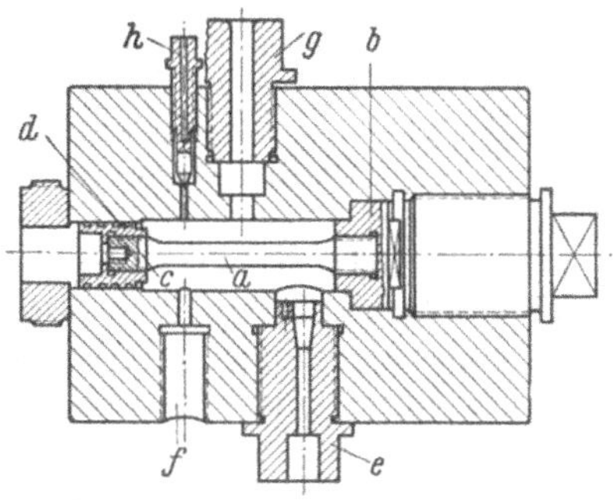

5. Gasdruck-Zugvorrichtung
von H. R. Sander.

Bei den Prüfeinrichtungen von M. A. Comtet und G. Seitz ist die Probe im Verbrennungsraum gelagert. Sie unterliegt deshalb einer zusätzlichen, senkrecht zur Oberfläche wirkenden Druckkraft und der Einwirkung der Verbrennungstemperatur.

Die von H. R. Sander[1] entwickelte Gasdruck-Zugvorrichtung vermeidet diese Nebeneinflüsse. Bei einer Dehngeschwindigkeit von 100000%/s gestattet sie eine rein axiale Dehnung der Proben je nach Wunsch um kleine Beträge oder bis zum Bruch.

Die in Abb. 106 dargestellte Vorrichtung besteht aus einem Druckzylinder, dessen einer Boden aus einem eingeschliffenen Kolben mit Traverse zur Kraftübertragung auf die Meßelemente besteht und dessen anderer Boden als Differentialkolben zur Dehnung der Probe ausgebildet ist. Sie funktioniert wie folgt: Die Probe a ist in das dünnere Ende des saugend in den Druckzylinder b eingeschliffenen Differentialkolbens c spielfrei eingeschraubt. Mit ihrem anderen Ende ist sie in der Traverse d befestigt. Im dickeren Teil des Differentialkolbens c ist eine Patronenhülse e

Abb. 105. Gasdruck-Zugvorrichtung nach Seitz. (Zweite Ausführung für 10 mm Stabdurchmesser.)

a Probe; *b* feste Einspannung; *c* bewegliches Probenende; *d* Führungsstück mit Labyrinthdichtung; *e* Zündkopf; *f* Bohrung zur Aufnahme des Gebers der piezoelektrischen Druckmeßeinrichtung; *g* Ausströmdüse; *h* Ventil.

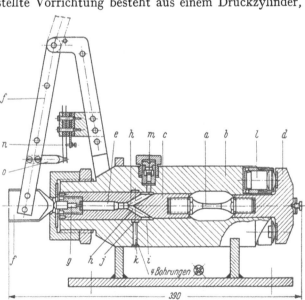

Abb. 106. Gasdruck-Zugvorrichtung nach Sander.

a Probe; *b* Druckzylinder; *c* Differentialkolben; *d* Traverse; *e* Patronenhülse; *f* Hammer; *g* Schlagbolzen; *h* Überströmkanüle; *i* Ringkanal; *j* Auslaß-Ringkanal; *k* Auslaßbohrungen; *l* Kalottenmeßeier zur Ermittlung des Formänderungswiderstands; *m* Meßkalotte zur Ermittlung des höchsten Gasdrucks; *n* Kontakteinrichtung zum Einschalten der Registriergeräte; *o* Betätigungsstift für *n*.

[1] Hempel, M. u. R. H. Sander: Glasers Annalen Bd. 73 (1949) S. 133.

mit einer Pulverladung eingesetzt. Durch einen Hammer f kann die Ladung über einen Schlagbolzen g gezündet werden. Die Pulvergase strömen dann durch die Kanäle h in den Ringkanal i. In diesem wirkt der Gasdruck u. a. auf die schmale Ringfläche des Absatzes zwischen dem dünneren und dickeren Teil des Differentialkolbens c. Die so entstehende Zugkraft dehnt die Probe axial mit hoher Verformungsgeschwindigkeit so lange, bis die Kante des Kolbenabsatzes den Auslaßringkanal j freigibt, aus dem dann die Verbrennungsgase über 4 Bohrungen k ausströmen. Da die Entfernung der Kolbenkante vom Auslaßringkanal j bei Beginn des Versuchs nach Wunsch eingestellt werden kann, kann auch die Dehnung des Probestabs auf ein gewünschtes Maß begrenzt werden.

Der Formänderungswiderstand der Probe a wird über die Traverse d auf zwei Kalottenmeßeier l übertragen. Sie gestatten es, den Höchstwert des Formänderungswiderstands durch Ausmessen eines Kreises zu ermitteln, der als Abdruck unter einer elastisch verformten Kugelkalotte auf einer ebenen, berußten Fläche entsteht. Die Kalottenmeßeier werden statisch eingemessen. Bei dieser Anordnung wird also, was die Genauigkeit der Messung günstig beeinflußt, die Stabbeanspruchung unabhängig von der Kraft ermittelt, die zur Beschleunigung des Kolbens erforderlich ist.

Der Höchstwert des Gasdrucks in dem Ringkanal wird über die Meßkalotte m ermittelt.

Der Verformungsweg wird optisch auf einer rotierenden, im Bild nicht gezeichneten Trommel registriert, er kann aber auch mit Hilfe von Dehnungsmeßstreifen ermittelt werden. Die Registriergeräte werden von der Kontaktvorrichtung n ausgelöst, die durch einen am Hammerstiel befestigten Stift o betätigt wird.

III. Prüfmaschinen für schwingende Beanspruchung.

Von **H. Oschatz**, Darmstadt, und **M. Hempel**, Düsseldorf.

A. Einleitung.

1. Ursachen der Entwicklung.

Es ist kein Zufall, daß die Entfaltung der Versuchstechnik für schwingende Beanspruchungen mit der sprunghaften Entwicklung des Verkehrsmaschinenbaues zusammenfällt, die sich in den letzten hundert Jahren vollzog. Die zunehmende Dynamik, die damit in den Maschinenbau einzog, stellte die Lösung der Frage nach der Sicherheit technischer Konstruktionen immer stärker in den Vordergrund. Zu WÖHLERS[1] Zeiten (1850 bis 1870) machten die Rückschläge im Gleis- und Fahrzeugbau der ersten Eisenbahnen umfassende Dauerversuche notwendig, um festzustellen, wie sich metallische Werkstoffe unter sich wiederholenden Beanspruchungen eigentlich verhalten. Die üblichen Bemessungsregeln und die Einsichten, die die damaligen Materialprüfungen vermittelten, versagten auf dem Gebiete dynamisch beanspruchter Maschinenteile. Der damals neuartige Dauerschwingversuch gab WÖHLER neue, wesentliche Hinweise.

Für den weiteren Ansatz solcher Untersuchungen waren schließlich um 1920 die Aufgaben aus dem Motoren- und dann vor allem aus dem Flugzeugbau maßgebend. Die seitdem in zahlreichen Untersuchungen behandelte Dauerfestigkeitsforschung[2 bis 14] hat uns gelehrt, daß Stoff und Form als die beiden Grundpfeiler allen konstruktiven Schaffens in engster Wechselbeziehung zueinander gesehen, gewertet und auch geprüft werden müssen.

[1] WÖHLER, A.: Z. Bauw. Bd. 8 (1858) S. 641; Bd. 10 (1860) S. 583; Bd. 13 (1863) S. 233; Bd. 16 (1866) S. 67; Bd. 20 (1870) S. 73; vgl. Engineering Bd. 11 (1871) S. 199, 221, 244, 261, 299, 327, 349, 397 u. 439.
[2] MAILÄNDER, R.: Werkstoff-Ausschußber. Nr. 38 (1924) des VDEh.
[3] GOUGH, H. J.: The Fatigue of Metals. Scott, Greenwood & Son, London 1924.
[4] MOORE, H. J. u. J. B. KOMMERS: The Fatigue of Metals. New York: McGraw-Hill Book Comp., 1927.
[5] FÖPPL, O., E. BECKER u. G. v. HEYDEKAMPF: Die Dauerprüfung der Werkstoffe. Berlin: Springer, 1929.
[6] GRAF, O.: Die Dauerfestigkeit der Werkstoffe und der Konstruktionselemente. Berlin: Springer, 1929.
[7] HEROLD, W.: Wechselfestigkeit metallischer Werkstoffe. Wien: Springer, 1934.
[8] Battelle Memorial Institute: Prevention of the Failure of Metals under Repeated Stress. New York: J. Wiley & Sons, 1941.
[9] CAZAUD, R.: La Fatigue des Métaux. Dunod, Paris 1948.
[10] LOCATI, L.: La Fatica dei Materiali Metallici. U. Hoepli, Mailand 1950.
[11] MURRAY, W. M.: Fatigue and Fracture of Metals. New York: John Wiley&Sons, 1952.
[12] GROVER, H. J., A. GORDON u. L. R. JACKSON: Fatigue of Metals and Structures. Washington 1954.
[13] WEIBULL, W. u. F. K. G. ODQVIST: Colloquium on Fatigue. Berlin/Göttingen/Heidelberg: Springer, 1956.
[14] FREUDENTHAL, A. M.: Fatigue in Aircraft Structures. New York: Academic Press Inc., 1956.

Im Gegensatz zu den an genormte Proben gebundenen Versuchen der althergebrachten Materialprüfung, die sich fast ausschließlich dem Werkstoff als solchen zuwandte, erbrachten die neuen dynamischen Verfahren mit Rücksicht auf die Vielgestaltigkeit der zu prüfenden Formteile eine heute kaum noch zu übersehende Zahl an Prüfeinrichtungen und -maschinen. Teils wurden den statischen Zugprüfmaschinen Pulsationsanlagen beigegeben, teils von den Prüfmaschinen bauenden Firmen und in den Laboratorien der Forschungsinstitute neue Schwingprüfmaschinen entwickelt. Der Fortschritt im Beherrschen dynamischer Vorgänge spiegelt sich wie selten anderswo im Maschinenbau gerade bei Schwingprüfmaschinen gut wider.

E. Lehr[1] hatte in der ersten Auflage dieses Handbuchs einen vollzähligen Überblick über die jemals benutzten Baumuster noch geben können. Heute muß man sich darauf beschränken, das Grundsätzliche zu schildern und in den Einzelbesprechungen nur jene Maschinen zu berühren, die für ihre Art kennzeichnend sind und den technischen und geschichtlichen Werdegang dieser Gruppe von Prüfmaschinen aufzeigen.

2. Zweck der Schwingprüfmaschinen.

Es ist der Zweck solcher Maschinen, im Dauerschwingversuch festzustellen, wie sich Werkstoffe und Konstruktionselemente bei schwingenden Beanspruchungen verhalten. Da diese Versuche bis zehn Millionen und oft dem Vielfachen davon an Lastspielen ausgedehnt werden, verlangt man von den Maschinen, daß sie zu derartigen Dauerläufen fähig sind und während der Prüfzeit dem Prüfgegenstand die Kräfte in gewünschten Grenzen aufzwingen. Nach Möglichkeit sollen solche Maschinen sich selbst regeln und unbeobachtet Tag und Nacht durchlaufen.

Die Aufgaben für Schwingprüfmaschinen sind, wie die Dauerfestigkeitsforschung selbst, noch im Fluß und im Wandel begriffen. Abkürzungsverfahren[2] werden heute kaum noch benutzt, weil sie nicht treffsicher genug sind und sich auf gekerbte Proben nicht anwenden lassen. Nach wie vor arbeitet man nach dem Wöhler-Verfahren und stellt Wöhler-Kennlinien und Dauerfestigkeits-Schaubilder auf[3]. Neben Versuchen an Probestäben gewinnen Versuche an Formelementen, Konstruktionsteilen im verkleinerten Maßstab (Modellversuche), wenn möglich aber in natürlicher Größe, und Versuche an ganzen Baugruppen zunehmend an Bedeutung[4]. Daraus ergibt sich für den Prüfmaschinenbau die oben schon erwähnte Vielzahl der Baumuster, aber auch die Einsicht, daß man Schwingprüfmaschinen nicht ohne weiteres normen kann.

3. Genauigkeit von Schwingprüfmaschinen.

Wegen des großen Aufwands an Proben und an Prüfzeiten muß man sich wohl überlegen, wie genau die benutzte Schwingprüfmaschine arbeitet[5]. Es ist wichtig, daß ihre Ergebnisse immer wieder in der gleichen Weise reproduzierbar sind. In der Frage nach der Genauigkeit treffen sich gerade bei Schwingprüfmaschinen extreme Wünsche. Für Formteilversuche werden universelle Ein-

---

[1] Prüfmaschinen für schwingende Beanspruchung. In: Handbuch der Werkstoffprüfung. 1. Aufl., Bd. 1, S. 215. Hrsg. E. Siebel, Berlin: Springer, 1940.

[2] Vidal, G.: La Recherche Aéronautique 1953, Nr. 34, S. 49 — Engineer's Digest Bd. 14 (1953) S. 433.

[3] Vgl. DIN 50100 „Dauerschwingversuch" (Begriffe, Zeichen, Durchführung, Auswertung) Berlin: Beuth-Vertrieb G. m. b. H., Jan. 1953.

[4] Siehe auch Sigwart, H.: Festigkeitsprüfung bei schwingender Beanspruchung. In: Handbuch der Werkstoffprüfung. 2. Aufl., Bd. II, S. 201. Hrsg. E. Siebel, Berlin/Göttingen/Heidelberg: Springer, 1955.

[5] Erlinger, E.: Meßtechnik Bd. 12 (1936) S. 16.

spannungen und große Verformungshübe verlangt. Trotzdem sollen die Versuche mit möglichst hohen Prüffrequenzen erledigt werden, damit die Ergebnisse schnell anfallen, die Maschinen gut ausgenutzt werden und die Prüfkosten in tragbaren Grenzen bleiben. Diese Wünsche laufen für den Konstrukteur wie für den Prüfer auf die Sorge um das Beherrschen der Massenkräfte hinaus, die sich sonst sehr leicht und oft auch unerkannt in das Prüfergebnis einschleichen. Schon beim Bau ist darauf zu achten, daß mitschwingende Massen zwischen Probe und Kraftmeßeinrichtung nach Möglichkeit klein gehalten werden, damit deren Trägheitskräfte das zulässige Maß der Abweichung der Anzeige von der wirklichen Beanspruchung der Probe nicht überschreiten. Neuere Versuche mit Dehnungsmeßstreifen[1, 2, 3] lassen erkennen, daß ältere Baumuster von Schwingprüfmaschinen zu überprüfen und zu korrigieren sind[4, 5]. Neuerdings werden den Maschinen Nomogramme beigegeben, die die von den Massenkräften abhängige Korrektur enthalten. Andererseits läßt es sich durch geschicktes Verteilen der Maschinenmassen erreichen, daß der Schwingungsknoten der gegenläufigen Bewegungen in jenen Bereich der Maschinenkonstruktion fällt, der zwischen Probe und Kraftmeßeinrichtung liegt. Bei einer solchen Anordnung schwingen die dort befindlichen Massen nicht mit und fälschen daher auch die Kraftanzeige nicht[6].

Es ist heute möglich, Schwingprüfmaschinen so zu bauen, daß in einem Bereich von $1/1$ bis $1/3$ der Höchstkraft die Anzeige der Kraft nicht weiter als $\pm 3\%$ vom jeweiligen Effektivwert an der Probe abweicht. Unterhalb dieses Arbeitsbereiches der Maschine muß ein Fehler von $\pm 1\%$ der Höchstkraft hingenommen werden.

Für hydraulische Schwingprüfmaschinen empfiehlt das Internationale Institut für Schweißtechnik (I. I. W.) vor derartigen Fehlerbetrachtungen zunächst jene Fehler zu korrigieren, die aus den Trägheitswirkungen der sich bewegenden Massen resultieren[7]. Um dieser Empfehlung gerecht zu werden, müssen diese Korrekturen auf $\pm 2\%$ des jeweiligen Sollwertes genau vorgenommen sein.

Die richtige Ermittlung der Dauerschwingfestigkeit hängt sehr von technologischen Bedingungen und anderen streuenden Einflüssen ab. Man ist deshalb neuerdings dazu übergegangen, die Ergebnisse der Dauerschwingversuche nach statistischen Verfahren auszuwerten[8 bis 16].

[1] FINK, K. u. M. HEMPEL: Arch. Eisenhüttenw. Bd. 22 (1951) S. 265. — HEMPEL, M. u. K. FINK: Arch. Eisenhüttenw. Bd. 24 (1953) S. 83.

[2] ROBERTS, M. H.: Metallurgia, Manchr. Bd. 46 (1952) S. 107/14.

[3] PISCHEL, W.: Forschungsber. Nr. 45 des Wirtschafts- und Verkehrsministeriums Nordrh.-Westf., Köln, Opladen: Westdeutscher Verlag 1953.

[4] HEWSON, T. A.: Proc. Soc. Exp. Stress Analysis Bd. 12 (1954) Nr. 1. S. 215.

[5] ROITMAN, I. M.: Zavodskaya Laboratoriya Bd. 21 (1955) S. 1378.

[6] ERLINGER, E.: Meßtechnik Bd. 12 (1936) S. 109.

[7] Tagung der IIS bzw. IIW in Zürich im September 1955.

[8] AFANASIEV, N. N.: J. Techn. Phys. (USSR) Bd. 10 (1940) S. 1553.

[9] WEIBULL, W.: A Statistical Representation of Fatigue Failures in Solids. Trans. roy. Inst. Tech. (Stockholm) Handlingar Nr. 27 (1949); J. Appl. Mech. Bd. 19 (1952) S. 109 u. SAAB Aircraft Comp., Techn. Notes Nr. 30 (1954) u. Nr. 32 (1955).

[10] FREUDENTHAL, A. M.: Proc. roy. Soc. A 187 (1946) S. 416; Amer. Soc. Test. Mater., Spec. Techn. Publ. Nr. 121 (1952) S. 3.

[11] FREUDENTHAL, A. M. u. E. J. GUMBEL: Proc. roy. Soc. A. 216 (1953) S. 309. J. Appl. Physics Bd. 25 (1954) S. 1435; J. amer. Statistical Assoc. Bd. 49 (1954) S. 575.

[12] EPREMIAN, E. u. R. F. MEHL: Investigation of Statistical Nature of Fatigue Properties. Nat. Adv. Comm. Aeron., T. N. 2719 (1952).

[13] HEMPEL, M.: Draht Bd. 5 (1954) S. 375.

[14] MC CLINTOCK, F. A.: J. Appl. Mech. Bd. 22 (1955) S. 421 u. 427.

[15] BÜHLER, H. u. W. SCHREIBER: Arch. Eisenhüttenw. Bd. 27 (1956) S. 201.

[16] LUNDBERG, B. u. S. EGGWERTZ: Aeron. Res. Inst., Schweden, Rep. Nr. 67 (1956).

4. Prüfenergie und Leistungsfähigkeit.

Im allgemeinen trachtet der Prüfer gern danach, eine möglichst hohe Prüffrequenz zu benutzen, um dadurch kurze Prüfzeiten zu gewinnen, zumal der Dauerprüfbetrieb an sich durch das Wöhler-Verfahren recht zeitraubend ist. Zeitgewinn und Kostenersparnis sind bei solchen Versuchen direkt proportional der Prüffrequenz. Dieser Umstand hat zur Entwicklung immer schneller arbeitender Schwingprüfmaschinen geführt [1 bis 4].

Der Massenkräfte wegen sind dieser Absicht gewisse Grenzen gesetzt. In vielen Fällen wurde diese Entwicklung zur schnellen Frequenz auf Kosten der Länge des effektiven Prüfhubs betrieben; d. h., die Maschinen liefen wohl schneller, aber waren nur noch in der Lage, möglichst starre Proben recht kurzen Verformungshüben zu unterwerfen.

Im Hinblick auf die universellen Möglichkeiten, in ein und derselben Maschine sowohl starre als auch nachgiebige Proben und Formteile prüfen zu können, gilt es heute als erstrebenswert, Maschinen zu bauen, die bei veränderlicher, aber auch hoher Frequenz eine große Prüfenergie in den Endlagen der Verformung der Probe besitzen. Solche Maschinen sind dann auch in der Lage, nicht nur eine einzige Beanspruchungsart zu erzeugen, sondern gleichwertig für Zug-Druck, Biegung und Verdrehung eingesetzt zu werden. Sie bieten zudem den Vorteil, durch Einschalten von Übersetzungsgliedern entweder den Kraftoder den Weganteil der Prüfenergie zu bevorzugen. Denn die Prüfenergie E_p stellt sich als das halbe Produkt aus der Schwinglastamplitude p_0 und dem dazugehörigen Verformungshub s dar:

$$E_p = 0.5 \cdot p_0 \cdot s.$$

Diese Prüfenergie soll aus wirtschaftlichen Gründen bei möglichst hohen Frequenzen zur Verfügung stehen, solange besondere Bedingungen und Rücksichten, wie z. B. die Erwärmung der Probe auf Grund innerer Dämpfung oder äußerer Reibung, nicht zu beachten sind. Als Kriterium für die universelle und wirtschaftliche Einsatzfähigkeit einer Schwingprüfmaschine rückt deshalb ihre *dynamische Leistungsfähigkeit* L_{dyn} immer deutlicher in den Vordergrund. Sie stellt sich als das weitere Produkt aus $E_p \cdot n$ dar und hat die Dimension einer Leistung [tm/min], wobei n die Lastspielfrequenz/min ist. Damit lautet die Formel für die dynamische Leistungsfähigkeit einer Dauerprüfmaschine:

$$L_{dyn} = 0.5 \cdot p_0 \cdot s \cdot n.$$

Wesentlich ist, daß nicht die überhaupt möglichen maximalen Kräfte, Hübe und Drehzahlen in diese Formel eingesetzt werden, sondern nur die tatsächlich gleichzeitig realisierbaren. Statische Vorspannkräfte bleiben dabei unberücksichtigt.

Außer diesen physikalischen Zusammenhängen ist die Zugänglichkeit zur Einspannung, also der Spannraum zum Unterbringen der Proben und Formteile in der Maschine, mit dafür entscheidend, wie universell sich eine Schwingprüfmaschine im praktischen Betrieb einsetzen läßt.

5. Aufbau von Schwingprüfmaschinen.

Erstaunlich vielseitig und technisch interessant sind die Antriebsarten von Schwingprüfmaschinen für die verschiedensten Beanspruchungen: Vom einfachen Kurbeltrieb bis zur modernen Elektronik sind alle Zwischenstufen ver-

---

[1] Voigt, E.: Z. Techn. Phys. Bd. 9 (1928) S. 321.
[2] Russenberger, M.: Z. VDI Bd. 94 (1952) S. 314.
[3] Heywood, R. B.: Schweiz. Arch. angew. Wiss. Techn. Bd. 19 (1953) S. 249.
[4] Vidal, G., F. Girard u. P. Lanusse: Compt. Rend. Bd. 242 (1956) S. 986.

treten. Hydraulische Entwicklungen zeigen noch die frühe Verwandtschaft zur statischen Prüfmaschine. Auch die schwingungstechnischen Möglichkeiten, wie das Vergrößern von Wirkungen durch den Resonanzeffekt, werden genutzt. Neuerdings sind auch pneumatische Antriebe entwickelt worden.

Versucht man eine Schwingprüfmaschine aufzugliedern, so findet man im allgemeinen immer wieder gewisse Grundelemente vertreten, die zumeist in der folgenden sinnvollen Reihe stehen: Der *Antrieb* erzeugt die schwingenden Prüfkräfte, die der Probe zugeleitet werden. Hinter der *Probe* liegt im Kraftfluß die *Kraftmeßeinrichtung* (Dynamometer). Dahinter oder parallel dazu liegt die *Vorspanneinrichtung* zum Erzeugen einer zusätzlichen Mittelspannung, um die die Wechselkraft schwingt. Manche Maschinen, z. B. solche für umlaufende Biegung, können auf eine besondere Kraftmeßeinrichtung verzichten, weil der ruhende Belastungsmechanismus die Prüfkräfte erkennen läßt. Um Schwingprüfmaschinen während der Versuchsdauer auf konstanter Kraft oder konstanter Verformung zu halten, werden besondere *Regelungseinrichtungen* eingebaut. Sie sind entweder an das Dynamometer oder — z. B. bei in Resonanz arbeitenden Maschinen — an die Schwingfeder angeschlossen und regeln über die Ausschläge dieser elastischen Glieder die Beanspruchung der Probe. Alle Maschinen sind mit *Ausschaltern* und Sicherungsvorrichtungen ausgerüstet, damit beim Bruch der Probe die Maschine selbsttätig stillgesetzt wird. Die bis zu diesem Zeitpunkt aufgewendeten Lastspiele werden von einem *Lastspielzähler* registriert. Der Schwingungen wegen, die solche Prüfmaschinen abgeben, ist zumeist ein Fundament notwendig, das durch elastische Mittel vom Bodengrund isoliert ist. Im allgemeinen bemüht man sich, Schwingprüfmaschinen als Blockmaschinen zu bauen und ihnen die Fundamentschwere einzuverleiben. Das bringt den Vorteil, daß ein solcher Maschinenblock dann keines weiteren Fundaments bedarf und in einfacher Weise auf Gummifüße gestellt werden kann. Diese Lösung ist zudem beim Umstellen von Maschinen im Laboratorium vorteilhaft.

6. Einteilung der Schwingprüfmaschinen.

Schwingprüfmaschinen lassen sich zunächst einmal nach den Beanspruchungsarten unterteilen, die sie erzeugen. Danach gibt es die drei großen Gruppen für schwingende Zug-Druck-, Biege- und Verdreh-Versuche. Dieser Grundeinteilung überlagern sich die Absichten, bestimmte Maschinengruppen für Probestäbe, und andere hauptsächlich für Konstruktionsteile zu bauen und einzusetzen. Wiederum in anderer Richtung unterscheidet man die Maschinen nach der Art ihrer Vorspanneinrichtungen; denn davon hängt es ab, ob ihre Belastungssysteme nur für reine Wechselkräfte oder auch für zusammengesetzte statischdynamische Belastungsfälle ausreichen.

Man muß aber besonders unterscheiden, ob eine Maschine der Probe eine konstante Kraft oder eine konstante Formänderung aufzwingt. Schwingprüfmaschinen arbeiten also entweder „kraftschlüssig" oder „formänderungsschlüssig", je nachdem, ob ihre Regelungseinrichtungen auf konstante Kraftamplitude oder konstanten Dehnungshub hinarbeiten. Im ersten Falle vollzieht sich der Dauerbruch nach dem ersten Anriß schneller; denn der noch tragende Querschnitt wird mit fortschreitendem Bruch immer höher beansprucht. Im zweiten Falle verlangsamt sich ständig die Fortpflanzungsgeschwindigkeit des Bruchs, weil durch ihn die Probe immer weicher wird und damit die spezifische Beanspruchung an der Bruchfront abnimmt. Schnelles Erkennen des Bruchbeginns ist erwünscht, um treffsichere Werte für die WÖHLER-Kurve zu erhalten. Die WÖHLER-Punkte für den Anriß sind wichtiger als die des vollständigen Bruchs.

Die hier benutzte Einteilung bei der Beschreibung von Schwingprüfmaschinen geht von den Normalmaschinen für die drei Grundbeanspruchungsarten aus. Anschließend folgen die Schwingprüfmaschinen für zusammengesetzte Beanspruchung. Dann werden Prüfmaschinen für Drähte, Seile und Federn besprochen. Den Schluß bilden Schwingprüfmaschinen und Prüfstände für Konstruktionsteile sowie Maschinen mit Programmsteuerungen zum Bestimmen der Betriebsfestigkeit.

B. Schwingprüfmaschinen für Zug-Druck-Versuche.

Das Erzeugen schnell wechselnder und großer Zug-Druck-Kräfte hatte im Anfang des Schwingprüfmaschinenbaues Schwierigkeiten bereitet, weil die Dynamik solcher Vorgänge nicht ganz einfach ist. Man wich deshalb mit den Grundversuchen zu jener Zeit gern auf das Gebiet der umlaufenden Biegung aus, weil da die schnelle Dreh- und Prüfzahl bei stillstehendem Belastungsmechanismus leicht zu erreichen war. Der später beobachtete Einfluß der Probenabmessungen auf die Dauerschwingfestigkeit von Wechselbiegeproben zwang jedoch dazu, zum Zug-Druck-Versuch als Grundart zurückzukehren. Diese Absicht wurde schließlich durch die Entwicklung schnelläufiger Antriebe gefördert, so daß damit die Zug-Druck-Maschine ähnlich der statischen Zugprüfmaschine an die Spitze der dynamischen Prüfmaschinen gerückt ist.

Man unterscheidet die heute bekannten Baumuster nach der Art ihrer Antriebe: Die ältesten waren mit Kurbeltrieben ausgerüstet; andere formen durch sinnvolle Mechanismen ruhende Kräfte in wechselnde um. Eine große Zahl von Maschinen besitzt hydraulische Pulsationseinrichtungen, denen einige wenige wesensverwandte pneumatische Antriebe zuzurechnen sind. Mit dem Einzug der Resonanz in den Schwingprüfmaschinenbau wurden auch elektromagnetische Antriebe möglich, und solche, die mit kleinen Unwuchterregern und leichten Kurbeltrieben große Prüfkräfte erzeugen.

1. Zug-Druck-Maschinen mit Kurbelantrieben.

Die einfachste Art, wechselnde Kraftwirkungen zu erzwingen, bietet der Kurbeltrieb, der eine Feder bekannter Härte um einen bestimmten, einstellbaren Hub verformt. Deshalb kehrt diese Art seit Wöhlers Zeiten bis heute immer wieder, wobei die Konstrukteure in verschiedener Reihenfolge, Kurbeltrieb, Probe, Feder und Übersetzungsglieder hinter- oder nebeneinander anordnen und die Verstellung des Kurbeltriebs mit den üblichen Mitteln des Maschinenbaus variieren. Abb. 1 bis 3 zeigen die drei Grundformen zur Parallel- und Hintereinanderanordnung von Probe, Kraftmeßeinrichtung und Exzenterantrieb, auf die sich alle bekannten Baumuster zurückführen lassen. Im Bestreben, die Prüffrequenz zu steigern und trotzdem unerwünschte Massenwirkungen und Resonanzen zu vermeiden, wurde die Federung im Zuge der Entwicklung immer härter gemacht. Das kommt einer erwünschten Erhöhung der Eigenschwingungszahl des Gesamtsystems gleich. Der Hub der schnelleren Kurbeltriebe muß mit härterer Federung kleiner werden,

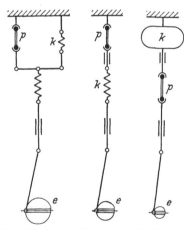

Abb. 1 bis 3. Grundformen der Zug-Druck-Maschinen mit Kurbeltrieb und Feder.
p Probe; k Kraftmeßeinrichtung; e Exzenterantrieb.

bis man schließlich an eine Grenze kommt, wo der Gesamthub aus Probendehnung und Meßweg des Dynamometers die Größenordnung der Summe der Lagerspiele erreicht, die hintereinander im Kraftfluß liegen.

Man erkennt diese Entwicklung an Hand der Abb. 4 bis 9. Die langsam laufende Maschine von A. WÖHLER[1], Abb. 4, ist weich und sehr mit Trägheiten behaftet; die Parallellage von Probe und Meßfeder (siehe Abb. 1) vergrößert nur unerwünschte Trägheitsmomente. An der *DVL-Maschine*[2],

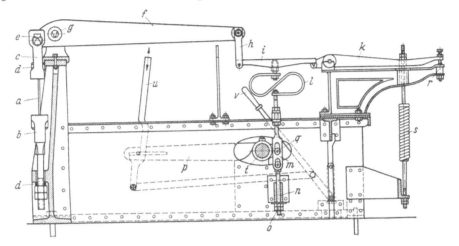

Abb. 4. Schwingprüfmaschine für Zugschwellbeanspruchung von A. WÖHLER. $n = 100/min$.

a Probe; *b* und *c* Futter für die Probe mit den Kugelpfannen *d*; *e* Schneidenpfannen des Spannfutters *c*; *f* zweiarmiger Belastungshebel; *g* Stützschneiden des Hebels *f*; *h* Gehänge; *i* Zwischenhebel; *k* Hebel für die Kraftmessung; *l* S-förmige Belastungsfeder; *m* Zugstange mit Schlitten; *n* Spannbolzen; *o* Muttern zum Spannbolzen; *p* Antriebshebel; *q* Querbolzen zum Antriebshebel; *r* Anschlag für den Hebel der Kraftmeßeinrichtung *k*; *s* geeichte Feder für die Kraftmessung; *t* Hauptantriebswelle; *u* Antriebsstoßstange; *v* Ausschalteinrichtung.

Abb. 5, erkennt man die Schwierigkeiten mit den Lagerspielen, vor allem, wenn man an den Nulldurchgang der Belastung denkt. Die Maschine von

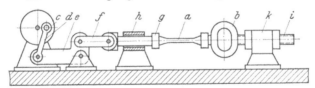

Abb. 5. Zug-Druck-Maschine, Bauart DVL. $P_{max} = \pm 5$ t, $n = 800/min$.

a Probe; *b* Ringdynamometer; *c* Kurbel mit verstellbarem Hub; *d* Pleuelstange; *e* Winkelhebel; *f* Stoßstange; *g* angetriebener Spannkopf; *h* Gleitführung des Spannkopfs *g*; *i* Spindel am Ringdynamometer; *k* Bock zur Befestigung der Spindel *i*.

J. PIRKL und H. v. LAIZNER[3], Abb. 6, vermeidet die losen Lagerungen und deren Spiele durch eine Bandführung.

Neuere Lösungen für Zug-Druck-Maschinen mit Kurbelantrieben zeigen der kleine Zug-Druck-Pulser von E. ERLINGER[4], Abb. 7, und die Konstruktion von G. N. KROUSE[5], Abb. 8. Bei der kleinen Tischmaschine von E. ERLINGER fällt

[1] Z. Bauw. Bd. 16 (1866) S. 67; Bd. 20 (1870) S. 73.
[2] MATTHAES, K.: Luftf.-Forschg. Bd. 12 (1935) S. 87.
[3] Arch. Eisenhüttenw. Bd. 12 (1938/39) S. 305.
[4] Metallwirtsch. Bd. 20 (1941) S. 414.
[5] Krouse Testing Machine Comp., Columbus/USA: Bulletin 46-C.

die Art der spielfreien Führung aller Hebel in Lenkern und Kreuzfedergelenken auf. Der Verstellexzenter arbeitet auf einen Zwischenhebel, der um die Mitte des

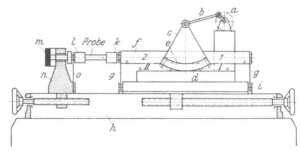

Abb. 6. Zug-Druck-Maschine von J. Pirkl und H. v. Laizner mit Antrieb durch eine bandgeführte Differential-rolle. $P_{max} = \pm 1600$ kg, $n = 1500$ bis 3000/min.

a Kurbeltrieb mit verstellbarem Hub;   *b* Pleuelstange;   *c* Schwinge;   *d* äußere Zylindermantelfläche der Schwinge; *e* innere Zylindermantelfläche der Schwinge;   *I, II* Stahlbänder zu *d*;   *1, 2* Stahlbänder zu *e*;   *f* Schwingrahmen; *g* Blattfedern zur Führung des Schwingrahmens *f*;   *h* Maschinenbett;   *i* Grundplatte, auf der der Antrieb aufgebaut ist;   *k* am Schwingrahmen *f* befestigter Spannkopf;   *l* Spannkopf an der Meßfeder;   *m* Meßfeder;   *n* Einspannbock mit Meßfeder, auf der Grundplatte *h* verschiebbar;   *o* Blattfedern zur Führung des Querhauptes am Spannkopf *l*.

oberen Kreuzfedergelenks schwingt. Der treibende Einspannkopf hängt in Lenkerfedern und ist mit dem Zwischenhebel wiederum durch einen elastischen Lenker verbunden. Das Ringdynamometer ist längs des Maschinenbettes verstellbar; seine Verformungen werden mit einem Meßmikroskop gemessen.

G. N. Krouse benutzt ebenfalls Blattfedergelenke, um einen spielfreien Lauf der Maschine zu erhalten. Der Antriebshebel dient zugleich als Meßfeder. Als

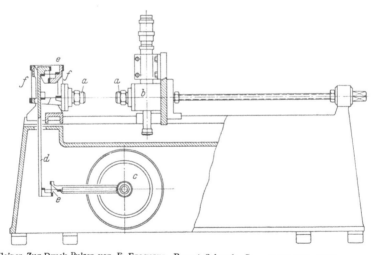

Abb. 7. Kleiner Zug-Druck-Pulser von E. Erlinger, Bauart Schenck. $P_{max} = 100$ bzw. 300 kg; $n = 1500$ und 3000/min.

a Einspannung;   *b* Dynamometer;   *c* Verstellexzenter;   *d* elastischer Zwischenhebel;   *e* Kreuzfedergelenk;   *f* Führungslenker für den Einspannkopf.

steuerbares Widerlager benutzt Krouse ein Ölpolster, das abhängig vom Dynamometerhebel über eine elektronische Verstärker- und Relaisanlage gesteuert wird. Der Kolben, der das Widerlager bildet, wird abhängig von der Prüfkraft durch die Hydraulik nachgestellt. Diese Maschinen werden in Größen von 2,5, 7,5, 25 und 50 t Höchstkraft gebaut, wobei die Prüffrequenzen bei den kleineren Baumustern 1500/min, bei den größeren 500/min betragen.

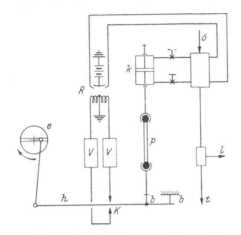

Abb. 8. Zug-Druck-Maschine von G. N. KROUSE (schematisch).

a Antrieb mit Verstellexzenter; *h* Hebel, als Dynamometer ausgebildet; *b* zwei Flachfedergelenke; *p* Probe; *k* Ölfeder; *ö* Preßölzuführung; *l* zur Lecködpumpe; *t* zum Öltank; *k* elektrische Steuerkontakte am Hebel; *V* Verstärker; *R* Steuerrelais.

Angeregt von K. KLÖPPEL wurde eine „formänderungsschlüssige" *Zug-Druck-Maschine* entwickelt, die praktisch keine Federung mehr enthält[1]. Der die Probe einschließende Rahmen ist praktisch starr, Abb. 9. Als Kraftmeß-

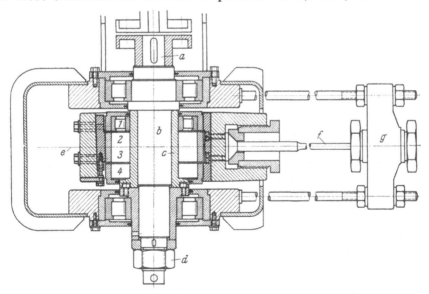

Abb. 9. Formänderungsschlüssige Zug-Druck-Maschine, Bauart MAN.
$P_{max} = 6000$ kg; $n = 200$/min; max. Wechselhub $\pm 1,5$ mm.

a Antrieb mit Getriebe; *b* Exzenterwelle; *c* Exzenterbüchse, von *d* aus verstellbar; *d* Spannmutter; *e* Hublager mit verspannten Kugellagern; *f* Probe; *g* Querjoch auf Säulen.

einrichtung dienen die Holme, die das Widerlager tragen. Ihre minimalen Verformungen werden mit Meßsaiten (Fa. Maihak) als Maß für die Prüfkräfte be-

---

[1] MAN-Druckschrift

stimmt. Die Beanspruchung der Probe besorgt ein Doppelexzentersystem, das im Stillstand auf den gewünschten Hub eingestellt werden kann. Gerade bei einer so starren Maschine besteht die Gefahr, mit den Prüfhüben in die Größenordnung der Lagerspiele zu kommen und damit Lagerschwierigkeiten in Kauf nehmen zu müssen. Bei dieser Maschine ist deshalb durch den Einbau gegenseitig verspannter Doppellager dafür gesorgt worden, daß das Lagerspiel in der Zug-Druck-Richtung wegfällt.

Zur Prüfung naturgroßer Niet- und Schraubenverbindungen entwickelten H. C. Roberts und V. J. McDonald[1] eine 100 t-Prüfmaschine ($n = 180$/min), bei der die Prüfkraft über ein Hebelsystem auf die Probe übertragen wird. Die Wechselkraft wird durch einen Exzenterantrieb und die Vorlast über ein parallelogrammförmig angeordnetes Stabsystem aufgebracht.

2. Zug-Druck-Maschinen mit Wechselwirkungen ruhender Kräfte.

Die Maschine von T. M. Jasper[2], Abb. 10, benutzt erstmalig den Gedanken, eine ruhende Kraft so umzuformen, daß wechselnde Zug-Druck-Kräfte entstehen. Man wird von der Absicht ausgegangen sein, die störenden Trägheitskräfte der Kurbeltriebmaschinen zu umgehen. Deshalb wurde eine Anordnung geschaffen,

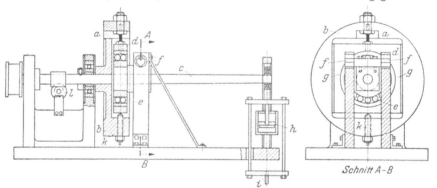

Abb. 10. Zug-Druck-Maschine von T. M. Jasper mit umlaufender Probe. $n = 1000$/min.
a Probe; b umlaufendes Gehäuse; c Belastungshebel; d Schlitten; e Pendelkugellager; f Schneiden des Belastungshebels; g Pfannen; h Dämpfer; i Belastungsgehänge; k einstellbarer Anschlag; l Lastspielzähler.

bei der ein ruhendes Belastungsgewicht am langen Hebelarm auf die Probe in der dargestellten Lage eine Druckkraft ausübt. Dieses in einer Schneide ruhende Belastungssystem bleibt auch erhalten, wenn die Probe, deren zweites Ende in ein drehbares Gehäuse eingelagert ist, mit diesem umläuft. Dabei erfährt die Probe in der untersten Lage eine der Druckkraft gleiche Zugbelastung, und ein voller Umlauf entspricht somit einem vollständigen, sinusförmigen Zug-Druck-Wechsel. Es sind mit dieser Maschine nur kleine Proben prüfbar. Als Nachteil dieser Anordnung wurde erkannt, daß die Probe sich schnell bewegt und nicht wie bei anderen Zug-Druck-Maschinen genau beobachtet werden kann. Außerdem ist keine Möglichkeit zum Vorspannen gegeben.

Die Maschine von E. Lehr[3], Bauart MAN, Abb. 11, vermeidet die Nachteile der Maschine von Jasper. In der Verlängerung der Probenachse ist unten

[1] Proc. Soc. Exp. Stress Anal. Bd. 11 (1954) Nr. 2 S. 1.
[2] Moore, H. F. u. T. M. Jasper: The Fatigue of Metals. McGraw-Hill Book Comp., New York 1927, S. 91.
[3] Prüfmaschinen für schwingende Beanspruchung. In: Handbuch der Werkstoffprüfung. 1. Aufl., Bd. 1, S. 229. Hrsg. E. Siebel, Berlin: Springer, 1940.

ein Vorspannwerk eingebaut, das aus einer geschnittenen Schraubenfeder besteht. Das Verbindungsstück zwischen Probe und Vorspannfeder ist ein mit Blattfedern geführter Schwingtisch, der nur vertikale Schwingbewegungen ausführen kann. An ihm greift über ein Kreuzfedergelenk fahnenartig der Belastungshebel an, der in das umlaufende Gehäuse der Belastungseinrichtung hineinragt. Dort erteilt ihm der um ihn herumlaufende Winkelhebel eine sinusförmig

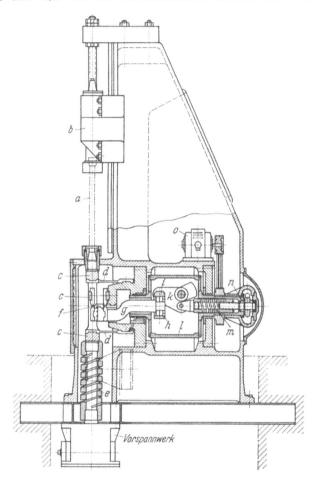

Abb. 11. Zug-Druck-Maschine mit ruhender Probe und Federbelastung von E. LEHR, Bauart MAN.
$$P_{max} = \pm 1000 \text{ kg}; \quad n = 1500/\text{min}.$$

a Probe;   *b* Federdynamometer;   *c* Schwingtisch;   *d* Führungsblattfedern;   *e* Vorspannfeder;   *f* Federbände des Kreuzfedergelenks;   *g* Belastungshebel;   *h* Pendelrollenlager;   *i* Zugstange des Winkelhebels *k*;   *l* umlaufen^ des Gehäuse;   *m* Belastungsfeder;   *n* Spindel mit Schneckenantrieb;   *o* Antriebsmotor.

wechselnde Belastung in vertikaler Richtung, die aus der ruhend gespannten Feder resultiert, und die er auf die Probe überträgt.

Eine mit Federkraft unter Ausnutzung der Resonanz arbeitende Zug-Druck-Prüfmaschine für 10 t Höchstkraft beschreiben H. L. Cox und N. B. OWEN[1].

Eine ähnliche Lösung wie E. LEHR fand M. PROT[2] für eine Zug-Druck-Maschine für kleine Proben, Abb. 12. An Stelle der Federbelastung tritt die

---

[1] Engineering Bd. 179 (1955) Nr. 4656 S. 500.
[2] OSCHATZ, H.: Metallwirtsch. Bd. 22 (1943) S. 558.

von M. Prot bevorzugte Gewichtsbelastung über Zwischenhebel. Die Zugkraft wird von einem Winkelhebel zentral in ein Umlaufsystem eingeleitet und von einem darin gelagerten Dreieckstück übernommen. Dieses Dreieckstück drückt eine Laufrolle entsprechend der angehängten statischen Kraft gegen eine kreis-

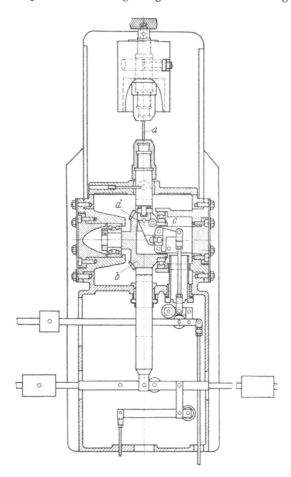

Abb. 12. Zug-Druck-Maschine von M. Prot für kleine Proben, Bauart Matra. $n = 120/\text{min}$.
a Probe; b umlaufender Käfig; c Winkelhebel; d Dreieckstück.

förmige Lauffläche, die sich in einem senkrecht geführten Zugglied befindet, das oben die Einspannung der Probe trägt. Der Probendurchmesser beträgt bei dieser Kleinmaschine nur 2,5 mm.

Das Nat.-Phys.-Lab.[1] entwickelte eine Zug-Druck-Maschine zur gleichzeitigen Prüfung von 24 kleinen Proben mit einer Höchstkraft von 25 kg bei $n = 2900/\text{min}$.

3. Zug-Druck-Maschinen mit Drucköl- oder Druckluftantrieben.

Angesichts der hochentwickelten hydraulischen Universalprüfmaschinen für statische Versuche, lag es nahe, dazu passende Pulsationseinrichtungen zu schaffen, die diese Maschinen auch für dynamische Untersuchungen verwendbar machten. Zunächst beschränkte man sich auf Anordnungen für schwellende

---

[1] Iron Coal Tr. Rev. Bd. 162 (1951) S. 1251 — Foundry Trade J. Bd. 9 (1951) S. 607.

Zug- oder Druckkräfte, weil dabei die eigentliche Zugprüfmaschine nicht verändert zu werden brauchte. Es war allein ein Pulsator zusätzlich nötig, der die Pulsation besorgte. Später löste sich dieses Konstruktionsprinzip etwas vom Vorbild der Zugprüfmaschine ab und fand in hydraulischen Schwingprüfmaschinen seine Weiterentwicklung. Interessant bleibt zu beobachten, daß auch in Resonanz arbeitende hydraulische Antriebe vorgeschlagen wurden, um die Trägheitswirkungen zum Steigern der Prüfkräfte auszunutzen.

Damit die Pulsation auch während des Versuchs verändert werden kann, sind verschiedene konstruktive Lösungen gefunden worden. Sie laufen im Grunde auf zwei Möglichkeiten hinaus: Entweder arbeitet man mit zwei Pumpensätzen konstanter Förderung und verschiebt die Förderkurven in der Phasenlage zueinander, bis die Differenz der Fördermenge dem Einstellwert entspricht, oder man verändert den Förderhub der Pulsatorpumpe unmittelbar[1-5].

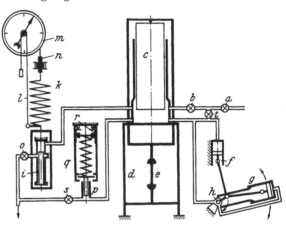

Abb. 13. Schema eines Pulsators, Bauart Amsler (ältere Ausführung)
$n = 500/\text{min}$.

a Hauptventil zur Zuflußleitung von der Dreikolbenpumpe; *b* Druckregler für das Drucköl; *c* Druckzylinder mit eingeschliffenem Kolben; *d* Maschinengestell; *e* Probe; *f* feststehender Pulsatorzylinder; *g* schwenkbarer Pulsatorzylinder; *h* Kurbelwelle der Pulsatorpumpe; *i* Meßzylinder für die obere Lastgrenze; *k* Meßfeder für die obere Lastgrenze; *l* Stahlband; *m* Teilung für die Kraftmessung; *n* Spindel zum Spannen der Feder *k*; *o* Auslaßventil; *p* Meßkolben für die untere Lastgrenze; *q* Meßfeder zum Spannen der Feder *q*; *r* Gewinde für die untere Lastgrenze; *s* Auslaßventil; *t* Ventil zur Deckung der Ölverluste im Pulsatorkreislauf.

A. J. AMSLER[1] benutzte schon frühzeitig als Beispiel für die erste Art eine Doppelzylinderanordnung, bei der zwei gleich große Pumpen auf einer gemeinsamen Kurbelwelle sitzen, Abb. 13. Während der eine der beiden Zylinder festliegt, ist der andere bis zu 180° schwenkbar. Wenn sich die Zylinder genau gegenüberliegen, wird das Pulsationsöl lediglich von dem einen in den anderen Zylinder wechselweise umgepumpt, ohne daß nach der Prüfmaschine eine äußere Kraftleistung frei wird. Liegen die Zylinder genau beieinander, dann sind beide Pumpen zur größten Pulsationsleistung zusammengeschaltet. Jede Zwischenstellung entspricht einem bestimmten Arbeitsvolumen, das sich aus der Differenz beider Momentanwerte ergibt. Neuerdings ist eine ähnliche Lösung von der MAN[2] gefunden worden. Zwei Pumpensätze von gleicher und konstanter Förderleistung sind durch ein Differentialgetriebe miteinander verbunden und können bei synchronem Lauf gegeneinander phasenverschoben werden, bis die damit erzwungene Differenz der Fördermenge der gewünschten Pulsation entspricht.

---

[1] Druckschrift Nr. 210 der Fa. A. J. Amsler.
[2] Druckschrift der Fa. MAN.
[3] Druckschrift Nr. 2450 der Fa. Losenhausenwerk. — RATHKE, K.: Z. VDI Bd. 75 (1931) S. 1289. — POMP, A., u. M. HEMPEL: Mitt. K.-Wilh.-Inst. Eisenforschg. Bd. 15 (1933) S. 247.
[4] Druckschrift Nr. 101 der Fa. Mohr & Federhaff.
[5] DIEPSCHLAG, E., A. MATTING u. G. OLDENBURG: Arch. Eisenhüttenw. Bd. 9 (1935/36) S. 341.

Als Beispiel für die zweite Lösungsart, die auf ein Verändern des Kolbenhubes während des Laufs abzielt, seien das Koppelgetriebe von Amsler und der Pulsator vom Losenhausenwerk erwähnt. Das *Koppelgetriebe*, Abb. 14, besteht aus einem Gelenkviereck, dessen Steg nach Richtung und Länge verstellt werden kann. Die den Kolben antreibende Stange besitzt die gleiche Länge wie die Schwinge des Gelenkvierecks und ist in deren Endpunkt angelenkt. Die an der Kurbel des Antriebs angreifende Pleuelstange bildet die Koppel des Vierecks. Die Drehachse der Kurbelwelle ist zugleich Festpunkt *A* des Stegs. Sein zweiter Endpunkt *B* liegt an einem Zahnsegment und kann über dieses verstellt werden.

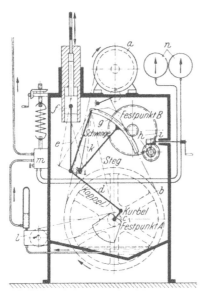

Verstellt man *B*, so wird der Kolbenhub dann zu Null, wenn der Festpunkt *B* in die Achse des Kolbenbolzens fällt; je weiter man *B* von diesem Punkt entfernt, um so größere Hübe sind zu erwarten.

Das Schema der Losenhausen-Pulsatoranlage, Abb. 15, zeigt den Pulsatorkolben in der Stellung des größten Hubes. Über dem Drehpunkt der Schwinge wird der Hub zu Null. Maximal- und Minimaldrücke der Pulsation werden von einem synchronlaufenden Drehschieber getrennt auf Manometer geleitet, als Maß für die Grenzen der Prüfkraft.

Sollen die Pulsatormaschinen nicht nur schwellende Kräfte erzeugen, so muß eine Gegenfeder hinzugenommen werden, damit auch Wechselkräfte möglich werden. Losenhausen-Maschinen[1] werden zu diesem Zweck mit einem Ausgleichbehälter versehen, der eine gewisse Menge Öl enthält. Die Zusammendrückbarkeit dieses Öls liefert die federnde Wirkung. Der Ausgleichbehälter steht mit einem zweiten Kolben in Verbindung, der dem Arbeitskolben der Prüfmaschine gegenüberliegt, Abb. 16. Die wechselnde Kraftwirkung kommt nun dadurch zustande, daß die durch den Druck im Ausgleichbehälter aufgeladene Anlage gewissermaßen durch den über die Pulsatorschwinge abgelassenen Pulsatorkolben entlastet wird. Die Firma Amsler geht den gleichen Weg; nur wird da-

Abb. 14. Schema eines Pulsators mit Koppelgetriebe, Bauart Amsler (neuere Ausführung). *n* = 500/min.

a Antriebsmotor; *b* Schwungrad; *c* Antriebskurbel; *d* Pleuelstange (Koppel); *e* Kolbenstange; *f* Kolben; *g* Zahnsegment zur Einstellung des Hubes; *h* Zwischenräder zur Segmentverstellung; *i* Schneckenvorgelege mit Handkurbelantrieb zur Segmentverstellung; *k* Schwinge; *l* Ölpumpe zur Deckung der Leckverluste; *m* Druckregler; *n* Manometer zum Messen der Grenzwerte, zwischen denen der Öldruck pendelt.

durch an Öl in der Gegenfeder gespart, daß man ein Luftpolster von etwa 800 kg/cm² in enger Flasche über das Öl setzt. Mit Rücksicht auf die mitschwingenden Massen bleiben die Prüffrequenzen in niedrigen Grenzen: Sie liegen bei den großen Maschinen bei 250 bis 600/min und bei den kleinen bei etwa 500 bis 1000/min. Das Pulsationsvolumen kann je nach Ausführung der Pumpe verschieden groß gewählt werden. Es sind Volumen von 50 bis 1000 cm³ üblich. Die Pulsatoren werden in Verbindung mit Prüfmaschinen aller Stärken benutzt, und können bis zu 100 t und mehr eingesetzt werden. Die statische Kapazität der Prüfmaschine darf bei den dynamischen Ver-

---

[1] Druckschrift Nr. 2450 der Fa. Losenhausenwerk — Pomp, A., u. M. Hempel: Mitt. K.-Wilh.-Inst. Eisenforschg. Bd. 18 (1936) S. 205.

suchen nur zum Teil ausgenutzt werden. Das Losenhausenwerk hat nach dem Vorbild dieser Großanlagen auch kleinere Baumuster, sog. Universal-Schwin-

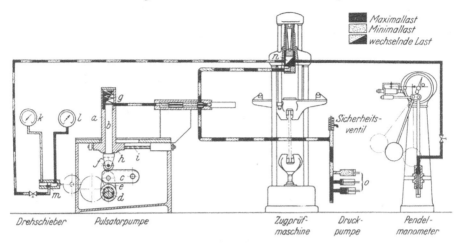

Abb. 15. Schema einer Pulsatoranlage für schwellende Belastung, Bauart Losenhausenwerk. $n = 350$ bis $1000/min$.
a Zylinder des Wechseldruckerzeugers (Pulsatorpumpe); *b* eingeschliffener Kolben; *c* Schwinge; *d* Kurbelwelle; *e* Pleuelstange; *f* Rolle; *g* Rückstellfeder; *h* Verstellschlitten für den Zylinder; *i* Verstellspindel; *k* Minimum-Manometer; *l* Maximum-Manometer; *m* Drehschieber; *n* Zugzylinder der Prüfmaschine mit eingeschliffenem Kolben; *o* Bosch-Pumpe.

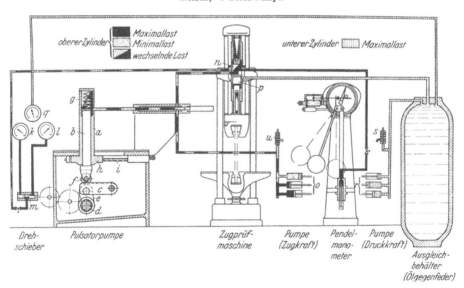

Abb. 16. Schema einer Pulsatoranlage für Zug-Druck-Belastung, Bauart Losenhausenwerk. $n = 350$ bis $1000/min$.
a Zylinder des Wechseldruckerzeugers (Pulsatorpumpe); *b* eingeschliffener Kolben; *c* Schwinge; *d* Kurbelwelle; *e* Pleuelstange; *f* Rolle; *g* Rückstellfeder; *h* Verstellschlitten für den Zylinder; *i* Verstellspindel; *k* Minimum-Manometer; *l* Maximum-Manometer; *m* Drehschieber; *n* Zugzylinder der Prüfmaschine mit eingeschliffenem Kolben; *o* Bosch-Pumpe; *p* Druckzylinder der Prüfmaschine; *q* Manometer zur Steuerung des Druckes im Ausgleichbehälter; *r* Bosch-Pumpe für den Ausgleichbehälter; *s* Sicherheitsventile.

gungsprüfmaschinen[1] entwickelt, die mit ± 3 bzw. ± 10 t bei 500 bis 3000/min arbeiten, Abb. 17.

---

[1] Druckschrift Nr. 2450 der Fa. Losenhausenwerk. — HEMPEL, M., u. J. LUCE: Mitt. K.-Wilh.-Inst. Eisenforschg. Bd. 23 (1941) S. 55.

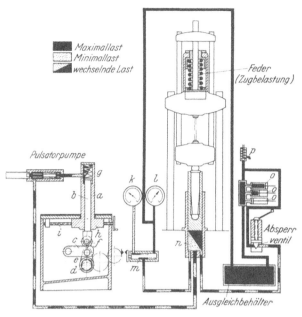

Abb. 17. Schnellaufende Pulsatormaschine, Bauart Losenhausenwerk.
$P_{max} = 3$ t; $n = 1000$ bis 3000/min.

a Zylinder des Wechseldruckerzeugers (Pulsatorpumpe); *b* eingeschliffener Kolben; *c* Schwinge; *d* Kurbelwelle; *e* Pleuelstange; *f* Rolle; *g* Rückstellfeder; *h* Verstellschlitten für den Zylinder; *i* Verstellspindel; *k* Minimum-Manometer; *l* Maximum-Manometer; *m* Drehschieber; *n* Druckzylinder der Prüfmaschine mit eingeschliffenem Kolben; *o* Bosch-Pumpe; *p* Sicherheitsventil.

In Frankreich wurde eine Zusatzeinrichtung zu normalen Zugprüfmaschinen entwickelt, die Schwellversuche ermöglicht[1]. Diese von Trayvou gebaute Anlage sieht im unteren Spannkopf eine Hydraulik vor, die von einer Pumpanlage gespeist wird. Zwischen Pumpe und Lastkolben ist ein Drehschieber eingebaut, der mit 600/min be- und entlastet.

Nach dem Ablauf der wesentlichen Pulsatorpatente ist der Bau solcher Pulsatoren bei jenen Maschinenfabriken üblich geworden, die den Bau statischer Zug- und Universalprüfmaschinen pflegen. Es bleibt aber nach wie vor zu bedenken, daß eine Hydraulik zwar ein guter Übersetzer statischer Kräfte in

[1] Cazaud, R.: La Fatigue des Métaux. Dunod Paris 1948, S. 90.

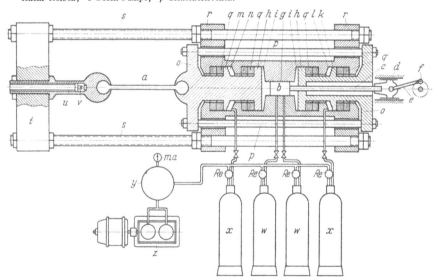

Abb. 18. Vorschlag von E. Lehr für einen pneumatischen Pulsator. $P_{max} = \pm 200$ t; $n = 1000$/min.

a Probe; *b* Kolben des Hauptverdichters; *c* Kolbenstange; *d* Kreuzkopf; *e* Pleuelstange; *f* Kurbeltrieb; *g* Zylinder des Hauptverdichters; *h* Kolben für den Wechseldruck; *i* Zylinder für den Wechseldruck; *k* Kolben für die Zugvorspannung; *l* Zylinder für die Zugvorspannung; *m* Kolben für die Druckvorspannung; *n* Zylinder für die Druckvorspannung; *o* „Pilze"; *p* Verbindungsschrauben der „Pilze" (bei der Ausführung 3 Stück); *q* Schwingmetalldichtungen; *r* Hauptflansche des Antriebsgehäuses; *s* Hauptspindeln; *t* Querhaupt; *u* Federdynamometer; *v* elektrische Meßeinrichtung des Dynamometers; *w* Druckluft-Nachladeflaschen des Hauptverdichters; *x* Druckluftflaschen der Vorspannzylinder; *y* Druckluft-Vorratsbehälter; *z* Hilfsverdichter; *ma* Schaltmanometer zum Ein- und Ausschalten des Hilfsverdichters; *Re* selbsttätige Druckregler.

einer Prüfmaschine ist, aber wegen ihrer Dämpfung und Kompressibilität immer ein schwieriger dynamischer Schwingungserzeuger und Energieübertrager bleiben muß[1].

Beachtenswert bleibt ein Vorschlag von E. LEHR[2], eine schnelle, schwere und großhübige Pulsatormaschine auf pneumatischem Wege anzutreiben. Sie war für ± 100 t, ± 5 mm Hub bei 1200/min ausgelegt. Um keine zu großen Temperatursteigerungen zu bekommen, wurde ein Verdichtungsverhältnis von 1:2 gewählt. Der Verdichtungskolben arbeitet unmittelbar vor den Arbeitszylindern ohne viel Totraum. Ein einfacher Kurbeltrieb mit konstantem Hub bewegt den Verdichtungskolben, Abb. 18. Um die Amplitude der Wechselkraft zu regeln, wird die Luftspannung in den Räumen zwischen Verdichtungs- und Arbeitskolben verändert, so daß man mit gleichbleibendem Hub und Volumen auskommt und die Regelung einem Druckluftregler überlassen kann.

4. Zug-Druck-Maschinen mit elektromagnetischen Antrieben.

Die ersten Maschinen dieser Art wurden in England von B. HOPKINSON[3] und von B. P. HAIGH[4,5] gebaut. Da die magnetische Kraft mit der räumlichen Entfernung schnell abnimmt, ist dem Hub solcher Maschinen von vornherein eine Grenze gesetzt. Sie sind als Resonanzmaschinen gebaut, weil nach diesem Verfahren vom Magnetsystem nur jene Energie aufzubringen ist, die durch Reibung und Dämpfung verlorengeht. Auf diese Weise kommt man mit verhältnismäßig schwachen Antrieben zu guten Prüfleistungen, besonders im Hinblick auf höhere Frequenz. B. HOPKINSON erreichte mit der ersten Maschine bereits 7000/min. Die hochfrequente Zug-Druck-Maschine von

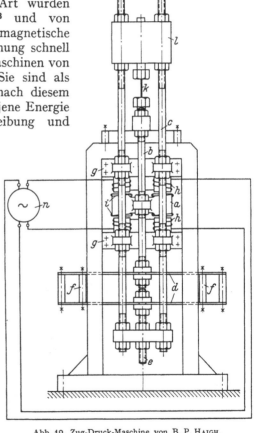

Abb. 19. Zug-Druck-Maschine von B. P. HAIGH.
a Anker; b Zugstangen des Ankers; c obere Führungsblattfeder; d Hauptblattfeder; e Spindel zum Erzeugen einer Vorspannung; f Klemmen zum Ändern der Federkonstante der Hauptblattfeder; g Elektromagnete; h Hauptwicklungen; i Spannungswicklungen (Induktionsspulen); k Probe; l verschiebbares Querhaupt; m Säulen, als Schraubspindeln ausgebildet; n Zweiphasen-Wechselstrom-Generator.

[1] Engineer, Lond. Bd. 194 (1952) S. 15. — BAES, L., u. Y. VERWILST: L'Ossature Métallique Bd. 17 (1952) S. 267 — Draht 4 (1953) S. 307.
[2] DRP 664 764.
[3] Proc. roy. Soc. A 86 (1911) S. 131; Engineer (1912) I, S. 113 u. 123; vgl. Stahl u. Eisen Bd. 32 (1912) S. 711.
[4] Engineering (1912) II, S. 413 u. 721; Engineering (1917) II, S. 310 u. 315; vgl. Stahl u. Eisen Bd. 38 (1918) S. 173; Engineer (1921) I, S. 116; Engineer Bd. 171 (1941) S. 350.
[5] FORREST, P. G.: Engineering Bd. 174 (1952) Nr. 4534, S. 801. — ROBERTS, M. H.: Metallurgia, Manchr. Bd. 46 (1952) S. 107 u. 263.

E. Lehr[1] arbeitete mit 30000/min. Der Gewinn an Frequenz muß allerdings durch einen Verzicht an effektiver Prüfenergie erkauft werden, wenn man Prüfkraft und Hub zugleich in Betracht zieht.

B. P. Haigh[2] wandte bereits 1912 ein sehr interessantes schwingungs- und meßtechnisches Prinzip an, das E. Lehr[3] später für eine seiner MAN-Maschinen übernahm. Die in die senkrecht arbeitende Maschine eingebaute Federung war in ihrer Konstanten verstellbar, Abb. 19. Man hatte damit die Möglichkeit, die Feder so abzustimmen, daß die Maschine ohne Probe in Resonanz lief; d. h., die Eigenschwingungszahl des mechanischen Systems stimmte mit der elektromagnetischen Erregerfrequenz überein. In diesem Zustand halten sich die Massenkräfte der schwingenden Maschinenteile das Gleichgewicht mit den Kräften der abgestimmten Feder. Wurde die Probe eingesetzt und dadurch das System wieder außer Resonanz gebracht, so hatte man doch den Vorteil, daß die Magnetkräfte den Prüfkräften an der Probe entsprechen, während sich im Gesamtsystem die Feder- und Massenkräfte aufheben.

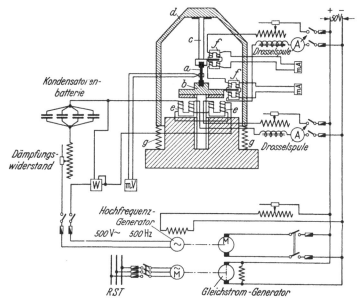

Abb. 20. Hochfrequente Zug-Druck-Maschine von E. Lehr, Bauart Schenck (schematisch).
$P_{max} = \pm 200$ kg; $n = 30000$/min.

a Probe; *b* Ankermasse; *c* Dynamometer; *d* Gegenmasse; *e* Erregermagnete; *f* elektrisches Schwingungsmeßgerät des Dynamometers; *g* Vorspannungsfedern; *W* Leistungsmeßgerät; *mV* Milli-Voltmeter (Stabtemperatur); *mA* Milli-Amperemeter (Schwingungsausschlag).

Der heutige Entwicklungsstand der elektromagnetischen Maschinen wird durch die Maschine von M. Russenberger[4], Bauart Amsler, gekennzeichnet.

[1] Dr.-Ing.-Diss. T. H. Stuttgart 1925; Congr. Internat. Mécanique Générale, 5. Sept. 1930, Lüttich, Bd. 1 (1930) S. 218. — Druckschrift Nr. 839 der Fa. Schenck. — Memmler, K., u. K. Laute: Forsch.-Arb. Ing.-Wes. H. 329, VDI-Verlag, Berlin 1930.
[2] Siehe Fußnote 4, S. 183.
[3] Prüfmaschinen für schwingende Beanspruchung. In Handbuch d. Werkstoffprüfung. Hrsg. E. Siebel, J. Springer, Berlin 1940, 1. Aufl. Bd. 1, S. 249.
[4] Schweiz. Arch. angew. Wiss. Techn. Bd. 11 (1945) S. 33; Aircr. Engng. 19 (1947) S. 206; Instruments and Measurements, Conf. Stockholm 1947, Trans., S. 105; Z. VDI Bd. 94 (1952) S. 314. — Druckschrift Nr. 205 der Fa. A. J. Amsler. — Vgl. auch E. v. Burg: Aluminium, Schweiz, Bd. 4 (1954) Nr. 4 S. 140 und Russenberger, M., u. G. Földes: Proc. Soc. Exp. Stress Analysis Bd. 12 (1955) Nr. 2 S. 9.

Diese Maschine hat in den Bauarten von A. Esau und E. Voigt[1] und in der hochfrequenten Zug-Druck-Maschine von E. Lehr[2], Bauart Schenck, Abb. 20, gewisse Vorgängerinnen. Die Maschine von M. Russenberger stellt einen Zwei-Massen-Schwinger dar, Abb. 21. Probe und Dynamometer sind als Federn hintereinandergeschaltet. Die Hauptmasse über der Probe kann verändert werden, um die Frequenz zwischen 50 und 300 Hz zu wählen. Die Gegenmasse bildet der Fundamentblock, der die gesamte Maschine trägt und auf Federfüßen steht. Ein Elektromagnetsystem erregt das Schwingungsgebilde in seiner Eigenschwingungszahl. Eine Feder erlaubt, statische Vorspannungen zusätzlich aufzubringen. Die Maschine ist mit einem Rückkopplungssystem zur Selbststeuerung ausgerüstet: Ein kleiner Generator am Kopf des Dynamometers erzeugt eine Wechselspannung im Takte des mechanisch schwingenden Systems. Diese Spannung wird in einem Verstärker spannungs- und leistungsmäßig vergrößert und dem erregenden Magneten zu-

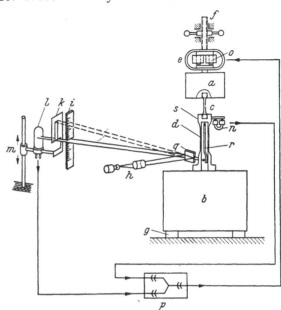

Abb. 21. Hochfrequenzpulsator von M. Russenberger, Bauart Amsler (schematisch). $P_{max} = \pm 5000$ kg; $n = 18000/min$.

a Hauptmasse; *b* Gegenmasse; *c* Probe; *d* Dynamometer; *e* Vorspannfeder; *f* Spindel; *g* Federfüße; *h* Projektionsoptik; *i* Dynamometerskale; *k* Blende; *l* Fotozelle; *m* Fotozellenreiter; *n* Regelgenerator; *o* Antriebsmagnet; *p* Verstärker; *q* Spiegelbalken; *r* Vergleichsschiene; *s* Einspannkopf.

geführt. Damit ist ein exakter Resonanzbetrieb auch bei spitzer Resonanzkurve gewährleistet. Das Dynamometer bewegt einen Drehspiegel, dessen Lichtbandbreite ein Maß für die Beanspruchung der Probe ist, und dessen Grenzen durch Photozellen abgetastet und konstant gehalten werden.

Irgendwelche Einflüsse, die sich aus Änderungen der Probendämpfung oder der elektrischen Verstärkung ergeben, werden ausgeregelt. Das Dynamometerrohr kann für verschiedene Meßbereiche ausgewechselt werden. Für behelfsmäßige Biege- und Verdrehversuche wurden Zusatzeinspannungen entwickelt, mit denen man z. B. auch Zahnräder, Pleuelstangen und Turbinenschaufeln prüfen kann. Außerdem sind Versuche zum Bestimmen der Werkstoffdämpfung möglich. Öfen und Kälteanlagen vervollständigen die Prüfmöglichkeiten in der Wärme und Kälte. Diese Maschinen werden in Größen für ± 1 t und ± 5 t gebaut und erzeugen einen maximalen Prüfhub von $\pm 0,6$ mm.

5. Zug-Druck-Maschinen mit Massenkraftantrieben.

Es ist schon sehr früh üblich gewesen, die Trägheitskräfte sowohl hin- und hergehender als auch umlaufender Massen zum Erzeugen von schnellwechselnden Kräften für Dauerprüfzwecke auszunutzen.

---

[1] Z. Techn. Phys. Bd. 9 (1928) S. 321. — Esau, A., u. E. Voigt: Z. Techn. Phys. Bd. 11 (1930) S. 55.　　[2] Siehe Fußnote 1, S. 184.

T. E. Stanton und J. Bairstow[1] sowie J. H. Smith[2] arbeiteten schon vor 50 Jahren damit. Während heute hin- und hergehende Massen kaum noch verwendet werden, hat der Fliehkraftantrieb ein weites Anwendungsfeld gefunden. In kleineren Kraftbereichen bis etwa 5 t werden bei einzelnen Maschinenarten die Fliehkräfte unmittelbar zum Belasten benutzt. Die Antriebe bauen sich wesentlich leichter, wenn man die Resonanz zu Hilfe nimmt. Alle Fliehkraftantriebe lassen sich leicht auf hohe Drehzahlen bringen, weil ihr Aufbau einfach ist. Es ist in den meisten Fällen ratsam, keine gegenläufigen Anordnungen zu treffen, damit der Schwinger frei bleibt von Zahnrädern. Im Resonanzfalle genügt der einfache Schwinger mit Sicherheit. Fliehkraftantriebe werden auch in Schwingprüfanlagen verwendet (siehe Abschnitt G 1).

Als Beispiel für die weniger üblichen mit oszillierenden Massen arbeitenden Prüfmaschinen sei die Maschine von O. Reynolds und J. H. Smith[2] genannt, Abb. 22. Der Kurbeltrieb bewegt das senkrechte Gestänge auf und ab, so daß infolge der Trägheit der Masse e eine wechselnde Prüfkraft $P_{max} = \dfrac{G}{g} r \omega^2 \left(1 + \dfrac{r}{l}\right)$ entsteht, wenn man die Endlichkeit der Schubstange mitberücksichtigt. Beachtenswert ist das zweite waagrechte Gestänge mit der Masse h. Es läuft lediglich mit, um den Massenausgleich am Kurbeltrieb zu verbessern.

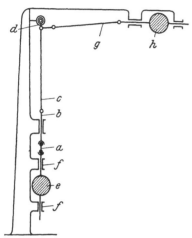

Abb. 22. Zug-Druck-Maschine nach O. Reynolds und J. H. Smith.

a Probe;   *b* Geradführung (Kreuzkopf); *c* Pleuelstange; *d* Kurbelwelle;   *e* Belastungsmasse (veränderlich); *f* Führungslager; *g* Pleuelstange; *h* Ausgleichsmasse (veränderlich).

So komplizierte, direkt wirkende Fliehkraftantriebe, wie sie E. Lehr[3] vor Jahrzehnten entwickelte, Abb. 23, wird man heute nicht mehr bauen. Die vier Unwuchten werden über ein gemeinsames Verstellgetriebe bewegt. Sie rotieren mit einer Frequenz von 3000/min horizontal und sind paarweise stets gegenläufig, damit keine seitlichen freien Fliehkräfte entstehen. Außerdem kann, in Längsrichtung gesehen, das vordere Unwuchtpaar zum hinteren Paar vom vollständigen Gegenlauf bis zum genauen Gleichlauf verstellt werden. So ist es bei dieser Maschine möglich, die Prüfkraft während des Versuchs zu verändern. Auch heute noch interessant ist die Art der Kraftmessung. Der Rahmen der Maschine steht auf Lenkerstützen und kann horizontal frei schwingen. Bei konstanter Drehzahl ist der mit einem Mikroskop gemessene Ausschlag proportional der Prüfkraft. Die Maschine wurde teilweise auch mit einer zusätzlichen Verdrehschwingeinrichtung ausgerüstet.

Eine klare Lösung für eine mit direktem Fliehkraftantrieb ausgestattete *Maschine* hat die *MPA Darmstadt*[4] angegeben. Ohne Resonanzvergrößerung

[1] Stanton, T. E.: Engineering Bd. 79 (1905) I, S. 201. — Wazau, G.: Dinglers polytechn. J. 320 (1905) I, S. 481 u. 505.
[2] Engineering Bd. 79 (1905) I, S. 307 — J. Iron Steel Inst. Bd. 82 (1910) II, S. 246 — Engineering Bd. 88 (1909) II, S. 105.
[3] Lehr, E.: Congr. Internat. Mécanique Générale 5. Sept. 1930, Lüttich, Bd. 1 (1930) S. 218. — Lehr, E. u. W. Prager: Forschg. Bd. 4 (1939) S. 209. — Lehr, E.: Schwingungstechnik. J. Springer, Berlin 1931, Bd. 1, S. 66.
[4] Thum, A., u. G. Bergmann: Z. VDI Bd. 81 (1937) S. 1013. — Thum, A., u. H. R. Jacobi: VDI-Forschungsheft Nr. 396, Berlin 1939. — Thum, A., u. H. Lorenz: Dtsch. Kraftfahrforschg. H. 56, VDI-Verlag, Berlin 1941, S. 12.

sind Vorspannfeder, Erreger, Probe und Ringdynamometer in Reihe hintereinander angeordnet. Die Drehzahl ist konstant rd. 1500/min; die Unwucht kann im Stillstand stufenweise verändert werden, Abb. 24.

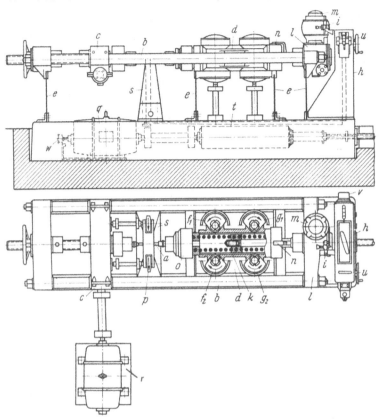

Abb. 23. Zug-Druck-Maschine mit Zusatzeinrichtung zum Erzeugen einer Drehwechselbeanspruchung von E. Lehr, Bauart Schenck. $P_{max} = \pm 3000$ kg; $n = 3000/$min.

a Probe; b Schwingrahmen; c verschiebbares Querhaupt mit Einspannkopf und Schraubenrädergetriebe für den Apparat zum Erzeugen der Schubwechselbeanspruchung; d Antriebsgehäuse; e Führungsblattfedern; f_1 und f_2 vorderes Wuchtmassenpaar; g_1 und g_2 hinteres Wuchtmassenpaar; h Bedienungspult; i Mikroskop zum Messen der Amplitude des Schwingrahmens; k Feder für die statische Vorspannung; l Querhaupt mit Getriebe zum Erzeugen der statischen Vorspannung; m Hilfsmotor zum Betätigen des statischen Vorspannwerks; n Skala mit Nonius zum Messen der statischen Vorspannung; o statische Verdreheinrichtung mit Einspannkopf; p Querhaupt zum Erzeugen der Schubwechselbeanspruchung; q Hauptsynchronmotor; r Hilfssynchronmotor mit drehbarem Gehäuse; s Bock für die optischen Teile; t Getriebe für die Phasenverstellung; u Bedienungshandrad für die Phasenverschiebung (Fliehkrafteinstellung); v Lastspielzähler; w Zählerkontakt.

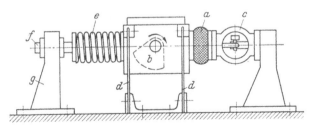

Abb. 24. Zug-Druck-Maschine, Bauart MPA Darmstadt. $P_{max} = \pm 3000$ kg; $n = 1500/$min.

a Probe (Gummipuffer); b umlaufende Welle mit Wuchtmasse; c Federdynamometer (Ringdynamometer) mit optischer Ablesung; d Blattfedern zur Geradführung des Gehäuses, in dem die Wuchtmasse gelagert ist; e Vorspannfeder; f Spindel zum Einstellen der Kraft in der Vorspannfeder e; g Böcke, auf der Grundplatte befestigt.

Auch die Fliehkraftantriebe können wesentlich leichter gebaut werden, wenn man die Prüfmaschinen in Resonanz arbeiten läßt, oder zumindest sie auf dem aufsteigenden Ast der Resonanzkurve in der Nähe der Resonanzdrehzahl betreibt. Ein Beispiel für diese Maschinenart sind die *Pulser* nach E. Er- linger[1], Bauart Schenck. Die ursprüngliche Konstruktion mit gerader, flacher Schwingfeder zeigt das Prinzip am besten, Abb. 25. Auch hier liegen Vorspannfeder, Erregersystem, Probe und Ringdynamometer in Reihe hintereinander. Die treibende Unwucht sitzt einseitig und ist auf der anderen Federhälfte durch eine Zusatzmasse ausgeglichen, damit beide Federteile samt den Kopfmassen synchron schwingen. Im Grunde handelt es sich um das Prinzip einer aufgeklappten Stimmgabel, deren Rückstellkräfte die Probe beanspruchen. Verständlicherweise verzehrt das Bewegen der schweren Flachfedermasse einen großen Teil der Prüfenergie, was sich im Beschränken der Schwingungsamplitude äußert. Dieser Nachteil ist in der *neueren Bauweise*[2] mit Schraubenfeder überwunden worden, Abb. 26. Heute liegt die Schwingfeder schraubenförmig über der Vorspannfeder und trägt an ihrem hinteren freien Ende den Unwuchterreger. Die Hintereinanderschaltung der Maschinenelemente blieb erhalten. Das Antriebssystem steht horizontal schwingbar auf Stützen mit Kreuz-

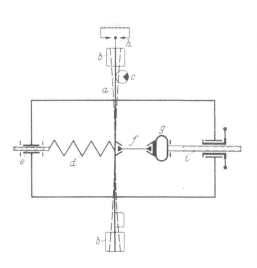

Abb. 25. Zug-Druck-Pulser mit schwingender Blattfeder nach E. Erlinger. Bauart Schenck (schematisch).

a Schwingfeder;   *b* Kopfmasse;   *c* Unwuchterreger; *d* Vorspannfeder;   *e* Vorspannspindel;   *f* Probe; *g* Dynamometer;   *h* Steuerkontakte;   *i* Verstellspindel.

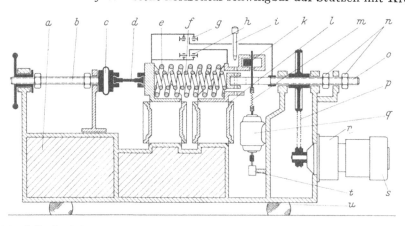

Abb. 26. Zug-Druck-Pulser mit Rohrfeder und mit Doppelantrieb nach E. Erlinger. Bauart Schenck.
$P_{max} = \pm 30000$ kg; $n = 2000$/min (im Langsambetrieb ± 60000 kg bei $n = 30$/min).

a Bett mit Betonfüllung;   *b* Verstellspindel;   *c* Dynamometer;   *d* Probe;   *e* Schwingfeder (außenliegend); *f* Vorspannfeder (innenliegend);   *g* Steuerkontakte für Langsamantrieb;   *h* Steuerkontakte für Schnellantrieb; *i* Federkupplung;   *k* Kreuzfedergelenke;   *l* Unwuchterreger;   *m* biegsame Welle;   *n* Gegenmuttern, fest bei Schnellantrieb;   *o* Spindel für Langsamantrieb;   *p* Kettentrieb;   *q* Erregermotor für Schnellantrieb;   *r* Untersetzungsgetriebe;   *s* Motor für Langsamantrieb;   *t* Kontaktgeber für Schnellantrieb;   *u* Gummifüße.

[1] Erlinger, E.: Arch. Eisenhüttenw. Bd. 10 (1936/37) S. 317.
[2] Erlinger, E.: Metallwirtsch. Bd. 22 (1943) S. 12.

federgelenken. Zum Spannen der Vorspannfeder ist ein besonderer Spindelantrieb eingebaut, der auch dazu benutzt werden kann, zwischen die Dauerschwingungen zeitweilig langsame große Wechselhübe einzuschieben, um im
Sinne einer Betriebsfestigkeitsprüfung gelegentliche Überlastungen der Probe
einzuflechten. Bei diesen Lastwechseln mit höheren Kräften kuppelt man die
Vorspannfeder mit der Schwingfeder zwecks Addition ihrer Federkonstanten.
Die Prüfkräfte, die das Antriebssystem der Probe aufzwingt, werden von ihr
an das Dynamometer weitergegeben und mit Mikroskop oder Lichtzeiger erfaßt.
Die Maschine ist ein Zwei-Massen-Schwinger, dessen Hauptmasse das elastisch
aufgestellte schwere Maschinenbett bildet. Die von der Unwucht erregte zweite
Masse wird von den Trägheiten des schwingenden Antriebsapparats gebildet.
Die beiden Massen schwingen gegeneinander, wobei sie die Probe beanspruchen.
Der Schwingungsknoten liegt zum Vermeiden von Massenkräften, die die Messungen fälschen könnten, zwischen Probe und Dynamometer. Die Prüfkraft
wird durch Verändern der Drehzahl des Unwuchtantriebs auf die gewünschte
Höhe gebracht. Das Schwingungssystem der Schenck-Pulser arbeitet mit
Frequenzen von 2000 bis 2600/min je nach Maschinengröße. Für den Meßbereich von 1:12 jeder Maschine steht ein Drehzahlgebiet von etwa 200/min
zur Verfügung, in dem die gewünschte Belastung durch entsprechende Dreh-
zahlwahl eingeregelt werden kann. Ein Differentialrelais nach KEHSE-SLATTEN-
SCHEK[1], dessen Regelung von Kontakten an Schwing- und Vorspannfeder aus-
geht, übernimmt im Dauerlauf die Konstanthaltung der Lastgrenzen. Diese
Pulserreihe umfaßt Maschinen mit dynamischen Höchstkräften von ± 1, ± 3,
± 10 und ± 30 t; ihre Verformungshübe liegen bei etwa ± 6 mm für den
Schnellantrieb. Der Langsamantrieb ermöglicht den dreifachen Hub des

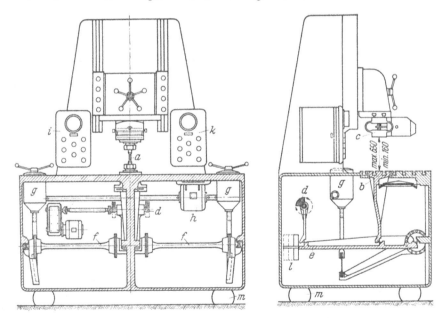

Abb. 27. Zug-Druck-Universalpulser, Bauart Schenck. $P_{max} = \pm 10000$ kg; $n = 600$ bis 8000/min.

a Probe; *b* Schwingkopf; *c* Dynamometer; *d* Unwuchtantrieb; *e* Schwinghebel; *f* Vorspannfedern (Torsions-
stabfedern); *g* Vorspannwerke; *h* Vorspannmotor; *i* Schalttafel mit Regler für die Vorspannung; *k* Schalttafel
mit Regler für die Wechselspannung; *l* veränderliche Masse zum Verändern der Eigenfrequenz; *m* Gummifüße.

[1] ERLINGER, E.: Arch. Eisenhüttenw. Bd. 10 (1936/37) S. 317 und Bd. 12 (1938/39) S. 617.

Schnellantriebs und kann auch in Verbindung mit einem Regler zum Vorspannen benutzt werden.

Diese Maschinenreihe wird durch eine zweite ergänzt, die mit vertikaler Prüfachse gebaut wird, Abb. 27. Das Arbeitsprinzip ist im wesentlichen das-

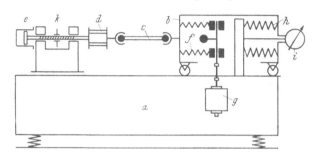

Abb. 28. Zug-Druck-Maschine von R. Sonntag, Bauart Baldwin-Lima-Hamilton Corp. (schematisch).
a elastisch gelagertes Maschinenbett;   b Schwingergehäuse;   c Probe;   d Dynamometerrohr mit aufgeklebtem Dehnungsmeßstreifen;   e Vorspannwerk;   f Resonanzfeder;   g Antriebsmotor für die Unwucht;   h Vorspannfeder;   i Meßuhr zur Vorspannfeder;   k Gegenmutter zum Festhalten der Spannspindel.

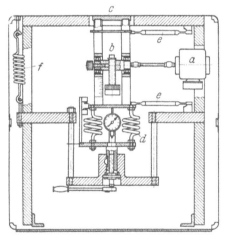

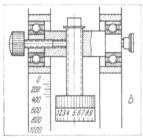

Abb. 29. Zug-Druck-Maschine von R. Sonntag, Bauart
Baldwin-Lima-Hamilton Corp.
$P_{max} = \pm 2500$ kg; $n = 1800/\text{min}$.
a Antriebsmotor;   b verstellbare Unwucht;   c Schwingplatte;   d Vorspannfedern;   e zwei Lenkerführungen für die Schwingplatte;   f seismische Aufhängung der Maschine im Traggestell.

selbe, wie bei den horizontalen Pulsern. Es wurde Wert darauf gelegt, die Frequenzen und Hübe weiter zu steigern, um für Formteilversuche genügend Energie zu gewinnen. Zum Aufbau von solchen Proben ist die Spanntischfläche nach drei Seiten offengehalten und mit Spannuten versehen. Der untere Einspannkopf ist ebenfalls genutet, damit beliebige Spannglieder angeschlossen werden können. Dieser Spannkopf ist in eine Aussparung der Spannplatte eingelassen und vollführt beim Schwingen Hübe in vertikaler Richtung. Ein Unwuchtantrieb setzt den schwingenden Teil der Maschine über ein Hebelwerk in Bewegung, das mit Torsionsstäben als Vorspannfedern in Verbindung steht. Das System kann durch veränderliche Massen in seiner Eigenschwingungszahl der Prüfaufgabe angepaßt werden. Die Prüffrequenzen liegen bei den kleineren Maschinen dieser Baureihe bei 1000 und 10000/min; bei den größeren Maschinen werden 600 bis 5000/min erreicht. Dabei werden Hübe von ± 8 mm und ± 16 mm maximal erzeugt. Zusatzeinrichtungen, die auf dem genuteten Spanntisch befestigt werden, ermöglichen die Durchführung von Biege- und Verdrehwechselversuchen, wobei Verformungswinkel von $\pm 7°$ möglich sind.

In den USA besteht eine Pulserkonstruktion von R. SONNTAG[1], Bauart Baldwin-Lima-Hamilton, die Dehnungsmeßstreifen am Dynamometer benutzt, um die Prüfkräfte auf konstantem Ausschlag zu halten, Abb. 28. Eine andere Lösung von R. SONNTAG[2] ist insofern interessant, als sie erstmalig auf die sonst bei Schwingprüfmaschinen übliche Bauart mit gegenüberliegenden Einspannköpfen verzichtet, Abb. 29. Die Maschine schließt oben mit einer Aufspannplatte ab, die in der Mitte eine Aussparung besitzt, in der eine angetriebene kleinere Schwingplatte — der treibende Einspannkopf also — auf- und niederschwingt. Je nach Bedarf lassen sich beliebige Spannteile und Vorrichtungen so um die Antriebsplatte anordnen, daß kleinere Konstruktionsteile unter Zug-Druck oder auch anderen Beanspruchungen geprüft werden können. Die Maschine zählt zu den Baumustern mit unmittelbarer Fliehkraftwirkung ohne Resonanz. Die Unwucht kann durch eine Schraubenverstellung auf größeren Radius gebracht werden. Ein Synchronmotor treibt sie mit $n = 1800$/min an. Die Maschine wird für Höchstkräfte von 100, 1000 und 5000 kg gebaut.

C. Schwingprüfmaschinen für Biegeversuche.

Wechselnde Biegekräfte sind nach den Erfahrungen der Praxis besonders häufig die Ursache von Dauerbrüchen. Im Biegefall genügen kleine Kräfte, um gefährliche Biegespannungen in den Randschichten zu erzeugen. Die Dauerbruchgefahr wird dort weiter erhöht, weil die Eigenschaften der äußeren Schichten in den meisten Fällen von jenen der inneren abweichen und einen entscheidenden Einfluß auf das Festigkeitsverhalten haben. Selbst bei Zug-Druck-Beanspruchungen treten in der Praxis meist zusätzliche Biegeanstrengungen auf. Erschwerend für die Übertragbarkeit der Ergebnisse des Biegeschwingversuchs ist die Abhängigkeit der im Versuch ermittelten Werte von den Abmessungen der Proben (siehe Band II, Abschn. III B 4b). Dieser Umstand hat dazu geführt, für reine Werkstoffuntersuchungen immer mehr von der Biegeprüfung zum Zug-Druck-Versuch überzugehen, der über dem ganzen Querschnitt gleich hohe Beanspruchungen hervorruft. Hingegen ist die Biegebeanspruchung zum Untersuchen des Einflusses von Oberflächenbehandlungen (Härteschichten, metallischen Überzügen, mechanischen Bearbeitungsarten usw.) durch die Betonung der Randverhältnisse von besonderem Interesse für den Prüfer.

Bei Biegeprüfungen können die Momente sowohl allseitig als auch in nur einer Ebene wirkend angesetzt werden. In Anlehnung an die praktischen Belastungsfälle wird zwischen Umlauf- und Planbiegung unterschieden, wobei die erste z. B. die Belastung einer umlaufenden Radachse, die zweite die Hin- und Herbiegung einer Blattfeder nachahmt. Zudem kann in beiden Fällen das Biegemoment als Folge des Angriffs der belastenden Kräfte gleich oder ungleich über die Länge der Biegeprobe verteilt sein. Beim Angriff der Kraft am freien Ende einer einseitig eingespannten Probe tritt das größte Biegemoment am Einspannende auf, so daß solche Prüfanordnungen für Untersuchungen an Nabensitzen, Einspann- und Schrumpfverbindungen bevorzugt werden. Durch doppelten Kraftangriff oder durch entsprechende Kinematik der Probenführung erzwungene konstante Verteilung des Biegemoments über die Versuchslänge der Probe zieht ein größeres Stoffvolumen in Betracht und macht eine solche

---

[1] Druckschrift der Fa. Baldwin-Lima-Hamilton Corp..
[2] Druckschriften der Fa. Baldwin-Lima-Hamilton Corp., Baldwin-Testing Topics Bd. 2 (1947) Nr. 8, S. 5.

Prüfeinrichtung für den Vergleich zweier Kerbformen an einer Probe, für Versuche mit Entlastungskerben, für Dämpfungsmessungen und Korrosionsuntersuchungen geeigneter.

Ein wesentlicher Unterschied zwischen Umlauf- und Planbiegung besteht hinsichtlich der Massenwirkung. Bei guter Zentrierung der Probe ist die Umlaufbiegung ohne weiteres frei von störenden Massenkräften. Die Planbiegung dagegen ist an eine ständige Bewegung der Massen (Kurbeltrieb, Einspannung

Abb. 30. Vielprobenmaschine zur Biegewechselprüfung von Blechen bei verschiedenen Mittelspannungen nach G. R. Gohn und E. R. Morton, Bauart Bell Telephone Laboratories Inc., New York. $n = 3000$/min.

a Schiene;   *b* Grundrahmen;   *c* Antriebsgehäuse;   *d* Kurbelwelle mit Schwungrad;   *e* Schwinghohlwellen; *f* Schwinghebel;   *g* zu prüfende Blechproben;   *h* Antriebszapfen;   *i* U-förmige Fassungsstücke (am freien Probenende befestigt);   *k* Probenbefestigung (einseitig) in Einspannböcken;   *l* Lastspielzähler.

und Probe) gebunden. Dieser Unterschied in der Wirkungsweise hat dazu geführt, daß die Umlaufbiegemaschinen als erste hohe Prüffrequenzen erreichten, während in dieser Beziehung die Maschinen für Hin- und Herbiegung stets besonderer Rücksichtnahme bedurften.

Für die immer wiederkehrende Dauerprüfung gleichartiger Proben unter einseitiger Biegebelastung sind auch eine Reihe von *Vielprobenmaschinen* entwickelt worden. Es lag nahe, an ein und denselben Kurbeltrieb mehrere Einspannungen reihenweise anzuschließen[1-5]. Eine derartige Lösung benutzen z. B. G. R. Gohn und E. R. Morton[6,7] zum Prüfen von streifenförmigen Blechproben, Abb. 30. Im hinteren Gehäuse der Maschine ist ein doppelter Kurbeltrieb untergebracht, der von einem unter der Maschine befindlichen

[1] Templin, R. L.: Proc. Amer. Soc. Test. Mater. Bd. 33 (1933) II, S. 364.

[2] Wiesenäcker, H.: Z. VDI Bd. 73 (1929) S. 1367. — Ruttmann, W.: Dr.-Ing.-Diss. Techn. Hochsch. Darmstadt 1933.

[3] Townsend, J. R., u. C. H. Greenall: Proc. Amer. Soc. Test-Mater. Bd. 29 (1929) II, S. 353. — Brick, R. M., u. A. Phillips: Trans. Amer. Soc. Met. Bd. 29 (1941) S. 435; Sheet Metal Ind. Bd. 15 (1941) S. 511, 635, 653; Stahl u. Eisen Bd. 62 (1942) S. 1035.

[4] Townsend, J. R.: Proc. Soc. Exp. Stress Analysis Bd. 3 (1946) Nr. 2, S. 161.

[5] Kelton, E. H.: Proc. Amer. Soc. Test. Mater. Bd. 46 (1946) S. 692.

[6] Proc. Amer. Soc. Test. Mater. Bd. 49 (1949) S. 702.

[7] Gohn, G. R.: Bell Labor. Rec. Bd. 30 (1952) Nr. 12, S. 459.

Motor angetrieben wird. Die beiden Kurbeltriebe setzen die zwei parallel liegenden rohrförmigen Schwingwellen in oszillierende Drehbewegung. Jeder der
zwölf auf den Wellen sitzenden Schwinghebel bewegt zwei der vertikal eingebauten Flachproben, die durch die ausgesparten Schwingwellen gesteckt sind.
Die auf der Klemmleiste festgespannten Proben haben keinen Anschluß an ein
Dynamometer; vielmehr wird die Beanspruchung durch statische Eichungen
und durch Festlegen des entsprechenden Schwingwinkels bestimmt.

1. Dauerbiegemaschinen mit Kurbelantrieben.

Diese einfach aufgebauten Maschinen dienen hauptsächlich der Dauerprüfung von dünnen Blechen, aber auch der Untersuchung von Kunststoffen,
von Hölzern und in Sonderfällen zur Prüfung profilierter Proben (z. B. von
Rohren). Zumeist muß deshalb ein großer Schwingwinkel erreicht werden können.
Die Drehzahl des Antriebs kann nicht höher gewählt werden, als es die Massenkräfte im Antrieb und am Dynamo-
meter zulassen.

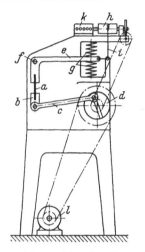

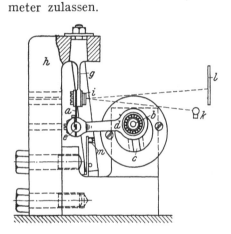

Abb. 31. Dauerbiegemaschine für Flachproben von
G. B. UPTON und G. W. LEWIS.

a Probe; *b* Antriebshebel; *c* Pleuelstange; *d* Kurbeltrieb mit verstellbarem Hub; *e* Winkelhebel für die
Kraftmessung; *f* Achse des Winkelhebels *e*; *g* geeichte
Schraubenfedern für die Kraftmessung; *h* Schreibtrommel; *i* Schreibhebel; *k* Zählwerk; *l* Antriebsmotor.

Abb. 32. Dauerbiegemaschine für Flachproben von
H. F. MOORE. $n = 1300/\text{min}$.

a Probe; *b* Kurbelzapfen; *c* Kurbelflansch; *d* Pleuelstange; *e* Formstück mit seitlichem Zapfen, am
unteren Ende der Probe *a* aufgespannt; *g* Meßfeder;
h Maschinengestell; *i* Meßspiegel; *k* Beleuchtungseinrichtung; *l* Mattscheibe; *m* Ausschaltkontakt.

Die Entwicklungstendenz ist aus den beiden Maschinen von G. B. UPTON
und G. W. LEWIS[1] und von H. F. MOORE[2] gut zu erkennen, Abb. 31 und
Abb. 32. Beide Maschinen beanspruchen die Proben einseitig, so daß das
größte Biegemoment dynamometerseitig nahe der Probeneinspannung liegt.
Die Beanspruchung wird im Stillstand durch einen mehr oder weniger großen
Hub des Exzenters eingestellt. Federglieder dienen der Messung des Biegemoments. Beim Vergleich beider Konstruktionen fällt auf, daß die neuere
Maschine von MOORE geringere Trägheiten im Meßteil besitzt. Sie erreicht demzufolge höhere Prüffrequenz. Zur Prüfung von rd. 0,9 mm dicken Proben wurde
die UPTON-LEWIS-Maschine in Kleinausführung hergestellt[3].

[1] Amer. Mach. N. Y. (1912) S. 633 u. 678 — Stahl u. Eisen Bd. 32 (1912) S. 2189.
[2] MOORE, H. F., u. J. B. KOMMERS: The Fatigue of Metals. New York: McGraw-Hill
Book Comp.1927. S. 101.—MOORE, H. F.: Trans. Amer. Soc. Steel Treat. Bd. 18 (1930) S.1041.
[3] LAUDERDALE, R. H., R. L. DOWDELL u. K. CASSELMAN: Metals & Alloys Bd. 10
(1939) Jan., S. 24.

Soll das Biegemoment über die Länge der Probe konstant sein, dann muß für eine besondere Führung der Probe gesorgt werden. Als Beispiele für solche Konstruktionen möge die *Flachbiegemaschine der Deutschen Versuchsanstalt für Luftfahrt (DVL)*[1] und die *Wechselbiegemaschine* nach E. Erlinger[2] gelten. Die *DVL-Maschine*, Abb. 33, ist u. a. auch für die Untersuchung von dünnen Rohren für den Leichtbau gedacht. Sie hat deshalb eine in Probenachse verstellbare Meßfeder und trägt die lange Probe frei obenauf. Der Kurbeltrieb zwingt der Probe über die bügelförmigen Hebel ein Ausbiegen in der Mitte auf, das im Sinne einer ruhenden Vorspannung sich einseitig gestaltet, wenn man die Meßfeder entsprechend versetzt. Diese Maschinen wurden für Biegemomente von ± 150 kgcm und ± 1600 kgcm gebaut, wobei mit Rücksicht auf Probenlänge und Massenkräfte die kleinere mit 740/min und die größere Maschine mit 500/min arbeitet.

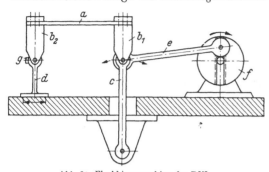

Abb. 33. Flachbiegemaschine der DVL.
$M_{b\,max} = \pm 150$ und 1600 kgcm; $n = 500$ und 740/min.
a Probe;   *b_1* und *b_2* bügelförmige Hebel, an den Enden der Proben aufgespannt;   *c* Lenker;   *d* Meßfeder;   *e* Pleuelstange; *f* Kurbelgetriebe mit verstellbarem Hub;   *g* Meßspiegel.

Die *Wechselbiegemaschine* nach E. Erlinger, Abb. 34, führt die Flachprobe so, daß die Probenmitte im Raume stillsteht und dafür die beiden Enden sich bewegen. Das gleichmäßige Biegemoment über die Probe entsteht dadurch, daß die beiden Auflager

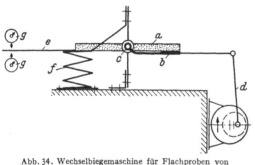

Abb. 34. Wechselbiegemaschine für Flachproben von E. Erlinger. Bauart Schenck.
$M_{b\,max} = \pm 150$ kgcm; $n = 1450/min$.
a Probe;   *b* Schwinge;   *c* Drehpunkt in der neutralen Faser der Probe;   *d* Antrieb;   *e* Meßschwinge;   *f* Dynamometer; *g* Meßuhren zum Abtasten des Dynamometerausschlags.

sich nur kreisförmig um die Drehachse bewegen können, die in der neutralen Faser der Probe liegt. Zusätzliche Vorspannungen werden durch Versetzen des Antriebsmotors erzeugt. Das Biegemoment wird mit einer Meßfeder bestimmt, auf die sich der Meßbügel abstützt.

2. Dauerbiegemaschinen mit Wechselwirkungen ruhender Kräfte.

Zu dieser Maschinengruppe ist vor allem die große Zahl der umlaufenden Dauerbiegemaschinen zu zählen, deren erste A. Wöhler[3] baute, um damit das Festigkeitsproblem bei Eisenbahnachsen zu lösen. Seit damals sind immer neue Baumuster solcher Maschinen entstanden; ihr Aufbau ist einfach, und die Schwierigkeiten, die bei allen anderen Schwingprüfmaschinen aus dem Beherrschen der Massenkräfte sich ergeben, fallen hier weg. Das Belastungssystem steht im Raume still, und die runde Probe rotiert im Feld der Biegemomente.

[1] Matthaes, K.: Metallwirtsch. Bd. 12 (1933) S. 485 — Z. VDI Bd. 77 (1933) S. 27 — DVL-Jahrbuch 1933, S. VI 52.
[2] Arch. Eisenhüttenw. Bd. 11 (1937/38) S. 455.
[3] Z. Bauw. Bd. 13 (1863) S. 233; Bd. 16 (1866) S. 67; Bd. 20 (1870) S. 73.

Diese Bauart war lange Zeit die einzige, die dem Wunsche nach kurzer Prüfzeit durch hohe Umdrehungszahlen gerecht werden konnte.

Man unterscheidet grundsätzlich wieder zwischen Maschinen mit veränderlichem und solchen mit gleichem Biegemoment in der Versuchslänge der Probe, Abb. 35 bis 39.

Außerdem ergeben sich für beide Grundarten gewisse Abwandlungen als Folge der Art des Angriffs der Belastungskräfte. Die Kräfte selbst können entweder durch angehängte Gewichte, durch Laufgewichtsanordnungen oder durch Federn erzeugt werden, wobei wiederum die Kraft unmittelbar oder über eine Hebelübersetzung angreift.

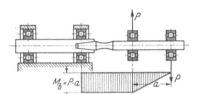

Abb. 35.

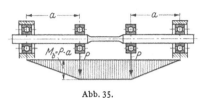

Abb. 36.

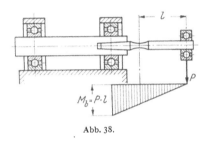

Abb. 38.

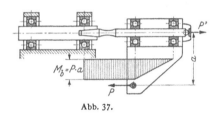

Abb. 37.

Abb. 35 bis 37. Gleiche Verteilung der Biegemomente in der Versuchslänge der Probe bei Umlaufbiegemaschinen.

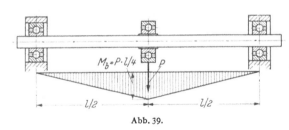

Abb. 39.

Abb. 38 und 39. Ungleiche Verteilung der Biegemomente über die Versuchslänge der Probe bei Umlaufbiegemaschinen mit einfachem Lastangriff.

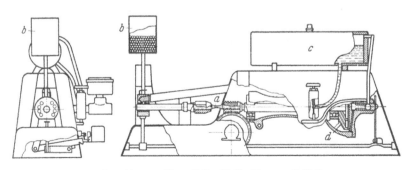

Abb. 40. Dauerbiegemaschine mit Druckluftturbine von G. N. Krouse.
$n = 5000$ bis 30000/min.

a Probe;   b Belastungsgewicht (Kugeln);   c Preßluftbehälter;   d Turbine.

13*

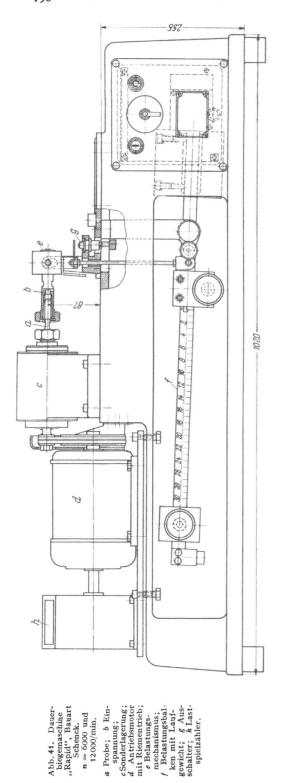

Abb. 41. Dauer-
biegemaschine
„Rapid", Bauart
Schenck.
$n = 6000$ und
12000/min.

a Probe; *b* Ein-
spannung;
c Sonderlagerung;
d Antriebsmotor
mit Riementrieb;
e Belastungs-
mechanismus;
f Belastungsbal-
ken mit Lauf-
gewicht; *g* Aus-
schalter; *h* Last-
spielzähler.

Abb. 42. Dauerbiegemaschine von E. Lehr, Bauart Schenck. $n = 3000$ bis 5000/min.

a Probe; *b* Einspannwellen; *c* geschlitzte Spann-
patronen; *d* Rohre zum Festspannen der Patronen *c*; *e* Pendelkugellager; *f* äußere feste
Lagergehäuse; *g* innere Lagergehäuse; *h* Zugstangen für die Belastung; *i* Laufgewicht;
k Spindel zum Verschieben des Laufgewichts;
l Waagebalken; *m* Kardangelenk zur Spindel *l*;
n Vorgelegewelle; *o* Kegelradantrieb; *p* Zugstange des Waagebalkens; *q* Querhaupt der Belastungseinrichtung; *r* Kolben der Öldämpfung;
s Feststellvorrichtung; *t* Leistungswaage;
u Schneckenvorgelege mit Zählwerk; *v* biegsame
Welle mit längsverschieblicher Kupplung; *w*
Meßuhren; *x* Messingschleifringe für die
Temperaturmessung; *y* Ausschaltkontakt;
z Spindel zum Ausschaltkontakt.

Die von G. N. Krouse[1] gebaute Maschine für einseitige Biegung, Abb. 40, wird von einer Druckluftturbine angetrieben. Sie erreicht mit Leichtigkeit hohe Drehzahlen im Gebiete von 5000 bis 30000/min, wobei die Lager in einem Ölnebel laufen. Eine ebenfalls sehr schnellaufende *Maschine* hat E. Erlinger[2] entwickelt, Abb. 41. Bei ihr dient ein Laufgewicht zum Erzeugen des Biegemoments. Die Drehzahl von 12000/min wird durch eine Riemenübersetzung erreicht. Das freie Probenende nimmt eine Spannhülse auf, die zum Belastungsmechanismus überleitet.

Das Gegenstück mit gleichem Biegemoment über die Probe stellt die Maschine von E. Lehr[3] dar, Abb. 42. Zuerst mit pendelndem Motor als Leistungswaage gebaut, um abgekürzte Versuche machen zu können, wird die Maschine heute durchweg mit feststehendem Fußmotor ausgerüstet.

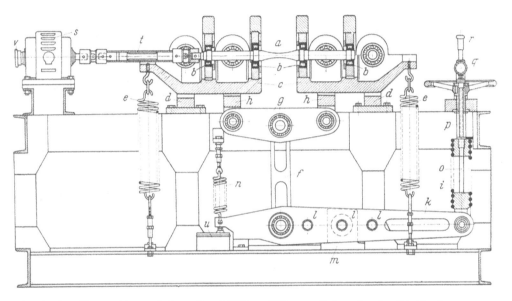

Abb. 43. Dauerbiegemaschine von E. Lehr, Bauart MAN, zur Prüfung von Proben mit großem Schaftdurchmesser. *a* Probe; *b* Pendelrollenlager; *c* Schwingen; *d* Lagerböcke für die Pendelachsen der Schwingen; *e* Federn zum Ausgleich des Eigengewichts der Schwingen; *f* Zugstange der Belastung; *g* Querjoch; *h* Belastungsgehänge; *i* geeichte Kraftfeder; *k* doppelarmiger Belastungshebel; *l* Drehachsen des Hebels *k*; *m* Lagerbock des Hebels *k*; *n* Gegenfeder; *o* Meßstange der Feder *i*; *p* Verstellspindel für die Feder *i*, betätigt durch Mutter mit Handrad; *q* Meßuhr; *r* Fühlschraube; *s* Antriebsmotor; *t* Kardanwelle; *u* Druckknopfschalter; *v* Zählwerk.

Bei größeren Baumustern dieser Art[4,5] ist E. Lehr[4] zur Federbelastung übergegangen, um die Trägheiten einzusparen, Abb. 43. Bei dieser Konstruktion muß die Probe sehr lang sein und bis zu den äußeren Stützlagern reichen. Bei anderen Bauarten schrumpft man die Probe jeweils in Spannflanschen ein.

---

[1] Moore, H. F., u. G. N. Krouse: Univ. Illinois Engng. Exp. Station, Circ. Nr. 23 (1934) S. 7.

[2] Metallwirtsch. Bd. 20 (1941) S. 748.

[3] Die Abkürzungsverfahren zur Ermittlung der Schwingungsfestigkeit von Materialien. Dr.-Ing.-Diss. Techn. Hochsch. Stuttgart 1925. — Siehe auch Druckschrift Nr. 848 der Fa. Schenck.

[4] In: Handbuch der Werkstoffprüfung. 1. Aufl., Bd. I, S. 330. Hrsg. E. Siebel, Berlin: Springer 1940.

[5] Coron, P.: Rev. Métall., Mém. Bd. 50 (1953) S. 761.

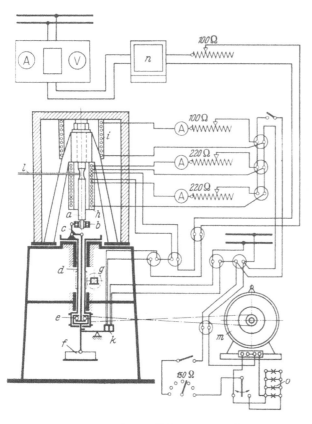

Besonders für Versuche bei hohen Temperaturen sind eine Reihe von *Sondermaschinen* für Umlaufbiegung entstanden[1, 2, 3]. Unter ihnen verdient die Maschine von E. DORGERLOH[3] Beachtung, Abb. 44, weil sie eine gute Wärmehaltung erlaubt. Die Probe ist oben in einer Spannglocke festgehalten. Die durch Hängegewichte erzeugte Biegekraft läuft um das untere freie Probenende um. Man umgeht auf diese Weise alle Schwierigkeiten, die mit den Lagerungen im Heizraum verbunden sind; das einzige Kugellager am

---

[1] TEMPLIN, R. L.: Proc. Amer. Soc. Test. Mater. Bd. 33 (1933) II, S. 364.

[2] HOWELL, F. M., u. E. S. HOWARTH: Proc. Amer. Soc. Test. Mater. Bd. 37 (1937) II, S. 206.

[3] Dr.-Ing.-Diss. TH Dresden 1929 — Metallwirtsch. Bd. 8 (1929) S. 986 u. Bd. 9 (1930) S. 381.

Abb. 44. Dauerbiegemaschine von E. DORGERLOH zur Bestimmung der Biegewechselfestigkeit bei höheren Temperaturen.

a Probe; *b* Pendelkugellager; *c* Winkelhebel; *d* Hohlwelle; *e* Längslager; *f* Belastung; *g* Zählwerk, durch Schneckenvorgelege angetrieben; *h* elektrischer Ofen mit Platinwicklung; *i* elektrische Heizung des Einspannkopfes; *k* selbsttätiger Ausschalter; *l* Thermoelement; *m* Antriebsmotor; *n* Temperaturregler; *o* Lampenwiderstand.

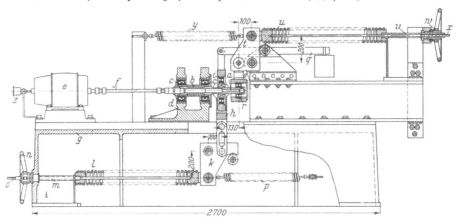

Abb. 45. Dauerbiegemaschine von E. LEHR.

a Probe; *b* Einspannhülse; *c* Wälzlager der Einspannhülse *b*; *d* ortsfester Lagerbock; *e* Antriebsmotor; *f* Kardanwelle; *g* Grundgestell; *h* Belastungsgehänge I; *i* Kugellager mit Nabe für die Belastung I; *k* Winkelhebel I; *l* geeichte Belastungsfeder I; *m* Spindel zum Einstellen der Belastung I; *n* Mutter mit Handrad zur Spindel *m*; *o* Meßstange zur Belastungsfeder I; *p* Vorspannfeder I; *q* Hebel mit Gegengewicht zum Ausgleich des Eigengewichts des Gehänges *h*; *r* Kugellager für die Belastung II; *s* Belastungsgehänge II; *t* Winkelhebel II; *u* Belastungsfeder II; *v* Spindel zum Einstellen der Belastung II; *w* Mutter mit Handrad zur Spindel *v*; *x* Meßstange zur Belastungsfeder II; *y* Vorspannfeder II; *z* Zähler.

unteren Probenende kann man weit genug aus der Heizzone heraushalten. Außerdem bietet die stillstehende Probe alle Vorteile für die Temperaturmessung.

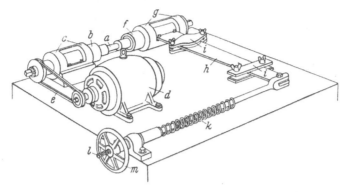

Abb. 46. Dauerbiegemaschine von A. THUM und G. BERGMANN. $M_b = 350$ kgm; $n = 1500$ und 3000/min.
a Probe; b angetriebene Einspannwelle; c ortsfeste Lager; d Antriebsmotor; e Keilriemen; f Einspannwelle des Belastungshebels; g Lager der Einspannwelle f; h Belastungshebel; i Führungen des Belastungshebels; k geeichte Zugfeder; l Spindel zum Spannen der Zugfeder k; m Mutter mit Handrad zum Verschieben der Spindel l.

Die selten benutzten Konstruktionsprinzipien nach Abb. 45 und Abb. 46 werden durch die Maschinen von E. LEHR[1] sowie von A. THUM und G. BERGMANN[2] verkörpert. Um Modelle von Hohlachsen prüfen zu können, entstand die Umlaufbiegemaschine nach Abb. 45. Die einmalig gebaute Maschine benutzt zwei durch Federkräfte gespannte Belastungssysteme, die entgegengesetzte, räumlich parallelversetzte Kräfte erzeugen. Bei gleich großen Federkräften ist das Biegemoment über die zwischen den Belastungslagern liegende Probenlänge gleich groß. Den gleichen Beanspruchungsfall bildet die Maschine von A. THUM

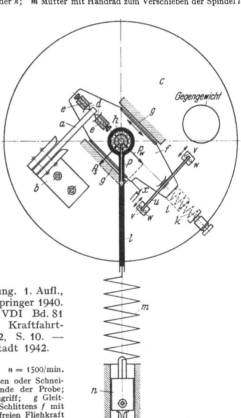

---

[1] In: Handbuch der Werkstoffprüfung. 1. Aufl., Bd. I, S. 337. Hrsg. E. Siebel, Berlin: Springer 1940.
[2] THUM, A., u. G. BERGMANN: Z. VDI Bd. 81 (1937) S. 1013. — THUM, A.: Dtsch. Kraftfahrtforschg. H. 73, VDI-Verlag Berlin 1942, S. 10. — SAUL, K. H.: Dr.-Ing.-Diss. TH Darmstadt 1942.

Abb. 47. Dauerbiegemaschine von K. OTTITZKY. $n = 1500$/min.
a Probe; b Einspannbock; c Planscheibe; d Spitzen oder Schneiden zum Übertragen der Wechselkraft auf das Ende der Probe; e Spannschrauben; f Schlitten für den Kraftangriff; g Gleitführungen für den Schlitten f; h Zapfen des Schlittens f mit Kugellager; i Zusatzmasse zum Erzeugen einer freien Fliehkraft am Schlitten; k Feder zum Vorspannen der Probe; l Zugstange der Belastung; m Belastungsfeder; n Gleitstein, der nach dem Einstellen der Kraft festgeklemmt wird; o Spindel; p Handrad; q Gelenkbolzen; r einarmiger Waagebalken; s ortsfestes Drehgelenk des Waagebalkens r; t Belastungsgewicht; u Blattfeder zum Ausgleich der Massenkräfte des Schlittens f; v Bolzen zur Lagerung der Blattfeder u; w Böckchen zum Halten der Bolzen v; x Ausschaltkontakt.

und G. Bergmann, Abb. 46, mittels eines Hebels, der das dem Antrieb abgewendete Probenende biegend belastet.

Schließlich sei noch eine *Maschine* von K. Ottizky[1] erwähnt, die eine ruhende Federkraft in eine hin- und herbiegende Wechselkraft umformt, Abb. 47. Auf einer Planscheibe kann sich ein Schlitten in parallelen Führungen bewegen. Er trägt die Anschläge zum Übertragen der Biegekräfte auf das Ende der Probe, die fest auf der umlaufenden Scheibe aufgespannt ist. Steht die Scheibe so, daß der Schlitten in der Senkrechten gleitet, dann wirkt das größte Biegemoment auf die Probe; 90° weiter ist das Biegemoment Null. Beim Umlauf kommt eine Wechselkraft zustande, der durch Spannen einer mitumlaufenden Zusatzfeder eine Vorspannung überlagert werden kann.

Abb. 48. Dauerbiegemaschine für 30 Proben von M. Prot, Bauart Matra.

Zur laufenden Überwachung der Dauerschwingfestigkeit von Werkstoffen sind auch eine Reihe von *Vielprobenmaschinen* für Umlaufbiegeproben geschaffen worden[2,3]. Als Beispiel und Versuch dieser Art mag die Maschine von M. Prot[3] gelten. Sie ist für die gleichzeitige Prüfung von dreißig Proben gebaut. In einem schweren Gußständer ist eine senkrechte zentrale Antriebswelle gelagert, die fünf Reibräder trägt. Jedes der Räder treibt je sechs Proben an, die kreisförmig und radial im zylindrischen Gußständer hängen, Abb. 48. Das jeweilige Gegenreibrad sitzt unmittelbar auf der Einspannwelle der Probe, die an ihrem freien Ende durch ein Hängegewicht belastet ist. Im Lagergehäuse ist lediglich noch das Getriebe für den Lastspielzähler untergebracht. Rechnet man sechs unterschiedlich belastete Proben auf eine Wöhler-Kurve, so ist man mit *einem* Dauerlauf der Maschine in der Lage, die Dauerfestigkeit von fünf verschiedenen Werkstoffen auf einmal zu bestimmen. Bedenken gegen diese Art des Aufbaues bestehen hinsichtlich der gegenseitigen Beeinflussung der Prüfstände durch Schwebungen und beim Bruch der Proben.

3. Dauerbiegemaschinen mit Druckluftantrieben.

Druckluft ist bisher noch selten eingesetzt worden, um Dauerschwingprüfmaschinen zu betreiben. Die wenigen gegebenen Beispiele lassen aber erkennen, daß hier noch Möglichkeiten bestehen, vor allem schnell arbeitende Maschinen zu entwickeln. Es sind durchweg Resonanzmaschinen, bei denen der zugeführte Luftstrom die zum Aufrechterhalten der Prüfschwingungen benötigte Energie liefert. Das Grundsätzliche ist allen Maschinen eigen: Die Flachproben, meist

[1] Dr.-Ing.-Diss. TH Wien 1936 — Z. VDI Bd. 82 (1938) S. 501.
[2] Kelton, E. H.: Proc. Amer. Soc. Test. Mater. Bd. 46 (1946) S. 692.
[3] Rev. Métall. Bd. 34 (1937) S. 440.

dünne Bleche oder Turbinenschaufeln, werden durch zwei Düsen angeblasen, Abb. 49. Nach diesem Verfahren haben C. F. JENKIN und G. D. LEHMAN[1] dünne Blechstreifen zum Schwingen gebracht, die in ihren Schwingungsknotenpunkten gelagert waren. Das National Bureau of Standards, Washington[2], hat bei einer gleichartigen Maschine die Flachproben ebenfalls in den Knotenpunkten

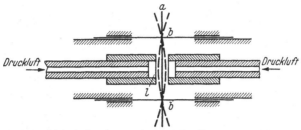

Abb. 49. Schema für Biegeschwingungsversuche mit hohen Frequenzen bei Druckluftantrieben.
a Probe; *b* Lagerung in den Knotenpunkten; *l* Luftkammer.

gefaßt. Es wurden vier kleine Stifte seitlich eingesetzt, die von pneumatischen Kissen gehalten werden, Abb. 50. Zum Erregen der Schwingungen wird der BERNOUILLI-Effekt benutzt: Nähert man die Düse der Probe, so tritt von einer gewissen Spaltbreite an ein zur Probe paralleles Abfließen der Luft ein, wobei infolge der Massenträgheit der Luft am Düsenrande ein Unterdruck entsteht, der die Probe ansaugt. Bei richtiger Einstellung der Spaltbreite kommt es zu einem Selbstaufschaukeln, d. h. zu einer angefachten Schwingung. Ihre Prüffrequenz ist von der Eigenschwingungszahl der Probe abhängig. Man kann Frequenzen von 12 000 bis 20 000 Hertz erzeugen. Der Schwingzustand ist labil und ungedämpft, so daß die Konstanthaltung des Luftdrucks das einzige Mittel bleibt, um die Ausschläge konstant zu halten. Meist wird ein Mikroskop benutzt, um die Amplituden zu messen. Die Beanspruchungen der Probe sind über ihre ganze Länge hin konstant, wenn man die beschriebene Art der Einspannung benutzt.

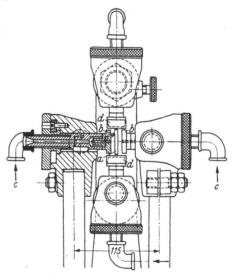

Abb. 50. Pneumatische Dauerschwingprüfmaschine des National Bureau of Standards. (Nach v. ZEERLEDER.)
a Probe; *b* Düsen; *c* Lufteintritt; *d* Probenlagerung.

Zum Prüfen von Turbinenschaufeln bei hohen Temperaturen baute F. B. QUINLAN[3] bei der General Electric Comp. in Schenectady/USA eine pneumatische Maschine mit einseitiger Einspannung der Probe nach Art der Befestigung solcher Schaufeln im Rotor, Abb. 51. Die Luft wird bei dieser Maschine beiden

---

[1] Proc. roy. Soc. A 125 (1929) S. 83 — Stahl u. Eisen Bd. 50 (1930) S. 702.

[2] v. ZEERLEDER: Die Entwicklung der Ermüdungsprüfungen und ihre besonderen Anwendungen bei Aluminiumlegierungen. Bericht „50 Jahre EMPA Zürich" 1930, S. 8.

[3] QUINLAN, F. B.: Proc. Amer. Soc. Test. Mater. Bd. 46 (1946) S. 846 — Machine Design (1949) Juli, S. 132. — General Electric Comp., Schenectady/USA: Druckschrift GEC 309 — Compr. Air Mag. Bd. 57 (1952) S. 50.

Düsen über ein gemeinsames U-förmiges Posaunenrohr zugeführt. Damit ergibt sich der Vorteil, die Eigenfrequenz der schwingenden Luftsäule in diesem Rohr durch Verlängern oder Verkürzen so abzustimmen, daß sie mit der Eigenfrequenz der Biegeprobe zusammenfällt. Man braucht durch diesen doppelten Resonanzeffekt nur eine sehr geringe Antriebsenergie und damit eine kleine Luftzufuhr.

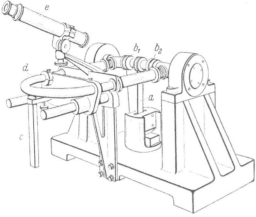

Abb. 51. Pneumatische Dauerbiegemaschine von F. B. Quinlan, Bauart General Electric Comp.

a Probe (Turbinenschaufel); *b₁* und *b₂* Düsen; *c* Luftzufuhr; *d* Posaunenrohr; *e* Mikroskop.

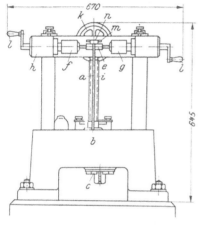

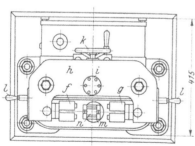

Abb. 52. Elektromagnetische Dauerbiege-maschine für Flachproben, Bauart MAN.

a Probe; *b* Grundgestell; *c* Keileinspannung; *e* Anker; *f* und *g* Elektromagnete; *h* Querhaupt, in der Höhe verstellbar; *i* Spindel zum Verstellen des Querhauptes *h*; *k* Handrad zur Spindel *i*; *l* Handkurbel zum Querverstellen der Magnete *f* und *g*; *m* federnder Kontakt; *n* Meßtrapez.

4. Dauerbiegemaschinen mit elektromagnetischen Antrieben.

Sicherlich war der Wagnersche Hammer das physikalische Vorbild für die ersten Maschinen dieser Art. Ihre Entwicklung reicht weit zurück[1,2]. Weil die Stärke der Prüfkräfte sehr schnell mit der Zunahme des Luftspalts abnimmt, ist man durchweg bei dieser Antriebsart auf den Resonanzbetrieb angewiesen[1 bis 13].

Eine typische Vertreterin dieser Maschinengruppe ist die *Biegeschwingungsprüfmaschine, Bauart MAN*[5], Abb. 52. Die Flachprobe oder Turbinenschaufel trägt eine

[1] Nusbaumer, E.: Rev. Métall. Bd. 11 (1914) S. 1133 — Stahl u. Eisen Bd. 35 (1915) S. 910.

[2] Boudouard, O.: Mém. Bull. Soc. Enc. Ind. Nat. Paris 1910, II, S. 545 — Stahl u. Eisen Bd. 32 (1912) S. 1757 — Rev. Métall. Bd. 10 (1913) S. 70.

[3] Thum, A., u. A. Erker: Arch. techn. Messen 1942, Bl. V 9115.5, T 104.

[4] Müller, W.: Schweizer Arch. angew. Wiss. Techn. Bd. 3 (1937) S. 276 — Metallwirtsch. Bd. 18 (1939) S. 885 — Alluminio Bd. 8 (1939) S. 76.

[5] MAN-Druckschrift.

[6] Hort, W.: Z. Techn. Phys. Bd. 5 (1924) S. 433 — Masch.-Bau Betrieb Bd. 3 (1923/24) S. 1038.

[7] v. Heydekampf, G. S.: Dr.-Ing.-Diss. TH Braunschweig 1929 — Metallwirtsch. Bd. 9 (1930) S. 321.

[8] Druckschrift 145 der Fa. Baldwin-Southwark Corp. (1937). — Vgl. ähnliche Bauarten: Arch. techn. Messen 1936, Bl. V 9115.2, T 146. — Klosse, E.: Stahlbau Bd. 13 (1940) S. 101.

[9] Engineer's Digest Bd. 15 (1954) Nr. 10, S. 442.

[10] Welch, W. P., u. W. A. Wilson: Proc. Amer. Soc. Test. Mater. Bd. 41 (1941) S. 733 — Steel Bd. 109 (1941) Nr. 21, S. 62. — Toolin, P. R., u. N. L. Mochel: Proc. Amer. Soc. Test. Mater. Bd. 47 (1947) S. 677.

[11] Dolan, T. J.: Amer. Soc. Test. Mater., Bull. Nr. 175 (1951) S. 60.

[12] Engineering Bd. 170 (1950) S. 203.

[13] Roberts, A. M., u. A. A. Gregory: Engineer Bd. 191 (1951) Nr. 4965, S. 370.

Kopfmasse und stellt selbst die Feder des Schwingungssystems dar. Zwei Elektromagnete können zum Regeln der Erregungsstärke mehr oder weniger weit beigestellt werden. Ein Trägheitskontakt, der auf der Kopfmasse angebracht ist, schaltet wechselweise den Gleichstrom auf die Magnetspulen. Die Prüffrequenz kann beliebig gewählt werden; sie ergibt sich aus Länge und Steifigkeit der Probe selbst. Bei Proben gleichen Querschnitts im schwingenden Teil ist bei Vernachlässigung der unbedeutenden Dämpfung die Biegebeanspruchung:

$$\sigma_b = \frac{G_1 + 0.3\,G_2}{g}\left(\frac{\pi\,n}{30}\right)^2\frac{a\,l}{2\,W},$$

wobei G_1 das Gewicht der gesamten Kopfmasse, G_2 das Gewicht des schwingenden Stabteils, g die Erdbeschleunigung, l die Stablänge vom Schwerpunkt der Kopfmasse bis zur Bruchstelle, a der Schwingungsausschlag, W das Widerstandsmoment der Probe und n die Schwingungszahl je min bedeuten.

Um eine gleichmäßige Biegebeanspruchung über die Versuchslänge zu erzeugen, wurde von O. FÖPPL und G. S. v. HEYDEKAMPF[1] eine Maschine entwickelt, die einen besonderen Schwingteil besitzt, der bei seiner Drehschwingung die Probe biegt, Abb. 53. Die unten fest eingespannten Proben sind oben an die Schwungmasse geschraubt und erhalten bei deren Schwingbewegungen Ausbiegungen nach Abb. 54. Als Erreger dienen zwei Magnetpaare, die von einem Reibschalter im Takte der Eigenfrequenz gesteuert werden. Der Ausschlagwinkel φ ist ein Maß für die Beanspruchung der beiden (gleichartigen) Proben.

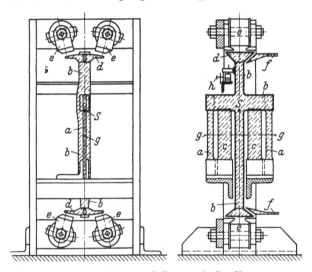

Abb. 53. Dauerbiegemaschine von O. FÖPPL und G. v. HEYDEKAMPF.
a Probe; b Schwungmasse; c Hilfsblattfedern; d Polschuhe der Schwungmasse; e Elektromagnete; f Meßtrapeze zum Beobachten des Schwingungsausschlages; g Achse der Schwingbewegung; h Reibschalter; S Schwerpunkt der Schwungmasse b.

Die elektromagnetische Parallele zum pneumatischen Prinzip nach Abb. 49 stellt eine Konstruktion dar, die in Abb. 55 dargestellt ist. Die Probe der Royflex-Maschine schwingt ebenfalls frei in ihrer Grundschwingungsform erster Ordnung. Bei einer Gesamtlänge von 450 mm ist sie in ihren Schwingungsknoten auf Gummipolstern gelagert. Zwei Elektromagnete erregen die Enden im gleichen Takt. In der Mitte über dem Schwingungsbauch befindet sich eine Tastspule. Die in ihr erzeugte Wechselspannung

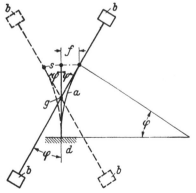

Abb. 54. Schema zur Erläuterung der Wirkungsweise der Prüfmaschine nach Abb. 53.
a Proben; b Schwungmasse; d Grundgestell; S Schwerpunkt der Schwungmasse; g Achse der Schwingbewegung.

---

[1] Metallwirtsch. Bd. 9 (1930) S. 321.

von der Frequenz der Probe wird über eine Verstärkeranlage den Magneten nach dem Prinzip der Rückkopplung zugeführt, so daß sich das System selbst in Resonanz steuert, nachdem die Probe einmal angestoßen worden ist. Geht man von der Durchbiegung der Probenmitte als Maß für die Beanspruchung aus, dann ergibt diese sich zu:

$$\sigma_b = \frac{M_b}{W} = 13,2 \cdot \frac{E \cdot d}{l^2} \cdot a,$$

worin E den Elastizitätsmodul, d den Durchmesser der Rundprobe, l die Probenlänge, a die Schwingungsamplitude und W das Widerstandsmoment bedeuten.

Abb. 55. Elektromagnetische Dauerbiegemaschine ,,Rayflex'' mit freischwingender Probe, Bauart Baldwin-Southwark Corp.

a Probe; b_1 und b_2 Erregermagnete;   *c* Abtaster (in Tastspulen induzierte EMK wird über Verstärker den Erregermagneten zugeführt); *d* Lagerung der Flachprobe in 2 Knotenpunkten.

Eine ähnliche elektromagnetisch betriebene Schwingprüfeinrichtung wurde von dem U. S. Steels Research & Development Lab. in Pittsburgh zur Prüfung von Proben mit den maximalen Querschnittsabmessungen $51 \times 127 \times 915$ mm³ entwickelt[1].

Die heute besonders interessierenden *Dauerschwingversuche* in der *Wärme* bedingen auch bei den elektromagnetischen Maschinen besondere Konstruktionen[2,3]. So haben W. P. Welch und W. A. Wilson[2] eine Bauart entwickelt, die die elektromagnetische Erregung seitlich in genügender Entfernung von der Probe hält, damit ein Ofen angebracht werden kann. Bei dieser Maschine, Abb. 56, ist auch die Probe selbst nicht mehr die Federung des Eigenschwingungssystems, weil ihre Federkonstante temperaturabhängig ist. Man hat aus einem Drehfederstab und einem daraufgesetzten Hebel ein gesondertes schwingfähiges System aufgebaut, an das die Probe angelenkt ist. Der Magnetanker wird von einer Magnetspule bewegt, die ein Wechselstromgenerator speist. Die Prüffrequenz liegt bei 7200/min (zweiphasiger Wechselstrom mit 60 Hz), so daß das Schwingungssystem durch entsprechendes Abstimmen der Masse und Federung darauf

[1] Engineer's Digest Bd. 15 (1954) Nr. 10 S. 442.

[2] Proc. Amer. Soc. Test. Mater. Bd. 41 (1941) S. 733.

[3] Antonovich, A. V.: Zavodskaya Laboratoriya Bd. 21 (1955) Nr. 2, S. 231.

eingestellt sein muß. Ein Röhrenkontrollkreis sorgt für Konstanz des Ausschlags. Die Maschine besitzt kein Dynamometer. Man mißt lediglich die Ausschläge mikroskopisch.

Über eine neuartige Prüfeinrichtung zur Bestimmung des Einflusses der
Prüffrequenz auf die Dauerfestigkeit biegewechselbeanspruchter Proben berichtet A. R. WADE und P. GROOTENHUIS[1]. Am Ende einer Verlängerungsachse,

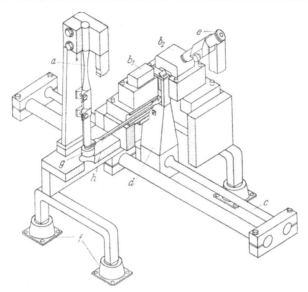

Abb. 56. Elektromagnetische Dauerbiegemaschine von W. P. WELCH und W. A. WILSON.
a Probe; *b₁* und *b₂* Erregermagnete; *c* Drehstabfeder; *d* Schwinganker; *e* Meßmikroskop; *f* Gummifüße;
g Zusatzmasse (Abstimmgewicht); *h* Schwingungsübertrager.

die mit einem elektromagnetisch betriebenen Torsionsschwinger verbunden
ist, befindet sich eine rechteckige Flachprobe, die in einem der Knotenpunkte
in ihrer Grundschwingung erregt wird. Die Schwingungsamplitude wird unter
Ausnutzung der Resonanz im Frequenzbereich von rd. 370 bis 4000 Hz mittels
einer umfangreichen Elektronik erzeugt und geregelt.

5. Dauerbiegemaschinen mit Massenkraftantrieben.

Es ist leicht, kleine, schnell wechselnde Kräfte mit umlaufenden Unwuchten
zu erzeugen. Es lag deshalb schon sehr frühe nahe, solche Maschinen mit Unwuchtantrieben zu versehen. Als Grundbeispiel diene die von R. MAILÄNDER[2]
gebaute Maschine, Abb. 57. Sie verbindet in einfachster Weise Aufspannung
und Kraftmeßgerät in einem einzigen Konstruktionsglied. Die Biegemomente
werden vom Maschinenfuß aufgenommen und dessen Verformungen mittels
einer Mikrometerschraube gemessen. Die erregende Unwucht befindet sich am
freien Ende der Probe. Es ist immer zu beachten, daß bei solchen Konstruktionen
eine genügend große Kopfmasse vorhanden ist, damit die Abweichung der
elastischen Linien bei ruhender und schwingender Beanspruchung nicht weit

---

[1] Intern. Conf. on Fatigue of Metals. Inst. Mech. Engineers, London, Sept. 1956, Session 4,
Paper 5.
[2] Techn. Mitt. Krupp, Forschg.-Ber. Bd. 2 (1939) Anh. S. 8 — Lilienthal-Gesellschaft
Ber. Nr. 116 (1939) S. 18.

voneinander abweichen. Das gilt auf alle Fälle für Maschinen ohne Dynamometer, bei denen man aus der Ausbiegung auf die Biegemomente schließen muß.

Sollen kleine Proben mit Unwuchten erregt werden, dann muß man das Erregungssystem getrennt anordnen und die Probe anlenken. Eine solche Dauerbiegemaschine wurde beispielsweise von R. Sonntag[1] bei den Baldwin-Lima-Hamilton Corp. (USA) gebaut, Abb. 58. Die im Maschinenbett untergebrachte Unwucht kann durch Schrauben verstellt werden. Für alle Unwuchtantriebe gilt der Hinweis, daß auf Drehzahlkonstanz geachtet werden muß, weil die beanspruchende Fliehkraft sich mit dem Quadrat der Drehzahl verändert.

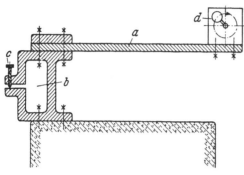

Abb. 57. Dauerbiegemaschine mit Unwuchtantrieb.
(Nach R. Mailänder.)
a Probe; *b* Dynamometer; *c* Meßschraube; *d* Unwuchterreger.

Zur Prüfung von Probekörpern großen Querschnitts (z. B. Kurbelwellenabschnitten) wurde neuerdings eine Resonanz-Schwingungsprüfmaschine nach dem Stimmgabelprinzip entwickelt, bei der der waagerecht liegende Probekörper die Verbindung zu den beiden senkrechten, gleich schweren Stahlmassen (Gabelschenkeln) darstellt. Die Wechselkraft wird hierbei an einem freien Schenkel der Prüfeinrichtung mit Hilfe eines Unwuchtantriebs[2] oder eines elektrodynamischen Antriebs[3] erzeugt.

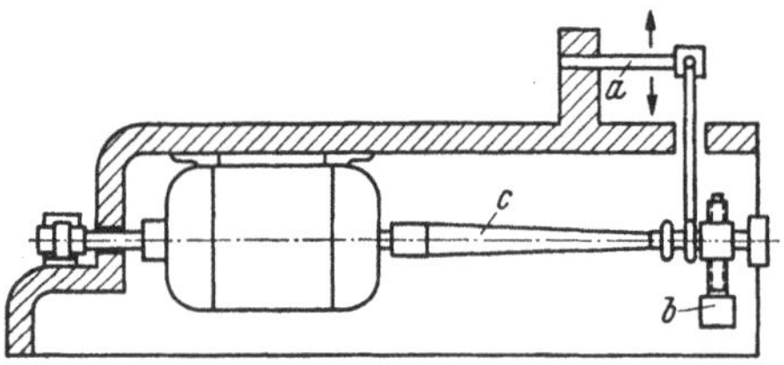

Zur Prüfung von großen Schienenabschnitten mit etwa 4,6 m Länge wurden diese in 2 Knotenpunkten gelagert und mittels umlaufender Unwuchtmassen in der Grundfrequenz erregt[4].

Über Aufbau und Wirkungsweise von zwei Dauerbiegemaschinen zur Prüfung von Flachproben mit $200 \times 300 \text{ mm}^2$ Querschnitt und von Rundproben mit 200 mm Durchmesser berichtet E. P. Unksov[5]. In beiden Prüfeinrichtungen werden die Wechselkräfte unter Ausnutzung des Resonanzeffektes mit Hilfe von Unwuchtantrieben erzeugt. Die Flachproben werden mit einem konstanten Biegemoment über die Probenlänge bei einer Frequenz von rd. 20000/min beansprucht. Durch die umlaufende Wirkungsebene des Biegemomentes werden die Biegewechselspannungen mit einer Frequenz zwischen 750 und 3000/min auf die stillstehenden Rundproben übertragen.

Abb. 58. Dauerbiegemaschine von R. Sonntag.
a Probe; *b* Unwuchterreger; *c* bewegliche Antriebswelle.

[1] Druckschrift Nr. 256 der Fa. Baldwin Locomotive Works.
[2] Gallant, R. A., u. E. K. Benda: Gen. Mot. Engng. J. Bd. 1 (1954) Nr. 9, S. 6. — Benda, E. K. u. R. A. Gallant: Proc. Soc. Exp. Stress Analysis Bd. 12 (1954) Nr. 1, S. 209.
[3] Dolan, T. J.: Amer. Soc. Test. Mater., Bull. Nr. 175 (1951) S. 60.
[4] Banks, L. B.: Engineering Bd. 169 (1950) Nr. 4400, S. 585.
[5] Intern. Conf. on Fatigue of Metals. Inst. Mech. Engineers, London, Sept. 1956. Session 9, Paper 8.

D. Schwingprüfmaschinen für Verdrehversuche.

Drehschwingmaschinen erzeugen reine wechselnde Drehmomente, als deren
Folge Schubbeanspruchungen in den Proben auftreten. Auch bei dieser Maschinengruppe unterscheidet man die Maschinen nach ihren Antriebsarten.
Die Prüfkräfte können von Kurbeltrieben, durch Wechselwirkungen ruhender
Kräfte, durch pneumatische oder elektromagnetische Erreger und durch umlaufende Unwuchten erzeugt werden. Maschinenbaulich bedeuten die schnellen
kleinen Hin- und Herdrehungen sowohl im Antrieb als auch auf der Meßseite
der Maschinen eine gewisse Schwierigkeit, weil unter diesen Oszillationen sich
in den Lagern kaum ein beständiger Ölfilm bilden kann. Es muß an diesen Stellen
immer mit einem Verschleiß gerechnet werden. Meßtechnisch sind heute zum
Bestimmen der Drehmomente eigentlich nur zwei Wege üblich: Einmal werden
Stabfedern benutzt, deren meßbare Verdrehung im elastischen Bereich das
Moment bestimmen läßt, und zum zweiten kann man hinter die Probe träge
Massen schalten, deren Ausschläge bei bekannten Trägheitsmomenten den
Drehmomenten proportional sind. Allein eine Amsler-Maschine benutzt eine
nicht mitschwingende Zugfeder zum Messen des Drehmoments (vgl. Abb. 63).

1. Drehschwingmaschinen mit Kurbelantrieben.

Die ersten Bauarten dieser Maschinengruppe stammen von A. Wöhler[1],
W. Mason[2], Olsen-Forster[3] sowie R. Mailänder[4]. Heute sind die Konstruktionen von E. Lehr, sowohl bei Schenck als auch bei der MAN entwickelt,
charakteristisch für Bauarten mit Kurbelantrieben. Lehrs Entwicklung begann
mit der Torsionsmaschine mit optischer Hysteresisanzeige[5]. Um während des
Laufs die Beanspruchung verstellen zu können, befand sich ein Verstellmotor
im Kurbeltrieb. Die Konstruktion war auf die Belange des Abkürzungsversuchs
abgestellt, bei dem aus dem Ausweiten der Hysteresisschleife die Dauerschwingfestigkeit im Kurzversuch gefunden werden sollte. Durch Wegfall der Optik
und des Verstellantriebs entstand nach Jahren die Flachbiege- und Torsionsmaschine, Bauart Schenck[6], der später bei der MAN die Drehschwingungs-
maschine von E. Lehr[7] folgte. Beide Maschinen arbeiten nach dem gleichen
Prinzip und unterscheiden sich konstruktiv kaum wesentlich voneinander, Abb. 59
und Abb. 60. Der Kurbeltrieb kann im Stillstand mittels einer Schnecke verstellt werden. Die Pleuelstange bewegt den treibenden Einspannkopf, und das
Dynamometer liegt unmittelbar hinter der Probe. Es läßt sich bei beiden
Maschinen gleichzeitig auch als Vorspannfeder verwenden und ist deshalb mit
einem Schneckentrieb ausgestattet. Das bewährte Bauprinzip wurde in verschiedenen Größen verwirklicht. Die Maschinen werden für 6 und 80 kgm
serienmäßig gebaut; eine Ansicht einer derartigen Maschine enthält Abb. 61.
Es ist üblich, diese Maschinen mit Frequenzen von 1500 und 3000/min zu
betreiben. E. Lehr[7] baute eine Sondermaschine für ± 3000 kgm Maximal-

---

[1] Z. Bauw. Bd. 20 (1870) S. 73.

[2] Engineering (1921) I, S. 550.

[3] Moore, H. F., u. J. B. Kommers: The Fatigue of Metals. New York: McGraw-
Hill Book Comp. 1927. S. 103.

[4] Mailänder, R., u. W. Bauersfeld: Techn. Mitt. Krupp, Forschg. Bd. 2 (1934)
S. 143. — Mailänder, R.: Techn. Mitt. Krupp, Forschg.-Ber. Bd. 2 (1939) Anh. S. 8.

[5] Lehr, E.: Congr. Internat. Mécanique Générale, Lüttich, 5. Sept. 1930, Bd. 1, S. 218.

[6] Oschatz, H.: Metallwirtsch. Bd. 13 (1934) S. 443 — Z. VDI Bd. 80 (1936) S. 1433.

[7] Lehr, E.: In: Handbuch der Werkstoffprüfung. 1. Aufl., Bd. 1, S. 282 u. 285. Hrsg.
E. Siebel, Berlin: Springer 1940.

moment und gab ihr einen größten Schwingwinkel von $\pm 25°$, Abb. 62. Die große Sondermaschine von Lehr war der Massen wegen für 300 bis 800/min ausgelegt. Der Anwendungsbereich solcher Drehschwingmaschinen mit Kurbeltrieben wird erweitert, wenn man die Drehmomente und Bewegungen mittels Winkeleinspannungen in Biegebeanspruchungen von Flach- oder Rundproben umformt.

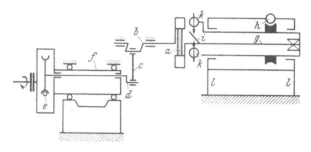

Abb. 59. Flachbiege- und Torsionsmaschine, Bauart Schenck (schematisch).
a Biegeprobe;   b Kurbeltrieb;   c Pleuelstange;   d und e Verstellgetriebe der Antriebswelle;   f Antriebswelle; g Dynamometer;   h Vorspannwerk;   i Meßhebel;   k Meßuhren zur Bestimmung des Dynamometerausschlages; l Lenkerbleche.

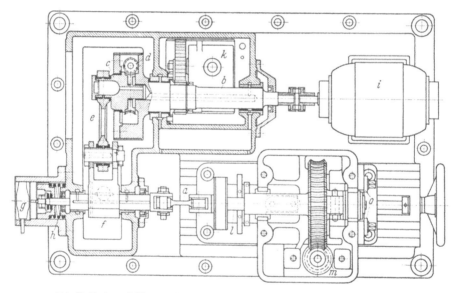

Abb. 60. Dreh- und Biegeschwingmaschine von E. Lehr, Bauart MAN. $n = 3000/\text{min}$.
a Probe;   b Antriebswelle;   c Flansch mit Kurbelzapfen;   d Schneckengetriebe zum Verstellen des Kurbelzapfens;   e Pleuelstange;   f Schwinge mit angetriebenem Spannkopf;   g Ausschaltkontakt;   h Feder zum Betätigen des Ausschaltkontaktes;   i Antriebsmotor;   k Ölpumpe zum Schmieren sämtlicher Lagerstellen;   l Drehstab-Kraftmeßgerät;   m Schneckengetriebe zum Verdrehen des Kraftmeßgerätes zwecks Erzeugen einer Vorspannung.

Ein sehr interessanter Vorschlag von W. Späth[1], der sich speziell auf Maschinen mit Kurbeltrieben bezieht, hat die Entlastung des Kurbeltriebs von der Rückstellkraft der Probe zum Ziele. Stimmt man die zwischen dem Kurbeltrieb und der Probe befindlichen Massenträgheiten so ab, daß das aus ihnen und der Probenfederung gebildete Schwingsystem seine Resonanz bei der Betriebs-

---

[1] Physik der mechanischen Werkstoffprüfung. Berlin: Springer 1938. S. 84.

drehzahl hat, dann heben sich die Trägheitskräfte gegen die Federkräfte auf. Man macht sich auf diese Weise die Vorteile des Resonanzzustands zunutze, ohne den Nachteil der starken Veränderlichkeit des Schwingungsausschlags bei Drehzahlschwankungen in Kauf nehmen zu müssen. Um die größeren Kräfte beim Anfahren dieses Schwingungssystems zu mindern, verwendete W. SPÄTH eine fedrige Lagerung des Kurbeltriebs.

Abb. 61. Flachbiege- und Torsionsmaschine, Bauart Schenck. $M_d = 80$ kgm; $n = 1500$ und 3000/min.
Die Maschine ist zusätzlich mit einer elektrischen Einrichtung versehen, um aus dem Drehmoment und der Verformung während des Schwingungsversuchs die Werkstoffdämpfung zu bestimmen.

Abb. 62. Drehschwingmaschine von E. LEHR, Bauart MAN, mit zwei Prüfständen. $M_{d\,max} = \pm 3000$ kgm.

Wie oben schon hervorgehoben, zeichnen sich die Konstruktionen von Amsler[1] unter den Kurbeltriebmaschinen durch eine besondere Art der Momentmessung aus. Während antriebsseitig der Kurbeltrieb beibehalten wird, tritt an Stelle der üblichen zylindrischen Dynamometerfeder eine neuartige Anordnung. Die gut drehbar gelagerte Antriebswelle besitzt einen aufgekeilten

---

[1] Druckschrift Nr. 59/32 der Fa. A. J. Amsler.

Hebel, dessen freies Ende zwischen zwei Klauen gehalten wird. Eine Feder von verstellbarer Stärke drückt den Hebel gegen eine der Klauen fest und bestimmt damit den Grenzwert des belastenden Moments. Wird es überschritten, dann

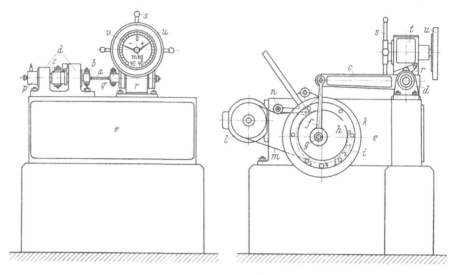

Abb. 63. Drehschwingmaschine, Bauart Amsler (neue Ausführung). Mit Zusatz-Einspannvorrichtung sind Biegeschwingungsversuche möglich.

a Probe; *b* angetriebener Spannkopf; *c* Antriebshebel; *d* Lagerung des angetriebenen Spannkopfs (ortsfest); *e* Grundgestell der Maschine; *f* Pleuelstange; *g* Kurbelzapfen; *h* verdrehbarer Flansch zum Einstellen der Exzentrizität des Kurbelzapfens; *i* Teilung zum Flansch *h*; *k* Schwungrad; *l* Antriebsmotor; *m* Riemen; *n* Spannrolle; *p* Ausschaltkontakt; *q* Einspannwelle des Drehmomentmessers; *r* Gehäuse des Drehmomentmessers; *s* Griffstern zur Betätigung des Vorspannwerks; *t* Anzeigeeinrichtung zum Vorspannwerk; *u* Handrad zum Drehmoment-Meßwerk; *v* Anzeigeeinrichtung zum Drehmoment-Meßwerk.

hebt sich der Hebel von der Klaue ab und zeigt durch sein klopfendes Geräusch an, daß der Grenzwert des Moments gerade erreicht wurde. Mit der Meßeinrichtung ist zugleich das Vorspannwerk verbunden. An einer gemeinsamen Scheibenskale können unterer und oberer Belastungswert abgelesen werden, Abb. 63.

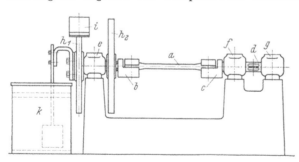

Abb. 64. Drehschwingmaschine von O. Föppl und A. Busemann.
$n = 700/\text{min}.$

a Probe; *b* Einspannkopf der Schwungmasse; *c* angetriebener Einspannkopf; *d* Antriebswelle mit Antriebshebel; *e* Kugellagerung der Schwungmasse; *f* und *g* Kugellager der Antriebswelle; h_1 und h_2 Schwungmassen; *i* Ableseeinrichtung zum Messen des Schwingungsausschlages; *k* Dämpfer mit Wasser- oder Ölfüllung.

Als Beispiel für eine *Resonanzmaschine mit Kurbelantrieb*[1,2,3] diene die *Drehschwingmaschine* von O. Föppl und A. Busemann[3], Abb. 64. Die Schwungmassen am linken Probenende werden vom Kurbeltrieb über die Probe zu Drehschwingungen angeregt, deren Resonanzausschläge ein Flüssigkeitsdämpfer verkleinert. Als

[1] Strohmeyer, C. E.: Proc. roy. Soc. A 90 (1914) S. 411.
[2] McAdam, D. J.: Proc. Amer. Soc. Test. Mater. Bd. 20 (1920) S. 366.
[3] Busemann, A.: Die Dämpfungsfähigkeit von Eisen. Dr.-Ing.-Diss. TH Braunschweig 1925.

Resonanzsystem ist diese Maschine sehr drehzahlabhängig. Die Maschine besitzt deshalb einen Regler, Abb. 65, der auf der im Resonanzzustand herrschenden Phasenverschiebung von 90° beruht, die zwischen Kurbel- und Massenausschlag besteht. Ein gelenkiges Gestänge zwischen Kurbel und Schwungmasse läßt bei Resonanz den Punkt *1* auf der Geraden *2 ÷ 3* laufen. Abweichungen im Schwingungszustand lassen den Punkt *1* rechts oder links herum Ellipsen beschreiben. Tritt dieser unerwünschte Zustand ein, dann bewirkt der in *1* angebrachte Stoßfinger aus Gummi, daß der Feldwiderstand für den Antriebsmotor solange verstellt wird, bis der richtige Zustand wieder erreicht ist.

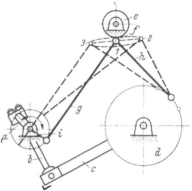

2. Drehschwingmaschinen mit Wechselwirkungen ruhender Kräfte.

Diese Antriebsart ist verhältnismäßig wenig angewendet worden, weil sie keine hohen Prüffrequenzen zuläßt. Eine der grundsätzlichen Lösungen zeigt die Maschine von H. F. MOORE[1], bei der das belastende Moment in der dargestellten Lage, Abb. 66, eine reine Verdrehung erzeugt. Ist der Rahmen beim Umlauf um 90° weitergedreht, dann ist das Verdrehmoment für die Probe zu Null geworden. Das Biegemoment wird von der Welle des Belastungshebels aufgenommen, so daß beim Umlauf des Rahmens mit der Probe eine wechselnde Verdrehbeanspruchung entsteht.

Eine andere etwas kompliziertere Lösung fand M. PROT[2]. Seine Maschine, Abb. 67, benutzt ebenfalls eine Gewichtskraft, die durch eine sinnreiche Konstruktion in zwei gleich große Kräfte eines Torsionsmoments umgeformt wird. Die oben ein-

Abb. 65. Schema zur Erläuterung der Wirkungsweise des Drehzahlreglers der Drehschwingmaschine nach Abb. 64.

a Antriebskurbel; *b* Pleuelstange; *c* Antriebshebel; *d* Schwungmasse; *e* Reibrad auf der Spindel des Schiebewiderstands; *f* Stoßfinger aus Gummi; *g* Stoßstange des Steuerexzenters *i*; *h* Stoßstange der Schwungmasse *d*; *i* Steuerexzenter, auf der Antriebswelle befestigt.

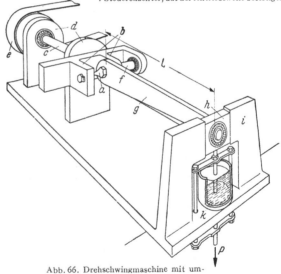

Abb. 66. Drehschwingmaschine mit umlaufender Probe und Gewichtsbelastung von H. F. MOORE. *n* = 1000/min.

a Probe; *b* umlaufender Rahmen; *c* Welle des Rahmens *b*; *d* Kugellager; *e* Riemenscheibe; *f* Welle des Belastungshebels; *g* Belastungshebel; *h* Gleitstein; *i* Führungsbock für den Gleitstein *h*; *k* Dämpfer.

gespannte Probe steht unten mit einem Käfig in Verbindung, der drehbar um die Probenachse gelagert ist. Der Käfig ist ausgespart, um zwei Kegelrädern Raum zu geben, die über ein Getriebe im entgegengesetzten Sinne

---

[1] MOORE, H. F., u. J. B. KOMMERS: The Fatigue of Metals. S. 102. New York: McGraw-Hill Book Comp., 1927.
[2] Rev. Métall. Bd. 34 (1937) S. 440.

angetrieben werden. Beide Kegelräder setzen je ein Drehstück mit eingebautem Winkelhebel in Bewegung, wie es die Zug-Druck-Maschine von M. Prot enthält (vgl. Abb. 12). Beide Hebelsysteme belastet ein gemeinsamer Verbinder, an dessen Mittelpunkt das belastende Gewicht hängt. Die beiden umlaufenden Druckkräfte, die dieser Mechanismus erzeugt, wirken auf die beiden kreisförmigen Laufflächen im Käfig, der auf diese Weise die Probe wechselnd verdreht.

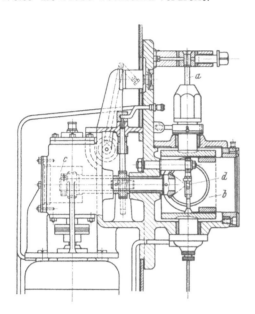

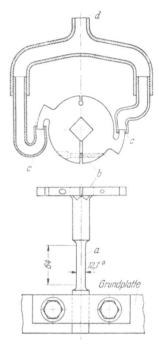

Abb. 67. Drehschwingmaschine von M. Prot für kleine Proben. $n = 120$/min.
a Probe; b Käfig; c Antrieb mit Getriebe; d Kraftangriff.

Abb. 68. Drehschwingmaschine von F. B. Quinlan. $n = 13000$/min.
a Probe; b Kopfmasse; c Düsen; d Eintritt der Druckluft.

3. Drehschwingmaschinen mit Druckluftantrieben.

Ähnlich den pneumatischen Biegemaschinen ist von F. B. Quinlan[1] auch eine Wechselverdrehmaschine entwickelt worden, die besonders für Versuche bei hohen Temperaturen verwendet wird, Abb. 68. Es scheint so, als ob diese Antriebsart, die ohne Lager und ohne jede Mechanik auskommt, sich besonders für Warmschwingversuche eigne. Die einerseits fest eingespannte Probe trägt auf ihrem freien Ende eine scheibenförmige Kopfmasse, die von zwei Düsen im gleichen Drehsinne angeblasen wird. Auch hier bewirkt der Bernouilli-Effekt ein Abstoßen und Ansaugen, wodurch die Wechseltorsion verursacht wird. Die Eigenfrequenz des aus der Probenfederung und der Kopfmasse gebildeten Drehschwingsystems liegt bei etwa 230 Hz, wenn die Probe einen Durchmesser von 12 mm besitzt, und die Prüflänge 64 mm beträgt.

4. Drehschwingmaschinen mit elektromagnetischen Antrieben.

Diese Maschinen arbeiten durchweg in Resonanz, weil die elektromagnetischen Antriebskräfte begrenzt sind. Besondere Sorgfalt muß auf die Art der Lagerung verwendet werden, weil die Reibung an diesen Stellen besonders

---

[1] Proc. Amer. Soc. Test. Mater. Bd. 46 (1946) S. 846.

großen Einfluß auf die Ausschläge der Resonanzschwingungen hat. In diesem Schwingzustand stehen die Reibungskräfte mit den Erregerkräften im Gleichgewicht. Wie bei allen Verdrehschwingmaschinen kommt aber bei den Prüfbewegungen kein Umlauf und damit kein einheitlicher Ölfilm in den Lagern zustande, so daß mit wechselnden Reibungsverhältnissen während des Versuchs immer gerechnet werden muß. Es sind deshalb schon frühzeitig stabartige Führungen und elastische Aufhängungen benutzt worden. Als Antriebe dienen zumeist Elektromagnete, denen Poljoche gegenüberstehen, die die Verdrehung der Probe herbeiführen.

Eine der ersten Konstruktionen des Losenhausenwerks benutzte nach W. SPÄTH[1] einen Schwingmotor, der den Vorteil des vom Ausschwingwinkel unabhängigen Luftspaltes besitzt. Der Motor hat einen Stator, der eine Gleich- und eine Wechselstromwicklung trägt. Als Anker dient ein Kurzschlußläufer. Die Achse des Kurzschlußkäfigs fällt im Ruhestand mit der Achse der Wechselstromwicklung zusammen. In

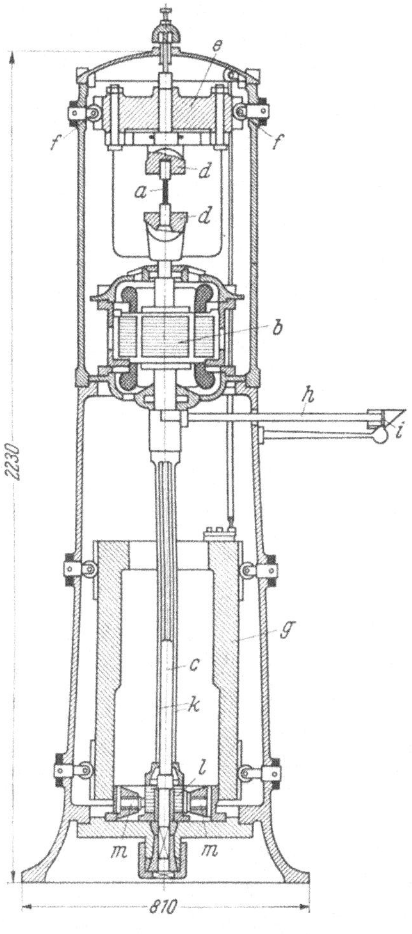

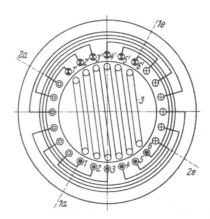

Abb. 69. Elektromagnetisch angetriebene Drehschwingmaschine, Bauart Losenhausenwerk.

a Probe; b Anker des Schwingmotors; c in der Maschine verbleibender Federstab; d Einspannköpfe; e Schlitten; f Führungsrollen für den Schlitten e; g Gegengewicht; h Lichtzeiger; i Mattscheibe mit Teilung; k Federn des angekoppelten Systems; l Masse des angekoppelten Systems; m Wirbelstromdämpfung.

Abb. 70. Schema des Schwingmotors der Drehschwingmaschine nach Abb. 69.

1a Anfang, 1e Ende der Wechselstromwicklung des Stators;
2a Anfang, 2e Ende der Gleichstromwicklung (Feldwicklung) des Stators;
3 Kurzschlußwicklung des schwingenden Ankers.

ihr werden Ströme induziert, die genau so wirken, als ob der Anker mit einer von Wechselstrom durchflossenen Spule versehen sei. Demgemäß werden auf den Anker wechselnde Drehmomente ausgeübt, die im Takte des Wechselstroms verlaufen, Abb. 69 und 70.

[1] v. BOHUSZEWICZ, O., u. W. SPÄTH: Werkstoff-Ausschußbericht VDEh Nr. 135 (1928).

Als bezeichnende Bauart eines *Zwei-Massen-Drehschwingers* kann die Maschine von A. Esau und H. Kortum[1] gelten, Abb. 71. Sie hat einen Vorläufer in der Ausschwingmaschine von O. Föppl und E. Pertz[2]. Das gesamte schwingende System ist frei aufgehängt und kann selbst Drehschwingungen ausführen. Die am unteren Ende mit dem Anker versehene Probe ist oben fest mit der oberen Platte verbunden. Anker und Platte schwingen gegenläufig und zwingen so der Probe eine wechselnde Verdrehbeanspruchung auf. Um Biegeschwingungen zu vermeiden, ist der Anker unten in einer Spitze geführt. Je zwei diametral gegenüberliegende Magnete bilden ein Polpaar, das vom Steuerkontakt auf dem

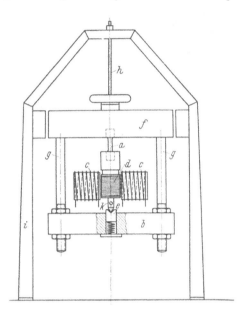

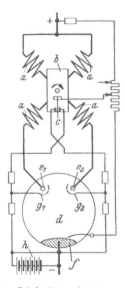

Abb. 72. Schaltschema der Drehschwingmaschine nach Abb. 71.

a Elektromagnete; *b* Anker; *c* schwingender Steuerkontakt; *d* Stromrichter (Schaltröhre); e_1 und e_2 Anoden des Stromrichters; *f* Quecksilberkathode des Stromrichters; g_1 und g_2 Gitter des Stromrichters; *h* Akkumulatorenbatterie für die Steuerung.

Abb. 71. Dreh- und Biegeschwingmaschine nach A. Esau und H. Kortum, Bauart MAN (Anordnung für Drehschwingungen).
a Probe; *b* Grundplatte, in der Höhe verstellbar; *c* Magnetsystem; *d* Anker; *e* federnde Spitzenlagerung der Ankerwelle; *f* obere Einspannplatte; *g* Säulen zur Führung der Grundplatte; *h* Aufhängung; *i* Maschinenrahmen; *k* Drehspiegel.

schwingenden Anker im Takte der Eigenschwingungszahl des mechanischen Systems über einen Stromrichter gesteuert wird, Abb. 72. Die Maschine besitzt keine Möglichkeiten zum Erzeugen statischer Vorspannungen. Die Ausschläge werden als Maß für die Beanspruchung der Probe statisch festgelegt und während des Schwingens optisch beobachtet und mittels einer Photozelle gesteuert.

Als Beispiel für eine elektromagnetisch erregte *Verdrehmaschine*, die auch *statische Vorspannungen* zu erzeugen vermag, diene eine neuere Konstruktion von Amsler[3]. Sie stellt ein aus der Federung der Probe und der Vorspannfeder und aus der scheibenförmigen Hauptmasse (zwischen beiden) bestehendes Drehschwingungssystem dar, das mit seinen beiden Enden fest mit dem Maschinenbett als Gegenmasse verbunden ist, Abb. 73. Der Antriebsmotor ist als Schwing-

[1] Kortum, H.: Z. Techn. Mech. u. Thermodyn. Bd. 1 (1930) S. 297. — Holtschmidt, O.: Mitt. Forschg.-Anst. GHH-Konzern Bd. 3 (1935) S. 279. — R. Hubrig: Z. VDI Bd. 80 (1936) S. 261.
[2] Pertz, E.: Die Bestimmung der Baustoffdämpfung nach dem Verdrehungs-Ausschwingverfahren. Sammlung Vieweg H. 91, Braunschweig 1928.
[3] Druckschrift der Fa. A. J. Amsler.

motor gebaut, der das System in Resonanz aufschaukelt. Die Ausschläge der Schwingungen und damit die Beanspruchungen der Probe werden in gleicher Weise konstant gehalten wie bei der Zug-Druck-Maschine, der Bauart Amsler (vgl. Abb. 21). Dabei kann die Regulierung der Schwingungen über die am Dynamometer oder über die am Antrieb angebrachte photoelektrische Einrichtung auf konstantes Drehmoment oder auf konstanten Verdrehwinkel vorgenommen werden.

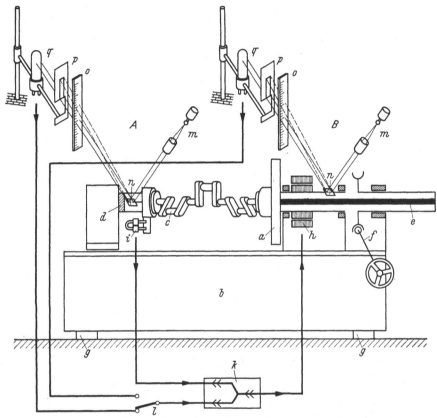

Abb. 73. Hochfrequente Drehschwingmaschine, Bauart Amsler. $M_{d\,max} = \pm\,2000\ \text{kgm}$; $n_{max} = 12000/\text{min}$.
a Schwingmasse; *b* Gegenmasse; *c* Probe; *d* Dynamometer; *e* Vorspannfeder; *f* Vorspannwerk; *g* Gummifüße; *h* Schwingmotor; *i* Steuergenerator; *k* Verstärker; *l* Wähler für die Regelung *A* (Regelung auf konstantes Moment) oder *B* (Regelung auf konstante Verformung), jeder Regler besteht aus Projektionsoptik (*m*), Schwingspiegel (*n*), Skale (*o*), Blende (*p*) und Fotozelle (*q*).

In neuerer Zeit wurde ein Torsionsschwinger mit elektromagnetischer Erregung von Drehmomenten für 80 und 600 kgcm bei Frequenzen bis zu 1500 und 5000 Hz beschrieben[1].

5. Drehschwingmaschinen mit Massenkraftantrieben.

Um auch Versuche mit dicken Verdrehproben vornehmen zu können, mußten Maschinen entwickelt werden, die bei wirtschaftlicher Frequenz auch große Drehmomente erzeugen. Dabei hat man gern am Resonanzantrieb festgehalten und umlaufende Unwuchten zum Antreiben der Maschinen benutzt.

---

[1] HENTSCHEL, G., u. S. SCHWEIZERHOF: La Recherche Aéronautique (1954) Nr. 37, S. 51 — Engineer's Digest Bd. 15 (1954) Nr. 4, S. 137.

Einen der ersten Drehschwinger dieser Art bauten A. Thum und G. Bergmann[1]. Das schwingende System hängt an einem Draht um Reibungen und
Energieabwanderungen zu vermeiden; über Kreuz stehen sich zwei Massenbalken gegenüber, zwischen denen sich die Probe befindet. Mit Absicht liegen
die Balken um 90° zueinander versetzt, weil auf diese Weise die eventuelle
Biegekritische weit außerhalb des Bereichs der Verdrehkritischen verlagert
wird. Der obere Massenbalken trägt die Lager für eine kleine Unwucht, die
von einem Elektromotor über eine biegsame Welle angetrieben wird, Abb. 74.

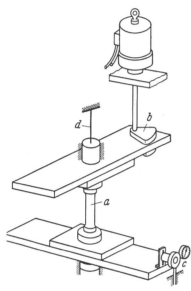

Abb. 74. Drehschwingmaschine von A. Thum
und G. Bergmann.
$M_{d\,max} = 3000$ kgm; $n = 3000$/min.
a Probe; b Fliehkraftschwinger; c Mikroskop
mit Meßuhr zum Messen der Schwingweite;
d Aufhängung des Schwingungssystems.

Die beiden an den Probenenden befindlichen Trägheiten schwingen gegeneinander
und beanspruchen die Probe verdrehend
im Takte der Erregung. Der Ausschlag der
unteren Masse wird als Maß für das Verdrehmoment mit einem Mikroskop gemessen.
Die Maschine arbeitet auf dem aufsteigenden Ast der Resonanzkurve. Die Ausschläge
und damit die Belastungen der Probe werden durch Verändern der Drehzahl auf das
gewünschte Maß gebracht. Es ist eine konstante Gleichstromquelle notwendig.

Die von R. J. A. Paul und J. R. Bristow[2]
beschriebene Verdrehprüfmaschine stellt ein
freischwingendes Zweimassensystem dar, bei
dem die Probe (Kurbelwelle) die Elastizität
darstellt. Die Maschine wird angetrieben
durch umlaufende Unwuchtscheiben mit
$n = 3000$/min und das maximale Drehmoment beträgt 28000 kgcm; das Drehmoment wird mittels einer besonderen
Elektronik konstant gehalten und gesteuert.

Mit gewissen Abwandlungen kehrt das
Maschinenprinzip nach Abb. 74 bei den
Torsatoren, Bauart Schenck[3], wieder. Hier ist
bei der Konstruktion darauf gesehen worden, die Maschine für vielseitige Aufgaben
verwendbar zu machen. Vor allem sind Dynamometer und Vorspanneinrichtungen
hinzugefügt. Diese Torsatoren sind nach dem Baukastenprinzip in mehrere Teilein-
heiten zerlegt, die sich je nach dem Versuchszweck auf dem langen Horizontalbett
aufreihen lassen, Abb. 75. In der ersten Anordnung erkennt man den grundsätzlichen Aufbau mit den beiden Trägheiten an den Enden der zwischen ihnen liegenden Federungen, die sich hier aus Probe und Dynamometer zusammensetzen. Man
ist also nicht mehr auf die Ausschlagmessung angewiesen, sondern ermittelt
das wirkende Drehmoment aus der Verdrehung des Dynamometers. Eine Sonderlösung stellt die Prüfung von Kurbelwellen dar, Anordnung 2, wobei die linke
Gegenmasse in Teilmassen aufgelöst ist, die auf den Kurbelzapfen sitzen.
Beide Anordnungen bieten keine Vorspannmöglichkeiten. Will man den Wechsel-
momenten statische Vorspannungen überlagern, so muß man die dritte Anordnung nach Abb. 75 wählen, bei der die Enden des Schwingungssystems beiderseits fest mit dem Maschinenbett verbunden werden. Jetzt ist es möglich,

---

[1] Z. VDI Bd. 81 (1937) S. 1013.
[2] Engineering Bd. 173 (1953) Nr. 4484, S. 25.
[3] Druckschrift PP 2021 der Fa. Schenck.

durch Einsetzen einer schweren Verdrehfeder das gesamte System gegenüber dem Bett vorzuspannen, so daß sich eine statische Vorlast ergibt. Zum Erregen

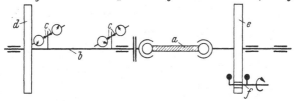

Anordnung 1 zur Durchführung von Prüfungen ohne statische Vorspannung

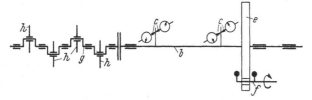

Sonderfall der Anordnung 1 zur Prüfung von Kurbelwellen ohne statische Vorspannung

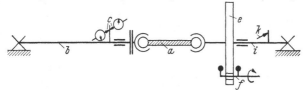

Anordnung 2 zur Durchführung von Prüfungen mit statischer Vorspannung

Abb. 75. Schematische Darstellung der Hauptanordnungen von Torsatoren, Bauart Schenck.

a Probe; *b* Drehstabdynamometer; *c* Meßuhren zum Abtasten des Drehschwingungsausschlages in zwei Querschnitten des Drehstabdynamometers; *d* Gegenmasse; *e* Antriebsmasse; *f* Erregerwuchtmasse, angetrieben durch eine biegsame Welle; *g* Kurbelwelle; *h* Massen, die auf die Kurbelzapfen der Kurbelwelle *g* aufgesetzt sind; *i* Gegenfederstab; *k* Vorspannwerk des Gegenfederstabes.

Abb. 76. Torsatoren verschiedener Ausführung, Bauart Schenck. $M_{d\,max} = 1000$ kgm; $n = 1000$ bis 3000/min. Die vordere Maschine ist ohne, die hintere Maschine mit Vorspannwerk ausgerüstet.

des Schwingungsgebildes dienen kleine umlaufende Unwuchten, die ein Gleichstrommotor über eine biegsame Welle antreibt. Auch die Torsatoren werden, ähnlich den Schenck-Pulsern, mit Steuergeräten nach Slattenscheck-Kehse zum Konstanthalten der Belastungsmomente im Dauerbetrieb ausgerüstet. Ausführungsbeispiele zeigt Abb. 76.

E. Schwingprüfmaschinen für Versuche mit zusammengesetzten Beanspruchungen.

Im praktischen Betrieb sind viele Maschinenteile zusammengesetzten Beanspruchungen unterworfen, wobei die Grundbeanspruchungsarten Zug-Druck, Biegung und Verdrehung in beliebigen Kombinationen zusammenwirken und in beliebigem Stärkeverhältnis zueinander stehen können. Bedingt durch die Form des Bauteils und die Überlagerung der äußeren Kräfte unterliegen die Maschinenteile meist mehrachsigen Spannungssystemen, deren Nachahmung im Versuch der verwendeten Dauerprüfmaschine obliegt. Die Klärung solcher zusammengesetzten Beanspruchungsverhältnisse ist sowohl für die Konstruktionspraxis als auch für die Festigkeitsforschung wichtig; denn nur durch solche Versuche kann entschieden werden, welche Festigkeitshypothese die tatsächlichen Bedingungen beim Eintritt des Fließens der Werkstoffe oder beim Beginn des Dauerbruchs am besten wiedergibt[1] und wie ein Maschinenteil solche kombinierte Belastungen aufnimmt. Es stehen grundsätzlich drei Wege offen, um einer Probe zusammengesetzte Beanspruchungen aufzuzwingen:

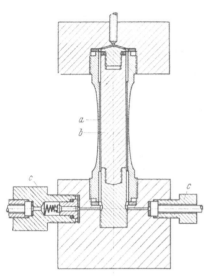

Abb. 77. Erzeugen zusammengesetzter Wechselbeanspruchungen durch pulsierenden Innendruck (Längs- und Tangentialzug).
a rohrförmige Probe; *b* Futterstück; *c* Drucköhlanschlüsse.

a) durch geeignete Wahl der Probenform;

b) durch entsprechende Einspannung in die Prüfmaschine;

c) durch Verwenden besonders für diesen Zweck konstruierter Prüfmaschinen.

Durch geeignete *Wahl der Probenform* läßt es sich erreichen, daß im Bruchquerschnitt ein mehrachsiger Spannungszustand herrscht, dessen Hauptspannungen in ganz bestimmten Richtungen verlaufen und in einem bestimmten Verhältnis zueinander stehen. Man wählt meist gekerbte Proben, Ringscheiben oder Platten mit Aussparungen[2]. In anderen Fällen lassen sich Rohrproben verwenden, die man in normale Schwingprüfmaschinen einbaut und zusätzlich unter Innendruck setzt, der im Takte der Wechselkraft der Prüfmaschine pulsiert oder dazu phasenverschoben liegt[3-7]. H. Majors jr., B. D. Mills jr. und C. W. Mc. Gregor[4] zeigen an einem Beispiel einer rohrartigen Hohlprobe,

[1] Ensslin, M.: Z. VDI Bd. 72 (1928) S. 1625 und Festschrift TH Stuttgart, S. 83. Berlin: Springer 1929.
[2] Sawert, W.: J. dtsch. Luftfahrtforschg. (1942) Lfg. 11, S. 38—Z. VDI Bd. 87 (1943) S. 609.
[3] Maier, A. F.: Stahl u. Eisen Bd. 54 (1934) S. 1289.
[4] J. Appl. Mech. Bd. 16 (1949) Nr. 3, S. 269.
[5] Marin, J.: J. Appl. Mech. Bd. 16 (1949) Nr. 4, S. 383.
[6] Latin, A.: Engineering Bd. 170 (1950) S. 121.
[7] Morrison, J. L. M., B. Crossland u. J. S. C. Parry: Chart. Mech. Engineer Bd. 3 (1956) Nr. 3, S. 153.

wie man den Innendruck zum gleichzeitigen Erzeugen von Längs- und Tangentialspannungen benutzen kann, Abb. 77. Die Hohlprobe erhält oben einen Verschluß und wird in ihrem Innern fast ganz von einem Futterstück ausgefüllt, um die benötigte Ölmenge klein zu halten. In der dünnen Probenwand des Prüfquerschnitts entstehen unter dem pulsierenden Druck des Öls in sinnfälliger Weise die tangentialen Spannungen, denen sich die Zugspannungen in vertikaler Richtung überlagern, welche durch den Druck des Öls auf die

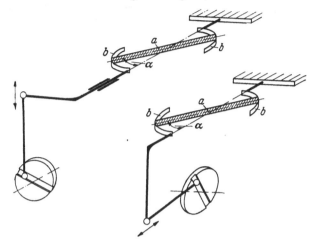

Abb. 78. Grundsätzliche Anordnungen zum Erzeugen zusammengesetzter Beanspruchungen (Verdrehung und Biegung) durch entsprechendes Einspannen der Proben in Flachbiege- und Torsionsmaschinen.
a Probe; b Einspannungen; α Neigungswinkel der Probe zur Maschinenachse.

Deckelflächen entstehen. Das Verhältnis der Spannungen zueinander wird durch geeignete Wahl der wirksamen Druckfläche im oberen Spannkopf erhalten.

Man kann aber auch zusammengesetzte Beanspruchungen mit *normalen Schwingprüfmaschinen* erzeugen, wenn man die Einspannglieder dieser Maschinen entsprechend gestaltet[1-4]. Für diese Zwecke eignen sich vor allem alle Flachbiege- und Torsionsmaschinen, wenn man die Proben in einem bestimmten Winkel zur Torsionsachse einspannt, Abb. 78. Die Zusammenhänge zwischen den Winkeln und den Biege- bzw. Verdrehmomenten ergeben sich aus den Beziehungen

$$M_b = M \cdot \sin\alpha; \quad M_d = M \cdot \cos\alpha; \quad M_b : M_d = \mathrm{tg}\,\alpha.$$

Hierbei bedeutet M das an der Maschine gemessene Gesamtmoment. Unter Berücksichtigung des äquatorialen und des polaren Trägheitsmomentes ergibt sich z. B. für eine Rundprobe bei einem Verhältnis von Normal- zu Schubspannung $\sigma : \tau = 1 : 1$ ein $\mathrm{tg}\,\alpha = \frac{1}{2}$, so daß $\alpha = 26°\,34'$ ist. Für $\alpha = 45°$ wird $\sigma : \tau = 2 : 1$. Eine derartige Zerlegung des äußeren Momentes ist nur dann zulässig, wenn sich die Probe unter den Momenten frei verformen kann. Es muß also für eine entsprechende Nachgiebigkeit bei den verwendeten Prüfmaschinen gesorgt sein. Aus diesem Grunde steht z. B. das Dynamometer der Flachbiege- und Torsionsmaschinen nach Abb. 61 auf Lenkerblechen, die es in der Horizontalen beweglich halten.

[1] Nishihara, T., u. M. Kawamoto: Trans. Soc. mech. Engrs. (jap.) Bd. 6 (1940) Nr. 24, S. I 8 — Metallwirtsch. Bd. 22 (1943) S. 337.
[2] Bruder, E.: Z. VDI Bd. 87 (1943) S. 82 — Techn. Bl. Dtsch. Bergwerksztg. Bd. 33 (1943) Nr. 10, S. 100 — Luftwissen Bd. 11 (1944) S. 117.
[3] Puchner, O.: Schweiz. Arch. Bd. 12 (1946) S. 289 und Schweiz. Arch. Bd. 14 (1948) S. 217.
[4] Findley, W. N., u. W. J. Mitchell: Proc. Soc. Exp. Stress Analysis Bd. 11 (1953) Nr. 1, S. 203.

Sondermaschinen zum Erzeugen zusammengesetzter Schwingbeanspru-
chungen sind schon frühzeitig entwickelt worden. Es blieb meistens bei Einzel-
ausführungen[1-8]. Eine weitgehende Anwendung findet die Konstruktion von
H. J. Gough und H. V. Pollard[7], Abb. 79. Sie ist für gleichzeitige Biege-
und Verdrehbeanspruchung einer kleinen Probe entwickelt worden. Das eine
Ende der Probe ist fest auf einen verdrehbaren Tisch eingespannt; das andere
Ende wird von einem Hebel gefaßt, den ein Unwuchtantrieb auf und nieder
bewegt. In der dargestellten Lage wirken zunächst reine Biegemomente auf
die Probe. Verstellt man den Drehtisch um 90° um seine senkrechte Achse, so
wirkt eine reine Torsion auf die Probe. Jeder einstellbaren Zwischenlage zwi-

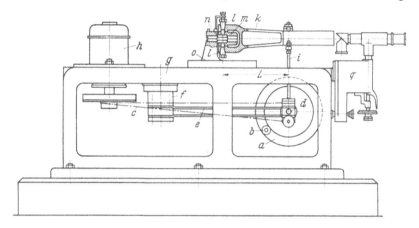

Abb. 79. Dreh- und Biegeschwingmaschine von H. J. Gough und H. V. Pollard, Bauart Amsler.
a umlaufende Scheibe; *b* auswechselbare Unwucht; *c* Antriebsriemen; *d* Lagerung der Scheibe; *e* Lenkerfedern; *f* Einspannung der Federn; *g* Maschinengehäuse; *h* Motor; *i* Stoßstange; *k* Schwinghebel; *l* nach-
stellbarer Kegelzapfen; *m* Einspannkopf; *n* Probe; *o* drehbarer Einspannbock; *q* Meßmikroskop zum Bestimmen des Ausschlages.

schen diesen Extremstellungen entspricht eine ganz bestimmte Zusammensetzung beider Beanspruchungsarten. Will man zusätzlich statische Vorspannungen für Biegung oder Torsion hinzunehmen[8], so werden die den Unwuchtantrieb tragenden Federn hierzu verwendet, Abb. 80. Die Maschine ist im
übrigen so abgestimmt, daß die Trägheitskräfte sich mit den Federkräften
das Gleichgewicht halten — Drehzahlkonstanz vorausgesetzt —, so daß das
Belastungsmoment sich aus dem Hebelarm und der Fliehkraft der eingesetzten
Unwucht unmittelbar ergibt.

Andere Konstruktionen, z. B. von A. Ono[2], sowie von F. C. Lea und H. P.
Budgen[3] oder von F. Bollenrath[6] gehen vom Aufbau üblicher Umlaufbiegemaschinen aus und setzen an das freie Probenende hemmende elektrische Ein-

[1] Moore, H. F., u. J. B. Kommers: The Fatigue of Metals. New York: 1927, McGraw-
Hill Book Comp., S. 106.
[2] Ono, A.: Mem. Coll. Engng. Kyushu Imp. Univ. Tokio Bd. 2 (1921) Nr. 2, S. 117.
[3] Lea, F. C., u. H. P. Budgen: Engineering Bd. 122 (1926) S. 242.
[4] Stanton, T. E., u. R. G. Batson: Rep. Brit. Assoc. Newcastle 1916, S. 288. —
Moore, H. F., u. J. B. Kommers: Vgl. Anm. 1, S. 108.
[5] Lehr, E., u. W. Prager: Forschg.-Arb. Ing.-Wes. Bd. 4 (1933) Nr. 5, S. 209. —
Hohenemser, K., u. W. Prager: Metallwirtsch. Bd. 12 (1933) S. 342.
[6] Oschatz, H.: Z. VDI Bd. 80 (1936) S. 1433.
[7] Proc. Instn. mech. Engrs. Bd. 131 (1935) S. 3 und Bd. 132 (1936) S. 549 — Engineering
Bd. 140 (1935) S. 511. — Esser, H.: Stahl u. Eisen Bd. 56 (1936) S. 797 — Druckschrift
Nr. 74 der Fa. Amsler. — Frith, P. H.: J. Iron Steel Inst. Bd. 159 (1948) S. 385.
[8] Gough, H. J.: Engineer Bd. 188 (1949) S. 497, 510, 540 u. 570.

heiten, die zur Umlaufbiegung eine gleichmäßige oder wechselnde Verdrehung erzeugen. Es werden hierfür Pendeldynamos oder Wirbelstrombremsen verwendet, die man in Achse mit der Probe (gleichbleibendes Zusatzmoment) oder versetzt zur Achse (wechselndes Moment) anschließt. In einzelnen Fällen sind auch Prüfeinrichtungen für Umlaufbiegung mit überlagerten Zugwechselspannungen beschrieben worden[1].

Schließlich sei noch eine Maschine einer verwickelteren Bauart als Beispiel gezeigt, die mit und ohne Vorspannungen Biege- und Verdrehbeanspruchungen gleichzeitig zu erzeugen vermag[2]. Zum Prüfen großer Proben von etwa 700 mm Länge dient ein doppelter Fliehkraftantrieb, Abb. 81. Das Vorgelege treibt zunächst die beiden um die Stabachse umlaufenden Biegeschwinger an, die ein konstantes Biegemoment längs der Versuchsstrecke der Probe erzeugen. Ihre Wirkung ist durch Lenkerführungen auf Schwingungen in der Senkrechten beschränkt. Außerdem werden von demselben Vorgelege zwei Unwucht-

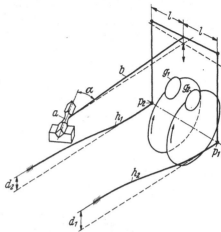

Abb. 80. Schema der Maschine von H. J. GOUGH und H. V. POLLARD mit Vorspannwerk für Biegung und gleichzeitige Verdrehung.

a Probe, schräg zur Maschinenachse gestellt ($\sphericalangle \alpha$); *b* Schwinghebel; g_1 und g_2 Unwuchten auf umlaufenden Scheiben; h_1 und h_2 Halte- und Vorspannfedern; d_1 und d_2 verschieden große Vorspannbeträge.

schwinger angetrieben, die gemeinsam auf der Torsionstraverse sitzen. Vorspannfedern gestatten, beiden Wechselkräften statische Vorlasten zu überlagern. Für beide Beanspruchungsteile sind getrennte Dynamometer eingebaut.

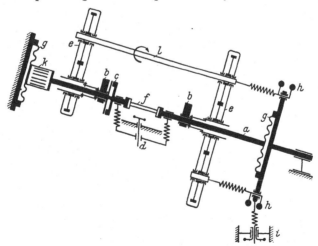

Abb. 81. Schema einer großen Umlaufbiege- und Verdrehschwingmaschine für zusammengesetzte Beanspruchungen, Bauart MPA Darmstadt. $M_d = 300\ \text{kgm}$; $M_b = 150\ \text{kgm}$; $n = 2000/\text{min}$.

a Achsstück; *b* Biegeschwinger; *c* Biegemeßeinrichtung; *d* Biegevorspannung; *e* Getriebe; *f* Probe; *g* Membranring; *h* Verdrehschwinger; *i* Verdrehvorspannung; *k* Verdrehdynamometer; *l* Vorgelege.

[1] ROMUALDI, J. P., CH. L. CHANG u. CH. F. PECK jr.: Amer. Soc. Test. Mater., Bull. (1954) Nr. 200, S. 39.
[2] THUM, A., u. W. KIRMSER: VDI Forsch.-H. Nr. 419, Berlin 1943, S. 1.

F. Schwingprüfmaschinen für Versuche an Drähten und Federn.

1. Maschinen zur Prüfung von Drähten und Drahtseilen.

Die mechanische Prüfung von Drähten, wie sie in Freileitungen, Förderseilen, Halteseilen für Hängebrücken sowie in Stellwerks- und Spannseilen verwendet werden, erstreckt sich neben der Ermittlung von Zug-, Biege- und Verwindungsfestigkeit seit langem auch auf das Bestimmen der Dauerschwingfestigkeit[1-6]. Das Hauptgewicht solcher Dauerschwingversuche liegt vor allem auf dem Feststellen des Einflusses, den die Ziehbedingungen, die Kaltverformung (Ziehgrad), die Wärmebehandlung (Randentkohlung) oder die Oberflächenbehandlung (Ziehriefen, Beiznarben und Überzüge) auf die Wechselfestigkeit der Drähte haben.

Bei allen Dauerschwingversuchen an Drahtproben tritt als besondere Schwierigkeit der Umstand hervor, daß sie im Gegensatz zu sonstigen Proben keine Einspannköpfe besitzen. Man muß also auf die Einspannung besondere Sorgfalt verwenden, damit Einspannbrüche durch die Kerbwirkung der Spannbacken vermieden werden, und der Dauerbruch wirklich in der freien Länge der Drahtprobe eintritt. Um die Einspannwirkung zu schmälern, werden weiche Beilagen, kammartige Spannbacken[7] oder weiche metallische Überzüge im Spannabschnitt verwendet. Auch das Drücken der Oberfläche oder das Einschmelzen in Lotköpfe sind Mittel, den Kerbbruch am Austritt aus der Einspannung zu vermeiden. Auch für Drahtprüfungen gilt, daß Dauerschwingversuche unter Biege- und Verdrehbeanspruchungen die Eigenschaften der Außenfasern besser herausstellen als schwellende Zugbeanspruchungen. Zug-Druck-Versuche an Drahtproben sind wegen der geringen Steifigkeit dünner Proben nicht durchführbar.

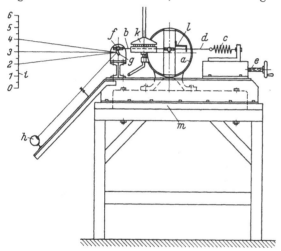

Abb. 82. Dauerschwingprüfmaschine von A. Pomp und Mitarbeitern zur Prüfung der Zugschwellfestigkeit von Drähten. $n = 1250/\text{min}$. *a* Schwingungsmotor; *b* Drahtprobe; *c* Vorspannfeder; *d* Vorspanndraht; *e* Spindel zum Regeln der Vorspannung; *f* Gelenkkopf der Meßfeder mit der Einspannvorrichtung für die Drahtprobe; *g* Spiegel, der am Kopfende des Meßfederstabs befestigt ist; *h* Lichtquelle; *i* Teilung; *k* Wasserberieselung; *l* Abschalteinrichtung; *m* Maschinengestell.

Als Beispiele für Maschinen, die Drähte unter *schwellenden Zugkräften* prüfen, seien eine elektromagnetische, eine mit trägen Massen arbeitende und

[1] Moore, H. F.: Wire & W. Prod. Bd. 12 (1937) S. 235.
[2] Pomp, A., u. M. Hempel: Mitt. K.-Wilh.-Inst. Eisenforschg. Bd. 20 (1938) S. 1.
[3] Ludwig, N.: Arch. Metallkde. Bd. 3 (1949) S. 49.
[4] Kenyon, J. N.: Wire & W. Prod. Bd. 24 (1949) S. 317, 498 u. 525.
[5] Shelton, S. M., u. W. H. Swanger: Proc. Amer. Soc. Test. Mater. Bd. 33 (1933) II, S. 348.
[6] Soete, W., u. R. Van Crombrugge: Ann. Trav. Publ. Belg., Brüssel, Okt. 1949.
[7] Druckschrift Nr. 205 (S. 5) der Fa. A. J. Amsler.

eine mit Unwucht angetriebene Maschine geschildert. Sie besitzen alle Vorspannvorrichtungen.

Die Drahtprüfmaschine von A. Pomp und Mitarbeitern [1,2], Abb. 82, stellt
ein Resonanzschwingungssystem dar, das sich aus einer Drehstabfeder — zugleich Meßfeder — und der Massenträgheit des Ankers des Schwingmotors
zusammensetzt. Die Drahtprobe verbindet Meßfeder und Anker und wird von
einer Vorspannfeder in Spannung gehalten. Als Schwingmotor für die kleinen
oszillierenden Bewegungen wird ein Gleichstrommotor benutzt, dessen Anker
mit Wechselstrom gespeist wird. Die Prüffrequenz ist auf die Eigenfrequenz
des Systems von 1250/min abgestellt.

Bei der Maschine von J. N. Kenyon[3] sind drei Drahtproben in einem System
vereinigt. Sie werden über ein rechtwinkliges Hebelsystem vorgespannt, Abb. 83.

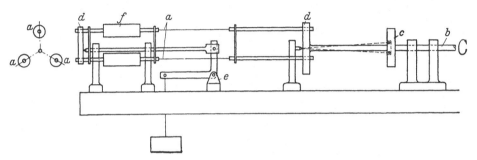

Abb. 83. Drahtschwingprüfmaschine von J. N. Kenyon. $n = 3600$/min.

a Drahtproben; *b* Antrieb; *c* Verstellexzenter; *d* Taumelscheiben; *e* Vorspannvorrichtung; *f* Schwingmassen.

Ein Taumelantrieb mit verstellbarem Exzenter setzt die rechte Taumelscheibe
in Bewegung, die über die drei Drahtproben die linke Taumelscheibe mitnimmt.
An der linken Scheibe greift zentral die Vorspannkraft an. Die Drahtproben
sind um 120° zueinander versetzt, und jeder der drei Stränge enthält eine träge
Masse, die beim Taumeln hin- und herbewegt wird. Ihr vom Antrieb zwangsläufig aufgezwungener Ausschlag wird mikroskopisch gemessen und ist bei
bekanntem Gewicht der Prüfkraft proportional.

Die Drahtprüfmaschine von Amsler[4], Abb. 84, ist für die Prüfung dünner
Drähte und Textilfäden entwickelt worden. Der Antrieb ist ein Resonanzsystem, das aus einer Stabfeder und einer umlaufenden mit Unwucht besetzten
Scheibe besteht. Die Antriebsdrehzahl ist auf die Resonanzfrequenz von 1000/min
abgestimmt. Die beiden Proben, die im gemeinsamen Schwinghebel eingeklemmt
sind, werden von je einer Vorspannvorrichtung unter Spannung gehalten.
Über der Maschinenmitte schreibt ein Walzenschreiber den Versuchsablauf auf,
so daß man Dehnungen der Proben usw. nachträglich erkennen kann.

Über Dauerschwingversuche mit Drähten auf normalen *Dauerbiegemaschinen*
mit konstantem Moment über die Versuchslänge der Probe wird im Schrifttum

[1] Pomp, A., u. C. A. Duckwitz: Mitt. K.-Wilh.-Inst. Eisenforschg. Bd. 13 (1931) S. 79.
[2] Pomp, A., u. M. Hempel: Naturwissensch. Bd. 22 (1934) S. 398 — Mitt. K.-Wilh.-Inst.
Eisenforschg. Bd. 19 (1937) S. 237.
[3] Proc. Amer. Soc. Test. Mater. Bd. 40 (1940) S. 762 — Engng. Inspection Bd. 6 (1941)
Nr. 4, S. 8.
[4] Amsler, A. J.: Schweiz. Arch. angew. Wiss. Techn. Bd. 12 (1946) H. 1. — Ténot, A.:
Génie Civil Bd. 124 (1947) S. 349.

des öfteren berichtet[1—4]. Die Drähte werden meistens mit Zwischenhülsen, in die sie mittels niedrig schmelzender Legierungen eingegossen werden, eingespannt. Auch besondere Spannzangen sind entwickelt worden. Die weiterhin entwickelten Sonder-Draht-Wechselbiegemaschinen arbeiten z. T. mit einer gebogenen Gleitbahn[5, 6], über die die Drahtprobe gebogen und gleichzeitig

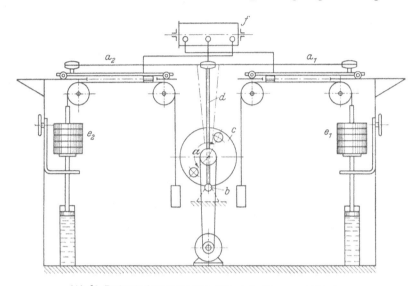

Abb. 84. Drahtschwingprüfmaschine, Bauart Amsler. $n = 1000/min$.
a_1 und a_2 Proben; b Stabfeder; c Scheibe mit Unwucht; d Schwinghebel; e_1 und e_2 Vorspannvorrichtungen; f Registrierwalze.

umlaufend gedreht wird, um die Wechselbiegewirkung zu erzwingen. Man baut auch elektromagnetische Erreger zum Hin- und Herbiegen oder setzt den Draht während des Umlaufs einer axialen Druckvorspannung aus, unter der er sich ausbiegt.

Die Maschine von A. V. de Forest und L. W. Hopkins[5] biegt den umlaufenden Draht über eine Scheibe, die Rillen mit verschiedenen Radien besitzt, Abb. 85. Der Draht liegt auf einem Bogen von 90° an der Scheibe an und wird durch ein Vorspanngewicht gestrafft. Da sich die Scheibe dreht, wird die Reibungswirkung bei gleichzeitiger Schmierung weitgehend herabgesetzt. Den Vorteilen dieser Bauart, gekennzeichnet durch die weitgehende Nachahmung der praktischen Seildrahtbeanspruchung, die hohe Prüffrequenz und die Verwendbarkeit nicht vorgerichteter Drähte, stehen gewisse Nachteile gegenüber: Die unklaren und störenden Reibungs- und Verschleißverhältnisse in der Nut und die Tatsache, daß der von der Schmierung abhängigen Biegung eine

[1] Wagenknecht, W. E.: Mitt. Kohle- u. Eisenforschg. Bd. 2 (1940) S. 157.

[2] Moore, H. F.: Wire & W. Prod. Bd. 12 (1937) Nr. 5, S. 235.

[3] Schwinning, W., u. E. Dorgerloh: Z. Metallkde. Bd. 23 (1931) S. 186.

[4] Wampler, C. P., u. N. J. Alleman: Amer. Soc. Test. Mater. Bull. 101 (1939) S. 13 — Wire & W. Prod. Bd. 14 (1939) S. 649 — Stahl u. Eisen Bd. 61 (1941) S. 521.

[5] De Forest, A. V., u. L. W. Hopkins: Proc. Amer. Soc. Test. Mater. Bd. 32 (1932) II, S. 398 — Wire & W. Prod. Bd. 7 (1932) S. 286, 305, 421, 426 u. 440.

[6] Woernle, R.: Dauerprüfmaschine für Drähte und Seile. DRP. 501 983 vom 9. 7. 1930. — Richter, G.: Z. Metallkde. Bd. 29 (1937) S. 214.

zusätzliche Verdrehbeanspruchung überlagert ist. Um diese Mängel zu umgehen, ist die *Maschine* von R. WOERNLE[1] mit einem beiderseitigen Antrieb ausgerüstet, Abb. 86. Auch hier ist man von den Schmierverhältnissen noch abhängig und muß damit rechnen, daß der Draht im Sinne einer höheren Dauerschwingfestigkeit prägepoliert wird.

Es fehlt aus diesem Grunde nicht an Baumustern, die den Draht freischwingend prüfen[2,3]. Einen Vorschlag in dieser Richtung bedeutet die Maschine von J. J. DOWLING, S. M. DIXON und M. A. HOGAN[2], Abb. 87. Hier wird die Drahtprobe als freier Stab in einem Magnetfeld geschwungen. Sie ist in ihren natürlichen Schwingungsknotenpunkten (Abstand von den Drahtenden = 0,224 × Drahtlänge) durch feine Schleifen aus Kupferdraht gehalten und zwischen den Polen eines permanenten Magneten hindurchgeführt. Mit Wechselstrom gespeist und über eine Photozelle, die mit dem freischwingenden Drahtende optisch in Verbindung steht, rückkoppelnd gesteuert, schwingt das elektromechanische System in Resonanz. Die Ausschläge werden mit einem Mikroskop oder über eine Spiegelanordnung gemessen.

Als Beispiel für eine Reihe weiterer Drahtprüfmaschinen, bei denen die

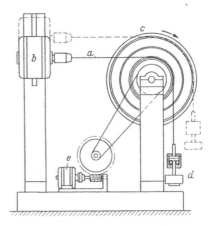

Abb. 85. Drahtschwingprüfmaschine von A. V. DE FOREST und L. W. HOPKINS.
$n = 3000$ bis $12\,000/\text{min}$.
a Drahtprobe; *b* Antriebsmotor; *c* drehende Scheibe mit Rillen; *d* Vorspanngewicht, an einem Drehlager hängend; *e* Antrieb für die Scheibe *c*.

[1] Siehe Fußnote 6, S. 224.
[2] DOWLING, J. J., S. M. DIXON u. M. A. HOGAN: Engineer Bd. 157 (1934) I, S. 424. — DIXON, S. M., u. M. A. HOGAN: Engineer Bd. 160 (1935) II, S. 436.
[3] FRIEDMANN, W.: Mitt. Wöhler-Inst. Braunschweig H. 22 (1934) — Metallwirtsch. Bd. 14 (1935) S. 85.

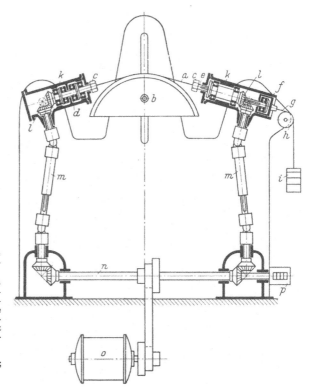

Abb. 86. Dauerbiegemaschine für Drähte von R. WOERNLE, Bauart Losenhausenwerk. $n = 1000$, 2000 und 3000/min.

a Drahtprobe; *b* Segment aus Grauguß mit Rille am Umfang, in der Höhe verstellbar; *c* Zweibackenfutter der Einspannwellen; *d* unverschieblich gelagerte Einspannwelle; *e* verschieblich angeordnete Einspannwelle; *f* Schlitten mit Längskugellager; *g* Stahlband; *h* Umlenkrolle; *i* Belastungsgewichte; *k* Lagergehäuse der Einspannwellen; *l* Kegelradvorgelege der Einspannwellen; *m* Kardanwellen; *n* Antriebswelle; *o* Antriebsmotor; *p* Zählwerk.

Drahtprobe bogenförmig ausgelenkt wird[1-7], diene die Anordnung von J. N. Kenyon[3], Abb. 88. Bei dieser Maschine ist der zu prüfende Draht durch zwei

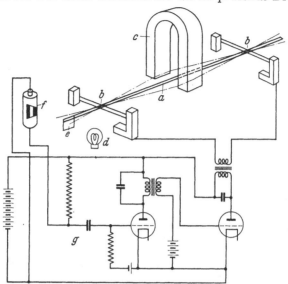

Abb. 87. Drahtschwingprüfmaschine von J. H. Dowling, S. M. Dixon und M. A. Hogan. $n = 6000$/min.
a Drahtprobe; *b* Aufhängung in Schwingungsknoten; *c* permanenter Magnet; *d e f* Steueroptik mit Fotozelle; *g* Röhrengenerator, zum Erzeugen des Wechselstroms von rd. 100 Hz.

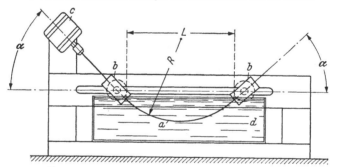

Abb. 88. Drahtschwingprüfmaschine von J. N. Kenyon. $n = 6000$/min.
a Drahtprobe; *b* Führungslager; *c* Antriebsmotor; *d* Ölbad (zur Dämpfung von Schwingungen); Spannungs-berechnung aus den Meßgrößen R, L und α.

[1] DIN 50113 Beuth-Vertrieb, Berlin/Köln.
[2] Shelton, S. M.: Proc. Amer. Soc. Test. Mater. Bd. 31 (1931) II, S. 204 — vgl. Shelton, S. M., u. W. H. Swanger: Proc. Amer. Soc. Test. Mater. Bd. 33 (1933) II, S. 348 und J. Res. Nat. Bur. Stand Bd. 14 (1935), Res. Paper RP 754, S. 17.
[3] Proc. Amer. Soc. Test. Mater. Bd. 35 (1935) II, S. 156 u. Bd. 40 (1940) S. 705.
[4] Erlinger, E.: Fördertechn. Bd. 35 (1942) H. 5/6, S. 43. — Druckschrift PP 2022 der Fa. Schenk.
[5] Brunton, J. D.: Engineering Bd. 135 (1933) S. 567 u. Bd. 138 (1934) S. 139 — Engineer Bd. 158 (1934) S. 167 — Aircr. Engineering Bd. 6 (1934) S. 251 — Wire & W. Prod. Bd. 10 (1935) S. 272 u. 284 — Iron Coal Tr. Rev. Bd. 129 (1934) S. 261. — Clark, P. R.: Moniteur du Pétrole Romain 1936, Nr. 21, S. 1587 und Nr. 22, S. 1653. — Watt, D. G.: Proc. Amer. Soc. Test. Mater. Bd. 40 (1940) S. 717.
[6] Godfrey, H. J.: Trans. Amer. Soc. Met. Bd. 29 (1941) S. 133 — Proc. Amer. Soc. Test. Mater. Bd. 40 (1940) S. 730 — Stahl u. Eisen Bd. 63 (1943) S. 99.
[7] Clarke, P. C.: USA-Patent Nr. 2435772 vom 10. 2. 1948. — Votta, F. A.: Iron Age Bd. 162 (1948) Nr. 7, S. 78 — Wire & W. Prod. Bd. 23 (1948) S. 1117. — Neuweiler, N. G.: Schweiz. techn. Z. Bd. 46 (1949) S. 117 — vgl. Amer. Soc. Test. Mater. Bull. Bd. 166 (1950) S. 83.

Lager hindurchgeführt, die ihm eine kreisbogenförmige Ausbiegung nach unten aufzwingen. Während des Umlaufens hängt der Draht in einem Ölbad, damit dessen Dämpfung unliebsame Schwingungen verhindert. Die Berechnung der Biegespannung setzt die genaue Kenntnis des Elastizitätsmoduls und das Einstellen des richtigen Neigungswinkels für eine gewisse Kurvenkrümmung voraus. Infolge des Kreisbogens ist die Beanspruchung über die Versuchsstrecke konstant, so daß die Austrittsstellen aus den Führungslagern durch Kerbwirkungen gefährdeter sind als die freie Länge.

Um grundsätzlich unbelastete Einspannverhältnisse zu erhalten, hat E. ERLINGER[1] seine Drahtbiegemaschine nach dem Prinzip des EULERschen Knickstabes entwickelt. Der in der motorseitigen Einspannung gefaßte Draht wird an seinem anderen Ende, das eine Kugelhülse trägt, von einer Druckkraft belastet, Abb. 89. Er stützt sich gegen eine Dynamometerfeder ab, die eine Pfanne trägt, in der der Draht rotieren kann. Das Dynamometer ist längs der Maschinenachse verstellbar, bis die gewünschte Ausbiegung der Probe erreicht ist. Aus dem Biegepfeil und der axialen Druckkraft im Dynamometer ergibt sich das belastende Moment für den Punkt größter Ausbiegung. Der

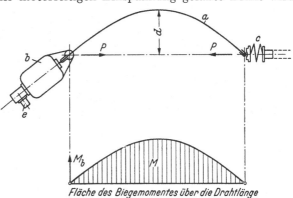

Abb. 89. Drahtschwingprüfmaschine von E. ERLINGER, Bauart Schenck.
$n = 2000$ bis $6000/\text{min}$.

a Drahtprobe; *b* schwenkbarer Antriebsmotor; *c* Dynamometer; *d* Biegepfeil der Durchbiegung; *e* Zählwerk; *P* Druckkraft; *M* Momentenfläche.

schwenkbar gelagerte Motor folgt der Verformung der Probe, so daß beide Einspannstellen frei von Momenten sind. Man erringt diesen für die Drahtprüfung wünschenswerten Vorteil mit der theoretischen Preisgabe der konstanten Beanspruchung über die gesamte Meßlänge. Praktisch ist jedoch ein Teil in der Mitte der Drahtlänge einem gleichbleibenden Biegemoment ausgesetzt.

Die gleiche Art der Beanspruchung des Drahts durch eine Druckvorspannung, allerdings ohne Einbau eines Dynamometers, findet sich bei den Maschinen von B. P. HAIGH und T. S. ROBERTSON[2] sowie von H. J. GODFREY[3]. Diese Maschinen erreichen Frequenzen von 15 000/min.

Maschinen für *Dauerverdrehbeanspruchung* von Drähten sind selten. Man hat sich vielfach mit baulich abgeänderten Normalmaschinen beholfen[4-8]. W. MEISSNER[7] beschreibt eine Maschine mit Kurbelantrieb, die auf dem freien Drahtende eine scheibenförmige Masse benutzt, deren Ausschläge als Maß

[1] Fördertechn. Bd. 35 (1942) H. 5/6, S. 43 — Druckschrift PP 2022 der Fa. C. Schenck.
[2] BRUNTON, J. D.: Engineering Bd. 135 (1933) S. 567 u. Bd. 138 (1934) S. 139 — Engineer Bd. 158 (1934) S. 167 — Aircr. Engng. Bd. 6 (1934) S. 251 — Wire & W. Prod. Bd. 10 (1935) S. 272 u. 284 — Iron Coal Tr. Rev. Bd. 129 (1934) S. 261.
[3] Trans. Amer. Soc. Met. Bd. 29 (1941) S. 133 — Proc. Amer. Soc. Test. Mater. Bd. 40 (1940) S. 730 — Stahl u. Eisen Bd. 63 (1943) S. 99.
[4] LEA, F. C., u. R. A. BATEY: Proc. Instn. mech. Engrs. Lond. Bd. 115 (1928) II, S. 865.
[5] WEIBEL, E. E.: Trans. Amer. Soc. mech. Engrs. Bd. 57 (1935) RP-57-1, S. 501.
[6] TATNALL, R. R.: Wire & W. Prod. Bd. 12 (1937) Nr. 6, S. 297.
[7] Z. techn. Phys. Bd. 16 (1935) S. 591.
[8] *Mitt. Wöhler-Inst. Braunschweig* H. 38 (1941) S. 1.

für das belastende Drehmoment gemessen werden. Um die Einspannung zu ermöglichen, werden Hülsen warm aufgeschrumpft, die zugleich ein Eigenspannungssystem schaffen, das der Kerbwirkung am Drahtaustritt aus der Hülse

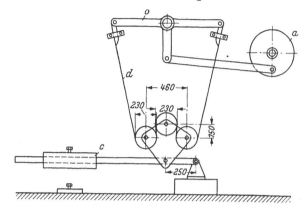

Abb. 90. Vorrichtung zur Dauerbeanspruchung von Stellwerkseilen.
a Motor mit Exzenterantrieb; *b* Schwinghebel; *c* Belastungsmechanismus; *d* zu prüfendes Seilstück.

entgegenwirkt. Ähnlich arbeitet eine Maschine von K. Lippacher[1], die im Wöhler-Institut in Braunschweig entwickelt wurde und an den Kurbeltrieb zugleich zwei Drahtproben anschließen läßt.

Bei der Verwendung von *Stahldrähten in Tragseilen* von Hängebrücken und Schwebebahnen ist zu beachten, daß diese im straff gespannten Zustand haupt-

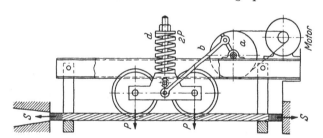

Abb. 91. Dauerschwingprüfmaschine für Tragseile, Bauart Amsler.
a Kurbeltrieb; *b* Pleuelstange; *c* Rollkörper mit 2 Prüfrollen; *d* Anpreßfeder; *P* Prüfdruck; *S* Seil.

sächlich ruhende und überlagerte wechselnde Kräfte zu ertragen haben. Die kennzeichnende Beanspruchung von Förderseilen im Bergbau, von Stellwerks- und Flugzeugsteuerseilen ist das Herumleiten und Biegen um Rollen oder Trommeln.

In den durch wechselnde Winddruckkräfte beanspruchten Freileitungs- kabeln sind die Kabelabspannvorrichtungen und die Stellen am Eintritt des Seils in die Seilklemmen besonders gefährdet, weil dort die Kerbwirkung zur normalen Beanspruchung hinzukommt. Man arbeitet bei solchen Versuchen, dem praktischen Fall entsprechend, mit statischen Vorspannungen und Wechsel- lasten[2,3].

---

[1] Siehe Fußnote 8, S. 227.
[2] Graf, O., u. E. Brenner: Bautechn. Bd. 19 (1941) S. 410.
[3] Püngel, W., E. Gerold u. A. Beidermühle: Z. VDI Bd. 87 (1943) S. 493.

Die *Seilprüfmaschinen*[1–8] sind in ihrem Aufbau zumeist sehr einfach. Man geht gewöhnlich von den Rollenradien aus und führt die Seile um genutete Scheiben entsprechenden Durchmessers, die sich in großen Traggestellen befinden. Ein Kurbeltrieb setzt den Seilzug hin und her laufend in Bewegung, so daß die Seile fortwährend über die Krümmungen gebogen werden. Solche Konstruktionen sind von R. Woernle[3], M. Abraham[4] und anderen beschrieben worden. Ein Beispiel für die *Prüfung von Stellwerkseilen*[4] zeigt Abb. 90. Zur Nachahmung der Beanspruchung von *Tragseilen*, z. B. von Rollenbahnen, kann eine einfache Einrichtung von Amsler[2] dienen, Abb. 91, die auf ein vorgespanntes Seil aufgesetzt werden kann und zwei Andrückrollen mittels Kurbeltrieb hin und her bewegt. Schließlich berichtet S. Berg[8] sehr anschaulich über Schwingungsversuche an Hochspannungs-Hohlseilen, die er mit Hilfe von Unwuchtantrieben und elektromagnetischen Erregern in Eigenschwingungen mit mehreren stehenden Knoten versetzte. Ähnliche Lösungen fand R. L. Templin[6].

2. Maschinen zur Prüfung von Federn.

Federn sind ihrer Natur nach Konstruktionselemente, die schwingenden Beanspruchungen ausgesetzt werden. Es obliegt diesen Gliedern, in einem Maschinenganzen Bewegungen kraftschlüssig auszugleichen. Sie sind Grundelemente aller schwingenden Konstruktionen und je nach Art und Aufbau dafür vorgesehen, oft recht beträchtliche Verformungshübe zu übernehmen. Feder-Schwingprüfmaschinen müssen deshalb für besonders große Hübe gebaut sein. Sind Federn außerdem schnellen Schwingungen ausgesetzt, so kommt erschwerend für die Dauerschwingfestigkeit der Federn hinzu, daß sich bei ungünstiger Anordnung der Massen und ungeeigneter Wahl der Federkonstruktion Schwingungsknoten und -bäuche bilden, die den Federn oft ungünstigere Beanspruchungen aufzwingen, als man aus Hub und Kraft errechnet. Bei der Dauerschwingprüfung sind beide Fragen wohl zu unterscheiden. Zum Bestimmen der Dauerschwingfestigkeit einer betriebsfertigen Feder setzt man am besten eine Maschine mit sinusförmigem Belastungsverlauf ein[9]. Das Schwingungsverhalten erkennt man besser im Rahmen der gesamten Konstruktion, zumal die angeschlossenen Massen und der effektive Verformungsverlauf (z. B. Ventilerhebungskurve bei Nockenantrieb) für den Schwingvorgang der Feder mitbestimmend sind[10, 11]. Feder-Schwingprüfmaschinen werden hauptsächlich verwendet, um die Dauerhaltbarkeit nach dem Wöhler-Verfahren zu bestimmen und um Federn vor dem Einbau vorzuschwingen. Das letzte Verfahren hat

[1] Wiley, B. C.: Proc. Amer. Soc. Test. Mater. Bd. 32 (1932) II, S. 705.
[2] Druckschrift der Fa. A. J. Amsler.
[3] Z. VDI Bd. 73 (1929) S. 417.
[4] DVL-Jahresbericht 1930, S. 347. — Siehe auch H. J. van Royen: Werkstofftagung Berlin 1927, Verlag Stahleisen, Düsseldorf, Bd. 4, S. 30.
[5] Haas, B.: Luftwissen Bd. 5 (1938) Nr. 1, S. 17.
[6] Templin, R. L.: Proc. Amer. Soc. Test. Mater. Bd. 33 (1933) II, S. 364.
[7] Ai-Ting Yu u. B. G. Johnston: Proc. Soc. Exp. Stress Analysis Bd. 6 (1948) Nr. 2, S. 1.
[8] Berg, S.: Gestaltfestigkeit. Versuche mit Schwingern. VDI-Verlag, Düsseldorf 1951, S. 9.
[9] Pomp, A., u. M. Hempel: Mitt. K.-Wilh.-Inst. Eisenforsch. Bd. 22 (1940) S. 35 — Jb. dtsch. Luftfahrtforschg. 1940, S. II 204.
[10] Swan, A., H. Sutton, u. W. D. Douglas: Proc. Instn. mech. Engrs., Lond. Bd. 120 (1931) S. 261 — Engng. Bd. 131 (1931) S. 314 u. 374 — Stahl u. Eisen Bd. 51 (1931) S. 1594 — (Z. VDI Bd. 77 (1933) S. 648.
[11] Hussmann, A.: Jb. dtsch. Luftfahrtforschg. 1938, S. II 119.

zum Ziel, die Federn sich setzen zu lassen und jene auszuscheiden, die durch Oberflächenfehler wie Risse, Überwalzungen, Narben und Absplitterungen gekerbt sind[1,2]. Bei entsprechend hoher Schwingungsbeanspruchung fallen diese Fehlmuster durch vorzeitigen Dauerbruch aus. Motorenfedern und Ventilfedern werden vielfach auch bei höheren Temperaturen geprüft[3]. Die Ermittlung der Dauerschwingfestigkeit kommt im wesentlichen für zwei Gruppen von Federn in Betracht, und zwar für Ventilfedern verschiedener Größen und für geschichtete Fahrzeug-Blattfedern. Soweit Drehstabfedern, wie sie z. B. neuerdings der Automobilbau verwendet, geprüft werden sollen, reichen zumeist die Verdreh-Schwingprüfmaschinen für kleine Schwingwinkel nicht aus, sondern es müssen Sonderprüfeinrichtungen für große Schwingwinkel verwendet werden.

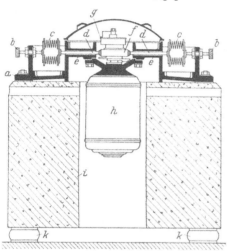

Abb.92. Ventilfederschwingprüfmaschine, Bauart Schenck. P_{max} je Prüfstand = 110 kg; n = 1500/min. *a* Maschinenbett; *b* Vorspannspindel mit Kontakteinrichtung; *c* zu prüfende Federn; *d* Federstößel; *e* Stößelführung; *f* Verstellexzenter; *g* Teilung zum Einstellen des Hubes; *h* Antriebsmotor; *i* Betonfundament; *k* Gummifüße.

Man bevorzugte bislang beim Bau von Feder-Schwingprüfmaschinen in Form von Einprobenmaschinen[4-8] und Vielprobenanordnungen[9-15] den zwangsläufigen Antrieb, weil er große Hübe erzeugen kann und unabhängiger von eventuellen Federbrüchen bei Vielprobenversuchen ist als ein Resonanzantrieb. Neuerdings findet aber auch der Resonanzantrieb auf diesem Gebiet Anwendung, insbesondere beim Einschwingen der Federn.

Als Beispiel für eine zwangsläufig angetriebene *Ventilfederprüfmaschine* sei die der Bauart Schenck[11] genannt, Abb. 92. In der Mitte des tellerartigen Maschinenbettes ist der Antriebsmotor mit unmittelbar aufgebautem Verstellexzenter untergebracht. Die Prüfstände, die einzelne oder mehrere Federn zugleich aufnehmen können, sind kreisförmig gruppiert. Die radial liegenden Stößel münden allesamt auf den Exzenter und zwingen den Federn im Takte

---

[1] Hünlich, R., u. W. Püngel: Jb. dtsch. Luftfahrtforschg. 1938, S. II 135.

[2] Wood, E.: Aircr. Engng. Bd. 10 (1938) S. 99.

[3] Pomp, A., u. M. Hempel: Arch. Eisenhüttenw. Bd. 21 (1950) S. 263.

[4] Lea, F. C., u. F. Heywood: Proc. Instn. mech. Engrs., Lond., 1927, I, S. 403 — Engng. Bd. 123 (1927) S. 562 u. 621.

[5] Musatti, J., u. G. Calbiani: Metallurg. ital. Bd. 24 (1932) S. 465 u. 549.

[6] Druckschrift der Fa. Losenhausenwerk.

[7] Druckschrift der Fa. A. J. Amsler.

[8] Druckschrift Nr. 101 der Fa. Mohr & Federhaff.

[9] Zimmerli, F. P.: Dep. Engng. Res., Univ. Michigan, Ann Arbor 1934, Bull. Nr. 26, S. 12.

[10] Tatnall, R. R.: Wire & W. Prod. Bd. 12 (1937) Nr. 6, S. 297.

[11] Oschatz, H.: Z. VDI Bd. 84 (1940) S. 598 u. Motortechn. Z. Bd. 3 (1941) S. 123. — Gutfreund, K.: Die Abnahme Bd. 1 (1938) Nr. 6, S. 67 — Druckschrift Nr. PP 2009 der Fa. Schenck.

[12] Roberts, J. A.: Wire & W. Prod. Bd. 23 (1948) S. 479, 583, 586 u. 624 — Wire Industry Bd. 15 (1948) S. 43, 47 u. 109.

[13] Druckschrift der Fa. C. Meyer, Marktredwitz.

[14] Wunderlich, F.: Forsch.-Arb. Ing.-Wes. Bd. 12 (1941) Nr. 4, S. 202.

[15] Druckschrift Nr. 18001 der Fa. Reicherter — Die Abnahme Bd. 1 (1938) Nr. 1, S. 12.

der Drehzahl reihum die gleiche Verformung auf. Der Hub ist von 0 bis 36 mm einstellbar. Im Rand des Maschinenbettes sind Vorspannspindeln untergebracht, die je einen Kontakt enthalten, der in Verbindung mit einem Vielfachschreiber den Bruch der Federn anzeigt. Bei WÖHLER-Versuchen wird nur je eine Feder pro Prüfstand eingebaut; zum Einschwingen lassen sich mit entsprechenden Zwischentellern soviel Federn einbauen als der Maximalkraft von 110 kg je Stößel entsprechen. Die Maschine besitzt 12 Stößel und 12 Prüfstände.

Die *Resonanz-Federprüfmaschine* der Bauart Reicherter[1], Abb. 93, dient hauptsächlich dem Einschwingen von Ventilfedern. Die Prüffedern sind in

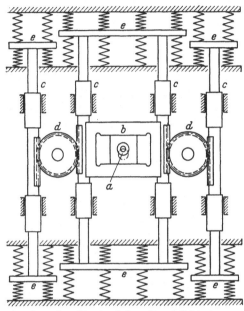

Abb. 93. Resonanz-Schwingprüfmaschine für Federn, Bauart Reicherter. $n = 1800$ bis 2400/min.
a Verstellexzenter; *b* Kulissenführung; *c* Stößel; *d* Übertragungsräder; *e* Druckplatten.

Horizontalreihen untergebracht und durch Fenster sichtbar. Es können gleichzeitig 100 bis 180 Federn unter einem Maximalhub von 40 mm bei $n = 1800$ bis 2400/min geprüft werden. Die Federn bilden zusammen mit den auf und nieder schwingenden Massen der Druckplatten ein Resonanzsystem, das von einem mechanischen Antrieb mit Kurbelschleife bewegt wird. Der Kurbelradius und damit der Hub werden vor Versuchsbeginn eingestellt.

Für das *Prüfen von geschichteten Federpaketen* sind eine Reihe fast gleichartiger Maschinen entwickelt worden[2-8], die aber hauptsächlich der statischen Ermittlung der Durchbiegung und der Federkonstanten dienen. Diese Feder-

[1] Druckschrift Nr. 18001 der Fa. Reicherter — Die Abnahme Bd. 1 (1938) Nr. 1, S. 12.
[2] GERBER, G.: Z. VDI Bd. 71 (1927) S. 1521.
[3] Druckschrift der Fa. Losenhausenwerk.
[4] Druckschrift M-Hyd. 92 der Fa. Wumag, Waggon- u. Maschinenbau AG. — RICHTER, G.: Rdsch. Dtsch. Techn. 1938, Nr. 19, S. 5.
[5] Druckschrift Nr. 82 der Fa. A. J. Amsler.
[6] Druckschrift der Fa. Mohr & Federhaff.
[7] Druckschrift der Fa. Schenck.
[8] MACKENZIE, B.: Proc. Instn. mech. Engrs., Autom. Div., 1947/48, III, S. 122.

prüfmaschinen besitzen neben dem statischen auch einen dynamischen Teil, meist ein Exzenterwerk, das direkt oder über Hebel auf die Prüffedern einwirkt. Es wird benutzt, um die Federpakete, die besonders große innere Reibung besitzen, ehe sie eingefahren sind, gangbar zu machen, damit beim Prüfen der richtige Biegepfeil gemessen werden kann. Die Anordnung stützt sich auf Prüfungsvorschriften der Deutschen Bundesbahn, nach denen die Firmen Losenhausenwerk[1], Mohr & Federhaff[2] und Schenck[3] ihre Baumuster entwickelt haben. Abb 94 zeigt das Schema einer Maschine dieser Gruppe. Es können

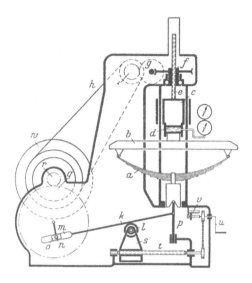

Abb. 94. Statisch-dynamische Federprüfmaschine, Bauart Mohr & Federhaff.

a zu prüfende Feder; *b* Tisch mit Aufhängevorrichtung für die Feder; *c* Schlitten; *d* hydraulische Kraftmeßdose; *e* Antriebsspindel zum Schlitten *c*; *f* Spindelmutter; *g* Schneckenvorgelege zur Spindelmutter; *h* Riemenvorgelege; *i* ausrückbare Kupplung; *k* Schwinghebel; *l* Auflager zum Schwinghebel; *m* Gleitführung am Schwinghebel *k*; *n* Kurbelzapfen; *o* Gleitstein des Kurbelzapfen *n*; *p* Stößel; *q* Stirnrad mit Pfeilverzahnung; *r* Ritzelwelle zum Stirnrad *q*; *s* Lagerbock zur Auflagerolle *l*; *t* Spindel zur Verschiebung des Lagerbockes *s*; *u* Handkurbel zur Betätigung der Spindel *t*; *v* Teilung zur Anzeige des eingestellten Hubes; *w* Schwungscheibe.

auch starkdrähtige Schraubenfedern und Pufferfedern mit diesen Maschinen auf ihre Federkonstanten untersucht werden.

Um ausgesprochene *Dauerprüfungen an Federpaketen* vornehmen zu können, haben R. G. C. Batson und J. Bradley[4] schon frühzeitig eine Resonanzmaschine entwickelt, Abb. 95. Das beiderseits aufgelagerte Federpaket ist mittig mit einer veränderbaren Kraft beschwert, die etwa der statischen Traglast am Fahrzeug entspricht. Dieses System ist schwingfähig und wird in seiner Eigenschwingungszahl erregt. Hierzu dient ein Lenkergetriebe, das seine Hübe von einer Stoßmaschine abnimmt und über eine weiche Zwischenfeder auf die Prüffeder mit überträgt. Der Betriebspunkt der Maschine liegt etwa 5 bis 10% unterhalb der Resonanz und wird mit einer Steuereinrichtung, die auf die Drehzahl des Motors der Stoßmaschine einwirkt, konstant gehalten. Ein Indiziergerät

---

[1] Siehe Fußnote 3, S. 231.   [2] Siehe Fußnote 6, S. 231.   [3] Siehe Fußnote 7, S. 231.
[4] Batson, R. G. C., u. J. Bradley: Nat.-Phys.-Labor., Dept. Scient. Ind. Res., Engng. Res., Spec. Rep. Nr. 11. — Lehr, E.: Forschg. Bd. 2 (1931) S. 287. — Batson, R. G. C., u. J. Bradley: Proc. Instn. mech. Engrs. Bd. 120 (1931) S. 301 — Stahl u. Eisen Bd. 51 (1931) S. 1028. — Lehr, E.: Forschg. Bd. 3 (1932) S. 54.

gestattet, die von der Feder aufgenommene Arbeit zu messen und das hiermit erhaltene Schaubild zeigt den Zusammenhang von Kraft und Weg bei jedem Hub an.

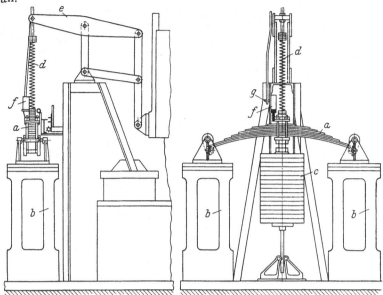

Abb. 95. Resonanz-Prüfvorrichtung von R. G. BATSON und J. BRADLEY für Dauerschwingversuche an betriebsfertigen Automobil-Tragfedern.
a zu prüfende Feder; *b* ortsfest aufgestellte Lagerböcke; *c* Belastungsgewicht, am Federbund befestigt; *d* Erregerfeder; *e* schwingendes Lenkergetriebe für den Antrieb des oberen Endes der Erregerfeder; *f* Indiziergerät;
g Schreibstift des Indiziergeräts.

G. Schwingprüfmaschinen für Versuche an Konstruktionsteilen.

1. Schwingprüfanlagen und Schwingwerke.

Es liegt sehr nahe, die Schwingfestigkeit ganzer Konstruktionsteile dadurch zu bestimmen, daß man die oft großen und sperrigen Prüfgegenstände durch Ansetzen einer umlaufenden Unwucht (Schwinger) erregt und nach Möglichkeit in ihrer Eigenschwingungsform und -zahl schwingen läßt, bis sich ein Dauerbruch zeigt. Dieses Verfahren bietet vielseitige Möglichkeiten bei geringem Aufwand an Mitteln, solange man es bei diesen Zerstörungsabsichten bewenden läßt. Der Schwingungsausschlag wird zumeist aus einem vorausgegangenen statischen Belastungsversuch übernommen. Der Praxis ist vor allem dann gedient, wenn es gelingt, zwei zum Vergleich stehende Konstruktionsausführungen in einem gemeinsamen Aufbau unterzubringen und gleichartigen Beanspruchungen zu unterwerfen. Man weiß dann in kurzer Zeit, welches der beiden Baumuster die Schwingungsbeanspruchung am längsten aushält. Für solche Versuchsanordnungen sind Erreger verschiedener Größen, Getriebe mit verschiedenen Übersetzungsverhältnissen für die anzutreibenden Unwuchten, universell verwendbare Spannböcke und eine genügend große und schwere Grundplatte erforderlich.

Zur meß- und prüftechnischen Vervollkommnung solcher *Schwinger-Einrichtungen* rechnen Dynamometer zum zahlenmäßigen Erfassen der wirkenden Kräfte, Regelgeräte zum Konstanthalten der Ausschläge und gegebenenfalls dynamische Schwingungsmeßgeräte oder Dehnungsmeßstreifen. Dringt man mit diesen Hilfsmitteln weiter in das Gebiet der Schwingversuche vor, so stößt man auch hier auf das Problem der Berücksichtigung der Massenkräfte, wenn es sich auch in anderer Form darstellt als bei den normalen Schwingprüfmaschinen.

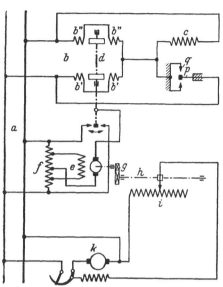

Abb. 96. Schaltbild des Regelgerätes nach A. Slatten-schek und W. Kehse, Bauart Schenck.

a Gleichstromnetz; *b* Differentialrelais mit zwei Magnetspulensystemen *b'* und *b''*; *c* Ohmscher Widerstand; *d* Anker des Differentialrelais; *e* Steuermotor; *f* Spannungsteiler für Steuermotor; *g* Zahnradvorgelege; *h* Verstellspindel mit Kontakt; *i* Schiebewiderstand; *k* Hauptantriebsmotor; *p* Federnder Kontakt am Schwingungserreger; *q* ortsfeste Kontakte der Steuerung.

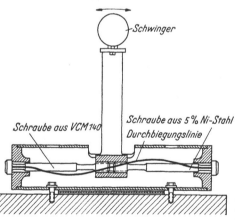

Abb. 97. Vergleichender Schwingerversuch mit Schubstangenschrauben verschiedener Stahlqualität. (Nach S. Berg.)

Die Schwierigkeiten beim Schwingerversuch ergeben sich besonders aus der Abweichung der elastischen Verformungslinien bei ruhender und schwingender Belastung. Für den statischen Vorversuch setzt man üblicherweise konzentrierte Kräfte an, um die Verformung zu erzwingen, während beim Schwingversuch jedes einzelne Massenelement zur Belastung und Verformung beiträgt. Diese Art der Bestimmung von Belastung und Prüfausschlag kann daher sehr ungenau werden, wenn der Anteil der verteilten Massenkräfte im Vergleich zu den konzentrierten Massenkräften größer wird. A. Thum und A. Erker[1] zeigen, daß Wegmessungen zum Bestimmen der dynamischen Verformungslinien und daraus abgeleitete Massenkraftberechnungen sowie die Entwicklung besonderer Dynamometer einen Ausweg bieten.

Schwingerversuche werden bevorzugt in der Nähe der Resonanz vorgenommen, weil dann zum Aufrechterhalten des Schwingungsvorgangs nur wenig Energie laufend zuzuführen ist. Der Resonanzzustand ist aber sehr labil und bedingt deshalb konstante Antriebsverhältnisse. Von Vorteil ist in jedem Falle eine Regelanlage, die abhängig von der Verformung der Probe oder des Dynamometers die Frequenz nachregelt. Als Beispiel für einen solchen Regler sei das Regelgerät nach A. Slattenschek und W. Kehse[2] beschrieben, das mit verhältnismäßig geringem apparativen Aufwand arbeitet und keine Elektronik benutzt, Abb. 96. Es ist ein Differentialrelais mit einem Anker, auf den zwei Magnetspulensysteme zugleich, aber im entgegengesetzten Drehsinne einwirken. Die beiden Drehmomente werden bestimmt durch einen Ohmschen Widerstand in einem und durch einen Kontaktwiderstand im anderen Spulenkreis. Dem Gleichgewicht der Widerstände entspricht das Gleichgewicht

---

[1] Arch. techn. Messen 1942, Bl. V 9115-5.
[2] Erlinger, E.: Arch. Eisenhüttenw. Bd. 12 (1938/39) S. 617.

der Drehmomente. Die federnde Kontaktzunge, die sich am schwingenden Teil des Prüfsystems befindet, liegt in den Endlagen der Schwingung für einen kurzen Augenblick an den ortsfesten Kontakten an. Die Dauer der dabei entstehenden Stromstöße ist in vergrößertem Maße von Änderungen der Schwingweite abhängig, so daß solche Änderungen im mechanischen Schwingungsvorgang das Differential-relais zum Drehen bewegen. Die Drehfähigkeit der Ankerwelle ist eng begrenzt durch zwei Kontaktanschläge. Je nachdem, welcher der beiden berührt wird, verändert der Steuermotor die Stellung des Schiebewiderstands, der seinerseits wiederum die Drehzahl des Hauptantriebsmotors bestimmt. Auf diese Weise genügen kleine Drehzahländerungen, um auf dem aufsteigenden Ast der Reso-nanzkurve die Ausschläge von Schwingungssystemen konstant zu halten.

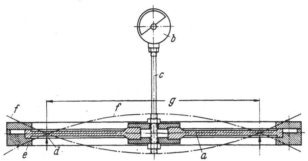

Abb. 98. Schwingerversuch mit einer kreisrunden Membranscheibe. (Nach S. Berg.)
a Membran; b Unwuchtschwinger; c Stabfedern; d Auflager; e Ring; f Schwingungsform der Membran; g Knotenkreis der Schwingung.

Schließt man den Regler an das Dynamometer an, dann regelt er auf kon-stante Belastung; wird der Regler an den Prüfgegenstand angeschlossen, so hält er ebenfalls auf dem Wege der Drehzahlreglung den Ausschlag und damit die Verformung konstant.

Eine umfangreiche Sammlung von Vorbildern für Schwingerversuche hat S. Berg[1] gegeben. Er hat Schwinger für alle Beanspruchungen benutzt und beschrieben. Abb. 97 zeigt den Aufbau einer Anlage für vergleichende *Biege-schwingversuche mit Schrauben* gleicher Form aber verschiedener Werkstoffe. Die beiden Prüfschrauben sind in der Mitte in ein gemeinsames Mutterstück eingeschraubt, das vom Unwuchtschwinger erregt wird. In diesem Aufbau bilden die Schrauben die Federung und das als Hebel wirkende Tragrohr mit dem Schwinger am oberen Ende die Trägheit des Schwingungssystems, in dessen Eigenschwingungsnähe die Prüffrequenz gewählt wird. Das System besitzt kein Dynamometer, so daß die Beanspruchungen aus den Verformungen ab-geleitet werden müssen. Ein solcher Versuch entscheidet sehr schnell darüber, welcher Werkstoff der geeignetere für diesen Beanspruchungsfall ist.

Um *Dauerschwingungen* einer *membranartigen Platte* zu erzeugen, kann man einen einfachen Unwuchtschwinger mittels einer pendelartigen Stabfeder zentral in der Plattenmitte anschließen, Abb. 98. Die Stabfeder zwischen Platte und Erreger hat die Aufgabe, die Querschwingungen des Erregers un-wirksam zu machen. Infolge ihrer Biegeweichheit läßt die Stabfeder nur Kräfte in ihrer Längsachse zur Mitte der Membran gelangen. Dabei wählte S. Berg als Auflagerungsstelle den Knotenkreis der Plattenschwingung, jene Linie also, die beim Schwingen ruhig im Raume verharrt.

---

[1] Gestaltfestigkeit. Versuche mit Schwingern. VDI-Verlag, Düsseldorf 1952.

Eine andere schwingungstechnische Möglichkeit, um die Querkräfte des Schwingers zu eliminieren und zudem den Prüfgegenstand vom Eigengewicht des Schwingers selbst zu entlasten stellen Koppelfedern dar. Sie sind z. B. bei *Versuchen mit Lüfterflügeln* nötig, weil sonst die Masse des Schwingers die Eigenfrequenz in unerwünschter Weise herabsetzt. Die Kopplung besteht aus einer weichen Rohrfeder, die ihre Verformung durch den Schwinger erhält und die entsprechenden Kräfte fast trägheitslos an den Lüfterflügel abgibt, so daß er in seiner Eigenschwingungszahl und -form schwingen kann, Abb. 99.

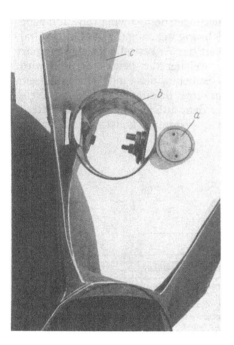

Abb. 99. Unwuchtschwinger mit Koppelfeder am Flügel eines Lüfterrades. (Nach S. Berg.)
a Schwinger (ohne Antrieb);   *b* Koppelfeder;   *c* Flügel des Lüfterrades.

Will man bei solchen Schwingerversuchen die Kräfte nicht aus den Verformungen des Prüfgegenstandes bestimmen, so empfiehlt es sich ein Dynamometer einzuschalten, dessen Verformungen im rein elastischen Bereich bleiben. A. Thum und G. Bergmann [1] bildeten bei einem *Schwingprüfstand für eingewalzte Kesselrohre* den Spannbock so aus, daß sein Steg zwischen Spannfläche und Grundplatte als Federdynamometer dient, Abb.100. Seine kleinen elastischen Verformungen werden als Maß für die schwingenden Kräfte mittels eines Meßmikroskops bestimmt, das die Ausschläge eines Lichtstrahls erfaßt, den eine Spiegelanordnung bewegt.

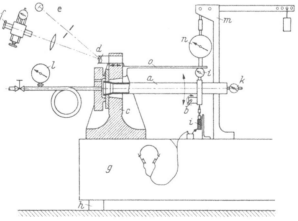

Abb. 100. Schwingprüfstand für eingewalzte Kesselrohre. (Nach A. Thum und G. Bergmann.)
a Siederohr;   *b* Erregerwuchtmasse;   *c* Spannbock, gleichzeitig als Federdynamometer dienend;   *d* Drehspiegel;   *e* Lichtquelle;   *f* Meßmikroskop mit Meßuhr zum Ermitteln der Amplitude des schwingenden Biegemomentes;   *g* schwingungsisoliertes Fundament;   *h* Gummifedern;   *i* Meßuhren zum Abtasten der Schwingungsweite des Rohres *a*;   *k* Meßuhr zum Abtasten der Längsverschiebung des Rohres *a*;   *l* Manometer zum Messen des Innendruckes im Rohr;   *m* Vorrichtung zum Eichen des Federdynamometers;   *n* statisches Kraftmeßgerät der Eichvorrichtung;   *o* am Spannbock *c* befestigter federnder Hebel, an dem die Eichvorrichtung angreift.

[1] Z. VDI Bd. 81 (1937) S. 1013.

Für das *Prüfen von Radsätzen* natürlicher Größe wählte S. BERG eine ebenso einfache wie elegante Anordnung, Abb. 101. Der mit seinem unteren Rad fest aufgespannte Prüfgegenstand trägt am oberen Ende einen Schwinger, dessen Drehachse mit der Achse des Radsatzes zusammenfällt. In weiterer Verlängerung nach oben ist der Antriebsmotor für den Unwuchtschwinger auf weichen, federnden Stäben abgestützt und durch eine biegsame Welle mit dem Schwinger verbunden. Die umlaufenden Unwuchten erregen das System zu kreisenden Biegeschwingungen, welche die untere Einspannung der Radachse im Rad am stärksten beanspruchen. Dabei schwingt das obere Rad im Kreise, während der federnd abgestützte Motor darüber fast ruhig im Raume steht. Der Unterschied zwischen einer solchen schwingungstechnischen Lösung des Problems und der maschinenbaulichen Lösung nach Abb. 102 ist kennzeichnend für den Fortschritt, den die Schwingprüftechnik mit dem Aufgreifen schwingungstechnischer Konstruktionsprinzipien und insbesondere des Resonanzschwingverfahrens erfahren hat. Die große und schwere Prüfanlage für Radsätze ist nach dem Grundsatz einer Umlaufbiegemaschine gebaut[1], sie faßt den Radsatz einseitig mit dem Rad als Spannflansch und belastet das freie (radlose) Ende durch eine geeichte Feder.

Abb. 101. Schwingerversuch mit einem Radsatz. (Nach S. BERG.)
a Radsatz; *b* Unwuchterreger;
c Antriebsmotor.

Abb. 102. Dauerschwingprüfmaschine für Radsätze, Bauart Riehle Testing Machine Division (A. SONNTAG), aufgestellt im Res. Labor. der Timken Roller Bearing Co.

---

[1] BUCKWALTER, T. V., O. J. HORGER u. W. C. SANDERS: Trans. Amer. Soc. mech. Engrs. (1937) RR-59-1, S. 225. — MOORE, H. F.: Metals & Alloys Bd. 10 (1939) S. 158 u. 180.

Der *Brückenbau* und der *Stahlbetonbau* stellen neuerdings in erhöhtem Maße der Schwingprüftechnik Aufgaben, die darauf hinauslaufen, *große Trägerteile, Knotenstücke, Balken* und *Platten* schwingenden Belastungen auszusetzen. Die seither üblichen statischen Belastungs- und Verformungsversuche genügen nicht mehr, um die in Leichtbauweise entwickelten Konstruktionen, die heute einer immer stärkeren Verkehrsdynamik ausgesetzt sind, sicher zu dimensionieren. Angelehnt an die statischen Versuchsaufbauten mit hydraulischen Preßtöpfen, lag es nahe, die zusätzlichen schwingenden Kräfte mit Hilfe von Pulsatoren zu erzeugen, Abb. 103. Eine solche *Großprüfanlage für Bauwerke* besteht aus hydraulischen Akkumulatoren für die statischen Vorspannungen, aus Pulsatoren für die Schwingkräfte und aus mehreren Einzelprüfzylindern für die Kraftübertragung. Elektronische Meß- und Steuergeräte sorgen für die Kontrolle des Versuchsablaufs. Im vorliegenden Falle ist das Laboratorium mit einer großen Spannplatte ausgelegt, die es ermöglicht, die verschiedenartigsten Aufbauten zu treffen. Solche Anlagen werden für Prüfungen an Betonkonstruktionen bevorzugt, bei denen mit großen Abmessungen von vornherein gerechnet werden muß. Solange noch nicht feststeht, welchen Einfluß die Prüffrequenz auf die Haftfestigkeit des Betons am Armierungseisen hat, ist man auf niedere Frequenzen bei derartigen Versuchen angewiesen.

Abb. 103. Aufbauprüfstand für Bauteile aus Stahl und Beton, Bauart MAN.

In diesem Zusammenhang sei ferner noch auf die Schwingprüfung ganzer Flugzeuge in Wassertank-Anlagen oder der Flugzeugflügel mit Prüfzylindern hingewiesen[1].

Sollen hingegen Proben aus Stahl geprüft werden, wie sie der Stahlhochbau und Brückenbau liefert, dann ist an einer höheren Frequenz aus Wirtschaftlichkeitsgründen gelegen. Es zeigt sich aber bei solchen Überlegungen, daß das Öl als Energieträger an Grenzen gebunden ist, sobald es sich um Schwingungsaufgaben mit größeren Energien handelt. So gut es sich in Kolbenübersetzungen eignet, z. B. beim Einsatz von Preßtöpfen, große statische Kräfte zu erzeugen, so fühlbar wird seine geringe Eignung zum Übertragen dynamischer Schwingleistungen größeren Ausmaßes bei schneller Wechselfolge und großem Hub. Man ist aus diesem Grunde auch schon beim *Pulsatorbetrieb* auf das *Resonanzprinzip* übergegangen, damit man der Pulsatoranlage nur jene Energien zuzuführen braucht, die zum Aufrechterhalten des Eigenschwingungszustands

---

[1] Bishop, T.: Metal Progress Bd. 67 (1955) Nr. 5, S. 79: vgl. auch Engineering Bd. 178 (1954) Nr. 4631, S. 573.

benötigt werden. Einen solchen in Resonanz arbeitenden Pulsator hat die Fa.
Amsler[1] entwickelt, Abb. 104. Zwischen dem erregenden Pulsator und dem Prüfgegenstand wird ein Umformerzylinder und eine die Frequenz mindernde,
federnde Schwingrohranlage geschaltet. Die Pulsatorfrequenz wird auf die
Eigenschwingungszahl abgestimmt, die sich aus den Massen und Trägheiten
des Systems und seinen Federungen ergibt. In diesem Resonanzzustand halten
sich die Trägheits- und Feder-
kräfte des gesamten Systems das Gleichgewicht,
und die Erregerkraft des Pulsators hat
lediglich die Reibungs- und Dämpfungs-
kräfte während des Schwingens der
Anlage zu decken.

　　Eine rein mechanische Lösung für ein
großes Schwingwerk, das ohne Hydraulik auskommt, schlägt die Fa. Schenck[2]
vor. Diese Konstruktion baut auf dem
Prinzip der Resonanzpulser auf und stellt
im Grunde eine Zerlegung des Pulsers
in seine einzelnen Baugruppen dar, damit
man sich beim Aufbau einer Versuchs-
anlage für große Proben den durch die
Probe gegebenen Abmessungen besser
anpassen kann. Ein solches Schwingwerk,
Abb. 105, besteht aus einem „Dynator",
der die Wechselkräfte erzeugt, und einer
Aufspannvorrichtung. Im Maschinenbett,
das auf Gummifüßen steht und kein gesondertes Fundament benötigt, hängt das
eigentliche Schwingungsgebilde auf zwei
portalartigen Stützen. Es wird aus der
oben liegenden Probe, dem Schwingholm
im versenkt stehenden Maschinenbett,
den verbindenden Stützen und dem
Schwingungserzeuger (Dynator) gebildet.
Die portalartig auf dem Maschinenbett
stehenden Stützen halten über biegsame
Flachfedern die Probe und den Schwingholm derart, daß sich beide schwingend

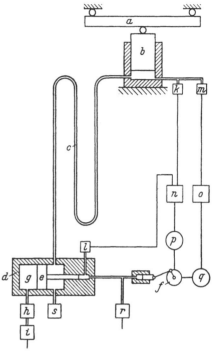

Abb. 104. Schwingrohrpulsator, Bauart Amsler.
a Probe; *b* Preßtopf; *c* Schwingrohr; *d* Umformerzylinder; *e* Doppelkolben; *f* Erregerpul-
sator; *g* Akkumulatorraum; *h* und *i* Druckhalter
und Kompressor zum Erzeugen von Vorspannungen; *k* und *l* Phasenindikatoren; *m* Druckindi-
kator; *n* elektronische Drehzahlregelung; *o* Verstärker zum Ausschwenken; *p* Antriebmotor;
q Hilfsmotor; *r* Druckreguliereinrichtung;
s Nachfülleinrichtung.

bewegen können. Der die Schwingung erzeugende „Dynator" besteht aus
einem Vorspannwerk und einem Kurbeltrieb, der unter Zwischenschalten einer
Schwingfeder Holm und Probe spreizt. Das ganze Schwingsystem wird auf
dem ansteigenden Ast der Resonanzkurve betrieben und kann bei der Frequenz
von 250 bis 1500/min Wechselkräfte von ± 30 t erzeugen, wobei Wechselhübe
von ± 10 mm zu erreichen sind. Die Vorlasten und Wechselkräfte werden
mittels eines Dynamometers gemessen, das sich in der linken Abstützung
befindet.

2. Betriebsdynamische Schwingprüfmaschinen.

　　Die Schwingprüfpraxis ist noch immer darauf angewiesen, sich möglichst
weitgehend den tatsächlichen Beanspruchungsverhältnissen von Bauteilen an-

---

[1] Druckschrift Sept. 1952 der Fa. A. J. Amsler.
[2] Druckschrift der Fa. Schenck.

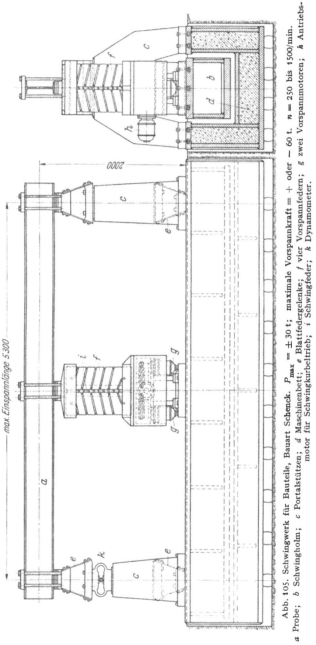

Abb. 105. Schwingwerk für Bauteile, Bauart Schenck. $P_{max} = \pm 30\ t$; maximale Vorspannkraft $= +$ oder $\sim 60\ t$. $n = 250$ bis $1500/min$.
a Probe; b Schwingholm; c Portalstützen; d Maschinenbett; e Blattfedergelenke; f vier Vorspannfedern; g zwei Vorspannmotoren; h Antriebsmotor für Schwingkurbeltrieb; i Schwingfeder; k Dynamometer.

zupassen, solange die Theorie der Schwingfestigkeit und die Mechanik des Dauerbruchvorgangs nicht genauer bekannt sind. Dies gilt nicht nur hinsichtlich der Zusammenhänge von Gestalt und Festigkeit[1], sondern auch im Hinblick auf die Art des Belastungsablaufs. Die zu großer Vollkommenheit entwickelte Technik, mechanische Schwingungen, Verformungen und Belastungen über längere Zeiträume zu erfassen und zu registrieren[2-15], hat dazu geführt, daß man heute in die Betriebsdynamik schwingend beanspruchter Maschinenteile

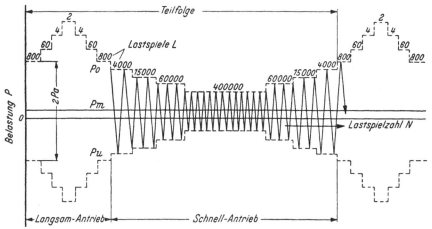

Abb. 106. Beispiel für den Ablauf eines Versuchs auf einer betriebsdynamischen Schwingprüfmaschine. P_0 Oberlast; P_u Unterlast; P_m Mittellast; P_a Kraftamplitude; $2P_a$ Kraftschwingbreite.

einen weitgehenden Einblick nimmt. So sind beispielsweise für Flug- und Fahrzeuge aller Art die dafür typischen Belastungsabläufe bekannt. Sie lassen sich durch Auszählen in verschieden hohe Belastungsstufen gliedern[6] und zu Lastkollektiven zusammenstellen, Abb. 106, so daß die Nachahmung solcher betriebsnahen Anstrengungen am betriebsfertigen Konstruktionsteil im Mehrstufenversuch möglich wird. Dabei werden der Praxis entnommene zeitweilige Überbeanspruchungen mit in den Dauerschwingversuch aufgenommen. Sie geben

[1] THUM, A.: Z. VDI Bd. 88 (1944) S. 609. — SIGWART, H.: Z. VDI Bd. 94 (1952) S. 226.
[2] KLOTH, W., u. TH. STROPPEL: Z. VDI Bd. 80 (1936) S. 85.
[3] KAUL, H. W.: Dr.-Ing. Diss. TH Berlin 1938 — Jb. dtsch. Luftfahrtforschg. 1938, S. I 274 — Jb. dtsch. Luftfahrtforschg. 1938, Erg.-Bd. S. 307. — KAUL, H. W., u. B. FILZEK: Luftwissen Bd. 8 (1941) S. 20.
[4] BOLLENRATH, F.: Luftf.-Forschg. Bd. 17 (1940) S. 320.
[5] TEICHMANN, A.: Jb. dtsch. Luftfahrtforschg. 1941, S. I 467 — Konstruktion Bd. 1 (1949) S. 103.
[6] GASSNER, E.: Luftwissen Bd. 6 (1939) S. 61 — Jb. dtsch. Luftfahrtforschg. 1941, S. I 472 — Lilienthal-Gesellschaft Ber. 152 (1942) S. 13 — Autom.-techn. Z. Bd. 53 (1951) S. 286. — Konstruktion Bd. 6 (1954) S. 97. — Aircr. Engng. Bd. 28 (1956) S. 228.
[7] SATANJELO, G. A.: Aerotecnica Bd. 23 (1943) Nr. 2, S. 53.
[8] JAJOBSEN, J. H.: SAE Quart. Trans. Bd. 3 (1949) S. 616.
[9] KRAMER, E. H., u. E. J. LUNNEY: Proc. Soc. Exp. Stress Analysis Bd. 7 (1949) Nr. 1, S. 83.
[10] NISHIHARA, T., u. T. YAMADA: Trans. Soc. mech. Engrs. (jap.) Bd. 14 (1948) Okt., S. 6.
[11] WALLGREN, G.: Aeron. Res. Inst. Sweden, Stockholm 1949, Ber. Nr. 28.
[12] GLAUBITZ, H.: Z. VDI Bd. 94 (1952) S. 715.
[13] GORDON, D. S.: Trans. Instn. Engineers & Shipbuilders Scotl. Bd. 96 (1952/53) Nr. 3, S. 71.
[14] ZÜNKLER, B.: Konstruktion Bd. 8 (1956) S. 15.
[15] HEAD, A. K. u. F. H. HOOKE: Nature Bd. 177 (1956) S. 1176.

willkommenen Aufschluß gerade in solchen Fällen, wo im üblichen Schwingversuch bei konstanter Schwingungsamplitude der praxisgleiche Dauerbruch nicht zu erzielen ist. Zeitweilige Überlastungen fördern das Bilden von Eigenspannungssystemen im Grunde von Kerben und verursachen damit ein Verlagern des Dauerbruchs infolge der ausheilenden Wirkung solcher Eigenspannungen. Man kommt mit der betriebsdynamischen Dauerschwingprüfung also wiederum einen Schritt weiter auf dem Wege zur dauerbruchsicheren Konstruktion. Dieser Weg wird vor allem dort beschritten, wo der Großserienbau darauf angewiesen ist, dynamische Festigkeitsfragen in kurzer Zeit zu entscheiden, wo Fahr- und Flugversuche zu langwierig wären, um rechtzeitig der laufenden Fertigung mit Ergebnissen aufzuwarten.

Abb. 107. Trommel des Lastprogrammgeräts, Bauart Amsler.

Die Entwicklung solcher *Versuche mit mehrstufigen Belastungen* hat auf normalen Dauerschwingprüfmaschinen begonnen[1,2,3]. Die Belastungseinrichtungen wurden nach gewissen Lastspielzahlen programmgemäß von Hand verstellt. Hie und da sind auch automatische Verstellmechanismen entwickelt worden, die dem Bedienenden die Programmsteuerung abnehmen[2-7]. Die Fa. Amsler[6] baut zu ihren Hochfrequenz-Zug-Druck-Maschinen serienmäßig eine Steuereinrichtung, die die Kraftamplituden verändert, Abb. 107. Auf einer Trommel, die sich langsam mit konstanter Geschwindigkeit dreht und mit Einsatznuten versehen ist, lassen sich metallische Lamellen befestigen, deren Längen von der photoelektrischen Steuerung abgetastet werden. Die Lamellenlänge entspricht der jeweiligen Kraftamplitude, so daß sich auf der Trommel das gesamte Belastungsprogramm stufenweise aufbauen läßt. Durch entsprechende Regelung des Trommelantriebs läßt sich erreichen, daß der Abstand zwischen zwei Lamellen einer Lastspielzahl von 20000 oder von 200000 entspricht. Damit ist aus Lamellengröße und -abstand das Kraft-Zeit-Diagramm festgelegt.

Solche Versuche an ungekerbten und gekerbten Proben dienen dazu, den Einfluß zwischengeschalteter Überlastungen festzustellen. Die hierbei erhaltenen Ergebnisse erleichtern den Übergang zu ähnlichen Versuchen an ganzen Konstruktionsteilen. Man behalf sich zunächst damit, für ein und denselben Versuch zwei Prüfmaschinen einzusetzen, von denen die eine die schnellen kleineren Dauerschwingungen erzeugte, während die andere stärkere Maschine im langsamen Lauf die höheren und an Zahl geringeren Kraftwechsel übernahm[8].

  [1] Heyer, K.: Lilienthal-Gesellschaft Ber. 152 (1942) S. 29.
  [2] Müller-Stock, H.: Mitt. Kohle- u. Eisenforschg. Bd. 2 (1938) Lfg. 2, S. 83.
  [3] Dolan, T. J., F. E. Richart jr. u. C. E. Work: Proc. Amer. Soc. Test. Mater. Bd. 49 (1949) S. 646.
  [4] Becker, A.: Z. VDI Bd. 92 (1950) S. 266 — Feinwerktechnik Bd. 53 (1949) S. 189 — Arch. techn. Messen 1950, Lfg. 170, J 071-3 — Feinwerktechnik Bd. 56 (1952) S. 259. — Stejskal, F.: Techn. Ber. Bd. 8 (1941) S. 113.
  [5] Becker, A.: Lilienthal-Gesellschaft Ber. 152 (1942) S. 85.
  [6] Beschreibung 205 der Fa. A. J. Amsler, S. 16.
  [7] Roberts, H. C. u. V. J. Mc Donald: Proc. Soc. Exp. Stress Analysis Bd. 11 (1954) Nr. 2. S. 1.
  [8] Gassner, E.: Luftwissen Bd. 6 (1939) S. 61 — Jb. dtsch. Luftfahrtforschg. 1941, S. I 472. — Oschatz, H.: Holz als Roh- und Werkstoff Bd. 1 (1938) S. 454.

Es sind auch Zusatzeinrichtungen, z. B. zu Pulsatoren und Pulsern, gebaut worden, die das Umspannen ersparen; es lag nahe, die Vorspannungseinrichtungen derart auszubauen, daß sie die hohen Wechselkräfte zu erzeugen gestatten[1]. Für diese Art des *Doppelantriebs* war die Einsicht maßgebend, daß die hohen Laststufen fast die doppelte Wechselkraft benötigen wie die schnellen, niedrigeren Stufen, wenn die elastisch-plastischen Verformungen der Praxis nachgeahmt werden sollen. Diese Forderung hat schließlich zum Bau von *betriebsdynamischen Maschinen mit Doppelantrieben* geführt, die heute den automatischen Ablauf vielstufiger Programme in kurzer Zeit bei allen Beanspruchungsarten an betriebsgroßen Konstruktionsteilen ermöglichen[2-4]. Als Beispiel für eine vervollkommnete Anlage dieser Art müssen die betriebsdynamischen *Universalprüfmaschinen* von Schenck[2] gelten, die nach Vorschlägen von E. GASSNER und K. FEDERN gebaut werden, Abb. 108 und Abb. 109. Der in Resonanz arbeitende Schnellantrieb wird von einem Kurbeltrieb mit konstantem Hub

Abb. 108. Betriebsdynamische Universalprüfmaschine mit Doppelantrieb und Stufenschaltgerät, Bauart Schenck.
(Prüfung einer Torsionsstabfeder.)
$P_{max} = \pm 5$ t; max. Vorspannung $= 5$ t, max. Wechselhub $= \pm 50$ mm; $n = 4$ bis 4000/min.
a Probe; *b* Schnellantrieb; *c* Langsamantrieb; *d* Stufenschaltgerät; *e* Spannbock mit Dynamometer.

erregt; der Langsamantrieb hingegen arbeitet hydraulisch. Beide Antriebe wechseln sich selbsttätig, gesteuert vom Kommandogerät, ab. Der Kurbeltrieb wirkt über eine Erregerfeder auf eine zentral liegende Schwinge, die die Schwingkräfte auf den treibenden Einspannkopf überträgt. Auswechselbare Massen hinter dem Einspannkopf dienen dazu, die Resonanzlage und damit die Prüffrequenz entsprechend zu wählen. An die zentrale Schwinge ist zugleich das Vorspannwerk angeschlossen, das aus zwei großhübigen Verdrehfedern (Schraubenfedern) besteht. Die Hydraulik besitzt zwei Pumpen für das Drucköl. Die eine Pumpe dient lediglich zum Kuppeln und Entkuppeln; wird Öl zwischen die beiden Kolben gepreßt, dann schließt das Kuppelschloß die Kolbenstange an den Schwingteil der Maschine an. Die zweite Pumpe (Wendepumpe) erzeugt die langsamen Wechselhübe, indem sie das Öl wechselweise vor und hinter den

[1] BECKER, A.: Lilienthal-Gesellschaft Ber. 152 (1942) S. 85.
[2] Druckschrift der Fa. Schenck.
[3] Druckschrift Nr. 2600 der Fa. Losenhausenwerk.
[4] DEUTLER, H.: Eisenbahntechn. Rdsch. Bd. 5 (1956) Nr. 2, S. 81.

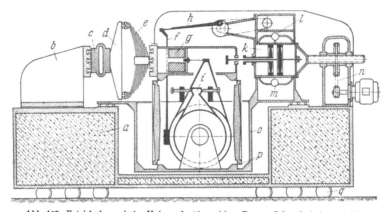

Abb. 109. Betriebsdynamische Universalprüfmaschine, Bauart Schenck (schematisch).

a Maschinenbett mit Schwerspat-Betonfüllung; *b* Spannbock; *c* Dynamometer mit Steuerkontakten; *d* Biegetisch; *e* Probe; *f* Erregerfeder; *g* auswechselbare Zusatzmassen; *h* Kurbeltrieb (Schnellantrieb); *i* Vorspannwerk; *k* hydraulischer Langsamantrieb; *l* Kupplungspumpe; *m* Wendepumpe; *n* Vorspanngetriebe; *o* Schlitten; *p* Kreuzfedergelenke; *q* Gummifüße.

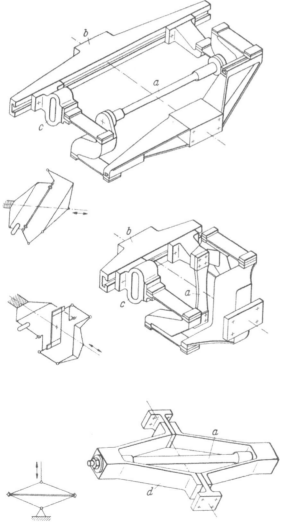

Kolben fördert. Beide Antriebe, der schnelle wie der langsame, sind auf einem gemeinsamen Schlitten aufgebaut, der sich gegenüber dem Maschinenbett und dem Spannbock in Richtung der Prüfachse verschieben kann. Ein motorisch betriebenes Vorspanngetriebe am Ende der Maschine erleichtert den Einbau durch sanftes Beistellen der Einspannung und übernimmt während des Laufs den Ausgleich von bleibenden Verformungen der Probe, so daß damit die Vorspannregelung gesichert ist. Neben der Maschine steht das Stufenschaltgerät. Es enthält acht Speicherwerke mit den dazugehörenden Relais für die automatische Betätigung aller Umschaltungen von einer Kraftstufe zur anderen und zum Wechsel vom Schnell- zum Langsamantrieb und umgekehrt. Für die Wahl der Lastspielamplituden stehen ebenfalls acht Sätze von

Abb. 110. Einspannvorrichtungen für Verdreh-, Biege- und Zugdruckbeanspruchung in Universalpulsern.

a Probe; *b* Biegetisch; *c* Dynamometer; *d* Fischbauch-Anordnung zum Vergrößern der Zug-Druck-Kräfte.

Begrenzungskontakten zur Verfügung, die nach dem Prinzip des SLATTENSCHEK-KEHSE-Reglers gesteuert werden. Das Ringdynamometer ist auf dem Spannbock oder dem Biegetisch beliebig festzuschrauben, so daß die verschiedensten Arten von Prüfaufbauten möglich sind, Abb. 110.

Diese Universalpulser werden in Größen für 3, 10, 30 und 100 t Höchstkraft gebaut, wobei durch Hinzunahme von mechanischen Übersetzungsgliedern die direkten Prüfkräfte noch um etwa das Sechsfache erhöht werden können. Die größten Wechselhübe der Schnellantriebe betragen ± 25 mm und ± 50 mm für die kleinste und größte Maschine dieser Baureihe. Im Bereich der Langsamantriebe verdoppeln sich diese Hubwerte. Die Lastspielfrequenzen sind bei diesen Universalpulsern in weiten Bereichen kontinuierlich veränderbar, so daß zwischen 500 und 5000/min mit der kleinsten und zwischen 280 und 2500/min mit der größten Maschine dieser Reihe im Schnellbetrieb geprüft werden kann. Die hydraulischen Langsamantriebe arbeiten durchweg mit Lastspielfrequenzen, die etwa den hundertsten Teil der Frequenzen der Schnellantriebe ausmachen.

Bei solchen dynamischen Leistungsfähigkeiten der Schwingantriebe sind Drehschwingversuche und Biegeschwingversuche gleichermaßen wie Zug-Druck-Schwingversuche möglich. Es ergeben sich bei der obengenannten Maschinenreihe Schwingwinkel von ± 12° beim Schnellbetrieb und von ± 18° beim Langsambetrieb für alle Baugrößen. Die größten Prüfmomente liegen bei 0,12 tm für die kleinste und bei 8 tm für die größte Maschine dieser Reihe.

H. Ausblick auf die zukünftige Entwicklung der Schwingprüfmaschinen.

Der gegebene Überblick über die Vielfalt der Baumuster von Schwingprüfmaschinen läßt erkennen, daß die Schwingprüftechnik, wie die meisten Teilgebiete der Werkstoffprüfung, sich dem praktischen Fall weitgehend angleichen muß, um verwertbare Ergebnisse zu erhalten. Die Rücksicht auf die Art und Form des zu prüfenden Gegenstands und auf den betriebsbedingten Charakter der Beanspruchung prägt den technologischen Zug solange, bis tiefere Einsichten in die Mechanik des Bruchvorgangs, in die Zusammenhänge zwischen Form, Stoff und Verarbeitungsweise und damit in das Wesen der Festigkeit möglich geworden sind.

Bei den Maschinen zum Prüfen von Proben, die der reinen Materialüberwachung und der Abnahme dienen, beobachtet man eine fortschreitende Entwicklung zur Schnelläufigkeit hin. Außerdem wird der Wunsch immer offensichtlicher, mit kleinen Proben auszukommen. An die Stelle der schon früher einmal entwickelten Vielprobenmaschinen mit gemeinsamen Antrieb mehrerer Einspannstellen traten Batterien oder Gruppen von Einzelmaschinen hoher Leistung, weil man glaubte damit anpassungsfähiger und wendiger zu sein. Neuerdings beobachtet man jedoch wieder eine Rückkehr zum Prinzip der Vielprobenmaschine, weil die neueren statistischen Auswertungsverfahren ein großes Vielfaches an Probestücken benötigen, um eine WÖHLER-Kurve aufzustellen.

Die Maschinen zur Formteilprüfung werden neuerdings immer eindeutiger zur universellen Verwendbarkeit für alle drei Grundbeanspruchungsarten (Zug-Druck, Biegung und Verdrehung) entwickelt. Man ist auf dem Wege zur Universal-Dauerschwingprüfmaschine, die die Anschaffung von Einzelmaschinen für die verschiedenen Beanspruchungsfälle ersetzt. Schnelläufigkeit, veränderliche Prüffrequenz, große Verformungshübe, also große dynamische Leistungsfähigkeit bei gesteigerter Genauigkeit, sind die erkannten Ziele für diese Maschinengruppe. Sie entsprechen zugleich der Absicht, einheitliche Versuchsgrundlagen zu schaffen, die Zahl der Maschineneinflüsse mit der Verringerung der Baumuster zu verkleinern und dadurch die Reproduzierbarkeit und Vergleichbarkeit der Versuchsergebnisse zu heben.

Mit besonderem Interesse ist die Entwicklung verfolgt worden, die der Bau von Schwingprüfmaschinen für betriebsdynamische Versuche eingeleitet hat. Führt dieses Verfahren auch nicht unmittelbar zu einer wünschenswerten Zusammenschau aller Dauerfestigkeitsprobleme im Sinne einer einheitlichen Bemessungsgrundlage, so erweist sie sich doch bereits als wichtige Stütze, wo es darauf ankommt, schnellstens wirklichkeitsnahe Entscheidungen zu treffen, wie über das Beheben von Schwachstellen und über die laufende Weiterentwicklung von Konstruktionselementen. Sie wird deshalb in Zukunft dort in erhöhtem Maße angewendet werden, wo man aus Zeit- oder Sicherheitsgründen von Betriebsversuchen absehen muß. Aus dem Flugzeugbau stammend, wird diese Versuchsmethodik heute auch im Automobilbau benutzt, um Fahrversuche einzusparen und die Serienfertigung schnell mit stichhaltigen Ergebnissen zu sichern. Sie setzt sich zur Zeit auch auf anderen Gebieten des Fahrzeugbaues durch, wie z. B. dem Eisenbahnbau. Die Entwicklung der elektrischen Verfahren zum Aufnehmen der Beanspruchungsabläufe im praktischen Betrieb wird die betriebsdynamischen Dauerschwingversuche weiter fördern.

Bislang hat die Dauerfestigkeitsforschung noch keinen sicheren Weg gewiesen, wie man Versuchsergebnisse, die an kleinen Modellstücken gewonnen worden sind, auf große Konstruktionsteile übertragen kann. Deshalb bleibt die Prüfung solcher Großteile auch weiterhin ein Erfordernis und der Bau großer Schwingprüfmaschinen eine beachtenswerte Aufgabe für den Prüfmaschinenbau. Es kommt hinzu, daß heute auch der Hoch- und Brückenbau, ja sogar der Beton- und Spannbetonbau an solchen Schwingversuchen interessiert sind. Balken, Deckenstücke, Knotenteile und Brückenplatten werden neuerdings ebenso schwingenden Belastungen ausgesetzt, wie es für Teile aus dem Großmaschinenbau, dem Schiffs- und Flugzeugbau schon länger üblich ist. Man wird künftig diese Aufgaben schwingungstechnisch weiter durchdenken, um zu weniger aufwendigen Versuchsanlagen zu gelangen. Die Resonanz könnte in vielen Fällen helfen, die Antriebe zu verkleinern und die Massenkräfte besser zu nutzen.

Es ist vom schwingungstechnischen Standpunkt aus interessant zu beobachten, wie sich der Schwingprüfmaschinenbau immer deutlicher vom Vorbild der statischen Prüfmaschinen entfernt und immer mehr dem Bau in sich schlüssiger, fedriger Eigenschwinger zuwendet. Man verläßt damit das Gleichgewichtsprinzip zwischen den Prüfkräften und den Rückstellkräften der verformten Probe, soweit es den Antrieb betrifft. Das im Resonanzfalle herrschende Gleichgewicht zwischen den Federkräften und den Massenkräften des Schwingungssystems führt zu leichteren Antrieben, größeren Hüben und schnellerem Lauf der Prüfmaschine. Zum Aufrechterhalten des Schwingungszustands sind vom Resonanzantrieb nur noch die Dämpfungs- und Reibungsverluste zu decken, während im unterkritischen Lauf, wie das bei der Vielzahl der älteren Konstruktionen der Fall ist, die Prüfkraft für jeden Hub von Null aus entfaltet werden muß. Hand in Hand mit dieser prinzipiellen Umstellung geht eine deutlich sichtbare konstruktive Wandlung. Für Schwingfedern, Gelenke, Lenker und Antriebe werden immer eigenwilligere Formen entwickelt, die den im üblichen Maschinenbau gebräuchlichen Vorbildern nicht mehr ähneln. Sie erwachsen aus der Forderung beim Schwingerbetrieb jegliches lose Spiel zu vermeiden, Dämpfungen und Reibungen auszuschalten und die Teile selbst dauerbruchsicher zu gestalten. Damit ist prinzipiell und konstruktiv der Durchbruch zur eigentlichen Schwingungsmaschine auf dem Gebiete des Prüfmaschinenbaues vollzogen.

IV. Härteprüfmaschinen und -geräte

Von **W. Hengemühle,** Dortmund.

Die in diesem Beitrag gebrachten Beschreibungen und Abbildungen von Maschinen sind nur Konstruktionsbeispiele. Mit ihrer Erwähnung soll kein Werturteil gegenüber Bauarten anderer Firmen verbunden sein. Wichtige Konstruktionsmerkmale sind in DIN 51224 „Härteprüfgeräte mit Eindringtiefen-Meßeinrichtung" und in DIN 51225 „Härteprüfgeräte mit optischer Eindruck-Meßeinrichtung für Prüfkräfte von 3 kp und mehr" niedergelegt.

A. Maschinen für statische Härteprüfung.

Bei der statischen Härteprüfung wird ein Eindringkörper unter einer langsam bis zur Höchstkraft ansteigenden und dann ruhend wirkenden Kraft in den Probekörper eingedrückt. Die Größe des Eindrucks gibt ein Maß für die Härte. Die Prüfmaschinen bzw. -geräte bestehen somit aus einer Einrichtung zum Aufbringen und Messen der Prüfkraft und aus der Meßeinrichtung zum Auswerten des entstandenen Eindrucks. Diese Meßeinrichtung stellt einen Teil für sich dar und kann häufig gegen andere ausgetauscht werden. Bei den Brinellprüfmaschinen ist sie ohnehin meistens nicht mit der Belastungseinrichtung verbunden. Die Meßeinrichtungen werden deshalb getrennt behandelt, sofern sie nicht, wie bei der Tiefenmessung, die Konstruktion der Belastungseinrichtung entscheidend beeinflussen.

Zu der Belastungseinrichtung ist allgemein zu sagen, daß die kleinste Prüfkraftstufe bei ein und demselben Übersetzungsverhältnis nicht viel weniger als ein Zehntel der Höchstkraft betragen sollte. Die für die Höchstkraft berechneten Konstruktionsteile haben so viel Reibung, daß auf die Dauer für noch kleinere Kraftstufen die geforderte Höchstfehlergrenze von $\pm 1\%$ nicht eingehalten werden kann. Somit würden sich für die größeren Maschinen mit genormten Prüfkraftstufen z. B. folgende Abstufungen ergeben: 3000 kg bis 250 kg; 250 kg bis 20 kg[1].

1. Härteprüfgeräte für Brinell- und Rockwellprüfungen.

Abb. 1 bis 4 zeigen *hydraulische* Härteprüfmaschinen. Bei der Alpha-Presse wird mit einer Handpumpe aus dem im Prüfkopf befindlichen Behälter Öl in den Arbeitszylinder A gepumpt. Wenn das Auslaßventil geschlossen ist, bewegt sich der eingeschliffene Kolben abwärts und drückt die mit ihm durch den Druckstempel verbundene Prüfkugel in die Probe P. Die Probe ruht auf

---

[1] Dagegen ist nach DIN 51225 ein Verhältnis der größten zur kleinsten Prüfkraft von 60:1 noch zulässig.

dem Auflagetisch der Spindel und wird zu Beginn des Versuches leicht gegen die Prüfkugel gefahren. Nach dem Versuch wird das Ventil geöffnet, das Öl fließt in den Behälter zurück, der Kolben wird durch eine Feder zurückgeholt. Der Druck im Arbeitszylinder wird auf einen Meßzylinder M übertragen, dessen eingeschliffener Kolben durch zwei Kugeln dargestellt wird. Auf diesen Kugeln ruht mit einer Stelze ein Joch J, das beiderseits mit gleichen Gewichtsscheiben G beschwert wird. Der Prüfdruck im Arbeitszylinder (entsprechend 187,5 kg bis 3000 kg) wird durch das Gewicht des Joches einschließlich Gewichtsscheiben bestimmt. Bei entsprechendem Druck hebt sich dieses Belastungsgewicht, die Kraft bleibt, von eventuell vorhandener ungleichmäßiger Reibung abgesehen, so lange konstant, wie das Joch gehoben ist. Mit dem Arbeitszylinder ist weiter ein Manometer Ma verbunden. Hiermit soll nicht die genaue Prüfkraft bestimmt, sondern viel-

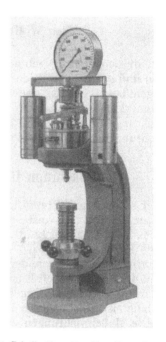

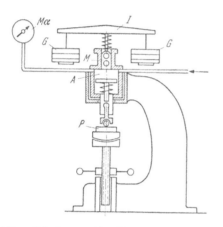

Abb. 1. Brinellprüfmaschine, Bauart Alpha (Schema).
A Arbeitszylinder; M Meßzylinder; Ma Manometer;
J Joch; G Gewichtsscheiben; P Probe.

Abb. 2. Brinellprüfmaschine, Type H 141, Bauart Alpha.

mehr die richtige Auswahl der Belastungsscheiben kontrolliert werden. Ferner soll das Manometer dem Prüfer die jeweilige Prüfkraft ungefähr anzeigen, denn kurz vor der Prüfkraft muß vorsichtig gepumpt werden, damit das Gewicht nicht hochschnellt und Überbelastungen vermieden werden.

Ähnlich gebaut sind die „KC3-Pressen" und „BK 300a-Pressen" der Firmen Mohr & Federhaff bzw. Otto Wolpert-Werke sowie die Brinellprüfmaschine „Brifix 3000" der Firma Karl Frank.

Bei der Alpha- und der KC3-Presse kann der Prüfkopf aus dem Ständer herausgenommen und in Vorrichtungen eingebaut werden, die den Prüfstücken und den betrieblichen Verhältnissen besonders angepaßt sind (siehe Abb. 5 als Beispiel).

Bei der Brinellprüfmaschine, Bauart Roell & Korthaus, wird die Pumpe von einem Elektromotor angetrieben. An Stelle des Jochs mit Belastungsgewichten sind hier Meßzylinder mit Federdruckregler F, meistens für die beiden Brinellprüflasten 750 kg und 3000 kg, eingebaut. Der Kolbenweg ist so groß gewählt, daß für die Prüfung gleichartiger Stücke der Abstand zwischen Prüfkugel und Auflagertisch so eingestellt werden kann, daß ohne Nachstellen die

Prüfstücke bequem ein- und ausgelegt werden können. Der Kolbenweg wird schnell genug zurückgelegt. Wenn der Handhebel zum Schließen des Auslaß-ventils durch ein Gestänge verlängert wird, so daß er mit dem Fuß bedient werden kann, hat der Prüfer beide Hände für die Probekörper frei.

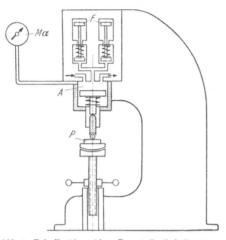

Abb. 3. Brinellprüfmaschine, Bauart Roell & Korthaus (Schema).
A Arbeitszylinder;   *P* Probe;   *F* Federdruckregler; *Mα* Manometer.

Abb. 4. Brinellprüfmaschine, Bauart Roell & Korthaus.

Die hydraulischen Maschinen sind robust gebaut und weitgehend gegen Schmutz und Staub unempfindlich. Die Belastung ist wegen der Dämpfung des Öls weich. Bei Verschmutzung können die Teile ausgebaut und ge-reinigt werden.

Bei einer anderen Bauart wird die Prüfkraft von Hand durch Überset-

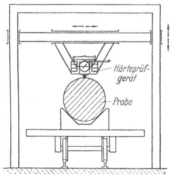

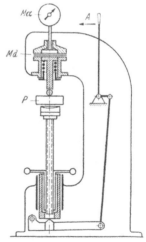

Abb. 6. Brinellprüfmaschine, Bauart Losenhausenwerk (Schema).
A Antrieb;   *P* Probe;   *Ma* Meßdose;   *Md* Manometer.

Abb. 5. Brinellprüfmaschine im Portalständer.

zung (Schneckengetriebe, Hebel usw.) aufgebracht. Dabei wird meistens der untere Auflagetisch mit der Probe gegen die Prüfkugel gefahren. Der Prüfkugelhalter ist mit dem Kolben einer *Meßdose Md* verbunden (Abb. 6). Der Kolben drückt gegen eine Gummimembrane und verdichtet dadurch die in der Meßdose vorhandene Flüssigkeit (Glyzerin). Dieser Flüssigkeitsdruck wird durch ein Bourdonfedermanometer *Ma* gemessen. Die Manometerskale ist für die Brinellprüfkräfte zwischen 187,5 kg und 3000 kg eingeteilt. Die Belastung ist wegen der Flüssigkeitsdämpfung weich. Das Meßorgan — die Meßdose — kann in beliebige, der Probe besonders angepaßte, auch tragbare Belastungseinrichtungen eingebaut werden. Die Meßdose muß luftfrei gefüllt sein, bei Undichtheiten und bei Ersatz der Gummimembrane kann sie meistens nur vom Herstellerwerk nachgefüllt werden. Die einwandfreie Krafteinstellung hängt von der Sorgfalt und Geschicklichkeit des Prüfers ab. Aus diesem Grunde wird diese Bauart nicht mehr hergestellt.

Wenn die elastische Verformung einer *Feder* zum Messen der Kräfte benutzt wird, so muß die Prüfkraft ebenfalls von Hand aufgebracht und sorgfältig eingestellt werden. Wird bei der Prüfzwinge von Mohr & Federhaff (Abb. 7)

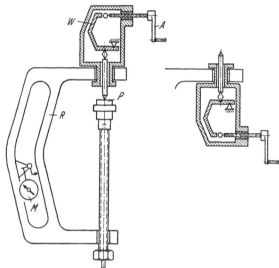

die Spindel durch die Handkurbel *A* gegen den Winkelhebel *W* gefahren, so wird durch die Bewegung des Hebels der Druckstempel gegen die Probe gepreßt. Die jeweilige Prüfkraft ergibt sich durch die elastische Durchbiegung des Rahmens *R*, die mit einer Meßuhr *M* gemessen wird. Das Gerät ist tragbar, das Gewicht beträgt etwa 10 kg und kann deshalb zu größeren Prüfstücken gebracht werden. Der Kasten mit der Belastungseinrichtung kann umgekehrt in den Rahmen gesetzt werden (siehe Abb. 7), so daß auch die Wandungen von ent-

Abb. 7. Brinellprüfzwinge, Bauart Mohr & Federhaff (Schema).
A Handkurbel; *P* Probe; *R* Rahmen; *M* Meßuhr; *W* Winkelhebel.

sprechend großen Bohrungen und sehr große Prüfstücke geprüft werden können, sofern für ein Gegenlager gesorgt wird.

Wenn man den Federweg begrenzt, so kann man sich von der Sorgfalt, mit der die Prüfkräfte eingestellt werden müssen, unabhängig machen. So besitzen die Emcotest-Geräte der Fa. Maier (Abb. 8) für jede Prüfkraft ein auswechselbares, für diese Kraft besonders eingestelltes Federelement. Solche Federelemente sind vorgesehen für die Prüfverfahren HB 5/2,5, HB 10/2,5 und HB 30/2,5 sowie für HV 3 bis HV 100 und die meisten Rockwellverfahren. Die Kraftwirkung solcher federbelasteten Geräte ist unabhängig von ihrer Lage im Raum. Sie werden deshalb sehr gern als tragbare Prüfgeräte benutzt. Dabei kann die in einem geschlossenen Behälter untergebrachte Belastungseinrichtung an verschiedenartige Gestelle angebracht werden, die der Form der zu prüfenden Fertigteile besonders angepaßt ist, Beispiel in Abb. 9. Die Geräte vielseitig anzuwenden, war ebenfalls bei den Meßdosengeräten der Firma Losenhausenwerk, Abb. 6, möglich. Während mit den letzteren Geräten jedoch nur Versuche nach Brinell durchzuführen waren, besitzen die Emcotest-Geräte

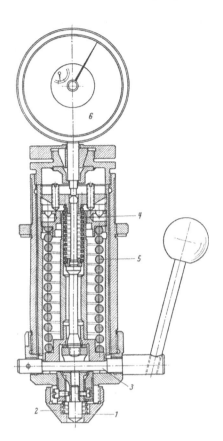

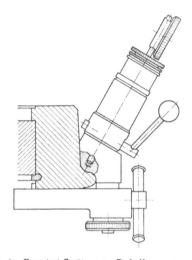

Abb. 9. Emcotest-Gerät, am Radreifen verspannt
Bauart Maier & Co.

Abb. 8. Emcotest-Gerät, Bauart Maier & Co. (Schema).
1 Eindringkörper; 2 Spannkappe; 3 Exzenter zum
Ein- und Ausschalten der Belastungsfedern; 4 Vorlastfeder; 5 Zusatzlastfeder; 6 Meßuhr.

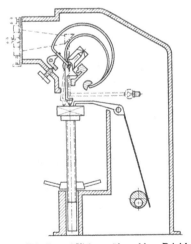

Abb. 10. Brinell- und Vickersprüfmaschine „Briviskop",
Firma Georg Reicherter (Schema).

Abb. 11. Brinell- und Vickersprüfmaschine „Briviskop",
Firma Georg Reicherter.

noch eine Eindringtiefen-Meßeinrichtung nach dem Rockwellverfahren. Mit diesen Geräten ist es möglich, auch Härteprüfungen mit Eindringtiefenmessung an den Innenwänden von Rohren bis zu einem Innendurchmesser von wenigstens 30 mm durchzuführen. Die Länge dieser „Prüfsonde" kann allen praktisch vorkommenden Eintauchtiefen angepaßt werden. Im Zusammenhang mit

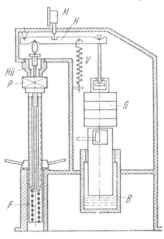

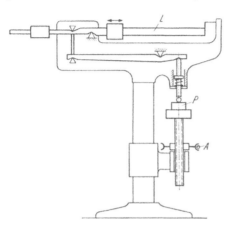

Abb. 12. Brinellprüfmaschine mit Laufgewichtswaage (Schema).
A Antrieb; *P* Probe; *L* Laufgewichtswaage.

Abb. 13. Härteprüfmaschine mit Eindringtiefen-Meß-einrichtung „Briro", Firma Georg Reicherter (Schema).
M Meßuhr; *H* Hebelwaage; *V* Vorlastfeder; *G* Belastungsgewicht; *B* Ölbremse; *F* Verspannfeder; *P* Probe; *Hü* Verspannhülse.

diesen federbelasteten Geräten wurden von F. GÄRTNER[1] die Fehler untersucht, die durch Massenkräfte bei verschiedener Prüfgeschwindigkeit entstehen. Danach ist bei gewichtsbelasteten Hebelmaschinen trotz der Ölbremse mit Schwingungen zu rechnen, die aber erst bei höheren Belastungsgeschwindigkeiten störend wirken. Es wird deshalb vorgeschlagen, die Geschwindigkeit dadurch zu begrenzen, daß die Ölbremsen nur bis zu einem Grenzwert durch die Regulierschraube zu öffnen sind.

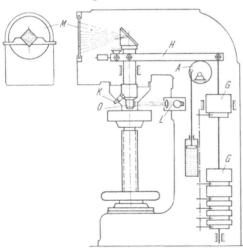

Abb. 14. Brinell- und Vickersprüfmaschine „Diatestor", Firma Otto Wolpert-Werke (Schema).
A Antrieb; *H* Hebel; *M* Mattscheibe; *L* Lichtquelle; *O* Objektiv; *K* Eindringkörper; *G* Gewichte.

Die Firma Georg Reicherter benutzt bei ihren „Briviskopen" ebenfalls eine Feder mit begrenztem Federweg als Belastungs- und Meßeinrichtung (Abb. 10 und 11). Das gespannte Federblatt wird von Hand oder von einem Motor freigegeben und drückt auf den Druckstempel. Dabei gleitet ein mit dem Federblatt gekoppelter Finger an einer Skale entlang, an dem ein Anschlag, der gewünschten Prüfkraft entsprechend, eingestellt wird. Um den Kraftbereich zu vergrößern, sind meistens zwei Federblätter eingebaut. Die Geräte werden für Höchstkräfte von 3000 kg und 250 kg gebaut. Bei richti-

---

[1] Österr. Maschinenmarkt mit Elektrowirtschaft, Bd. 8, (1953) Heft 19/20.

ger Wahl des Werkstoffs, der Wärmebehandlung und der Abmessungen der Federn bleiben die Federkonstanten für genügend lange Zeit gleich. Der Weg des Druckstempels ist gering, zu Beginn der Prüfung muß deshalb der Abstand der Probe von der Prüfkugel nach Vorschrift eingestellt werden.

Bei den meisten Härteprüfmaschinen wird die Last durch *Hebel* bestimmt.

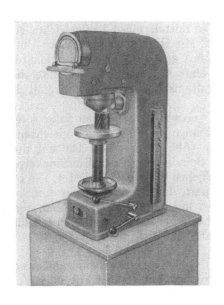

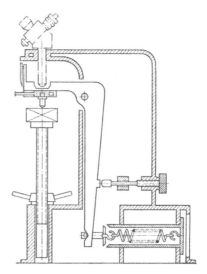

Abb. 15. Brinell- und Vickersprüfmaschine „Diatestor 2 n", Firma Otto Wolpert-Werke.

Abb. 16. Brinell- und Vickersprüfmaschine „Brivisor 250 bzw. 62,5", Firma Georg Reicherter (Schema).

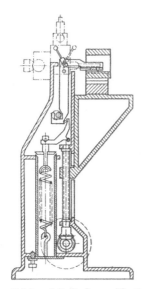

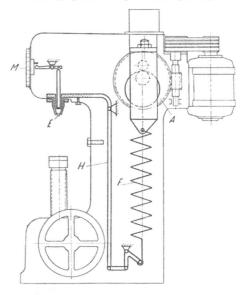

Abb. 17. „Brivisor In" für Innenprüfungen nach Brinell und Vickers, Firma Georg Reicherter (Schema).

Abb. 18. Brinellprüfmaschine „BFE", Firma Losenhausenwerk (Schema).
A Antrieb; *F* Feder; *H* Hebel; *E* Eindringkörper *M* Meßuhr.

Da eine gleichmäßige Kraftübersetzung von stets gleichen Hebellängen abhängt, sollten die Hebel mit Schneiden und nicht mit Pfannen versehen sein; denn es

ist nie sicher, ob die Schneiden in den Pfannen immer in der vorgesehenen Lage
aufliegen. Durch die Drehung des Hebels um die Hauptschneide verändern sich
die Hebellängen und damit die Kraftübersetzungen. Deshalb sind Hebelwaagen
gewöhnlich mit einer Zunge und das Gestell mit einer Gegenzunge versehen,
die bei richtiger Übertragung einspielen müssen.

Bei der Maschine nach Abb. 12 werden die verschiedenen Kraftstufen
durch Verändern der wirksamen Hebellänge mittels eines Laufgewichts eingestellt. Die Belastung geschieht von Hand. Mit Hilfe einer geeigneten Übersetzung wird die Spindel mit der Probe so fest gegen die Prüfkugel gefahren,
daß die Hebelzunge einspielt. Der Vorteil einer sauberen Kraftmessung wird
mit dem Nachteil eingetauscht, daß die Krafteinstellung von der Sorgfalt des
Prüfers abhängt.

Auf diese präzise Einstellung kann man verzichten, wenn man dafür sorgt,
daß die Hebelwege gering sind. Alsdann können die Hebel auch gleichzeitig
als Belastungseinrichtung benutzt werden (Abb. 13 bis 18). Die auf dem
Auflagetisch ruhende Probe wird mit einer Spindel gegen den Eindringkörper
gefahren. Der Druckstempel wird durch Freigeben des Hebels belastet. Die Belastungsgeschwindigkeit wird dadurch gesteuert, daß der Hebel über eine sich
drehende Exzenterscheibe gleitet oder daß er mit einer Flüssigkeitsbremse gekoppelt ist, deren Durchflußöffnungen verschieden groß eingestellt werden können. Auf jeden Fall müssen die bei der Freigabe sehr leicht eintretenden Schwingungen des Hebels vermieden werden.

Um die Hebelwege gering zu halten, muß der Abstand des Eindringkörpers
von der Prüfoberfläche zu Beginn des Versuches durch Vorschrift oder Vorrichtungen festgelegt sein — z. B. bei Prüfmaschinen mit eingebauter Optik
(Dia-Testor und Brivisor) durch Scharfeinstellen der Prüfoberfläche, bei den
Vorlasthärteprüfmaschinen durch Aufbringen der Vorlast. — Es wäre allerdings
zu begrüßen, wenn die richtige Hebelstellung stets sichtbar markiert und dadurch
auch eine Nachprüfung der Prüfkräfte durch Kraftmeßgeräte erleichtert würde.
Die Prüfkraft wird durch An- und Abhängen von Gewichtsscheiben oder durch
Übertragen von Federkräften am langen Hebelarm eingestellt. Die Belastungsgewichte sind für die großen Prüfkräfte verhältnismäßig schwer, sie werden nur
ungern auf ihre Hängestange gesteckt bzw. davon abgehoben, was bei jeder
Änderung der Prüfbedingung geschehen muß. Beim Testor bzw. Dia-Testor
sind die Gewichte am Gestell durch Einsteckbolzen abzufangen. Eine Vereinfachung beim Wechsel der Prüfkraft tritt hierdurch nicht ein, jedoch bleiben die
Gewichtsscheiben an Ort und Stelle. Sie müssen mit Sorgfalt so abgefangen
werden, daß die Hängestange frei durch ihre Bohrungen geht, worauf häufig
nicht geachtet wird. Bei diesen Geräten werden neuerdings die einzelnen Prüfkräfte durch Druckknopfschaltung eingestellt, wodurch die beschriebenen Nachteile vermieden werden sollen.

Bei federbelasteten Hebeln sollte man konstruktiv darauf achten, daß die
Federn für die einzelnen Kraftstufen schnell und einfach umzuwechseln sind,
ohne daß jedesmal erst die Bedienungsvorschrift eingesehen werden muß. Die
Federbelastungseinrichtung muß vor unberufener Verstellung geschützt sein.

Für die Härteprüfung mit *Vorlast* (Rockwellhärteprüfung) — d. h. mit Tiefenmessung — werden bis jetzt ausschließlich hebelbelastete Maschinen verwendet,
weil die übliche Art der Tiefenmessung hierbei konstruktiv am einfachsten durchzuführen ist. Bei diesem Prüfverfahren soll die bleibende Verformung einer
Probe gemessen werden, die dadurch entsteht, daß ein genormter Eindringkörper in diese Probe mit einer bestimmten Kraft eingedrückt wird. Die dabei
auftretenden federnden und bleibenden Eindrücke werden an Hand der Tiefen-

bewegung des Eindringkörpers gemessen. Es ist schwierig, die Berührung des Eindringkörpers mit der Oberfläche der Probe sicher zu bestimmen, die Oberfläche ist zudem mehr oder weniger rauh. Es wird deshalb der Eindringkörper unter einer Vorlast eingedrückt und diese Stellung des Eindringkörpers als Ausgangspunkt für die Messung angenommen, die Tiefenmeßuhr wird auf Null gestellt. Damit ist die Tiefenmeßeinrichtung gleichzeitig auch kraftschlüssig. Dann wird die Zusatzlast aufgebracht und nach Beendigung der Verformung, was an der Meßuhr beobachtet werden kann, wieder abgenommen. Die Verformung unter der Zusatzlast geht um den federnden Betrag zurück. Wenn man annimmt, daß die Spitze des Eindringkörpers stets auf dem Grunde des Eindrucks ruht, so gibt seine jetzige Stellung gegenüber der Nullstellung den Betrag der bleibenden Eindringtiefe an.

Das Messen der Bewegung des Eindringkörpers während des Prüfvorganges mit der erforderlichen Genauigkeit — 0,002 mm bedeuten eine Rockwelleinheit — ist schwierig, vor allem, weil die Bewegung vor- und rückläufig ist. Das Gestell des Härteprüfgerätes ist durchweg [-förmig, was für die Bedienung sicherlich zweckmäßig ist. Beim Prüfvorgang muß es den Kraftfluß aufnehmen und biegt sich auf. Es ist dafür zu sorgen, daß diese Aufbiegung in jedem Fall rein federnd ist. Aber auch diese federnde Bewegung muß so klein wie möglich gehalten werden; da sie nicht axial zur Stempelbewegung verläuft, treten Verlagerungen in den Übertragungspunkten der Meßelemente ein, die bei Entlastung nicht unbedingt restlos zurückzugehen brauchen. Die Prüfspindel muß in ihrer Mutter so sauber geführt sein, daß sie sich unter der Wirkung der Zusatzlast nicht setzt. Um diese Fehlerquellen wenigstens teilweise auszuschalten, kann man bei den modernen Geräten die Probe im Gestell mit einer Kraft verspannen, die größer als die Prüfkraft ist, so daß eine Bewegung des Gestells und der Spindel beim Prüfvorgang nicht mehr eintreten sollte. Im allgemeinen werden mit Verspannung etwas höhere Härten gefunden als ohne Verspannung. Das ist erklärlich, nur sollten diese Unterschiede bei neuen und gut justierten Maschinen ein vernünftiges Maß nicht überschreiten, wenn einfache, saubere Prüfstücke, z. B. Kontrollplatten, geprüft werden. P. MELCHIOR[1] hat die in der Bundesanstalt für Materialprüfung Berlin-Dahlem angefallenen Untersuchungsergebnisse ausgewertet. Die Meßunterschiede zwischen unverspannten und verspannten Kontrollplatten, in Häufigkeitskurven aufgetragen, ergaben eine annähernd GAUSSsche Verteilung etwa zwischen — 0,5 bis + 3,0 Einheiten. Nach Fabrikaten unterteilt ergeben sich verschiedene Häufigkeitskurven mit jeweils verschiedenem Maximum bzw. Schwerpunkt. Die Schwerpunktlage schwankt zwischen 0,53 und 2,13, ein Beweis, daß bei sorgfältiger Konstruktion und Werkstattarbeit diese Unterschiede klein gehalten werden können. Durch dieses Verspannen können außer den Maschinenfehlern auch Fehler durch eine unsaubere Auflage der Probe auf dem Auflagetisch vermieden werden und Teile geprüft werden, deren Schwerpunkt außerhalb des Tisches liegt. Trotzdem muß auf eine einwandfreie Auflage der Probe geachtet werden. In DIN 51200 sind deshalb die wichtigsten Gesichtspunkte zusammengefaßt und zahlreiche Beispiele für die Aufnahme der Proben angeführt. Nach Abb. 13 ist für die Verspannung der Probe in der hohlen Spindel eine Schraubenfeder F eingebaut. Auf dieser Feder ruht der Auflagetisch mit seinem Führungsbolzen. Die Probe wird gegen eine am oberen Prüfkopf des Gestells angebrachte Verspannhülse $Hü$ gefahren, so daß das Gestell durch den Federdruck verspannt wird. Die Verspannhülse ist in ihrer Länge so bemessen, daß beim Verspannen gleichzeitig der Eindringkörper mit

[1] Werkstattstechn. u. Masch.-Bau Bd. 43 (1953) S. 483.

seinem Stempel so weit gehoben wird, daß die Vorlast zur Wirkung kommt. Andere Verspannarten arbeiten ohne Feder, die Verspannkraft ist somit davon abhängig, wie stark die Probe von Hand gegen die Hülse gefahren wird.

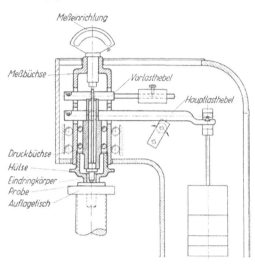

Abb. 19. Differenzmeßverfahren für Tiefenmessung, Firma Otto Wolpert-Werke (Schema).

Eine andere interessante Konstruktion, die Auflage- und Versatzfehler auszuschalten, ist in Abb. 19 dargestellt. Die Meßeinrichtung ist in einer durch Kugellager geführten Meßbüchse angebracht, die sich mit einer den Eindringkörper umgebenden Hülse bei der Prüfung auf die Probe aufsetzt. Die Hülse ist mit Feingewinde in die Meßbüchse eingeschraubt und kann in ihrer Höhe verstellt werden. Wird die auf dem Auflagetisch ruhende Probe gegen den Eindringkörper gefahren, so hebt sich die Druckbüchse. Der Eindringkörper muß aus der einstellbaren Hülse so weit hervorragen, daß beim Hochfahren der Vorlasthebel durch die Druckbüchse angehoben wird. Bei diesem Vorgang wandert der Zeiger der Meßeinrichtung in die Nähe von Null. Sobald sich die Hülse auf die Probe setzt, wird auch die Meßbüchse hochgehoben, der Zeiger bleibt stehen. Der Nullpunkt wird eingestellt und die Zusatzlast aufgebracht. Bei dieser Anordnung wird also lediglich die Differenz zwischen der Lage des Eindringkörpers und der umgebenden Oberfläche der Probe gemessen.

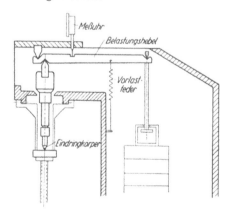

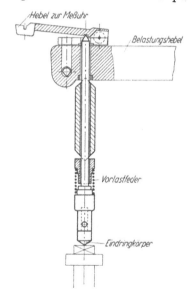

Abb. 20. Beispiel einer Stempelführung im Prüfkopf einer Härteprüfmaschine mit Eindringtiefen-Meßeinrichtung (Schema).

Abb. 21. Beispiel einer Stempelführung im Prüfkopf einer Härteprüfmaschine mit Eindringtiefen-Meßeinrichtung (Schema).

Sehr störend wirken sich Reibungskräfte in der Belastungs- und Meßeinrichtung auf die Genauigkeit der Tiefenmessung aus, da die Tiefenmessung während des Prüfvorgangs vor- und rückwärts läuft, kommt der doppelte einfache Betrag der Reibungskraft zur Wirkung. Es müssen deshalb bei allen Kraft- und Bewegungsübertragungen die Reibungskräfte so klein wie möglich gehalten werden. Konstruktiv ist darauf zu achten, daß mit möglichst wenig Führungen auszukommen ist und daß die Einrichtungen zur Reinigung einfach aus- und einzubauen sind. Abb. 20 und 21 zeigen als Beispiele zwei Prüfköpfe mit wenigen bzw. vielen Reibungsquellen.

Auch die Reibung zwischen der Oberfläche des Eindringkörpers und der Oberfläche des Härteeindrucks ist zu berücksichtigen. K. MEYER[1] hat nach-

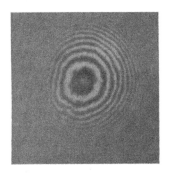

a   b

Abb. 22. Interferenzaufnahmen von den gerundeten Spitzen einiger HRC-Diamant-Eindringkörper nach K. MEYER.
a) gute Mikroform; b) schlechte Mikroform.

gewiesen, daß Eindringdiamanten, die der DIN 50103 in Hinsicht auf ihre (makro-) geometrische Form und ihre Oberflächengüte entsprachen, Härtewerte ergaben, die bis zu ± 1 HRC-Einheit voneinander abweichen können. Bei Interferenzaufnahmen zeigte sich, daß die (mikro-) geometrischen Formen von einem Kegel mehr oder weniger weit entfernt waren (Abb. 22).

Der Fehler der Meßeinrichtung (Meßuhr) ist häufig nicht unerheblich, sowohl die Fehler in einer Bewegungsrichtung als auch in ihrer Umkehrspanne. Die letztere tritt jedoch nicht bei allen Geräten in Erscheinung. Ebenso ändert sich die Meßkraft der Uhr bei der Bewegungsumkehr. Diese Meßkraft wirkt bei den meisten Maschinen mit einer Übersetzung von 1 : 5 auf den Eindringkörper.

Eine andere mögliche Störquelle, die wenig beachtet wird, weil sie schwierig festzustellen ist, liegt in der Fassung des Eindringkörpers und in der Anlage seines Halters am Druckstempel. Der Diamant oder die Kugel muß unverrückbar in der Fassung liegen. Abb. 23 zeigt, wie versucht wird, diesen möglichen Einfluß auszuschalten. Der Meßstift, der die Tiefenbewegung des Eindring-

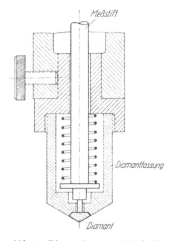

Abb. 23. Diamantfassung mit Meßstift, Firma Otto Wolpert-Werke (Schema).

körpers auf die Meßuhr zu übertragen hat, ist hier durch die Diamantfassung bis zum Diamanten durchgeführt und mit ihm durch eine Druckfeder kraftschlüssig verbunden. Ein Nachgeben in der Fassung oder in der Anlage des Diamanthalters an dem Druckstempel wird nicht mitgemessen.

---

[1] Werkstattstechn. u. Masch.-Bau Bd. 42 (1952) S. 458.

Der Halter wird meistens mit einer Schraube im Druckstempel befestigt. Das muß ohne Verklemmung geschehen, am besten wird die Schraube angezogen, wenn der Halter lose im Druckstempel mit der Höchstkraft (150 kg) belastet ist.

Bei der Sollwertsbestimmung von Kontrollplatten müssen diese Gerätefehler weitgehend ausgeschaltet sein. Für diesen Zweck sind Sondergeräte aufgestellt worden (Abb. 24). Die Prüfkräfte werden durch direkte Gewichtsbelastung erzeugt, die Be- und Entlastung kann durch Ventile sauber geregelt werden. Durch die Anwendung der Zweisäulenbauweise wird ein Aufbiegen des Gestells vermieden. Die Eindringtiefendifferenz wird nach dem ABBESchen Prinzip in Wirkungsrichtung gemessen mit einem Feinmeßmikroskop und Präzisionsstrichmaßstab. (Siehe auch Abs. VE 3, Abb. 70 S. 358).

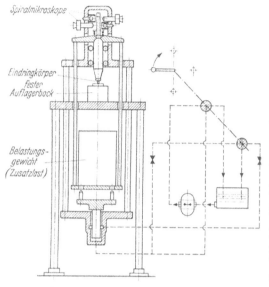

Abb. 24. Sonderrockwellgerät nach K. MEYER.

2. Härteprüfgeräte für Pyramidendruckprüfungen.

Grundsätzlich sind alle statischen Härteprüfmaschinen für die Pyramidendruckprüfung (Vickershärteprüfung) geeignet, sofern die gewünschten Prüfkräfte mit diesen Maschinen mit der geforderten Fehlergrenze von $\pm 1\%$ dargestellt werden können und sofern ein zum Ausmessen der Diagonallängen des Eindrucks genügend stark vergrößerndes Mikroskop so mit dem Härteprüfgerät verbunden ist, daß der kleine Eindruck ohne Schwierigkeit aufzufinden ist, Abb. 10, 14, 16, 17. Um die Prüfdiamanten zu schonen, sollten sie nicht über 100 kg belastet werden. Meistens liegen die notwendigen Prüfkräfte weit

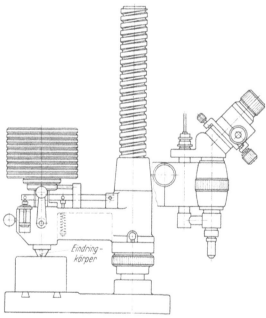

Abb. 25. Kleinlast-Härteprüfgerät „Z 323", Firma Zwick & Co (Schema).

niedriger. Kleine Prüfkräfte werden durch Gewichte oder Federspannungen ohne Übersetzung erzeugt. Abb. 25 zeigt das Kleinlasthärteprüfgerät „Z 323". In der Grundplatte, die den Auflagetisch trägt, ist eine stabile Säule mit Außengewinde verankert. Auf dieser Säule gleitet ein Haltearm mit der Härteprüfeinrichtung. Er kann durch eine Ringmutter in die gewünschte Höhe gebracht werden und ist horizontal zwischen zwei Anschlägen schwenkbar. Die Prüfkraft — einzustellen sind 0,3, 0,5, 1, 2, 3, 5 und 10 kg — wird durch direkte Gewichtsbelastung des Druckstempels aufgebracht, der durch Kugellager geführt wird. Die Belastungsgeschwindigkeit ist durch eine Ölbremse regelbar. Nachdem der Eindruck erzeugt ist, wird der Haltearm seitwärts bis zum Anschlag ausgeschwenkt und damit das Mikroskop über den Eindruck gebracht. Der Anschlag liegt so, daß die optische Achse mit der Achse des Eindringkörpers genügend genau zusammenfällt.

Abbildung 26 gibt eine Ansicht des „Brivisor-Kleinlast-Gerätes" der Firma G. Reicherter wieder. Die Probe wird auf den Auflagetisch gelegt und durch die Prüfspindel gegen das im eingeschwenkten Arm möglichst reibungsfrei geführte Druckstück gefahren, bis dieses um 0,1 bis 0,2 mm aus seiner Zentrierung herausgehoben ist. Die einzelnen Belastungsgewichte werden auf das Druckstück aufgesetzt. Mögliche Belastungen: 10, 20, 50, 100, 200, 400, 600, 800 und 1000 g. Nach der Belastung wird diese Einrichtung aus- und die Optik einge-

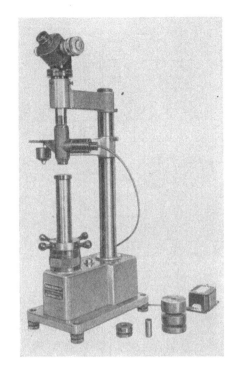

Abb. 26.
„Brivisor-Kleinlast", Firma Georg Reicherter.

schwenkt. Durch Anschläge ist dafür gesorgt, daß der Eindruck sofort im Gesichtsfeld des Mikroskops liegt. Diese beiden Geräte sind ortsgebunden. Zum Prüfen großer und schwerer Stücke am Lagerort dienen die beiden folgenden tragbaren Einrichtungen (Abb. 27 und 28). Bei ihnen wird die Prüfkraft über eine Feder aufgebracht, deren Abmessung und deren Federweg der gewünschten Prüfkraft entspricht. Das Prüfgerät Bauart Krupp-Mohr & Federhaff wird von Hand durch Hochfahren des unteren Armes auf das zu prüfende Werkstück geklemmt, so daß es in jeder Lage unverrückbar festsitzt. Im Prüfkopf befindet sich eine Meßhülse mit vorgespannter Schraubenfeder. Mit dem Federteller ist der Diamanthalter verbunden. Durch Anziehen des Handhebels an den festen Handgriff wird die Feder um ein festgelegtes Maß zusammengedrückt und die Pyramide mit der entsprechenden Federkraft in den Werkstoff gedrückt. Nach der Belastung wird der Prüfkopfschlitten bis zum Anschlag verschoben, der Eindruck kann mit dem eingebauten Mikroskop ausgemessen werden. Auswechselbare Meßhülsen für Prüfkräfte von 10 bis 60 kg.

Beim „Brivisor VHT 5" der Firma G. Reicherter wird das Prüfgerät *a* durch zwei natürliche ein- und ausschaltbare Magnete *b* auf dem zu prüfenden Werkstück festgehalten. Hierauf wird der Schieber *e*, an dem die Diamantpyramide befestigt ist, eingefahren. Durch Drehen am Rändelgriff *f* wird sodann mittels einer Feder die Prüfkraft aufgebracht. Nach Entlastung wird der Schieber herausgezogen, so daß der Eindruck im Gesichtsfeld des eingebauten

Mikroskops erscheint. Dieses Gerät wird für Prüfkräfte von 15 und 20 kg gebaut.

Für die *Mikrohärteprüfung* ist es wichtig, daß die Achse des Eindringkörpers mit der optischen Achse sauber zusammenfällt. Die Eindrücke sind sehr klein, vor

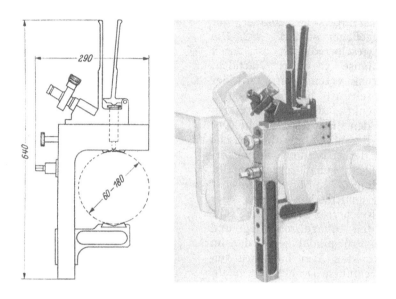

Abb. 27. Tragbares Vickersprüfgerät, Bauart Krupp-Mohr & Federhaff.

allem aber muß bei der Prüfung von Gefügebestandteilen mit Korngrößen von wenigen μ^2 verlangt werden, daß die im Mikroskop ausgesuchte Stelle auch

Abb. 28. Tragbares Vickersprüfgerät „Brivisor VHT 5", Firma Georg Reicherter.

wirklich vom Prüfdiamanten getroffen wird. Die kleinen Belastungseinrichtungen werden deshalb oft mit einem geeigneten Mikroskop gekoppelt. Das Mikroskopobjektiv kann gegen die Belastungseinrichtung mit Hilfe der üblichen

Revolver- oder Schlittenwechsler ausgetauscht werden. Das erste brauchbare Gerät wurde von E. M. H. Lips[1] angegeben. Abb. 29 veranschaulicht die Belastungseinrichtung.

Beim „Diritest"[2] (Abb. 30) trägt der in den Spitzen (p) gelagerte Waagebalken auf der einen Seite die Diamantspitze (i) und auf der anderen Seite das Ausgleichgewicht (k). Für Belastungen zwischen 0 und 1 g dient das Laufgewicht (l), für größere Prüfkräfte der Gewichtsteller (m). Er ist federnd über der Prüf-

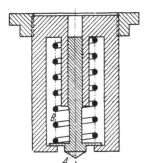

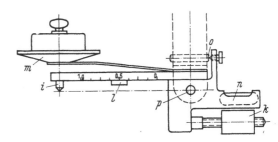

Abb. 29. Belastungsvorrichtung für Mikrohärteprüfung nach E. M. H. Lips (Schema).

A Diamantpyramide; *B* Belastungsfeder.

Abb. 30. Mikrohärteprüfgerät „Diritest", Firma Carl Zeiß (Schema). *i* Diamantspitze; *k* Gegengewicht; *l* Laufgewicht; *m* Gewichtsteller; *n* Libelle; *o* Anschlag; *p* Spitzenlagerung.

spitze angebracht. Die Libelle (n) zeigt die Gleichgewichtslage des Waagebalkens an. Der Anschlag (o) verhindert das Absinken der belasteten Waage, als elektrischer Kontakt zeigt er an, wenn die Belastung freigegeben ist. Höchstprüfkraft des Gerätes 100 g.

Der Kleinhärteprüfer „Durimet" (Abb. 31 und 32) besteht aus dem Stativ, dem Mikroskoptubus und der Härteprüfeinrichtung. Der Mikroskophalter läßt

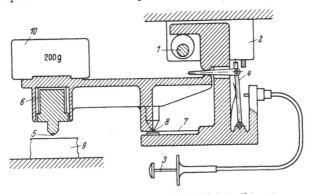

Abb. 31. Kleinlast-Härteprüfgerät „Durimet" der Fa. E. Leitz (Schema).

1 Aufzugachse; *2* Federwerk; *3* Auslöser; *4* Sperrhebel; *5* Diamant; *6* Blattfeder; *7* Blattfeder; *8* Spitzenlager; *9* Objekt; *10* Gewicht.

sich an der in der Grundplatte befestigten Säule durch ein steilgängiges Gewinde verschieben und ist um die Säule schwenkbar, um auch Werkstücke, die nicht auf die Stativplatte aufzulegen sind, prüfen zu können. Zu Beginn der Prüfung wird das gewünschte Belastungsgewicht aufgelegt. Mitgeliefert werden folgende

---

[1] Z. Metallkde. Bd. 29 (1937) S. 339.
[2] SPORKERT, K.: Maschb., Der Betrieb. Bd. 17 (1938) S. 527.

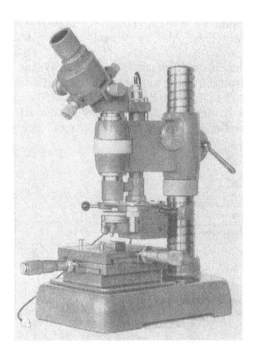

Abb. 32. Kleinlast-Härteprüfgerät „Durimet", Firma E. Leitz.

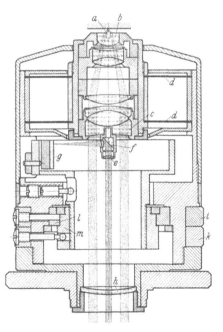

Abb. 33. Schnitt und Strahlengang des Mikrohärte-prüfgerätes „Zeiß D 30" nach Hanemann.
a Prüfdiamant;   b Frontlinse;   c Hinterlinse; d Scheibenringfedern;   e Hilfsobjektiv;   f Spiegel; g Lastanzeigeskale;   h Korrektionslinse;   i, k Rändelringe;   l Exzenter der Scharfeinstellung;   m Mutter der Nullpunkteinstellung.

Gewichtsstücke: 25, 50, 100, 200 und 300 g. Dann wird der den Eindringkörper tragende Hebel durch Drehen des an einer biegsamen Welle sitzenden Rändelknopfes angehoben, wobei gleichzeitig das Ablaufwerk gespannt wird. Mit einem schwachen Objektiv wird eine für den Eindruck geeignete Stelle der Probe ausgesucht. Danach wird das stärkere Objektiv eingeschaltet und das Feinmeßokular auf „0" gestellt. Nachdem das Objekt scharf eingestellt ist, wird die Härteprüfeinrichtung eingeschwenkt. Durch den Drahtauslöser wird das aufgezogene Federnwerk freigegeben und der Eindringkörper langsam auf die Probe gesetzt. Nach genügend langer Belastungszeit wird der Hebel durch Drehen des Rändelknopfes wieder abgehoben und das Objektiv eingeschwenkt. Das im Okular sichtbare Fadenkreuz wird auf die Mitte des Eindrucks eingestellt. Die dann folgenden Eindrücke können mit einer Treffsicherheit von 0,003 mm erzeugt werden.

Um die Treffsicherheit für die Eindrücke noch zu erhöhen, wurde nach einem Vorschlag von H. Hanemann[1] der Eindringkörper mit der Frontlinse des Objektivs verbunden (Abb. 33). Die Treffsicherheit liegt im Bereich einiger Zehntel μ. Das Objektiv (b) mit der Prüfspitze (a) ist in zwei parallelen Scheibenringfedern (d) gelagert, die eine reibungsfreie Geradführung gewährleisten. Die Größe des Federhubes ist ein Maß für die Prüfkraft, sie wird optisch bestimmt. Zwischen Objektiv und Vertikalilluminator ist ein zweites, langbrennweitiges Mikroskopobjektiv (e) angebracht und mit der Hinterlinse (c) des Apochromaten fest verbunden. Es liegt im Mittelfeld des Hauptobjektivs, das durch den Diamanten (a) ausgeblendet und deshalb für die Bilderzeugung nutzlos ist. Das Hilfsobjektiv ist mit einem unter 45° liegenden Spiegel (f)

[1] Hanemann, H., u. E. O. Bernhardt: Z. Metallkde. Bd. 32 (1940) S. 35 u. Zeiß Nachr. Bd. 3 (1940) S. 280.

versehen und dient zur Beleuchtung und Abbildung einer im Gehäuse des Härteprüfgerätes fest angebrachten Skale (g). Werden die Scheibenfedern durch die Prüfkraft durchgebogen, so verschiebt sich in gleichem Maße das Hilfsobjektiv längs der Skale, deren Bild also im Okular um einen der Prüfkraft entsprechenden Betrag auswandert.

Allgemein mag noch erwähnt werden, daß besonders bei den Mikrohärteprüfgeräten die Konstruktion so sein soll, daß Reibstellen weitgehend vermieden werden und die unvermeidliche Reibung zwischen Eindringkörper und Prüfwerkstoff durch Erschütterungen nicht beeinflußt wird. Um den durch das Aufbiegen des Gestells hervorgerufenen Schub auszuschließen, sollte der Eindringkörper einen Schubausgleich erhalten[1]. Zu diesem Zweck ist z. B. beim „Durimet" der Firma Leitz der Eindringkörper federnd gelagert[2].

3. Ritz- und Walz-Härteprüfgeräte.

Zur Erzeugung eines Ritzes oder einer Walzbahn wird die Probe mit einer festgelegten Prüfkraft gegen den Eindringkörper gedrückt und dann seitlich mittels Schlitten verschoben. So können z. B. die in Abb. 30 und 31 dargestell-

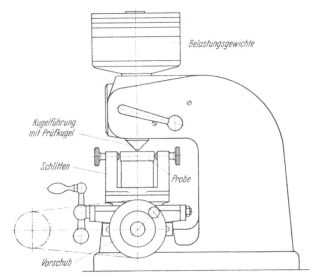

Abb. 34. Rollhärteprüfgerät „Rolldur" nach Hauttmann.

ten Geräte für Mikrohärteprüfung ebenfalls zur Ritzhärteprüfung benutzt werden, es ist nur nötig, die Probe mittels eines Schlittens unter dem belasteten Eindringkörper durchzuziehen. Bei dem von H. Hauttmann[3] vorgeschlagenen Gerät (Abb. 34) wird die Walzbahn einer Kugel erzeugt, ebenso bei dem von E. G. Herbert[4]. Beim letzteren Gerät kann der Auflagetisch durch ein Uhrwerk angetrieben werden. Die Härteänderungen können photographisch aufgetragen werden, so daß zeitliche Änderungen der Härte, wie z. B. bei Alterungsvorgängen, festgehalten werden.

---

[1] Hengemühle, W.: Handbuch der Werkstoffprüfung. 2. Aufl. 2. Bd. (1955) S. 410.
[2] Broschke, H.: Microtecnic, Lausanne. Bd. 4, Nr. 1 (1952) S. 15.
[3] VDI, Z. Bd. 82 (1938) S. 52 u. Stahl u. Eisen Bd. 37 (1937) S. 1284.
[4] Metallurgia Manchr. Bd. 16 (1937) S.184 u. S. 1284. Maschb. der Betrieb Bd. 17 (1938) S. 366.

B. Dynamische Härteprüfgeräte.

1. Schlaghärteprüfgeräte.

Schlaghärteprüfgeräte eignen sich vor allem für die bequeme Prüfung von Werkstücken am Lagerort, zur Prüfung von schweren Teilen oder von Stellen, die für statische Geräte unzugänglich sind. Die Genauigkeit der Prüfung bleibt hinter den statischen Prüfungen zurück. Beim Poldihammer (Abb. 35) wird ein Vergleichsstab von bekannter Härte (e) zwischen Schlagbolzen (g) und Prüfkugel (f) geschoben. Der Schlagbolzen liegt durch den Druck der Feder (i) am Stab und dieser an der Prüfkugel an. Durch einen Hammerschlag auf den Bolzen wird die Prüfkugel sowohl in den Vergleichsstab als auch in die unter der Kugel befindliche Probe eingetrieben, deren Härte durch Vergleich der beiden Eindruckgrößen an Hand von mitgelieferten Tabellen festgestellt wird. In ähnlicher Weise arbeitet der Böhler-Hammer und der Combi-Hammer nach R. Böklen[1].

Beim Schlaghärteprüfgerät nach Baumann-Steinrück (Abb. 36) ist der Schlagbolzen (b) mit einer Feder (d) verbunden. Wird der Schlagbolzen mit der Prüfkugel auf die Probe gesetzt und das Gehäuse in Richtung der Probe gedrückt, so spannt sich die Feder, bis die Klinken durch eine konische Bohrung geöffnet werden. Durch diese plötzlich freigegebene Federspannung wird die Kugel in den Werkstoff getrieben. Dem Gerät sind Tafeln beigegeben, die die empirisch aufgestellten Beziehungen zwischen Eindruckdurchmesser und Brinellhärte enthalten. Zwei Federspannungen — $1/_2$- und $1/_1$-Stufe — sind vorgesehen, außerdem kann mit einer 5- oder 10 mm-Kugel geprüft werden.

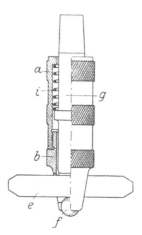

Abb. 35. Schlaghärteprüfgerät „Poldi-Hammer".
a Gehäuse; b Kugelfassung; e Vergleichsstab; f 10 mm-Kugel; g Schlagbolzen; i Feder.

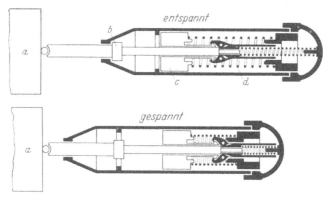

Abb. 36. Schlaghärteprüfgerät nach Baumann-Steinrück, Bauart Frank.
a Probe; b Schlagbolzen; c Hammer; d drückende Schlagfeder.

2. Fallhärteprüfgeräte.

Beim Fallhärteprüfgerät nach Wüst-Badenheuer (Abb. 37) wird das Fallgewicht (1,5 kg), in dem in der unteren Spitze die Prüfkugel befestigt ist, aus einer

---

[1] Werkstattstechn. u. Masch.-Bau Bd. 43 (1953) S. 154.

bestimmten Fallhöhe auf die auf dem Amboß liegende Probe fallen gelassen. Beim Rücksprung schnellen die vor dem Versuch in den Fallkörper eingedrückten Fangbolzen hervor, der Körper wird hierdurch im Ausleger festgehalten.

3. Rücksprunghärteprüfgeräte.

Bei den Rücksprunghärteprüfgeräten ist im Gegensatz zu den Geräten für Fallhärteprüfung das Gewicht des herabfallenden Hammers, dessen Spitze mit einem abgerundeten Diamanten versehen ist, gering. Der bleibende Eindruck soll klein, dafür die Rücksprunghöhe groß sein. Sie ist ein Maß für die Härte des zu prüfenden Werkstücks.

Bei der Ausführung *B* des Gerätes von Nieberding & Co. K.G. (Abb. 38c) wird der Hammer durch Druck auf einen am Kopf des Gerätes befindlichen Knopf impulslos freigegeben. Der Rücksprung muß beobachtet werden und wird an den beiden seitlich angebrachten Skalen abgelesen. Durch Niederdrücken

Abb. 37. Fallhärteprüfgerät nach WÜST und BADENHEUER.

a   b   c

Abb. 38 a–c. Rücksprunghärteprüfgeräte. a) Model D der Firma The Shore Instrument and MFG. Co., Inc.; b) Ausführung A der Firma Nieberding & Co. KG; c) Ausführung B der Firma Nieberding & Co. KG.

eines zweiten Knopfes wird der Hammer durch Federkraft in seine Festhaltevorrichtung zurückgeschleudert. Hammergwicht: 2,5 g, Fallhöhe: 256 mm, Fallenergie: 640 mmg.

Die Beobachtung des Rücksprungs ist lästig, deshalb wird bei den neueren Geräten (Abb. 38b und 39) der Hammer in seiner höchsten Rücksprunghöhe festgehalten. Die übliche Art dieser Festanzeige verlangt, daß der Hammer mit einer Stange (2) verbunden ist, das Fallgewicht wird dadurch größer und die Fallhöhe kleiner. Mit halber Umdrehung des an der rechten Seite des Gerätes befindlichen Kordelknopfes wird der Hammer hochgezogen und gleichzeitig die Büchse des Kugelfangs (4) gehoben, so daß die in ihr liegenden Kugeln frei sind. In der Stellung, die der Fallhöhe entspricht, wird der Hammer selbsttätig ausgeklinkt. Bei seinem Auftreffen auf das Prüfstück wird die Büchse des Kugelfanges durch die Scheibe (5) heruntergeworfen, die Kugeln liegen jetzt eng zwischen der Hammerstange und der konisch gebohrten Innenwand der Hammerführung. Der Hammer kann unbehindert zurückspringen, dabei bewegen sich die Kugeln im Schlitz der Büchse leicht nach oben und rollen. Beim Abwärtsfallen hingegen klemmen die Kugeln die Hammerstange fest. Am Hammerkopf befindet sich eine weiße Markierung (3), mit deren Hilfe die Rücksprunghöhe an den Skalen abgelesen werden kann. Hammergewicht: 20 g, Fallhöhe 112 mm, Fallenergie: 2240 mmg.

Das selbstanzeigende Shore-Gerät (Abb. 38a und 40) besitzt ebenfalls solch einen Kugelfang. Durch das Ritzel A wird die Hammerführung B abwärts bewegt. Dabei wird der Kugelhalter C, der durch eine Stellschraube und Schlitz mit der Hammerführung B gekuppelt ist, so weit mitgenommen, bis Kugelhalter und Hammerführung auf der Leitbüchse D aufliegen und der Kugelfang sich löst. Beim weiteren Abwärtsgang löst die obere Kante der Hammerführung B die Sperrklinke E

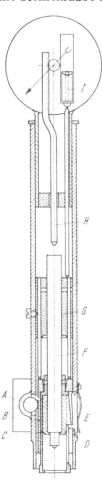

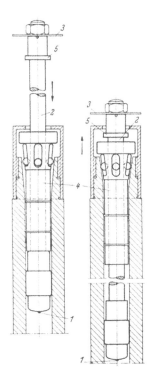

Abb. 39. Hammerfangvorrichtung beim Rücksprunghärteprüfgerät, Bauart Nieberding & Co. KG.
1 Diamant; *2* Hammerstange; *3* Zeiger; *4* Buchse
des Kugelfangs; *5* Scheibe.

Abb. 40. Hammerfangvorrichtung beim Shore-Gerät.
A Ritzel; *B* Hammerführung; *C* Kugelhalter; *D* Leit-
büchse; *E* Sperrklinke; *F* Hammer; *G* Anschlag;
H Stange; *I* Bremse.

aus, der Hammer F samt Leitbüchse D fallen. Während der Hammer aufprallt, schlägt die Leitbüchse auf den unteren Flansch des Kugelhalters C und zieht diesen etwas nach unten, wodurch die Kugeln im kegeligen Teil der Hammerführung B mit dem Hammer in Berührung kommen. Der Hammer kann ungehindert zurückprallen, wird aber im Umkehrpunkt durch den von den Kugeln ausgeübten Klemmdruck gehalten. Eine mit dem Ritzel verbundene Spiralfeder bewirkt ein Hochheben des ganzen Büchsensystems mit festgeklemmtem Hammer bis zum feststehenden Anschlag G. Hierbei hebt der Hammer die Stange H, deren gezahnter Teil über ein Ritzel den Zeiger der Meßuhr entsprechend der Rücksprunghöhe dreht. Durch die Aufwärtsbewegung wird auch die Büchse D wieder durch E eingeklinkt und in Fallhöhe festgehalten. I wirkt als Bremse und schützt bei unbeabsichtigtem Zurückschnellen des Büchsensystems die Zahnstange und Uhr vor Beschädigung. Hammergewicht: 36,5 g, Fallhöhe: 19 mm, Fallenergie: 693,5 mmg.

Die Genauigkeit dieser Geräte entspricht nicht den Anforderungen der Praxis. Es ist einleuchtend, daß Geräte ohne Festanzeige bessere Ergebnisse liefern als solche mit Festanzeige. Ihre Fallhöhe und somit ihre Rücksprunghöhe ist größer, die Reibungsquellen sind geringer. Ein Teil der Energie wird bei Geräten mit Festanzeige dazu gebraucht, den Kugelfang auszulösen, dessen Reibung auch bei ein und derselben Bauart unterschiedlich ist. Die unausbleibliche Verschmutzung durch Staub erhöht die Reibungen sehr schnell.

Zur Vereinheitlichung der Rücksprunghärteprüfgeräte und zur Verminderung ihrer Streuungen müßten folgende Einflußgrößen festgelegt werden: a) Hammerspitze: Die Form muß geometrisch einfach sein (Kugel), damit sie leicht hergestellt und nachgeprüft werden kann. Ob Diamant der passende Werkstoff ist, mag dahingestellt sein. b) Fallenergie: Bei größerer Fallenergie wird der Rücksprung des Hammers weniger durch Reibung beeinflußt werden als bei kleinen Fallenergien, jedoch wird die Masse des zu prüfenden Werkstücks eine größere Rolle spielen. Auf jeden Fall müssen zur Prüfung und Gegenprüfung gleicher Werkstücke gleiche Fallenergien benutzt werden.

Abb. 41. Rücksprunghärteprüfgerät „Sklerograph", Firma Roell & Korthaus.

c) Anzeigeeinrichtung: Um subjektive Ablesefehler zu vermeiden und um bequemer die Rücksprunghärte ablesen zu können, muß eine möglichst reibungslose Anzeigeeinrichtung angebracht sein.

In Abb. 41 und 42 sind zwei weitere Rücksprunghärteprüfgeräte gezeigt. Beim Sklerographen wird der Hammer von Hand hochgezogen, bis er in seiner Endstellung einklinkt, durch Druck auf den Auslöser fällt er. Ein Kugelfang hält ihn in der größten Rücksprunghöhe fest. Die Hammerspitze ist eine Kugel von 5 mm, beim Mikrosklerographen eine solche von 2,5 mm Durchmesser. Hammergewichte: 50 g bzw. 20 g, Fallhöhen: 130 mm bzw. 120 mm, Fallenergien: 6500 mmg bzw. 2400 mmg. Das schwerere Gerät ist dem Gerät von VALLAROCHE, Frankreich, ähnlich. Beim Duroskop wird ein Pendelhammer verwendet, dessen Kugelkalotte gegen das Prüfstück schlägt. Beim Rückprall nimmt der Hammer

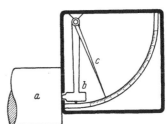

Abb. 42. Rücksprunghärteprüfgerät „Duroskop", Bauart v. LEESEN.

a Probe; b Pendelhammer; c Schlagzeiger.

einen Schleppzeiger mit. Das Gerät kann sowohl senkrecht als auch waagerecht benutzt werden.

C. Härteprüfung im Betrieb.

Die Werkstoffprüfung ist nicht mehr eine Aufgabe der Versuchsanstalten allein, sie wird vielmehr auch vom Betrieb laufend zur Überwachung ihrer Werkstoffe eingesetzt. Was die Lehre für die Kontrolle der Maßhaltigkeit der

Abb. 43. Härteprüfung von Radreifen.

Werkstücke bedeutet, das bedeutet hier die Werkstoffprüfung — und vor allem die Härteprüfung — für die Kontrolle der geforderten Eigenschaftswerte. Die

Abb. 44. Briviskop 3000 M, Firma Georg Reicherter.

Prüfungen müssen sich dem Arbeitsrhythmus des Betriebes anpassen. Sie müssen schnell und dabei doch genau genug durchgeführt werden und sich nach Möglichkeit in den Arbeitsfluß selber einordnen lassen. Die meisten Brinellprüfmaschinen sind robust gebaut und gegen Umwelteinflüsse ziemlich unempfindlich. Sie lassen sich in geschlossenen und nicht allzu staubigen Werkstätten aufstellen. Wie auch bei verhältnismäßig schweren Werkstücken, die serienmäßig hergestellt werden, die laufende Prüfung wirtschaftlich gestaltet werden kann, zeigt als Beispiel Abb. 43. Hier werden Radreifen mechanisch auf eine Bahn zunächst bis zur Fräsmaschine gezogen, wo die Prüffläche vorbereitet wird. Durch Grenzschalter wird für eine stets gleiche Einfrästiefe und -länge gesorgt. Der Reifen wird dann zur Brinellpresse und anschließend zum Ablesegerät bewegt.

Bei der Konstruktion wird immer mehr darauf geachtet, daß die Prüfmaschinen schnell und bequem bedient werden können und Nebenzeiten möglichst gering sind. Auf verschiedene zeitsparende Einrichtungen ist schon hingewiesen worden.

Bei der Tiefenmessung wird neuerdings versucht, die Meßuhr nach Vorlast selbsttätig auf „0" zu stellen. Häufig kommt es nur darauf an, wie mit Lehren „gut" von „Ausschuß" zu sortieren. Bei allen Ablesegeräten ist es meist möglich, zu diesem Zweck Toleranzmarken anzubringen.

Ein schnellerer Arbeitsrhythmus wird bei einigen Bauarten dadurch erreicht, daß der Ablauf des Arbeitsspiels nach Einschalten eines Druckknopfes automatisch geschieht: Die Prüfspindel fährt hoch und drückt die Probe gegen die Verspanneinrichtung, die Prüfkraft wird aufgebracht und abgehoben und die Prüfspindel fährt zurück. Die Dauer der einzelnen Arbeitsgänge kann eingestellt werden (Automatik-Vorlasthärteprüfgerät der Firma Karl Frank, Brinellhärteprüfgerät Briviskop 3000 M der Firma Georg Reicherter). Bei großen Mengen kann beim Briviskop 3000 M die Automatik so eingestellt werden, daß das Arbeitsspiel kontinuierlich ohne Druckknopfbetätigung abläuft (Abb. 44), ebenso bei den Automaten für Rockwellprüfungen

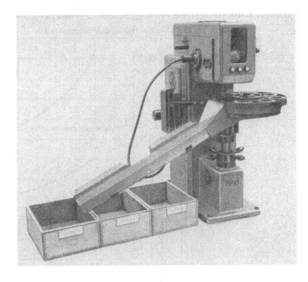

Abb. 45. Härteprüfautomat für Rockwellprüfungen „Briro-Automat", Firma Georg Reicherter.

Abb. 46. Härteprüfautomat für Rockwellprüfungen „Ultra-Rapid", Firma Otto Wolpert-Werke.

(Abb. 45 und 46). Bei geeigneten Werkstücken kann für die selbsttätige Zubringung der zu prüfenden Werkstücke gesorgt werden, ebenso für eine Einrichtung, die die geprüften Werkstücke nach „gut", „zu hart" oder „zu weich" sortiert.

D. Ablesegeräte für Kugel- und Pyramideneindrücke.

Die Fehler der Prüfkräfte dürfen höchstens $\pm 1\%$ betragen. Mit diesen Fehlern sind auch die Prüfergebnisse behaftet. Hinzu kommen jedoch die Fehler,

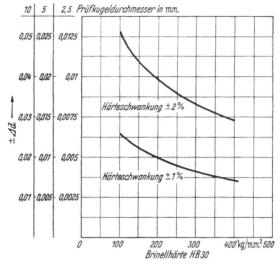

Abb. 47. Differenz der Eindruckdurchmesser $\pm \Delta d$ bei Härteschwankungen von $\pm 1\%$ bzw. $\pm 2\%$.

die beim Ausmessen der Eindrücke gemacht werden[1]. Aus den Abb. 47 und 48 ersieht man, wie groß höchstens die Streuung der Durchmesser- bzw. der Diago-

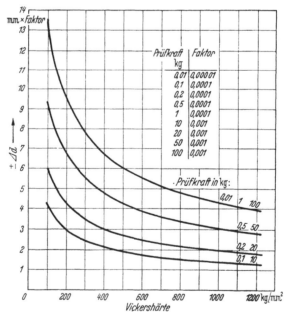

Abb. 48. Differenz der mittleren Diagonalen $\pm \Delta d$ bei Härteschwankungen von $\pm 2\%$.

nallängen sein darf, wenn die Härten z. B. nicht mehr als $\pm 1\%$ bzw. $\pm 2\%$ vom Sollwert abweichen sollen. Die Ablesestreuungen nehmen mit der Ver-

---

[1] HENGEMÜHLE, W.: Stahl u. Eisen Bd. 62 (1942) S. 321.

größerung ab. In Abb. 49 bis 51 sind die mit einigen Geräten gefundenen Streuungen wiedergegeben. Der Beurteilung wurde die doppelte quadratische

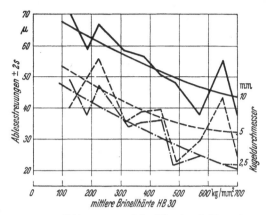

Abb. 49. Ablesestreuungen beim Mikroskop L ($V = 15$).

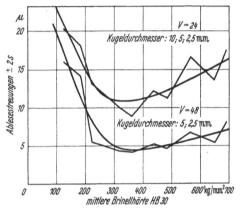

Abb. 50. Ablesestreuungen beim Mikroskop I ($V = 24$ bzw. $V = 48$).

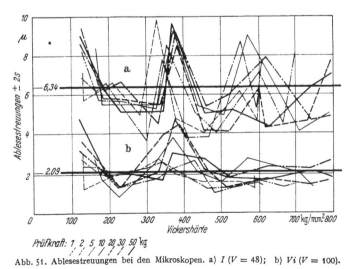

Abb. 51. Ablesestreuungen bei den Mikroskopen. a) I ($V = 48$); b) Vi ($V = 100$).

Streuung $2s = \sqrt{\dfrac{\Sigma\, i^2}{N-1}}$ zugrunde gelegt. Abb. 52 gibt die Abhängigkeit dieser Streuung von der Vergrößerung wieder, und zwar bei einer Brinellhärte HB 30 = 300 kg/mm² und einem Kugeldurchmesser $D = 5$ mm. Hiernach

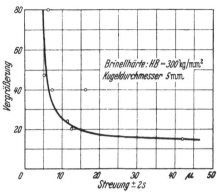

wird eine Vergrößerung über 40 : 1 bei dieser Prüfbedingung keine Vorteile mehr bringen. Mit den Vergrößerungen ändern sich nicht nur die Ablesestreuungen, es werden vielmehr auch andere Mittelwerte festgestellt (Abb. 53), was mit der verschiedenen Ausleuchtung der Eindrücke zusammenhängen könnte.

Abb. 52. Abhängigkeit der doppelten quadratischen Streuung ± 2s von der Vergrößerung.

Die Fehler, die beim Ausmessen der Eindrücke gemacht werden, setzen sich aus den nicht beherrschbaren Fehlern der optischen Abbildungseinrichtung und aus den beherrschbaren persönlichen Fehlern des Prüfpersonals zusammen.

Hinzu kommt noch die verschiedene Ausleuchtung des Eindrucks. Die Fehler sind verhältnismäßig groß.

Bei der Brinellhärteprüfung soll nur die Eindruckkalotte der Berechnung der Härte zugrunde gelegt werden, die mit der Kugel in Berührung stand. Durch Hellfeldbeleuchtung wird wegen des Randwulstes ein zu großer Eindruck gemessen. Es ist deshalb eine diffuse Dunkelfeldbeleuchtung zu empfehlen, wozu auch Tageslicht zu zählen ist. Die Kanten der Vickerseindrücke liegen in der Ebene der Prüfoberfläche im Gegensatz zu den Flächen, wo eine Aufwulstung oder Einsenkung des Werkstoffes stattfindet. Zweckmäßig ist hier Hellfeldbeleuchtung mit einem geeigneten Grünfilter.

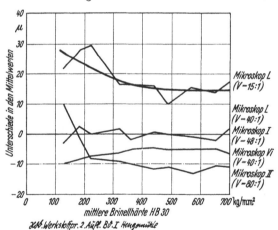

Abb. 53. Unterschiede zwischen den mit verschiedenen Mikroskopen festgestellten Mittelwerten der Eindruckdurchmesser. Bezugsgerät: Mikroskop I (V = 48). Prüfbedingung: HB 30/2,5.

Die persönlichen Fehler können durch Unterweisung des Prüfpersonals weitgehend herabgesetzt werden. Der Okularstrich ist von endlicher Größe und zudem von Beugungssäumen umgeben. Der Eindruck ist deshalb mit den gleichen Strichkanten und mit dem gleichen Beugungssaum einzufangen (Abb. 54). Außerdem soll man stets von derselben Seite an den Eindruck kommen. Die Ablesefehler bei den Geräten stehen nach K. Sporkert[1] in einem einfachen linearen Zusammenhang zu der Apertur der Abbildungsoptik, Eindruckdurchmesser × Apertur = Konstante. Die Konstante ist abhängig von der Größe des Meßfehlers. Es erscheint somit möglich, für vereinbarte

---

[1] Sporkert, K.: Unveröffentlichte Arbeit im Rahmen des Fachnormenausschusses Materialprüfung (F.N.M.).

Meßunsicherheiten die Apertur des Objektivs und die Gesamtvergrößerung der optischen Auswerteinrichtung festzulegen.

Aus der großen Anzahl handelsüblicher Ablesegeräte sollen im folgenden einige Beispiele gebracht werden. Allzu häufig findet man in den Betrieben die in Abb. 55 dargestellte Lupe. Ihre Vergrößerung ist meistens 8fach. Die Ableseskale ist im Fuß untergebracht und liegt unmittelbar über dem Eindruck. Da sie frei liegt, ist sie häufig beschädigt. Für maßgebliche Versuche genügt diese Lupe nicht. Sehr gebräuchlich sind die Meßmikroskope nach Abb. 56. Ihre Vergrößerung beträgt etwa 20 : 1. Bei einigen dieser Geräte kann durch Auswechseln des Objektivs eine stärkere Vergrößerung bis 40 : 1 eingestellt werden. Wenn das Bild des Eindrucks dem Auge scharf erscheint, muß es in der Ebene des im Tubus befindlichen Maßstabes liegen, sonst tritt Parallaxe auf. Eindruckstellen liegen häufig tiefer als die Oberfläche, auf der das Mikroskop steht. Es ist deshalb notwendig, daß der Tubus im Stativ verschiebbar ist und durch Drehen eines geränderten Ringes leicht in die richtige Lage zum Eindruck gebracht werden kann. Abb. 57 zeigt ein Ausdrehmikroskop (Vergrößerung etwa 30 : 1). Der Tubus kann durch eine Mikrometerschraube verschoben werden, so daß das im Okular befindliche Strichkreuz von dem einen

Abb. 54. Einfangen eines Vickerseindruckes (nach R. SCHULZE).

Abb. 55. Meßlupe.

Abb. 56. Aufsetzmeßmikroskop.

zum anderen Eindruckrand gebracht werden kann. Die Größe dieser Bewegung ist auf der Meßtrommel als Differenz der eingestellten Werte abzulesen. Das Mikroskop von Zeiß[1] (Abb. 58) ist eigens für das Ausmessen von Kugel- und größeren Pyramideneindrücken entworfen worden. Sehr viel Wert ist auf eine einwandfreie Ausleuchtung des Eindrucks gelegt worden. Am Objektiv ist ein kleines Rohr angebracht, dessen Innenwand von einer Lichtquelle durch einen mit Mattglas abgedeckten Schlitz beleuchtet wird. Dadurch erscheint im Okular der Eindruck hell, die umgebende etwa senkrecht zur Rohrachse stehende Fläche erhält nur Streulicht. Die Meßeinrichtung befindet sich im Okular. Sie besteht aus zwei übereinandergelagerten Strichmaßstäben, die beide durch den linken Trieb verschoben werden können. Durch die rechte Meßtrommel kann nur der rechte Maßstab bewegt werden. Die von dem Eindruck eingeschlossenen vollen Teilstrecken der Maßstäbe werden ausgezählt, der Rest wird auf der Meßtrommel abgelesen (Abb. 59). Um zwei zueinander senkrechte Richtungen messen

---

[1] SPORKERT, K.: Z. Metallkde. Bd. 30 (1938) S. 199.

zu können, kann der Okularkopf um 90° geschwenkt werden. Vergrößerung:
24 : 1 und 48 : 1.

Alle modernen Mikroskope für das Ausmessen von Pyramideneindrücken (Vergrößerung bis 600 : 1) besitzen einen schwenkbaren Okularkopf. Bei einigen Feinmeßmikroskopen befindet sich der Maßstab für die Bestimmung der Zwischenwerte ebenfalls im Sehfeld (Abb. 60).

Abb. 57. Ausdrehmeßmikroskop.

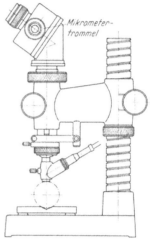

Abb. 58. Meßmikroskop von Zeiß.

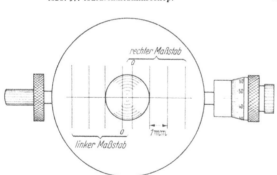

Abb. 59.
Meßeinrichtung des Mikroskops von Zeiß.

Die beiden Prüfmaschinen „Briviskop" und „Dia-Testor" (Abb. 11 und 15) besitzen eine eingebaute Optik. Der Eindruck wird durch Umlenken des von außen kommenden Lichtstrahls beleuchtet und auf einer Mattscheibe vergrößert abgebildet. Das Korn der Mattscheibe darf hierbei nicht größer sein als der zugelassene Fehler der Eindrucksgröße × Vergrößerung [(Vergrößerung 14 : 1 bis 140 : 1).

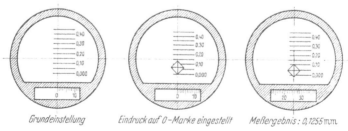

Abb. 60. Okular für Härteprüfung, Schema des Meßvorganges, Firma E. Leitz.

V. Untersuchung von Werkstoffprüfmaschinen.

Von **W. Ermlich** † und **W. Hengemühle**, Dortmund.

A. Allgemeines.

Es ist Aufgabe der mechanischen Werkstoffprüfung, einmal das Verhalten der Werkstoffe unter den Betriebsbedingungen vorauszubestimmen und den Konstrukteuren Unterlagen zu geben für die Berechnung der Abmessungen von Werkteilen und ihre hinsichtlich der Festigkeit zweckmäßige Form, zum anderen festzustellen, ob der Werkstoff den im Kaufvertrag niedergelegten Bedingungen entspricht. Für beide Aufgaben, für die Forschung sowohl wie für die Abnahme, werden an die Prüfmaschinen und -geräte Anforderungen gestellt, die den jeweiligen Ansprüchen angepaßt sein sollen. Die grundsätzlichen Anforderungen sind in den Normen für die Prüfverfahren und für die Konstruktion von Werkstoffprüfmaschinen enthalten.

Die Untersuchung der Prüfmaschinen ist Aufgabe einiger besonderer Prüfstellen. Die Prüfingenieure dieser Prüfstellen müssen soviel Erfahrungen in der Werkstoffprüfung besitzen, daß sie auch bei neuartigen Versuchen und bei Versuchen mit ihnen fremden Werkstoffen rasch und sicher genug die für die Einrichtungen notwendigen Bedingungen erkennen, sie müssen die einschlägige Meßtechnik beherrschen und genügend Einfühlungsvermögen für die Konstruktion der Prüfmaschinen besitzen, um die Quellen auftretender Fehler angeben und Hinweise für eine Änderung machen zu können und um überhaupt die Zuverlässigkeit der Einrichtungen beurteilen zu können.

Damit nach weitgehend einheitlichen Gesichtspunkten die Maschinenuntersuchungen durchgeführt und ihre Ergebnisse beurteilt werden können, werden augenblicklich innerhalb des Fachnormenausschusses Materialprüfung (FNM) Normen aufgestellt, die umfangreicher und spezialisierter sind als die DIN 1604 bzw. DIN 51300. Ebenso wird eine Abgleichung mit den in Arbeit befindlichen ISO-Empfehlungen (International Organisation for Standardisation) stattfinden. Zum anderen ist innerhalb des Deutschen Verbandes für Materialprüfung (DVM) ein Ausschuß gegründet worden, bestehend aus Vertretern der Abnahmegesellschaften, Prüfmaschinenhersteller, Industrie und den wissenschaftlichen Instituten, der festlegen wird, welche behördlichen Prüfstellen in Deutschland von ihm anerkannt werden und wie die Prüfstellen personell und gerätemäßig ausgerüstet sein sollen. Es ist darüber hinaus eine enge Zusammenarbeit und ein weitgehender Erfahrungsaustausch zwischen diesen Prüfstellen vorgesehen.

Die Maschinenuntersuchungen sollten nie zum Selbstzweck werden, die in den Vorschriften festgelegten Bedingungen sollen nicht buchstabengetreu, sondern sinngemäß ausgelegt werden. Der Zweck der Untersuchungen soll sein, die Güte der Maschinen und damit auch die Güte der Werkstoffe zu halten, wenn nicht gar zu steigern. Das setzt eine verständnisvolle Zusammenarbeit der Prüfstellen mit den Herstellern und Benutzern der Prüfmaschinen voraus.

B. Untersuchungsverfahren für statische Prüfmaschinen.

Die Untersuchung und Kontrolle der Meßgeräte, die nicht zur Maschine gehören und nicht an ihr fest angebracht sind, wie Längen-, Dehnungs- und Temperaturmeßgeräte, ist bis jetzt noch nicht üblich, sollte aber in nächster Zukunft mit durchgeführt werden, weil ihre Qualität maßgebend ist für die Genauigkeit und Reproduzierbarkeit der Ergebnisse. Sie wird hier nicht beschrieben, ebenso nicht die Untersuchung der Geräte für technologische Prüfungen, wo es in der Hauptsache auf Maßhaltigkeit, Oberflächenbeschaffenheit und Härte der einzelnen Konstruktionselemente ankommt. Das wichtigste, empfindlichste und für die Untersuchung schwierigste Element an Werkstoffprüfmaschinen ist die Kraftmeßeinrichtung. Deshalb werden die für ihre Untersuchung angewendeten Verfahren besonders und eingehend dargelegt.

1. Untersuchung durch Gewichtsbelastung.

Das naheliegendste und darum auch älteste Verfahren, die Fehler der Kraftmeßeinrichtung einer Prüfmaschine festzustellen, ist die unmittelbare Gewichtsbelastung. So kann man z. B. bei einer stehenden Zugprüfmaschine an den oberen Einspannkopf, der mit der Kraftmeßeinrichtung verbunden ist, entsprechende geeichte Gewichtsstücke hängen. Die unmittelbare Gewichtsbelastung ist naturgemäß nur für kleinere Kräfte anwendbar. Sind die Prüfkräfte so groß, daß die Gewichtsstücke für den gesamten Kraftbereich zu schwer werden, so baut man Übersetzungshebel ein und prüft also durch mittelbare Gewichtsbelastung. Der Übersetzungshebel — für stehende Zugprüfmaschinen meist ein einfacher, einarmiger Hebel, für liegende ein Winkelhebel — wird im allgemeinen mit Schneiden und Pfannen auf einem an den Maschinenrahmen angebrachten Bocke gelagert und trägt am Ende des langen Arms eine Waagschale oder einen Querbalken mit zwei Schalen zum Aufsetzen von Gewichtsstücken. Um den Einfluß von Ungenauigkeiten und Änderungen des Übersetzungsverhältnisses bei diesen „Kontrollhebeln" tunlichst abzuschwächen, gibt man dem kurzen Arme des Hebels eine möglichst große Länge — etwa 100 mm — und erhält infolgedessen eine wesentlich kleinere Übersetzung als sie die Kraftmeßeinrichtung der Prüfmaschine besitzt, meist 1:10. Deshalb ist auch für den Kontrollhebel der Verwendungsbereich eng begrenzt. Schon bei einer Höchstkraft von 30000 kg ist der Einbau des schweren Kontrollhebels und das Aufsetzen der unhandlichen Gewichte (sechzig 50 kg-Stücke) sehr umständlich und nicht ohne starke Erschütterung der Kraftmeßeinrichtung der Prüfmaschine möglich. Man begnügt sich deshalb bei großen Prüfkräften häufig mit der Kontrolle eines Bruchteils der Höchstkraft. Störende federnde Verformungen einzelner Teile der Maschine treten aber selbstverständlich erst bei wesentlich höheren Kräften auf. Infolgedessen können die dadurch entstehenden Fehler, wie zunehmende Reibungswiderstände oder Änderung des Übersetzungsverhältnisses in der Kraftmeßeinrichtung nicht erkannt werden.

Neben diesen Nachteilen haben beide Verfahren weitere grundsätzliche Mängel. Die Prüfweise mit direkter Gewichtsbelastung wird bei der Eichung von Waagen angewandt. Bei Waagen ist es gleichgültig, ob sie mit einer zu wiegenden Ware oder mit einem Gewichtsstück zur Eichung belastet werden, *die Schneiden ihrer Hebel werden sich* in beiden Fällen zwanglos in ihre Pfannen setzen. Anders bei einer Prüfmaschine, die durch die Belastung einer eingebauten Probe verspannt wird und deren Kraftübertragungsglieder sich deshalb nicht zwanglos bewegen können. So wird z. B. bei einer Zugprüfmaschine die Stellung des Spannkopfes, der mit der Kraftmeßeinrichtung verbunden ist, ausschließlich durch die Zugachse der Prüfmaschine bestimmt. Die Zugachse ist durch die beiden Spannköpfe und den Antrieb gegeben. Jede Kraft, die den Spannkopf seitlich verschieben oder drehen will, muß von der Kraftmeßeinrichtung aufgenommen oder von dieser auf den Maschinenrahmen weitergeleitet werden, wodurch ihr einwandfreies Arbeiten beeinträchtigt wird. Die hierdurch entstehenden Reibungswiderstände, die bei alten und bei fabrikneuen Prüfmaschinen häufig zu beobachten sind, können somit durch die beiden Prüfverfahren mit unmittelbarer oder mittelbarer Gewichtsbelastung auch bei sorgfältigster Versuchsausführung nicht gefunden werden. Es müssen vielmehr Kraftmeßgeräte verwendet werden, bei deren Belastung die Maschine in gleicher Weise verspannt wird wie bei der Belastung von Proben.

Wegen der grundsätzlichen Bedeutung möge dies an zwei Beispielen erläutert werden.

Bei einer fabrikneuen, stehenden Zugprüfmaschine mit einem Neigungspendel als Kraftmesser stimmten in beiden Kraftbereichen bei der Prüfung mit unmittelbarer Gewichtsbelastung die von der Kraftmeßeinrichtung der Prüfmaschine angezeigten Belastungen mit den an den oberen Spannkopf angehängten Gewichten sehr gut überein. Die Untersuchung nach dem später zu behandelnden Verfahren mit Spiegelkraftmeßgeräten ergab dagegen Fehler der Kraftanzeige, die bei der niedrigsten Belastungsstufe mit 14% begannen und bei der Maschinenhöchstkraft noch 3% betrugen. Die Fehlerursache war eine unzweckmäßige Lagerung der Pendelwelle. Bei frei pendelndem oberen Spannkopf genügte die Lagerung vollkommen, während bei der Belastung in der durch die untere Antriebs-

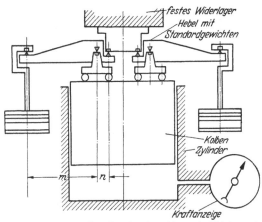

Abb. 1. Kontrolle einer Druckprüfmaschine mit Hebeln und Gewichten.

spindel bestimmten Zugachse starke Reibungswiderstände auftraten. Deutliche Reibstellen an der Pendelwelle bewiesen, daß auch bei den Betriebsversuchen in den wenigen Wochen von der Aufstellung bis zur Untersuchung die gleichen ungünstigen Verhältnisse geherrscht hatten.

Eine liegende Zugprüfmaschine mit einer Laufgewichtswaage hatte bei der Prüfung durch mittelbare Gewichtsbelastung mit einem Kontrollhebel einen gleichmäßigen Fehler von −0,7% gezeigt. Bei der wenige Tage später durchgeführten Untersuchung nach dem Verfahren mit Spiegelkraftmeßgeräten ergab sich dagegen eine mit 6% beginnende sehr ungünstige Fehlerkurve (Beispiel 2 S. 347). Die Hilfsschneiden, die den Winkelhebel der Laufgewichtswaage bei unbelasteter Prüfmaschine in seiner Lage halten, waren nicht in einer Flucht mit den Hauptstützschneiden angebracht. Bei jeder mit dem Antrieb der Prüfmaschine in der Zugachse aufgebrachten Belastung wurden die Hilfsschneiden mit einer verhältnismäßig sehr großen Kraft gegen die sie tragenden Pfannen gepreßt. Der Kontrollhebel gab dagegen dem an dem Winkelhebel der Laufgewichtswaage auftretenden Zwange nach; die von dem Einspannwagen zu der Laufgewichtswaage führende Zugstange konnte nach oben ausweichen, wodurch der Reibungswiderstand vermieden wurde.

Die Prüfverfahren mit unmittelbarer und mittelbarer Gewichtsbelastung werden ihrer Mängel wegen in Deutschland nicht angewandt, es sei denn, die Prüfkräfte sind für geeignete Kraftmeßgeräte zu klein. Dann aber müssen die Fehlermöglichkeiten dieser Verfahren beachtet werden. Die Gewichte müssen möglichst stoßfrei aufgebracht werden, die Kraftanzeige soll langsam bis zur Prüfkraft ansteigen und nicht um diese Gleichgewichtslage pendeln. Bei stehenden Zugprüfmaschinen stützt man deshalb den Gewichtssatz zweckmäßig auf den unteren Einspannkopf ab, indem vielleicht noch Entlastungsfedern zwischengeschaltet werden, und fährt mit langsamer Geschwindigkeit abwärts, bis die Gewichte frei am oberen Spannkopf hängen. Bei Druckprüfmaschinen ist mit hebelübersetzter Gewichtsbelastung u. U. auch eine Verspannung der Prüfmaschine möglich, s. Abb. 1.

2. Untersuchung durch Vergleichsversuche.

Aus einem als sehr gleichmäßig nachgewiesenem Werkstoff werden eine Anzahl Proben hergestellt und die mit einer guten Vergleichsmaschine erhaltenen Prüfergebnisse mit denen verglichen, die mit der zu untersuchenden Maschine erhalten werden. So werden bei der Untersuchung von Zugprüfmaschinen die an den Proben beim Zerreißen festgestellten Höchstkräfte in kg oder die Zugfestigkeiten in kg/mm² verglichen. Im ersteren Falle müssen so viel Gruppen von Vergleichsproben mit verschiedenen Querschnitten geprüft werden, wie die vorgesehene Anzahl der Kräfte, die an der Kraftmeßeinrichtung nachgeprüft werden soll. Im zweiten Fall wird nur der Querschnitt der Proben für die zu untersuchende Maschine geändert, wobei jedoch unvermeidliche Festigkeitsschwankungen über den Querschnitt des Vergleichswerkstoffs in Kauf genommen werden müssen. Bei auf Druck wirkenden Prüfmaschinen wird die bleibende Formänderung der Proben verglichen, bei Härteprüfmaschinen z. B. die Größe des Eindrucks, bei Druckprüfmaschinen die Stauchung von Zylindern. Diese Zylinder, häufig Crusher genannt, sind aus weichem, gleichmäßigem Kupfer. Durch Vorversuche wird die Beziehung zwischen Stauchung und Belastung aufgestellt, die jedoch nur dann übertragbar ist, wenn Durchmesser, Höhe und Oberflächengüte der Zylinder sehr gleichmäßig sind. Die Belastung läßt sich durch die Zahl der Zylinder stufenweise erhöhen.

Das Vergleichsverfahren ist ungenau, die Umkehrspanne der Kraftmeßeinrichtung kann nicht bestimmt werden, und damit ist auch nichts über Reibungen in der Maschine und über die Fehlerquelle auszusagen. Das Verfahren ist deshalb für neutrale Maschinenuntersuchungen nicht zugelassen und wird neuerdings auch in den ISO-Empfehlungen nicht mehr erwähnt.

3. Untersuchungen mit Kraftmeßgeräten.

Werkstoffprüfmaschinen werden jetzt wohl überall hauptsächlich mit Kraftmeßgeräten untersucht. Unter diesem Namen mögen solche Geräte verstanden sein, bei denen ein zweckentsprechend geformter Teil des Geräts durch die wirkende Kraft federnd verformt wird, und diese federnde Verformung als Kraftmaß dient. Die Beziehung Prüfkraft zur Formänderung — die Sollwerte des Geräts — werden in besonderen Belastungsmaschinen ermittelt.

Das Kraftmeßgerät wird in der gleichen Weise wie die Versuchsstücke bei den Betriebsversuchen in die Prüfmaschine eingebaut und mit deren Antriebseinrichtung belastet. Bei den gewählten Kraftstufen wird die Formänderung des Geräts an ihrer Meßeinrichtung abgelesen. Die Unterschiede zwischen den

Sollwerten und den Istwerten ergeben die Fehler der Kraftmeßeinrichtung der Maschine.

Dieses Untersuchungsverfahren hat gegenüber den anderen Verfahren wesentliche Vorteile:

Die Prüfmaschine und ihre Kraftmeßeinrichtung arbeiten bei der Untersuchung in der gleichen Weise wie bei Betriebsversuchen. Die Sollwerte des Kraftmeßgeräts gelten, wenn sie einwandfrei bestimmt worden sind, und das Gerät pfleglich behandelt und benutzt wird, für eine längere Zeitdauer.

Innerhalb des bei der Bestimmung der Sollwerte festgelegten Verwendungsbereichs kann man bei guten Geräten beliebige Kraftstufen wählen.

Kraftmeßgeräte, an denen die Formänderung an zwei oder mehr auf dem Umfang der Meßstrecke verteilten Fasern gemessen wird, wie es z. B. durchweg der Fall ist, wenn die Formänderung mit MARTENS' Spiegelgeräten bestimmt wird, lassen leicht erkennen, ob das Versuchsstück in der Prüfmaschine während des ganzen Belastungsvorgangs genügend mittig beansprucht wird. Diese Erkenntnis ist für die Beurteilung der Maschine und die Auffindung etwaiger Mängel häufig wesentlich.

Ist die Hysterese des Kraftmeßgeräts klein, so kann durch eine Rückwärtsreihe die Umkehrspanne der Kraftmeßeinrichtung der Prüfmaschine ermittelt werden. Sie sagt über die Größe und über den Ort etwaiger Reibungen Entscheidendes aus.

Manche Kraftmeßgeräte sind einfach zu handhaben, es ist nur auf die Bedienungsvorschrift genau zu achten. Diese Bauarten sind deshalb für eine gelegentliche Überprüfung der Werkstoffprüfmaschinen durch ihre Benutzer selber geeignet. Andererseits können jedoch empfindliche Geräte, wie z. B. solche mit Spiegelfeinmessung, nur von solchen Prüfern bedient werden, die das Meßverfahren theoretisch und praktisch beherrschen und so durch geeignete Maßnahmen etwaige Fehler der Versuchsausführung oder des Meßgeräts sofort sicher erkennen können. Das allein aber gibt die unbedingte und für den Prüfer beruhigende Sicherheit, daß alle auffallenden Erscheinungen nur in der zu untersuchenden Prüfmaschine ihre Ursache haben.

C. Kraftmeßgeräte.

Der Aufgabe dieses Beitrags entsprechend, werden nur Kraftmeßgeräte besprochen, die für Untersuchungen an Werkstoffprüfmaschinen üblicherweise benutzt werden oder auch gelegentlich benutzt worden sind. Sie bestehen aus einem Stahlkörper, der nach seiner Mittellinie symmetrisch bearbeitet ist, und aus dem Formänderungsmeßgerät. Der Stahl soll rein erschmolzen sein und geringen Stickstoffgehalt haben, damit seine Hysterese (Formänderungsunterschied bei Be- und Entlastung) gering ist. Je höher seine Elastizitätsgrenze liegt, desto höher kann die spezifische Beanspruchung gewählt und damit die Abmessungen des Körpers klein gehalten werden und desto größer sind die ausnutzbaren elastischen Formänderungen.

Üblicherweise wird ein vergüteter Cr-Ni-Mo-Stahl genommen, z. B. 40 NiCrMo 15 nach Stahleisen-Werkstoffblatt 200-51 „Legierte Kaltarbeitsstähle", mit einer Streckgrenze von etwa 110 bis 120 kg/mm² und einer Zugfestigkeit von etwa 140 kg/mm². Aus solch einem Stahl können Kraftmeßgeräte, als Zugstäbe geformt, bedenkenlos bis 42 kg/mm² beansprucht werden, Druckkörper bis 50 kg/mm². Ob bei einer höheren Spannung die Größe der Formänderung über eine genügend lange Zeit hinaus konstant bleibt, wird im Staatl. Materialprüfungsamt Nordrhein-Westfalen in Dortmund untersucht.

Die Kraftmeßgeräte mögen nach folgender Gruppeneinteilung besprochen werden:

1. Geräte mit rein mechanischer oder hydraulischer Übersetzung der Formänderung.

Das Meßgerät ist

a) Röhrenmanometer,   c) Meßuhr,

b) Meßröhre,   d) Mikrometer.

2. Geräte mit hauptsächlich optischer oder elektrischer Übersetzung der Formänderung.

Das Meßgerät ist

a) Strichmaßstab mit Feinmeßmikroskop,

b) Spiegelfeinmeßgerät,

c) elektrischer Geber.

1. Geräte mit rein mechanischer oder hydraulischer Übersetzung der Formänderung.

a) Kraftmeßgeräte mit Röhrenmanometer (Meßdosen).

Die Meßdose (s. Abb. 2 bis 5) ist ein zylindrisches, sehr flaches Gefäß, das durch eine Membran aus Gummi oder seltener aus dünnem Messingblech vollkommen luftdicht abgeschlossen ist und mit einem Manometer der üblichen Bauart (mit BOURDON-Feder) in Verbindung steht. Die Dose selbst und das Manometer sind mit einer Flüssigkeit — Öl oder Glyzerin — gefüllt. Auf der Membran ruht der Meßdosenkolben, dessen Durchmesser ein wenig kleiner als der Innendurchmesser der Dose ist, so daß der Kolben die Membran etwas in die Meßdose hineindrücken kann, ohne sie abzuscheren. Auf den Meßdosenkolben wirkt die zu messende Kraft entweder unmittelbar oder, wie bei der neueren Bauart der Abb. 4 und 5, über einen zwischen Kugeln geführten Druckstempel, der tief in den Meßdosenkolben hineingreift und dadurch ein Kippen des Kolbens möglichst verhindert. Um einen einwandfreien Kraftschluß zwischen der Membran und dem Meßdosenkolben zu erzielen und damit eine gleichmäßige und eindeutige Nullanzeige bei unbelasteter Meßdose, wird im allgemeinen schon durch die Bauart der Meßdose dafür gesorgt, daß die Flüssigkeit in der Meßdose stets unter einer geringen aber gleichbleibenden Vorspannung steht. Eine Meßdose sollte stets einen Deckelwegzeiger besitzen, an dessen Verschiebung gegenüber einer Strichmarke während eines Belastungsvorgangs der Weg

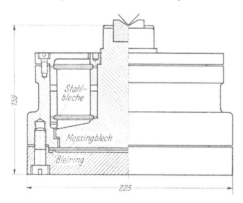

Abb. 2. 20 t-Meßdose mit Messing-Membran (Bauart MARTENS).

beobachtet werden kann, den der Meßdosenkolben bei der Belastung der Meßdose zurücklegt. An den in den Abb. 4 und 5 dargestellten Meßdosen ist
die Strichmarke an dem Druckstempel und der Zeiger auf dem
Abschlußdeckel des Meßdosenkörpers angebracht; der Weg wird
also in natürlicher Größe angezeigt.
Da es sich um sehr kleine Wege
von etwa 0,5 mm handelt, wäre es
vorteilhafter, wenn der Deckelwegzeiger die Verschiebung vergrößert
anzeigen würde.

Bei der Meßdose wird die auf
den Meßdosenkolben aufgebrachte
Kraft hydraulisch untersetzt im
Verhältnis des wirksamen Querschnitts des Meßdosenkolbens zu
dem lichten Querschnitt der BOUR
DON-Feder des Manometers. Die
BOURDON-Feder biegt sich mit
zunehmendem Druck federnd auf.
Diese Aufbiegung wird durch eine
kleine Zugstange auf ein Zahnsegment übertragen, das ein auf der
Zeigerachse sitzendes Ritzel dreht,
Abb. 6.

Der Meßdose haften mehrere
Mängel an, die im Grundsätzlichen
des Meßverfahrens ihre Ursache
haben und infolgedessen durch
Änderungen in der Ausführung nicht
vollständig behoben werden können.

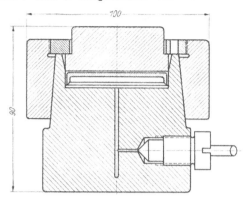

Abb. 3. 50 t-Meßdose mit Lederstulp-Membran
(Bauart MARTENS).

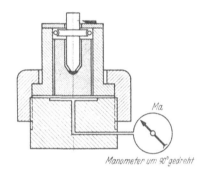

Abb. 4. Meßdose mit Gummi-Membran
(Bauart Losenhausenwerk).

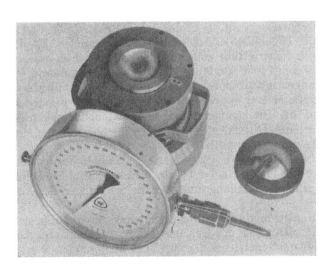

Abb. 5. 100 t-Meßdose (Bauart Losenhausenwerk).

Der wirksame Querschnitt des Meßdosenkolbens, also auch das Übersetzungsverhältnis, ändert sich mit dem Deckelwege, weil die Membran etwas in die Meßdose hineingedrückt wird; sie sind demnach von dem Füllungsgrade der Meßdose, von deren Luftinhalt und von der Vorspannung abhängig. Änderungen in diesen Vorbedingungen sind aber ohne Nachprüfung der Meßdose nur schwer und ungenau zu erkennen, weil die Deckelweganzeige meist nicht genügend fein ist und kleine Wechsel in der Nullanzeige auch aus anderen in dem Manometer liegenden Gründen auftreten können. Um sie wenigstens in etwa erkennen zu können, dürfen die Manometer keinen festen Nullpunktanschlag (unterdrückten Nullpunkt) besitzen.

Das Manometer ist, zumal in dem untersten Drittel seines Meßbereichs, kein sehr genaues und zuverlässiges Meßgerät. Bei dem üblichen Meßdosenmanometer hat man bei 1/10 der Manometerhöchstanzeige eine Ablesung, die unter Berücksichtigung der Meßdosenvorspannung ungefähr 25 bis 28 Grad entspricht. Bei der üblichen Versuchsausführung — Zusammenarbeit von 2 Personen, von denen die eine die gewünschte Kraftanzeige an der Prüfmaschine einstellt und die andere auf Zuruf der ersten die Anzeige an dem Meßdosenmanometer abliest — muß man auch im günstigsten Falle mit einem Schätzungsfehler von ± 0,2 Grad rechnen. Das bedeutet aber schon eine Streuung von ± 0,7 bis 0,8% vom Mittelwerte. Dieser Betrag kann sich noch etwa um die Hälfte erhöhen, weil

Abb. 6. Innenansicht eines Manometers mit Bourdonfeder, Skalendeckel abgenommen.

auch bei der Ermittlung der Sollwerte eine Unsicherheit der Ablesung von ± 0,1 Grad im allgemeinen nicht wird vermieden werden können. In der Regel wird die in Grad eingeteilte Skale der Röhrenmanometer vom Meßdosenhersteller durch eine Skale ersetzt, die nach der Meßgröße, also in Krafteinheiten geteilt ist.

Trotz dieser Mängel kann aber ein Prüfer, der die Wirkungsweise der Meßdose und deren Eigenarten kennt, bei pfleglicher Behandlung und sachgemäßer Anwendung gute Ergebnisse mit diesem Prüfgerät erzielen. Es müssen nur folgende Voraussetzungen erfüllt sein und dauernd beachtet werden:

Die Meßdose muß sehr sorgfältig gefüllt sein. Das gesamte Gerät — Meßdose, Rohrleitungen mit Anschlüssen und Manometer — muß absolut dicht sein.

Besitzt das Manometer ein drehbares Zifferblatt zum Einstellen des Skalen-Nullpunkts auf die Hauptzeigerspitze, so muß auch eine ausreichende und genügend unterteilte Hilfsskale vorhanden sein, an der man die Einstellung des Zifferblatts genau nachprüfen kann.

Das Prüfzeugnis, das bei der Ermittlung der Sollwerte aufgestellt worden ist, muß eindeutige Angaben über den bei der Untersuchung beobachteten Deckelweg, über die Hilfszeigerstellung und über die Streuungen der Ablesungen enthalten.

Bei der Untersuchung und bei der Benutzung empfiehlt es sich, das Manometer durch Klopfen gegen das Gehäuse leicht zu erschüttern, damit die Hemmungen im Manometergetriebe gleichmäßiger überwunden werden.

Der Deckelweg und die Nullanzeige des Manometers sind bei jeder Benutzung der Meßdose zu beobachten.

Sollen Werte unterhalb von 1/5 der Meßdosenhöchstkraft verwandt werden, so sind die oben gekennzeichneten, unvermeidlichen Unsicherheiten bei der Beurteilung der Ergebnisse entsprechend zu berücksichtigen.

b) Kraftmeßgeräte mit Meßröhre.

Es sind hauptsächlich zwei voneinander abweichende Bauarten — von WAZAU und AMSLER — in Gebrauch.

Das WAZAU-Gerät[1] besteht aus einem mit Quecksilber gefüllten Gefäße von geringem Rauminhalt und einem mit diesem in Verbindung stehenden Meßzylinder. Bei der älteren Ausführung (Abb. 7) wird das Gefäß von zwei fest zusammengeschraubten tellerartigen Platten gebildet. Die neuere Bauart (Abb. 8) besitzt einen durchgehenden Bolzen, auf den ein das Gefäß bildender Körper aufgeschrumpft ist. In beiden Fällen ändert sich das Volumen des mit Quecksilber gefüllten Hohlraums, wenn das Gerät auf Zug oder Druck beansprucht

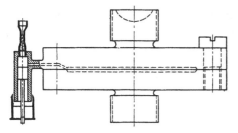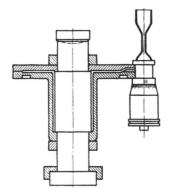

Abb. 7. Platten-Kraftmeßgerät mit Quecksilberfüllung (Bauart WAZAU).

Abb. 8. Bolzen-Kraftmeßgerät mit Quecksilberfüllung (Bauart WAZAU).

wird, bei der ersten Bauart durch federnde Verbiegung der Platten, bei der zweiten infolge federnder Längenänderung des durchgehenden Bolzens. Je nach der Kraftrichtung wird hierbei Quecksilber aus dem Hohlraume herausgedrückt oder in ihn hineingesogen. Die Menge dieses Quecksilbers wird in dem an den Gefäßkörper seitlich angeschraubten Meßzylinder mit einem eingeschliffenen Meßkolben mikrometrisch gemessen. Der Meßkolben wird zu diesem Zweck stets so weit in den Meßzylinder hineingeschraubt, bis die Oberfläche des Quecksilberfadens in einem Haarrohr auf eine Strichmarke einspielt. Die Mikrometerteilung liefert an sich ein sehr feines Maß für die Änderung des Rauminhalts und damit für die auf das Kraftmeßgerät wirkende Kraft. Die Möglichkeit, an der Trommel der Mikrometerschraube die Zehntel der Teilung zu schätzen, wird man freilich nur in den seltensten Fällen ausnutzen können, weil die Einstellung der Quecksilberkuppe auf die Strichmarke im Augenblick der Krafteinstellung nicht mit der entsprechenden Genauigkeit und Sicherheit möglich ist. Der Meßgrundsatz ist also bei diesem Prüfgerät ganz anders als bei der Meßdose, die auf das Kraftmeßgerät aufgebrachte Kraft verursacht eine kleine Formänderung des Stahlkörpers, die durch hydraulische Übersetzung stark vergrößert angezeigt wird.

Für das richtige Arbeiten dieser Kraftmeßgeräte können in der Hauptsache folgende Voraussetzungen als unerläßlich angesehen werden:

Das Kraftmeßgerät darf nicht zu hoch beansprucht sein, weil andernfalls elastische Nachwirkungen auftreten, die die Meßergebnisse sehr ungünstig

---

[1] WAZAU, G.: Forschungsarb. VDI, Sonderreihe M, Heft 3, Berlin 1920.

beeinflussen können. Ist die Beanspruchung zu hoch gewählt oder genügt der benutzte Werkstoff nicht vollkommen den von dem Hersteller angenommenen Bedingungen, so ändern sich die Sollwerte des Geräts, je nachdem das Meßgerät häufig unmittelbar hintereinander benutzt wird oder längere Zeit ruht, sowie, wenn es bis zu seiner Höchstkraft oder nur in einem Teile seines Verwendungsbereichs beansprucht wird.

Auch bleiben bei zu hoch beanspruchten Geräten, die sowohl für Zug- als auch für Druckkräfte bestimmt sind und benutzt werden, die für die eine Kraftrichtung festgelegten Sollwerte nicht unverändert, wenn das Gerät kurz vorher in der andern Kraftrichtung bis zu seiner Höchstgrenze belastet worden ist.

Das Meßgerät muß so luftdicht abgeschlossen sein, daß kein Quecksilber austreten und keine Luft von außen in den Hohlraum hingesogen werden kann.

Die Füllung muß luftfrei sein. Enthält das Quecksilber in dem Hohlraume des Gefäßes Luftbläschen, so treten unmittelbar nach jeder Entlastung Änderungen in der Nullanzeige des Geräts ein.

Diese drei Voraussetzungen müssen schon erfüllt sein, wenn die Sollwerte des Geräts einwandfrei bestimmt werden sollen, während die weiteren Punkte von dem Besitzer besonders zu beachten sind:

Das Quecksilber und das Haarrohr mit den beiden oben und unten liegenden Erweiterungen dürfen nicht durch Staubteilchen oder Fett verunreinigt sein.

Das Gerät muß pfleglich behandelt und vorsichtig bedient werden; zu schnelle Kraftwechsel sind zu vermeiden.

Für den Besitzer empfiehlt es sich, das Gerät nur bis zu der Höchstkraft untersuchen zu lassen, die er selbst auf seinen eigenen Prüfmaschinen einstellen kann und bis zu der er das Gerät benutzen will.

Sind diese Vorbedingungen erfüllt, so ist das Wazau-Kraftmeßgerät ein sehr gutes, wenn auch recht empfindliches Prüfgerät. Allerdings ist ein geübter und sorgfältig arbeitender Beobachter erforderlich. Ein Nachteil bei der praktischen Benutzung ist die große Empfindlichkeit gegen Temperaturänderungen. Man muß nach dem Einbau in eine Prüfmaschine oft längere Zeit warten, bis die Temperatur so weit ausgeglichen ist, daß die Nullablesung bei unbelastetem Gerät sich nicht mehr oder nur noch sehr langsam ändert. Erst dann kann man mit einwandfreien Prüfergebnissen rechnen.

Das Kraftmeßgerät mit Quecksilberfüllung der Fa. Amsler (Abb. 9 und 10), von dem Hersteller als „Meßdose" bezeichnet, arbeitet nach dem gleichen Grundsatz. Es ist in seinem Aufbau einfacher, hat für die gleiche Höchstkraft größere Abmessungen und größeres Gewicht und liefert allerdings ein nicht so feines Maß für die Krafteinheit.

Ein zylindrisches Gefäß ist durch ein Einsatzstück, das fast bis auf den Boden des Gefäßes hinabreicht und einen nur sehr kleinen Hohlraum freiläßt, luftdicht verschlossen. Der Hohlraum ist mit Quecksilber gefüllt. Die bei der Belastung aus dem Hohlraum heraustretende oder in ihn hineingesogene Quecksilbermenge wird auch bei diesem Gerät durch Verschieben eines Meßkolbens in einem Meßzylinder mikrometrisch gemessen, wobei der Quecksilberfaden gleichfalls in einem Haarrohr auf eine Marke eingestellt wird. Der Meßzylinder und das Haarrohr sind hier waagerecht angeordnet.

Was über das Wazau-Gerät gesagt wurde, gilt mit einigen Einschränkungen und Änderungen auch für das Amsler-Gerät.

Eine zu hohe Beanspruchung wird hierbei kaum auftreten können, weil diese Kraftmeßgeräte durchweg sehr reichliche Abmessungen haben.

Schmutzteilchen, Fett und Luftblasen stören bei der waagerechten Lage des ganzen Meßgeräts und des Haarrohrs sowie des gröberen Kräftemaßes noch mehr als bei den WAZAU-Geräten; außerdem ist die Säuberung und Entlüftung des Geräts bedeutend schwieriger und zeitraubender.

Das weit aus dem Stahlkörper herausragende Haarrohr ist beim Einbau des

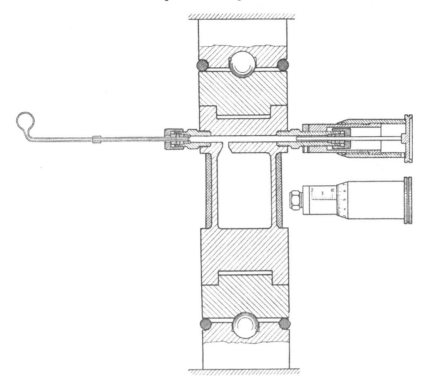

Abb. 9. Kraftmeßgerät mit Quecksilberfüllung (Bauart Amsler).

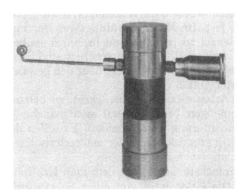

Abb. 10. Kraftmeßgerät mit Quecksilberfüllung (Bauart Amsler).

Geräts in eine Prüfmaschine unbequem und zerbricht leicht; es ist aber einfach zu erneuern, eine neue Untersuchung des Geräts ist nicht erforderlich. Die Einspannung in Zugprüfmaschinen mit Anschlußlaschen unter Benutzung der Schnellspannvorrichtung der Prüfmaschine ist bei dem schweren und empfindlichen Kraftmeßgerät unvorteilhaft. Besser und mittiger ist der Einbau mit Gewindebolzen, die in den Spannköpfen kugelig gelagert sind.

c) Kraftmeßgeräte mit Meßuhren.

Der Verformungskörper ist eine Schraubenfeder oder er hat Ring-, Schleifen- oder Bügelform. Die federnde Formänderung wird durch eine Meßuhr gemessen entweder unmittelbar oder nach einer Vergrößerung durch einen mechanischen Hebel. Die Zuverlässigkeit der Ergebnisse wird ausschlaggebend beeinflußt von

der Empfindlichkeit des Meßgeräts, d. h. von dem Verhältnis des Uhrzeigerwegs zur Krafteinheit, wobei der Uhrzeigerweg abhängig ist von der Größe der Formänderung und deren Übersetzung,

der Sicherheit des Kraftschlusses zwischen den Einzelgliedern des Geräts,

der zwanglosen Übertragung der zu messenden Bewegung auf den Fühlstift der Meßuhr,

dem einwandfreien Arbeiten der Meßuhr selbst.

Während eine wünschenswerte Empfindlichkeit des Geräts ohne weiteres erreicht werden kann, bereitet der unveränderliche Kraftschluß zwischen den Bewegungsgliedern des Geräts schon größere Schwierigkeiten. Man beobachtet manchmal bei solchen Kraftmeßgeräten, daß der Nullpunkt und auch der Übergang vom unbelasteten Zustand zu den kleinen Kraftstufen unstet ist, und daß die Ergebnisse bei diesen Kraftstufen verhältnismäßig stark streuen. Meistens sind diese Erscheinungen darauf zurückzuführen, daß der Übersetzungshebel oder der Fühlstift der Meßuhr seine Lage gegenüber dem Verformungskörper ändert oder nicht gleichmäßig fest an diesem anliegt. Eine weitere Fehlerquelle liegt in der Übertragung der Hebelbewegung auf den Fühlstift der Meßuhr. Der Übersetzungshebel, gegen den sich der Fühlstift anlegt, bewegt sich auf einem Kreisbogen um den Drehpunkt des Hebels. Weicht die Auflagerfläche am Hebel dabei zu sehr von der zur Achse des Fühlstifts senkrecht stehenden Ebene ab, so wirkt auf den Fühlstift eine Seitenkraft, die Reibung zwischen Fühlstift und Führungsbuchse und damit Streuung der Ergebnisse verursacht. Bei den Meßuhren werden Unstetigkeiten im Triebwerk und Hemmungen, die die leichte Beweglichkeit des Fühlstifts verhindern, immer wieder festgestellt. Es sind deshalb für die Meßgeräte nur besonders gute und ausgesuchte Uhren zu verwenden. Sie sollen, wie auch die Kugellager, nicht geölt werden, Öl verharzt leicht und hält Staub fest. Im Materialprüfungsamt Dortmund wird empfohlen, diese Teile evtl. in Benzol zu reinigen und in einem sauberen Benzolbad, dem nur wenige Tropfen besten Uhrenöls zugegeben sind, nachzuspülen. Das Öl löst sich im Benzol und beim Trocknen liegt über den gewaschenen Teilen gleichmäßig ein sehr leichter Ölfilm.

Alle vorhandenen Arten dieser Kraftmeßgeräte zu behandeln, würde zu weit führen und Wiederholungen bringen, weil sich manche Bauformen lediglich in Einzelheiten der Ausführung unterscheiden. Es sollen deshalb nur Beispiele gebracht werden, die in grundsätzlich oder meßtechnisch wesentlichen Punkten voneinander abweichen.

Das älteste und einfachste Gerät, mit dem man Kräfte messen kann, ist das Federdynamometer. Die Kraft wird von einer Schraubenfeder aufgenommen, deren Formänderung von einem Zeiger in natürlicher Größe an einer Längsskale oder vergrößert an einer Bogenskale angezeigt wird. Diese Bauart ist zu ungenau, um heute noch für die Nachprüfung der Kraftanzeigen von Prüfmaschinen benutzt werden zu können.

Bei neueren Federkraftmeßgeräten von der Firma Joh. Rein, Urach, wird die Formänderung einer Schraubenfeder durch eine Meßuhr mit 0,01 mm Teilungseinheit gemessen. Das Gerät für Zugkräfte — in Abb. 11 schematisch dargestellt — besteht aus zwei mehrgängigen übereinander angeordneten Schrau-

benfedern. Die eine Feder ist rechts-, die andere linksgängig, damit die unter
der Belastung eintretende Verdrehung der einzelnen Federn aufgehoben wird.
Der obere Anschlußbolzen trägt in einem Umführungsring die eingesetzte
Meßuhr. Zwischen dem Fühlstift der Meßuhr und dem unteren Endstück der
beiden Schraubenfedern ist, auf Kugeln gelagert, eine Druckstelze eingesetzt.
Den Kraftschluß bewirkt allein die in der Meßuhr vorhandene kleine Feder.

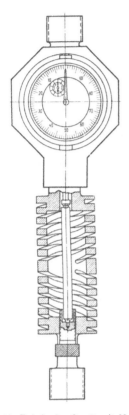

Mit der in der Aussparung des unteren An-
schlußbolzens sichtbaren Rändelschraube wird
die Meßuhr auf den Skalen-Nullpunkt eingestellt. Das Gerät wird für Höchstkräfte von
50 kg bis 2000 kg gebaut und ist mit einer
Gesamthöhe, je nach Höchstkraft, von 200
bis 400 mm besonders für Prüfmaschinen mit
geringer Einbaulänge gedacht.

Abb. 11. Federkraftmeßgerät mit Meßuhr
für Zugkräfte (Bauart Rein).

Abb. 12. Federkraftmeßgerät mit Meßuhr für Druckkräfte bis 1 t
(Bauart Rein).

Das Gerät für Druckkräfte (Abb. 12) hat nur eine mehrgängige Schraubenfeder, deren Drehbewegung durch ein über ihr eingebautes Kugellager ausgeglichen werden soll. Es erscheint jedoch zweifelhaft, ob das Kugellager den
gedachten Zweck voll erfüllt. An dem Fußstück ist unter der Feder ein Ausleger
eingebaut, der an seinem vorderen Ende die zur Regelung der Nullanzeige in
der Höhe verstellbare Meßuhr trägt. An dem hinteren Ende des Auslegers wird
in Kugellagern ein einarmiger Hebel gehalten, auf den sich der Fühlstift der
Meßuhr aufsetzt. In der Mittelachse des Geräts überträgt eine Druckstelze die
Bewegung des oberen Federendes auf den Hebel. Den Kraftschluß zwischen dem
Federkopfe, der Druckstelze und dem Hebel gewährleistet eine neben der Meßuhr auf dem Ausleger aufgesetzte Zugfeder. Da das vordere Ende des Hebels,
das sich während des Be- und Entlastungsvorgangs um etwa 80 bis 100 mm
senkt und hebt, einen Kreisbogen um das Hebellager als Mittelpunkt beschreibt,
verschiebt sich die Spitze des Meßuhrstifts auf dem Hebel in dessen Längsrich-

tung. Wenn der Fühlstift nicht genügend leicht gleitet, wirkt eine Seitenkraft, die das freie Spiel der Meßuhr behindert. Das Gerät wird für Höchstkräfte von 10 bis 1000 kg gebaut. Erfahrungen über diese beiden Geräte haben die Verfasser nicht.

Im allgemeinen haben die Verformungskörper Ring-, Schleifen- oder Bügelform. Eine einfache Bauart zeigt Abb. 13. Die Kraft wirkt auf einen geschlossenen Stahlbügel, dessen Längswände blattfederartig gebogen sind. Die federnde Verbiegung dieser Seitenwände wird auf ein Zeigerwerk übertragen und vergrößert

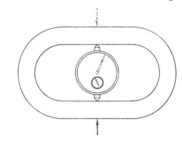

Abb. 14. Druck-Kraftmeßgerät mit Meßuhr, Bügelform.

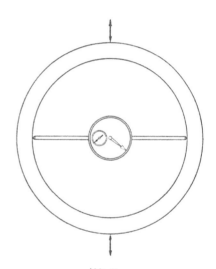

Abb. 13. Zug-Kraftmeßgerät einfacher Bauart.

Abb. 15.
Zug- und Druck-Kraftmeßgerät mit Meßuhr, Ringform.

an einer Kreisskale angezeigt. Wegen der Unsicherheit der Nullanzeige der kleinen Übersetzung und der groben Teilung der Skale ist das Gerät für die Untersuchung von Prüfmaschinen nicht geeignet.

Die beiden schematischen Darstellungen in Abb. 14 und 15 zeigen einfach gebaute Geräte in Bügel- und Ringform. Die Meßuhr wird durch ihren Fühlstift und einen am oberen Uhrengehäuse angebrachten festen Stift in den Stahlkörper eingeklemmt, und zwar in eingearbeitete Körner; oder sie wird durch ein Haltestück am Stahlkörper befestigt, wobei der Fühlstift sich ebenfalls in einem Körner einsetzt (Abb. 16). Den Kraftschluß bewirkt allein der Druck der in der Meßuhr vorhandenen Feder. Er ist wegen des geringen Drucks und der Lagerung der Fühlstiftspitze in dem Körner des dafür nicht genügend harten Stahlkörpers oft nicht ausreichend und gleichmäßig. Die Formänderung des Stahlkörpers wird in der Kraftachse oder senkrecht dazu gemessen. Bei der üblichen Teilungseinheit der Meßuhr von 0,01 mm ist das Kräftemaß — die

Empfindlichkeit des Geräts — oft nicht genügend. So entspricht z. B. beim Gerät der Abb. 14 der Höchstkraft von 7 t nur eine Ablesung an der Uhr von 205 Teilungseinheiten. Die Übersetzung kann durch Einbau einer Meßuhr mit 0,001 mm Teilungseinheit vergrößert werden.

Um zwei Meßbereiche mit stark voneinander abweichenden Höchstkräften zu bekommen, hat das Losenhausenwerk die Bauart nach Abb. 17 entwickelt. Der Stahlbügel ist durch zwei der senkrechten Mittelebene parallele und von dieser gleich weit entfernte Schnitte in drei voneinander unabhängige Bügel geteilt, die nur noch in dem unzertrennten Mittelstück des unteren Schenkels miteinander zusammenhängen. Für die Kraftübertragung auf den oberen Schenkel sind zwei verschiedene wahlweise einzusetzende Druckstücke vorhanden. Das eine geht zwischen den beiden äußeren Bügelteilen frei hindurch und wird in den inneren Bügel eingeschraubt. Es ragt mit der ebenen, gehärteten und geschliffenen Endfläche durch den Bügelschenkel hindurch. Das zweite Druckstück liegt mit einer eingepaßten Platte, ohne den inneren

Abb. 16. 3 t-Meßbügel mit Meßuhr (Bauart Wolpert).

Bügelteil zu berühren, nur auf den beiden äußeren Bügelteilen und wird mit diesen durch zwei Schrauben fest verbunden. In dieses Druckstück ist mittig ein Stift eingeschraubt, der in der Achse des ganzen Bügels durch die Bohrung des inneren Bügelteils frei hindurchgeht und mit seiner ebenen, gehärteten und geschliffenen Endfläche ebenso weit wie das andere Druckstück in den Innenraum des Bügels hineinreicht. Dadurch, daß einmal nur der innere Bügelteil und das andere Mal nur die beiden äußeren Bügelteile belastet werden, ergeben sich zwei Meßbereiche, deren Höchstkräfte im Verhältnis 1:10 stehen. Die Meßuhr wird in der Mittelachse des Bügels in dem unzertrennten unteren Mittelstück durch eine

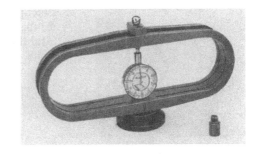

Abb. 17. Druckmeßbügel mit Meßuhr für Meßbereiche von 50 und 500 kg Höchstkraft (Bauart Losenhausenwerk).

Klemmvorrichtung gehalten. Der Fühlstift legt sich mit einer Kugelspitze gegen die Endfläche des jeweils eingesetzten Druckstücks. Die Meßuhrfeder gibt den Kraftschluß. Die Uhr hat eine Teilungseinheit von 0,01 mm.

Die Abb. 18 und 19 bringen zwei Beispiele für Kraftmeßgeräte mit hebelartiger Form der Stahlkörper. Beim Gerät nach Abb. 18 wirkt die in der Druckachse auftretende Verbiegung des oberen Schenkels etwa fünffach vergrößert auf die an seinem Ende befestigte Meßuhr. Der Fühlstift der Uhr läuft in eine abgerundete Spitze aus, sie wird durch den Federdruck der Meßuhr gegen eine im unteren Schenkel fest eingesetzte, gehärtete und geschliffene Platte gedrückt. Die Druckkraft wird im oberen Schenkel durch eine 10 mm-Kugel, die in einer Kalotte liegt, eingeleitet. Am unteren Schenkel ist ein standsicheres Fußstück eingesetzt, das die Kraft an zwei festgelegten Stellen auf den Bügel überträgt. Werden für das Fußstück zwei Paar Anlegeflächen vorgesehen und im oberen Schenkel zwei entsprechende Kalotten, so ist das Gerät für zwei Meßbereiche brauchbar. Das Gerät nach Abb. 19 unterscheidet sich von diesem Gerät grundsätzlich

Abb. 18.
3 t-Druckmeßbüge mit Meßuhr (Bauart O. Haberer).

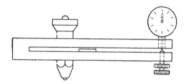

Abb. 19. 3 t-Druckmeßbügel mit Meßuhr
(Bauart „Zwerg").

nur dadurch, daß beide Schenkel federnd verbogen werden. Dieses Kraftmeßgerät wird auch zur Durchführung einer Brinellhärteprüfung benutzt. In den unteren Schenkel können Druckstempel mit den normenüblichen Prüfkugeln eingesetzt werden. Es ist deshalb unter dem Namen „Brinellpresse Zwerg" eingeführt, allerdings unzutreffend, da ihm die Belastungseinrichtung fehlt.

Diese Bauart kann sehr niedrig ausgeführt werden, weil die Meßuhr außerhalb des Bügels sitzt, sie eignet sich für die Nachprüfung von Maschinen mit geringer Einbauhöhe. Häufig wird diese Form des Stahlbügels auch für die Kraftmessung in

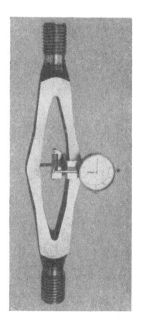

Abb. 20. 30 t-Zugmeßbügel mit Meßuhr
(Bauart O. Haberer).

Abb. 21. 3 t-Druckmeßbügel mit Meßuhr und Hebel
(Bauart Zwick).

der Prüfmaschine selber benutzt, vor allem bei elektrisch gesteuerten Serienprüfmaschinen.

Weit üblicher als diese Art der Vergrößerung der Formänderung ist die Übersetzung durch besondere Hebel. Abb. 20 zeigt das Meßgerät für Zugkräfte nach O. HABERER. Der Stahlkörper hat die Form einer länglichen Schleife. Die Formänderung in der zur Zugachse senkrechten Mittelachse der Schleife wird durch einen kleinen Hebel übersetzt und auf eine 0,01 mm-Meßuhr übertragen. Meßgeräte für Druckkräfte siehe Abbildung 21, 22, 23.

Bei den meisten solcher Geräte ist der Hebel in einem Haltestück gelagert,

Abb. 22. 3 t-Druckmeßbügel mit Meßuhr und Hebel (Bauart Frank).

Abb. 23.
3 t-Druckmeßbügel mit Meßuhr und Hebel (Bauart Wolpert).

das mit dem oberen oder unteren Bügelschenkel fest verbunden ist und die Meßuhr trägt. Damit der Hebel sich möglichst reibungsfrei bewegen kann, ist er bei manchen Bauarten mit Kegelspitzen in polierten Bohrungen geführt. Die Schwierigkeit liegt dabei darin, das richtige Spiel zwischen den Kegelspitzen und den Bohrungen so genau zu treffen, daß die Zuverlässigkeit der Messung weder durch Reibung noch durch Spiel beeinträchtigt wird. Um ein seitliches Verschieben der Hebelachse zu verhindern, werden deshalb manchmal von außen an den Bohrungen gehärtete Stahlbleche federnd angebracht, gegen die sich die Achsenspitzen lehnen. Der Kraftschluß wird durchweg durch eine zwischen dem Haltestück und dem Hebel eingebaute Druckschraubenfeder gesichert.

Bei den Geräten von Mohr & Federhaff ist das Übersetzungsverhältnis des Hebels möglichst genau und unveränderlich durch Kegelspitzen bestimmt. Eine in den oberen

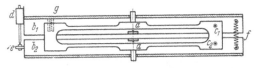

Abb. 24. 5 t-Druckmeßbügel mit Meßuhr und Hebel (Bauart Amsler).

Abb. 25. 5 t-Druckmeßbügel mit Meßuhr und Hebel (Bauart Amsler).

Bügelschenkel mittig eingesetzte Stelze drückt mit ihrer ebenen und gehärteten Endfläche auf eine am Hebel angebrachte Kegelspitze. Ebenso wird die Bewegung des Hebels über eine Kegelspitze auf die ebene Endfläche des Meßuhrfühlstifts weitergeleitet.

Einen waagerecht liegenden, geschlossenen Bügel verwendet Amsler, Schaffhausen, in seiner Druck-,,Meßschlange'' (Abb. 24 und 25). Der aus dem Vollen herausgearbeitete Stahlbügel a wird in der Mitte belastet. Für die Kraftübertragung sind an den waagerechten Schenkeln kleine Druckstücke befestigt. Der ganze Bügel ist von einem zweiteiligen Kasten b_1 und b_2 umkleidet. Dieses Gehäuse bildet gleichzeitig das Hebelsystem zur Übertragung der Formänderung des Bügels auf die Meßuhr. Die beiden Hälften des Kastens sind unabhängig voneinander an dem einen Ende des Bügels um die Bolzen c_1 und c_2 leicht drehbar gelagert. Am anderen Ende trägt die obere Kastenhälfte die Meßuhr und die untere eine kleine, gehärtete Druckplatte e, gegen die sich der Fühlstift der Meßuhr anlegt. In der Druckachse ist die obere Kastenhälfte mit dem oberen Bügelschenkel, die untere Hälfte mit dem unteren Schenkel durch die beiden Druckstücke verbunden. Auf der Seite der Lagerung sind die beiden Kastenhälften über die Drehpunkte c_1 und c_2 hinaus verlängert und jenseits von diesen Drehpunkten durch zwei Schraubenfedern f miteinander verbunden, so daß sie am anderen Ende auseinandergedrückt werden, um eine möglichst gleichmäßige Nullanzeige zu sichern. Den Kraftschluß zwischen dem ganzen Hebelsystem — dem zweiteiligen Kasten und dem Bügel — bewirkt eine Schraubenfeder g, die in der Nähe der Meßuhr als Druckfeder zwischen dem Bügel und der oberen Kastenhälfte eingeschaltet ist.

Die Umkleidung hat zweifellos Vorteile insofern, als empfindliche Teile gegen Verschmutzung und Beschädigung besser geschützt sind. Sie hat aber wegen der Unübersichtlichkeit und Unzugänglichkeit auch ihre Nachteile. Der Benutzer erkennt die Wirkungsweise des ganzen Geräts nicht, sieht nicht, wovon das einwandfreie Arbeiten abhängt und bemerkt es infolgedessen auch nicht, wenn sich einzelne Teile gelockert oder verschoben haben. Der in Abb. 25 gezeigte Einbau für Zugprüfungen mit einem Umführungsgehänge ist bei allen Druckkraftmeßgeräten möglich. Man vermeidet aber diese mehr behelfsmäßige Lösung gern, da der doppelte Umführungsrahmen leicht zu Störungen und Meßfehlern Anlaß geben kann und beim Einbau des Geräts unbequem ist.

An Stelle eines Hebels setzt G. Wazau einen zweiten U-förmigen Bügel, den Hilfsbügel, in den Stahlkörper ein und erreicht dadurch einen ziemlich sicheren und reibungsfreien Kraftschluß (Abb. 26). Im Hauptbügel sind im Innern in der senkrechten Mittelachse gehärtete Platten mit Bohrungen eingelassen. Der Hilfsbügel besitzt an den Stellen des Kraftübergangs Kugeln. Mit diesen Kugeln wird der Hilfsbügel federnd in die Bohrungen des Hauptbügels geklemmt und ist in diesen somit schwenkbar gelagert. Am oberen Schenkel des Hilfsbügels sitzt die Meßuhr, durch den unteren Schenkel führt eine Schraube mit einer gehärteten und geschliffenen Platte, auf der der Fühlstift der Meßuhr ruht. Mit der Schraube wird die Meßuhr auf den Skalen-Nullpunkt eingestellt, in dieser Stellung wird sie durch eine seitlich angebrachte Klemmschraube festgestellt. Die Geräte werden auch für zwei Meßbereiche gebaut. In diesem Falle hat der Hilfsbügel zwei Paar Haltestücke mit Kugeln, die die beiden Übersetzungsverhältnisse bestimmen. Auf Abb. 26 sieht man an der Vorderfläche des Hauptbügels in der Mitte zwei schmale, angearbeitete Leisten, die zum Ansetzen eines Spiegelfeinmeßgeräts bestimmt sind. Diese Lösung ist recht behelfsmäßig. An einem Flachstabe ist an sich schon ein einwandfreier Sitz des Spiegelfeinmeßgeräts schwieriger zu erreichen, als an einem Rundstabe. Hier kommt noch erschwerend hinzu, daß die Spiegelapparate mit dem Spiegel auf der einen und mit dem Handgriff und Zeiger auf der anderen Seite über den breit gebauten Meßbügel hinausragen müssen und infolgedessen sehr lang sind. Außerdem können die Anlageleisten anscheinend nicht genügend sauber herausgearbeitet werden.

Das ziemlich große Übergewicht, das der weit herausragende Hilfsbügel mit der Meßuhr ausübt, wirkt ungünstig auf die Lagerung der beiden Kugeln in den Bohrungen des Haupt-bügels. Dies kann besonders bei langen Hilfsbügeln zu Streuungen der Ergebnisse führen. Die Streuung kann beseitigt werden, wenn an der der Meßuhr ent-gegengesetzten Seite des Hilfs-bügels eine Stange mit einem Ausgleichsgewicht angebracht wird.

Wohl darum ist G. WAZAU später von der Verwendung eines einsetzbaren Hilfsbügels abgegangen und hat den Hilfs-bügel durch einen Ausleger und einen einarmigen Hebel ersetzt. Abb. 27 zeigt einen solchen Zug-Druck-Meßbügel für 60 t Höchst-

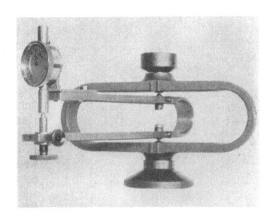

Abb. 26. 250 kg-Druckmeßbügel mit Hilfsbügel und Meßuhr (Bauart WAZAU).

kraft. In der senkrechten Mittelachse des Hauptbügels ist an dessen oberer Innenfläche ein Ausleger fest angebracht, der an seinem vorderen Ende eine Meßuhr trägt, während in dem rechtwinklig nach unten abgebogenen, hinteren Ende der einarmige Überset-zungshebel in Kugellagern ge-halten wird. Dieser Hebel trägt an seinem vorderen Ende eine in der Höhe einstellbare, ge-härtete Platte, auf die sich der Fühlstift der Meßuhr aufsetzt. In der senkrechten Mittelachse des Hauptbügels wird dessen Formänderung durch eine kleine Pendelstütze auf den Hebel weitergeleitet, die mit parabo-lischen Spitzen in die hierfür im Hebel und im Hauptbügel vorgesehene Bohrung eingesetzt wird. Zwei Zugfedern, die den Hebel mit dem unteren Teil des Hauptbügels verbinden, sorgen für einen einwandfreien Kraft-schluß zwischen Hauptbügel, Pendelstütze und Hebel. Damit

Abb. 27. 60 t-Druckmeßbügel mit Hebel und Meßuhr (Bauart WAZAU).

der Anzeigewert nach der Fertigstellung des ganzen Meßbügels noch in gewissen Grenzen erhöht oder verringert werden kann, ist der vordere Teil an dem Ausleger und an dem Hebel in der Länge veränderlich. Die endgültige Einstellung ist durch Paßstifte gesichert. Um über zwei Meßbereiche verfügen zu können, sind zwei Meßuhren vorgesehen, die eine, bei der eine Umdrehung des Hauptzeigers einer Verschiebung des Fühlstifts von 1 mm entspricht, dient bei dem in der Abbildung gezeigten Meßbügel für Kräfte bis 60 t, während die

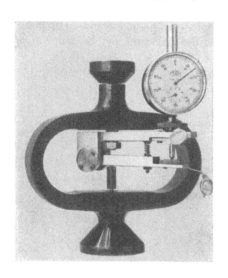

andere mit 0,5 mm Weg des Fühlstifts für einen Zeigerumlauf für 30 t Höchstkraft zu benutzen ist. Der Kraftschluß zwischen dem Hauptbügel und dem der Übersetzung der Formänderung dienenden Zwischenglied ist bei dieser Bauweise fraglos wesentlich besser gelöst worden. Auch erübrigt sich das Hin- und Herschwenken des Hilfsbügels vor Beginn eines Belastungsversuchs und das Erschüttern des Hauptbügels; die Bedienung ist somit einfacher, von der Geschicklichkeit des Prüfers unabhängiger und damit wesentlich sicherer geworden. Bei einer neueren Ausführung (Abb. 28) ist nun auch noch das Übergewicht, das den Bügel nach vorn kippen will, zwar nicht ganz aufgehoben, aber doch stark

Abb. 28. 5 t-Druckmeßbügel mit Hebel und Meßuhr (Bauart Wazau).

verringert. Der Ausleger und der Hebel sind so schräg wie möglich eingesetzt, so daß die Meßuhr dicht vor dem Hauptbügel steht. Die beiden Zugfedern für den Kraftschluß zwischen dem Hauptbügel und dem Hebel sind hier durch eine zwischen dem Hebel und dem Ausleger angeordnete Druckfeder ersetzt. Die Benutzung eines Spiegelfeinmeßgeräts ist bei den Meßbügeln dieser beiden Bauweisen nicht mehr vorgesehen, weil der Ausleger und der Hebel von dem Besitzer des Geräts nicht ausgebaut werden sollen.

d) Kraftmeßgeräte mit Mikrometer.

Ein im Ausland, vor allem in Amerika und England, sehr gern benutztes Kraftmeßgerät zeigt die Abb. 29. Der ringförmige Verformungskörper A hat rechteckigen Querschnitt mit einem Seitenverhältnis von etwa 1:4 bis 5. Symmetrisch über einem Durchmesser sind außen und innen Ansätze angearbeitet, seltener eingesetzt oder angeschraubt. Die äußeren Ansätze übertragen die Kraft auf den Ring. Der obere Ansatz B ist bei Druckmeßgeräten gewöhnlich kuglig abgerundet, der Mittelpunkt des Kreisbogens liegt dabei in der Mitte der Endfläche des unteren Ansatzes C. Der Ring ist aus einem vergüteten Stahl mit 0,5 % C, 1 % Cr, 1,75 % Ni, die Zugfestigkeit beträgt etwa 160 kg/mm², die 0,05 %-Grenze 147 kg/mm², die Bruchdehnung 8 % bei einer Meßlänge von 50,8 mm (2″). Die errechnete Beanspruchung des Stahlrings bei der Höchstkraft liegt bei 105 bis 115 kg/mm², die Verformung beträgt hierbei 1,3 bis 2,5 mm.

Die Verformung des Körpers wird folgendermaßen gemessen: Eine Mikrometerschraube D mit 40 bis 64 Gängen auf 1″ ist auf dem unteren inneren Ansatz G angebracht. Der Ansatz trägt auch den Zeiger I mit der Festmarke für die Mikrometertrommel H. Im oberen inneren Ansatz F ist ein dünnes, schmales Stahlblech E befestigt, das am freien Ende eine kleine Masse trägt. Dieses Blech wird von Hand mit einem Bleistift oder mit einem anderen geeigneten Gegenstand, der die Handwärme zum Blechstreifen nicht überträgt, um etwa 1/2″ ausgelenkt. Wird die Mikrometerschraube dem schwingenden Streifen entgegengedreht, so ändert sich bei leichtester Berührung die Amplitude und ein charakteristischer summender Schwington wird hörbar. Beide Effekte können für die Messung benutzt werden, die Amplitude soll sich in der Meßstellung in 2 bis 3 sek von 1/2″ zu 0 ändern.

Bei diesem Meßverfahren soll die Streuung der Einzelergebnisse voneinander nach Angaben des National Bureau of Standards[1] zwischen 1 bis 2 Hunderttausendstel Zoll betragen, d. i. 0,000254 bis 0,0005 mm. Das Meßergebnis ist der Unterschied zwischen der Mikrometerablesung bei Null und Prüfkraft. Obgleich die Einstellung des Meßpunkts bei verschiedenen Beobachtern verschieden ausfällt, wird dadurch der persönliche Fehler klein gehalten. In Amerika wird

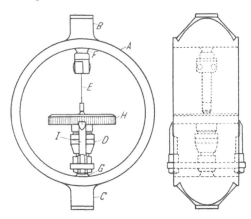

Abb. 29. Druck-Kraftmeßgerät mit Mikrometer
(Proving Ring).

dieses Verfahren der Messung mit den besten Meßuhren vorgezogen, da diese größere Fehler als gute Mikrometerschrauben haben.

Erfahrungen mit diesen Geräten liegen u. W. in Deutschland noch nicht vor. Die Prüfkraft muß so lange sauber eingehalten werden, bis der Beobachter die Mikrometerschraube fein genug eingestellt hat. Da dies bei manchen Prüfmaschinen schwierig ist, mag das ein Nachteil sein. Druckkraftmeßgeräte werden für Höchstkräfte von 300 lb bis 300 000 lb = 135 kg bis 135 000 kg hergestellt und Zugkraftmeßgeräte bis 100 000 lb = 45 000 kg. Die Gesamthöhe der Druckmeßgeräte liegt zwischen 150 mm bei 2000 lb- (900 kg-)Geräten und 480 mm bei 300 000 lb- (135 000 kg-)Geräten, ihre Gewichte sind 0,9 kg bzw. 67,5 kg.

2. Geräte mit hauptsächlich optischer oder elektrischer Übersetzung der Formänderung.

a) Kraftmeßgeräte mit Strichmaßstab und Feinmeßmikroskop.

Nachdem in den letzten Jahren gute Feinmeßmikroskope hergestellt werden, lag es nahe, die Auf- oder Durchbiegung eines Verformungskörpers mit Ring-, Ellipsen- oder Schleifenform rein optisch zu messen (Abb. 30 und 31). An der Innenfläche des oberen Bügelschenkels ist zentrisch ein feiner Strichmaßstab angebracht. Dieser Maßstab bewegt sich in der senkrechten Mittelebene des Bügels, wenn dieser gut mittig beansprucht wird. Die Größe dieser Bewegung wird mit einem Feinmeßmikroskop mit Innenablesung bestimmt. Das Mikroskop ist mit seinem Haltearm am unteren Endzapfen des Bügels befestigt. Damit das an einem Hebelarm wirkende Gewicht des Mikroskops ausgeglichen und der Bügel standsicher wird, ist an der gegenüberliegenden Seite an einem Ausleger ein Gegengewicht angebracht. Bei diesem Meßverfahren sind somit viele Fehlerquellen der Bauarten mit mechanischer Übersetzung vermieden: mangel-

---

[1] Proving Rings For Calibrating Testing Machines, Circular of the National Bureau of Standards C 454, Washington, 1946.

hafter Kraftschluß zwischen den Bewegungsgliedern, Reibung in den Lager-
stellen, Seitenschub auf den Meßuhrfühlstift, Mängel in der Meßuhr oder dgl.
Der Teilungswert des Strichmaßstabs ist gewöhnlich 1 mm, der Mikroskop-
Grobteilung 0,1 mm, der Mikroskop-Feinteilung 0,001 mm. Schätzbar sind

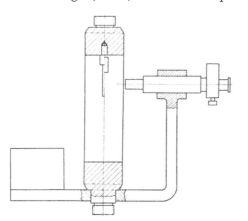

0,0001 mm. Der Fehler solcher Maßstäbe ist auf 1 mm = 0,001 mm,
der Teilungsfehler solcher Mikroskope = 0,001 mm, die persönlichen
Einstell- und Schätzungsfehler betragen wenigstens ± 0,0005 mm,
so daß die geschätzten Einheiten
recht unsicher sind. Da das Meßverfahren gut ist, lohnt es sich, über
Verbesserungen an der Bauweise
des Kraftmeßbügels ernsthaft nach-
zudenken.

b) Kraftmeßgeräte mit Spiegelfeinmeßgeräten.

Abb. 30. Zug- und Druckmeßbügel mit Strichmaßstab und
Feinmeßmikroskop (Bauart Wazau und Zwick).

Das Spiegelfeinmeßgerät ist
hauptsächlich in Deutschland bekannt und wird sehr gern be-
nutzt, um feine Dehnungen oder Stauchungen an Proben zu messen, unter
DIN 50107 ist es genormt. Dieses Meßverfahren ist von A. Martens auch für
Kraftmeßgeräte zur Untersuchung von statischen Prüfmaschinen vorgeschlagen
worden.

Während man bei den bisher beschriebenen Dehnungsmeßgeräten für den

Verformungskörper an die
Ring-, Ellipsen- oder Schleifenform gebunden ist,
kann man beim Spiegel-
gerät auch einfachere Formen wählen, wie Zugstäbe
und Druckkörper, die vor
allem für größere Kräfte
bedeutend leichter und
handlicher sind. Die Stellen, an denen das Spiegelgerät am Verformungskör-
per angesetzt wird, haben
durchweg runden Quer-
schnitt, da das Spiegel-
gerät an Rundkörpern
sicherer sitzt als an Flach-

Abb. 31. Zug- und Druckmeßbügel mit Strichmeßstab und Feinmeßmikroskop (Bauart Zwick).

körpern. Der Durchmesser sollte, ebenfalls des festen Sitzes wegen, nicht viel
kleiner als 20 mm sein.

Je größer die Meßlänge ist, desto größer ist die Empfindlichkeit des Kraftmeßgeräts. Zu lange Meßfedern werden jedoch durch den Klemmdruck leicht
durchgebogen, es sei denn, man macht sie dicker. Das größere Gewicht aber
verlangt einen stärkeren Klemmdruck, der für die Schneidenkörper schädlich
ist und die Meßgenauigkeit beeinflussen kann. Eine Meßlänge von 200 mm hat

sich als zweckmäßig erwiesen. Zugstäbe für große Prüfkraft, deren Querschnitt für eine genügende Durchvergütung des Stahls zu groß ist, können hohlgebohrt werden. Der kleinste Zugstab ist der 10 t-Stab mit einem Durchmesser von 18 mm. Für kleinere Zugkräfte ist der Verformungskörper bügelförmig. Die Meßfedern des Spiegelgeräts greifen über den eigentlichen Bügel hinaus und werden an den zylindrischen Ansätzen angeklemmt, deren Durchmesser durchweg 20 mm haben sollen. Ist der volle Ansatz für kleine Körper zu schwer, kann er entsprechend aufgebohrt werden.

Volle Druckkörper werden im allgemeinen nur für Kräfte von 60 t an aufwärts benutzt, weil ihre Bauhöhe für kleine Prüfmaschinen meistens zu groß ist. Die Meßlänge sollte mindestens 150 mm betragen. Ebenso wie bei Zugstäben können dicke Druckkörper hohlgebohrt werden. Der hierdurch bedingte größere Umfang ist insofern noch von Vorteil, als die häufig weit ausladenden und schweren oberen Druckwiderlager der Prüfmaschinen sicherer in ihre Kugelpfannen eingeführt werden können, ohne den Druckkörper zu verkanten oder gar zu verschieben.

Mit den Spiegelgeräten werden die Dehnungen bzw. Stauchungen von wenigstens zwei Fasern auf dem Umfang des Verformungskörpers gemessen, bei größeren Druckzylindern — etwa von 300 t Höchstkraft an — sogar von vier Fasern. Man hat hierdurch ein Mittel, die Prüfmaschine auf ihre zentrische Einspannmöglichkeit hin zu beurteilen. Das setzt jedoch voraus, daß die Verformungskörper einschließlich ihrer möglicherweise notwendigen Verlängerungen gut achsensymmetrisch bearbeitet sind, was bei den bügelförmigen Körpern besonders große Sorgfalt erfordert.

Beispiele für die Abmessungen von Verformungskörpern s. Tab. 1, 2 und 3 auf Seite 298—300.

Spiegelfeinmeßgerät. Es erscheint geboten, die theoretischen und praktischen Grundlagen für die richtige Herstellung und Benutzung der MARTENS-*schen Spiegelfeinmeßgeräte* übersichtlich zusammenzustellen, zumal vieles davon auf mehrere, heute kaum zugängliche Werke und Veröffentlichungen verstreut ist und manche praktischen Fingerzeige noch nicht bekanntgegeben worden sind.

Das nach ihm benannte Spiegelfeinmeßgerät (Abb. 32 und 33) hat A. MARTENS aus dem BAUSCHINGERschen Rollenapparat, bei dem die Spiegelablesung

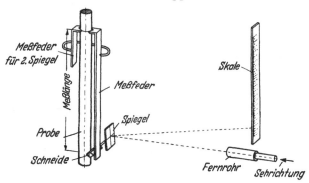

Abb. 32. MARTENSsches Spiegelfeinmeßgerät, Meßanordnung.

von GAUSS-POGGENDORFF benutzt wurde, entwickelt, indem er den Rollenapparat in mehrere Einzelteile auflöste und die Rolle durch einen Schneidenkörper rhombischen Querschnitts ersetzte.

Zwei Stahlschienen, Meßfedern genannt, die an dem einen Ende rechtwinklig umgebogen und als Schneiden ausgebildet sind, werden einander genau

Tabelle 1. Beispiele für die Abmessungen von Zugstäben.

Höchstkraft	Stab							Mutter					Kugelschale		
t	d mm	G	r mm	l mm	l_1 mm	l_2 mm	Lo mm	dm mm	dm_1 mm	hm mm	rm mm	d_2 mm	d_3 mm	d_4 mm	h mm
10	18	M 24 × 2	20	500	30	120	200	47	27	20	50	50	30	47	50
20	25	M 30 × 2	20	500	40	110	200	60	35	25	50	64	40	60	15
40	35	M 42 × 3	20	600	55	145	200	86	50	40	100	90	55	86	18
60	43	M 52 × 3	20	600	55	145	200	86	55	40	100	90	60	86	18
100	56	M 65 × 4	50	750	100	175	200	116	70	65	100	120	75	115	23
200	80	M 90 × 4	50	850	135	190	200	156	95	90	150	160	100	150	40
300	100	M112 × 4	50	1000	155	260	200	206	125	110	150	210	120	200	60
400	113	M128 × 4	50	1400	200	400	200	256	135	120	200	260	140	250	60
500	127	M140 × 4	75	1400	210	390	200	256	145	130	250	260	150	250	80
600	140	M155 × 4	75	1400	220	380	200	256	160	150	250	260	165	250	80
1000	185	M198 × 4	75	1400	250	350	200	346	205	180	300	350	210	290	120

Werkstoff. Stab: Cr-Ni-Mo-Stahl, Zugfestigkeit etwa 140 kg/mm²   Mutter u. Kugelschale: St 70.11

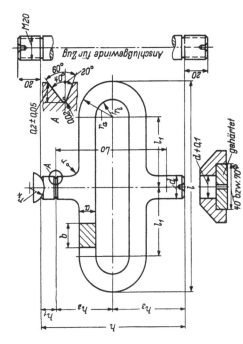

Tabelle 2.
Beispiele für die Abmessungen von Zug- und Druckbügeln.

Höchst-kraft kg	l_1 mm	r_i mm	r_a mm	l mm	a mm	b mm	h_1 mm	h_2 mm	h_3 mm	h mm	d mm	r mm	r_k mm	L_o mm	Prüfart
15	61,5	14,5	17,5	140,5	3,0	20,0	20	40	60	120	20	6	12,5	80	Zug und Druck
50	52	12,5	16,6	137,2	4,1	20,0	20	40	60	120	20	6	12,5	80	
100	60,5	13,2	17,2	155,4	6,0	20,0	20	40	60	120	20	6	12,5	80	
250	60,0	12,0	20,0	160,0	8,0	21,0	20	40	60	120	20	6	12,5	80	
1000	60,0	15,0	30,0	180,0	15,0	23,0	20	50	70	140	20	8	12,5	100	
3000	60,0	15,0	35,0	190,0	20,0	30,0	20	50	70	140	20	8	12,5	100	
6000	60,0	15,0	40,0	200,0	25,0	30,0	20	60	80	160	20	8		120	Zug
6000	60,0	15,0	40,0	200,0	25,0	30,0	20	60	80	160	30	8	17,5	120	Druck
12000	60,0	15,0	45,0	210,0	30,0	35,0	20	75	95	190	35	8	20,0	150	
25000	60,0	15,0	49,0	218,0	34,0	50,0	25	75	100	200	50	8	27,5	150	

Werkstoff: Cr-Ni-Mo-Stahl, Zugfestigkeit etwa 140 kg/mm².

Tabelle 3. Beispiele für die Abmessungen von Druckkörpern.

Höchstkraft in t	d mm	d_i mm	dk mm	h_1 mm	h_2 mm	h_3 mm	h mm	hk mm	r mm	Lo mm
60	38	0	60	8	224	26	240	8	40	150
60	50	32	85	12	246	38	270	12	50	150
100	50	0	85	12	246	38	270	12	50	150
300	86	0	120	15	310	60	340	15	60	150
300	123	87	185	20	320	63	360	20	80	150
600	123	0	185	20	320	63	360	20	80	150

Werkstoff: Cr-Ni-Mo-Stahl, Zugfestigkeit etwa 140 kg/mm².

gegenüber an den Verformungskörper angelegt und durch eine Bügelklemme in ihrer Lage gehalten. In der Nähe des anderen Endes, das durch eine Aussparung in der Mitte in zwei schmale, seitliche Stege aufgelöst ist, hat jede Meßfeder eine Kerbe. Der Abstand der Kerbe von der Schneide bestimmt die Meßlänge. In die Kerbe wird der Schneidenkörper eines Spiegelapparats in der Weise eingesetzt, daß die eine Kante des Schneidenkörpers in dem Grunde der Kerbe gehalten wird, während die gegenüberliegende Kante mit einer sehr geringen durch die Spannung der Bügelklemme bestimmten Kraft gegen den Verformungskörper gedrückt wird.

Die Meßfeder, Abb. 37, liegt mit zwei Punkten ihrer Schneide an, während der Schneidenkörper des Spiegelapparats den runden Verformungskörper in einem Punkt berührt, so daß durch eine klare Dreipunktlagerung ein fester Sitz des Geräts gewährleistet ist. Auch der Schneidenkörper des Spiegelapparats hat für sich allein mit zwei Anlagepunkten an der Meßfeder und einem Berührungspunkt am Verformungskörper eine Dreipunktlagerung.

Bei Längenänderungen des Verformungskörpers muß die Schneide des Spiegelapparats eine Kippbewegung um seine im Kerbgrunde ruhende Kante ausführen. Für die optische Übersetzung und Ablesung wird die Kippbewegung des Schneidenkörpers in die Drehbewegung eines kleinen Spiegels umgewandelt, der mit einer Verlängerungsstange an der einen Seite auf einem axial angearbeiteten Zapfen des Schneidenkörpers aufgesetzt ist. Der Spiegel ist in einem Rahmen so gelagert, daß er um die Achse des Schneidenkörpers und um die dazu senkrechte Achse gedreht und genau eingestellt werden kann. Auf der Gegenseite trägt der axiale Zapfen des Schneidenkörpers ein Ausgleichsgewicht und einen Zeiger. Das Gewicht soll den Schwerpunkt des ganzen Spiegelapparats in die Mitte des Schneidenkörpers verlegen und

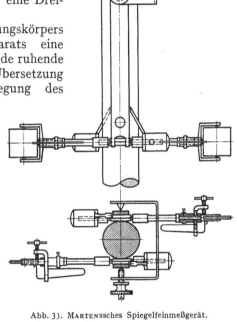

Abb. 33. MARTENSsches Spiegelfeinmeßgerät.

dient zugleich als Handgriff. Der Zeiger wird so angebracht, daß eine auf ihm eingeritzte Strichmarke auf eine an der Seite der Meßfeder angebrachte Strichmarke einspielt, wenn die durch die beiden Kanten des Schneidenkörpers gelegte Ebene genau senkrecht zu der Achse des Verformungskörpers steht. Zum Einstellen des Zeigers kann ein Hilfsgerät nach Abb. 34 benutzt werden.

Der Winkel, um den sich beim Kippen der Spiegelschneide der einzelne Spiegel dreht, wird mit einem Fernrohr an einer geraden, zur Achse des Fernrohrs senkrecht stehenden Skale gemessen. Stehen zu Beginn der Messung der Schneidenkörper des Spiegelapparats und die Fernrohrachse senkrecht zur Achse des Verformungskörpers und liegt der Skalennullpunkt in Höhe der

Fernrohrachse, so wird nach Abb. 35 das optische Übersetzungsverhältnis n bestimmt durch die Gleichung

$$n = \frac{\lambda}{a} = \frac{r \sin\alpha}{A \, \mathrm{tg}\, 2\alpha}. \tag{1}$$

Hierin bedeutet:

λ die Formänderung des Verformungskörpers,
a die Ablesung an der Skale,
r die Breite des Schneidenkörpers an dem Spiegelapparat,
A den Abstand der Skale von der spiegelnden Fläche des Spiegels und
α den Drehwinkel des Spiegels.

Nach dem Vorschlag von A. Martens wird zur Vereinfachung

$$\frac{r \sin\alpha}{A \, \mathrm{tg}\, 2\alpha} = \frac{r}{2A} = n \tag{2}$$

gesetzt.

Für das allgemein eingebürgerte Übersetzungsverhältnis $n = \dfrac{1}{500}$ wird der Abstand der Skale von den spiegelnden Flächen des Spiegels (2/3 × Spiegeldicke)

$$A = 250\, r. \tag{3}$$

Bei dieser Übersetzung erhält man die Summe der beiden Ablesungen in mm 10^{-4}.

Für jeden Spiegelapparat wird die Breite r des Schneidenkörpers in der Mitte der Kantenlänge, mit der die Schneide am Verformungskörper anliegt, und in der Nähe der beiden Kantenenden, an den Stellen, die in der Kerbe der Meßfeder ruhen, mikrometrisch sehr sorgfältig ausgemessen. Bei der üblichen Schneidenbreite von 4,5 bis 4,6 mm darf der Meßfehler hierbei ± 0,001 mm

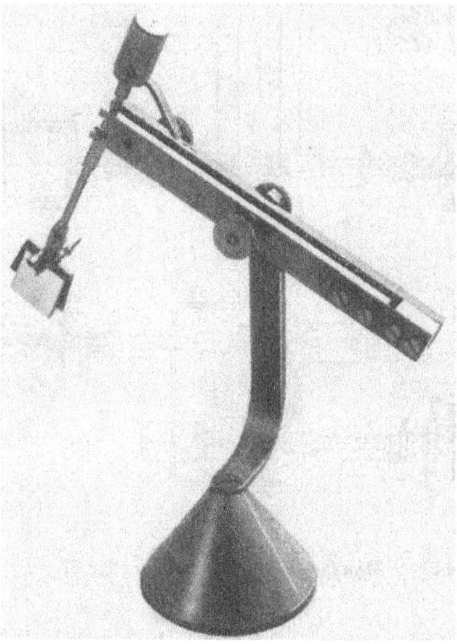

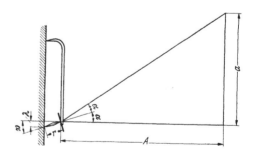

Abb. 34. Hilfsgerät zum Einstellen der Zeigermarke beim Spiegelfeinmeßgerät.

Abb. 35. Martensscher Spiegelapparat, Bestimmung des Übersetzungsverhältnisses.

nicht erreichen, wenn man unter ± 0,05 % Unsicherheit bleiben will. Bei der Auswahl der Schneidenkörper ist der größte Wert darauf zu legen, daß die beiden Kanten des einzelnen Schneidenkörpers möglichst genau gleichlaufen, daß also die Breite r an allen drei Meßstellen gleich ist und die Schneide weder nach dem einen Ende hin schmaler wird noch an beiden Kanten hohl oder nach außen gewölbt ist. Ist der Schneidenkörper in der Mitte schmaler oder breiter als an den Enden, so bekommt man, weil der Abstand A nicht für die tatsächlich wirksame Schneidenbreite berechnet wird, einen Fehler in die Messung, der schon bei einem Unterschiede von 0,01 mm 0,05 bis 0,1% beträgt. Nimmt die Breite des Schneidenkörpers nach dem einen Ende hin ab, so liegt die Schneide in der Kerbe der Meßfeder nur an dem einen Stege richtig an. Infolgedessen sitzt der Schneidenkörper nicht fest und rutscht leicht bei Erschütterungen und beim Lastwechsel. Außer diesen beiden Mängeln kann der Schneidenkörper noch einen Fehler haben, den man bei der angegebenen mikrometrischen Ausmessung nicht bemerkt. Die Kanten können zwar genau gleichlaufen, sie sind aber beide in dem gleichen Sinne und in demselben Maße gekrümmt, also die eine hohl, die andere gewölbt. In Abb. 36 ist diese Form übertrieben dargestellt. Man berechnet in diesem Fall den Abstand A aus dem überall gleichmäßig gemessenen Wert r, während tatsächlich als Schneidenbreiten die Strecken r_1 oder r_2 wirken, je nachdem, mit welcher Kante der Schneidenkörper an dem Verformungskörper anliegt. Da

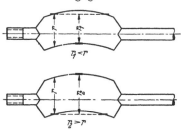

Abb. 36.
Fehlerhafte Form von Spiegelschneiden.

sich die Lage der Schneiden zu dem Verformungskörper und der Meßfeder beim Ansetzen des Spiegelapparats umkehrt, wenn man den Zeiger auf dem Zapfen um 180° gedreht hat, kann man diesen Mangel eines Schneidenkörpers also sofort erkennen, wenn man mit dem zu untersuchenden Spiegelapparat mit beiden Zeigerstellungen Versuchsreihen durchführt. Bei einem Unterschied von $r - r_1 = r_2 - r = 0{,}01$ mm weichen die gemessenen Formänderungen bei dem einen Zeigersitz um $+0{,}2\%$ und bei dem anderen um $-0{,}2\%$ von den für die gemessene Schneidenbreite r richtigen Werten ab. Man bekommt somit zwischen den beiden Gruppen von Versuchsreihen Unterschiede von 0,4%. Gerade dieser Fehler ist besonders häufig bei Spiegelapparaten beobachtet worden. Alle drei Mängel sind nur durch Nachschleifen des Schneidenkörpers zu beheben. Bei der Zusammenstellung zweier Spiegelapparate zu einem Paar wird man auch darauf achten, daß die Breiten der beiden Schneidenkörper möglichst gleich sind. Ein störender Meßfehler ergibt sich bei Unterschieden in den Schneidenbreiten allerdings nur, wenn infolge außermittiger Beanspruchung des Verformungskörpers die beiden Ablesungen für die vorn und hinten liegenden Fasern stark voneinander abweichen.

Auch die Meßfedern und die Bügelklemme müssen, so einfach diese Teile aussehen, sehr sorgfältig hergestellt sein und einer Reihe von Bedingungen genügen, wenn das ganze Meßgerät einwandfrei arbeiten soll.

Die Meßfedern sind etwa 10 mm breit und 3 mm dick; an dem einen Ende sind sie genau rechtwinklig umgebogen und zu einer gut gehärteten, winkelförmigen Schneide ausgearbeitet (Abb. 37). Der Schneidenwinkel beträgt 30°. Der Winkel, den die beiden Schneidenhälften miteinander bilden, richtet sich nach dem Durchmesser des zylindrischen Teils, an dem die Meßfeder anliegen soll. Der Winkel ist so zu wählen, daß jede Schneidenhälfte ungefähr mit dem ersten Drittelpunkt ihrer Länge, von der Spitze aus gerechnet, den Zylinderkörper berührt. Die Anlage der Schneidenspitzen ist unbedingt zu vermeiden, weil diese sich in den Zylinderkörper eindrücken und selbst auch leicht beschädigt würden. Rücken andererseits die Auflagerpunkte zu weit nach innen, so geht der Vorteil der Dreipunktlagerung des ganzen Meßgeräts verloren, der Sitz wird unsicher. Die beiden Hälften des Schneidenkörpers müssen gegengleich sein, weil sonst die Meßfeder sich schief an den Zylinder anlegt und den Schneidenkörper des Spiegelapparats dabei mitnimmt. Die Höhe der Schneide wird dadurch bestimmt, daß bei dem fertig angesetzten Gerät die Meßfeder zu der Achse des Verformungskörpers gleichlaufend liegen soll. An dem anderen Ende wird die Meßfeder zu zwei schmalen Stegen ausgearbeitet, in die die Kerbe mit einem Winkel von 120° und einer Tiefe von 0,5 bis 0,6 mm eingefräst und zum Schluß mit einem Formstahl eingeschlagen wird. Die Schneide des Formstahls ist dachförmig — von der Mitte nach den beiden Enden hin ein wenig abfallend — geschliffen, damit auch die Schneide des Spiegelapparats eine Dreipunktlagerung erhält. Das Schlagen der Kerbe ist wichtig, weil bei keiner anderen Herstellungsart der Grund und die Flanken ebenso sauber sind. Die Kerbe muß in den beiden Stegen der Meßfeder gleich tief sein und der Kerbgrund zu der Meßfederschneide gleichlaufend liegen. An der fertigen Meßfeder wird in Höhe des Kerbgrunds die Strichmarke eingeritzt, nach der der Zeiger des Spiegelapparats ausgerichtet wird.

Zum Ansetzen der Bügelklemme wird in die Meßfeder etwa bei 2/5 der Meßfederlänge, von der Schneide aus gemessen, ein Körner eingearbeitet

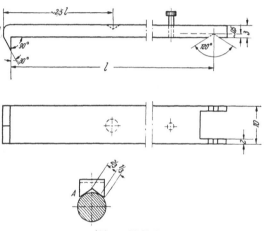

Abb. 37. Meßfeder.

(Abb. 37). Nur bei Meßlängen von mehr als 200 mm verwendet man — besonders für die Untersuchung liegender Prüfmaschinen — vorteilhaft zwei Bügelklemmen, deren eine, mit stärkerer Spannung, in der Nähe der Meßfederschneide und deren andere, mit schwächerem Andruck, nahe der Kerbe angesetzt wird. In diesem Fall sind also in jeder Meßfeder zwei Körner einzuarbeiten.

Die Bügelklemme wird aus Federstahl U-förmig gebogen. In die Enden der beiden Schenkel werden Körnerspitzen eingesetzt, deren eine in der Höhe verstellt und in der gewählten Lage durch eine Mutter festgelegt werden kann. Die Bügelklemme muß in ihren Abmessungen dem Durchmesser des zylindrischen Teils, an den das Gerät angesetzt werden soll, angepaßt sein. Bei fertig eingebautem Gerät darf die Bügelklemme die Meßfeder nicht nach der Seite drükken. Biegt man die fertig eingestellte Bügelklemme so weit auf, daß der Abstand der beiden Körnerspitzen dem in Frage kommenden Durchmesser des Verformungskörpers zuzüglich der doppelten Spiegelschneidenbreite entspricht, so müssen die beiden Schenkel der Klemme gleichlaufen, die Körnerspitzen genau einander gegenüberstehen und die Achse der beiden Körnerkugeln auf einer Geraden liegen. Die richtige Spannung der Bügelklemme kann zahlenmäßig nicht festgelegt werden, sie ist Sache der Erfahrung und des Gefühls. Bei zu großer Spannung wird die Oberfläche des Verformungskörpers durch die Spiegelschneide beschädigt. Die Meßfedern werden verbogen, und beim Arbeiten des ganzen Geräts tritt ein Zwang ein, der sich am stärksten beim Durchgange der Spiegelschneide durch deren Mittellage bemerkbar macht. Ein zu geringer Andruck der Bügelklemme gibt der Spiegelschneide nicht genügend Halt, so daß diese bei Erschütterungen und schnellem Kraftwechsel leicht rutscht. Um ein Maß für die richtige, oder besser, gleichmäßige Spannung der Bügelklemmen zu erhalten, mag folgendes getan werden: Das Spiegelgerät wird an dem Verformungskörper angebracht, die Skalen durch die Fernrohre betrachtet. Die mit Gewinde in der Klemme eingesetzte Körnerspitze wird so weit angezogen, bis die Spiegel anfangen sich zu drehen, d. h. bis in den Fernrohren eine Bewegung der Skalen beobachtet wird. Aus Vorstehendem ergibt sich ohne weiteres, daß für jeden Verformungskörper ein Paar Meßfedern und eine Bügelklemme vorhanden sein müssen, die ausschließlich für dieses eine Gerät benutzt werden.

Der Verformungskörper erhält eine Ringmarke, in die die Schneiden der beiden Meßfedern eingesetzt werden. Die Ringmarke muß deshalb in Form und Tiefe der Meßfederschneide angepaßt sein. Für die in Abb. 37 dargestellte Schneide wird die Ringmarke mit einem Formstahl von 60° Winkel 0,2 bis 0,3 mm tief eingestochen, und zwar gegen die Senkrechte zum Verformungskörper etwas versetzt, damit die Seiten der Meßfederschneiden frei liegen, s. Tab. 1, 2 und 3. Der Grund der Rille muß sauber sein, es ist deshalb zweckmäßig, ihn zu prägepolieren. Ursprünglich hatte MARTENS zum Einsetzen des Schneidenkörpers des Spiegelapparats eine zweite Ringmarke vorgesehen, um der Spiegelschneide vor Beginn der Messung eine bestimmte Lage gegenüber der Achse des Verformungskörpers zu sichern. Diese Lösung ist aber schon von MARTENS selbst als fehlerhaft verworfen worden. Das zwanglose, einwandfreie Arbeiten des ganzen Geräts hört auf, wenn die Spiegelschneide an beiden Kanten — in der Meßfederkerbe und in einer Ringmarke am Stab — in einer ganz bestimmten Richtung festgelegt ist. Dafür hat MARTENS später an dem Spiegelapparat den Zeiger und an der Meßfeder die Strichmarke angebracht, nach der man jede gewünschte Lage der Spiegelschneide genau einstellen kann. Damit die Meßfedern gleichlaufend zur Achse des Verformungskörpers und einander genau gegenüber angesetzt werden, erhält der Verformungskörper an den Meßstellen je ein Paar achsenparallele Längsmarken. Die zugehörigen Längsmarken haben einen etwas größeren Abstand voneinander als die Meßfedernbreite.

Bei allen Einzelteilen des Spiegelfeinmeßgeräts — dem Schneidenkörper des Spiegelapparats, der Schneide und der Kerbe der Meßfeder, der Spitzenstellung an der Bügelklemme und den Längsmarken am Verformungskörper — ist auf die unbedingt erforderliche große Genauigkeit in der Bearbeitung hingewiesen worden. Selbstverständlich dürfen auch die Verlängerungsstangen, die auf den Schneidenkörper aufgesetzt sind und am anderen Ende den Spiegelhalter tragen, nicht verbogen oder an den Schneidenkörper oder den Spiegelrahmen unter einem Winkel angesetzt sein. Zum richtigen Arbeiten des ganzen Geräts ist es unerläßlich, daß die Achsen der beiden Spiegelapparate vollkommen geradlinig sind und genau gleichlaufend liegen. Weiter gehört dazu, daß der Spiegel selbst in seinem Rahmen in der durch die Achse des Spiegelapparats bestimmten Ebene bleibt und nicht um seine senkrechte Mittelachse aus dem Rahmen und damit aus dieser Ebene herausgedreht wird. Der Beobachter muß also, wenn er das Spiegelfeinmeßgerät an dem Verformungskörper fertig eingerichtet hat und das Bild der Skalen in den Fernrohren sucht, entweder das Kontrollgerät drehen oder die Fernrohre verschieben, bis beide Skalenbilder in den Fernrohren erscheinen. Er darf aber nicht statt dessen die Fernrohre in einer zu dem Gerät noch nicht passenden Stellung stehen lassen und die Spiegel entsprechend aus dem Rahmen herausdrehen. Außerdem müssen die Fernrohre und Skalen so angeordnet sein, daß die Abstände der beiden Fernrohrachsen, der beiden Skalen und der beiden Spiegel gleich sind.

Der durch das Herausdrehen des Spiegels aus dem Rahmen entstehende Fehler läßt sich rechnerisch leicht erfassen. Bei der Drehung des Spiegels folgt das Fernrohr in einem Kreisbogen um den Spiegelpunkt M (Abb. 38). Der so entstehende Quadrant ist in der Abbildung nach unten in die Bildebene geklappt. Nach einer Drehung um den Winkel β steht das Fernrohr auf dem Kreisbogen bei D_1 und die Ablesung a hat den Wert a_1 angenommen. Aus dem Dreieck MBC ergibt sich

$$\frac{a_1}{a} = \frac{MD}{MB}. \tag{4}$$

Da in dem Dreieck MDD_1

$$MD = A \cos\beta \tag{5}$$

ist, folgt

$$\frac{a_1}{a} = \frac{A \cos\beta}{A} \tag{6}$$

oder

$$a_1 = a \cos\beta. \tag{7}$$

Der Wert a der Ablesung nimmt also mit dem Kosinus des Drehwinkels β ab. Der Fehler beträgt:

$$\beta = 5\tfrac{3}{4}° \qquad 0,5\%,$$
$$= 8° \qquad 1\%,$$
$$= 11\tfrac{1}{2}° \qquad 2\%.$$

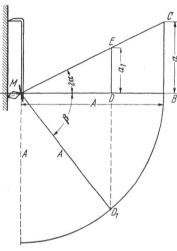

Abb. 38. Drehung des Spiegels um seine senkrechte Achse, Einfluß auf die Größe der Ablesung a.

Der Wert des Martensschen Spiegelfeinmeßgeräts für genaueste wissenschaftliche Messungen und besonders auch für seine Verwendung an Kontrollgeräten wurde durch die Untersuchung von G. Jensch[1] über die grundsätzlichen Fehler des Meßverfahrens und deren Berücksichtigung wesentlich erhöht. Nach Jensch haften den Messungen bei der üblichen Verwendung des Feinmeßgeräts zwei grundsätzliche Fehler an:

1. Durch die vereinfachende Annahme eines konstanten Übersetzungsverhältnisses wird die scheinbare Formänderung λv ungenau als $\lambda 1$ bestimmt.

2. Statt der wahren Formänderung λ wird eine scheinbare Formänderung λv beobachtet, hervorgerufen durch die Kippbewegung der Spiegelschneide.

Die nachfolgenden Ableitungen sind für die Messung von Verlängerungen (nicht Verkürzungen) des Verformungskörpers durchgeführt.

Übersetzungsfehler $\lambda 1 - \lambda v$.

Die falsche Bestimmung der scheinbaren Formänderung λv beruht darauf, daß das Übersetzungsverhältnis vereinfacht berechnet wird. Statt der wahren Übersetzung

$$n = \frac{\lambda v}{a} = \frac{r \sin\alpha}{A \, \text{tg} \, 2\alpha} \qquad \text{wird angenommen} \qquad n = \frac{\lambda v}{a} = \frac{r}{2A}$$

(s. Gl. 1 und 2).

---

[1] Mitteilungen aus dem Materialprüfungsamt Berlin-Lichterfelde-West (1920), Heft 1.

a) Bedingung: Zu Beginn der Messung stehen Spiegelschneide und Fernrohrachse senkrecht zur Achse des Verformungskörpers, Skale und Spiegelfläche sind parallel ausgerichtet.

Setzt man in die Gleichung

$$a = A \operatorname{tg} 2\alpha. \tag{8}$$

$a = 500 \cdot \lambda 1$ und $A = 250 \cdot r$ ein, entsprechend dem üblichen Abstand der Skale von der Spiegelfläche, so erhält man

$$\lambda 1 = \frac{r}{2} \operatorname{tg} 2\alpha. \tag{9}$$

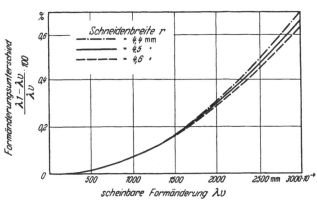

Abb. 39. Übersetzungsfehler, wenn der Schneidenkörper zu Beginn der Messung senkrecht zur Stabachse steht (nach Jensch).

Hieraus und aus der Beziehung

$$\lambda v = r \sin\alpha \tag{10}$$

kann man den Unterschied $\lambda 1 - \lambda v$ berechnen, abhängig von der scheinbaren Formänderung λv und der Breite r der Spiegelschneide:

$$\lambda 1 - \lambda v = \frac{1{,}5\,\lambda\,v^3}{r^2 - 2\,\lambda\,v^2} \tag{11}$$

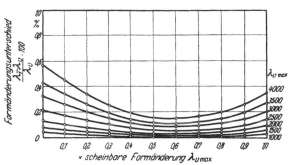

Abb. 40. Übersetzungsfehler, wenn der Schneidenkörper bei 4/10 der größten scheinbaren Formänderung λh senkrecht zur Stabachse steht. Schneidenbreite $r = 4{,}5$ mm (nach Jensch).

oder in Prozenten von λv

$$\frac{\lambda 1 - \lambda v}{\lambda v} 100 = \frac{150\,\lambda\,v^2}{r^2 - 2\,\lambda\,v^2}. \tag{12}$$

Für die gebräuchlichen Schneidenbreiten r von 4,4 bis 4,6 mm sind in Abb. 39 die Unterschiede $\lambda 1 - \lambda v$ in Prozent von λv als Schaulinien dargestellt.

b) Bedingung: Die Spiegelschneide hat zu Beginn der Messung einen Anfangsausschlag, der der durch die Formänderung hervorgerufenen Bewegung
entgegengesetzt ist. Die Skale ist so gestellt, daß, wenn der Spiegel senkrecht
zur Schneide steht (Anfangsstellung), der Nullpunkt der Teilung im Fernrohr
erscheint.

Nach der Abb. 39 steigt der Fehler mit zunehmenden Formänderungen
von 0 sehr schnell an. Gibt man der Spiegelschneide einen negativen Anfangsausschlag, so wird die Verteilung des prozentualen Fehlers über die gesamte
Formänderung günstiger, am günstigsten nach Jensch dann, wenn die Spiegelschneide bei 4/10 der größten Formänderung senkrecht zur Stabachse steht, oder
auf die Prüfkraft bezogen, bei 4/10 der Höchstkraft (Abb. 40).

Diese beiden Abb. 39 und 40 zeigen eindrucksvoll, wie wichtig es ist,
die Spiegelschneiden stets sorgfältig nach den gleichen Bedingungen mit Hilfe
ihres Zeigers und der an der Meßfeder angebrachten Strichmarke anzusetzen.

Unterschied zwischen der scheinbaren Formänderung λv und der wahren

Formänderung λ, Kippfehler.

Wenn die Schneide des Spiegelapparats bei der Messung sich um einen Winkel α neigt, so kippt auch die Meßfeder um ihren Stützpunkt am Verformungskörper. Hierdurch wird statt der wahren Formänderung λ eine scheinbare λv
angezeigt.

a) Bedingung: Die Schneide des Spiegelapparats steht zu Beginn der Messung senkrecht zur Achse des Verformungskörpers.

Nach Abb. 41 ist für den Anfangszustand

$$d^2 = l^2 + r^2, \tag{13}$$

und nach einer Formänderung λ

$$l + \lambda = r \sin\alpha + \sqrt{d^2 - r^2 \cos^2\alpha}, \tag{14}$$

aus beiden Gleichungen ergibt sich

$$\lambda = r \sin\alpha + \sqrt{l^2 + r^2 \sin^2\alpha} - 1 \tag{15}$$

oder da $r \sin\alpha = \lambda v$,

$$\lambda - \lambda v = \sqrt{l^2 + \lambda v^2} - 1. \tag{16}$$

Zulässig vereinfacht, lautet die Gleichung

$$\lambda - \lambda v = \frac{\lambda v^2}{2l}. \tag{17}$$

b) Bedingung: Die Spiegelschneide hat zu Beginn der Messung einen Anfangsausschlag, der der durch die Formänderung hervorgerufenen Bewegung
entgegengesetzt ist.

Beginnt die Messung mit einem negativen Anfangsausschlag der Schneide,
so sind zwei Abschnitte zu unterscheiden:

b1) Die Messung bis zur senkrechten Stellung der Schneide,

b2) die Messung über diese Stellung hinaus.

b1) Die senkrechte Stellung der Schneide wird nach einer Formänderung λm
erreicht. Ist l die Meßlänge, so ergibt sich daraus die Meßfederlänge zu $l + \lambda m$.
Es gilt nach Abb. 42 für den Anfangszustand

$$d^2 = r^2 \cos^2\alpha + (l + \lambda m - [\lambda - \lambda v])^2, \tag{18}$$

bei der Senkrechtstellung

$$d^2 = r^2 + (l + \lambda m)^2. \tag{19}$$

Aus beiden Gleichungen ergibt sich mit $r \sin\alpha = \lambda v$ und unter einer zulässigen Vereinfachung

$$\lambda - \lambda v = -\frac{\lambda v^2}{2(l + \lambda m)}. \tag{20}$$

λm hat erst bei sehr kleinen Meßlängen l einen erkennbaren Einfluß, man kann deshalb in den meisten Fällen sagen

$$\lambda - \lambda v = -\frac{\lambda v^2}{2 l}. \tag{21}$$

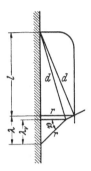

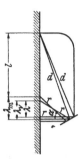

Abb. 41. Kippen der Meßfeder während der Formänderung. Bei Beginn der Messung $\alpha = 0$ (nach JENSCH).

Abb. 42. Kippen der Meßfeder während der Formänderung. Bei Beginn der Messung Neigung α (nach JENSCH).

b 2) Für den zweiten Meßabschnitt gilt

$$\lambda - \lambda v = +\frac{\lambda v^2}{2(l + \lambda m)}, \quad \text{bzw.} \quad +\frac{\lambda v^2}{2 l}. \tag{22}$$

Der Fehler hat demnach in den beiden Meßabschnitten verschiedene Vorzeichen. Er beginnt mit einem negativen Betrag, erreicht bei der Senkrechtstellung der Spiegelschneide seinen größten negativen Wert und nähert sich allmählich wieder dem Wert 0, den er erreicht, wenn der Ausschlagwinkel gleich der Anfangsneigung ist. Jenseits dieser Grenze wird der Fehler positiv. Abb. 43 veranschaulicht den Fehlerlauf $\frac{\lambda - \lambda v}{\lambda v} 100\%$ in Abhängigkeit von der scheinbaren Formänderung λv bei Meßlängen von 50 bis 200 mm. Je kleiner die Meßlänge, desto größer ist erklärlicherweise der Fehler.

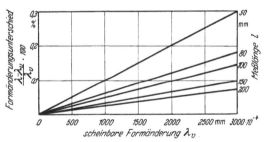

Abb. 43. Kippfehler für Meßlängen von 50 bis 200 mm (nach JENSCH).

Gesamtunterschied zwischen der beobachteten Formänderung $\lambda 1$ und der wahren Formänderung λ.

a) Bedingung: Die Schneide des Spiegelapparats steht zu Beginn der Messung senkrecht zur Achse des Verformungskörpers.

Der Gesamtfehler besteht aus den beiden Einzelfehlern $\lambda 1 - \lambda v$ und $\lambda - \lambda v$, demnach ist

$$\lambda 1 - \lambda = (\lambda 1 - \lambda v) - (\lambda - \lambda v)$$
$$\lambda = \lambda 1 - (\lambda 1 - \lambda v) + (\lambda - \lambda v) \tag{23}$$
$$= \lambda 1 - \frac{1{,}5 \, \lambda v^3}{r^2 - 2 \lambda v^2} + \frac{\lambda v^2}{2 l}.$$

b) Bedingung: Die Spiegelschneide hat zu Beginn der Messung einen negativen Anfangsausschlag.

Man zerlegt den Meßbereich in zwei Abschnitte: Von der Prüfkraft 0 bis zur Senkrechtstellung der Spiegelschneide (Ansetzprüfkraft) und von dieser bis zur größten Prüfkraft. In dem ersten Abschnitt stellt sich eine bestimmte Kraftstufe dar als Ansetzprüfkraft minus Kraftstufe, im zweiten Abschnitt als Ansetzprüfkraft plus Kraftstufe. Für die Formänderungen wird entsprechend verfahren.

Man bestimmt also zunächst für die Formänderung bei der Ansetzprüfkraft beide Fehler in mm · 10^{-4}. Dann rechnet man für jede Kraftstufe den Unterschied zwischen den Formänderungen bei der Ansetzprüfkraft und der Kraftstufe aus und bestimmt für diese Unterschiedswerte die beiden Fehler. Für den Übersetzungsfehler $\lambda 1 - \lambda v$ zieht man diese Teilbeträge in dem ersten Abschnitt von dem für die Ansetzprüfkraft ermittelten Fehler ab, im zweiten Abschnitt zählt man sie hinzu. Für den zweiten Fehler $\lambda - \lambda v$ sind dagegen die Teilbeträge in beiden Abschnitten von dem Fehler bei der Ansetzprüfkraft abzuziehen. Der gesamte Rechnungsgang ist in Tab. 5, Abs. 1 für ein bestimmtes Beispiel zusammengestellt. Die beiden Fehler werden für die in Betracht kommenden Spiegelschneidenbreiten in Meßfederlängen zweckmäßig in Schaubilder mit geeigneten Maßstäben aufgetragen.

Die vorstehenden Ableitungen gelten für die Messung von Verlängerungen. Werden Verkürzungen gemessen, so bleibt der Übersetzungsfehler $\lambda 1 - \lambda v$ in Größe und Vorzeichen unverändert; denn er hängt nach der Ableitung nur von der Schneidenbreite r und von der Größe, nicht aber von der Richtung des Winkelausschlags α ab. Der Kippfehler $\lambda - \lambda v$ jedoch ändert sein Vorzeichen: Steht die Spiegelschneide zu Beginn senkrecht zur Stabachse, so wird

$$\lambda - \lambda v = - \frac{\lambda v^2}{2l}. \tag{24}$$

Beginnt die Messung mit einem negativen Winkelausschlag, so erhalten wir für die beiden Meßabschnitte

bis zur senkrechten Stellung der Schneide

$$\lambda - \lambda v = + \frac{\lambda v^2}{2(l - \lambda m)} \quad \text{oder} \quad \lambda - \lambda v = + \frac{\lambda v^2}{2l}, \tag{25}$$

jenseits dieser Stellung

$$\lambda - \lambda v = - \frac{\lambda v^2}{2(l - \lambda m)} \quad \text{oder} \quad \lambda - \lambda v = - \frac{\lambda v^2}{2l}. \tag{26}$$

Rechnungsbeispiel: s. Tab. 4.

Bei der sauberen Erkundung von Eigenschaften wird man sich nicht darüber streiten, ob die Kenntnis des systematischen Fehlers des benutzten Meßprinzips richtig ist oder nicht. Jedoch wird häufig die Ansicht vertreten, daß diese Kenntnis bei Kraftmeßgeräten nicht notwendig sei, hier käme es nur auf die gute Reproduzierbarkeit der Ergebnisse an. Diese Ansicht stimmt nicht. Die Kenntnis der Ursachen, der Abhängigkeit und der Größe der Fehler gestattet, die wesentlichen Teile des Spiegelfeinmeßgeräts möglichst vorteilhaft zu bemessen. Die grundsätzlichen Fehler der Messung werden geringer bei Zugmeßgeräten, wenn die Schneidenbreite r und die Meßlänge l größer werden, bei Druckmeßgeräten, wenn die Schneidenbreite größer, die Meßlänge aber kleiner wird. Aus den Ableitungen ergibt sich auch die günstigste Ansetzprüfkraft. Werden diese beiden Bedingungen beachtet, so wird der Fehler, der durch kleine Ungenauigkeiten in der Senkrechtstellung der Spiegelschneiden beim Ansetzen hinzukommen kann, bei den kleinen oder bei den hohen Kraftstufen so klein wie möglich bleiben. Es ist zudem immer richtig, die theoretischen Grundlagen des anzuwendenden Meßprinzips zu kennen, erst dann bekommt man bei seiner Anwendung die genügende Sicherheit in der Beurteilung der Ergebnisse und kann auftretende Störungen beseitigen. Wie richtig dieser Grundsatz auch bei Kraftmeßgeräten ist, wird im Abschn. C 4 dargelegt werden.

c) Kraftmeßgeräte mit elektrischen Gebern.

Bei elektrischen Kraftmeßgeräten kann die Verformung des geeignet gebauten Stahlkörpers auf verschiedene Art gemessen werden[1]:

Bei der kapazitiven Messung sind im Kraftmeßgerät zwei Kondensatorplatten so angebracht, daß ein kleiner Spalt (meist Luftspalt) entsteht. Wird der Verformungskörper belastet und dabei elastisch verformt, so ändert sich die Entfernung der beiden Platten und somit die Kapazität. Die induktiven Meßdosen sind im Aufbau den kapazitiven gleich, nur haben sie an Stelle der Kondensatorplatte eine Spule und einen Eisenkern. Wird der Eisenkern durch die Verformung z. B. von einer Biegeplatte in die Spule hereinbewegt, so ändert sich die Induktivität der Spule.

Für die Widerstandsmessung werden heute ausschließlich dünne, etwa 0,02 mm dicke Drähte benutzt, die unter Beachtung besonderer Maßnahmen an geeigneten Stellen des Verformungskörpers angebracht werden, so daß sie sich mit diesem elastisch verformen. Hierbei ändert sich der spezifische und der durch die geometrische Form bedingte Widerstand der Drähte.

In manchen Fällen wird auch die Magnetoelastizität oder der piezoelektrische Effekt für die Kraftmessung ausgenützt. Hierbei wird nicht die Verlängerung, Verkürzung oder Durchbiegung eines Elements des Verformungskörpers gemessen, die zu messende Kraft wirkt vielmehr unmittelbar auf den Geber. In dem einen Falle ist dieser aus einer Eisen-Nickel-Legierung der Permalloy-Reihe, im anderen Falle Quarz, seltener Turmalin oder Seignettesalz. Durch die elastischen Spannungen ändert sich die Permeabilität bzw. tritt eine elektrische Ladung auf. Die Meßwege sind hier gegenüber den anderen Verfahren verschwindend klein.

Von allen elektrischen Kraftmeßgeräten wird für die Untersuchung von Prüfmaschinen nur das Gerät mit Widerstandsgebern, üblicherweise mit Dehnungsmeßstreifen bezeichnet, benutzt und auch nur dann, wenn es sich um die Messung von schlagartigen oder schnell wechselnden Kräften handelt. In Amerika allerdings werden in neuester Zeit die Dehnungsmeßstreifen auch für die Messung großer statisch wirkender Kräfte benutzt. Für Druckkräfte ist der Verformungskörper ein hohler oder massiver Zylinder, wie er in Deutschland für die Messung mit Spiegelgeräten gebräuchlich ist. Auf dem Umfange verteilt liegen in senkrechter und waagerechter Richtung je 4 Meßstreifen. Die Genauigkeit liegt nach amerikanischer Angabe[2] innerhalb der nach ASTM E 74-55 T geforderten Toleranz von 0,4% bei 1400 t bzw. 0,3% bei 450 t. Die Vorteile, die dieses Meßverfahren für die Bestimmung statischer Kräfte hat, wiegen die Nachteile nicht oder noch nicht auf. Vorteil: Es lassen sich mehrere Meßstreifen auf dem Umfang des Verformungskörpers anbringen und die Dehnungswerte dieser Fasern an einem Ablesegerät ablesen, und somit kann die mittige Beanspruchung gut kontrolliert werden. Nachteil: Störungen am Gerät lassen sich nicht so leicht erkennen und beseitigen, wie bei den mechanischen Geräten,

---

[1] PFLIER, PAUL M.: Elektr. Messung mech. Größen (Springer-Verlag).
[2] RUGE, ARTHUR C.: ASTM Bulletin 1956. Nr. 218, S. 31.

vor allem nicht, wenn sie außerhalb des eigenen Laboratoriums benutzt werden.
Der Anschaffungspreis ist verhältnismäßig hoch.

3. Krafteinleitung und Einspanngehänge.

Die Kraft soll derart in den Verformungskörper eingeleitet werden, daß der
Spannungsfluß innerhalb der Meßstrecke gleichmäßig ist, erst dann ist er stabil
genug, um nicht durch kleine, belanglos scheinende Änderungen in der Krafteinleitung gestört zu werden. Wie man bei den verschiedenen Bauarten der
Kraftmeßgeräte die Kraft am günstigsten einleitet, ist noch nicht untersucht
worden, es mögen deshalb einige Erfahrungen aus dem St.M.P.A. Dortmund
mitgeteilt werden. Wichtigster Grundsatz ist, die Meßlänge möglichst weit
von der Krafteinleitung abzugrenzen. Das ist bei Zugstäben ohne weiteres
möglich, da ein gut Teil ihrer zylindrischen Länge durch die Einspanngehänge
der Prüfmaschinen für die Dehnungsmessung nicht in Betracht kommt. Bei
Druckprüfmaschinen aber ist die Einbauhöhe meistens klein, die Meßgeräte
müssen niedrig gebaut werden, zudem
stört die Reibung zwischen den Druckplatten der Maschine und des Geräts.
Auch bei den Meßbügeln sollten die
Begrenzungen der Meßlänge in respekt-
voller Entfernung von der Krafteinleitung liegen.

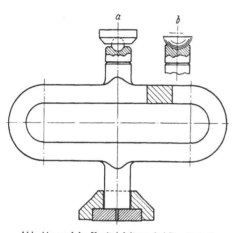

Abb. 44a und b. Krafteinleitung bei Druckbügeln.

Bei den vollen Verformungskörpern
soll der Übergang vom meist dickeren
Stabkopf zum zylindrischen Teil gut
ausgerundet sein. Wo die Bauhöhe es
zuläßt, ist ein schlanker Übergang sicher
nicht zum Schaden. Im allgemeinen
haben die Zugstäbe und Zugbügel
Gewindeköpfe, seltener Schulterköpfe.
Beides hat sich bewährt, nur müssen
die Einspannteile sauber passen, die
Muttern dürfen kein Spiel haben
und die Schultern müssen satt auf den Beilageringen ruhen. Um die Zugkraftmeßgeräte in die Zugachse der Maschine einstellen zu können, sind sie
kuglig gelagert. Ihre kuglig abgerundeten Muttern ruhen in Kugelschalen,
s. Tab. 1. Je kleiner der Kugelradius und die Reibungszahl ist, desto leichter
stellen sich die Geräte bei Belastung selber ein. Deshalb sollen Kugelschalen
und Kugelmuttern sorgfältig ineinander eingeschliffen sein. Damit die Kraftmeßgeräte in Maschinen verschiedener Bauarten ohne Schwierigkeiten eingebaut werden können, müssen die Durchmesser der Verformungskörper, soweit
sie im Maschinenkopf untergebracht werden, ihre Länge und die Außenabmes-
sungen der Kugelschalen festgelegt werden, was in DIN 51301 geschehen soll.

Bei Zugmeßgeräten und auch bei massiven Druckkörpern ist der Einspann-
teil durchweg dicker als der anschließende zylindrische Teil. Durch den aus-
gerundeten Übergang sorgt man dafür, daß die Kraftlinien nach innen auf den
ganzen Querschnitt des zylindrischen Teils geleitet werden. Bei Druckmeßbügeln
geht man unerklärlicherweise den entgegengesetzten Weg. Das Druckstück
trägt eine Kugel, die sich in eine Pfanne gleichen Durchmessers einlegt. Die
Pfanne sitzt im zylindrischen Ansatz des Bügels und ist im Verhältnis zum
Querschnitt dieses Bügels klein, Abb. 44a. Der Kraftlinieneinfluß bis zum Beginn

der Meßstrecke ist sicher ungünstig, zumal der geringen Bauhöhe wegen die Meßstrecke dicht unterhalb der Krafteinleitung beginnt. Bessere Erfahrungen sind mit folgender Anordnung gemacht worden: Von einer gehärteten handelsüblichen Stahlkugel wird mit der Trennscheibe ein passender Kugelabschnitt abgetrennt, oder es wird die Kugel entsprechend abgeschliffen. In den Bügelansatz wird eine Kalotte desselben Durchmessers eingearbeitet, die den ganzen Querschnitt des Ansatzes erfaßt. Die Kalotte wird mit einer anderen Kugel gleichen Durchmessers sauber eingeschliffen. Die Kugel muß größer als der Ansatzdurchmesser sein, je kleiner jedoch der Unterschied ist, desto besser die Beweglichkeit, aber um so höher wird das Gerät, da die Kugel tiefer in den Ansatz hineinragt. In den meisten Fällen ist eine besondere Fassung der Kugel nicht notwendig, ihre Schnittfläche genügt als Druckfläche, Abb. 44b. Jedoch muß diese Druckfläche und auch die des Fußes groß genug sein, damit nicht durch eine zu hohe spezifische Flächenpressung die Druckflächen der Prüfmaschine beschädigt werden. Diese Art der Krafteinleitung hat sich auch bei massiven Druckkörpern bewährt und sie wird angewandt bei Druckkörpern, die für die Untersuchungen von Druckprüfmaschinen ohne kuglig einstellbare obere Druckplatte vorgesehen sind. Im anderen Falle können die Kraftmeßkörper ebene Endflächen haben. Diese Endflächen werden lediglich durch gehärtete und sauber geschliffene Deck- bzw. Fußplatten geschont, s. Tab. 3. Der untere Ansatz der Bügel erhält einen Fuß der besseren Standsicherheit wegen. In diesem Fuß soll das Gerät senkrecht stehen und die beiden Berührungsflächen sollen satt aufeinander liegen. Das gelingt häufig nicht, wenn der Fuß aus einem Stück bearbeitet wird, deshalb wird folgende Konstruktion vorgeschlagen, Tab. 2: Eine runde Platte, gehärtet, sauber und planparallel geschliffen, wird in einen gedrehten Körper stramm eingesetzt, deren Bohrungen in einem Arbeitsgang bearbeitet werden. Die Endfläche wird nach dem Eindrücken der Platte nicht mehr geschliffen, die Begrenzung des Körpers kann im Gegenteil gegenüber der gehärteten Platte etwas zurückstehen.

Wenn die Kraftmeßgeräte in Spannkeilen gefaßt werden müssen, was leider bei kleinen Zugprüfmaschinen oft nicht zu umgehen ist, so ist eine Einspannvorrichtung etwa nach Abb. 45 zu wählen. In eine Gewindehülse 3 ist eine Gewindebuchse 2 eingeschraubt, an deren inneren Endfläche eine Kugelpfanne angearbeitet ist. In diese Kugelpfanne legt sich mit gleichem Kugelradius die Mutter 4. In dieser Mutter ist durch Gewinde der Einspannzapfen 1 befestigt. Der Zapfen ist außerhalb der Gewindebuchse von viereckigem Querschnitt, damit er durch die Spannteile der Maschine gefaßt werden kann. Bei dieser Art der Vorrichtung kann sich das Kraftmeßgerät in die Zugachse der Maschine einstellen bzw. einstellen lassen. Die Abmessungen des Zapfenvierkants richten sich nach den vorhandenen Spannteilen, deshalb müssen sie auswechselbar sein. Die Wanddicke der Gewindehülse und die Querschnitte des Einspannzapfens sind nach den vorgesehenen höchsten Prüfkräften zu bemessen, beide Teile können auch aus Leichtmetall hergestellt werden. Dagegen sollten die Gewindebuchse und die Mutter aus Stahl sein, um die Reibung in der Kugelpfanne klein zu halten. Im allgemeinen ist der obere Einspannkopf der Maschine mit der Kraftmeßeinrichtung verbunden und der untere mit der Zugspindel. Spannt man den Kraftmeßbügel mit der beschriebenen Einspannvorrichtung ein, so hängt er im oberen Einspannkopf, sein Gewicht muß also an der Kraftmeßeinrichtung ausgeglichen werden. Entlastet wird der Bügel, indem die Zugspindel so weit hochgefahren wird, daß der untere Einspannzapfen mit seiner Mutter ein wenig in die Gewindehülse eingeschoben wird, so daß ein kleiner Abstand zwischen Mutter und Kugelpfanne entsteht, sichtbar zu machen durch eine Marke am Einspannzapfen in Höhe der Gewindebuchse. Kann das Gewicht des Bügels an der Kraftmeßeinrichtung der Maschine nicht ausgeglichen werden, so wechselt man die untere Einspannvorrichtung *a* gegen die Vorrichtung *b* aus. In die Gewindehülse *6* wird der Zapfen des Bügels eingeschraubt, das Spiel in den Gewindegängen wird durch die Kontermutter *5* beseitigt. Der Einspannzapfen *7* sitzt mit seinem Gewinde und der Anlagefläche fest in der Hülse, so daß der Bügel starr mit dem unteren Einspanngehänge verbunden ist. Am oberen Einspanngehänge hängt somit nur der obere Einspannzapfen. Bei Entlastung wird durch die Zugspindel der Bügel hochgehoben, bis der obere Zapfen frei hängt.

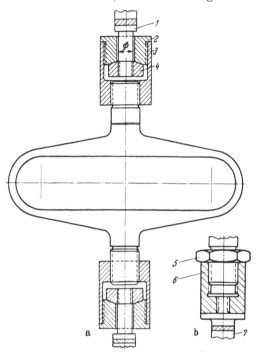

Abb. 45. Einspannvorrichtung für Spannkeile.
1 Einspannzapfen; *2* Gewindebuchse; *3* Gewindehülse; *4* Mutter; *5* Kontermutter; *6* Gewindehülse; *7* Einspannzapfen.

Abschließend soll nochmals erwähnt werden, daß es auf eine gute mittige Beanspruchung der Kraftmeßgeräte ankommt; ob die Sollwerte bei stärker außermittiger Beanspruchung noch gelten, ist nie sicher zu beurteilen. Außerdem reagiert auch die Kraftmeßeinrichtung der Maschine bei starkem exzentrischem Zug, und deshalb sind Geräte, die nicht nach ihrer Achse sauber gewichtsmäßig ausgeglichen sind, mit größter Vorsicht zu benutzen. Hierzu gehören beispielsweise Meßgeräte mit Hebeln und Uhren und mit angebauten Feinmeßmikroskopen. Als Beispiel mag erwähnt werden, daß eine Prüfstelle bei einer Prüfmaschine mit Pendelmanometer bis zu 7% Fehler fand. Diese Fehler waren ausschließlich darauf zurückzuführen, daß das Meßgerät nach seiner Mittelachse nicht ausgeglichen war. Die auf den Antriebskolben der Prüfmaschine wirkende Seitenkraft verursachte einen, im vorliegenden Falle überraschend großen Reibungswiderstand zwischen Kolben und Zylinder. Beim Einbau eines im Gewicht ausgeglichenen Meßgeräts ergaben sich Fehler der Kraftmeßeinrichtung von wenigen Zehntel Prozent mit entgegengesetztem Vorzeichen.

4. Untersuchung von Kraftmeßgeräten.

Die Beziehung Kraft zur Verformung wird in Sonderbelastungsmaschinen festgestellt. Kraftmeßgeräte, die für Untersuchungen von Werkstoffprüfmaschinen benutzt werden, müssen von einer anerkannten Prüfstelle untersucht worden sein. Über diese Untersuchung wird für jedes Gerät ein Zeugnis ausgestellt. Die Anforderungen an solche Kraftmeßgeräte werden in DIN 51301 niedergelegt werden. Es ist dringend anzuraten, auch Kraftmeßgeräte für interne Benutzung von einer neutralen Stelle untersuchen zu lassen und schon beim Kauf ein Untersuchungszeugnis mitzufordern.

Vor der Untersuchung muß sich der Prüfer über die Wirkungsweise des Meßgeräts und über die Beschaffenheit seiner Elemente orientieren; vor allem im Hinblick auf mögliche Störquellen, um hiernach die Versuchsbedingungen zielsicher variieren zu können. Bei erstmaliger Untersuchung empfiehlt sich zunächst eine Überlastung des Kraftmeßgeräts um etwa 10%, wobei zu beobachten ist, ob sich der Nullpunkt nach Entlastung wieder einstellt. Es werden mindestens drei Meßreihen mit steigender und mindestens eine Meßreihe mit abnehmender Kraft durchgeführt. Grobe Störquellen wird man hierbei schon feststellen. Nach diesen Reihen werden Geräte mit fest angebauten Verformungsmeßgeräten aus der Maschine herausgenommen, in ihren Aufbewahrungskasten gelegt und hier einige Male hin- und hergerüttelt, wie dies beim Verschicken und Aufbewahren ja auch geschieht. Dann setzt man die Untersuchung fort mit mindestens zwei steigenden und einer abnehmenden Belastungsreihe. Sind die Verformungsmeßgeräte abnehmbar, so werden sie nach den ersten Reihen ausgebaut und neu angesetzt, wobei soweit wie möglich der Sitz der Elemente verändert wird. Häufig genug sind diese nicht genügend fixiert. Werden die Ergebnisse durch solche Änderungen unvertretbar beeinflußt, so sollte die Störquelle gesucht werden.

Aus den Meßreihen mit zunehmender bzw. fallender Kraft werden die Mittelwerte gebildet. Der Unterschied dieser Mittelwerte ergibt die Umkehrspanne. Bei vielen Bauarten ist die Umkehrspanne größer, wenn die Kraftstufen bei abnehmender Kraft in einem Zuge eingestellt werden, d. h. von der Höchstkraft stufenweise bis zu Null, als wenn die Kraftstufen von einem Wert angesteuert werden, der nur etwas höher liegt als die Kraftstufe und dieser Wert stets von Null aus angefahren wird. In diesem Falle sollen beide Umkehrspannen angegeben werden, zweckmäßig werden im zweiten Fall die Kraftstufen um etwa 10% überfahren. Die Streuung der Einzelwerte um ihren Mittelwert wird berechnet aus $s = \pm \sqrt{\frac{\Sigma \delta i^2}{N-1}}$, wobei δi die Abweichung eines Einzelwerts vom Mittelwert ist und N die Anzahl der ausgewerteten Meßreihen. Für die beiden Merkmale Streuung und Umkehrspanne werden in DIN 51301 Höchstwerte vorgeschrieben, und zwar unterschiedlich für drei vorgesehene Klassen von Kraftmeßgeräten. Die Werte liegen z. Z. noch nicht fest.

Die Ergebnisse trägt man in Schaubildern auf, so kann man sie sicherer beurteilen. Um zugleich einen Vergleich zwischen den gebräuchlichen Kraftmeßgeräten zu geben, nämlich zwischen Kraftmeßgerät mit Meßuhr, mit Strichmaßstab und Feinmeßmikroskop und mit Spiegelfeinmeßgerät, ist die Verformung eines 40 t-Druckbügels mit diesen drei Verfahren festgestellt worden. 1. Meßuhr mit nicht genau definierter Hebelübersetzung: Teilungseinheit der Uhrskale = 0,005 mm, schätzbar = 0,0005 ± 0,0005 mm, 0,0005 mm = 1 Ableseeinheit. 2. Feinmeßmikroskop mit Strichmaßstab: Teilungseinheit im Mikroskop = 0,001 mm, Schätzungsfehler ≥ ± 0,0005 mm, 0,0001 mm = 1 Ableseeinheit. 3. Spiegelfeinmeßgerät: Teilungseinheit = 0,001 mm, schätzbar = 0,0001 ± 0,0001 mm, 0,0001 mm = 1 Ableseeinheit. Für die Spiegelablesung war die Form des Körpers ungünstig, es mußte ein sehr langer und deshalb schwerer Spiegelapparat angesetzt werden, und zwar auf den ebenen Flächen des Bügels. Die wünschenswerte Dreipunktlagerung des Spiegelgeräts war somit nicht gegeben. In Abb. 46 ist über der zugehörigen Prüfkraft die Streuung s der Ergebnisse in Prozent von Mittelwert Mi aufgetragen. Die Streuungen sind hauptsächlich durch Schätzungsfehler entstanden. Es zeigt sich somit, daß in diesem Falle die Einheiten bei der Uhr sicherer abzuschätzen waren, als beim Mikroskop.

Die Beziehung Kraft – Verformung läßt sich in genügend großem Maßstab nicht graphisch darstellen. An ihrer Statt wird der Zuwachs an Formänderung über der Mitte zwischen den anteiligen Kraftstufen aufgetragen, Abb. 47. Die Kraftstufen waren 2,5 t bzw. 5 t, der Zuwachs ist für 5 t berechnet. Die Ableseeinheiten an der Meßuhr wurden in mm umgerechnet, um einen einheitlichen Maßstab zu bekommen. Die Darstellung zeigt für die Meßuhr starke Unregelmäßigkeiten, eine weniger starke für das Mikroskop und einen glatten Verlauf für das Spiegelgerät. Die V-Form der Kurve für das Spiegelgerät rührt von den systematischen Fehlern her. Der Schneidenkörper stand bei 12 t senkrecht (Ansetzprüfkraft); werden die Werte von diesen Fehlern bereinigt, so steigt die Kurve in ähnlicher Weise wie beim Mikroskop. Diese Schaubilder sind typisch für die drei Meßverfahren. Eine genügend

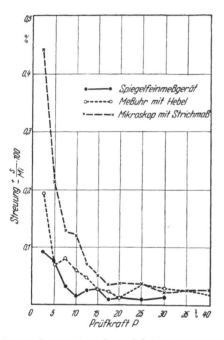

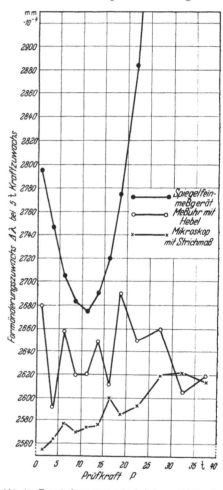

Abb. 46. Streuung der Meßwerte bei einem 40 t-Druckbügel mit verschiedenen Formänderungsmeßgeräten.

Abb. 47. Formänderungszuwachs bei einem 40 t-Druckbügel mit verschiedenen Formänderungsmeßgeräten.

sichere Berechnung von Zwischenwerten ist bei der Meßuhr nicht möglich, da es unbekannt ist, ob nicht bei kleineren Kraftstufen zusätzliche Schwankungen hinzukommen.

An der Linienführung solcher Darstellungen erkennt man erst den Wert eines Geräts. Jede Festlegung der Sollwerte von Meßgeräten ist empirisch und in solche Untersuchungen mischen sich allzu leicht Unregelmäßigkeiten ein, die man geneigt ist, auf die Eigenart des Geräts selber zurückzuführen. In Wirklichkeit können sie aber eine nicht stabile Ursache haben, d. h., die Ursache und damit der Sollwert kann sich ändern. Je eindeutiger deshalb die Beziehung

Verformung zur Kraft ist, desto höher ist der Wert des Meßgeräts. Ist diese Beziehung noch gesetzmäßig erfaßbar, so erhält man beim Gebrauch solcher Geräte ein Gefühl außerordentlicher Sicherheit. Das ist z. B. der Fall beim Spiegelfeinmeßgerät in Verbindung mit einem Verformungskörper, bei dem die durch die Belastung auftretenden Spannungen über dem Querschnitt gleich sind, wie etwa beim runden Zugstab.

Auf Grund dieses Gesetzes kann man die in der Belastungsmaschine erhaltenen Werte des Kraftmeßgeräts nachprüfen und sie mit Hilfe des quadratischen Ausgleichsverfahrens von Unregelmäßigkeiten befreien. Nehmen die Unterschiede zwischen den rechnerischen und empirischen Werten einen Betrag an, für den Ablesestreuungen nicht verantwortlich sein können, so wird man die Ursache suchen. Treten sie bei stets den gleichen Kräften auf, so liegt der Fehler in der Belastungsmaschine. Man hat hiermit also ein Mittel, das einwandfreie Arbeiten der Belastungsmaschine fortlaufend zu überwachen. Mit dieser gesetzmäßigen Beziehung kann man weiterhin einwandfrei interpolieren, aber auch über die Meßergebnisse hinaus extrapolieren innerhalb des Bereichs der zulässigen Spannungen, sofern die Meßergebnisse den Verlauf der Beziehung schon genügend festlegen. Dies alles sind so wichtige Vorteile, daß man sich überlegen sollte, ob nicht alle Verformungskörper so gebaut werden könnten, daß ihre Verformung gesetzmäßig zu erfassen ist. Dies ist z. B. bei den Meßbügeln durchaus nicht der Fall, wo auch noch die achsensymmetrische Bearbeitung fast unüberwindliche Schwierigkeiten macht.

Quadratisches Ausgleichsverfahren beim Zugstab mit Spiegelfeinmeßgeräten.

Die beobachteten Dehnungen sind verfälscht durch den systematischen Fehler des Dehnungsmeßgeräts und durch unkontrollierbare Einflüsse. Für die Ausgleichung wird man deshalb die beobachteten Werte von den systematischen Fehlern befreien, die so erhaltenen wahren Dehnungen ausgleichen und den ausgeglichenen Werten den systematischen Fehler wieder hinzufügen. Die letzten Werte sind die endgültigen Sollwerte.

a) Rechnerisches Verfahren des St.M.P.A. Dortmund[1].

Es bedeuten

λ = elastische Längenänderung für die Meßlänge L,

P = Prüfkraft,

$\sigma = \dfrac{P}{F_0}$ = Spannung, bezogen auf den Anfangsquerschnitt,

α = Dehnungszahl.

Allgemein wird gelehrt, daß bei einem Zugstab aus Stahl die Dehnungen proportional den Spannungen sind:

$$\lambda = \alpha \sigma L = \frac{\alpha P L}{F_0}, \tag{27}$$

$$\frac{\alpha L}{F_0} = \text{konstant, deshalb}$$

$$\lambda = x P. \tag{28}$$

---

[1] Dieses Verfahren wurde vom Verfasser in Zusammenarbeit mit A. KRISCH, Max-Planck-Institut, Düsseldorf, ausgearbeitet, s. auch Taschenbuch für Bauingenieure. FRIEDRICH SCHLEICHER, 1. Bd. S. 108, Springer 1955.

Dieses Hooksche Gesetz stimmt nicht genau, vielmehr besitzt die Gleichung weitere Glieder. Für den vorliegenden Fall genügt die Beziehung

$$\lambda = x\,P + y\,P^2 \quad \text{Abb. 48.} \tag{29}$$

Um für die Rechnung kleinere Zahlen zu erhalten, führt man die quadratische Ausgleichsrechnung für $\lambda - \lambda'$ durch, wobei $\lambda' = c\,P$ und c eine angenommene Konstante ist.

$$\lambda - \lambda' = x_1\,P + y\,P^2. \tag{30}$$

Die Summe der Fehlerquadrate Σf^2 muß ein Minimum werden.

$$\Sigma(\lambda - \lambda' - x_1\,P - y\,P^2)^2 = \Sigma f^2, \tag{31}$$

$$\frac{\delta\,\Sigma f^2}{\delta\,x_1} = 0,$$

$$\frac{\delta\,\Sigma f^2}{\delta\,y} = 0.$$

Daraus ergibt sich

$$x_1\,\Sigma P^2 + y\,\Sigma P^3 = \Sigma P(\lambda - \lambda'), \tag{32}$$

$$x_1\,\Sigma P^3 + y\,\Sigma P^4 = \Sigma P^2(\lambda - \lambda') \tag{33}$$

$$x_1(\Sigma P^3 - \Sigma P^2) + y(\Sigma P^4 - \Sigma P^3) = \Sigma P^2(\lambda - \lambda') - \Sigma P(\lambda - \lambda') = a,$$

$$x_1 = \frac{a - y(\Sigma P^4 - \Sigma P^3)}{\Sigma P^3 - \Sigma P^2}. \tag{34}$$

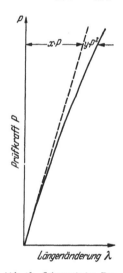

Abb. 48. Schematische Darstellung der Beziehung Längenänderung zur Prüfkraft (runder Zugstab aus Stahl).

Der für x_1 errechnete Wert wird in Gl. (32) eingesetzt, man erhält den Wert für y, anschließend aus Gl. (34) den Wert für x_1. Um diesen x_1-Wert muß der gewählte Wert c korrigiert werden. Der korrigierte Wert ist x. Beispiel: Tab. 5.

b) Graphisches Ausgleichsverfahren des St.M.P.A. Dahlem.

Aus der Beziehung der Prüfkräfte P zu den wahren Verlängerungen λ wird der Verlängerungszuwachs $\Delta\lambda$ für gleiche Kraftstufen ΔP und die Werte $\Delta P\,\dfrac{\lambda}{P}$ errechnet. Diese beiden Hilfswerte werden als Ordinate zu den Prüfkräften als Abszisse aufgetragen (Abb. 49). Ein $\Delta\lambda$-Wert gilt für den ganzen zugeordneten Kraftstufenbereich, die Beziehungslinie würde demnach als Treppenstufe dargestellt werden müssen. Statt dessen wird man diese Werte im Grenzwertverfahren als Punkte über der Mitte zwischen den Kraftstufen einsetzen. Die $\Delta P\,\dfrac{\lambda}{P}$-Werte sind den entsprechenden Prüfkräften zuzuordnen.

Durch die erhaltenen Punkte werden Ausgleichsgeraden gelegt, und zwar muß die Steigung für die $\Delta\lambda$-Gerade doppelt so groß sein wie für die $\Delta P\,\dfrac{\lambda}{P}$-Gerade.

Rechnerischer Nachweis: Es ist

$$\lambda = x\,P + y\,P^2,$$

$$\Delta P\,\frac{\lambda}{P} = \Delta P\,x + \Delta P\,y\,P = \text{Gerade mit einer Steigung } \Delta P\,y.$$

Die $\Delta\lambda$-Werte sind als Grenzwerte aufgetragen. Der rechnerische Nachweis kann deshalb über den Differentialquotienten erfolgen:

$$\lambda = x\,P + y\,P^2,$$

$$\frac{d\lambda}{dP} = x + 2y\,P,$$

$$\frac{d\lambda}{dP} = \text{Grenzwert für } \frac{\Delta\lambda}{\Delta P},$$

$$\Delta\lambda = \Delta P\,x + \Delta P\,2y\,P = \text{Gerade mit einer Steigung } 2\Delta P\,y.$$

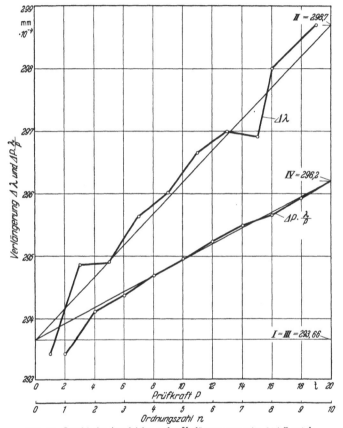

Abb. 49. Graphische Ausgleichung der Verlängerungswerte. 20 t-Zugstab.

Schneidet die $\Delta\lambda$-Gerade auf der Ordinaten P_0 die Strecke I und auf der Ordinaten $P_{\max}$ die Strecke II ab, die $\Delta P\frac{\lambda}{P}$-Gerade die entsprechenden Strecken III und IV, so ist $I = a$, $\frac{II - I}{2n} = b$, $III = a$, $\frac{IV - III}{n} = b$; n ist die Anzahl der gleich großen Kraftstufen. Es muß $I = III$ sein. Die Bedingung $\frac{II - I}{n} = 2\frac{IV - III}{n}$ erleichtert den Ausgleich.

In der Abb. 49 sind die beiden Ausgleichsgeraden so gelegt, daß sie den Werten aus dem rechnerischen Verfahren unter a) entsprechen, soweit der Maßstab dies zuläßt. Das graphische Verfahren gibt dem Ausgleichen einen

Tabelle 4. *Rechnungsbeispiel: Berechnung der wahren Verkürzungen λ aus den beobachteten Verkürzungen λ1. (Rechnungsgrundlage s. Seite 310.)*

10 t-Druckkörper.

Meßlänge L: 150 mm,   Schneidenbreite r des Spiegels: 4,55 mm,   Ansetzprüfkraft: 5 t.

Prüfkraft P in t	1	2	3	4	5	6	7	8	9	10
λ_1	230 = 1150 − 920	460 = 1150 − 690	690 = 1150 − 460	920 = 1150 − 230	1150	1380 = 1150 + 230	1610 = 1150 + 460	1840 = 1150 + 690	2070 = 1150 + 920	2300 = 1150 + 1150
Fehler Fr $\lambda_1 - \lambda v$	1,11 − 0,62 0,59	1,11 − 0,23 0,88	1,11 − 0,07 1,04	1,11 − 0,01 1,10	1,11	1,11 + 0,01 1,12	1,11 + 0,07 1,18	1,11 + 0,23 1,34	1,11 + 0,62 1,73	1,11 + 1,11 2,22
Fehler Fl $\lambda - \lambda v$	0,44 − 0,28 0,16	0,44 − 0,16 0,28	0,44 − 0,07 0,37	0,44 − 0,02 0,42	0,44	0,44 − 0,02 0,42	0,44 − 0,07 0,37	0,44 − 0,16 0,28	0,44 − 0,28 0,16	0,44 − 0,44 0
$Fr - Fl$	0,43	0,60	0,67	0,68	0,67	0,70	0,81	1,06	1,57	2,22
λ	229,57	459,40	689,33	919,32	1149,33	1379,30	1609,19	1838,94	2068,43	2297,78

Verkürzungen in mm 10^{-4}.

Tabelle 5. *Rechnungsbeispiel für das rechnerische Ausgleichsverfahren.*

20 t-Zugstab.

1. Berechnung der wahren Verlängerung λ aus den beobachteten Verlängerungen λ_1. (Rechnungsgrundlage s. Seite 309.) Stabdurchmesser: 25 mm, Meßlänge L: 150 mm, Schneidenbreite r des Spiegels: 4,583 mm, Ansetzprüfkraft: 8 t.

Prüfkraft P in t	1	2	4	6	8	10	12	14	16	18	20
λ_1	146,7 = 1180,4 −1033,7	294,3 = 1180,4 − 886,1	589,6 = 1180,4 − 590,8	884,7 = 1180,4 − 295,7	1180,4	1476,4 = 1180,4 + 296,0	1773,1 = 1180,4 + 592,7	2070,3 = 1180,4 + 889,9	2367,7 = 1180,4 +1187,3	2666,6 = 1180,4 +1486,2	2966,7 = 1180,4 +1786,3
Fehler Fr $\lambda_1 - \lambda v$	1,175 −0,794 _____ 0,381	1,175 −0,494 _____ 0,681	1,175 −0,146 _____ 1,029	1,175 −0,020 _____ 1,155	1,175	1,175 +0,020 _____ 1,195	1,175 +0,147 _____ 1,322	1,175 +0,500 _____ 1,675	1,175 +1,194 _____ 2,369	1,175 +2,348 _____ 3,523	1,175 +4,074 _____ 5,249
Fehler FL $\lambda - \lambda v$	0,464 −0,354 _____ 0,110	0,464 −0,262 _____ 0,202	0,464 −0,116 _____ 0,348	0,464 −0,029 _____ 0,435	0,464	0,464 −0,029 _____ 0,435	0,464 −0,117 _____ 0,347	0,464 −0,264 _____ 0,200	0,464 −0,470 _____ −0,006	0,464 −0,736 _____ −0,272	0,464 −1,064 _____ −0,600
Fr + FL	0,491	0,883	1,377	1,590	1,639	1,630	1,669	1,875	2,363	3,251	4,649
λ	146,209	293,417	588,223	883,110	1178,761	1474,770	1771,431	2068,425	2365,337	2663,349	2962,051

Verlängerungen in mm 10^{-4}.

2. Quadratisches Ausgleichsverfahren, rechnerisch. (Rechnungsgrundlage s. Seite 318.)

P	P^2	P^3	P^4	λ	λ'^1	$\lambda-\lambda'$	$P(\lambda-\lambda')$	$P^2(\lambda-\lambda')$
1	1	1	1	146,209	147,7446	−1,5356	− 1,5356	− 1,5356
2	4	8	16	293,417	295,4893	−2,0723	− 4,1446	− 8,2892
4	16	64	256	588,223	590,9786	−2,7556	− 11,0224	− 44,0896
6	36	216	1296	883,110	886,4679	−3,3579	− 20,1474	− 120,8844
8	64	512	4096	1178,761	1181,9571	−3,1961	− 25,5688	− 204,5504
10	100	1000	10000	1474,770	1477,4464	−2,6764	− 26,7640	− 267,6400
12	144	1728	20736	1771,431	1772,9357	−1,5047	− 18,0564	− 216,6768
14	196	2744	38416	2068,425	2068,4250	0	0	0
16	256	4096	65536	2365,337	2363,9143	+1,4227	+ 22,7632	+ 364,2112
18	324	5832	104976	2663,349	2659,4036	+3,9454	+ 71,0172	+ 1278,3096
20	400	8000	160000	2962,051	2954,8929	+7,1581	+ 143,1620	+ 2863,2400
Σ	1541	24201	405329				129,7032	3642,0948

$$\Sigma P^3 = 24201$$
$$\Sigma P^2 = -\underline{1541}$$
$$22660$$

$$\Sigma P^4 = 405329$$
$$\Sigma P^3 = -\underline{24201}$$
$$381128$$

$$\Sigma P^2(\lambda-\lambda') = 3642,0948$$
$$\Sigma P\,(\lambda-\lambda') = -\underline{129,7032}$$
$$3511,3916$$

$$x_1 = \frac{3511,3916 - 381128\,y}{22660} = 0,15496 - 16,81942\,y$$

$$(0,15496 - 16,81942\,y)\,1541 + 24201\,y = 129,7032$$

$$y = 0,0635$$

$$x_1 = 0,15496 - 16,81942 \cdot 0,0635$$
$$x_1 = -0,9132$$
$$x = 147,7446 - 0,9132 = 146,8314$$

[1] Für die Konstante c ist hier eingesetzt die Dehnung λ für $P = 1$ t, errechnet aus der Dehnung für 14 t: $\dfrac{2068,425}{14} = 147,7446$. Die Wahl von λ für 7/10 P hat sich im allgemeinen als zweckmäßig erwiesen.

3. Berechnung der Sollwerte.

		Ausgeglichene λ-Werte				Ausgeglichene Soll-Werte s		
P in t	P^2	$x\,P$	$y\,P^3$	λ	$\Delta\lambda$	systematischer Fehler $Fv + FL$	s	Δs
1	1	146,8314	0,0635	146,895	146,895	0,491	147,4	147,4
2	4	293,6628	0,2540	293,917	147,022	0,883	294,8	147,4
4	16	587,3255	1,0161	588,342	294,425	1,377	589,7	294,9
6	36	880,9883	2,2863	883,275	294,933	1,590	884,9	295,2
8	64	1174,6511	4,0645	1178,716	295,441	1,639	1180,4	295,5
10	100	1468,3138	6,3509	1474,665	295,949	1,630	1476,3	295,9
12	144	1761,9766	9,1452	1771,122	296,457	1,669	1772,8	296,5
14	196	2055,6394	12,4477	2068,087	296,965	1,875	2070,0	297,2
16	256	2349,3021	16,2582	2365,560	297,473	2,363	2367,9	297,9
18	324	2642,9649	20,5788	2663,544	297,984	3,251	2666,8	298,9
20	400	2936,6277	25,4034	2962,031	298,487	4,649	2966,7	299,9

Tabelle 6. *Rechnungsbeispiele für das graphische Ausgleichsverfahren.* (*Rechnungsgrundlage s. Seite 318.*)
20 t-Zugstab.

1. Berechnung der Hilfswerte.

P in t	0	2	4	6	8	10	12	14	16	18	20
λ		293,417	588,223	883,110	1178,761	1474,770	1771,431	2068,425	2365,337	2663,349	2962,051
$\Delta\lambda$		293,417	294,806	294,887	295,631	296,009	296,661	296,994	296,912	298,012	298,702
$\Delta P\,\dfrac{\lambda}{P}$		293,417	294,111	294,370	294,690	294,954	295,238	295,489	295,667	295,928	296,205

λ = wahre Dehnungen aus a 1. ΔP = Konstante = 2.
Aus der graphischen Darstellung Abb. 49 entnommene Konstanten:

$$a = I = III = 293{,}66, \qquad b = \frac{II - I}{2n} = \frac{298{,}7 - 293{,}66}{2 \cdot 10} = 0{,}252 = \frac{IV - III}{n} = \frac{296{,}2 - 293{,}66}{10} = 0{,}254$$

$$b = 0{,}253$$

2. Berechnung der Sollwerte.

	Ausgeglichene λ-Werte					Ausgeglichene Soll-Werte s		
P in t	n	n^2	$a\,n$	δn^2	λ	systematischer Fehler $Fr + FL$	s	Δs
2	1	1	293,66	0,253	293,91	0,883	294,8	294,8
4	2	4	587,32	1,012	588,33	1,377	589,7	294,9
6	3	9	880,98	2,277	883,26	1,590	884,8	295,1
8	4	16	1174,64	4,048	1178,69	1,639	1180,3	295,5
10	5	25	1468,30	6,325	1474,63	1,630	1476,3	295,9
12	6	36	1761,96	9,108	1771,07	1,669	1772,7	296,5
14	7	49	2055,62	12,397	2068,02	1,875	2069,9	297,2
16	8	64	2349,28	16,192	2365,47	2,363	2367,8	297,9
18	9	81	2642,94	20,493	2663,43	3,251	2666,7	298,8
20	10	100	2936,60	25,300	2961,90	4,649	2966,5	299,9

etwas größeren Spielraum als das rechnerische Verfahren. Für die Berechnung der ausgeglichenen Dehnungswerte λ wird die Konstante a mit den Ordnungszahlen n multipliziert und die Konstante b mit den Quadraten dieser Zahlen; λ ausgeglichen $= a\,n + b\,n^2$. Beispiel: Tab. 6.

In Abb. 50 ist das Ergebnis aufgetragen, und zwar der Verlängerungszuwachs für die Prüfkraftstufen, berechnet einmal aus den beobachteten Verlängerungswerten, zum anderen aus den ausgeglichenen Sollwerten. Dieses Beispiel zeigt, daß bei kleineren Prüfkräften die beobachteten Werte von den gesetzmäßigen Werten stark abweichen können. Die Größe dieses Unterschieds wird einen Anhalt geben, ob es Ablesestreuungen sind oder Störungen im Gerät,

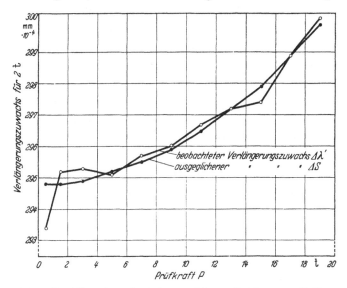

Abb. 50. Schaubildliche Darstellung der rechnerisch ausgeglichenen Beziehung von Verlängerungszuwachs zu Kraftzuwachs.

wie z. B. Trägheit wegen zu starken Klemmdrucks an den Meßfedern des Spiegelgeräts. Man tut gut, in diesem Bereich zusätzlich ein paar Prüfkraftstufen einzufügen.

Für zylindrische Druckkörper gilt das Gesetz $\lambda = x\,P - y\,P^2$. Allerdings macht es sich bei niedrigen Bauhöhen häufig störend bemerkbar, daß die Einflüsse der ungleichmäßigen Druckübertragung bis in die Meßstrecke hinein wirken.

Der Elastizitätsmodul ändert sich mit der Temperatur um etwa 0,025 % für 1° C. Die Verformungswerte können gegebenenfalls entsprechend korrigiert werden. Die Temperatur bei der Untersuchung des Prüfmeßgeräts sollte deshalb im Prüfungszeugnis vermerkt werden.

D. Belastungsmaschinen für Kraftmeßgeräte[1].

Für die Untersuchung eines Kraftmeßgerätes ist eine Einrichtung notwendig, die Kräfte mit hoher Genauigkeit herzustellen, zu messen und auf das Kraftmeßgerät zu übertragen ermöglicht. Von der Kraft muß gefordert werden, daß

---

[1] Beitrag von K. HILD, Braunschweig. Entgegen der Gepflogenheit in diesem Buch wird in diesem Beitrag zwischen den Einheiten der Kraft und der Masse unterschieden.

sie nicht nur nach ihrer Größe, sondern auch nach ihrer Richtung festgelegt ist. Da sie nicht in einem Punkt sondern in einer Fläche übertragen wird, müssen für Druckbeanspruchungen eine der Druckflächen und für Zugbeanspruchungen beide Kugelschalen einstellbar sein, wie es in gleicher Weise bei einer Werkstoffprüfmaschine gefordert wird. Weiter muß die Kraft solange konstant gehalten werden können, wie es zur Aufnahme eines Meßpunktes erforderlich ist. Wichtig ist auch, daß die Kraft nach Wunsch eingestellt werden kann.

Einrichtungen, die diese Forderungen zu erfüllen vermögen, sollen Belastungsmaschinen oder Belastungseinrichtungen genannt werden. Sie arbeiten entweder nach dem Prinzip, daß die Kraft auf die Bestimmung einer Masse im Schwerefeld der Erde zurückgeführt wird, wobei die Masse unmittelbar oder durch einen Hebel übersetzt auf das Kraftmeßgerät wirken kann, oder sie arbeiten hydraulisch.

Mit einer Belastungsmaschine läßt sich jeweils nur ein kleiner Teil der Kraftskale darstellen. Um Kräfte von den kleinsten bis zu den größten Werten herstellen zu können, bedarf es einer Reihe von Belastungsmaschinen. Zweckmäßig überlappen sich deren Arbeitsbereiche derart, daß durch Vergleichsmessungen eine einheitliche Kraftskale sichergestellt wird. Solche Einrichtungen befinden sich in den meisten Staaten in Staatsinstituten.

Die Vergleichbarkeit der Kräfte setzt die Wahrung der Krafteinheit voraus. Diese ist im Meter-Kilogramm-Sekunde-System durch das Newton gegeben; ein Newton ist die Kraft, die der Masse 1 kg die Beschleunigung 1 ms⁻² erteilt:

$$1 N = 1 \, \mathrm{m \, kg \, s^{-2}}.$$

In der Technik wird dagegen das Kilopond bevorzugt, das als 9,80665 Newton definiert ist:

$$1 \, \mathrm{kp} = 9,80665 \, N = 9,80665 \, \mathrm{m \, kg \, s^{-2}}.$$

Das Kilopond ist in dem Normgewicht eines Körpers der Masse 1 kg im luftleeren Raum (DIN 1305 2. Ausg. Juli 1938) verwirklicht:

$$1 \, \mathrm{kp} = 1 \, \mathrm{kg} \, g_n.$$

Die Normfallbeschleunigung g_n wurde von der 3. Generalkonferenz für Maß und Gewicht im Jahre 1901 festgelegt:

$$g_n = 9,80665 \, \mathrm{m \, s^{-2}}.$$

Außer dem Kilopond werden noch das Pond, abgekürzt p, gleich dem Tausendstel des Kiloponds, und das Megapond, abgekürzt Mp, gleich dem Tausendfachen des Kiloponds gebraucht. Im Ausland wird statt des Kiloponds auch das kilogramm-force, abgekürzt kgf, benutzt, das identisch mit dem Kilopond ist. In den angelsächsischen Ländern wird als Einheit der Kraft das pound-force, abgekürzt lbf, gebraucht. Die Beziehung zwischen Kilopond und pound-force wird durch die folgenden Gleichungen gegeben:

$$1 \, \mathrm{lbf} = 0,453\,592\,4 \, \mathrm{kp}$$

oder

$$1 \, \mathrm{kp} = 2,204\,622\,3 \, \mathrm{lbf}.$$

1. Belastungsmaschinen und -einrichtungen mit Massenwirkung.

Die Erzeugung von Kräften durch Körper bekannter Masse im Schwerefeld der Erde ist auch bei Werkstoffprüfmaschinen insbesondere für kleine Kräfte oder in Versuchseinrichtungen gebräuchlich, in denen eine Kraft über lange Zeit hinweg konstant gehalten werden soll.

Die Kraftwirkung eines Körpers muß voll zur Wirkung kommen. Führungen sind deshalb zu vermeiden, weil sie Reibungsmomente aufnehmen können, ohne daß deren Größe erkannt werden kann.

Die obere Grenze in der Erzeugung von Kräften durch Massen wird durch die Größe des Aufwandes gesetzt. Mit einem Aufwand, wie er im allgemeinen nur von den Staatsinstituten übernommen wird, sind Kräfte von 50 Mp erreicht worden. Diese Grenze ist in der Physikalisch-Technischen Bundesanstalt in Braunschweig durch eine Belastungseinrichtung für die größte Kraft von 100 Mp für Zugbeanspruchung überschritten worden.

Die Kraftstufen, die an Belastungsmaschinen mit Massenwirkung eingestellt werden können, sind durch die Anordnung der Massen und die Bedienungsmöglichkeit der Maschine festgelegt und nur in begrenzter Zahl zu verwirklichen. Im allgemeinen kann die Reihenfolge der aufzulegenden Massenstücke nicht geändert werden, insbesondere bei großen Massen. Es hat sich als vorteilhaft erwiesen, die gesamte Belastungsmasse in zwei Stapel aufzuteilen, um eine größere Zahl von Kraftstufen einstellen zu können. Von ihnen enthält ein Stapel kleine, der andere große Massenstücke. Es ist dafür zu sorgen, daß jeder Stapel unabhängig vom anderen bedient werden kann.

Viele Anregungen für den Bau von Belastungsmaschinen mit aufzulegenden Massen sind vom Waagenbau ausgegangen. Jedoch sind die unterschiedlichen Bedingungen zu beachten. Bei der Waage ist die Reihenfolge der Massenstücke gleichgültig und die Waage kann im Gegensatz zur Belastungsmaschine frei in ihre Gleichgewichtslage einspielen[1].

Entlastungen zwischen zwei Kraftstufen lassen sich nicht vermeiden, wenn Reihen von Kraftstufen eingestellt werden sollen, die keinen gemeinsamen Teiler haben, wie z. B. die Reihen mit den Grundzahlen 3 und 10. Jedoch lassen sich Entlastungen bis zu einem gewissen Grad dadurch vermeiden, daß die Aufteilung der Belastungsmasse nicht nach dem Dezimalsystem, sondern nach einem der besonderen Aufgabe der Belastungsmaschine entsprechenden Staffelsystem vorgenommen wird. Die optimale Zahl der Massenstücke muß in Einklang mit konstruktiven Forderungen, wie z. B. an die Bauhöhe der Maschine oder des Gehänges, gebracht werden, die aus Stabilitätsgründen nicht zu groß werden dürfen.

Die kleinste Stufe einer Belastungsmaschine mit unmittelbarer Massenwirkung wird durch das Gehänge mit den Teilen der unteren Einspanneinrichtung gegeben. Von der konstruktiven Möglichkeit, das Gehänge zu entlasten, ist bisher nur in einer Belastungsmaschine Gebrauch gemacht worden, während sie in Druckwaagen (s. Abschn. 2) mehrfach ausgenutzt worden ist.

Grundsätzlich ist die von derselben Kraft endgültig erreichte Verformung von der Art und der Geschwindigkeit der Kraftsteigerung abhängig. Diese Einflüsse mögen bei einfachen Verformungskörpern im Bereich von 0,01% der Verformung liegen, bei ungleichmäßig über den Querschnitt belasteten Verformungskörpern größer sein — exakte Ergebnisse liegen nicht vor —, dennoch ist es zweckmäßig, die Kraft langsam auf ihren vollen Wert zu bringen und ihre gleichmäßige Steigerung anzustreben. Gerade die letzte Forderung ist bei Belastungsmaschinen mit Massenwirkung nicht zu erfüllen. Hingegen macht es keine Schwierigkeit, die Kraft langsam genug zu steigern, insbesondere nicht, wenn hydraulisch betriebene Hilfseinrichtungen vorhanden sind. Körper geringer Masse, wie kleinere Massenstücke, die zum Wägen benutzt werden, lassen sich

---

[1] RAUDNITZ, M., u. J. REIMPELL: Handbuch des Waagenbaues. 5. Aufl. Bd. 1. Handbediente Waagen, Berlin: Voigt 1955 (Bd. 2 in Vorbereitung).

wohl auch mit der Hand aufsetzen, ohne daß Bewegungen des Gehänges hervorgerufen werden.

Es ist jedoch zu bedenken, daß bei dem Aufsetzen eines Körpers grundsätzlich eine Kraft durch seine Verzögerung (gleich negativer Beschleunigung) nicht
zu vermeiden ist. Da sich mit der beim Absetzen zunehmenden Kraftwirkung
des Körpers das Gehänge dehnt, wird erreicht, daß die Kraft langsamer als beim
Absetzen auf einen starren Bauteil ansteigt. Infolgedessen ist die auf das Gehänge
wirkende Beschleunigung geringer, so daß die einzustellende Kraft nicht wesentlich überschritten wird.

Die Kraft P, die von einem Körper bestimmter Masse im Schwerefeld der
Erde ausgeübt wird, ist entsprechend dem zweiten Newtonschen Axiom durch
die folgende Gleichung gegeben:

$$P = m\, g_{\mathrm{loc}}.$$

In dieser Gleichung ist m die Masse, die in der üblichen Weise mit einer Hebelwaage durch Vergleich mit geeichten Massenstücken bestimmt wird. Die Unsicherheit in der Bestimmung einer Masse hängt von ihrer Größe ab. Ein Kilo-
gramm kann auf etwa 10^{-8}, ein Gramm auf 10^{-7}, ein Milligramm nur auf 10^{-4}
und eine Tonne wiederum auf 10^{-5} genau bestimmt werden. Die örtliche Fallbeschleunigung g_{loc} ist zeitlich konstant; sie ändert sich mit der geographischen
Breite, mit der Höhe über dem Meeresniveau (N. N.) und mit der Zusammensetzung der Erdrinde in der Nähe des Beobachtungsortes. Wenn es genügt, die
Fallbeschleunigung auf etwa 10^{-4} ihres Wertes zu kennen, brauchen nur die
beiden ersten Einflüsse auf die Fallbeschleunigung berücksichtigt zu werden.

Für eine Anzahl größerer Städte ist die örtliche Fallbeschleunigung in
Kohlrausch: Praktische Physik, Bd. 2. Stuttgart: Teubner 1956 in der
Tab. 13 zum größten Teil auf Grund von Messungen, zum kleineren Teil nach
Berechnungen aufgeführt. Dort sind auch die beiden Gleichungen angegeben,
nach denen die Fallbeschleunigung berechnet werden kann. Die Formel für die
Abhängigkeit von der geographischen Breite φ ist 1930 von Cassinis angegeben
worden:

$$g_0 = 978{,}049\,(1 + 0{,}005\,288\,4 \sin^2 \varphi - 0{,}000\,005\,9 \sin^2 2\varphi)\ \mathrm{cm\ s^{-2}}.$$

Diese Gleichung ist in demselben Buch bereits tabellenförmig ausgewertet
(Tab. 12). Die Abhängigkeit der Fallbeschleunigung von der Höhe h und der
Dichte der Erdrinde ϱ wird durch folgende Zahlenwertgleichung erfaßt:

$$g = g_0 - 0{,}000\,308\,6\,h + 0{,}000\,041\,9\,\varrho\,h\ \mathrm{cm\ s^{-2}};$$

in ihr sind g und g_0 in cm s^{-2}, h in m und ϱ in g cm^{-3} einzusetzen.

Innerhalb Deutschlands ändert sich im allgemeinen die Fallbeschleunigung
weniger als 0,1%; für Europa ergibt sich eine Veränderlichkeit von 0,2%. Es ist
also bei genauen Kraftmessungen notwendig, die Unterschiede in der Fallbeschleunigung zu berücksichtigen.

Wie dies bei Belastungsmaschinen geschehen kann, und zwar sowohl für die
Massen, die unmittelbar oder durch Hebel übersetzt zur Wirkung kommen, als
auch für die Massen der Druckwaagen (s. Abschn. 2), wird im folgenden dar-
gestellt. Dabei wird davon ausgegangen, daß es wünschenswert ist, ganzzahlige
Vielfache des Kiloponds herstellen zu können. Zu diesem Zweck müssen die
Massen so abgeglichen sein, daß sich Kräfte ergeben, die der Gleichung genügen:

$$P = \mathrm{kg}\, g_n.$$

Durch Einsetzen in die bereits gegebene Gleichung

$$P = m\, g_{loc}$$

ergibt sich die gesuchte Masse:

$$m = \frac{P}{g_{loc}} = \text{kg}\,\frac{g_n}{g_{loc}}.$$

Die Belastungsmasse muß sich also um den Faktor $\frac{g_n}{g_{loc}}$ von einem Massen-
stück entsprechenden Zahlenwertes, das zum Wägen benutzt wird, unterscheiden.

Wenn Massenstücke zur Verfügung stehen, die nicht geändert werden dürfen,
weil sie z. B. gleichzeitig zum Wägen gebraucht werden, so berechnet sich die
Kraft folgendermaßen:

$$P = m\,\frac{g_{loc}}{g_n} \qquad \text{(Zahlenwertgleichung, } P \text{ in kp, } m \text{ in kg).}$$

Ein Beispiel möge die Verfahren erläutern. In der Physikalisch-Technischen
Bundesanstalt in Braunschweig gilt die Fallbeschleunigung

$$g_{loc}\,(\text{PTB}) = 9{,}81267\ \text{m s}^{-2}.$$

Die Kraft 1000 kp wird von einem Körper der Masse m ausgeübt:

$$m = \text{kg}\,\frac{g_n}{g_{loc}} = 1000\,\text{kg}\,\frac{9{,}806\,65}{9{,}812\,67} = 999{,}387\,\text{kg}.$$

Hingegen übt die Masse 1000 kg folgende Kraft aus:

$$P\,(\text{kp}) = m\,\frac{g_{loc}}{g_n} = 1000\,\frac{9{,}812\,67}{9{,}806\,65} = 1000{,}614.$$

Außer der Abweichung der örtlichen Fallbeschleunigung vom Normwert muß
für hohe Genauigkeitsansprüche auch der Luftauftrieb der Belastungsmasse berücksichtigt sein, weil das Gleichgewicht zwischen der federnden Kraft des
Kraftmeßgerätes und dem Gewicht der Masse eingestellt wird. Die durch den
Luftauftrieb bewirkte Korrektion wird in der Gleichung gegeben:

$$m = m_\lambda\left(1 - \frac{\lambda}{\varrho}\right),$$

worin λ die Dichte der Luft, die im Mittel $\lambda = 0{,}001\,20\ \text{g cm}^{-3}$ gesetzt werden
kann, ϱ die Dichte des Körpers, der die Kraft erzeugt, und m_λ seine Masse in
Luft sind. Der Luftauftrieb liegt bei den üblichen Werkstoffen zwischen 0,01
bis 0,02 %[1].

In kurzen Zügen werde nun auf die Geschichte der Belastungsmaschinen mit
unmittelbarer Massenwirkung eingegangen. Bereits im Jahr 1898 wurde nach
den Angaben von MARTENS eine Belastungsmaschine gebaut, deren in Platten
aufzulegende Massen 10 000 kg betrug[2]. Die Maschine wurde im Staatlichen Materialprüfungsamt Berlin-Dahlem bis 1945 benutzt. Die kleinste Belastung betrug
500 kg. Dann folgten eine zweite Platte von 500 kg und neun Platten von
je 1000 kg. Zum Heben und Senken der Belastungsscheiben ist in die Fundamentplatte der Maschine eine hydraulische Pumpe eingebaut. Es ließen sich
Untersuchungen mit Zug- und Druckbeanspruchung durchführen, wobei jedoch
der Umbau für Druckbelastung recht umständlich war. In demselben Institut
wurden weitere Belastungsmaschinen derselben Art entwickelt, insbesondere

---

[1] KOHLRAUSCH, F.: Praktische Physik. 20. Aufl. Bd. 1, S. 77. Stuttgart: Teubner 1955.
[2] Die Massen der Belastungsmaschinen wurden früher auf gerundete Kilogrammwerte
eingestellt, ohne daß die örtliche Fallbeschleunigung berücksichtigt wurde.

eine Belastungsmaschine mit der Höchstmasse von 2000 kg (Abb. 51), ebenfalls für Zug- und Druckbeanspruchung. Die Masse war in folgender Weise aufgeteilt:

Gehänge	50 kg
9 Platten zu	50 kg
5 Platten zu	100 kg
5 Platten zu	200 kg.

Die Platten wurden auf Teller zweier langer Gehängestangen aufgelegt, deren Auflageflächen durch Aufsteckhülsen auf genau gleiche Höhenstellung justiert werden konnten. Für die Auf- und Abwärtsbewegung der Platten wurde mit Rücksicht auf die kleinen Kräfte ein einfacher, selbsthemmender Handantrieb mit Schnecke, Schneckenrad und Hubspindel gewählt. Für einen zusätzlichen Teller standen acht Massenstücke von je 6,25 kg zur Verfügung. Mit diesen konnten die für Druckmeßgeräte wesentlichen Kraftstufen von 62,5, 125 und 187,5 kg und die Stufen von 50 kg im Bereich von 500 bis 1000 kg eingestellt werden. Außerdem waren noch zum Aufsetzen auf die beiden obersten Platten vier Massenstücke von je 12,5 kg vorhanden, damit man mit den anderen Zusatzstücken auch zwischen 1000 und 2000 kg die Masse um je 100 kg steigern konnte. Durch drei Führungsschienen konnten die Platten zentriert werden, doch ließen sich diese Schienen abschwenken. Außerdem waren die beiden Gehängestangen durch einen steifen Rahmen geführt, wobei Sorge getragen war, daß keine Reibung entstand. Beim Einsetzen der Kraftmeßgeräte konnten die Gehängestangen durch Beilegeringe in einem Querhaupt festgelegt werden.

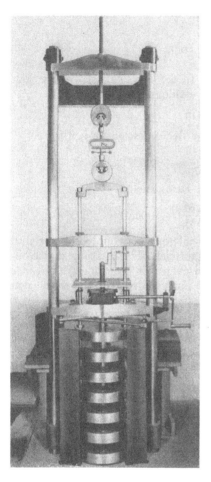

Abb. 51. Belastungsmaschine mit unmittelbarer Massenwirkung, Höchstkraft 2000 kp.

Bei einer kleinen Belastungseinrichtung für die Höchstkraft 300 kp wurden die Massen von Hand aufgesetzt und abgenommen.

Schließlich sei noch auf eine Einrichtung hingewiesen, die in dem Laboratorium der Firma Krupp in Essen stand[1]. Sie diente der Nachprüfung von hydraulischen Werkstoffprüfmaschinen und wurde gelegentlich nach zweckentsprechender Ergänzung für die Untersuchung von Zugstäben benutzt. Ihre Gesamtmasse betrug 50 000 kg, sie war in 3000, 10 000, 15 000 und weiter in Stufen von 5000 kg gestuft.

---

[1] Die Forschungsanstalten der Firma Krupp. Zum 25 jährigen Bestehen des neuen Hauses. 1909—1934. Essen 1934. Selbstverlag, S. 12. Mitt. MPA Berlin-Dahlem, Bd. 39 (1921), S. 186.

Die Aufteilung der gesamten Masse in zwei getrennt bedienbare Stapel von Platten wurde zum ersten Mal in der 111 000 ͺlb-(∼ 50 000 kg-) Belastungsmaschine des National Bureau of Standards in Washington verwirklicht (1927—31). Ergänzt wird diese große Maschine durch eine kleinere mit 10 100 lb (∼ 4500 kg), welche Masse ebenfalls in zwei Stapel verschieden großer Massenstücke aufgeteilt ist. In der Belastungseinrichtung für die Höchstkraft 50 Mp (50 Ton Standard) des National Physical Laboratory in Teddington kann die Kraft

Abb. 52. Belastungsmaschine (auf dem Prüfstand) mit unmittelbarer Massenwirkung, Höchstkraft 10 Mp (Bauart Physikalisch-Technischen Bundesanstalt und Mohr und Federhaff).

nur geändert werden, nachdem das Kraftmeßgerät entlastet worden ist. Dagegen können die in einer kleineren Belastungsmaschine für die Höchstkraft 5 Mp angeordneten 54 gleich großen Platten nacheinander aufgelegt werden[1].

In der Physikalisch-Technischen Bundesanstalt wurde gemeinsam mit der Herstellerfirma, der Mannheimer Maschinenfabrik Mohr & Federhaff AG., eine

---

[1] Recent Developments and Techniques in the Maintenance of Standards. London 1952: Her Majesty's Stationary Office.
WILSON, B. L., D. R. TATE u. G. BORKOWSKI: Circular Nat. Bur. Stand. C 446 (1943). — PHILLIPS, C. E.: Proc. 7th int. Cong. appl. Mech. Bd. 11 (1948) S. 268. — POLLARD, H. V., u. R. G. HITCHCOAK: Engineering Bd. 177 (1954) No. 4602, S. 468.

Belastungsmaschine mit unmittelbarer Massenwirkung entwickelt, deren Höchstkraft 10 Mp beträgt und die, wie die anderen Belastungsmaschinen auch, für
Zug- und Druckbeanspruchung anwendbar ist (Abb. 52). Die Belastungsmasse
ist in zwei Stapel aufgeteilt. Der kleine Stapel besteht aus 11 runden Platten,
deren jede 100 kp entspricht, wozu noch in jedem Fall das Gehänge hinzukommt,
das 300 kp entspricht. Diese Massen werden durch eine handbetätigte Spindel
in der Weise aufgebracht, daß die erste Platte auf Schulterstücke der drei
Gehängestangen durch Absenken des Tisches, auf dem alle Massenstücke liegen,
aufgelegt wird. Die anderen Platten werden durch weiteres Absenken des Tisches
an die erste Platte mit drei gleichmäßig auf dem Rand verteilten Ösen angehängt. In der gleichen Weise werden die großen Platten, jedoch hydraulisch
bedient, aufgebracht. Sie sind unter Fußbodenhöhe untergebracht, so daß die
eingespannten Kraftmeßgeräte in bequemer Höhe beobachtet werden können.
Um nach Möglichkeit Entlastungen zwischen zwei Kraftstufen bei der Prüfung
von Kraftmeßgeräten zu vermeiden, ist der zweite Stapel folgendermaßen
aufgeteilt:

3 Platten entsprechend je   200 kp,
8 Platten entsprechend je   500 kp,
4 Platten entsprechend je 1000 kp.

Alle Platten sind aus Walzblech hergestellt, um eine gleichmäßigere Massen-
verteilung als bei Gußstücken zu erhalten. Als Aufgaben der Belastungsmaschine
waren grundsätzliche Untersuchungen an Kraftmeßgeräten und die Prüfung
von solchen Geräten mit der Höchstkraft 3, 4, 5, 6 und 10 Mp gestellt, wobei
die üblichen zehn Kraftstufen über den Meßbereich eines Kraftmeßgeräts
erfaßt werden sollten. Bei den Prüfungen sind nur sechs Entlastungen von
100 kp und 200 kp notwendig. Die Maschine ist 1956 in Betrieb genommen
worden. Die Massenstücke sind mit einer Unsicherheit von $\pm 2 \cdot 10^{-5}$ einjustiert
worden.

Für große Kräfte bis 100 Mp, zunächst nur für Zugbeanspruchung, ist in
der Physikalisch-Technischen Bundesanstalt in Braunschweig eine Einrichtung,
gebaut von der Maschinenfabrik Augsburg-Nürnberg AG., Werk Nürnberg,
errichtet worden, die ebenfalls mit unmittelbarer Massenwirkung arbeitet
(Abb. 53). Als Masse wird die Normallast der Gleiswaage von 100 t benutzt;
sie besteht aus zwei Wagen, von denen jeder 20 t wiegt und 15 Platten aus
Gußeisen von je 2 t aufnehmen kann, so daß der voll beladene Wagen eine
Masse von 50 t hat. Die Last wird gemeinsam mit dem zu untersuchenden
Kraftmeßgerät und den Einspanneinrichtungen hydraulisch hochgehoben, so
daß sie freihängend zur Wirkung kommt. Durch die hydraulische Bedienung
ist es möglich, die Wagen so vorsichtig zu heben, daß sie beim Abheben vom
Boden nicht in Bewegung geraten. Die Last ist von dem Laboratorium für
Waagen mit einer Einspielungslage auf $\pm 6 \cdot 10^{-5}$ ihres Werts bestimmt worden.
Die ganze Belastungseinrichtung ist in einem besonderen Bau untergebracht,
der an die Halle der Gleiswaage anschließt.

Weil die Anwendung großer Massen mit Unbequemlichkeit und großem Aufwand verbunden ist, hat man den Weg beschritten, eine Übersetzung einzuschalten. Die Kraft wird vergrößert, indem die Wirkung einer Masse durch einen
ungleicharmigen Hebel übertragen wird. Das Übersetzungsverhältnis muß
über den gesamten Kräftebereich konstant bleiben und jegliche Reibung weitgehend vermieden werden.

Bei sorgfältiger geometrischer Ausmessung der beiden Hebelarme, die durch
den Abstand von je zwei Schneiden definiert sind, kann das Übersetzungs-

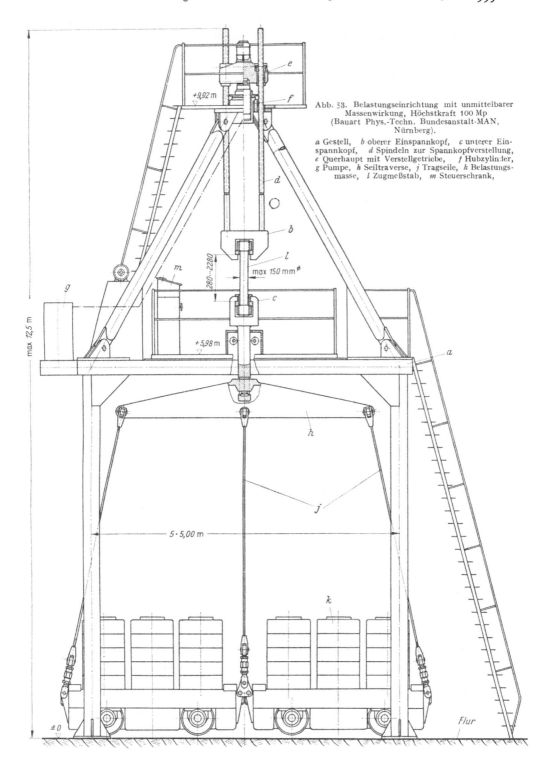

Abb. 53. Belastungseinrichtung mit unmittelbarer Massenwirkung, Höchstkraft 100 Mp (Bauart Phys.-Techn. Bundesanstalt-MAN, Nürnberg).

a Gestell, b oberer Einspannkopf, c unterer Einspannkopf, d Spindeln zur Spannkopfverstellung, e Querhaupt mit Verstellgetriebe, f Hubzylinder, g Pumpe, h Seiltraverse, j Tragseile, k Belastungsmasse, l Zugmeßstab, m Steuerschrank, verhältnis nach den Erfahrungen der Waagenlaboratorien der Physikalisch-Technischen Bundesanstalt auf $\pm 0,1\%$ ermittelt werden. Wenn eine größere Genauigkeit angestrebt wird, so kann die elastische Biegung unter dem Einfluß der Kräfte und eine möglicherweise vorhandene ungenaue Justierung der Schneiden bestimmt werden, indem das Übersetzungsverhältnis durch Anhängen von Massen an den Hebel geprüft wird[1]. Da hierbei die Masse an dem kurzen Hebelarm bis zum Höchstwert gesteigert werden muß, stellen sich meist experimentelle Schwierigkeiten ein. Schneiden und Pfannen als Lager ergeben die geringste Reibung; die Schneiden müssen am Hebel als dem beweglichen Teil angebracht sein. Eine elastische Veränderung der Schneiden unter Belastung wird durch die Prüfung des Übersetzungsverhältnisses durch Anhängen von Massen miterfaßt.

Weil das Übersetzungsverhältnis unveränderlich sein soll, wird zweckmäßig der kurze Hebelarm nicht zu klein gemacht, damit nicht schon geringe Fehler, z. B. Verschieben der Auflagerlinien der Schneiden oder ungleichmäßige Temperatureinflüsse, die Übersetzung merklich ändern.

Wenn mit derselben Belastungsmaschine mit hebelübersetzter Massenwirkung die Kraft in Zug- und Druckrichtung angewendet werden soll, so müssen für Druckbeanspruchung Umführungsrahmen eingeschaltet werden. Ohne daß eine Kraft wirksam ist, muß der Hebel mit seinen Massen ausgeglichen sein. Bei der Anwendung der Kraft muß der Hebel in die waagerechte Ebene gebracht werden, was durch Verstellen des unteren Einspannkopfs mit einer Spindel möglich ist. Vorausgesetzt ist dabei, daß alle Schneidenkanten am Hebel in einer Ebene liegen. Auf eine Schwierigkeit bei dieser Bauart von Belastungsmaschinen soll noch hingewiesen werden. Die Lage des Hebels ist durch seine Stützschneide eindeutig bestimmt. Wenn der Hebel außerdem durch das eingespannte Kraftmeßgerät festgehalten wird, so ist dadurch seine Lage überbestimmt. Durch ungenaue Justierung kann ein Zwangszustand des Hebels bewirkt werden, der eine falsche Hebellänge vortäuscht. Diese Fehlerquelle ließe sich durch eine spielende Pfanne, wie sie im Waagenbau bekannt ist, vermeiden.

Die bisher gebauten Belastungsmaschinen mit Hebelübersetzung erfassen Kräfte bis 100 Mp und sind alle mit einfachen Hebeln ausgerüstet. Die älteste Maschine dieser Art ist wohl die von A. Martens 1884 entworfene und von der Maschinenfabrik Augsburg-Nürnberg AG., Werk Nürnberg, gebaute Belastungsmaschine für die Höchstkraft 50 Mp. Sie wurde im Staatlichen Materialprüfungsamt Berlin-Dahlem bis Ende 1936 benutzt, wenn Kraftmeßgeräte von 10 bis 50 Mp Höchstkraft auf Zug untersucht werden sollten. Der kurze Hebelarm der Maschine war bei der großen Übersetzung von 1:250 nur 3,4 mm lang. Eine Änderung dieser Länge um 0,04 mm ändert den Wert der Kraft schon um mehr als 1%.

Eine andere Belastungsmaschine, die ein wesentlich kleineres Übersetzungsverhältnis von 1:20 besitzt, wurde 1935 von der Mannheimer Maschinenfabrik Mohr & Federhaff AG. für die Höchstkraft 50 Mp gebaut (Abb. 54); sie ist in der Staatlichen Materialprüfungsanstalt an der Technischen Hochschule Stuttgart[2] und im Max-Planck-Institut für Eisenforschung, Düsseldorf, aufgestellt. Die Länge des kurzen Hebelarms ist mit 150 mm günstig gewählt; eine Längenänderung dieses Arms um 0,15 mm bedeutet erst einen Fehler der Kraft von 0,1%. Die aufzulegenden Stahlplatten haben Massen von 25,

[1] Zingler, J.: Theorie der zusammengesetzten Waagen. Berlin: Springer 1928.
[2] Bek, R.: Sonderheft der MPA Stuttgart zum 60. Geburtstag von E. Siebel. Stuttgart 1951: Selbstverlag. S. 35.

100 und 250 kg; sie sind in einem Stapel angeordnet und können in beliebiger Reihenfolge durch Schieber auf in der Hängestange eingedrehte Nuten aufgelegt werden. Für die Einstellung von Zwischenstufen der Kraft ist in der üblichen

Abb. 54. Belastungsmaschine mit hebelübersetzter Massenwirkung, Höchstkraft 50 Mp (Bauart Mohr und Federhaff).

Abb. 55. Belastungsmaschine mit hebelübersetzter Massenwirkung, Höchstkraft 100 Mp (Deutsches Amt für Maß und Gewicht, Berlin).

Weise eine Schale zum Auflegen von Massenstücken vorgesehen. Am Ende des kurzen Hebelarms wird in ein schneidengelagertes Gehänge das zu untersuchende Kraftmeßgerät eingebaut und mittels Spindel und Schneckenantrieb die Kraft aufgebracht, während der Hebel in seine Gleichgewichtslage kommt. Die Maschine gestattet, Kräfte für Zug- und Druckbeanspruchung von 50 kp bis 50000 kp mit einer geringeren Unsicherheit als ±0,1% zu erzeugen.

Eine Einrichtung mit hebelübersetzter Massenkraft bis 100 Mp besitzt das Deutsche Amt für Maß und Gewicht in Berlin[1]. Die Masse aller Platten, die in einer Grube aufgehängt sind, beträgt 5000 kg; Sie werden durch einen elektrisch bedienten Mechanismus auf- und abgesetzt. Die Übersetzung des großen Hebels beträgt 1:20. Der Hebel ist etwa 4 m lang und als Doppel-T-Träger von je 450 mm Höhe ausgeführt. Die Belastungsmasse kann vom Hebel abgekuppelt werden und stellt dann eine selbständige Belastungseinrichtung mit unmittelbarer Massenwirkung für die Höchstkraft 5000 kp dar (Abb. 55).

2. Hydraulisch betriebene Belastungsmaschinen.

Die hydraulisch betriebene Belastungsmaschine wird der Belastungsmaschine mit aufgelegten Massen vorgezogen, wenn viele Kraftstufen eingestellt werden sollen und wenn die Kräfte sehr groß werden. Denn in einer hydraulisch betriebenen Belastungsmaschine lassen sich die Kräfte mit sehr viel geringerem Aufwand an Mitteln und Raum erzeugen als in mit Massen ausgerüsteten Belastungsmaschinen.

Ihr Prinzip ist einfach, es wird in derselben Weise bei vielen Werkstoffprüfmaschinen angewendet. Eine Flüssigkeit wird unter Druck gebracht und wirkt auf einen in einen Zylinder eingeschliffenen Kolben, der die Kraft unmittelbar oder über ein Gehänge auf das Kraftmeßgerät überträgt. Die Größe der Kraft P ergibt sich nach dem Gesetz der allseitigen Ausbreitung des Drucks:

$$P = p f.$$

In dieser Gleichung ist p der Druck der Flüssigkeit und f die wirksame Kolbenfläche, auf der der Druck wirkt.

Zur Bestimmung der wirksamen Kraft gehören also zwei Messungen; es müssen eine Fläche und der Druck der Flüssigkeit gemessen werden. Die Fläche wird als unabhängig vom Druck angesehen, was bei Ansprüchen an höhere Genauigkeit jedoch nicht mehr erlaubt ist. Durch Änderung des Drucks der Flüssigkeit wird die Kraft geändert. Der Druck muß nach einem Verfahren gemessen werden, das einfach und genau ist. Da die Drucke bis zu mehreren 100 kp cm^{-2} gesteigert werden, bieten sich drei Meßverfahren an: Kolbenmanometer, Widerstandsmanometer und Manometer mit elastischem Meßglied. Für Belastungsmaschinen ist nur das Kolbenmanometer geeignet, auch Druckwaage genannt. Das Meßverfahren besteht darin, daß dieselbe Flüssigkeit, die den Arbeitskolben betätigt, auch auf einen kleineren Kolben wirkt. Die auf seine Stirnfläche ausgeübte Kraft wird durch Massen, deren Gewicht über ein Gehänge an dem Kolben angreift, kompensiert. Gewöhnlich wird der Meßkolben im Meßzylinder, wie beide zum Unterschied von Arbeitskolben und -zylinder genannt werden, in dieselbe Stellung — Meßstellung — gebracht, in welcher das Gleichgewicht zwischen der von der Flüssigkeit auf die Kolbenfläche und der von den Massen des Kolbenmanometers (Druckwaage) ausgeübten Kraft eingestellt wird. Das Verhältnis der Fläche des Arbeitskolbens zu der des Meßkolbens — mit hydraulischer Übersetzung bezeichnet — kann recht unterschiedlich gewählt werden. Die Massen sind meist als Platten aus Stahl ausgebildet, die mit Schiebern auf die Ringnuten einer Gehängestange aufgelegt werden. Der Öldruck wird ge-

---

[1] Hormuth, K.: Wiss. Ann. Bd. 3 (1954), S. 586.

wöhnlich durch Kolbenpumpen erzeugt, bei denen mehrere Kolben in gleichmäßiger kurzer Folge gegen den vollen Druck arbeiten.

Auf der Tatsache, daß das Gleichgewicht an der Druckwaage mit Massen hergestellt wird, fußt die Ansicht, daß auch bei den hydraulischen Belastungsmaschinen die Kraftmessung auf die Bestimmung von Massen zurückgeführt wird. Es ist aber zu berücksichtigen, daß außer der Druckmessung noch eine Flächenmessung, die sich mit dem Druck ändern kann, in die Kraftbestimmung eingeht.

Die wirksame Kolbenfläche ist nur in erster Näherung die geometrisch bestimmte Stirnfläche[1]. Wenn der Öldurchtritt zwischen Kolben und Zylinder zu vernachlässigen ist, kann als wirksame Fläche der arithmetische Mittelwert zwischen Kolben- und Zylinderquerschnitt eingesetzt werden. Wenn der Öldurchtritt zwischen Kolben und Zylinder größer ist, scheint es zweckmäßig zu sein, eine kleinere Fläche zu der geometrischen Kolbenfläche hinzuzufügen. Jedoch sind alle vorgeschlagenen Korrektionen für die wirksame Kolbenfläche so klein, daß mit den bisher angewendeten Untersuchungsmethoden nicht entschieden werden kann, welche Berichtigung zutrifft.

Die wirksame Kolbenfläche darf, wie bereits erwähnt wurde, nicht konstant gesetzt werden. Insbesondere wird sie durch die elastischen Verformungen von Kolben und Zylinder durch den Flüssigkeitsdruck geändert. Jedoch bleiben diese Änderungen von geringer Auswirkung, weil sich die Änderungen der Meß- und Arbeitskolben und -zylinder zum großen Teil kompensieren. Der Einfluß der Öltemperatur kann nicht groß sein; zwar werden an der Pumpe recht hohe Öltemperaturen gemessen, jedoch kühlt sich das Öl an den großen Metallmassen von Kolben und Zylinder schnell ab. Im ganzen dürften die Änderungen der wirksamen Kolbenfläche nicht mehr als wenige Zehntel Promille betragen.

An die Ausführung aller Teile einer hydraulisch betriebenen Belastungsmaschine, insbesondere des Kolbens und Zylinders, werden hohe Ansprüche gestellt. Der Spalt zwischen Kolben und Zylinder wird gewöhnlich 0,03 bis 0,05 mm groß gewählt. Da sich bei dieser Anordnung eine Reibung nicht vermeiden läßt, wird ein Kunstgriff angewendet. Kolben und Zylinder werden gegeneinander gedreht. Wenn die Geschwindigkeit günstig gewählt wird, so führt dies zu einer Reibungsverminderung, die bis zu einigen Promille der Kraft betragen dürfte. Die Drehung beider Teile gegeneinander setzt eine gute Rundheit und eine gute Justierung der Zylinderachse senkrecht zur Lauffläche voraus. Die Rauhigkeit von Kolben und Zylinder muß ein bestimmtes Maß haben, damit das Öl die Fläche gut benetzt und andererseits keine vermeidbare Reibung entsteht. Es sei bemerkt, daß die Benetzung schlechter wird, je weniger rauh eine Fläche ist. Auch an die Druckflüssigkeit werden besondere Anforderungen gestellt. Während früher vielfach Wasser als Druckflüssigkeit benutzt wurde, wird heute fast nur Öl benutzt. Von ihm wird gefordert, daß seine Viskosität bei Änderungen des Drucks und der Temperatur möglichst unverändert bleibt, daß es gute Schmierfähigkeit und geringe Kompressibilität besitzt, daß es die Metallteile der Maschine nicht chemisch angreift und nicht altert, vor allem nicht verharzt.

Eine hydraulisch betriebene Belastungsanlage in der Physikalisch-Technischen Bundesanstalt gestattet, Kräfte für Druckbeanspruchung bis 600 Mp und Zugkräfte bis 300 Mp herzustellen. Die erste Ausführung der von der Mannheimer Maschinenfabrik Mohr & Federhaff AG. in Zusammenarbeit mit der Abteilung Meßwesen des Staatlichen Materialprüfungsamts Berlin-Dahlem entwickelten

---

[1] EBERT, H.: ATM V 1340-1 (März 1951). In der Formel für die elastische Deformation des Zylinders bei Amagatkolben muß das Minuszeichen vor der Klammer in ein Pluszeichen geändert werden.

Anlage wurde 1936 in Betrieb genommen. Die zweite Ausführung ist in Einzelheiten geändert worden (Abb. 56).

Die Auflösung in zwei für Zug- und Druckbeanspruchung getrennte Belastungsmaschinen wurde für zweckmäßig gehalten, um große Einbauhöhen zu ermöglichen und trotzdem die Kraftmeßgeräte bei der Untersuchung in günstiger Höhe zu haben, um die schweren Zugstäbe und die mit ihnen zu benutzenden Einspannteile mit dem Hallenkran bequem ein- und ausbauen

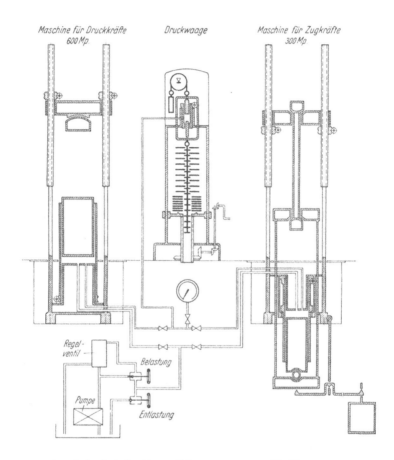

Abb. 56. Schema einer hydraulisch betriebenen Belastungsanlage, 300 Mp Höchstzugkraft, 600 Mp Höchstdruckkraft (Bauart Mohr und Federhaff).

und mit der einen Maschine messen zu können, während in der anderen ein neues Kraftmeßgerät eingebaut wird, oder ein soeben untersuchtes Gerät unverändert eingebaut bleibt, bis die Meßergebnisse ausgewertet sind. Beiden Belastungsmaschinen sind die Pumpe, der Steuerstand und die Druckwaage gemeinsam. Um den Meßkolben der Druckwaage und um den Arbeitskolben der beiden Maschinen werden die Zylinder von einem Elektromotor über eine Schneckenradübersetzung gedreht. Die Zylinder werden durch einen auf der Grundplatte fest montierten Kolben geführt. Die oberen Querhäupter werden mit Hilfe eines Motors in die gewünschte Höhe gefahren. In der Druckbelastungsmaschine ist die obere Druckplatte kugelig gelagert, sie kann durch drei Stellschrauben in einer einmal eingestellten Lage festgelegt werden. In der Zugbelastungsmaschine werden Kraftmeßgeräte für mehr als 100 Mp Höchstkraft durch die beiden Querhäupter hindurchgeführt, gegebenenfalls mit Verlängerungsstücken, und in diesen in Kugelschalen gelagert. Für Kraftmeßgeräte bis 100 Mp Höchstkraft werden zwei Hilfseinspannköpfe fest an den Querhäuptern angebracht, die eine wesentlich kürzere Einspannlänge zulassen. Die kugelige Lagerung ist in die Hilfseinspannköpfe gelegt.

Zur einwandfreien Nulleinstellung der Kraft wird bei der 600 Mp-Belastungsmaschine die Masse des Antriebskolbens und des Kraftmeßgeräts an der Druckwaage ausgewogen. An der 300 Mp-Belastungsmaschine mußte, weil der Kolben nach unten arbeitet, eine besondere Einrichtung geschaffen werden, um den Nullpunkt sicher einstellen zu können. Die Massen des Arbeitskolbens, des Querhaupts, auf das der Kolben über eine Kugel drückt, der Zugstangen und des unteren Einspannquerhaupts mitsamt den Einspannteilen werden durch eine gußeiserne Masse über einen Hebel mit der von seiner Neigung unabhängigen Übersetzung von 1:3 kompensiert und darüber hinaus in dem Arbeitszylinder der Maschine ein gewisser Druck erzeugt, der an der Druckwaage ausgewogen werden kann.

Für den Ein- und Ausbau der Kraftmeßgeräte und die Vorbereitungen auf die Untersuchungen werden die Zugstangen des Gehänges der 300 Mp-Maschine durch Führungsringe in ihrer Durchführung durch die in Fußbodenhöhe liegende Grundplatte sowie das Einspannquerhaupt mit Exzenterrollen an den Maschinensäulen festgelegt. Vor Beginn einer Untersuchung werden die Führungsringe herausgehoben und unter dem Querhaupt mit Bajonettverschluß an den Zugstangen verriegelt sowie die beiden Exzenterrollen von den Säulen abgeklappt, so daß das Gehänge ohne Führung und damit ohne Reibung arbeitet.

Die Druckwaage ist mit zwei getrennten Kolben von verschiedenem Durchmesser ausgerüstet, die durch einen äußeren Rahmen zusammengehalten werden können. Dadurch, daß einmal die Stirnfläche eines Kolbens, das andere Mal die Differenz beider Kolben, die gegeneinander wirken, als wirksame Fläche ausgenutzt wird, kann die Druckwaage mit ihren 30 Platten, von denen eine in Bruchteile einer Plattenmasse aufgeteilt ist, den ganzen Druckbereich sowie den fünften Teil davon erfassen. Daß die Druckwaage für beide Belastungsmaschinen gleichzeitig verwendet werden kann, wird dadurch erreicht, daß das unterschiedliche Querschnittsverhältnis der Arbeitskolben zu dem Meßkolben der Druckwaage durch verschiedene Plattengewichte ausgeglichen wird; auf jede Platte werden zu diesem Zweck für Messungen mit der 600 Mp-Maschine zwei Aufsteckleisten aufgesetzt. Wenn eine Platte aus der Ausgangsstellung, wo der Kolben aufsitzt, in die Meßstellung gebracht wird, ist es nicht zu vermeiden, daß durch die notwendige Beschleunigung der trägen Masse der Platten der Nennwert der einzustellenden Kraft überschritten wird. Um dies zu verhindern, wurde von der Herstellerfirma eine besondere Einrichtung eingebaut. Sie besteht aus einem kleinen Pendel, das in das Gehänge der Druckwaage eingreift. Zusammen mit dem vom Arbeitszylinder kommenden Druck belastet es den Meßkolben. Dadurch wird es möglich, daß dieser in die Meßstellung gelangt, noch bevor der Flüssigkeitsdruck der vom Gehänge der Druckwaage ausgeübten Kraft entspricht. In der Meßstellung kommt das Pendel außer Eingriff mit dem Gehänge. Infolge dieser Vorrichtung wird jede Kraftstufe, wenn nur die Kraft langsam genug gesteigert wird, eingestellt, ohne daß sie vorher überschritten worden ist.

Die Einstellung einer Kraftstufe an einer hydraulischen Belastungsmaschine mit Druckwaage kann mit einer geringeren Unsicherheit als ± 0,1 % vorgenommen werden, genauere Angaben fehlen, da die Fehler der Belastungsmaschine noch nicht von den Fehlern des Kraftmeßgerätes getrennt worden sind.

Für kleinere Kräfte ist in der Physikalisch-Technischen Bundesanstalt eine zweite hydraulisch betriebene Belastungsmaschine für die Höchstkraft 60000 kp bei Zug- und Druckbeanspruchung bestimmt. Sie ist ebenfalls von der Mann heimer Maschinenfabrik Mohr & Federhaff AG. gebaut worden (Abb. 57). In ihrem Aufbau ähnelt sie einer Zugprüfmaschine, jedoch wird auch bei ihr der Zylinder um den Arbeitskolben gedreht. Der Druck des Öls wird mit einem in der PTB entwickelten Kolbenmanometer ge- messen, dessen Kolben durch eine Neigungs- waage belastet wird. Der Hub des Kolbens ist sehr gering. Ein besonderer Vorzug dieser Einrichtung besteht darin, daß der Druck stetig gesteigert oder verringert und jeder beliebige Wert eingestellt werden kann. Die Meßunsicherheit der Kraft beträgt $\pm 0,1 \cdot 10^{-3}$ der Höchstkraft, so daß bis zu einem Zehntel der Höchstkraft $\pm 0,1\%$ gewährleistet ist[1].

Abb. 57. Hydraulisch betriebene Belastungs- maschine mit stetig anzeigender Druckwaage, Höchstkraft 60 Mp (Bauart Phys.-Techn. Bundesanstalt — Mohr und Federhaff).

Eine Belastungseinrichtung mit ver- schiedenen Kraftbereichen ist von dem Losenhausenwerk Düsseldorfer Maschinen- bau AG. entwickelt worden, aufgestellt ist sie z. B. im Staatlichen Materialprüfungs- amt Nordrhein-Westfalen, Dortmund. In ihrer ersten Form wurde sie 1929 für eine Höchstkraft 60 Mp, in der neuesten Bau- weise für eine Höchstkraft 100 Mp aus- geführt (Abb. 58). Die Druckwaage kann zugleich für eine unmittelbare Massen- belastung bis 2 Mp benutzt werden; für die Höchstkraft 20 Mp wird eine zunächst mecha- nische, später hydraulische Übersetzung 1:10 und für 100 Mp eine hydraulische Übersetzung von 1:50 benutzt. Alle Kraft- bereiche lassen sich für Zug- und Druckmes- sungen verwenden[2].

Über größere Belastungsmaschinen als die aufgeführten sind noch keine Erfah- rungen bekannt geworden. Wenn Kraft- meßgeräte für sehr große Kräfte unter- sucht werden sollen, kann ein anderer Weg hierfür beschritten werden[3]. Mehrere Kraftmeßgeräte für Druckbeanspruchung werden parallelgeschaltet, etwa drei Stück mit derselben Höchstkraft. Mit ihnen in Reihe wird ein viertes Kraftmeßgerät in den Kraftfluß einer Maschine gebracht, von der nur gefordert werden muß, daß die Kraft für die Zeit der Untersuchung bei einer Kraftstufe konstant gehalten werden kann. Die Summe der drei parallelgeschalteten

---

[1] Gielessen, J., u. K. Hild: Z. angew. Phys. Bd. 8 (1956) S. 450.
[2] Flurschütz, F.: Österr. Maschinenmarkt u. Elektrowirt. Bd. 6 (1951) Heft 21.
[3] N. N.: Nat. Bur. Stand. Techn. News Bulletin Bd. 37 (1953) S. 136. Per Nycander: Statens Provningsanstalt Stockholm Meddelande 102 (1948): Selbstverlag.

Geräte ergibt die auf das vierte Kraftmeßgerät wirksame Kraft. Jedes der drei parallelgestellten Geräte muß gesondert abgelesen werden, weil eine gleichmäßige Kraftverteilung nicht zu verwirklichen ist. Das in Reihe gebrachte Kraftmeßgerät wird zweckmäßig in die Mitte des gleichseitigen Dreiecks gestellt, das von den drei parallelgeschalteten Kraftmeßgeräten gebildet wird. Die Meßunsicherheit wächst mit jeder Messung, so daß es sich empfiehlt, mit wenigen Stufen auszukommen. Das Verfahren ist nur für Druckbeanspruchung durchgeführt. Für die Untersuchung von Zugmeßstäben für sehr große Kräfte ist zunächst nur die Extrapolation der Beziehung zwischen Kraft und Verformung

Abb. 58. Belastungsmaschinen für Zug- und Druckkräfte (Bauart Losenhausenwerk). Höchstkräfte 2 Mp (zugleich Druckwaage), 20 Mp und 100 Mp.

möglich, die in einer hydraulisch betriebenen Prüfmaschine daraufhin kontrolliert werden kann, ob die zu erwartende angenähert lineare Beziehung zwischen Kraft und Verformung erhalten bleibt.

Wie bei den meisten Skalen einer Größe treten an beiden Enden des Skalenmeßbereichs Schwierigkeiten in der Verwirklichung der Größe auf. So sind bei der Darstellung großer Kräfte große technische Aufwendungen erforderlich, bei kleinen Kräften wächst die Schwierigkeit, Reibungskräfte auszuschalten. Unterhalb von 5 bis 30 kp wird es zweckmäßig, frei hängende Massenstücke zur Untersuchung von Kraftmeßgeräten anzuwenden. Eine möglichst leichte Schale mit doppelter Schneidenlagerung nimmt die von Hand aufgelegten Massenstücke auf, zugleich die unterste Kraftstufe darstellend. Eine abklappbare Führung kann bei den Untersuchungen nützlich sein. Bei häufiger Wiederholung der Untersuchungen ist es von Vorteil, Gewichtsscheiben zu benutzen, die zentrisch aufeinander gelegt werden.

E. Untersuchung von Prüfmaschinen.

1. Begriffe.

Die für Untersuchungen von Prüfmaschinen bisher maßgebenden Normen DIN 1604 bzw. 51300 (Entwurf) sind zurückgezogen, sie sollen bei der Überarbeitung wesentlich erweitert werden. Sie werden u. a. enthalten

in welchen Zeitabständen und bei welchen besonderen Anlässen eine Untersuchung notwendig ist,

welche Bedingungen die zur Untersuchung verwendeten Kraftmeßgeräte erfüllen müssen,

den allgemeinen Untersuchungsgang,

die für die einzelnen Güteklassen der Maschinen zulässigen Fehler und Streuungen der Ergebnisse,

den Benutzungsbereich der Maschinen,

und den wesentlichen Inhalt der Prüfzeugnisse.

Die Begriffe „Zwischenprüfung" und „Hauptuntersuchung" im Sinne der älteren Normen werden fallen, weil es untunlich erscheint, für neutrale und maßgebliche Untersuchungen Verfahren verschiedener Güte anzuwenden. Das schließt nicht aus, daß Besitzer oder Abnahmebehörden zwischendurch die Anzeige der Maschinen mit einfacheren Mitteln überprüfen. Änderungen an den Maschinen, die die im neutralen Zeugnis niedergelegten Ergebnisse beeinflussen können, dürfen jedoch nicht vorgenommen werden.

Der *Fehler* ist der aus mehreren Meßreihen gefundene mittlere Unterschied zwischen der von der Kraftmeßeinrichtung der Maschine angezeigten Kraft und der mit dem Kraftmeßgerät festgestellten wirklichen Kraft. Nach den größten zulässigen Fehlern von $\pm 1,0\%$, $\pm 2,0\%$, $\pm 3,0\%$ sind die Prüfmaschinen nach DIN 51220 in die Klassen 1, 2 und 3 eingeteilt. Diese Klassifizierung ist einfach und einprägsam, jedoch verleitet sie leicht dazu, den Fehlern der Kraftmeßeinrichtung eine Bedeutung beizulegen, die sie nicht haben und zu erwarten, daß die mit den Prüfmaschinen festgestellten Werkstoffkennwerte mit keinem größeren Fehler behaftet sind als diesem zulässigen Höchstfehler. Um die Güte der Kraftmeßeinrichtung einer Prüfmaschine zu beurteilen, müssen noch andere Merkmale hinzugezogen werden, so die Empfindlichkeit, die Streuung der Ergebnisse und die Zuverlässigkeit.

Die *Empfindlichkeit* ist nach DIN 1319 das Verhältnis dl/dM einer an dem Meßgerät beobachteten oder beobachtbaren Verschiebung dl der Marke zu der sie verursachenden Änderung dM der Meßgröße, hier Prüfkraft. Bei Prüfungen wird der Zeiger der Kraftmeßeinrichtung meistens zwischen zwei Teilstrichen der Skale stehen. Der angezeigte Wert ist also zu schätzen. Diese Schätzung hat einen $\pm$ Schätzungsfehler, dessen Größe im wesentlichen abhängt von dem Abstand zweier Teilstriche, von der Feinheit der Teilstriche und der Zeigerfahne. Wenn der Fehler der Prüfergebnisse nicht größer als der zulässige Fehler der Kraftmeßeinrichtung sein soll — im allgemeinen wird dies erwartet — so muß die Empfindlichkeit der Kraftmeßeinrichtung so groß sein, daß der Schätzungsfehler im Benutzungsbereich nicht größer als $\pm 0,04\%$ der angezeigten Kraft ist. Ein Schätzungsfehler von $0,05\%$ würde den Gesamtfehler — Maschinenfehler und Schätzungsfehler — durch Rundung um eine Dezimale erhöhen, gegebenenfalls über den zulässigen Fehler hinaus auf $1,1\%$, $2,1\%$ oder $3,1\%$. Dabei mag außer acht gelassen sein, daß der Maschinenfehler selbst schon $0,04\%$ über der Toleranz liegen kann. Von den Herstellfirmen wird garantiert, daß in jedem Kraftmeßbereich von $1/10$ bis $1/1$ der Höchstkraft der zulässige Maschinenfehler nicht überschritten wird. Für die $1/10$-Höchstkraft ist aber der Schätzungsfehler durchweg größer als ±0,04%. Der Benutzungsbereich sollte deshalb schon aus diesem Grunde kleiner als der Garantiebereich sein. Es wäre zudem durchaus gut, wenn die Fehlertoleranz über den Benutzungsbereich hinaus eingehalten wird. Beispiel aus der Praxis für die Größe des Schätzungsfehlers s. Tabelle 7 und für ihren Einfluß auf den Fehler des Prüfergebnisses s. Abb. 59.

Die heute üblichen Prüfmaschinen haben mehrere Kraftmeßbereiche. Man erhält sie beispielsweise bei Pendel-Kraftmeßeinrichtungen dadurch, daß man das Pendelgewicht oder die wirksame Pendellänge ändert, also das Hebelmoment oder mit anderen Worten die Übersetzung. Die Kraftmeßeinrichtung hat danach in den einzelnen Meßbereichen eine verschieden große Empfindlichkeit. Nun erhöht eine größere Empfind-lichkeit, vor allem, wenn sie ein gewisses Maß erreicht hat, nicht die Genauigkeit der Meßeinrich-tung, sondern nur die Ablese-genauigkeit. Die Genauigkeit der Meßeinrichtung hängt ab von der Güte des Meßverfah-rens, der Ausnutzung ihrer opti-malen Bedingungen und von der Sorgfalt bei der Fertigung und Justierung. Diese Einflußgrößen bleiben, im ganzen gesehen, bei allen Kraftstufen und in allen Meßbereichen verschiede-ner Empfindlichkeit gleich. Die Hebelmomente bestimmen die Größe der Rückstellkräfte.

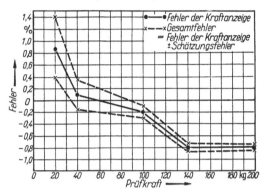

Abb. 59. Beispiel für den Einfluß des Schätzungsfehlers auf den Fehler des Prüfergebnisses. 200 kg-Kraftmeßbereich einer 1000 kg-Zugprüfmaschine, Schätzungsfehler ± 0.1 kg (s. Tabelle 7).

Unter Rückstellkraft ist die Kraft zu verstehen, die der dem Meßorgan aufgezwungenen Kraft entgegenwirkt und das Meß-organ in seine Nullstellung zurückbringen möchte. Im Nullpunkt — bei den angeführten Pendel-Kraftmeßeinrichtungen, wenn das Pendel senkrecht hängt — ist keine Rückstellkraft vorhanden, und sie wird in der Nähe des Nullpunktes

Tabelle 7. *Schätzungsfehler an der Kraftskale einer Zugprüfmaschine.*
Dicke der Zeigerfahne: 0,4 mm

Kraftmeßbereich: 200 kg 1 Skalenteil = 2,8 mm = 1 kg schätzbar: 0,2 ± 0,1 kg		Kraftmeßbereich: 500 kg 1 Skalenteil = 2,2 mm = 2 kg schätzbar: 0,5 ± 0,25 kg		Kraftmeßbereich: 1000 kg 1 Skalenteil = 3,2 mm = 5 kg schätzbar: 1 ± 0,5 kg	
Prüfkraft kg	Schätzungs-fehler %	Prüfkraft kg	Schätzungs-fehler %	Prüfkraft kg	Schätzungs-fehler %
20	±0,5	50	±0,5	100	±0,5
40	±0,25	100	±0,25	200	±0,25
100	±0,1	250	±0,1	500	±0,1
200	±0,05	500	±0,05	1000	±0,05

um so kleiner sein, je größer die gewählte Übersetzung ist. Ist die Übersetzung zu groß, so reicht die Rückstellkraft nicht aus, um allein die unvermeidbaren Reibungen zu überwinden, die Nullpunktslage wird unsicher. Die Ergebnisse streuen in diesem Kraftbereich schon dadurch, daß der Nullpunkt nicht sicher genug einzustellen ist. Der möglichen Anzahl der Kraftbereiche wird hierdurch eine Grenze gesetzt und man sollte berücksichtigen, daß die störenden Reibungs-kräfte mit der Zeit größer werden.

Das Verhältnis der Rückstellkräfte zu den Reibungskräften bestimmt überhaupt im wesentlichen die der Meßeinrichtung eigentümliche *Streuung*. Dabei können die Reibungskräfte durch Verändern der Massenkräfte — Belastungsgeschwindigkeit, Erschütterungen — mehr oder weniger in ihrer Größe beeinflußt werden. Die Streuung ist weiterhin davon abhängig, wie genau die Meßpunkte eingestellt werden können und auch eingestellt werden, also von der Güte der Belastungseinrichtung und vom Bemühen des Prüfers. Die Streubreite, d. i. der Abstand des größten bzw. kleinsten Meßwertes vom arithmetischen Mittelwert, enthält die zufälligen Ausreißer. Um diese auszuschalten, wird die Streuung s als mittlere Abweichung zur Beurteilung genommen. Die Streuung s ist das quadratische Mittel der Einzelabweichungen vom Durchschnitt, $s = \pm \sqrt{\dfrac{\Sigma\, d\, i^2}{N-1}}$; es bedeuten $d\, i =$ Abweichungen der Einzelwerte vom arithmetischen Mittelwert, $N =$ Anzahl der Einzelwerte. Diese Streuung wird in Prozent vom Durchschnitt D angegeben $s\% = \dfrac{s \cdot 100}{D}\,\%$. Die Streuung bestimmt wesentlich die Güte der Prüfmaschinen. Fehler, und seien sie noch so groß, ohne oder mit belanglosen Streuungen der Ergebnisse, können durch eine Korrektur ausgeschaltet werden. Einwandfreie Ergebnisse können aber nicht bei großen Streuungen erhalten werden.

Aus der Größe der Streuung wird man also häufig schon Rückschlüsse auf vorhandene Reibung ziehen können, jedoch gibt die *Umkehrspanne* einen besseren Überblick. Die Umkehrspanne ist der Unterschied zwischen den Werten der Be- und der Entlastungsreihe. Diese Umkehrspanne ergibt nur dann den doppelten Reibungswiderstand in der Kraftmeßeinrichtung der Maschine, wenn

1. das für die Untersuchung der Maschine benutzte Kraftmeßgerät selber bei steigender und fallender Belastung die gleichen oder mindestens gleichbleibende Anzeigen liefert,

2. oder an der Kraftmeßeinrichtung der Maschine die Stufen bei steigender und fallender Belastung gleichmäßig sauber eingestellt wurden,

3. alle Reibungswiderstände im gleichen Sinne wirken,

4. diese Reibungswiderstände bei steigender und fallender Belastung die gleichen absoluten Beträge (mit verschiedenen Vorzeichen) annehmen.

Diese Voraussetzungen werden oft nicht zutreffen. Die Rückwärtsreihen können bei vielen Maschinen nicht immer sauber genug eingestellt werden. Bei Prüfmaschinen, bei denen der Druck im Arbeitszylinder für die Kraftmessung benutzt wird, können zwei verschiedene Reibungswiderstände mit entgegengesetzten Vorzeichen auftreten. So wird bei Prüfmaschinen mit Pendelmanometer z. B. eine Reibung des Arbeitskolbens im Zylinder die auf die Probe ausgeübte Kraft gegenüber der am Pendelmanometer angezeigten Kraft verringern, während eine Reibung im Pendelmanometer die Anzeige verringert. Unter Umständen können sich diese beiden Reibungswiderstände gegenseitig aufheben. Auch bei allen anderen Bauarten von Prüfmaschinen, bei denen alle möglichen Reibungswiderstände die Kraftmeßeinrichtung im gleichen Sinne beeinflussen müssen, wird immer wieder beobachtet, daß diese Widerstände bei Be- und Entlastung nicht die gleichen absoluten Beträge ergeben, daß also die halbe Umkehrspanne nicht dem genauen Reibungswiderstand entspricht. Bei einfachen Hebel- oder Laufgewichtswaagen trifft die Annahme noch am ehesten zu, bei Neigungswaagen, Neigungspendeln und anderen, weniger einfach gebauten Kraftmeßeinrichtungen meistens nicht. Es leuchtet auch ein, daß der Reibungswiderstand eines Kugellagers etwa oder der Widerstand einer Zahnstange oder eines Ritzels bei umgekehrten Bewegungsrichtungen nicht den gleichen Betrag anzunehmen braucht.

Man kann also aus der Umkehrspanne nicht immer die Reibungskraft in kg unmittelbar errechnen und doch ist sie ein ausgezeichnetes Mittel, den Reibungswiderstand seiner Größe nach zu bewerten und ihren Ursprung zu erkennen, wenn man noch andere Erscheinungen zu deuten weiß, wie zügige Bewegung des Skalenzeigers, oder wenn man noch einige Versuche durchführt mit zweckentsprechender Änderung der Bedingung.

Neben den in Zahlen anzugebenden Güteurteilen, Fehler, Streuung und Umkehrspanne, ist es sicher auch wertvoll, wenn man etwas darüber aussagen kann, ob der Zustand der Kraftmeßeinrichtung bei einwandfreier Wartung eine genügend lange Zeit erhalten bleibt. Diese *Zuverlässigkeit* wird sicher um so größer sein, je weniger Störquellen gefunden worden sind. Ein Urteil darüber gewinnt man, wenn die prozentualen Fehler in Abhängigkeit von der Prüfkraft aufgetragen werden. Je zügiger diese Abhängigkeit ist und je besser sie sich der Charakteristik der theoretisch ermittelten Fehlerkurve anpaßt, desto größer sollte die Zuverlässigkeit sein. Das Urteil wird selbstverständlich sicherer, je größer die Erfahrung des Prüfers ist, und es ist zweckmäßig, mit einer Prüfstelle einen Vertrag auf regelmäßige Untersuchung der Prüfmaschinen abzuschließen. Die Prüfstelle lernt meistens schon nach der ersten Untersuchung die Störquellen kennen und wird bei den folgenden Untersuchungen auf sie achten. Wie lange eine Prüfmaschine wahrscheinlich zuverlässig arbeitet, d. h. in welchen Zeitabständen sie zu untersuchen ist, hängt zudem noch davon ab, welche Fehler- und Streuspanne zugelassen ist und in welcher Umwelt sie steht.

2. Untersuchung von Zug-, Druck- und Biegeprüfmaschinen.

Die Kraftmeßgeräte müssen so mittig wie möglich in die Prüfmaschine eingesetzt werden, einmal ergeben sich bei vielen Arten der Kraftmeßgeräte mit außermittiger Beanspruchung andere Kraftverformungswerte, zum anderen sind manche Prüfmaschinen empfindlich gegen schiefen, nicht axialen Zug oder Druck, es treten zusätzliche Reibungen auf. Des weiteren ist es wichtig festzustellen, ob die Maschine bei vorschriftsmäßigem Einbau der Geräte oder Proben genügend zentrisch belastet. Ein allgemein gültiges Maß kann hierfür nicht angegeben werden, für spröde Proben ist eine bessere mittige Beanspruchung zu verlangen als für stark verformungsfähige. Solche Feststellungen können nur mit Kraftmeßgeräten gemacht werden, die mindestens zwei auf dem Umfang seines Verformungskörpers verteilte Dehnungsmeßgeräte besitzen. Für eine eingehende Untersuchung sollten deshalb tunlichst solche Geräte gewählt werden. Da in der Praxis die Proben nicht mit solcher Sorgfalt eingebaut werden und auch nicht eingebaut werden können, mag die Frage gestellt werden, ob nicht von einer Prüfmaschine verlangt werden muß, daß sie auch bis zu gewissen außermittigen Belastungen noch genügend genaue Ergebnisse liefert.

Für die Meßreihen sind im allgemeinen zehn Belastungsstufen ausreichend. Dabei braucht das Stufenmaß nicht unbedingt gleichmäßig zu sein, es ist manchmal nützlich, an kritischen Punkten kleinere Stufen zu wählen. Hat die Maschine mehrere Kraftmeßbereiche, so wird mit der Untersuchung des kleinsten Bereiches begonnen. Hier machen sich Störungen auffälliger bemerkbar. Alle Hilfsvorrichtungen, wie Schleppzeiger, Diagrammschreiber, sind zunächst auszuschalten, damit die Eigentümlichkeiten der Maschine klar zu erkennen sind. Ihr Einfluß wird gesondert festgestellt. Ist bei hydraulischen Maschinen der Arbeitszylinder und -kolben ein Teil der Meßeinrichtung, so sind die Reihen bei mindestens zwei verschiedenen Kolbenstellungen durchzuführen. Meistens genügt es, wenn dieser Einfluß im kleinsten Kraftbereich festgestellt wird. Bei den meisten Bauarten genügt es auch, die Umkehrspanne im kleinsten Kraftbereich allein zu bestimmen. Hierfür ist das Mittel aus wenigstens zwei Rückwärtsreihen notwendig.

Aus den Mittelwerten von mindestens drei einwandfreien Belastungsreihen wird der Fehler und die Streuung errechnet. Der Fehler ist der Unterschied zwischen der an der Kraftmeßeinrichtung angezeigten Kraft P_a und der mit dem Kraftmeßgerät festgestellten wirklichen Kraft P_w, er wird angegeben in Prozenten von der angezeigten Kraft P_a, $f\% = \dfrac{P_a - P_w}{P_a} \cdot 100\%$. Bislang wurde der Fehler nach $f\% = \dfrac{P_w - P_a}{P_a} \cdot 100\%$ berechnet, wodurch der Fehler lediglich ein anderes Vorzeichen erhält. Diese letzte Berechnungsweise mag in diesem Aufsatz zunächst beibehalten werden.

Bei diesen Versuchsreihen wird man im allgemeinen schon einen Gesamteindruck vom Zustand der Prüfmaschine erhalten, von der Größe des Fehlers durch die Belastungsreihen, von der Reibung durch die Streuung der Ergebnisse und durch die Umkehrspanne. Dieser Eindruck wird gefestigt und manche wertvolle Erkenntnis wird hinzugewonnen, so über die Zuverlässigkeit und über Fehlerquellen, wenn der Fehler schaubildlich in Abhängigkeit von der Kraftanzeige der Maschine zweckmäßig dargestellt wird. W. Ermlich hat dieses Auswertverfahren besonders entwickelt und an einigen Beispielen dargelegt. Die angewandten Bezeichnungen haben folgende Bedeutung:

P_w die mit dem Kraftmeßgerät bestimmte wirkliche Kraft,

P_a die von der Kraftmeßeinrichtung der Prüfmaschinen angezeigte Kraft,

P_{th} die theoretische Kraft $= at \times F$, wobei at der am Rohrfedermanometer festgestellte wirkliche Druck und F der wirksame Kolbenquerschnitt in der Prüfmaschine ist[1].

Beispiel 1. Stehende Zugprüfmaschine, Laufgewichtswaage mit einem Kraftmeßbereich von 1500 kg.

Bei der Laufgewichtswaage ist das Gewicht gleichbleibend und der Hebelarm veränderlich. Das Laufgewicht wird an dem mit einer Skale versehenen Laufgewichtshebel verschoben.

Trägt man die Fehler der Kraftmeßeinrichtung, $P_w - P_a$ in % von P_a, als Ordinaten zu den Kraftstufen P_a als Abszissen auf, so ist die Fehlerkurve bei einwandfreiem Arbeiten der Laufgewichtswaage eine Gerade, gleichlaufend zu der P_a-Achse. Jede Abweichung von diesem Verlaufe und jede Unregelmäßigkeit haben ihre bestimmten Ursachen.

Die ersten drei Versuchsreihen ergaben die Fehlerkurven I, II und III (Abb. 60). Die zulässigen Fehlergrenzen von $\pm 1\%$ wurden in dem ganzen Bereiche von 200 bis 1500 kg

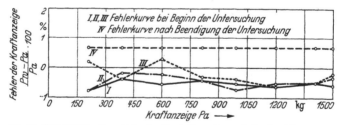

Abb. 60. Fehlerkurven einer stehenden Zugprüfmaschine mit Laufgewichtswaage.

nirgends überschritten, und doch ist die Prüfmaschine in diesem Zustand unzuverlässig. Die unregelmäßige Art der Streuung über den ganzen Prüfkraftbereich bei gut schwingender Waage ließ vermuten, daß an dem kurzen Arm eines der beiden Hebel eine Schneide locker sein mußte. Die Größe der Streuungen deutete auf den Haupthebel hin. Nachdem die tatsächlich lose Stützschneide des Haupthebels festgelegt war, lieferte die Untersuchung ohne jede weitere Änderung die Fehlerkurve IV.

---

[1] In der internationalen Normung (ISO) wird für P_w das Kurzzeichen P und für P_a das Kurzzeichen P_i ($i =$ indicated) vorgeschlagen.

Beispiel 2. Liegende Zugprüfmaschine, Laufgewichtswaage mit einem Kraftmeßbereich von 50 t.

Der bei der ersten Versuchsreihe gefundene Fehlerverlauf I (Abb. 61) zeigte, daß in der Laufgewichtswaage eine Reibungskraft von 500 kg wirkte und daß das Übersetzungsverhältnis etwa um 2% zu groß war. Die Spannungsverteilung im Zugstab blieb im ganzen Bereich stets unverändert gut, die Waage spielte einwandfrei und die Tarierstellung änderte sich nicht. Hieraus und aus der Größe der Reibungskraft mußte der Schluß gezogen werden, daß die Hilfsschneiden, die den Haupthebel der Waage bei unbelasteter Maschine in seiner Lage halten, mit den Hauptstützschneiden in waagerechter Richtung nicht in einer Flucht lagen. Der Übelstand, der auf mangel-

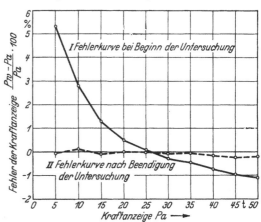

Abb. 61. Fehlerkurven einer liegenden Zugprüfmaschine mit Laufgewichtswaage.

hafte Instandsetzung zurückzuführen war, wurde beseitigt und das Übersetzungsverhältnis um 2,1% verkleinert. Danach ergab sich die Fehlerkurve II.

Diese Prüfmaschine wäre in dem vorgefundenen Zustand durch die Zerstörung der fraglichen Schneiden sehr schnell unbrauchbar geworden, der endgültige Zustand bot zweifellos die Gewähr für ein über eine längere Zeitdauer zuverlässiges Arbeiten. Die Wiederholungsprüfungen der nächstfolgenden Jahre haben dies auch bestätigt.

Dieses Beispiel beweist gleichzeitig die Ausführungen über das Prüfverfahren mit mittelbarer Gewichtsbelastung (S. 277). Die Prüfmaschine war nämlich wenige Tage vor der Untersuchung von einer anderen (ausländischen) Abnahmestelle mit einem Kontrollhebel durchgeprüft worden, wobei ein einwandfreies Arbeiten des Belastungsmessers und ein gleichmäßiger Fehler von −0,7% festgestellt wurden.

Beispiel 3. Stehende Universalprüfmaschine, Neigungswaage mit 2 Kraftmeßbereichen von 2 t und 10 t.

Bei diesen Kraftmeßeinrichtungen wird die auf die Probe wirkende Kraft unmittelbar oder durch einen oder zwei Zwischenhebel übersetzt, auf den kurzen Arm eines Pendelhebels weitergeleitet und durch den Ausschlag des Pendels gemessen. Man nennt die Einrichtung Neigungswaage, wenn alle Drehpunkte durch Schneiden und Pfannen dargestellt sind. Ist dagegen an einem dieser Punkte ein Kugellager oder eine Bolzenverbindung vorgesehen, so bezeichnet man sie mit Neigungspendel.

Die für die verschiedenen Kraftmeßbereiche gefundenen Fehler trägt man in einem Schaubilde auf und wählt die Maßstäbe für die Kraftstufen so, daß sie in allen Meßbereichen gleichen Pendelausschlägen entsprechen. Man erkennt so leichter die Ursachen von Störungen, die vom Winkel des Pendelausschlages, von der Zeigerstellung oder von der Stellung der Zwischenglieder abhängig sind. Diese Fehlerkurve ist bei einwandfreien Neigungswaagen, Neigungspendeln und Pendelmanometern mit berechneter und gleichmäßig geteilter Skale meistens schwach gekrümmt, sie fällt vom Anfangswert $1/10$ der Höchstkraft bis zur Mitte des Meßbereiches leicht ab und steigt von dort allmählich bis zum Ende.

Die erwähnte Prüfmaschine war fabrikneu. Die Kraftmeßeinrichtung war mit Schleppzeiger und Schaulinienzeichner ausgerüstet, das Pendel mit einem Satz Sperrklinken, die an einem Zahnkranz entlang gleiten und das Pendel beim Bruch der Probe in seiner jeweiligen Stellung festhalten. Aus der Untersuchung ohne Hilfsvorrichtungen ergaben sich aus den Mittelwerten von je drei Versuchsreihen für die beiden Kraftbereiche die Fehlerkurven nach Abb. 62a. In Abb. 62b sind die Kurven des 10 t-Kraftbereiches für die Waage allein und bei eingeschalteten Sperrklinken und Schaulinienzeichner dargestellt und in Abb. 62c die Kurven des 2 t-Bereiches für die Waage allein, bei eingeschalteten Sperrklinken und Schaulinienzeichner. Der Einfluß des Schleppzeigers ist nicht gezeigt worden, um die Übersichtlichkeit zu erhöhen. Werden alle drei Hilfsvorrichtungen gleichzeitig eingeschaltet, so liegt der Fehler der ersten Kraftstufe im 2 t-Bereich über 5%, im 10 t-Bereich über 12%.

Die Schaubilder ließen folgendes erkennen:

Der allgemeine Verlauf der Fehlerkurven der Waage ohne Hilfsvorrichtungen war für eine Neigungswaage nicht normal. Die Skalen mußten also empirisch geteilt worden sein,

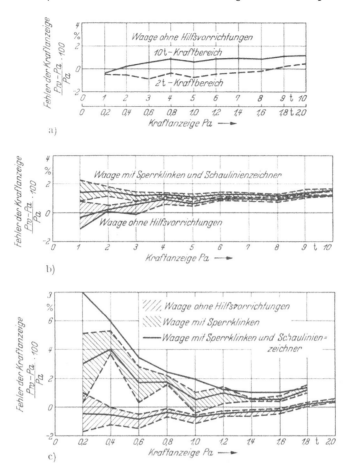

Abb. 62. a), b) und c) Fehlerkurven zu Beginn der Untersuchung einer stehenden Zugprüfmaschine mit Neigungswaage, Kraftmeßbereiche 2 t und 10 t.

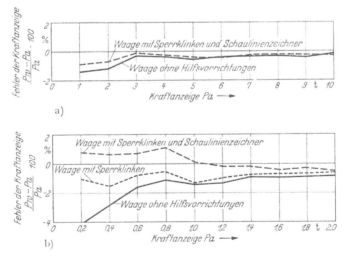

Abb. 63 a und b. Fehlerkurve nach Beendigung der Untersuchung einer stehenden Zugprüfmaschine mit Neigungswaage, Kraftmeßbereiche 2 t und 10 t.

und zwar offenbar unter verschiedenen Bedingungen, die Skale des 2 t-Bereiches ohne Hilfsvorrichtungen, die des 10 t-Bereichs mit eingeschalteten Sperrklinken.

Die aus den verschiedenen Versuchsreihen ermittelten Fehler streuten stark und unregelmäßig, s. schraffierte Flächen in den Schaubildern, wo in Abb. 62c das Streuband
für Waage mit Sperrklinken und Schaulinienzeichner wegen der Übersichtlichkeit fort-
gelassen wurde.

Durch die Hilfsvorrichtungen wurden die Widerstände derart erhöht, daß die Prüfmaschine unbrauchbar war, obwohl der Hauptbestandteil der Kraftmeßeinrichtung — die
Waage ohne Zeigerwerk und Hilfsvorrichtungen — sauber arbeitete.

Nach dem Umbau der Übertragungsglieder zwischen Pendel und Anzeigevorrichtung
und der Verbesserung der Sperrklinken wurden in den Abb. 63 wiedergegebenen Fehlerkurven ermittelt. Bei den kleineren Kräften machten sich die durch die Sperrklinken und
den Schaulinienzeichner verursachten Widerstände auch jetzt noch recht bemerkbar. Am
fühlbarsten störte aber die wiederum empirisch vorgenommene Teilung der Anzeigeskalen.
Ihre unregelmäßigen Teilstrichabstände deckten sich mit den Unregelmäßigkeiten in den
Fehlerkurven der Waage. Die Prüfmaschinen wurde in diesem Zustande für eine bestimmte
Frist zugelassen und dann vom Herstellerwerk vollständig umgebaut.

Beispiel 4. Stehende Universalprüfmaschine, Pendelmanometer mit drei Kraftbereichen
von 5 t, 10 t und 20 t.

Die auf die Probe wirkende Kraft wird im Verhältnis der wirksamen Querschnitte des
Antriebs- und des Meßkolbens hydraulisch übersetzt, durch den Ausschlag eines Pendelhebels gemessen und an einer Kreisskale angezeigt. Der Pendelhebel ist ein Winkelhebel;
an dem kurzen Arm greift die auf den Meßkolben wirkende Kraft an, während das Pendel
den langen Arm bildet.

Die Fehlerkurven werden in der gleichen Art wie bei den Neigungswaagen und Neigungspendeln aufgetragen. Bei den vielerlei möglichen Störungen ist deren Ursache oft nicht
leicht mit genügender Sicherheit zu erkennen, um Änderungsvorschläge machen zu können.
Zudem können Reibungswiderstände sowohl im Antriebszylinder als auch im Pendelmanometer auftreten, die den Wert der Kraftanzeige in entgegengesetztem Sinne beeinflussen.
Als Beispiel wurde deshalb ein verhältnismäßig einfacher Fall gewählt, der das Grundsätzliche deutlich macht.

Die zu Beginn der Untersuchung gefundenen Fehlerkurven (Abb. 64a) zeigten

einen zu großen Abstand der drei Kurven voneinander,

hohe positive Fehler bei den niedrigsten Kraftstufen aller drei Meßbereiche und

Störungen, die in allen drei Kraftmeßbereichen bei dem gleichen Pendelausschlage auftraten.

Bei diesem klaren Bilde waren die eigentlichen Mängel leicht zu erkennen: Die Kugellager mußten verschmutzt und einzelne Teile der Verbindungsglieder, die die Bewegung
des Pendelhebels auf die Anzeigevorrichtung weiterleiten, mußten verbogen oder beschädigt
sein. Nachdem diese Mängel behoben waren, ergaben sich ohne sonstige Änderungen die
Fehlerkurven der Abb. 64b. Eine weitere Verbesserung — eine Verringerung der Fehler bei
den unteren Kraftstufen — wäre nur durch Verkleinerung des (stumpfen) Winkels, den
der kurze Arm des Pendelhebels mit dem Pendel selbst bildet, möglich gewesen, weil Reibungswiderstände und Störungen anderer Art nicht mehr vorhanden waren. Von dieser
recht umständlichen Änderung konnte im vorliegenden Fall abgesehen werden, weil die
Prüfmaschine unterhalb von 1,5 t nicht benutzt wurde.

Beispiel 5. Stehende Universalprüfmaschine, Meßdose mit einem Gebrauchsmanometer
und einem Kontrollmanometer, Höchstkraft 5 t.

Die auf die Probe aufgebrachte Kraft wirkt auf den Kolben einer mit Glyzerin gefüllten
Meßdose. Der Flüssigkeitsdruck in der Meßdose wird durch die Aufbiegung der Rohrfeder
eines Manometers gemessen und an der Kreisskale des Manometers angezeigt.

Besitzt das Manometer eine Gradteilung, so liefert die Kraftmeßeinrichtung unmittelbar
überhaupt keine Kraftanzeige in t oder kg, vielmehr wird auf Grund der Untersuchungsergebnisse eine Tabelle angefertigt mit der Gegenüberstellung von Manometeranzeige in
Grad und ausgeübter wirklicher Kraft in t oder kg. Die bisher gezeigte Art von Schaubildern ist hier also nicht anzuwenden, weil man von einem Fehler der Kraftmeßeinrichtung
nicht sprechen kann. Man wählt deshalb eine andere Art der Auswertung und trägt zu den
bei der Untersuchung eingestellten Manometeranzeigen in Grad als Abszissen die Zunahme

der Prüfkraft für eine bestimmte Anzeigespanne $= q \dfrac{P_w \text{ in kg}}{P_a \text{ in Grad}}$ als Ordinaten auf. Die

Zahl q wählt man zweckmäßig gleich der Grundzahl der niedrigsten benutzten Kraftstufe.

Die für das Beispiel ausgesuchte Prüfmaschine wurde jährlich untersucht. Die Abb. 65
zeigt die Ergebnisse von vier aufeinanderfolgenden Untersuchungen. Könnte die Meßdose

ohne jede Vorspannung arbeiten, bliebe außerdem der wirksame Kolbenquerschnitt der Meßdose während des ganzen Belastungsvorganges unverändert und wären die Anzeigen des Manometers proportional zu den Drücken, so ergäbe sich bei dieser Art der Auswertung eine Gerade gleichlaufend zur Abszissenachse. Die Neigung der Geraden — in dem vorliegenden Falle in dem Bereich von 120° bis 300° Anzeige —, ist darauf zurückzuführen, daß der wirksame Kolbenquerschnitt sich mit zunehmender Belastung ändert, weil die Membran in die Meßdose hineingedrückt wird. Die starke Krümmung der Kurve in dem untersten Teile des Kraftbereiches zeigt den Einfluß der Vorspannung. Er reicht in diesem Falle ungewöhnlich weit, bis zu der Anzeige von 120°, d. h. bis zur Hälfte der Höchstkraft. Im allgemeinen, bei richtig bemessener Vorspannung, liegt die Grenze ihrer Wirkung bei $1/5$ bis $1/4$ der Höchstkraft. Das Bild beweist gleichzeitig, wie wichtig es ist, daß die Vorspannung und der Füllungsgrad der Meßdose unverändert bleiben und einen wie großen Einfluß selbst kleine Änderungen

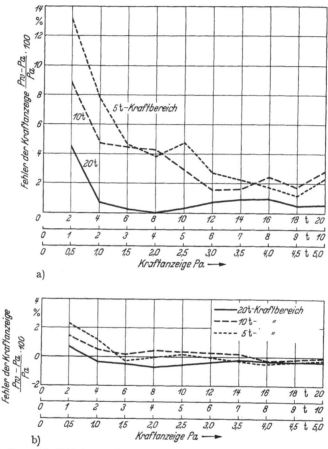

Abb. 64 a und b. Fehlerkurven einer stehenden Zugprüfmaschine mit Pendelmanometer.

der Vorspannung und des Füllungsgrades auf die Genauigkeit und Zuverlässigkeit der Meßdosenanzeige in dem davon abhängigen Bereich ausüben müssen. Die Unstetigkeiten der Linienzüge erklären sich daraus, daß die Anzeigen des Manometers den Drücken nicht proportional sind, und daß durch kleine Mängel in dem Triebwerk des Manometers Unregelmäßigkeiten in die Anzeige hineinkommen.

Um bei Störungen sicherer erkennen zu können, ob die Ursache in der Meßdose selbst oder in dem Gebrauchsmanometer zu suchen ist, benutzt man vorteilhaft noch ein weiteres Hilfsmittel. Man muß bei der Untersuchung der Prüfmaschine ohnedies die Anzeigen des Gebrauchsmanometers mit denen des Kontrollmanometers vergleichen, damit der Besitzer der Prüfmaschine ein Mittel in die Hand bekommt, durch gelegentliche Manometervergleiche etwaige gröbere Veränderungen des Gebrauchsmanometers selbst zu erkennen. Das Ergebnis dieses Manometervergleichs trägt man ebenfalls zu einem Schaubild auf, wobei man als Abszissen die Anzeigen in Grad des Gebrauchsmanometers und als Ordinate die Unterschiede in Grad zwischen den Anzeigen am Gebrauchsmanometer und am Kontrollmanometer nimmt. In Abb. 65b sind die Ergebnisse der Manometervergleiche für die der Abb. 65a entsprechenden vier Untersuchungen zusammengestellt. Bei den ersten drei Untersuchungen arbeitete die Meßdose der Prüfmaschine einwandfrei. Die drei Linienzüge der Abb. a und b zeigen dementsprechend eine weitgehende Übereinstimmung untereinander. Bei der vierten Untersuchung wich dagegen die Kurve Abb. a auffällig von den bisherigen Kurven und von dem erfahrungsgemäß als normal anzusehenden Verlauf ab. Wie der Manometervergleich (Abb. b) zeigte, lag die Ursache der Störung im Manometer, nicht in der Meßdose. Es war überbelastet worden und hatte außerdem im Triebwerk einen Reibungswiderstand, der etwa bei der Anzeige 120° einsetzte und mit wachsender Auf-

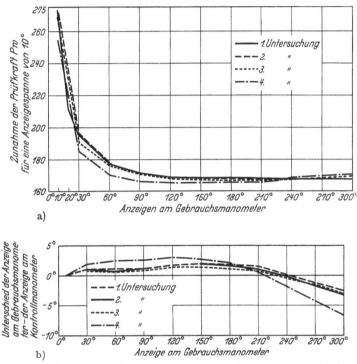

Abb. 65 a und b. Ergebnisse der Untersuchungen einer 5 t-Zugprüfmaschine mit Meßdose.

biegung der Rohrfeder zunahm. Nach Einbau einer neuen Rohrfeder und Instandsetzung des Triebwerkes war der Mangel behoben.

Beispiel 6. Stehende Druckprüfmaschine, Messung des Druckes im Antriebszylinder durch Manometer mit Rohrfeder, Höchstkraft 300 t.

Die Probe ruht unmittelbar auf dem Antriebskolben, der durch eine Stulpmanschette gegen den Antriebszylinder abgedichtet oder, um die Reibung zu vermindern, im Zylinder eingeschliffen ist. Der Flüssigkeitsdruck in dem Antriebszylinder wird durch die Aufbiegung der Rohrfeder eines Manometers gemessen und an einer Kreisskale angezeigt.

Vor der Untersuchung der Maschine werden alle zugehörigen Gebrauchs- und Kontrollmanometer auf Druckwaagen untersucht und daraus für die bei der Untersuchung der Maschine einzustellenden Kraftanzeigen die wirklichen Drücke in at bestimmt. Aus diesen Drücken und dem durch unmittelbare Messung festgestellten wirksamen Kolbenquerschnitt F berechnet man die theoretisch in der Druckprüfmaschine erzeugten Kräfte $P_{th} = at \times F$ für alle einzustellenden Kraftstufen. Der Kolbenquerschnitt F wird aus dem Zylinderdurchmesser errechnet, wenn die Manschette am Kolben angebracht ist, und aus dem Kolbendurchmesser, wenn die Manschette in der Zylinderwandung liegt, oder der Kolben eingeschliffen ist. Der Unterschied zwischen den bei der Untersuchung der Maschine gefundenen wirklichen Prüfkräften P_w des Kraftmeßgerätes und den theoretischen Prüfkräften P_{th} ergibt für jede eingestellte Kraftanzeige den Reibungsverlust $P_w - P_{th}$. Diese

Reibungsverluste trägt man als Ordinaten zu den wirklichen Drücken at der eingestellten Belastungsanzeigen als Abszissen auf. Das Schaubild zeigt also die Widerstandskurve der Prüfmaschine, gegebenenfalls bei Benutzung mehrerer Manometer verschiedener Stärke und für mehrere Stellungen des Antriebskolbens im Zylinder. Aus dem Verlauf der Widerstandskurven, der Spannungsverteilung in dem Kraftmeßgerät und dem Verhalten der Manometer auf dem Manometerprüfstand und während der Untersuchung der Prüfmaschine gewinnt man ein gutes Urteil über die Genauigkeit und Zuverlässigkeit der Kraftanzeige. Diese Art der Auswertung ist auch ganz unabhängig davon, ob die Kreisskalen der Manometer nach Grad, at, kg oder nach Einheiten geteilt sind.

Die Untersuchung der 300 t-Druckprüfmaschine ergab zu Beginn die Widerstandskurve I (Abb. 66). In dem unteren Bereiche bis zu der Anzeige von 160 at (entsprechend 120 t Prüfkraft) war der Widerstand annähernd gleichmäßig, wenn auch für einen manschettengedichteten Kolben dieses Umfanges (etwa 975 mm) mit 700 bis 1000 kg reichlich groß. Ab 120 t Prüfkraft trat aber ein zusätzlicher Reibungsverlust auf, der rasch anwuchs

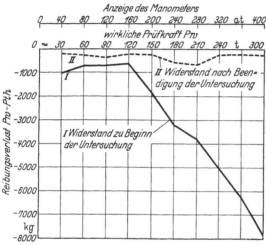

Abb. 66. Widerstandskurven einer Druckprüfmaschine mit Rohrfedermanometer.

und bei der Höchstkraft fast 8000 kg erreichte. Nach der Größe dieses Widerstandes und der Bauart der Prüfmaschine kam als Ursache für diesen Reibungsverlust nur eine federnde Verformung des den Zylinder enthaltenden Sockels der Maschine in Frage, wodurch der Antriebskolben in der durch die Säulenachsen bestimmten senkrechten Mittelebene allmählich immer fester zwischen den Zylinderwänden eingeklemmt wurde. In einer besonderen Versuchsreihe wurde die Bewegung der Zylinderwände in ihrer Größe festgestellt. Hiernach konnte vorgeschlagen werden, den Kolben um 0,4 mm im Dmr. abschleifen zu lassen. Das Ergebnis dieser Maßnahme zeigt der Linienzug II der Abb. 66. Die Streuungen von ungefähr 400 kg erklären sich aus der ungenauen Einstellung der Kraftstufen, die infolge der groben Teilung der Manometerskale unvermeidlich war. Die Unsicherheit betrug hierbei mindestens ein halbes Zehntel des Teilungsintervalls auf der Manometerskale, im vorliegenden Falle 0,5 at = 380 kg.

Beispiel 7. Liegende Zugprüfmaschine für Ketten, Messung des Druckes im Antriebszylinder durch Manometer mit Rohrfeder, Höchstkraft 100 t.

Die Probe wird an dem einen Ende der Prüfbahn in ein festes Widerlager und an dem anderen Ende in einen Einspannwagen eingelegt, der an die Kolbenstange des Antriebskolbens angeschlossen ist und mit Rollen auf festen Schienen läuft. Wegen der großen Einspannlängen und der beträchtlichen Formänderungen der Ketten beim Reckversuch haben diese Prüfmaschinen einen Kolbenhub von 1,5 bis 2 m und einen entsprechend langen Antriebszylinder.

Die Kraftmessung und demgemäß auch das Untersuchungsverfahren und die Auswertung der Ergebnisse sind bei dieser Gruppe von Prüfmaschinen grundsätzlich die gleichen wie bei den im Beispiel 6 behandelten Druckprüfmaschinen. Es werden also die Widerstandskurven $P_w — P_{th}$ als Schaubilder aufgetragen. Bei der Untersuchung selbst ist besonders zu beachten, daß wegen des großen Kolbenhubes mehrere Stellungen des Kolbens durchgeprüft werden müssen, je nahe möglichst nahe den beiden Endlagen und mindestens eine in mittlerer Stellung. Bei diesen Prüfmaschinen ist es oft bedeutend schwieriger als bei stehenden Prüfmaschinen mit kleinem Kolbenhub eine einwandfreie Untersuchung durchzuführen und besonders die Ursachen von Mängeln und Störungen sicher zu finden. Die liegende Anordnung und die Art der Kraftübertragung von dem Antriebskolben auf das Versuchsstück bergen bei den großen Kräften eine Fülle von Fehlerquellen in sich: falsche Lage des Zylinders zu den beiden senkrecht und waagerecht durch die Zugachse der Prüfmaschine gelegten Hauptebenen, zu hohe oder zu tiefe Lage des Einspannwagens, fehlerhafter Anschluß des Einspannwagens an die Kolbenstange, unzweckmäßige Ausbildung der Dichtung zwischen Kolbenstange und Zylinderdeckel, Nachgeben des Fundamentes oder Lagenänderungen des Zylinders bei steigender Belastung, Verbiegung der Kolbenstange, Reibung des Antriebskolbens im Zylinder und der Kolbenstange im Zylinderdeckel oder der Rollen des Einspannwagens auf der Laufbahn oder in ihren Lagern. In noch höherem Grade als bei den anderen Arten von Prüfmaschinen ist deshalb hier eine sehr vielseitige und gründliche Erfahrung des Prüfers die Vorbedingung, wenn die Untersuchung zu einem einwandfreien Urteil über die Prüfmaschine führen soll.

Die dem Beispiel zugrunde liegende Untersuchung einer 100 t-Zugprüfmaschine für Ketten ergab bei den beiden ersten Meßreihen die Widerstandskurven *I* und *II* (Abb. 67a). Drei Beobachtungen lassen die Mängel der Prüfmaschine sofort erkennen: Die Widerstandskurven zeigten Unstetigkeiten und abwechselnd kleinere und größere Reibungsverluste; außerdem war der Widerstand im ganzen Bereich, besonders im letzten Drittel, ungewöhnlich hoch.

Die Spannungsverteilung im Zugmeßstab wurde bei Anordnung des Feinmeßgerätes an den oben und unten liegenden Fasern mit wachsender Prüfkraft stetig schlechter, während sie beim Ansetzen des Fein-

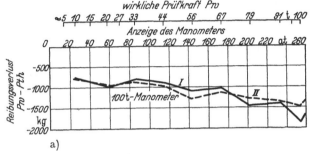

meßgerätes an den beiden Seitenfasern des Stabes gleichmäßig gut blieb.

Bei den Kraftstufen, die im Kurvenbilde Spitzen lieferten, also gegenüber einer gedachten Ausgleichslinie einen geringeren Widerstand zeigten, stieg die Ablesung am Kraftmeßgerät, mithin die wirkliche Prüfkraft nicht stetig, sondern ruckweise an.

Nach diesen Beobachtungen mußte sich die Kolbenstange während des Belastungsvorganges federnd verbiegen und im Zylinderdeckel zur Anlage kommen. Der Zylinder lag nach der Prüfbahn hin etwas geneigt und wurde außerdem während der Belastung infolge Verbiegens der ihn haltenden Prüfbahnträger am rückwärtigen Ende noch weiter angehoben. Auch

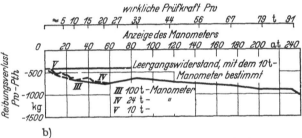

b)

Abb. 67. Widerstandskurven einer liegenden Zugprüfmaschine für Ketten mit Rohrfedermanometer.

hatte die Kolbenstange in der Bohrung des Zylinderdeckels nur sehr wenig Spiel. Die Kolbenstange verklemmte sich infolgedessen bei jedem weiteren Verbiegen im Zylinderdeckel und gab nur ruckweise nach, wenn der Druck im Zylinder über den Gleichgewichtszustand hinaus angestiegen war. Nachdem der Zylinder genau ausgerichtet, der Prüfbahnträger zunächst zwar nur behelfsmäßig festgelegt und die Bohrung im Zylinderdeckel vergrößert war, ergab die weitere Untersuchung ein brauchbares Widerstandsbild (Abb. 67b). Erst oberhalb von 91 t gaben die Prüfbahnträger wieder etwas nach, wie auch das Schaubild erkennen läßt. Die mit den beiden schwächeren Manometern für 24 t und 10 t Höchstkraft ermittelten Widerstandskurven *IV* und *V* paßten sich der mit dem 100 t-Manometer gefundenen Kurve gut an. In das Schaubild ist außerdem der Leergangswiderstand, der mit dem 10 t-Manometer bestimmt wurde, mit 450 kg eingetragen worden. Rückwärts verlängert, treffen die aus der Untersuchung gewonnenen Widerstandskurven *III*, *IV* und *V* für eine Belastung von 0 at genau auf den gleichen Punkt. Eine weitere Verbesserung der Prüfmaschine — eine geringere Zunahme des Reibungsverlustes bei steigender Prüfkraft — wäre nur dadurch möglich gewesen, daß die nicht mehr ganz gerade Kolbenstange durch eine neue ersetzt worden wäre.

3. Untersuchung von Härteprüfmaschinen und -geräten.

Bei der statischen Härteprüfung wird allgemein das Verhältnis der Prüfkraft zur erzeugten Eindruckoberfläche als Härtemaß angesehen. Die Eindruckoberfläche kann, geometrisch gesehen, aus den Bestimmungsgrößen — Durchmesser, Diagonale — des Eindruckes an der Oberfläche des Prüfwerkstoffes (Projektionsfläche des Eindruckes) errechnet werden oder aus der Tiefe des Eindruckes. Falls die Prüfbedingungen stets gleich bleiben, können diese Bestimmungsgrößen allein zum Härtevergleich benutzt werden. Der Durchmesser oder die Diagonale werden an der Probe selbst festgestellt. Es ist deshalb belanglos, ob sich die Probe während des Prüfvorganges räumlich verlagert, sofern hierdurch nicht etwa die Größe der Prüfkraft beeinflußt wird. Die Eindrucktiefe läßt sich nicht genau und schnell genug am Eindruck selber bestimmen; es wird deshalb die Bewegung des Eindringkörpers gemessen und zwar die Differenz zwischen der Eindringtiefe bei einer Vorlast und der bleibenden Eindringtiefe, die durch eine Zusatzlast hervorgerufen wird. Dadurch, daß die Bewegung eines Elementes des Prüfgerätes beobachtet wird ohne Bezug auf die Lage der Probe, werden bleibende Lageveränderungen der Probe als Fehler mitbestimmt. An solche Geräte müssen aus diesem Grunde besondere Anforderungen gestellt werden. Zum ersten Verfahren gehören die Härteprüfungen nach Vickers und Brinell, zum zweiten die Härteprüfungen nach Rockwell.

a) Untersuchung von Härteprüfgeräten nach Brinell und Vickers.

Die Prüfkräfte werden genau so kontrolliert wie bei den Druckprüfmaschinen. Es ist jedoch auf folgendes zu achten. Werden die Prüfkräfte nicht unmittelbar durch Gewichtsscheiben, sondern durch gewichtsbelastete Hebel oder vorgespannte Federn aufgebracht, so ist die Größe der Prüfkraft abhängig von der Stellung des Hebels zur Tarierlage bzw. vom Federweg, d. h. also vom Weg des Eindringkörpers. Die extremen Stellungen des Eindringkörpers sind leider auf den Prüfgeräten nicht markiert. Es ist somit notwendig, diese Stellungen vorher festzulegen, wenn man auf einem harten und auf einem weichen Werkstoff einen normgemäßen Eindruck macht. In diesen beiden verschiedenen Lagen des Eindruckstempels sind die Prüfkräfte zu kontrollieren. Weiterhin ist am Kraftmeßgerät zu beobachten, ob nicht durch Schwingen des Belastungsorgans im Augenblick seiner Freigabe die Prüfkraft zu stark über- oder unterschritten wird.

Die Skalen der zugehörigen Mikroskope werden mit Objektmikrometern verglichen. Das sind genügend fein eingeteilte Maßstäbe, deren Strichdicken der Vergrößerung des Mikroskops angepaßt sein müssen.

Der gesamte Prüfvorgang wird anschließend durch Härtebestimmungen an Kontrollplatten kontrolliert. Die Abweichungen der mindestens drei Härteeinzelwerte vom Sollwert der Platte sollen innerhalb der in DIN 50150 angegebenen Meßunsicherheit liegen. Befriedigt das Ergebnis nicht, so wird man den Eindringkörper gegen einen normengerechten austauschen. Genügt auch dann das Ergebnis nicht, so wird der Fehler in der Ausleuchtung des Eindruckes zu suchen sein. Einwandfreieste Ergebnisse erhält man bei diffuser Beleuchtung des Eindruckes (Streulicht)[1].

Bei der Kleinlast- und Mikrohärteprüfung kann nach R. Schulze[2] ein zu großer Eindruck auch dadurch entstehen, daß das Gerätegestell sich unter der Prüflast federnd verformt und den Eindringkörper seitlich verschiebt. Durch diesen Schub entstehen einseitige Aufwulstungen, der Eindruck wird zu groß. Diese Aufwulstungen sind im Interferenzlicht sehr gut zu erkennen[3], bei weichen Werkstoffen auch im Auflicht, wenn ein Mikroskop mit geeigneter Vergrößerung benutzt wird, dessen Lichtquelle den Eindruck gleichmäßig ausleuchtet.

Bei dieser Funktionsprüfung mit Kontrollplatten wird gleichzeitig beobachtet, ob die in den entsprechenden Normen (DIN 50351 „Härteprüfung nach Brinell",

---

[1] Handbuch der Werkstoffprüfung, 2. Auflage, Bd. 2, S. 401.

[2] Schulze, R.: Metalloberfläche Bd. 8 (A) (1954) S. 53.

[3] Handbuch der Werkstoffprüfung, 2. Auflage, Bd. 2, S. 410/11.

DIN 50133 „Härteprüfung nach Vickers") festgelegten Zeiten für das Aufbringen der Prüfkraft und die Dauer ihrer Wirksamkeit eingehalten werden.

Für die Nachprüfung der BRINELL-Härteprüfgeräte genügt eine Kontrollplatte. Die handelsüblichen Kugeln sind in der Form genau genug, so daß es
nicht notwendig ist, durch verschieden harte Kontrollplatten die Eindringtiefe
zu ändern. Lassen sich die Kugeln in ihrem Halter verdrehen, so sollte man dies
jedoch nach jeder Einzelprüfung tun. Die Härte der Kontrollplatte wird zweckmäßig zu HB = etwa 300 kg/mm² gewählt. Bei dieser Härte ist der Werkstoff
meistens gleichmäßiger als bei niedrigeren Härten und das Korn ist fein genug,
um den Eindruckrand glatt erscheinen zu lassen. Bei Vickers-Prüfgeräten wird
man durch solche Funktionsprüfung feststellen müssen, ob etwaige Unregelmäßigkeiten in der Form des Eindringkörpers Einfluß auf das Prüfergebnis
haben. Man wird somit verschiedene Eindringtiefen wählen. Dazu sind jedoch
nicht mehrere Platten verschiedener Härte nötig. Man wählt vielmehr eine Platte
von nicht zu geringer Härte — etwa HV = 800 kg/mm² — und kontrolliert bei
verschiedenen Prüfkräften. Nur in Sonderfällen wird man zusätzlich eine Platte
niedriger Härte hinzu nehmen, wenn betrieblicherseits weiche Werkstoffe mit den
größeren Prüfkräften des Gerätes untersucht werden.

b) Untersuchung von Härteprüfgeräten nach Rockwell.

Die Vorlast wird nach den Bedienungsvorschriften an Hand der Meßuhranzeige eingestellt. Da diese Meßuhrstellung im Prüfbetrieb selten genau eingestellt wird und auch eingestellt werden kann, darf eine Über- oder Unter-
schreitung des Meßuhrwertes um 25 Einheiten die Vorlast nicht über die vorgeschriebene Toleranz beeinflussen. Nach Abheben der Zusatzlast hat der Zeiger
der Meßuhr entsprechend der ROCKWELL-Härte eine andere Stellung und somit
auch das Belastungsorgan. Praktisch umfassen die möglichen Stellungen des Vor-
lastelementes — Druckfeder, gewichts- oder federbelasteter Hebel — einen Bereich, der dem vollen Umlauf des Meßuhrzeigers von 0 bis 100 Einheiten entspricht. Die Vorlast ist bei mindestens drei in diesem Bereich liegenden Meßuhr-
werten nachzuprüfen. Dabei muß sich der Druckstempel in gleicher Richtung
bewegt haben wie bei der Härteprüfung selbst. Wie immer ist es auch hier zweck-
dienlich, durch Umkehren der Bewegungsrichtung die Umkehrspannen zu bestimmen, um einen Überblick über die Größe vorhandener Reibungskräfte zu
bekommen. Ebenso wie die Vorlast ist auch die Gesamtlast bei den extrem möglichen Stellungen des Meßuhrzeigers nachzuuntersuchen. Sie sind an Hand von
Prüfungen der weichsten und härtesten Kontrollplatte festzulegen, und zwar
ohne Verspannung des Gerätes durch die Platten.

Anschließend an die Überprüfung der Vor- und Gesamtlast wird man Vergleichsversuche an Kontrollplatten durchführen. Es werden zweckmäßig fünf
Platten benutzt, deren Härte gut verteilt in dem Härtebereich liegt, der für das
entsprechende Verfahren in der Norm (DIN 50103) festgelegt ist oder bei nicht-
genormten Verfahren prüftechnisch benutzt wird. Die meisten Geräte können
mittels der Probe verspannt werden. Die Verspannkraft ist größer als die Prüfkraft. Es werden hierdurch einige Fehlerquellen zum Teil beseitigt wie Spindel-
versatz und bleibende Aufbiegung des Gestelles. Die Vergleichsversuche sind sowohl mit und ohne Verspannung durchzuführen, sofern die Bauart des Gerätes
es gestattet. Die Ergebnisse der Vergleichversuche müssen bei beiden Bedingungen innerhalb der in DIN 50150 angegebenen Meßunsicherheit von ±2 Einheiten bei der HRC-Prüfung bzw. ±3 Einheiten bei der HRB-Prüfung liegen.
Für die anderen ROCKWELL-Prüfbedingungen liegen noch keine Toleranzen vor.
Bei der Verspannung des Gerätes sind die Ergebnisse aber abhängig von der

Verspannkraft. Bei den Geräten der Fa. Reicherter liegt der Auflagertisch mit der Probe auf einer Feder, die gespannt wird, wenn die Probe mit der Spindel gegen die am oberen Kopf des Gestelles angebrachte Verspannhülse gefahren wird. Im allgemeinen ist der Federweg in der Betriebsanweisung angegeben, z. B. durch die Forderung, daß der Auflagertisch einige mm über dem Rand der Spindel stehen soll. Hierdurch ist die Größe der Verspannkraft allgemein genügend genau festgelegt. Die Härte der Feder und damit die Verspannkraft wird von der Herstellfirma verschieden gewählt. Sie ist z. B. groß, wenn mit dem Gerät stark über dem Auflagertisch hängende schwere Werkstücke geprüft werden sollen. Bei anderen Bauarten ist solch eine Einrichtung nicht vorhanden. Bei ihnen wird die Probe, die mit dem Auflagertisch satt auf der Spindel ruht, „en block" gegen die Verspannhülse gefahren. Die Verspannkraft hängt von der Kraft ab, mit der dies geschieht. In diesem Falle sollten Vergleichsversuche mit geringer und mit starker Verspannung durchgeführt werden, wenigstens im Rahmen der betrieblichen Wahrscheinlichkeit. Ergibt eine der beiden Reihen ungenügende Ergebnisse, so sollte die Verspannung für maßgebliche Versuche untersagt werden.

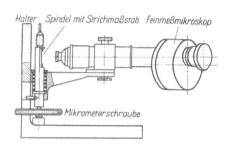

Abb. 68. Gerät zum Nachprüfen von Anzeigegeräten. (Nach K. Meyer.)

Sind die Fehler oder auch die Streuungen der Anzeige zu groß, so werden die Vergleichsversuche mit einem zu diesem Zweck vorrätig gehaltenen einwandfreien Eindringkörper wiederholt. Sind die Ergebnisse weiterhin unbefriedigend, so wird man den Fehler in der Tiefenmeßeinrichtung suchen. Die Tiefenmeßeinrichtung besteht bei handelsüblichen Geräten aus einem Übersetzungshebel und der Meßuhr, wobei der Übersetzungshebel die Bewegung des Druckstempels 1:5 vergrößert auf die Uhr weitergibt. Die Funktion dieser Einrichtung läßt sich z. B. mit einem Meßgerät nach Abb. 68 nachprüfen. Das Gerät wird so auf dem Auflagetisch befestigt, daß die Spindel der Mikrometerschraube mittig unter dem Druckstempel des Härteprüfgerätes steht. Durch Auf- und Abwärtsdrehen der Spindel kann ihre Bewegung auf die Tiefenmeßeinrichtung übertragen werden. Die Spindel trägt einen Strichmaßstab, an dem mit einem Feinmeßmikroskop die Größe dieser senkrechten Verschiebung bestimmt wird. Diese Werte werden mit den an der Meßuhr abgelesenen verglichen. Mit dem Meßgerät kann ebenfalls die Meßuhranzeige allein überprüft werden. Hierfür wird die Meßuhr an dem Halter so befestigt, daß der Meßuhrstift über der Spindel liegt. Weiterhin kann die Anzeige des Härteprüfgerätes beeinflußt werden durch Versetzen der Spindel in ihrer Mutter, durch bleibende Aufbiegung des Gestelles, durch falsche Halterung des Eindringkörpers im Druckstempel, durch eine nicht satte Auflage des Prüfstücks auf dem Prüftisch. Im allgemeinen wird man die Untersuchung der Geräte am Aufstellungsort mit der Nachprüfung der Tiefenmeßeinrichtung beenden und das Suchen und Abstellen anderer Fehler dem Herstellerwerk überlassen.

c) Eindringkörper und Kontrollplatten.

Die undurchsichtigste Fehlerquelle bei der Rockwell-C-Härteprüfung liegt zweifellos am Eindringkegel. Dieser Kegel ist aus Diamant und wegen seines Wachstums flächengebunden. Die runde Form eines Kegels mit kugeliger Spitzenabrundung läßt sich schwer herstellen. Die nach DIN 50103 geforderte Genauigkeit der Sollform läßt sich nur mit Spezialmikroskopen nachprüfen. Um vergleichbare Ergebnisse zu bekommen, werden folgende Vergrößerungen vorgeschlagen:

Für stereomikroskopische Untersuchung der
Oberflächenbeschaffenheit . . . . 100- bis 150fach
für Ermittlung des Kegelwinkels . . . . . 100- bis 200fach
für Ermittlung des Rundungshalbmessers . 200- bis 300fach

Da diese Nachprüfung am Aufstellungsort des Gerätes nicht möglich ist, soll in der Norm verlangt werden, für maßgebliche Härteprüfungen nur behördlich anerkannte Eindringkörper zuzulassen. Diese Forderung gilt ebenso für Vickers-Diamanten. Ob ein Austausch solcher Eindringkörper möglich ist, ohne daß Vergleichsversuche am Gerät durch die Prüfstelle wiederholt werden müssen, wird zur Zeit noch geprüft.

ROCKWELL-Diamanten, die nach diesen Untersuchungen den Bedingungen der Norm durchaus genügen, können aber trotzdem zu große unterschiedliche Härtewerte ergeben. Interferenzbilder von den Kegeln zeigen, daß die mikrogeometrische Form nie ganz einwandfrei ist, Abb. 69. Man kann nur wenige Kegel aus-

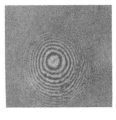

a)   b)

Abb. 69. Interferenzaufnahmen von zwei HRC-Eindringkörpern aus Diamant in Richtung der Kugelabrundung.
(Nach K. MEYER.)

suchen, die der idealen Form möglichst nahe kommen und im gesamten in der Praxis benutzten Härtebereich von etwa HRC = 20 bis 67 Meßwerte ergeben, die nur unbedeutend voneinander abweichen.

Die Tatsache, daß die mit Diamantkegeln festgestellten ROCKWELL-Härten nicht entsprechend ihrer Definition exakt genug ermittelt werden können, ist wichtig für die Sollhärtebestimmung von Kontrollplatten, nach der ja die Anzeigen der Gebrauchsgeräte beurteilt werden. Dies gilt auch sinngemäß für alle anderen Härteprüfverfahren, wo ebenfalls optimale Prüfbedingungen eingehalten werden müssen. Sie bedingt vor allem, daß nur wenige Prüfstellen — in jedem Land nur eine — Kontrollplatten fertigen sollen, daß diese Stellen steten Kontakt mit den Stellen in anderen Industrieländern haben und mit ihnen die Bezugsmaße austauschen müssen. Dagegen ist die Forderung nach einwandfreiem Plattenwerkstoff und nach einem einwandfreien Bestimmungsgerät einfacher zu lösen. Die Platten müssen aus einem Werkstoff hergestellt sein, der über der Prüffläche und bis zu einer genügenden Tiefe gleichmäßige Härte aufweist. Er muß ein gegenüber der Eindruckgröße feines Korn haben und alterungsfrei sein. Bei dem in Abb. 70 (siehe auch Abb. 24 in Abs. IV, S. 258) gezeigten Normalgerät für ROCKWELL-Prüfung sind die Fehlerquellen der handelsüblichen Geräte weitgehend vermieden: Die Vor- und Zusatzlast werden unmittelbar durch Gewichtsplatten mit regelbarer Geschwindigkeit aufgebracht; ein störendes Aufbiegen des Gestelles tritt bei der stabilen Zweisäulenbauweise nicht auf; die Kontrollplatte kann sich räumlich nicht verlagern, denn sie liegt auf der geläppten Oberfläche einer massiven Stahlunterlage, die auf der Grundplatte des Gestelles aufgeschraubt ist. Die Bewegung des Eindruckstempels, der einen Präzisionsmaßstab trägt, wird in der Bewegungsebene mit einem Feinmeßmikroskop beobachtet.

Abb. 70. Normalgerät für HRC-Kontrollplatten. (Nach K. MEYER.)

4. Untersuchung von Pendelschlagwerken.

Man hat sich über den Kerbschlagbiegeversuch (DIN 50115) viel Gedanken gemacht, über seinen Wert und auch über die Ursachen der Streuung seiner Ergebnisse. Dagegen hat man die Untersuchungsverfahren der Pendelschlagwerke selbst vernachlässigt. Werden Kerbschlagproben mit Schlagwerken verschiedener Bauarten zerschlagen, so sind an der Streuung der Ergebnisse die Schlagwerke selbst wahrscheinlich nicht unbeträchtlich beteiligt, weil ihre Verlustarbeiten verschieden groß sind. Und diese Verlustarbeiten werden bei den heute üblichen Untersuchungsverfahren nicht mitbestimmt.

a) Nachprüfung der wichtigsten Bauelemente der Pendelschlagwerke.

In DIN 51222 sind für die Ausführung der Elemente Hammerscheibe, Hammerschneide, Widerlager und Auflager Forderungen gestellt. Diese Forderungen müssen sorgfältigst eingehalten werden, da meist nicht bekannt ist, inwieweit Abweichungen die Kerbschlagzähigkeitswerte beeinflussen können. Wenn irgend möglich, wird man für die Nachprüfung Lehren benutzen. Auf eine Bedingung mag besonders hingewiesen werden, da sie in DIN 51222 nicht erwähnt wird: Die Hammerschneide soll in der senkrechten Mittelebene zwischen den Widerlagern hindurchschwingen. Man benutzt zum Einstellen der Widerlager zweckmäßig eine Lehre nach Abb. 71. Zieht man die Kerbe für die Hammerschneide gegenüber den Flächen, die an den Widerlagern anliegen, auf der einen Seite um etliches vor, auf der gegenüberliegenden Seite um etliches zurück, so wird man beim Umtausch der Seiten mit genügender Sicherheit auch feststellen können, ob die Hammerschneide in dieser Ebene schwingt und nicht etwa diese Ebene schneidet.

b) Nachprüfung der vorgeschriebenen Sollwerte durch Rechnung.

α) Schlagarbeit. Die verbrauchte Schlagarbeit ergibt sich aus dem Unterschied zwischen Fall- und Steighöhe des Pendels. Nach Abb. 72 ist die Fallhöhe $h = L (1 - \cos\alpha)$, ist der Anhubwinkel $\alpha > 90°$, wird $h = L[1 + \cos(180° - \alpha)]$.

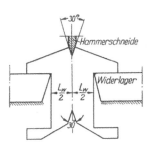

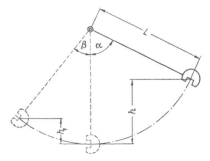

Abb. 71. Lehre zum Einstellen der Widerlager eines Pendelschlagwerkes.

Abb. 72. Beziehungen zur Berechnung der Schlagarbeit eines Pendelschlagwerkes.

Entsprechend errechnet sich die Steighöhe h_1 aus dem Winkel β. Das Arbeitsvermögen des Pendels ist $A = G h = G L (1 - \cos\alpha)$, die überschüssige Arbeit $A_{\ddot{u}} = G h_1 = G L (1 - \cos\beta)$. Die zum Durchschlagen der Probe verbrauchte Schlagarbeit beträgt somit $A_v = A - A_{\ddot{u}}$.

Der *Fall-* bzw. *Steigwinkel* wird üblicherweise mit einer Winkelwasserwaage gemessen (Beispiel siehe Abb. 216 S. 505), die auf die Pendelstange gesetzt wird. Diese Messung würde erleichtert, wenn an der Pendelstange hierfür bearbeitete Flächen angebracht wären. Die Ausgangslage ist das hängende Pendel, d. h. der Winkel, den die Pendelstange in dieser Lage mit der Lotrechten bildet. Um beim hängenden Pendel die Wasserwaage ansetzen zu können, muß die Pendelstange festgesetzt werden, wofür eine Hilfsvorrichtung nach Abb. 73 geeignet erscheint: Der Vierkantstab wird wie eine Kerbschlagprobe gegen die Widerlager gelegt und die Schraube so weit gedreht, daß sie sich so eben gegen die Hammerschneide legt. Die Winkelmessung an der Pendelstange hat den

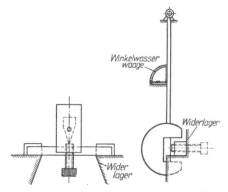

Abb. 73. Vorrichtung zum Festhalten des Pendelhammers in seiner lotrechten Lage.

Vorteil, daß man durch sie ebenfalls feststellen kann, ob die Stange evtl. verbogen ist. Man kann die Winkel auch an der Skale selbst bestimmen. Hierfür baut man die Skale aus. Jedoch muß dazu kontrolliert werden, ob im eingebauten Zustand die Drehachse genau im Mittelpunkt der Kreisskale liegt, worauf bei der Montage durchaus nicht immer genügend geachtet wird.

Als *Pendellänge L* wird der Abstand des Berührungspunktes der Pendelschneide mit der Probenmitte zur Drehachse des Pendels angesehen.

Um das auf die Pendellänge L bezogene *Pendelgewicht G* zu bestimmen, wird das Pendel im Abstand L von der Drehachse mittels einer Schneide auf einer Waage abgestützt. Die Pendelstange muß so unterstützt sein, daß sie in der Gleichgewichtslage der Waage horizontal liegt. Diese Wägung wird durch die Reibung in der Pendellagerung beeinflußt, die jedoch so klein sein muß, daß sie zu vernachlässigen ist.

Soll der *Schwerpunkt S* des Pendels bestimmt werden, so muß die Pendelstange ausgebaut werden und das

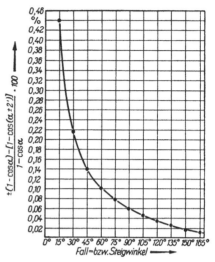

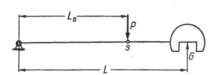

Abb. 74. Beziehungen zur Berechnung des Schwerpunktes beim Pendelhammer.

Abb. 75. Fehler $\dfrac{(1 - \cos \alpha) - [1 - \cos (\alpha \pm 2')]}{1 - \cos \alpha} \cdot 100\%$ bei einer ungenauen Messung des Winkels α um $\pm 2'$.

Gewicht P der pendelnden Masse bestimmt werden. Es ist dann nach Abb. 74

$$G L = P L s,$$

$$\frac{G}{P} = \frac{L s}{L}.$$

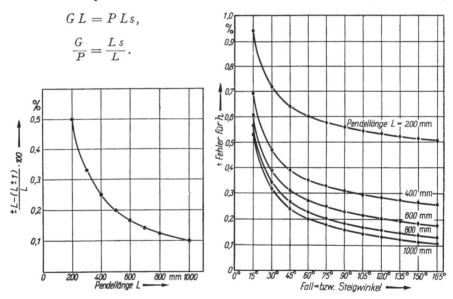

Abb. 76. Fehler $\dfrac{L - (L \pm 1)}{L}$ 100% bei einer ungenauen Messung der Pendellänge L um ± 1 mm.

Abb. 77. Fehler der Fall- bzw. Steighöhe h in % bei ungenauer Messung des Fall- bzw. Steigwinkels um $\pm 2'$ und der Pendellänge L um ± 1 mm.

Die *Genauigkeit*, mit der die Bestimmung der Schlagarbeit durchgeführt werden muß, ergibt sich aus folgenden Einzelfehlern:

Fall- bzw. Steigwinkel. Ungenauigkeit $\pm 2'$. Fehler für den Ausdruck $(1-\cos\alpha)$ s. Abb. 75.

Pendellänge. Ungenauigkeit ± 1 mm. Fehler für L s. Abb. 76.

Durch diese beiden Fehler wird die Fall- bzw. Steighöhe $L(1-\cos\alpha)$ nach Abb. 77 falsch bestimmt.

Pendelgewicht. Ungenauigkeit $\pm 0{,}1\%$.

Der höchstmögliche prozentuale Gesamtmeßfehler für die Schlagarbeit $QL(1-\cos\alpha)$ ist aus Abb. 78 zu ersehen.

Die Schlagarbeit (potentielle Energie) des Pendels kann auch auf folgende Weise bestimmt werden[1], Abb. 79: Der Berührungspunkt der Schneide mit der Probenmitte soll mit Sp bezeichnet werden. Zwischen den Widerlagern, dort, wo sich bei hängendem Pendel der Punkt Sp befindet, wird schwenkbar ein geeignetes Druckkraftmeßgerät befestigt. Das andere Ende des Kraftmeßgerätes wird durch eine Stange verlängert, die das angehobene Pendel im Punkt Sp abstützt. Kann diese Stange durch eine Mikrometerschraube als Zwischenglied noch um einiges verkürzt oder verlängert werden, so kann das Pendel auf einen bestimmten Skalenwert eingestellt werden. Für die Nachprüfung des gesamten Skalenbereichs gebraucht man mehrere verschieden lange Stangen. Die Stange mit dem Kraftmeßgerät stellt die Sehne s des Kreisbogens dar, den das Pendel beim Fall beschreiben würde. Das Kraftmeßgerät zeigt den Druck P in Richtung dieser Sehne an. Die potentielle Energie des Pendels ist: $\dfrac{Ps}{2}$; die rechnerische Ableitung soll hier übergangen werden.

Neben den einstellbaren Arbeitsvermögen sollte die Skale für die verbrauchte Schlagarbeit an wenigstens 5 Meßpunkten nachgeprüft werden. Dabei ist es dienlich, an

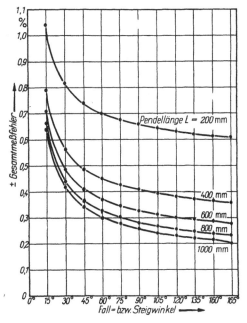

Abb. 78. Höchster Gesamtmeßfehler in % für die Schlagarbeit bei ungenauer Messung des Fall- bzw. Steigwinkels um $\pm 2'$, der Pendellänge um ± 1 mm und des Pendelgewichts um $\pm 0{,}1\%$.

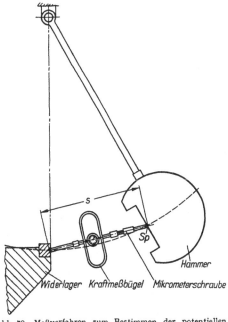

Abb. 79. Meßverfahren zum Bestimmen der potentiellen Energie eines Pendelhammers.

[1] BROWN, G. L.: J. sci. Instrum., Bd. 29 (1952) Nr. 5, S. 161.

der Skale für verbrauchte Schlagarbeit auch die Meßpunkte zu überprüfen, an denen die überschüssige Arbeit gleich dem Arbeitsvermögen ist, d. h. wo der Steigwinkel gleich dem Fallwinkel ist. Man hat so eine gute Kontrolle, ob die Skale genügend genau eingeteilt ist, oder auch, ob ihr Mittelpunkt in der Drehachse des Pendels liegt.

β) **Reduzierte Pendellänge.** Die reduzierte Pendellänge entspricht der Länge eines mathematischen Pendels mit der gleichen Schwingungsdauer. Sie wird aus der Zeit $T\,50$ für 50 Schwingungen (Hin- und Rückgänge) des Pendels bei einer Auslenkung von etwa $\pm 5°$ berechnet: $L_{\text{red}} = \dfrac{g\,(T\,50)^2}{4\,\pi^2 \cdot 50^2} = 0{,}0994\ (T\,50)^2$ (L_{red} in mm, $T\,50$ in s). Wird die Zeit für 50 Schwingungen mit einer $^1/_{100}$ sec-Stoppuhr gemessen, so wird man mit einer Ungenauigkeit von $\pm 0{,}3$ s rechnen müssen. Wie sich diese Ungenauigkeit auf die Berechnung der reduzierten Pendellänge auswirkt, zeigt Abb. 80. Der Abstand des physikalischen Stoßmittelpunktes von der Drehachse ist der reduzierten Pendellänge gleich. Nach DIN 51 222 Jan. 1957) ist die Höhe des physikalischen Stoßmittelpunktes über der Probenmitte vorgeschrieben mit 0 ± 2 mm bei Arbeitsvermögen von 0,05 bis 5 kgm, mit 5 ± 5 mm bei Arbeitsvermögen von 15 bis 75 kgm. Die Fehler bei der Berechnung der reduzierten Pendellänge nach

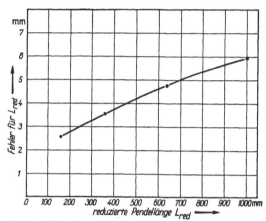

Abb. 80. Fehler der reduzierten Pendellänge L_{red} in mm bei ungenauer Messung der Zeit $T\,50$ für 50 Doppelschwingungen um $\pm 0{,}3$ Sekunden.

Abb. 80 übersteigen aber diese Beträge, wenn man die gebräuchlichen Pendellängen von etwa 200 mm, 400 mm und 800 mm für Pendelschlagwerke von 0,05 bis 0,4 kgm, 1,5 und 5 kgm bzw. 15 bis 75 kgm Arbeitsvermögen zugrunde legt. Für die Nachprüfung dieser Werte wäre demnach eine optische oder elektrische Einrichtung notwendig.

γ) Schlaggeschwindigkeit.

Die größte Geschwindigkeit des mathematischen Pendels ist

$$v_m = \sqrt{2g\,h_m} = \sqrt{2g\,L_{\text{red}}\,(1 - \cos\alpha)}.$$

Die Geschwindigkeit des Berührungspunktes der Hammerschneide mit der Probenmitte ist dann $v = \dfrac{L}{L_{\text{red}}}\,v_m$. Es genügt jedoch, wenn man die Schlaggeschwindigkeit aus der Fallhöhe des festgelegten Schneidenpunktes errechnet, $v = \sqrt{2g\,h} = \sqrt{2g\,L\,(1 - \cos\alpha)}$, zumal die reduzierte Pendellänge L_{red} mit einfachen Mitteln nicht genau genug bestimmt werden kann.

c) Bestimmung der Arbeitsverluste.

Ein Teil der Arbeitsverluste entsteht durch Reibung, die sich zusammensetzt aus

1. Luftwiderstand und Lagerreibung von der Auslösung des Hammers bis zur Berührung der Probe,

2. Luftwiderstand und Lagerreibung von der Berührung der Probe bis zum höchsten Steigwinkel,

3. Reibung des Schleppzeigers von der Berührung der Probe bis zum höchsten Steigwinkel.

Für die Nachprüfung wird nach DIN 51222 (Jan. 1957) nur die Gesamtreibung festgestellt. Dabei wird der Pendelhammer, wie beim üblichen Versuch, jedoch ohne Probe, bedient. Der Schleppzeiger steht zu Anfang auf seinem Nullpunkt. Ist die Gesamtreibung zu groß und müssen die einzelnen Reibungsquellen festgelegt werden, so kann die Schleppzeigerreibung folgendermaßen beurteilt werden: Man läßt das Pendel mit dem Schleppzeiger ausschwingen und wiederholt den Versuch, ohne den Schleppzeiger in seine Nullstellung zurückzudrehen. Der Betrag, um den der Zeiger beim zweiten Versuch weitergeschoben wird, ist ein Maß für seine Reibung.

Wie einleitend erwähnt, werden die Arbeitsverluste, abgesehen von der Reibung bei der laufenden Untersuchung der Pendelschlagwerke bislang nicht bestimmt, weil es ein geeignetes Meßverfahren bzw. Meßgerät noch nicht gibt. Um einen Überblick über die Streuungen der Ergebnisse zu bekommen, die allein von den Pendelschlagwerken herrühren, hat man gelegentlich Vergleichsversuche[1] mit Kerbschlagproben durchgeführt. So hat W. ZEIDLER[2] 240 Mesnager-Proben auf 4 Pendelschlagwerken von 30 kgm-Arbeitsvermögen zerschlagen; diese vier Schlagwerke gehören zu zwei verschiedenen Bauarten. Die zusammengefaßten Ergebnisse sind in Tab. 8 wiedergegeben. Für jedes Schlagwerk ist der sich bei ihr ergebende Mittelwert mit 100% angenommen und die

Tabelle 8. *Ergebnisse von Vergleichsversuchen an vier verschiedenen Pendelschlagwerken.* (*Nach* W. ZEIDLER).

Mittelwert der Kerbschlagzähigkeit	Schlagwerk A		Schlagwerk C	
	Werk S 14,10 kgm/cm²	Werk V 14,22 kgm/cm²	Werk S 15,58 kgm/cm²	Werk H 18,59 kgm/cm²
Unterschiede in Prozenten, bezogen auf die einzelnen Schlagwerke	100	+ 0,8	+10,5	+31,8
	− 0,8	100	+19,6	+30,7
	− 9,5	− 8,7	100	+19,3
	−24,1	−23,5	−16,2	100

Abweichungen der Mittelwerte der anderen Schlagwerke in Prozent angegeben. A. SCHEPERS und F. R. LICHT[3] führten Vergleichsversuche mit DVM-Proben an zwei Pendelschlagwerken mit 15 kgm bzw. 30 kgm Arbeitsvermögen durch. Die Auftreffgeschwindigkeit der Hämmer war gleich. Benutzt wurden zwei Stahlarten mit hoher und niedriger Kerbschlagzähigkeit. Die Ergebnisse sind in Tab. 9 wiedergegeben. Hiernach liefert das 15 kgm-Schlagwerk im oberen Prüfbereich höhere Kerbschlagzähigkeitswerte als das 30 kgm-Schlagwerk. Im unteren Bereich stimmen dagegen die Werte praktisch überein. Dies Ergebnis wird darauf zurückgeführt, daß der Hammer des kleineren Pendelschlagwerkes im Laufe der Verformung stärker abgebremst wird als der des größeren[4]. Für die jeweils verbrauchte Schlagarbeit A_v ergibt sich die Geschwindigkeit v des Hammers zu

$$v = v_0 \sqrt{1 - \frac{A_v}{A}}\,,$$ worin A das Arbeitsvermögen bedeutet, Abb. 81. Der mög-

---

[1] DRISCOLL, D. E.: ASTM Bulletin 1953, Nr. 191, S. 60—64 u. FRY, H. L.: ASTM Bulletin 1953 Nr. 187 S. 61—66.
[2] H.D.I.-Mitt. Bd. 25 (1936) Heft 19/20, S. 230—234.
[3] St. u. Eisen Bd. 77 (1957) S. 218.
[4] BORIONE, R.: Bericht über im Jahre 1953 durchgeführte Versuche des Institut de Recherches Sidérurgiques für den Ausschuß XII „Sprödbrüche" (jetzt Ausschuß IX „Verhalten der Metalle beim Schweißen") des Intern. Institute of Welding (I. I. W.).

liche Einfluß der Geschwindigkeitsabnahme auf die Kerbschlagzähigkeitswerte müßte jedoch in besonderen Versuchsreihen noch nachgeprüft werden. Es mag

Tabelle 9. *Statistische Kenngrößen zu den Häufigkeitsverteilungen der an zwei Pendelschlagwerken gemessenen Kerbschlagzähigkeitswerte. (Nach* A. Schepers *und* F. R. Licht.)

Arbeitsvermögen des Pendelschlagwerkes. . .	15 kgm	30 kgm	15 kgm	30 kgm
Anzahl N der Einzelwerte	35	35	46	47
Arithmetisches Mittel der Einzelwerte (Mittelwert) $\bar{x} = \dfrac{1}{N} \sum\limits_{i=1}^{i=N} x\,i$ . . .	15,77 kgm/cm²	15,05 kgm/cm²	2,17 kgm/cm²	2,23 kgm/cm²
Varianz (Streuung) der Einzelwerte $s^2 = \dfrac{1}{N-1} \sum\limits_{i=1}^{i=N} (x\,i - \bar{x})^2$	0,84 (kgm/cm²)²	0,66 (kgm/cm²)²	0,24 (kgm/cm²)²	0,22 (kgm/cm²)²
Standard- (mittl. quadratische) Abweichung der Einzelwerte s	±0,92 kgm/cm²	±0,81 kgm/cm²	±0,49 kgm/cm²	±0,47 kgm/cm²
Mittlere Schwankung des Mittelwertes $s_{\bar{x}} = \dfrac{s}{\sqrt{N}}$.	±0,16 kgm/cm²	±0,14 kgm/cm²	±0,07 kgm/cm²	±0,07 kgm/cm²

noch erwähnt werden, daß die benutzten Pendelschlagwerke von einer Herstellfirma stammten und daß das Gewicht der Hämmer zum Gewicht der Schabotten im gleichen Verhältnis standen. Hierauf mag der verhältnismäßig geringe Unterschied der Ergebnisse auch im oberen Prüfbereich beruhen.

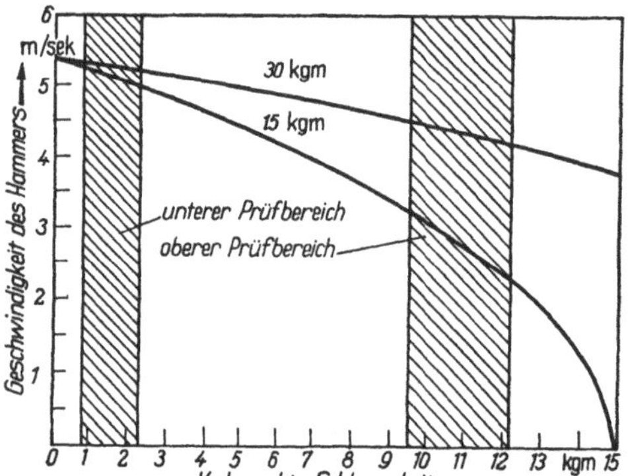

So wertvoll solche Versuche sind, sie ergeben aber nur einen Vergleich der Verlustarbeiten bei den benutzten Pendelschlagwerken. Es fehlt ein Standard-Schlagwerk mit vernachlässigbaren, kleinen Eigenverlusten. Fr. Dubois[1] hat durch umfangreiche Untersuchungen die Größe der Verluste und ihre Quellen bestimmt. Für die Versuche wurden ein Charpy- und ein Amsler-Pendelschlagwerk mit einem größten Arbeitsvermögen von 30 kgm benutzt. Zunächst wurden Vergleichsversuche mit gekerbten Probestäben durchgeführt. Eine Zusammenfassung der erhaltenen Mittelwerte s. Tab. 10. Zur dynamischen Untersuchung der Pendelschlagwerke wurden kleine Stauchzylinder aus geglühtem Kupfer, sog. *Crusher*, benutzt, die in die hierfür umgearbeiteten Widerlager eingelegt wurden. Die Hammerschneide erhielt eine Stauchplatte. Die Beziehung zwischen Stauchung und aufgewendeter Arbeit wurde in einem Vertikalfallwerk ermittelt,

Abb. 81. Geschwindigkeit des Hammers eines 15 kgm- und 30 kgm-Pendelschlagwerkes in Abhängigkeit von der verbrauchten Schlagarbeit. (Nach Schepers und Licht.)

---

[1] Dubois, Fr.: Machines 1935, Juli S. 8—14, August S. 18—26, September S. 10 bis 15, Oktober S. 20—27 und Mitteilungen der Firma Alfred J. Amsler & Co., Schaffhausen.

dessen Schabottengewicht gegenüber dem Bärgewicht sehr groß war. Das Bärgewicht und die Schlaggeschwindigkeiten entsprachen denen der Schlagwerke. Der Unterschied zwischen der vom Schlagwerk herrührenden Arbeit und der Formänderungsarbeit, die von den Stauchzylindern tatsächlich aufgenommen wird, ergibt die Größe der Arbeitsverluste, Tab. 11. Die Arbeitsverluste sind hiernach nicht unerheblich. Ein Vergleich der Ergebnisse aus Tab. 10 mit denen

Tabelle 10. *Vergleichsprüfungen mit gekerbten (2 mm ⌀) Probestäben auf zwei Pendelschlagwerken mit gleichem Arbeitsvermögen von 30 kgm. (Nach* Fr. Dubois.)

Mittlere verbrauchte Schlagarbeit aus je 10 Proben		Verhältnis der Schlagarbeiten Charpy/Amsler
Charpy-Hammer kgm	Amsler-Hammer kgm	
2,46	2,02	1,22
2,74	2,25	1,22
9,58	9,17	1,04
10,16	9,46	1,07
25,47	23,5	1,08

der Tab. 11 zeigt, daß bei gleichen von den Stauchzylindern aufgenommenen Arbeiten die vom Charpy- und Amsler-Schlagwerk aufzuwendenden Arbeiten im gleichen Verhältnis stehen, wie die mit den Probestäben erhaltenen Kerbschlagarbeiten (ungefähr 1:10). Diese Feststellung erhöht die Glaubwürdigkeit der Ergebnisse.

Tabelle 11. *Arbeitsverluste an zwei verschiedenen Pendelschlagwerken. (Nach* Fr. Dubois.)

Schlagwerk	aufgewendete Schlagarbeit kgm	Formänderungsarbeit an den Stauchzylindern kgm	Arbeitsverlust	
			gesamt kgm	bezogen auf die Schlagarbeit %
Charpy . . .	30,9	25,74	5,16	16,70
	20,6	16,9	3,7	17,95
	10,3	8,6	1,7	16,5
Amsler . . .	30,0	27,8	2,2	7,33
	20,0	18,25	1,75	8,75
	10,0	9,42	0,58	5,8

Die Arbeitsverluste setzen sich aus folgenden Teilverlusten zusammen:

1. Verlust durch unvollkommenen elastischen Stoß zwischen Hammer, Probe und Schabotte,
2. Verlust durch Erschütterung des Fundaments,
3. Verlust durch Verbiegen des Ständers,
4. Verlust durch Verbiegen der Pendelstange,
5. Verlust durch Luftwiderstand, Reibung in den Kugellagern der Pendelzapfen usw.

Die Teilverluste unter 5 waren bei beiden Schlagwerken im Verhältnis zu den anderen Verlusten so klein, daß sie vernachlässigt werden konnten. Durch Berechnung und Versuche hat Dubois diese Teilverluste bestimmt, das Ergebnis ist in Tab. 12 wiedergegeben. Die höheren Verluste beim Charpy-Schlagwerk werden durch folgende Tatsachen erklärt:

Das Verhältnis des Schabottengewichts zum Pendelgewicht beträgt beim Charpy-Schlagwerk 11, beim Amsler-Schlagwerk 17.

Beim Charpy-Schlagwerk verläuft die Schlaglinie waagerecht über dem Schwerpunkt der Schabotte, beim Amsler-Schlagwerk ist sie unter 16° gegen die Waagerechte geneigt und geht durch den Schabottenschwerpunkt. Beim

Tabelle 12. *Rechnerische Bestimmung der Teilverluste bei zwei verschiedenen Pendelschlagwerken. (Nach* Fr. Dubois.)

Schlagwerk	aufgewendete Schlagarbeit kgm	Teilverluste					mit Stauchzylindern bestimmter Verlust kgm
		durch unvollkommenen elastischen Stoß kgm	durch Fundamenterschütterung kgm	durch Verbiegung des Ständers kgm	durch Verbiegung der Pendelstange kgm	Gesamtverlust kgm	
Charpy . .	30,9	3,65	0,53	1,56	0,08	5,82	5,16
	20,6	2,70	0,37	0,75	0,05	3,87	3,70
	10,3	1,24	0,18	0,29	0,03	1,74	1,70
Amsler . .	30	1,14	0,21	0,55	0,09	1,99	2,20
	20	0,91	0,17	0,36	0,05	1,49	1,75
	10	0,30	0,14	0,21	0,03	0,68	0,58

Charpy-Schlagwerk ergibt sich daher ein exzentrischer Stoß und ein Kippmoment.

Der Stoßmittelpunkt liegt beim Charpy-Schlagwerk 25 mm unterhalb, beim Amsler-Schlagwerk 17 mm oberhalb der Schneidenmitte. Beim ersteren Schlagwerk wird dadurch die auf die Auflager übertragene Erschütterung verstärkt.

Alle diese Versuche zeigen, daß die Arbeitsverluste zu groß und auch bei verschiedenen Bauarten zu unterschiedlich sind, als daß sie vernachlässigt werden können. Zur Vereinheitlichung der Schlagwerke bieten sich folgende Möglichkeiten an:

1. Es wird nach einem Meßverfahren gesucht, mit dem die Arbeitsverluste bei der laufenden Untersuchung der Schlagwerke einfach genug bestimmt werden können, oder

2. es werden für bestimmte Arbeitsvermögen Standardschlagwerke mit vernachlässigbaren, geringen Arbeitsverlusten geschaffen. Mittels Probestäben werden Vergleichsversuche mit den zu untersuchenden Schlagwerken durchgeführt. Um den Einfluß der verschiedenen Güte der Kerben auszuschalten, mag überlegt werden, ob hierzu nicht ungekerbte Probestäbe verschiedener Abmessungen und Stähle geeigneter sind, oder

3. die wichtigsten Bauelemente der Pendelschlagwerke werden genormt. Praktisch würde dies bedeuten, daß alle Bauarten gleich aussehen. Hinzu kommt noch, daß diese Schlagwerke am Aufstellungsort auf gleichen Fundamenten gleichmäßig verankert werden müßten.

5. Untersuchung von Prüfmaschinen für schwingende Beanspruchung.

In Prüfmaschinen für schwingende Beanspruchung werden den Proben Schwingungen aufgezwungen, die je nach der Bauart der Maschinen mehr oder weniger gedämpft sind. Somit unterliegt dieses System den Schwingungsgesetzen. Danach ist die Amplitude A der Schwingung und somit die Beanspruchung der Probe abhängig von der erregenden Kraftamplitude P (Unterschied zwischen Ober- und Unterlast) und der Erregerfrequenz Ω.

$$A = \frac{P}{\sqrt{(c - m\,\Omega^2)^2 + k^2\,\Omega^2}}\,.$$

Hierin bedeuten weiterhin

c = Federkonstante der elastischen Glieder des Systems = $\dfrac{\text{Kraft}}{\text{Verformungsweg}}$

m = Masse der zu bewegenden Teile,

k = Dämpfungskonstante.

Der Frequenzgang $A = f(\Omega)$ wird üblicherweise dimensionslos dargestellt. Als Abszisse wählt man die Abstimmung $\dfrac{\Omega}{w_0}$ (w_0 = Eigenfrequenz), als Ordinate den Vergrößerungsfaktor V = Verhältnis der Amplitude A zum statischen Ausschlag A_0. Abb. 82 zeigt beispielsweise Resonanzkurven mit verschiedenen

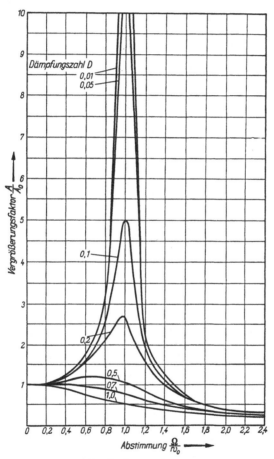

Abb. 82. Resonanzkurven.

Dämpfungszahlen $D = \dfrac{k}{2\sqrt{c\,m}}$. Die Formel und die Abbildung zeigen, daß die Amplitude A abhängt von der erregenden Kraftamplitude P, von den Speicherkennwerten c und m des Schwingers und von der Abstimmung $\dfrac{\Omega}{w_0}$, wobei von der Dämpfung abgesehen ist. Bei allen Schwingungsprüfmaschinen liegt das System in irgendeinem Punkt der aufsteigenden Resonanzkurve, wobei Änderungen der Abhängigkeitswerte oft recht beträchtliche Änderungen der Beanspruchung der Probe hervorrufen. Bei vielen Bauarten ist dabei die Eigenfrequenz $w_0 = \sqrt{\dfrac{c}{m}}$ stark abhängig von der Federkonstante der Probe selber, wenn diese an der Gesamtfederung des Systems maßgeblich beteiligt ist.

Als Beispiel zeigt die Abb. 83 das Ersatzsystem einer hydraulischen Prüfmaschine mit Pulsator (Abb. 84). Die zu bewegenden Teile der Maschine sind in der Masse m zusammengefaßt, die über die als Feder wirkende Probe c gegen das Fundament abgestützt ist. Bei dieser Bauart ist die Masse m verhältnismäßig groß. Die Eigenfrequenz $\sqrt{\dfrac{c}{m}}$ wird dadurch klein. An dem federnden System ist die Probe maßgeblich beteiligt, ihre Verformung beeinflußt deshalb diesen Wert ebenfalls. Von der Lieferfirma werden aus diesem Grunde Korrekturtafeln geliefert, die den Einfluß der drei Faktoren, schwingende Masse, Verformung

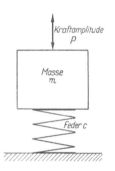

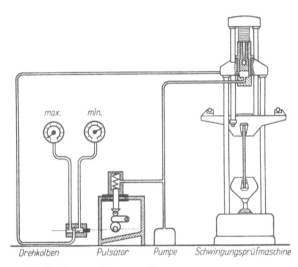

Abb. 83. Ersatzsystem der hydraulischen Prüfmaschine für schwellende Belastung nach Abb. 84.

Abb. 84. Schema einer hydraulischen Prüfmaschine mit Pulsator für schwellende Belastung, Bauart Losenhausenwerk.

der Probe und Frequenz, auf die Beanspruchung der Probe berücksichtigen.

Während diese Bauarten im unteren Bereich der Resonanzkurve arbeiten, arbeiten andere Bauarten durch Ausnutzung der Trägheitskräfte dicht unterhalb des Resonanzgipfels, Beispiel Abb. 85. Die Probe c wird mit dem einen Ende durch das Kraftmeßgerät d festgehalten, am anderen Ende greift die Biegefeder e an. Durch die Vorspannfeder b kann der Probe eine Zug- oder Druckvorspannung gegeben werden. Die Biegefeder trägt an beiden Enden Zusatzmassen. Der Unwuchterreger g erzeugt in der Feder Biegeschwingungen. Dabei wirken auf den Federmittelpunkt sinusförmig veränderliche Auflagerdrücke. Durch Ändern der Drehzahl des den Unwuchterreger antreibenden Motors läßt sich die Amplitude der auf die Probe wirkenden Wechselkraft verändern. Die Federkonstante der Probe beeinflußt die Amplitude nicht, sie muß jedoch groß genug sein, um der Biegefeder den zur Schwingung notwendigen Stützpunkt zu geben.

Diese beiden Beispiele mögen genügen, um darzutun, daß bei der Untersuchung von Prüfmaschinen mit schwingender Beanspruchung grundsätzlich zunächst auf die Eigenart des schwingenden Systems zu achten ist. Sie bedingt, wie die Untersuchung anzusetzen und auszuwerten ist und welcher Art das Kraftmeßgerät sein muß. Der Verformungskörper des dynamischen Kraftmeßgerätes sollte eine Federkonstante haben, die der der Betriebsproben nahekommt.

Für manche Bauarten sind deshalb zwei verschieden harte Verformungskörper vorzusehen, die in sich die Federkonstante der Betriebsproben einschließen. So ist es z. B. bei einigen Bauarten möglich, einen zweiseitig aufgelegten Biegestab zu benutzen, dessen Federkonstante durch die Auflagerentfernung in genügend großen Grenzen zu verändern ist.

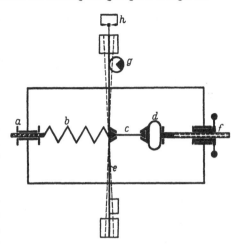

Das Verformungsmeßgerät muß die Verformungen wirklichkeitsgetreu wiedergeben. Heute werden hierfür ausschließlich Dehnungsmeßstreifen genommen (s. Abschn. VI 5 b). Die Messungen werden mit Brückenschaltung durchgeführt. Legt man an die Brücke eine Gleichspannung, so muß für die Verstärkung der Ausgangsspannung an der Brücke ein Gleichspannungsverstärker verwendet werden. Derartige Verstärker haben im allgemeinen die Tendenz, den Nullpunkt zu verändern. Man verwendet daher für dynamische Messungen zur Speisung der Brücke eine elektrische Wechselspannung, deren Frequenz erheblich über der Frequenz der Prüfmaschine liegt. Bei dieser Schaltart ist es möglich, bei gut konstantem Nullwert nicht allein den Spannungs-

Abb. 85. Zug-Druck-Pulser nach ERLINGER, Bauart Schenck.
a Einstellung der Vorspannung, *b* Vorspannfeder, *c* Probe, *d* Kraftmesser, *e* Biegefeder, *f* Verstellung nach Probengröße, *g* Unwuchterreger, *h* Ausschlagsteuerung.

ausschlag, sondern auch den Absolutwert der größten und der kleinsten Spannungen zu bestimmen. Für die Anzeige hat sich das Verfahren von M. H. ROBERTS[1] bewährt (Abb. 86):

1. Verfahren. An die *x*-Platten des Kathodenstrahl-Oszillographen wird die die Brücke speisende Trägerfrequenz gelegt, an die *y*-Platten die Ausgangsspannung des Verstärkers. Aus den entstehenden LISSAJOUSschen Figuren kann man ersehen, ob die Brücke bei der größten oder kleinsten Spannung abgeglichen ist. Auf Grund einer vorhergegangenen statischen Festlegung von Meßwerten kann man die entsprechenden Spannungen angeben.

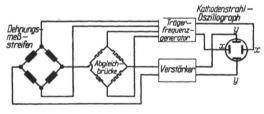

2. Verfahren. An die *x*-Platten des Oszillographen wird eine Sägezahnspannung bekannter Frequenz gelegt, die als Zeitbasis dient, an die *y*-Platten die Ausgangsspannung des Verstärkers. Man erhält so Bilder der modulierten Trägerfrequenz, deren Amplitude wiederum auf Grund der statisch festgelegten Meßwerte in Spannungen umgewertet werden kann.

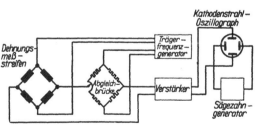

Abb. 86. Schaltschema für das Trägerfrequenzverfahren nach M. H. ROBERTS

---

[1] Metallurgia, Manchr. Bd. 46 (1952) Nr. 274 S. 107—114.

Die Sollwerte solcher dynamischen Kraftmeßgeräte werden statisch bestimmt am sichersten an Belastungsmaschinen, s. Abs. D. S. 324. Wenn die Abmessungen des Verformungskörpers so gewählt werden, daß bei den nachzuprüfenden Spannungen genügend große elastische Verformungen auftreten — bis zu etwa 0,5% Dehnung arbeiten die Dehnungsmeßstreifen praktisch linear und hysteresefrei[1] — und wenn die Abgleichbrücke fein genug geschaltet werden kann, liegen die Fehler dieser dynamischen Kraftmeßgeräte unter ±1%. Die Skale der Kraft- oder Momentenmeßeinrichtung der Prüfmaschine soll um höchstens ±3% von den Sollwerten solcher Kraftmeßgeräte abweichen. Dabei soll die Maschine so regelbar sein, daß die Schwankungen um den eingestellten Wert nicht mehr als ±2% betragen.

Die gefundenen Fehler sind nicht immer nur auf eine falsche Berücksichtigung der Trägheitskräfte zurückzuführen, die Ursache liegt häufig auch an nicht einwandfreien Maschinenelementen. So können ein zu großes Lagerspiel[2], Reibung an Gleitflächen[2] (s. auch Abschnitt III, S. 173 und 212) oder bei hydraulischen Maschinen auch undichte Stellen[2] Störungen hervorrufen. Bei Zug-Druck-Maschinen ist es angebracht, nachzuprüfen, ob die Probe nicht zusätzlich zu stark auf Biegung beansprucht wird.

Es liegen noch nicht viel Erfahrungen mit der Untersuchung von Schwing-prüfmaschinen vor. Erst in neuerer Zeit, seitdem die Verformungsmessung mit Dehnungsmeßstreifen bekannt geworden ist, sind etliche grundlegende Arbeiten durchgeführt worden[3]. Alle diese Arbeiten zeigen aber, daß die Maschinen durch die Untersuchungen nicht nur ständig überwacht werden müssen, es ergeben sich hieraus vielmehr auch wertvolle Hinweise für ihre konstruktive Gestaltung.

---

[1] Fink, K: Grundlagen und Anwendungen des Dehnungsmeßstreifens. Verlag Stahl-eisen, Düsseldorf 1952, S. 14.

[2] Fink, K. u. M. Hempel: Arch. f. Eisenhüttenw. Bd. 22 (1951) Heft 7/8 S. 265—273.

[3] Emschermann, H. H., u. W. Gruhn: Grundlagen und Anwendungen des Dehnungs-meßstreifens. Verlag Stahleisen GmbH., Düsseldorf 1952 S. 168—172. — Losenhausenwerk Düsseldorfer Maschinenbau AG.: Forschungsber. Nr. 45 des Wirtschafts- u. Verkehrsmini-steriums Nordrhein-Westf., Westdeutscher Verlag, Köln-Opladen 1953. — Interne Berichte des Ausschusses XIII. ,,Dauerschwingprüfung'' (Obmann: H. de Leiris, Frankreich) im Intern. Institute of Welding (I. I. W.).

VI. Meßverfahren und Meßeinrichtungen für Verformungsmessungen.

Von **A. U. Huggenberger**, Zürich, und **S. Schwaigerer**, Düsseldorf.

A. Allgemeine Betrachtungen.

1. Die Aufgaben der Verformungsmessung.

Ist ein Bauteil äußeren oder inneren Kraftwirkungen unterworfen, so entstehen innere Spannungen, die bei Überschreiten einer bestimmten Größe, unter den jeweils herrschenden Betriebsbedingungen unmittelbar oder nach einer gewissen Zeit zum Versagen des Werkstoffs führen. Bei einfach gestalteten Bauteilen ist es möglich, den durch eine äußere Kraftwirkung erzeugten Spannungszustand zu berechnen. In allen verwickelten Fällen ist man darauf angewiesen, sich durch Messungen ein Bild über den Spannungszustand des Bauteils zu machen.

Da das Vorhandensein von Spannungen stets mit dem Auftreten von Formänderungen verbunden ist, lassen sich durch Messung der Formänderungen Aussagen über die Größe der Spannungen machen. Die Messung geht dabei in zwei Richtungen, und zwar wird einmal der unter einer gewissen Belastung in einem Bauteil auftretende Verformungszustand an bestimmten Punkten gemessen und andermal die Verformung unter einer sich ändernden, meist stetig steigenden Belastung verfolgt. Mit anderen Worten, wird in einem Falle der Bauteilprüfung der belastungs- und gestaltbedingte Formänderungszustand von Bauteilen nach Größe und Richtung ermittelt, während im anderen Falle das Werkstoffverhalten unter mechanischer Beanspruchung untersucht, also der Werkstoff geprüft wird.

Die Bauteilprüfung läßt hochbeanspruchte Stellen an einem Bauteil oder auch an einem Bauwerk erkennen und zeigt so den Weg zur zweckmäßigsten Gestaltung. Da die Beanspruchungshöchstwerte vorwiegend an der Bauteiloberfläche auftreten, kann man sich in der Regel mit der Kenntnis der an der Oberfläche meßbaren Verformungen begnügen. Wieweit das anzustrebende Ziel, eine möglichst gleichmäßige Beanspruchung und somit beste Werkstoffausnutzung erreicht wird, ist eine Frage der Herstellungskosten und muß vom Konstrukteur unter Beachtung sicherheitstechnischer und wirtschaftlicher Gesichtspunkte festgelegt werden.

Die Werkstoffprüfung will das Kraft-Verformungsgesetz eines Werkstoffs sowohl im elastischen als auch im überelastischen Zustand festlegen. Sie sucht die Werkstoffeigenschaften bei bestimmten Beanspruchungsverhältnissen durch Kennwerte zahlenmäßig zu erfassen. Normalerweise wählt man dabei einachsige

Belastungen und prüft bei verschiedenen Temperaturen wie auch bei verschiedenartiger Lastaufgabe, bei ruhender·oder schwingender Belastung. Die verschiedenen Werkstoff-Kennwerte kennzeichnen das elastische Verhalten, das Festigkeitsverhalten und das Verformungsvermögen des Werkstoffs.

2. Die Formänderungen und ihre Erscheinungsarten.

Als meßtechnisch wichtige Formänderungsarten unterscheidet man:

a) Verschiebungen zweier Punkte eines Bauteils oder Bauwerks gegeneinander bzw. Verschiebungen eines Punktes gegen eine außerhalb des Bauteils liegende Ebene, wobei diese Verschiebungen senkrecht zur Bauteiloberfläche oder in Richtung der Oberfläche auftreten können.

b) Verdrehungen zweier Querschnitte eines Bauteils gegeneinander, wobei sich die Querschnittsebenen gegeneinander neigen oder gegeneinander drehen können.

Verschiebungsmessungen in ihrer einfachsten Form werden z. B. als Durchbiegungsmessungen an biegebeanspruchten Stäben durchgeführt. Gemessen wird die senkrechte Verschiebung einzelner Punkte der Stabachse zu einer festen Grundlinie. Die Verschiebung aller Punkte der Stabachse gibt die elastische Linie. Die Größenordnung dieser Verschiebung ist so, daß sie mit Meßgeräten, die nur mit geringer Übersetzung arbeiten, gemessen werden kann. Andererseits müssen solche Geräte aber mit einem großen Meßbereich ausgestattet sein. Als Meßgerät kommen Meßuhren, u. U. auch einfache Schieblehren in Betracht.

Die Verzerrung der Oberfläche eines Bauteils unter Belastung äußert sich in Längenänderungen einer auf dem Bauteil abgegrenzten Meßstrecke oder in

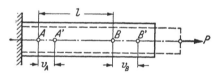

Abb. 1. Formänderungen am Zugstab.

Form von Winkeländerungen eines ursprünglich rechten Winkels. Die Messung der Längenänderung von Meßstrecken nimmt in der Meßtechnik der Werkstoff- und Festigkeitsprüfung den breitesten Raum ein. Sie werden schlechthin als Dehnungsmessungen bezeichnet, die entsprechenden Meßgeräte als *Dehnungs-meßgeräte* oder kurz *Dehnungsmesser*. Das Wesen der Dehnung überblickt man am einfachsten bei den durch Zug oder Druck ausgelösten Formänderungen eines Stabes nach Abb. 1. Faßt man zwei an der Oberfläche im Abstand l voneinander entfernte Punkte A und B ins Auge, so verschiebt sich bei der Belastung durch die Kraft P der Punkt A nach A' und B nach B' um den Betrag v_A bzw. v_B. Die *Längenänderung* der Meßstrecke l ist also $\Delta l = v_B - v_A$. Die verhältnismäßige Änderung bezüglich der ursprünglichen Länge ist die *(spezifische)* Dehnung $\varepsilon = \Delta l/l$. Die Meßstrecken müssen um so kleiner gewählt werden, je ungleichmäßiger der Verformungsverlauf an der Bauteiloberfläche ist. Die zu messenden Längenänderungen sind in der Regel sehr klein, so daß mit großen Übersetzungen gearbeitet werden muß.

Mit der Dehnung eines Stabes in Richtung seiner Achse ist eine Zusammenziehung in den beiden Querrichtungen verbunden. Die in einer Richtung wirkende äußere Kraft P erzeugt also einen dreiachsigen Verformungszustand. Unter der Voraussetzung konstant bleibenden Volumens, wie es bei rein plastischen Verformungen angenommen werden darf, errechnet sich das Verhältnis von Querdehnung ε_q zu Längsdehnung ε zu $\varepsilon_q/\varepsilon = 0,5$. Im rein elastischen Zustand bewirkt eine Längsdehnung eine Volumenvergrößerung. Die Verhältniszahl $\varepsilon_q/\varepsilon$ für den elastischen Zustand wird als Querzahl ν bezeichnet. Bei Metallen liegt die Querzahl ν ungefähr bei 0,3. Zur genauen Messung der Querdehnung sind Meßgeräte mit großen Übersetzungen erforderlich, insbesondere auch deswegen, weil in der Regel nur kleine Meßstrecken zur Verfügung stehen.

Betrachtet man nach Abb. 2 in zwei benachbarten Punkten A und B der Mittelfläche eines biegebeanspruchten Stabes oder einer Schale die Normalen, so ändert sich bei der Verbiegung der Winkel, den sie miteinander einschließen. Diese Änderung $\Delta\alpha = \alpha_0 - \alpha_1$ ist ein Maß der Verbiegung, sie wird durch *Biegungsverzerrungsmesser* angezeigt. Diese Meßgeräte sind aber hinsichtlich ihrer Anwendung umständlich. Andererseits steht die Winkeländerung in engem Zusammenhang mit der *Krümmungsänderung* der Mittelfläche. So äußert sich die Verbiegung dadurch, daß der Punkt C, Abb. 2, um die Strecke f (Biegungspfeil) verschoben wird. Dieser Biegungspfeil ist verhältnisgleich zur Krümmung bzw. Krümmungsänderung $\Delta\left(\dfrac{1}{r}\right) = \dfrac{1}{r} - \dfrac{1}{r'}$ und damit ein Maß der Biegung. Da diese Verformungsart von zweiter Ordnung ist, müssen die Geräte zur Messung von Krümmungsänderungen eine hohe Vergrößerung und Empfindlichkeit bei verhältnismäßig kleinem Meßbereich aufweisen.

Die Mittelfläche wird bei der reinen Biegung verzerrungsfrei verformt. Mit zunehmendem Abstand von der neutralen Faser nimmt die Verformung nach einem gewissen Gesetz zu. Sie erreicht an den Außenfasern den Größtwert, der auf der einen Seite als Verlängerung, auf der Gegenseite als Verkürzung auftritt. Die Beobachtung der Verformung durch Biegung ist also auch mit Hilfe von Dehnungsmessern möglich.

In der Regel liegt aber nicht der Fall *reiner* Biegung vor, sondern es wirken gleichzeitig auch Zug oder Druck, Abb. 3. Die Mittelachse ist also nicht mehr

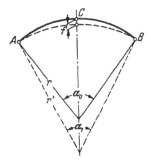

Abb. 2.
Krümmungsänderung von Schalen.

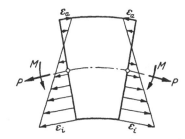

Abb. 3. Dehnungsverteilung in einem auf Zug und Biegung beanspruchten Stab.

verzerrungsfrei. Um die Verformung, verursacht durch Zug oder Druck und Biegung, getrennt zu erhalten, sind zwei Messungen notwendig. Ist die Dicke der Probe im Verhältnis zu den übrigen Abmessungen klein, so darf man eine lineare Verteilung annehmen. Man mißt auf den beiden Außenfasern die Dehnung und findet durch Summen- und Differenzbildung der Werte die beiden Komponenten. Ist aber die eine Faser nicht zugänglich, so führt das Messen der Krümmungsänderung und der Dehnung auf der zugänglichen Faser zum Ziel.

Reißt man auf der Oberfläche eines Bauteils einen rechten Winkel auf, so ändert sich dieser Winkel durch die Verzerrung. Die Winkeländerung γ, die als *Schiebung* bezeichnet wird, ist ein Maß für die Schubwirkung. Zur Sichtbarmachung verwendet man *Schubspannungsmesser*, die eine besonders große Empfindlichkeit und Vergrößerung aufweisen müssen. Die Schubwirkung einer Welle mit Kreisquerschnitt wird einfacher durch das Messen des Verdrehungswinkels zweier benachbarter Querschnitte bestimmt. Zu diesem Zweck stehen geeignete *Verdrehungsmeßgeräte* zur Verfügung.

3. Kraftwirkungen und Formänderungen.

Bei den elementaren Prüfverfahren der Werkstoffprüfung, z. B. dem Zugversuch, wird eine zylindrische Probe einem axialen Zug ausgesetzt. Die größte Spannung tritt dabei in Richtung der Probenachse auf. Man spricht in diesem Falle von einem einachsigen Spannungszustand. Bei Bauteilen von beliebiger Gestalt und bei beliebiger Belastung sind im Inneren des Bauteils Spannungen in allen drei Raumrichtungen zu erwarten, während an der Bauteiloberfläche nur ein zweiachsiger Spannungszustand denkbar ist.

Die Messung des Spannungszustands von Bauteilen beschränkt sich in der Regel auf die Oberfläche des Prüfgegenstands, also auf den ebenen Spannungszustand. Die Verformungen müssen in diesem Falle in einer mehr oder weniger großen Anzahl von Meßpunkten beobachtet werden. Bei nicht achsensymmetrischen Körpern, bei denen die Hauptspannungsrichtung von vornherein nicht bekannt ist, muß man in jedem Meßpunkt die Dehnungen in drei Richtungen messen und daraus die Größe sowie Richtung der größten bzw. kleinsten Dehnung, der sogenannten Hauptdehnung, rechnerisch bestimmen. Da Hauptdehnungs- und Hauptspannungsrichtungen zusammenfallen, kann so für jeden Punkt der Bauteiloberfläche der Spannungszustand nach Größe und Richtung ermittelt werden. Um ein hinreichend klares Bild über die Verformungen zu gewinnen, müssen bei statischen Bauteilprüfungen eine Vielzahl von Meßgeräten eingesetzt werden. Eine Zentralisierung der Beobachtung bringt Zeitgewinn, so daß in solchen Fällen Meßgeräte mit elektrischer Übertragung zu empfehlen sind.

Außer den durch äußere Kraftwirkungen in den Bauteilen hervorgerufenen Spannungen und Formänderungen können in den Bauteilen auch noch Eigenspannungen vorhanden sein. Solche Eigenspannungen treten auf als *Wärmespannungen* bei ungleichmäßiger Erwärmung, als *Schrumpfspannungen* bei ungleichmäßiger Abkühlung oder als *Restspannungen* bei Bauteilen mit ungleichförmigem Spannungsverlauf, die örtlich überelastisch beansprucht wurden. Sie sind der Dehnungsmessung zugänglich über die beim Auslösen solcher Spannungen auftretenden Rückfederungen. Das Auslösen der Eigenspannungen kann aber nur durch eine vollkommene Zerlegung oder teilweise Zerstörung des Bauteils ermöglicht werden. Zur Messung der elastischen Rückverformung kann man entweder Dehnungsmeßgeräte verwenden, die beim Zerschneiden auf dem Bauteil verbleiben und vorher und nachher abgelesen werden, oder man benutzt Setzdehnungsmesser, die, auf Meßmarken aufgesetzt, abgelesen, abgenommen und nach dem Zerlegen wieder aufgesetzt werden. Während im ersten Falle für jede Meßstelle ein Meßgerät benötigt wird, können mit einem Setzdehnungsmesser beliebig viele Meßstellen vermessen werden.

4. Der zeitliche Verlauf der Formänderungen.

Der zeitliche Verlauf einer Kraftwirkung und damit des Verformungszustands ist von großer Bedeutung für das Festigkeitsverhalten des Werkstoffs. Bekanntlich können oft wiederholte Verformungen zur Zerrüttung des Werkstoffs führen. Man unterscheidet vorwiegend ruhende, schwingende und schlagartig auftretende Verformungen, wobei auch Kombinationen dieser Wirkungsweisen möglich sind.

Von einer ruhenden Beanspruchung wird dann gesprochen, wenn die Belastung allmählich aufgegeben wird und während dem Ablesen des Meßgerätes in ihrer Größe verbleibt. Formänderungsmessungen unter ruhender Belastung werden in der Regel so vorgenommen, daß das Meßgerät im unbelasteten Zustand angesetzt und abgelesen und sodann die Belastung langsam aufgegeben wird, worauf zum zweiten Mal abgelesen wird. Es kann auch in mehreren Zwischenstufen gemessen werden. Ein Entlasten nach jeder Laststufe zeigt, ob die Verformung auf Null zurückgeht, ob sie also rein elastisch war, oder ob ein Verformungsrest bleibt, die Verformung also überelastisch war. Um überelastische Verformungen messend zu beobachten, müssen Meßgeräte mit großem Meßbereich eingesetzt werden. Die Belastung kann bis zum Eintreten des *Bruches* gesteigert werden. Meßgeräte, die auf mechanischer Grundlage aufgebaut sind, müssen wegen der Beschädigungsgefahr vorher entfernt werden. Elektrische Meßmittel ermöglichen dagegen, diese Erscheinungen bis zum Bruch zu verfolgen.

Eine Reihe von Werkstoffen neigen, besonders mit steigender Prüftemperatur dazu, sich unter einer einmal aufgegebenen Belastung stetig weiterzuverformen, sie kriechen. Wichtig ist, für die Festigkeitsbeurteilung die Belastung zu kennen, bei der die Verformung in einer gewissen Zeit eine bestimmte Größe erlangt. Es ist also notwendig, die Verformung über größere Zeiträume zu beobachten. Hierzu sind genügend genau anzeigende Meßgeräte erforderlich, die aber auch bei den gegebenenfalls herrschenden hohen Prüftemperaturen noch genaue Meßwerte liefern.

Verläuft der Verformungsvorgang so schnell, daß es nicht mehr möglich ist, die Verformungsmeßgeräte abzulesen, so müssen Registriergeräte verwendet werden, die den zeitlichen Verlauf der vom Meßgeber gemessenen Formänderungen festhalten. Von dem eigentlichen Meßgerät, dem Meßgeber, wie dem Registriergerät müssen eine dem Verformungsablauf entsprechende geringe Trägheit gefordert werden. Der Meßaufwand wird bei solchen Messungen wesentlich größer als bei Messungen unter ruhender Belastung.

Zweckmäßigerweise wird man bei Festigkeitsuntersuchungen unter zeitlich schnell schwingender Belastung so vorgehen, daß man zunächst den Dehnungszustand an einer Reihe interessanter Meßpunkte unter einer bestimmten ruhenden Belastung ermittelt, wobei Meßgeräte mit der erforderlich kleinen Meßstrecke eingesetzt werden können. Die Messung unter schwingender Belastung beschränkt sich dann nur auf einige wenige, gut zugängige Meßpunkte, die den Einsatz von Geräten mit großer Meßlänge gestatten. Da im elastischen Zustand Proportionalität zwischen Last und Verformung besteht, kann über einen bei statischer und dynamischer Messung gemeinsamen Meßpunkt auf das Dehnverhalten aller übrigen Meßpunkte geschlossen werden. Die Anzahl der einzusetzenden Geräte mit Registriervorrichtung ist somit klein. Im äußersten Fall genügen ein bis zwei Meßgeräte. Da die Dehnungswerte unter schwingender Belastung größenordnungsmäßig erheblich kleiner sind als die unter ruhender Belastung, wirkt sich diese Meßstreckenvergrößerung im Sinne einer Vergrößerung der Anzeige vorteilhaft aus. Die Durchführung der Beobachtung wird dort bedeutend länger dauern, wo die Kraftwirkung von Zufälligkeiten abhängt. An Hand von Großzahlmessungen, die sich über eine große Zeitspanne erstrecken, ist die Häufigkeit, mit der bestimmte Verformungswerte auftreten, zu ermitteln. Für diese Aufgabe sind besondere Zählmeßgeräte zu benützen.

Die Bauart des Meßgeräts wird im wesentlichen durch die Größe der Frequenz des Kraftverlaufs bestimmt. Handelt es sich um einige Schwingungen pro Sekunde, so kann mit einfachen Hilfsmitteln am Gerät selbst abgelesen werden

Bei höheren Frequenzen dagegen sind schreibende Geräte notwendig. Die auf mechanischer Grundlage aufgebauten Geräte geben einen verzerrungsfreien Schrieb bis etwa 100 Hertz bei 100facher Vergrößerung und sichtbarer Schrift und bis etwa 300 Hertz, wenn in natürlicher Größe aufgezeichnet wird. Übersteigt die Frequenz diese Grenzwerte, so kommen nur noch elektrische Meßmittel in Frage. Das Gewicht des Gerätes sowie der sich bewegenden Glieder muß so klein wie möglich sein, damit die Einflüsse der Massenträgheit die Messungen nicht verfälschen. Ein möglichst kleiner Raumbedarf ist dann erstrebenswert, wenn das Meßgerät am Prüfgegenstand selbst anzubringen ist. Diesem Gesichtspunkt kommt dort eine erhöhte Bedeutung zu, wo sich der Prüfgegenstand während der Versuchsdauer mehr oder weniger rasch bewegt. In diesem Fall scheidet die Anwendung mechanischer Geräte in der Regel von vornherein aus.

5. Die physikalischen Grundlagen der gebräuchlichsten Meßgeräte[1].

Dem Meßgerät kommt die Aufgabe zu, die Beobachtung der verschiedenartigen Formänderungen nach Größe, Richtung und Verlauf zu ermöglichen. Die Anforderungen, die ein brauchbares Meßgerät zu erfüllen hat, können nach drei Gesichtspunkten kurz zusammengefaßt werden, und zwar:

Wahrheitsgetreuer Abgriff und genügend große Anzeige der zu messenden Formänderung,

geringe Rückwirkung des Meßgerätes auf den zu prüfenden Gegenstand,

einfache, klare, nach grundlegenden physikalischen Gesetzen aufgebaute Konstruktion.

Bei der Beurteilung der Güte des Meßgerätes ist die *Vergrößerung, Empfindlichkeit, Genauigkeit* und der *Anzeigebereich* in Betracht zu ziehen. Die zu messenden Werte sind im allgemeinen so klein, daß sie vergrößert werden müssen. Ihre Größenordnung liegt innerhalb von Bruchteilen von $^1/_{1000}$ mm bis zu Bruchteilen von Millimetern. Der benötigte Anzeigebereich ist ebenfalls sehr verschieden. Die Verschiebungsmessung erfordert einen Anzeigebereich bis zu 50 mm und mehr, während die Dehnungsmessung an Bauteilen in der Regel mit Bruchteilen von Millimetern auskommt. Bei der Drehungsmessung liegen die Meßwerte innerhalb von zwei Winkelsekunden bis zu etwa drei Winkelgraden. Die Elemente, die die Übertragung und Vergrößerung des Meßwertes bewirken, müssen zwangsläufig miteinander gekoppelt sein. Zum Erreichen der notwendigen Genauigkeit ist ein möglichst trägheitsarmer, reibungsloser und spielfreier Übertragungsmechanismus unerläßlich.

Der Art, wie der Meßwert am Prüfgegenstand vom Meßgerät abgegriffen wird, ist besondere Aufmerksamkeit zu schenken. Die Kopplung von Meßelement und Meßfläche muß eindeutig stabil und frei von Schlupf sein. Das Kriechen der Anzeige und die Verschiebung des Nullpunkts sind Anzeichen, daß diese Voraussetzung nicht zutrifft.

Der Verschiebungsmesser wird in der Regel außerhalb des Prüfgegenstands an einem im Raume ruhenden Standort aufgestellt. Es handelt sich also um

---

[1] Der Bau von Meßgeräten hat in den letzten zwei Jahrzehnten eine vielseitige Entwicklung erfahren. In den folgenden Abschnitten beschränken die Verfasser sich darauf, die heute gebräuchlichsten Geräte zu beschreiben, während ältere Geräte nur soweit behandelt werden, als sie zur neueren Entwicklung grundlegend beigetragen haben. Bezüglich der älteren Geräte sei auf die 1. Auflage des Handbuchs der Werkstoffprüfung oder auf The Handbook of Experimental stress analysis von M. HETENYI, New York-London 1950, verwiesen.

das Messen einer relativen Bewegungsgröße. Bei der Dehnungs-, Schiebungs-
und Verdrehungsmessung sitzt das Meßgerät und damit der Bezugspunkt auf
dem Prüfgegenstand. Bei der Absolutmessung wird der ruhende Bezugsort
auf seismischer Grundlage künstlich geschaffen.

Zur Bewegung des Übertragungsmechanismus ist eine gewisse Kraft, die
Stellkraft, notwendig. Sie erzeugt eine Rückwirkung auf den Prüfgegenstand.
Die Stellkraft muß so klein sein, daß der zu messende Verformungszustand
nicht beeinflußt wird. Die Rückwirkung ist beim statischen Versuch im allgemeinen vernachlässigbar klein. Dagegen kann die dynamische Rückwirkung
wesentlich größer sein. Sie ist bedingt durch die Massenträgheit der Elemente,
welche die Vergrößerung des dynamischen Meßwertes bewirken, und durch das
Gesamtgewicht des Gerätes. Die bewegten Massen müssen um so kleiner sein,
je größer die Meßfrequenz ist.

Um das Meßgerät aufzustellen oder am Prüfgegenstand aufzusetzen, sind
in der Regel besondere *Vorrichtungen* notwendig. Ihre Bauweise erfordert große
Erfahrung. Auf rasche und bequeme Auswechselbarkeit und vielseitige Verwendungsmöglichkeit ist besonders zu achten. Gewicht und Abmessungen
spielen bei der Verwendung des Verschiebungs- und Drehwinkelmessers im
allgemeinen eine nebensächliche Rolle. Die große Verschiedenheit der Gestalt
der zu prüfenden Gegenstände bedingt eine große Mannigfaltigkeit der Meßgeräte. Die Anspannvorrichtungen des Dehnungs-, Schiebungs- und Verdrehungs-
messers müssen sich durch eine einfache und leichte Bauweise auszeichnen. Keinesfalls dürfen vom Stützpunkt der Aufspannvorrichtung fremdartige Bewegungen
auf das Meßgerät übertragen werden, welche die Messung fälschen können.

Die Größe des Anspann- oder Meßdrucks muß so begrenzt sein, daß die
Rückwirkung keine Formänderung des Meßobjekts erzeugt. Beim Dehnungsmesser besteht zudem bei zu großem Meßdruck die Gefahr, daß durch Erhöhung
der Reibung die Stellkraft zunimmt und damit die Empfindlichkeit und Genauigkeit herabgesetzt wird. Ein zu kleiner Meßdruck beeinträchtigt den
Schluß von Gerät und Meßfläche und stellt die einwandfreie Übertragung des
Meßwertes in Frage. Die Größe der Anspannkraft wird zudem durch das Gewicht und die Bauhöhe des Meßgerätes bedingt. Da die Anspannkraft in der
Regel mit zunehmendem Gewicht und mit der Bauhöhe zunimmt, sind kleines
Gewicht und geringe Bauhöhe im besonderen beim Dehnungs- und Schiebungsmesser erwünscht. Diese Voraussetzung muß bei dynamischen Messungen und
in solchen Fällen, wo sich das Meßgerät mit dem Prüfgegenstand mehr oder
weniger rasch bewegt, unbedingt erfüllt sein. Ein weiterer Punkt, der bei
der kritischen Beurteilung der Meßgeräte berücksichtigt werden muß, ist der
Einfluß der Temperatur.

Der Meßwert wird bei den gebräuchlichsten Meßgeräten auf mechanischem,
optischem, pneumatischem und elektrischem Wege übertragen, wobei auch
häufig Kombinationen dieser Meßprinzipien angewendet werden[1]. Ein wertvolles Hilfsmittel, die Verzerrungen an der Oberfläche von Bauteilen sichtbar
zu machen, ist das Reißlackverfahren, bei dem ein auf die Oberfläche aufgebrachter spröder Lacküberzug bei Belastung des Bauteils an den Stellen größter
Dehnungen beginnend reißt und sich so ein Liniennetz ausbildet.

Die auf *mechanischer* Grundlage aufgebauten Geräte gehören zu den
ältesten Meßhilfen der Werkstoffprüfung. Ihre Bauarten sind durch jahrzehnte-
lange Erfahrungen und Entwicklungen zu einer großen Vollkommenheit gelangt.

---

[1] Geräte, die nach photooptischen und röntgenographischen Gesichtspunkten arbeiten,
sind im Abschn. VII (Spannungsoptische Messungen) und im Abschn. VIII (Verfahren
und Einrichtungen zur Röntgenographischen Spannungsmessung) erläutert.

Das mechanische Gerät ist eine in sich geschlossene Einheit, die ohne zusätzliche Hilfsmittel den Meßwert mittelbar oder unmittelbar anzeigt. Der beobachtende Prüfer ist nicht an einen bestimmten Standort, wie etwa beim optischen Verfahren, gebunden. Dieser Umstand erleichtert oft das Ablesen. Die einfache Bauweise, zusammen mit zahlreichen bewährten Aufspannvorrichtungen, ermöglicht den sofortigen Einsatz. Die Störanfälligkeit ist gering. Handhabung, Instandhaltung und Überholung bieten keine Schwierigkeiten. Alle diese Eigenschaften gestatten auch dem weniger geschulten Benutzer, Verformungsmessungen mit Erfolg durchzuführen.

Die auf *optischen* Grundlagen aufgebauten Geräte ermöglichen eine stärkere, trägheitsfreie Vergrößerung im Vergleich zu mechanischen Meßmitteln. Gewicht und Abmessung sind in der Regel dagegen größer. Das Ablesen des Meßwertes durch ein Okular ist gegenüber der sichtbaren Anzeige ein Nachteil. Die zum Erreichen einer großen Übersetzung vorgenommene Trennung zwischen Anzeige- und Ablesegerät kann durch gegenseitige Versetzung beider Geräte Fehlmessungen bringen.

Die *pneumatischen* Meßgeräte benötigen zum Betrieb eine Druckluftquelle und eine sehr genaue Regulierung. Diese Voraussetzungen hemmen eine größere Verbreitung. Gegenüber den mechanischen und optischen Geräten ermöglichen sie jedoch eine wesentlich höhere Übersetzung und Empfindlichkeit. Vergrößerungen vom zu messenden Bewegungswege im Ausmaß von 100 000- bis 500 000 fach sind möglich. Die mechanischen, pneumatischen und optischen Geräte sind vorwiegend beschränkt auf Messungen bei ruhender und schwingender Belastung von kleiner Frequenz.

Die *elektrischen* Meßgeräte weisen in den letzten Jahren eine vielseitige Entwicklung auf. Die besonderen Merkmale sind gekennzeichnet durch Fernübertragung und -aufzeichnung der Meßwerte, durch geringes Gewicht, durch kleine Abmessungen der Geber sowie durch geringe Rückwirkung auf den Meßvorgang und beliebige Verstärkung der Meßwertimpulse. Das elektrische Meßverfahren gestattet das Ablesen an einem Standort zu zentralisieren und ermöglicht dort, wo Hunderte von Meßstellen zu beobachten sind, Großzahlmessungen bequem und rasch durchzuführen. Die Kleinheit der Geber erleichtert den Einbau an schwer zugänglichen Stellen und die Vornahme dynamischer Versuche bis zu höchsten Frequenzen. Einzelne Geberarten ermöglichen den Einbau im Verlaufe der Montage des Bauwerks an später unzugänglichen Stellen und die Durchführung von Messungen nicht allein bei der Abnahme, sondern auch während des nachfolgenden normalen Betriebes. Der Einsatz der Meßausrüstung und Einbau der Geber verlangt geschultes Personal, das mit den elementaren Grundlagen der modernen Elektrotechnik vertraut ist. Störanfälligkeit und Fehlmeßmöglichkeit im Vergleich zur mechanischen Meßweise sind erheblich größer.

Trotz der Vorteile, die das elektrische Meßverfahren kennzeichnet, werden die auf mechanischer Grundlage aufgebauten Meßgeräte weiterhin ihren Platz behaupten. Bei der Bearbeitung einer Meßaufgabe muß sich der Prüfer eine klare Vorstellung machen über die zu erwartende Meßgröße, über die Umstände, unter denen die Messung vorzunehmen ist, über die Hilfsmittel, die ihm zur Verfügung stehen und über den Zweck, den die Messung zu erfüllen hat. Sind die Voraussetzungen für den Einsatz mechanischer Meßgeräte gegeben, so wird er von der Anwendung elektrischer oder optischer Verfahren absehen. Können aber die Anforderungen nicht erfüllt werden, so wird er die Vorteile der elektrischen Verfahren zunutze ziehen. Das elektrische Verfahren ergänzt und erweitert die Lösungsmöglichkeiten der Aufgaben der Meßtechnik.

B. Verschiebungsmeßgeräte.

1. Verfahren der relativen Wegmessung.

Die Verschiebungsmessung wird am häufigsten so durchgeführt, daß die Bewegung eines Meßpunkts auf dem Prüfgegenstand gegen einen Bezugspunkt, also die relative Bewegung, gemessen wird. Die relative Bewegung wird üblicherweise als *Durchbiegung, Auslenkung, Verschiebung* oder *Senkung* gemessen. Es ist Aufgabe des Prüfers, den Bezugspunkt so zu wählen, daß sich die gegenseitige Lage von Prüfgegenstand und Bezugspunkt im Verlaufe des Belastungsvorgangs nicht verändert.

Beim unmittelbaren Messen der Verschiebung wird die Bewegung durch direkte Kontaktnahme von Meßgerät und Prüfgegenstand abgegriffen. Durch geeignete Haltevorrichtungen wird das Meßgerät am Standort in die günstigste Meßlage gebracht und befestigt. Haltevorrichtungen mit möglichst universeller Verwendbarkeit, wie sie besonders für Meßuhren entwickelt wurden, zeigen die Abb. 4 und 5. Das Gehäuse der Meßuhr a trägt in der horizontalen Achse zwei Gewindezapfen b mit Rändelmutter, welche in der Stativgabel c gelagert sind. Die Stativgabel ist wiederum über ein feststellbares Kugelgelenk d mit dem Stativ verbunden. Das Stativ kann wechselweise mit einem ausrichtbaren Teller (Abb. 4), mit einer Zwinge

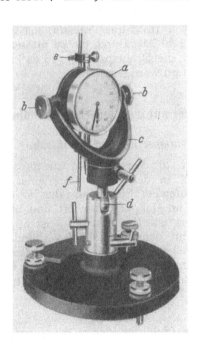

Abb. 4. Tellerstativ mit Kugelgelenk und Gabelhalter für Meßuhren (Bauart Huggenberger).
a Meßuhr; b Gewindezapfen mit Rändelmutter; c Stativgabel; d Kugelgelenk; e Klemmvorrichtung; f Spanndraht.

Abb. 5. Klemmstativ mit Kugelgelenk und Gabelhalter für Meßuhren (Bauart Huggenberger).
a Meßuhr; b Gewindezapfen mit Mutter; g Vorlegestange.

oder einer Vorlegestange (Abb. 5) versehen werden. Die Meßuhr ist mit einer Klemmvorrichtung e versehen, die die Befestigung des Meßbolzens an einem Spanndraht ermöglicht.

Bei größerer Entfernung vom festen Bezugspunkt und der Meßstelle kann die Verschiebung vermittels eines durchlaufenden Drahtes auf das Meßgerät übertragen werden. Abb. 6 zeigt als Beispiel einer solchen Meßanordnung

das Messen der Einsenkung einer Straßenüberführungsbrücke beim Belastungsversuch. Der Übertragungsdraht D ist am Untergurt U befestigt. Am Drahtende ist eine Schraubenfeder F eingehängt, die durch das an ihr befestigte
Gewicht G gespannt wird. Das Gewicht
von etwa 50 kg ruht auf der Straßendecke S. Die Meßuhr M ist mit ihrem
Gehäuse auf dem Stativ St befestigt,
während der Meßbolzen mit dem
Draht D gekuppelt ist.

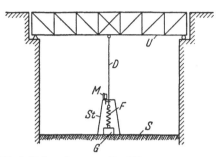

Der feste Punkt ist die Straßendecke bzw. das auf ihr stehende Stativ
mit Meßgerät. Der gespannte Draht
übermittelt die Auslenkung der Brücke
dem Meßgerät.

Bei diesem Meßverfahren muß der
Einfluß der Temperaturänderung beachtet werden. Es ist empfehlenswert,
solche Messungen bei trübem Wetter
oder frühmorgens vor Sonnenaufgang

Abb. 6. Meßanordnung zur Durchbiegungsmessung an
einer Straßenbrücke.

U Untergurt; D Übertragungsdraht; F Schraubenfeder; G Gewicht; S Straßendecke; M Meßuhr;
St Stativ.

vorzunehmen. Zudem ist die Verwendung von Invardraht ratsam, der eine
12 mal kleinere Wärmeausdehnungszahl als Stahl hat. Durch die zu messende
Bewegung ändert sich die Drahtspannung, so daß der
Meßwert entsprechend zu korrigieren ist.

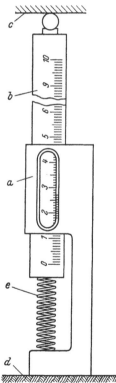

2. Verschiebungsmesser auf mechanischer Grundlage.

a) Verschiebungsmesser mit Strichmaßstab.

Die einfachste Art, die Verschiebung zu messen,
besteht gemäß Abb. 7 in der Verwendung eines in
einem Schieber a laufenden Strichmaßstabes b, der
den Prüfgegenstand c im Meßpunkt berührt und über
eine Feder e abgestützt ist. Der Schieber a ist in geeigneter Weise starr mit dem Fixpunkt d verbunden.
Versieht man den Schieber mit einem Nonius, so kann
der Weg bis zu $\frac{1}{50}$ mm genau abgelesen werden. Die
Länge des Meßstabes und damit der Meßweg hängt im
wesentlichen von den Platzverhältnissen ab.

b) Meßuhren (Schiebemeßdosen[1]).

Das gebräuchlichste mechanische Gerät zum Messen
der Verschiebung, Einsenkung, Durchbiegung oder
Auslenkung, also zum Messen eines Wegs, ist die Meßuhr.
Dieses Meßgerät ist dadurch gekennzeichnet, daß die
Bewegung von einem Meßbolzen, der mit einer Zahnstange
oder mit einer Schnecke versehen ist, auf ein Zahnrad-

Abb. 7. Strichmaßstab als
Verschiebungsmesser.

a Schieber mit Fuß; b Strichmaßstab; c Prüfgegenstand;
d Festpunkt; e Feder.

---

[1] Nach den Bestimmungen des Ausschusses für Einheiten
und Formelgrößen sollen nur Zeitmeßgeräte als Uhren bezeichnet werden. Obwohl demnach die Bezeichnung „Schiebemeß-
dose" vorzuziehen wäre, wurde der allgemein in der Praxis fest-
liegende und genormte Begriff „Meßuhr" beibehalten.

getriebe übertragen wird und in mehr oder weniger vergrößertem Ausmaß auf einem Zifferblatt zur Anzeige gelangt.

Die Hauptabmessungen und Anschlußmaße für $^1/_{100}$ mm-Meßuhren mit Anzeigebereichen von 3, 5 und 10 mm sind in Deutschland genormt, Abb. 8. Bei der Wahl einer Meßuhr sind Anzeigebereich, Meßkraft, Fehler und kleinster

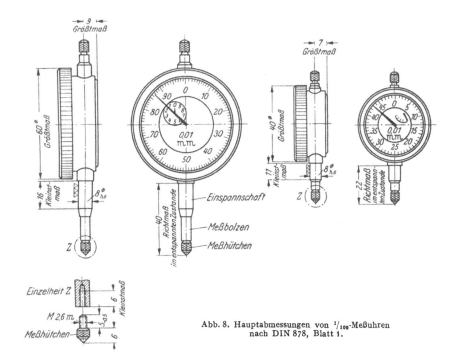

Abb. 8. Hauptabmessungen von $^1/_{100}$-Meßuhren nach DIN 878, Blatt 1.

Skalenwert zu beachten. Der Anzeigebereich, die Fehler und der kleinste Skalenwert andererseits stehen insofern in gewissem Zusammenhang, als bei größtem Anzeigebereich nicht auch gleichzeitig ein kleiner Fehler erwartet werden darf.

Aus Tab. 1 sind die bei Meßuhren üblichen Auslegungsdaten zu ersehen.

Bei der Beurteilung der Güte einer Meßuhr sind Anzeigebereich, Fehler, kleinster Skalenwert, Meßkraft und Umkehrspanne kritisch zu beachten. Die Fehler hängen im wesentlichen von der Genauigkeit der Verzahnung, von der Lagerung der Räder, vom Führungsspiel des Meßbolzens und von der Größe

Tabelle 1. *Auslegungsdaten von Meßuhren.*

Anzeigebereich mm	kleinster Skalenwert μ	Fehler μ
5	1	1 bis 4
10	10	10
50	20	20

der Meßkraft ab. Die Meßkraft darf nach DIN 878 Blatt 2 (Ausg. 12. 55) 150 g nicht überschreiten, da sonst Rückwirkungen auf den Prüfgegenstand zu befürchten sind. Die Änderung der Meßkraft innerhalb des ganzen Anzeigebereichs darf bei einem Bereich von 5 mm nicht größer als 60 g und bei einem Bereich von 10 mm nicht größer als 80 g sein. Ändert sich während des Meßvorgangs die Bewegungsrichtung, so ändert sich die Meßkraft um den doppelten Betrag der Reibungskraft, und zudem wirkt sich das Spiel in der Verzahnung aus. Diese Einflüsse bedingen die Größe der Umkehrspanne. Daher ist immer im gleichen Sinn zu messen. Auch ist es ratsam, die sogenannte Nullablesung nicht im unbelasteten Zustand des Prüfgegenstands vorzunehmen, sondern bei einer wenn auch kleinen Vorlast. Einerseits erreicht man eine einwandfreie Lagerung des Prüfgegenstands und andererseits einen allseitigen spiellosen Kraftschluß des Meßgerätes.

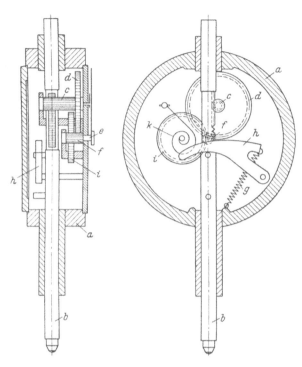

Vom gleichen Gesichtspunkt aus gesehen ist es nicht empfehlenswert, das Meßgerät zu Beginn der Messung genau auf Null einzustellen. Zweckmäßiger ist es, Anfangs- und Endstellung abzulesen und durch Differenzbildung den Bewegungsweg zu bestimmen.

Staub, Schmutz und Feuchtigkeit beeinträchtigen die Empfindlichkeit von Meßuhren erheblich. Wichtig ist, dafür Sorge zu tragen, daß keine schlag- oder stoßartigen Bewegungen auf den Meßbolzen übertragen werden, da dann der Übersetzungsmechanismus Schaden leidet. Bei pfleglicher Behandlung ist die Meßuhr ein sicher arbeitendes und einfach zu handhabendes Meßgerät.

Der grundsätzliche Aufbau einer Meßuhr mit einem Skalenwert von $1/100$ mm ist aus Abb. 9 zu ersehen. In einem Gehäuse a ist der Meßbolzen b

Abb. 9. Schema einer Meßuhr mit einem Skalenwert von $1/100$ mm und einem Anzeigebereich von 10 mm (Bauart Mahr).
a Gehäuse; b Meßbolzen mit Zahnstange; c Ritzel mit Zahnrad d verbunden; e Zeigerwelle mit Ritzel f; g Spannfeder am Hebel h; i Zahnrad unter Spannung der Spiralfeder k.

beiderseitig geführt. Er ist im Mittelteil als Zahnstange ausgebildet, die in das Ritzel c eingreift, welches wiederum auf der gleichen Achse fest mit dem Zahnrad d verbunden ist. Das Zahnrad d treibt das auf der Zeigerwelle e sitzende Ritzel f an. Der durch die Schraubenfeder g gespannte Hebel h drückt den Meßbolzen in die Nullage. Lagerung und Ablaufkurve des Hebels sind so gewählt, daß das Produkt aus wirksamer Hebelarmlänge und Federspannung etwa konstant bleibt. Das in das Zeigerritzel f eingreifende Zahnrad i wird durch eine Spiralfeder k gespannt, womit ein dauerndes Anliegen aller Zahnflanken — auch bei einer Umkehr der Drehrichtung — erreicht wird. Die Spiralfeder ist so ausgelegt, daß die Meßkraft weitgehend bei allen Meßbolzenstellungen konstant bleibt.

Besonders große Anforderungen an die Fertigung stellen Meßuhren für einen Skalenwert von $1/1000$ mm und einem Anzeigebereich von mehreren Millimetern. Abb. 10 zeigt den Aufbau einer $1/1000$ mm-Meßuhr mit einem Anzeigebereich von 5 mm. Der Meßbolzen a ist mit einer geschliffenen Schnecke versehen, die in das Schneckenrad b eingreift, das mit dem ersten Zahnrad c auf der gleichen Welle angebracht ist. Das zweite Zahnrad d mit dem Ritzel e steht mit dem ersten Zahnrad im Eingriff. Die Welle f trägt den ersten kleinen Zeiger g, der die ganzen Millimeter anzeigt. Das zweite Zahnrad d überträgt die Bewegung auf das auf der gleichen Welle mit dem dritten Zahnrad h angebrachte dritte Ritzel i. Das dritte Zahnrad h treibt das Zeigerritzel k mit dem Hauptzeiger l, der die $1/_{1000}$ Millimeter anzeigt. Die Anzeige des Teilanzeigebereichs von $1/_{10}$ Millimeter

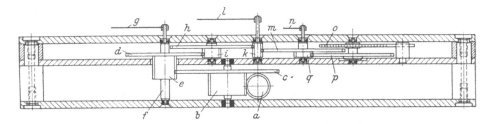

Abb. 10. Schema einer Meßuhr mit einem Skalenwert von $1/_{1000}$ mm und einem Anzeigebereich von 5 mm (Bauart Huggenberger).

a Meßbolzen mit Schnecke; *b* Schneckenrad mit Zahnrad *c*; *d* Zahnrad mit Ritzel *e*; *f* Achse mit Zeiger *g*; *h* Zahnrad mit Ritzel *i*; *k* Zeigerritzel mit Hauptzeiger *l*; *m* Zahnrad mit Zeiger *n*; *o* Spiralfeder mit Zahntrieb *p*, *q* zur Herstellung des Kraftschlusses.

wird durch das in das Hauptzeigerritzel k eingreifende Zahnrad m bewirkt, auf dessen Achse der zweite kleine Zeiger n angebracht ist. Den Spielausgleich für das Getriebe bewirkt die Spiralfeder o. Das Zahnrad p, das sich mit dem Ritzel q im Eingriff befindet, übermittelt den Kraftschluß auf das für die Messung

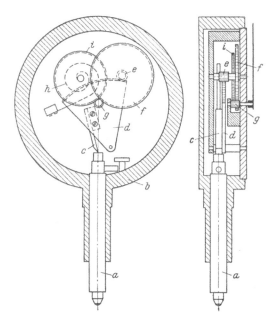

Abb. 11. Schema einer Meßuhr mit einem Skalenwert von $1/_{1000}$ mm und einem Anzeigebereich von 1 mm (Bauart Keilpart).

a Meßbolzen; *b* Gehäuse; *d* Zahnsegmenthebel mit Fühlerschneide *c*; *e* Ritzel mit Zahnrad *f*; *g* Zeigerritzel; *h* Spiralfeder mit Zahnrad *i* zur Herstellung des Kraftschlusses.

maßgebende Getriebeteil. Die notwendige Meßkraft erzeugt eine im Gehäuse eingebaute mit dem Meßbolzen verbundene Schraubenfeder. Der Hauptzeiger wird durch Verdrehen des auf dem Prüfgegenstand sitzenden Meßbolzens auf Null gestellt.

Die Arbeitsweise einer $1/_{1000}$ mm-Meßuhr mit einem Anzeigebereich von 1 mm ist aus Abb. 11 zu ersehen. Der Meßbolzen a ist nur im unteren Teil des Gehäuses b geführt. Er besitzt am oberen Ende eine plangeschliffene Stirnfläche,

auf welche sich die Fühlerschneide c des Zahnsegmenthebels d abstützt. Der Zahnsegmenthebel d greift in das Ritzel e ein, das mit dem Zahnrad f auf einer Welle sitzt. Durch das Zahnrad f wird das Zeigerritzel g angetrieben. Eine Spiralfeder h wirkt über ein Zahnrad i auf das Zeigerritzel g und sorgt für den Ausgleich des toten Gangs. Durch das Vorschalten einer Hebelübersetzung vor das Zahnradgetriebe werden die besonders ins Gewicht fallenden Verzahnungsfehler der ersten Übersetzungsstufe vermieden.

Eine Meßuhr mit einem Skalenwert von $^1/_{100}$ mm und einem Anzeigebereich von 50 mm, die sogenannte „Leuneruhr", zeigt Abbildung 12. In dem Gehäuse a ist der Schieber b geführt, der durch die Federn c gegen das Meßobjekt gedrückt wird. Der Schieber b trägt eine Zahnstange d, gegen die das

Abb. 12. Meßuhr mit einem Skalenwert von $^1/_{100}$ mm und einem Anzeigebereich von 50 mm (Bauart O. LEUNER).
a Gehäuse mit Kreisteilung; b Schieber; c Federn zum Aufdrücken des Schiebers gegen die Meßfläche; d Zahnstange; e Zahntrieb mit Zeiger; f Blattfeder mit Halblager; g Maßstab für Grobanzeige; h Selbsttätige Ausschaltvorrichtung.

Zeigerritzel c durch die Blattfeder f gedrückt wird. Der Maßstab gestattet die Grobablesung in Millimetern. Eine Ausschaltvorrichtung h tritt bei Überschreiten des Anzeigebereichs in Tätigkeit.

In Abb. 13 ist die Meßanordnung von zwei Meßuhren a beim Druckversuch an einer Holzprobe b dargestellt. An der Druckplatte c sind je zwei Leisten angeschraubt, die eine Art Gabel bilden. Der Meßbolzen d ist durch den Stift e verlängert, um die untere Quertraverse f beziehungsweise das ebengedrehte Ende des dort eingeschraubten Schraubenbolzens als Fixpunkt zu erreichen. Die Druckkraft wird durch den Stempel g eingeleitet.

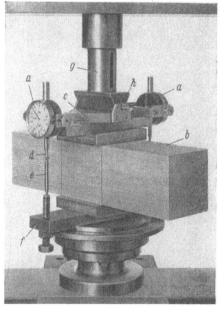

Abb. 13. Meßanordnung von Meßuhren beim Druckversuch an Holzproben.
a Meßuhren; b Probe; c Druckplatte; d Meßbolzen mit Verlängerungsstift e; f Quertraverse; g Druckstempel.

Da die Möglichkeit besteht, daß die Verformung zu beiden Seiten der Probe ungleich groß ausfallen kann, sind zwei einander gegenüberstehende Meßuhren erforderlich.

Die Meßanordnung für den Biegeversuch an einer Vierkantholzprobe zeigt Abb. 14. Die Meßuhr *a* ist in einer besonderen Vorrichtung fest eingebaut, die aus einem biegesteifen Stab *b* und zwei Stützen *c* mit Schneiden besteht und

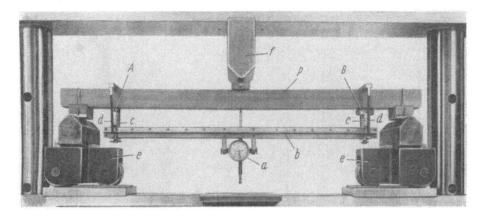

Abb. 14. Meßanordnung der Meßuhr beim Biegeversuch.
a Meßuhr; *b* Querstange; *c* Stützen mit Schneide; *d* Anpreßfeder; *e* Rollenlager; *f* Druckstempel; *P* Probe.

die durch Schraubenfedern *d* gegen die Probe *P* gedrückt wird. Die beiden Stützpunkte *A* und *B* sind also die Fixpunkte, auf die sich der Meßwert bezieht. Die Probe *P* liegt auf den beiden Rollenlagern *e*. Die Kraft wird durch den Biegedorn am Druckstempel *f* aufgebracht.

3. Verschiebungsmesser auf elektrischer Grundlage.

a) Schleifdrahtübertragungs-Meßgeräte.[1]

Ein einfaches Verfahren, die Verschiebung auf elektrischem Weg zu messen, ist in Abb. 15 schematisch dargestellt. Der Meßbolzen *a* überträgt den abgegriffenen Weg *s* mittels Schleifkontakt *b* unmittelbar auf einen hochohmigen Widerstandsdraht *c*. Die Länge *A—C* des Schleifdrahtes wird durch die jeweilige Kontaktstellung *B* in zwei Teilwiderstände R_1 und R_4 aufgeteilt, die als die beiden äußeren Zweige in eine WHEATSTONEsche Brückenschaltung einzuordnen sind. Diese beiden Zweige, die den Meßgeber bilden, sind meistens durch entsprechend lange Leitungen *d* mit dem Empfangsgerät verbunden. Das Empfangsgerät enthält die beiden übrigen Zweige *A'D* und *C'D* mit den beiden festen Widerständen R_2 und R_3. In der Brückendiagonalen befindet sich ein Galvanometer *G* als Anzeigegerät. An den Klemmen *A*, *C* bzw. *A'*, *C'* liegt die Gleichstromquelle *Ba*. In der Ausgangsstellung des Meßbolzens sind die Widerstände R_2 und R_3 so einzustellen, daß in der Brücke *BD* kein Strom fließt. Mit der Verschiebung des Meßbolzens fließt in der Brücke ein dem Meßweg *s* verhältnisgleicher Strom, der durch Verstellen des Widerstands R_2 auf Null abgeglichen und gemessen werden kann. Eine Eichung ergibt die Beziehung zwischen Widerstandsänderung und Verschiebung.

Setzt man an Stelle des Galvanometers *G* ein stromempfindliches Anzeigegerät oder die Meßschleife eines Oszillographen, so kann der Verschiebungs-

---

[1] ELSÄSSER, R: Z. VDI Bd. 68 (1924) S. 485.

wert sofort abgelesen oder aufgezeichnet werden. Dieses Vorgehen ist weniger genau wie das Nullmeßverfahren, aber es ist bequemer und verkürzt die Meß-zeit.

Abb. 16 zeigt einen Meßgeber, den die *Deutsche Bundesbahn* bei Brücken-messungen verwendet. Den Aufbau dieses Meßgerätes läßt Abb. 17 erkennen. Es besteht aus einem zylindrischen Schutzrohr b, das mittels der Schraubzwinge a am Fixpunkt befestigt wird. Der Meßbolzen h überträgt die Bewegung über

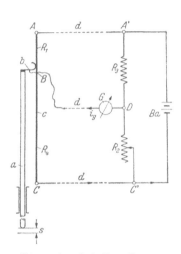

Abb. 15. Schema eines Schleifdraht-Verschiebungsmes-sers in WHEATSTONEscher Brückenschaltung.
a Meßbolzen; b Schleifkontakt; c Widerstandsdraht; R_1, R_4 Teilwiderstände; R_2, R_3 feste Widerstände; d Verbindungsleitungen zum Empfangsgerät; G An-zeigegerät; Ba Stromquelle.

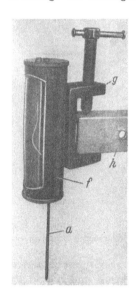

Abb. 16. Schleifdraht-Verschiebungsmesser (Bauart Deutsche Bundesbahn).

einen Schleifkontakt g auf den Widerstandsdraht e, der durch die Feder f gespannt wird. Der Schleifkontakt ist mittels einer Quertraverse aus Isolier-stoff zwischen zwei parallellaufenden Stangen k geführt. Ein dreiadriges Kabel verbindet den Geber mit dem Empfänger. Der Anzeigebereich beträgt ± 50 mm. Die erreichbare Unsicherheit liegt bei $\pm 1\%$.

Die Anzeigeempfindlichkeit kann verdoppelt werden wenn man zwei Widerstandsschleifdrähte nach Abb. 18 als Zweige in der WHEATSTONEschen Brückenschaltung verwendet. Auf den beiden parallellaufenden Widerstands-drähten c, c' gleitet der Doppelschleifbügel b, b', der auf dem Meßbolzen a befestigt ist. Die beiden Schleifbügel sind voneinander isoliert. Sie unterteilen die beiden Drähte in die vier Brückenzweige AB, BC, $A'D$ und $C'D$. Die Strom-quelle Ba ist an die Verbindungsklemmen der beiden Widerstandsdrähte an-geschlossen, während die beiden Kontaktpunkte B und D mit dem Anzeigegerät G verbunden sind. In diesem Fall liegt die ganze Brücke im Meßgeber.

Abb. 19 zeigt einen Schleifdraht-Verschiebungsmesser, bei dem der Wider-standsdraht kreisförmig angeordnet ist[1]. Die zu messende Verschiebung wird mittels eines Drahtes, der auf eine unter Federspannung stehende Schnur-scheibe aufläuft, auf das Meßgerät übertragen. Auf der Achse der Schnur-scheibe sitzt ein Schleifbügel, der über den kreisförmig und konzentrisch zur Achse angeordneten Widerstandsdraht schleift. Dieser Draht bildet in ähnlicher

---

[1] Fortschr. Eisenbahnwes. Bd. 89 (1934) S. 349.

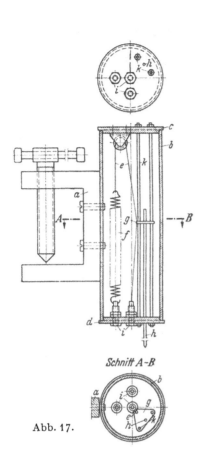

Schnitt A-B

Abb. 17.

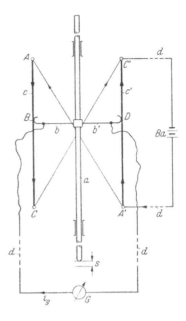

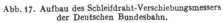

Abb. 18. Schema eines doppeltwirkenden Schleifdraht-Verschiebungsmessers. (Nach ELSÄSSER.)

a Meßbolzen; *b*, *b'* Schleifkontakte; *c*, *c'* Widerstandsdrähte; *G* Anzeigegerät; *Ba* Stromquelle.

Abb. 17. Aufbau des Schleifdraht-Verschiebungsmessers der Deutschen Bundesbahn.

a Befestigungszwinge; *b* Zylinderhülse mit Cellonfenster; *c* Deckel; *d* Boden; *e* Meßdraht; *f* Feder; Schleifkontakt; *h* Meßbolzen; *i* 3 Steckbuchsen; Führungsstangen.

Abb. 19. Schleifdraht-Verschiebungsmesser (Bauart Askania).

25*

Weise wie vorher die beiden Zweige einer WHEATSTONEschen Brücke. Die Feder in der Schnurscheibe ist so stark bemessen, daß das Gerät noch bei sehr raschen Schwingungen mit Beschleunigungen bis zur 70fachen Fallbeschleunigung zu folgen vermag. Mit diesen Geräten können Bewegungen bis herab zu 0,1 mm noch einwandfrei gemessen werden.

b) Meßuhr mit Ringpotentiometer und magnetischer Kontaktgabe.

Zur Fernübertragung der Meßanzeige wurden Meßuhren mit einem Anzeigebereich von 10 mm und einem Skalenwert von $^1/_{100}$ mm, Abb. 20, entwickelt,

bei denen die Bewegung des Meßbolzens und die Stellung des Hauptanzeigers nach dem WHEATSTONEschen Brückenprinzip elektrisch abgegriffen werden. Der Meßvorgang erfolgt in zwei Schritten, nämlich als Grob- und als Feinmessung.

Abb. 21 gibt eine fernanzeigende Meßuhr im Schnitt wieder, wie sie bei Unterwassermessungen Verwendung findet. Das Meßwerk ist in einem Metallgehäuse b eingebaut. Das Zahnradgetriebe und die elektrischen Übertragungselemente liegen in einem Ölbad c. Das Gehäuse ist unten mit einem durchsichtigen Deckel d und oben mit einer

Abb. 20. Meßuhr für Fernanzeige (Tele-deflektometer) mit einem Skalenwert von $^1/_{100}$ mm und einem Anzeigebereich von 10 mm (Bauart Huggenberger—Motor Columbus AG.).

Gummimembrane e abgeschlossen. Der Schraubdeckel f ist mit Bohrungen versehen, so daß die Ölfüllung innen unter dem gleichen Druck wie außen steht. Dieser Druckausgleich bietet Gewähr, daß keine Verformungen des Gehäuses auftreten, die das freie Spiel des Mechanismus hemmen.

Die Bewegung des Meßbolzens a wird vom Schleifkontakt g auf die geradlinig angeordnete Widerstandswicklung h übertragen und so die Stellung in Millimeter angezeigt (Grobmessung). Der Hauptzeiger i dreht sich in einem Abstand von etwa 0,2 mm über der Ringpotentiometerwicklung k. Im Augenblick der Messung drückt der kreisringförmige Kragen des Magnetankers l der Magnetspule m den Kontaktschuh n des Zeigers gegen die Wicklung k, wodurch die Stellung in 0,01 mm festgehalten wird (Feinmessung). In den vier

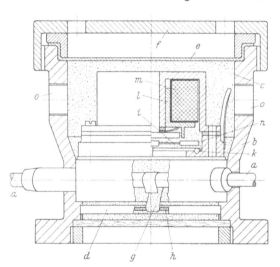

Abb. 21. Fernanzeigende Meßuhr für Unterwassermessungen.
a Meßbolzen; b Metallgehäuse; Übertragungsmechanismus im Ölbad c; d durchsichtiger Deckel; e Gummimembrane; f durchlöcherter Schraubdeckel; g Schleifkontakt; h Widerstandswicklung; i Hauptzeiger mit Kontaktschuh n; k Ringpotentiometerwicklung; l Magnetanker; m Magnetspule; o Gewindelöcher für Anschluß-klemmen.

Gewindelöchern o sind besondere Kontaktvorrichtungen eingeschraubt, an die die vier Leitungen nach dem Empfänger zu klemmen sind.

Abb. 22 gibt einen Blick auf den Empfänger. Die Schaltung des Empfängers mit zwei Meßgebern ist aus dem Schema, Abb. 23, zu entnehmen. Die Spei-

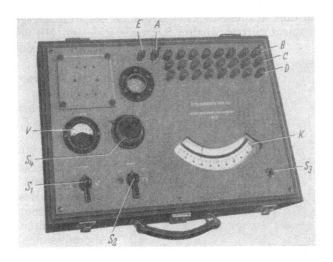

Abb. 22. Empfänger für fernanzeigende Meßuhren mit 8 Meßstellenanschlüssen.
A, B, C, D, E Anschlußklemmen; S_1, S_2, S_3, S_4 Schalter; K Kreuzspulmeter; V Voltmeter.

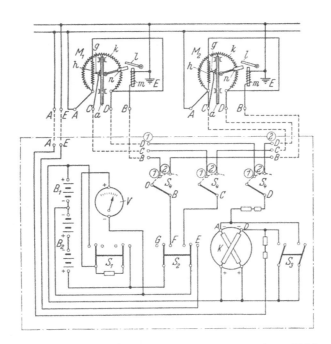

Abb. 23. Schaltschema einer Meßeinrichtung für zwei fernanzeigende Meßuhren.
B_1, B_2 Stromquellen, durch Schalter S_1 einzuschalten; V Voltmeter; G Grobmeßkreis; F Feinmeßkreis; S_2 Kippschalter zum wechselweisen Einschalten der beiden Meßkreise; K Kreuzspulmeter; S_3 Kurzschlußschalter; S_4 Stufenschalter zum wechselweisen Einschalten der Meßgeber M (siehe Abb. 21).

sung erfolgt durch zwei Gruppen von Batterien B_1 und B_2 mit 4,5 und 9 Volt Spannung, die bei Betätigung des Schalters S_1 am Voltmeter V ersichtlich ist.

Die Batterie B_1 speist den Stromkreis des Grobmeßkreises G. Die Batterie B_2 dient dem Stromkreis der Feinmessung F. Die beiden Meßkreise sind wechselweise durch den Kippschalter S_2 zu betätigen und auf das Kreuzspulmeter K umzulegen und dort abzulesen. Nach Gebrauch des Empfangsgeräts wird das Kreuzspulinstrument mittels Schalter S_3 kurz geschlossen. Mit dem dreistufigen Schalter S_4 sind die an den Klemmen A, B, C und D angeschlossenen Meßgeber M nacheinander auf das Anzeigegerät einzuschalten. An der Klemme E liegt die Erdleitung.

Abb. 24. Einbau von fernanzeigenden Meßuhren in einem wassergefüllten Druckstollen.

Abb. 24 läßt den Einbau von Unterwassermeßuhren erkennen, wie sie beispielsweise zum Messen der radialen Verformung in einem wassergefüllten Stollen beim Abpreßversuch dienten. Diese Messungen haben den Zweck, Aufschluß über die Verformbarkeit des Gesteins und die Größe des Elastizitätsmoduls zu geben. Sie vermitteln die Grundlagen, um die Fragen der zweckmäßigen Auskleidung von Stollen und die Wirksamkeit der Panzerung abzuklären[1]. Die Praxis zeigte, daß bis zu einem Druck von etwa 100 atü einwandfreie Messungen mit einer Genauigkeit von $^1/_{100}$ mm durchgeführt werden können.

c) Verschiebungsmesser mit Dehnungsmeßstreifen.

Die bekannten Dehnungsmeßstreifen (siehe S. 428) ermöglichen, auf einfache Weise Einrichtungen zum Messen von Verschiebungen zu schaffen. Die Abb. 25 und 26 zeigen zwei Beispiele hierfür, die sich in der Praxis bewährt haben.

Der einseitig eingespannte Federstab a, Abb. 25, wird zum Meßelement, wenn man in der Nähe der Einspannstelle zwei einander gegenüberliegende Dehnungsmeßstreifen T_1 und T_2 anbringt. Der zu messende Verschiebungsweg kann beispielsweise mit Hilfe eines Drahts b auf das freie Ende des Biegestabs übertragen werden. Das am Haltebrett c befestigte Gummiband d sorgt für den Kraftschluß, während der Stift e als Begrenzung der Durchbiegung dient.

Zur Messung größerer Wege eignet sich nach Abb. 26 ein geschlossener Stahlbandring a. Das eine Ende des vertikalen Durchmessers ist fest mit dem Rohr b verschraubt. Das andere Ende ist an dem Gleitschuh c befestigt, der durch den Hakenstab d den Meßweg überträgt. Die im Schlitz des Rohrs sichtbare Schraubenfeder e dient als Kraftschluß. Auf dem Stahlband sind vier Dehnungsmeßstreifen T_1, T_2, T_3 und T_4 in den Punkten des Durchmessers

---

[1] Frey-Bär, O., R. Vonplom, M. Kohn u. R. Sabjak: Schweiz. Bauztg. Bd. 73 (1955) S. 191.

senkrecht zur Wegrichtung angebracht. Die Geber T_1, T_2 und T_3, T_4 liegen einander gegenüber. In der Meßbrücke, Abb. 27, sind sie so anzuordnen,

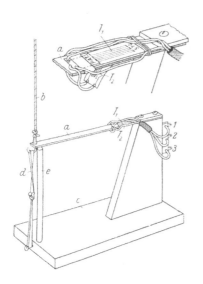

Abb. 25. Verschiebungsmesser aus Federstab mit Dehnungsmeßstreifen.

a Federstab;   *b* Übertragungsdraht;   *c* Haltebrett;
d Gummizug;   *e* Begrenzungsstift; T_1, T_2 Dehnungsmeßstreifen.

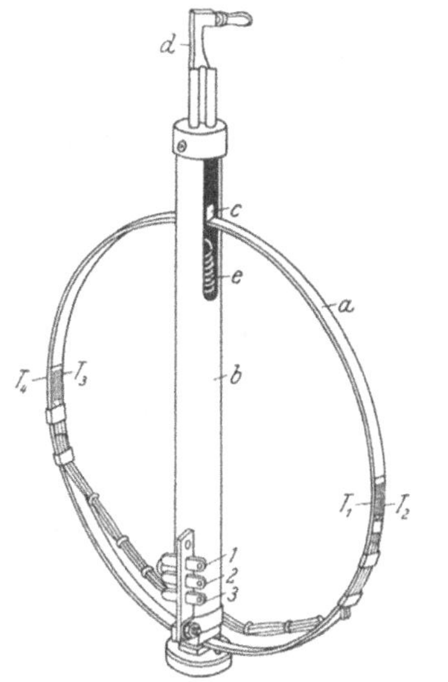

Abb. 26. Verschiebungsmesser aus einem Stahlbandring
mit Dehnungsmeßstreifen.

a Stahlbandring;   *b* Führungsrohr;   *c* Gleitschuh am
Hakenstab *d*;   *e* Schraubenfeder; T_1, T_2, T_3, T_4
Dehnungsmeßstreifen in Brückenschaltung.

daß die beiden Geber T_1 und T_3 mit positiver Dehnung in einem, die beiden Geber T_2 und T_4 mit negativer Dehnung im anderen Zweig liegen. Die Brük-kenverstimmung ist dann doppelt so wirksam wie im Falle des einfachen Biegestabs.

4. Verschiebungsmessung auf optischer Grundlage.

a) Strichmaßstab und Fernrohr.

Bei der optischen Beobachtung wird der Strichmaßstab am Prüfgegenstand in vertikaler Stellung befestigt oder aufgehängt und der Weg mit einem Fernrohr oder Nivellier-instrument beobachtet. Das Nivellierinstrument wird am Fixpunkt beispielsweise auf einem Dreibein befestigt. Der

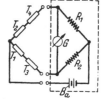

Abb. 27. Schaltung der Dehnungsmeßstreifen zum Verschiebungs-messer nach Abb. 26.

Abstand von Fixpunkt und Meßstelle kann bis zu 40 m erreichen, wobei die Genauigkeit auf etwa 0,1 mm sinkt. Bei dieser Meßweise erzielt man bei einer Distanz von 8 m noch eine Genauigkeit von 0,1 mm.

b) Visuelle Beobachtung mit Meßkeil.

Ein einfaches Verfahren, bei dynamischen Vorgängen die Schwingweite — also den größten Verschiebungsweg — zu ermitteln, besteht in der Verwendung einer Marke in Gestalt eines spitzwinkligen schwarzen Keils, der auf einem weißen Papierstreifen aufgezeichnet und in der Schwingebene aufgeklebt wird. Das menschliche Auge hat die Eigenschaft, in einer Folge von 25 bis 30 Bildern in der Sekunde das einzelne Bild nicht mehr festhalten zu können. Den beim Schwingungsvorgang entstehenden Bildeindruck veranschaulicht Abb. 28.

Der als weißer Keil erscheinende Abszissenabschnitt A—B ist ein Maß der Schwingweite s.

c) Lichtelektrisches Verfahren.

Die Schwingweite eines Meßpunktes kann auf einfache Art zur Anzeige gebracht werden. Zu diesem Zweck übermittelt man die Schwingung einem kleinen Drehspiegel. Auf diesem Spiegel ist das Bild eines schmalen Spaltes

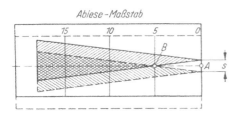

Abb. 28.
Visuelle Beobachtung der Schwingweite mittels Meßkeils.

zu projizieren, der von einer Glühlampe beleuchtet wird. Der Spiegel wirft das Bild auf einen Strichmaßstab aus Glas, wo die Schwingweite als scharfes Lichtband erscheint.

Zur Aufzeichnung der vertikalen Verschiebungen an Brücken ist ein Verfahren[1] entwickelt worden, das gestattet, auf einem Filmstreifen gleichzeitig und trägheitsfrei die Bewegung zahlreicher Meßpunkte festzuhalten. In jedem Meßpunkt wird ein Tripelprisma befestigt. Dieses hat die Eigenschaft, den einfallenden Lichtstrahl parallel zur Einfallrichtung zu reflektieren. Als Lichtquelle dient die in einer Fernrohrkamera eingebaute Glühlampe. Bei der Durchbiegung der Brücke erzeugen die von den einzelnen Meßpunkten zurückreflektierten Strahlen auf dem Filmstreifen vertikale Linien. Gemessen wird mit einem stark vergrößernden Mikroskop.

5. Verschiebungszeichner auf mechanischer Grundlage.

Zum Aufzeichnen statischer und dynamischer Verschiebungen eignen sich Schreibgeräte nach Abb. 29, deren Bauweise aus der schematischen Darstellung, Abb. 30, ersichtlich ist. Die zu messende Bewegung wird z. B. von einem

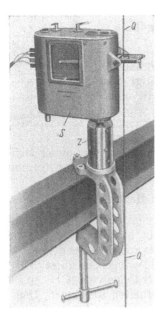

Abb. 29. Verschiebungszeichner (Bauart Huggenberger).
S Schreibgerät; Z Klemmzwinge; Q Übertragungsdraht.

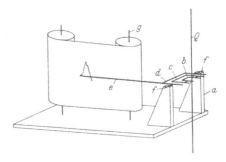

Abb. 30. Schematische Darstellung des Verschiebungszeichners nach Abb. 29.
Q Übertragungsdraht; b Drahtklemme; c U-förmiger Schlitten in Parallelführung d geführt; e Schreibhebel; f Drehachse für Parallelführung; g Aufnahmetrommel für Wachspapier.

---

[1] KULKA, A.: Bautechn. Bd. 9 (1931) S. 387.

durchlaufenden Draht Q über die Klemme b auf das Schreibgerät S übertragen. Die Klemme b sitzt auf einer Achse, die im U-förmigen Schlitten c gelagert ist. Der Schlitten c ist in der U-förmigen Parallelführung d in Richtung des Schreibhebels e verschiebbar, während die Parallelführung wiederum um die Achse f drehbar ist. Durch eine Parallelverschiebung des Schlittens c läßt sich das Übersetzungsverhältnis ändern. Die Veränderung der Schreibgröße ist stufenlos einstellbar. Die Einstellung für 5-, 10-, 20- und 50 fache Vergrößerung ist durch besondere Marken gekennzeichnet. Der Druck der am Schreibhebel sitzenden Schreibspitze auf das Schreibpapier ist einstellbar. Der Schrieb wird durch die Spitze auf Wachspapier eingeritzt, das von der Trommel g abläuft. Die Papiertrommel wird mit gleichmäßiger Geschwindigkeit durch einen Federmotor angetrieben. Die Laufzeit beträgt etwa 6 min, wobei die Laufgeschwindigkeit durch einen Zentrifugalregulator konstant gehalten wird. Die Papiervorschubgeschwindigkeit läßt sich stufenlos von 2 mm/s bis 10 mm/s verstellen.

6. Absolutmessung des Bewegungswegs auf seismischer Grundlage.

a) Das seismische Verfahren.

Das Messen der absoluten Verschiebung hat zur Voraussetzung, daß ein dynamischer Vorgang vorliegt, der Prüfgegenstand also schwingt. Der ruhende Bezugspunkt ist künstlich auf seismischer Grundlage zu schaffen. Die beiden wesentlichen Elemente bei diesen Verfahren sind nach Abb. 31 die Masse m und die Feder c, an der die Masse im Gestell oder Gehäuse b im Punkt A aufgehängt ist. Dieses schwingfähige System hat die Eigenfrequenz f_n. Um die Schwingung der Masse m zu dämpfen, ist meistens eine geeignete Einrichtung k vorgesehen, wobei der Dämpfungsgrad zweckentsprechend eingestellt werden kann. Setzt man diesen Meßgeber im Punkt B des Prüfgegenstands auf, der eine Schwingung mit der Frequenz f und der Auslenkung x ausführt, so wird die Masse m zu Schwingungen angeregt. Die relative Verschiebung dieser erzwungenen Bewegung gegenüber dem Gestell bzw. gegenüber dem Aufhängepunkt A ist mit y bezeichnet. Nimmt man an, daß der Prüfgegenstand eine harmonische

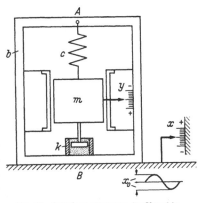

Abb. 31. Schwingungssystem für Verschiebungsmesser auf seismischer Grundlage.
m Schwingende Masse; c Feder; b Gehäuse; k Dämpfungsvorrichtung.

— beispielsweise eine sinusförmige — Schwingung mit der größten Auslenkung x_0 ausführt, so sind die dieser Schwingungsart gleichwertige äußere Kraft einerseits, die Trägheitskraft der Masse, die Dämpfungskraft und die Federkraft andererseits mathematisch in der durch den Impulssatz gegebenen Differentialgleichung miteinander verknüpft. Diese Bewegungsgleichung ist der Ausdruck der erzwungenen, gedämpften Schwingung des seismischen Systems mit einem Freiheitsgrad[1]. Das Ergebnis der Lösung dieser Differentialgleichung ist in Abb. 32 dargestellt, die den Zusammenhang der Frequenz f des Prüfgegenstands und der zu messenden Schwingweite x_0 in Abhängigkeit der Eigenfrequenz f_n des seismischen Aufnehmers und seiner Anzeigeamplitude y_0 zeigt. Sieht man

---

[1] Den Hartog, I. P. u. G. Mesmer: Mechanische Schwingungen. Berlin/Göttingen/Heidelberg: Springer 1952, 2. Auflage.

vorerst von der Dämpfung ab, $(\bar{k} = 0)$, so bedeutet das Verhältnis $f/f_n = 1$, daß die Frequenz f der zu messenden Schwingung gleich der Eigenfrequenz f_n des seismischen Aufnehmers ist. Der angezeigte Wert y_0 ist unendlich groß (Resonanz). Liegt die Frequenz f des Prüfgegenstands unterhalb des Werts $f/f_n = 1$, so nimmt die Amplitude mit sinkender Frequenz rasch auf Null ab. Für jede Frequenz unterhalb des kritischen Werts 1 besteht ein anderes Verhältnis vom angezeigten und zu messenden Schwingweg. Dieses Frequenzband

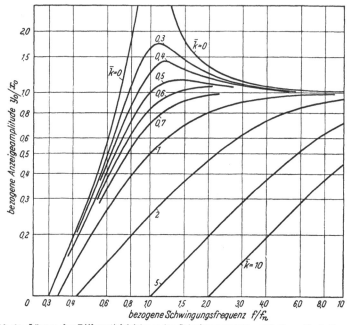

Abb. 32. Lösung der Differentialgleichung für Schwingungssystem mit einem Freiheitsgrad.
f_n Eigenfrequenz des Aufnahmegeräts; f Frequenz des Prüfgegenstandes; y_0 Anzeigeamplitude des Aufnahmegeräts; x_0 zu messende Schwingweite; k Dämpfung.

von 0 bis 1 ist für Schwingwegmessungen ungeeignet. Das seismische Gerät wird in diesem Gebiet zweckmäßigerweise als Beschleunigungsmesser verwendet. Liegt die Frequenz über dem Verhältniswert 1, so nähert sich die Verhältniszahl y_0/x_0 mit zunehmender Frequenz rasch dem Wert 1. Die relative Bewegung der schwingenden Masse zum Gehäuse klingt rasch ab. Die Masse wird zum ruhenden Bezugspunkt. Der angezeigte Wert y_0 ist von etwa $f/f_n = 3$ gleich der zu messenden Schwingweite des Prüfgegenstands.

Aus Abb. 32 folgt der für die Schwingwegmessung wichtige Grundsatz, daß *die niedrigste Frequenz des Prüfgegenstands, praktisch gesehen, mindestens den 3 fachen Betrag der Eigenfrequenz des ungedämpften seismischen Geräts aufweisen muß*, damit der angezeigte Wert dem zu messenden Wert entspricht. Die höheren Harmonischen einer unreinen Schwingung werden mit noch größerer Genauigkeit angezeigt, da ja ihre Frequenz höher liegt als die der Grundschwingung. Man erkennt weiterhin, daß die Vornahme einer Dämpfung keine wesentliche Verbesserung der Anzeige bewirkt. Bei einer Dämpfung, die etwa dem 0,7 fachen Betrag der kritischen Dämpfung entspricht, wird die unterste Frequenz auf den 2 fachen Wert der Eigenfrequenz herabgesetzt, wobei aber eine Phasenverschiebung in Kauf zu nehmen ist. Das seismische Gerät wird daher zum Messen des Schwingwegs in der Regel ungedämpft verwendet.

Der richtige Einsatz des seismischen Meßverfahrens hat zur Voraussetzung, daß der Benutzer die grundsätzlichen Zusammenhänge kennt, auf die hier kurz hingewiesen wurde. Die seismischen Schwingungsmeßgeräte werden auf rein mechanischer und auf elektromechanischer Grundlage gebaut.

b) Mechanische Geräte. Seismograph und Schwingwegzeichner.

Handelt es sich nur darum, die Schwingweite zu messen, so befestigt man an der Masse einen Zeiger, der sich über einem am Gehäuse befestigten Maßstab bewegt. Man beobachtet die beiden Umkehrpunkte. Ihr Abstand ist gleich

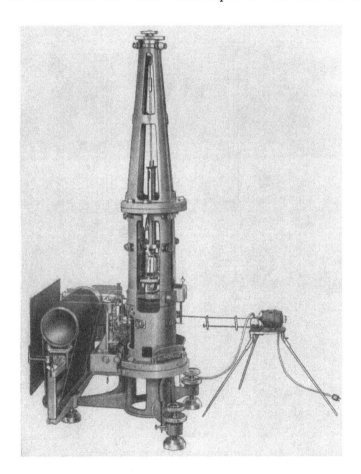

Abb. 33. Tragbarer Dreikomponenten-Seismograph nach System PICCARD—DE QUERVAIN (Bauart Huggenberger).

der Schwingweite. Lichtelektrisch-optische Mittel gestatten, die Schwingweite auf einer mit Strichteilung versehenen Mattscheibe anzuzeigen. In der Regel sind die Geräte mit einer Schreibvorrichtung versehen. Der Schrieb wird entweder mit Tinte oder durch Ritzen auf einem Zelluloidband, auf Wachspapier oder berußtem Papier erzeugt. Das zuletzt genannte Verfahren zeichnet sich durch einen äußerst scharfen und klaren Schrieb bei kleinstem Kostenaufwand aus.

Abb. 33 zeigt einen tragbaren Seismographen, der gleichzeitig alle drei Komponenten aufzeichnet, nämlich die vertikale Schwingung und die beiden horizontalen, senkrecht zueinander stehenden Komponenten einer einzigen Masse. Das seismische System ist aus Abb. 34 ersichtlich. Die in 36 Segmente zerlegbare Masse a hängt am unteren Tragkranz b. An ihm sind die vier Schraubenfedern c befestigt, die am oberen Tragkranz d eingehängt sind. Der obere

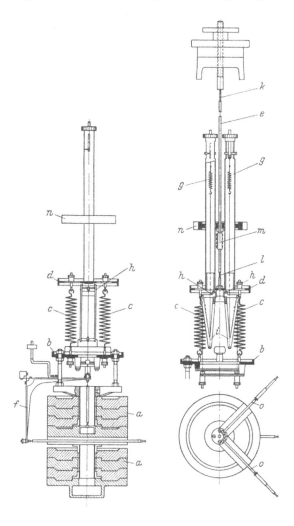

Abb. 34. Dreikomponenten-Seismograph im Schnitt.
a Schwingende Masse mit Tragkranz b über die Federn c am Tragkranz d aufgehängt; e Pendelstange; f Winkelhebel in Kreuzbandgelenk gelagert; g Federn zur stufenlosen Verstellung der Eigenfrequenz; h Drehpunkt für Dreiecksrahmen i, k und l Lagerstellen der Pendelstange; m verschiebbare Klemme; n Stellring; o Übertragungsschneiden.

Tragkranz hängt an der Pendelstange e, die im Kopf des Gestells gelagert ist. Die vertikale Schwingung wird im Schwerpunkt der Masse durch eine Stoßstange abgegriffen und über den Winkelhebel f, der in einem Kreuzbandgelenk gelagert ist, von einer zweiten Stoßstange auf den Schreibarm übertragen. Die Eigenfrequenz beträgt 3 Hz. Durch Spannen der Schraubenfedern g, die mittels Drähten über das um den Drehpunkt h schwingende Dreieck i mit dem unteren Federtragkranz b gekoppelt sind, läßt sich die Eigenfrequenz stufenlos bis auf 1 Hz verkleinern.

Bei der Aufnahme horizontaler Schwingungen arbeitet das seismische System als Pendel. Die Pendelstange ist an den Stellen k und l eingedreht. Wird die untere Eindrehung l durch die nach unten geschobene Klemme m versteift, so wirkt die volle Pendellänge. Die Eigenfrequenz beträgt 1 Hz. Klemmt man den Ring n im Gestell fest und gibt die untere Eindrehung als Pendeldrehpunkt frei, so ist die Eigenfrequenz 0,5 Hz. Die Pendelbewegung wird durch die beiden senkrecht zueinander stehenden Schneiden o auf zwei Schreibfedern übertragen. Die Vergrößerung ist einstellbar auf 10-, 20-, 50- und 70- bzw. 100fach.

Die Papiertrommel, Abb. 33, wird durch einen Federmotor angetrieben, der, von Hand aufgezogen, eine Laufdauer von etwa $6^1/_2$ h hat. Die Schreibgeschwindigkeit ist stufenlos von 20 mm/min bis 500 mm/min einstellbar. Durch die einschaltbare Querbewegung der Papiertrommel entsteht ein spiralförmiger Schrieb. Der totalen Querverschiebung von 65 mm entspricht eine Schrieblänge von 900 mm.

C. Dehnungsmeßgeräte.

1. Allgemeine Betrachtungen.

Bei der Dehnungsmessung wird die Längenänderung $\varDelta l$ einer Meßstrecke von der Länge l gemessen. Die Meßlänge kann zwischen 0,5 mm und 1000 mm liegen. Ihre Größe hängt in erster Linie vom Verlauf der Dehnung ab. Ändert sich die Dehnung längs der Meßstrecke sehr stark — wie etwa in der Nähe einer Hohlkehle oder am Rande einer Bohrung —, so muß eine möglichst kurze Meßstrecke gewählt werden. Für die üblichen Dehnungsmessungen an Konstruktionsteilen aus Metall benutzt man 5 bis 20 mm lange Meßstrecken, bei Proben aus Stein und Beton bestimmt man die Längenänderung in der Regel für eine Meßstreckenlänge von 100 oder 200 mm. Bei Bauwerken aus Stein und Beton verlaufen die Dehnungen auf lange Strecken gleichmäßig, so daß Meßstrecken bis 1000 mm Länge gewählt werden können.

Eine große Zahl von Dehnungsmeßgeräten ist so gestaltet, daß sie den wechselweisen Einbau verschieden langer Meßstrecken ermöglichen, wodurch der Verwendungsbereich eine bedeutende Ausweitung erfährt. Dabei muß das Sollmaß mit um so größerer Genauigkeit eingestellt werden, je kürzer die Meßstrecke ist.

Da die zu messende Längenänderung mit zunehmender Meßlänge verhältnisgleich wächst, muß die Vergrößerung des Meßgeräts um so höher sein, je kleiner die Meßstrecke ist. Für die allgemein üblichen Messungen reicht eine 300- bis 3000fache Übersetzung aus. Die Grenze der auf mechanische Weise erreichbaren Vergrößerung liegt etwa bei 4000. Höhere Werte sind auf mechanisch-optischem Weg erzielbar. Die Handhabung des Meßgeräts wird um so schwieriger, je kleiner die Meßstrecke ist.

Das eindeutige Messen der Längenänderung bedingt den unmittelbaren Abgriff auf der Meßfläche. In den wenigsten Fällen besteht über den Charakter der Belastung und deren Richtung volle Klarheit. Es muß daher stets der ungünstigste Fall angenommen werden, daß Zug oder Druck und Biegung gleichzeitig die Verformung erzeugen. Der Meßwert fällt dann verschieden aus, ob er auf der Außenfaser oder auf der Innenfaser des Bauteils gemessen wird.

Meßfehler können beim Aufspannen des Meßgeräts auf den Prüfgegenstand entstehen. Wird die Längenänderung durch Schneiden oder spitzenförmige Elemente abgegriffen, so besteht die Gefahr des Eindringens in die Meßfläche.

Die Eindringtiefe hängt ab von der Härte der Oberfläche und von der Größe des Anspanndrucks. Der Anspanndruck seinerseits ist bedingt durch das Gewicht, die Bauhöhe und die Stellung des Geräts. Der Umstand, ob die Messung im ruhenden oder bewegten Zustand durchgeführt wird, ist ebenfalls zu berücksichtigen. Der Anspanndruck ist in der Regel um so stärker, je größer das Gewicht und die Bauhöhe ist. Ein horizontal liegendes Gerät bedingt einen höheren Anspanndruck als ein vertikal stehendes.

Das Aufspannmittel muß möglichst im Geräte-Schwerpunkt angreifen, wobei dieser so nahe wie möglich an der Prüfoberfläche liegen soll. Dadurch verringert sich die Kippgefahr. Mit zunehmender Eindringtiefe verkleinert sich die Vergrößerung. Zudem entsteht ein gewisser Zwang, der die Bewegungsfreiheit der Schneide und damit die Empfindlichkeit des Geräts beeinträchtigt. Der Anspanndruck muß also so klein wie möglich gewählt werden, gerade groß genug, um eine eindeutige Übertragung der zu messenden Bewegung auf das Gerät sicherzustellen. Bei zu kleinem Anspanndruck besteht die Gefahr des Schlupfs. Er äußert sich durch Wanderung der Nullstellung und durch kriechende Bewegung der Anzeige. Die Standmarken, in denen die Schneiden sitzen, bedeuten eine Verletzung der Oberfläche. Solange innerhalb der Elastizitätsgrenze gemessen wird, ist sie praktisch ohne Einfluß auf den Verformungszustand. Bei Messungen bis zum Bruch kann aber ihr Einfluß zur Geltung kommen. Auch aus diesem Grunde sind daher diese Einkerbungen so klein wie möglich zu halten. Bei den Dehnungsmessern mit Hebelmechanismus kann man sich bequem über den einwandfreien Sitz vergewissern, wenn man den Zeiger durch leichtes Anzupfen zum Vibrieren bringt. Schwingt der Zeiger wieder in seine frühere Ruhelage zurück, so darf der Sitz als einwandfrei angesehen werden.

Bei der Durchführung von Messungen ist auf Temperaturänderungen zu achten. Die Wärmeausdehnung des Gerätes ist nicht selten von gleicher Größenordnung wie die zu messende Verformung. Hat der Baustoff des Meßgerätes einen anderen Wärmeausdehnungskoeffizient als der Prüfgegenstand, so können erhebliche Meßfehler entstehen. Da eine einwandfreie selbsttätige Kompensierung des Temperatureinflusses in der Regel schwer zu erreichen ist, tut man gut, die Messung in einen Zeitpunkt zu verlegen, wo keine Temperaturänderungen zu befürchten sind.

Bei der Beurteilung dieses Einflusses muß berücksichtigt werden, daß das Wärmeaufnahmevermögen von Meßgerät und Prüfgegenstand meistens sehr verschieden ist. Das Meßgerät mit seinen wesentlich kleineren Maßen spricht meistens rascher auf Temperaturänderungen an als der Prüfgegenstand. Eine zweckmäßige Abschirmung des Meßgeräts gegen Wärmestrahlung ist daher empfehlenswert.

2. Dehnungsmesser auf mechanischer Grundlage.

Die gebräuchlichsten und seit Jahrzehnten bewährten mechanischen Dehnungsmesser verwendeten im wesentlichen zwei Bauelemente zum Erreichen der notwendigen Vergrößerung, nämlich das *Zahnradgetriebe*, bestehend aus Zahnstange und Zahnrädern, und den *Hebelmechanismus* als Einzelhebel oder in einer Mehrzahl in geeigneter Weise gekoppelter Hebel. Als direktes Meßmittel kommt vereinzelt der *Maßstab*, die *Schiebelehre* und die *Meßschraube* zur Anwendung.

a) Anlegemaßstäbe.

Ein einfaches Gerät zum Messen von Längenänderungen ist der *Anlegemaßstab*, Abb. 35. In die eine Marke der Meßstrecke greift die Schneide *a*

des Maßstabs ein. Er ist am gegenüberliegenden Ende mit einer Millimeter-
teilung c versehen, wobei die zweite Marke b der Meßstrecke mit dem Nullpunkt
der Teilung übereinstimmt. Ein geübter Beobachter ist in der Lage, die Stellung der Marke b auf 0,1 bis 0,2 mm genau abzuschätzen. Eine Erhöhung der
Meßgenauigkeit wird erzielt, wenn man den Maßstab mit einem Schieber e
versieht, der eine Noniusteilung hat,
die gestattet, auf 0,02 mm genau
abzulesen. Die Schneide des Schiebers greift dabei in die Marke b ein.
Jeder Noniusstrich entspricht dann
einer Verschiebung von 0,02 mm.
Der Maßstab wird zweckmäßigerweise durch federnde Klammern d
an die Probe gedrückt.

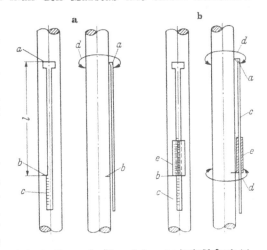

b) Dehnungsmesser mit Meßuhren.

Dehnungsmesser unter Zuhilfenahme von Meßuhren sind in vielfältiger Form gebaut worden und
erfreuen sich insbesondere in der
Werkstoffprüfung und bei großen
Meßstrecken wegen ihrer einfachen
Handhabung großer Beliebtheit.

Abb. 36 zeigt die Anwendung von
Meßuhren zum Messen der Dehnung

Abb. 35. Messen der Längenänderung mittels Maßstab (a)
und mittels Maßstab und Noniusschieber (b).

a feste Schneide; b an der Probe aufgeritzte Marke;
c Meßstange; d Anspannklammer; e Noniusschieber.

an Drahtseilen und Kabeln. Die beiden zweiteiligen Schellen a und b sind am
Drahtseil festgeklemmt. In die Bohrung der Schellen sind auswechselbare
halbschalige Büchsen eingesetzt, die dem Durchmesser des Drahtseils entsprechen. Die beiden Stangen c sind in der Schelle a gelenkig aber spielfrei
befestigt. Sie übertragen die Bewegung auf den Meßbolzen d der Meßuhr g.

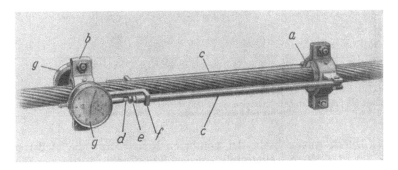

Abb. 36. Längenänderungsmessung an einem Drahtseil mit Meßuhren.

a, b Spannschellen im Abstand der Meßlänge; c Übertragungsstangen mit Tastteller e; g Meßuhr mit Meßbolzen d; f Winkel mit Führungsbohrung für die Übertragungsstangen.

Die Winkel f dienen als Stütze und Führung der Stangen c, die entsprechend
der gewünschten Meßlängen ausgewechselt werden können.

Das in Abb. 37 dargestellte Gerät dient zum Messen der Dehnungen an
Zugproben. Es besteht aus zwei federnden Klemmen a und b. Die Schneiden
werden durch die Schraubfedern c gegen die Probe e gedrückt, wobei der Fuß f

als Gegenhalter dient. Die Klemmen sind durch zwei teleskopartig ineinander greifende Rohre miteinander verbunden. Das äußere Rohr n ist mit der Schneide a verschraubt und trägt die Meßuhr d. Auf dem Ende des inneren Rohres, das mit der Schneide b fest verbunden ist, ruht der Meßbolzen der Meßuhr. Die Längenänderung der Meßstrecke bewirkt ein axiales Aneinandergleiten der beiden Rohre, das durch die Meßuhr angezeigt wird. Das Gewicht des Gerätes ist durch das Gegengewicht g ausgeglichen, das am Schnurzug h hängt. Die Umlenkrollen i sind mittels Träger am oberen Einspannkopf der Zugprüfmaschine

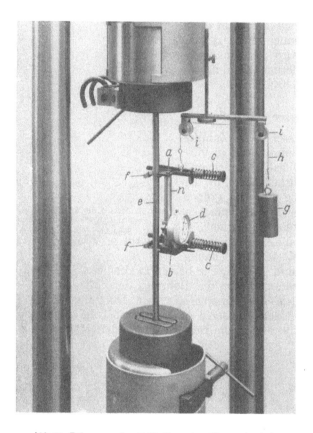

Abb. 37. Dehnungsmeßgerät für Zugproben (Bauart Amsler).
a, b Spannklemmen mit federnder Andrückung; c Druckfeder; d Meßuhr; e Probe; f Klammerfuß;
g Gegengewicht am Schnurzug h; i Umlenkrollen.

befestigt. Durch Auswechseln der geführten Rohre kann die Meßstrecke auf 40, 100, 200 oder 260 mm eingestellt werden. Das Gerät ist geeignet für Probedurchmesser von 5 bis 40 mm.

Da ein absolut genaues zentrisches Einspannen der Probe in der Zugprüfmaschine nicht erwartet werden darf, wird die an der Probenoberfläche gemessene Längenänderung einen gewissen Anteil an Biegedehnung enthalten. Dieser Einfluß kann ausgeglichen werden, wenn man die Messung gleichzeitig mit zwei einander gegenüberliegenden Meßgeräten vornimmt. Die Anordnung von zwei Meßuhren M, Abb. 38, die mit den Schneiden a und b an der Probe angeklemmt sind, führt zu einem verhältnismäßig schweren, unhandlichen Gerät.

Abb. 39 zeigt schematisch ein Dehnungsmeßgerät für Zugproben, das einen einwandfreien Abgriff der reinen Längendehnung sowie eine reibungs- und zwangfreie Übertragung auf die Meßuhr M gewährleistet. Die Schneiden a_1, b_1, die die Meßstrecke abgrenzen, sind wechselseitig zur Probenachse angeordnet.

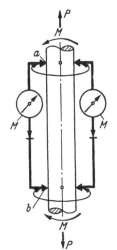

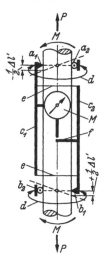

Abb. 38. Längenänderungsmessung an einer Zugprobe mit zwei Meßuhren.

Abb. 39. Biegungsfreie Längenänderungsmessung an einer Zugprobe mit einer Meßuhr (Elastimeter Bauart Huggenberger).
a_1, b_1 Marken, die die Meßlänge begrenzen; a_2, b_2 bewegliche Stützpunkte; c_1, c_2 Meßstange, durch biegsame Stahlbänder e miteinander verbunden; d Anspannklammer; f Gegenlager; M Meßuhr.

Die gegenüberliegenden Stützpunkte a_2, b_2 können sich in Richtung der Probenachse bewegen. Die beiden Stäbe c_1, c_2 sind durch die beiden Blattfedern e miteinander verbunden. Diese Parallelführung sichert die spielfreie Übertragung der biegungsfreien Längsbewegung durch den Arm f auf die $1/1000$ mm-Meßuhr M. Das Gerät wird für Probedurchmesser von 12 bis 25 mm gebaut. Die normale Meßlänge von 125 mm kann durch Zwischenschalten von Verlängerungsstäben bis auf 250 mm erweitert werden.

c) Dehnungsmesser mit Hebelübersetzung.

Im Vergleich zu Geräten, die mit Meßuhren arbeiten, ist der Anzeigebereich der Geräte mit Hebel oder Hebelmechanismus erheblich kleiner. Dem kleineren Anzeigebereich steht jedoch der Vorteil der stärkeren Vergrößerung des Meßwerts, die größere Empfindlichkeit, Genauigkeit und das bedeutend geringere Gewicht gegenüber. Mit zwei gekoppelten Hebeln erreicht man eine 3000- bis 4000fache Vergrößerung bei kleiner Gerätehöhe und geringem Raumbedarf. Die Längenänderung wird in der Regel unmittelbar vom Ende des Hebels, der als Schneide ausgebildet ist, abgegriffen. Von besonderer Wichtigkeit ist die richtige Ausbildung der Gelenke. Die grundlegenden Bauformen für solche Gelenkstellen sind in Abb. 40 zusammengestellt.

Abb. 40a zeigt das doppelte Schneidenprisma mit V-Lager. Der Schub in Richtung der Meßfläche wird bei der Ausführung in Abb. 40b durch das dünne Stahlbändchen a aufgenommen, das einerseits am Lagerkörper und andererseits am Schneidenprisma verschraubt ist. In Abb. 40c besteht die elastische Verbindung von Schneide und Lagerkörper aus einem Stück. Die in Abb. 40d dargestellte Lösung mit Zylinderzapfen und V-Lager weist natur-

gemäß größere Reibung auf. Als Verbindung von festem und beweglichem Stützfuß bei sehr kleiner Meßlänge haben sich die beiden in Abb. 40e und f aufgeführten Bauelemente gut bewährt. Die dünne Verbindungslamelle ist in einem
Falle aus einem zylindrischen Stahlstäbchen herausgefräst, während sie im
anderen Falle durch ein dünnes Stahlband verwirklicht ist. Praktisch reibungs-
und spielfreie Bewegungsübertragung gewährleistet auch das Kreuzfedergelenk

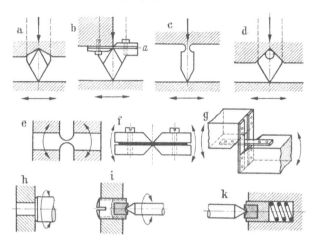

Abb. 40. Die gebräuchlichsten Bauelemente der mechanischen Dehnungsmesser.
a—d Abgriff und Übertragung der Längenänderung; e—g Ausbildung von Gelenken; h—k Lagerung des Zeigers.

nach Abb. 40g. Die anzeigenden Bauelemente der Meßgeräte sind in der Regel
als Drehlager Abb. 40h bis k ausgebildet, wobei der Spitzenlagerung gegenüber
der Zapfenlagerung wegen der geringeren Reibung der Vorzug zu geben ist.
Spielfreiheit wird erreicht, indem die eine Lagerpfanne federnd in Achsenrichtung angedrückt wird, Abb. 40k.

Die Entwicklung der neuzeitlichen Geräte nahm ihren Ausgang von dem
um das Jahr 1890 von A. B. W. KENNEDY gebauten Dehnungsmesser, der in Abb. 41

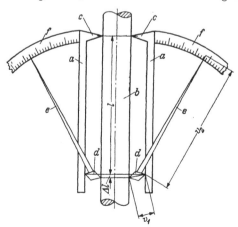

Abb. 41. Dehnungsmeßgerät von KENNEDY.
a Meßschienen; b Probe; c feste Schneiden; d bewegliches Doppelschneidenprisma von der Höhe v_1;
e Übertragungshebel als Zeiger von der Länge v_2;
f Skale; l Meßlänge.

schematisch dargestellt ist. Die
Meßschienen a, die beiderseitig an
der Probe b angesetzt sind, tragen
an einem Ende die feste Schneide c
und an dem anderen eine V-förmige
Stützstelle, in die die Schneidenprismen d gelagert sind. An jedem
Schneidenprisma ist ein Zeiger e
befestigt. Die Zeigerstellung wird
an der Skale f abgelesen. Die
Länge v_2 des Zeigers und die Höhe v_1
der Doppelschneide bestimmen die
Vergrößerung $V = v_2/v_1$, mit der
die Längenänderung der Meßstrecke
angezeigt wird. Die KENNEDY-
Geräte arbeiten mit etwa 50facher
Vergrößerung. Man wird also dieses
Meßgerät nur da einsetzen, wo große
Meßstrecken vorliegen und große

Längenänderungen zu messen sind. Das Gerät ist nur für statische Messungen brauchbar. Es ist für die Belange der Werkstoffprüfung gebaut worden und wird vorwiegend zur Bestimmung der 0,2-Dehngrenze benutzt. Durch Mittelung beider Meßwerte hat man die Möglichkeit, zusätzliche durch die Probeneinspannung bedingte Biegedehnungen zu kompensieren.

Ein ebenfalls mit Meßschiene und beweglicher Doppelschneide aber zweifacher Übersetzung arbeitendes Gerät ist der Dehnungsmesser von E. SIEBEL, Abb. 42[1]. Der feste Meßfuß ist in Form einer Spitzenschraube b an der Grund-

schiene a befestigt. Der erste Hebel c stützt sich mittels der Doppelschneide d einerseits in das zweite Ende der Meßstrecke, andererseits in eine Kimme e der Grundschiene a. Das Ende dieses Hebels ist mit einem Nonius versehen und spielt auf einer mit der Schiene a fest verbundenen Skale f. Hier kann die Längenänderung der Meßstrecke bei geringer Vergrößerung abgelesen werden.

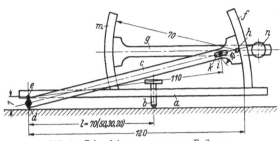

Abb. 42. Zeigerdehnungsmesser von E. SIEBEL.

a Grundschiene; b Spitzschraube als fester Meßfuß; c Hebel mit Doppelschneidenprisma d, in der Kimme e sitzend; f Skale; h Drehpunkt für Zeigerhebel g mit Stift i im Führungsschlitz k; m Skale; n Gegengewicht.

Der zweite Hebel g ist in dem an der Schiene a festen Drehpunkt eben gelagert und greift mit einem Stift i in den Schlitz k des Hebels c ein. Das Hebelende, das ebenfalls mit einem Nonius versehen ist, spielt auf der mit der Meßschiene fest verbundenen Skale m. Man kann an dieser Stelle die Längenänderung der Meßstrecke mit etwa 100facher Vergrößerung ablesen.

Eine wesentlich höhere Übersetzung erreicht der Dehnungsmesser von A. MESNAGER, Abb. 43, bei dem über einer Meßstrecke von $l = 50$ mm drei Hebel h, n und g miteinander gekoppelt sind. Als Drehachsen werden Kreuzfedergelenke d, e und m und als Verbindungselement Stahlfederbändchen f und i verwendet. Die Vergrößerung bei 3facher Übertragung beträgt

$$V = \frac{v_2}{v_1} \frac{w_2}{w_1} \frac{r_2}{r_1} = 2000. \qquad (1)$$

Abgesehen vom großen Gewicht der Hebel und der großen Bauhöhe von etwa 250 mm ist diese Bauweise wegen der spiellosen und reibungsfreien Übertragung als vorbildlich anzusprechen.

Eine bedeutende Verringerung des Gewichts und des Raumbedarfs brachte der Dehnungsmesser von OKHUIZEN, Abb. 44, der mit 1000facher Vergrößerung arbeitet. Das plattenförmige Gestell a trägt die feste Meßschneide b. Der Hebel c trägt am unteren Ende die Meßschneide d und stützt sich mit einem Querzapfen e in einer V-Nut im Gestell ab. Die Hebelbewegung wird vom Zapfen f

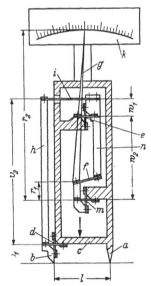

Abb. 43. Dehnungsmeßgerät von A. MESNAGER.

a feste Schneide; b bewegliche Schneide; c Gestell; d, e, m Kreuzbandfedergelenke; f, i Kupplungsbändchen; g Zeigerhebel; h, n Übertragungshebel; k Skale.

---

[1] Mitt. K.-Wilh.-Inst. Eisenforschg. Bd. 7 (1925/26) S. 113.

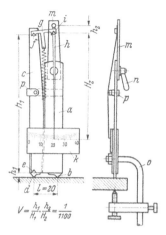

$$V = \frac{h_1}{H_1} \cdot \frac{h_2}{H_2} = \frac{1}{1100}$$

Abb. 44. Dehnungsmesser von OKHUIZEN.

a Gestell mit fester Meßschneide *b*; *c* Haupthebel mit Meßschneide *d* und Querzapfen *e*; *f*, *i* Zapfen, in den Übertragungsbügel *g* eingreifend; *h* Zeiger mit Lagerstelle *m*; *k* Skale.

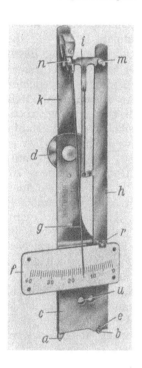

Abb. 45. Dehnungsmeßgerät Bauart OKHUIZEN-
HUGGENBERGER, Tensometer Typ B.

a feste Schneide im Schneidenkasten *c*; *b* bewegliche Schneide im Zapfenlager *e* mit Übertragungshebel *h*; *g* Zeiger; *i* Verbindungskupplung von Zapfen *m* am Hebelende; *k* Ver-
dreharm zum Einstellen des Zeigers bei gelöster
Rändelmutter *d*; *f* Skale; *u* Bohrungen zum
Anbringen der Aufspannvorrichtung.

durch den unter Federspannung
stehenden Bügel *g* auf den
Zapfen *i* des bei *m* im Gestell
gelagerten Zeigers *h* übertragen.
Die Zeigerstellung ist an der
Skale *k* abzulesen.

Dieser Dehnungsmesser wird
von A. U. HUGGENBERGER als
Tensometer Type B und C gebaut, Abb. 45. Der Zeiger *g* kann
bei gelöster Rändelmutter *d* auf
beliebige Punkte der Skale *f* eingestellt werden. Das Gerät eignet sich infolge seiner robusten
Bauweise sowohl für rauhe Be-
triebsverhältnisse als auch für
Messungen im Laboratorium.
Es wird vorzugsweise zur Prüfung von Werkstoffen und Bauwerken aus Stein und Beton
benutzt.

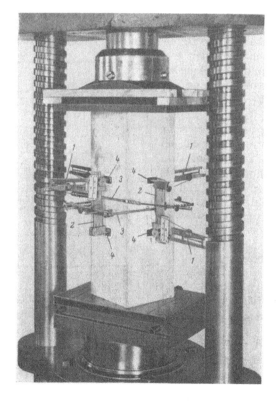

Abb. 46. Ermittlung des Elastizitätsmoduls von Beton mit Hilfe
von 4 Tensometern Bauart Huggenberger.

1 Tensometer Typ B; *2* Verlängerungsstangen für 100 mm
Meßlänge; *3* Anspannbügel; *4* mit Gips auf der Prismenfläche
geklebte Kupferplättchen.

Abb. 46 zeigt die Anwendung des Tensometers Type B zur Ermittlung des Elastizitätsmoduls an einer prismatischen Druckprobe aus Beton. Die Tensometer *1* sind zu diesem Zweck mit einer Verlängerungsvorrichtung *2* versehen, welche die Meßstrecke auf 100 mm erweitert. Die federnde Bügelklemmvorrichtung *3* ermöglicht, gleichzeitig zwei einander gegenüberliegende Tensometer festzuhalten. Die Schneide am verschiebbaren Fuß und die bewegliche Schneide

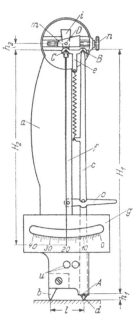

Abb. 47. Dehnungsmessung an einer Zugprobe aus Holz mit Hilfe von zwei einander gegenüberstehenden Tensometern Typ C.

c Kasten des Tensometers mit Skale; *d* feste Schneide der Verlängerungsstange für 50 mm Meßlänge; Mutter zum Anklemmen der Doppelklammer; *f* Klemmutter zur Verbindung der Verlängerungsstange mit dem Tensometer. Durch Schrägstellen des Tensometers wird die feste Schneide des Tensometers ausgeschaltet.

Abb. 48. Aufbau des Tensometers (Bauart Huggenberger), Type A.

a Gehäuse mit festem Meßfuß *b*; *c* Haupthebel mit Doppelschneide *d* bei *A* gelagert; *e* Übertragungsbügel; *f* Zeigerhebel mit Gegengewicht *i* im Schlitten *m* bei *D* gelagert; *g* Spiegelskale; *n* Stellschraube zur Zeigereinstellung; *o* Arretierungshebel.

des Tensometers ruhen auf kleinen Kupferplättchen *4*, die mittels Gips auf der Prüffläche aufgeklebt sind. In der Regel werden alle vier Prismenflächen mit Tensometern versehen.

Das Tensometer Type C mit 300 facher Vergrößerung eignet sich für die Untersuchung von Werkstoffen, die durch große Elastizität gekennzeichnet sind, wie etwa Leichtmetalle oder Holz. In Abb. 47 sind an einer Zugprobe aus Holz zwei derartige Tensometer mit einer Doppelklammer *e* befestigt. Die Meßstrecke von 20 mm ist durch eine zusätzliche an das Tensometer angeschraubte Verlängerungsschiene *d* auf 50 mm erweitert.

Der Dehnungsmesser von OKHUIZEN wurde von HUGGENBERGER in verschiedenen Typen weiterentwickelt. Abb. 48 zeigt den Aufbau des Tensometers Form A. Das plattenförmige Gehäuse *a* greift mit dem daran befestigten schneidenförmig ausgebildeten Fuß b in das eine Ende der Meßstrecke ein. In das zweite Ende wird die Schneide d des Haupthebels c eingesetzt. Dieser Hebel ist in einer geschliffenen Pfanne A mit Querschneiden gelagert, so daß ein spielfreies Arbeiten gewährleistet ist. Das obere Ende des Haupthebels trägt wieder eine Schneide B, in welche der unter Federspannung stehende Bügel e eingreift. Der Bügel überträgt die Bewegung des Hebels c auf den Zeigerhebel f, der am oberen Ende an der Stelle D in Spitzen gelagert ist und auf einer Spiegelskale g spielt. Der Zeigerhebel f ist durch ein Gegengewicht i ausgewuchtet und in einem am Gehäuse geführten Schlitten m gelagert, der zwecks Einregelung des Nullpunkts mit einer feingängigen Stellschraube n verschoben werden kann.

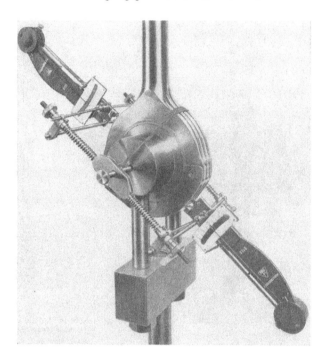

Abb. 49. Messen der Verformung eines Pleuelstangenkopfs mit Hilfe von Huggenberger-Tensometern, Type A, Meßlänge 10 mm.

Zum Arretieren des Geräts dient der Hebel o. Beim Überschreiten des Meßbereichs gleiten die Schneiden B und C aus den dachförmigen Lagerstellen und verhüten dadurch eine Beschädigung des Mechanismus. Die Vergrößerung ergibt sich aus dem Verhältnis der Hebelabschnitte h_1, H_1 und der Zeigerabschnitte h_2, H_2 zu

$$V = \frac{h_1}{H_1} \frac{h_2}{H_2},$$

die bei den verschiedenen Bauformen zwischen 300- und 3700fach liegt. Durch das Auswuchten des Hebelmechanismus kann das Tensometer in jeder beliebigen Stellung am Prüfgegenstand verwendet werden, ohne an Empfindlichkeit und Genauigkeit einzubüßen. Ein geübter Beobachter ist imstande, auf 0,1 bis 0,2 mm genau abzulesen. Beim Tensometer A beträgt die Meßstrecke 20 mm. Sie kann durch Umstellen der festen Schneide a auf 10 mm verkürzt werden. Abb. 49 zeigt zwei an einer Pleuelnabe mittels Federbügel aufgeklemmte Geräte.

Bei beengtem Raum an der Meßstelle kommt das Tensometer in liegender Bauweise nach Abb. 50 zur Anwendung.

Das Tensometer Type U, Abb. 51, besitzt zwei miteinander gekoppelte Hebel d und h, so daß mit dem Zeiger g eine 3malige Übersetzung von 3700fach erzielt wird. Die Meßlänge beträgt 5 mm. Die gedrungene Bauweise ermöglicht eine Bauhöhe von nur 78 mm bei einem Gewicht von 20 g.

Das kleine Gewicht der Tensometer, das je nach der Bauart zwischen 20 und 70 g liegt, ermöglicht die Befestigung in jeder beliebigen Stellung. Das Gehäuse hat bei den gebräuchlichsten Geräten zwei Bohrungen zum Anbringen der Befestigungs-

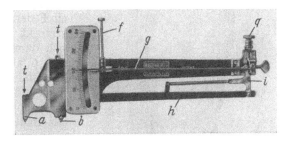

Abb. 50. Huggenberger-Tensometer Typ Eh, liegende Bauart.
a feste Schneide; b bewegliches Doppelschneidenprisma; h Übertragungshebel; i Verbindungskupplung mit Zeiger g; f Feststellvorrichtung des Zeigers; q Zeigerverstellvorrichtung; t Flächen zum Anschlagen mit kleinem Hämmerchen zwecks Erstellung feiner Kerben für Schneide a und b.

mittel. Eine große Anzahl verschiedenartiger Aufspannvorrichtungen wurden im Lauf der Zeit entwickelt. So zeigt z. B. Abb. 52 ein Tensometer, welches mit einem Winkel W verschraubt ist. Auf dem horizontalem Schenkel sitzt

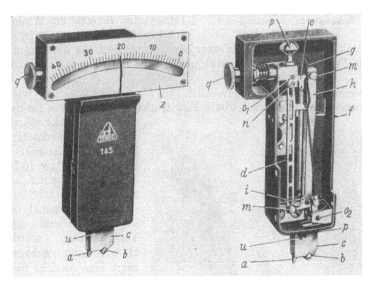

Abb. 51. Huggenberger-Tensometer Type U mit 5 mm Meßlänge und 3700facher Vergrößerung.
a) einsatzbereit; b) Zifferblatt z und Schutzdeckel entfernt.

a feste Schneide; b bewegliches Doppelschneidenprisma; h erster Übertragungshebel; e erster Kupplungsbügel; d zweiter Übertragungshebel mit Drehpunkt O_1; i zweiter Kupplungsbügel zum Zeiger g mit Drehpunkt O_2; p Ausgleichsgewicht des Hebelmechanismus; q Zeigerverstellknopf; u Bohrung mit Kasten c zum Einhaken der Aufspannvorrichtung.

die Stütze S, die oben zwei Nuten hat. Die Stellschraube Sch ermöglicht eine Dreipunktlagerung. In der einen Nute liegt der Draht D, der durch Gewichte oder Federzüge gespannt wird, wodurch das Tensometer gegen die Meßfläche gedrückt wird.

Bei der Prüfung größerer Bauteile haben sich Aufspannböckchen *A* nach Abb. 53 gut bewährt. Sie werden durch Löten oder Schweißen auf dem Bauteil befestigt.

Die Aufspannböckchen *A* tragen ein Schlitzloch sowie eine Stellschraube *S*. Je nach Meßrichtung kann durch das Gehäuse des Tensometers *T* ein Federrundstab *F* oder ein Querstab *Q* gesteckt werden. Der Querstab *Q* stützt sich dann auf einem gegabelten Federstab *G* ab. Die Federstäbe sind durch die Schlitze der Aufspannböckchen geführt und werden mit den Stellschrauben verspannt, wodurch die Tensometer auf das Bauteil gedrückt werden.

Zur Befestigung des Tensometers an Eisen- und Stahlbauteilen eignet sich auch der Elektromagnet *J* gemäß Abb. 54, der von einem Akkumulator von 12 Volt Spannung gespeist wird. Er entwickelt eine Haftkraft von etwa 40 kg. Auf der Jochplatte ist eine geschlitzte Schiene *K* angeschraubt, die eine Stellschraube trägt, mit der beispielsweise auf den Schenkel des am Tensometer befestigten Winkels *G* gedrückt wird. Bei dieser Aufspannart ist jedoch Vorsicht geboten, da bei einer Stromunterbrechung die Tensometer abfallen. Die Tensometer werden zweckmäßigerweise mit einem Faden am Bauteil gesichert.

Abb. 52. Befestigung eines Tensometers auf einem Rohr. Tensometer *T*; Spannwinkel *W*; Drahtstütze *S*; Spanndraht *D*; Stellschraube *Sch*.

Zur Messung des Dehnungsverlaufs an Unstetigkeitsstellen, wie Kerben und Bohrungen, ist eine verstellbare Meßstrecke erwünscht, wie sie das Tensometer nach Abb. 55 zeigt. Mit Hilfe einer Mikrometerschraube kann die Meßstrecke zwischen 35 bis 40 mm bzw. 10 bis 15 mm auf 0,02 mm genau eingestellt werden.

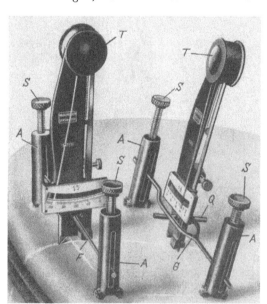

Ein Zeigergerät mit 5 mm Meßstrecke und 2500facher Vergrößerung wurde von H. GRANACHER gebaut. Abb. 56 zeigt eine Ansicht des Geräts. Durch Ausbohren von Gestell und Hebel wurde das Gewicht vermindert. Bei diesem Gerät wird eine große Meßgenauigkeit dadurch erreicht, daß eine

Abb. 53. Befestigung von Tensometern auf einem Kesselboden.

T Tensometer; *A* Aufspannböckchen; *S* Stehschraube; *F* gerader Federrundstab; *G* gegabelter Federstab.

Abb. 54. Befestigung eines Tensometers mittels Magnet an einer Stahlkonstruktion.

a feste Schneide; *b* bewegliches Doppelschneidenprisma; *g* Zeiger; *h* Übertragungshebel; *q* Stellschraube; *G* Winkel an der Rückseite des Tensometers angeschraubt; *J* Magnet mit 40 kg Haftkraft bei 12 Volt Gleichstromspannung; *K* Geschlitzte Schiene mit Schraube.

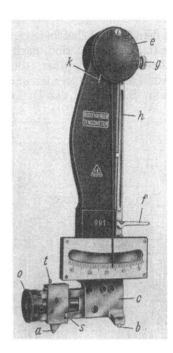

Abb. 55. Huggenberger-Tensometer Typ AX mit mikrometrisch verstellbarer Meßlänge zum Ausmessen von Spannungsspitzen.

a mikrometrische, verstellbare feste Schneide; *b* bewegliches Doppelschneidenprisma; *c* Kasten des Tensometers; *f* Arretierungshebel; *h* Übertragungshebel; *e* Deckel zum Gehäuse des Zeigerlagers; *g* Zeigerverstellvorrichtung; *k* Marke für größte Zeigerverstellung; *o* Mikrometer-Ablesetrommel; *t* Schlagkopf zum Anschlagen zwecks Ausbildung der Kerbe für die feste Schneide *a*.

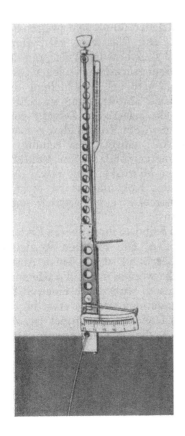

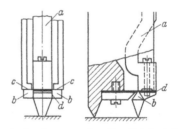

Abb. 57. Lagerung des Haupthebels beim Dehnungsmesser von H. GRANACHER.

a Haupthebel mit Doppelschneide *b*; *c* gehärtete Planfläche; *d* Federband.

Abb. 56. Zeigerdehnungsmesser mit 5 mm Meßstrecke von H. GRANACHER.

an dem Haupthebel befestigte Doppelschneide in eine Pfanne am Gestell eingreift. Weiterhin sind nach Abb. 57 auf beiden Seiten des Haupthebels *a* Schneiden *b* angeordnet, die auf eine gehärtete ebene Fläche *c* des Grundgestells aufgesetzt werden und so geschliffen sind, daß sie genau in eine Gerade fallen. Sie sichern das Drehgelenk gegen Verschiebungen in Richtung senkrecht zur Meßstrecke. Parallel zur Meßstrecke wird das Drehgelenk durch ein Federband *d* von 0,03 mm Dicke festgelegt, das einerseits auf dem Grundgestell, andererseits am Haupthebel festgespannt wird, wobei eine freitragende Gelenkstelle von 0,2 mm Länge verbleibt, deren Mitte genau in die Schneidenlinie fällt. Das Gerät benötigt wegen seines geringen Gewichts nur eine geringe Aufspannkraft.

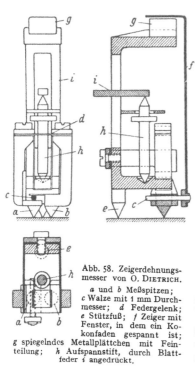

Abb. 58. Zeigerdehnungsmesser von O. DIETRICH.
a und *b* Meßspitzen; *c* Walze mit 1 mm Durchmesser; *d* Federgelenk; *e* Stützfuß; *f* Zeiger mit Fenster, in dem ein Kokonfaden gespannt ist; *g* spiegelndes Metallplättchen mit Feinteilung; *h* Aufspannstift, durch Blattfeder *i* angedrückt.

Ein Zeigergerät kleinster Abmessung ist der von O. DIETRICH entwickelte Dehnungsmesser, Abb. 58, der mit drei Spitzen ausgerüstet ist, von denen zwei in die Enden der Meßstrecke gesetzt werden, während die dritte das Grundgestell abstützt. Die Längenänderung der Meßstrecke wird durch das Abrollen der Walze *c* von etwa 1 mm Durchmesser zwischen zwei Flächen angezeigt. Die erste Fläche ist auf dem mit dem einen Ende der Meßstrecke verbundenen Füßchen angeordnet, die zweite besteht aus einer Blattfeder, die an dem zweiten Füßchen befestigt ist. Die Blattfeder wird derart angespannt, daß zwischen der Walze und den Flächen eine Reibungskraft von solcher Größe zustande kommt, daß bei Verschiebung der Flächen die Walze abrollt, ohne zu gleiten. Die Drehung der Walze wird durch einen an ihr befestigten Zeiger *f* gemessen, der am oberen Ende ein Fenster trägt, in dem ein Kokonfaden gespannt ist. Dieser spielt auf einer auf spiegelndem Metall *g* eingeritzten Teilung, bei der 1 mm in 100 Teile geteilt ist (Objektmikrometer) und die am Meßfüßchen *a* befestigt wird. Die Anzeige wird durch ein Mikroskop mit etwa 200facher Vergrößerung abgelesen. Die Verschiebung des Kokonfadens ist etwa 30mal so groß wie die Längenänderung der Meßstrecke; ein Teilstrich entspricht also einer Längenänderung von rd. 0,003 mm.

Die mit Spitzen versehenen Füßchen *a* und *b* sind an ihren oberen Enden durch ein Blattfedergelenk *d* miteinander verbunden. Die Füßchen werden durch ein dünnes Federband aufgespannt. Das Federband ist um einen Ansatz des Grundgestells geschlungen, seine beiden Enden werden durch die Klemmschuhe des Federbandgelenks befestigt. Das Grundgestell wird durch einen Stift *h* mit kegeligen Enden angedrückt, der in eine Pfanne eingreift, die etwa im Schwerpunkt des durch die drei Spitzen gebildeten Dreiecks angeordnet ist. Auf das obere Ende des Stifts drückt eine Blattfeder *i*, die an einer Spannvorrichtung befestigt ist.

d) Dehnungsmesser mit Torsionsband.

Große Übersetzungen lassen sich erreichen, indem die Längenänderung der Meßstrecke über ein verdrilltes Metallband in eine Drehbewegung des Zeigers

übertragen wird. C. E. JOHANNSSON baute auf dieser Grundlage das Extensometer, in liegender und stehender Ausführung. Bei diesem Gerät nach Abb. 59
ist die Schneide a im Gehäuse c auswechselbar eingebaut. Die bewegliche
Schneide b ist mit der Leiste d verbunden, die über das federnde Band e mit
dem Gehäuse verschraubt ist. Die Übersetzungsvorrichtung besteht aus dem
verdrillten Metallband f von rechteckigem Querschnitt, dessen eine Hälfte von
der Mitte ausgehend rechtsgängig und dessen andere Hälfte linksgängig
schraubenförmig gewunden ist. Das eine Ende des Metallbands ist an der
Klemmvorrichtung h eingespannt, während das gegenüberliegende Ende durch
die Blattfeder i gehalten wird. Das Blattfederende stützt sich gegen das Ende
der Einstellschraube q, die in der Leiste d gelagert ist. Dreht man bei un-
veränderlicher Meßstrecke die Einstellschraube, so verdreht sich das Band und
der in der Mitte angebrachte Zeiger g schwingt
über der Skale k aus. Die Stellschraube q ermöglicht also, den Zeiger zu verstellen bzw.
in die Nullage zu bringen. Ändert sich die
Länge der Meßstrecke, so überträgt die bewegliche Schneide b diese Bewegung über das
Torsionsband in eine Drehbewegung des Zeigers.
Zum Aufspannen des Geräts werden federnde
Bänder benutzt, die über den Rücken n des

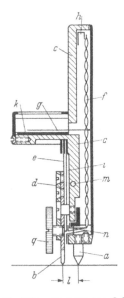

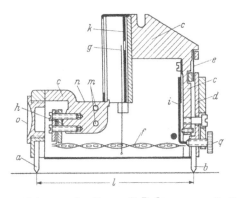

Abb. 59. Dehnungsmeßgerät von C. E. JOHANNSON mit 50 mm
Meßlänge, horizontale Anordnung.
a feste Spitze; b bewegliche Spitze; c Gehäuse; d Übertragungs-
arm; e Stahlband; f Torsionsband; g Zeiger; h Klemmvorrichtung; i Blattfeder; k Skale; l Meßlänge; m Bohrung zur
Aufnahme des Anspannmittels; o Deckel; q Stellschraube.

Abb. 60. Dehnungsmesser von C. E. Jo-
HANNSON mit 10 mm Meßlänge, senkrechte
Anordnung.
a feste Spitze; b bewegliche Spitze;
c Gehäuse; d Halter der beweglichen
Spitze; e Stahlband; f Torsionsband;
g Zeiger; h Aufhängebügel; i Blattfeder;
k Skale; l Meßlänge; m Bohrung zur
Aufnahme des Anspannmittels; n Winkel-
hebel; q Stellschraube.

Geräts gelegt werden. Außerdem ist das Gehäuse mit zwei Gewinde-
bohrungen m versehen zum Anklemmen von Befestigungsvorrichtungen.
Entfernt man den Deckel o, so kann in das Gewinde ein Rohr mit verstellbarer Schneide eingeschraubt werden, wodurch die Meßlänge bis auf 250 mm
verlängert werden kann. Der normale Abstand der schneidenförmig ausgebildeten
Meßfüße beträgt 50 mm. Das Gerät wird mit einer Übersetzung 1:100, 1:200,
1:1000 und 1:5000 entsprechend einem Anzeigebereich von 0,5, 0,25, 0,05
und 0,01 mm gebaut. Die erzielte Übersetzung hängt von der Länge, den
Querschnittsabmessungen, der Anzahl der Windungen und dem Werkstoff des
Bandes ab. Das Band ist so dimensioniert, daß die Winkeldrehung des Zeigers
proportional der Längenänderung ist.

Bei der stehenden Bauart, Abb. 60, ist das Torsionsband f senkrecht angeordnet. Die Verschiebung des Meßfußes b wird durch den Winkelhebel n übertragen. Die feste Schneide a ist in einem verstellbaren Schlitten befestigt, so daß die Meßlänge zwischen 3 und 1 mm eingestellt werden kann. Im übrigen

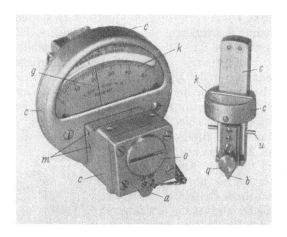

Abb. 61. Ansicht der Johannson-Dehnungsmesser (Extensometer), horizontale Bauart (links) — vertikale Bauart (rechts).

a feste Spitze; *b* bewegliche Spitze; *c* Gehäuse; *g* Zeiger; *q* Stellschraube für Torsionsband; *o* Gehäusedeckel; *m* Löcher zur Aufnahme der Aufspannmittel; *u* Aufspannstift.

sind die gleichen Bauelemente wie beim liegenden Gerät vorhanden. Der Anzeigebereich beträgt 0,01 bzw. 0,02 mm bei einer 2000- bzw. 1000fachen Vergrößerung. Das Gewicht der beiden Geräte beträgt 450 und 130 g. Abb. 61 zeigt die Ansicht der beiden Bauformen des Extensometers.

3. Dehnungsmeßgeräte auf optischer Grundlage.

a) Allgemeine Betrachtungen.

Bei den Meßgeräten auf optischer Grundlage wird die Längenänderung der Meßstrecke unter Zwischenschaltung einer mechanischen Übertragung in die Drehung eines Spiegels umgewandelt, auf den ein Lichtstrahl fällt, dessen Auslenkung gemessen wird. Es lassen sich auf diese Weise beträchtliche Vergrößerungen erreichen, ohne daß nennenswerte Reibungs- oder Masseneinflüsse in Kauf genommen werden müssen.

Man unterscheidet in der Hauptsache Geräte mit Fernrohrablesung und mit Lichtmarkenablesung. Bei den mit Fernrohrablesung arbeitenden Geräten wird eine beleuchtete Skale über den durch den beweglichen Meßfuß in Drehung versetzten Spiegel mit einem Fernrohr abgelesen. Spiegel, die auf der Oberseite reflektieren, sind dabei denjenigen vorzuziehen, die aus einer an der Unterseite versilberten Glasplatte bestehen, da im letzteren Falle Doppelreflektionen möglich sind, die die Abbildungsgenauigkeit beeinträchtigen. Das Einrichten der Spiegel kann unter Umständen zeitraubend sein.

Die Lichtmarkengeräte benötigen eine besondere Lichtquelle. Dabei wird eine meist zu einem feinen Strich ausgeblendete Lichtmarke über den Drehspiegel auf eine Skale geworfen. Man vermeidet so das die Augen ermüdende Fernrohrablesen und nimmt dafür die oft etwas unscharfe Strichabbildung in Kauf.

Bei den meisten mit Drehspiegel arbeitenden optischen Dehnungsmeßgeräten müssen der auf dem Bauteil angebrachte Drehspiegel und die Ableseeinrichtung räumlich getrennt angeordnet werden. Man benötigt in diesem Falle entweder einen zweiten, fest mit dem Bauteil verbundenen Festspiegel oder zwei gleichartige in verschiedenem Drehsinn arbeitende bewegliche Spiegel, um ein etwaiges Verrutschen zwischen Drehspiegel und Ableseeinrichtung ausgleichen zu können. Durch Verwendung einer besonders stark vergrößernden Optik (Autokollimationsprinzip) ist es aber auch möglich, Drehspiegel und Ableseeinrichtung in einem Gerät zu vereinigen. Weniger Gebrauch wird von Interferenzverfahren gemacht, die jedoch für Sonderzwecke wertvolle Dienste leisten können.

b) Geräte mit Fernrohrablesung.

Das bekannteste Drehspiegelgerät mit Fernrohrablesung ist der MARTENS-Spiegelapparat, dessen Schema aus Abb. 62 hervorgeht und der in DIN 50107 genormt ist. Er besteht im wesentlichen aus der Meßschiene a und der Doppelschneide b mit dem Drehspiegel c. Die Meßschiene trägt an einem Ende, wie das KENNEDY-Gerät, eine Schneide d und am anderen Ende eine Kerbe e, in welche die Doppelschneide mit dem Drehspiegel eingesetzt wird. Bei der Messung wird die Meßschiene durch eine federnde Klammer g oder Gummifäden gegen das Bauteil gedrückt. Bei einer Längenänderung der Meßstrecke erfolgt eine Drehung der Doppelschneide mit dem daran sitzenden Drehspiegel. Der Betrag dieser Drehung wird dadurch gemessen, daß das Bild eines ortsfest aufgestellten und gut beleuchteten

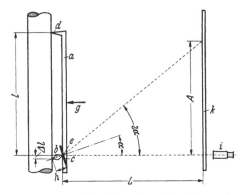

Abb. 62. Schematische Darstellung des MARTENSschen Spiegelgeräts.

a Meßschiene mit Schneide d; b bewegliches Doppelschneidenprisma von der Höhe h; c Planspiegel; e Pfanne in der Meßschiene; g Spannvorrichtung; i Fernrohr; k Ablesemaßstab.

Maßstabs k über den Drehspiegel c mittels Fernrohr i abgelesen wird. Hat die Doppelschneide b die Höhe h, so dreht sie sich und mit ihr der Drehspiegel c bei einer Längenänderung Δl der Meßstrecke l um den Winkel α, wobei $\sin\alpha = \Delta l/h$ ist. Stellt L den Abstand des Maßstabs vom Spiegel dar, so ergibt sich nach dem Reflexionsgesetz eine Winkeldrehung des Lichtstrahls von 2α und somit eine Verschiebung des Maßstabbilds um $A = L \cdot \mathrm{tg}\, 2\alpha$. Das Übersetzungsverhältnis ist also

$$V = \frac{h \sin\alpha}{L \,\mathrm{tg}\, 2\alpha} \cdot \qquad (2)$$

Ist α, wie dies in der Regel der Fall ist, ein kleiner Winkel, so kann mit genügender Näherung $\sin\alpha \approx \alpha$ und $\mathrm{tg}\, 2\alpha \approx 2\alpha$ gesetzt werden. Dann wird

$$V \approx \frac{h}{2L} \cdot \qquad (3)$$

Mit den üblicherweise verwendeten Abmessungen $h = 4$ mm und $L = 1000$ mm ergibt sich $n = 500$. Die Gl. (3) kann bis zu einem Drehwinkel von $\alpha = \pm 2°$ benutzt werden. Darüber hinaus ist die genaue Gl. (2) zu verwenden (siehe auch Abschn. V).

Der MARTENS-Spiegelapparat ist bis herab zu Meßstrecken von 25 mm in Gebrauch. Er findet hauptsächlich Anwendung in der Werkstoffprüfung zur Ermittlung der Elastizitätsgrenzen und des Elastizitätsmoduls, sowie bei der Untersuchung von Werkstoffprüfmaschinen. Biegeeinflüsse werden dadurch ausgeschaltet, daß zwei Spiegelgeräte auf gegenüberliegenden Seiten der Probe angeordnet werden. Da beide Spiegel sich bei einer Längung der Meßstrecke gegenläufig verdrehen, läßt sich eine räumliche Verschiebung zwischen Probe und Ableseeinrichtung durch Mittelwertbildung der beiden Ablesungen kompensieren. Zweckmäßigerweise wählt man, um größte Empfindlichkeit zu erreichen, bei der Messung die größte, an der Probe unterzubringende Meßstrecke. Beim

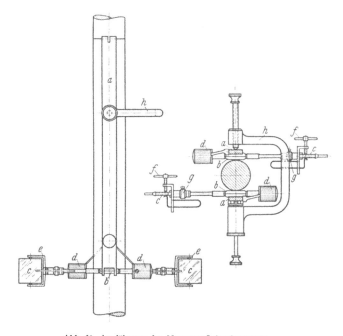

Abb. 63. Ausführung des MARTENS-Spiegelapparats.
a Meßschienen; *b* Doppelschneidenprisma mit Gabel *e* für Planspiegel *c*; *d* Gegengewicht; *f* Einstellschraube für Planspiegel; *g* Drehgelenk; *h* Spannbügel.

Ansetzen der Doppelschneiden muß darauf geachtet werden, daß die Schneiden genau senkrecht zur Stabachse stehen.

Die praktische Ausführung des MARTENS-Spiegelapparats ist aus Abb. 63 zu ersehen. Am gegabelten Ende der beiden Meßschienen *a* sind die Doppelschneiden *b* eingesetzt, die auf ihrer Achse in einer Gabel *e* die Planspiegel *c* tragen. Am anderen Ende der Drehachse sitzen die als Griffe ausgebildeten Gegengewichte *d*. Die Drehgelenke *g* sowie die Stellschrauben *f* ermöglichen das Einstellen des Spiegels in bezug auf Ablesefernrohr und Maßstab. Ein federnder Spannbügel *h* drückt die Meßschneiden an den Probestab. Abb. 64 zeigt die gesamte Meßeinrichtung.

c) Spiegeldehnungsmesser mit Hebelübersetzung und Fernrohrablesung.

Das Bedürfnis nach höherer Übersetzung stellt sich besonders dort ein, wo kleinste Meßlängen von 0,5 bis 2 mm erforderlich sind. Auch die Nachteile des großen Abstands von Beobachter und Dehnungsaufnahmegerät können vermieden werden, wenn die Längenänderung durch einen Hebel in vergrößertem Ausmaß auf die Doppelschneide übertragen wird. Dieser Gedanke liegt dem Spiegelmeßgerät von E. PREUSS, Abb. 65, zugrunde[1].

Die Meßstrecke l ist durch die beiden Doppelschneiden a, b begrenzt, die den Fuß der beiden beweglichen Hebelarme c und d bilden. Die Doppelschneiden

Abb. 64. Meßanordnung für MARTENS-Spiegelapparat.
A Probe mit Meßschienen und Planspiegel; B Spannklammer; C Fernrohre; D Maßstäbe.

werden durch eine darüberliegende Aluminiumbacke e der Aufspannvorrichtung angedrückt. Die Druckstellen sind die Drehpunkte der Hebel. Die beiden Stahlbändchen f sichern die gegenseitige Lage und die Parallelstellung und sind gleichzeitig Drehgelenk. Der Hebel d trägt oben einen seitlichen Arm, an dem der feste Spiegel g und die gabelförmig gespreizte Blattfeder h befestigt sind. Am gegenüberliegenden Hebel c ist oben ein Winkel befestigt, der auf dem oberen Schenkel in der vertikalen Geräteachse eine kugelförmige Pfanne aufweist. In diese Pfanne stützt sich die Spitze der mittleren Schraube i des jochförmigen Bügels k, der an seinem Ende den Drehspiegel m trägt. An jedem Jocharm sind weitere Schrauben n mit nach oben gerichteter Spitze angeordnet. Auf ihnen ruhen unter Vorspannung die Pfannen o, die am Ende jedes Armes des Bügels k vorhanden sind. Die drei Spitzen liegen in einer Ebene. Der Abstand der mittleren Spitze von der Verbindungsgeraden der beiden äußeren Spitzen entspricht dem Hebelarm V_1. Abgelesen wird in ähnlicher Weise wie beim MARTENS-Spiegelapparat über das Fernrohr p und den Anzeigemaßstab q. Die gesamte Vergrößerung V ergibt sich aus der Gleichung

$$V = 2 \frac{V_2}{V_1} \frac{V_4}{V_3}. \tag{4}$$

---

[1] VDI-Forsch.-Heft Bd. 126 (1912) S. 47.

Die Anwendung eines festen Spiegels ermöglicht, die gegenseitige Verschiebung von Längenänderungsabgriffgerät und Beobachtungsgerät zu ermitteln.

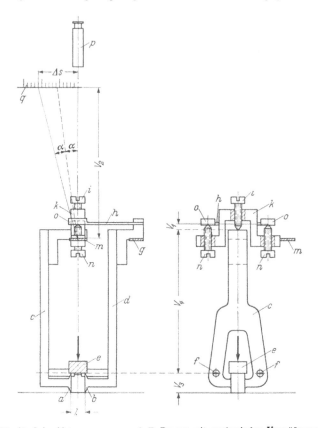

Abb. 65. Spiegeldehnungsmesser nach E. Preuss mit mechanischer Vergrößerung.
a und *b* Meßspitzen am Hebel *c* bzw. *d*; *e* Aluminiumbacke als Gegenlager; *f* Federbändchen; *g* Festspiegel; *h* gabelförmig gespreizte Blattfeder mit Pfannen *o*; *i*, *n* Lagerschrauben; *k* jochförmiger Bügel; *m* Drehspiegel; *p* Fernrohr; *q* Anzeigemaßstab.

Dieses Gerät wurde bei einer Meßlänge von 0,7 bzw. 3,3 mm mit einem Spitzenabstand von $V_1 = 1{,}0$ bzw. 2,0 mm gebaut, wobei die Höhe der Meßstreckenschneide $V_3 = 5$ mm und die Hebellänge $V_4 = 40{,}0$ mm beträgt. Bei einem Fernrohrabstand von $V_2 = 1$ m ergibt sich somit eine Vergrößerung von 1:16000 bzw. 1:8000. Dieses Gerät wurde in der Folgezeit in seiner Grundform mehrfach nachgebaut und durch anders geartete, aber bekannte Bauelemente um-

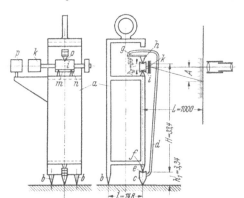

Abb. 66. Spiegeldehnungsmesser von J. Geiger mit doppelter mechanischer Übersetzung.
a Gestell mit zwei festen Spitzen *b*; *d* Haupthebel mit beweglicher Meßspitze *c* über Pfanne *e* auf Schneide *f* abgestützt; *g* Blattfeder mit Schneide *h*; *i* Paßstück mit Drehspiegel *k*; *m*, *n*, *o* Lager für Paßstück *i*; *p* Festspiegel.

gestaltet, wobei u. a. eine wesentlich gedrängtere Bauart bei annähernd gleicher Vergrößerung erreicht wurde.

Mit doppelter Hebelübersetzung arbeitet auch der Dehnungsmesser von J. GEIGER, Abb. 66[1]. Das Grundgestell a wird mit zwei festen Spitzen b in das eine Ende der Meßstrecke gesetzt. In das andere Ende greift die Spitze c des Haupthebels d ein, auf deren Kopf eine Pfanne e angeordnet ist, in die sich eine Schneide f des Grundgestells stützt. Die Bewegung des Haupthebels d wird auf den Spiegelhebel i übertragen. Dieser besteht im wesentlichen aus

Abb. 67. Spiegeldehnungsmesser der Junkers-Motorenwerke, an der Hohlkehle einer Kurbelwelle angesetzt.
a Grundrahmen; g Drehspiegel; m Festspiegel; r Arretierungshebel; t Aufspannklammer; v Druckstütze mit Rändelschraube gegen Spannbügel u drückend.

einem mit drei Pfannen m, n und o versehenen Paßstück. Die beiden Pfannen m und n auf der Unterseite ruhen in zwei am Grundgestell befestigten Spitzen. In die obere Pfanne o greift eine Spitze h ein, die am Ende einer am Kopf des Haupthebels befestigten Blattfeder g sitzt. Sie bewirkt bei Verlängerung der Meßstrecke eine Drehung des Paßstücks i und damit des Meßspiegels k. Schließlich ist noch ein Festspiegel p vorgesehen. Das Gerät erreicht bei 1 m Abstand des Ablesemaßstabs eine 13 400 fache Vergrößerung.

Ein dem PREUSSschen Dehnungsmesser ähnliches Gerät ist von den Junkers-Motorenwerken entwickelt worden. Es ist so gedrängt gebaut, daß es auch an Hohlkehlen angesetzt werden kann. Abb. 67 zeigt die Aufspannung des Geräts in der Hohlkehle einer Kurbelwelle. Die Meßstrecke beträgt 1,5 mm. Zum Ablesen der beiden Spiegel dienen zwei an einem allseitig schwenkbaren Stativ dicht übereinander angeordnete Fernrohre mit 27facher Vergrößerung. Die Maßstäbe sind in einem Abstand von 1500 mm angeordnet. Dabei ergibt sich insgesamt eine rd. 10000fache Vergrößerung.

---

[1] VDI-Erg.-Heft „Technische Mechanik" Bd. 69 (1925) S. 65.

d) Spiegeldehnungsmesser mit Lichtzeiger.

Das meist zeitraubende Einrichten der Spiegel bei Fernrohrablesung sowie das Ermüden der Augen beim Ablesen wird weitgehend vermieden bei dem Spiegelmeßgerät nach MARTENS-HESSE, Abb. 68. Die in die Meßschiene *a* eingesetzte Doppelschneide *b* trägt an Stelle des Planspiegels beim MARTENS-Spiegelapparat in diesem Falle einen Hohlspiegel *c* mit einer Bildweite von 1,5 m. Eine fadenförmige Lichtquelle *d* wird durch den Hohlspiegel auf einer mit

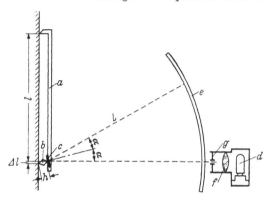

einem Halbmesser von 1,5 m gekrümmten Skale *e* scharf abgebildet. Als Lichtquelle wird eine Einfadenglühlampe verwendet, deren Licht durch einen Kondensor *f* zusammengefaßt wird. Für die Beobachtung in nicht allzu hellen Räumen wird eine Schutzblende *g* verwendet, deren Bild an der Skale als feiner Strich erscheint. Für Arbeiten in sehr hellen Räumen kann in den Tubus des Beleuchtungsgeräts eine Strichplatte eingesetzt werden, wodurch auf der Skale ein Lichtkreis mit dunklem Strich zur Abbildung kommt. Die genau auf die Bildweite von $L = 1,5$ m eingestellte

Abb. 68. Spiegelmeßgerät von MARTENS-HESSE.
a Meßschiene; *b* Doppelschneidenprisma mit Hohlspiegel *c*; *d* fadenförmige Lichtquelle; *e* gekrümmte Skale; *f* Kondensor; *g* Schlitzblende.

Skale hat einen Teilungsabstand von $t = 1,5$ mm, bei einer Höhe der Doppelschneide von $h = 4$ mm ergibt sich somit ein Übersetzungsverhältnis von

$$V = \frac{h\,t}{2L} = \frac{1}{500}. \tag{5}$$

Das Gerät nach MARTENS-HESSE findet ebenso wie der MARTENS-Spiegelapparat in der Werkstoffprüfung Anwendung und wird zur Vermeidung von Biegeeinflüssen doppelseitig an der Probe angesetzt.

Das MARTENS-HESSE-Spiegelgerät hat den Vorteil, daß der Verlauf der Formänderung gleichzeitig von mehreren Beobachtern verfolgt werden kann. Beobachtung und Steuerung der Prüfmaschine wird erleichtert. Bei schwingender Belastung können Schwingweiten bis etwa 15 Hz noch abgelesen werden.

Der mit Lichtzeiger arbeitende Spiegeldehnungsmesser von S. BERG[1] hat besonders kleine Abmessungen sowie ein geringes Gewicht und kann auch an schwer zugänglichen Stellen

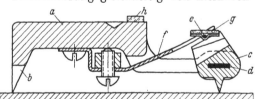

Abb. 69. Optischer Dehnungsmesser von S. BERG.
a Grundgestell mit zwei festen Meßspitzen *b*; *c* Meßschneide mit Federband *d* als Gelenk; *e* Walze mit Drehspiegel *g* durch Blattfeder *f* angedrückt; *h* Festspiegel.

eines Bauteils angesetzt werden. Die Einzelheiten der Konstruktion sind aus Abb. 69 zu ersehen. Das Grundgestell *a* wird mit zwei festen Spitzen *b* in das eine Ende der Meßstrecke eingesetzt. In das andere Ende greift die Spitze der Meßschneide *c* ein, die in dem Grundgestell drehbar gelagert ist. Als spielfreies elastisches Gelenk dient ein Federband *d*, das in dem vorderen,

---

[1] VDI-Z. Bd. 81 (1937) S. 295.

gabelförmigen Ende des Grundgestells *a* eingesetzt und in dessen Mitte die Meßschneide *c* befestigt ist. Gegen die Stirnfläche der Meßschneide *c* wird eine dünne Walze *e* von etwa 0,5 mm ⌀ durch eine am Gestell befestigte gabelförmige Blattfeder *f* aufgedrückt. In der Mitte dieser Walze ist ein Spiegel *g* von etwa 1 mm² Fläche angeordnet. Bei Längenänderungen der Meßstrecke dreht sich die Schneide *c*. Dabei rollt die Walze *e* auf der Stirnfläche der Schneide ab, wobei der Spiegel *g* eine Drehung erfährt. Eine etwaige Drehung des Geräts wird durch einen auf dem Gestell befestigten Spiegel *h* angezeigt.

Das Gerät wird für Meßstrecken von 5 bis 20 mm Länge ausgeführt. Bei einem Schirmabstand von etwa 1,5 m läßt sich damit eine 7000- bis 10000fache Vergrößerung erreichen.

e) Autokollimations-Spiegeldehnungsmesser.

Die Nachteile der getrennten Aufstellung von Spiegel- und Beobachtungsgerät fallen weg, wenn man Doppelschneide, Spiegel, Fernrohr und Maßstab zu einem Gerät vereinigt. Diese Möglichkeit bietet die Anwendung der Autokollimations-Spiegelablesung. Abb. 70 gibt schematisch den von H. FREISE gebauten optischen Dehnungsmesser für 20 bzw. 10 mm Meßstrecke wieder. Der Fuß des Gehäuserohres *c* ist als *V*-förmiges Lager für die Doppelschneide *b* ausgebildet. Die zweite Schneide *a* ist mit dem Tubus fest verbunden. Die Doppelschneide trägt den Drehspiegel *h*. Unmittelbar darüber ist das Objektiv *i* angebracht. In der Linsen-Brennebene im Abstand *f* der Brennweite befindet sich zwischen zwei federnden Stahlbändern die parallelgeführte gläserne Strichplatte *r*, die durch Drehen der Kordelschraube *t* verschoben werden kann. Die Strichplatte wird von dem unmittelbar darüber befindlichen Prisma *u* beleuchtet, das entweder durch einen drehbaren Umlenkspiegel oder durch ein von außen angesetztes Soffittenlämpchen Licht erhält. Die auf gleicher Höhe seitlich daneben befindliche Glasplatte *z* empfängt das Bild der Teilung über das Objektiv *i* und den Spiegel *h*. Die Glasplatte *z* ist mit der festen Bezugsmarke versehen. Dreht sich der Spiegel um den Winkel α infolge der eingetretenen Längenänderung

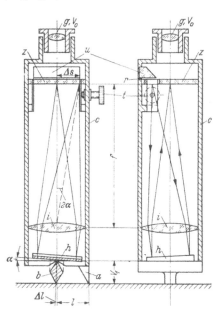

Abb. 70. Schematische Darstellung des Autokollimationsspiegelgeräts von FREISE für 10 und 20 mm Meßlänge.

a feste Meßspitze des Gehäuserohrs *c*; *b* bewegliche Meßspitze als Doppelschneide mit Drehspiegel *h*; *i* Objektivlinse; *z* Glasplatte mit Marke; *r* Strichplatte; *t* Kordelknopf zum Verstellen der Strichplatte; *u* Prisma; *g* Okularlinse.

Δl der Meßlänge *l*, so wandert das Bild der Teilung auf der Glasplatte *z* um *Δs*. Das Bild wird durch das verstellbare Okular *g* beobachtet, das eine V_0-fache Vergrößerung hat. Die gesamte Vergrößerung beträgt

$$V = \frac{2f\, V_0}{V_1}, \tag{6}$$

wo V_1 die Höhe der Doppelschneide bedeutet. Die Teilung hat 100 Teilstrichintervalle, wobei der Nullpunkt in der Mitte liegt, so daß für Verkürzung und Verlängerung der Meßstrecke 50 Teilstrichintervalle zur Verfügung stehen. Da

27*

der scheinbare Abstand von 1,25 mm von zwei aufeinanderfolgenden Teilstrichen eine Längenänderung von $^1/_{1000}$ mm entspricht, ist die Vergrößerung $V \approx 1250$.

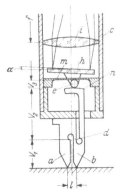

Abb. 71. Ausbildung des Unterteils des Autokollimationsspiegelgeräts von FREISE für 1 bzw. 3 mm Meßlänge.

a feste Meßspitze am Rohrgehäuse *c* durch Federgelenk *d* mit beweglicher Meßspitze *b* verbunden; *e* Wälzrolle mit Drehspiegel *h* durch Blattfeder *m* an Walzenbahn *n* angedrückt; *i* Objektiv.

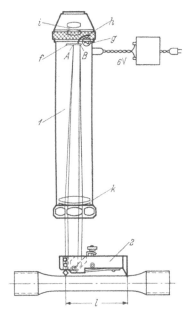

Abb. 73. Schema des Autokollimationsspiegelgeräts von B. TUCKERMAN.

1 Autokollimationsfernrohr; *2* Dehnungsaufnehmer; *f* Strichplatte; *g* Beleuchtungslampe mit Abschirmung *h*; *i* einstellbares Okular mit Doppellinse; *k* Objektivlinse.

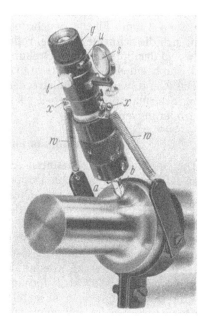

Abb. 72. Autokollimationsspiegelgerät von FREISE mit 1 mm Meßlänge in einer Hohlkehle aufgespannt.

a feste Spitze; *b* bewegliche Spitze; *s* Spiegel zur Beleuchtung; *u* Prisma; *g* einstellbares Okular; *t* Kordelknopf zum Verstellen der Strichplatte; *w* Spannschraubenfeder der Aufspannvorrichtung; *x* Einhängeknopf für Spannfedern.

Beim Gerät mit 1 bzw. 3 mm Meßlänge, Abb. 71, ist eine mechanische Zwischenübersetzung eingebaut, in der Form der Wälzrolle *e*, die den Spiegel *h* trägt. Die feste und die bewegliche Schneide *a* und *b* sind aus einem Stück Stahl herausgearbeitet und über die dünne biegsame Lamelle *d* miteinander verbunden. Das gegenüberliegende Ende der beweglichen Schneiden endigt in der bogenförmigen Walzenbahn *n*. Das dünne Federstahlband *m* bewirkt den Kraftschluß mit der Rolle *e*; die weitere Konstruktion entspricht im wesentlichen dem Aufbau des Geräts mit 20 bzw. 10 mm Meßlänge.

Durch die mechanische Zwischenübersetzung erhöht sich die Vergrößerung um den V_2/V_3-fachen Betrag und erreicht den Wert

$$V = \frac{2f\,V_0}{V_1}\,\frac{V_2}{V_3}, \tag{7}$$

wobei V_2 den Abstand der Walzbahn n vom Schneidendrehpunkt d und V_3 den Walzendurchmesser bedeuten. Bei den ausgeführten Geräten betragen die Werte von $V_2 = 14,8$ bzw. 22,5 mm und $V_3 = 2,0$ bzw. 1,2 mm, während $V_1 = 5,5$ bzw. 3,0 mm, $V_0 = 25$ fach und $f = 58$ bzw. 40 mm ist. So entspricht dem scheinbaren Teilstrichintervall von 1,25 mm eine Längenänderung von rd. 0,3 bzw. 0,1 μ, so daß eine rd. 4200- bzw. rd. 12500 fache Vergrößerung vorliegt. Abb. 72 zeigt den optischen Dehnungsmesser von FREISE mit 1 mm Meßstrecke an einer Hohlkehle angesetzt, wobei zwei Federzüge zum Anpressen dienen.

Das von L. B. TUCKERMAN[1] entwickelte Autokollimations-Spiegelgerät benutzt die besonderen optischen Eigenschaften des sogenannten Vierspiegelsystems. Nach Abb. 73 sind Autokollimationsfernrohr *1* und Dehnungsaufnehmer *2* voneinander getrennte Teile. Der Abstand von Autokollimatorrohr und Dehnungsaufnehmer ist von wenigen Zentimetern bis ein Meter und darüber wählbar, je nach den Beleuchtungsverhältnissen und der größten zu messenden Längenänderung. Es besteht auch die Möglichkeit, mit einem von Hand gehaltenen oder auf einem Stativ befestigten Autokollimationsrohr verschiedene an einer Probe aufgesetzte Dehnungsaufnehmer zu beobachten.

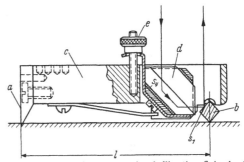

Abb. 74. Dehnungsaufnehmer zum Autokollimations-Spiegelgerät von B. TUCKERMAN.

a feste Meßschneide am Rahmen *c*; *b* drehbares Doppelschneidenprisma mit der Spiegelfläche S_1; *d* Reflexionsprisma; *e* Kordeldrehknopf zum Verstellen des Prismas *d* in der Längsschnittebene.

Das optische System des Geräts besteht aus dem Autokollimationsfernrohr *1*, dem die Strichplatte *f* mit der Skale und einem Indexstrich eingebaut ist, der durch die kleine Glühlampe *g* beleuchtet wird. Der Reflektor *h* schirmt die Beleuchtung gegen das Okular *i* ab.

Der Dehnungsaufnehmer *2*, Abb. 74, besteht aus einem Rahmen *c* mit der festen Schneide *a* und der beweglichen Doppelschneide *b*, die die Meßlänge *l* abgrenzen und dem Glasprisma *d*. Der Winkel, den die Dachflächen miteinander einschließen, beträgt 90°. Das Prisma *d* kann durch Drehen der Rändelmutter *e* verstellt werden. Die dem Prisma zugekehrte Seite S_1 der Doppelschneide *b* ist als Spiegelfläche ausgebildet. Der Lichtstrahl, der auf den Schneidenspiegel S_1 fällt, wird vom Prisma *d* durch die Linse *k* auf die Strichplatte geworfen.

Der Dehnungsaufnehmer hat eine Meßlänge von 25 mm und wiegt 15 g. Er wird je nach Bedarf mit verschiedenen großen Meßlängen und verschieden hohen Doppelschneiden geliefert. Das Autokollimationsrohr hat einen Durchmesser von 69 mm und eine Länge von 325 mm. Der Strichabstand der Teilung entspricht einer Längenänderung von $1/1000$ mm bei einer Schneidenhöhe des Doppelprismas von 5 mm. Da mit Hilfe des Nonius $1/10$ dieses Intervalls ablesbar ist, können Messungen von Längenänderungen von $1/10000$ mm genau vorgenommen werden. Die kleinste Bewegung, die mit einem solchen Gerät noch festgestellt werden kann, beträgt $5 \cdot 10^{-5}$ mm.

---

[1] Proc. ASTM Bd. 23 (1923) S. 602.

4. Dehnungsmesser auf pneumatischer Grundlage.

a) Das einfache pneumatische Meßverfahren.

Die physikalischen Grundlagen des pneumatischen Dehnungsmessers beruhen auf der Zustandsänderung strömender Gase — im vorliegenden Falle Luft — durch eine Leitung mit veränderlichen Querschnitten, Abb. 75. Die Luft in der Kammer K_1 steht unter dem konstanten Druck p_1 und fließt durch den kreisrunden Querschnitt $F_1 = \pi\, d_1^2/4$ in die Kammer K_2. Die Ausflußöffnung der Kammer K_2 hat den Durchmesser d_2. Vor der Öffnung im veränderlichen Abstand S befindet sich eine Zunge e. Der kreisringförmige Spalt hat den Ausflußquerschnitt $F_2 = \pi\, d_2 S$. Der Druck p_2 in der Kammer K_2 verändert sich mit der Spaltbreite S. Die Kontinuitätsbedingung, die besagt, daß bei stationärer Strömung durch jeden Querschnitt das gleiche Luftgewicht fließt, ergibt die Gleichung

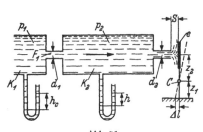

$$\frac{h}{h_c} = \frac{(d_1^2/4\, d_2)^2}{S^2 + (d_1^2/4\, d_2)^2}, \qquad (7)$$

wenn h_c und h die Höhe der Wassersäule bedeuten, die dem Druck p_1 und p_2 entsprechen. Vernachlässigt man die Reibungs- und Kontraktionseinflüsse und setzt voraus, daß die Temperatur konstant bleibt, so kennzeichnet die Gleichung theoretisch die Wirkungsweise des einfachen pneumatischen Dehnungsmessers, wenn die Änderung der Spaltweite durch die um C drehbare Zunge e von der Längenänderung Δl bewirkt wird.

Wertet man die Gleichung für verschieden große Werte des Parameters d_1/d_2, beispielsweise für 1/3, 1/2 und 2/3 aus, so erkennt man aus Abb. 76 den Zusammenhang der grundlegenden Größen. Die pneumatische Vergrößerung V_p ist durch den ersten Differentialquotienten der Gl. (7) gegeben mit

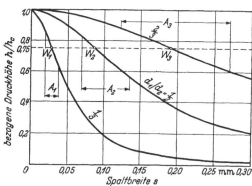

$$V_p = \frac{2 S\, h_c (d_1^2/4\, d_2)^2}{[S^2 + (d_1^2/4\, d_2)^2]^2}. \qquad (9)$$

Abb. 76. Zusammenhang zwischen Druckhöhe, Spaltbreite und Ausflußdurchmesser beim pneumatischen Meßverfahren.
W_1, W_2, W_3 Wendepunkte; A_1, A_2, A_3 lineare Arbeitsbereiche.

Die Kurven nach Gl. (8) haben einen Wendepunkt W_1, W_2, W_3 bei $h/h_c = 0,75$, für den der größte erreichbare Wert der pneumatischen Übersetzung auftritt. In der unmittelbaren Nähe des Wendepunkts verlaufen die Kurven nahezu mit konstanter Steigung, d. h. die pneumatische Vergrößerung ändert sich praktisch nicht. Dieser Bereich, der als Arbeitsbereich bezeichnet wird, ist in Abb. 76 mit A_1, A_2 und A_3 gekennzeichnet. Man ersieht, daß der Arbeitsbereich um so kleiner ausfällt, je geringer die Spaltbreite s ist, und daß weiterhin mit kleiner werdender Spaltweite die pneumatische Übersetzung ansteigt.

VI. C. 4. Dehnungsmesser auf pneumatischer Grundlage.

Unter Berücksichtigung der mechanischen Vergrößerung $V_m = Z_2/Z_1$, durch die um den Drehpunkt C schwingende Zunge (Abb. 75), ergibt sich die gesamte Vergrößerung $V = V_p V_m$. Bei einem Arbeitsdruck $h_c = 500\,\text{mm WS}$ und $V_m = 10$ erhält man für den Arbeitsbereich A_1 eine 55 000fache Vergrößerung.

Die Firma Solex hat auf der pneumatischen Wirkungsweise verschiedene Meßgeräte für die Längen- und Dickenmessung[1] und insbesondere ein Druckregulier- und Anzeigegerät entwickelt, das in Abb. 77 schematisch dargestellt ist.

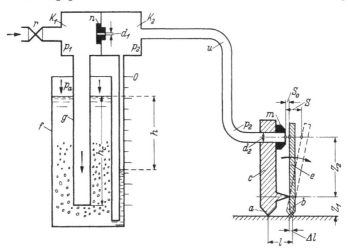

Abb. 77. Schematische Darstellung der pneumatischen Meßanlage von Solex.
a feste Meßspitze am Gestell *c* des Dehnungsaufnehmers; *b* bewegliche Meßspitze an der Zunge *e*; *d₂* Ausströmquerschnitt; *S*, *S₀* Luftspalt; *u* Verbindungsrohr zur Druckkammer *K₂*; *n* bzw. *m* Ausströmdüse an der Kammer *K₁* bzw. *K₂*; *r* Regulierventil; *f* Wasserbehälter mit Tauchrohr *g*; *o* Standrohr zur Druckmessung.

Von einem Preßluftanschluß gelangt die Luft über ein Niederdruckregulierventil r in die Kammer K_1, an die das Rohr g mit verhältnismäßig großem Querschnitt anschließt. Das Rohr taucht bis zur Höhe h_c in einen mit Wasser gefüllten Behälter f. Der Luftdruck in der Kammer K_1 entspricht stets der Wassersäulenhöhe h_c. Da mehr Luft zuströmen muß als für das Messen benötigt wird, entweicht die überschüssige Luft in Form von Blasen. Die Höhe h_c der Wassersäule dieser Geräte beträgt in der Regel 500 mm.

Die Kammer K_2 ist mit einem zweiten Standrohr o verbunden. Der Querschnitt ist verhältnismäßig klein, damit die Änderung dieser Wassersäulenhöhe h die Spiegelhöhe des Wassers im Gefäß und damit den Arbeitsdruck h_c nicht beeinflußt. Das Rohr ist mit einer Skale versehen, an der die veränderliche Druckhöhe h abzulesen ist.

Der von Solex gebaute Dehnungsmesser wurde von H. DE LEIRIS[2] weiterentwickelt durch Verkürzung der Meßlänge auf 2 mm und durch Verkleinerung der Abmessungen, Abb. 78. Die bewegliche Meßspitze b ist durch ein Federstahlband n mit dem Gestell c verbunden. Der Arbeitsbereich, also die anfängliche Spaltweite, ist einstellbar durch Drehen des Gewindezapfens f mittels der Rändelschraube g.

Damit sich beim Aufsetzen des Geräts der eingestellte Arbeitsbereich nicht ändert, muß sich der Nocken am oberen Ende des beweglichen Hebels e im Anschlag mit dem Halter c befinden. Das Hebelende besitzt zu diesem Zweck

[1] v. WEINGRABER, H.: Masch.-Bau. — Der Betrieb Bd. 21 (1942) S. 505.
[2] Rev. Gén. Mech. Bd. 34 (1950) S. 45.

am Stahlfederbändchen h ein konisch ausgedrehtes Hütchen i, das durch Anziehen der Rändelschraube k in den konischen Zapfen des Halters c eingreift, wodurch der feste Anschlag bewirkt wird.

Abb. 79 zeigt den Dehnungsmesser aufgespannt auf einer Eichbank.

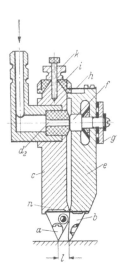

Abb. 78. Schnitt durch den einfachen pneumatischen Dehnungsmesser von DE LEIRIS.

a feste Spitze; b bewegliche Spitze; n Federstahlbändchen; c Gestell; e Zunge; d_2 Durchmesser der Ausströmdüse; f durch Drehen der Rändelschraube g einstellbarer Gewindezapfen; h, i, k Arretiervorrichtung der beweglichen Zunge e.

Abb. 79. Pneumatischer Dehnungsmesser von DE LEIRIS auf der Eichbank.

a feste Spitze; b bewegliche Spitze; c Gestell; g Rändelschraube zum Einstellen des Arbeitsbereichs; h, i, k Arretiervorrichtung der beweglichen Zunge e; u Luftzuführungsschlauch.

b) Das pneumatische Differential-Meßverfahren.

Der Umstand, daß der Arbeitsbereich verhältnismäßig klein ist, der Arbeitsdruck h_c in Form einer Wassersäule nicht wesentlich erhöht werden kann, ohne eine unhandliche und unübersichtliche Apparatur zu erhalten, und die verhältnismäßig kleine pneumatische Vergrößerung, veranlaßte H. EICHELBERG zum Bau einer Meßapparatur nach dem *Differentialverfahren*, deren Vervollkommnung für den praktischen Einsatz von A. U. HUGGENBERGER durchgeführt wurde.

Der grundsätzliche Aufbau des pneumatischen Differentialverfahrens ist aus Abb. 80 ersichtlich. Von der Kammer K, die mit einem Filter g versehen ist, strömt die Luft unter konstantem Druck p_c, den das Gerät i anzeigt, durch die Doppelleitung w_1, w_2 und durch die beiden auswechselbaren Düsen n_1 und n_2 in die beiden Kammern K_1 und K_2. Die Ausflußdüsen m_1 und m_2 leiten den Luftstrom auf die schwingende Zunge e. Bei der Bewegung der Zunge e aus ihrer Mittellage $(S_1 = S_2)$ entsteht zwischen den beiden Kammern K_1 und K_2 eine Druckdifferenz, die vom Differential-Manometer q angezeigt wird. Es ist zweckmäßig, die Bohrung der Eingangsdüsen n_1, n_2 wie auch der Ausgangsdüsen m_1, m_2 gleich groß zu machen, also $d_1 = d_2 = d$, $D_1 = D_2 = D$. Das Ergebnis der theoretischen Untersuchungen auf Grund der Kontinuitätsbedingung und ihre zahlenmäßige Auswertung ist in Abb. 81 dargestellt. Der Vergleich mit Abb. 76 zeigt, daß das Differentialverfahren eine 2- bis 3fache Erweiterung des linearen

Arbeitsbereichs und eine 2- bis 3 fache Erhöhung der pneumatischen Vergrößerung ermöglicht.

Eine weitere Erhöhung der pneumatischen Übersetzung wird dadurch erreicht, daß die hydraulische Druckkonstanthaltung nach Solex durch einen

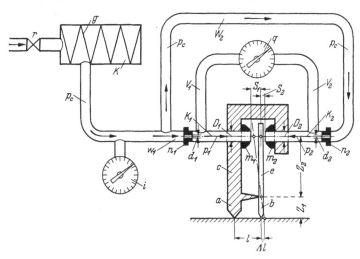

Abb. 80. Schematische Darstellung der pneumatischen Dehnungsmesser nach dem Differentialverfahren von EICHELBERG (Bauart Huggenberger).
K Kammer mit Regulierventil r und Filter g unter konstantem Luftdruck p_c; i Anzeigegerät des Arbeitsdrucks p_c; w_1, w_2 Zuleitung zur Einströmdüse n_1, n_2 mit dem Durchmesser $d_1 = d_2 = d$; K_1, K_2 Kammer mit veränderlichem Druck p_1, p_2; m_1, m_2 Ausströmdüse mit dem Durchmesser $D_1 = D_2 = D$; q Differentialmanometer; v_1, v_2 Meßleitung zum Differentialdruckmeßgerät q; a feste Spitze am Gestell c; b bewegliche Spitze der Zunge e.

empfindlichen, mechanischen Druckregler ersetzt und die Anzeige mittels eines empfindlichen Dosenanzeigegerätes vorgenommen wird. Die Versuche haben gezeigt, daß der Arbeitsdruck von 500 mm WS auf 3000 mm WS erhöht werden kann, ohne daß die Stellung und Bewegung der Zunge e beeinflußt wird. Ohne besondere Schwierigkeiten können mit dieser Bauweise 200000 fache und höhere Vergrößerungen erreicht werden.

Abb. 82 zeigt den pneumatischen Differential-Dehnungsmesser Bauart Huggenberger mit einer 100000 fachen Vergrößerung. Der feste Meßfuß a und der bewegliche Hebel e mit der Meßspitze b ist aus einem Stahlstück gefertigt. Beide Teile sind durch eine dünne als Gelenk ausgebildete Lamelle voneinander getrennt. Die spielfreie Über

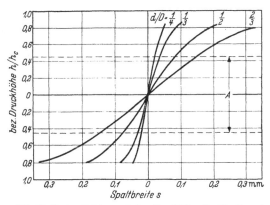

Abb. 81. Zusammenhang zwischen Druckhöhe, Spaltbreite und Ausflußquerschnitt beim pneumatischen Differentialmeßverfahren.

tragung der zu messenden Längenänderung ist damit gewährleistet. Der feste Fuß a ist mit dem Gestell c aus Leichtmetall verschraubt, mit ihm sind durch die beiden Stahlblattfedern m der zylindrische Körper k verbunden, der die Kammern K_1 und K_2 (Abb. 80) mit den Abflußdüsen m_1 und m_2 umschließt.

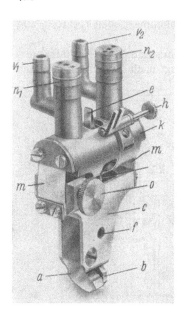

Die auswechselbaren Zuflußdüsen n_1 und n_2 sitzen auf den rohrförmigen Aufsätzen des Zylinderkörpers. Die beiden seitlichen rechtwinklig abstehenden Schlauchnippel v_1 und v_2 dienen zum Anschluß des Differentialmanometers. Durch die drehbare Arretiergabel h wird das Ende des Hebels e in seiner Mittelstellung festgehalten. Beim Drehen der Rändelschraube o verstellt sich der Kammerkörper k in axialer Richtung, womit das Gerät auf die Mitte des Arbeitsbereichs bequem eingestellt werden kann. Der Meßbereich umfaßt $\pm 0,1$ mm. Das Gerät hat eine Höhe von 50 mm und wiegt 20 g. Die Bohrung f dient zur Aufnahme eines Aufspannbügels.

Abb. 82. Pneumatischer Dehnungsmesser nach dem Differentialverfahren (Bauart Huggenberger).

a feste Spitze; b bewegliche Spitze der Zunge e; c Gestell; k Kammer mit den Ausflußdüsen; m Federstahlbandträger der Kammer; n_1, n_2 Einströmdüse; v_1, v_2 Schlauchanschluß zum Mikrodifferentialmanometer; o Rändelknopf zur axialen Verschiebung der Kammer k; h Feststeller für die Zunge e.

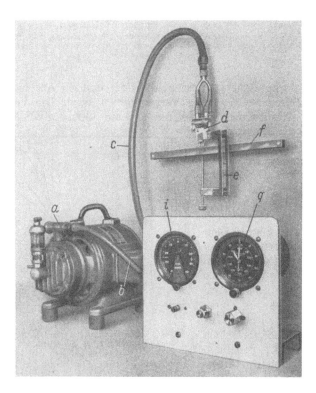

Abb. 83. Meßapparatur zum pneumatischen Differentialverfahren (Bauart Huggenberger).

a Luftkompressor; b Luftzuleitung; c 4-Kammerschlauch; d Differentialdehnungsmesser; e Aufspannschraubzwinge; f Prüfling; i Anzeigegerät für den Arbeitsdruck von 2500 mm WS; q Differentialdruckanzeigegerät.

Die vollständige Meßausrüstung ist in Abb. 83 dargestellt. Der an die Lichtleitung angeschlossene Kleinkompressor *a* liefert die Druckluft, die durch den Schlauch *b* zum Regler- und Meßgerät strömt. Den Arbeitsdruck von 2500 mm Wassersäule zeigt das dosenförmige Mikromanometer *i* an. Das hochempfindliche Mikrodifferential-Manometer *q* hat eine 100er Teilung, wobei dem Teilstrichintervall eine Längenänderung von 0,1 μ entspricht. Durch Drehen eines Umschalters ist der Meßbereich auf Zug oder Druck umzustellen. Ein besonderer 4-Kammerschlauch *c* verbindet das Anzeigegerät mit dem Dehnungsmesser *d*.

Das pneumatische Differentialmeßverfahren ermöglicht im Vergleich zu den übrigen Verfahren eine sehr hohe Vergrößerung, eine hohe Genauigkeit und Empfindlichkeit. Das Verfahren ist verhältnismäßig einfach. Seine Wirkungsweise kann klar überblickt werden. Die Störanfälligkeit ist gering und es besteht lediglich die Möglichkeit des Verstopfens der feinen Eingangsdüse, was aber durch Verwendung geeigneter Vorfilter vermieden werden kann. Das Differentialmeßsystem eignet sich vorzugsweise für Dehnungsmessungen mit kleinster Meßlänge von 1 und 2 mm. Die Notwendigkeit einer Luftdruckquelle wird als ein Nachteil empfunden und hemmt die größere Anwendung dieses Verfahrens.

5. Elektrische Dehnungsmesser.

a) Die gebräuchlichsten elektrischen Dehnungsmeßverfahren.

Die elektrisch arbeitenden Dehnungsmesser bestehen gewöhnlich aus einem Geber, der die zu messende Längenänderung in ein auf elektrischem Wege meßbares Signal umwandelt, sowie aus einem Anzeigegerät meist mit vorgeschaltetem Verstärker, welches das Gebersignal sichtbar macht. Wenn gewünscht, läßt sich durch Zuschalten eines geeigneten Schreibgerätes auch der zeitliche Dehnungsverlauf an mehreren Meßstellen gleichzeitig festhalten. Durch diese Aufteilung der gesamten Meßeinrichtung ist es möglich, den Geber klein und massearm auszubilden. Da die Verstärkung des Gebersignals meist keine besonderen Schwierigkeiten bereitet, kann die Meßstrecke so klein gehalten werden, daß man auch bei verwickelten Maschinenteilen die Spannungsverteilung noch genau ausmessen kann. Ableseschwierigkeiten durch Sichtbehinderung treten nicht mehr auf. Die Verstärkung und somit die Übersetzung kann beliebig weit getrieben werden. Als Nachteil steht auf der anderen Seite die u. U. kostspielige Meß- und Verstärkerapparatur entgegen.

Bei der elektrischen Messung kann die Längenänderung der Meßstrecke in eine Widerstandsänderung, in eine Induktionsänderung oder in eine Kapazitätsänderung umgewandelt werden. Weiterhin lassen sich der lichtelektrische Effekt einer Photozelle sowie elektro-akustische Verfahren zu Dehnungsmeßzwecken nutzbar machen. Während kapazitive Dehnungsmesser wegen ihrer Störanfälligkeit nur wenig verwendet werden, sind induktive Dehnungsmesser in vielfältiger Form in Gebrauch. Besonders sind die Widerstandsgeber in den letzten Jahren zu großer Vollkommenheit entwickelt worden und finden wegen ihrer einfachen Handhabung vielseitige Anwendung für statische und dynamische Messungen. Es ist das einzige Meßverfahren, bei dem die Dehnung unabhängig von der Länge der Meßstrecke gemessen werden kann.

b) Elektrische Dehnungsmesser auf Ohmscher Grundlage.

α) Die physikalischen Grundlagen des Ohmschen Dehnungsaufnehmers.

Das Ohmsche Dehnungsmeßverfahren beruht auf dem Umstand, daß die Widerstandsänderung ΔR des Widerstands R eines elektrischen Leiters von der Länge l sich verhältnisgleich zu Längenänderung Δl dieses Leiters ändert[1], und zwar vergrößert sich der Widerstand bei Zugbeanspruchung, während er sich bei Druckbeanspruchung verkleinert. Zwischen diesen Größen besteht die Gleichung

$$\frac{\Delta R}{R} = g \frac{\Delta l}{l}. \tag{10}$$

Die Konstante g, die als *Geberzahl* bezeichnet wird, ist gleichbedeutend mit der *Dehnungsempfindlichkeit*, die besagt, in welchem Ausmaß die Längenänderung in Widerstandsänderung umgesetzt wird. Ein möglichst großer Wert ist erwünscht. Vor allen Dingen aber soll die Dehnungsempfindlichkeit sowohl elektrisch wie mechanisch konstant sein. Zusätzlich ist ein großer, elektrischer spezifischer Widerstand und eine hohe Elastizitätsgrenze des Geberdrahtes von Vorteil. Alle diese Eigenschaften müssen weitgehend von Temperaturänderungen unabhängig sein.

Es gibt keinen Werkstoff, der alle diese Eigenschaften in idealer Weise erfüllt. Von den verschiedenen in Frage kommenden Legierungen haben sich Konstantan (45% Ni, 55% Cu), Invar (36% Ni, 8% Cr, 52% Fe, 5% Mo) und Stahl für den Bau von Dehnungsaufnehmern als am geeignetsten erwiesen. Der Geberfaktor liegt bei etwa 2,1; 3,5 und 4. Konstantan hat einen verhältnismäßig kleinen Geberfaktor, ist aber gegen Temperaturänderungen wenig empfindlich. Die aus diesem Draht gefertigten Meßelemente eignen sich daher für statische Messungen. Bei dynamischen Untersuchungen ist die zu messende Längenänderung meistens bedeutend kleiner. Der beim Invar gegenüber Konstantan um 50% größere Geberfaktor und der höhere spezifische Widerstand wirken sich beim Einsatz für dynamische Meßzwecke als besonders vorteilhaft aus. Der Nachteil des wesentlich höheren Temperatur-Widerstandskoeffizienten kommt praktisch nicht zur Auswirkung, da die Meßdauer nur sehr kurz ist.

Stahl als Bauelement für Dehnungsaufnehmer wird dort benutzt, wo außer der Längenänderung gleichzeitig auch die Temperatur zu messen ist.

Der elektrische Leiter gelangt als dünner Draht in Gestalt einer Wicklung zur Verwendung. Es sind grundsätzlich zwei verschiedene Trägerbauarten zu unterscheiden. Die Wicklung kann unmittelbar oder mittels eines besonderen Trägers auf die Meßstelle *geklebt* werden. Bei der *freiverlegten* Bauweise wird die Wicklung durch eine geeignete Haltevorrichtung getragen, die ihr die zu messende Längenänderung des Bauteils übermittelt.

β) **Der aufklebbare Dehnungsaufnehmer.** Der Dehnungsmeßstreifen als Meßelement ist von SIMONS und RUGE[2] entwickelt worden. Er wird von der *Baldwin-Lima Hamilton Corp., Philadelphia*, unter der Bezeichnung SR-4-Dehnungsmeßstreifen, Abb. 84, hergestellt. Zahlreiche Firmen in Europa haben diese Bauweise übernommen, die dadurch gekennzeichnet ist, daß der Draht *1* in Schleifenform mittels Klebelack *3* auf einem dünnen Papierstreifen *2* aufgeklebt wird. Der Strom wird durch dickere Drähte *5* zu- und abgeleitet. Zum Schutz gegen mechanische Einflüsse und gegen Wärmeeinstrahlung ist die Wicklung mit einem Streifen Filz oder Papier *4* überklebt. Dieses Meßelement ist mit Klebelack *7* auf die Prüffläche aufzukleben.

Die halbkreisförmigen Drahtumlenkstellen, Abb. 85 a, unterliegen dem Einfluß der Querdehnung. Die Anzeige in der Längsrichtung wird also von der

---

[1] GEIGER, H., und K. SCHEEL: Handbuch der Physik. Bd. VIII, S. 29 ff. Berlin: Springer 1928.

[2] CLARK, D. S., und G. DATWYLER: Proc. ASTM Bd. 38 II (1938) S. 98.

Dehnung in der Querrichtung grundsätzlich beeinflußt. Diesem Einfluß unterliegt auch die zick-zack-artige Wicklung, Abb. 85b. Die Größe des Fehlers hängt ab von der Querzahl v des Werkstoffs, der geprüft wird, von der Querzahl des Kontrollstabs, mit dem der Meßstreifen geeicht wird, von der Art der

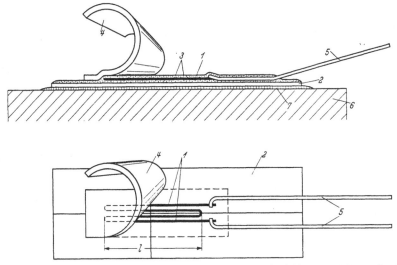

Abb. 84. SR-4 Dehnungsmeßstreifen der Baldwin-Lima Hamilton Corp. Philadelphia mit schleifenförmiger Drahtwicklung.

1 Widerstandsdraht; *2* Papierträger; *3, 7* Klebelack; *4* Filzstreifen; *5* Stromzu- und -ableitung; *6* Prüfgegenstand.

Verteilung und der Größe der zu messenden Längenänderung, von den geometrischen Abmessungen der Wicklung und von der Anzahl der Längsdrähte.

Die Meßlänge l solcher Dehnungsmeßstreifen sollte mit Rücksicht auf den Einfluß der Querdehnungsempfindlichkeit 4 mm nicht unterschreiten. Sie beträgt im allgemeinen 4 bis 200 mm. Bei der Beurteilung der Meßlänge ist zu beachten, daß der Ohmsche Aufnehmer ein echter Dehnungsmesser ist. Die Vergrößerung der Meßlänge hat, wie bereits erwähnt, keine Zunahme der Längenänderung zur Folge wie dies bei mechanischen Gebern der Fall ist. Die Wahl der Meßlänge ist einzig vom Gesichtspunkt zu beurteilen, ob die zu erwartende Längenänderung innerhalb der Meßstreifenlänge gleichmäßig verläuft oder sich stark ändert. Je größer diese Änderung ist, um so kleiner muß die Meßstrecke gewählt werden. Da die Güte der Haftung bei kleiner Meßlänge geringer ist, ist eine möglichst große Meßlänge anzustreben. Als Standardmeßlänge haben sich 10 mm und 20 mm eingeführt.

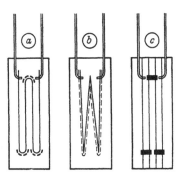

Abb. 85. Ausbildung von Dehnungsmeßstreifen.
a) schleifenförmig; b) zick-zack-artig; c) parallel verlaufende Wicklungsdrähte mit dicken Querbalken.

Ein querdehnungsunempfindlicher Dehnungsmeßstreifen ist in Abb. 85 c dargestellt. Die Wicklung besteht aus in der Längsrichtung parallel laufenden Drähten, die im Abstand der aktiven Meßlänge durch dicke Querbalken aus Kupferdraht verbunden sind. Die Widerstandsänderung dieser Querbalken ist praktisch vernachlässigbar, so daß diese Meßstreifen eine eindeutige Anzeige der Längsdehnung geben. Der Umstand, daß sich die Längsdrähte über die ganze Länge des Streifens erstrecken, erhöht die Güte des Dehnungsabgriffs. Eine Eichung ist nicht notwendig, da die Dehnungsempfindlichkeitszahl des Meßstreifens dem Wert des gestreckten Drahts entspricht. Dehnungsmeß-streifen dieser Art wurden von U. A. HUGGENBERGER und GUSTAFSSON ent-wickelt und als sogenannte *Tepics* auf den Markt gebracht. Der Träger der Wicklung bei den Tepics besteht aus einem dünnen durchsichtigen Lack-streifen, Abb. 86. Die klare Durchsicht erleichtert das Aufkleben, da verblei-bende Luftbläschen sofort erkennbar sind. Der Meßstreifen läßt sich durch

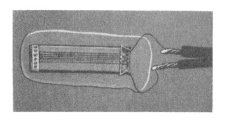

Abb. 86. Ansicht des Dehnungsmeßstreifens „Tepic" mit Lackträger von Huggenberger.

Erwärmen verformen, so daß er beispielsweise in Form eines längsgeschlitzten Röhrchens auf einen Draht von 2 mm Durchmesser aufgeklebt werden kann.

Saunders-Roe Ltd. hat einen Dehnungsmeßstreifen nach dem Verfahren der gedruckten Schaltung entwickelt. Das Netz, Abb. 87, wird auf eine Metall-folie gedruckt und die nicht bedruck-ten Partien weggeätzt. Dieses Netz wird alsdann auf eine dünne Lackfolie geklebt. Die Querverbindungen sind verbreitert. Ihr Querschnitt reicht aber im Vergleich zum Querschnitt der Längsverbindung nicht aus, um eine vollkommene Unempfindlichkeit gegenüber

Abb. 87. Dehnungsmeßstreifen nach dem Verfahren der gedruckten Schaltung von Saunders-Roe.

der Querdehnung zu erreichen. Das Druckverfahren hat den Vorteil, daß das Netz in beliebiger Form, beispielsweise spiralförmig, hergestellt werden kann.

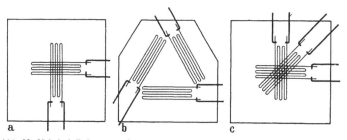

a   b   c

Abb. 88. Mehrfach-Dehnungsmeßstreifen zur Messung mehrachsiger Dehnungszustände.
a) bei Kenntnis der Hauptdehnungsrichtungen; b) und c) wenn Hauptdehnungsrichtungen unbekannt.

Zum Messen mehrachsiger Dehnungszustände stehen Mehrfachdehnungs-meßstreifen zur Verfügung, bei denen eine Gruppe von Einzelmeßstreifen gemäß Abb. 88 auf einem Träger zusammengefaßt sind. Sind die Hauptdeh-nungsrichtungen bekannt, so genügen zwei sich rechtwinklig kreuzende Win-dungen, Abb. 88a. Bei unbekannter Richtung der Hauptdehnungen werden zur vollständigen Ermittlung des Dehnungszustands drei Meßstreifen benötigt, die nach Art eines gleichseitigen Dreiecks, Abb. 88b, oder nach Art einer Rosette, Abb. 88c, angeordnet sein können.

Die gebräuchlichsten Dehnungsmeßstreifen haben einen elektrischen Wider-stand von 120 Ω. Es werden auch Widerstandswerte bis 1000 Ω benutzt. Da die Streuung vom nominellen Wert 1% und mehr betragen kann, werden die Geber in Päckchen von 10 Stück einsortiert, wobei die Streuung innerhalb 0,5% und weniger liegt. Die Dehnungsempfindlichkeitszahl ist durch Eichen des Dehnungsmeßstreifens zu bestimmen. Da aber das Eichergebnis durch das nachträgliche Abtrennen von der Unterlage beeinflußt wird, behilft man sich in der Weise, daß bei der laufenden Fabrikation nur einzelne Geber einer Serie der Eichung unterworfen werden. Man nimmt dann an, daß dieser Geberfaktor auch für die dazwischenliegenden Geber zutrifft. Der Geberfaktor wird mit einer Genauigkeit von 1 bis 2% angegeben.

Die Strombelastung soll bei statischen Messungen 25 mA, bei dynamischen Messungen 40 mA nicht übersteigen. Um eine Nullpunktwanderung mit Sicherheit zu verhüten, wird man sich in der Regel mit 10 mA begnügen.

Die üblichen Meßstreifen sind bis zu einer Temperatur von 70 bis 80° C verwendbar. Für höhere Temperatur eignen sich Dehnungsmeßstreifen mit einem Wicklungsträger aus Lack bis zu etwa 120° C und aus Bakelit bis zu etwa 200° C. Diese Geber sind mit wärmetrocknendem Klebelack oder Bakelit im Wärmeofen oder unter einer Infrarotlampe nach dem Aufkleben zu trocknen. Bei noch höheren Temperaturen wird die Wicklung direkt auf dem Prüfstück mittels eines keramischen Zements aufgeklebt.

Die schlupffreie Übertragung der Dehnung an die Wicklung — eine fachgemäße Herstellung des Gebers vorausgesetzt — hängt von der äußerst sorgfältigen Reinigung der Meßfläche, von der Art des Klebemittels, von der vorschriftsmäßigen Ausführung des Aufklebens und von einer hinreichenden Trocknung ab.

Feuchtigkeit und Nässe müssen unter allen Umständen vom Geber ferngehalten werden. Es gibt zahlreiche Isolierstoffe, die bei sinngemäßer Verwendung den Geber gegen diese Einflüsse abschirmen, um während mehreren Monaten einwandfreie Meßergebnisse zu erzielen. Für Meßelemente, die über einen längeren Zeitabschnitt eine große Stabilität erheischen, empfiehlt sich, Geber mit lackartigem Träger zu verwenden und die Trocknung durch Wärme, sei es im Ofen oder durch Infrarotstrahler, vorzunehmen.

Der Meßstreifen hat gegenüber allen anderen Dehnungsaufnehmern den großen Vorteil, daß er praktisch keinen Raum und keine Aufspannmittel benötigt. Seine Genauigkeit und Empfindlichkeit ist größer als die der übrigen bekannten Meßmittel. Er ist praktisch gewichtslos, arbeitet trägheitsfrei bis zu den höchsten Frequenzen und kann sowohl für statische wie dynamische Messungen eingesetzt werden. Dieses Meßelement kann aber nicht mehrfach benützt werden. Läßt sich ein Meßstreifen abtrennen, so ist das ein eindeutiger Hinweis, daß die Haftung mangelhaft war. Ein richtig aufgeklebter Meßstreifen läßt sich nur in Teilstücken ablösen. Der Dehnungsmeßstreifen eignet sich besonders für die Durchführung von Großzahlmessungen.

γ) **Schaltung der Dehnungsmeßstreifen und Meßverfahren.** Als Schaltung zum Messen der durch die Längenänderung bewirkten Widerstandsänderung eignet sich vorzugsweise die WHEATSTONEsche Brückenschaltung[1], Abb. 89, bei der ein, zwei oder alle vier Widerstände der Brücke aus Meßstreifen bestehen. Die Brücke kann sowohl mit Gleichstrom wie auch mit Wechselstrom gespeist werden. In Abb. 89a wirkt in der Brücke ein die Dehnung anzeigender, der sogenannte aktive Geber T_1. Die Speisespannung ist U, während am Ausgang der Brücke die Spannung U_g auftritt. Durch eine Dehnung bringt der aktive Geber die vorher abgeglichene Brücke aus dem Gleichgewicht. Zur Anzeige

---

[1] HUGGENBERGER, A. U.: Schweiz. Arch. angew. Wiss. Techn. (1952) Heft 4, S. 105.

des Brückengleichgewichts dient beispielsweise ein in der Brückendiagonalen eingebautes Anzeigegerät A. Wird durch Änderung der Brückenwiderstände abgeglichen, so gibt die neue Potentiometerstellung die Widerstandsänderung und damit die Dehnung an. In diesem Falle wird nach dem sogenannten Nullverfahren gemessen, wobei die Brücke vor und nach dem Ablesen stets auf Null abzugleichen ist. Dieses Verfahren zeichnet sich durch hohe Genauigkeit aus.

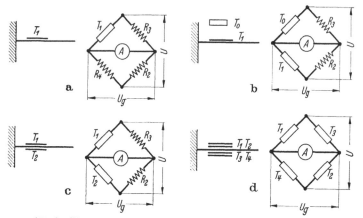

Abb. 89. WHEATESTONEsche Brückenschaltung von Dehnungsmeßstreifen.
a) *ein* aktiver Dehnungsmeßstreifen T_1; b) *ein* aktiver T_1 und ein blinder Dehnungsmeßstreifen T_0; c) *zwei* aktive Dehnungsmeßstreifen T_1, T_2; d) *vier* aktive Dehnungsmeßstreifen T_1, T_2, T_3, T_4; U Spannung am Brückeneingang; U_g Spannung am Brückenausgang; A Anzeigegerät.

Die Verstimmung des Brückengleichgewichts kann aber auch zur direkten *Anzeige* benutzt werden, indem man in den Brückenausgang ein sinngemäß angepaßtes Mikroamperemeter oder ein Millivoltmeter einbaut. Das Anzeigeverfahren arbeitet rascher und bequemer, weist aber nicht die hohe Genauigkeit wie das Nullverfahren auf.

Der dünne Draht (etwa 0,02 mm dick) des Meßstreifens ist temperaturempfindlich, so daß das am Brückenausgang auftretende Signal sowohl von der zu messenden Längenänderung wie auch von einer etwaigen Temperaturänderung herrührt. Um den Temperatureinfluß auszuschalten, wird zweckmäßigerweise ein zweiter gleichartiger aber unbelasteter Geber, der sogenannte *blinde* Meßstreifen T_0, dem anschließenden Brückenzweig zugeordnet, Abb. 89b. Dieser Blindgeber ist auf ein Stück des gleichen Werkstoffs aufzukleben, aus dem der Prüfgegenstand besteht, das aber unbeansprucht bleibt. Es ist zudem dafür zu sorgen, daß er die gleichen Temperaturänderungen erfährt, wie der aktive Geber T_1. Damit ist der Temperatureinfluß kompensiert und das am Brückenausgang anfallende Signal nur noch auf die Längenänderung allein zurückzuführen.

Die Abb. 89c und d veranschaulichen zwei weitere grundlegende Anordnungen der Meßstreifen. Die z. B. an einem Biegestab einander gegenüberliegenden Meßstreifen empfangen gleiche aber entgegengesetzte Dehnungswerte. Die Anordnung in zwei anschließende Brückenzweige ergibt den Ausgleich der Temperatureinwirkung und erhöht den Anzeigewert auf den doppelten Betrag gegenüber der Anwendung von nur einem aktiven Geber. Benutzt man gleichzeitig vier aktive Geber, so erreicht man außer dem Temperaturausgleich den 4fachen Anzeigewert. Durch sinngemäßen Einsatz der Meßstreifen ist es möglich, im zusammengesetzten Spannungszustand Zug, Druck, Biegung und Querkraft einzeln zu messen.

Da das am Brückenausgang vorhandene Signal verhältnismäßig klein ist, muß es verstärkt werden. Die Speisung der Brücke mit Wechselstrom vereinfacht den Bau zweckmäßiger Verstärker. Zudem hat die Anwendung von Wechselstrom den Vorteil, daß sich Widerstandsänderungen an Kontaktstellen und thermoelektrische Effekte nicht auswirken. Erst das verstärkte Ausgangssignal ermöglicht den Anschluß eines Anzeige- oder Schreibgerätes.

Als Meßverfahren wird das Trägerfrequenzverfahren mit Amplitudenmodulation benutzt. Das Verfahren wurde in den letzten Jahren zur großen Vollkommenheit ausgebaut. Es zeichnet sich insbesondere durch stabile Nullpunktlage, hohe Empfindlichkeit, weitgehende Anpassungsmöglichkeit der Frequenz und statische Eichmöglichkeit aus. Die WHEATSTONEsche Brückenschaltung wird durch Wechselstrom mit Frequenzen von 1000 bis 10000 Hz oder höher gespeist, je nach der Höhe der Frequenz des zu beobachtenden mechanischen Vorgangs. Als allgemeine Regel gilt, daß die Trägerfrequenz das 4- bis 5fache der zu messenden Frequenz betragen soll, um eine verzerrungsfreie Beobachtung zu ermöglichen. Bei der Wahl der Trägerfrequenz ist zu beachten, daß die induktiven und kapazitiven Einwirkungen um so größer ausfallen, je höher die Frequenz ist. Im gleichen Ausmaß vergrößern sich die Möglichkeiten der Beeinflussung des Meßergebnisses durch Störungen. Geräte mit einer Trägerfrequenz von 1000 bis 3000 Hz sind einfach zu bedienen. Sie reichen in der Regel zur Lösung der Meßaufgaben im allgemeinen Maschinenbau und in der Materialprüfung aus. Sie erfordern kein besonderes elektrisches Wissen, wobei aber die höhere Trägerfrequenz eine wesentlich größere Achtsamkeit erfordert. Die einfachste Handhabung erheischt die Trägerfrequenz von 1000 Hz, bei höherer Frequenz müssen sowohl Amplitude wie auch die Phase abgeglichen werden. Bei einer Frequenz von über 5000 Hz wird man gut tun, die Messung dem geschulten Elektrotechniker oder Physiker anzuvertrauen.

Die beiden Abb. 90 und 91 veranschaulichen schematisch das Wesen des Trägerfrequenzverfahrens beim Messen des statischen und dynamischen

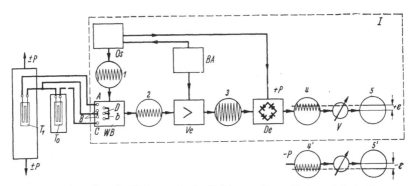

Abb. 90. Schematische Darstellung der Wirkungsweise des Verfahrens mit amplitudenmodulierter Trägerfrequenz beim Messen eines statischen Vorgangs.
I Meßgerät; *OS* Oszillator zum Erzeugen der Trägerfrequenz; *WB* WHEATSTONEsche Schaltung des Meßgebers; *Ve* Verstärker; *De* Demodulator; *V* Anzeigegerät; T_1 aktiver Geber; T_0 blinder Geber; *P* Belastung durch Zug oder Druck.

Vorgangs. Die WHEATSTONEsche Brückenschaltung *WB* wird von einem Oszillator *OS* mit der Trägerfrequenz *1* gespeist. Erfährt der aktive Geber T_1 eine Verlängerung, so verändert sich die Breite des Wellenbands *2* verhältnisgleich. Dieses Signal wird durch den Verstärker *Ve* verbreitert gemäß *3*. Im Ringmodulator *De* findet die Gleichrichtung und Vorzeichengebung statt, je nachdem, ob die Beanspruchung durch die Kraft P als Druck oder Zug wirkt, *4*. Infolge der Trägheit des Anzeigegeräts V kommen die Trägerfrequenzwellen nicht zur Geltung, und der Zeiger bleibt in einer Mittellage, die dem Meßwert entspricht, stehen gemäß *5* bzw. *5'*. Beim dynamischen Vorgang, Abb. 91, wird die Ampli-

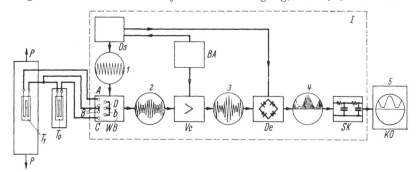

Abb. 91. Schematische Darstellung der Wirkungsweise des Verfahrens mit amplitudenmodulierter Trägerfrequenz beim Messen eines dynamischen Vorgangs.
I Meßgerät; *OS* Oszillator zur Erzeugung der Trägerfrequenz; *WB* WHEATSTONEsche Schaltung des Meßgebers; *Ve* Verstärker; *De* Demodulator; *Sk* Siebkette; *KO* Kathodenstrahloszillograph; T_1 aktiver Geber; T_0 blinder Geber; *P* dynamische Beanspruchung.

tude der hochfrequenten Trägerfrequenz *1* im Takt der niederfrequenten Dehnungsschwingung moduliert. Der Abstand der beiden umhüllenden Grenzkurven *2* entspricht der Amplitude der Dehnungsschwingung. Dieses Signal erfährt durch den Verstärker Ve eine entsprechende Vergrößerung gemäß *3*. Der Ringmodulator De führt die Gleichrichtung und Vorzeichengebung aus, so daß das gleichgerichtete Bild *4* bereits den Vorgang veranschaulicht. In der Siebkette SK werden die Trägerfrequenzwellen absorbiert, und auf dem Bildschirm des am Gerät angeschlossenen Kathodenstrahloszillographen KO erscheint die Hüllkurve *5*, die die Dehnungsschwingung darstellt.

Das Schaltschema einer Meßbrücke gibt Abb. 92 wieder. In einem Brückenzweig liegen die Dehnungsmeßstreifen. Es können entweder ein blinder Geber T_0

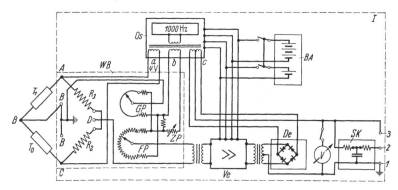

Abb. 92. Schaltschema der Nullmeßbrücke von Huggenberger.
OS Oszillator für 1000 Hz; *WB* WHEATSTONEsche Brückenschaltung; *Ve* Verstärker; *De* Demodulator; *V* ausschaltbares Nullanzeigegerät; *SK* Siebkette; *BA* Batterie; T_1 aktiver Geber; T_0 blinder Geber; *GP* Grobpotentiometer; *FP* Feinpotentiometer; *ZP* Geberzahl-Einstellpotentiometer; *1; 3* Anschluß für Kathodenstrahloszillograph; *1; 2* Anschluß für Schleifenoszillograph.

und ein aktiver Geber T_1 oder zwei aktive Geber T_1 und T_2 oder auch vier aktive Geber angeschlossen werden. Die Speiseleitung *a* führt der Brücke einen Wechselstrom von 1000 Hz und 3 Volt zu, der vom Oszillator *OS* erzeugt wird.

Er erhält seinerseits den Strom von der auswechselbaren Batterie BA, sofern das Gerät nicht an ein Wechselstromnetz über ein Netzanschlußgerät angeschlossen wird. Der Meßbereichschalter GP und das Schleifdrahtpotentiometer FP werden so lange verstellt, bis der Zeiger des Anzeigegeräts V auf Null einspielt. Nachdem der Prüfgegenstand belastet worden ist, führt man den zweiten Nullabgleich aus. Die Differenz der Ablesungen ergibt die Dehnung. Die Dehnungsempfindlichkeit, entsprechend der Geberzahl, ist durch Drehen des Knopfs ZP einzustellen.

Die Meßbrücke eignet sich auch für dynamische Messungen bis etwa 100 Hz. Das Anzeigegerät V wird in diesem Falle ausgeschaltet. An den Klemmen $1;2$ kann ein Schleifenoszillograph und an den Klemmen $1;3$ ein Kathodenstrahloszillograph angeschlossen werden. Bei der Verwendung eines Schleifenoszillographen muß ein Filter SK vorgeschaltet werden, das die Trägerfrequenzwellen absorbiert. Für dynamische Messungen stehen zwei lineare Bereiche, nämlich $0{,}2\,^0/_{00}$ und $2\,^0/_{00}$ zur Verfügung. In diesen beiden Meßbereichen kann statisch geeicht und dynamisch gemessen werden.

Abb. 93 zeigt eine Meßbrücke J, die über das Netzanschlußgerät NE vom Lichtnetz gespeist wird mit einem Schaltgerät $S\,24$, das gestattet, 24 Meßstellen schrittweise auf die Meßbrücke einzuschalten.

Eine für statische Messungen geeignete Meßbrücke mit Batteriebetrieb ist aus Abb. 94 zu ersehen. An den Anschlüssen A_0 wird der Blindgeber, und an den Anschlüssen A_1 der aktive Geber

Abb. 93. Tepic Indikator von Huggenberger mit Schaltgerät $S\,24$ für 24 Meßstellen und Netzanschlußgerät NE.

angeschlossen. Schalter B dient zum Einschalten der Brücke und Prüfen der Batteriespannungen. Die dem Geberfaktor entsprechende Einstellung wird am Schalter C vorgenommen. Zum Abgleich des aktiven Gebers dienen die Stufenschalter D_1 als Grobabgleich und D_2 als Mittelabgleich, während der stufenlose Schalter D_3 mit Ableseskale E zum Feinabgleich dient. Der erfolgte Abgleich bis zur Stromlosigkeit der Meßbrücke kann am Anzeigegerät F festgestellt werden.

Die in Abb. 95 wiedergegebene direkt anzeigende Meßbrücke, deren Schaltschema aus Abb. 96 hervorgeht, ist sowohl für den Anschluß von Dehnungsmeßstreifen als auch für induktive Dehnungsaufnehmer geeignet. Sie kann für statische und auch für dynamische Messungen verwendet werden. Die eigentliche Meßbrücke mit den Anschlüssen a bis f für zwei Geber T_0, T_1 besitzt zwei gekoppelte variable Kondensatoren C_1, mit denen sich das Amplitudengleichgewicht einstellen läßt. Zum Kompensieren der Phase dienen die Kondensatoren C_2. Die Trägerfrequenzspannung mit 4000 Hz liefert der Oszillator TO. Das Gebersignal wird von dem vierstufigen Verstärker Ve verstärkt und über das Bandfilter BF an die Klemmen g, h geleitet, an die ein Kathodenstrahl-Oszillograph angeschlossen werden kann. Das Bandfilter ergibt im ganzen Meßbereich von 0 bis 1000 Hz ein moduliertes Trägerfrequenzsignal. Bei stati-

Abb. 94. Nullmeßbrücke für statische Messungen von Philips.
A_0 Anschluß für Blindgeber; A_1 Anschluß für Meßgeber; B Schalter zum Ein- und Ausschalten und Prüfen der Batteriespannungen; C Schalter zur Einstellung des Geberfaktors; D_1, D_2 Stufenschalter für Grob- und Mittelabgleich; D_3 Feinabgleich mit Skale E; F Anzeigegerät.

Abb. 95. Direktanzeigende Meßbrücke von Philips.
a bis f Geberanschlüsse; g, h Anschluß für demodulierte Anzeige; i, k Anschluß für modulierte Anzeige;
A Drehknopf für Amplitudenabgleich; B Drehknopf für Phasenabgleich; C Umschalter; D Meßbereichschalter;
V Anzeigegerät.

schen Messungen wird der Ringmodulator *RM* benötigt, dem sowohl das vom Verstärker kommende Meßsignal als auch das Trägerwellensignal zugeführt wird. Der Ringmodulator gibt einen Gleichstrom ab, der dem Meßsignal direkt proportional ist und von dem Anzeigegerät *V* angezeigt wird, oder über die Klemmen *i, k* auf einen Schleifen-Oszillographen gegeben werden kann.

Die Meßbrücke (Abb. 95) wird nacheinander abgeglichen durch Drehen des Knopfs *A* für die Amplitude und *B* für die Phase, wobei die Umschaltung am Knopf *C* vorgenommen wird. Der Knopf *D* dient zum Einstellen des Meßbereichs, der fünf Meßbereiche umfaßt. Das Anzeigegerät *V* mit Spiegelskale gestattet in der empfindlichsten Einstellung der Brücke eine Dehnung von 0,0002% abzulesen.

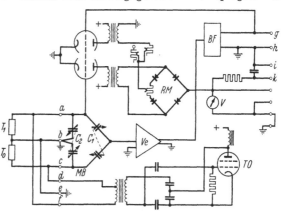

d) Freitragende Dehnungsaufnehmer. Den Gedanken, den zwischen zwei Einspannstellen frei tragenden Draht als Dehnungsaufnehmer zu verwenden, hat R. W. CARLSON[1] benutzt, um Dehnungsmeßgeräte auf Ohmscher Grundlage zu bauen. Dabei werden zwei vorgespannte Drahtwicklungen so miteinander gekoppelt,

Abb. 96. Schaltschema der direktanzeigenden Meßbrücke von Philips.

T_0, T_1 Geber; *MB* Meßbrücke mit Drehkondensatoren C_1, C_2; *Ve* vierstufiger Verstärker; *BF* Bandfilter; *RM* Ringmodulator; *V* Anzeigegerät; *TO* Trägerfrequenzoszillator.

daß sich bei der Meßbewegung der Ohmsche Widerstand in entgegengesetzt gleichem Sinne ändert. Neben der Verschiebung kann zudem auch die Temperaturänderung gemessen werden. Dieser Eigenschaft kommt bei der Untersuchung von Konstruktionen in Beton große Bedeutung zu, da sich die Temperatur beim Abbindevorgang des Zements bis auf etwa 50° C erhöht. Den Aufbau eines solchen Dehnungsmessers zeigt Abb. 97. Die beiden Stahlstäbe *a, b* sind durch die Stahlbänder *c, d* so miteinander verbunden, daß sie nur eine Parallelverschiebung gegeneinander ausführen können. Die Halter *e, f* bzw. *g, h* der beiden Wicklungen R_1 und R_2 sind kreuzweise auf der Innenseite der Rahmen angebracht. Bei der Verschiebung Δl nimmt daher der

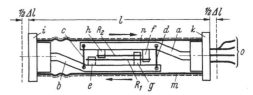

Abb. 97. Schematische Darstellung des OHMschen Dehnungsaufnehmers von R. W. CARLSON.

a, b Gestänge mit Endflanschen *i, k*; *c, d* Verbindungsfedern zur Parallelführung; *e, f* Halter für die Wicklung R_1; *g, h* Halter für die Wicklung R_2; *m* federnde Schutzhülse; *n* Gewebeverkleidung; *o* 4-adriges Kabel.

Widerstand der einen Wicklung um so viel zu wie er in der anderen Wicklung abnimmt und umgekehrt. Die beiden Widerstände R_1 und R_2 sind den zwei aufeinander folgenden Zweigen einer WHEATSTONEschen Brücke zugeordnet, Abb. 98a und b. Der dritte Brückenarm enthält den einstellbaren Meßwiderstand R_E. Im anschließenden Zweig ist ein fester Widerstand R_4 eingebaut, der aus praktischen Gründen 100 Ω beträgt. Als Stromquelle dient eine Taschenlampen-

---

[1] DAVIS, R. E., u. R. W. CARLSON: Proc. ASTM Bd. 32 II (1932) S. 793.

batterie BA von 3 Volt. Für den Zustand des Nullabgleichs, den das Galvanometer G anzeigt, gilt die Gleichung

$$R_1 R_4 = R_2 R_E. \tag{11}$$

Da R_4 eine konstante Größe ist, nämlich 100 Ω, lehrt die Gleichung, daß sich die Widerstandsänderung proportional zur Änderung des Widerstandsverhältnisses R_1/R_2 verhält.

Aus der Gleichung geht weiter hervor, daß die durch Temperaturänderung bewirkte Änderung der beiden Widerstände R_1 und R_2 auf die Messung keinen Einfluß ausübt. Die Dehnungsmessung ist also von der Temperaturänderung unabhängig. Durch eine einfache Umschaltung, Abbildung 98 b, mißt man die Temperatur. Sie hängt ab von der Änderung der Summe der beiden Widerstände R_1 und R_2, die ihrerseits jedoch nicht von der Dehnung beeinflußt wird.

Der Umstand, daß die WHEATSTONEsche Brücke vier Arme aufweist, veranlaßte A. STATHAM[1], vier Wicklungen als Meßelemente zu verwenden, wobei er auf die Möglichkeit der Temperaturmessung verzichtete. Die Anordnung ist aus Abb. 99 zu ersehen. Die beiden Elemente, die die zu messende Verschie-

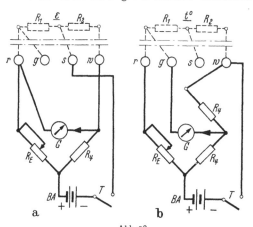

Abb. 98.
Schaltung des Dehnungsaufnehmers von R. W. CARLSON.
a) Schaltung der Meßbrücke für Dehnungsmessung;
b) Schaltung der Meßbrücke für Temperaturmessung.

bung Δl aufnehmen, sind der feste Rahmen 1 und der bewegliche Schieber 4, der über zwei Blattfedern mit dem Rahmen verbunden ist. Im Rahmen und im Schieber sind die Stifte $6, 7$ und $8, 9$ eingepreßt, an denen die vier Wicklungen R_1, R_2, R_3, R_4 eingehängt sind. Bei der Verschiebung Δl des Meßbolzens 5 werden die beiden Wicklungen R_3, R_4 um den gleichen Betrag entlastet wie die beiden Wicklungen R_1, R_2 belastet werden oder umgekehrt. Die Wicklungen sind in sinngemäßer Weise den vier Zweigen einer WHEATSTONEschen Brücke zugeordnet, so daß im Vergleich zu zwei Wicklungen die doppelte Empfindlichkeit erreicht wird. Außerdem ist der Temperatureinfluß ausgeglichen. Aus praktischen Erwägungen werden alle Widerstände gleich groß ausgeführt.

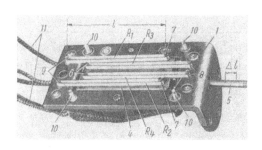

Abb. 99. Verschiebungsmesser von STATHAM.
1 fester Rahmen; 4 Schieber; 5 Meßbolzen;
$6, 7, 8, 9$ Spannzapfen für die Wicklungen R_1, R_2, R_3 und R_4; 10 Ankerzapfen.

Die Wicklungsspannweite beträgt 27 mm und der Drahtdurchmesser ist 2,5 μ. Je nach der Drahtlänge beträgt der Widerstand $R = 60, 120, 250$ und 600 Ω, so daß eine Gleichstromspannung von 3, 6, 12 und 20 V angelegt werden kann.

---

[1] MEYER, D. R.: Instruments Bd. 19 (1946) S. 136.

Das Meßsystem mit freiliegender Drahtwicklung hat gegenüber dem Dehnungsmeßstreifen verschiedene Vorteile. Es ist frei von Kriecherscheinungen. Das Meßsystem ist in der Regel in ein Gehäuse eingebaut. Störanfälligkeit infolge Feuchtigkeit und Nässe ist daher nicht zu befürchten. Die Wicklung ist zudem mechanischen Einflüssen und Schädigungen entzogen. Die Nullkonstanz ist weitgehend auf lange Zeitspanne gewährleistet. Eine Nacheichung ist daher nicht erforderlich. Da infolge der größeren Belastbarkeit der freistehenden Wicklung eine größere Stromstärke und Spannung am Ausgang des Meßelements zur Verfügung stehen, kann meistens ein Anzeige- oder Schreibgerät ohne zusätzliche Verstärkung betrieben werden. Das Meßelement steht immer wieder zu weiteren Messungen zur Verfügung.

Nachteilig wirkt sich das im Vergleich zum Dehnungsmeßstreifen bedeutend höhere Gewicht aus. Die Anwendung für dynamische Versuche ist daher auf niedere Frequenzen beschränkt. Der Raumbedarf ist gegenüber dem Dehnungsmeßstreifen sehr groß. Zum Anbringen des Meßelements sind zudem Anspannvorrichtungen notwendig, die von Fall zu Fall besonders zu gestalten sind.

c) Halbleiter-Dehnungsmesser.

Die Halbleiter-Widerstands-Dehnungsmesser benutzen zur Dehnungsmessung die Widerstandsänderung, die ein Halbleiter (meist Kohle bzw. Graphit) erfährt, wenn er auf Druck beansprucht wird. Bekanntlich verkleinert sich der elektrische Widerstand einer solchen Masse, wenn sie unter Druck gesetzt wird, während der Widerstand beim Entspannen wieder ansteigt. Abb. 100 zeigt den

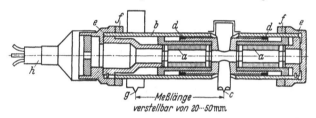

Abb. 100. Kohledruck-Dehnungsmesser nach O. BERNHARD.

a Kohlekontaktsäulen; *b* zyl. Gehäuse mit Stellring, der die feste Meßspitze *g* trägt; *c* Mittelstück mit beweglicher Meßspitze; *d* Führungsringe; *e* Spannmuttern; *f* Gegenmuttern; *h* Kabel.

von O. BERNHARD[1] entwickelten Kohledruck-Dehnungsmesser der Deutschen Bundesbahn. Die beiden Kohlekontaktsäulen *a*, die aus plangeschliffenen, ringförmigen Kohleblättchen bestehen, sind in einem zylindrischen Gehäuse *b* gelagert und gegen ein Mittelstück *c* gespannt, das zugleich die bewegliche Meßspitze trägt und durch Gummiringe *d* im Gehäuse geführt ist. An den Gehäuseenden befinden sich die Überwurfmuttern *e*, die zum Vorspannen der Kohlesäulen dienen und mit den Gegenmuttern *f* gesichert werden können. Die feste Meßspitze *g* sitzt an einem Stellring, der je nach Größe der gewünschten Meßstrecke auf dem Gehäuse *b* festgeklemmt werden kann. Wird das Druckstück *c* entsprechend der zu messenden Längenänderung gegenüber dem Gehäuse verschoben, so wird die eine Kohlesäule weiter zusammengedrückt, erfährt also eine Widerstandsabnahme, während die andere Kohlesäule entlastet und somit der Widerstand vergrößert wird. Die Widerstandsänderung wird in einer WHEATSTONEschen Brücke gemessen, wobei die beiden Kohlewiderstände so geschaltet sind, daß sich die Wirkungen addieren. Die erreichte Meßunsicherheit beträgt $\pm 0,05$ kg/mm².

---

[1] Bautechn. Bd. 6 (1928) S. 145.

Der Halbleiter-Dehnungsmesser der Messerschmitt-Werke, Abb. 101, für eine Meßstrecke von 100 mm besteht aus einem Stahlblechrahmen *a*, der an einem Ende einen als Schraube ausgebildeten Meßfuß *b* trägt. Der Rahmen

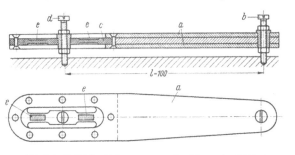

besitzt am anderen Ende eine fensterförmige Aussparung, in die eine Hartgummiplatte *c* eingesetzt ist. Aus dieser Hartgummiplatte ist ein Steg herausgearbeitet, der in seiner Mitte den zweiten schraubenförmigen Meßfuß *d* trägt. Links und rechts vom Meßfuß *d* ist der Hartgummisteg mit einer Graphitschicht *e* bedeckt.

Abb. 101. Halbleiter-Dehnungsmesser der Messerschmitt-Werke.
a Stahlblechrahmen mit Duralplatte und Meßfuß *b*; *c* Hartgummi-platte mit Meßfuß *d*; *e* Graphitschicht.

Eine solche Schicht läßt sich durch mehrmaliges Bestreichen mit einem weichen Bleistift erzeugen. Die Meßfüße *b* und *d* werden mit dem zu messenden Bauteil verschraubt. Bei einer Längenänderung des Bauteils erfährt die Graphitschicht auf einer Seite des Stegs einen Zug, die andere aber einen Druck, womit eine Widerstandsvergrößerung bzw. -verkleinerung verbunden ist. Die Widerstandsänderung verstimmt eine im Ausgangszustand stromlose WHEATSTONEsche Brücke. Die Änderung des Abgleichwiderstands ist ein Maß für die aufgetretene Längenänderung.

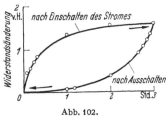

Abb. 102.
Hysterese beim AEG-Streifengeber.

Von der AEG wurde ein Streifengeber entwickelt, der aus einem Stahlblättchen von wenigen $^1/_{100}$ mm Dicke besteht, auf das eine feindisperse Graphitmasse aufgestrichen ist. An die beiden Enden der Graphitmasse sind die Stromanschlüsse gelegt. Der Geber wird mit einem geeigneten Klebstoff auf das gesäuberte Bauteil aufgeklebt. Die Längenänderung Δl der Meßstrecke l des Bauteils wird über das Stahlplättchen auf die Graphitmasse übertragen und ruft in derselben bei einer Dehnung eine Widerstandsvergrößerung, bei einer Stauchung aber eine Widerstandsverkleinerung hervor. Die bezogene Widerstandsänderung $\Delta R/R$ ist dabei etwa 15- bis 20mal so groß wie die bezogene Längenänderung $\Delta l/l$. Dem Vorteil der einfachen Handhabung, des geringen Platzbedarfs und des kleinen Gewichts stehen eine Reihe von Nachteilen entgegen. Abb. 102 läßt die im Laufe der Zeit auftretenden Widerstandsänderungen nach dem Einschalten bzw. nach dem Abschalten erkennen. Weiterhin sind die Geber

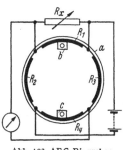

Abb. 103. AEG-Ringgeber in Brückenschaltung.
a federnder Stahlring mit den Meßfüßchen *b* und *c*; R_1, R_2, R_3, R_4 Graphit-widerstände; R_x Regel-widerstand.

temperaturempfindlich (10° verursachen 1% Widerstands-änderung). Alterungserscheinungen verursachen eine Ab-wanderung des Nullpunkts, was bei Messungen, die über längere Zeit ausgedehnt werden müssen, zu Fehlmessungen führen kann.

Der AEG-Ringgeber gestattet es, die oben genannten Fehler weitgehend zu kompensieren. Bei diesem Geber sind die vier Widerstände der Meßbrücke in Form von gleichartigen Graphitpulverwiderständen R_1, R_2, R_3 und R_4

auf der Innenseite eines federnden Stahlrings a, Abb. 103, aufgebracht. Der Stahlring wird mit seinen Füßchen b und c auf das Bauteil aufgeklebt. Bei einer Längenänderung wird der Stahlring elliptisch verzerrt, wodurch zwei der in den Scheiteln sitzenden Geberwiderstände gedehnt, die anderen beiden aber gestaucht werden. Zum Abgleich der Meßbrücke ist ein besonderer Regelwiderstand R_x vorgesehen.

d) Elektrische Dehnungsmesser auf der Grundlage der schwingenden Saite.

Die Tonhöhe oder, was gleichbedeutend ist, die Schwingungszahl n eines zwischen zwei Klemmen eingespannten Drahts von der Länge l hängt von der Zugspannung σ ab. Zwischen Schwingungszahl n, Drahtspannung σ und Drahtlänge l besteht die Beziehung

$$n^2 = c\,\frac{\sigma}{l}, \tag{12}$$

in der c eine Konstante ist.

Mit $\sigma = \varepsilon\,E$ (E = Elastizitätsmodul des Stahldrahtes und $\varepsilon = \Delta l/l$) nimmt diese Gleichung die Gestalt an

$$n^2 = k\,\Delta l. \tag{13}$$

Die Konstante k ist durch die physikalischen Eigenschaften des Saitenmaterials gegeben, während Δl die Verlängerung oder Verkürzung der Saitenlänge darstellt. O. SCHAEFER[1] benutzte diese Eigenschaft und baute in Zusammenarbeit mit der Firma Maihak verschiedene Meßgeräte. Der eigentliche Meßgeber G nach Abb. 104 trägt zwischen dem festen Meßfuß a und dem beweglichen Meßfuß b die Meßsaite c, die durch den Magnet d in eine gedämpfte Schwingung versetzt werden kann. Im schematisch dargestellten Empfangsgerät E ist eine zweite genau gleiche Saite, die sogenannte Vergleichssaite e, eingebaut, die durch mechanisch-elektrische Rückkopplung eines Magneten in Dauerschwingung gehalten wird. Die gespannte Saite wird durch Drehen des Knopfs f mittels einer Mikrometerspindel und dem Kniehebel g verkürzt oder verlängert. Die Saite ist so geeicht, daß jedem der 500 Teilstriche auf der Zifferplatte h eine bestimmte Saitenspannung bzw. Schwingungszahl zukommt.

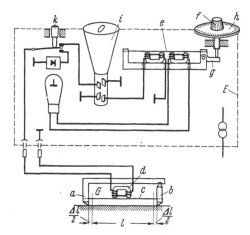

Abb. 104. Schematische Darstellung des Meßprinzips der schwingenden Saite nach O. SCHAEFER, Bauart Maihak.
G Meßgeber; a Rahmen mit festem Meßfuß; b beweglicher Meßfuß; c schwingende Saite; d Erregermagnet; E Empfangsgerät; e Vergleichssaite mit Erregermagneten; f Einstellknopf mit Skale h; g Übertragungshebel; i Kathodenstrahlröhre; k Tastknopf zur Schwingungserregung.

Die Saitenschwingungen werden im Empfangsgerät über geeignete Verstärker in elektrische Schwingungen umgesetzt und diese auf eine Kathodenstrahlröhre i übertragen. Beim Einschalten des Schwingkreises der Meßsaite durch Drücken der Taste k hinterläßt der Leuchtpunkt auf dem Schirm eine vertikale Gerade als Spur. Die ungedämpfte Schwingung der Vergleichssaite

---

[1] VDI-Z. Bd. 63 (1919) S. 1008.

erzeugt eine dazu senkrechte Gerade. Schwingen beide Saiten gleichzeitig, dann erscheint auf dem Bildschirm ein wandernder ellipsenähnlicher, geschlossener Linienzug, der zum Stillstand kommt und in einem waagerechten Leuchtstrich zusammenfällt, wenn beide Saiten Frequenzgleichheit aufweisen, was durch Drehen des Knopfs f zu erreichen ist. Die dann auf der Zifferplatte h abgelesene Anzahl Teilstriche multipliziert mit der Eichkonstanten gibt die gesuchte Dehnung.

Das in Abb. 105 dargestellte Empfangsgerät hat auf der Rückseite 10 Klemmen Kl zum Anschluß der Meßgeber. Durch den Wähler W sind sie schrittweise ans Meßgerät anzuschließen. Der Schalter S dient zur Inbetriebsetzung. Das Empfangsgerät ist für den Anschluß an ein Wechselstromnetz von 110 oder 220 Volt Spannung und 40 bis 100 Perioden eingerichtet. Steht als Stromquelle eine Akkumulatorenbatterie zur Verfügung, so muß zusätzlich eine Gleichstrom-Wechselstromumformergruppe verwendet werden. Durch kurzes Niederdrücken des Tasters T wird die Meßsaite zu einer gedämpften Schwingung angeregt. Der Geber kann auch automatisch erregt werden, wobei das Intervall mit dem Drehknopf D_1 einzustellen ist. Helligkeit und Schärfe des Leuchtpunkts auf dem Leuchtschirm LS kann durch Drehen der beiden Knöpfe K_1 und K_2 reguliert werden. Mit den beiden Drehknöpfen D_2 und D_3, die zur Grob- und Feinregulierung der Spannung der Vergleichssaite dienen, erfolgt das Abstimmen auf Frequenzgleichheit. Der Meßwert wird auf der Skale Sk abgelesen.

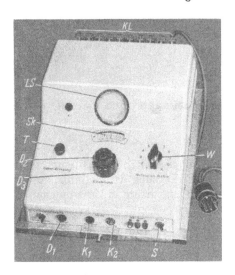

Abb. 105. Maihak-Empfangsgerät für Dehnungsmesser mit schwingender Saite.

D_1 Drehknopf zum Einstellen des Impulsabstands der Gebererregung; D_2 Grobverstellung der Meßsaite; D_3 Feineinstellung der Meßsaite; S Einschalter; Kl 10 Anschlußklemmen; W Wählerschalter für Meßgeber; SK Ableseskale; T Tastknopf zur Erregung der Saite; LS Bildschirm des Kathodenstrahlrohrs; W Wahlschalter; K_1 Knopf zur Einstellung der Helligkeit; K_2 Knopf zur Einstellung der Bildschärfe.

Aus Abb. 106 ist der nach diesem Prinzip gebaute Betondehnungsgeber im Schnitt ersichtlich. Die gespannte Stahlsaite c, die durch den Magnet d angeregt wird, ist in einem Rohr a eingebaut, das in axialer Richtung verformbar ist. Zu diesem Zweck ist der Rohrumfang an zwei Stellen in der Nähe der Flansche b eingedreht und mit vier Einschnitten versehen. In der Eindrehung liegt die Gummitülle e, die zur Abdichtung der Schlitze dient. In der Nabe f ist der Drahtklemmkopf eingebaut. In der zylindrischen Hülse g befindet sich der Magnet d, der über ein zweiadriges Kabel gespeist wird. Zur Verbindung mit dem Kabel des Empfangsgeräts dient das etwa 100 mm lange Rohr h. Die Meßlänge beträgt 50 mm. Der Meßbereich umfaßt $5 \cdot 10^{-4}$ Dehnungseinheiten oder 0,025 mm bei 50 mm Meßlänge. Ein Teilstrich der Skale des Empfangsgeräts entspricht einer Dehnung von $3 \cdot 10^{-6}$. Ein Temperaturmeßelement ist nicht vorhanden. Da dem Temperaturverlauf bei Messungen im Beton grundlegende Bedeutung zukommt, muß ein besonderer Temperaturgeber eingebaut werden.[1]

---

[1] KUHN, R.: VDI-Z. Bd. 99 (1957) S. 751.

Abb. 107 gibt einen Dehnungsmesser zum Aufsetzen auf eine Meßfläche mit Hilfe geeigneter Anspannvorrichtungen wieder. Die bewegliche Schneide *b* und die feste Schneide *a* begrenzen die Meßlänge. Der bewegliche Schneidenarm lagert unter der federnden Stützleiste *e*, in der die Pfanne *f* für die Aufspannvorrichtung eingebaut ist. Die Saite *c* ist einerseits im Schneidenarm *b* und andererseits in der Halterhälfte *g* verankert. Die Schraube *h* ermöglicht, die Vorspannung der Saite einzustellen. Dicht über der Saite ist der Erregermagnet *d* angeordnet. Da die dünne Stahlsaite Temperaturänderungen rasch folgt, ist es ratsam, das Gerät zweckmäßig abzuschirmen.

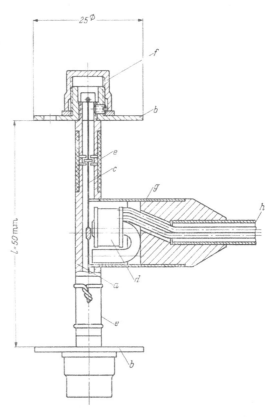

Abb. 106. Betondehnungsmesser von Schäfer-Maihak.
a Führungsrohr mit Meßsaite *c*; *d* Erregermagnet; *e* Gummitülle; *f* Einspannkopf; *g* Schutzhülse für den Magnet; *h* Verbindungsrohr zur Stopfbüchse der Kabelverbindung.

e) Elektrische Dehnungsmesser auf induktiver Grundlage.

Bei den induktiven Dehnungsmeßgeräten wird die Änderung der Selbstinduktion von Drosselspulen nutzbar gemacht, die durch eine der zu messenden Längenänderung entsprechende Bewegung des Ankers hervorgerufen wird. Die Induktionsänderung kann in einer Brükkenschaltung mit großer Genauigkeit gemessen werden, so daß es möglich ist, induktive Dehnungsmesser mit sehr kleinen Meßstrekken zu bauen. Zur Speisung wird ein Wechselstrom von 1000 bis 16000 Hz benötigt, der durch einen besonderen Wechselstromgenerator erzeugt werden muß.

α) **Die gebräuchlichsten Umformer-Bauarten.** Bei den gebräuchlichen induktiven Dehnungsmessern lassen sich drei Gruppen von elektrischen Umformern unterscheiden, die in Abb. 108 schematisch zusammengestellt sind.

Die einfachste Bauweise eines Umformers ist das elektromagnetische System, bestehend aus Anker, Spule und Luftspalt, Abb. 108a. Bei der Bewegung des Ankers *b*, also bei der Änderung des Luftspalts *c*, verändert sich die Selbstinduktion der Spule *a*. Diese

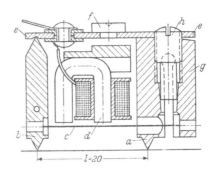

Abb. 107. Dehnungsmesser von Schäfer-Maihak zum Aufsetzen auf eine Meßfläche.
a feste Schneide; *b* Schneidenhebel mit beweglicher Schneide; *c* Stahlsaite; *d* Erregermagnet; *e* Stützleiste mit Pfanne *f* als Stützpunkt der Aufspannvorrichtung; *g* Halter; *h* Schraube zum Verstellen der Saiten-Vorspannung.

Änderung ist in gewissen Grenzen verhältnisgleich zum Verschiebungsweg des Ankers. Die Spule ist entweder auf dem Quersteg des U-förmigen Magnetkörpers d angebracht oder die beiden Schenkel sind mit einer Spule versehen.

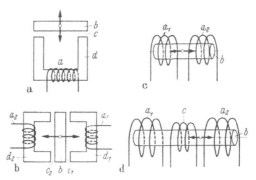

Abb. 108. Schematische Darstellung der grundlegenden Bauarten induktiver Dehnungsaufnehmer.

Das Differentialsystem, Abb. 108 b, mit zwei Magnetkörpern a_1, a_2 und einem Anker b ergibt zwei Luftspalte c_1, c_2. Der lineare Bereich ist größer als beim einfachen System, und zudem ist der Einfluß von Temperaturänderungen praktisch vernachlässigbar.

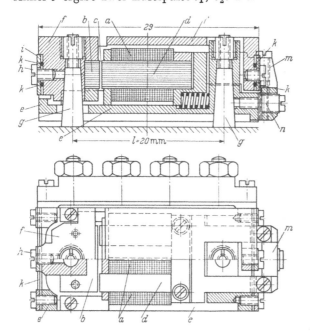

Abb. 109. Induktiver Dehnungsaufnehmer nach E. LEHR.

a Spulen; b Anker; c Luftspalt; d Magnetkörper; e Gehäuse; f Führungsrahmen für den Anker; g Setzstift; h Klemmschraube; i Joch; k Stahldraht; n Feineinstellschraube mit Differentialgewinde; m Bügel zum Ausgleich des Temperatureinflusses.

Eine besonders große Anwendung hat die Bauweise, Abb. 108 c, bestehend aus zwei Spulen a_1, a_2 und einem Tauchanker b, gefunden, die gestattet, kleine Dehnungsaufnehmer mit verhältnismäßig großem Verschiebungsweg zu bauen.

Das System mit zwei Spulen a_1, a_2 und einer Schwingspule c, Abb. 108 d, kommt wegen der sehr hohen Betriebs-Frequenz in der Größenordnung von einigen Megahertz nur in Sonderfällen zur Anwendung.[1]

β) Dehnungsaufnehmer mit Anker und Luftspalt.

Bei dem von E. LEHR[2] entwickelten Dehnungsaufnehmer, Abb. 109, besteht der Magnetkörper d und der Anker b aus 0,05 mm dickem Mümetallblech (hohe Permeabilität, $\mu \sim 60000$,

[1] HOFFMEISTER, O.: Jb. Dtsch. Luftf.-Forschg. Bd. 2 (1937) S. 283.
[2] VDI-Z. Bd. 82 (1938) S. 541.

geringer Hystereseverlust, 76% Ni, 17% Fe, 5% Cu, 2% Cr). Der Magnetkörper ist im Gehäuse e und der Anker in dem Rahmen f eingebaut. Beide Teile sind mit einer konischen Bohrung versehen zur Aufnahme der kegelförmigen Stifte g, die auf der Meßfläche im Abstand der Meßlänge l aufgelötet werden. Der Ankerrahmen ist an seinen beiden Enden durch zwei quer zur Längsrichtung liegende Stahldrähte k mit Schrauben h und Joch i mit dem Gehäuse elastisch verbunden. Über den beiden parallel laufenden Schenkeln des U-förmigen Magnetkörpers d sind die beiden Spulen a angebracht, die mit Wechselstrom von 16000 Hz gespeist werden. Die Empfindlichkeit des Aufnehmers hängt von der Größe des Spalts c ab. Die Feinstellschraube n gestattet das gegenseitige Verschieben von Rahmen und Gehäuse und damit das Einstellen der Weite des Luftspalts c. Der eine Teil des Differentialgewindes liegt im Bügel m, der mit dem Gehäuse verschraubt ist. Der Bügel hat die Aufgabe, selbständig den Einfluß der Temperatur auszugleichen.

Der Dehnungsaufnehmer kann auch auf einem Schneidenuntersatz nach Abb. 110 aufgesteckt werden, der zwei konische Stifte q hat. Der schmale Steg r wirkt als Gelenk der beweglichen Schneide s, die mit der festen Schneide t die Meßstrecke l eingrenzt. Mittels geeigneter Aufspannmittel kann der Dehnungsaufnehmer auf der Meßfläche befestigt werden. Die Bohrung u dient zur Aufnahme der Anspannvorrichtung.

Der zum Erzeugen der Trägerfrequenz von 16000 Hz benötigte Röhrengenerator Os, das zur Speisung erforderliche Netzgerät Ne, der Demodulator De sowie die Brückenmeßschaltung MB ist in einem Schaltkasten untergebracht, den Abb. 111 wiedergibt. Das Schaltschema zeigt Abb. 112. Der Dehnungsgeber wird über ein 4-adriges Kabel mit den Klemmen a, b, c der Brücke verbunden. Eine der beiden Spulen f des Gebers bildet mit der Abgleichdrossel g einen Brückenzweig. Der Brückenspeisestrom wird über das Kontrollanzeigegerät dem Nachübertrager i des Röhrenoszillators Os entnommen. Bei der Spaltänderung ändert sich die Induktivität und verstimmt die vorher mit der Abgleichdrossel g auf Null abgeglichene Brücke. Die modulierte Trägerfrequenz gelangt über den Zwischenübertrager auf die eine Seite des Ringmodulators RM, während die Gegenseite mit der Sekundärseite des Nachübertragers verbunden ist. Die Primärwicklung des Zwischenübertragers ist mit der zweiten Spule m verbunden. In der Ausgangsleitung zwischen den Mittelanzapfungen des Nachübertragers und des Zwischenübertragers fließt ein Strom, der der Induktivität und damit der Längenänderung verhältnisgleich ist.

Infolge der Trägheit des Anzeigegeräts o (Abb. 111) erscheint der Meßwert auf der Skale. Der Meßgeber wird an die Klemmen a, b, c angeschlossen, während der Kathodenstrahl- oder Schleifenoszillograph an den Klemmen p anzuschließen ist. Um den Geber zu eichen, stellt man den Luftspalt c des auf den Stiften der Meßstrecke aufgesetzten Gebers mit Hilfe einer Blattlehre auf etwa 0,1 mm ein und gleicht die Brücke durch Drehen des Knopfs g für den Gegenmagnet auf Null ab. Von dieser Stellung aus verdreht man den Knopf stufenweise und liest am Stromanzeigegerät h die Stellung des Zeigers in mA ab. Trägt man über der Abszissenachse die Skalenteile von g und als Ordinate die mA von h auf, so erhält man eine Eichkurve. In gleicher Weise bestimmt man die Eichkurve der übrigen drei Empfindlichkeitsstufen. Nun setzt man den Geber in ein besonderes Eichgerät ein, das gestattet, den Luftspalt bis auf 0,2 mm mit einer Unsicherheit von $^1/_{1000}$ mm einzustellen. Eine Meßuhr zeigt die Spaltänderung an. Durch Nachbildung der oben bestimmten Eichkurve erhält man an Stelle der Skalenteile die Verschiebung in $^1/_{1000}$ mm.

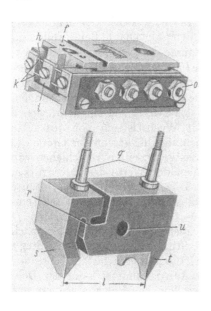

Abb. 110. Ansicht des induktiven Umformers nach E. LEHR mit Schneidenuntersatz für 20 mm Meßlänge.

1. Umformer: *f* Führungsrahmen für den Anker; *k* Stahldraht als elastische Verbindung; *h* Schraube; *i* Joch. 2. Untersatz: *q* konische Stifte; *r* Federgelenk; *s* bewegliche Schneide; *t* feste Schneide; *u* Bohrung zum Einsetzen der Aufspannvorrichtung.

Abb. 111. Ansicht der Meßbrücke für den induktiven Dehnungsmesser nach E. LEHR, Bauart Askania.

a, b, c Anschlußklemmen für Dehnungsmesser; *g* Abgleichdrossel; *h* Anzeigegerät für Trägerstrom; *o* Anzeigegerät des Meßstroms; *p* Anschlußklemmen für Schleifen- oder Kathodenstrahloszillograph; *q* Umschalter auf Schleifen- oder Kathodenstrahloszillograph; *r* Netzschalter; *s* Abgleich für Trägerstrom; *t* Empfindlichkeitsschalter; *u* Kontrollampe für Schleifen- oder Kathodenstrahloszillograph; *v* Kontrollampe für Netzanschluß.

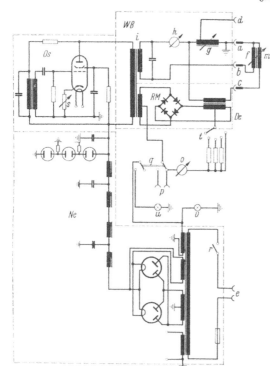

Abb. 112. Schaltschema der Meßbrücke für den induktiven Dehnungsmesser nach E. LEHR, Bauart Askania.

OS Oszillator; *Ne* Netzanschlußteil; *De* Demodulator; *WB* Brückenteil.
a, b, c Klemmen zum Anschluß des Dehnungsmessers; *a, b, c, d* Klemmen zum Anschluß des Askania-Verschiebungsmessers; *e* Netzanschluß; *f, m* Spulen des Dehnungsumformers; *g* Abgleichdrossel; *h* Anzeigegerät des Trägerstroms; *i* Nachübertrager; *RM* Ringmodulator; *o* Anzeigegerät des Meßstroms; *p* Anschluß für Schleifen- oder Kathodenstrahloszillograph; *q* Umschalter für Schleifen- oder Kathodenstrahloszillograph; *r* Schalter für Netzanschluß; *s* Abgleich für Trägerstrom; *t* Empfindlichkeitsstufenschalter.

Beim Dehnungsmesser der *MPA Darmstadt*[1], Abb. 113, ist das elektromagnetische System durch die beiden Spulen a_1, a_2, die in einem Eisentopf d_1 und d_2 liegen und durch den beweglichen Anker b in Gestalt einer biegsamen Membrane gegeben. Die beiden Magnettöpfe sind durch die vier Schrauben e und die beiden Befestigungsbügel f mit dem Gestell g verbunden. Der Trennrand h der Topfmagnete ist die Einspannstelle der Membrane. Bei einer Längenänderung der Meßstrecke l überträgt der bewegliche Fuß i des Gestells die Bewegung mittels der Stange k auf die Membranmitte. Dabei wird der Luftspalt der einen Drossel größer und der gegenüberliegenden entsprechend kleiner.

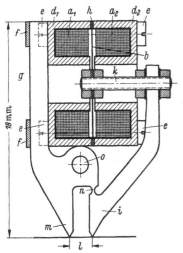

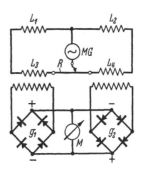

Abb. 113. Aufbau des induktiven Dehnungsmessers der MPA. Darmstadt.

Abb. 114. Schaltschema für den induktiven Dehnungsaufnehmer der MPA. Darmstadt.

a_1, a_2 Spulen mit der Induktivität L_1, L_2; b Anker; d_1, d_2 topfartig ausgebildete Magnetkörper; e Befestigungsschrauben; f U-förmige Joche; g Gestell; i beweglicher Fuß; k Stoßstange; m fester Fuß; h Einspannrand des Ankers; n Gelenk; o Bohrung für Ausspannung.

L_1, L_2 Induktivität der Spulen a_1, a_2; L_3, L_4 Primärwicklungen des Anpassungsübertragers; MG Frequenzgenerator mit Synchronmotor; R Schleifdraht für den Nullabgleich; g_1, g_2 Trockenbatterie in GRÄTZ-Schaltung; M Mikroamperemeter.

Das Gestell mit dem festen Fuß m und dem beweglichen Fuß i besteht aus einem Stück Stahl, wobei die dünne Lamelle n als Federgelenk wirkt. Die Bohrung o dient zum Einhängen einer federnden Aufspannung.

Die beiden Spulen des Dehnungsaufnehmers mit der Induktivität L_1 und L_2 sind nach Abb. 114 in einem Zweig der WHEATSTONEschen Brückenschaltung eingeordnet. Im andern Zweig sind zwei weitere Induktivitäten L_3 und L_4 eingebaut. Es sind die Primärwicklungen von zwei Anpassungsübertragern, deren Sekundärwicklungen über Trockengleichrichter g_1, g_2 in GRÄTZ-Schaltung geschlossen sind. Die Speisung erfolgt durch den Tonfrequenzgenerator MG mit 500 Hz. Die Längenänderung bewirkt die Änderung des induktiven Widerstands in entgegengesetztem Sinn. Die Differenz der Ströme in den beiden Zweigen erzeugt einen entsprechenden Ausschlag am Mikroamperemeter M. Damit das Galvanometer zu Beginn der Messung auf Null eingestellt werden kann, ist zwischen den beiden Induktivitäten L_3 und L_4 ein Schleifdrahtwiderstand R eingebaut, an dem die eine Klemme des Frequenzgenerators liegt. Durch Verschieben des Schleifkontakts erfolgt der Abgleich.

Dieser Dehnungsmesser wurde entwickelt, um die Dehnung in Kerben zu ermitteln. Das Gerät ist mit einer Meßlänge von 0,5 bis 5 mm ausgeführt worden. Seine Höhe beträgt 17 mm bei einem Gewicht von $5^1/_2$ g. Es wurde eine 300 000-

[1] THUM, A., O. SVENSON u. H. WEISS: Forschung Ing.-Wesen Bd. 9 (1938) S. 229.

fache Vergrößerung erreicht. Abb. 115 zeigt die Anordnung beim Messen in einer Hohlkehle. Der Bügel p mit dem Dehnungsmesser wird durch die Blattfeder r elastisch angedrückt. Der Halter q lagert allseitig verstellbar in einem Stativ.

γ) Dehnungsaufnehmer mit Luftspule und Tauchanker.

Für größere Verschiebungswege und hohe Frequenzen eignen sich Dehnungsaufnehmer mit

Luftspule und Tauchanker, wie sie die *Deutsche Versuchsanstalt für Luftfahrt (DVL)* entwickelt hat [1]. Bei dem in Abb. 116 dargestellten Geber, der sich besonders für dynamische Messungen eignet, sind die beiden Spulen a_1 und a_2 mit den Induktivitäten L_1 und L_2 auf einen eloxierten Aluminiumkörper gewickelt. In dem äußeren Rohr d aus Bronze ist das Innenrohr c geführt, das aus Stahl besteht und als Rückfluß für die magnetischen Kraftlinien dient. Die beiden Rohre sind auf Gleitsitz geschliffen und geläppt, so daß sie sich axial ohne großen Kraftaufwand verschieben lassen. Das eine Ende des äußeren Rohres ist mit einem Abschlußzapfen e aus nichtmagnetischem Material versehen, der den Tauchanker b trägt. In der Mittellage wird die Stellung der beiden Rohre durch den herausziehbaren konischen Stift f gesichert.

Abb. 115. Messen der Dehnung in einer Hohlkehle vom Halbmesser 5 mm mit einem induktiven Dehnungsaufnehmer der MPA. Darmstadt, Meßlänge 1 mm.

q Halter; r Blattfeder, die den Haltebügel p und damit den Dehnungsmesser federnd andrückt.

In der schematischen Darstellung, Abb. 117, ist die Wirkungsweise gekennzeichnet. Schiebt man den Anker b in die Spule a_1, so nimmt die Induktivität L_1 nach der gestrichelten Kurve zu und erreicht etwa in halber Spulenlänge den Höchstwert. Die Verschiebung des Ankers nach rechts in die zweite Spule a_2 ergibt einen analogen Verlauf der Induktivität L_2. Schaltet man die beiden in entgegengesetztem Sinn gewickelten Spulen zusammen, so ergibt

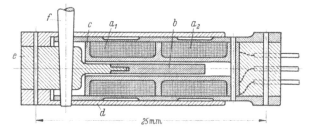

Abb. 116. Induktiver Dehnungsaufnehmer der Deutschen Versuchsanstalt für Luftfahrt (DVL).
a_1, a_2 Spulen; b Tauchanker; c inneres Rohr; d äußeres Rohr; e Endkopf; f Blockierstift der Nullstellung.

sich der resultierende Verlauf L_0. Im Punkt Null ist die induzierte Spannung Null. Sie ändert sich innerhalb des Meßbereiches m linear mit der Verschiebung x, die von der Nullstellung aus ± 1 mm beträgt.

Nach dem gleichen Meßprinzip arbeitet der Geber nach Abb. 118. Die von den beiden Spitzen b und c gebildete Meßlänge beträgt 1 bis 2 mm. Durch Drehen der exzentrisch eingepaßten Meßspitzen läßt sich die Meßstrecke leicht in den angegebenen Grenzen ändern. Der die Meßspitzen tragende Hauptkörper a

---

[1] RATZKE, J.: Jb. Dtsch. Luftf.-Forschg. Bd. 2 (1937) S. 520.

ist durch zwei abgebohrte Sägeschnitte gelenkig ausgebildet, so daß eine Änderung der Meßstrecke mechanisch auf das 7fache vergrößert auf den Tauchanker e übertragen wird. Der Tauchanker bewegt sich in der am oberen Ende des Hauptkörpers befestigten Drosselspule f. Die Aufspannvorrichtung kann nach Wahl an der Kugel g oder an der Bohrung h angreifen, die beide senkrecht über dem Gelenk sitzen, so daß dasselbe nur auf Druck beansprucht ist.

Der von E. Brosa gebaute Dehnungsaufnehmer, Abb. 119, ist bemerkenswert wegen seiner Kleinheit. Die beiden Spulen a und b, die auf einem Weicheisenkern g sitzen, sind

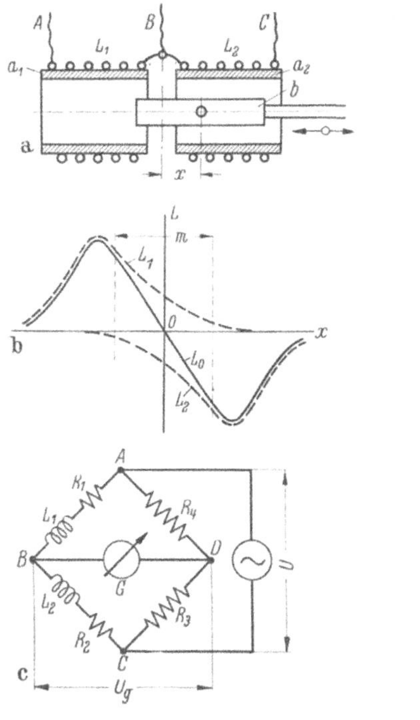

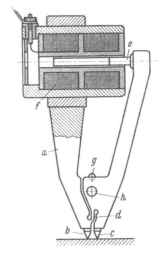

Abb. 117. Wirkungsweise des induktiven Dehnungsaufnehmers nach Abb. 116 mit 2 Spulen und Tauchanker.

a) Anordnung der Spulen und des Tauchankers;
b) Änderung der Induktivität beim Verschieben des Tauchankers; c) grundsätzliches Schaltschema.
L_1 Induktivität — R_1 Ohmscher Widerstand der Spule a_1; L_2 Induktivität — R_2 Ohmscher Widerstand der Spule a_2; U Wechselstrom-Speise-Spannung; U_g induzierte resultierende Spannung am Brückenausgang; G Anzeigegerät.

Abb. 118. Induktiver Dehnungsaufnehmer für statische Messungen der DVL.

a Gestell mit Meßspitzen b und c, durch Federgelenk d verbunden; e Tauchanker in der Drosselspule f; g, h Kugel bzw. Bohrung zur Aufspannung.

in den Silberlagern f verschiebbar in einem Stahlröhrchen e von 2 mm Außendurchmesser untergebracht. In der Mitte des Stahlröhrchens sitzt, durch Punktschweißung A angeheftet, der Eisenanker d, der durch ein unmagnetisches Zwischenstück von den Spulen abgeschirmt ist. Mit den Aufspannböckchen h und i, die einmal am Stahlröhrchen e und andermal am Weicheisenkern g sitzen, wird das Gerät auf das Bauteil aufgeklebt. Der kegelige Feststellstift k hält Kern und Stahlröhrchen in der Ruhelage. Die Spulenenden liegen an den Lötanschlüssen m. Das Gewicht ohne Zuleitungen beträgt etwa 0,2 g.

Die Vibrometer GmbH. hat einen Geber gemäß Abb. 120 gebaut, bei dem der Haltekopf e des Tauchankers als Gewindemutter ausgebildet ist, wodurch der Anker b durch Drehen der Kappe h verschoben werden kann. Der Kappenrand ist mit einer Teilung versehen. Dies ermöglicht das Eichen der gesamten Meßeinrichtung. Die beiden teleskopartig ineinander verschiebbaren Rohre sind mit quadratischen Aufspannböckchen k, i versehen, die auf die Meßfläche gelötet werden. Sie übertragen die Längenänderung der Meßstrecke auf den

Umformer. Diese Aufspannweise darf aber nur in den Fällen angewandt werden, in denen es sich um reine Zug- oder Druckbeanspruchung handelt.

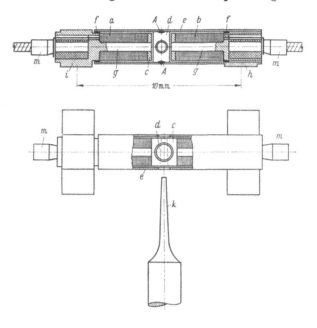

Abb. 119. Induktiver Dehnungsaufnehmer von BROSA.
a und *b* Spulen auf dem Weicheisenkern *g*; *e* Stahlröhrchen mit Silberlager *f*; *d* Eisenanker bei *A* mit Stahlröhrchen verschweißt; *h* und *i* Aufspannböckchen; *k* Feststellstift; *m* Lötanschlüsse.

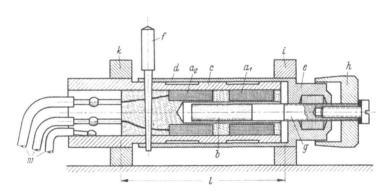

Abb. 120. Induktiver Dehnungsaufnehmer der Vibrometer GmbH.
a_1, a_2 Spulen; *b* Tauchanker; *c* inneres Rohr zur Rückleitung des magnetischen Flusses; *d* äußeres Rohr; *e* Kopf mit Feingewinde; *g* Gewindespindel; *h* Ablesetrommel; *i*, *k* Aufspannflansch; *w* Kabelverbindung zum Meßgerät.

Beim Gestelldehnungsmesser, Abb. 121, werden die beiden Flanschen *k*, *i* wechselseitig mit den beiden Rahmen *m*, *n* aus Invar verschraubt. Die beiden Rahmenteile sind durch die Blattfedern *o* miteinander verbunden, wodurch zwangsläufig die Parallelführung erreicht wird. Um den Geber bei Nichtgebrauch vor Schaden zu schützen, ist die am Flansch *k* befestigte Lasche *d* durch Drehen der Rändelmutter *u* mit dem Flansch *i* zu kuppeln. Die Rahmenenden sind in geeigneter Weise mit dem Prüfgegenstand zu verbinden. Diesem Zweck dienen die beiden Spannbügel *p*. Unter dem Lappenende ist eine Kugelkalotte angebracht, die in der Pfanne des Untersatzes r gelagert ist. Der Untersatz r wird mit der Prüffläche verlötet oder verschraubt. Der Bügel p greift in die Nute s des Untersatzes, so daß beim Anziehen der Rändelschraube t

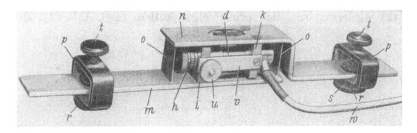

Abb. 121. Induktiver Dehnungsaufnehmer der Vibrometer GmbH. mit Übertragungsgestell, Meßlänge 100 mm.

d äußeres Rohr; h Ablesetrommel der Verschiebung des Ankers; i, k Aufspannflansch; m, n Rahmen; o Bandfedern; p Spannbügel; r Untersatz mit Nute s; t Klemmschraube; u Rändelmutter zum Festklemmen der Lasche v zur Blockierung des Systems.

eine kraftschlüssige Verbindung entsteht. Die Bauweise bezweckt eine verspannungsfreie Befestigung. Es ist aber zu beachten, daß sich der Abstand des Rahmenlappens von der Meßfläche so auswirkt, wie wenn die Messung in einer ideellen Faser mit ihren bekannten Fehlerquellen vorgenommen würde. Die Meßlänge beträgt 100 mm, der Anzeigebereich ± 1 mm und die Eigenfrequenz etwa 100 Hz, so daß sich das Gerät nur für verhältnismäßig niedrige Schwingungen eignet.

Dem induktiven Geber der Vibrometer GmbH. kann noch nach Abb. 122 eine mechanische Übertragung vorgeschaltet werden. Der Übertragungsmechanismus besteht aus zwei Stelzen a_1, a_2, die durch einen federnden Steg b miteinander verbunden sind und die beiden Meßspitzen tragen, die eine Meßstrecke

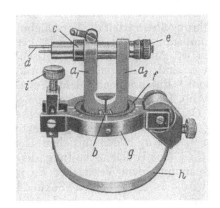

Abb. 122. Statischer Feindehnungsmesser der Vibrometer GmbH. mit 4 mm Meßlänge.

a_1, a_2 Stelzen mit Meßspitzen, durch Federsteg b verbunden; c Gehäuse mit Spulen und Tauchanker; d Kabelanschlüsse; e Mikrostellschraube; f Haltering, drehbar im Tragring g gelagert; h Spannband mit Spannschraube i.

Abb. 123. Induktiver Dehnungsaufnehmer von Philips mit 50 mm Meßlänge.

d in Querrichtung verstellbare Meßspitzen im Halter e; f bewegliche Meßspitze; p Arretierdrehknopf; q Gehäuserohr; u Sattel zum Aufsetzen der Anspannvorrichtung; t Kabel zur Verbindung mit dem Meßgerät.

von 4 mm bilden. Am oberen Ende der Stelze a_1 sitzt das röhrenförmige Gehäuse c, das das Spulenpaar aufnimmt und die Kabelanschlüsse d trägt. Mit der anderen Stelze a_2 ist der Tauchanker verbunden, der durch die Einstellschraube e einreguliert werden kann. Das gesamte Gerät ist in einen Haltering f eingesetzt, der wiederum drehbar in einem Tragring g sitzt. Der Tragring besitzt zwei Laschen, an welchen ein in der Länge verstellbares Spannband h befestigt ist, das um das zu messende Bauteil geschlungen und mit der Schraube i angezogen wird.

Der induktive Dehnungsmesser von Philips für 50 mm Meßstrecke ist in Abb. 123 wiedergegeben. Den prinzipiellen Aufbau zeigt Abb. 124. Der feste

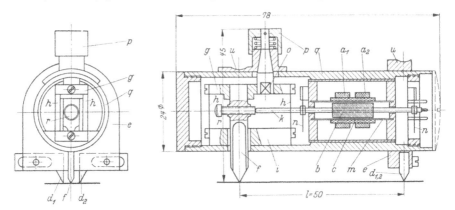

Abb. 124. Schnitt durch den induktiven Dehnungsaufnehmer von Philips.

a_1, a_2 Sekundärspulen; c Primärspule; b Tauchanker; d feste, seitlich verstellbare Spitzen; e Spitzenhalter; f bewegliche Spitze; g Spitzenführung; h Führungsbändchen; i Leiste zur Befestigung der Spitzenführung im Gehäuse q; k Stoßstange; m Spulenträger; o Arretierbolzen; p Drehknopf zum Arretierbolzen; r Einstellschraube; u Sattel zum Aufsetzen der Anspannvorrichtung.

Stützpunkt wird von zwei Spitzen d_1, d_2 gebildet, die verschiebbar im Halter e eingebaut sind, so daß ihr Abstand geändert werden kann. Die bewegliche Stütze f ist in der Längstraverse g befestigt, die durch zwei Blattfedern h an der Gehäuseleiste i angeschraubt ist. Diese Parallelführung übermittelt die Verschiebung an die Schubstange k, die mit dem Anker b verbunden ist. Auf dem nichtmagnetischen Röhrchen m sind drei Spulen a_1, a_2 und c aufgewickelt. Entsprechend dem Schaltschema, Abb. 125, wird die Primärspule c von dem Oszillator OS mit einer Wechselspannung von 4000 Hz gespeist. Die Sekundärspulen a_1 und a_2 bilden mit dem Kondensator $C_1 C_1'$ eine Brückenschaltung, deren Diagonalspannung dem Verstärker Ve zugeführt wird. In den beiden Sekundärspulen a_1 und a_2 wird je nach der Lage des Ankers b eine verschieden große Spannung

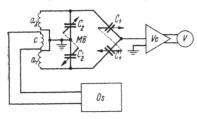

Abb. 125. Schaltung des induktiven Dehnungsmessers von Philips.

MB Meßbrücke mit kapazitivem Abgleich; Os Trägerfrequenzoszillator; Ve Verstärker; V Anzeigegerät; c Primärspule, a_1, a_2 Sekundärspulen; $C_1 C_1'$ Drehkondensator zum Amplitudenabgleich; $C_2 C_2'$ Drehkondensator zum Phasenabgleich.

induziert, die am Meßgerät V zur Anzeige kommt. Die Schubstange ist an zwei Blattfedern n aufgehängt. Die Längstraverse g ist mit einem Schlitz versehen, in den der Blockierstift o eingreift. Dreht man den Knopf p um 90°, so gibt der flachgefräste Teil des Kopfs genügend Spiel, damit die Längstraverse sich axial über den Meßweg von ± 1 mm hin und her bewegen kann. Eine besondere Verriegelung des Knopfs hält den Arretierbolzen fest. Der Umformer ist in einem biegestarren, zylindrischen Gehäuse q eingebaut. Der Dehnungsaufnehmer eignet sich für dynamische Vorgänge bis zu etwa 200 Hz. Die Anzeigebereiche in Verbindung mit dem auf S. 435 beschriebenen Anzeigegerät (Abb. 95 und 96) umfassen bei 50 mm Meßlänge einen Deh-

nungsbereich bis zu $2 \cdot 10^{-2}$ bei einer Meßunsicherheit von 2%. Im kleinsten
Bereich gestattet das Anzeigegerät das Ablesen einer Dehnung von $2 \cdot 10^{-6}$.
Die beiden sattelförmigen Rillen u dienen zum Aufsetzen der Aufspannvorrich-

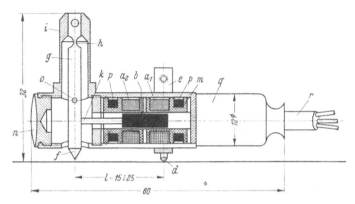

Abb. 126. Induktiver Dehnungsaufnehmer der Hottinger Meßtechnik GmbH., Meßlänge verstellbar von 15 bis 25 mm.

a_1, a_2 Spulen; b Tauchanker; d feste Spitze im Halter e; f bewegliche Spitze mit Stütze g; h Stützendrehgelenk; i Halterohr des Stützengelenks; k Stoßstange; m Spulenkörper; n Deckel; o Bohrung für den Arretierstift; p Ferroscuberinge zur Vergrößerung des linearen Bereichs; q Gehäuserohr; r Kabel zur Verbindung mit dem Meßgerät.

tung. Nach dem gleichen Prinzip wird von Philips auch ein Verschiebungsmesser
gebaut.

Der von der Hottinger Meßtechnik GmbH. gebaute Dehnungsaufnehmer
mit Tauchanker ist in Abb. 126 dargestellt. Die bewegliche Meßspitze f ist
am Arm g über das ein-
gefräste Federgelenk h im
oberen Teil des Halterohrs i
gelagert. Die Stoßstange k
greift im unteren Drittel
des Armes g an. Die bewegliche Spitze wird blockiert
durch das seitliche Ein-
schieben eines mit Öse versehenen Drahtes in die Bohrung o. Um den linearen
Bereich zu erweitern, sind
vor den Spulen noch zwei
Ringe p aus „Ferroscube"
auf dem Spulenträger m
angebracht. Der Meß-
bereich beträgt ± 1 mm.
Die feste Meßspitze d sitzt
auf einem Stellring e,
der auf dem Gehäuserohr q
verschiebbar angeordnet

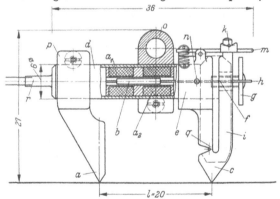

Abb. 127. Induktiver Dehnungsaufnehmer von A. U. HUGGENBERGER, Meßlänge verstellbar von 5 bis 20 mm.

a feste Schneide; c bewegliche Schneide; d Mantel des Umformers; e Halterhülse; f Schubstange mit Feingewindeschraube zum Eichen des Dehnungsaufnehmers; g Skalenscheibe; h Arretierung der Skalenscheibe; i Schneidenhebel; k Arretierstift; m Druckhebel zur Auslösung der Arretierung des Schneidenhebels; n Stift zum Einhängen der Aufspannvorrichtung bei 5 mm Meßlänge; o verschiebbare Öse zum Einsetzen der Aufspannvorrichtung; p Schneidenkopf mit fester Schneide a, verstellbar.

ist, so daß die Meßlänge zwischen 15 und 25 mm eingestellt werden kann.
Den Dehnungsaufnehmer von A. U. HUGGENBERGER zeigt Abb. 127. Das
Gehäuserohr d im Durchmesser von 6 mm umschließt die beiden Spulen a_1
und a_2 mit dem Tauchanker b, der beidseitig axial geführt ist. Die Schubstange f endigt in einem Gewindezapfen, der mittels der Skalenscheibe g ver-

dreht werden kann. Die jeweilige Stellung der Scheibe ist durch das federnde Drähtchen *h* gesichert. Diese Vorrichtung gestattet die gesamte Meßapparatur von der Geberseite her zu eichen. Der bewegliche Schneidenhebel *i*, der die Längenänderung direkt auf der Meßfläche abgreift, ist vor dem Aufsetzen des Geräts in seiner Stellung durch die Arretiervorrichtung zu blockieren, indem der Stift *k* durch die dachförmige Einkerbung festgehalten wird. Ein Druck auf den Arretierhebel *m* gibt den Schneidenhebel frei. Der Schneidenhebel besteht mit der Halterhülse *e* aus einem Stahlstück. Als Gelenk der be-

Abb. 128. Nullmeßbrücke für OHMsche und induktive Dehnungsaufnehmer von Huggenberger (RL-Indikator).
a Umschalter für 1000 und 5000 Hz Trägerfrequenz; *b* Empfindlichkeitsschalter; *c* Wähler für OHMsche und induktive Geber (2- und 3-Spulensystem); *d* Phasenabgleich; *e* Amplitudenabgleich; *f* Netzschalter; *g* Netzkontrollampe; *h* Steckeranschluß für Meßgeber; *A, B, C, D* Klemmen zum Anschluß der Geber; *k* Feinabgleich; *i* Grobpotentiometer für ± 15 °/₀₀ Dehnung, in Stufen von 1 °/₀₀; *l* Nullanzeigeinstrument; *m* Stellknopf für Geberfaktor.

weglichen Schneide *c* wirkt die dünne Feder *q*. Bei diesem Dehnungsmesser wird die zu messende Längenänderung mechanisch auf den 3- bis 5 fachen Betrag vergrößert auf den elektrischen Umformer übertragen.

Eine Abdeckung schützt den Mechanismus gegen Eindringen von Staub und Feuchtigkeit. Die feste Schneide *a* ist in der Halterhülse *p* eingebaut, die sich axial verschieben und an jeder gewünschten Stelle auf dem Gehäuserohr festklemmen läßt. Es besteht so die Möglichkeit, jede beliebige Meßlänge von 5 bis 20 mm einzustellen. Bei einer Meßlänge von 10 bis 20 mm dient die verschiebbare Schlaufe *o* zur Aufnahme einer Aufspannvorrichtung. Für Meßlängen von 50, 100 und 200 mm kann im Gehäuserohr auf der Seite des Kabels *r* ein entsprechend langes Rohr aus „Invar" eingeschraubt werden. Dieser Dehnungsaufnehmer zeichnet sich durch kleinste Abmessungen und geringstes Gewicht aus.

Für die Messung dient das Anzeigegerät nach Abb. 128. Es ermöglicht sowohl den Anschluß von Dehnungsmeßstreifen wie auch von induktiven Dehnungsgebern mit zwei und drei Spulen. Das Gerät gestattet die Benutzung von wahlweise zwei Trägerfrequenzen, nämlich von 1000 und 5000 Hz. Die Trägerfrequenz läßt sich durch den Schalter a einstellen. Für eine sehr große Zahl von Meßaufgaben reicht die Trägerfrequenz von 1000 Hz aus. Sie bietet die Annehmlichkeit einer einfachen Handhabung der gesamten Meßinstallation. Um Schwingungsvorgänge innerhalb eines Frequenzbands von 200 bis 1000 Hz zu untersuchen, benutzt man die höhere Trägerfrequenz von 5000 Hz. Sie erfordert gewisse Vorsichtsmaßnahmen, um eindeutige Meßergebnisse zu erhalten. Die Empfindlichkeit läßt sich über den Schalter b einstellen. Mit dem Wahlschalter c kann die Brücke auf die Geberart eingestellt werden. Bei der hohen Meßfrequenz ist Phase und Amplitude über die beiden Knöpfe d und e abzugleichen. Das Gerät wird über das Netz gespeist, das durch den Kipphebel f einzuschalten ist, worauf die Kontrollampe g aufleuchtet. Die Geber werden entweder an den vier Klemmen A, B, C und D oder über die Steckdose h angeschlossen. Das Grobpotentiometer i ist für einen Meßbereich von ±15 % in Stufen von 0,1 % bestimmt. Das Feinpotentiometer k gestattet das Ablesen einer Dehnung von 0,0002 %.

f) Elektrische Dehnungsmesser auf kapazitiver Grundlage.

Kapazitive Dehnungsmesser arbeiten derart, daß durch die zu messende Längenänderung die Kapazität eines Kondensators geändert und diese Änderung auf elektrischem Wege gemessen wird. Unter Benutzung von Trägerfrequenzen von 1 bis 2,5 MHz lassen sich Kapazitätsänderungen von 0 bis 20 $\mu\mu$f messen. Der Aufbau eines kapazitiven Gebers kann sehr einfach und massearm gehalten werden. Diesen Vorzügen steht jedoch in der Regel die große Störanfälligkeit der gesamten Meßeinrichtung sowie die nicht ganz einfache Bedienung entgegen, so daß kapazitive Dehnungsmesser keine so ausgedehnte Anwendung gefunden haben wie die Geräte auf ohmscher oder induktiver Grundlage. In Sonderfällen, in denen besonders große Genauigkeit gewünscht wird, lohnt sich jedoch der größere Aufwand der Meßeinrichtung.

Die Wirkungsweise eines in der Praxis bewährten kapazitiven Gebers ist in Abb. 129 wiedergegeben. Eine Federlamelle a ist mit ihrem Ende an einem kreisbogenförmigen Druckstück b befestigt. Zwischen Druckstück und Federlamelle befindet sich die Glimmerschicht c, so daß Druckstück und Federlamelle als Plattenpaar eines Kondensators betrachtet werden können. Bei einer Verschiebung des Druckstücks d um den Betrag Δl kommt die Federlamelle auf dem Bogenstück x zur Anlage. Man erkennt, daß für kleine Winkel φ die Verschiebung Δl proportional dem Berührungsstück x ist, gemäß der Beziehung

$$x = \Delta l \frac{r}{y}. \tag{14}$$

Der nach diesem Prinzip arbeitende kapazitive Mehrplattengeber von B. C. Carter, J. F. Shannon und J. R. Forshaw[1] ist in Abb. 130 schematisch wiedergegeben. Der Federring a wird mit seinen Füßen b im Abstand der Meßlänge l auf die Bauteiloberfläche c aufgeklebt oder gelötet. Die Längenänderung Δl wird von den bogenförmigen Druckstücken d mit dem Krümmungsradius r auf das dazwischenliegende Mehrplattenelement übertragen. Das

---

[1] Proc. Instn. mech. Engrs, V 152 (1945) S. 215.

Mehrplattenelement besteht aus zwei Paar Federlamellen e und f, deren Enden in zwei Schlitzen des Federrings mit Hilfe der Keile g festgeklemmt sind. Zwischen den beiden inneren Federn ist noch die elastische Schicht h angeordnet. Eine Glimmerschicht von 0,025 mm Dicke liegt jeweils zwischen den Federlamellen und den Druckstücken. Die inneren Federn e und die Druckstücke d sind geerdet, während die beiden äußeren Federn f an der Stromquelle liegen, so daß vier Kapazitätseinheiten gebildet werden.

Bei einer Längenänderung der Meßstrecke wird das Mehrplattenelement zusammengedrückt und legt sich an die bogenförmigen Druckstücke an, wobei

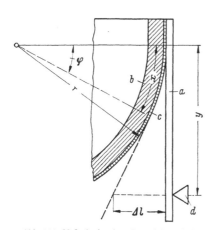

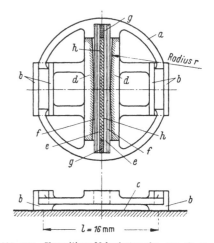

Abb. 129. Meßprinzip eines kapazitiven Gebers.
a Federlamelle am kreisbogenförmigen Druckstück b befestigt; c Glimmerschicht; d Gegendruckstück.

Abb. 130. Kapazitiver Mehrplattengeber von Carter, Shannon und Forshaw.
a Federring mit Meßfüßen b; c Bauteiloberfläche; d Druckstücke mit Krümmungsradius r; e, f Federlamellen mit Keil g festgeklemmt; h elastische Schicht.

eine Kapazitätsänderung von etwa 3 $\mu\mu$f pro 0,01 mm entsteht. Der Meßbereich beträgt etwa 0,02 mm. Der Geber kann auf einer entsprechenden Eichvorrichtung geeicht werden. Temperaturdehnungen lassen sich kompensieren, wenn der Federring aus dem gleichen Werkstoff gefertigt wird wie das zu untersuchende Objekt.

Zur Messung der Kapazitätsänderung im Geber sind verschiedene elektrische Schaltungen entwickelt worden. Dabei können grundsätzlich zwei Wege beschritten werden, und zwar a) Schaltungen, bei denen der Geber durch eine Gleichstromquelle gespeist wird und b) Schaltungen, die sich eines Hochfrequenzstromkreises bedienen. Bei der Gleichstromspeisung ergibt sich die einfachere Schaltung. Auch liegt die obere Grenzfrequenz, die noch meßbar ist, beträchtlich höher. Dagegen bietet das Arbeiten mit einer Trägerfrequenz den Vorteil, auch noch bei der Meßfrequenz Null messen zu können, was für die Eichung des Meßgebers von großer Bedeutung ist. Für den praktischen Gebrauch haben sich in der Hauptsache frequenzmodulierte Systeme eingeführt, bei dem der Geber-Kondensator Teil des elektrischen Schwingungskreises ist.

g) Lichtelektrischer Dehnungsmesser.

Der lichtelektrische Dehnungsmesser von E. Lehr[1], Abb. 131, beruht auf der gesetzmäßigen Änderung des photoelektrischen Stroms einer Sperrschicht-

[1] Z. VDI. Bd. 27 (1936) S. 842.

photozelle in Abhängigkeit von der Beleuchtungsstärke. Der Dehnungsaufnehmer besteht aus dem Gestell d mit dem festen Fuß a. Im Abstand der Meßlänge l, die mit einem Doppelkörner zu markieren ist, sitzt der bewegliche Fuß b,
wobei das Stahlbändchen c die gelenkige Verbindung herstellt. Das Ende des
Verlängerungsarmes e der beweglichen Schneide b
ist über das Stahlband f mit dem Plättchen g verbunden. Dieses Plättchen dreht sich infolge des
Kreuzbandfedergelenks um den Punkt 0. Auf
dem Plättchen ist ein kleiner Rahmen h befestigt,
der die Steuerfahne i trägt. Sie reguliert die Breite
der Blende in der festen Fahne k verhältnisgleich
zur Längenänderung der Meßstrecke l. Die mechanische Vergrößerung ist 50fach. Auf dem Plättchen g ist zudem die Stütze p eingeschraubt. Sie
trägt am Ende die Feingewindespindel q, die zum
Einstellen der Spaltbreite dient. Die Beleuchtung
besteht aus der Glühlampe r und den beiden Linsen s des Kondensors. Die Sperrschichtphotozelle n
ist in einem Halter eingebaut, der mit dem
Gestell d verschraubt ist. Bei dem Gerät mit 2 mm
Meßlänge erreichte E. LEHR eine 300000fache Vergrößerung. Am Mikroamperemeter, das den Photostrom anzeigt, entspricht einem Teilstrich die
Längenänderung von $1{,}635 \cdot 10^{-5}$ mm. Zur Befestigung des Geräts auf dem Prüfstück sind seitlich am Gestell d unmittelbar über dem Stahlbändchen c zwei schneidenförmige Nasen vorhanden, in die der Aufspannbügel greift. Die
Gegenstütze des Bügels muß genau in der Mittel-
senkrechten der Meßstrecke liegen, um ein Kippen des Geräts zu verhüten.

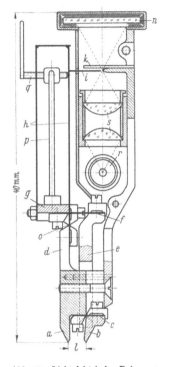

Abb. 131. Lichtelektrischer Dehnungsmesser von E. LEHR.

a fester Fuß; b beweglicher Fuß;
c Stahlbändchen; d Gestell; e Ver-
längerungsarm des beweglichen Fußes;
f Stahlbändchen zur Verbindung des
Verlängerungsarmes mit dem Plätt-
chen g; h Rähmchen mit Steuer-
fahne i; k feste Fahne mit Blende;
n Sperrschicht — Photozelle;
p Stütze; q Feingewindespindel zum
Verstellen der Steuerfahne; r Glüh-
lampe; s Kondensor, bestehend aus
zwei Linsen.

h) Kontakt-Dehnungswertzähler.

Zur Beurteilung der Festigkeit, Sicherheit und
Lebensdauer einer Konstruktion, die durch regel-
lose Kräfte beansprucht wird, reicht die übliche
statische und dynamische Prüfung nicht aus. Die
Lebensdauer des schwächsten Bauteils kann nur
dann beurteilt werden, wenn die während des Be-
triebes auftretenden Beanspruchungen sowohl der Größe wie auch der Häufigkeit
nach bekannt sind. Die Ermittlung solcher Häufigkeitsdiagramme oder Be-
lastungskollektive bedingt eine hinreichend lange Beobachtungsdauer. Das
simultane Aufzeichnen der Beanspruchung in verschiedenen Meßpunkten setzt
einen großen instrumentellen Aufwand voraus. Der Verbrauch an Registrier-
material ist groß und die Auswertung äußerst zeitraubend. Ein Verfahren, das
in verhältnismäßig einfacher Art das Aufstellen eines Belastungskollektivs ermöglicht, ist das Zählen des Überschreitens bestimmter Dehnungswerte während
einer gewissen Betriebsdauer. Die Lösung dieser Aufgabe kann auf rein elektrischem Weg geschehen, indem der Dehnwert elektrisch umgeformt und auf
elektronisch arbeitende Zählwerke geleitet wird.

Das Verfahren der unmittelbaren Zählung mechanisch übertragener Dehnungswerte durch Kontaktsteuerung eines Zählwerks reicht jedoch in den

meisten Fällen aus. Diese Geräte sind im Aufbau sehr einfach, gut überblickbar und zeichnen sich durch geringste Störanfälligkeit aus — Kennzeichen, die bei zeitlich langandauernden Beobachtungen von grundlegender Bedeutung sind.

Abb. 132 zeigt den von O. SVENSON[1] entwickelten Kontaktdehnwertzähler. Er besteht aus dem U-förmigen Rahmen c mit den beiden Schenkeln d und e, an die die Fußlappen a und b anschließen. Sie sind mit einer konischen

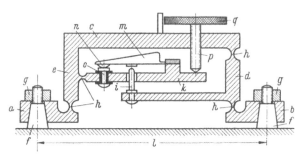

Abb. 132. Kontaktdehnwertzähler von O. SVENSON.

a fester Setzfuß; b beweglicher Setzfuß; c Rahmensteg; d beweglicher Rahmenschenkel; e fester Rahmenschenkel f Befestigungsstift mit Mutter g; h federndes Gelenk; i Tastbolzen; k Tragarm des Kontakthebels m; n Kontaktkopf; o Kontaktstift; p Schraubenspindel mit Teilscheibe q.

Bohrung versehen, die zur Aufnahme des konischen Paßstiftes f dient. Durch Anziehen der Mutter g erhält das Gerät die feste Verbindung mit der Meßfläche. Der Schenkel d ist als Winkelhebel ausgebildet, wobei die dünne Lamelle h als spiellos arbeitendes Gelenk wirkt. Das Hebelende trägt den Hubstift i. Am Hebelarm k ist der Kontaktträger m federnd befestigt. Der Kontaktknopf n ruht auf dem Kontaktstift o. Die Spaltweite zwischen dem Ende des Taststiftes i und der Unterseite des Kontakthebels m wird von der Längenänderung gesteuert. Durch Drehen der Schraubenspindel p stellt man das Ausmaß so ein, daß bei einer Verkürzung der Meßstrecke unter einem bestimmten Dehnwert

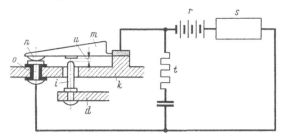

Abb. 133. Schaltung des Kontakt-Dehnwertzählers von O. SVENSON.

r Speisebatterie; s Zählwerk; t Funkenlöser, bestehend aus Widerstand und Kondensator; u einstellbarer Kontaktabstand. Übrige Bezeichnungen wie Abb. 132.

der Kontakt geöffnet wird. Bei einer Verlängerung über diesen Dehnwert hinaus hört die Berührung auf und die Kontakte kommen zum Aufliegen. Die aus Abb. 133 ersichtliche Schaltung wird durch die Gleichstrombatterie r gespeist. Ein Widerstand und ein Kondensator t dienen zur Funkenlöschung und damit zur Erhöhung der Betriebssicherheit. Die Impulse werden durch

---

[1] SVENSON, O.: Unmittelbare Bestimmung der Größe und Häufigkeit von Betriebsbeanspruchungen. Transactions of Instruments and Measurements Conference, Stockholm 1952.

das Zählwerk *s* aufgenommen. Der eingestellte Dehnwert ist an der Teilung der Scheibe *q* ersichtlich.

Die Erfahrung zeigt, daß bei einer Strombelastung von 0,5 Watt das Gerät bis zu mehreren Millionen Schaltungen einwandfrei arbeitet. Die Ansprechempfindlichkeit des Tastbolzens beträgt $^1/_{1000}$ mm. Dieser Wert entspricht bei der 2fachen mechanischen Vergrößerung der Längenänderung durch den Winkelhebel *d* und bei 25 mm Meßlänge einer Dehnung von 0,002%. Das Auflösungsvermögen der Apparatur liegt etwa bei 300 bis 400 Hz. Das Gerät arbeitet einwandfrei bis zu einer Frequenz von 150 Hz und erträgt Beschleunigungen vom 15- bis 60fachen Wert der Fallbeschleunigung je nach ihrer Wirkungsrichtung. Sind die Beschleunigungen, denen der Geber

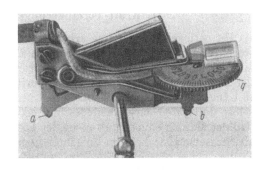

Abb. 134. Kontaktdehnwertzähler von O. Svenson mit Spitzen und federnder Aufspannvorrichtung.
a feste Spitze; *b* bewegliche Spitze; *q* Skala.

ausgesetzt ist, klein, so genügt das Aufspannen mittels geeigneter Anspannvorrichtungen, wobei das Gerät mit Spitzen nach Abb. 134 zur Verwendung gelangt.

Die Bauweise dieser Dehnwertzähler gewährleistet einen unveränderlichen Nullpunkt, eine Voraussetzung, die für derartige Messungen von grundlegender Bedeutung ist. Um vom Einfluß der Temperaturänderung unabhängig zu sein, wählt man für das Gerät den gleichen Baustoff des Prüfstücks. Die Versuchsdauer wird wesentlich verkürzt, wenn gleichzeitig mehrere Geber zum Einsatz gelangen, wobei jedes Gerät auf einen bestimmten Dehnwert einzustellen ist.

D. Dehnungsschreibgeräte.

Dehnungsschreibgeräte werden in der Werkstoffprüfung zum Aufzeichnen von Kraft-Verformungs-Schaubildern benötigt. Dabei wird in der Regel die unter einer allmählich gesteigerten Verformung auftretende Kraft auf der Ordinate und die zugehörige Verformung auf der Abszisse eines rechtwinkligen Koordinatensystems aufgezeichnet. Für die Festigkeitsbeurteilung von Bauteilen sind weiterhin Dehnungs-Zeit-Schaubilder von Interesse, die den zeitlichen Verlauf der an einer Meßstelle auftretenden Dehnungen erkennen lassen.

Die Art des zu verwendenden Dehnungsschreibers richtet sich nach der Geschwindigkeit des zu registrierenden Meßvorganges. Es ist zu fordern, daß die Eigenfrequenz des gesamten Schreibmechanismus wenigstens viermal so hoch liegt wie die höchste zu messende Frequenz. Je nach Art der Registrierung wurden Schreibgeräte entwickelt, welche die über einfache oder mehrfache Hebel übersetzte Längenänderung auf eine sich drehende Schreibtrommel aufzeichnen. Dabei sind sowohl Tintenschreiber als auch Ritzschreiber im Gebrauch. Die letzteren ritzen mit einer Nadel ein mit einer wachsähnlichen Deckschicht bedecktes farbiges Papier. Eine sehr genaue Schreibkurve ergibt sich durch Ritzen einer polierten Glastrommel mit einer feingeschliffenen Diamantspitze oder das Ritzen von berußtem Papier. Weiterhin sind Dehnungsschreiber üblich, bei denen die Aufzeichnung durch einen Lichtstrahl auf lichtempfindlichem Papier stattfindet. Diese Art der Aufzeichnung bietet gegenüber mechanischen Schreibwerken den Vorzug, daß masselos gearbeitet wird und somit auch bei starker Vergrößerung hohe Eigenfrequenz erreicht werden kann.

1. Kraft-Verlängerungs-Schaubildschreiber.

Mit geringer Übersetzung arbeiten die Schaubildzeichner, die bei der Werkstoffprüfung die Kraft an der Probe in Abhängigkeit von der Längenänderung aufzeichnen. Üblicherweise ist die Anordnung so, daß die Kraftmeßeinrichtung der Prüfmaschine eine der Kraft proportionale Verschiebung des Schreibstiftes in Längsrichtung der Schreibtrommel verursacht, während die Schreibtrommel selbst durch den Maschinenvorschub gedreht wird. Man muß dabei beachten, daß der Maschinenvorschub nicht der Längenänderung der Meßlänge der Probe gleichzusetzen ist, da ja im Vorschub die federnde Längenänderung der gesamten Prüfmaschine einschließlich Einspannvorrichtung und Probenköpfe enthalten ist. Es ist deshalb besser, wenn die Schreibtrommeldrehung durch die Längenänderung der Probe selbst hervorgerufen wird, was durch Anbringen von zwei Klemmen auf der Probe im Abstand der Meßlänge möglich ist.

Abb. 135 zeigt schematisch die Wirkungsweise eines Schaubildzeichners für eine Zugprüfmaschine mit Pendelmanometer. Die Verschiebung des Einspannkopfes a mit der Zugprobe P wird über den Schnurtrieb b, der über Umlenkrollen c läuft, auf die mit Papier bespannte Schreibtrommel d übertragen. Dabei ist die Schnur um eine Schnurscheibe e am Trommelende geschlungen und mit einem Gegengewicht f versehen, so daß die Schnur stets gespannt bleibt. Das zur Kraftmessung dienende Pendelmanometer g drückt bei einer Auslenkung gegen die Schubstange h, die auf zwei Führungsrollen gelagert ist und in Höhe der Schreibtrommel den federnd aufgesetzten Schreibstift i trägt. So wird beim Recken der Probe ein Kraft-Verlängerungs-Schaubild aufgezeichnet, wobei die in Trommelumfangsrichtung weisende Koordinate dem Verschiebungsweg

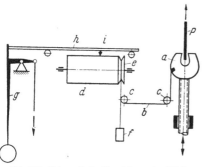

Abb. 135. Schematische Darstellung der Wirkungsweise eines Schaubildzeichners bei einer Zugprüfmaschine mit Pendelmanometer.

P Zugprobe; a unterer Einspannkopf der Prüfmaschine; b Schnurtrieb; c Umlenkrollen; d Schreibtrommel mit Schnurscheibe e; f Gegengewicht zum Schnurspannen; g Pendelmanometer; h Schubstange mit Schreibstift i.

und die in Achsenrichtung der Trommel verlaufende Koordinate der Zugkraft proportional ist.

Den registrierenden Dehnungsmesser für 10-, 20- oder 50fache Vergrößerung von Amsler zeigt Abb. 136. Der eigentliche Dehnungsmesser, Abb. 137, wird mit zwei federnden Klemmen a und b an der Zugprobe P befestigt, wobei eine Meßlänge von 100 bis 200 mm möglich ist. Durch eine Dreipunktlagerung der Klemmschneiden ist ein einwandfreier Sitz gewährleistet. Die untere Klemme b ist mit dem Gehäuse c des Gerätes fest verbunden, während die obere Klemme a an einem im Gehäuse verschiebbaren Rohr sitzt. Auf der im Gehäuse gelagerten Welle d sitzt eine Kurvenscheibe, die durch ein Gewicht e, das an der Schnurscheibe der Schreibtrommel f angreift, über die biegsame Welle g angetrieben wird. Ein mit der oberen Klemme verbundener Taster berührt den Rand der Kurvenscheibe und läßt, sobald sich die Probe unter der Belastung dehnt, eine bestimmte Drehung der Scheibe zu. Der Drehwinkel ist dabei der Längenänderung proportional. Durch entsprechende Wahl der Steigung der Kurvenscheibe können verschiedene Übersetzungsverhältnisse erreicht werden. Die Drehbewegung der Kurvenscheibe, die auch an dem Zifferblatt h abgelesen werden kann, wird über die biegsame Welle g auf die Schreibtrommel f übertragen. Durch die Kraftmeßeinrichtung der Prüfmaschine wird der Schreibstift i über die Schubstange k gesteuert, so daß ein Kraft-Verlängerungs-Schaubild aufgezeichnet wird (siehe auch Abschnitt I A 6).

Einen Schaubildzeichner, mit dem sich Vergrößerungen der Längenänderung der Probe bis zum 1000 fachen Wert erzielen lassen, entwickelten TEMPLIN und HUGGENBERGER. Das Gerät besteht aus dem Geber, Abb. 138, und dem zum Schreibtrommelantrieb dienenden Empfänger, Abb. 139. Der Geber läßt sich mit der am Gestell b befindlichen federnden Klemme c an der Probe a anklemmen. Die Meßstrecke wird von dem Winkelhebel d mit der Schneide e und der am Gestell sitzenden festen Schneide g gebildet. Der Kontakt h am Winkelhebel d wirkt auf eine Mikrometerspindel i, die von einem Spezialsynchronmotor k am Stativ m durch die Gelenkwelle l gedreht wird.

Der Empfänger, Abbildung 139, wirkt auf die Schreibtrommel einer Zugprüfmaschine, die mit einem Stirnrad versehen wird, in das die Ritzel a oder b, je nach Wahl, durch den Hebel c zum Eingriff gebracht werden. Der Hilfsmotor d treibt über das Schneckenvorgelege f

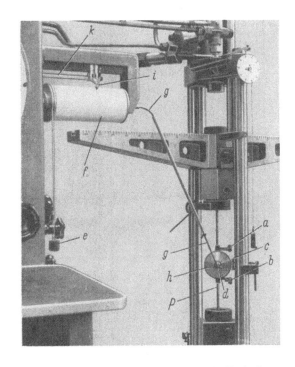

Abb. 136. Gesamtansicht des Schaubildzeichners der Fa. Amsler.
P Zugprobe; a und b Federklemmen; c Gehäuse mit Welle d und Zifferblatt h; e Spanngewicht an der Schnurscheibe der Schreibtrommel f angreifend; g biegsame Welle; i Schreibstift an der Schubstange k.

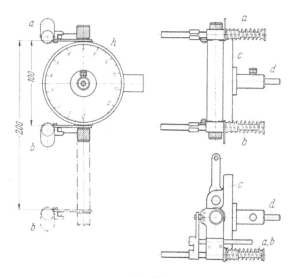

Abb. 137.
Schaubildzeichner Bauart Amsler. Bezeichnungen wie Abb. 136.

Abb. 138. Schaubildzeichner von TEMPLIN, Bauart Huggenberger, Geberseite.
a Zugprobe; *b* Gestell mit Federklemme *c*; *d* Winkelhebel mit Schneide *e*; *g* feste Schneide am Gestell; *h* Kontakt am Winkelhebel; *i* Mikrometerspindel von Synchronmotor *k* durch Gelenkwelle *l* gedreht; *m* Stativ für Motor.

Abb. 139. Schaubildzeichner von TEMPLIN, Bauart Huggenberger, Empfängerseite.
a und *b* Ritzel, die durch Hebel *c* wahlweise mit dem Stirnrad an der Schreibtrommel zum Eingriff gebracht werden; *d* Hilfsmotor; *e* Stecker für Netzanschluß; *f* Schneckenvorgelege; *g* Stirnradvorgelege; *h* Kegelradvorgelege; *i* Schnecke mit Schneckenrad; *l* Synchronmotor; *m, n* Schalter zum Einstellen des Empfängers für Zug- oder Druckversuch; *o* Signallampe.

und das Stirnradvorgelege g außer den Ritzeln a bzw. b das Kegelradgetriebe h
an, das wiederum über die Schnecke i mit einem Schneckenrad im Eingriff
steht. Das Schneckenrad sitzt auf der Ankerwelle des Synchronmotors l, der
durch ein Kabel mit dem Synchronmotor des Gebers verbunden ist. Das Vorgelege g besitzt eine Kupplung, die beim Einschalten eines Elektromagneten geschlossen und beim Ausschalten wieder gelöst wird.

Wird nun bei einer Längenänderung der Meßstrecke der Kontakt zwischen
Winkelhebel d und Mikrometerspindel i (Abb. 138) geöffnet, so wird über ein
hochempfindliches Relais der Elektromagnet eingeschaltet, der die Kupplung
am Zwischengetriebe g (Abb. 139) einrückt, wodurch die Schreibtrommel und
gleichzeitig der Anker des Synchronmotors l gedreht wird. Die Drehung des
Synchronmotors l im Empfänger bewirkt aber sofort eine Drehung des in elektrischer Verbindung stehenden Synchronmotors k im Geber, der seinerseits über
die Gelenkwelle l die Mikrometerspindel i so lange dreht, bis der Kontakt zum
Winkelhebel d wieder geschlossen ist. In diesem Augenblick wird der Elektromagnet und damit die Kupplung im Zwischengetriebe g des Empfängers wieder
ausgeschaltet, wodurch die Schreibtrommel und der Synchronmotor l zum Stillstand kommen. Bei einer erneuten Längenänderung wiederholt sich der geschilderte Vorgang. Der gesamte Steuervorgang vollzieht sich so schnell, daß bei
stetig zunehmender Dehnung auf der Schreibtrommel ein geschlossener Linienzug entsteht.

2. Dehnungs-Zeit-Schaubildschreiber auf mechanischer Grundlage.

Während die Schaubildzeichner mit mechanischer Übertragung in der Werkstoffprüfung noch weitgehend Anwendung finden, sind die Schreibgeräte mit
mechanischer Übertragung zur Registrierung des zeitlichen Dehnungsverlaufs
bei der Untersuchung von Bauteilen gegenüber den Geräten mit elektrischer

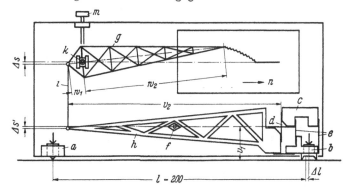

Abb. 140. Schematische Darstellung des Tensographen von MEYER, Bauart Huggenberger.
a fester, b beweglicher Meßfuß; c Gehäusebrücke mit Kreuzfedergelenk d und Parallelführung e; f Arretierung;
g, h Übertragungshebel; i Übertragungsstange; m Rändelschraube zum Verstellen des Lagers k; n bewegter
Papierstreifen.

Übertragung stark zurückgetreten. Sie sind nur noch dort in Gebrauch, wo
große Meßstrecken verwendet werden können und verhältnismäßig langsame
Vorgänge gemessen werden sollen.

Für Messungen an Brücken dient ein Dehnungsschreiber, der von A. MEYER
entwickelt und von Huggenberger als Tensograph gebaut wurde. Das Übertragungssystem besteht, ähnlich wie beim Tensometer, nach Abb. 140 aus zwei

Hebeln h und g in Leichtbauweise, die über eine Stange i gekuppelt sind. Das durch dieses Hebelsystem gegebene Übersetzungsverhältnis

$$V = \frac{v_1}{v_2} \frac{w_2}{w_1} \qquad (15)$$

beträgt bei der normalen Ausführung 100. Der Übertragungshebel h ist durch das Kreuzfedergelenk d mit der Gehäusebrücke c verbunden. Die beiden Federbänder e ermöglichen dem beweglichen Aufspannfuß b nur Parallelverschiebungen auszuführen, die durch eine Federlamelle auf den Hebel h übertragen werden. Die Schreibspitze ritzt den Schrieb in das berußte Papier n ein, das mit gleichmäßiger Geschwindigkeit wie ein Filmstreifen von einer Rolle gezogen und auf eine zweite Rolle aufgespult wird. Die Spitze des Schreibhebels g ist in bezug auf die Diagrammbreite durch Drehen des Rändelknopfes m am Lager k beliebig einstellbar. Der feste Fuß a, der die Meßlänge l gegenüber dem beweglichen Fuß b abgrenzt, ist fest mit dem Gehäuse verbunden. Abb. 141 gibt das

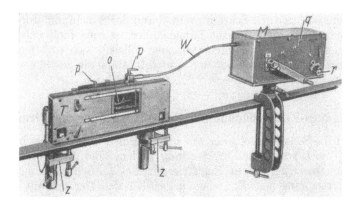

Abb. 141. Ansicht des Tensographen von MEYER, Bauart Huggenberger.

T Tensograph durch Zwingen Z am Bauteil angeklemmt; o Fenster zur Beobachtung des Schriebes; p Stellschrauben zum Vor- und Rückwärtsdrehen des Papierstreifens; M Federmotor mit Schalthebel q für zwei Hauptgeschwindigkeitsstufen und Drehkopf r zur stufenlosen Geschwindigkeitseinstellung; W biegsame Welle.

gesamte Gerät wieder. Der Tensograph mit den Meßfüßen a und b ist mit den Zwingen Z auf dem Bauteil aufgeklemmt. Zum Antrieb der Papierspule dient der Federmotor M mit der biegsamen Welle W. Das Fenster o im Tensographen gibt den Blick auf den Schrieb frei. Zwei Stellschrauben p gestatten das Vor- und Rückwärtsdrehen des Papierstreifens. Der Papiervorschub ist in den Grenzen von 1 bis 100 m/s mit Hilfe des Schalthebels q und des Drehknopfes r am Federmotor stufenlos einstellbar. Der Tensograph zeichnet Schwingungen bis zu 100 Hz verzerrungsfrei auf.

Auf jede mechanische Vergrößerung verzichtet der Ritzdehnungsschreiber der *Deutschen Versuchsanstalt für Luftfahrt*[1]. Das Gerät nach Abb. 142 mit 100 bzw. 200 mm Meßlänge besteht aus zwei ineinander verschiebbaren Rohren a und b mit den Meßfußpaaren c_1 und c_2, die in der Ruhestellung durch den Stift d in ihrer gegenseitigen Lage gehalten werden. An das äußere Rohr ist das Schreibwerk k mit Schneckengetriebe n auf der Welle m angeschlossen. Der Schreibzylinder i ist ein polierter Glasring von 25 mm Durchmesser, der auf die Schreibtrommel aufgeschoben und durch Federn an seinen Stirnflächen angedrückt wird. Das Innenrohr endigt in einer Kugelpfanne, in die mittels der Blattfedern h

---

[1] SEEWALD, F.: Masch.-Bau Betrieb Bd. 10 (1931) S. 725.

der Kugelkopf e der Übertragungsstange f eingesetzt ist. Am Ende der Übertragungsstange sitzt an einem Federgelenk der Halter für den Schreibdiamanten g.

Das Gerät D wird mit Zwingen oder Spannbändern Z, Abb. 143, auf das Bauteil B aufgeklemmt. Ein Gleichstrom- oder Synchronmotor M mit angeschlossenem Schaltgetriebe G versetzt über eine biegsame Welle W das Schneckengetriebe und damit die Schreibtrommel in Drehung. Das Schaltgetriebe ist

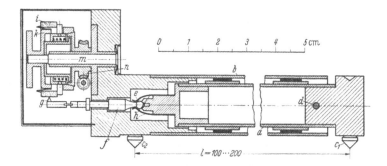

Abb. 142. Ritzdehnungsschreiber der Deutschen Versuchsanstalt für Luftfahrt.
a inneres Rohr mit Meßfuß c_1; b äußeres Rohr mit Meßfuß c_2; d Arretierstift; e Kugelkopf der Übertragungsstange f durch Blattfedern h gefaßt; g Schreibdiamant; i Schreibzylinder aus Glas auf das Schreibwerk k aufgesteckt; m Welle für Schreibwerk mit Schneckentrieb n.

so ausgelegt, daß wahlweise Umlaufzeiten der Schreibtrommel von 1, 2 und 5 Minuten eingestellt werden können. Die feine Spitze des mit leichtem Federdruck anliegenden Schreibdiamanten ritzt so in die polierte Glastrommel einen Schrieb, der nach Abschluß der Messung unter einem Meßmikroskop bei 100- bis 200facher Vergrößerung ausgewertet werden kann. Die dabei auftretenden

Abb. 143. Ritzdehnungsschreiber mit Antriebsmotor auf einem Bauteil aufgespannt (Deckbleche am Schreibwerk abgenommen).
B Bauteil; D Dehnungsschreiber, M Antriebsmotor mit Schaltgetriebe G, W biegsame Welle, Z Spannbänder mit Zwinge; c_1, c_2 Meßfüße; d Loch für Arretierstift; i Schreibzylinder; o Leitung zum Zeitmarkengeber.

Meßfehler liegen bei $\pm 2\,\mu$. Wichtig ist die richtige Einstellung des Schreibdruckes des Diamanten. Der Schrieb darf gerade noch zu sehen sein. Bei zu starkem Andrücken wird der Schrieb durch absplitternde Glasteilchen unsauber. Ein zweiter, mit dem Gehäuse fest verbundener Schreibdiamant zeichnet die Basislinie auf, so daß Lagerfehler ausgeglichen sind. Mit einem kleinen eingebauten Magnet kann der Basisdiamant von der Schreibfläche ab-

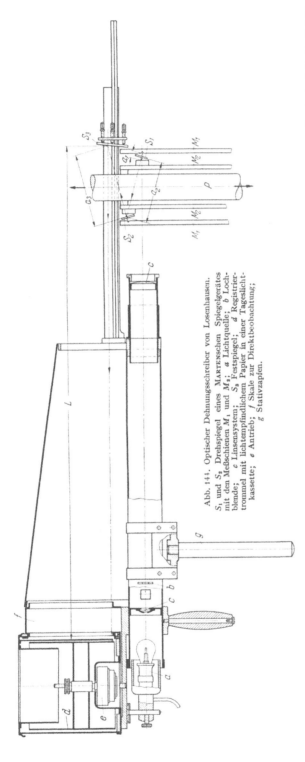

Abb. 144. Optischer Dehnungsschreiber von Losenhausen. S_1 und S_2 Drehspiegel eines MARTENSchen Spiegelgerätes mit den Meßschienen M_1 und M_2; a Lichtquelle; b Lochblende; c Linsensystem; S_3 Festspiegel; d Registriertrommel mit lichtempfindlichem Papier in einer Tageslichtkassette; f Skale zur Direktbeobachtung; e Antrieb; g Stativzapfen.

gehoben werden, so daß Zeitmarken gegeben werden können. Der Ritzdehnungsschreiber arbeitet bis zu Frequenzen von 300 Hz vollkommen einwandfrei und stellt einen der besten und sichersten Dehnungsschreiber mit mechanischer Aufschreibung dar.

Für Langzeitmessungen sind besondere Geräte entwickelt worden, bei denen sich die Schreibtrommel während der Drehung auf einer Gewindespindel mit einer Steigung von 0,5 mm pro Umdrehung vorschiebt, so daß ein Meßschrieb über einer schraubenförmig verlaufenden Basis entsteht. Auf diese Weise kann mit dem normalen Schaltgetriebe eine Schreibdauer von 25, 50 oder 125 Minuten erzielt werden. Für Sonderzwecke wird zwischen Schubstange und Schreibdiamant eine 10-fache Hebelübersetzung geschaltet, wobei die spielfreie Lagerung durch Kreuzfedergelenke erzielt wird.

3. Dehnungs-Zeit-Schaubildschreiber auf optischer Grundlage.

Bei den Schaubildschreibern auf optischer Grundlage wird der Weg einer durch den Dehnungsvorgang gesteuerten Lichtmarke auf einem mit bestimmter Geschwindigkeit ablaufenden lichtempfindlichen Papier- oder Filmband registriert. Diese Geräte haben den Vorzug der trägheitsarmen Übertragung, müssen aber meist sehr ausladend gebaut werden. In Verbindung mit dem MARTENschen Spiegel-gerät wurde von Losenhausen ein Dehnungsschreiber gebaut, der in Abb. 144 wiedergegeben ist. Die beiden zwischen den Meßschienen M_1 und M_2 an der Probe P aufgeklemmten Drehspiegel S_1 und S_2 sind um etwa 16 mm gegen-einander in der Probenachse versetzt angeordnet. Der von der Lichtquelle a kom-mende und von einer Lochblende b ausgeblendete Strahl fällt über ein Linsensystem c auf den Dreh-spiegel S_1. Der reflektierte Strahl trifft auf den Drehspiegel S_2 und wird von dort auf den einstell-baren Festspiegel S_3 geworfen, von wo er auf die mit lichtempfindlichem Papier bespannte Registriertrom-mel d reflektiert wird. Die Registriertrommel wird durch den Antrieb e in Drehung versetzt. Eine in den Strahlengang eingesetzte Planglasscheibe ermög-licht es, einen Teil der Strahlen abzulenken, der auf eine Skale f fällt zum unmittelbaren Ablesen des Dehnungsausschlages. Das gesamte Gerät wird über den Stativzapfen g aufgespannt. Bei der beschrie-benen Anordnung ergibt sich mit den Bezeichnungen von Abb. 144 ein Übersetzungsverhältnis

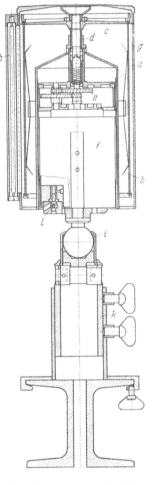

$$V = \frac{2}{a_1}(a_2 + 2a_3 + 2L).\qquad(16)$$

Der Dehnungsschreiber ist in erster Linie für die Registrierung von Zeit-Dehn-Kurven bei Zugver-suchen unter höheren Temperaturen entwickelt worden. Dabei ist der Antrieb so ausgelegt, daß die Schreibtrommel in 48 Stunden eine Umdrehung macht.

Eine besondere Registriervorrichtung ist auch zu dem auf S. 418 beschriebenen Spiegeldehnungsmesser von S. BERG entwickelt worden. Das Gerät, Ab-bildung 145, besteht aus einer Kunststofftrommel a, in die von innen das lichtempfindliche Papier oder der Film eingeschoben und durch Blattfedern b an-gedrückt wird. Die Trommel ist oben mit einer Scheibe c abgeschlossen, die eine Welle d mit der Lagerung trägt. Die Trommel wird durch einen Elektro-motor f über ein Stirnradgetriebe e angetrieben. Motor und Getriebe sind im Innern der Trommel unter-gebracht. Die Trommelwelle ist in dem Gehäuseman-tel g gelagert, der die Trommel lichtdicht umschließt. Der Film wird durch eine von Hand zu betätigende Drehblende h belichtet. Das Trommelgehäuse ist mit einem Kugelgelenk i in einem Stativ gelagert und kann weiterhin mit einer Parallelführung k in der Höhe verstellt werden. Die ganze Vorrichtung kann so in die günstigste Aufnahmelage gebracht werden.

Abb. 145. Aufnahmegerät zum Spiegeldehnungsmesser von S. BERG.

a Cellontrommel mit innen ein-gelegtem Film; b Federn zum Andrücken des Films; c Trag-scheibe für die Trommel; d Trom-melwelle; e Getriebe zum An-triebsmotor f; h Drehblende am Trommelgehäuse g; i Kugelgelenk; h Parallelführung; l Stecker für Motor.

Der Dehnungsschreiber von FEREDAY-PALMER, Abb. 146, vereinigt Geber und Aufnehmer in einem einzigen Gerät. Das rohrförmige Gehäuse trägt die bei-den festen Meßspitzen a. Die bewegliche Meßspitze b an der Stange d ist über das Federgelenk c am Gehäuse angeschlossen. Auf der Stange d sitzt ein gabelförmiger Bügel *e*, der den Hohlspiegel *f* trägt. Der Spiegel wird mit der Feder *i* gegen die Schneide *k* des Lagerstückes *l* gedrückt und erfährt so bei einer Bewegung der Meßspitze *b* eine Drehung. Durch Verdrehen der Schrauben *m* und *n* kann die Übersetzung geändert werden. Die Rändelschraube *n* dient ferner zur Spiegeleinstellung in die Nullage. Je ein Lichtstrahl von der Lichtquelle *g* kommend

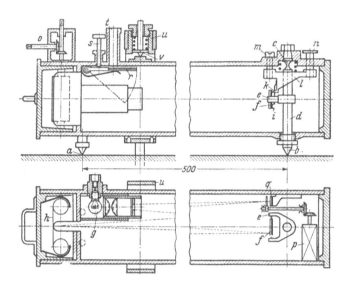

Abb. 146. Spiegeldehnungsschreiber von FEREDAY-PALMER.

a feste Meßspitzen; *b* bewegliche Meßspitze an der Stange *d* mit Federgelenk *c*; *e* Gabelbügel mit Drehspiegel *f*; *g* Lichtquelle mit Kondensor und Spaltblende; *i* Blattfeder; *k* Schneide am Lagerstück *l*; *m, n* Stellschrauben; *o* Kegelradvorgelege zum Antrieb des Filmbandes *h*; *p* Uhrwerk zum Antrieb der Drehblende vor dem Festspiegel *q*; *r* Klappspiegel betätigt durch Druckknopf *s*; *t* Schauöffnung; *u* Aufspannbügel mit federnder Drucksspitze *v*.

fällt über einen Kondensor und eine Spaltblende auf den Drehspiegel *f* und auf den Festspiegel *q* mit vorgeschalteter Drehblende und wird von den Spiegeln auf das Filmband *h* reflektiert. Der Film wird über eine biegsame Welle und das Kegelradvorgelege *o* von einem Uhrwerk oder Elektromotor angetrieben. Durch die vor dem Festspiegel *q* stehende Drehblende, die von dem Uhrwerk *p* angetrieben wird, läßt sich eine Zeitmarkierung vornehmen. Der mit dem Druckknopf *s* in den Strahlengang einklappbare Spiegel *r* gestattet durch die Schauöffnung *t* eine unmittelbare Beobachtung. Das ganze Gerät wird mittels des Bügels *u* aufgespannt. Der Bügel wird mit einer gefederten Spitze *v* auf das Gehäuse gedrückt. Das mit großer Präzision arbeitende Gerät mit einer Meßstrecke von 500 mm ist vorwiegend zu Messungen an Brücken eingesetzt worden. Als Nachteil wird sein erhebliches Gewicht empfunden.

4. Dehnungs-Zeit-Schaubildschreiber auf elektrischer Grundlage.

Größte Anwendung zur Registrierung von Meßvorgängen bis zu den höchsten Frequenzen finden Anzeigegeräte, bei denen die Längenänderung der Meßstrecke auf elektrischem Wege in den sichtbaren Ausschlag eines Schreibstiftes oder eines Lichtpunktes umgewandelt wird. Dabei wird das vom Geber (siehe Abschn. C 5) entsprechend der aufgenommenen Längenänderung gelieferte elektrische Meßsignal über einen Verstärker entweder dem Schreibwerk unmittelbar oder der Spiegelmeßschleife bzw. den Ablenkplatten einer Kathodenstrahlröhre eines Oszillographen zugeführt. Beim direkt zeichnenden Schreibwerk wird am Schreibstift ein mit bestimmter Geschwindigkeit ablaufender Registrierstreifen vorbeigezogen, während die Auslenkung des auf den Spiegel der Meßschleife fallenden Lichtstrahles bzw. des auf dem Schirm einer Kathoden-

Abb. 147. Elektronisches Meß- und Registriergerät von Philips.

strahlröhre erscheinenden Lichtzeigers auf einem ablaufenden lichtempfindlichen Papier- oder Filmstreifen festgehalten wird.

Ein elektronisches Meß- und Registriergerät der Fa. Philips, Abb. 147, ist in Verbindung mit Dehnungsmeßstreifen für die Registrierung statischer und

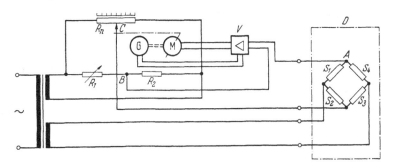

Abb. 148. Vereinfachtes Schaltbild zum Meß- und Registriergerät von Philips.
D äußere Meßbrücke durch Streifengeber S_1 bis S_4 gebildet; R_1, R_2, R_n Widerstände der inneren Meßbrücke; C Schleifkontakt auf dem stabförmigen Potentiometer R_n; V Verstärker; M Servomotor zur Betätigung des Schleifkontaktes und Zeigers.

quasistatischer Vorgänge bestimmt. Das Arbeitsprinzip ist aus Abb. 148 zu ersehen. Das Gerät arbeitet in Doppelbrückenschaltung, wobei die äußere Brücke D aus den 4 Dehnungsmeßstreifen S_1, S_2, S_3 und S_4 besteht, die nach den Ausführungen von Abschn. C, 5, b zur Aufnahme eines Meßvorganges eingesetzt sind. Die an den Diagonalpunkten A und B auftretende Spannung wird im Verstärstärker V verstärkt einem Servomotor M zugeführt, der einen Schleifkontakt C auf dem Widerstand R_n derart bewegt, daß der Brückenabgleich laufend hergestellt wird. Mit dem Schleifkontakt verbunden ist ein Zeiger sowie eine Tintenkapillare, die auf einem 250 mm breiten von einem Synchronmotor angetriebenen Registrierstreifen eine Kurve schreibt. Eine Papiervorschubgeschwindigkeit bis 3,3 mm/s ist möglich.

Der in Abb. 149 wiedergegebene Mehrfach-Direktschreiber „He 4" der Hottinger-Meßtechnik GmbH. ist nach dem Dreheisenprinzip aufgebaut und hat

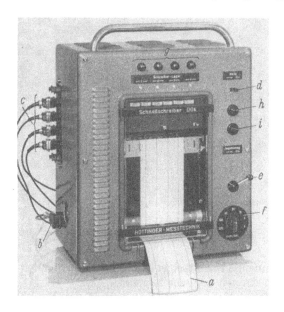

Abb. 149. Mehrfach-Direktschreiber „He 4" der Hottinger-Meßtechnik GmbH.
a Kunststoffschichtpapier; *b* Netzanschluß; *c* Anschluß für vier Geber; *d* Netzschalter; *e* Schalter für Registriereinrichtung; *f* Stufenschalter für 7 Vorschubgeschwindigkeiten; *g* Knöpfe zur Verstellung der Nullinien; *h* Empfindlichkeitseinstellung; *i* Schreibdruckeinstellung.

bei einer Grenzfrequenz von 125 Hz bzw. 70 Hz eine Schreibbreite von 30 mm bzw. 60 mm, wobei 4 Aufschriebe gleichzeitig getätigt werden können. In einem Gehäuse sind ein Netzanschlußgerät sowie vier Verstärkerkanäle mit den dazugehörigen Schreibwerken untergebracht. Ein 7 stufiges Schaltgetriebe ermöglicht Papiervorschubgeschwindigkeiten von 2 bis 200 mm/s. Ferner enthält das Gerät eine von einem Uhrwerk gesteuerte Zeitmarke sowie zwei weitere Impulsmarkiereinrichtungen. Für die Aufzeichnung wird durch die geheizten Schreibzeiger die Schicht von Kunststoffschichtpapier derart abgeschmolzen, daß ein scharfer schwarzer Strich auf weißem Grund entsteht.

Abb. 150 zeigt das Registriergerät „Oszilloscript" von Philips, das die gleichzeitige Aufzeichnung bis zu 16 Meßvorgängen gestattet. Der Schrieb wird nach Abb. 151 dadurch erzeugt, daß ein über eine feste Schneide S laufendes Farbpapier FP mit dem Registrierpapier RP an der Stelle in Berührung gebracht wird, an der sich der Schreibzeiger Z, der durch das Registriersystem R gesteuert wird, jeweils befindet. Das Farbpapier läuft dabei mit etwa $1/_6$ der jeweiligen Geschwindigkeit des Registrierpapiers ab. Da die Leistung für den Schreibvorgang im wesentlichen von dem Antriebsmotor aufgebracht wird, reicht ein sehr kleiner Schreibdruck zum einwandfreien Registrieren aus. Die

Papiervorschubgeschwindigkeit kann durch Einlegezahnräder in 14 Stufen von 10 bis 200 mm/s verändert werden. Die Schreibbreite beträgt 20 mm.

Zum Registrieren von Schwingungsvorgängen bis 7000 Hz ist der Lichtstrahloszillograph verwendbar. Abb. 152 zeigt den Gesamtaufbau des von der Siemens und Halske AG. gebauten „Oscillogrand" für 12 Meßwerke. Das Arbeitsschema eines Lichtstrahloszillographen geht aus Abb. 153 hervor. Das vom Geber gelieferte Meßsignal wird einem Schleifenschwinger SS zugeführt. Der Schwinger, Abb. 154, arbeitet nach dem Drehspulenprinzip. Im Feld des starken Dauermagneten a befindet sich die bifilar ausgelegte Meßsaite b, die von der Feder c gespannt wird und den Meßwerkspiegel d trägt. Der Schleifenschwinger vollführt entsprechend den aufgegebenen Stromschwankungen Schwingungen. Auf dem Spiegel des Schwingers SS bildet der Kondensor K die Lichtquelle L ab, wobei der Einstellspiegel ES zur Ausrichtung des Lichtstrahles dient. Das Bild

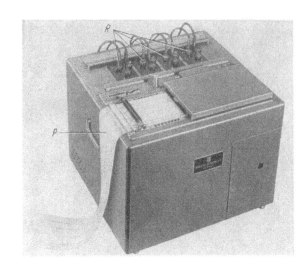

Abb. 150. Registriergerät „Oszilloscript" von Philips.
R Registriersysteme als Steckbaueinheiten ausgeführt; P Registrierpapier.

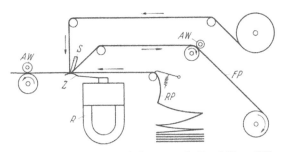

Abb. 151. Arbeitsschema des Registriergerätes „Oszilloscript" von Philips.
R Registriersystem; Z Schreibzeiger; S feste Schneide; RP Registrierpapier; FP Farbpapier; AW Antriebswalzen.

Abb. 152. Lichtstrahl-Oszillograph „Oscillogrand" mit 12 Meßwerken der Siemens und Halske AG.

Vo Vorschaltgerät; ST Spannungsteiler; ZG Zeitmarkengeber; SG Schwingergestell für 12 Schleifenschwinger; LK Lichtschutzkanal; GP Grundplatte; LG Lampengehäuse; OG Optikgehäuse mit Klappe zur Beobachtungsmattscheibe; GK Getriebekasten; TK Gehäuse mit Trommelkassette; MA Anschlüsse für 12 Meßleitungen; NS Nullageneinstellung für die Schleifenschwinger; US Universalsteller mit Schwingerschalter SS; NS Netzschalter; MS Motorschalter; GS Getriebeumschalter; AS Aufnahmeschalter; ZR Schalter für Zeitrelais; DE Drehzahleinsteller; SB Steller für Schlitzblende.

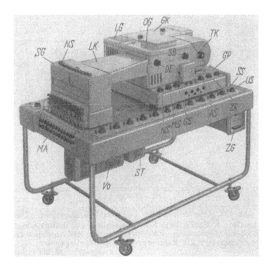

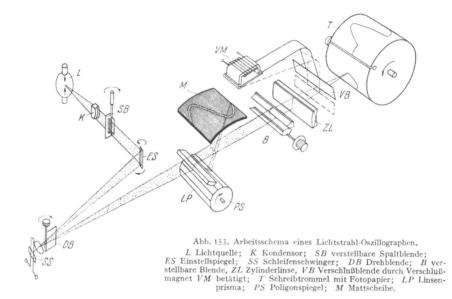

Abb. 153. Arbeitsschema eines Lichtstrahl-Oszillographen.
L Lichtquelle; *K* Kondensor; *SB* verstellbare Spaltblende;
ES Einstellspiegel; *SS* Schleifenschwinger; *DB* Drehblende; *B* verstellbare Blende, *ZL* Zylinderlinse, *VB* Verschlußblende durch Verschlußmagnet *VM* betätigt; *T* Schreibtrommel mit Fotopapier; *LP* Linsenprisma; *PS* Poligonspiegel; *M* Mattscheibe.

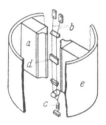

Abb. 154. Aufbau eines Schleifenschwingers zum Lichtstrahl-Oszillographen.
a Dauermagnet mit magnetischem Rückschluß *e*; *b* schwingende Saite mit Meßwerkspiegel *d*; *c* Spannfeder.

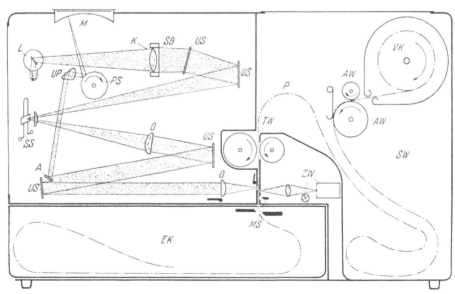

Abb. 155. Arbeitsschema des Lichtstrahl-Oszillographen „Oscilloport" der Siemens und Halske AG.
L Lichtquelle; *K* Kondensor; *SB* Spaltblende; *US* Umlenkspiegel; *SS* Schleifenschwinger; *O* Optik; *P* lichtempfindlicher Papierstreifen; *VK* Vorratskassette; *AW* Antriebswalzen; *SW* Stapelwanne; *TW* Transportwalzen; *EK* Einlaufkassette; *ZW* Zählwerk; *MS* Markierungsspitze; *A* Ablenkspiegel; *UP* Umlenkprisma; *PS* Poligonspiegel; *M* Mattscheibe.

der Spaltblende *SB* wird vom Meßwerkspiegel über die verstellbare Blende *B* auf die mit Fotopapier bespannte Trommel *T* geworfen, wobei die Zylinderlinse *ZL* den Lichtspalt zu einem Punkt zusammenzieht. Eine Drehblende *DB* gestattet das Abblenden der einzelnen Lichtzeiger. Die Verschlußblende *VB* wird durch den Magneten *VM* betätigt. Zur visuellen Beobachtung ist in den Strahlengang ein Linsenprisma *LP* geschaltet, das einen Teil des Lichtstrahles auf den sich drehenden Poligonspiegel *PS* lenkt, der wiederum den Lichtstrahl auf die Mattscheibe *M*

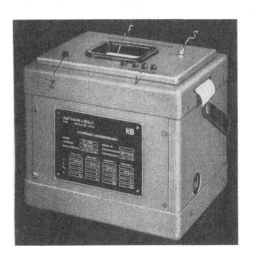

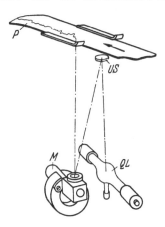

Abb. 156. Vierfach-Lichtpunkt-Linienschreiber „Lumiscript" der Hartmann und Braun AG.

F Bildfenster mit Registrierpapier; *V* Einstellknöpfe für Vorschubgeschwindigkeiten von 10, 50 und 100 mm s; *Z* Zündknopf für Quecksilberdampflampe; *S* Schneidhebel zum Abschneiden des Papierstreifens.

Abb. 157. Arbeitsschema des Lichtpunkt-Linienschreibers von Hartmann und Braun.

QL Quecksilberdampf-Höchstdrucklampe; *US* Umlenkspiegel; *M* Meßwerk mit Hohlspiegel; *P* Registrierpapier.

wirft, wo er als geschlossener Kurvenzug beobachtet werden kann. Die Aufnahmetrommel hat eine nutzbare Breite von 120 mm. In vier Getriebestufen sind Papiervorschubgeschwindigkeiten von 30 mm/s bis 10000 mm/s möglich. Als tragbarer Lichtstrahloszillograph mit vier Meßwerken und Batteriebetrieb wird von der Siemens und Halske AG. der „Oscilloport" gebaut. Das Arbeitsschema dieses Gerätes geht aus Abb. 155 hervor. Es können in einem Meßgang Oszillogramme bis 5 m Länge aufgenommen werden, wobei die Papiervorschubgeschwindigkeit von 4 mm/s bis 10000 mm/s eingestellt werden kann.

Während normalerweise der Registrierstreifen aus lichtempfindlichem Papier nach Beendigung der Messung in der Dunkelkammer entwickelt werden muß, erhält man beim Lichtpunktlinienschreiber von Hartmann und Braun, Abb. 156, ein sofort sichtbares Diagramm. Die Arbeitsweise läßt Abb. 157 erkennen. Als Lichtquelle dient eine Quecksilberdampf-Höchstdrucklampe *QL*, während als Registrierstreifen *P* ein photographisches Spezialpapier verwendet wird, das nur von dem sehr intensiven ultravioletten Licht geschwärzt wird und tageslichtunempfindlich ist. Das Meßwerk *M* trägt einen Hohlspiegel, der bei richtiger Einstellung über den Umlenkspiegel *US* einen scharfen Punkt auf den Papierstreifen wirft. Die Eigenfrequenz geht je nach Art der Schleife bis 300 Hz.

E. Setzdehnungsmesser.

1. Allgemeine Betrachtungen.

Setzdehnungsmesser sind dann erforderlich, wenn bei der Messung das Gerät wiederholt abgenommen und wieder aufgesetzt werden muß. Voraussetzung für ein solches Vorgehen ist eine einwandfreie Markierung der Meßstrecke. Besonders bewährt haben sich zu diesem Zweck kleine Stahlkugeln von $^1/_{16}''$ Durchmesser, die mit einem Döpper so in die Oberfläche des Bauteils eingetrieben

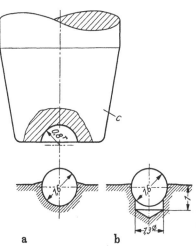

werden, daß sie etwas über die Hälfte im Werkstoff eingebettet sind, Abb. 158. Der beim Einschlagen an der Kugel sich hochquetschende Werkstoff wird dabei mit der Fläche des Döppers oberhalb des größten Kalottendurchmessers an die Kugel angepreßt und verhindert so das Herausfallen. Da die Kugeln mit größter Genauigkeit hergestellt sind und auch sehr gut sauber gehalten werden können, bietet eine derartige Markierung gegenüber eingeschlagenen Körnern, die leicht verschmutzen, wesentliche Vorteile.

Der Abstand der die Meßstrecke bildenden Kugelmarken wird zunächst mit einem Doppelkörner vorgezeichnet. Die Kugeln können nun an den vorgekörnten Stellen unmittelbar mit dem Döpper eingetrieben werden, Abb. 158a. Kugeln und Döpper werden jedoch mehr geschont, auch wird das Einbeulen dünner Wandungen vermieden, wenn die Löcher für die Kugeln mit einem 1,3 mm-Bohrer etwa 1 mm tief vorgebohrt werden, Abb. 158b. Das Setzen der Kugeln kann nach Abb. 159 auch so vorgenommen werden, daß die kegelige Vertiefung des Doppelkörners 1

Abb. 158. Befestigung der Kugelmeßmarken für den Setzdehnungsmesser.
a) ohne Vorbohren; b) mit Vorbohren; c Kalotten-Döpper.

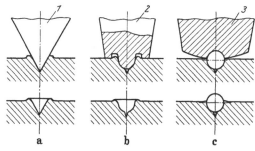

mit Hilfe eines Kugeldöppers 2 zu einer kugeligen Pfanne verformt wird. Der aufgestauchte Wulst ist nun mit dem Schließdöpper 3 durch einen scharfen Hammerschlag satt an die Kugel heranzubördeln. Die eingesetzten Kugeln haften auch bei überelastischen Verformungen bis zu 1% sicher.

Der Meßmarkenabstand wird mit dem eigentlichen Setzdehnungsmesser abgegriffen. Der Meßvorgang wird zweckmäßigerweise so gestaltet, daß man die

Abb. 159. Spezial-Körner und Döpper zur Befestigung der Kugelmeßmarken.
a) Vorkörnen mit Kegelkörner; b) Aufweiten des Körnerlochs mit Kugelkörner; c) Verstemmen der Kugelmarke mit Döpper.

erste Messung auf einem Kontrollmaß vornimmt. Das Kontrollmaß besteht aus einem Stab von gleichem Material wie der Prüfgegenstand. Es weist die gleiche Setzmeßstrecke auf. Der Einfachheit halber wird das Anzeigegerät des

Setzdehnungsmessers für diese Kontrollmeßstrecke auf Null eingestellt. Nachdem das Meßgerät eingerichtet ist und man sich durch wiederholtes Aufsetzen und Ausmessen vom einwandfreien Arbeiten des Setzdehnungsmessers überzeugt hat, kann die Messung am Bauteil vorgenommen werden. Dazu sind zwei Messungen, einmal im unbelasteten und andermal im belasteten Zustand des Bauteils notwendig. Die Differenz beider Ablesungen bildet den Meßwert. Mit diesem Vorgehen erreicht man eine große Zuverlässigkeit, da sie stets auf das Kontrollmaß bezogen wird. Die Benutzung eines Kontrollmaßes gestattet zudem, Unstimmigkeiten am Gerät, z. B. ein Verschmutzen der Meßfüße, festzustellen. Zudem ermöglicht es dem Prüfer, das Setzen einzuüben. Da das Kontrollmaß aus dem gleichen Werkstoff wie der zu prüfende Bauteil besteht, lassen sich Längenänderungen durch Temperaturschwankungen ausgleichen, wenn man dafür Sorge trägt, daß Kontrollmaß und Bauteil die gleiche Temperatur haben.

2. Mechanische Geräte.

Der Setzdehnungsmesser von M. Pfender[1] mit 20 mm Meßstrecke, Abb. 160, besteht aus zwei Stelzen a, die am oberen Ende durch ein Federgelenk c verbunden sind. Am unteren Ende tragen die beiden Stelzen die hohlgebohrten Meßfüße b, die bei der Messung auf die Meßkugeln aufgedrückt werden. Über die Stelzen wird der Meßmarkenabstand auf die Anschläge d übertragen, deren Abstand durch Absenken eines Keils e, der am Tastbolzen einer Meßuhr f sitzt, abgetastet werden kann. Die Meßuhr ist an einer der Stelzen befestigt. Der Keil besitzt eine Steigung von 1:5, so daß bei Verwendung einer Meßuhr mit $1/100$ mm Anzeige eine 500fache Übersetzung erzielt wird. Beim Aufsetzen des Geräts wird der Keil durch Zusammendrücken eines Kniehebelgelenks g angehoben. Nach Loslassen desselben wird der Keil durch die Feder der Meßuhr zwischen die Anschläge gedrückt. Beim Arbeiten mit diesem Gerät kommt es auf das Gefühl des Messenden an. Wenn er den Keil ruckartig statt sanft zwischen die Anschläge gleiten läßt, kann sich eine Fehlmessung ergeben.

Das Schema eines anderen Setzdehnungsmessers von M. Pfender mit festem Meßarm d und von 30 bis 100 mm einstellbarer Meßstrecke, zeigt Abb. 161. Am Gehäuse sitzt verstellbar angeordnet der feste Meßfuß c. Den beweglichen Meßfuß b trägt ein 5fach übersetzender Hebel d, der durch eine Arretiervorrichtung in jeder bestimmten Lage gehalten werden kann. Die Arretiervorrichtung besteht aus einer Gabel e mit zwei federnden Zinken, zwischen denen sich das Hebelende befindet und die durch den Drücker f mit keilförmiger Nase zur Lösung der Arretiervorrichtung gespreizt werden können. Der Drücker betätigt weiterhin mit einer gewissen Voreilung über den Hebel g den Meßbolzen h der Meßuhr i. Zur Messung wird der Drücker f mit dem Zeigefinger angezogen, wobei zunächst der Meßbolzen der Meßuhr gehoben und dann die Arretierung gelöst wird. Nun kann der Setzdehnungsmesser mit den Meßfüßen auf die Meßmarken aufgesetzt werden. Durch Loslassen des Drückers wird zunächst der Hebel in der dem

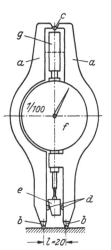

Abb. 160. Schema des Setzdehnungsmessers nach M. Pfender.

a Stelzen mit Kugelpfanne b; c Federbandgelenk; d Anschläge für Meßkeil e (Steigung 1:5); f Meßuhr (1/100 mm); g Kniehebelgelenk zum Anlüften des Meßkeils.

---

[1] Siebel, E. u. M. Pfender: Arch. Eisenhüttenw. Bd. 7 (1933/34) S. 407.

Meßmarkenabstand entsprechenden Stellung gehalten und dann der Tastbolzen freigegeben. Eine Ansicht des Geräts gibt Abb. 162.

Die Bauweise des von A. U. HUGGENBERGER entwickelten Setzdehnungsmessers geht aus der schematischen Darstellung, Abb. 163, hervor. Die Länge der Meßstrecke l wird vom Kniehebel d im Verhältnis 1:1 auf den Meßbolzen g

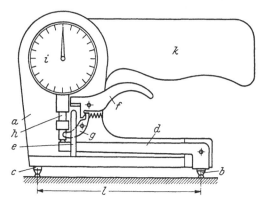

Abb. 161. Schema des Setzdehnungsmessers nach M. PFENDER für 30 bis 100 mm Meßstrecke.
a Gehäuse mit festem Meßfuß *c*; *b* beweglicher Meßfuß am Hebel *d*; *e* Gabelfeder zur Arretierung durch Drücker *f* zu betätigen; *g* Hebel zum Anheben des Meßbolzens *h* der Meßuhr *i*; *k* Handgriff.

der Meßuhr h übertragen. Die Schraubenfeder e sorgt für den kraftschlüssigen Kontakt. Zuerst wird der feste Fuß a aufgesetzt. Der kleine Finger des Prüfers betätigt dabei gemäß Abb. 164 den Fühlhebel f, bis die kugelige Setzpfanne b des beweglichen Fußes der Setzkugel gegenübersteht. Hierauf kippt man das Gerät um diesen festen Stützpunkt und setzt es auf die zweite Kugel unter b ab.

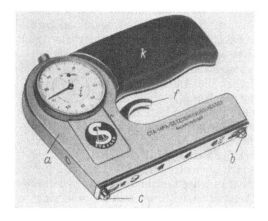

Abb. 162. Setzdehnungsmesser nach M. PFENDER (neue Bauart). (Bezeichnungen wie Abb. 161.)

Der feste Fuß a kann durch Verlängerungsstangen ausgewechselt werden, die gestatten, die Meßlänge auf 50 und 100 mm zu erweitern.

Beim Setzdehnungsmesser von S. SCHWAIGERER[1], Abb. 165, wird das Abgreifen der Meßstrecke von dem Abtasten mit dem Verschiebungsmesser getrennt. Das eigentliche Gerät greift unter Verzicht auf jegliche Vergrößerung

---

[1] Arch. Metallkd. Bd. 3 (1949) S. 307.

den Meßmarkenabstand ab. Es besteht aus dem Gehäuse *a*, das den Meßfuß *c* trägt, während der andre Meßfuß *b* an einem im Gehäuse verschiebbaren Bolzen *d* sitzt. Das hintere Ende des Bolzens trägt zwei keilförmig zueinanderstehende

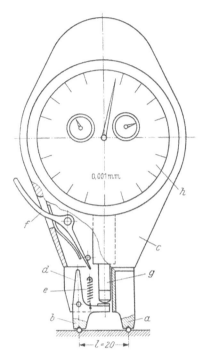

Abb. 163. Schema des Setzdehnungsmessers „Tensotast" von Huggenberger für 20, 50 und 100 mm Meßstrecke.

a fester, auswechselbarer Meßfuß am Gestell *c*; *b* beweglicher Meßfuß am Winkelhebel *d*; *e* Spannfeder; *f* Fühlhebel; *g* Meßbolzen der $^1/_{1000}$ mm-Meßuhr *h*.

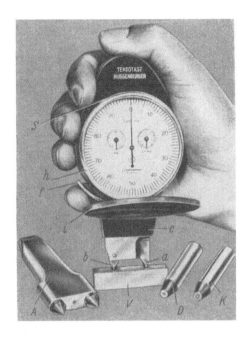

Abb. 164. Betätigung des Setzdehnungsmessers von Huggenberger.

S Setzdehnungsmesser; *a* fester; *b* beweglicher Meßfuß; *c* Gestell; *f* Fühlhebel; *h* Meßuhr; *i* Klappdeckel mit Spiegelfläche; *A* Doppelkörner mit Kegelspitzen; *K* Kugelkörner; *D* Döpper; *V* Kontrollstück.

federnde Laschen *e*, die durch einen Sperrstift *f* mit kugeligem Ende bei gelöster Sperrklinke *g* fest an die Wand der Bohrung angepreßt werden. Auf diese Weise wird eine sichere Arretierung des Meßbolzens erreicht. Die Messung selbst geht so vor sich, daß das mit einer Hand bequem zu handhabende Gerät mit angezogener Sperrklinke, also frei beweglichen Bolzen, auf die Meßstrecke aufgesetzt wird. Durch mäßiges Andrücken des Geräts rutscht der Bolzen in die bestimmte Stellung, bei der beide Meßfüße die Kugeln satt umfassen und die somit dem Meßkugelabstand entspricht.

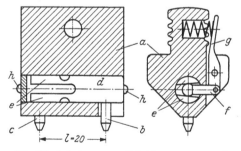

Abb. 165. Aufnehmer zum Setzdehnungsmesser nach S. SCHWAIGERER.

a Gestell mit festem Meßfuß *c*; *b* beweglicher Meßfuß am Bolzen *d* mit Federlaschen *e*; *f* Sperrstift durch Sperrklinke *g* betätigt; *h* Kugelmeßmarken am Gestell und Bolzen.

Durch Loslassen der Sperrklinke wird diese Stellung des Bolzens festgehalten. Der Meßmarkenabstand wird nun in einem Abtastgerät gemessen. Das Abtastgerät *A*, Abb. 166, besteht aus einem Bügel *i*, der auf der einen Seite einen festen Meßfuß k und auf der andern Seite eine $^1/_{1000}$ mm-Meßuhr m mit Meßfuß b besitzt. Beim Ausmessen wird das Gerät S mit den Distanzkugeln h in die Meßfüße k und n der Abtastvorrichtung eingesetzt, wobei darauf zu achten ist, daß

Abb. 166. Setzdehnungsmesser mit Zubehör nach S. SCHWAIGERER.

S Setzdehnungsmesser; a Gestell mit festem Meßfuß c; b beweglicher Meßfuß am Bolzen d mit Kugelmarke h; f Sperrklinke; A Abtastgerät; i Bügel mit Fuß und Pfanne k; m $^1/_{1000}$ mm-Meßuhr mit Pfanne n; B Vorbohrer mit geschlitzter Anschlaghülse; K Döppelkörner mit Kegelspitzen; D Döpper; V Kontrollstück.

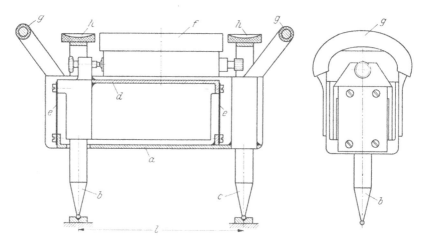

Abb. 167. Schema des Setzdehnungsmessers des Instituts für Bauforschung Stuttgart.

a Gestell mit festem Meßfuß c; b beweglicher Meßfuß am Federbock d mit Parallelführung durch Blattfedern e; f $^1/_{100}$ mm-Meßuhr; g Handgriffe; h Gegenhalter.

der Meßbolzen der Meßuhr möglichst stoßfrei auf die Distanzkugeln aufgesetzt wird. Da der Meßkugelabstand in natürlicher Größe abgegriffen wird, entspricht die Übersetzung derjenigen der Meßuhr, also im vorliegenden Falle 1:1000.

Der Setzdehnungsmesser der Forschungs- und Materialprüfungsanstalt für
das Bauwesen „Otto-Graf-Institut", Stuttgart, Abb. 167, wird für Meßstrecken
von $l = 100$ mm bis 1000 mm gebaut. Er entspricht vorwiegend den Bedürfnissen des Bauwesens. Als Meßmarken dienen kleine kegelförmige Bohrungen
mit 60° Spitzenwinkel, in welche die mit einer Kugelspitze versehenen Meßfüße b
und c aufgesetzt werden. Bei Messungen an Betonbauwerken werden die Meßmarken in Form von kleinen Messingplättchen, die die Bohrung tragen, auf
den Beton aufgeklebt. Der Meßfuß c sitzt fest im Gehäuse a, während die
Bewegung des Meßfußes b über einen Federbock d, geführt durch zwei Blattfedern e, auf eine Meßuhr f übertragen wird. Das Gerät wird an den Hand-
griffen g gehalten, wobei die Daumen auf den Druckstücken h ruhen.

Ein weiterer Setzdehnungsmesser mit großer Meßlänge, wie er besonders
für die Prüfung von Bauwerken benötigt wird, ist von H. L. WHITTEMORE und
A. U. HUGGENBERGER ausgearbeitet worden[1]. Die Bauweise dieses Geräts ist
aus Abb. 168 und 169 ersichtlich. Die beiden U-förmigen aus Invar bestehenden

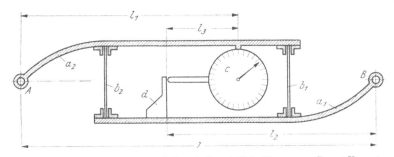

Abb. 168. Schema des Setzdehnungsmessers „Deformeter" nach H. L. WHITTEMORE Bauart Huggenberger für
große Meßstrecken.

a_1, a_2 Rahmen; b_1, b_2 Blattfedern zur Parallelführung; c $^1/_{1000}$ mm-Meßuhr; d Anschlag; A, B Griffknopf
mit Setzspitzen.

Rahmen a_1, a_2 sind durch die beiden Blattfedern b_1, b_2 miteinander verbunden.
Die Meßstrecke l wird durch die beiden Spitzen A und B begrenzt, die mit einem
Griffknopf versehen sind. Am Rahmen a_2 ist die Meßuhr c und am Rahmen a_1
das Gehäuse mit dem Anschlagnocken d für den Meßbolzen befestigt. Der Nocken

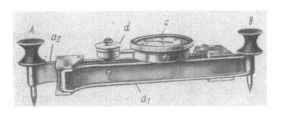

Abb. 169. Setzdehnungsmesser nach H. L. WHITTEMORE Bauart Huggenberger.

a_1, a_2 Rahmen; c Meßuhr; d verstellbarer Anschlagnocken; A, B Griffknöpfe mit Setzspitzen.

ist drehbar angeordnet, so daß der Anzeigebereich von 5 mm sowohl für Druck wie
für Zug eingestellt werden kann. Die durch diese Parallelführung auf die Meßuhr übertragene Längenänderung wird 1000fach vergrößert von der Meßuhr c
angezeigt. Die Längenabschnitte l_1, l_2, l_3 sind so bemessen, daß der Temperatureinfluß ausgeglichen ist. Die Meßlänge beträgt 250, 500 oder 750 mm.

---

[1] Z. VDI Bd. 76 (1932) S. 417.

Bei großen Bauwerken aus Stein oder Beton sind die auftretenden Längenänderungen oft so klein, daß noch größere Meßlängen erwünscht sind. A. U.
HUGGENBERGER hat zu diesem Zweck einen *Setzdehnungsmeßstab*, Abb. 170,
entwickelt, der in einer Meßlänge von 1 und 2 m gebaut wird. Am ovalförmigen,

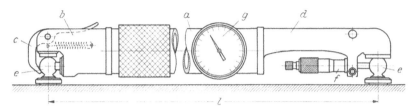

Abb. 170. Setzdehnungsmeßstab nach A. U. HUGGENBERGER.
a Halterohr mit Setzkopf *b* und Klinke *c* einerseits und Meßkopf *d* mit Mikrometerschraube *f* andererseits;
e Kugelkopfschrauben als Meßmarken; *g* Anlegethermometer.

biegungssteifen Leichtmetallrohr *a* ist einerseits der mit Klinke *c* versehene
Setzkopf *b* und anderseits der Meßkopf *d* angebracht. Als Setzstelle dienen zwei
Schraubbolzen *e* mit Kugelkopf aus rostfreiem, gehärtetem Stahl. Sie sind in
einer Bronzehülse eingeschraubt und
gegen Verdrehen gesichert. Die Bronzehülse wird einbetoniert. Beim Aufsetzen des Geräts bewirkt die federnde
Klinke den Kraftschluß. Mit Hilfe
des Mikrometers *f*, das die Ablesung
von $^1/_{100}$ mm gestattet, wird die Längenänderung der Meßstrecke *l* gemessen. Die Teilung am Mikrometer
ist genügend weit, um $^1/_{1000}$ mm
schätzen zu können. Am Halterohr *a*
ist das Anlegethermometer *g* befestigt,
so daß die Längenänderung infolge
Temperaturänderungen rechnerisch zur
Korrektur des Meßwerts ermittelt
werden kann. Auch für dieses Gerät
wird ein geeigneter Kontrollstab geliefert.

3. Elektro-mechanisches Gerät.

Der Tastdehnungsmesser nach
G. BARNER und W. MARX[1] kommt in
solchen Fällen zur Anwendung, wo die
Bauteilbelastung pulsierend ist. (Etwa
20 Lastwechsel in der Minute.) Am
Ablesegerät wird der bei einem Be-
lastungswechsel auftretende größte und
kleinste Ausschlag abgelesen. Die Differenz entspricht dem zu messenden
Dehnungsausschlag.

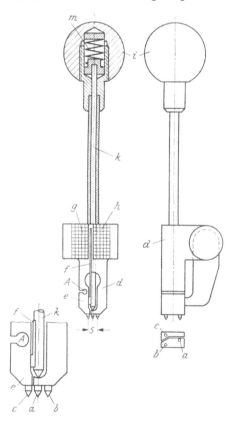

Abb. 171. Induktiver Tastdehnungsmesser nach MARX-
BARNER der Trebel-Werke.
a, b feste Meßspitzen am Gestell; *c* bewegliche Meßspitze am Hebel *e* mit Federgelenk *A*; *f* Magnetkern
im Luftspalt zwischen den Spulen *g, h*; *k* Stange
mit Handgriff *i* und Feder *m*.

[1] BARNER, G.: Handmeßgerät zum Ermitteln von Spannungen, Bundespatent
Nr. 890135 vom 6. 8. 53. — MARX, B.: Berg-
u. Hüttenw. Monatsh. Bd. 98 (1913) S. 183.

Das Abtastgerät, Abb. 171, wird mit drei Spitzen a, b, c aufgesetzt, und zwar so, daß zunächst die Hilfsspitze a, dann die feste Meßspitze b und schließlich die bewegliche Meßspitze c zum Aufsitzen kommt. Feste Meßspitze und Hilfsspitze sind am Gestell d befestigt, während die bewegliche Meßspitze am Hebel e sitzt, der über ein Federgelenk A mit dem Gehäuse verbunden ist. An dem Hebel e ist der stangenförmig ausgebildete Magnetkern f befestigt, der sich in dem Luftspalt zwischen den beiden Magnetspulen g und h bewegt und somit die Induktivität ändert, die dann in einer geeigneten Brückenschaltung meßbar gemacht wird. Das Gerät wird am Handknopf i über die Stange k angedrückt. Durch Zwischenschalten einer Druckfeder m wird erreicht, daß stets ein annähernd gleicher Druck vorherrscht.

F. Biegungsverzerrungs- und Krümmungsmesser.

1. Biegungsverzerrungsmesser.

Die an der Oberfläche von Bauteilen auftretende Verformung ist in den wenigsten Fällen nur auf Normalkräfte — Zug oder Druck — zurückzuführen. In der Regel sind noch Biegungsmomente wirksam, so daß ein zusammengesetzter Spannungszustand vorliegt. Mit den üblichen Dehungsmeßgeräten wird jedoch nur die Gesamtdehnung gemessen. Zur eindeutigen Klärung von Festigkeitsfragen ist aber die Kenntnis beider Komponenten notwendig, wie z. B. bei der Beurteilung der Beanspruchung in der Krempe eines gewölbten Bodens unter Innendruck. Gemäß Abb. 172 ist der Zugnormalkraft N noch ein Biegemoment M überlagert, das den Krempenradius zu vergrößern sucht. Unter der Annahme, daß sich die Biegespannungen linear über die Wanddicke verteilen, ergibt sich der gezeichnete Spannungsverlauf. Die an der Außenseite a auftretenden Spannungen sind erheblich kleiner als die auf der Innenseite i, d. h., eine Messung, die nur die Verformungen auf der Außenseite erfaßt, führt zu einem falschen Beanspruchungsbild.

Mit Hilfe eines Biegeverzerrungsmessers, wie ihn A. U. HUGGENBERGER entwickelt hat, ist es möglich, Biege- und Zugspannungen getrennt voneinander zu ermitteln. Die Arbeitsweise des Geräts ist aus Ab-

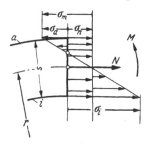

Abb. 172. Spannungsverteilung über die Wanddicke in der Krempe eines Kesselbodens.

bildung 173 zu ersehen. Es ist mit seinen hülsenförmigen Füßchen a und b auf zwei Meßstifte o aufgesetzt, die im Abstand l fest auf der Bauteiloberfläche aufgelötet sind. Durch eine Verbiegung des Bauteils ändert sich der Winkel der Flächennormalen um den Winkel α, so daß sich der Kupplungspunkt C um $(\Delta l_a + t\,\alpha)$ bewegt, wenn t die Länge des Hebels AC und Δl_a die Längenänderungen der Meßstrecke l der äußeren Faser des Bleches von der Dicke s bedeuten. Der Zeiger g mit dem Drehpunkt E vergrößert diesen Weg im Verhältnis der Zeigerabschnitte $EF : ED = n$. Der Zeigerausschlag z beträgt also

$$z = n(\Delta l_a + \alpha\,t). \qquad (17)$$

Zwischen den Biegeverzerrungen der äußeren Faser a und der inneren Faser i besteht die Beziehung

$$\Delta l_i = \Delta l_a - s\,\alpha. \qquad (18)$$

Somit erhält man für die Längenänderung an der inneren Faser

$$\Delta l_i = \frac{[\Delta l_a(s+t)\,n - s\,z]}{n\,t}. \tag{19}$$

Abb. 174 zeigt den Biegeverzerrungsmesser mit Zubehör. Mit Hilfe der Lötlehre L werden für jede Meßstelle die zwei Stiftchen o aufgelötet. Die Stiftchen o
werden in die Halter s gesteckt, die je nach der Wölbung verstellt und durch
Anziehen der Rändelmut-
tern r festgeklemmt werden
können. Die beiden spreiz-
baren Stelzen m erleichtern
das Ausrichten der Stiftchen
auf eine gegebene Meßlinie.

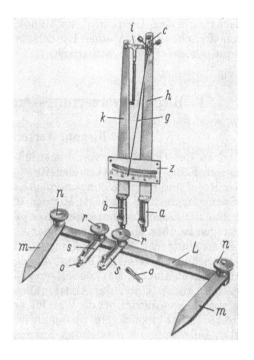

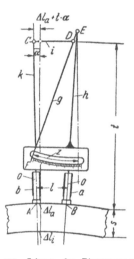

Abb. 173. Schema des Biegeverzerrungsmessers von Huggenberger.
a, b Aufspannhülsen an den Übertragungsarmen h und k; i Kupplungsbügel;
g Zeiger; o in A und B auf dem Bauteil
aufgelötete Meßstifte.

Abb. 174. Biegeverzerrungsmesser von Huggenberger mit Lötlehre.
a, b Aufspannhülsen an den Übertragungsarmen h und k; i Kupplungsbügel; g Zeiger mit Lager C; z Zifferblatt; m Stelzen der
Lötlehre L mit Rändelschrauben n einstellbar; s Halter für die
aufzulötenden Meßstifte o, an den Rändelschrauben r verstellbar.

Auf die zwei im Abstand von 20 mm aufgelöteten Stiftchen setzt man die
beiden mit einer entsprechenden Bohrung versehenen Füße a und b des Meßgerätes. Verdrehen sich die beiden Stiftchen infolge Winkeländerung der Flächennormalen, so wird diese Bewegung über die Kupplung i auf den Zeiger g übertragen und kann an der Teilung des Zifferblattes z abgelesen werden. Das Gerät
hat eine 100fache Vergrößerung. Der Einfluß, den die Abstandsänderung der
Fußpunkte der Stiftchen infolge Dehnung der Oberfläche erzeugt, ist auf Grund
der üblichen Dehnungsmessung zu korrigieren.

Zur Ermittlung der Biegespannungen hat E. SIEBEL[1] das in Abb. 175 dar-
gestellte Hilfsgerät benutzt. Auf die Endpunkte A und B der Meßstrecke l wird
je eine Stütze a und b von der Höhe h aufgesetzt, die mittels eines dünnen
Stahlbandes d im Abstand l zueinander gehalten werden. Die Fußfläche der
Stütze hat 3 kugelige Warzen c, die den stabilen Stand gewährleisten. In die
Kerben e sowie auf das Kupferplättchen f werden die Schneiden eines HUGGEN-

---

[1] Mitt. K.-Wilh.-Inst. Eisenforsch. Bd. 9 (1928) S. 295.

BERGER-*Tensometers* · T (nach Abb. 48) gesetzt und mit einem Spannbügel festgespannt. Da der Abstand l sich nicht ändern kann, zeigt das Tensometer die durch die Verbiegung allein verursachte Längenänderung

$$\Delta l = \alpha h \tag{20}$$

an, aus der alsdann die Biegespannung berechnet werden kann.

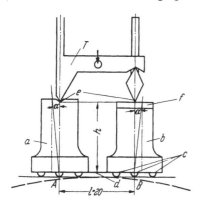

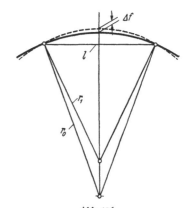

Abb. 175. Hilfsgerät zur Ermittlung von Biegespannungen nach SIEBEL.

a und *b* Stützen in 3 Punkten *c* aufgestellt mit Federstahlband *d* verbunden; *e* Kerbe zum Einsetzen des Tensometers *T*; *f* Kupferplättchen.

Abb. 176.
Krümmungsänderung einer Schale bei Biegebeanspruchung.

2. Krümmungsmesser

Die Biegedehnung an einer Schale mit der Wanddicke s ist entsprechend der Beziehung

$$\varepsilon_b = \Delta\left(\frac{1}{r}\right)\frac{s}{2} \tag{21}$$

der Krümmungsänderung $\Delta(1/r)$ proportional. Die Krümmungsänderung läßt sich aber gemäß Abb. 176 berechnen zu

$$\Delta\left(\frac{1}{r}\right) = \left(\frac{1}{r_1} - \frac{1}{r_0}\right) = \frac{8\,\Delta f}{l^2}, \tag{22}$$

d. h., sie kann durch Messen der Durchbiegungsänderung Δf ermittelt werden.

Zur Messung der Durchbiegung kann der Flexitast von Huggenberger, Abb. 177, verwendet werden. Das Gestell *a* hat zwei feste Setzfüße *b* und *c*. Der Meßbolzen *e* der Meßuhr *d* ist verlängert, so daß er die in der Meßfläche sitzende Kugel berührt. Die normale Meßweite von 20 mm kann auf 50 oder 100 mm vergrößert werden. Auf die Meßflächen sind, wie beim Setzdehnungsmesser (s. Abb. 159), Kugeln einzubringen, wobei aber für eine Meßstelle 3 Kugeln benötigt werden. Um eine einwandfreie Führung des Gerätes zu gewährleisten, ist der feste Fuß *c* mit einer konischen Pfanne, der Fuß *b* mit einer V-förmigen Längsnute versehen. Das Ende des Tastbolzens *e* weist ein ebenes Setzhütchen auf.

Abb. 178 zeigt den Setzverkrümmungsmesser von S. SCHWAIGERER[1]. Die bei diesem Gerät der Verkrümmungsmessung zugrunde gelegte Meßstrecke beträgt 40 mm. Die Meß- und Stützpunkte werden in gleicher Weise wie beim Setzdehnungsmesser durch gehärtete Stahlkugeln gebildet. Der Setzverkrüm-

[1] Arch. f. Techn. Messen (1951) B 91122—13.

mungsmesser stützt sich mit seinen Füßchen in drei Punkten auf dem Bauteil ab. Eines der Füßchen, der Festpunkt des Geräts F, trägt eine kegelförmige Bohrung, mit der es auf eine Kugel aufgesetzt wird. Das Gegenfüßchen S besitzt

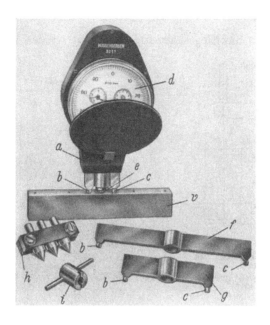

Abb. 177. Krümmungsmesser „Flexitast" von Huggenberger.
Gestell mit den festen Setzfüßen b und c; d 1/1000 mm-Meßuhr mit Meßbolzen e; f, g Verlängerungsstücke; h Dreifachkörner zum Anzeichnen der Meßstelle; i Spannschlüssel.

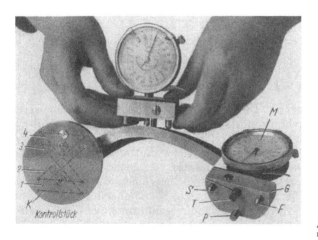

Abb. 178. Setzverkrümmungsmesser nach SCHWAIGERER.
G Grundplatte mit Meßfüßen F, S, P; M 1/1000 mm-Meßuhr mit Meßbolzen T; K Kontrollstück für 4 verschiedene Ausgangskrümmungen.

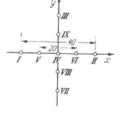

Abb. 179. Anordnung der Kugelmarken zur vollständigen Vermessung eines Meßpunktes in x- und y-Richtung mit dem Setz-Verkrümmungsmesser und dem Setz-Dehnungsmesser.

eine Schlitzführung, in der die Kugel bei kleinen Längenänderungen, die das Bauteil bei der Beanspruchung erfährt, gleiten kann, ohne daß sich das Gerät dreht. Mit dem dritten Füßchen P, das plangeschliffen ist, stützt sich das Gerät

auf einer Kugel ab, so daß ein Kippen vermieden wird. Auf diese Weise ist in
jedem Falle eine einwandfreie und genau definierte Auflage gewährleistet. In
der Mitte der Meßstrecke ist eine Feinmeßuhr mit $^1/_{1000}$ mm Anzeige angeordnet,
deren Meßbolzen T mit einem plangeschliffenen Endstück ausgestattet ist, das
auf eine Kugel in der Mitte der Meßstrecke tastet. Zur Markierung einer Ver-
krümmungsmeßstelle sind also die vier in Abb. 179 mit I bis IV bezeichneten
Meßkugeln erforderlich. Wenn gleichzeitig neben der Verkrümmung auch die
Dehnung mit dem Setzdehnungsmesser gemessen werden soll, werden noch die
Kugeln V und VI im Abstand von 20 mm benötigt. Damit können alle in der
Wandung auftretenden Dehnungen in der x-Richtung angegeben werden. Soll
auch die dazu senkrechte y-Richtung vermessen werden, so müssen noch die
Kugeln VII, VIII und IX angebracht werden.

In ähnlicher Weise wie der Setz-Dehnungsmesser
muß der Setzverkrümmungsmesser vor Beginn der
Messung auf Null gestellt und laufend während des
Meßganges kontrolliert werden. Hierzu dient ein
Kontrollstück, das die gleiche Meßkugelanord-
nung wie die Meßstelle trägt. Da die $^1/_{1000}$ mm-
Meßuhr nur einen Meßbereich von etwa 1 mm
aufweist, ist es bei Bauteilen, die an den einzelnen
Meßstellen stark unterschiedliche Ausgangskrümmungen aufweisen, erforderlich, eine jeweils
neue Nullstellung entsprechend dieser Krümmung
durch Verschieben der Meßuhr festzulegen. Diese
Nulleinstellungen werden auf dem Kontrollstück
vorgenommen. Die dort angebrachten Meßstellen
1 bis 4, Abb. 178, gestatten, in folgenden Krüm-
mungsbereichen zu arbeiten:

Stellung 1
    für Krümmungsradien von ∞ bis 400 mm
Stellung 2
    für Krümmungsradien von 400 bis 200 mm
Stellung 3
    für Krümmungsradien von 200 bis 130 mm
Stellung 4
    für Krümmungsradien von 130 bis 100 mm

3. Biegungs-Dehnungsmesser.

Im *Tensofleximeter* von Huggenberger ist ein
Dehnungsmesser mit einem Verbiegungsmesser vereint. Abb. 180 zeigt schematisch den Aufbau des Ge-

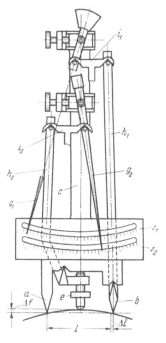

Abb. 180. Schema des Biegungs-Deh-
nungsmessers „Tensofleximeter" von
Huggenberger.

a feste Schneide am Grundrahmen c;
b bewegliche Schneide am Hebel h_1;
i_1 Kupplung zum Zeiger g_1; *e* verstellbarer Taststift, auf den Hebel h_2
wirksam; i_2 Kupplung zum Zeiger g_2;
z_1, z_2 Zifferblatt.

räts. Das Tensometer ist durch die feste Schneide a, die bewegliche Schneide b
mit dem Hebel h_1 gegeben, wobei die Kupplung i_1 die Bewegung auf den Zeiger g_1
überträgt. An der Teilung z_1 erscheint die totale Längenänderung, hervorgerufen
durch die Normalkraft N und das Biegungsmoment M, in 1000facher Vergrößerung. Die Veränderung der Bogenhöhe wird durch den verstellbaren Taststift e
abgegriffen und über ein zweites Hebelsystem h_2—i_2—g_2 auf der Teilung z_2
im 100fachen Ausmaß angezeigt. Aus den beiden Ablesungen ergibt sich die
Biegedehnung ε_b und die totale Dehnung ε_a auf der Außenfaser.

G. Verdrehungs- und Schiebungsmesser.

1. Allgemeine Betrachtungen.

Betrachtet man nach Abb. 181 einen Abschnitt von der Länge l einer kreis- oder kreisringförmigen Welle, die unter dem Torsionsmoment M_T steht, so ist die Formänderung dadurch gekennzeichnet, daß sich die Querschnitte koaxial gegeneinander verdrehen, wobei ebene Querschnitte eben bleiben. Jeder Punkt des Stabquerschnittes B bewegt sich also relativ zum Querschnitt A auf einem Kreisbogen um die Stabachse O, wobei sich die Bogenlänge proportional mit dem radialen Abstand ändert. Der Verdrehungsweg für den Punkt P beträgt $\varphi\, d/2$, wobei φ den Verdrehungswinkel darstellt. Betrachtet man den Punkt P als zur Zylindermantelfläche gehörig, so ergibt sich für den Verschiebungsweg der Wert $\gamma\, l$, wenn γ den *Schiebungswinkel*, kurz *Schiebung* bezeichnet, darstellt. Es besteht also die Beziehung

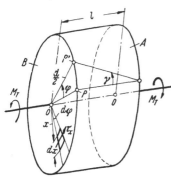

Abb. 181. Formänderung eines tordierten Wellenabschnitts.

$$\gamma = \frac{d}{2}\,\frac{\varphi}{l}\,.$$

Das Torsionsmoment M_T erzeugt in den Schnittflächen Schubspannungen τ_x, die sich linear mit dem Abstand x von der Achse ändern. In der Achse ist die Schubspannung Null. Am Außenumfang der Welle tritt die größte Spannung τ auf. Nach dem Elastizitätsgesetz besteht zwischen den Schubspannungen τ und den Schiebungen γ die Beziehung $\tau = G\,\gamma$, wobei G den *Gleit-* oder *Schubmodul* bedeutet. Dem Momentengleichgewicht entsprechend gilt für Torsionsmoment und Schubspannungen

$$M_T = 2\pi \int_0^{d/2} \tau_x\, x^2\, dx = \tau\,\frac{\pi}{16}\,d^3 = G\,\gamma\,\frac{\pi}{16}\,d^3\,. \tag{23}$$

Damit ergibt sich für den Schubmodul die Gleichung

$$G = \frac{32}{\pi}\,M_T\,\frac{l}{\varphi\, d^4}\,. \tag{24}$$

Aufgabe der Meßtechnik ist es, einerseits den Schubmodul G für die verschiedensten Werkstoffe zu ermitteln und andererseits die Schiebungen an bestimmten Punkten eines Bauteils zu messen, um daraus die Schubspannungen zu errechnen. Der Schubmodul wird zweckmäßigerweise durch Messen des Verdrehungswinkels φ an tordierten Rundproben und Umrechnung nach Gleichung (24) gefunden. Bei der Ermittlung der Schubspannungen wird man es in der Regel vorziehen, diese indirekt auf Grund von Dehnungsmessungen gemäß Abschn. M zu errechnen. Es sind aber auch Meßgeräte zur unmittelbaren Messung des Schiebungswinkels entwickelt worden. Weiterhin hat die Messung des Torsionsmoments für Festigkeitsuntersuchungen an umlaufenden Wellen große Bedeutung. Dabei wird in der Regel die unter $45°$ znr Stabachse auftretende Dehnung ε_t gemessen, da bei reiner Torsionsbeanspruchung $\gamma/2 = \varepsilon_t$.

2. Messen des Verdrehungswinkels und des Schubmoduls.

Das einfachste Verfahren, den Verschiebungswinkel zu messen, besteht nach Abb. 182 darin, in einem der beiden im Abstand l betrachteten Querschnitte einen Zeiger zu befestigen, dessen Zeigerspitze axial bis zum anderen Querschnitt reicht, wo eine über den Teilumfang der Welle reichende Skale angebracht ist. Eine genauere Anzeige der Verdrehung der beiden Querschnitte wird erreicht, wenn man nach Abb. 183 in einem Querschnitt I zwei axial verlaufende starre Arme befestigt, deren Enden auf den Meßbolzen der im anderen Querschnitt II angebrachten Meßuhren drückt.

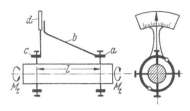

Abb. 182. Vorrichtung zum Messen des Verdrehungswinkels.
a Stellring mit Zeiger *b*; *c* Stellring mit Skale *d*.

Für die Ermittlung des Gleit- oder Schubmoduls G ist eine wesentlich größere Meßgenauigkeit erforderlich. Das Spiegelmeßverfahren von A. MARTENS, Abb. 184, hat sich gut bewährt. Dabei werden zwei Planspiegel S_1 und S_2 im Abstand l auf die Probe P aufgeklemmt, in welchen die Maßstäbe M über die Fernrohre F beobachtet werden. Die Spiegel können dabei auf die Probe nach Abb. 185 aufgespannt werden. Der in drei Punkten gelagerte Haltebügel a wird mit zwei Schrauben b angeklemmt, wobei der drehbar eingesetzte Spiegel c durch ein Federband d gehalten wird. Abbildung 186 zeigt eine andere Haltevorrichtung des Spiegels,

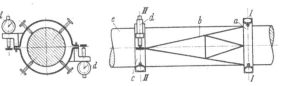

Abb. 183. Messung des Verdrehungswinkels mit Meßuhren.
a Stellring mit Ausleger *b*; *c* Stellring mit Meßuhren *d*; *e* Torsionsprobe.

wie sie von der EMPA Zürich benützt wird. Die beiden Backen a sind entsprechend dem Wellendurchmesser auswechselbar. Durch Anziehen der bei den Rändelmuttern c klemmt man den Halter auf die Probe. Die Traverse b ist ausklinkbar. Der Abstand l der beiden

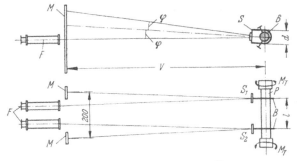

Abb. 184. Spiegel-Verdrehungsmesser nach MARTENS.
P Probe; S_1, S_2 Drehspiegel im Haltebügel *B*; *M* Maßstäbe; *F* Fernrohre.

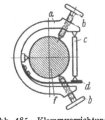

Abb. 185. Klemmvorrichtung für Drehspiegel.
a Haltebügel mit Klemmschrauben *b*, *c* Drehspiegel durch Federband *d* gehalten, *f* Probe.

Spiegel, Abb. 184, wird bei einem Durchmesser d bis 10 mm etwa 50 mm und bei größerem Durchmesser 100 mm gewählt.

Beim *Torsiometer* von Huggenberger, Abb. 187 und 188, wird der relative Verdrehungsweg der beiden Querschnitte am Stabumfang durch einen dem Tensometer entsprechenden Hebelmechanismus vergrößert und auf einer Skale angezeigt. Das Gerät besteht aus den beiden Haltern a und b, deren Abstand sich selbständig auf die Meßlänge von 10 mm einstellt. Die Backen c des Halters sind auswechselbar und dem Durchmesser der Probe d anzupassen. Festgeklemmt wird durch Anziehen der Druckschrauben e an den ausschwenkbaren Traversen f. Die Schneide g des Hebels h lagert in der v-förmigen Nute, der mit dem Halter a verschraubten Nocke m. Das Schneidenlager i ist mit dem Halter b verschiebbar verbunden und ist federnd gegen die Schneide g abgestützt. Das Schneidenlager wird durch Drehen des Kordelknopfes k verschoben, der auch das Verstellen des Zeigers o ermöglicht. Der Kupplungsbügel n übermittelt die Bewegung des Hebels h auf die am Zeiger o vorhandene Schneide p. Der Zeiger mit dem Drehpunkt q bringt die Verdrehung auf dem Ziffernblatt r zur Anzeige. Das Lager i hat von der Achse der Probe einen Abstand von 70 mm, während die Übersetzung des Hebelmechanismus 1140 beträgt. Durch diese Anordnung erzielt man eine 80 000-fache Vergrößerung des auf die Bogeneinheit bezogenen Verdrehungswinkels. Gegenüber dem Spiegelapparat hat das Gerät den Vorteil, eine in sich geschlossene Meßeinheit zu sein.

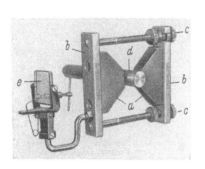

Abb. 186. Haltevorrichtung für Drehspiegel der EMPA Zürich.

a Spannbacken an den Traversen b; c Spannschrauben; d Probe; e einstellbarer Planspiegel.

3. Messen des Drehmoments.

a) Drehmomentmessung mittels Dehnungsmeßstreifen und Schleifringübertrager.

Die Gleichung (23) bildet die Grundlage zur Bestimmung des Torsionsmoments durch Dehnungsmessung $\varepsilon_t = \gamma/2$. Als Meßgeräte werden zweckmäßigerweise Dehnungsmeßstreifen verwendet. Um den Einfluß von Temperaturänderungen und Biegungen auszuschal-

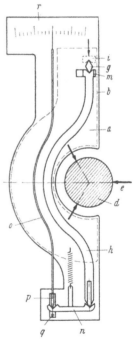

Abb. 188. Schema des Torsiometers von Huggenberger.

a, b Halter im Abstand von 10 mm; c Spannbacken; d Probe; e Spannschrauben in Traversen f; g Schneide am Hebel h; i Schneidenlager am Halter b; m durch Schraube k verstellbarer Nocken am Halter a; n Kupplungsbügel; o Zeiger mit Schneide p bei q gelagert; r Spiegelskale.

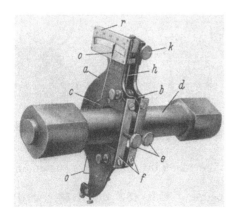

Abb. 187. Torsiometer von Huggenberger. (Bezeichnungen siehe Abb. 188.)

ten, rüstet man die Welle mit 4 Dehnungsmeßstreifen in der aus Abb. 189 ersichtlichen Anordnung aus. Die 4 Dehnungsmeßstreifen sind den Zweigen einer WHEATSTONEschen Meßbrücke[1] zugeordnet und ergeben eine 4fache Empfindlichkeit der Anzeige. Durch diese Anordnung erreicht man, daß der Einfluß

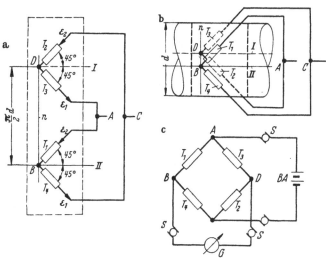

Abb. 189. Anordnung und Schaltung der Dehnungsmeßstreifen zum Messen des Drehmoments.
a abgewickelter Wellenumfang, b Ansicht der Welle, c Schaltschema; T_1, T_2, T_3, T_4 Dehnungsmeßstreifen; S Schleifringübertrager.

der Widerstandsänderung von Kontaktbürsten, die der Stromzufuhr und Ableitung dienen, bei sachgemäßer Ausführung tunlichst klein gehalten werden. Besondere Beachtung muß bei dieser Meßordnung der Stromübertragung zu den mit der Welle umlaufenden Meßgebern geschenkt werden. Für diesen Zweck sind Schleifringübertrager entwickelt worden, bei denen durch besonders ausgewählte Kontaktwerkstoffe sowie durch mehrfache Kontakte für eine möglichst widerstandsarme Übertragung gesorgt ist. Abb. 190 zeigt einen Schleifringübertrager der Hottinger Meßtechnik GmbH. mit 6 Schleifringen, der an der Stirnfläche der Welle montiert wird. Der Übertrager besteht aus einem Stator St, der mit Silberkohlebürsten als Abgreifer ausgestattet ist, und dem Rotor R

Abb. 190. Schleifringübertrager der Hottinger Meßtechnik GmbH.
R Rotor mit 6 Schleifringen S; St Stator mit Schleifbürsten; K Anschlußklemmen; V Verstellring zum Abheben der Bürsten.

mit den Silberschleifringen S. Zum Anschluß der Meßleitungen sind am Schleifringkopf Klemmen K angeordnet. Durch Drehen des Verstellrings V können die Bürsten auch während des Laufs von den Schleifringen abgehoben und wieder aufgesetzt werden. Die Bürsten schleifen somit nur während des

---

[1] HUGGENBERGER, A. U.: Schweiz. Arch. angew. Wissensch. u. Technik Bd. 17 (1951) S. 321.

eigentlichen Meßvorgangs, wodurch Verschleiß und Erwärmung auf ein Mindestmaß beschränkt werden.

In Abb. 191 ist ein Schleifringübertrager von E. BROSA mit 22 Schleifringen wiedergegeben. Das Gerät besteht aus dem Gehäuse G, das mit der Verschraubung a am Wellenende befestigt wird. Die Lötanschlüsse für die umlaufenden Teile befinden sich bei b, während bei c die ruhenden Leitungen angeschlossen werden. Der Rotor R trägt die 22 Schleifringe aus einer besonders entwickelten Edelmetallegierung. Die 44 Kontaktbürsten zur Stromabführung liegen im

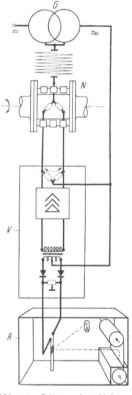

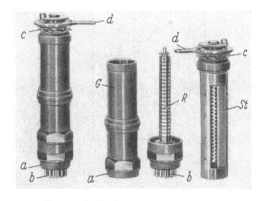

Abb. 191. Schleifringübertrager von BROSA.
G Gehäuse mit Anschlußverschraubung a; R Rotor mit Schleifringen;
St Stator mit Schleifbürsten; b, c Lötanschlüsse; d Halterung.

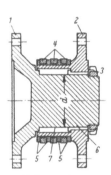

Abb. 192. Schema einer Meßausrüstung zur Drehmomentenmessung von Huggenberger, System Zahnradfabrik Friedrichshafen.

G Motorgenerator; N Meßnabe;
V Verstärker; R Registriereinrichtung.

Abb. 193. Meßnabe zur Drehmomentenmessung. (N in Abb. 192)
1, 2 Anschlußflansche; 3 Sicherungsmutter; 4 Schleifringe; 5 Isolierringe;
6 Verzahnung zur kraftschlüssigen Übertragung; 7 Wellenschaft mit Dehnungsmeßstreifen.

Stator St und können nach Bedarf abgehoben werden. Die Halterung d verhindert ein Mitdrehen des Stators und der Anschlußleitungen. Mit dem Gerät ist eine einwandfreie Stromabnahme bis zu 8800 U/min möglich.

Abb. 192 zeigt schematisch eine vollständige Meßausrüstung für die Drehmomentenmessung. Eine besondere Meßnabe N, Abb. 193, wird mittels der beiden Flansche 1 und 2 in den Wellenstrang eingebaut. Sie sind durch die Verzahnung 6 miteinander kraftschlüssig verbunden und durch die Mutter 3 gesichert. Die Dehnungsmeßstreifen sind auf dem Wellenschaft 7 angebracht und mit den 3 Schleifringen 4 verbunden, von denen die Bürstenhalter den Strom abnehmen. Bei dieser Bauart ist nur die halbe Brücke auf der Meßnabe angeordnet, die andere Hälfte befindet sich auf der Abgleichlamelle im Verstärker. Auf der

Meßnabe sind 8 Dehnungsmeßstreifen angebracht, die so geschaltet sind, daß sich weder Temperaturänderungen noch Biegungseinflüsse auswirken. Jeder Bürstenhalter hat 6 Bürsten. Ein abgeschirmtes Kabel verbindet die Meßnabe N, Abb. 192, mit dem Verstärker V und mit dem Motorgenerator G, durch den die Brücke mit Wechselstrom von 1500 Hertz gespeist wird. Der Motorgenerator wird von einer Akkumulatorenbatterie von 12 Volt betrieben. Gegenüber einem Röhrengenerator hat diese Speisung den Vorteil der sehr kräftigen Bauweise und des wesentlich besseren Wirkungsgrades. Das verstärkte Meßsignal wird mit dem Schleifenoszillograph R registriert.

Abb. 194 zeigt eine Drehmomenten-Meßwelle der Hottinger Meßtechnik GmbH., die auf der Grundlage der Dehnungsmeßstreifen arbeitet. Die

Abb. 194. Drehmomenten-Meßwelle der Hottinger Meßtechnik GmbH.

Meßwelle wird mit Hilfe zweier Flanschen in den Kraftfluß eingeschaltet. Das Gerät wird für Meßbereiche von 0 bis 100, 200, 500 und 1000 kg gebaut und besitzt eine Meßgenauigkeit von besser als 2%. Die zulässige Drehzahl beträgt 5000 bis 7000 U/min.

b) Drehmomentmessung auf induktiver Grundlage

Die Abb. 195 zeigt schematisch die Arbeitsweise eines schleifringlosen Drehmomentenübertragers auf induktiver Grundlage, der über eine Keilverbindung

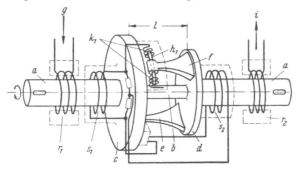

Abb. 195. Schema des induktiven Drehmomentenmessers der Vibrometer GmbH.

a Anschlußenden der Meßwelle b; c Scheibe mit Tauchspulen k; k_2, d Scheibe mit Tauchanker h_1, h_2 an den Armen e, f; g transformatorische Speisung mit feststehender Spule r_1 und rotierender Spule s_1; i transformatorische Übertragung des Meßwerts mit rotierender Spule s_2 und feststehender Spule r_2.

mit den Wellenstümpfen *a* in den Wellenstrang eingebaut wird. Die eigentliche Meßwelle *b* ist im Durchmesser so verkleinert, daß ein gut meßbarer Verdrehungswinkel erhalten wird. Die Meßlänge *l* ist begrenzt durch zwei Scheiben *c* und *d*. Die Scheibe *d* hat zwei im Durchmesser einander gegenüberliegende Arme *e* und *f*, die als Träger der Tauchanker h_1 und h_2 dienen. Die zugehörigen beiden Spulen k_1 und k_2 sind an der Scheibe *c* befestigt (h_2 und k_2 sind in der Abbildung nicht

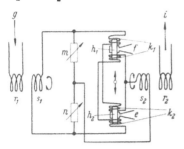

Abb. 196. Schaltschema des induktiven Drehmomentenmessers. (Bezeichnungen wie Abb. 195.)

sichtbar). Durch die Verdrillung der Meßwelle verschieben sich die Tauchanker in den Spulen. Die Eintauchtiefe nimmt für die eine Spulenhälfte um den gleichen Verschiebungsweg zu, wie er in der anderen Spulenhälfte abnimmt, wodurch sich die Induktivitäten ändern.

Die Spulen k_1 und k_2 sind nach Abb. 196 den beiden Zweigen einer WHEATSTONEschen Brücke zugeordnet. In den anderen Zweigen ist ein fester Widerstand *m* und ein veränderbarer Widerstand *n*, der den Nullabgleich ermöglicht, eingebaut. Gespeist wird mit einer Trägerfrequenz von 8000 Hertz, die durch den Meßwert moduliert wird. Die demodulierte Trägerfrequenz wird vom Brückenausgang *i* dem eigentlichen Meß- und Anzeigegerät zugeführt.

Die schleifringlose Bauweise besteht in der transformatorenartigen Übertragung. Die Spulen r_1, s_1 der Zuführung und die Spulen r_2, s_2 der Rückleitung sind koaxial auf der Welle angeordnet, wobei s_1, s_2 mit der Welle rotieren und r_1, r_2 stillstehend angeordnet sind.

Der von der Stromquelle herrührende Trägerfrequenzstrom wird über die stillstehende Spule r_1 auf die rotierende Spule s_1 übertragen und auf gleiche

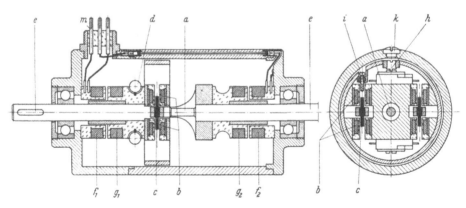

Abb. 197. Induktiver Drehmomentenmesser der Vibro-Meter GmbH. nach v. BASEL im Schnitt.
a Meßwelle; *b* Spulenpaar; *c* Tauchanker; *d* Brückenwiderstände; *e* Wellenstumpf; f_1, f_2 ruhende Spulen; g_1, g_2 rotierende Spulen; *h* Phasenabgleich; *i* Betragabgleich; *k* Verschlußschraube; *m* Kabelanschluß.

Weise von der Spule s_2 auf die Spule r_2 zurückgeleitet. Diese schleifringlose transformatorische Speisung und Meßwertrückführung ermöglicht unabhängig von den Tourenzahlen eine einwandfreie Messung ohne Kontaktstörungen.

Abb. 197 zeigt den Aufbau eines Drehmomentenmessers der Vibro-Meter GmbH., der nach dem vorstehend beschriebenen Schema gebaut ist.

Die neueste Entwicklung geht dahin, Meßbrücke und Verstärker in Kleinstabmessungen unter Anwendung von Transistoren auf dem Wellenschaft anzubringen und das durch die Verdrehung bewirkte elektrische Signal drahtlos zu übertragen.

4. Schiebungsmesser.

a) Mechanische Schiebungsmesser.

Bei diesen Geräten werden die Schubspannungen durch unmittelbares Messen der Änderung des Schiebungswinkels bestimmt. Das Meßverfahren läßt sich besonders gut für den Fall der reinen Verdrehungsbeanspruchung überblicken. Dabei grenzt man auf dem Umfang einer kreisrunden Welle ein Quadrat ab, das bei der Verdrehungsverformung in ein Parallelogramm übergeht, wobei sich die Seitenlängen nicht ändern. Das Quadrat verhält sich wie ein starres Gelenkviereck.

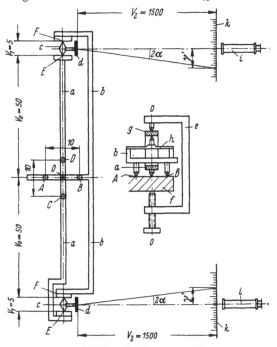

Die Winkeländerung wird mit dem Spiegelschubmesser von K. HUBER[1], Abb. 198, gemessen. Die beiden Meßstrecken AB und CD von 10 mm Länge sind starr. Sie drehen sich um den Kreuzungspunkt O. Die beiden Übertragungsarme a des Drehschenkels CD enden in den Schneidenpfannen E. Die gegenüberliegenden Schneidenpfannen F sind am Doppelarm b befestigt, der Bestandteil des Drehschenkels AB ist. Die Schneidenprismen c sind Träger der Spiegel d. Das Gerät wird mit der Schraubenzwinge e federnd gegen die Oberfläche der Probe f gedrückt. Der federnde Bügel g

Abb. 198. Spiegel-Schubmesser von HUBER.

a Übertragungsarme an der Meßstrecke AB; b Übertragungsarme an der Meßstrecke CD; c Doppelschneiden mit Planspiegel d; e Spannbügel; f Probe; g federnder Bügel am Arm a; h Federband.

ist auf dem Drehschenkel a befestigt. Der Druck der Schraubzwingenspitze wird so einerseits auf die beiden Spitzen A, B, anderseits über das Federband h auf das zweite Spitzenpaar CD übertragen. Gemessen wird, wie beim MARTENschen Spiegelgerät, mit Fernrohr i und Maßstab k.

Zwischen Schiebungswinkel γ und dem an der Skale abgelesenen Wert γ' besteht die Beziehung

$$\gamma = \frac{V_1}{2 V_0 V_2} \gamma', \tag{25}$$

wo V_1 die Höhe des Schneidenprismas c, V_0 die Länge des Drehschenkels bis zur Schneidenpfanne und V_2 den Abstand von Spiegel und Skale bedeuten. Der Zu-

---

[1] Z. VDI. Bd. 67 (1923) S. 923.

sammenhang von Ablesung und wahrem Wert wird in der Regel an Hand einer Eichung ermittelt. Zu diesem Zweck setzt man das Gerät auf eine Flachzugprobe, wobei die Spitzenverbindungslinien A, B und C, D unter 45° zur Probenachse bzw. Kraftrichtung stehen.

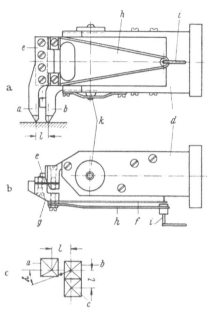

Abb. 199. Lichtelektrischer Schiebungsmesser nach Lehr.
a bewegliche Meßspitze; *b*, *c*, Spitzenpaar als Träger des Gehäuses *d*; *e* Federbandgelenk; *g* Spitzenhalter mit Steuerfahne *f*; *h* Träger für Nullpunktverstellung *i*; *k* Glühlampe.

b) Lichtelektrische Schiebungsmesser.

Das von E. Lehr entwickelte Gerät, Abb. 199, mißt die Änderung des rechten Winkels, den die drei Meßspitzen a, b, c bilden. Die beiden Spitzen b, c bestehen aus einem Stahlstück und tragen das Gehäuse d, in dem das lichtelektrische Übertragungssystem eingebaut ist. Es ist in Abschnitt C 5, S. 457, näher beschrieben. Die bewegliche Spitze a ist durch das Federbandgelenk e mit dem Doppelspitzenträger b, c gelenkig verbunden. Am Spitzenhalter g ist der Arm h angeschraubt, der die Lichtspaltbreite steuert. Die durch den dreieckförmigen Rahmen h getragene Stellschraube i dient zur Nulleinstellung. Das Gerät hat eine 150000fache Übersetzung.

Bei der Benutzung des Geräts ist Vorsicht geboten. Wird es z. B. an der Seitenfläche eines auf reine Biegung beanspruchten Balkens angesetzt, so zeigt das Gerät einen Meßwert an, der durch die Krümmungsänderung und nicht durch das Vorhandensein einer Schubspannung bedingt ist.

H. Querdehnungsmesser.

1. Allgemeine Betrachtungen.

Querdehnungen werden vorwiegend an glatten und gekerbten Zug- oder Druckproben gemessen, um die senkrecht zur Belastungsrichtung auftretenden Formänderungen zu erfassen. Bei glatten Proben ergibt sich im elastischen Bereich aus dem Verhältnis von Längsdehnungen ε und Querdehnungen ε_q die Querzahl $v = \varepsilon_q/\varepsilon$.

Da die Querdehnung bzw. Querkontraktion beispielsweise bei Metallen nur etwa $1/3$ der Längsdehnung erreicht, ist eine entsprechend hohe Vergrößerung zum Messen der Querlängenänderung Δl_q notwendig. Die Benützung einer kreisrunden Probe, wie es meist der Fall ist, bedingt zudem eine wesentlich kürzere Meßlänge l_q in der Querrichtung, im Vergleich zur Längsrichtung. Für die Querdehnungsmessungen stehen mechanisch-optische wie auch elektrische Verfahren auf Ohmscher Grundlage zur Verfügung.

2. Mechanisch-optische Geräte.

Ein Querdehnungsmesser von großer Empfindlichkeit für die Messung der Querkontraktion von Proben mit Kreisquerschnitt wurde von H. Grün-

EISEN[1] gebaut, Abb. 200. Das Gerät besteht aus einem Grundkörper a, der die beiden Arme b trägt, und der mit zwei Stellscheiben c versehen ist, wodurch jeweils die richtige Lage zur Probe d eingestellt werden kann. Dabei drückt der an den Blattfedern e sitzende Taster f auf die Probe. Die Bewegung des Tasters f

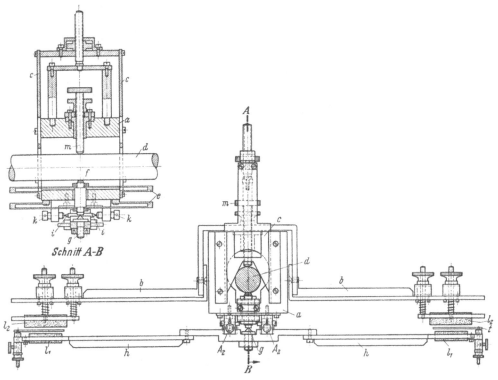

Abb. 200. Querdehnungsmesser nach GRÜNEISEN.

a Grundkörper mit Tragarmen b; c Stellscheiben; d Probe; e Blattfedern mit Taster f; g Tastspitze am Hebel h; i Lagerspitzen in Lagerschrauben k laufend; l_1, l_2 schwach versilberte Glasplatten; m Stellschraube.

wird auf die Spitze g übertragen, die in dem Hebel h sitzt. Der Hebel h ist bei A_1 bzw. A_2 mit den Spitzen i in den Lagerschrauben k gelagert. Die Lager A_1 und A_2 können wechselweise benutzt werden. An den Armen b wie an den beiden Enden des Hebels h sitzen planparallele, einseitig schwach versilberte Glasplatten l_1, l_2, die sich in geringem Abstand gegenüberstehen. Die an den Armen b befindlichen Platten l_2 sind mit je zwei Stellschrauben einstellbar. Bei paralleler Einstellung der Platten erscheinen HEIDINGERsche Interferenzringe. Als Lichtquelle dient eine Quecksilberdampflampe mit Spaltblende und Linse. Das Lichtbündel tritt senkrecht durch die Platten und wird dann durch ein Geradsichtprisma geleitet, das das Licht spektral zerlegt und hinter dem alle Strahlen, bis auf die grünen, ausgeblendet werden.

Bei Inbetriebnahme des Geräts wird die Stellschraube m so weit angezogen, bis sich die Scheiben c gerade von der Probe abheben. Sodann werden die Platten l_2 planparallel eingestellt, was durch eine besondere Einstellvorrichtung erschütterungsfrei möglich ist. Bei einer Querdehnung der Probe erfährt der Hebel h eine Drehung, wodurch sich der Abstand der Platten l_1 und l_2 ändert.

[1] Z. Instrumentenkde Bd. 28 (1908) S. 89.

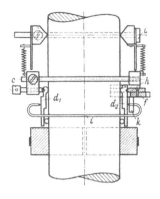

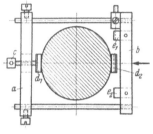

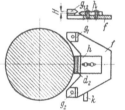

Dabei wandern die Interferenzringe, und zwar bei einer Abstandsänderung von einer halben Wellenlänge um eine Ringbreite. Beobachtet wird durch ein Fernrohr. Der Hebel h liefert eine etwa 10fache Übersetzung, so daß eine Streifenbreite einer Durchmesseränderung der Probe von rd. $2,5 \cdot 10^{-5}$ mm entspricht.

Nach dem Prinzip des MARTENschen Spiegelgeräts arbeitet der Querdehnungsmesser von H. SIEGLERSCHMIDT[1]. Ein in der Spannweite verstellbarer Rahmen nach Abb. 201 mit den Traversen a und b stützt sich mit der Stellschraube c auf ein auf der Probe liegendes Zwischenstück d_1 ab. Die Traverse b trägt zwei Pfannen e_1, e_2, in welchen der Kipphebel f mit den Schneiden g_1, g_2 gelagert ist. Die Mittelschneide h des Kipphebels ruht auf dem Zwischenstück d_2. Die beiden Zwischenstücke d_1, d_2 dienen zum Schutz der Probe und verhindern ein Eingraben der Meßschneiden. Durch den federnden Bügel i werden die Zwischenstücke an die Probe gedrückt. Die Schneiden g_1, g_2 liegen mit der Schneide h in einer parallel zur Probenachse liegenden Ebene und sind in Richtung der Probenachse zur Schneide h um den Abstand $H = 1$ mm

[1] Meßtechn. Bd. 5 (1929) S. 8.

Abb. 201. Querdehnungsmesser nach SIEGLERSCHMIDT.

a, b verstellbare Traversen; c Stellschraube; d_1, d_2 Zwischenstücke zum Schutz der Probe; e_1, e_2 Schneidenlager; f Kipphebel mit den Schneiden g_1, g_2 und h; i Spannbügel; k Planspiegel am Kipphebel f; l Festspiegel.

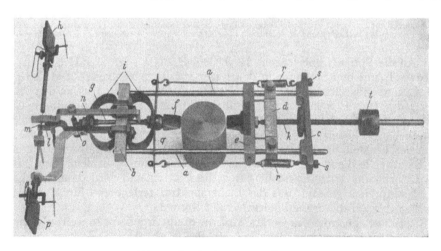

Abb. 202. Querdurchmesser nach KUNTZE.

a Führungsstangen aus Invarstahl; b, c Quertraversen; d verschiebbare Traverse; e Schieber mit der festen Schneide; f bewegliche Schneide; h Drehspiegel; i bügelförmige Blattfedern zur Führung des Meßbolzens g; k Schraube zum Andrücken der festen Schneide e; l Kragarm des Rahmens an Traverse b befestigt; m Doppelschneide, die den Drehspiegel h trägt; n Meßschiene; o Schraubenfeder zum Andrücken der Meßschiene; p Festspiegel; q Zusatzblattfeder; r Schraubenfeder zur Erteilung einer zusätzlichen Spannung der Schneide f; s Schraubenbolzen mit Muttern zum Spannen der Federn r; t Gegengewicht.

versetzt. Der Kipphebel f trägt einen Spiegel k, über den ein Maßstab durch ein Fernrohr abgelesen wird. Ein am Rahmen sitzender Festspiegel l, der ebenfalls mittels Fernrohr und Maßstab abgelesen wird, läßt räumlich Bewegungen des Meßgeräts erkennen. Bei einem Maßstababstand von 2 m arbeitet das Gerät mit einer rd. 4000fachen Vergrößerung.

Von W. Kuntze[1] wurde ein Querdehnungsmesser, besonders für die Querdehnungsmessungen an gekerbten Rundproben entwickelt, Abb. 202. An den Führungsstangen a sitzen die Quertraversen b und c. Die Traverse d kann je nach Probendurchmesser eingestellt werden. Auf den Führungsstangen verschiebbar sitzt der Schieber e mit der festen Meßschneide. Der Meßbolzen g mit der beweglichen Meßschneide f überträgt die Querdehnung auf den Drehspiegel h, wobei die bügelförmigen Blattfedern i für den Kraftschluß und den notwendigen Anpreßdruck, um das Meßgerät zu halten, sorgen. Der Kragarm l an der Traverse b dient als Stützpunkt für die den Drehspiegel h tragende Doppelschneide m. Andererseits stützt sich die Doppelschneide m auf der Schiene n ab, die die Bewegung des Meßbolzens überträgt, wobei die Feder o für notwendige Anpressung sorgt.

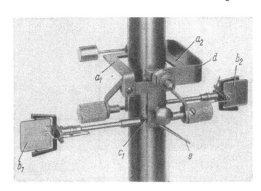

Abb. 203. Meßeinrichtung zur Ermittlung der Querdehnung nach Kuntze.
a_1, a_2 Meßfedern; c_1, c_2 Doppelschneiden mit Drehspiegel b_1, b_2; d, e Spannbügel.

Die Meßbewegung wird wie beim Martens-Gerät über Maßstab und Fernrohr beobachtet. Der ebenfalls zu beobachtende Festspiegel p am Kragarm l dient dazu, räumliche Bewegungen des Meßgeräts festzustellen. Der Maßstab wird in 10 m Abstand vom Spiegel aufgestellt. Eine stärkere Vergrößerung (bis etwa 13000) läßt sich erreichen, wenn an Stelle der Doppelschneide m eine kleine Walze von 0,75 mm Durchmesser eingesetzt wird.

Da die vorstehend beschriebenen Querdehnungsmesser schwierig zu handhaben sind, schlug W. Kuntze[2] ein anderes Meßverfahren vor, bei dem ein Dehnungswert gemessen wird, der die Längs- und Querdehnung zugleich beinhaltet. Die Querdehnung für sich kann dann aus der gesondert zu messenden Längsdehnung durch Rechnung ermittelt werden. Das Meßgerät nach Abb. 203 besteht aus den beiden Meßfedern a_1 und a_2, die so geformt sind, daß sie die Probe umfassen und neben dem Durchmesser auch noch eine Meßstrecke in Längsrichtung abgreifen. Zwischen der festen Schneide einer Meßfeder und der den Drehspiegel b_1 bzw. b_2 tragenden Doppelschneide c_1 bzw. c_2 liegt also nach Abb. 204 in Längsrichtung der Probe die Meßstrecke l und in Querrichtung die Meßstrecke q. Die federnden Klammern d und e halten die Meßfedern und Drehspiegel in der gewünschten Lage. Die zum Ablesen der Spiegel dienenden Fernrohre haben 40fache Vergrößerung. Der Abstand der über die Spiegel beobachteten Maßstäbe beträgt etwa 4,30 m. Die Doppelschneiden haben eine Breite von $s = 3,5$ mm.

Der Meßvorgang spielt sich wie folgt ab. Mit einem normalen Martensschen Spiegelgerät mit der Meßstrecke l_1 wird die Längenänderung α_1 unter einer

---

[1] Meßtechn. Bd. 10 (1931) S. 181.
[2] Arch. f. Techn. Messen (1954) V 91128—15 und V 91122—16.

bestimmten Kraft P gemessen. Reduziert auf die Meßlänge l der Querdehnungsmeßfelder ergibt sich so die Verlängerung $\alpha_1 l / l_1 = \alpha$. Mittels der Querdehnungsmeßeinrichtung, Abb. 204a, wird zwischen den Punkten A und B unter der gleichen

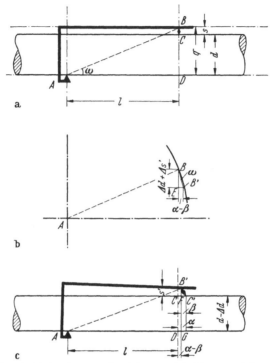

Abb. 204. Arbeitsschema der Querdehnungsmeßeinrichtung nach KUNTZE.

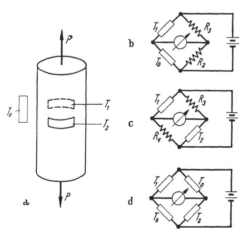

Abb. 205. Ermittlung der Querdehnung mit Dehnungsmeßstreifen.

T_0 Blindgeber; T_1, T_2 Meßgeber.

Kraft P die Ablesung β gemacht. Hierbei vollführt die Meßfeder eine Schwenkung um A, die in Abb. 204c übertrieben dargestellt ist und wobei der Punkt B sich auf einem Kreisbogen nach B' bewegt. Dabei ist die Komponente in Richtung der Probenachse $EB' = \alpha - \beta$, wie sich aus Abb. 204b ergibt. Die Komponente quer zur Probenachse BE setzt sich zusammen aus $\Delta d + \Delta s'$, wobei Δd die zu ermittelnde Durchmesseränderung der Probe ist und die aus der Kippung des Schneidenkörpers s resultierende Komponente $\Delta s' = BC - B'F$ gegenüber Δd vernachlässigt werden kann. Nun ist BE senkrecht AD und — da in Wirklichkeit $B'B$ im Vergleich zu den Abmessungen sehr klein ist — mit großer Annäherung $B'B \perp BA$. Infolgedessen ist $\angle B'BE \approx \angle BAD = \omega$. Hiermit ergibt sich die Durchmesseränderung

$$\Delta d \approx (\alpha - \beta) \operatorname{ctg} \omega = (\alpha - \beta) \, l / q. \tag{26}$$

3. Verfahren mit Dehnungsmeßstreifen.

Der Dehnungsmeßstreifen, der die Dehnung unabhängig von der Meßlänge anzeigt, eignet sich besonders gut für die Querdehnungsmessung, Abb. 205. Um den Einfluß der Temperatur auszugleichen, ist die Anwendung eines bzw. zwei blinder Geber T_0 empfehlenswert. Die Abb. 205 b, c und d, zeigen verschiedene Schaltanordnungen. Im Fall b und d ist der Temperatureinfluß ausgeglichen, während das bei der Schaltung c nicht zutrifft. Bei der Schaltung c und d erhält man die doppelte Empfindlichkeit gegenüber Fall b. In sinngemäßer Weise mißt man mit in der Längsrichtung aufgeklebten Gebern die Längsdehnung.

An Stelle fertiger Dehnungsmeßstreifen kann auch der Widerstandsdraht, z. B. Konstantandraht von 0,02 mm Durchmesser, unmittelbar in mehreren Windungen auf die Probe aufgewickelt werden. Dazu bestreicht man die Meßstelle vorher mit Klebelack, wodurch eine Isolation zur Probe geschaffen wird. Durch wiederholtes Bestreichen mit Lack wird verhindert, daß die einzelnen Drahtwindungen Kontakt zueinander bekommen.

I. Reißlackverfahren zur Ermittlung des Beanspruchungsbildes.

Das Reißlackverfahren ist ein verhältnismäßig einfaches Mittel, um sich einen Einblick in den Verformungszustand an der Oberfläche eines Bauteils zu verschaffen. Das Bauteil wird dabei mit einem spröden Lack überzogen, dessen Haftung so gut ist, daß die Verformungen an der Oberfläche wirklichkeitsgetreu aufgenommen werden. Infolge seiner geringen Bruchdehnung reißt der Lack bei der Verformung der Oberfläche weit unterhalb der Elastizitätsgrenze des Probekörpers. Die Rißlinien stehen senkrecht zur Zughauptdehnung, während die zweite Hauptdehnung in Richtung der Tangente verläuft. Der Ort, wo bei langsam gesteigerter Belastung die Rißlinien zuerst erscheinen, ist als am stärksten beansprucht anzusehen. Bei schwingender Beanspruchung nimmt der Dauerbruch in der Regel dort seinen Ausgang, und die Richtung der Dehnungslinie stimmt mit der Bruchlinie meistens überein.

Die Grundlage des Dehnungslinien- oder Reißlackverfahrens wurde von O. DIETRICH[1] entwickelt und bei der Untersuchung von Maschinenbauteilen zur Ermittlung eines qualitativen Beanspruchungsbildes angewendet. In der Zwischenzeit ist das Reißlackverfahren wesentlich vervollkommnet worden. Eine Verbesserung der Reißlackqualität erzielte die *Magnaflux* Corp. Chicago[2] und die *Société Nationale d'Etude et de Construction de Moteur d'Aviation Paris* (SNECMA[3]). Diese Lacke gestatten auch die quantitative Ermittlung der Dehnungen.

1. Das amerikanische Reißlackverfahren (Stresscoat).

Der Grad der Dehnungsempfindlichkeit, d. h., der Dehnungswert, bei dem sich die ersten Risse einstellen, hängt beim amerikanischen Reißlackverfahren von der Temperatur und der Luftfeuchtigkeit ab. Man muß deshalb unter 12 zur Verfügung stehenden verschiedenen Lackarten, die entsprechend ihrer Dehnungsempfindlichkeit abgestuft sind, den geeigneten Lack nach der vorhandenen Temperatur und Feuchtigkeit auswählen. Den auf den Probekörper aufgespritz-

---

[1] DIETRICH, O., und E. LEHR: Z. VDI Bd. 76 (1932) S. 973. — DRP Nr. 534158.
[2] DE FOREST, A. V., und GREER ELLIS: J. Aeronaut. Sci. Bd. 7 (1940) S 205. — Magna Flux Corporation: „Operating Instruktions For Stresscoat". — Hetényi, M.: Handbook of experimental stress analysis, New York-London 1950, S. 645.
[3] SALMON, BENJAMIN: L'analyse des contourtes par la methode des vernis craquelants. Publ. sci. techn. Ministère de l'air N. 263—1950.

ten Lack läßt man in natürlicher Weise trocknen. Die Trocknungszeit beträgt mindestens 6, besser aber 12 oder 24 Stunden. Während des Trocknens und der Durchführung des Belastungsverfahrens darf sich Temperatur und Feuchtigkeit nicht ändern. Es ist daher empfehlenswert, das Verfahren in einem klimatisierten Raum durchzuführen.

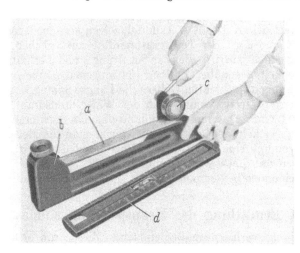

Abb. 206. Eichvorrichtung zur Prüfung von Reißlackproben nach dem Magnaflux-Verfahren.
a Prüfstab; b Einspannkopf; c Exzenter zur Durchbiegung; d Bewertungsmaßstab.

Gleichzeitig mit dem Probekörper sind mehrere Flachstäbe aus dem gleichen Werkstoff zu spritzen und unter gleichen Bedingungen zu trocknen. Jeder Stab wird hierauf nach Abb. 206 in einer Biegevorrichtung als Freiträger eingespannt und durch Drehen eines Exzenters verbogen, bis die ersten Risse in der Lackschicht auftreten. Ein Vergleich mit dem neben dem gebogenen Stab gelegten Dehnungsbewertungsmaßstab gibt den Dehnungsempfindlichkeitsgrad. Der so kalibrierte Dehnungsmaßstab vermittelt beim ersten Auftreten der Risse am Probekörper den Dehnungswert. Die größte Dehnungsempfindlichkeit des Lackes ist etwa $5 \cdot 10^{-4}$.

Der Lack ist kriechempfindlich. Je nach der Zeitspanne, die für das Erreichen einer bestimmten Lackstufe angesetzt ist, ändert sich der Dehnungsempfindlichkeitsgrad. Wird beispielsweise die Lackstufe statt in 10 Sekunden erst nach 100 oder 1000 Sekunden erreicht, so vermindert sich die Dehnungsempfindlichkeit um 13% bzw. um 40%. Dieses Kriechen ist daher für quantitative Messungen zu berücksichtigen. Es geschieht das unter Zuhilfenahme eines besonderen Kurvenblattes.

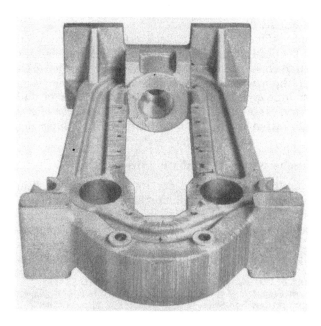

Abb. 207. Dehnungslinien an einem Walzenständer.

Um das Rißbild deutlich zum Vorschein zu bringen, muß die Lackschicht nach beendetem Versuch mit einem besonderen Entwickler benetzt werden. Dieser dringt in die Risse ein und wird nach etwa $1^1/_2$ Minuten wieder abgewaschen. Die Risse erscheinen nun rot gefärbt. Abb. 207 zeigt die Dehnungslinien, die unter der aufgegebenen Prüfkraft an einem Walzenständer auftraten. Die hochbeanspruchten Zonen treten deutlich hervor. Die Genauigkeit für quantitative Messungen beträgt ± 10 bis $\pm 15\%$.

2. Das französische Reißlackverfahren.

Das französische Reißlackverfahren der SNECMA unterscheidet sich in verschiedenen Punkten vom amerikanischen Verfahren. Die SNECMA hat für qualitative Versuche einen pulverförmigen und für quantitative Messungen einen flüssigen Reißlack entwickelt.

Zum Auftragen des *pulverförmigen Lackes* ist der Probekörper mit einer Lötlampe zu erwärmen. Liegen die Flächen horizontal, so kann das Pulver aufgestreut werden. Es wird sofort flüssig und verläuft. Bei vertikalen Flächen streicht man das Lackpulver mit einem Spachtel gemäß Abb. 208 auf die erwärmte Fläche. Durch den Druck der Flamme kann durch mehrmaliges Überstreichen die Dicke der Lackschicht ausgeglichen werden. Für überkopfstehende Flächen wird das Pulver in einem Lösungsmittel aufgelöst und aufgespritzt. Die Reißlackschicht ist sehr empfindlich und liefert ein schönes Reißbild. Eine quantitative Verwertung ist in der Regel nicht möglich, da die Erwärmung der Oberfläche des Probekörpers praktisch nicht gleichmäßig durchgeführt werden kann, so

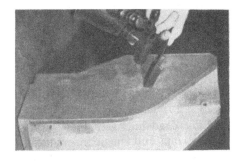

Abb. 208. Auftragen des Lackpulvers der „SNECMA,, mit einer Lötlampe.

daß der Empfindlichkeitsgrad von Punkt zu Punkt verschieden groß ist. Handelt es sich aber nur darum, den Ort der größten Beanspruchung und die Richtung der Hauptdehnung zu bestimmen, so erfüllt das Verfahren den vorgesehenen Zweck.

Für die quantitative Spannungsanalyse steht ein *flüssiger Reißlack* zur Verfügung. Für die Ausübung des Verfahrens genügt ein einziger Lack. Seine Dehnungsempfindlichkeit ist von der Temperatur des Versuchsraumes weitgehend unabhängig. Bei der Vorbereitung des Probekörpers ist darauf zu achten, daß die mit dem Lack zu überziehende Fläche genügend reflektiert. Um diese Voraussetzung zu erfüllen, ist es zweckmäßig, die Fläche vor dem Aufspritzen des Reißlackes mit einem Grundlack zu überziehen, der als Pigment Aluminiumpulver enthält. Zur Beobachtung der Risse benützt man mit Vorteil eine elektrische Lampe, die ein möglichst grelles Licht gibt.

Zum Spritzen des Lackes verwendet man eine besondere Spritzpistole mit eingebautem Gebläse. Das Spritzgut wird gleichzeitig leicht erwärmt, was sich als besonderer Vorteil auswirkt. Gleichzeitig mit dem Probekörper sind einige Flachstäbe aus dem gleichen Werkstoff zu spritzen und in einem Ofen zu trocknen. Die Trocknungszeit beträgt höchstens 3 Stunden. Die Höhe der Trocknungstemperatur und die Dauer der Trocknungszeit bedingen den Empfindlichkeitsgrad. Durch das Trocknen im Ofen kann eine Dehnungsempfindlichkeit je nach der Höhe der Temperatur und der Trocknungsdauer von $3,5 \cdot 10^{-4}$ bis $13 \cdot 10^{-4}$ erreicht werden.

Die Eichvorrichtung, Abb. 209, zur Bestimmung der Dehnungsempfindlichkeit besteht aus einem U-förmigen Bügel 1. Durch Drehen der Mikrometerschraube 6 verschiebt sich die Druckleiste 2 und drückt die beiden in ihr versenkt eingebauten und geeichten Druckfedern 3 zusammen. Der Federdruck wird über das verschiebbare Auflager 4 auf den eingelegten Flachstab 5 übertragen.

Abb. 209. Eichvorrichtung zur Prüfung von Reißlackproben nach dem SNECMA-Verfahren.
1 Einspannbügel, 2 Druckleiste, 3 Druckfedern, 4 Auflagerleiste, 5 Prüfstab, 6 Rändelschraube mit Teilung 7 und Zeiger 8.

Der zwischen den beiden Stützstellen befindliche Teil des Flachstabes ist durch ein gleichmäßiges Biegungsmoment beansprucht. Im Moment der Rißbildung ist dem Zeiger 8 an der Teilung 7 die Anzahl der Teilstriche abzulesen. Eine Eichtafel vermittelt den Wert der Dehnungsempfindlichkeit. Abb. 210 zeigt die Rißbilder eines solchen Flachstabes. Das erste Bild vermittelt den Dehnungsempfindlichkeitsgrad beim Auftreten der ersten Risse. Sie beträgt $3,1 \cdot 10^{-4}$. Beim Weiterdrehen der Mikrometerspindel 6 vermehren sich die Risse. Die nachfolgenden Rißbilder entsprechen einer Dehnung von $4,1 \cdot 10^{-4}$, $5,9 \cdot 10^{-4}$ und $6,8 \cdot 10^{-4}$.

Abb. 211 zeigt als Beispiel das Rißbild der Zugdehnungen eines Duraluminiumringes mit einem Außendurchmesser von 160 mm und einem Innenmesser von 80 mm bei einer Belastung von 8000 kg. Es wird als isostatisches Netz zweiter Ordnung bezeichnet. Um die isostatischen

Abb. 210. Prüfstäbe mit Dehnlinien bei verschiedener Beanspruchung.

Linien erster Ordnung zu erhalten, die auf Druckbeanspruchung zurückzuführen sind, ist der aus dem Ofen entnommene Prüfkörper noch im warmen Zustand in die Prüfmaschine einzuspannen, unmittelbar mit der Endlast zu beanspruchen und unter dieser Endlast die Versuchsraumtemperatur abzukühlen. Bei Entlastung auf Null entwickelt sich die Rißlinie erster Ordnung, Abb. 212, die zu den Linien zweiter Ordnung senkrecht stehen. Bringt man die Belastung stufenweise an und verbindet die Endpunkte der Dehnungslinien jeder Laststufe miteinander, so erhält man ein zweites Netzsystem von Linien gleicher Hauptdehnung. Sie sind der Ausgangspunkt zur Berechnung der Hauptspannungen.

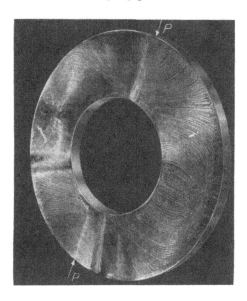

Abb. 211. Isostatisches Dehnliniennetz zweiter Ordnung auf einer Kreisringscheibe aus Duraluminium bei der Belastung.

Es gibt noch keinen Reißlack, der hochempfindlich ist und gleichzeitig eine große Genauigkeit bei der Auswertung gewährleistet. Bei hochempfindlichen Lacken treten große Streuungen auf, so daß die für die Hauptdehnungen er-

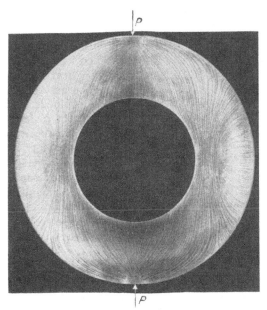

Abb. 212. Isostatisches Dehnliniennetz erster Ordnung auf einer Kreisringscheibe aus Duraluminium nach der Entlastung.

mittelten Zahlenwerte erhebliche Abweichungen aufweisen. Außerdem ist zu beachten, daß selbst bei großer Sorgfalt und Sachkenntnis in der Dicke der Lackschicht Ungleichheiten auftreten können, die einer Dehnungsempfindlichkeit von $5 \cdot 10^{-5}$ entsprechen. Die Richtung der Risse wird durch die Größe der Dehnungsempfindlichkeit nicht beeinflußt. Um gute quantitative Ergebnisse von $\pm 10\%$ bis $\pm 15\%$ zu erzielen, ist eine Dehnungsempfindlichkeit von $3{,}5 \cdot 10^{-4}$ bis $5 \cdot 10^{-4}$ notwendig. Die Dehnungsempfindlichkeit kann durch künstliches Kühlen, beispielsweise durch Benetzen des lackierten Probekörpers mit eisgekühltem Wasser, erhöht werden.

Das französische Verfahren eignet sich wegen der Gebundenheit an einen Trocknungsofen für kleinere Probekörper von verhältnismäßig einfacher Formgebung, während das amerikanische Verfahren für große Probekörper mit vielseitiger, unregelmäßiger Formgebung zweckmäßig ist.

K. Winkelmesser.

Die Ermittlung der elastischen Linie biegebeanspruchter Balken, Platten oder Schalen mittels Durchbiegungs- bzw. Verschiebungsmessungen ist in Abschn. B beschrieben. Zuweilen erweist es sich aber auch als zweckmäßig, die elastische Linie durch Messung der Neigungswinkel φ an einzelnen Punkten zu bestimmen.

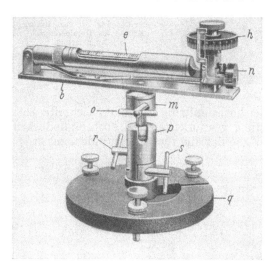

Abb. 213. Stehklinometer von Huggenberger mit Kugelgelenk und Teller.

e Libelle; *c* Drehachse des Tragarmes; *b* Grundleiste; *h* Mikrometertrommel; *n* Zählrad; *m* Halterkopf; *p* Kugelkopffassung; *o* und *s* Klemmschrauben; *q* Teller.

Als grundlegendes Anzeigeelement eignet sich die *Libelle*. Sie besteht aus einem innen geschliffenen, allseitig geschlossenen Glasrohr, das bis auf ein kleines Restvolumen mit Äthyläther oder einer ähnlichen Flüssigkeit gefüllt ist. Liegt die Rohrachse waagerecht, so steht die Blase in der Mitte des Libellenrohres, die mit einer Teilung versehen ist.

Bei dem *Klinometer* von Huggenberger Abb. 213 und 214, ist die Libelle *e* auf einem Schwenkarm *a* fest eingebaut, der sich um die Achse *c* dreht. Das Achsenlager ist mit der Grundleiste *b* verschraubt. Die zwischen der Grundleiste *b* und dem Arm eingebaute Blattfeder *d* drückt das freie Armende gegen den kugeligen Stift *i* der Mikrometerschraubenspindel *g*. Die Spindelmutter *f* ist mit der Grundleiste fest verbunden. Die Mikrometer-Ablesetrommel *h* hat eine Teilung in Winkelsekunden. Abgelesen wird über dem Zeiger *k*. Mit der Grundleiste sind geeignete Aufspannmittel verschraubt, die die Verbindung mit der Probe ermöglichen. Der Meßvorgang besteht darin, die Libellenblase vor- und nach erfolgter Winkeländerung durch Drehen der Mikrometerspindel auf die Mitte einzuspielen. Die Differenz der beiden Ablesungen gibt den gesuchten Drehwinkel. Die Trommel *h* hat 250 Teilstriche, wobei das Teilstrichintervall gleich einer Winkelsekunde (Altgrad) ist. Jede Trommelumdrehung wird durch das Zählrad *n* angezeigt, das am Umfang 40 Teilstriche hat. Der Meßbereich beträgt 3 Winkelgrad.

Da die Meßfläche in der Regel nicht horizontal ist, muß eine Aufspannvorrichtung vorgesehen werden, die gestattet, das Gerät zu Beginn der Messung waagerecht zu stellen. Am zweckmäßigsten hat sich ein Kugelgelenk erwiesen. Der Klinometerhalterkopf m wird durch Anziehen der Knebelschraube o auf dem Zapfen der eigentlichen Aufspannvorrichtung, die beispielsweise als Teller q gebildet ist, festgeklemmt. Die Knebelschrauben r und s ermöglichen die Einstellung.

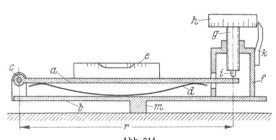

Abb. 214.
Winkelmesser „Klinometer" von Huggenberger (schematisch).

a drehbarer Libellenträger; b Grundleiste; c Drehachse des Libellenträgers; d Blattfeder für den Kraftschluß von a und i; e Libelle mit Teilung; g Meßgewindespindel; h Ablesetrommel; i Kontaktstelle; f Meßspindelmutter; k Zeiger; m Halterkopf.

Ein Winkelmesser des Laboratoire Central d'Armement, Frankreich[1], der mit einer Meßuhr als Anzeigegerät für die Winkeländerung arbeitet, ist in Abb. 215 wiedergegeben. Das Gehäuse a trägt einen Marmorsockel b mit V-förmiger Längsnut. Die Libelle c ist fest mit dem Hebel d verbunden, der seinen Drehpunkt bei A hat und durch die Feder e gegen die feingängige Stellschraube f gedrückt wird.

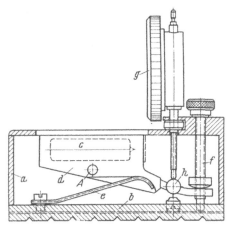

Abb. 215. Winkelmesser des Laboratoire Central d'Armement.

Abb. 216. Winkellibelle der Jenoptik GmbH.

Die Meßuhr g tastet mit ihrem Meßbolzen auf ein Kugelauflager h am Hebel d und gestattet die zu messende Winkeländerung abzulesen.

Zum Messen größerer Winkel, z. B. bei der Kontrolle von Pendelschlagwerken, eignet sich die *Winkellibelle* der Fa. Jenoptik GmbH., Jena (Abb. 216), mit einem Meßbereich von $\pm 120°$ und einem Skalenwert von $\pm 1'$.

L. Geräte zur Kontrolle und Prüfung der Meßgeräte.

1. Die Bedeutung der Prüfung.

Die Güte des Meßergebnisses hängt nicht allein von der Geschicklichkeit und Sorgfalt des Prüfers ab, sondern ist auch durch den Zustand des Meßgerätes

---

[1] Microtecnic Bd. 7 (1954) S. 55.

bedingt. Natürliche Abnützung, Veränderung der elektrischen Bauelemente und gewaltsame Einwirkungen sind die hauptsächlichsten Fehlerquellen. Bei mechanisch wirkenden Meßgeräten sind die Fehlerquellen und Mängel leichter erkennbar im Vergleich zu den auf elektrischer Grundlage aufgebauten Geräten. In vielen Fällen tritt der Schaden nicht ohne weiteres hervor. Der Prüfer führt daher oft, in gutem Glauben, das Meßgerät sei in Ordnung, seine Aufgabe aus und wertet die Meßdaten auf Grundlagen aus, die nicht mehr zutreffen.

Eine periodische Prüfung der Meßmittel ist daher unerläßlich. Wie oft derartige Prüfungen vorzunehmen sind, hängt von mancherlei Umständen ab. Bei starker Benützung der Meßgeräte ist die Überprüfung entsprechend häufig vorzunehmen. Bei geschulten Meßtechnikern und großer Sorgfalt in der Handhabung reicht das Nachprüfen in größeren Zeitabschnitten aus. Dienen die Meßergebnisse als Grundlage weittragender Entschlüsse, so wird man die Prüfung vor und nach dem Versuch vornehmen, um jedem Zweifel bei der Auswertung enthoben zu sein. Jede Reparatur, Überholung und Instandsetzung bedingt eine Nachprüfung. Im allgemeinen reicht bei sorgfältiger Behandlung, normalem Gebrauch und sachgemäßer Wartung die Prüfung für einen längeren Zeitabschnitt aus. Auch dann, wenn kein besonderer Anlaß vorliegt, sollte ein Meßgerät im Jahr mindestens einmal überprüft werden.

Die Prüfung ist in der Regel eine Vergleichsmessung. Dem Meßgerät wird eine Verschiebung oder Drehung künstlich aufgezwungen. Sie wird durch geeignete Vorrichtungen und Geräte erzeugt und mit besonders hochempfindlichen Meßmitteln angezeigt. Die Anzeige des Meßmittels und des zu prüfenden Meßgerätes werden miteinander verglichen.

Eine Prüfung von Teilstrich zu Teilstrich der Skale des Meßgerätes ist im allgemeinen nicht notwendig. Es genügt, zweckmäßig gewählte Intervalle von beispielsweise 5 oder 10 Teilstrichen zu beobachten, um sich zu vergewissern, daß das Meßgerät über den ganzen Bereich gleichmäßig arbeitet. Der am Kontrollgerät ablesbare kleinste Wert soll mindestens um eine Dezimale genauer sein wie die kleinste Anzeige am zu prüfenden Meßgerät. Spricht dieses auf den kleinsten, direkt ablesbaren Wert an, so ist die Anzeige ein Hinweis über die Größe der Empfindlichkeit. Toter Gang und Spiel erkennt man dadurch, daß der Umkehr der Prüfbewegung nicht unmittelbar die Bewegungsumkehr des zu prüfenden Gerätes folgt. Ist die qualitative Prüfung zufriedenstellend ausgefallen, so ermittelt man die sogenannte Übersetzungszahl — Vergrößerung oder Verkleinerung.

Bei Meßgeräten, die für dynamische Messungen eingesetzt werden, erweitert sich die Untersuchung des rein statischen Verhaltens auf die Feststellung der dynamischen Eigenschaften. Dabei sind die Eigenfrequenz, die Resonanz und die Größe der Dämpfung vor allem festzustellen.

2. Statische Prüfung von Meßgeräten.

Das einfachste Verfahren zur statischen Kontrolle eines Dehnungsmessers besteht darin, daß man ihn an eine glatte Probe setzt, die in einer Zugprüfmaschine mit bekannter Kraft beansprucht wird. Die zu jeder Kraftstufe gehörige Verlängerung kann dann berechnet werden, wenn der E-Modul des Werkstoffes bekannt ist. Zur Kontrolle wird die Verlängerung zweckmäßig noch mit einem MARTENS-Spiegelgerät gemessen, das in derselben Faser aufgesetzt sein muß wie das zu kontrollierende Gerät. Ähnlich kann die Kontrolle auch mit Hilfe von Flachbiegeproben durchgeführt werden. Diese Verfahren sind einfach und genau, aber zeitraubend.

Ein Prüfgerät, dessen Einstellung auf 0,001 mm genau ist, wurde von Huggenberger in erster Linie zur Kontrolle von Meßuhren und Dehnungsmessern unter der Bezeichnung *Kalibrator* herausgebracht. Der Aufbau ist aus Abb. 217 ersichtlich. Auf dem Grundgestell *1* ist in einer Führung ein Schlitten *3* verschiebbar angeordnet, der durch eine Mikrometerspindel bewegt wird. Diese wird über ein Vorgelege durch eine Handkurbel *4* gedreht. Die Schlittenbewegung von 10 mm ist auf der Teilung *5* in mm ersichtlich. An der durch das Fenster *6* sichtbaren Mikrometertrommel kann die Längsverschiebung des Schlittens auf $\pm 5 \mu$ genau abgelesen werden. Reicht diese Meßunsicherheit nicht aus, so schraubt man in den Meßkopf *2* einen Meßaufsatz mit Ablesemikroskop nach Abbildung 218. Dieses optische Meßgerät, „Optimeter" genannt, hat einen Meßbereich von $\pm 0,1$ mm, eingeteilt in 1 μ. Die Meßunsicherheit beträgt $\pm 0,3 \mu$. Der einstellbare Spiegel *10* dient zur Beleuchtung der Strichplatte. Der Tastbolzen des Optimeters ist direkt mit dem beweglichen Schlitten *3* verbunden. Die Länge des Grundgestells *1* erlaubt das Aufsetzen von Geräten mit einer Meßlänge bis zu 270 mm. Reicht dies nicht, so kann auf der Kurbelseite ein Verlängerungsstück angeschraubt werden, wodurch die Meßweite auf 500 mm vergrößert wird.

Zum Aufspannen der verschiedenen Meßgeräte (Meßuhren, Tensometer, Setzdehnungsmesser) dienen verschiedenartige Aufspannvorrichtungen.

Ein Prüfgerät zur Kontrolle von Meßuhren und Feintaster der Fa. C. Mahr, Eßlingen, Abb. 219, gestattet ebenfalls eine Einstellung auf 0,001 mm genau. Bei diesem Gerät wird die zu untersuchende Meßuhr *1* in einen in der Höhe verschiebbaren Haltearm *2* so festgespannt, daß der Meßbolzen der Meßuhr gegen den Meßamboß *3* drückt. Der Meßamboß ist durch eine Gewindespindel, die mit

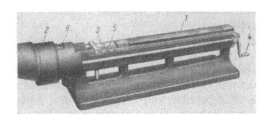

Abb. 217. „Kalibrator" von Huggenberger.

1 Grundgestell; *2* Meßkopf; *3* Schlitten; *4* Kurbel für das Mikrometergetriebe; *5* Teilung zum Ablesen der Verschiebung in Millimetern; *6* Mikrometertrommel.

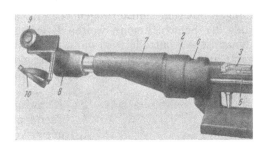

Abb. 218. „Optimeter" zum „Kalibrator" Abb. 217.

2 Meßkopf; *3* Schlitten; *5* Teilung zum Ablesen der Verschiebung in Millimetern; *6* Mikrometertrommel; *7* im Meßkopf *2* eingeschraubtes Halterohr des Optimeters *8*; *9* Okular; *10* Spiegel zur Beleuchtung der Strichplatte im Optimeter.

Abb. 219. Kontrollgerät für Meßuhren und Feintaster der Fa. C. Mahr.

1 zu prüfende Meßuhr; *2* Haltearm; *3* Meßamboß; *4* Handrad; *5* Fenster mit Meßtrommelausschnitt; *6* Stütze mit Höhenverstellung; *7* Rasterhebel.

einem Handrad *4* über ein Kegelradpaar angetrieben wird, in der Höhe verstellbar.

Die auf der Gewindespindel sitzende Meßtrommel *5* ist in 500 Teile geteilt und läßt eine Höhenverstellung des Meßambosses von 0,001 mm am Skalenfenster ablesen. An ihrer Unterseite trägt die Meßtrommel justierte Rasten, die um je 0,1 mm gestuft sind und eine schnelle Prüfung von Meßuhren über deren gesamten Anzeigebereich von 0,1 zu 0,1 mm gestatten. Der Rastenmechanismus kann durch links am Gerät angebrachte Rasterhebel *7* ausgeklinkt und die Bewegung der Trommel in eine kontinuierliche verändert werden.

3. Dynamische Prüfung von Meßgeräten.

Bei der dynamischen Kontrolle von Meßgeräten muß die Möglichkeit gegeben sein, das Gerät auf eine Meßstrecke aufzusetzen, die schwingende Dehnungen mit rein sinusförmigem Verlauf ausführt, wobei Frequenz und Amplitude der Schwingung in weiten Grenzen stetig geregelt werden können. Die dynamische Kontrolle wird dann in der Weise durchgeführt, daß die vom Meßgerät angezeigte Amplitude in Abhängigkeit von der bekannten Amplitude des Kontrollgerätes in dem gesamten Frequenzbereich aufgenommen wird.

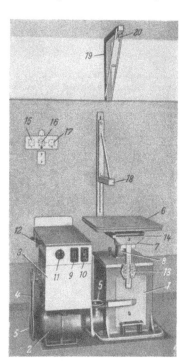

Ein Kontrollgerät für große Amplituden (Schwingweiten) bei verhältnismäßig kleinen Frequenzen wurde von A. U. HUGGENBERGER entwickelt (Abb. 220 und 221).

Im quadratischen Sockel *1* sind zwei Exzenter eingebaut, die jede von einem elektrohydraulischen Getriebe angetrieben werden. Die Abb. 221a zeigt den Exzenter für die Vertikalkomponente. Die Exzenterscheibe *24* wird über den Keilriemen *21*, der zweistufigen Riemenscheibe *22* und der Welle *23* angetrieben. Zum Einstellen der Schwingweite zwi-

Abb. 220. Ansicht des Zweikomponenten-Schwingprüftisches von HUGGENBERGER.

1 Sockel mit eingebautem, mechanischem Antrieb der Vertikal- und Horizontalkomponente; *2* elektrohydraulisches Getriebe zur stufenlosen Einstellung der Frequenz der Horizontalkomponente; *3* elektrohydraulische Getriebe der Vertikalkomponente (verdeckt durch *2*); *4* Keilriemen vom Elektromotor zum hydraulischen Getriebe; *5* Keilriemenscheibe zum mechanischen Antrieb der Horizontalkomponente; *6* Tischplatte; *7* Gehäuse für die verstellbare Exzenterkurbel der Horizontalverschiebung; *8* Säule für die Vertikalverschiebung; *9, 10* Druckknöpfe zum Ein- und Ausschalten der beiden Komponenten; *11, 12* Handrad zum stufenlosen Verstellen der Geschwindigkeit der Horizontalkomponente bzw. Vertikalkomponente; *13, 14* Maßstab und Zeiger zum Ablesen der Schwingweite der Vertikal- bzw. Horizontalkomponente; *15, 17* Anzeigegerät der Umdrehungen bzw. Frequenz der Horizontal- und Vertikalkomponente; *16* Zeitmesser; *18, 19, 20* Winkel zum Befestigen von zu prüfenden Geräten.

schen 0 und 50 mm dient der Exzenterschlitten *25*. Die vertikale Bewegung der Säule *8* mit dem Führungsbett *7* und dem Tisch *6* wird durch den Exzenterzapfen *26* bewirkt, dessen Nutenstein *27* in der Gleitkulisse *28* der Säulenplatte *29* hin- und hergleitet. Das Gewicht des Schwingsystems wird durch die Federn *30* ausgeglichen. Die Schwingweite ist am Maßstab *13* (Abb. 220) ersichtlich. Außerdem ist eine elektrische Kontaktvorrichtung vorgesehen, die die Endstellung der vertikalen Schwingung auf 0,01 mm genau abtastet. Die An-

triebselemente der horizontalen Bewegung sind aus der schematischen Darstellung der Abb. 221b ersichtlich. Das Antriebsaggregat ist über den Keilriemen *32* mit der Riemenscheibe *33* verbunden, deren Welle *31* im Sockel *1*
vertikal gelagert ist. Die Riemenscheibe *33* hat zwei Gleitlagerbohrungen, in

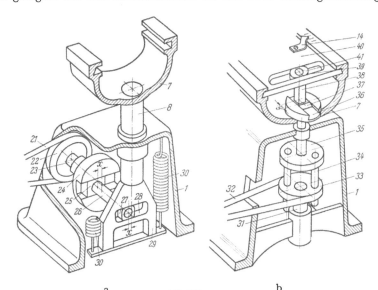

a   Abb. 221.   b
Schematische Darstellung der Wirkungsweise des Zweikomponenten-Schwingprüftisches von HUGGENBERGER.

a) Schnitt durch den Antrieb der Vertikalkomponente.

1 Maschinensockel; *7* Führungsbett für die Horizontalkomponente; *8* Tragsäule des Führungsbettes *7*; *21* Keilriemen vom hydraulischen Getriebe; *22* Doppelkeilriemenscheibe; *23* Antriebswelle; *24* Exzenterscheibe; *25* Exzenterschlitten, verstellbar mit Gewindebolzen (nicht eingezeichnet); *26* Exzenterzapfen; *27* Nutenstein;
28 Gleitkulisse; *29* Rohrsäulenplatte; *30* Schraubenfeder zur Entlastung des Gewichtes.

b) Schnitt durch den Antrieb der Horizontalkomponente.

1 Maschinensockel; *14* Zeiger und Maßstab zum Ablesen der horizontalen Schwingweite; *32* Keilriemen vom
hydraulischen Getriebe; *33* Keilriemenscheibe; *34* Gleitzapfenpaar; *35* Zapfenscheibe; *36* Exzenterscheibe;
37 Exzenterschlitten, verstellbar mit Gewindebolzen (nicht eingezeichnet); *38* Exzenterzapfen; *39* Gleitkulisse;
40 Schwingplatte; *41* Nutenstein.

denen sich die Zapfen *34* auf und ab bewegen. Die Zapfentragscheibe *35* und
die Exzenterscheibe *36* sind auf einer biege- und verdrehungssteifen Achse
montiert. Zum Einstellen der Schwingweite y zwischen ebenfalls 0 und 50 mm
dient der Exzenterschlitten *37*. Die horizontale Bewegung des Führungsbettes *7*
mit dem Tisch *6* wird durch den Exzenterzapfen *38* bewirkt, dessen Nutenstein *41* in der Gleitschiene *39* der Führungsplatte *40* hin- und hergleitet.

Die beiden Antriebsaggregate bestehen aus einem Elektromotor und dem von
ihm angetriebenen hydraulischen Umformer. Diese Antriebsaggregate ermöglichen
ein stufenloses Verstellen der Geschwindigkeit von 0 bis etwa 1400 U/min. Mit der
zweiten Stufe der Riemenscheibe *32* kann die Drehzahl auf 3000 U/min erhöht
werden. Die Schwingfrequenz kann also von 0 bis 20 bzw. 50 Hz verändert
werden. Da die hydraulischen Getriebe bereits ab 30 Umdrehungen ein konstantes Drehmoment bei gleichförmiger Drehgeschwindigkeit erzeugen, besteht die
Möglichkeit, Prüfungen bis auf 0,5 Hz genau durchzuführen.

Beide Schwingkomponenten können unabhängig voneinander in weiten
Grenzen sowohl hinsichtlich der Schwingweite wie auch in der Frequenz verändert werden. Die Umdrehzahlen werden von einem elektrischen Kontakt-
system an den Exzenterwellen abgegriffen und von den beiden Geräten *15* und *17*,
Abb. 220, angezeigt.

Auf dem Prüftisch *6* können Geräte bis zu einem Gewicht von 25 kg aufgestellt bzw. befestigt werden. Der verschiebbare Winkel *18* gestattet das Befestigen von Meßgeräten, die die Bewegung des Tisches abtasten. Sollen

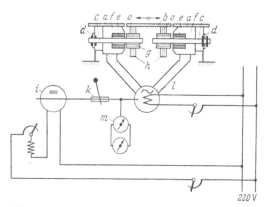

Abb. 222. Schematische Darstellung der Wirkungsweise des elektromagnetischen Schwingtisches nach LEHR.

a feste Tischplatte; *b* Schwingplatte; *c* Federrohre; *d* Blattfedern auswechselbar; *e* Wechselstromspulen der Feldmagnete *f*; *g* Anker im Schwingtisch; *h* Blattfederbündel zur Parallelführung des Schwingtisches *b*; *i* Gleichstrommotor, gespeist von einem Gleichstromnetz; *k* Getriebe; *l* Zweiphasen-Wechselstromerzeuger, Leistung 15 kW; *m* Frequenzmesser.

Meßgeräte geprüft werden, bei denen der Verschiebungsweg mittels eines durchlaufenden Drahtes übertragen wird, so benützt man die am Winkel *19* vorhandene Öse *20* zum Einhängen der Pufferfeder mit anschließendem Draht. Das gegenüberliegende Drahtende ist mit der Tischplatte zu verbinden, während man das zu prüfende Gerät am Winkel *18* befestigt.

Für die Prüfung von Meßgeräten bei höheren Frequenzen, aber kleineren Schwingweiten, wurde nach Entwürfen von E. LEHR von der Fa. C. Schenk, Darmstadt, der *Schwingtisch der Deutschen Reichsbahn* gebaut[1]. Das durch elektromagnetische Kräfte angetriebene Schwingsystem des Tisches, Abb. 222, besteht aus einem Stahlkörper mit feststehender Tischplatte *a*, an der die Blechpakete des Feldmagneten *f* angeschweißt sind und der durch Blattfederpakete *d* in der Schwingrichtung parallel geführt wird.

In einem rechteckigen Ausschnitt der Mitte der feststehenden Tischplatte *a* liegt die bewegliche Schwingplatte *b*, auf die sich beispielsweise die bewegliche Schneide des zu prüfenden Gerätes stützt. Unter der Schwingplatte ist das Blechpaket des Ankers *g* befestigt. Dieser schwingende Teil hängt an den vier Blattfederbündeln *h*, die mit der Längsseite des Rahmens verbunden sind. Sie gewährleisten die Parallelführung und die Schwingung in axialer Richtung.

Im Anker *g* sind die beiden Rohrfedern *c* fest verbunden,

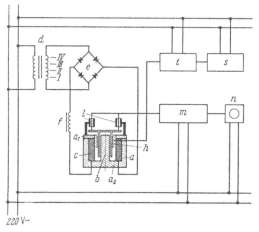

Abb. 223. Schematische Darstellung des elektrodynamischen Prüftisches von HUGGENBERGER.

a Magnetgehäuse; *b* Magnetkern; *c* Magnetspule; *d* Transformator; *e* Gleichrichter; *f* Drossel; *h* Schwingspule; *l* induktive Verschiebungsmesser; *m* induktives Meßgerät; *n* Kathodenstrahloszillograph; *s* RC-Oszillator; *t* Verstärker.

die am äußeren Ende über die beiden Blattfedern *d* gegen den Rahmen abgestützt sind. Diese Federn sind auswechselbar und ermöglichen das Einstellen

---

[1] BERNHARD, R.: Z. VDI Bd. 76 (1932) S. 1559. — LEHR, E.: Schwingungstechnik Bd. 2, S. 199.

von 4 Prüfbereichen, nämlich max. 50 Hz bei $\pm$ 1 mm, max. 95 Hz bei$\pm$ 0,4 mm, max. 200 Hz bei 0,09 mm und max. 300 Hz bei $\pm$ 0,04 mm Schwingweite.

Wird die eine Magnetspule e mit Gleichstrom gespeist, so erfährt die Schwingplatte b eine einseitige Auslenkung. Erregt man die zweite Magnetspule mit Wechselstrom, so entsteht eine sinusförmige Schwingung, die sich der Auslenkung überlagert. Die Prüfeinrichtung gestattet also die Nachbildung des Belastungsfalles, bei dem der statischen Vorlast eine Schwingung überlagert ist und die Vorlast sowohl einen positiven als auch negativen Wert annehmen kann.

Zum Messen der Schwingbewegung sind zwei Einrichtungen vorgesehen. Die eine Einrichtung besteht aus Mikroskop und Okularmikrometer und ermöglicht nach dem Verfahren des Meßkeiles das Ablesen der Schwingweite mit einer Meßunsicherheit von $\pm$ 0,1 μ. Als weiteres Meßmittel wird der Grundgedanke des Spiegelgerätes angewendet. Der Lichtzeiger wird von einem Polygonspiegel auf das Photopapier gelenkt, wobei die verwendete Apparatur im wesentlichen der Bauweise des Schleifenoszillographen entspricht. Dabei wird eine etwa 2000fache Vergrößerung des zum messenden Verschiebungsweges erreicht.

Die Magnetspulen e werden durch einen Gleichstrommotor i gespeist, der über ein umschaltbares Getriebe k mit dem Zweiphasenwechselstrommotor l gekuppelt ist.

Der Prüftisch kann auch vertikal aufgestellt werden. Infolge des großen Gewichtes (etwa 1200 kg) ist das Verstellen aber umständlich. Das ganze Gerät ist auf einer Korkplatte schwingisoliert aufgestellt.

Ein von A. U. HUGGENBERGER entwickelter und unter dem Namen *Vibrator* herausgebrachter Schwingtisch für die Prüfung von Meßgeräten bei Frequenzen bis 300 Hz, Abb. 223, beruht auf elektrodynamischer Grundlage und zeigt im wesentlichen die Elemente, auf denen der Lautsprecher aufgebaut ist.

Das Gerät gestattet die Prüfung im Frequenzbereich von 0 bis 300 Hz und einer Schwingweite von 0 bei $\pm$ 1 mm.

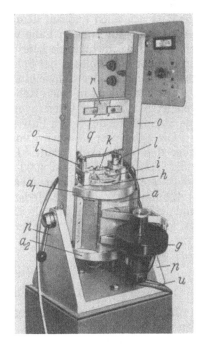

Abb. 224. Vibrator von Huggenberger in vertikaler Stellung.

a Magnetgehäuse mit Ringdeckel a_1 und Boden a_2; *g* Ventilator zur Kühlung der Magnetspule; *h* Schwingspule; *i* auswechselbarer Deckel der Schwingspule h; *k* Aufspannase für die zu prüfenden Geräte; *l* induktive Verschiebungsmesser; *o* Rahmen; *p* Rahmenbock; *q* verstellbare Traverse; *r* verschiebbare Platte; *u* Wasserleitung für das Kühlwasser zum Kühlen des Magnetkernes.

Das magnetische Schwingsystem besteht aus dem Stahlgehäuse a mit den beiden Endflanschen a_1 und a_2, dem Stahlkern b mit der Magnetspule c. Der Kern b ist mit einer Kühlbohrung versehen. Das Magnetsystem wird vom 220 Volt-Wechselstromnetz über den Transformator d, den Gleichrichter e und die Drossel f gespeist. Der Transformator d ist mit 4 umschaltbaren Zapfstellen I, II, III und IV versehen, um vier verschieden große magnetische Kräfte einschalten zu können. Diese Verstellmöglichkeit ermöglicht die Anpassung an die Stellkraft des zu prüfenden Gerätes. Die Magnetwicklung wird mit Luft gekühlt. Steigt die Temperatur des Magnetsystems über 60° C, so schaltet ein

Thermostat die Speisung der Magnetspule aus. Die Schwingspule h, Abb. 224, ist auf ein Leichtmetallrohr aufgewickelt, das mit Federbändern im Magnetkörper so aufgehängt ist, daß sie nur axiale Bewegungen ausführen kann. Ein mit Rippen versteifter auswechselbarer Deckel i ist auf der äußeren Stirnfläche des Schwingrohres aufgeschraubt. Die Nase k dient als Stütze des beweglichen Fußes des zu prüfenden Meßgerätes. Dieser Deckel kann durch eine kreisrunde ebene Platte ausgewechselt werden, die als Standfläche für andersgeartete Prüfgeräte dient.

Die Bewegung des Schwingsystems wird auf zwei Arten gemessen. Im ersten Falle sind auf dem Magnetkörper zwei induktive Verschiebungsmesser l befestigt. Der Kern ist über einen biegsamen Invardraht mit der Schwingspule gekuppelt. Die Bewegung wird auf induktiver Grundlage mit dem Meßgerät m gemessen und auf dem Bildschirm des Kathodenstrahloszillographen n beobachtet. Im zweiten Falle wird ein Mikroskop mit hoher Vergrößerung und einer an der Schwingspule befestigten Strichplatte verwendet. Diese Einrichtung ermöglicht das Ablesen der Schwingweite, während das induktive System auch das Beobachten der Schwingform gestattet.

Der Magnet ist in einen Rahmen o eingebaut, der im Rahmenbock p drehbar gelagert ist. Auf der Quertraverse q befindet sich eine verstellbare Platte r, die als Standfläche des festen Fußes des zu prüfenden Meßgerätes dient.

Die Schwingspule h wird von einem RC-Oszillator s gespeist, dessen Signal über den Verstärker t läuft. Der induktive Verschiebungsmesser l wird mit einer Trägerfrequenz von 4000 Hz gespeist.

Es stehen zwei lineare Meßbereiche, nämlich 0 bis $\pm 0,6$ mm und 0 bis $\pm 1,2$ mm, zur Verfügung. Jeder Geber kann sowohl einzeln als auch die Summe und die Differenz ihrer Signale eingeschaltet werden. Ist die Differenz gleich Null, so schwingt der Aufspannteller i axial.

M. Auswertung von Dehnungsmessungen.

1. Der ebene Formänderungszustand.

Ein Kreis mit dem Durchmesser der Meßstrecke l des Dehnungsmeßgerätes, den man sich auf der Bauteiloberfläche gezeichnet vorstellt, wird bei einer Belastung des Bauteils elliptisch verzerrt, Abb. 225. Ein beliebiger Punkt P des Kreises gelangt dabei an die Stelle P' der Ellipse, wobei man sich den Verformungsweg aus einer Radialverschiebung $\varDelta r$ und einer Tangentialverschiebung $\varDelta t$ entstanden vorstellen muß. Die bezogene Radialverschiebung $\varDelta r/r$ wird als Dehnung ε, die bezogene Tangentialverschiebung $\varDelta t/r$ als Schiebung $\gamma/2$ bezeichnet.

Es gibt, wie Abb. 225 erkennen läßt, zwei ausgezeichnete, aufeinander senkrecht stehende Richtungen, bei denen keine Tangentialverschiebungen,

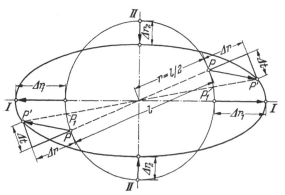

Abb. 225. Verzerrung eines Kreises auf der Bauteiloberfläche zu einer Ellipse.
$I-I$ und $II-II$ Hauptdehnungsrichtungen.

sondern nur Radialverschiebungen Δr_1 und Δr_2 auftreten. Die entsprechenden Dehnungen $\varepsilon_1 = \Delta r_1/r$ und $\varepsilon_2 = \Delta r_2/r$ werden *Hauptdehnungen* genannt. Sie stellen den größten bzw. den kleinsten auftretenden Dehnungswert dar. Die zugehörigen Richtungen I-I und II-II bezeichnet man als Hauptdehnungs-richtungen.

Ein Dehnungsmeßgerät, das mit seinen Meßfüßen in den Punkten P aufgesetzt wird, wandert also bei der Belastungsaufgabe in die durch die Punkte P' gekennzeichnete Lage, wobei die Längenänderung $\Delta l = 2\,P'P_1$ zur Anzeige kommt. Strenggenommen mißt man also nicht die Längenände-rung in der ursprünglich angenom-menen Richtung. In Wirklichkeit muß man sich jedoch vor Augen halten, daß die Abbildung stark verzerrt ge-zeichnet ist. Die wirklichen Längen-änderungen, die bei Dehnungsmessun-gen auftreten, betragen höchstens 0,2% der Meßstrecke. Man begeht also keinen nennenswerten Fehler, wenn man die gemessene Längenänderung als zu der ursprünglich festgelegten Meßrichtung gehörig betrachtet.

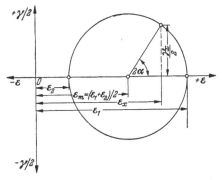

Abb. 226. MOHRscher Formänderungskreis.

Der Zusammenhang zwischen Dehnungen und Schiebungen, die an einer Stelle eines Bauteils in den verschiedenen Richtungen auftreten, läßt sich mit Hilfe des MOHRschen Formänderungskreises, Abb. 226, darstellen. Dabei werden auf der Abszisse die Dehnungen ε und auf der Ordinate die halben Schiebungen $\gamma/2$ aufgetragen. Der Kreis gibt dann den Zusammenhang zwischen den einander zugeordneten Dehnungen ε und Schiebungen $\gamma/2$ für jede beliebige unter dem Winkel α zur Hauptdehnungsrichtung liegende Meßrichtung. Man beachte, daß beim Formänderungskreis der doppelte Winkel, also 2α, auftritt. Die Stellen, an denen der Kreis die Abszisse schneidet, entsprechen den Hauptdehnungen ε_1 und ε_2.

2. Ermittlung der Hauptdehnungen.

Das Ziel jeder Dehnungsmessung ist, die größten Dehnungen, also die Hauptdehnungen ε_1 und ε_2 an der betreffenden Meßstelle zu ermitteln. Da die Hauptdehnungsrichtungen stets mit den Symmetrielinien des Bauteils (Gestalt- und Belastungssymmetrie) zusammenfallen bzw. senkrecht dazu stehen, wird man die Dehnungsmessungen nach Möglichkeit in diesen Richtungen vornehmen. Sind die Hauptdehnungsrichtungen unbekannt, so ist es möglich, durch drei Dehnungsmessungen in verschiedenen Richtungen die Hauptdehnungen zu ermitteln. Grundsätzlich kann die Wahl der Meßrichtungen beliebig getroffen werden. Bei der Auswertung ist es jedoch vorteilhaft, für die erste Messung eine Grundrichtung zu wählen, die sich meist aus der Gestalt des Bauteils ergibt und die anderen Meßrichtungen um 45 und 90° oder um 60 und 120° zur ersten Richtung festzulegen.

Die Ermittlung der Hauptdehnungen kann graphisch mit Hilfe des MOHR-schen Formänderungskreises vorgenommen werden. Sind z. B. die Dehnungen ε_0 (Grundrichtung), ε_{45} und ε_{90} gemessen worden, so trägt man die beiden senkrecht zueinander gemessenen Dehnungen ε_0 und ε_{90} vom Koordinatenursprung aus auf der Abszisse ab, Abb. 227, da ja bekanntlich dem Meßwinkel $\alpha = 90°$ in der Darstellung ein Winkel von $2\alpha = 180°$ entspricht. Der Mittelpunkt des gesuchten

Formänderungskreises liegt dann bei $\varepsilon_m = (\varepsilon_0 + \varepsilon_{90})/2$. Zeichnet man jetzt durch den Mittelpunkt ein zweites um 90° gedrehtes Achsenkreuz, so findet man im Abstand ε_m vom Mittelpunkt leicht den zugehörigen Koordinatenursprung. Auf der Abszisse des zweiten Koordinatensystems trägt man jetzt die unter 45° zu ε_0

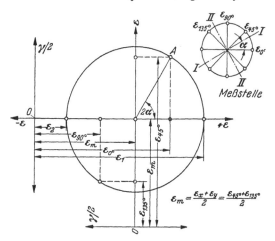

Abb. 227. Ermittlung der Hauptdehnungen mit Hilfe des Formänderungskreises aus 3 Dehnungsmessungen in 3 um 45° gegeneinander versetzten Meßrichtungen.

gemessene Dehnung ε_{45} ab. Der Schnitt der in ε_0 und ε_{45} errichteten Senkrechten ergibt dann einen Punkt A des Kreises, der somit gezeichnet werden kann. Die Hauptdehnungen ε_1 und ε_2 sowie der Winkel α zur Hauptdehnungsrichtung

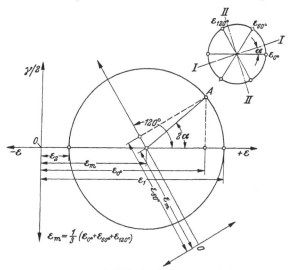

Abb. 228. Ermittlung der Hauptdehnungen mit Hilfe des Formänderungskreises aus 3 Dehnungsmessungen in 3 um 60° gegeneinander versetzten Meßrichtungen.

können damit angegeben werden. Der beschriebenen Konstruktion entspricht die Berechnungsformel für die Hauptdehnungen

$$\varepsilon_{1,2} = \varepsilon_m \pm \sqrt{(\varepsilon_0 - \varepsilon_m)^2 + (\varepsilon_{45} - \varepsilon_m)^2} \, . \tag{27}$$

Bilden die Meßrichtungen an einer Stelle des Bauteils einen Winkel von $60°$ und werden in diesen Richtungen die Dehnungen ε_0, ε_{60} und ε_{120} gemessen, so ist die Ermittlung der Hauptdehnungen nach Abb. 228 wieder mit Hilfe des Formänderungskreises möglich. Dem Abstand des Mittelpunktes dieses Kreises vom Koordinatenursprung entspricht die Dehnung $\varepsilon_m = 1/3 \left(\varepsilon_0 + \varepsilon_{60} + \varepsilon_{120}\right)$. Trägt man nun im ersten Achsenkreuz die Dehnung ε_0 ab und in einem zweiten, um $2 \cdot 60° = 120°$ im Kreismittelpunkt gedrehten Achsenkreuz die Dehnung ε_{60}, so schneiden sich die in den Endpunkten von ε_0 und ε_{60} auf den zugehörigen Achsen errichteten Senkrechten in einem Punkt A des gesuchten Formänderungskreises. Dem zeichnerischen Verfahren entspricht die Gleichung für die Hauptdehnungen

$$\varepsilon_{1,2} = \varepsilon_m \pm \frac{2}{\sqrt{3}} \sqrt{(\varepsilon_0 - \varepsilon_m)^2 + (\varepsilon_{60} - \varepsilon_m)^2 + (\varepsilon_0 - \varepsilon_m)(\varepsilon_{60} - \varepsilon_m)}. \quad (28)$$

3. Ermittlung der Größtdehnung bei ungleichförmiger Dehnungsverteilung.

Ist die Dehnungsverteilung im Bauteil sehr ungleichförmig, wie z. B. in der Umgebung von Kerben, und stehen keine Meßgeräte mit genügend kleiner Meßstrecke zur Verfügung, so kann der größte Dehnungswert, der also der Meßstrecke Null entsprechen würde, durch Extrapolation gefunden werden. Man mißt zu diesem Zweck bei jedem Lastwechsel die Dehnung an der betreffenden Stelle mit verschiedenen Meßlängen. Soll z. B. die größte Dehnung an einer Kerbe nach Abb. 229 mit dem Setzdehnungsmesser von 20 mm Meßlänge bestimmt werden, so bringt man die Meßmarken in der gezeichneten Weise an und mißt die Meßstrecken I bis V aus. Trägt man dann die Meßwerte I (II + III) und (I + IV + V) als Mittelwert über ihrer Meßstrecke auf, Abb. 229, so kann man näherungsweise auf den größten Dehnungswert extrapolieren, wie es der gezeichnete Kurvenzug angibt.

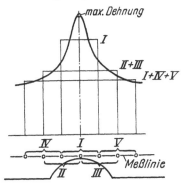

Abb. 229. Ermittlung der größten Dehnung bei ungleichförmiger Dehnungsverteilung (Näherungsverfahren).

Bei dem Differential-Meßverfahren von D. Rühl und G. Fischer[1], das in Abb. 230 veranschaulicht ist, werden die Längenänderungen von verschieden langen Meßstrecken längs einer Meßlinie, die alle von einem Festpunkt 0 ausgehen, gemessen. Man benötigt hierzu ein Meßgerät mit stetig verstellbarer Meßstrecke, wie z. B. das in Abschnitt C 2 c beschriebene Tensometer von Huggenberger mit mikrometrisch verstellbarer Meßlänge. Dann trägt man die jeweils gemessene Längenänderung Δl als Ordinate

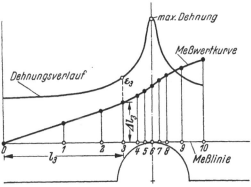

Abb. 230. Ermittlung der größten Dehnung bei ungleichförmiger Dehnungsverteilung (Verfahren nach Rühl-Fischer).

---

[1] Rühl, D.: VDI-Forsch.-Heft Bd. 221 (1920) — Fischer, G: Versuche über die Wirkung von Kerben an elastisch beanspruchten Biegestäben. Berlin: VDI-Verlag 1932.

im zugehörigen Meßpunkt auf und zeichnet durch die Endpunkte die Meßwertkurve. Es läßt sich leicht nachweisen, daß die Tangente an die Meßwertkurve in
jedem Punkt der an dieser Meßstelle vorhandenen Dehnung entspricht, da
$d(\Delta l/l) = \varepsilon$. Durch graphisches Differenzieren der Meßwertkurve erhält man
also die genaue Dehnungsverteilung. Mit besonderer Sorgfalt muß dabei die
zum Kerbscheitel gehörige Tangente an die Meßwertkurve gezogen werden.
Man bedient sich dazu am besten eines Tangentenspiegels.

4. Auswertung dynamischer Dehnungsmessungen.

Das Auswerten dynamischer Dehnungsmessungen kann man in der Weise
vornehmen, daß man statistisch feststellt, wie oft in einem Zeitabschnitt eine
Dehnung von bestimmter Größe erreicht wird. An Hand dieser Übersicht läßt
sich dann unter Zugrundelegung der WÖHLER-Kurve des Werkstoffs die Schädigung infolge der Wechselbeanspruchung ausrechnen, die ein Bauteil nach Ablauf
einer festgelegten Betriebszeit erfahren hat, wie es Tabelle 2 an einem Beispiel
zeigt. Beträgt die Schädigung nach 500 Betriebsstunden 7,66%, so ist also nach
$500 \cdot 100/7,66 \approx 6500$ h mit einer Schädigung von 100%, d. h. mit dem Bruch
des Bauteils, zu rechnen.

Tabelle 2. *Beispiel für die Ermittlung der Schädigung eines Bauteils durch Wechsel-*
beanspruchung in der Zeit von 500 h. (Die Anzahl der eingetretenen Lastwechsel ist
hier willkürlich gewählt.)

Bei einer Beanspruchung (kg/mm²)			in 500 h eingetretene Anzahl von Lastwechseln	auf Grund der WÖHLER-Kurve mögliche Zahl von Lastwechseln	in 500 h aufgetretene Schädigung
von	bis	mittel			%
26,5	27,4	27	70	11 000	70 · 100/11000　= 0,64
25,5	26,4	26	540	38 000	540 · 100/38000　= 1,42
24,5	25,4	25	980	107 000	980 · 100/107000　= 0,92
23,5	24,4	24	12 300	620 000	12300 · 100/620000　= 1,98
22,5	23,4	23	71 400	2 650 000	71400 · 100/2650000 = 2,70
21,5	22,4	22	540 000	∞	—
					Gesamt 7,66

5. Ermittlung der Spannungen.

Für die Beurteilung des Festigkeitsverhaltens eines Bauteils ist die Kenntnis
des Spannungszustandes erforderlich. Da im elastischen Zustand Proportionalität
zwischen den Spannungen und den Formänderungen besteht, lassen sich die
Spannungen aus den Formänderungen berechnen. Bedeuten ε_1, ε_2 und ε_3 die in
drei senkrecht zueinander stehenden Richtungen herrschenden Hauptdehnungen,
die an einer Stelle des Bauteils unter der Belastung entstehen, so gelten die Beziehungen für die entsprechenden Hauptspannungen

$$\sigma_1 = \frac{E}{1+\nu}\left(\varepsilon_1 + \frac{3\nu}{1-2\nu}\varepsilon_m\right) \tag{29}$$

$$\sigma_2 = \frac{E}{1+\nu}\left(\varepsilon_2 + \frac{3\nu}{1-2\nu}\varepsilon_m\right) \tag{30}$$

$$\sigma_3 = \frac{E}{1+\nu}\left(\varepsilon_3 + \frac{3\nu}{1-2\nu}\varepsilon_m\right) \tag{31}$$

$$\text{mit}\quad \varepsilon_m = \frac{1}{3}\left(\varepsilon_1 + \varepsilon_2 + \varepsilon_3\right)$$

wobei mit E der Elastizitätsmodul und mit v die Querzahl bezeichnet ist, Tabelle 3 und 4.

Tabelle 3. *Elastizitätszahlen metallischer Werkstoffe bei Raumtemperaturen.*

Werkstoff	E-Modul[1] kg/mm	G-Modul kg/mm²	Querzahl v
Grauguß .... GG 12	~7500		
Grauguß .... GG 22	~12000		0,24 bis 0,26
Temperguß	~17000	~6800	~0,25
C-Stähle .... ⎱	20500 bis 21000	7900 bis 8000	0,3 bis 0,31
Cr-, Si-, Mn-Stähle .... ⎰			
Ni-Stähle bis 5% Ni	20300 bis 20500	7800 bis 7900	0,31
mit 25% Ni.......	18200	7000	
mit 36% Ni.......	15600	6000	
AlCuMg-Legierungen	7200 bis 7400	2800	0,33 bis 0,34
AlMgSi-Legierungen	6800 bis 7200	2600 bis 2800	0,34
MgAl-Legierungen	4000 bis 4500	1500 bis 1700	~0,3
Kupfer .... geglüht	~11500	~4300	~0,34
Kupfer .... gezogen	~12500	~4700	0,34
Messing .... Ms 58	~12500	~4600	0,37
Messing .... Ms 63	~9500	~3500	0,36
Rotguß	8200 bis 8300	~3000	0,35 bis 0,36
Neusilber	11500	~4300	~0,34
Zink-Legierungen	11000 bis 13000	4500 bis 5000	0,26 bis 0,28

Tabelle 4. *Elastizitätsmodul in kg/mm² bei höheren Temperaturen.*

Werkstoff	Temperatur in °C					
	20	200	300	400	500	600
C-Stahl (0,1 bis 0,4% C)	21000	20000	18500	17000	14000	—
C-Stahl (0,5 bis 0,6% C)	21000	18500	17000	14000	11000	—
Cr-Mo-Stahl (~1% Cr, ~0,5% Mo)	21000	20500	20000	19000	17000	15000
Rein-Aluminium...............	6800	6200	4700	—	—	—
Duraluminium, AlCuMg	7200	6400	5500	—	—	—

Beim ebenen Spannungszustand ($\sigma_3 = 0$), wie er an der Bauteiloberfläche herrscht, lassen sich mit

$$\varepsilon_3 = - \frac{v}{1 - v} (\varepsilon_1 + \varepsilon_2) \tag{32}$$

die Gleichungen herleiten

$$\sigma_1 = \frac{E}{1 - v^2} (\varepsilon_1 + v\,\varepsilon_2) \tag{33}$$

$$\sigma_2 = \frac{E}{1 - v^2} (\varepsilon_2 + v\,\varepsilon_1) \tag{34}$$

(Man beachte, daß dem ebenen Spannungszustand ein räumlicher Verformungszustand entspricht, da die senkrecht zur Oberfläche auftretende Dehnung $\varepsilon_3 \neq 0$).

Die bei der Auswertung von Dehnungsmessungen zu benutzenden Gleichungen (33) und (34) lassen sich mit Hilfe eines Nomogramms schnell rechnerisch auswerten[1]. Das Nomogramm, Abb. 231, besteht aus vier Parallelen. Die beiden inneren Parallelen im Abstand $(1 - v)$ tragen die Teilung für die Spannungen, während auf den äußeren Parallelen im Abstand v von den inneren Parallelen die Dehnungen abgetragen sind. Den Maßstab für die Spannungen erhält man,

---

[1] KRISEMENT, O.: Arch. Eisenhüttenw. Bd. 23 (1952) S. 157.

indem der gewählte Maßstab für die Dehnungen mit $E/(1 - \nu)$ multipliziert wird. Verbindet man in dem Nomogramm jeweils die Dehnungen ε_1 und ε_2 durch eine Gerade, so schneidet diese die Spannungsmaßstäbe bei den gesuchten Spannungen σ_1 und σ_2, wie es die als Beispiel gezeichnete gestrichelte Gerade zeigt.

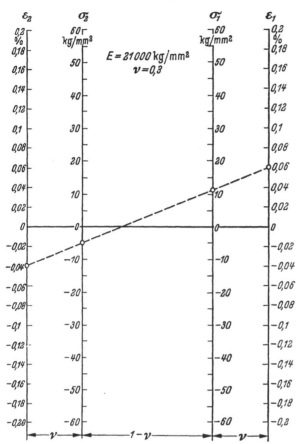

Abb. 231. Nomogramm zur Ermittlung der Spannungen σ_1 und σ_2 aus den gemessenen Dehnungen ε_1 und ε_2, Nach Krisement).

6. Hauptspannungstrajektorien.

Ein anschauliches Bild über den Spannungsfluß an der Oberfläche eines Bauteils kann man sich an Hand der Hauptspannungstrajektorien machen. Man versteht darunter zwei sich senkrecht schneidende Linienscharen, die in jedem Punkte den dort herrschenden Hauptspannungsrichtungen folgen. An einem lastfreien Rand fällt eine der Hauptspannungstrajektorien mit der Randlinie zusammen, so daß die zweite Trajektorienschar senkrecht in die Begrenzungslinie des Bauteils einmündet. Eine Symmetrielinie des Bauteils ist als Symmetrielinie für die Hauptspannungstrajektorien zu betrachten. Die Hauptspannungstrajektorien laufen etwa parallel in Bereichen gleichförmiger Beanspruchung und verengen sich in Gebieten höherer Beanspruchung bzw. erweitern sich in weniger beanspruchten Zonen. In Abb. 232 sind die Hauptspannungstrajektorien für einen Rechtkantbalken wiedergegeben, der am einen Ende eingespannt und am anderen Ende mit einer Kraft P belastet ist.

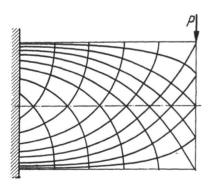

Abb. 232. Hauptspannungstrajektorien in einem einseitig belasteten eingespannten Balken (nach A. FÖPPL).

VII. Spannungsoptische Messungen.

Von **L. Föppl** und **E. Mönch**, München.

Vorbemerkung.

Die Arbeiten auf dem Gebiet der Spannungsoptik in den Jahren seit etwa 1940 dienten vor allem dem Ziel, die bekannten Verfahren auszubauen, damit sie mehr und mehr praktisch verwendet werden können. In der Entdeckung neuer Modellwerkstoffe und deren richtiger Behandlung dürften seit 1940 die wichtigsten Fortschritte liegen. Namentlich die räumliche Spannungsoptik, die schon seit 1936 in ihren Grundideen bekannt war, ist erst durch die Verwendung neuer Werkstoffe in den letzten Jahren zu einem praktisch brauchbaren Verfahren ausgebaut worden. Mit dem Fortschreiten in dieser Richtung hat sich aber die Spannungsoptik zu einem immer brauchbareren Hilfsmittel des Konstrukteurs entwickelt und die Aufmerksamkeit der Praxis gefunden. Es ist daher nur natürlich, daß eine Reihe von neuen Lehrbüchern über Spannungsoptik in den letzten Jahren entstanden sind, die dem Ingenieur den derzeitigen Stand der Wissenschaft und Praxis auf diesem Gebiet vermitteln sollen. Es ist nicht zu verwundern, daß das wichtigste Lehrbuch auf dem Gebiet der Spannungsoptik, das in den letzten Jahren erschienen ist, von einem Amerikaner stammt, da in den USA der Wert und die Bedeutung der Spannungsoptik von seiten der Industrie frühzeitig und in weitem Ausmaß erkannt worden ist. Es handelt sich um das Werk von MAX M. FROCHT: ,,Photoelasticity'' Vol. II, New York, John Wiley and Sons, London, Chapman and Hall (1948). Der erste Band war schon im Jahre 1941 erschienen. In diesem Werk werden in sorgfältiger Weise vor allem an Hand von Versuchen die Grundlagen der Spannungsoptik behandelt und an vielen Beispielen, die auch eine rechnerische Lösung gestatten, durch Vergleich mit dem spannungsoptischen Versuch die große Genauigkeit des Verfahrens nachgewiesen. Dieses Buch kann jedem, der die praktische Brauchbarkeit der Spannungsoptik kennenlernen will, zur Lektüre warm empfohlen werden, zumal die Darstellung des Stoffs vorzüglich ist und die spannungsoptischen Aufnahmen mit großer Sorgfalt durchgeführt worden sind.

Auch in anderen Ländern sind zusammenfassende Darstellungen zur Spannungsoptik erschienen, von denen die folgenden zu erwähnen sind:

LEONARDO VILLENA, Fotoelasticidad, Instituto Técnico de la Construccion y Edificación, Madrid 1942.

A. PIRARD, La Photoelasticité, Paris und Lüttich 1947.

H. T. JESSOP and F. C. HARRIS, ,,Photoelasticity, Principles and Methods'', London, Cleaver-Hume Press Ltd. 1949.

In Deutschland erschien 1950 im Springer-Verlag das Buch: Föppl, L., und E. Mönch: „Praktische Spannungsoptik", das als Einführung in die Versuchspraxis gedacht ist, wie sie sich unter Verwendung der neueren Fortschritte in Deutschland herausgebildet hat.

Ferner erschien 1951: Kuske, A.: „Verfahren der Spannungsoptik", V.D.I.-Verlag, Düsseldorf,. und 1952 in England das sehr empfehlenswerte Buch: Heywood, R. B.: Designing by Photoelasticity, London, Chapman & Hall.

A. Die spannungsoptische Apparatur.

In der Spannungsoptik ist wesentlich zu unterscheiden zwischen der ebenen und der räumlichen Spannungsoptik. Die ebene Spannungsoptik, die sich mit der Untersuchung ebener Spannungszustände befaßt, ist einfacher als die räumliche Spannungsoptik, bei der zur Ermittlung der räumlichen Spannungszustände andere Hilfsmittel herangezogen werden müssen. Wir beginnen mit der ebenen Spannungsoptik und behandeln im Anschluß daran in Abschn. E die räumliche Spannungsoptik.

Wir nehmen an, wir sollen mit Hilfe der Spannungsoptik den elastischen Spannungszustand feststellen, der in einer ebenen Scheibe von überall gleicher Dicke, aber beliebiger Gestalt, durch äußere Kräfte, die beliebig am Rand oder im Innern der Scheibe parallel zu ihrer Ebene wirken, hervorgerufen wird. Die Scheibe kann aus irgendeinem, dem Hookeschen Gesetz gehorchenden Stoff, wie z. B. Stahl oder Leichtmetall, bestehen. Wir können nun zunächst von dem Ähnlichkeitsgesetz elastischer Spannungszustände Gebrauch machen und die Scheibe in einem für die Versuche geeigneten Maßstab verkleinern. Dabei darf man die Dicke der Scheibe in anderem Maßstab verändern als die in der Scheibenebene liegenden Längen. Außerdem darf man aber auch, wie in Abschn. F noch näher ausgeführt wird, die angreifenden Kräfte nach einem frei wählbaren Maßstab verändern und auch einen anderen Werkstoff für das Modell wählen, ohne im allgemeinen die Ähnlichkeit des Spannungszustands zu beeinträchtigen. Das letztere ist wichtig, da als Modellwerkstoff für die Spannungsoptik nur durchsichtige Stoffe in Frage kommen.

1. Die spannungsoptische Bank.

Die ebenen spannungsoptischen Modelle bringt man zur Untersuchung zusammen mit einer geeigneten Belastungsvorrichtung in die spannungsoptische Apparatur, auch Polariskop genannt. Wir beschreiben zunächst die Apparatur, die zu Beginn der technischen Anwendung der Spannungsoptik in Deutschland eingeführt wurde und in mehr oder weniger abgeänderter Form auch heute noch in vielen Laboratorien verwendet wird.

Abb. 1 zeigt die Versuchsanordnung in schematischer Darstellung. Die einzelnen Teile der Anordnung sind auf einer geraden Schiene aufgesteckt, so daß eine möglichst genaue, der Schiene parallellaufende Gerade als optische Achse der Versuchseinrichtung erzielt wird. Die ganze Anordnung mit dem Tisch, auf dem die Schiene gelagert ist, wird als optische Bank bezeichnet. Als Lichtquelle wird gewöhnlich eine Punktlichtlampe oder eine Bogenlampe oder auch eine niedervoltige Doppelwendellampe verwendet, da es zweckmäßig ist, eine möglichst punktförmige Lichtquelle zu benützen. Wir wollen die von der Lichtquelle auslaufenden Strahlen weiter verfolgen. Es ist unter Umständen zweckmäßig, die Strahlen zur Abkühlung zunächst durch ein Wasserbad zu schicken. Zu diesem Zweck sind zwei Kondensorlinsen notwendig, wie aus Abb. 1 zu entnehmen ist. Übrigens scheint dieses Wasserbad der Strahlen in den meisten Fällen nicht notwendig zu sein. Will man anstatt des weißen Lichts monochromatisches Licht verwenden, was für viele Aufgaben der Spannungsoptik notwendig ist, so bringt man ein Lichtfilter in den Strahlengang etwa kurz vor dem in Abb. 1 mit *a* bezeichneten Polarisator.

Die Strahlen, die zunächst in der Ebene senkrecht zu ihrer Fortpflanzungsrichtung eine beliebige Schwingung ausführen, werden beim Durchgang durch das erste NICOLsche Prisma, das als Polarisator bezeichnet wird, eben polarisiert. Wir wollen annehmen, der Polarisator sei so eingestellt, daß er nur die vertikale Schwingungskomponente des ankommenden Lichts durchläßt. Es ist üblich, die zur Lichtschwingungsebene senkrecht stehende Ebene, d. h. also in unserem Falle die horizontale,

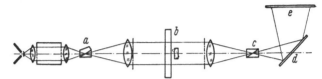

Abb. 1. Strahlengang in der optischen Bank. *a* Polarisator; *b* Aufspanntisch; *c* Analysator; *d* Spiegel; *e* Zeichentisch.

als Polarisationsebene zu bezeichnen. Bevor die eben polarisierten Strahlen durch das auf dem Aufspanntisch aufgespannte Modell gehen, werden sie noch durch eine Kondensorlinse parallel gerichtet, so daß sie alle senkrecht zur Ebene der Scheibe ankommen. Hinter der Kondensorlinse ist durch eine strichpunktierte Linie in Abb. 1 ein Viertelwellenlängen-Plättchen, kurz $\lambda/4$-Plättchen genannt, angedeutet. Ein entsprechendes zweites findet man hinter dem Modell vor der nächsten Kondensorlinse angegeben. Über die Bedeutung dieser $\lambda/4$-Plättchen wird später noch einiges zu sagen sein. Vorläufig brauchen wir sie nicht weiter zu beachten. Wenn die Scheibe, die auf dem Aufspanntisch *b* aufgespannt ist, spannungsfrei wäre, so würden die eben polarisierten Strahlen ohne wesentliche Änderung die durchsichtige Scheibe durcheilen und nach Zusammenfassung durch die hinter der Scheibe befindliche Kondensorlinse in das zweite NICOLsche Prisma, den Analysator *c*, gelangen. Da aber der Analysator gegen den Polarisator um 90° gedreht ist, so daß er nur horizontal schwingendes Licht durchläßt, löscht er die in der vertikalen Ebene schwingenden ankommenden Strahlen vollkommen aus. Man würde also in diesem Falle auf dem Zeichentisch *e* ein überall dunkles Feld feststellen. Dies ändert sich aber, sobald die Scheibe gespannt ist. Die Spannungen bewirken ein mehr oder weniger starkes Aufhellen des Gesichtsfeldes. Auch Eigenspannungen würden dieselbe Wirkung haben. Man benützt diesen Umstand, um festzustellen, ob die Scheibe frei von Eigenspannungen ist, indem man sie ohne äußere Belastung spannungsoptisch untersucht. Für eine genaue Untersuchung kommen nur Modelle in Betracht, die keine Eigenspannungen besitzen. Wie man Kunstharzmodelle herstellen und behandeln muß, um sie frei von Eigenspannungen zu erhalten, wird in Abschn. D besprochen.

2. Die vereinfachte spannungsoptische Apparatur.

Einen Nachteil der spannungsoptischen Bank, wie sie in Abschn. 1 besprochen worden ist, stellen die beiden NICOLschen Prismen dar. Da man solche Prismen zu erschwinglichen Preisen nur in kleiner Ausführung bekommt, ist es nötig, die Lichtstrahlen mit Hilfe von Linsen zusammenzufassen, in deren Brennpunkten die NICOLschen Prismen angeordnet werden. Zwischen den beiden Nikols muß durch weitere Linsen dafür gesorgt werden, daß ein paralleles Strahlenbündel den Modellkörper durchdringt. Sämtliche Linsen der Abb. 1 werden aber überflüssig, sobald man genügend große Polarisationsfilter an Stelle der Nikols zur Verfügung hat, so daß man mit parallelem Licht längs der ganzen optischen Bank arbeiten kann. Nachdem nunmehr ebene Polarisationsfilter von dem gewünschten Ausmaß künstlich hergestellt werden[1,2], vereinfacht sich die spannungsoptische Apparatur außerordentlich. Abb. 2 gibt ein sche-

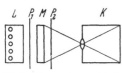

Abb. 2. Schema der vereinfachten Apparatur. *L* Lichtquelle *P*$_1$, *P*$_2$ Polarisationsfilter; *M* Modell; *K* Aufnahmekamera.

matisches Bild dieser Anlage. Lichtquelle ist jetzt ein Lampenkasten *L*, der Glühlampen enthält und auf der Vorderseite durch eine das Licht zerstreuende Opalglasscheibe abgeschlossen ist. Diese bildet den gleichmäßig erhellten Hintergrund des Bildfelds. Vor dem Lampenkasten stehen die Polarisationsfilter *P*$_1$ und *P*$_2$, von gewöhnlich 300 bis 400 mm Durchmesser, dazwischen das Modell *M* mit Belastungsvorrichtung.

Das spannungsoptische Bild wird entweder von dem vor der Apparatur stehenden Beobachter direkt mit dem Auge wahrgenommen oder durch eine Kamera *K* photographiert. Der Strahlengang ist, wie man sieht, bei dieser Anordnung nicht mehr streng parallel, sondern leicht konvergent. Um trotzdem noch gute Bilder zu bekommen, stellt man die Kamera möglichst weit, mindestens 3 bis 4 m von der Apparatur entfernt auf und verwendet ein Objektiv langer Brennweite oder ein Teleobjektiv.

Da man mit dieser Apparatur wesentlich größere Modelle als bei der alten Apparatur von Abb. 1 verwenden kann, ist es empfehlenswert, das Modell nicht auf einem drehbaren Aufspanntisch zu befestigen wie bei der alten Apparatur, sondern das Modell während der ganzen Untersuchung stehenzulassen und dafür die beiden Polarisatoren um die optische Achse drehbar anzuordnen.

Der Umstand, daß keine punktförmige Lichtquelle mehr nötig ist, bietet den weiteren

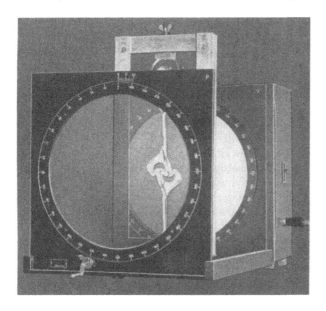

Abb. 2a. Die vereinfachte spannungsoptische Apparatur der Fa. D. Tiedemann, München.

Vorteil, daß man jetzt als Quelle das monochromatische Licht von Natriumdampflampen verwenden kann, die im Lampenkasten untergebracht werden. Natriumdampflicht ist bekanntlich schon ohne Einschaltung von Farbfiltern praktisch vollkommen monochromatisch.

Eine Ansicht der vereinfachten Apparatur zeigt Abb. 2a. Die kreisrunden Polarisationsfilter sind in Filterträgern montiert, die auf der Grundplatte

[1] Sauer, H.: VDI-Z. Bd. 82 (1938) S. 201.
[2] Haase, M.: Zeiß-Nachrichten, 2. Folge, Heft 2, Aug. 1936.

in Führungsnuten eingesteckt werden. Durch diesen unstarren Aufbau sind der Größe des Modells und der Belastungsvorrichtung praktisch keine Grenzen gesetzt.

Polariskope mit Nikols sind heute nur noch wenig im Gebrauch. Der parallele Strahlengang mittels Punktlichtquelle und Linsen ähnlich Abb. 1 dagegen wird noch vielfach benützt, wobei jedoch für die Polarisation heute gewöhnlich auch Großflächenpolarisatoren verwendet werden.

B. Die Hauptgleichung der Spannungsoptik.

Wir gehen jetzt zu der Frage über, wie der ebene Spannungszustand auf die durcheilenden polarisierten Lichtstrahlen einwirkt. Auf Grund der Versuche von D. BREWSTER (1816) und anderer Physiker nach ihm macht man sich von dieser Wirkung folgende Vorstellung. Der ankommende polarisierte Lichtstrahl wird entsprechend den Richtungen der Hauptspannungen an der betreffenden Stelle der Scheibe, die er durchdringt, in zwei Teilschwingungen zerlegt, die getrennt für sich die Dicke d der Scheibe durcheilen. Die beiden Teilschwingungen haben in der Scheibe im allgemeinen verschiedene Geschwindigkeiten entsprechend den verschiedenen Hauptspannungen σ_1 und σ_2 in den beiden Hauptspannungs-richtungen, und zwar bringt eine Zugspannung eine ihr proportionale Zunahme der Geschwindigkeit gegenüber dem spannungslosen Zustand hervor und eine Druckspannung eine ihr proportionale Abnahme der Geschwindigkeit. Es kommt nur auf die relative Verzögerung der beiden Teilstrahlen an. Diese ist demnach proportional der Differenz $\sigma_1 - \sigma_2$ der beiden Hauptspannungen. Außerdem ist sie selbstverständlich der Dicke d der Scheibe proportional sowie einer den Werkstoff kennzeichnenden Konstante C, die als *spannungsoptische Konstante* bezeichnet wird. Indem man die Verzögerung δ der beiden Teilschwin-gungen auf die Wellenlänge λ des verwendeten Lichtes bezieht, erhält man die *Hauptgleichung der Spannungsoptik*:

$$\delta = C (\sigma_1 - \sigma_2) \frac{d}{\lambda} . \tag{1}$$

Die Verzögerung δ ist eine reine Zahl und gibt die Anzahl der Wellenlängen λ an, um die der eine Teilstrahl gegenüber dem anderen hinter der Scheibe nach- bzw. voreilt. Ist δ ganzzahlig, also gleich 1, 2, 3 usw., so setzen sich die beiden Teilstrahlen hinter der Scheibe wieder zu einer eben polarisierten Schwingung zusammen, die im weiteren Verlauf vom Analysator ebenso verschluckt wird, als wenn an dieser Stelle $\delta = 0$ wäre. Wir erhalten demnach an allen Stellen des Gesichtsfeldes, denen nach Gl. (1) ganzzahlige Werte δ entsprechen, Ver-dunklung, und zwar treten die Stellen der Verdunklung linienweise auf, so daß einer ersten Linie, die als Isochromate 1. Ordnung bezeichnet wird, die Stellen entsprechen, wo $\delta = 1$ wird, einer zweiten Linie, der Isochromate 2. Ordnung, die Stellen, wo $\delta = 2$ wird usw. Durch photographische Aufnahme solcher Isochromatenbilder sind z. B. die Abb. 3, 4, 6, 7, 9 und 11 entstanden.

Bei Verwendung von monochromatischem Licht bekommt man deutliche Bilder von abwechselnd hellen und dunklen Linien, die sich zu photographischen Aufnahmen gut eignen. Verwendet man dagegen unmittelbar das weiße Licht der Lichtquelle ohne Zwischenschaltung eines Farbfilters, so erfahren die ein-zelnen Farben entsprechend ihrer Wellenlänge λ gemäß Gl. (1) verschiedene Verzögerungen δ, so daß sie an einer Stelle des ebenen Spannungszustands nur teilweise ausgelöscht werden, während die Restfarben in Erscheinung treten. Daher erhält man in diesem Fall als Isochromaten farbige Linien an Stelle der

abwechselnd hellen und dunklen Linien von vorhin. Da von dem Farben-
gemisch des weißen Lichts bei steigender Spannungsdifferenz $\sigma_1 - \sigma_2$ nach
Gl. (1) zuerst die Farben kurzer Wellenlänge λ die Verzögerung $\delta = 1$ erreichen
und somit zum Verschwinden kommen, während erst bei höherer Spannungsdifferenz die Farben größerer Wellenlänge verschwinden, entspricht der Reihenfolge gelb, rot, grün, violett der Isochromaten die Richtung wachsender Spannungsdifferenz $\sigma_1 - \sigma_2$, während die umgekehrte Farbenfolge zu abnehmender
Spannungsdifferenz gehört. In diesem Punkt ist man mit weißem Licht im Vorteil gegenüber einfarbigem Licht, während sich zum Photographieren der Isochromaten besser einfarbiges eignet. Ist man also im Zweifel, in welcher Richtung an einem Punkt des ebenen Spannungszustands die Spannungsdifferenz
$\sigma_1 - \sigma_2$ wächst, so nimmt man während des Versuchs das Farbfilter, das man
im allgemeinen mit Rücksicht auf die photographische Aufnahme der Isochromaten verwendet, für kurze Zeit heraus bzw. schaltet weißes Licht ein und kann
dann an der Farbordnung der Isochromaten die Richtung ansteigender Spannungsdifferenz sofort feststellen.

Gleichbedeutend mit der Differenz der beiden Hauptspannungen $\sigma_1 - \sigma_2$
ist, wie aus dem MOHRschen Spannungskreis hervorgeht, das Doppelte der
Hauptschubspannung τ_{max} an der betreffenden Stelle des ebenen Spannungszustands. Längs einer Isochromate behält die Hauptschubspannung den gleichen
Wert. Ist die Ordnung δ der betreffenden Isochromate festgestellt worden,
so kann man nach Gl. (1) den Wert von $\sigma_1 - \sigma_2 = 2\tau_{max}$ angeben, sobald die
spannungsoptische Konstante C des Werkstoffs bekannt ist.

Zur Bestimmung der Konstante C des Werkstoffs macht man zweckmäßig
einen Eichversuch in der Weise, daß man aus dem Werkstoff, den man zum
Hauptversuch verwendet, einen Stab herstellt, der dieselbe Dicke d besitzt
wie die Scheibe des Hauptversuchs, und ihn einer reinen Biegung durch ein
bekanntes Biegungsmoment unterwirft. Die im Querschnitt auftretenden Bie-
gungsspannungen gehorchen nach der strengen Elastizitätstheorie dem Geradliniengesetz. Infolgedessen treten als Isochromaten der Stabachse parallele
Linien in gleichen Abständen auf (Abb. 3). Dem Übergang von einer dieser
parallelen Isochromaten zur nächsthöheren Ordnung entspricht eine Zunahme
von δ nach Gl. (1) um 1 und andererseits ein bekannter Spannungssprung von
$\sigma_1 - \sigma_2$, worin σ_2 als Hauptspannung in Richtung senkrecht zur Stabachse
Null zu setzen ist. Man kann demnach aus Gl. (1), da auch d und λ bekannt sind,
C zahlenmäßig entnehmen. Es hat die Dimension cm^2/kg und es wird 10^{-7} cm^2/kg
als 1 brewster bezeichnet.

Zur Auswertung der Isochromatenbilder ist die zahlenmäßige Kenntnis
der spannungsoptischen Konstante selbst aber gar nicht nötig, sondern man
stellt durch den Eichversuch nur fest, wie groß der Sprung der Spannungsdifferenz $\sigma_2 - \sigma_1$ und damit der Hauptschubspannung τ_{max} beim Übergang
von einer Isochromate zur nächsthöheren beträgt. Da wir für den Eichversuch
gleiche Dicke d des Probestabes und gleiche Wellenlänge λ des verwendeten
Lichtes wie beim Hauptversuch mit der Scheibe vorausgesetzt haben, so entspricht im letzteren Fall dem Übergang von einer Isochromate zur nächsten
derselbe Sprung der Hauptschubspannung wie beim Eichversuch. Mehr ist
aber zur Auswertung der Isochromatenbilder der Scheibe nicht erforderlich.

Zu unseren bisherigen Betrachtungen, die schließlich zur Erklärung der
Isochromatenbilder geführt haben, ist im optischen Teil noch eine Ergänzung
nötig. Wir haben den in der vertikalen Ebene schwingenden polarisierten Lichtstrahl verfolgt, nachdem er den Polarisator verlassen hat. Beim Durchdringen
der Scheibe zerlegt er sich in zwei Teilstrahlen, die in Richtung der Haupt-

spannungen schwingen und je nach der Größe der entsprechenden Hauptspannungen verschiedene Verzögerungen erfahren, deren relative Verzögerung
hinter der Scheibe den Betrag δ von Gl. (1) ausmacht. Wenn nun aber der auf
die Scheibe auftreffende polarisierte Strahl an einer Stelle durcheilt, wo die
Hauptspannungsrichtungen selbst vertikal und horizontal gerichtet sind, so
erfolgt keine Aufspaltung in zwei Teilstrahlen, sondern der in der vertikalen
Hauptspannungsrichtung schwingende ankommende polarisierte Lichtstrahl
bleibt auch beim Durchgang durch die Scheibe und dahinter eben polarisiert
und wird schließlich vom Analysator vollkommen verschluckt, so daß dieser
Stelle der Scheibe eine Verdunklung im Bild entspricht. Alle Punkte des ebenen
Spannungszustands mit horizontalen und vertikalen Hauptspannungsrichtungen
wirken in gleicher Weise auf die sie durcheilenden polarisierten Lichtstrahlen

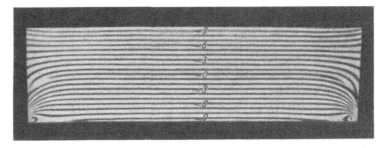

Abb. 3. Isochromatenbild bei reiner Biegung (Eichversuch).

ein, so daß ihnen im Bild eine schwarze Linie entspricht, die man als *Isokline*
bezeichnet, da sie den geometrischen Ort aller Punkte des ebenen Spannungszustands mit horizontalen bzw. vertikalen Hauptspannungsrichtungen darstellt. Dreht man den Aufspanntisch mit dem auf ihm aufgespannten Modell,
so wandert die Isokline als deutlich erkennbare schwarze Linie über das Gesichtsfeld. Man kann auch das Modell in Ruhe lassen und dafür die beiden Nikols
bzw. die beiden Polarisatoren im gleichen Sinn um die Achse der optischen
Bank drehen. Da es nur auf die relative Drehung der Nikols gegenüber der
Ebene des Spannungszustands ankommt, zeigt sich auch in diesem Fall das
Wandern der Isokline über das ganze Gesichtsfeld des ebenen Spannungszustands.
Indem man statt der kontinuierlich wandernden Isokline nur einzelne Isoklinen
herausgreift, die etwa gleichen Winkelabständen des relativ zu den feststehenden
Nikols gedrehten Aufspanntisches entsprechen und diese auf dem Zeichen-
tisch jedesmal nachzieht, so erhält man eine Schar von Isoklinen, mit deren
Hilfe man, da jeder Isokline bestimmte Hauptspannungsrichtungen zugeordnet
sind, zeichnerisch das Netz der Hauptspannungstrajektorien gewinnen kann.
Unter Umständen ist die Kenntnis dieses Netzes von Vorteil. Begnügt man
sich dagegen mit der Kenntnis der Hauptschubspannung an jeder Stelle des
ebenen Spannungszustands, so braucht man weder die Isoklinen noch die Hauptspannungstrajektorien.
Die Isokline, die als schwarzes, unter Umständen auch breites Band das
Gesichtsfeld durchzieht, stört bei der Auswertung der Isochromatenbilder.
Dazu kommt, daß überall in der Nähe der Isokline, wo die Schwingungsebene
des ankommenden Strahls nur wenig von einer Hauptspannungsrichtung abweicht, die Intensität der Isochromate gering ist, während sie für Stellen in
größeren Abständen von der Isokline, wo der Winkel zwischen der Schwingungs-

ebene des ankommenden polarisierten Strahls und den Richtungen der Hauptspannungstrajektorien etwa 45° beträgt, die Intensität der Isochromate besonders groß ist. Um diese Intensitätsschwankungen längs einer Isochromate
zu vermeiden und zugleich die Isokline ganz zum Verschwinden zu bringen,
verwendet man an Stelle des ankommenden, in einer bestimmten Ebene polarisierten Lichts, zirkularpolarisiertes Licht. Beim zirkular polarisierten Licht
rotiert die Polarisationsrichtung mit konstanter Geschwindigkeit um die Fortpflanzungsrichtung als Achse, so daß damit die ausgezeichnete Richtung des
eben polarisierten Lichts, die die Veranlassung für das Auftreten der störenden
Isokline und der störenden Intensitätsschwankungen längs der Isochromaten
waren, in Wegfall kommen.

Um aus dem eben polarisierten Licht zirkularpolarisiertes zu erzeugen, wird
das erste der beiden oben schon erwähnten $\lambda/4$-Plättchen verwendet, das in
Abb. 1 im parallelen Strahlengang zwischen erster Kondensorlinse und Aufspanntisch gestrichelt angedeutet ist. Es ist dies ein natürlicher Kristall, der
auf die verwendete Wellenlänge λ des Lichts so abgestimmt sein muß, daß
er den ankommenden ebenpolarisierten Strahl in einen zirkularpolarisierten
Strahl verwandelt. Die Wirkungsweise eines $\lambda/4$-Plättchens ist dieselbe wie
die einer durchsichtigen Scheibe, die gleichmäßig auf Zug oder Druck unter 45°
gegen die Durchlaßrichtungen der Nikols beansprucht wird, in solcher Dicke,
daß die sich nach Gl. (1) zu berechnende Verzögerung δ gerade $^1/_4$ beträgt.
Wegen der genauen mathematischen Formulierung dieser Umwandlung des
ebenpolarisierten in einen zirkularpolarisierten Strahl, sowie überhaupt der
Berechnung des Strahlengangs in der optischen Bank, bzw. in der einfachen
spannungsoptischen Apparatur, sei auf die am Anfang dieses Artikels angegebene
Literatur verwiesen.

Neben dem ersten $\lambda/4$-Plättchen braucht man hinter dem Aufspanntisch
ein zweites gleiches $\lambda/4$-Plättchen, das in Abb. 1 ebenfalls gestrichelt links
neben der zweiten Kondensorlinse im parallelen Strahlenbündel angedeutet
ist. Mit Hilfe dieser beiden $\lambda/4$-Plättchen ist die Apparatur vollständig. Man
erhält damit Isochromatenbilder, bei denen längs einer Isochromate konstante
Lichtstärke herrscht, so daß sie sich bei Verwendung von monochromatischem
Licht, wie wir oben gesehen haben, zur photographischen Wiedergabe gut eignen.
Man erhält damit ein vollständiges Bild der Verteilung der Hauptschubspannungen über das ganze Gesichtsfeld, womit die Aufgabe der Spannungsermitt-
lung in den meisten praktischen Fällen ausreichend erledigt ist.

Neben der spannungsoptischen Materialkonstante C von Gl. (1) wird neuerdings häufig noch eine zweite spannungsoptische Konstante verwendet. Da in
der Spannungsoptik in erster Linie nach den Spannungen gefragt wird, ist es
zweckmäßig, Gl. (1) nach der Spannungsdifferenz $\sigma_1 - \sigma_2$ aufzulösen und dabei
die beiden nur vom Material und dem verwendeten Licht abhängigen Größen C
und λ zu einer einzigen Konstanten, die wir mit S bezeichnen wollen, der sogenannten „spannungsoptischen Konstanten des Versuchs" zusammenzufassen:

$$S = \frac{\lambda}{C} . \tag{2}$$

Die *Hauptgleichung der Spannungsoptik* läßt sich dann folgendermaßen schreiben

$$\sigma_1 - \sigma_2 = \frac{S}{d} \delta . \tag{3}$$

Die spannungsoptische Konstante S hat demnach die Dimension $\dfrac{\text{kg/cm}^2}{\text{Ordnung}}$ cm.
Sie läßt sich ebenso wie früher bei der Konstante C von Gl. (1) besprochen wurde,

durch einen Eichversuch ermitteln, wobei wieder zweckmäßig der Fall der reinen Biegung eines Stabes von rechteckigem Querschnitt zugrunde gelegt wird.

Hierbei verteilen sich die Biegespannungen nach dem Geradliniengesetz über den Querschnitt, so daß die vom Biegemoment M herrührenden Kantenspannungen

$$\sigma = \frac{6M}{dh^2} \tag{4}$$

betragen, und zwar an der einen Kante Zug und an der anderen Druck von gleicher Größe. Setzt man diesen Wert von σ an Stelle von σ_1 ein, während σ_2 bei reiner Biegung Null ist, so erhält man aus Gl. (3)

$$S = \frac{6M}{h^2 \delta} = \frac{12M}{h^2 z}, \tag{5}$$

wenn z die Anzahl der über die ganze Höhe h in gleichen Abständen verteilten Isochromaten bedeutet. Dabei ist es im Interesse der Genauigkeit der Versuche zweckmäßig, wenn die höchste Isochromatenordnung an den Kanten des Biege-Eichstabes, also $z/2$, ungefähr mit den beim Versuch zu erwartenden höchsten Isochromatenordnungen übereinstimmt. Für die zumeist verwendete Modelldicke von 10 mm sind passende Werte für den Modellversuch $M = 80$ cmkg und $h = 20$ mm. Damit folgt die spannungsoptische Konstante S aus Gl. (5) zu

$$S = \frac{240}{z} \frac{\text{kg/cm}^2}{\text{Ordnung}} \, \text{cm.} \tag{5a}$$

Nachdem die spannungsoptische Konstante S aus dem Eichversuch bestimmt worden ist, folgt aus Gl. (3) die Hauptspannungsdifferenz aus dem Isochromatenbild des ebenen spannungsoptischen Versuchs an jeder Stelle, indem man die jeweilige Isochromatenordnung in Gl. (3) einsetzt. Für den Fall, daß die Modelldicke ebenso wie beim Eichstab $d = 10$ mm beträgt, ist dieser Wert für d in Gl. (3) zu verwenden.

Es muß selbstverständlich dafür gesorgt werden, daß der Eichstab aus derselben Platte wie das Modell entnommen wird, und daß er die gleiche Wärmebehandlung erfährt wie das Modell.

Mit dem Auszählen der Isochromatenordnungen aus dem aufgenommenen Isochromatenbild zusammen mit dem Eichversuch ist die einfache Auswertung des spannungsoptischen Versuchs beendet. Die Isochromaten können im Falle der Gültigkeit der MOHR-GUESTschen Annahme über die Anstrengung des Materials als Linien gleicher Anstrengung[1] angesehen werden, da längs einer Isochromate die Differenz der beiden Hauptspannungen $\sigma_1 - \sigma_2$ und damit die Hauptschubspannung

$$\tau_H = \frac{\sigma_1 - \sigma_2}{2} \tag{6}$$

konstant ist. Beim Übergang von einer Isochromate zur nächsthöheren, vermehrt sich die Hauptspannungsdifferenz jedesmal um den gleichen Betrag, nämlich nach Gl. (3) um S/d.

In dieser einfachen und übersichtlichen Auswertung liegt der Hauptvorteil der ganzen Spannungsoptik. Die weitere Auswertung, wozu die Kenntnis der Hauptspannungslinien und der einzelnen Hauptspannungen σ_1 und σ_2 gehört, macht wesentlich größere Mühe. Diese ,,vollständige Auswertung des ebenen Spannungszustands", wie sie üblicherweise bezeichnet wird, verlangt neben der oben besprochenen rein spannungsoptischen Auswertung mit Hilfe der Iso-

---

[1] Dies gilt allerdings nur unter der Voraussetzung, daß σ_1 und σ_2 verschiedene Vorzeichen haben.

chromaten und Isoklinen noch eine Ergänzung, die rechnerisch oder experimentell erfolgen kann. Es gibt eine größere Zahl von Verfahren dieser Art,
auf die hier aber nicht eingegangen werden kann. Es sei hier auf die Literatur
verwiesen.

Auf ein spannungsoptisches Verfahren vollständig anderer Art als das bisher
besprochene sei hier noch hingewiesen.

Es stammt von H. FAVRE[1] und gestattet, auf rein optischem Weg die Hauptspannungen σ_1 und σ_2 einzeln zu messen, indem die Phasenverschiebungen der
beiden in den Hauptspannungsrichtungen schwingenden Teilstrahlen einzeln
gemessen werden. Das Verfahren erfordert eine umständlichere Apparatur und
große Genauigkeit der Messungen. Das dürfte der Grund dafür sein, daß es
nur an wenigen Stellen erfolgreich verwendet wird. H. FAVRE hat mit seiner
Apparatur bemerkenswerte Ergebnisse erzielt.

C. Beispiele zum einfachen Auswertungsverfahren mit Hilfe der Isochromaten.

Der einfachste Spannungszustand ist der eines gezogenen oder gedrückten
Stabes von überall gleichmäßiger Spannung (Abb. 4). Wird ein Flachstab
aus Kunstharz in dieser Weise beansprucht und in den Strahlengang der optischen Bank gebracht, so daß die optische Achse senkrecht zur Ebene des

Abb. 4. Isochromaten im Zugstab.

Spannungszustands steht, so können wir Gl. (1) darauf anwenden, in der
$\sigma_1 = 0$ und $\sigma_2 = P/F$ zu setzen ist, wenn P die Zug- bzw. Druckkraft des Stabes
und F seinen Querschnitt bedeutet. Wir wollen dabei voraussetzen, daß in der
optischen Apparatur $\lambda/4$-Plättchen verwendet werden, damit zirkularpolarisiertes Licht an den ebenen Spannungszustand herangeführt wird. In diesem
Fall ändert sich, wie wir im vorigen Abschnitt gesehen haben, nichts am Isochromatenbild, wenn wir den ebenen Spannungszustand in der eigenen Ebene
drehen. Wir können daher den auf Zug oder Druck beanspruchten Stab mit
seiner Achse in eine beliebige Richtung senkrecht zur optischen Achse der
Apparatur in den Strahlengang einbringen.

Wir wollen annehmen, die Kraft P werde, von Null beginnend, langsam
gesteigert. Solange überhaupt kein Spannungszustand vorhanden ist, erfahren
die den Stab durchdringenden Strahlen keine Doppelbrechung, d. h., das ganze
Gesichtsfeld, das wir hinter der Apparatur beobachten, bleibt dunkel. Mit
wachsender Kraft findet im prismatischen Teil des Stabes ein überall gleich-

[1] Schweiz. Bauztg. Bd. 90 (1927) S. 291. — La détermination optique des tensions
intérieures, Editions de la Revue d'Optique théorique et instrumentale. Paris 1932.

mäßiges Aufhellen statt, bis die Spannung σ_2 so groß geworden ist, daß sich nach
Gl. (1) für δ der Wert $1/2$ berechnet. Bei dieser Spannung, die wir $\sigma_0/2$ nennen wollen,
ist die Aufhellung ein Maximum geworden. Bei weiter wachsender Spannung
geht die Aufhellung wieder
zurück, bis beim Wert σ_0 für
die Zug- bzw. Druckspannung wieder vollkommene
Verdunklung des Gesichtsfeldes eingetreten ist. Nun
hat δ den Wert 1 erreicht.
Die dem Spannungswert σ_0
entsprechende Verdunklung
ist die Verdunklung erster
Ordnung. Wächst die Spannung über σ_0 hinaus, so
wiederholt sich der Vorgang
in der zweiten Periode
zwischen σ_0 und $2\sigma_0$ in
der gleichen Weise wie
in der ersten Periode usw.

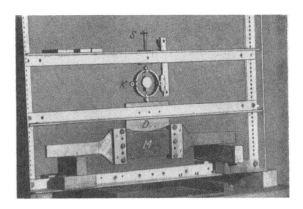

Abb. 5 Versuchsaufbau zur Prüfung eines Biegestabs mit Rippen.

Man könnte diesen Versuch zu Eichzwecken verwenden, indem der Wert $\sigma_0/2$
den Sprung der Hauptschubspannungen von einer Isochromate zur nächsten
angibt in irgendeinem ebenen Spannungszustand, wobei der gleiche Werkstoff
und dieselbe Scheibendicke benützt wird wie beim Vergleichsstab. Ein Nachteil dieser Art der Eichung ist, daß die über den Stab gleichmäßig verteilten
Aufhellungen bzw. Verdunklungen zeitlich nacheinander auftreten. Dazu
kommt noch, daß es nicht ganz einfach ist, einen überall gleichmäßigen Spannungszustand in einem Zug- oder Druckstab zu erzeugen. Deshalb wird zu
Eichversuchen in der Regel der auf reine Biegung beanspruchte Stab verwendet,
worauf schon in Abschn. B hingewiesen wurde.

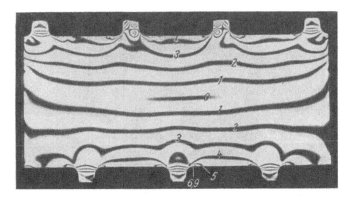

Abb. 6. Isochromaten im Biegestab mit Rippen.

Wir zeigen nun noch zwei Anwendungsbeispiele aus der technischen Praxis.
Beim ersten Problem handelt es sich um ein stabförmiges Konstruktionsteil
mit Rippen, das gegen eine Auflage gepreßt und dadurch auf Biegung beansprucht
wird. An den Rippen treten dabei Spannungserhöhungen durch Kerbwirkung

auf. Es war die Aufgabe gestellt, von mehreren Rippenformen die günstigste zu ermitteln.

Abb. 5 zeigt den Versuchsaufbau[1]. Vom ganzen Konstruktionsteil wurde nur der interessierende mittlere Teil durch das Kunstharzmodell (*M*) nach-

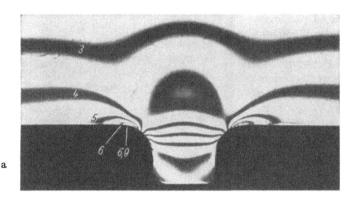

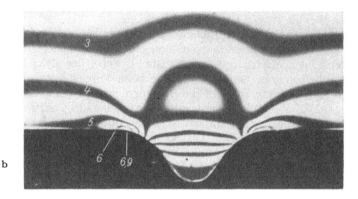

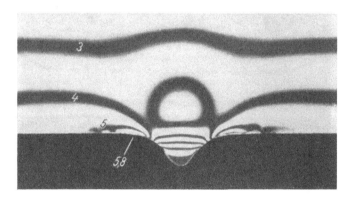

Abb. 7a bis c. Einfluß der Rippenform auf die maximale Spannung.

gebildet. Auf beiden Seiten sind Hebelarme angeschraubt, um die vorgeschriebene Biegungsbeanspruchung zu verwirklichen. Diese wurde dadurch aufgebracht,

---

[1] Die Abb. 5 bis 11 stammen aus nicht veröffentlichten Versuchen von M. Kufner, München.

daß das Druckstück D, welches in Wirklichkeit das Auflager darstellt, mittels einer Schraube S gegen das Modell gedrückt wurde. Ein Kraftmeßgerät K ist dazwischengeschaltet.

Zwischen den Polarisatoren der spannungsoptischen Apparatur beobachtete man das Isochromatenbild Abb. 6. Die von der Nullinie in der Mitte in der Ordnung ansteigenden annähernd parallelen Linien sind wieder typisch für Biegung. An den Stellen örtlicher Spannungserhöhung am Rand infolge Kerbwirkung erscheinen örtlich höhere Isochromatenordnungen.

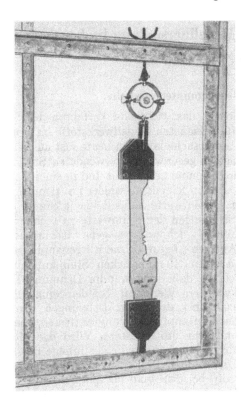

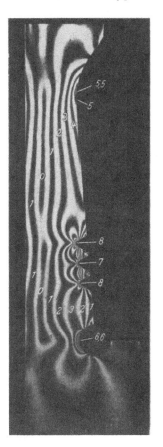

Abb. 8. Belastung eines Modells durch exzentrischen Zug.   Abb. 9. Isochromaten zu Abb. 8.

Als Vergleichsstudie verschiedener Rippenformen greifen wir die mittlere Rippe der Zugseite heraus. Die Abb. 7a bis c zeigen die vergrößerten Ausschnitte um diese Rippe aus den Isochromatenbildern von drei Modellen mit verschiedener Formgebung. Bemerkenswert ist, daß die Form b gegenüber Form a keine Verbesserung darstellt: in beiden Fällen ist die höchste Isochromatenordnung an der Kerbe dieselbe, obwohl der Kerbradius bei Form a wesentlich kleiner ist. Dieses zunächst überraschende Ergebnis kann damit erklärt werden, daß bei Form a die links und rechts der Rippe befindlichen Kerben so nahe aneinander liegen, daß sie sich gegenseitig entlasten, und so den ungünstigen Einfluß stärkerer Kerbwirkung wieder ausgleichen. Form c dagegen ist günstiger als die vorhergehenden: hier liegen die Spannungskonzentrationen ungefähr im gleichen Abstand wie bei a, so daß dieselbe Entlastungswirkung vorhanden ist, außerdem ist aber der Kerbradius größer. Beide günstigen Ein-

34*

flüsse summieren sich hier, daher ist die Isochromatenordnung und damit die maximale Spannung niedriger.

Die Versuchsanordnung für ein weiteres praktisches Anwendungsbeispiel zeigt Abb. 8. Auch hier handelt es sich um einen ebenen Spannungszustand in einem Maschinenteil, der Spannungskonzentrationen infolge Kerbwirkung aufweist. Die Beanspruchung ist exzentrischer Zug. Die dadurch überlagerte Biegung zeigt sich wieder im Isochromatenbild Abb. 9 durch nebeneinanderliegende Streifen. Außerdem beobachtet man wieder die hohen Ordnungen an den Kerbstellen.

D. Modellwerkstoffe und Modellherstellung in der ebenen Spannungsoptik.

1. Modelle für Isochromatenversuche.

Da die Auswertung der Isochromaten das wichtigste Verfahren der Spannungsoptik darstellt, stehen die hierfür geeigneten Modellwerkstoffe im Vordergrund des Interesses. Für Isochromatenversuche kommen heute fast ausschließlich Kunststoffe in Frage. Die wichtigsten gegenwärtig verwendeten Stoffe hat R. HILTSCHER[1] sehr gründlich auf ihre Eignung untersucht und in einer Tabelle zusammengestellt. Wir geben seine Daten in folgendem wieder mit dem Bemerken, daß es sich natürlich nicht um Absolutwerte handelt, da ja immer, und insbesondere bei Kunststoffen, mit Streuungen der Kennwerte zu rechnen ist.

Die in der 1. Spalte aufgeführte „dehnungsbezogene Isochromatenzahl" D (von den angelsächsischen Autoren „figure of merit" genannt) ist die bei einachsigem Zug bzw. Druck in einem 10 mm dicken Stab auftretende Isochromatenordnung, dividiert durch die dabei angewandte Dehnung. Diese Zahl soll möglichst groß sein. Ideal wäre ein Werkstoff, bei dem eine für die Auswertung günstige Isochromatenzahl bei denselben Dehnungen erreicht würde, wie sie in der zu untersuchenden Hauptausführung auftreten, die gewöhnlich aus Stahl, Beton oder ähnlichem Stoff besteht. Wird das Modell stärker verformt als die Hauptausführung, so können Fehler infolge der Veränderung der geometrischen Form des Modells vorkommen. Nun hat man allerdings bisher keinen Modellwerkstoff, bei dem man im spannungsoptischen Versuch mit so kleinen Dehnungen auskommt, wie sie in Stahl und Beton vorkommen. Will man beispielsweise bei einem Modell von der Dicke $d = 10$ mm im Isochromatenbild bis auf die Ordnung $\delta = 15$ kommen und rechnet mit dem günstigsten in der Tabelle aufgeführten D von 2,81, so wäre die dazu erforderliche Dehnung im Modell: $\varepsilon = \delta/D\,d = 5,3^0/_{00}$. Derart große elastische Dehnungen kommen in Konstruktionen der Technik nur in Ausnahmefällen vor. Man entnimmt hieraus, daß man gegenwärtig im spannungsoptischen Versuch noch mit überhöhten Formänderungen arbeiten muß. Jedoch verursachen sie wenigstens in der ebenen Spannungsoptik, wo sie sich, wie man sieht, in der Gegend von einigen $^0/_{00}$ bewegen, im allgemeinen noch keine ins Gewicht fallenden Fehler. Indessen erkennt man, daß die „dehnungsbezogene Isochromatenzahl" D das wichtigste Gütemaß eines Werkstoffs für Isochromatenversuche ist.

Gewisse allen Kunststoffen anhaftenden Eigentümlichkeiten müssen ferner bei der Gütebeurteilung beachtet werden. Hierzu dienen die weiteren Spalten der Tabelle.

---

[1] Forschg. Ing.-Wes. Bd. 20 (1954) S. 66.

Alle Kunststoffe kriechen. Dies bedeutet zunächst im engeren Sinne, daß bei ruhender Beanspruchung die Verformung mit der Zeit zunimmt. Analog zu diesem „mechanischen Kriechen" bezeichnet man als „optisches Kriechen" die zeitliche Zunahme (oder auch Abnahme) der Isochromatenordnung bei konstant bleibender Kraft. Das mechanische Kriechen bedingt, solange nicht Proportionalitätsabweichungen vorliegen, noch keine Meßfehler, wenn das zu behandelnde Problem so geartet ist, daß alle äußeren Kräfte konstant gehalten werden können, oder wenigstens ihr Verhältnis zueinander immer konstant bleibt. Auch das optische Kriechen braucht an sich keine Fehler zu verursachen. Ist es vorhanden, so muß man nur beachten, daß der Eichversuch zur Bestimmung der spannungsoptischen Konstante S unter gleichen Bedingungen vor sich geht wie der Hauptversuch, vor allem, daß er gleich lange dauert. Es ist jedoch ein Vorteil für einen Werkstoff, wenn das optische Kriechen gering ist. Ein Maß dafür gibt die Größe φ in Spalte 2 der Tabelle.

Schwerwiegender sind Proportionalitätsabweichungen des Modellwerkstoffs. Der ideale Werkstoff sollte sowohl Proportionalität zwischen Spannung und Dehnung (HOOKEsches Gesetz), als auch zwischen diesen und der Isochromatenordnung aufweisen. HILTSCHER hat ein Prüfverfahren auf Proportionalitätsabweichung erdacht, das gleichzeitig beide Einflüsse in einer den spannungsoptischen Anforderungen angepaßten Weise erfaßt. Näheres hierüber in der Originalarbeit. Die mit diesem Meßverfahren gewonnenen Ergebnisse enthält die 3. und 4. Spalte der Tabelle.

Eine ebenfalls typische Eigenschaft der Kunststoffe, die die Meßgenauigkeit früher stark beeinträchtigte und auch heute noch nicht ganz überwunden ist, ist der sogenannte Randeffekt. Es handelt sich hierbei um die Erscheinung, daß frisch hergestellte Modelle ausgehend von der Oberfläche, namentlich der frisch bearbeiteten, mit der Zeit Veränderungen erleiden. Manche Modellwerkstoffe, z. B. Phenolkunstharze geben gewisse Stoffe, hauptsächlich Wasser, an die Umgebung ab, wobei vielfach noch weitere noch nicht ganz geklärte Nebenvorgänge im Spiel sind, andere, wie Araldit, nehmen Feuchtigkeit aus der Umgebung auf. Die Abgabe von Stoffen verursacht ein Schrumpfen, die Aufnahme ein Quellen der Oberfläche; beides erzeugt einen Eigenspannungszustand, der sich beim Betrachten des noch nicht belasteten Modells im Polariskop an den Rändern störend bemerkbar macht. Als man von den optisch hochwirksamen Stoffen erst die Phenolharze kannte, die die lästigen Eigenschaften des Randeffekts in besonders hohem Maße zeigten, war man gezwungen, Gegenmittel zu suchen. Dies ist auch in weitem Maße gelungen, jedoch soll hier wegen dieser Fragen nur auf die Literatur verwiesen werden[1], da man heute die Phenolharze wegen der ziemlich umständlichen Verhütungsmaßnahmen gegen den Randeffekt kaum noch verwendet. Wie die 5. Spalte unserer Tabelle zeigt, gibt es heute schon Kunststoffe mit vernachlässigbar geringem Randeffekt. Übrigens hat sich z. B. bei Araldit gezeigt, daß man den hier durch Wasseraufnahme entstehenden Randeffekt, der an sich schon klein ist, durch Aufbewahren der Modelle im Exsikkator weitgehend unterdrücken kann.

Die Anfälligkeit einzelner Fabrikationschargen desselben Kunststoffs gegen Randeffekt ist oft sehr unterschiedlich. Die in der Tabelle angegebenen Werte sind daher nur als ungefährer Anhalt zu betrachten.

Die Elastizitätsmoduln der in der Tabelle aufgeführten Stoffe liegen zwischen 20000 und 50000 kg/cm².

Auf Grund der Untersuchungen HILTSCHERS sind, nach den physikalischen Eigenschaften bewertet, Bt 61—893 und Araldit F (oder auch B) die besten

---

[1] FÖPPL, L., u. E. MÖNCH: Praktische Spannungsoptik, Berlin (1950), S. 26 ff.

Tabelle: *Gütezahlen spannungsoptischer Werkstoffe nach* R. HILTSCHER.
Eingeklammerte Zahlen für Werte bei plastischem Fließen in der Zugzone.

Modellwerkstoff	Dehnungsbezogene Isochromatenzahl D für $\sigma = \pm 120\ kg/cm^2$ und $t = 1\ min$ — Ordnung/cm / ⁰/₀₀ Dehnung	Relative Kriechgeschwindigkeit φ für $\sigma = \pm 120\ kg/cm^2$ und $t = 1\ min$ — %/min	Proportionalitätsabweichung η für $\sigma = \pm 120\ kg/cm^2$ und $t = 1\ min$ bei — Zug %	Druck %	Randeffekt-Empfindlichkeit ϱ — Ordnung/cm Tag	Hersteller und Bemerkungen
Phenolharze						
Catalin 800	1,76	−6,2	−4,5	0,0	$1{,}2^2$	Catalin Corporation of America, New York
Dekorit	2,63	−4,5	−9,2	0,0	$0{,}8^3$	Dr. Raschig, Ludwigshafen
Dekorit, gehärtet . .	2,60	−1,7	−5,7	0,0	$1{,}0^3$	Dr. Raschig, Ludwigshafen, 35 h bei 96° C in Schutzhülle nachgehärtet
Isolon	2,81	−1,4	0,0	0,0	$0{,}6^2$	Skånska Ättikfabriken, Perstorp, Schweden
Aethoxylinharze						
Araldit D	2,28	−2,3	−1,6	0,7	$0{,}2^2$	Ciba AG, Basel, 100 Teile Harz, 10 Teile Härter 951, Härtung 24 h bei 20° C, Nachhärtung 6 h bei 60° C
Araldit F	2,60	0,0	0,0	0,0	$0{,}15^2$	Ciba AG, Basel, 100 Teile Harz, 45 Teile Härter 901, Härtung 36 h bei 120° C
Allylharze						
CR—39	1,91	−2,0	−0,7	0,0	$0{,}6^2$	Pittsburgh Plate Glass Co, Pittsburgh, USA
Homalite	1,27	−2,3	−0,2	0,0	$0{,}6^2$	Homalite Corp., Wilmington, USA, Fertigprodukt aus gleichem Monomer wie CR—39
Diallylphthalat . .	(2,37)	(−1,0)	(−4,5)	(4,5)	$0{,}5^2$	Shell Petroleum Comp, London, als Monomer geliefert, Polymerisationsdaten nicht bekannt
Kriston	2,72	−0,4	−1,2	1,4	$0{,}08^2$	B. F. Goodrich, Cleveland, USA, Polymerisation mit 1 % Benzoylsuperoxyd bei 60° C, Nachhärtung 10 h bei 120° C
Alkyde						
Bt 61—893	2,78	0,0	0,0	0,0	$0{,}3^2$	Catalin Corporation of America, New York, neue Bezeichnung Catalin 61—893
Andere Polyester						
Markon 9 (rein) . .	0,72	1,1	−8,5	4,0	$0{,}05^1$	Scott, Bader & Co., London (frühere Bezeichnung Marco resin S. B. 28 C), 100 Teile Markon 9 HV, 3 Teile Katalysator B, 0,3 Teile Beschleuniger D; Polymerisation 20 h bei 20° C, Nachhärtung 5 h bei 60° C

Tabelle. *Fortsetzung.*

P 4—1	1,58	—0,5	—3,1	0,7	0,6²	Badische Anilin- u. Sodafabrik, Ludwigshafen, 100 Teile P 4, 1 Teil Katalysator, 0,05 Teile Beschleuniger; Polymerisation 24 h bei 20°C, Nachhärtung 5 h bei 80°C
P 4—2	1,72	—0,4	0,0	0,0	0,6²	Badische Anilin- u. Sodafabrik, Ludwigshafen, 100 Teile P 4, 0,5 Teile Benzoylsuperoxyd, 0,01 Teile Dimethylanilin; Polymerisation und Nachhärtung wie bei P 4—1
VP 1527	(1,35)	(0,0)	(—5,0)	(2,6)	0,05¹	Dynamit AG, Abt. Venditor, Troisdorf, Fertigprodukt

¹ Klasse 1, Randeffekt vernachlässigbar klein. ² Klasse 2, Randeffekt kommt zum Stillstand. ³ Klasse 3, Randeffekt kommt nicht zum Stillstand.

Modellwerkstoffe. Leider sind jedoch beide nicht in fertigen Platten mit glatter Oberfläche beziehbar. Platten aus Bt 61—893 müssen erst geschliffen und poliert werden, Araldit bezieht man als monomeres Rohprodukt und vergießt es selbst zu Platten (siehe Abschn. E). Aus diesen Gründen wird man manchmal die kleinere Genauigkeit anderer Stoffe in Kauf nehmen, gegen die Annehmlichkeit, sie in fertigen Platten beziehen zu können, wie dies z. B. bei Homalite und VP 1527 der Fall ist.

Ebene Modelle werden aus Platten durch spanabhebende Bearbeitung hergestellt. Für verständnisvolle Behandlung ist die Kenntnis des molekularen Aufbaus der Modellwerkstoffe wichtig. Alle wegen hoher optischer Wirksamkeit für Isochromatenversuche besonders geeigneten Werkstoffe gehören zu den sogenannten *vernetzten* Kunststoffen. Bei diesen sind die fadenförmigen Makromoleküle auch durch seitliche stabile Bindungen untereinander verknüpft. Dieses System der stabilen Bindungen bildet ein den ganzen Werkstoff durchdringendes Netz. Daneben hat man noch weitere, weniger feste Bindungen, die bei Raumtemperatur vorhanden sind, jedoch bei einer bestimmten höheren Temperatur sich lösen. Über dieser sogenannten Erweichungstemperatur wird das Material gummiartig oder, wie man sagt, „hochelastisch", es wird großer, nahezu elastischer Verformungen fähig. In diesem Zustand wird es nur mehr durch das makromolekulare Netz zusammengehalten. Gibt man nun dem Netz oberhalb der Erweichungstemperatur einen elastischen Spannungszustand, indem man das Modell verformt, und kühlt hierauf unter Beibehalten der Verformung ab, so treten die durch Erwärmung vorher gelösten sekundären Bindungen wieder in Aktion und verhindern dann im kalten Zustand den Rückgang des aufgebrachten Spannungszustands, der jetzt in dem wieder hart gewordenen Werkstoff gewissermaßen erstarrt oder eingefroren ist. Gleichzeitig erstarrt auch der optische Effekt. Die erstarrte Verformung und der optische Effekt bleiben auch noch erhalten, wenn man jetzt das Modell zerschneidet. Darauf beruht das Erstarrungs- oder Einfrierverfahren der räumlichen Spannungsoptik, bei dem durch Zerschneiden des erstarrten Modells jede beliebige Stelle eines räumlichen Spannungszustands der polarisationsoptischen Untersuchung zugänglich gemacht werden kann. Davon wird der nächste Abschnitt handeln.

Für die ebene Spannungsoptik ist die Kenntnis dieser Dinge wichtig, weil sie bei der Herstellung der Modelle Anlaß zu Störungen sein können. Erwärmt sich das Modell beim Bearbeiten zu stark, dann kann es vorkommen, daß der durch den Druck des Werkzeugs hervorgerufene Spannungszustand beim Wiedererkalten in der geschilderten Weise erstarrt. Ein solches Modell zeigt dann schon ohne Belastung im Polariskop Isochromaten und ist in diesem Zustand unbrauchbar. Man muß daher Sorge tragen, daß sich bei der Bearbeitung das Werkstück wenig erwärmt. Aus diesem Grunde eignen sich solche Bearbeitungsarten besonders, bei denen sich entweder das Werkzeug nicht dauernd am Werkstück befindet, so daß es Gelegenheit hat, sich zwischendurch wieder abzukühlen, wie beim Sägen mit Bandsäge und beim Fräsen, oder solche, bei denen das Werkstück laufend gute Kühlung erfährt, wie meist beim Drehen. Meistens ist dann bei diesen Bearbeitungsarten eine künstliche Kühlung nicht nötig. Auch Feilen eignet sich bei einiger Vorsicht, doch darf man nur mit scharfen, neuen Feilen arbeiten. Bohren mit Spiralbohrer ist eine etwas heikle Sache, wegen des Mangels an Kühlung. Es gelingt jedoch auch Bohrungen spannungslos herzustellen, wenn man den Bohrer zum Auswerfen der Späne in kurzen Abständen abwechselnd senkt und hebt.

Ein durch übermäßiges Erwärmen bei der Bearbeitung entstandener eingefrorener Spannungszustand läßt sich durch Erhitzen des Modells im elektrischen Ofen (Trockenschrank) und nachfolgendes langsames Abkühlen wieder entfernen, aber nur dann, wenn der Werkstoff randeffektfrei ist oder wenn man das Entstehen von Randeffekt während der Wärmebehandlung verhindern kann. Dann gelingt das „Austempern“ solcher erst durch die Bearbeitung entstandener Störungen verhältnismäßig leicht, da es sich nur um eingefrorene Fremdspannungszustände handelt. Dagegen gelingt es oft nicht, Vorspannungen im Ausgangsmaterial durch Tempern zu beseitigen, nämlich dann, wenn man es mit echten Eigenspannungszuständen des makromolekularen Netzes zu tun hat, die schon während der Polymerisation entstanden sind.

2. Modellwerkstoffe für Sonderzwecke.

Wir erwähnen hier noch einige Werkstoffe, die entweder heute an Bedeutung verloren haben, oder die für besondere Zwecke geeignet sind:

Glas war zu Beginn der technischen Anwendung der Spannungsoptik der einzig bekannte Modellwerkstoff. Bemerkenswert an Glas ist, daß seine „dehnungsbezogene Isochromatenzahl“ D, Werte bis über 3 Ordnungen je cm und $^0/_{00}$ erreichen kann, also hierin den besten Kunststoffen gleichkommt. Jedoch sind wegen der Bruchgefahr nur Dehnungen bis etwa $\frac{1}{2} \, ^0/_{00}$ möglich, daher erreichte man mit Glas kaum mehr als die erste Isochromatenordnung. Es mußten deshalb Bruchteile von Ordnungen genau gemessen werden, und dadurch war die Auswertung umständlich, jedoch wegen der kleinen aufzuwendenden Verformungen und der guten elastischen Eigenschaften des Glases sehr genau. Der Hauptgrund dafür, daß man heutzutage Glas kaum mehr verwendet, ist seine schwierige und kostspielige Bearbeitung.

Plexiglas, ein Kunststoff auf Akrylsäurebasis, wird häufig zur Aufnahme von Isoklinen verwendet. Man erreicht mit ihm etwa denselben optischen Effekt wie mit Glas, es ist daher für Isochromatenaufnahmen ungeeignet. Plexiglas ist durch die üblichen spanabhebenden Fertigungsverfahren sehr leicht zu bearbeiten und hat keinen Randeffekt. Ferner ist es in polierten Platten jeder Dicke vollkommen vorspannungsfrei erhältlich. Dies ist wichtig für Isoklinenaufnahmen, weil hierbei keine hohe optische Wirksamkeit erwünscht ist, damit die Isochromaten nicht stören, dagegen um so mehr Freiheit von Vorspannungen gefordert werden muß.

Celluloid war der erste der optisch stark wirksamen Kunststoffe, der für Isochromatenversuche verwendet wurde, und war sehr beliebt, weil es sehr leicht bearbeitet und auch geleimt werden kann. Man erreicht im elastischen Bereich nur etwa 5 Ordnungen pro cm Dicke. Daher kommt Zelluloid heute für elastische Spannungsoptik kaum mehr in Betracht. Da es ausgesprochene Fließeigenschaften ähnlich den bildsamen Metallen hat, wurde es jedoch neuerdings für plastische Versuche herangezogen[1].

Abb. 10. Gießen des Modells eines Staumauer-Querschnitts und eines Eichstabs.
M Modell; *E* Eichstab; *T* Trog; *F* Blechform.

Polystyrol wird von R. HILTSCHER[2] für die plastische Spannungsoptik als Modellwerkstoff vorgeschlagen.

Gummi, und zwar Naturgummi ohne Beimengungen, kann zur optischen Untersuchung von Problemen mit großen Formänderungen dienen. Gummi ist nie vollkommen glasklar, gibt aber in Scheiben bis etwa 10 mm Dicke noch gut erkennbare Isochromaten. Der Elastizitätsmodul beträgt etwa 5 kg/cm², die dehnungsbezogene Isochromatenzahl etwa 0,02 Ordnungen/cm $^0/_{00}$.

Gelatine. Eine aus Gelatine und Wasser mit Zusatz von Glycerin hergestellte Gallerte verwendet man zur Untersuchung von Spannungszuständen unter Eigengewicht[3]. Die Gallerte hat einen Elastizitätsmodul von etwa 1 kg/cm². Man kann ohne Schwierigkeiten so große Modelle damit gießen, daß sich unter Eigengewicht Isochromaten ausbilden. Wegen der verhältnismäßig kleinen dehnungsbezogenen Isochromatenzahl von etwa 0,004 Ordnungen/cm$^0/_{00}$ müssen die Modelle 50 bis 100 mm dick sein. Sie werden zwischen zwei Glasplatten untersucht. Abb. 10 erläutert, wie das Gelatinemodell einer Staumauer und ein dazugehöriger Zugstab für die Eichung gegossen werden. Abb. 11 zeigt die mit dem Modell erhaltenen Isochromatenbilder.

[1] MÖNCH, E.: Forschg. Ing.-Wes. Bd. 21 (1955) S. 20.

[2] VDI-Z. Bd. 97 (1955) S. 49.

[3] FARQUHARSON, F. B., u. R. G. HENNES: Civ. Engng. Bd. 10 (1940) S. 211.

Abb. 11b.

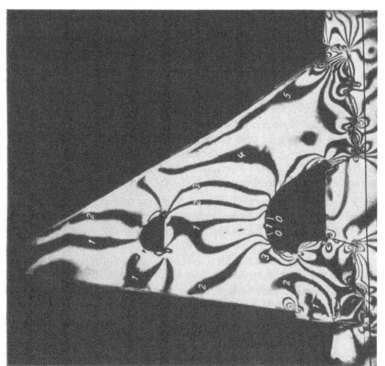

Abb. 11a.

Abb 11. Isochromatenbild des Staumauer-Querschnitts. a) Unter Eigengewicht allein; b) mit zusätzlicher Seitenlast entsprechend dem Wasserdruck. Modell aus Gelatine.

E. Räumliche Spannungsoptik.

Der allgemeine räumliche Spannungszustand ist nach allen Richtungen von Ort zu Ort verschieden. Er kann daher nicht wie in der ebenen Spannungsoptik, wo die Spannungen über die ganze Modelldicke hin unveränderlich sind, dadurch untersucht werden, daß das Modell als Ganzes mit polarisiertem Licht durchstrahlt wird. Denn der Lichtstrahl trifft auf seinem Wege durch das Modell von Stelle zu Stelle auf verschiedene Spannungszustände, deren Einzelwirkungen aus der zu beobachtenden Gesamtwirkung nicht ermittelt werden können.

Das einzige räumliche spannungsoptische Verfahren, das bisher größere praktische Bedeutung erlangt hat, ist das erstmals von G. OPPEL[1] 1936 angewandte Erstarrungs- oder Einfrierverfahren. Schon in Abschn. D wurde dargelegt, daß Modelle aus vernetzten Kunststoffen fähig sind, einen bei höherer Temperatur aufgebrachten Spannungs- und Verformungszustand festzuhalten, wenn sie unter Beibehalten der Belastung wieder abgekühlt werden, und daß man sich diese Fähigkeit damit zu erklären hat, daß beim Erwärmen die molekularen Bindungen gelöst werden, bis auf ein makromolekulares elastisches Netz, das im warmen Zustand allein die Belastung aufnimmt. Beim Abkühlen werden die vorher gelösten Bindungen wieder wirksam und halten das Netz in der verformten Lage fest. Dieser eingefrorene Spannungszustand hat mit Eigenspannungen, wie sie etwa bei ungleichmäßiger Erwärmung des Modells auftreten, nichts zu tun, wie daraus hervorgeht, daß man das Modell mit seinen eingefrorenen Spannungen beliebig aufschneiden kann, ohne daß sich dabei die eingefrorenen Spannungen in den einzelnen Teilstücken ändern würden, wie es bei Eigenspannungen der Fall wäre. Infolgedessen verziehen sich einzelne Stücke auch nicht. Man kann mit ihnen als Bausteinen das ursprüngliche Modell wieder lückenlos zusammenbauen, wobei höchstens beim Aufschneiden dünne Schichten in Wegfall gekommen sind. Daraus folgt, daß sich die eingefrorenen Spannungen innerhalb der Moleküle oder Molekülverbände ausgleichen müssen. Da nun aber der spannungsoptische Effekt von der Formänderung des elastischen Netzes abhängt, diese aber beim Erstarren und darauffolgender Entlastung fast nicht zurückgeht, so bleibt der spannungsoptische Effekt im wesentlichen im abgekühlten Modell erhalten, und ändert sich auch nicht beim Zerschneiden des Modells. Man kann also das erstarrte Modell in dünne Scheiben zerschneiden, und indem man diese ins Polariskop bringt, somit an jeder beliebigen Stelle, auch im Innern, den Spannungszustand untersuchen.

Da, wie man annehmen muß, beim Erstarrungsverfahren hauptsächlich nur das elastisch verformte Netz den spannungsoptischen Effekt hervorruft, ist dieser unter gleicher Formänderung geringer als im gewöhnlichen ebenen spannungsoptischem Verfahren bei Raumtemperatur, wo sich das ganze Material am optischen Effekt beteiligt. Während man nach der Tabelle auf S. 534 in der ebenen Spannungsoptik bei den besten Modellwerkstoffen eine dehnungsbezogene Isochromatenzahl D von 2,5 bis 3 Ordnungen/cm $^0/_{00}$ erreicht, beträgt dieses Gütemaß im Erstarrungsverfahren bei den bisher bekannten Modellwerkstoffen bestenfalls 0,7 bis 0,9. Dieser Umstand beeinträchtigt die Genauigkeit der räumlichen Versuche. Schon bei der ebenen Spannungsoptik sahen wir, daß man gewöhnlich im Modell mit etwas größeren Dehnungen arbeiten muß als bei der Hauptausführung, wenn man bei 10 mm Modelldicke so viele Isochromaten erhalten will, wie es für eine bequeme Auswertung wünschenswert ist. Nun hat man aber beim Erstarrungsverfahren nur etwa ein Viertel des dehnungsoptischen Effekts. Dazu kommt, daß man die zu durchleuchtenden

---

[1] Diss. TH München 1936 — Forschg. Ing.-Wes. Bd. 7 (1936) S. 240.

Schnitte gewöhnlich nicht 10 mm dick aus dem Modell herausschneiden darf, damit der Spannungszustand über die Dicke hin noch genügend gleichmäßig ist. Die Schnitte sollten im allgemeinen nicht dicker als 3 bis 4 mm sein. Dies führt dazu, daß man beim Erstarrungsverfahren immer verhältnismäßig große Formänderungen anwenden muß, nicht selten das 5- bis 10fache der Hauptausführung. Da große Verformungen in vielen Fällen schon merkliche Fehler durch Veränderungen der geometrischen Form verursachen, ist das Erstarrungsverfahren heute noch nicht so genau als die ebene Spannungsoptik. Vielfach muß man sich mit einer Genauigkeit von etwa 10% begnügen.

Was die *Modellwerkstoffe* für das Erstarrungsverfahren betrifft, so ist auch hier zunächst das *Phenol-Formaldehyd-Kunstharz* zu erwähnen. Es war in den ersten Jahren der räumlichen Spannungsoptik das einzige bekannte Material mit verhältnismäßig hohem dehnungsoptischem Effekt. Bei geeigneter Behandlung konnte man Werte von D bis 0,7 Ordnungen/cm$^0/_{00}$ erreichen. Wegen des starken Randeffekts wird es jedoch heute kaum mehr verwendet. In den USA wurde später der Kunststoff *Fosterite* für die Spannungsoptik entwickelt. Sein D beträgt zwar nur 0,18 bis 0,24 Ordnungen/cm$^0/_{00}$, aber es ist fast randeffektfrei und wird daher in Amerika noch viel benützt. Schließlich wurde in neuester Zeit das Äthoxilinharz *Araldit* für die Spannungsoptik entdeckt. Seine dehnungsbezogene Isochromatenzahl $D = 0,7$ bis 0,9 ist bisher von keinem Stoff übertroffen worden. Sein Randeffekt ist gering und tritt nur bei Raumtemperatur durch Feuchtigkeitsaufnahme ein, verschwindet aber bei höherer Temperatur wieder, so daß man ihn dadurch ganz ausschalten kann, daß man die Modelle und die Schnitte nach der Wärmebehandlung im Exsikkator aufbewahrt.

Außer Araldit scheinen noch andere Polyesterharze ähnlich gute Eigenschaften im Erstarrungsverfahren zu besitzen. Vor allem ist in den USA das Allylesterharz *Kriston* dadurch bekannt geworden. Leider ist seine Produktion zur Zeit eingestellt. Da mit Araldit bisher die meisten Erfahrungen vorliegen, wird im folgenden nur auf die Versuchstechnik mit diesem Werkstoff eingegangen.

Im Gegensatz zu Phenolformaldehyd und Fosterite, die nur als polymeres Fertigprodukt erhältlich sind, bezieht man Araldit als monomeres Rohprodukt mit einem dazugehörigen Reaktionsbeschleuniger (Härter) und vergießt es selbst. Damit haben sich die Herstellungsmöglichkeiten verwickelter räumlicher Modelle wesentlich erweitert. Es gibt warmhärtendes und kalthärtendes Araldit. Beim ersteren sind Monomeres und Härter bei Raumtemperatur fest. Das Monomere wird bei 150° C geschmolzen, mit dem pulverförmigen Härter gemischt und hierauf vergossen. Die Polymerisation oder Aushärtung erfolgt anschließend bei konstanter Temperatur, am besten bei 100° C. Sie dauert bei dieser Temperatur etwa 20 Stunden. Nach beendeter Polymerisation kühlt man langsam ab. Beim kalthärtenden Produkt werden Monomeres und Härter flüssig bezogen, bei Raumtemperatur vermischt und hierauf vergossen. Das Aushärten bei Raumtemperatur dauert 1 bis 2 Tage. Das warmhärtende Araldit ist hinsichtlich der Meßgenauigkeit der Versuche besser, jedoch hat das Gießen mit dem kalthärtenden Produkt den Vorteil, daß das Abkühlen, das unter Umständen Temperaturspannungen verursachen kann, wegfällt. So ist z. B. das spannungsfreie Eingießen von Metallteilen nur mit kalthärtendem Araldit möglich.

Nicht genau maßhaltig gegossene Araldit-Modelle können leicht durch spanabhebende Verfahren nachgearbeitet werden. Da die Araldit-Harze ausgezeichnete Klebemittel sind, können größere Modelle ohne Schwierigkeit aus einzelnen Teilen zusammengeklebt werden.

Die *Versuchsdurchführung* beim Erstarrungsverfahren ist folgende. Das Modell aus Araldit wird mit seiner Belastungsvorrichtung und einer Eichvorrichtung, die gewöhnlich auch hier einen Probestab auf reine Biegung beansprucht, in den elektrischen Ofen gebracht und zunächst mehrere Stunden lang auf 140 bis 150° C erhitzt, damit das Kunstharz gleichmäßig durchwärmt ist. Sein Elastizitätsmodul sinkt dabei von etwa 32 000 kg/cm² bei Raumtemperatur auf etwa 170 kg/cm²; der hochelastische Zustand ist erreicht. Hierauf wird auf Modell und Eichstab die Belastung aufgebracht und dann sehr langsam, höchstens um 5° je Stunde, abgekühlt. Nach dem vollständigen Erkalten können die äußeren Kräfte weggenommen werden.

Jetzt kann das Modell zur Auswertung zerschnitten werden, wozu sich am besten eine Bandsäge eignet. Natürlich muß vorher genau überlegt werden, wie am zweckmäßigsten geschnitten wird, so daß die interessierenden Stellen möglichst gut erfaßt werden. Denn die räumliche Spannungsoptik hat nicht den Vorzug der ebenen, daß ein einziges Bild das ganze Spannungsfeld erfaßt, sondern im allgemeinen wird man nur die wichtigen Stellen durch Entnahme von Schnitten der Auswertung zuführen.

Was den spannungsoptischen Effekt betrifft, den eine nach dem Erstarrungsverfahren aus dem Modell herausgeschnittene Scheibe in der spannungsoptischen Apparatur hervorruft, so gilt auch hier wieder die Hauptgleichung der Spannungsoptik (s. Gl. 1)

$$\delta = \frac{C}{\lambda}(\sigma_1' - \sigma_2')\, d', \tag{7}$$

worin alle Zeichen dieselbe Bedeutung wie in Gl. 1 haben und $\sigma_1' - \sigma_2'$ die Differenz der sogenannten *sekundären Hauptspannungen* bedeutet. Man versteht unter sekundären Hauptspannungen die für den ebenen Spannungszustand senkrecht zum Lichtstrahl gültigen Hauptspannungen. Da im allgemeinen an der Stelle des Modellkörpers, wo die Scheibe herausgeschnitten wurde, ein räumlicher Spannungszustand mit den 3 Hauptspannungen σ_1, σ_2 und σ_3 herrscht, werden die sekundären Hauptspannungen σ_1' und σ_2' mit zweien der 3 Hauptspannungen σ_1, σ_2 und σ_3 nur dann übereinstimmen, wenn die Strahlrichtung mit einer der 3 Hauptrichtungen des räumlichen Spannungszustands zusammenfällt. Mit d' ist in Gl. (7) der Lichtweg bezeichnet, der mit der Dicke d der Scheibe durch die Beziehung $d' = d/\cos\gamma$ zusammenhängt, wobei γ die Neigung des Lichtstrahls gegen die Normale zur Scheibe angibt. Man entnimmt aus obiger Gl. 7, daß die Normalspannung in Richtung des Lichtstrahls sowie die Schubspannungen, auch in Richtung des Lichtstrahls, nebst ihren zugeordneten Schubspannungen keinen spannungsoptischen Effekt hervorrufen, sondern nur die Normalspannungen, die senkrecht zum Lichtstrahl gerichtet sind, und von den Schubspannungen nur jene, die mit diesen beiden Normalspannungen zusammen zu einem ebenen Spannungszustand gehören.

Die aus dem Modell an den interessierenden Stellen herausgeschnittenen Scheiben sollten, wie erwähnt, nicht dicker als etwa 3 mm sein, damit der Spannungszustand in der Scheibe als nahezu homogen angesehen werden darf. Der spannungsoptische Effekt, der bei Durchleuchtung der Scheiben festgestellt wird, läßt dann nach Gl. (7) die Spannungsdifferenz $\sigma_1' - \sigma_2'$ berechnen, die dem Mittelwert der Spannungen in der Scheibe senkrecht zur Strahlrichtung entspricht.

Im allgemeinen läßt sich der räumliche Spannungszustand an irgend einer Stelle durch Herausschneiden einer solchen Scheibe und Ermittlung ihres spannungsoptischen Effektes nur schwer in allen Einzelheiten feststellen. Es gibt aber wichtige Ausnahmefälle, wo es viel leichter möglich ist, und zwar an unbelasteten Oberflächen.

Abb. 12 zeigt eine solche Scheibe von der Dicke d, wobei die Ansicht der unbelasteten Oberfläche O entsprechen soll. Schickt man einen polarisierten Lichtstrahl L unter dem Winkel γ schief hindurch, so gilt

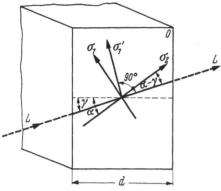

$$\delta = \frac{C}{\lambda}\, \frac{d}{\cos\gamma}\, \sigma_1', \tag{8}$$

da die eine sekundäre Hauptspannung σ_2' gleich Null ist, wegen der Voraussetzung der unbelasteten Oberfläche O. Für die Schnitte senkrecht zur Oberfläche herrscht ein ebener Spannungszustand mit den Hauptspannungen σ_1 und σ_2, die unter dem Winkel α bzw. $90° - \alpha$ gegen die Scheibennormale gerichtet sein mögen.

Abb. 12. Schiefe Durchstrahlung eines Schnitts tangential zur unbelasteten Oberfläche.

Für diesen ebenen Spannungszustand läßt sich die senkrecht zum Strahl L gerichtete Spannung σ_1' durch die Hauptspannungen σ_1 und σ_2 folgendermaßen ausdrücken:

$$\sigma_1' = \sigma_1 \cos^2(\alpha - \gamma) + \sigma_2 \sin^2(\alpha - \gamma). \tag{9}$$

Setzt man dies in Gleichung (8) ein, so erhält man

$$\delta = \frac{C}{\lambda}\, \frac{d}{\cos\gamma}\, [\sigma_1 \cos^2(\alpha - \gamma) + \sigma_2 \sin^2(\alpha - \gamma)]. \tag{10}$$

In dieser Gleichung sind σ_1, σ_2 und α unbekannt. Indem man unter 3 verschiedenen Winkeln γ die Scheibe durchleuchtet und jeweils die Phasenverschiebung δ bestimmt, erhält man genügend Gleichungen, um die Unbekannten zu berechnen.

Man hätte die Scheibe natürlich auch parallel zur Oberfläche herausschneiden und senkrecht zur Oberfläche durchstrahlen können; dann hätte man sogleich die Spannungsdifferenz $\sigma_1 - \sigma_2$ erhalten. Das hätte aber nur den Mittelwert der Spannungen über die Scheibendicke in Richtung senkrecht zur unbelasteten Oberfläche ergeben. Häufig findet aber gerade an den Stellen, die besonders interessieren, ein starker Anstieg der Spannungen gegen die Oberfläche statt, der damit nicht erfaßt werden kann, während dies bei den oben erwähnten Auswerteverfahren möglich ist.

Abb. 13. Araldit-Modell einer Welle mit Flansch in der Belastungsvorrichtung.

Auch bei einem Symmetrieschnitt, wenn ein solcher vorhanden ist, erhält man schon auf einfache Weise wichtige Aufschlüsse über die Beanspruchung. Hier liegt eine Hauptrichtung (senkrecht zum Symmetrieschnitt) von vornherein fest. Schneidet man eine Scheibe aus dem Modell durch zwei der Symmetrieebene parallele, nahe benachbarte

Ebenen heraus, so kann man von einer solchen Scheibe bei senkrechter Durchleuchtung ein Isochromatenbild aufnehmen wie in der ebenen Spannungsoptik. Die Isochromatenordnung liefert dann die Differenz der in der Symmetrieebene liegenden Hauptspannungen, und an lastfreien Rändern des Symmetrieschnitts die Spannung selbst.

Wegen der vollständigen Auswertung des allgemeinen räumlichen Spannungszustandes, d. h. der Bestimmung der 3 Hauptspannungen nach Größe und Richtung, bzw. der 6 Spannungskomponenten, muß auf die Literatur verwiesen werden[1].

Die Abb. 13 und 14 führen ein Anwendungsbeispiel des Erstarrungsverfahrens vor[2]. Die Aufgabe besteht darin, den Übergang einer auf Biegung beanspruchten Welle zu ihrem Befestigungsflansch zu verbessern. Abb. 13 zeigt das Araldltmodell der Welle mit Flansch in der Belastungsvorrichtung, die durch ein Kräftepaar eine reine Biegungsbeanspruchung auf die Welle aufbringt. Das gegossene und hernach auf genaues Maß nachgearbeitete Modell war 250 mm lang. Ein Eichversuch ist hier entbehrlich, weil es nur auf den Vergleich der größten Spannungen in Welle und Übergang ankommt. Die Welle selbst dient als Eichstab. Die Abb. 13 ist noch im kalten Zustand aufgenommen, daher ist mit dem Auge noch keine Verformung zu erkennen. Nach dem Erstarren wurde in der lotrechten Symmetrieebene eine 3 mm starke Scheibe herausgeschnitten. Ihr

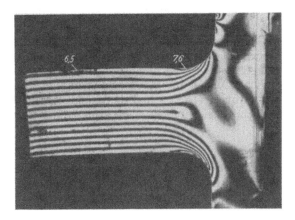

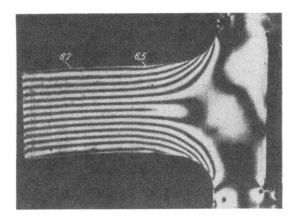

Abb. 14. Isochromaten im Symmetrieschnitt von Modellen nach Abb. 13. Einfluß verschiedener Übergänge auf die Spannung.

Isochromatenbild zeigt Abb. 14 oben. Der Übergang besteht hier aus einem reinen Kreisbogen. Der Vergleich der Isochromatenordnungen des Randes in Welle und Übergang ergibt im letzteren eine Spannungserhöhung infolge Kerbwirkung von 17%. Um die Spannungskonzentration zu vermindern, wurde nun bei einem zweiten Modell der Übergang in der Weise ausgebildet, daß sich an die zylindrische Welle zunächst ein schwach konischer Teil und erst an diesen der Kreisbogen anschloß. Die Isochromaten sieht man in Abb. 14 unten. Man bemerkt hier nur noch eine Spannungserhöhung von etwa 5% an der Stelle,

---

[1] Frocht, M. M. und Guernsey, R., jr.: Proc. First U.S. nat. Congr. appl. Mech., June 1951. — NACA Rep. 1848, 1953,
[2] Aus nicht veröffentlichten Versuchen von Th. Gaymann, München.

wo Zylinder und Kegel zusammenstoßen. In Abb. 14 sind die verhältnismäßig starken Verformungen, die man beim Erstarrungsverfahren bis jetzt noch anwenden muß, mit freiem Auge deutlich zu erkennen.

Weitere Beispiele finden sich in einer Arbeit von M. Kufner[1].

F. Modellgesetze in der Spannungsoptik.

Soweit es sich um rein elastische Spannungszustände handelt, die im Modell untersucht werden sollen, — und dies trifft in der Spannungsoptik fast immer zu —, gilt das *statische Modellgesetz*, um aus den gemessenen Spannungen am Modell auf die entsprechenden Spannungen in der Hauptausführung zu schließen. Das statische Ähnlichkeitsgesetz verlangt zunächst geometrische Ähnlichkeit zwischen Modell und Hauptausführung. Wird irgendeine Abmessung der Hauptausführung (H) mit l und die entsprechende Abmessung im Modell (M) mit l' bezeichnet, so gibt das Verhältnis beider Abmessungen

$$\frac{l}{l'} = \lambda \tag{11}$$

das Größenverhältnis, das für alle entsprechenden Abmessungen von H und M gleich sein muß.

Bezeichnet man mit

$$\varkappa = \frac{P}{P'} \tag{12}$$

das Verhältnis der an H bzw. M wirkenden äußeren Kräfte, die den Spannungszustand hervorrufen, so folgt für das Verhältnis der Spannungen

$$\frac{\sigma}{\sigma'} = \frac{\varkappa}{\lambda^2}. \tag{13}$$

Nach den Regeln der *strengen* Ähnlichkeit müßten sich auch die sich entsprechenden Längenänderungen in H und M wie λ verhalten; d. h.

$$\frac{\Delta l}{\Delta l'} = \lambda \quad \text{sein.} \tag{14}$$

Ersetzt man hierin die Längenänderungen nach dem Hookeschen Gesetz für linearen Spannungszustand

$$\Delta l = l \frac{\sigma}{E} \tag{15}$$

bzw.

$$\Delta l' = l' \frac{\sigma'}{E'}, \tag{16}$$

so erhält man nach dem *strengen* Modellgesetz für statische Ähnlichkeit das Verhältnis der Spannungen:

$$\frac{\sigma}{\sigma'} = \frac{E}{E'}. \tag{17}$$

Legt man das Hookesche Gesetz für den allgemeinen Spannungszustand zugrunde:

$$\frac{\Delta l}{l} = \frac{1}{E} \left(\sigma_1 - \frac{\sigma_2 + \sigma_3}{m} \right), \tag{18}$$

bzw.

$$\frac{\Delta l'}{l'} = \frac{1}{E'} \left(\sigma_1' - \frac{\sigma_2' + \sigma_3'}{m'} \right), \tag{19}$$

---

[1] VDI-Z. Bd. 98 (1956) S. 1683.

so verlangt die strenge Ähnlichkeit wegen

$$\frac{\Delta l}{\Delta l'} \frac{l'}{l} = \frac{E'}{E} \frac{\sigma_1 - \dfrac{\sigma_2 + \sigma_3}{m}}{\sigma_1' - \dfrac{\sigma_2' + \sigma_3'}{m'}} = 1, \tag{20}$$

daß

$$m = m'$$

sein muß. Diese Ähnlichkeitsbedingung wird als POISSONsches *Modellgesetz* bezeichnet, während man die durch Gl. (17) ausgedrückte Bedingung das HOOKE-sche *Ähnlichkeitsgesetz* nennt. Beide Gesetze zusammen drücken die strenge statische Ähnlichkeit aus.

In der Spannungsoptik ist es kaum möglich, strenge statische Ähnlichkeit einzuhalten. Daß das POISSONsche Modellgesetz häufig nicht erfüllt ist, spielt für die Genauigkeit der Übertragung der Spannungen vom Modell auf die Hauptausführung keine allzu große Rolle, da die Abweichungen zwischen m und m' gewöhnlich nicht erheblich sind, abgesehen davon, daß z. B. bei den meisten ebenen Spannungszuständen die Spannungen von der POISSONschen Konstante überhaupt unabhängig sind. (Eine Ausnahme kann nur eintreten bei gewissen Belastungsfällen einer zwei- oder mehrfach zusammenhängenden Scheibe, da durch den Zusammenhang Spannungen nach Art von Eigenspannungen hinzutreten können, die von der POISSONschen Konstante $1/m$ abhängen. Trotzdem kann man aber auch in diesem Falle aus den spannungsoptisch gemessenen Spannungen am Modell aus irgendeinem Stoff auf die entsprechenden Spannungen der Hauptausführung, die aus einem anderen Stoff besteht, schließen, wenn man die POISSONschen Konstanten beider Stoffe kennt[1].) Dagegen verlangt das HOOKEsche Ähnlichkeitsgesetz Gl. (17), daß sich die Formänderungs-größen in H und M ebenso verhalten wie die Abmessungen; d. h. $\Delta l/\Delta l' = \lambda$. Dies würde aber, wie schon in Abschn. D erwähnt, so kleine Formänderungen für das Modell ergeben, daß nur ein geringer spannungsoptischer Effekt zustande käme. Diese Schwierigkeit läßt sich dadurch beseitigen, daß man auf Grund der Proportionalität zwischen Lasten, Spannungen und Formänderungen den Maßstab für die Formänderungen anders wählen kann als den für die Abmessungen. Wir setzen demnach

$$\frac{\Delta l}{\Delta l'} = \lambda_1 \tag{21}$$

und kommen damit auf das *erweiterte statische Modellgesetz*:

$$\frac{\sigma}{\sigma'} = \frac{E}{E'} \frac{\lambda_1}{\lambda} \tag{22a}$$

oder mit

$$\frac{\sigma}{\sigma'} = \frac{\varkappa}{\lambda^2} \tag{22b}$$

$$\varkappa = \frac{E}{E'} \lambda \lambda_1.$$

Darin liegt die Größe $\dfrac{E}{E'} \lambda$ von vornherein weitgehend fest. Nimmt man z. B. an, daß das Modell aus Kunstharz etwa den Elastizitätsmodul 40 000 kg/cm² besitzt, während die Hauptausführung aus Stahl mit dem Elastizitätsmodul $2 \cdot 10^6$ kg/cm² bestehen soll, so daß $E/E' = 50$ ist, und ferner, daß der Maßstab λ für das Verhältnis der Abmessungen von H und M den Wert 10 haben soll,

---

[1] Siehe z. B. COKER u. FILON: A Treatise on Photo-Elasticity. Cambridge 1931. — FÖPPL, L., u. H. NEUBER: Festigkeitslehre mittels Spannungsoptik. München u. Berlin 1935.

so hat der Ausdruck $\frac{E}{E'}\lambda$ den Zahlenwert 500. Man kann nun den Maßstab der Formänderungen λ_1 in weiten Grenzen so wählen, daß sich damit ein Lastenverhältnis $\varkappa$ ergibt, das zu guten spannungsoptischen Bildern mit einer großen Zahl von Isochromaten führt, so daß eine brauchbare Auswertung möglich wird. Dies gilt in besonderem Maß für die räumliche Spannungsoptik, wo man zweckmäßig mit Scheiben von etwa nur 3 mm Dicke bei der Auswertung arbeitet. Hierbei ist ferner zu beachten, daß der Elastizitätsmodul E unter der erhöhten Temperatur, bei der der Versuch durchgeführt wird, sehr gering ist. Deshalb sind zur Erzielung brauchbarer Isochromatenbilder in der räumlichen Spannungsoptik oft relativ große Formänderungen erforderlich, so daß damit λ_1/λ wesentlich kleiner als 1 wird. Dieser Umstand ist wohl zu beachten, weil er manchmal zu Fehlschlüssen bei der Übertragung der am Modell gemessenen Spannungen auf die Hauptausführung Veranlassung geben kann.

Als Beispiel dafür, daß man unter Umständen bei beliebiger Wahl des Verhältnisses der Längenänderungen λ_1 große Fehler machen kann, sei auf das Problem der Platten hingewiesen. Bekanntlich unterscheidet man zwischen den sogenannten KIRCHHOFFschen *Platten* einerseits und den extrem dünnen oder extrem dicken Platten andererseits. Die KIRCHHOFFschen Platten sind dadurch gekennzeichnet, daß für sie die Plattendicke klein ist gegenüber den Abmessungen der Platten in ihrer Ebene und ferner, daß die Durchbiegungen der Platte klein sind gegenüber der Plattendicke. Unter diesen Voraussetzungen hat G. R. KIRCHHOFF die Differentialgleichungen für die Plattenbiegung angegeben. Sie stellen die folgerichtige Verallgemeinerung der eindimensionalen Balkenbiegung auf die zweidimensionale Plattenbiegung dar. Ebenso wie in der Balkenbiegung wird die infolge der geringen Durchbiegung kleine Längskraft parallel der Mittellinie des Balkens bzw. der Mittelebene der Platte vernachlässigt. Bezeichnen wir die Durchbiegungen der Platte mit w bzw. w' für H bzw. M, so gilt

$$\frac{w}{w'} = \lambda_1 . \tag{23}$$

Dieses Verhältnis darf nicht zu klein sein, damit bei M ebenso wie bei H die Voraussetzungen für die KIRCHHOFFsche Platte bestehen bleiben. Wäre dies nicht der Fall, so könnte man aus den am Modell gemessenen Spannungen nicht auf den Spannungszustand in der Hauptausführung schließen. Wenn bei einer Plattenbiegung die Durchbiegungen etwa so groß wie die Plattendicke werden, so treten neben den Biegespannungen in den ebenen Schnitten senkrecht zur Plattenebene noch Längsspannungen auf, die sich gleichmäßig über die Dicke der Platte verteilen.

Nehmen wir an, daß sowohl für H wie für M die KIRCHHOFFschen Voraussetzungen erfüllt sind, so ist bei der Plattenbiegung eine Erweiterung des Ähnlichkeitsgesetzes dadurch möglich, daß man für die Abmessungen der Platten parallel zu ihren Ebenen ein anderes Maßstabverhältnis als für die Plattendicke h/h' verwenden darf. In diesem Fall gilt für die Belastungen das Verhältnis

$$\frac{p}{p'} = \frac{\varkappa}{\lambda^2} . \tag{24}$$

Aus den KIRCHHOFFschen Gleichungen folgt, daß die Spannungen an den Plattenoberflächen proportional mit $1/h^2$ wachsen, so daß die dimensionslosen Größen $\frac{\sigma h^2}{p l^2} = \frac{\sigma' h'^2}{p' l'^2}$ für H und M gleich sein müssen. Daraus folgt also das Verhältnis der Spannungen

$$\frac{\sigma}{\sigma'} = \varkappa \left(\frac{h'}{h}\right)^2 . \tag{25}$$

Wir können also einen vom Längenmaßstab λ unabhängigen Dickenmaßstab h/h' frei wählen, wenigstens solange wir innerhalb der KIRCHHOFFschen Bedingungen bleiben.

Bei den *Schalen* liegen die Verhältnisse im allgemeinen anders, da hier in der Regel sowohl Biege- wie Längsspannungen auftreten. Während die ersteren sich mit der Wanddicke wieder wie $1/h^2$ verändern, gilt für die Längsspannungen eine Abhängigkeit von der Wanddicke wie $1/h$. Infolgedessen läßt sich eine ähnliche Erweiterung des Modellgesetzes, wie sie bei Platten oben angegeben wurde, hier nicht ermöglichen. Nur für Schalen, von denen man weiß, daß sie ausschließlich durch Längsspannungen beansprucht werden, ist eine Erweiterung des Ähnlichkeitsgesetzes dadurch möglich, daß man entsprechend wie oben bei den Platten aus

$$\frac{\sigma h}{p l} = \frac{\sigma' h'}{p' l'}, \tag{26}$$

ein Spannungsverhältnis

$$\frac{\sigma'}{\sigma} = \frac{p}{p'} \frac{l}{l'} \frac{h'}{h} = \frac{\varkappa}{\lambda} \frac{h'}{h} \tag{27}$$

ableiten kann, in dem das Dickenverhältnis h/h' frei gewählt werden kann.

Eine besondere Überlegung über die richtige Anwendung des Modellgesetzes verlangt der Spannungszustand bei der Berührung zweier Körper. Als Beispiel denke man an die Berührung zweier Walzen. Der Einfachheit halber sei angenommen, daß bei H und M die beiden längs einer Erzeugenden in Berührung stehenden Walzen gleiche Krümmungsradien besitzen sollen, die wir für H bzw. M mit R bzw. R' bezeichnen wollen; dann wird bei Übertragung eines Druckes die Abplattung der Walzenquerschnitte in die vor der Belastung durch den gemeinsamen Berührungspunkt laufende Tangente fallen. Wird von diesem Berührungspunkt aus auf der Tangente die Koordinate x gemessen, und von hier aus senkrecht bis zum Walzenkreis von der Belastung die Koordinate y, so gilt für kleine Werte x, die nach der Belastung in die Berührungslinie beider Walzenquerschnitte fallen:

$$y = R - \sqrt{R^2 - x^2} \approx \frac{x^2}{2R} \tag{28}$$

und entsprechend für das Modell

$$y' = R' - \sqrt{R'^2 - x'^2} \approx \frac{x'^2}{2R'}. \tag{29}$$

Da x und x' dem Längenmaßstab λ, dagegen y und y' dem Formänderungsmaßstab λ_1 genügen, erhält man aus den beiden letzten Gleichungen durch Division:

$$\lambda_1 = \lambda^2 \frac{R'}{R} \tag{30}$$

oder

$$\frac{R}{R'} = \frac{\lambda^2}{\lambda_1}. \tag{31}$$

Streng genommen verlangt demnach der Fall der elastischen Berührung zweier Körper einen besonderen Maßstab für die Krümmungsradien, der sich aus der letzten Gleichung berechnet. Diese Forderung läßt sich nur selten einhalten. Sie ist z. B. bei Zahnrädern, bei denen an verschiedenen Eingriffsstellen die Spannungen untersucht werden sollen, unmöglich, da im allgemeinen die Krümmungsverhältnisse an verschiedenen Stellen verschieden sind. Der damit verbundene Fehler bei der Übertragung der an M gemessenen Spannungen auf H ist aber in den meisten Fällen nicht sehr erheblich.

VIII. Verfahren und Einrichtungen zur röntgenographischen Spannungsmessung.

Von **R. Glocker**, Stuttgart.

A. Der Grundgedanke des Verfahrens.

Die Spannungsbestimmung mittels Röntgenstrahlen beruht wie alle Spannungsmeßverfahren auf der Messung einer Längenänderung (Dehnung). Als Meßmarken dienen die im inneren Aufbau aller kristallinen Stoffe auftretenden, periodisch sich wiederholenden Atomabstände von der Größenordnung $1\ \text{Å} = 1 \cdot 10^{-8}$ cm. Zur Ermittlung der sehr geringfügigen Änderungen dieser äußerst kleinen Größe wird der zu untersuchende kristalline Stoff mit Röntgenstrahlen von einer bestimmten Wellenlänge angestrahlt und die durch die Beugung der Strahlen an den Atomreihen hervorgerufene Interferenzstrahlung photographisch beobachtet. Eine Änderung der Atomabstände äußert sich dann in einer Verschiebung der Röntgenlinien.

In Abb. 1 ist ein ebener Schnitt durch das Atomgitter eines einzelnen Kristalls dargestellt. Durch die mit Kreisen bezeichneten Atomlagen können beliebig gerichtete Ebenenscharen hindurchgelegt werden, die alle die Eigenschaft haben, daß sämtliche Ebenen einer Schar zueinander parallel sind und in genau gleichen Abständen aufeinanderfolgen. Als Beispiel für solche „Netzebenen" sind die Ebenen E, E', E'', E''' ... mit dem Netzebenenabstand d eingezeichnet. Die Größe d ist für die verschiedenen Netzebenenscharen verschieden groß; die zu E, E', E'', E''' senkrecht gestrichelt gezeichneten Netzebenen haben z. B. einen größeren Abstand. Der Netzebenenabstand d wird mit Hilfe der von M. v. LAUE entdeckten Röntgeninterferenzen gemessen. Ein Röntgenstrahlenbündel erleidet beim Durchgang durch einen Kristall infolge der gesetzmäßigen Anordnung der Atome („Atomraumgitter") eine Beugung ähnlich der Beugung des Lichtes an einem Spalt. Die Richtungen der gebeugten Strahlen (Interferenzstrahlen) ergeben sich in einfacher Weise aus der BRAGGschen Gleichung.

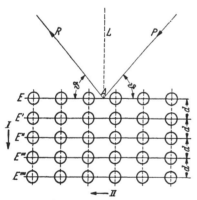

Abb. 1. Änderung des Netzebenenabstands durch elastische Spannungen.

$$n\,\lambda = 2d \sin\vartheta \qquad (n = 1, 2, 3 \ldots). \tag{1}$$

Die Voraussetzung dafür, daß z. B. die in Abb. 1 gezeichneten Netzebenen mit dem Abstand d von dem unter dem Winkel ϑ auftreffenden Strahlenbündel PA überhaupt einen gebeugten Strahl erzeugen, ist das Vorhandensein der nach Gleichung (1) notwendigen Wellenlänge λ. Die Richtung des gebeugten Strahls AR wird erhalten, wenn man sich den einfallenden Strahl an der betreffenden Netzebene gespiegelt denkt. Man spricht daher häufig von einer „Reflexion" der Röntgenstrahlen am Kristall; man muß sich aber dabei bewußt sein, daß der physikalische Vorgang eine Beugung und nicht eine Reflexion ist.

Von besonderer technischer Bedeutung ist das Röntgeninterferenzbild von vielkristallinen Stoffen. Von der Gesamtheit der vom Röntgenstrahlenbündel erfaßten Kristallite liegt immer ein Teil so, daß die auffallende Wellenlänge an irgendwelchen Netzebenen den zur Reflexion erforderlichen Winkel vorfindet. Läßt

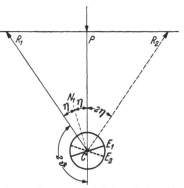

Abb. 2. Strahlengang bei einer Rückstrahlaufnahme.

man z. B. in Abb. 2 in Richtung PC auf einen vielkristallinen zylindrischen Stab Röntgenstrahlen, die nur eine Wellenlänge enthalten, auftreffen und fragt man nach dem geometrischen Ort für die „reflektierten Strahlen" einer bestimmten Netzebenenart, z. B. der Würfelebenen bei kubischen Kristallen, so folgt die Antwort unmittelbar aus der Gleichung (1). Alle von den gleichen Netzebenen der verschiedenen reflexionsfähigen Kristallen reflektierten Strahlen müssen auf einem Kreiskegel liegen, mit dem einfallenden Strahl als Achse und mit dem Öffnungswinkel 2ϑ. In der Abb. 2 sind R_1 und R_2 die reflektierten Strahlen der Netzebenen E_1 und E_2. Die Gesamtheit ergibt sich durch Drehung der Figur um die Achse PC.

Auf einem zum einfallenden Strahl senkrechten Film entstehen gleichmäßig geschwärzte Ringe[1] (DEBYE-SCHERRER-Ringe), von denen jeder von einer bestimmten Netzebenenart herrührt (Abb. 3 b).

Bei einer Änderung des Netzebenenabstandes d ändern sich die Öffnungswinkel der Interferenzkegel und damit die Durchmesser der Ringe auf dem Film. Eine besonders große Verschiebung der Ringlage bei kleinen Änderungen von d liefert eine Aufnahme der nach Art der Abb. 2 „zurückreflektierten" Strahlen, d. h. der Interferenzstrahlen mit einem Winkel ϑ nahe an 90° („Rückstrahlaufnahme"). Dazu sind Röntgenstrahlen von besonders großer Wellenlänge (1,5 bis 2,5 Å) erforderlich; ihre Eindringtiefe in Metallen ist gering und beträgt nur einige hundertstel Millimeter.

a

b

c

Abb. 3 a bis c. Rückstrahlaufnahmen von Kohlenstoff-Stahl mit Gold als Eichstoff.

Denkt man sich in Abb. 1 eine Zugspannung in Richtung I angelegt, so werden die Atome alle um den gleichen Betrag in dieser Richtung elastisch verrückt, so daß die durch die neuen Atomlagen gelegten Netzebenen nunmehr einen größeren Abstand d aufweisen. Eine Zugspannung in Richtung II ver-

---

[1] Aus versuchstechnischen Gründen wurde ein schmaler Film verwendet; der obere und untere Bogen der Ringe ist daher auf dem Bild nicht wahrnehmbar.

anlaßt infolge der Querzusammenziehung eine Verringerung des Abstandes d. Eine Schubspannung in der Richtung II bewirkt dagegen nur eine Verschiebung der Atome innerhalb der Netzebenen selbst ohne Änderung des Netzebenenabstandes d.

Zusammenfassend ergeben sich folgende *Feststellungen grundsätzlicher Art*:

1. Die röntgenographische Spannungsmessung ist beschränkt auf kristalline Stoffe.

2. Zur Messung gelangt nur der Spannungszustand an der Oberfläche.

3. Die Richtung, in der die Dehnung gemessen wird, ist die Normale auf der reflektierenden Netzebene; unmittelbar meßbar sind daher nur Normalspannungen. Schubspannungen können mittelbar gemessen werden, durch Bestimmung der mit ihnen verknüpften Normalspannungen[1].

4. Ermittelt wird die elastische Dehnung und nicht, wie bei der mechanischen Dehnungsmessung, die Summe aus elastischer und plastischer Dehnung.

5. Die röntgenographische Spannungsmessung erfaßt den absoluten Spannungszustand; sie eignet sich daher besonders zur Bestimmung von Eigenspannungen.

6. Die Röntgenbestimmung von Spannungen ist ein zerstörungsfreies Prüfverfahren.

B. Theoretische Grundlagen.

Im *ersten Stadium*[2] der Entwicklung der röntgenographischen Spannungsmessung wurde bei senkrechter Einstrahlung die Summe der Hauptspannungen σ_1 und σ_2 bestimmt (Abb. 4); die dritte Hauptspannung, senkrecht zur Oberfläche, ist $\sigma_3 = 0$. Ist $\varepsilon_\perp$ die Dehnung in Richtung des Oberflächenlotes E der Elastizitätsmodul und ν die POISSONsche Zahl, so gilt

$$\varepsilon_\perp E = -\nu(\sigma_1 + \sigma_2). \qquad (2)$$

Dabei wurde näherungsweise die Einstrahlrichtung mit der Dehnungsrichtung gleichgesetzt. Ist $d_\perp$ der von der Rückstrahlaufnahme gelieferte Wert der Gitterkonstante und d_0 der Wert im spannungsfreien Zustand, so ergibt sich $\varepsilon_\perp$ aus

$$\varepsilon_\perp = \frac{d_\perp - d_0}{d_0} \qquad (3)$$

und es wird

$$E \frac{(d_\perp - d_0)}{d_0} = -\nu(\sigma_1 + \sigma_2). \qquad (2a)$$

Es muß also d_0 bekannt sein, z. B. aus einer Aufnahme an einer durch Glühbehandlung eigenspannungsfrei gemachten Probe gleicher Zusammensetzung.

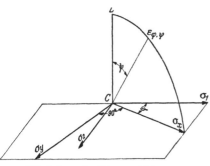

Abb. 4. Lage der Dehnungsrichtung zur Spannungsrichtung.

---

[1] Formeln zur Ermittlung der Schubspannungen bei KEMMNITZ, G.: Z. techn. Phys. Bd. 23 (1942) S. 77 und Z. Metallkde. Bd. 41 (1950) S. 492; ferner Arch. Eisenhüttenw. Bd. 26 (1955) S. 437 (graphisches Auswertungsverfahren).
[2] SACHS, G., u. J. WEERTS: Z. techn. Phys. Bd. 64 (1930) S. 344. — WEVER, F., u. H. MÖLLER: Arch. Eisenhüttenw. Bd. 5 (1931) S. 215. — MÖLLER, H.: Arch. Eisenhüttenw. Bd. 8 (1934) S. 213.

Im *zweiten Stadium*[1] gelang es einzelne Spannungskomponente beliebiger Richtung zu messen, ohne Kenntnis der Größen und Richtungen der Hauptspannungen. Der Grundgedanke des Verfahrens besteht darin, eine Beziehung zwischen der gesuchten Spannung und der Differenz zweier Dehnungen abzuleiten; dann hebt sich der Nullwert der Gitterkonstante für den spannungsfreien Zustand heraus. Im Gegensatz zu der mechanischen Dehnungsmessung ist es bei dem Röntgenverfahren möglich, die Dehnung auch in Richtungen zu messen, die nicht in der Oberfläche gelegen sind. Die Dehnung $\varepsilon_{\varphi,\psi}$ in Abb. 4, die in der Ebene durch Oberflächenlot CL und gesuchte Spannung σ_x verläuft und den Winkel ψ mit CL bildet, ist mit σ_x durch folgende aus

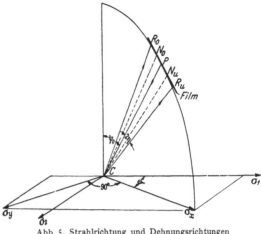

Abb. 5. Strahlrichtung und Dehnungsrichtungen bei einer Schrägaufnahme.

den Grundgleichungen der Elastizitätstheorie ableitbare Beziehung verknüpft

$$E\,\varepsilon_{\varphi,\psi} = \sigma_x[(\nu+1)\sin^2\psi - \nu] - \nu\,\sigma_y. \tag{4}$$

Der Beitrag der unbekannten, auf σ_x senkrechten Spannung σ_y fällt weg, wenn man für eine zweite Richtung $\varepsilon_{\varphi,\psi'}$ mit gleichem Azimut φ, aber verschiedenem Winkel ψ' gegenüber dem Oberflächenlot die Gl. (4) anschreibt und dann beide Gleichungen voneinander abzieht:

$$E\,(\varepsilon_1 - \varepsilon_2) = \sigma_x(\nu+1)\,[\sin^2\psi_1 - \sin^2\psi_2]. \tag{5}$$

Die beiden Dehnungen sind jetzt mit ε_1 und ε_2 bezeichnet. Das Vorzeichen in der eckigen Klammer gilt für den Fall, daß die Richtung 1 einen größeren Winkel ψ mit dem Oberflächenlot bildet als die Richtung 2. Beim Übergang von den Dehnungen zu den Gitterkonstantenänderungen

$$\varepsilon_1 - \varepsilon_2 = \frac{d_1 - d_2}{d_0} \tag{6}$$

kann d_0 im Nenner durch d_1 oder d_2 ersetzt werden, ohne daß praktisch die Genauigkeit der Spannungsmessung dadurch beeinträchtigt wird. Selbst bei hohen Spannungen betrifft die Änderung der Gitterkonstanten im allgemeinen erst die dritte Dezimale. Dies bedeutet für Eisen mit 100 kg/mm² Zug- oder Druckspannung nur einen Fehler der Spannungsmessung von 0,15%.

Die Bestimmungsgleichung für σ_x lautet dann:

$$E\left(\frac{d_1 - d_2}{d_1}\right) = \sigma_x(\nu+1)\,[\sin^2\psi_1 - \sin^2\psi_2]. \tag{7}$$

Der Strahlengang bei einer Schrägaufnahme ist in Abb. 5 gezeichnet. Unter dem Winkel ψ_0 gegen das Oberflächenlot wird eingestrahlt in einer Ebene, welche durch dieses Lot und die gesuchte Spannung σ_x geht.

[1] Gisen, F., R. Glocker u. E. Osswald: Z. techn. Phys. Bd. 17 (1936) S. 145. — Glocker, R., B. Hess u. O. Schaaber: Z. techn. Phys. Bd. 19 (1938) S. 194.

Der ebene Film ist senkrecht zum Primärstrahl PO; R_1 und R_2 sind die Einstichpunkte der beiden reflektierten Strahlen auf dem Äquator des Films. Der Winkel zwischen Primärstrahl und reflektiertem Strahl R_1 bzw. R_2 ist nach Abb. 2

$$2\eta_1 = 180° - 2\vartheta_1 \quad \text{bzw.} \quad 2\eta_2 = 180° - 2\vartheta_2, \tag{8}$$

wobei ϑ_1 bzw. ϑ_2 der Braggsche Reflexionswinkel ist. Die Winkel zwischen dem Primärstrahl und den Normalen der reflektierenden Netzebenen (Dehnungsrichtungen) sind η_1 und η_2 (vgl. Abb. 2, Richtung CN_1). Mit dem Oberflächenlot OL (Abb. 5) bilden somit die beiden Dehnungsrichtungen die Winkel

$$\psi_0 + \eta_1 \quad \text{bzw.} \quad \psi_0 - \eta_2.$$

Die Gl. (7) erhält dann die Form

$$E\left(\frac{d_1 - d_2}{d_1}\right) = \sigma_x(\nu + 1)\left[\sin^2(\psi_0 + \eta_1) - \sin^2(\psi_0 - \eta_2)\right]. \tag{9}$$

Wird $\psi_0 = 45°$ gewählt, so ist der Einstellfehler infolge ungenauer Einstrahlrichtung besonders klein. Mit Hilfe der Gl. (9) kann die Spannung σ_x aus einer einzigen Aufnahme bestimmt werden; die Linienverschiebung auf der linken und rechten Filmhälfte ist verschieden groß.

Die Differenz zweier Dehnungen kann auch aus zwei nacheinander herzustellenden Aufnahmen ermittelt werden. Für zwei Aufnahmen mit den Einstrahlrichtungen $\psi_0 = 45°$ und $\psi_0 = \eta$ lautet die Bestimmungsgleichung

$$E\left(\frac{d_1 - d_2}{d_1}\right) = \sigma_x(\nu + 1)\left[\sin^2(\psi_0 + \eta_1) - \sin^2\eta_2\right]. \tag{10}$$

Der Faktor, mit dem σ_x multipliziert wird, ist dann größer als in Gl. (9), so daß eine etwas höhere Genauigkeit erzielt werden kann. Wegen der Zeitersparnis wird aber meistens das Verfahren der Spannungsbestimmung aus einer Aufnahme nach Gl. (9) in der Praxis angewandt.

In diesem Zusammenhang ist das Verfahren von A. Durer[1] und von A. Neth[2] zu erwähnen zur *Bestimmung des Nullwertes der Gitterkonstanten* bei eigenspannungsbehafteten Proben ohne Messung der Eigenspannungen selbst. Bei der Untersuchung von Aushärtungsvorgängen bei Legierungen kann z. B. eine Änderung der Gitterkonstanten nicht nur durch die Ausscheidung von Atomen aus dem Gitter, sondern auch durch die bei der Probenherstellung unvermeidbaren Abschreckspannungen verursacht sein. Für rotationssymmetrische Spannungszustände ($\sigma_x = \sigma_y$), wie sie z. B. bei einer scheibenförmigen Probe vorliegen, läßt sich eine Richtung angeben, in der etwa vorhandene Spannungen keine Dehnung hervorrufen; diese ausgezeichnete Richtung bildet mit dem Oberflächenlot einen Winkel ψ', der sich ergibt aus

$$\sin^2\psi' = \frac{2\nu}{\nu + 1}. \tag{11}$$

Für den einachsigen Spannungszustand lautet die entsprechende Beziehung (R. Glocker[3])

$$\sin^2\psi' = \frac{\nu}{\nu + 1}. \tag{11a}$$

Man muß dann unter einem Winkel

$$\psi_0' = \psi' + \eta \tag{12}$$

---

[1] Metallforschg. Bd. 1 (1946) S. 60.
[2] Österr. Ing. Archiv Bd. 2 (1946) S. 106.
[3] Z. Metallkde. Bd. 42 (1951) S. 122. Die Anwendung der Gl. (11) von A. Durer auf einachsige und beliebige zweiachsige Spannungszustände ist nicht zulässig.

einstrahlen. Der reflektierte Strahl CR_0 (Abb. 5) liefert die Gitterkonstante für den spannungsfreien Zustand d_0. Man kann nun bei einachsigen Spannungszuständen die andere Filmhälfte CR_u dazu benützen, um mit Hilfe der Gitterkonstante d' die Spannung σ_x zu ermitteln (R. GLOCKER[3]):

$$E\left(\frac{d' - d_0}{d_0}\right) = \sigma_x[(\nu + 1)\sin^2(\psi_0' + \eta) - \nu]. \tag{13}$$

In dem Beispiel des Duralumins mit Cu-Strahlung ist in Gl. (13) für $\psi_0' + \eta = 38° + 8° = 46°$ einzusetzen, da $\nu = 0{,}34$ ist.

Für einen beliebigen zweiachsigen Spannungszustand, bei dem

$$\sigma_y = n\,\sigma_x \quad \text{ist,}$$

wobei n alle möglichen Werte haben kann, lautet die zu Gl. (11) analoge Bestimmungsgleichung

$$\sin^2\psi' = \frac{\nu(n + 1)}{\nu + 1}. \tag{11b}$$

Hieraus ergibt sich für $n = 0$ die Gl. (11a) und für $n = +1$ die Gl. (11). Im Fall der Torsion ($n = -1$) ist das Oberflächenlot die Richtung, in der die Dehnung verschwindet.

Eine umfassende Lösung zur Ermittlung der Gesamtheit der dehnungsfreien Richtungen beim ebenen Spannungszustand findet sich bei F. BINDER und E. MACHERAUCH[1].

Die mathematischen Formeln der röntgenographischen Spannungsmeßverfahren bis 1939 wurden von H. MÖLLER[2] unter einem einheitlichen Gesichtspunkt zusammengestellt. Ein Bericht über die Arbeiten der Kriegsjahre ist in Fiat-Review von H. NEERFELD[3] erschienen.

C. Das Röntgengerät.

Ein Beispiel[4] eines strahlungs- und hochspannungssicheren technischen Röntgengerätes zeigt die Abb. 6. Das rechts hinten sichtbare Transformatorengehäuse enthält eine große Kapazität als „Gleichspannungszusatz". Gegenüber dem früher üblichen Halbwellenbetrieb verkürzt sich bei Gleichspannung die Expositionszeit auf mindestens die Hälfte. Im Vordergrund steht der Schalttisch; die Röhrenspannung kann von 10 bis 60 kV stufenlos geregelt werden. Die Halterung

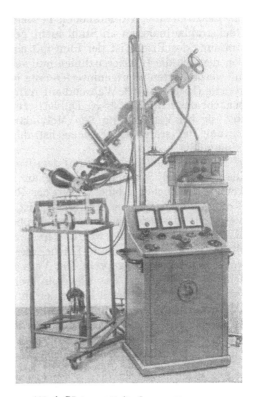

Abb. 6. Röntgengerät für Spannungsmessungen.

---

[1] Arch. Eisenhüttenw. Bd. 26 (1955) S. 451.
[2] Mitt. K.-Wilh.-Inst. Eisenforschg. Bd. 21 (1939) S. 297.
[3] Naturforschg. u. Medizin in Deutschland 1939 bis 1946, Heft 31 (1947) S. 156.
[4] Hersteller: R. Seifert, Hamburg.

der Röntgenröhre gestattet eine Verschiebung in drei zueinander senkrechten Richtungen und außerdem zwei Drehbewegungen (Drehung der Röhre um ihre Achse, und Drehung der Röhrenhaube um die Führungsstange). Die Röntgenröhre ist von einer Schutzhaube umgeben, von der ein Kabel mit geerdeter Hülle zum Transformator geht. Die Anode ist geerdet, so daß die Kühlung unmittelbar aus der Wasserleitung erfolgen kann. Durch eine automatische Vorrichtung zur Abschaltung bei Wassermangel wird der Betrieb über Nacht sichergestellt. Für Einstellungen an Prüfmaschinen ist die in Abb. 7 abgebildete Metalix-Einsatzröhre[1] wegen der kurzen Baulänge von 220 mm gut geeignet. Der strichförmige Brennfleck von $1,2 \times 12$ mm² Fläche ist je nach dem

Anodenmaterial mit 500 bis 1000 Watt belastbar, z. B. mit 25 mA bei 40 kV (konstante Gleichspannung) bei Kupferanoden; für Chromanoden sind die entsprechenden Werte 40 kV und 13 mA.

Um die erforderlichen Reflexionswinkel nach Gl. (1) zu erhalten, müssen je nach Art des untersuchten Stoffs Röntgenröhren mit verschiedenen Anoden verwendet werden. Für Stahl kommen Kobalt- oder Chromanoden,

Abb. 7. Metalix-Einsatzröhre und Schutzhaube.

für Leichtmetalle Kupferanoden in Betracht. Dagegen sind Kupferanoden für Rückstrahlaufnahmen an Stahl nicht geeignet; infolge der Erregung der Eigenstrahlung des Eisens ist der Film mit einer gleichmäßigen Schwärzung bedeckt, von der sich die Interferenzlinien nur wenig abheben. Für kaltverformten Stahl mit verbreiterten Röntgeninterferenzen ist die kurzwelligere Molybdänstrahlung günstig (H. MÖLLER)[2]. Während auf Aufnahmen mit Kobaltstrahlung die beiden benachbarten Linien des K_α-Dubletts zu einem breiten Band zusammenfließen, sind sie bei Verwendung von Molybdänstrahlung deutlich getrennt. Zur Abhaltung der störenden Eiseneigenstrahlung wird der Film mit 0,2 mm Aluminiumfolie bedeckt.

Die *Rückstrahlkammer* ist mit dem Kopfteil der Röntgenröhre fest verbunden. Die praktische Spannungsmessung an Maschinenteilen wird sehr erleichtert, wenn die seitlichen Abmessungen der Rückstrahlkammer klein sind. Eine von A. SCHAAL[3] angegebene Ausführung ist in Abb. 8 zu sehen. Die Länge und die Breite des mit schwarzem Cellophan bedeckten Filmträgers beträgt 60 bzw. 25 mm. Die Kammer wird durch eine auf das Blendenröhrchen aufgeschraubte Mutter auf die abgeschrägte Fläche, die normalerweise den Abdeckschieber des Röhrenfensters trägt, gepreßt. Zur Vermeidung einer Dejustierung beim Herausnehmen des Films ist das Blendenröhrchen fest mit der Unterlage verbunden. Der Filmträger wird nach Lösen der Mutter abgezogen. Die flache Bauart und die Verkürzung des Abstands vom Brennfleck bringt einen wesentlichen Intensitätsgewinn. Es sind zwei Blenden vorhanden: die sogenannte „Fokussierungs-

---

[1] Hersteller: C. H. F. Müller, Hamburg.
[2] Arch. Eisenhüttenw. Bd. 22 (1951) S. 137.
[3] Z. Metallkde. Bd. 42 (1951) S. 279. Eine weitere Verkürzung der Belichtungszeit wurde von F. BINDER u. E. MACHERAUCH [Arch. Eisenhüttenw. Bd. 27 (1955) S. 67] durch geeignete Anordnung der Blenden erreicht.

blende" ist die engere Blende mit einem Durchmesser von 0,5 bis 0,6 mm. Bei Aufnahmen an Stahl bei einem Abstand Film-Werkstück von 60 mm muß diese Blende um 12 mm der Röhre näher liegen als der Film. Scharfe Röntgenlinien werden nämlich nur bei Erfüllung der Fokussierungsbedingung erhalten (F. WEVER u. A. ROSE[1]): Oberfläche des Werkstücks, Blende und die Schnittpunkte der reflektierten Strahlen mit dem Film müssen auf dem Umfang eines Kreises liegen. Da die metallischen Werkstoffe keinen idealen Gitteraufbau haben, genügt eine angenäherte Erfüllung dieser Bedingung, und es erübrigt sich, beim Übergang von Senkrecht- und Schrägaufnahmen die Blende zu verschieben. Zur Einschränkung des bestrahlten Bereichs auf der Oberfläche dient eine am röhrenfernen Ende des Blendenröhrchens angebrachte zweite Blende mit 1 bis 2 mm Durchmesser. Bei örtlich rasch veränderlichen Spannungen (z. B. bei Kerben) muß eine noch schärfere Ausblendung vorgenommen werden, etwa durch Auflegen einer Maske (aus Elektron oder Nickel mit 0,5 mm Bohrung) auf die Oberfläche. Da die Belichtungszeiten mit der Querschnittsabnahme des Strahlenbündels zunehmen, wird das Bestrahlungsfeld möglichst groß gewählt. Die Belichtungszeit beträgt z. B. bei Kobaltstrahlung für Stahl mit Goldauflage in einem Abstand von 60 mm einige Minuten für ein Feld von 10 mm². Bei großen Bauteilen sind die Spannungen über größere Strecken hier nahezu konstant. Das Bestrahlungsfeld kann dann mehrere Hunderte mm² groß gewählt werden; die Schwankungsbreite der Spannung um einen Mittelwert wird aus zwei Aufnahmen ermittelt (H. MÖLLER u. G. MARTIN[2]); bei der einen wird die Kammer und das Prüfstück gegeneinander verschoben, bei der anderen sind beide fest.

Es sind mehrfach Kammern beschrieben worden, die *Aufnahmen ohne Verwendung eines Eichstoffs* ermöglichen. Zu dieser Gruppe gehört die zylindrische Kammer von A. THUM, K. H. SAUL und C. PETERSEN[3], bei der durch schlitzförmige Ausblendung der Streustrahlung eine „künstliche Linie" erzeugt wird, deren Lage sich mit der Entfernung Prüfstück-Brennfleck ändert und diese so zu ermitteln gestattet. Diese Kammer hat aber eine beträchtliche Längen- und Breitenausdehnung; außerdem erfahren diffuse Linien durch den schiefen Auftreffwinkel der reflektierten Strahlen eine zusätzliche Verbreiterung.

Bei Spannungsbestimmungen aus einer Aufnahme ist der prozentuale Fehler der gefundenen Spannung ungefähr ebenso groß wie der prozentuale Fehler bei der Ermittlung des Abstands der reflektierenden Oberfläche vom Brennfleck; bei 50 mm Abstand macht eine Ungenauigkeit von 1 mm erst 2% für die Spannung aus. Der Abstand kann daher mit einem auf das Blendenröhrchen aufgesetzten Distanzstück hinreichend genau gemessen werden. Die Lage der Röntgenlinien des untersuchten Stoffs muß nun von irgendwelchen festen, vom Abstand Objekt-Brennfleck unabhängigen Meßmarken ausgemessen werden. Dazu können die seitlichen kreisförmigen Ränder des Ausschnitts des Filmträgers dienen (R. GLOCKER u. H. HASENMAIER[4]). Voraussetzung ist dabei, daß die Kassette sehr genau gearbeitet ist; die beiden Eichkanten müssen ganz symmetrisch sein zur Achse der Blendenröhre, die fest mit diesen verbunden ist. Bei der Einstellung traten mitunter dadurch Schwierigkeiten auf, daß der strichförmige Brennfleck nicht ganz gleichmäßig Strahlung emittiert. Das Maximum der Intensität muß in der Mitte der Blende liegen; photographische

---

[1] Mitt. K.-Wilh.-Inst. Eisenforschg. Bd. 17 (1935) S. 33.
[2] Mitt. K.-Wilh.-Inst. Eisenforschg. Bd. 24 (1942) S. 41.
[3] Z. Metallkde. Bd. 31 (1939) S. 352.
[4] Z. Metallkde. Bd. 40 (1949) S. 182.

Aufnahmen sind zur Einstellung notwendig, da die Helligkeitsunterschiede auf dem Leuchtschirm nicht sicher wahrnehmbar sind.

Aus diesem Grunde ist das Verfahren von E. OSSWALD[1] trotz der doppelt so großen Expositionszeit mehr zu empfehlen. Mit einer horizontalen Abdeckplatte wird links und rechts die Hälfte des Films der Länge nach abgedeckt; dann folgt eine zweite Aufnahme nach dem Drehen des Films um 180° und Umlegen der Abdeckung, so daß die vorher unbelichteten Teile des Films jetzt der Strahlung ausgesetzt sind. Die in Abb. 8 gezeigte flache Rückstrahlkammer von A. SCHAAL[2] beruht auf dem gleichen Prinzip. Bei einer Fokussierungsblende von 0,7 mm Durchmesser genügt eine Aufnahmezeit von 2 Mal 10 Minuten, um stark geschwärzte Linien zu erhalten. Die auf dem Film in Abb. 9 deutlich erkennbare Verschiebung der oberen Linien gegenüber den unteren, rührt unmittelbar von dem Unterschied[3] der Gitterkonstanten d_1 und d_2 in den beiden Dehnungsrichtungen her [Gl. (9)]; sie ist links und rechts gleich, die zweifache Meßbarkeit erhöht die Genauigkeit und entschädigt für die unvermeidliche Verdopplung der Expositionszeit. In einer von H. MÖLLER[4]

Abb. 8. Flache Rückstrahlkammer für Spannungsmessungen. (Nach SCHAAL.)

besonders für Molybdänstrahlungsaufnahmen entwickelten Kammer werden bis zu 32 Interferenzlinien aufgenommen, aus deren Lage rechnerisch der unbekannte Film Objektabstand ermittelt wird.

Während bisher bei allen Spannungsmessungen die Linienverschiebung auf photographischem Weg festgestellt wurde, zeigen Versuche von H. MÖLLER und H. NEERFELD[5], daß die Verwendung eines Geiger-Zählrohrs (Bauart BERTHOLD-TROST) mit elektrischer Messung der Zahl der Impulse eine wesentliche Zeitersparnis bringt. Das Zählrohr wird mit der konstanten Geschwindigkeit von 1,5 mm/min quer zur Primärstrahlrichtung verschoben; dadurch wird außer der Lage des Maximums der Linie auch die Intensitätsverteilung

Abb. 9. Lage der Röntgenlinien auf einer Aufnahme mit der Kammer der Abb. 8.

in der Linie selbst erhalten. Ein Nachteil der Anordnung ist ihr Raumbedarf und ihre geringere Beweglichkeit.

Auf Grund von Überlegungen über die verschiedenen Fokussierungsmöglichkeiten ist es H. NEERFELD[6] gelungen, eine solch intensitätsstarke Anordnung zu schaffen, daß die Aufnahmezeiten auf 1 Sekunde verkürzt und kinematographische Aufnahmen gemacht werden konnten. Die Eintrittsblende kommt

[1] Z. Metallkde. Bd. 35 (1943) S. 19.
[2] Z. Metallkde. Bd. 42 (1951) S. 279.
[3] Es wird also direkt $\varDelta_1 - \varDelta_2$ in Gl. (17) gemessen.
[4] Arch. Eisenhüttenw. Bd. 22 (1951) S. 137.
[5] Arch. Eisenhüttenw. Bd. 19 (1948) S. 187.
[6] Arch. Eisenhüttenw. Bd. 19 (1948) S. 181.

in Wegfall. Der Strichfokus, die Oberfläche des Stücks und der Film liegen auf ein- und demselben Kreis, aber in unsymmetrischer Anordnung (Abb. 10). Infolgedessen kann nur die Gitterkonstantenänderung in einer Richtung beobachtet werden. Bei einem mit normaler Versuchsgeschwindigkeit ablaufenden Zugversuch an Stahl ist die rasche stetige Änderung der Gitterkonstanten auf den Aufnahmen gut erkennbar; bei einer bestimmten Beanspruchung wird die Röntgenlinie plötzlich unscharf und hat nur noch geringe Intensität, ein Anzeichen dafür, daß Fließen eingetreten ist.

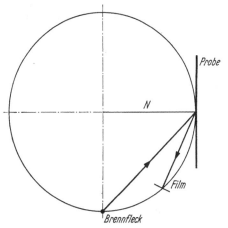

Abb. 10. Asymmetrische Anordnung von Prüfstück und Film. (Nach NEERFELD.)

Die Genauigkeit und Reproduzierbarkeit des röntgenographischen Spannungsmeßverfahrens wurde durch größere Meßreihen in zwei Instituten[1,2] nachgeprüft; dabei ergab sich gute Übereinstimmung.

D. Die Auswertungsverfahren.

Bei der Auswertung der Aufnahmen muß der von Fall zu Fall veränderliche Abstand A des Prüfstücks vom Film eliminiert werden. Zu diesem Zweck wird eine dünne Schicht eines Eichstoffs (z. B. Goldpulver) auf die Oberfläche aufgebracht (E. WEVER und H. MÖLLER[3]). Aus der bekannten Gitterkonstante d ergibt sich aus Gl. (1) der Reflexionswinkel ϑ; der Radius des Eichstoffrings wird gemessen. Der gesuchte Abstand A, der meist zwischen 40 und 60 mm liegt, ergibt sich dann aus Abb. 2; es ist

$$r = A \operatorname{tg} 2\eta = A \operatorname{tg}(180° - 2\vartheta). \tag{14}$$

Auf der Aufnahme (Abb. 3b) ist der innere Ring dem Eisen, der äußere dem Gold zuzuordnen. Steht das Eisen unter Spannung, so ist der Radius auf der linken und rechten Filmhälfte verschieden (r_1 bzw. r_2). Nach der Messung von r_1 und r_2 wird aus Gl. (14) r_1 und r_2, sodann aus Gl. (1) d_1 und d_2 berechnet. Mit Hilfe der elastischen Konstanten[4] E und ν ergibt sich σ_x aus Gl. (9). Bei Spannungsbestimmungen aus einer Senkrechtaufnahme oder aus der Kombination einer Senkrecht- und einer 45°-Aufnahme wird analog verfahren. Zur Abkürzung der umfangreichen Rechenarbeiten sind Zahlentabellen für besonders wichtige Fälle berechnet worden. Eine fünfstellige Tafel für den Übergang von ϑ zu d für Stahl und Kobaltstrahlung findet sich bei H. MÖLLER und J. BARBERS[5]. In einer Tabelle von V. HAUK[6] für Eisen sind für Kobaltstrahlung und einem Goldeichring ($2r_0 = 50{,}00$ mm) sowie für Chromstrahlung und einem Chromeichring ($2r_0 = 55{,}00$ mm) die zu jedem Meßwert der Radien r_1 und r_2 gehörenden Gitterkonstanten angegeben. Eine analoge Tabelle für Duralumin unter Ver-

---

[1] MÖLLER, H., u. F. GISEN: Mitt. K.-Wilh.-Inst. Eisenforschg. Bd. 19 (1937) S. 57.

[2] BOLLENRATH, F., E. OSSWALD, H. MÖLLER u. H. NEERFELD: Arch. Eisenhüttenw. Bd. 15 (1941) S. 183.

[3] Arch. Eisenhüttenw. Bd. 5 (1931) S. 215.

[4] Betr. des Unterschieds zwischen den mechanischen und röntgenographischen Werten von E und ν vgl. Abschn. E.

[5] Mitt. K.-Wilh.-Inst. Eisenforschg. Bd. 16 (1934) S. 21; Bd. 17 (1935) S. 157.

[6] Z. Metallkde. Bd. 35 (1943) S. 156.

wendung von Co-Strahlung und Silber als Eichstoff ($2r_0 = 50{,}00$ mm) stammt ebenfalls von V. Hauk[1]. Eine Fluchtlinientafel zur Ermittlung der Gitterkonstanten von Stahl, sowie ein Rechenschieber mit besonderer Teilung ist von H. Neerfeld[2] angegeben worden.

Bei Spannungsmessungen interessiert häufig der absolute Wert der Gitterkonstante nicht. Für technische Untersuchungen hat sich das folgende, auf Näherungen beruhende Auswertungsverfahren[3] als recht brauchbar erwiesen: Senkrechtaufnahme

$$- (\sigma_1 + \sigma_2) = (\varDelta_0 - \varDelta_\perp)\, C_{\perp 0}. \tag{15}$$

Kombination einer Senkrecht- und einer 45°-Aufnahme ($\psi_\sigma + \eta$-Hälfte)

$$+ \sigma_x = (\varDelta_\perp - \varDelta_1)\, C_{\perp +}, \tag{16}$$

nur 45°-Aufnahme

$$+ \sigma_x = (\varDelta_2 - \varDelta_1)\, C_{+-}, \tag{17}$$

Aufnahme mit Einstrahlrichtung ψ_0' nach Gl. (12)

$$+ \sigma_x = (\varDelta_0 - \varDelta')\, C_{+\sigma}. \tag{18}$$

Die $\varDelta$-Werte[4] bedeuten die auf dem Äquator des Films in mm gemessenen Abstände des Rings des untersuchten Stoffs vom Eichstoffring. Die Vorzeichen gelten für den Fall, daß der Eichstoffring außen liegt (Abb. 3 b, Eisen mit Goldpulver). Liegt der Eichstoffring innen, so ist das Vorzeichen in dem Klammerausdruck der Gl. (15), (16) und (17) umzukehren. Zwecks Reduktion auf einen einheitlichen Abstand A sind die gemessenen $\varDelta$-Werte auf einen festgelegten Standarddurchmesser des Eichstoffrings (z. B. $2r_0 = 50{,}00$ mm bei Gold) vorher umzurechnen:

$$\varDelta_{\text{korr}} = \varDelta\,\frac{50{,}00}{2r_0'}. \tag{19}$$

Dabei ist $2r'$ der Durchmesser des Eichstoffrings auf der Aufnahme.

Die Konstanten C sind für eine Reihe von praktisch wichtigen Werkstoffen und für verschiedene Strahlungen zahlenmäßig berechnet[5]. Die Spannungen ergeben sich dann sofort in kg/mm². Als Beispiel seien zwei Zahlen für C_{+-} in der meist benützten Gl. (17) angegeben (Eichstoffring $2r_{\text{Au}} = 50{,}00$ mm):

Eisen	Co-Str.	$C_{+-} = 62{,}5$ kg/mm³,
Duralumin	Cu-Str.	$C_{+-} = 21{,}1$ kg/mm³.

Eine gegebene Spannung erzeugt bei Duralumin wegen des kleineren Elastizitätsmoduls eine größere Linienverschiebung als bei Eisen. Hinsichtlich der Genauigkeit der drei Bestimmungsverfahren ist zu sagen, daß unter den Normalbedingungen eine Änderung der Linienlage um 0,1 mm bei einer Stahlaufnahme mit Co-Strahlung folgenden Spannungen entspricht:

Senkrechtaufnahme Gl. (15)	9,18 kg/mm²,
Kombination von Senkrecht- und 45°-Aufnahme Gl. (16)	3,04 kg/mm²,
nur 45°-Aufnahme Gl. (17)	6,25 kg/mm²,
Aufnahme mit Einstrahlrichtung (Gl. 18)	6,48 kg/mm².

[1] Z. Metallkde. Bd. 36 (1944) S. 120.
[2] Mitt. K.-Wilh.-Inst. Eisenforschg. Bd. 22 (1940) S. 213.
[3] Glocker, R., B. Hess u. O. Schaaber: Z. techn. Phys. Bd. 19 (1938) S. 194.
[4] Der Index 0 bedeutet spannungsfreien Zustand, 1 Dehnungsrichtung mit $\psi_0 + \eta$, 2 Dehnungsrichtung mit $\psi_0 - \eta$.
[5] Glocker, R.: Materialprüfung mit Röntgenstrahlen, 3. Aufl. (1949) S. 329, Tab. 59 und Landolt-Börnstein Bd. IV. Teil 3 (1957) S. 999. — Hauk, V.: Z. Metallkde. Bd. 35 (1943) S. 156 u. Bd. 36 (1944) S. 120.

Der Hauptfehler bei der Röntgenbestimmung von Spannungen besteht in der Ungenauigkeit bei der Messung der Linienabstände auf dem Film; er ist unabhängig von der absoluten Größe der Spannungen. Bei guten Linien beträgt die Fehlerbreite bei Eisen bis zu ± 2 kg/mm²; bei Werkstoffen mit niederem Elastizitätsmodul ist sie etwa halb so groß. Die Ringabstände werden entweder mit einem feingeteilten Glasmaßstab oder mit einem 3 fach vergrößernden Mikroskop mit Meßschlitten ausgemessen.

Zur Prüfung der Genauigkeit der Messungen ist es erwünscht, den Wert Δ_0 des Linienabstands für den spannungsfreien Zustand zu ermitteln, ohne daß zuvor der Nullwert d_0 der Gitterkonstante ausgerechnet werden muß. Werden aus einer Senkrechtaufnahme und aus der $\psi_0 + \eta$ Seite (Index 1) einer 45°-Aufnahme zwei aufeinander senkrechte Spannungen σ_l und σ_q bestimmt, so werden drei Werte der Linienabstände Δ, Δ_{l_1}, Δ_{q_1} erhalten; es gilt dann die Näherung

$$3\Delta_0 = \Delta_\perp + \Delta_{l_1} + \Delta_{q_1} \tag{20a}$$

für Eisen mit Co-Strahlung und Gold als Eichstoff ($2r_{Au} = 50{,}00$ mm).

Werden σ_l und σ_q aus den beiden Seiten (Indizes 1 und 2) einer 45°-Aufnahme bestimmt, so ergibt sich Δ_0 für Eisen, analog zu Gl. (20a) aus

$$3\Delta_0 = 2\Delta_{q_2} - \Delta_{q_1} + \Delta_{l_1} \tag{20b}$$

oder auch

$$3\Delta_0 = 2\Delta_{l_1} - \Delta_{l_2} + \Delta_{q_1}. \tag{20c}$$

Ähnliche Näherungsgleichungen lassen sich auch für andere Werkstoffe und Strahlungen aufstellen, sofern die Konstanten $C_{\perp 0}$, $C_{\perp +}$, C_{+-} zahlenmäßig bekannt sind.

Die *Ermittlung der Δ_0-Werte* für die verschiedenen Meßpunkte ermöglicht es, örtliche Verschiedenheiten, z. B. verschiedener Kohlenstoffgehalt bei Schweißungen, festzustellen und bei Ausscheidungsvorgängen von Legierungen, z. B. der Aushärtung des Duralumins, eine Änderung der Gitterkonstante durch Ausscheidung von einer solchen durch elastische Spannung voneinander getrennt zu bestimmen[1].

Es erhebt sich nun die Frage, wie groß der Fehler ist, den die in den Gl. (16) bis (18) enthaltenen Näherungen zur Folge haben. Es wird bei der Ableitung näherungsweise für $\psi_0 = 45°$ $\sin 2\eta_1 + \sin 2\eta_2$, ersetzt durch $2\sin 2\eta_0$, wobei ψ_0 den Winkel bedeutet, für den der Zahlenwert der Konstante C_{+-} streng gültig ist. Ferner wird in der Beziehung zwischen Linienverschiebung auf dem Film und der zugehörigen Änderung der Gitterkonstanten nur das erste Glied der Reihenentwicklung berücksichtigt. Beim Durchrechnen[2] zeigt es sich, daß der Einfluß der beiden Näherungsungenauigkeiten entgegengesetzt ist und sich nahezu aufhebt. Für einachsige und zweiachsige Spannungszustände lassen sich Korrektionsfaktoren angeben, mit denen die aus Gl. (17) erhaltene Spannung nachträglich multipliziert werden kann. Die Korrektion ist aber so klein[3], daß sie praktisch meist vernachlässigt werden kann. Selbst bei 100 kg/mm² Zug oder Druck beträgt sie bei Stahl erst 1 kg/mm². Der Korrektionsfaktor wächst prozentual mit dem Quadrat der Spannung und dem reziproken Wert

---

[1] Vgl. jedoch hierzu Abschn. E.

[2] GLOCKER, R.: Z. angew. Phys. Bd. 3 (1951) S. 212. Für den Fall des Hydronalisums waren schon früher von O. SCHAABER Z. techn. Phys. Bd. 20 (1939) S. 264 graphische Korrektionen angegeben worden.

[3] Die Berechnungen von G. KEMMNITZ [Z. Metallkde. Bd. 39 (1948) S. 254], die große Korrektionen ergeben, sind wegen eines Fehlers im Ansatz nicht zutreffend.

des Elastizitätsmoduls. Bei den Leichtmetallen, die keine so großen elastischen Spannungen aufnehmen können wie Stahl, ist die Korrektion trotz des niederen Elastizitätsmoduls im allgemeinen kleiner als 0,5 kg/mm², z. B. 0,2 kg/mm² für Duralumin bei 30 kg/mm² Zug oder Druck.

E. Spezielle Probleme der Spannungsmessung.

1. Grobkörnige Werkstoffe.

Bei grobkörnigen Werkstoffen besteht ein DEBYE-SCHERRER-Ring aus einzelnen Schwärzungspunkten; es werden zu wenig Kristallite mit verschiedener Orientierung von dem Röntgenstrahlenbündel getroffen. Durch Drehen des

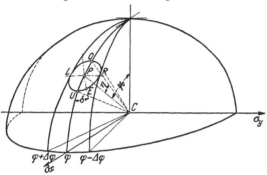

Abb. 11. Dehnungsellipsoid mit dem Kegel der Normalen der reflektierenden Netzebenen.

Films um die Primärstrahlrichtung als Achse wird eine größere Anzahl Kristallite erfaßt und eine gleichmäßigere Schwärzung erzielt. Hinsichtlich des Umfangs des Drehbereichs bestehen wesentliche Unterschiede zwischen einer Senkrechtaufnahme und einer 45°-Aufnahme. Wie Abb. 11 zeigt, ist das Lot auf der Oberfläche eine Hauptachse des Dehnungsellipsoids. Strahlt man in dieser Richtung ein und dreht man den Film um die Einstrahlrichtung als Achse um 360°, so mittelt man über Dehnungen aus, die nur wenig verschieden sind. In der aus Gl. (2) und (3) hervorgehenden Bestimmungsgleichung tritt noch das Glied $\sin^2\eta$ hinzu, so daß sich ergibt

$$E\left(\frac{d_1 - d_0}{d_0}\right) = -(\sigma_1 + \sigma_2)\left[\gamma - \frac{\nu + 1}{2}\sin^2\eta\right]. \tag{21}$$

Der die Ausmittelung berücksichtigende zweite Term in der eckigen Klammer macht bei Stahl mit Kobaltstrahlung 6,2% aus.

Bei einer 45%-Aufnahme ändern sich die Dehnungen mit dem Winkel viel rascher. Schon bei einer kleinen Drehung des Films in Abb. 11 um den Primärstrahl PC aus seiner Ruhelage heraus ändert sich der Winkel zwischen den reflektierten Strahlen CO bzw. CU und dem Oberflächenlot merklich. Die Drehbewegung des Films muß auf eine kleine Schwenkung $\pm\delta$ um die Ruhelage beschränkt werden. Bei Bestimmung von σ_x aus den beiden Hälften einer 45°-Aufnahme ist der Korrektionsfaktor K, mit dem die Spannung σ_x multipliziert werden muß, unabhängig von der Querkomponente σ_y, aber abhängig vom Werkstoff und von der Wellenlänge. Es ist[1]

$$K = \frac{\delta}{\sin\delta}. \tag{22}$$

Für $\delta = \pm 30°$ ist demnach die aus Gl. (9) erhaltene Spannung um 4,7% zu erhöhen. Die Gl. (22) ist brauchbar bis $\delta = \pm 45°$ und mindestens bis $\eta = 12°$.

---

[1] GLOCKER, R., B. HESS u. O. SCHAABER: Z. techn. Phys. Bd. 19 (1938) S. 194.

2. Werkstoffe mit verwaschenen Linien.

Bei stark kaltverformten oder abgeschreckten Stählen zeigen die Rückstrahlaufnahmen meist ein breites Schwärzungsband an Stelle der zwei getrennten Ringe von K_{α_1} und K_{α_2} (vgl. Abb. 3c). Bei einsatzgehärteten oder nitrierten Oberflächen hebt sich dieses Band von der Hintergrundschwärzung kaum mehr ab, so daß auch eine rohe Messung der Linienlage unmöglich ist. In diesem Fall liefert Chromstrahlung wesentlich bessere Aufnahmen als Kobaltstrahlung (F. GISEN[1]). Da die Breite der Linien mit dem Winkel ψ_0 zwischen Primärstrahl und Oberflächenlot zunimmt, ist es vorteilhaft $\psi_0 = 35°$ statt 45° zu wählen; für Eisen mit Chromstrahlung und Chrom als Eichpulver ist dann die Konstante in Gl. (17) $C_{+-} = 78{,}0$ kg/mm² statt 73,2 kg/mm²; die Verschlechterung der Meßgenauigkeit ist unbedeutend. Von Verwendung eines Eichstoffs ist abzusehen, weil sonst die Schwärzung des Hintergrunds relativ zu der der Linien verstärkt wird. Ferner ist die Spannung an der Röntgenröhre so niedrig als möglich zu wählen, damit nicht die kurzwelligen Teile der Bremsstrahlung von Vanadiumfilter durchgelassen werden. Bei 10 kV$_s$ werden verwaschene Linien meßbar, die bei 35 kV$_s$ kaum zu sehen sind; allerdings ist die Expositionszeit 8- bis 10mal so groß als beim üblichen Verfahren. Eine ganz entscheidende Verbesserung bringt die Vorschaltung eines *Kristallmonochromators* (R. GLOCKER und H. HASENMAIER[2]). Unmittelbar am Röhrenfenster wird z. B. ein Pentaerythritkristall so angebracht, daß seine (002)-Ebene mit dem Primärstrahl einen Winkel von 15° bildet. Die auf das Prüfstück fallende Strahlung enthält dann nur die Wellenlängen λ_1 und λ_2 von K_{α_1} und K_{α_2} des Anodenmaterials. Daneben kommen noch schwach vor die in II. Ordnung reflektierten Wellenlängen $\lambda_1/2$ und $\lambda_2/2$ der Bremsstrahlung. Das verwaschene Band der beiden zusammengeflossenen Ringe erscheint auf einem fast glasklaren Hintergrund; es ist bisher kein Fall bekanntgeworden, bei dem sehr verwaschene Linien auf diese Weise nicht gemessen werden konnten. Die rund 10fache Verlängerung der Expositionszeit läßt sich durch Verwendung gekrümmter Quarzkristalle, wie sie erstmals von T. JOHANNSON[3] in der Röntgenspektroskopie benützt wurden, vermindern[4]. Sollen aus verwaschenen Linien Absolutwerte der Gitterkonstanten ermittelt werden, so sind wegen der teilweisen Überdeckung des α_1- und α_2-Rings gewisse Korrekturen zu beachten (H. NEERFELD[5]). Die Spannungsbestimmung aus *einer* Aufnahme [Gl. (17)] wird aber davon nicht betroffen.

3. Bestimmung der Größe und Richtung der Hauptspannungen.

Der Oberflächenspannungszustand in einem Punkt ist eindeutig gekennzeichnet, wenn die Größen und Richtungen der beiden Hauptspannungen σ_1 und σ_2 bekannt sind. Hierzu genügen drei Aufnahmen unter 45° zum Oberflächenlot; bestimmt wird eine beliebige Spannungskomponente σ_x, die dazu senkrechte Komponente σ_y, ferner eine weitere Komponente σ_x, welche mit σ_x den beliebig wählbaren Winkel α bildet (R. GISEN, R. GLOCKER und E. OSSWALD[6]). Die auf $\sigma_{x'}$ senkrechte Komponente ergibt sich aus

$$\sigma_x + \sigma_y = \sigma_{x'} + \sigma_{y'}. \tag{23}$$

---

[1] Krupp-Forschungsber. (1939) Anhang S. 35.
[2] Z. Metallkde. Bd. 40 (1949) S. 182.
[3] Z. techn. Phys. Bd. 84 (1933) S. 541.
[4] FROHNMEYER, G.: Z. Naturforsch. Bd. 6a (1951) S. 319.
[5] Mitt. K.-Wilh.-Inst. Eisenforschg. Bd. 27 (1944) S. 81.
[6] Z. techn. Phys. Bd. 17 (1936) S. 145. — Ferner R. GLOCKER, B. HESS u. O. SCHAABER: Z. techn. Phys. Bd. 19 (1938) S. 194.

Der gesuchte Winkel α zwischen der Hauptspannung σ_1 und der bekannten Richtung σ_x wird erhalten aus

$$\frac{\cos(2\varphi - 2\alpha)}{\cos 2\varphi} = \frac{\sigma_{x'} - \sigma_{y'}}{\sigma_x - \sigma_y} \tag{24}$$

und die Größe der Hauptspannungen aus

$$\sigma_x(1 + \cos 2\varphi) - \sigma_y(1 - \cos 2\varphi) = 2\sigma_1 \cos 2\varphi, \tag{25a}$$

$$-\sigma_x(1 - \cos 2\varphi) + \sigma_y(1 + \cos 2\varphi) = 2\sigma_2 \cos 2\varphi. \tag{25b}$$

Bei der weiteren Entwicklung des Verfahrens wurde die Frage untersucht, ob nicht die Aufgabe mit Hilfe einer einzigen den ganzen DEBYE-SCHERRER-Ring enthaltenden Aufnahme gelöst werden könne. Dies ist im Prinzip zu bejahen (C. S. BARRETT u. M. GENSAMER[1], H. B. DORGELO u. J. E. DE GRAAF[2]); durch Ausmessung des ganzen DEBYE-SCHERRER-Rings in verschiedenen radialen Richtungen ergeben sich genügend viele Bestimmungsstücke. Bei Senkrechtaufnahmen sind aber die Unterschiede in den verschiedenen Meßrichtungen zu klein; etwas günstigere Verhältnisse bietet eine Schrägaufnahme. Dem Verfahren von H. MÖLLER und H. NEERFELD[3] und von F. STÄBLEIN[4] gemeinsam ist die Ausmessung der Linienverschiebung an vier um je 90° versetzten Punkten des DEBYE-SCHERRER-Rings, entsprechend den Dehnungsrichtungen CO, CR, CU und CL in Abb. 11. Die Genauigkeit einer Aufnahme reicht aber im allgemeinen nicht aus zu einer genügend genauen Ermittlung der Größen und Richtungen der Hauptspannungen, wohl aber zu einer Bestimmung der Größen, wenn die Richtungen bekannt sind; in diesem Fall wird die größte Genauigkeit erreicht, wenn die Strahlrichtung $\psi_0 = 45°$ gewählt wird (H. MÖLLER und H. NEERFELD[1]). Fügt man zu der ersten Aufnahme mit unbekanntem Azimutwinkel φ des Primärstrahls eine zweite hinzu mit dem Winkel $\varphi + 90°$ und mißt dort die analogen vier Dehnungen — im folgenden mit dem Index $'$ bezeichnet —, so erhält man nach F. STÄBLEIN[4] folgende Bestimmungsgleichungen, wenn $\psi_0 = 45°$ ist und d^O, d^U ... die Gitterkonstanten für die Richtungen CO, CU, CL, CR in Abb. 11 bedeuten

$$\frac{E}{\nu + 1}\left(\frac{d^U - d^O}{d^O}\right)\frac{1}{\sin 2\eta} = \sigma_1 \cos^2\varphi + \sigma_2 \sin^2\varphi, \tag{26a}$$

$$\frac{E}{\nu + 1}\left(\frac{d^{U'} - d^{O'}}{d^{O'}}\right)\frac{1}{\sin 2\eta} = \sigma_1 \sin^2\varphi + \sigma_2 \cos^2\varphi, \tag{26b}$$

$$\frac{2E}{\nu + 1}\left(\frac{d^L - d^R}{d^L}\right) = (\sigma_2 - \sigma_1)\sin^2\varphi \sin\left(2\sqrt{2}\eta\right). \tag{26c}$$

Dieses Verfahren liefert bei unbekannten Richtungen der Hauptspannungen ihre Größe etwa mit gleicher Genauigkeit wie die Bestimmung einer Spannungskomponente aus einer Aufnahme [Gl. (17)]. Zur Vollaufnahme des ganzen DEBYE-SCHERRER-Rings braucht man größere Filmkammern als die normalen, nur den Filmäquator enthaltenden. Da die Zeitdauer einer gewöhnlichen Einzelspannungsaufnahme relativ kurz ist, wird in der Praxis wohl meist die Bestimmung der Größen und Richtungen der Hauptspannungen mit Hilfe von drei Aufnahmen nach Gl. (24), (25a), (25b) durchgeführt.

[1] Physics Bd. 7 (1936) S. 1.
[2] De Ingenieur Bd. 50 (1935) S. 31.
[3] Mitt. K.-Wilh.-Inst. Eisenforschg. Bd. 21 (1939) S. 289.
[4] Krupp-Forschungsber. 1939, Anhang S. 29.

4. Einfluß der Aufnahmetemperatur.

Bei Senkrechtaufnahmen muß die bei der Temperatur T der Aufnahme ermittelte Gitterkonstante d umgerechnet werden auf die Temperatur T_0, für die der benützte Wert d_0 des spannungsfreien Zustands gilt; dies geschieht auf einfache Weise mit Hilfe des linearen Wärmeausdehnungs-Koeffizienten α des Werkstoffs[1]. Für Eisen mit Kobaltstrahlung und für Duralumin mit Kupferstrahlung — in beiden Fällen dient Gold als Eichstoff — ist nach H. Möller und J. Barbers[2] zu den gemessenen Werten der Gitterkonstante hinzufügen

$$+ 1{,}1 \cdot 10^{-5}(T - T_0)_{\mathrm{Cels}} \quad \text{für Eisen mit Kobaltstrahlung.}$$

$$- 4{,}0 \cdot 10^{-5}(T - T_0)_{\mathrm{Cels}} \quad \text{für Duralumin mit Kupferstrahlung.}$$

Bei Senkrechtaufnahmen bedeutet $1°$ Temperaturunterschied bei Eisen rund $0{,}3$ kg/mm^2 Spannungsänderung.

Eine allgemeine Behandlung der Temperaturkorrektion für Präzisionsbestimmungen von Gitterkonstanten aus Rückstrahlaufnahmen mit senkrechter Einstrahlung findet sich bei V. Hauk und E. Osswald[4].

Für den praktisch häufigsten Fall der Spannungsbestimmung aus den beiden Hälften einer $45°$-Aufnahme [Gl. (17)] kann von einer Temperaturkorrektion abgesehen werden, denn Temperaturunterschiede von $10°$ bewirken einen Fehler in der Spannungsmessung von höchstens $0{,}01\%$.

5. Eindringtiefe und Dreiachsigkeit des Spannungszustands.

Wenn Aufnahmen mit verschiedener Strahlrichtung oder mit verschiedener Wellenlänge unterschiedliche Werte der Spannung liefern, sind zwei Ursachen in Betracht zu ziehen:

1. Verschiedene Eindringtiefe.
2. Elastische Anisotropie.

Der erste Einfluß ist von Bedeutung bei den relativ wenig absorbierenden Leichtmetallen, der zweite im Abschn. f besprochene Einfluß ist maßgebend bei Stahl und Messing, während er bei Leichtmetallen praktisch vernachlässigt werden kann.

Die Eindringtiefe der bei Rückstrahlaufnahmen benützten langwelligen Röntgenstrahlen beträgt in den meisten Metallen nur einige hundertstel Millimeter; sie ist aber bei Aufnahmen von der Einstrahlrichtung abhängig, da sich der Absorptionsweg mit dem Neigungswinkel des Primärstrahls ändert. 90% der Intensität der Röntgenlinien von Eisen mit Kobaltstrahlung kommt bei einer Senkrechtaufnahme aus $0{,}026$ mm Schichtdicke (V. Hauk[3]); bei einer $45°$-Aufnahme beträgt diese $0{,}021$ mm (Richtung $45° - \eta$) bzw. $0{,}014$ mm (Richtung $45° + \eta$). Verwendet man Chromstrahlung bei Stahl, so sind die Werte etwa zu halbieren, während sie bei Leichtmetallen das 2- bis 3fache der angegebenen Zahlen betragen. Die „praktische Eindringtiefe", das heißt diejenige Schichtdicke, welche unter den üblichen Aufnahmebedingungen die an der Unterlage reflektierten Röntgenstrahlen gerade so schwächt, daß die betreffende Linie auf der Aufnahme verschwindet, wurde von A. Schaal[4] für Stahl und Duralumin bestimmt und im Einklang mit den berechneten Werten gefunden.

---

[1] Mitt. K.-Wilh.-Inst. Eisenforschg. Bd. 16 (1934) S. 21; Bd. 17 (1935) S. 157. — Vgl. ferner G. Kemmnitz: Z. techn. Phys. Bd. 23 (1942) 77.
[2] Z. Metallkde. Bd. 39 (1948) S. 190.
[3] Z. Metallkde. Bd. 35 (1943) S. 156.
[4] Z. Metallkde. Bd. 41 (1950) S. 293.

Der Einfluß der Eindringtiefe kann in verschiedener Weise auftreten:

1. Der in der Tiefe vorhandene Spannungszustand ist ein- bzw. zweiachsig, wie an der Oberfläche, aber die Größe der Spannungen ändert sich mit der Tiefe.

2. Der Spannungszustand in der Tiefe ist dreiachsig, an der Oberfläche ein- oder zweiachsig.

3. Die Gitterkonstante für den spannungsfreien Zustand ist an der Oberfläche und in der Tiefe verschieden (z. B. infolge von Ausscheidungsvorgängen bei Legierungen).

Der erste Fall wurde von O. Schaaber[1] an gebogenen Schlaufen aus einer AlMg-Legierung (Hydronalium) näher untersucht. Die Spannung σ_x kann aus zwei Aufnahmen gleicher Schichttiefe ermittelt werden; zu diesem Zweck wird z. B. außer einer Schrägaufnahme zur Bestimmung von σ_x eine zweite zur Bestimmung der auf σ_x senkrechten Komponente σ_y hergestellt und nur die Dehnungen auf den Seiten $\psi = \psi_0 + \eta$ ausgemessen. Dann ergibt sich σ_x aus

$$\sigma_x \{(v+1) \sin^2 \psi \, [(v+1) \sin^2 \psi - 2v] \} = E \, \varepsilon_x [(v+1) \sin^2 \psi - v] + E \, v \, \varepsilon_y \quad (27)$$

wobei
$$\varepsilon_x = \frac{d_x - d_0}{d_0} \quad \text{und} \quad \varepsilon_y = \frac{d_y - d_0}{d_0} \quad \text{ist.} \quad (28)$$

Damit erhält man einen Mittelwert der Spannung σ_x über die von der Dehnungsrichtung $\psi_0 + \eta$ erfaßte Schichttiefe. Eine analoge Gleichung ergibt sich für die Richtung $\psi_0 - \eta$. Die praktische Bedeutung des Verfahrens wird allerdings dadurch eingeschränkt, daß mit Ausnahme des Falls der Torsion die Kenntnis des Nullwerts d_0 der Gitterkonstante erforderlich ist. Ermittlung von d_0 aus einer Messung in einer Richtung, in welcher die Dehnung immer gleich Null wird [vgl. Gl. (11 b)], mit Erfolg herangezogen werden. Voraussetzung ist dabei, daß d_0 sich im Bereich der Eindringtiefe nicht ändert.

Bei zwei Aufnahmen mit verschiedenen Belastungen hebt sich d_0 aus Gl. (27) heraus. Ohne Kenntnis des Nullwerts der Gitterkonstante kann die Änderung der Spannung für eine Tiefenschicht angegeben werden, was z. B. für das Studium von Fließvorgängen nützlich sein kann.

Eine Sonderstellung nimmt die Verdrehbeanspruchung ein, wo $\sigma_1 = -\sigma_2$ ist[2].

Für einen *einachsigen Zustand*, bei der die Größe der Spannung sich linear mit der Tiefe ändert, wie z. B. bei einer Biegebeanspruchung, sind von E. Osswald[3] Gleichungen abgeleitet worden, welche die Spannung an der Oberfläche aus dem gemessenen Spannungswert zu ermitteln gestatten.

Im zweiten Fall wird ein *dreiachsiger Spannungszustand* für die röntgenographische Messung merkbar, wenn der Gradient von σ_z nach der Tiefe so groß ist, daß σ_z in einer Tiefe von einigen hundertstel Millimeter bereits die Größe von mehreren kg/mm² erreicht.

Die Grundgleichungen für den dreiachsigen Spannungszustand unterscheiden sich von der Gl. (9) und (10) des zweiachsigen Zustands dadurch, daß

$$\sigma_x \text{ durch } \sigma_x - \sigma_z \quad \text{und} \quad \sigma_y \text{ durch } \sigma_y - \sigma_z$$

ersetzt wird (W. Romberg[4], O. Schaaber[2]). Die Annahme eines dreiachsigen Spannungszustands kann somit keine Erklärung liefern für Unterschiede in

---
[1] Z. techn. Phys. Bd. 20 (1939) S. 264.
[2] Schaaber, O.: Z. techn. Phys. Bd. 20 (1939) S. 264.
[3] Z. Metallkde. Bd. 39 (1948) S. 279.
[4] Physics Bd. 4 (1937) S. 524.

den Spannungswerten, die bei Aufnahmen mit verschiedenen Einstrahlrichtungen erhalten werden.

Eine Auflösung der Bestimmungsgleichungen nach σ_x, σ_y, σ_z erfordert die Kenntnis von d_0. Ist d_0 der nach den Formeln des dreiachsigen Zustands berechnete Nullwert der Gitterkonstante und d_0' der entsprechende, für den zweiachsigen Zustand berechnete, so gilt die Beziehung (O. SCHAABER[1])

$$E(d_0 - d_0') = -\sigma_z(1 - 2\nu).$$ (29)

Als Zahlenbeispiel sei angeführt, daß bei Hydronalium für $\sigma_z = 2\ \text{kg/mm}^2$ sich die Gitterkonstante um eine Einheit in der vierten Dezimale ändert. Das Problem, mit Hilfe von röntgenographischen Messungen eine etwa beobachtete Änderung des Nullwerts der Gitterkonstante als Wirkung eines dreiachsigen Spannungszustands oder als Folge von chemischen Vorgängen zu deuten, ist allgemein noch nicht gelöst. Sollen Gitterkonstanten z. B. bei Ausscheidungsvorgängen bestimmt werden, so sind die Proben so dünn zu wählen, daß mit Sicherheit das Auftreten eines dreiachsigen Spannungszustands ausgeschlossen werden kann.

Der Einfluß einer dritten Hauptspannung innerhalb der von der Aufnahme erfaßten Schichttiefe — an der Oberfläche selbst muß ja immer $\sigma_z = 0$ sein — ist bei Werkstoffen mit geringer Absorption und niederem Elastizitätsmodul besonders groß. Beides trifft auf Aluminium und seine Legierungen in hohem Grade zu.

6. Einfluß der elastischen Anisotropie.

Zwischen der mechanischen und der röntgenographischen Dehnungsmessung besteht ein grundsätzlicher Unterschied, auf den H. MÖLLER und J. BARBERS[2] zuerst hingewiesen haben. Von der Röntgenmessung werden nur die Kristallite erfaßt, die sich in reflexionsfähiger Lage gegenüber dem einfallenden Röntgenstrahl befinden; die Dehnung wird in einer bestimmten kristallographischen Richtung gemessen, z. B. bei Eisen unter Verwendung von Kobaltstrahlung in Richtung der Normale auf der (310)Netzebene. Die Spannungsachsen können daher in den zur Aufnahme beitragenden Kristalliten nicht alle beliebigen Lagen annehmen. Bei einer mechanischen Dehnungsmessung wird dagegen über alle möglichen Kristallitlagen ausgemittelt. Dieser Unterschied ist von praktischer Bedeutung bei den Metallen, bei denen die elastischen Konstanten des Einkristalls eine starke Abhängigkeit von der kristallographischen Richtung aufweisen. Beim Eisen-Einkristall liegt der Elastizitätsmodul je nach der Meßrichtung zwischen 13500 und 29000 kg/mm², während dieses Intervall für den Aluminium-Einkristall sich nur von 6400 bis 7700 kg/mm² erstreckt. Ähnlich wie Eisen verhält sich Kupfer und Zink; Magnesium hat eine ebenso schwache Richtungsabhängigkeit wie Aluminium. Es ist daher verständlich, daß zur Auswertung der Röntgenrückstrahlaufnahmen für E und ν andere Zahlen eingesetzt werden müssen als die mechanisch ermittelten Werte. Trotz einer großen Zahl von theoretischen[3]

[1] Z. techn. Phys. Bd. 20 (1939) S. 264.
[2] Mitt. K.-Wilh.-Inst. Eisenforschg. Bd. 16 (1934) S. 21.
[3] MÖLLER, H., u. J. BARBERS: Mitt. K.-Wilh.-Inst. Eisenforschg. Bd. 17 (1935) S. 163. — MÖLLER, H., u. G. STRUNK: Mitt. K.-Wilh.-Inst. Eisenforschg. Bd. 19 (1937) S. 305. — GLOCKER, R.: Z. techn. Phys. Bd. 19 (1938) S. 289. — MÖLLER, H., u. G. MARTIN: Mitt. K.-Wilh.-Inst. Eisenforschg. Bd. 21 (1939) S. 261. — MÖLLER, H., u. H. NEERFELD: Mitt. K.-Wilh.-Inst. Eisenforschg. Bd. 23 (1941) S. 97. — HAUK, V.: Arch. Eisenhüttenw. Bd. 26 (1955) S. 275.

und experimentellen[1] Arbeiten läßt sich der Einfluß der elastischen Anisotropie auf die röntgenographische Spannungsmessung noch nicht völlig übersehen. Der Spannungs- und Verzerrungszustand an der Grenzfläche von zwei großen Eisen-Einkristallen wurde von H. MÖLLER und F. BRASSE[2] gemessen und mit der nach verschiedenen Ansätzen vorgenommenen Berechnung verglichen.

Bei Aluminium und seinen Legierungen kann der Anisotropieeinfluß vernachlässigt werden (SCHAAL, HAUK), nicht aber bei Messing (HAUK) und Stahl (MÖLLER und Mitarbeiter, BOLLENRATH und Mitarbeiter, u. a.). Bei Eisen ist der Anisotropieeinfluß bei Senkrechtaufnahmen größer als bei Schrägaufnahmen; bei Chromstrahlung tritt er etwas weniger stark in Erscheinung als bei Kobaltstrahlung. Im ersten Fall erfolgt die Reflexion an den (112) Ebenen, im zweiten Fall an den (310) Ebenen. Von allen Beobachtern wird übereinstimmend festgestellt, daß bei Stahl die röntgenographisch unter Benützung der mechanischen Werte für E und ν erhaltenen Spannungen bei Kobaltstrahlung stets größer ausfallen als bei Chromstrahlung (Verhältnis 1,1 bis 1,3 bei 45°-Aufnahmen). Abgesehen von wenigen Ausnahmen liegen die Spannungswerte bei Chromstrahlung unter, bei Kobaltstrahlung über dem Sollwert. Bei Stählen mit mittleren Kohlenstoffgehalten ist die mit Kobaltstrahlung erhaltene Biegespannung zu dividieren mit 1,25 (90° Einstrahlung) bzw. 1,16 (45° Einstrahlung); für Chromstrahlung lauten die entsprechenden Zahlen 0,88 und 0,93 (NEERFELD). Bei Stählen mit niedrigem Kohlenstoffgehalt — unter 0,2% — sind sehr verschiedene Ergebnisse erhalten worden. Ganz allgemein gilt, daß nicht nur der Kohlenstoffgehalt und das Gefüge (BOLLENRATH und HAUK), sondern auch die Beanspruchungsart, Zug, Druck, Zug-Druck usw. (SCHAAL) von Einfluß sind auf die Größe der Anisotropiekorrektion[3]. Eine theoretische Behandlung des Problems (MÖLLER und MARTIN, NEERFELD) hat bisher nur zu einer Teillösung geführt. Nach dem gegenwärtigen Stand des Problems bleibt nichts anderes übrig, als bei genauen Spannungsmessungen zuerst an einem Probestück eine Vergleichsmessung der mechanischen und der röntgenographischen Dehnung durchzuführen und die für E und ν bei der Auswertung einzusetzenden Zahlen direkt zu ermitteln.

F. Anwendungsbeispiele von Röntgenspannungsmessungen.

Die wesentliche Eigenschaft der röntgenographischen Spannungsmeßverfahren, nämlich nur die elastischen Dehnungen zu erfassen, zeigt schon ein einfacher Zugversuch (Abb. 12). Ein Zugstab aus Chrommolybdänstahl mit der Streckgrenze 55 kg/mm² wurde mit steigender Kraft beansprucht und bei jeder Stufe die Längsspannung röntgenographisch bestimmt (A. SCHAAL[4]).

[1] GLOCKER, R., u. O. SCHAABER: Ergebn. Techn. Röntgenkunde Bd. 6 (1938) S. 34. — BOLLENRATH, F., u. E. SCHIEDT: VDI-Z. Bd. 82 (1938) S. 1094. — BOLLENRATH, F., V. HAUK u. E. OSSWALD: VDI-Z. Bd. 83 (1939) S. 192. — THUM, A., K. H. SAUL u. C. PETERSEN: Z. Metallkde. Bd. 31 (1939) S. 352. — BOLLENRATH, F., u. E. OSSWALD: VDI-Z. Bd. 84 (1940) S. 539. — SMITH, S. L., u. W. A. WOOD: Proc. roy. Soc. A Bd. 176 (1940) S. 398; Bd. 178 (1941) S. 93; Bd. 179 (1942) S. 450; Bd. 181 (1942) S. 72. — BOLLENRATH, F., E. OSSWALD, H. MÖLLER u. H. NEERFELD: Arch. Eisenhüttenw. Bd. 15 (1941) S. 183. — NEERFELD, H.: Mitt. K.-Wilh.-Inst. Eisenforschg. Bd. 24 (1942) S. 61. — HAUK, V.: Z. Metallkde. Bd. 35 (1943) S. 156; Bd. 36 (1944) S. 120. — SCHAAL, A.: Z. Metallkde. Bd. 36 (1944) S. 153. — BOLLENRATH, F., u. V. HAUK: Metallforschg. Bd. 1 (1946) S. 162. — BÖKLEN, R., u. R. GLOCKER: Metallforschg. Bd. 2 (1947) S. 304. — HENDUS, H., u. C. WAGNER: Arch. Eisenhüttenw. Bd. 26 (1955) S. 455, sowie teilweise die unter Fußnote 3 auf Seite 565 aufgeführten Arbeiten.

[2] Arch. Eisenhüttenw. Bd. 26 (1955) S. 231.

[3] Eine tabellarische Zusammenstellung findet sich bei F. BOLLENRATH u. V. HAUK: Metallforschg. Bd. 1 (1946) S. 162 und A. SCHAAL: Z. Metallkde. Bd. 36 (1944) S. 153.

[4] Z. Metallkde. Bd. 36 (1944) S. 153.

Unter Berücksichtigung der zu Beginn des Versuchs vorhandenen Druckeigenspannung von 3 kg/mm² sind die gemessenen Spannungen proportional mit der aufgebrachten Zugbeanspruchung; überschreitet diese 47 kg/mm², so bleiben die Spannungswerte zunächst praktisch konstant und sinken bei noch höherer Belastung ab. Der Übergang vom rein elastischen Verhalten zum plastischen wird durch einen scharfen Knick in der Spannungskurve angezeigt. Dieser Vorgang ist begleitet von einem raschen Ansteigen der nach der Entlastung gemessenen Druckeigenspannungen. Der röntgenographisch ermittelte Fließbeginn liegt 10% bis 15% unterhalb der Streckgrenze σ_s des betreffenden Stahls. Daraus ist zu schließen, daß in der sehr dünnen, von den Röntgenstrahlen erfaßten Oberflächenschicht plastische Verformungen infolge von Gleitvorgängen in einzelnen Kristalliten schon einsetzen, ehe der ganze Probenquerschnitt zum Fließen kommt.

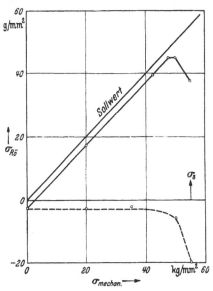

[Abb. 12. Spannungsmessung an einem Zugstab. (Nach SCHAAL.)
[– – – Eigenspannungen nach Entlasten.]

Eine weitere, sehr erwünschte Eigenschaft des Röntgenverfahrens ist die Möglichkeit, die Meßfläche, durch Auflegen strahlenundurchlässiger, durchlochter Masken, beliebig verkleinern zu können; bei entsprechender Verlängerung der Expositionszeit kann ein sehr inhomogener Spannungszustand sozusagen von Punkt zu Punkt vermessen werden. Deshalb eignet sich das Verfahren besonders gut für *Rand- und Kerbspannungen*. Nach den Berechnungen der Elastizitätstheorie tritt am Rande eines Querlochs einer auf Verdrehung statisch beanspruchten Welle, wenn die beiden Durchmesser sich wie 1:2 verhalten, viermal ein Maximum der Spannung auf, nämlich zweimal Zug und zweimal Druck. Die Größe dieses Maximums soll das Vierfache der Nennspannung betragen, das heißt, der Spannung, die an der vollen, nicht durchbohrten Welle vorhanden wäre. Wegen der zu erwartenden starken örtlichen Änderung der Spannung am Lochrand wurde die Meßfläche durch eine Zelluloidscheibe mit einem Loch von 0,75 mm Durchmesser ausgeblendet. Das Ergebnis der röntgenographischen Spannungsbestimmung ist in Abb. 13 enthalten. Auf einer Strecke von etwa 8 mm ändert sich die Spannung um mehr als 60 kg/mm², trotzdem liegen die Meßpunkte gut auf einer glatten Kurve. Bei einem Drehmoment, das bei einer Welle ohne Querloch eine Hauptspannung von 8 kg/mm² erzeugt, werden in Abb. 13 am Lochrand Höchstwerte von 30 bis 32 kg/mm² gemessen, also rund das Vierfache der Nennspannung (F. GISEN, R. GLOCKER und E. OSSWALD [1]).

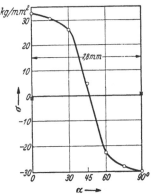

Abb. 13. Randspannungen an einem Bohrloch einer tordierten Welle. (Nach GISEN-GLOCKER-OSSWALD.)

---

[1] Z. techn. Phys. Bd. 17 (1936) S. 145.

Aufschlußreiche Ergebnisse über die Spannungsverteilung an Flachbiege-
stäben mit einseitigem Rundkerb wurden von J. T. NORTON, D. ROSENTHAL
und S. B. MALOOF[1] erhalten. Der Werkstoff war ein Weichstahl mit 0,2% Kohlenstoff. Die Tiefe des Rundkerbs betrug 15 mm bei einer Probenbreite von
70 mm. Gemessen wurde die Längsspannung auf der konvexen Seite in vier
Meßpunkten mit 0,75, 2,5, 5,0, 7,5 mm Abstand vom Rundkerb. Eine direkte
Messung im Kerbgrund wurde nicht durchgeführt. Die wesentlichen Ergebnisse
der Röntgenspannungsmessung sind in Abb. 14 für die vier Meßpunkte bei
verschiedenen Biegemomenten dargestellt. Die ausgezogenen Linien bedeuten
Längsspannungen, die gestrichelten Querspannungen. Bei rein elastischer Beanspruchung (Kurve A) steigt die Spannung bei Annäherung an die Kerbe
rasch an. Auf den Kerbgrund extrapoliert ergibt sich hieraus eine Kerbziffer
von 2,5 gegenüber 2,6 beim Lackverfahren. Der theoretische Wert liegt zwischen 2,7 und 3,0. Bei weiterer Stei-
gerung des Biegemoments ändert sich
der Kurvenverlauf in der Umgebung
der Kerbe erheblich. Die höchsten
Spannungen werden nicht am Kerbrand gemessen, sondern in einiger
Entfernung davon. Der Maximalwert
liegt etwa 10% über der röntgenographisch ermittelten Streckgrenze.
An der Stelle des Maximums werden
Querspannungen festgestellt; es wird
daraus auf eine Fließbehinderung durch
den zweiachsigen Spannungszustand
geschlossen. Das Vorhandensein der
Kerbe hat dagegen keine Erhöhung der
Fließgrenze zur Folge. Die Spannungsmessung im entlasteten Zustand nach
jeder Belastungsstufe ergibt Druck-

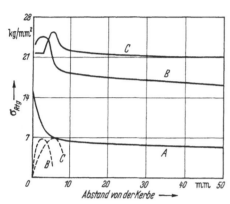

Abb. 14. Längsspannungen von einer Biegeprobe
mit Rundkerb. (Nach NORTON-ROSENTHAL-MALOOF.)
[− − − Querspannungen.] A. Biegemoment 5 kgm;
B. Biegemoment 15 kgm; C. Biegemoment 20 kgm.

eigenspannungen mit einem Höchstwert am Kerbrand; schließlich erstrecken
sich diese über die ganze Breite der Probe. Gleichzeitig ist der Kerbfaktor für
den 0,75 mm von der Kerbe entfernten Meßpunkt von seinem anfänglichen
Wert 2,0 auf 1,0 abgesunken; es hat sich eine praktisch homogene Spannungsverteilung eingestellt.

Für eine Reihe von verschiedenen Kerbformen (Rund-, Spitz-, Trapez-
kerben) wurde an 8 mm dicken Flachproben bei Zugbeanspruchung aus Chrom-
Molybdänstahl die Spannungsverteilung von H. NEERFELD[2] röntgenographisch
ermittelt; auch im Kerbgrund wurden Messungen durchgeführt (kleinste Meßfläche $2 \times 0,5$ mm²).

Die Möglichkeit, mit dem Röntgenverfahren elastische und plastische Verformungen zu trennen, macht dieses zum *Studium von Fließvorgängen*[3] besonders

---

[1] Welding Research Suppl. (1946) Nr. 2248, S. 269.
[2] Mitt. K.-Wilh.-Inst. Eisenforschg. Bd. 27 (1944) S. 13. — Vgl. ferner H. KRÄCHTER:
Z. Metallkde. Bd. 31 (1939) S. 114.
[3] Die Frage der Überlagerung von Eigenspannungen 2. Art über die Eigenspannungen
in 1. Art im Bereich der plastischen Verformung ist Gegenstand zahlreicher neuerer Unter-
suchungen. GREENOUGH, G. B.: Proc. roy. Soc. A Bd. 197 (1949) S. 556 — J. Iron Steel
Inst. Bd. 169 (1951) S. 235. — HAUCK, V.: Arch. Eisenhüttenw. Bd. 25 (1954) S. 273 —
Z. Metallkde. Bd. 46 (1955) S. 33. — KAPPLER, E., u. L. REIMER: Naturwiss. Bd. 40 (1953)
S. 360; Bd. 41 (1954) S. 60 — Z. angew. Phys. Bd. 5 (1953) S. 401. — FRÖMKEN, H., u.
E. KAPPLER: Naturwiss. Bd. 41 (1954) S. 472. — REIMER, L.: Z. Phys. Bd. 137 (1954)
S. 588.

geeignet. Bei Zugversuchen an unlegiertem Stahl ergibt sich folgende Gesetzmäßigkeit für die Fließspannungen[1]: Die im Fließgebiet röntgenographisch
gemessenen Zugspannungen und die im Entlastungszustand erhaltenen Druck-
Eigenspannungen geben bei einer Addition ihrer absoluten Beträge einen Wert,
der gleich ist mit der aus der
Prüfkraft für den Fall elastischen Verhaltens errechneten
Nennspannung (ausgezogene
Linie in Abb. 15). Spannungsmessungen in tieferen Schichten, die durch Abätzen freigelegt werden, zeigen, daß die
Abnahme der Zugspannung
an der Oberfläche durch eine
Spannungsüberhöhung   im
Probenkern kompensiert wird.

Zur Frage der *Biegestreckgrenzenüberhöhung* haben sich
aus den Röntgenspannungs-
messungen neue Erkenntnisse
ergeben. Bei Biegeversuchen
an Stahl muß bekanntlich
nach Erreichen der Zug-
streckgrenze das Biegemo-
ment weiter erhöht werden,
um das Fließen in Gang zu
halten. Diese Erscheinung
wurde als Erhöhung der Fließ-

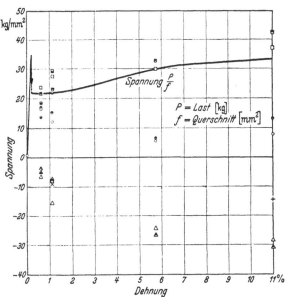

Abb. 15. Spannungen bei einem Zugstab aus Kohlenstoffstahl nach
Überschreiten der Streckgrenze. (Nach BOLLENRATH-HAUK-OSSWALD.)
○ I. unter Belastung; △ II. nach Entlasten;
□ III. Summe der Absolutwerte der Spannungen I und II.

grenze infolge des inhomogenen Spannungszustandes gedeutet. An Biegestäben aus unlegiertem Stahl mit verschiedenem Querschnitt (quadratisch,
trapezförmig, dreieckig) wurde von F. BOLLENRATH und E. SCHIEDT[2], unabhängig von der Querschnittsform, an der äußeren Faser stets die gleiche
Spannung bei Fließbeginn gemessen. Bei Messungen der Biegespannungen auf
der Seitenfläche von glatten Vierkantstäben aus Chrom-Molybdän-Stahl
ergibt sich ein ähnlicher Befund (R. BÖKLEN und R. GLOCKER[3]). Danach ist die
Biegestreckgrenzenüberhöhung nur eine scheinbare und durch die Art der
mechanischen Messung bedingt; sie ist auf das Vorliegen eines gemischt-
plastischen Verformungszustandes (im Sinne der RINAGELschen[4] Theorie)
zurückzuführen. Eine Stützwirkung infolge der inhomogenen Spannungsverteilung liegt nicht vor. Die von A. SCHAAL[5] in Fortführung dieser Untersuchungen an einem Gerät mit Gewichtsbelastung gefundenen Erhöhung der
Biegestreckgrenze ist verursacht durch zusätzliche Beanspruchung beim Aufbringen der Gewichte. Beim Ersatz der Bleigewichte durch Wasserballast, wobei das Wasser in die Gefäße langsam einströmt, ist die Biegestreckgrenze
nicht erhöht (R. GLOCKER und E. MACHERAUCH[6]). Werden zu der statistischen

[1] BOLLENRATH, F., V. HAUK u. E. OSSWALD: VDI-Z. Bd. 83 (1939) S. 129 (Zug). —
BOLLENRATH, F., u. E. OSSWALD: VDI-Z. Bd. 84 (1940) S. 539 (Druck).
[2] VDI-Z. Bd. 82 (1938) S. 1094.
[3] Metallforschg. Bd. 2 (1947) S. 304.
[4] RINAGEL, F.: VDI-Z. Bd. 80 (1936) S. 1199.
[5] Z. Metallkde. Bd. 42 (1951) S. 279.
[6] Z. Metallkde. Bd. 43 (1952) S. 313.

Biegung in jeder Belastungsstufe 10 Stöße mit Hilfe eines Excenters aufgebracht, so tritt eine Erhöhung der Biegestreckgrenze auf, wie von E. MACHERAUCH[1] an 5 verschiedenen Werkstoffen nachgewiesen wurde.

Von unmittelbarer technischer Bedeutung ist die Ermittlung von Eigenspannungen, die als Folge bestimmter Bearbeitungsvorgänge auftreten, z. B.

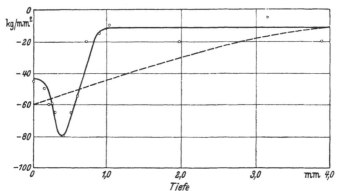

Abb. 16. Tiefenverteilung von Härtespannungen (nach GLOCKER-HASENMAIER).

Schweißspannungen, Härte- und Nitrierspannungen, Schleifspannungen. An geschweißten Bauteilen aus Stahl oder Leichtmetall werden erhebliche, von Ort zu Ort stark schwankende Eigenspannungen beobachtet[2]. Bei Stahlrohren sind innerhalb der Schweißnähte überwiegend Zugspannungen, in deren Umgebung Druckspannungen vorhanden. Bei gehärteten Werkstücken interessiert vor allem die Frage der Tiefenverteilung der Eigenspannungen in den Schichten unterhalb der Oberfläche.

Zu diesem Zweck werden die Schichten stufenweise durch elektrolytisches Abätzen abgetragen (z. B. bei Einsatzhärtung 1 % Salzsäure bei 0,02 A/cm² Stromdichte). Solange die abgetragenen Schichten nur einen sehr kleinen Bruchteil des Gesamtquerschnitts ausmachen, wird der ursprüngliche Eigenspannungszustand nur unwesentlich durch das Abätzen geändert. Entgegen der Erwartung, daß der Höchstwert der Spannung in der Oberfläche auftrete, wurde an Stäben von 15 bis 70 mm Durchmesser mit Einsatzschichten von 0,3 bis 1,7 mm stets die maximale Spannung in der Grenzzone zwischen Einsatzhärteschicht und Grundwerkstoff festgestellt (R. GLOCKER und H. HASENMAIER[3]). Die Tiefenverteilung der Härtespannung für eine 0,4 mm dicke Einsatzschicht ist als Beispiel in Abb. 16 dargestellt; der Höchstwert beträgt 80 kg/mm² Druck. Der

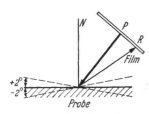

Abb. 17. „Kippverfahren" zur Spannungsmessung an einzelnen Kristalliten. (Nach FROHNMEYER-HOFMANN.)

mit dem HEYN-SACHSschen Ausbohrverfahren ermittelte Spannungsverlauf ist als gestrichelte Linie eingezeichnet (E. THEIS[4]). Dieses Verfahren liefert eine grobe Ausmittelung und läßt das Auftreten eines Maximums nicht erkennen. Einen ganz anderen Spannungsverlauf haben die Nitrierschichten; hier liegt die Spannungsspitze an der Oberfläche der Nitrierschicht; dann folgt ein rascher,

[1] Z. Metallkde. Bd. 47 (1956) S. 312.
[2] MÖLLER, H., u. A. ROTH: Mitt. K.-Wilh.-Inst. Eisenforschg. Bd. 19 (1937) S. 127. — MÖLLER, H.: Arch. Eisenhüttenw. Bd. 12 (1938) S. 27. — Ferner HAUK, V.: Z. Metallkde. Bd. 39 (1948) S. 276 (Punktschweißung).
[3] Z. Metallkde. Bd. 40 (1949) S. 182.
[4] Diss. T. H. Berlin 1940.

stetiger Abfall. Bei gehärteten und bei nitrierten Teilen werden immer Druck-eigenspannungen beobachtet. Hohe Schleifspannungen, z. B. bei Rollen von Rollenlagern, können sich, obgleich sie Druckspannungen sind, sehr ungünstig für die Dauerschwingfestigkeit auswirken (Unveröffentlichte Arbeit von R. Glocker und Mitarbeiter). An Hand der Röntgenbefunde konnten die Arbeitsbedingungen des Schleifprozesses so abgeändert werden, daß die Schleifspannungen 40 bis 50 kg/mm² Druck nicht überschreiten.

Röntgenographische Messungen wurden auch für die Untersuchung des *Spannungsabbaus durch Schwingungsbeanspruchung* herangezogen[1]. Die Unter-suchungen haben gezeigt, daß die Fähigkeit des Werkstoffs, Spannungen elastisch aufzunehmen, durch eine Schwingungsbeanspruchung herabgesetzt wird.

Die Untersuchungen der Ursachen für die Streuung der Interferenzpunkte auf Rückstrahlaufnahmen (G. Frohnmeyer)[2] in Verbindung mit dem Span-nungsmeßverfahren nach Gl. (13) machen es möglich, *an einzelnen Kristalliten grobkörniger Metalle genaue Spannungsbestimmungen* durchzuführen, sofern es sich um einen einachsigen Spannungszustand handelt. Die Einrichtung zum Aufbringen der Beanspruchung muß so beschaffen sein, daß die angestrahlte Fläche des Prüfstabes während der Aufnahme um ± 2° um den Primärstrahl P gedreht wird („Kippverfahren"), wie aus Abb. 17 ersichtlich ist; N ist die Ober-flächennormale, R der zur Messung benützte reflektierte Strahl. An Stelle eines punktförmigen Reflexes entstehen dann spektrale Streifen mit einem Schwär-zungsmaximum, das sicher von der stärksten Wellenlänge der Eigenstrahlung der Anode herrührt. Bei Aufnahmen ohne Kippung treten auch Reflexe auf, die von Bremsstrahlungswellenlängen verursacht sind[2], so daß die hieraus ermittelten Gitterkonstanten und Spannungen unzutreffend sind.

Nach den Spannungsmessungen von G. Frohnmeyer und E. G. Hofmann[3] an einem auf Zug beanspruchten grobkörnigen Stahl mit 0,6% C, 0,4% Si und 0,6% Mn sind die Fließgrenzen großer Ferritkörner sehr nieder, 10 bis 15 kg/mm², gegenüber einer mechanisch ermittelten Streckgrenze von 35 kg/mm². Das bedeutet, daß solche Ferritkristallite etwa bei den Spannungen sich plastisch verformen, bei denen das Fließen eines freien Eisen-Einkristalls einsetzt. Be-stimmt man dagegen aus den geschlossenen, nicht in Einzelreflexe aufgespal-tenen Interferenzlinien die mittlere Spannung der im Perlit enthaltenen sehr kleinen Eisenkristallite, so erhält man Werte von 30 bis 35 kg/mm². Hier liegt offenbar eine Stützwirkung durch die harten Zementitkörner vor.

G. Dynamische Spannungsmessung.

Das Verfahren der röntgenographischen Spannungsmessung in der bisher beschriebenen Form erlaubt es nicht, Spannungen während einer Schwing-beanspruchung zu bestimmen, da die Aufnahme über die zeitlichen Momentan-werte einer Periode ausmitteln würde. Ein bestimmter Momentanwert, z. B. der Maximalwert einer Schwingung, kann aber herausgegriffen und auf der Aufnahme festgehalten werden, wenn zwischen Film und Prüfstück eine sektor-förmige Blende eingebaut wird, welche synchron mit dem Prüfmaschinenantrieb verläuft[4]. Das Strahlenbündel hat nur während des Bruchteils einer Periode

[1] Wever, F., u. G. Martin: Mitt. K.-Wilh.-Inst. Eisenforschg. Bd. 21 (1939) S. 213. — Neerfeld, H., u. H. Möller: Arch. Eisenhüttenw. Bd. 20 (1949) S. 205.
[2] Z. Naturforschg. Bd. 6a (1951) S. 319.
[3] Z. Metallkde. Bd. 43 (1952) S. 151.
[4] Glocker, R., u. G. Kemmnitz: Z. Metallkde. Bd. 60 (1938) S. 1. — Glocker, R., G. Kemmnitz u. A. Schaal: Arch. Eisenhüttenw. Bd. 13 (1939) S. 89.

freien Zutritt zum Film. Das Verfahren ist nur für Spannungsbestimmungen aus einer Aufnahme Gl. (17) anwendbar.

Die Aufgabe, alle Momentanwerte der Spannung bei Schwingbeanspruchung mit einer einzigen Aufnahme zu erfassen, wird von einer Drehkammer folgender Bauart gelöst (O. SCHAABER): Der mit einem kreisförmigen Film beschickte, scheibenförmige Filmträger dreht sich hinter einer Blende mit zwei radialen, sektorförmigen Schlitzen (Abb. 18). Seine Drehgeschwindigkeit ist

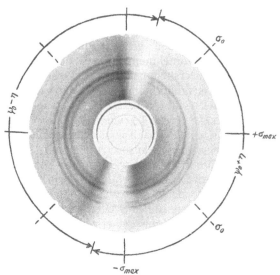

Abb. 18. Rückstrahlkammer für dynamische Spannungsmessung. (Nach SCHAABER.)

Abb. 19. Dynamische Spannungsaufnahme mit der Kammer der Abb. 18.

nur halb so groß wie die des Prüfmaschinenantriebs. Auf diese Weise wird erreicht, daß die eine Hälfte des kreisförmigen Films für die Dehnungsrichtung $\psi_0 + \eta$, die andere für $\psi_0 - \eta$ zur Verfügung steht. Zur Vermeidung einer Überdeckung beider Bereiche ist in der Blendenröhre ein Verschluß eingebaut, der jedesmal nach einer Filmumdrehung um 180° den Strahlendurchgang öffnet bzw. schließt. Die Synchronisierung zwischen Filmdrehfrequenz und Frequenz der Prüfmaschine erfolgt mit Hilfe eines Synchronmotor-Generator-Systems. Leider ist die Intensität der reflektierten Strahlen so schwach, daß eine Aufnahme über eine große Zahl von Perioden, etwa 100 000 Lastspiele, erstreckt werden muß. Mit Rücksicht auf die mechanische Beanspruchung der Drehkammer muß die Drehzahl der Prüfmaschine auf etwa 150 in der Minute herabgesetzt werden.

Das Aussehen einer solchen „dynamischen Spannungsaufnahme" zeigt Abb. 19. Der äußere, kreisförmige Doppelring ist der Eichstoffring von Chrom. Der innere elliptisch deformierte Ring rührt von einer Stahlwelle her, die einer Verdrehwechselbeanspruchung unterworfen wurde[1]. Auf jedem Durchmesser werden die Strecken zwischen den beiden Doppelringen links und rechts ausgemessen. Ihre Differenz gibt nach Gl. (17) den betreffenden Momentanwert. Die Lage der maximalen Zug- bzw. Druckspannung ist am Rand des Films in Abb. 19 eingezeichnet. Die Winkelhalbierende σ_0 ist der Nulldurchgang der schwingenden Spannung; eine an dieser Stelle gemessene Spannung rührt von statischen Vorspannungen oder Eigenspannungen her. Der aus der Aufnahme

---

[1] GLOCKER, R., W. LUTZ u. O. SCHAABER: VDI-Z. Bd. 85 (1941) S. 793.

(Abb. 19) erhaltene Spannungsverlauf während eines Lastspiels ist in Abb. 20 gezeichnet[1]. Die Höchstwerte sind 4 kg/mm² Zug und 20 kg/mm² Druck. Über eine schwingende Spannung von ± 12 kg/mm² ist eine Eigenspannung von 6 kg/mm² Druck überlagert.

Zwei kennzeichnende Versuchsergebnisse sind in Tab. 1 enthalten. An glatten Wellen mit 22 mm Durchmesser aus einem Stahl mit 0,2% Kohlenstoff wurde während der Verdrehwechselbeanspruchung die Torsionshauptspannung rönt-

Tabelle: *Verdrehwechselversuche an Stahlwellen.*

Welle 1		Welle 2	
Lastspielzahl in Millionen bei $\pm$ 16,8 kg/mm²	Röntgenographisch gemessene Spannung in % des Sollwertes	Lastspielzahl in Millionen bei $\pm$ 16,8 kg/mm²	Röntgenographisch gemessene Spannung in % des Sollwertes
0,00	98	0,03	89
0,17	80	0,53	78
0,79	67	1,08	78
1,10	Bruch	1,63	100
		3,83	102

genographisch gemessen. Bei der Welle 1 wurde die Spannung $\pm$ 16,8 kg/mm² so hoch gewählt, daß ein Bruch mit Sicherheit zu erwarten war. Mit zunehmender Lastspielzahl sinkt die gemessene Spannung immer mehr unter den Sollwert ab. Bei einer Lastspielzahl von 0,8 Millionen werden nur noch 2/3 der aufgebrachten Spannung elastisch ertragen. Nach weiteren 0,3 Millionen Lastspielen tritt der Bruch ein.

Die Welle 2 wurde längere Zeit mit niederer Wechselkraft hochtrainiert, ehe die Beanspruchung auf $\pm$ 16,8 kg/mm² gesteigert wurde. Zunächst liegt die gemessene Spannung unter dem Sollwert, erreicht aber diesen nach $1\frac{1}{2}$ Millionen Lastspielen. Selbst nach 12 Millionen Lastspielen kam die Welle nicht zum Bruch.

Die dynamische Röntgenspannungsmessung erlaubt es, die beiden Faktoren der Wirkung einer Dauerschwingbeanspruchung, *die Entfestigung und die Verfestigung*, zu unterscheiden und unmittelbar zu erfassen. Ein Absinken des Röntgenspannungswerts unter den Sollwert ist, wenn er vorübergehender Natur ist, ein Anzeichen, daß eine anfängliche Entfestigung in eine Verfestigung übergegangen ist (Welle 2). Dauerndes Zurückbleiben unter dem Sollwert ist

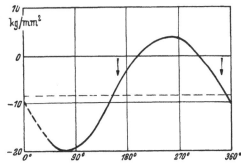

Abb. 20. Aus der Aufnahme in Abb. 19 abgeleiteter Spannungsverlauf eines Lastspiels.

aber ein sicherer Hinweis auf einen später sich einstellenden Dauerbruch. Durch entsprechende Wahl der Wechselkraft konnten an anderen Wellen die Zustände der Entfestigung und der Verfestigung willkürlich nacheinander hervorgebracht werden.

---

[1] Das gestrichelte, nicht direkt gemessene Kurvenstück entspricht dem hellen Streifen auf Abb. 19; zur Vermeidung von Überdeckungen ist der Blendenschieber so eingestellt, daß er etwas vorzeitig schließt.

Die *Röntgenprüfung der „Ermüdung"* von wechselbeanspruchten, kristallinen Werkstoffen kann auch auf statischem Wege erfolgen[1]. Es wird, z. B. durch Biegung, eine Spannung $+\sigma_p$ und dann $-\sigma_p$ aufgebracht und jedesmal die von der Oberfläche elastisch aufgenommene Spannung gemessen. Die Summe der absoluten Beträge der aus den beiden Aufnahmen erhaltenen Spannungen, dividiert durch den Sollwert $|2\sigma_p|$ ist ein reziprokes Maß für den Ermüdungsgrad. Die Höhe der Prüfspannung ist beliebig wählbar, doch darf sie nicht so groß sein, daß sich unter ihrer Wirkung plastische Verformungen der Oberfläche einstellen.

---

[1] Die von J. A. BENNETT [I. Res. Nat. Bur. Stand. Bd. 46 (1951) S. 457] erhobenen Einwände sind nicht stichhaltig, da die Prüfspannungen zu hoch gewählt wurden, so daß plastische Verformungen eintraten.

IX. Zerstörungsfreie Werkstoffprüfung*.[1]

Von **R. Berthold**, Wildbad, **O. Vaupel**, Berlin, und **F. Förster**, Reutlingen.

A. Röntgen- und Gammaprüfung.[2]

Die Grobstrukturuntersuchung mit Röntgen- und Gammastrahlen dient dem zerstörungsfreien Nachweis makroskopischer Fehler (Fremdeinschlüsse, Materialtrennungen, Seigerungen, Wanddickenunterschiede, Lage und Kontinuität von Füllkörpern u. dgl.) in Werkstücken und Bauteilen aller Art. Dabei wird von der Strahlenquelle aus das Schattenbid des Prüfobjekts auf einen strahlenempfindlichen Empfänger, z. B. eine photographische Schicht, geworfen (Abb. 1). Fehlstellen im durchstrahlten Querschnitt verursachen Helligkeitsunterschiede im Schattenbild, da die Schwächung der Röntgen- und Gamma-

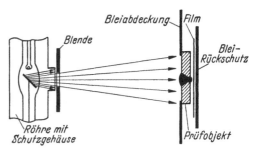

Abb. 1. Schema der Röntgendurchstrahlung eines Prüfobjekts

strahlen im Prüfobjekt von dessen Dicke und Dichte abhängt. Mit der Ausdeutung des so gewonnenen Schattenbilds ist die Durchstrahlungsprüfung beendet. Die anschließende Beurteilung der Verwendbarkeit des Prüfobjekts setzt u. a. die Kenntnis von Art, Größe und Richtung seiner späteren Beanspruchung voraus und bedarf praktischer Erfahrungen.

---

* Die Abschnitte A—C wurden von R. BERTHOLD und O. VAUPEL verfaßt, der Abschnitt D von F. FÖRSTER.

[1] LINDEMANN, R., u. M. PFENDER: Verfahren zur zerstörungsfreien Werkstoffprüfung. „Fortschritte der Technik" Heft 4. Berlin: S. Siemens-Verlag 1948. — HANSTOCK, R. F.: The Nondestructive Testing of Metals. London: The Institute of Metals 1951. — LEHMANN, H.: Werkstoffprüfung, Bd. 1: Metalle, 2. Aufl., Kap.: Zerstörungsfreie Prüfung. Leipzig: Fachbuchverlag G. m. b. H. 1953. — VAUPEL, O.: Zerstörungsfreie Werkstoffprüfung. Hütte, 28. Aufl., Bd. I, 6. Abschn. Kap. X. Berlin: Wilh. Ernst & Sohn 1955. — VAUPEL, O.: Bild-Atlas für die zerstörungsfreie Materialprüfung. 200 Bildtafeln mit Legenden; wird laufend ergänzt. Berlin: Bild u. Forschung 1954ff. — Schrifttumsberichte über die zerstörungsfreie Prüfung. Einzelreferate auf DIN A 6-Blättern (Karton für Kartei, Dünnblatt für Ringbücher). Herausgeber: Gesellschaft zur Förderung Zerstörungsfreier Prüfverfahren, Berlin. Wird laufend ergänzt. — BAUER, O.: ABC der Röntgentechnik. Alphabetisches Lexikon. 3. Auflage. Leipzig: Thieme 1948.

[2] CLARK, G. L.: Applied X-Rays, 4. Aufl. New York: McGraw Hill Corp. 1955. — CLAUSER, H. R.: Practical Radiography for Industry. New York: Reinhold Publ. Corp. 1952. — EGGERT, J., u. H. GAJEWSKI: Einführung in die technische Röntgenphotographie. 2. Auflage. Leipzig: Hirzel 1945. — HANLE, W.: Künstliche Radioaktivität, 2. Aufl. Stuttgart: Piscator 1952. — Internat. Institute of Welding. Muster-Röntgenbilder von Schweißungen. 1. Lieferung (50 Blatt); wird ergänzt. Stockholm: Tekniska Röntgencentralen. 1953.

1. Natur der Röntgen- und Gammastrahlen.

Röntgen- und Gammastrahlen sind elektromagnetische Schwingungen wie das sichtbare Licht und die Hertzschen Wellen der drahtlosen Telegraphie und des Rundfunks, von denen sie sich nur durch ihre viel kürzere Wellenlänge unterscheiden (Tab. 1). Die Trennung in Röntgenstrahlen und Gammastrahlen ist im wesentlichen historisch bedingt, weil man bei der Entdeckung der Gamma-

Tabelle 1. *Das Gebiet der elektromagnetischen Strahlung.*

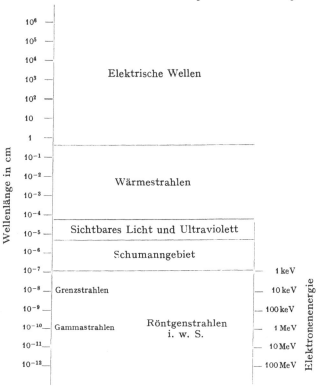

strahlen deren Identität mit den Röntgenstrahlen noch nicht erkannt hatte. Im Sprachgebrauch bezeichnet man heute als *Gammastrahlen* diejenigen Röntgenstrahlen, die beim Zerfall natürlicher oder künstlicher radioaktiver Stoffe aus dem Atomkern ermittelt werden. Als *Röntgenstrahlen* bezeichnet man die wesensgleichen elektromagnetischen Wellen, die beim Auftreffen von Elektronen hoher Geschwindigkeit auf Materie entstehen; beträgt die Elektronengeschwindigkeit etwa 98% der Lichtgeschwindigkeit, so treten Röntgenstrahlen auf, die mit Gammastrahlen völlig identisch sind. Wenn somit kein physikalischer Unterschied zwischen Röntgen- und Gammastrahlen besteht, so rechtfertigt doch die unterschiedliche Art und Handhabung der verschiedenen Strahlenquellen eine zum Teil getrennte Behandlung der Röntgen- und Gammadurchstrahlung.

2. Eigenschaften der Röntgen- und Gammastrahlen.

Die wichtigsten Eigenschaften der Röntgen- und Gammastrahlen sind:

a) Sie pflanzen sich geradlinig und mit Lichtgeschwindigkeit fort. Reflexion, Brechung und Beugung an Spiegeln, Prismen oder Strichgittern tritt nur bei außerordentlich kleinen Einfallswinkeln oder unter besonderen Bedingungen auf. An kristallinen Stoffen, gekennzeichnet durch den regelmäßigen Aufbau der Atome, werden langwellige Röntgenstrahlen unter bestimmten Winkeln abgebeugt; diese Tatsache bildet die Grundlage der Feinstrukturuntersuchung von Werkstoffen, spielt aber für die Grobstrukturprüfung keine Rolle und wird im folgenden nicht berücksichtigt.

b) Sie werden beim Auftreffen auf Materie zum Teil diffus gestreut. Diese Streustrahlung beeinträchtigt die Güte der Schattenbilder, ähnlich der Schleierwirkung bei Photoaufnahmen im sichtbaren Gebiete, und gefährdet in der Nähe befindliche Personen (siehe f).

c) Sie wirken „ionisierend", d. h. sie spalten von neutralen Atomen Elektronen ab und erzeugen dadurch negative und positive Elektrizitätsträger. Diese Eigenschaft ist die Grundlage der Messung von Strahlenintensitäten mit Ionisationskammern und Zählrohren.

Auf der Wirksamkeit ausgelöster, mit mehr oder weniger großer Bewegungsenergie fortfliegender Elektronen beruhen auch die in den Punkten d, e, f angegebenen Eigenschaften.

d) Sie vermögen eine Reihe von Stoffen zur Fluoreszenz anzuregen. So leuchten vorbehandelte Sulfide und Silikate des Zinks und des Kadmiums gelbgrün, Kalzium- und Kadmiumwolframat blauviolett auf. Diese Eigenschaft bildet die Grundlage der Leuchtschirmbetrachtung („Fluoroskopie") und der Benutzung von Salzverstärkerfolien, in den Szintillationszählern der Messung von Strahlenintensitäten.

e) Sie haben chemische Wirkungen; u. a. wirken sie auf photographische Schichten ähnlich wie das sichtbare Licht. Dies bildet die Grundlage für die Röntgen- und Gammaphotographie („Radiographie").

f) Sie haben biologische Wirkungen; von bestimmten Mengen ab schädigen sie die lebende Zelle. Dies bedingt die Anwendung von Schutzmaßnahmen beim Arbeiten mit Röntgen- und Gammastrahlen.

g) Sie werden in ihrem sehr kurzwelligen Bereich (unter 10^{-10} cm) in Gegenwart von Materie teilweise materialisiert: aus einem Strahlenquant bildet sich dann ein Elektron und ein Positron (Paarbildung); auch vermag ein sehr energiereiches (kurzwelliges) Strahlenquant beim zufälligen Zusammenstoß mit einem Atomkern aus diesem ein Neutron oder Positron frei zu machen (Kernphotoprozeß). Diese Eigenschaften ultrakurzwelliger Strahlung beeinflussen die Durchdringungsfähigkeit und Fehlererkennbarkeit beim Durchstrahlungsverfahren.

h) Sie sind imstande, *alle* Stoffe mehr oder weniger zu durchdringen. *Diese Eigenschaft ist die Grundlage der Röntgen- und Gammaprüfung.*

3. Röntgenprüfung.

a) Entstehung der Röntgenstrahlen — Bremsspektrum.[1]

Röntgenstrahlen entstehen beim Abbremsen von Elektronen hoher Geschwindigkeit. Die Elektronen erzeugt man an weißglühenden Drahtspiralen oder -wendeln, an deren Oberfläche Elektronen in großer Zahl abgespalten werden. Die Beschleunigung der Elektronen erzielt man — im Innern hochevakuierter Glas- oder Metallbehälter — durch ein elektrisches Hochspannungsfeld; die erreichten Geschwindigkeiten der Elektronen liegen zwischen 10 und 99% der Lichtgeschwindigkeit, abhängig von Größe und Art des Hochspannungsfeldes.

---

[1] SCHAAFFS, W.: Erzeugung von Röntgenstrahlen. In: Handbuch der Physik, Bd. XXX. Berlin, Göttingen, Heidelberg: Springer 1957.

Beim Aufprall auf die Anode haben die mit der Geschwindigkeit v ankommenden Elektronen (Masse m_e) die Bewegungsenergie

$$\varepsilon = \tfrac{1}{2}\, m_e\, v^2.$$

Wird diese Bewegungsenergie beim plötzlichen und vollständigen Abbremsen in strahlende Energie überführt, so entsteht ein Strahlenquant mit der Frequenz ν bzw. der Wellenlänge λ; dann gilt

$$\varepsilon = \frac{1}{2}\, m_e\, v^2 = h\,\nu = h\,\frac{c}{\lambda}. \tag{1}$$

(h = Plancksche Konstante, c = Lichtgeschwindigkeit)

Bei stufenweisem Abbremsen der Elektronen entstehen Strahlenquanten geringerer Energie, d. h. größerer Wellenlänge. Da *alle* Abbremsgeschwindigkeiten auftreten können, entsteht ein stufenloses Strahlengemisch der verschiedensten Wellenlängen (Bremsspektrum) mit einer bestimmten kurzwelligen Grenze ($\lambda_{\min}$). Wurden die Elektronen durch ein Hochspannungsgefälle von U Volt beschleunigt — ihre potentielle Energie betrug also $\varepsilon = e\,U$ (e = Ladung des Elektrons) —, so folgt aus der Kombination mit (1):

$$e\,U = h\,\frac{c}{\lambda}. \tag{1'}$$

Beim vollständigen, momentanen Abbremsen ergibt sich dann nach Einsetzen der Werte (Konstanten) für e, h und c:

$$\lambda_{\min} = \frac{12345}{U} \tag{2}$$

$\lambda_{\min}$ in Å, U in V.

U (bei Röntgenröhren die angelegte Röhrenspannung) bestimmt also die kürzeste Wellenlänge. Mit wachsendem U verschiebt sich diese nach der kurzwelligen Seite — man sagt, daß die Strahlung „härter" wird, weil ihre Durchdringungsfähigkeit zunimmt.

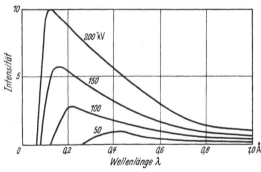

Abb. 2. Spektrale Energieverteilung der Bremsstrahlung einer Röntgenröhre (schematisch).

Die gesamte Strahlungsintensität ist bei gleichbleibender Röhrenspannung durch die Anzahl der sekundlich abgebremsten Elektronen, d. h. durch die Stärke des durch die Röhre fließenden Stroms bestimmt. Die Intensitätsverteilung auf die Wellenlängen des Bremsspektrums, gemessen außerhalb des Röhrenbehälters, ist aus Abb. 2 zu entnehmen. Der Höchstwert der Strahlungsintensität liegt nahe der kurzwelligen Grenze; er verschiebt sich, wie diese, mit steigender Röhrenspannung zur kurzwelligen Seite des Spektrums. Zugleich wächst die Gesamtintensität der Strahlung.

Die Bewegungsenergie der Elektronen wird nur teilweise in strahlende Energie überführt, zum überwiegenden Teil entsteht *Wärme*. Die Strahlenausbeute ist in geringem Maße abhängig vom Material des abbremsenden Körpers (sie steigt mit dessen Atomgewicht), in stärkstem Maße aber von der Beschleunigungsspannung; sie beträgt bei 10 kV etwa 0,1%, bei 200 kV etwa 1% und erreicht bei 20000 kV (Betatron) über 40%.

b) Röntgenröhren.[1]

Bei den Röntgenröhren wird die Strecke zwischen Elektronenquelle (Glühkathode) und Abbremsstelle (Anode) auf kürzestem (geradem) Wege durchlaufen (Linearbeschleunigung). Der Anzahl der von der Kathode zur Anode übergehenden Elektronen entspricht der durch die Röhre fließende Strom; er wird durch Regeln des die Glühspirale heizenden Stroms eingestellt. Die Anode der technischen Röntgenröhren besteht im allgemeinen aus einer Wolframplatte, die in einen Kupferblock eingelassen ist; dadurch vereint diese Anode hohen Schmelzpunkt und niedrigen Dampfdruck mit genügender Wärmeableitung für die im Brennfleck (Fokus) entstehende Wärme. Die Wärme wird durch Öl oder Wasser abgeführt, das dem innen ausgebohrten Anodenblock zugeführt wird; in Sonderfällen erfolgt die Kühlung durch Luftkühlung oder durch die Wärmeabstrahlung des in Weißglut befindlichen Anodentellers.

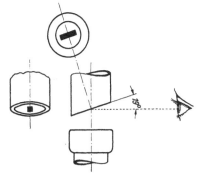

Abb. 3. Schematische Darstellung des Strichfokus.

Die spezifische Belastbarkeit eines Brennflecks von etwa 10 bis 100 mm² Fläche erreicht bei einer Wolframanode und kräftiger Kühlung 50 bis 80 Watt/mm², je nachdem, ob an der Röhre pulsierende oder konstante Gleichspannung liegt. Die Forderung hoher Gesamtbelastbarkeit der Anode führt daher zu großen Brennflecken und damit zu einer geometrisch bedingten Bild-Unschärfe (s. Abschn. g, Abs. 2).

Bei sehr kleinen Brennfleckflächen ist jedoch die spezifische Belastbarkeit infolge der sehr viel günstigeren Wärmeableitungsverhältnisse außerordentlich viel höher; beispielsweise kann ein Brennfleck von 0,2 mm Durchmesser noch mit etwa 200 W, also 5000 W/mm² belastet werden (Feinfokusröhren; Betatron).

Hohe Gesamtbelastbarkeit mit guter Zeichenschärfe erhält man durch bandförmige Ausbildung des Brennflecks (Strichfokus, Abb. 3).

Die zur Zeit meist gebrauchten technischen Röntgenröhren mit 120 bis 300 kV höchster Spannungsbelastung haben Brennflecke von etwa 4 bis 8 mm Durchmesser und demzufolge eine Dauerbelastbarkeit bei Wechselspannungsantrieb von etwa 1 bis 2 kW. Es werden auch Röhren mit 0,5 bis herab zu 0,2 mm Brennfleckdurchmesser hergestellt; derartige „Feinfokusröhren" erlauben die

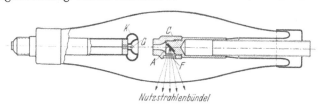

Nutzstrahlenbündel

Abb. 4. Röntgenröhre für Grobstrukturuntersuchungen.
A Anodenplatte; C Kupferblock; F Metallfolie; G Glühspirale; K Kathode.

unmittelbare Herstellung *vergrößerter* Röntgenschattenbilder auf Leuchtschirm oder photographischer Schicht (s. Abschn. g, Abs. 3 u. Abschn. i).

Den normalen Röntgenröhren wird beiderseits (an Kathode und Anode) je die Hälfte der gesamten Röhrenspannung zugeführt („Zweipolröhren" Abb. 4); gekühlt wird (aus Gründen der Isolation) durch Öl. Der die Anodenplatte umgebende Kupferblock begrenzt die vom Brennfleck *allseitig* aus-

---

[1] SCHAAFFS, W. s. Fußnote 1 S. 577.

gehende Röntgenstrahlung auf das „Nutzstrahlenbündel" und verhindert so den Austritt unbenutzter, u. U. schädlich wirksamer Strahlung (Strahlenschutzröhren). Marktgängige Zweipolröhren werden für 200, 250 und 300, neuerdings auch 400 kV Höchstspannung hergestellt.

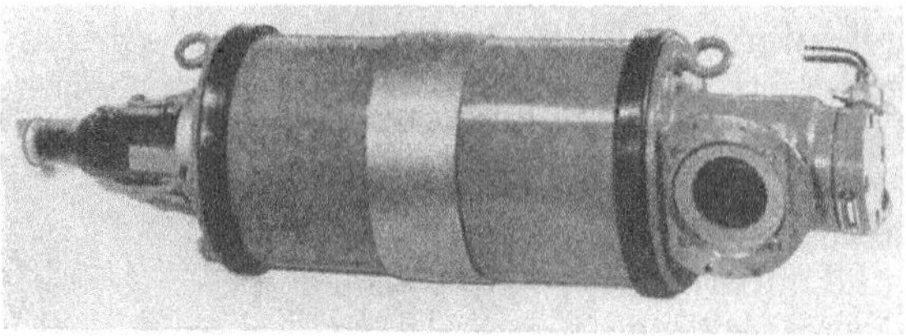

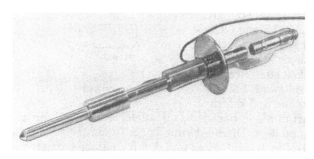

Abb. 5. Kurzanoden-Röntgenröhre für 150 kV$_{max}$ im Schutzbehälter.
(Hersteller: C. H.F. Müller, Hamburg.)

Die meist übliche Hochspannungszuführung zur Zweipolröhre mittels Hochspannungskabeln (s. Abb. 15) erschwert oder verhindert gelegentlich das zweckmäßige Anbringen der Röntgenröhren am oder im Prüfobjekt. Darum wurden Röntgenröhren entwickelt, bei denen die Hochspannung nur kathodenseitig zugeführt wird, während die Anode geerdet ist („Einpolröhren"). Die Spannungsbelastbarkeit beträgt bei den z. Z. marktgängigen Röhren 120 bis 150 kV. Beispiele solcher Röhren zeigen die Abb. 5 („Kurzanodenröhre"; Abstrahlung kegelförmig) und 6 („Hohlanodenröhre"; Abstrahlung etwa halbkugelig nach Abb. 7 a oder tellerförmig nach Abb. 7 b); der große Vorteil einer Hohlanodenröhre zur Durchstrahlung einer Rundschweißnaht geht aus Abb. 8 hervor.

Abb. 6. Hohlanodenröhre für 150 kV$_{max}$.
(Hersteller: Siemens & Halske AG, Karlsruhe.)
Die Abstrahlung erfolgt am Ende einer etwa 300 mm langen „Hohlanode"; ausgestrahlter Raum: etwas mehr als Halbkugel.

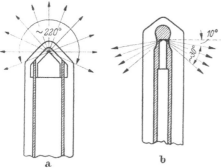

Abb. 7. Abstrahlungsverhältnisse bei Hohlanodenröhren (schematisch und nicht maßstäblich).
a halbkugelig; b tellerförmig.

Einpolröhren sind auch die bereits erwähnten Feinfokusröhren sowie die neuzeitlichen „Blitzröhren"; bei den letztgenannten (Abb. 9) entlädt man unter geeigneten Bedingungen momentan einen Hochspannungskondensator über die Röhre und erhält so einen sehr kurzzeitigen (10^{-7} s) Stromstoß von einigen tausend Amperes, der einen intensiven „Röntgenblitz" erzeugt, welcher zur Aufnahme sehr schnell verlaufender Vorgänge benutzt werden kann.

Um leichtere, handlichere Geräte zu erhalten, wurden in den letzten Jahren Eintank- (oder Einkessel-) Geräte entwickelt, bei denen die Röntgenröhre unmittelbar in den Transformator eingebaut ist. Sie wurden sowohl als Zweipolgeräte (Abb. 10) wie als Einpolgeräte (Abb. 11) entwickelt, und zwar für Röhrenspannungen bis 60, 120, 160, 175, 250 und 300 kV.

Eintankgeräte, jedoch besonderer Bauart, sind auch die in den USA gebauten Hochvoltgeräte für 1000 oder 2000 (z. T. auch 3000) kV (Abb. 19 und 21).

Diese großen Geräte sind natürlich nicht mehr im üblichen Sinne transportabel, wohl aber vermöge geeigneter Aufhängungen oder Lagerungen an Kränen oder Fahrgestellen im Prüfraum nach allen Richtungen bewegbar und drehbar, so daß jede gewünschte Strahlenrichtung eingestellt werden kann.

Abb. 8. Röntgeneinrichtung mit Hohlanodenröhre (Hersteller: Rich. Seifert & Co., Hamburg) bei Durchstrahlung einer Rundschweißnaht

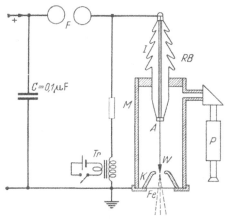

Abb. 9. Schaltung einer Hochvakuum-Röntgenblitzröhre ohne Zündelektrode. (Nach J. MÜHLENPFORDT.) C Hochspannungskondensator; F Funkenstrecke; A Anode mit W = Wolframspitze; K Kathode (geerdet). Der Hochspannungserzeuger ist nicht gezeichnet.

Die Röntgenröhren sind grundsätzlich von Schutzgehäusen umgeben, die aus Gründen der Isolation mit Öl gefüllt sind; neuerdings werden in den amerikanischen Hochvoltgeräten in sehr wirksamer und gewichtverringernder Weise statt Öl komprimierte Gase — Stickstoff oder Freon (CCl_2F_2) — verwandt. Die Gehäuse der Zweipolröhren enthalten zur Verstärkung des Strahlenschutzes Bleipanzerungen.

Abb. 10. Einkesselgerät mit Zweipol-Röntgenröhre für 175 kV$_{max}$ (Hersteller: Rich. Seifert & Co., Hamburg) mit Transportwagen.

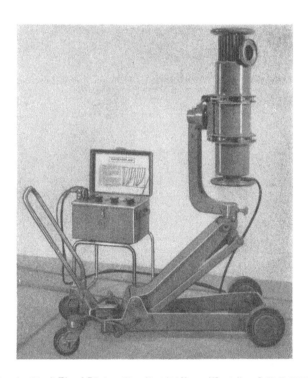

Abb. 11. Einkesselgerät mit Einpol-Röntgenröhre für 160 kV$_{max}$. (Hersteller: C. H. F. Müller, Hamburg.)

c) Hochspannungserzeugung zum Betrieb von Röntgenröhren.[1]

Die zur Linearbeschleunigung der Elektronen in Röntgenröhren benötigte Hochspannung wird fast ausschließlich durch Transformatoren erzeugt; ihnen gegenüber tritt die Verwendung von Bandgeneratoren in den Hintergrund.

Bei den meisten Ausführungen sind Röntgenröhre (in ihrem Schutzgehäuse) und Hochspannungserzeuger räumlich getrennt und durch Hochspannungs-

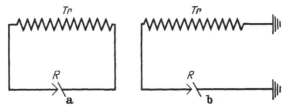

Abb. 12. Halbwellenschaltung (schematisch).
a) zweipolig; b) einpolig. *Tr* Transformator-Hochspannungswicklung; *R* Röntgenröhre; → Kathode; ⌐ Anode.

kabel miteinander verbunden. Eine Ausnahme bilden die oben erwähnten Eintankgeräte, insbesondere die amerikanischen Hochvoltgeräte.

α) Hochspannungserzeugung durch Transformatoren; Hochspannungsschaltungen. *αα) Halbwellenschaltung.* Verbindet man (Abb. 12a) die Enden einer Hochspannungswicklung mit Kathode und Anode einer Röntgenröhre, so wird Röntgenstrahlung nur erzeugt, wenn die Kathode negatives Potential erhält; in der entgegengesetzten Halbphase sperrt die Röhre, liefert also keine Röntgenstrahlung. Durch Erdung eines Endes der Hochspannungswicklung und der Anode der Röntgenröhre erzielt man einpoligen Betrieb (Abb. 12b), ebenfalls

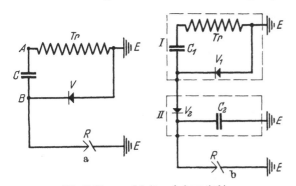

Abb. 13. VILLARD-Schaltung (schematisch).
a) ohne Glättungszusatz; b) mit Glättungszusatz.
Tr Transformator-Hochspannungswicklung;
C, C₁, C₂ Kondensatoren; *V, V₁, V₂* Gleichrichter; *R* Röntgenröhre;
E Erdung. Zu b) *I* Hochspannungserzeuger; *II* Glättungszusatz.

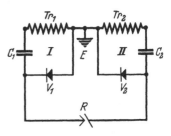

Abb. 14. Symmetrische VILLARD-Schaltung (schematisch).
Tr₁, Tr₂ Transformator-Hochspannungswicklungen; *C₁, C₂* Kondensatoren; *V₁, V₂* Gleichrichterröhren; *R* Röntgenröhre; *E* Erdung.

nur unter Ausnutzung einer Phase. Diese „Halbwellenschaltung" wird neuerdings wieder benutzt für die genannten Eintankgeräte bis maximal 300 kV.

Durch Verwendung von Hochspannungskondensatoren und Gleichrichterventilen kann auch die 2. Halbphase nutzbar gemacht werden (Kunstschaltungen):

αβ) VILLARD-Schaltung. Die gebräuchlichste Kunstschaltung bei technischen Röntgenapparaten ist die Schaltung nach VILLARD (Abb. 13a). Hierbei wird

---

[1] SCHAAFFS, W. s. Fußnote 1 S. 577.

in der 1. Halbphase der Kondensator C über einen Gleichrichter V (Glühventilröhre oder Trockengleichrichter) auf die Transformatorspannung aufgeladen, die sich in der 2. Halbphase zu der Transformatorspannung *addiert*; der Röntgenröhre wird daher *Gleichspannung* zugeführt, die zwischen etwa 0 und dem (nahezu) *doppelten* Scheitelwert des Transformators pulsiert. Durch einen sogenannten Glättungszusatz, bestehend aus einem Gleichrichter und einem Hochspannungskondensator (Abb. 13 b), kann man die pulsierende Gleichspannung der

Abb. 15. Röntgeneinrichtung ·für 250 kV$_{max}$
in symmetrischer Villard-Schaltung
(Hersteller: Rich. Seifert & Co., Hamburg)
bei der Aufnahme an einer Hochbahnbrücke.

Abb. 16. Röntgeneinrichtung für 300 kV kontin. konst. Gleichspannung. (Hersteller: C. H. F. Müller, Hamburg.)

VILLARD-Schaltung in eine zeitlich nahezu konstante („k.k.") Gleichspannung umwandeln, mit dem Vorteil der größeren Durchdringungsfähigkeit bei gleicher Röhrenspannung und der Schonung der Hochspannungskabel.

Durch Kombination zweier VILLARD-Systeme erhält man eine symmetrische Schaltung (Abb. 14), die in zwei getrennte, sich weitgehend gleichende Hochspannungserzeuger aufteilbar ist. Eine Einrichtung dieser Art ohne Glättungszusatz zeigt Abb. 15. In neueren Röntgeneinrichtungen ist der Glättungszusatz mit dem Hochspannungserzeuger in einem einzigen Kessel untergebracht, was durch Verringerung der räumlichen Größe der einzelnen Bauelemente und geschickte Raumausnutzung erreicht wurde (Abb. 16). Einrichtungen für VILLARD- und k.k.-Schaltung werden heute für Röhrenspannungen bis 400 kV gebaut.

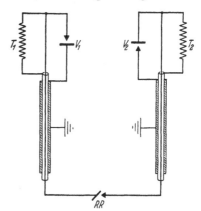

Besonders deutlich wird der Vorzug dieses Baukastensystems dann, wenn man die Hochspannungskondensatoren in die Hochspannungskabel verlegt. Dadurch wird das Gewicht der Gesamteinrichtung wesentlich verringert, und man kommt zu leichter tragbaren Einzelteilen. Schaltung und Ausführung einer solchen Einrichtung für 200 kV VILLARD-Spannung zeigen Abb. 17 und 18. Wegen der Beweglichkeit der Hochspannungskabel ist jedoch diese Ausführungsform auf höchstens 100 kV je Hochspannungsaggregat begrenzt.

Abb. 17. VILLARD-Schaltung bei Benutzung von Kondensatorkabeln.
T_1, T_2 Transformatoren; V_1, V_2 Gleichrichterröhren; RR Röntgenröhre.

$\alpha\gamma$) *Andere Kunstschaltungen.* In neuerer Zeit sind eine Reihe anderer Hochspannungsschaltungen für höchste Röhrenspannungen angegeben und benutzt

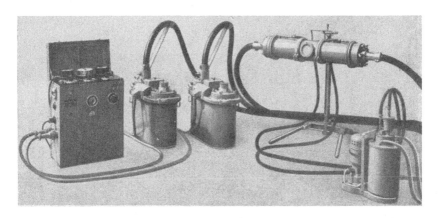

Abb. 18. Tragbare Grobstruktur-Röntgenanlage.
Leistung 10 mA bei 200 kV Scheitelwert. (Hersteller: Siemens & Halske AG, Karlsruhe.)

worden. Die „Resonanzschaltung" liegt einem Typus der amerikanischen Hochvoltgeräte zugrunde (Abb. 19).

β) **Hochspannungserzeugung durch Bandgeneratoren.** Auf der Wirkungsweise der Influenzmaschinen beruht der Bandgenerator nach VAN DE GRAAFF. An Stelle der rotierenden Hartgummischeibe nimmt hier (Abb. 20) ein schnell

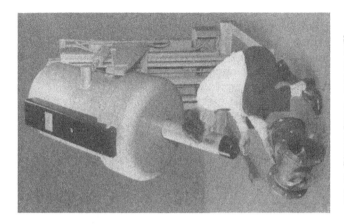

Abb. 21. Eintank-Röntgengerät für 2 MV.max
mit van-de-Graaff-Bandgenerator.
(Hersteller: High Voltage Engineering Corp.,
Cambridge/Mass.)

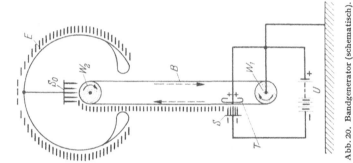

Abb. 20. Bandgenerator (schematisch).
(Nach R. J. van de Graaff.)
W_1, W_2 Walzen; S, S_0 Spitzenkämme;
T Elektrode; U Spannungsquelle;
E Konduktor; B Band aus Isolierstoff.

Abb. 19. Eintank-Röntgengerät für 1 MV.max, 3 mA
mit Resonanz-Transformator.
Strahlenleistung in 1 m Abstand vom Brennfleck
etwa 1 r/s. (Hersteller: General Electric Co.,
Milwaukee/Wisc.)

über die Walzen W_1 und W_2 laufendes Band B aus Isolierstoff ständig negative elektrische Ladungen vom Spitzenkamm S (unter Einfluß der entgegengesetzten Ladung der Elektrode T; S und T werden von der Spannungsquelle U mit z. B. 10 kV konstant gespeist) auf und gibt sie (durch Vermittlung des Spitzenkammes S_0) an den Konduktor E ab, der dadurch immer höher aufgeladen wird und ein Potential von mehreren Millionen Volt erhalten kann.

Generator und Einpol-Röntgenröhre sind in einem faßförmigen Tank untergebracht. Hochvoltgeräte mit Bandgeneratoren (Abb. 21) gleichen äußerlich weitgehend den oben erwähnten Geräten mit Resonanztransformatoren.

d) Betatron (Elektronenschleuder, Strahlentransformator).

Mit Hilfe des Betatrons können Röntgenstrahlen nahezu beliebig kurzer Wellenlänge erhalten werden; es dient in der Durchstrahlungstechnik haupt-

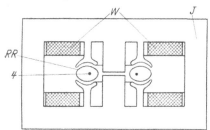

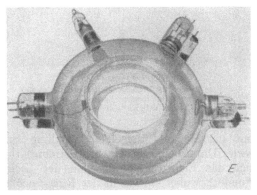

Abb. 22. Prinzip des Betatrons. Lauf der Elektronen und Entstehung der Röntgenstrahlen in der Ringröhre.
RR Ringröhre; *1* Elektroneneinschuß (Kathode); *2* Anode; *3* Einlaufbahn der Elektronen; *4* Gleichgewichtsbahn der Elektronen; *5* Ablaufbahn; *6* Röntgenstrahlenbündel.

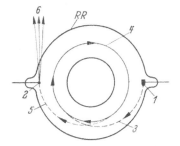

Abb. 23. Aufbau eines Betatrons (schematisch). (Nach den Vorschlägen von R. WIDERÖE [1928], E. T. S. WALTON [1929] und M. STEENBECK [1935].)
RR Ringröhre mit *4* Spur der Gleichgewichtsbahn; J Eisenjoch mit $W =$ Erregerwicklungen zum Erzeugen von Beschleunigungs- und Führungsfeld.

sächlich zur Erzeugung „ultraharter" Röntgenstrahlen, die kürzerwellig sind als die härteste Gammastrahlung. Die Arbeitsweise des Betatrons wird in Abbildung 22 und 23 dargestellt. Eine hochevakuierte Ringröhre RR aus Glas (Abb. 24a), Porzellan (Abb. 24b) o. ä. enthält eine Elektronenquelle („Elektronenspritze oder -kanone"), entweder

Abb. 24. Ansicht von 2 Betatronringröhren.
a) Ringröhre aus Glas. (Hersteller: Brown, Boveri & Co., Baden/Schweiz), die den Aufbau erkennen läßt. Bei E sieht man die „Elektronenkanone", die die Elektronen etwa tangential (auf den Beschauer zu) einschießt. Links, sehr nahe der Innenwandung der Ringröhre, befindet sich die Fangscheibe („target"), auf die die Elektronen schließlich aufprallen.
b) Ringröhre aus keramischer Masse (Hersteller: Siemens-Reiniger-Werke, Erlangen). Rechts hinten der Stutzen mit der „Elektronenkanone", rechts vorn das Austrittsfenster für Röntgenstrahlen (oder Elektronen).

eine Glühkathode wie in den Röntgenröhren oder ein radioaktives Präparat. Mit einer Vorspannung von 10 bis 100 kV werden die frei werdenden Elektronen beschleunigt, dann aber durch ein magnetisches Feld auf eine kreisähnliche Bahn (4), die Gleichgewichtsbahn oder den „Sollkreis", gezwungen. Zugleich werden die Elektronen aber durch ein elektrisches Wirbelfeld ständig weiter beschleunigt und erreichen bei ihren sehr zahlreichen Umläufen nahezu Lichtgeschwindigkeit. Um die Elektronen bei ständig wachsender Geschwindigkeit [1] stets auf der Gleichgewichtsbahn zu halten, muß das magnetische Führungsfeld im genau entsprechenden Maße anwachsen, was durch Be-

Abb. 25. Technisches Betatron für 15 MeV
(Hersteller: Siemens-Reiniger-Werke, Erlangen.)
bei der Prüfung der Schweißnähte eines Hochdruckbehälters.

nutzung ein und derselben Wicklung zum Erzeugen beider Felder erreicht wird. Durch eine in einem bestimmten Moment eingebrachte Störung löst sich das Elektron spiralig von der Gleichgewichtsbahn und prallt auf die Anode 2, wobei — wie in der Röntgenröhre, aber mit sehr viel höherer Ausbeute — Röntgenbremsstrahlung entsteht. Der ganze Vorgang spielt sich in der ersten Viertelperiode des erregenden Wechselstroms ab; dabei legen die Elektronen in mehreren Millionen Umläufen einige 1000 km zurück und erreichen Endgeschwindigkeiten von 98 bis 99,9% der Lichtgeschwindigkeit — das sind Geschwindigkeiten, die in Röntgenröhren bei Spannungen von 2000 bis 100000 kV (2 bis 100 Millionen Volt) erhalten würden [2]. Seit 1952 werden Betatrongeräte, vorzugsweise für 15, 20 oder 31 MeV, in den USA und Europa, insbesondere auch Deutschland, serienmäßig für technische Zwecke gebaut und in die Industrie eingeführt (Abb. 25).

e) Nachweis der Röntgenstrahlen.

Auf Grund der Eigenschaften der Röntgenstrahlen stehen ihrem praktischen Nachweis zur Zeit drei Möglichkeiten zur Verfügung:

α) Die unmittelbare *Betrachtung* von Schattenbildern auf *Leuchtschirmen*, das sind Schirme aus einem leicht durchstrahlbaren Grundstoff, der mit fluoreszierenden Substanzen bestrichen ist. Zur Zeit werden meist Zinksulfide als fluoreszierende Leuchtschirmmassen benutzt.

β) Die *Aufnahme* von Röntgenschattenbildern auf *Filmen*, die zur Erhöhung der Empfindlichkeit gegen Röntgenstrahlen doppelseitig begossen sind. Zur

---

[1] Es ist richtiger, von der wachsenden *Energie* der Elektronen zu sprechen, da die Geschwindigkeit nicht beliebig zunehmen kann (Lichtgeschwindigkeit = Höchstgeschwindigkeit). Die kinetische Energie der Elektronen ($\frac{1}{2} m_e v^2$) nimmt schließlich nur noch durch die relativistische Massenzunahme des Elektrons zu.

[2] In diesem Sinne spricht man z. B. von einem „Betatron für 20 Mill. Elektronenvolt" (20 MeV-Betatron).

weiteren Steigerung der Strahlenwirkung werden häufig Verstärkerfolien benutzt, die beiderseits an den doppeltbegossenen Film angepreßt werden. Am wirksamsten sind sogenannte „Salzfolien" — mit Kalzium- oder Kadmium-Wolframat bestrichene Folien, deren blaues Fluoreszenzlicht so stark auf die photographische Filmemulsion wirkt, daß die Filmschwärzung zum weitaus überwiegenden Teile durch das Fluoreszenzlicht, nur zum geringsten Teile unmittelbar durch Wirkung der Röntgenstrahlen erhalten wird. Neuerdings werden den Salzfolien Schwermetallfolien (i. a. dünne Bleifolien) vorgezogen, die durch Elektronenemission unter dem Einfluß der Röntgenstrahlung eine zu-

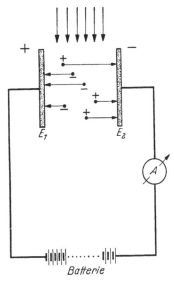

Abb. 26. Prinzip der Ionisationskammer.
$\overset{+}{\bullet{\to}}$ positive, $\overset{-}{\leftarrow\bullet}$ negative Ionen;
E_1, E_2 Elektroden; A Amperemeter.

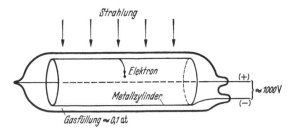

Abb. 27. Zählrohr (schematisch).

sätzliche Filmschwärzung bewirken (geringere ·Verstärkerwirkung als bei Salzfolien, aber schärfere Bilder).

γ) Die *mengenmäßige Messung* von Röntgenstrahlenintensitäten durch „*Strahlenzähler*":

γα) Die *Ionisationskammer* besteht in ihrer einfachsten Form aus einem gasgefüllten Gefäß mit zwei Elektroden, zwischen denen ein Gleichspannungsgefälle wirksam ist (Abb. 26). Unter der ionisierenden Wirkung der Röntgenstrahlen wird die ursprünglich isolierende Gasschicht leitend; die Größe des Ionisationsstroms ist ein Maß für die Intensität der Strahlung.

γβ) An die Stelle der Ionisationskammer trat bald das empfindlichere *Zählrohr* (Abb. 27), das in einem gasgefüllten Raum einen Metallzylinder und

Abb. 28. Technisches Zählrohr. Siebenfach-Zählrohr. (Hersteller: Lab. Prof. R. Berthold, Wildbad.)

einen in dessen Achse gespannten Metalldraht aufweist. Die notwendige Spannungsdifferenz zwischen Draht und Zylinder ist höher als bei einer Isonisationskammer entsprechender Abmessungen. Wird durch ein in das Zählrohr eindringendes Strahlenquant ein Elektron an der Zylinderwand ausgelöst, so wandert es in die Nähe des Drahts, d. h. in ein Gebiet großen Spannungsgefälles. Hier ist es durch seine Bewegungsenergie imstande, lawinenartig neue Elektrizitätsträger zu bilden; so löst ein einzelnes Elektron eine Gasentladung im Zählrohr aus. Die Anzahl dieser Entladungen („Stöße") in der Zeiteinheit wird registriert und ist ein Maß der wirksamen Strahlenintensität. Die Zählung der Stöße, die früher einzeln vom Beobachter durch unmittelbares Ablesen der Instrumentenausschläge oder durch ein mechanisches Zählwerk durchgeführt wurde, wird heute meist durch ein integrierendes Gerät ermöglicht, dessen Anzeige somit unmittelbar proportional der Stoßzahl in der Zeiteinheit, d. h. also proportional der Strahlungsintensität ist. Zu diesem Zwecke sind technische Zählrohre mit hohem Auflösungsvermögen entwickelt worden (Abb. 28).

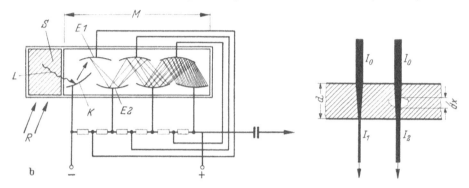

Abb. 29. Szintillationszähler
mit Sekundärelektronen-Vervielfacher (schematisch).
R einfallende Strahlung; S Kristall; L Lichtstrahlen;
K Kathode; M Multiplier; E Elektroden.

Abb. 30. Schwächung der Röntgenstrahlen beim Durchtritt durch den Werkstoff.
I_0 = auffallende; I_1, I_2 = austretende Intensität der Strahlung.

$\gamma\gamma$) In neuerer Zeit gewinnt der *Szintillationszähler* an Bedeutung: Die durch schwache Röntgen- oder Gammastrahlen in manchen Kristallen (Wolframate; ZnS; mit Thallium aktiviertes NaJ u. a.) ausgelösten Lichtblitze („Szintillationen") können mit Hilfe eines Sekundärelektronen-Vervielfachers (übliche Abkürzung: SEV; in angelsächsischer Literatur: Multiplier) zum Nachweise und zur Messung der Strahlen benutzt werden. In Abb. 29 löst die einfallende Strahlung R im Szintillationskristall S die Lichtstrahlen L aus, die auf die Photokathode K des Multipliers M auffallen und an der geeignet (mittels Caesium) präparierten Oberfläche von K durch lichtelektrischen Effekt Elektronen auslösen, welche — durch ein elektrisches Feld beschleunigt — auf die erste Elektrode E_1 auffallen und hier neue Elektronen auslösen. Durch Hintereinanderschaltung weiterer Elektroden $E_2, E_3 \ldots$ kann eine sehr beträchtliche Vervielfachung (bis 10^{10} fach) des Photoelektronenstroms erzielt werden.

f) Schwächung der Röntgenstrahlen beim Durchgang durch Materie.

Beim Durchgang durch Materie erleidet die Röntgenstrahlung eine Intensitätsschwächung, ähnlich wie das sichtbare Licht beim Durchgang durch Milchglas. Diese Schwächung folgt einem Exponentialgesetz von der Form

$$I_1 = I_0\, e^{-\mu d}. \tag{3}$$

Hierbei ist (vgl. Abb. 30):

I_0 = Strahlenintensität vor dem Stoffe,
I_1 = Strahlenintensität hinter dem Stoffe,
d = Werkstoffdicke in cm,
μ = Schwächungsbeiwert in cm^{-1},
e = die Basis der natürlichen Logarithmen.

Die Strahlen werden zum Teil durch reine Absorption geschwächt; der absorbierte Strahlenanteil wird in andere Energieformen überführt (z. B. Wärme oder Bewegungsenergie ausgelöster Elektronen). Ein weiterer Teil der einfallenden Strahlen ändert seine Richtung (Streuung), teils ohne irgendwelche Energieänderung (klassische Streuung), teils unter Verringerung des Energieinhalts seiner Strahlenquanten, d. h. unter Vergrößerung seiner Wellenlänge (COMPTON-Streuung). Bei sehr energiereichen Strahlen tritt durch teilweise Materialisation der Strahlung (Paarbildung) eine weitere Schwächung ein. Demnach setzt sich der Schwächungsbeiwert μ aus drei verschiedenen Einzelwerten additiv zusammen:

$$\mu = \bar{\mu} + \sigma + \pi. \qquad (4)$$

Dabei ist:

$\bar{\mu}$ der Beiwert der Absorption,
σ der Beiwert der Streuung,
π der Beiwert der Paarbildung.

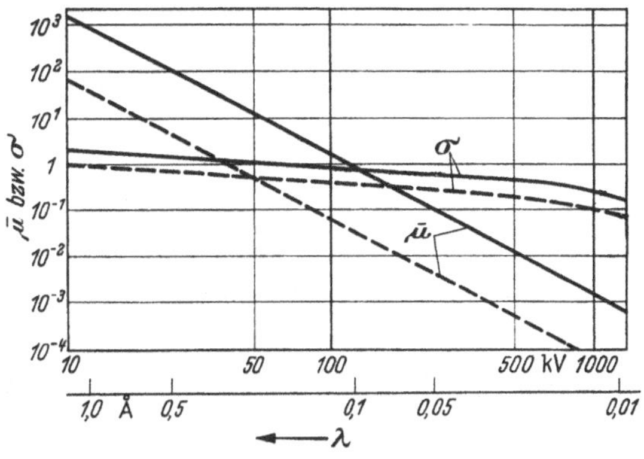

Abb. 31. Abhängigkeit des Absorptionskoeffizienten $\bar{\mu}$ und des allgemeinen Streukoeffizienten σ für Stahl (—) und Aluminium (- - - -) von der Quantenenergie (in keV) bzw. der Wellenlänge λ (in Å) der Strahlung.

Der reine Absorptionsbeiwert $\bar{\mu}$ ist in stärkstem Maße abhängig von der Wellenlänge λ der Strahlung [also der Röhrenspannung; s. Gleichung (2)] und der Atomnummer (Ordnungszahl) des absorbierenden Stoffs; es gilt in erster Näherung

$$\bar{\mu} \sim \lambda^3 Z^3 \varrho \qquad (\varrho = \text{Dichte}). \qquad (5)$$

Die Streubeiwerte sind dagegen im technischen Bereiche weniger abhängig von diesen Größen und in erster Linie der Dichte des durchstrahlten Werkstoffs proportional. Der Paarbildungsbeiwert π beginnt erst bei sehr harten Röntgenstrahlen (über 1,02 MeV) wirksam zu werden, vor allem in Wechselwirkung mit schweratomigen Stoffen.

Abb. 31 zeigt die Abhängigkeit des reinen Absorptionsbeiwerts $\bar{\mu}$ und des Streubeiwerts σ von der Wellenlänge der benutzten Strahlen bzw. der zu ihrer Erzeugung benutzten Röhrenspannung für Aluminium und Stahl im üblichen technischen Aufnahmegebiet. Danach bestimmt im Bereich großer Wellenlängen (niedriger Röhrenspannungen) und schweratomiger Stoffe der reine Absorptionsbeiwert, im Bereich kleiner Wellenlängen und leichtatomiger Stoffe der Streubeiwert den Schwächungsvorgang. Diese Feststellung ist wichtig in Rücksicht auf die erreichbare Klarheit der Schattenbilder, denn der gestreute Strahlenanteil wirkt „verschleiernd" auf die Bildschicht und setzt dadurch die Fehlererkennbarkeit herab.

Abb. 32a läßt erkennen, daß die Gesamtschwächung der Strahlen mit steigender Quantenenergie rasch abnimmt, im Anfangsgebiet der ultraharten Strahlen (beim Durchstrahlen von Blei bei etwa 4 MeV, Kupfer etwa 8 MeV, Aluminium etwa 20 MeV) ein Minimum erreicht und dann wieder zunimmt. Grund des Wiederanstiegs der Schwächung ist die bei 1,02 MeV einsetzende, bei schweren Atomen (Blei!) rasch ansteigende Paarbildung (Abb. 32b). In der Tat zeigen die Untersuchungen, daß Stahl mit Strahlen von 15 MeV

(SRW Erlangen) und 31 MeV (BBC Baden) in gleicher Weise durchstrahlt werden kann[1] nach amerikanischen Mitteilungen bringt die Benutzung von Energie über

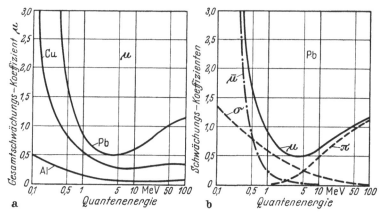

Abb. 32. Schwächung der Röntgenstrahlen beim Durchgang durch Materie.
a) Gesamtschwächung μ bei Blei, Kupfer und Aluminium;
b) Zusammensetzung der Gesamtschwächung μ aus Absorption $\bar{\mu}$, Streuung σ und Paarbildung π bei Blei.

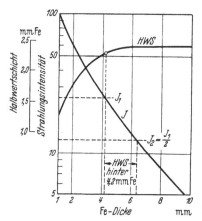

Abb. 33. Schwächung von Röntgenstrahlen von 160 kV Scheitelspannung durch Stahl. Eisenhalbwertschicht für eine Scheitelspannung von 160 kV in Abhängigkeit von der Eisenvorfilterung.

40 MeV bei Stahlaufnahmen eine Verschlechterung.

Die Durchdringungsfähigkeit von Röntgenstrahlen beschreibt man am anschaulichsten durch die Angabe ihrer *Halbwertschicht*, das ist diejenige Dicke eines Werkstoffs, durch die die auffallende Strahlenintensität auf die Hälfte herabgesetzt wird. Ermittelt man aus der experimentell gefundenen Schwächungskurve (fallende Kurve) gemäß Abb. 33 die Halbwertschichten, so zeigt sich, daß diese nicht von Anfang an gleichbleibend sind, sondern allmählich zunehmen und sich einem konstanten Endwert nähern (steigende Kurve). Die Ursache dieser Erscheinung liegt in der zunächst stärkeren Schwächung der Gesamtbremsstrahlung, die ja viele leicht absorbierbare Bestandteile enthält; nach deren Ausfilterung ist die Reststrahlung weitgehend „gehärtet" und unveränderlich. Die End-Halbwertschicht (HWS$_{const}$) bestimmt zusammen mit der Röhrenscheitelspannung (kV) bzw. der maximalen Elektronenenergie (MeV) i. a. hinreichend die Qualität einer Röntgenstrahlung.

g) Röntgenaufnahmen.

Die Mehrzahl der Röntgenuntersuchungen wird mit Aufnahmen auf beiderseitig begossenem *Röntgenfilm* durchgeführt. Zum Herabsetzen der Röhrenspannung bzw. der Belichtungszeit können Verstärkerfolien (s. Abschn. e β)

---

[1] Die Abkürzung der Belichtungszeiten bei 31 MeV infolge der höheren Strahlenausbeute (etwa proportional der 3. Potenz der Elektronenenergie) wird meist nahezu aufgehoben durch die größere Entfernung, in die das Objekt gebracht werden muß, da der Öffnungswinkel des Strahlenbündels (s. Abb. 22) umgekehrt zur Elektronenenergie abnimmt.

benutzt werden; neben den bekannten Leuchtfolien (Salzfolien), die in zwei Typen mit verschiedener Verstärkerwirkung und Zeichenschärfe hergestellt werden, benutzt man seit einiger Zeit in zunehmendem Maße dünne Bleifolien, diese meist in Verbindung mit *Feinkorn*-Röntgenfilmen hoher Zeichenschärfe. Für die Verwendung der Verstärkerfolien sind (aus später ersichtlichen Gründen) die in Tab. 2 angegebenen Richtlinien einzuhalten.

Tabelle 2. *Die Anwendung von Verstärkerfolien für Röntgen-Filmaufnahmen in Abhängigkeit vom Werkstoff und von der Materialdicke.*

	Ohne Folie		Scharfzeichnende Salzfolie		Hochverstärkende Salzfolie
Eisen und Stahl .	0 bis	12 mm	12 bis $\sim$ 36 mm		über $\sim$ 36 mm
Kupfer und Messing	0 bis	8 mm	8 bis $\sim$ 24 mm		über $\sim$ 24 mm
Al-Legierungen . .	0 bis	35 mm	$\sim$40 bis $\sim$130 mm		über $\sim$130 mm
Mg-Legierungen. .	0 bis $\sim$70 mm		über $\sim$ 70 mm		—

Blei-Verstärkerfolien (bis etwa 300 kV Röhrenspannung):

Vorderfolie . . . . 0,03 mm dick
Hinterfolie . . . . 0,1 bis 0,2 mm dick

An die Stelle des Röntgenfilms tritt gelegentlich das wesentlich billigere *Röntgenpapier*. Der geringe Schwärzungsumfang aber macht es grundsätzlich ungeeignet zum Prüfen von Werkstücken unterschiedlicher Dicke und erfordert außerdem das Einhalten der richtigen Belichtungsgrößen in engen Grenzen;

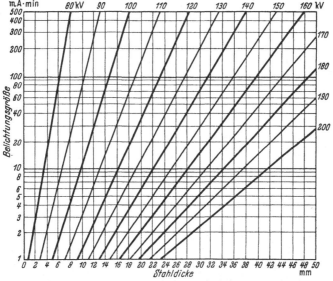

Abb. 34. Belichtungsdiagramm für Röntgen-Filmaufnahmen mit scharfzeichnenden Salzverstärkerfolien an Stahl. Film-Fokus-Abstand 700 mm; Filmschwärzung $S = 0,8 \rightarrow 1,0$; Röntgenfilm 1948; VILLARD-Schaltung.

hinzu tritt die viel geringere Detailerkennbarkeit, die auf die Bildbetrachtung in Aufsicht (statt, wie beim Film, in Durchsicht) zurückzuführen ist (zusätzliche Lichtstreuung).

a) **Belichtungsgrößen und Grenzdicken bei Röntgen-Filmaufnahmen.** Die zum Erzielen brauchbarer Filmschwärzungen notwendigen Belichtungsgrößen, gemessen in Milliampere-Minuten (mA · min), werden den Belichtungsdiagram-

men entnommen, die für verschiedene Werkstoffe und für diese jeweils wieder
für Aufnahmen mit und ohne Verstärkerfolien empirisch ermittelt sind. Die
Abb. 34 und 35 geben als Beispiel die Belichtungsdiagramme für Filmauf-

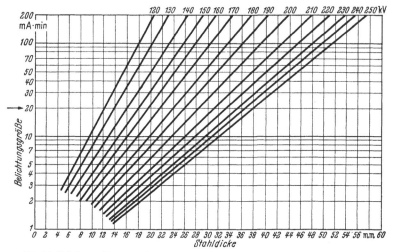

Abb. 35. Belichtungsdiagramm für Röntgen-Filmaufnahmen an Stahl mit Blei-Verstärkerfolien.
Film-Fokus-Abstand 700 mm; Villard-Schaltung; Röntgenfeinkornfilm 1954; Verstärkerfolien:
0,03 (vorn)/0,10 (hinten) mm Blei; Schwärzung $S = 2$.

nahmen an Stahl mit scharfzeichnenden Salz-Verstärkerfolien und mit Blei-
verstärkerfolien wieder.

Da mit Steigerung der Röhrenspannung der Bildkontrast und damit die
Güte der Röntgenschattenbilder abnehmen, sind grundsätzlich Aufnahmen mit
möglichst niedriger Röhrenspannung und dementsprechend möglichst langer
Belichtungszeit anzustreben. Die Grenz-Stahldicken, die mit den heute markt-

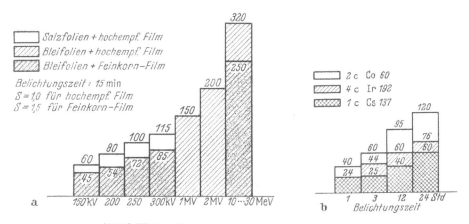

Abb. 36. Wirtschaftlich durchstrahlbare Stahl-Grenzdicken (mm).
a) Röntgen-Filmaufnahmen (1955); b) Gamma-Filmaufnahmen (1955).

gängigen Röntgeneinrichtungen wirtschaftlich durchstrahlt werden können,
sind in Abb. 36 dargestellt, die zugleich die hohe Durchstrahlungsleistungs-
fähigkeit des Betatrons und der radioaktiven Quellen zeigt.

β) Die Bildgüte. Maßgeblich für das Erkennen eines bestimmten Details (Fehlers) in einem Werkstück sind:

βα) der Schwärzungsunterschied, den das Details auf dem Film hervorruft (Kontrast) und

ββ) die Übergangsbreite an einem Schwärzungssprunge (Bildschärfe).

βγ) Der Kontrast. Der Kontrast, den bei der Durchstrahlung eine Fehlstelle gegenüber ihrer Umgebung im Bilde erzeugt, entspricht dem Verhältnis der wirksamen Strahlenintensitäten hinter (I_2) und neben (I_1) der Fehlstelle (siehe Abb. 30), gegeben durch

$$K = \frac{I_2}{I_1} = e^{-\mu\, d\, x}, \tag{6}$$

wobei $d\, x$ den z. B. durch eine Gasblase erzeugten Dickenunterschied im durchstrahlten Querschnitt bedeutet. Der Kontrast wächst also — bei gegebener Fehlerhöhe $d\, x$ — mit dem Schwächungsbeiwert μ, der nach Abb. 31 mit abnehmender Röhrenspannung zunimmt ($\mu = \bar{\mu} + \sigma$). Die Kontraste in einer Filmaufnahme werden also um so größer sein, je niedriger die Röhrenspannung ist.

In der Gleichung (6) tritt die durchstrahlte Dicke des Prüfobjekts überhaupt nicht mehr auf; danach müßte der durch einen bestimmten Fehler hervorgerufene Kontrast unabhängig von der durchstrahlten Dicke sein. Das ist in der Tat der Fall, wenn nicht die bildverschleiernde *Streustrahlung* hinzukommt, die, im Prüfobjekt selbst entstehend, den Primärkontrast um so mehr herabsetzt, je dicker das Prüfobjekt ist. Durch Einschalten von *Schwermetallfiltern* zwischen Prüfobjekt und Film kann man bei dicken Werkstücken den leichter absorbierbaren Anteil der bildverschleiernden Streustrahlung, die COMPTON-Streustrahlung, in beträchtlichem Umfang entfernen und den Kontrast, d. h. die Bildgüte in merklichem Maße verbessern. Für Aufnahmen an Stahl über 50 mm Wanddicke wird zweckmäßig Zinn (bei sehr dicken Werkstücken auch Blei) als Filtermaterial verwendet, während bei der Prüfung von dicken Leichtmetallteilen oft schon durch Kupferfilter genügende Filterung erzielt wird.

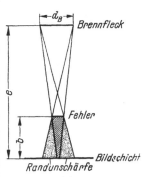

Abb. 37.
Entstehung der Randunschärfe.

Der Primärkontrast kann ferner bei Abbildung von Fehlern geringer Breite durch Einflüsse verringert werden, welche die *Bildschärfe* herabsetzen (s. u.).

ββ) Die Bildschärfe. Die Übergangsbreite zweier Schwärzungsstellen des Bildes ist ein Maß für die Unschärfe des Bildes. Sie ist bedingt einmal durch die räumliche Ausdehnung des Brennflecks und die Abstandsverhältnisse Brennfleck-Objekt-Bildschicht (Abb. 37): *geometrische Unschärfe*, zum anderen durch die Wirkungsbreite des in die Bildschicht einfallenden Strahlenquants und durch Streuvorgänge in Bild- und Verstärkerschicht: *innere Unschärfe.* Diese Verhältnisse führen auf einen günstigsten Fokus-Film-Abstand $e_{\min}$:

$$e_{\min} = \frac{b\, (d_B + u_i)}{u_i}. \tag{7}$$

Dabei bedeutet: b = Abstand „Werkstückoberfläche-Bildschicht",

d = Brennfleckdurchmesser,

u_i = innere Unschärfe der Bildschicht (s. Tab. 3) bedeuten.

Tabelle 3. *Praktische Werte für die innere Unschärfe u_i bei Filmaufnahmen mit Röntgen- und Gamma-Strahlen nach DIN* 54111.
[Zu Gleichung (7).]

Aufnahme-art	Röntgenaufnahmen				Gammaaufnahmen		
	Ohne Folien; Bleifolien mit Röntgen-Feinkornfilm		Scharf-zeichnende Salzfolien	Hoch-verstärkte Salzfolien	Röntgen-Feinkornfilm mit		
					Bleifolien		Salzfolien
	$< 80\,\mathrm{kV}$	$> 80\,\mathrm{kV}$			Ir 192	Co 60	Ir; Co
u_i (mm)	0,1	0,2	0,3	0,4	0,2	0,3 bis 0,4	0,6 bis 0,7

Zum Erzielen eines bestmöglichen Bildes darf e_{min} nicht unterschritten werden, während ein Überschreiten bis zum 3- bis 4fachen sich kaum bemerkbar macht[1]. Abb. 37 erklärt auch die bekannte Forderung, die Bildschicht dem Prüfobjekt stets möglichst satt anzudrücken. Unschärfen, die durch ungenügendes Zusammenpressen von Film und Verstärkerfolien auftreten können, muß unter allen Umständen durch geeignete Kassetten (Metallkassetten mit Federeinlagen, evakuierbare Gummikassetten) begegnet werden.

Die Unschärfeeinflüsse setzen die Detailerkennbarkeit nicht nur durch Kontrastminderung, sondern auch unmittelbar herab, sobald die Unschärfe das Auflösungsvermögen des menschlichen Auges (etwa 0,1 mm) überschreitet. Denn das Auge nimmt kleine Schwärzungsunterschiede um so leichter wahr, je schroffer der Übergang von der einen zur anderen Schwärzung ist. Dem Einfluß der inneren Unschärfe kann man durch Herstellung direkt vergrößerter Röntgenbilder (s. Abschn. γ) begegnen.

Die Güte eines jeden einzelnen Röntgenschattenbildes wird in Deutschland mit Hilfe von „Drahtstegen" (Abb. 38) kontrolliert, die dem Prüfobjekt auf seiner der Röntgenröhre zugekehrten Oberfläche aufgelegt und mitphotographiert werden. Jeder *Drahtsteg* besteht aus je 7, in eine Gummiplatte eingebetteten Drähten mit bekannten, abnehmenden Durchmessern aus dem gleichen oder einem ähnlichen Material wie das Prüfobjekt (Tab. 4). Von diesen Drähten erscheint natürlich nur eine bestimmte, von der durchstrahlten Werkstückdicke und den Aufnahmebedingungen (Art der Verstärkerfolien und Filme, Abstand Fokus-Film usw.) abhängige Anzahl auf dem Bilde; es wird nun gefordert, daß mindestens derjenige Draht noch eben sichtbar ist, dessen Durchmesser dem in Tab. 5 angegebenen Hundertsatz der durchstrahlten Werkstückdicke gleich ist („Drahterkennbarkeit", DE). „Penetrameter"[2] hießen ausländische treppenförmige Körper aus möglichst gleichem Material wie das Prüfobjekt mit Bohrungen bestimmter Tiefen und Durch-

Abb. 38. Schematisches Bild des Drahtsteges DIN FE 3 (nach DIN 54110; Einführungsjahr der Drahtstege 1953).

---

[1] Noch größere Abstände verführen zur Erhöhung der Röhrenspannung und damit durch Kontrastverminderung (s. o.) zu einer u. U. beträchtlichen Bildverschlechterung.

[2] Neuerdings soll der Ausdruck „Penetrameter" verlassen und durch Image Quality Indicator (I QI) ersetzt werden; deutsch: „Bildgüte-Prüfsteg".

Tabelle 4. *Drahtstege nach DIN* 54110 *zur Kontrolle der Bildgüte von Filmaufnahmen mit Röntgen- und Gamma-Strahlen.*

| Werkstoff | | Kennzeichen der Drähte | Durchmesser der Drähte in mm | Für Materialdicken (in mm) bei Güteklasse | |
des Prüflings	der Drähte			1	2
Aluminium	Al	DIN AL 1	0,1/0,15/0,2/0,25/0,3/0,35/0,4	0—30	0—25
und seine		DIN AL 2	0,3/0,4 /0,5/0,6 /0,7/0,8 /0,9	30—60	25—50
Legierungen		DIN AL 3	0,6/0,8 /1,0/1,2 /1,4/1,6 /1,8	>60	50—100
		DIN AL 4	1,0/1,5 /2,0/2,5 /3,0/3,5 /4,0		>100
Eisen	Fe	DIN FE 1			
und seine		DIN FE 2	wie oben	wie oben	
Legierungen		DIN FE 3			
		DIN FE 4			
Kupfer, Zink	Cu	DIN CU 1			
und ihre		DIN CU 2	wie oben	wie oben	
Legierungen		DIN CU 3			
		DIN CU 4			

Tabelle 5. *Drahterkennbarkeiten, die nach DIN* 54110 *bei Filmaufnahmen mit Röntgen- oder Gamma-Strahlen erreicht werden müssen.*

Bei Werkstücken bis zu 10 mm Dicke müssen Drähte von 0,15 mm Durchmesser erkennbar sein, bei Dicken über 10 mm Drahterkennbarkeiten gemäß Tabelle erreicht werden.

Werkstückdicke in mm. . . .	11 bis 30	31 bis 50	51 bis 100	>100	mm
DE für Güteklasse 1	1,5	1,2	1,2	1,2	%
DE für Güteklasse 2	1,5	1,5	2	3	%

messer, die an Stelle der Drähte bei den Drahtstegen in ähnlicher Weise zur Bestimmung der Bildgüte benutzt werden (Abb. 39).

Die deutschen Vorschriften sind in DIN 54110 (Ausgabe 1. 54) gegeben. Hier werden jetzt zwei Bildgüteklassen (GK) unterschieden: GK 1 mit hoher Detailerkennbarkeit (wie sie z. B. zum Nachweis feiner Fehler in Schweißnähten wohl meist gefordert werden wird) und GK 2 mit „normaler" Detailerkennbarkeit (die beispielsweise zum Erkennen von Lunkern, Blasen u. ä. in Gußteilen ausreichend ist). GK 1 dürfte i. a. nur bei Aufnahme ohne Verstärkerfolien oder mit Bleiverstärkern (in Verbindung mit Feinkornfilm) erreichbar sein.

Abb. 39. „Penetrameter". Amerikanische Bildgüte-Prüfstege zur Kontrolle der Bildgüte von Röntgen- und Gammafilmaufnahmen.

γ) **Vergrößerte Röntgenbilder.** Die Detailerkennbarkeit kann durch Vergrößerung des Röntgenbildes erhöht werden.

Eine optische Nachvergrößerung der auf handelsüblichem „Röntgenfilm" aufgenommenen Schattenbilder ist höchstens auf das 5 fache (meist aber nicht so weit) möglich, ohne daß störende Korneinflüsse bemerkbar werden. Handelsübliche Feinkorn-Photofilme können dagegen bis auf das 20 fache, Spezialemulsionen sogar bis zum 200 fachen förderlich linear vergrößert werden. Allerdings ist die notwendige Verlängerung der Belichtungszeit beim Benutzen dieser Schichten bedeutend (bei LIPPMANN-Platten z. B. beträgt sie das etwa 8000fache gegen Röntgenfilm). Bei diesen nachvergrößerten Aufnahmen können unter geeigneten Umständen kleine, unter der Auflösungsgrenze des Auges liegende Schwärzungsunterschiede sichtbar gemacht werden. Das Verfahren wird bei der Mikroradiographie (s. Abschn. h) praktisch angewandt.

Ganz anders liegen die Verhältnisse beim unmittelbaren Entwerfen vergrößerter Schattenbilder mit Hilfe sehr kleiner Röhrenbrennflecke (Feinfokusröhre, S. 579) und vergrößerten Abstands des Films vom Prüfobjekt. Durch die vergrößerte Wiedergabe werden nicht nur feinere Details deutlicher oder überhaupt erst sichtbar, sondern zugleich tritt eine Erhöhung des durch das Detail hervorgerufenen Schwärzungsunterschieds auf. Durch Berücksichtigung der inneren Unschärfe und der übrigen geometrischen Aufnahmebedingungen (s. o.) ergaben sich neue Richtlinien zum Erzeugen bestmöglicher Röntgenbilder unter Einbeziehung der Bildvergrößerung.

d) **Röntgen-Raumbilder.** Wie in der gewöhnlichen Photographie können Röntgenraumbilder von einem beliebigen Gegenstande erhalten werden, wenn man nacheinander zwei Aufnahmen unter verschiedenen Auffallwinkeln der Röntgenstrahlen auf das Prüfobjekt herstellt und beide Bilder mittels eines geeigneten Betrachtungsgeräts besieht; besondere Zusätze erlauben ein unmittelbares Ausmessen der Tiefenlage und -ausdehnung von Einzelheiten im Prüfobjekt. Auch Stereo-*Leuchtschirmbilder* können — unter Verwendung von zwei abwechselnd strahlenden Röntgenröhren und bei Benutzung einer Spezialbetrachtungsbrille — hergestellt werden.

ε) **Betrachtung von Röntgenfilmen.** Von nicht zu unterschätzendem Einfluß auf die Beurteilbarkeit von Röntgenfilmen ist ihre Betrachtungsweise. Das menschliche Auge vermag nur in dem Helligkeitsgebiet, in dem es zu arbeiten gewohnt ist, kleine Schwärzungsunterschiede zu erkennen. Betrachtet man also einen geschwärzten Röntgenfilm vor einem Lichtkasten, so soll eine für das Auge günstige Helligkeit einstellbar sein. Hellere Stellen des Films, die Überstrahlungen hervorrufen und dadurch das Auge stören, müssen dabei abgedeckt werden.

Zur Betrachtung dünner oder kontrastarmer Filme hat sich ein Gerät („Auroskop") bewährt, bei dem der Film auf einen Leuchtschirm gepreßt wird. Bei Beleuchtung mit einer tiefvioletten Lampe schwächt jede Schwärzungsstelle einmal das durchdringende UV-Licht, dann nochmals das Fluoreszenzlicht auf seinem Wege ins Auge; die Bildkontraste werden also etwa *verdoppelt* — allerdings die Bildschärfe vermindert.

h) Mikroradiographie.[1]

Durchstrahlt man dünne Plättchen aus metallischen Werkstoffen, Erzen o. ä. mit weichen Röntgenstrahlen unter Verwendung von Photo-Feinkornemulsionen und vergrößert die erhaltenen Bilder (s. Abschn. gγ), so kann man in manchen Fällen die einzelnen Gefügebestandteile sichtbar machen. Besonders aufschlußreich werden diese Bilder, wenn sie als Raumbilder hergestellt werden (s. Abschn. gδ), da nicht nur die Einzelbestandteile als solche, sondern auch ihre räumliche Form, Größe und gegenseitige Lage erkannt werden können.

Gefügebilder ähnlich den üblichen Schliffbildern werden auf folgende Weise erhalten: Auf den polierten, aber nicht geätzten Schliff wird ein Photo-Fein-

---

[1] Zuweilen Röntgen-Mikrographie, in der Anwendung auf metallische Werkstoffe auch Röntgen-Metallographie genannt.

kornfilm gepreßt und nun *durch den Film hindurch* mit *harten* Röntgenstrahlen (80 bis 200 kV) belichtet, welche keine nennenswerte Schwärzung des Films bewirken. Dies geschieht vielmehr durch Elektronen, die an der Schliffoberfläche ausgelöst werden, von verschiedenen Bestandteilen aber i. a. in verschiedener Menge.

i) Röntgendurchleuchtung.

Das einfachste, schnellste und billigste Röntgenprüfverfahren ist zweifellos die Durchleuchtung (Prüfung mit dem Leuchtschirm). Die Möglichkeit, das Prüfobjekt während der Prüfung zu bewegen und zu drehen, erlaubt das rasche Auffinden von Details (Fehlern) in beliebiger, unbekannter Lage auch in komplizierten Werkstücken, was bei der Benutzung von Film nur mit großem Zeitaufwand (zahlreiche Aufnahmen in verschiedenen Durchstrahlungsrichtungen) und daher unter erheblichen Kosten möglich ist.

Bis vor kurzem beschränkte sich die Röntgendurchleuchtung auf Werkstücke geringer Dicke und Dichte, d. h. großer Strahlendurchlässigkeit. Denn zu den Einflüssen, die die Bildgüte bei Film- und Papieraufnahmen bedingen, tritt die Forderung des Auges nach einer gewissen Mindesthelligkeit des Leuchtschirms, um kleine Helligkeitsunterschiede überhaupt wahrnehmen zu können. Diese Mindesthelligkeit wird bei der Durchleuchtung großer Dicken und Dichten nicht mehr erreicht; man geht natürlich bis zur Grenze der Strombelastbarkeit der Röntgenröhre — aber die Steigerung der Röhrenspannung zum Erzielen einer höheren Helligkeit findet darin eine natürliche Grenze, daß durch die Spannungserhöhung die erzielbaren Helligkeits-*Unterschiede* vermindert werden. Die Drahterkennbarkeit bei der normalen Aluminiumdurchleuchtung beträgt 2 bis 2,5%. Die besten Durchleuchtungsbedingungen können, ganz analog den Belichtungsbedingungen bei Filmaufnahmen (s. Abb. 34 und 35), Diagrammen entnommen werden, von denen eines in Abb. 40 wiedergegeben ist.

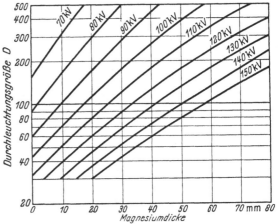

Abb. 40. Durchleuchtungsdiagramm für Magnesium.
VILLARD-Schaltung; Zinksulfidschirm 1944.
$D = i/F^2$ (i Röhrenstrom (in mA),
F Abstand Brennfleck → Leuchtschirm (in m)).

Das Entwerfen *vergrößerter* Schattenbilder mit Hilfe einer Feinfokusröhre (S. 579) wirkt sich außerordentlich vorteilhaft auf die Güte des Leuchtschirmbilds aus; der Gewinn an Detailerkennbarkeit ist überraschend. Allerdings besteht diese Bildgütesteigerung wegen der geringen Belastbarkeit kleiner Brennflecke nur für dünnwandige Teile.

Vor einigen Jahren wurde in den USA die Entwicklung eines Geräts begonnen, mit dem die Helligkeit eines Leuchtschirmbilds durch elektrische Nachverstärkung um mehrere Hundert Male erhöht werden kann, so daß einmal Beobachtung ohne vorherige, oft lästige Dunkeladaptation des Auges möglich ist, zum anderen die Leuchtschirmprüfung wesentlich schwerer durchstrahlbarer Objekte gelingt. Das Prinzip eines solches „Bildwandlers" zeigt Abb. 41. Im evakuierten Gefäß *2* befindet sich auf einem Aluminiumträger *3* ein gewölbter Leuchtschirm *4*, welchem eine großflächige Photokathode *5* eng anliegt. Entsteht

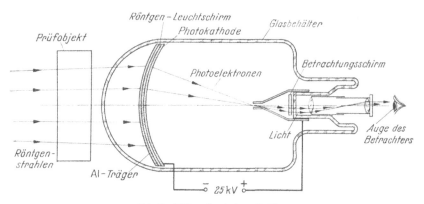

Abb. 41. Bildwandler (schematisch).

auf dem Leuchtschirm ein Röntgenschattenbild, so treten aus der Photokathode Elektronen aus (lichtelektrischer Effekt), deren Verteilung über die Photokathode der Helligkeitsverteilung innerhalb des Leuchtschirmbilds entspricht. Diese Elektronen werden mit einer Spannung von etwa 25 kV beschleunigt; sie werden durch die Geometrie der ganzen Anordnung fokussiert und treffen sodann den kleinen Betrachtungsleuchtschirm *6*, auf dem sie — ihrer hohen Geschwindigkeit entsprechend — eine sehr helle (wenn auch verkleinerte) Abbildung des ersten Leuchtschirmbilds erzeugen. Das Bild auf Schirm *6* ist so scharf, daß

Abb. 42. Bildwandlergerät. (Hersteller: C. H. F. Müller, Hamburg) bei Prüfung einer Rohrlängsnaht. Die Röntgenröhre befindet sich (hier nicht sichtbar) an langem Arm im Innern des Rohrs.

eine optische Nachvergrößerung auf etwa natürliche Größe ohne weiteres möglich ist. Neuere Geräte benutzen einen Fernsehbildverstärker, mit dem das Leuchtschirmbild an einen beliebigen (strahlensicheren!) Ort übertragen werden kann.

Mit derartigen Bildwandlern ist es bereits möglich, Stahldicken von 20 mm mit direkt beobachtbarer Drahterkennbarkeit von 3% [bei 150 kV, 3 mA] — gegenüber 6 bis 7% DE bei normaler Durchleuchtung — zu durchleuchten. In einem großen deutschen Stahlwerke werden Rohrlängsnähte auf Versetzungen, Wurzelfehler, Einschlüsse u. ä. (nicht feine Rißbildungen) laufend mit Bildwandlern kontrolliert (Abb. 42).

Leuchtschirmbilder interessanter Objekte können durch Aufnahme mit einer photographischen Kamera dokumentarisch festgehalten werden; die Detailerkennbarkeit derartiger „Leucht-schirmphotos" erreicht fast die von Röntgenfilmaufnahmen der Bildgüteklasse 2 (s. Abschn. gβ).

k) Prüfung mit dem Zählrohr.

An die Stelle des Röntgenfilms oder des Leuchtschirms tritt in neuerer Zeit häufig das *Zählrohr*[1]. Während Film und Leuchtschirm ein Schattenbild des Prüfobjekts geben, dessen Zeichenschärfe nur vom Röhrenbrennfleck und von der inneren Unschärfe des Bildempfängers begrenzt ist, integriert das Zählrohr über die ganze von ihm erfaßte Fläche. Diese liegt meist in der Größenordnung von einigen cm², kann aber auch auf einige mm² herabgesetzt werden. Im allgemeinen können örtlich eng begrenzte Fehlstellen, vor allem feine Materialtrennungen (z. B. Risse), nicht ermittelt werden; dagegen ist das Zählrohr sehr empfindlich beim Nachweis ausgedehnter Fehlstellen (Wanddickenänderungen, Narbenflächen, Korrosionen, große Lunker, Porenansammlungen u. ä.).

Abb. 43. Wanddicken-Prüfgerät „ENAFIX" (Hersteller: Fa. Dr. Th. Wuppermann, Leverkusen) zur Kontrolle der Dicke glühender Stahlbänder beim Walzen mittels Röntgenstrahlen und Zählrohr.
Die Röntgeneinrichtung befindet sich in einem abgeschlossenen Behälter, aus dessen Oberfläche die Strahlung austritt; sie ist auf ein (in einem rohrartigen Ansatz mit Fenster eingekapseltes) Zählrohr gerichtet. Das Band wird nach Verlassen der Walze durch den Röntgenstrahl geführt, dessen von der Banddicke abhängige Intensität vom Zählrohr gemessen wird.

In Kombination mit Röntgenstrahlen ist das Zählrohr beispielsweise geeignet zur laufenden Wanddickenkontrolle von Bändern und Blechen, auch im glühenden Zustande, d. h. hinter der Walze. Abb. 43 zeigt ein solches Gerät mit

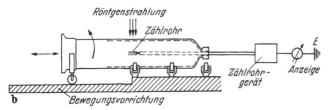

Abb. 44. Kontinuierliche Wanddickenmessung bei einer Stahlflasche mittels Röntgenstrahlen und Zählrohr (schematisch).

---

[1] Statt dessen können auch eine Ionisationskammer oder ein Szintillationszähler (s. S. 590) benutzt werden; die geringe räumliche Ausdehnung des messenden Kristalls des letzteren kann sicher in vielen Fällen vorteilhaft sein.

Hohlanoden-Röntgenröhre zur laufenden Kontrolle des Walzprozesses von Stahlbändern bis 10 mm Dicke (Meßgenauigkeit 0,5 bis 2% bei 20 m/s Meßgeschwindigkeit). Bei der Wanddickenmessung von Stahlflaschen wird die Wand — beim Drehen der Flasche auf *schräg* gestellten Rollen — spiralig abgetastet (Abb. 44).

Weitere Einsatzmöglichkeiten des Zählrohrs sind im Abschnitt 4 cβ vermerkt.

4. Gammaprüfung.

a) Radioaktive Quellen der γ-Strahlen. — Halbwertzeit.

Als Begleiterscheinung des Atomkernzerfalls werden Gammastrahlen von zahlreichen radioaktiven Elementen ausgesandt. Bis vor kurzem war man auf die Benutzung *natürlich* vorkommender radioaktiver Elemente wie Radium und Mesothorium angewiesen, in deren Zerfallsreihen sich mehrere Gammastrahler vorfinden. Seit etwa 20 Jahren ist es möglich, durch Beschuß stabiler Atomkerne mit energiereichen Teilchen *künstlich* instabile, also radioaktive Kerne zu erzeugen. Vor allem in den Kernreaktoren, die ja Neutronenquellen großen Ausmaßes darstellen, können praktisch alle Elemente in Isotope verwandelt werden; viele dieser Isotope sind radioaktiv, unter diesen wiederum ein großer Teil Gammastrahler. Die Ausgangspräparate werden in den Reaktor eingeführt und, je länger sie darin belassen werden, um so stärker aktiviert. Da die Preise für künstliche Radioisotope weit unter denen natürlicher radioaktiver Präparate liegen[1], hat die Gammadurchstrahlung seit einigen Jahren einen außerordentlichen Aufschwung genommen.

Auch die im Uranreaktor entstehenden *Spaltprodukte* des Urans — das durch Neutronenbeschuß aktivierte Uranatom spaltet bekanntlich unter großer Energieabgabe in zwei Teile vergleichbarer Größe — sind meist Isotope natürlich vorkommender Elemente[2] mit verschiedenem Neutronenüberschuß der Kerne und daher radioaktiv. Da ihre chemische Abtrennung jedoch sehr kostspielig ist, sind solche radioaktive Spaltprodukte z. B. noch wesentlich teurer als die nach dem oben beschriebenen Verfahren gewonnenen, von denen sie sich jedoch durch ihre Strahlungseigenschaften unterscheiden.

Die *Zerfallsgeschwindigkeit* radioaktiver Kerne ist außerordentlich verschieden. Die einzelnen radioaktiven Elemente sind durch die *Halbwertzeit*, das ist diejenige Zeit, in der sie zur Hälfte zerfallen sind, gut charakterisiert. Die Halbwertzeiten liegen zwischen Bruchteilen einer Sekunde und vielen Tausenden von Jahren.

Die von radioaktiven Stoffen ausgehende Gammastrahlung besteht aus (meist zahlreichen) diskreten Wellenlängen zwischen etwa 4 und 0,005 Å, von denen bei der Durchstrahlung im allgemeinen nur der kurzwellige Anteil wirksam wird.

b) Technische γ-Präparate und Hilfsmittel.

Technische Präparate von *natürlichen* radioaktiven Stoffen müssen stets sorgfältig abgeschlossen sein, um ein Verstreuen der Substanz — manche Zerfallsprodukte sind gasförmig und können entweichen! — und eine dadurch mög-

---

[1] Der Preis für 100 mg Radium oder ein gleichwertiges natürliches γ-Präparat beträgt (heute wie früher) etwa DM 10000, eine gleichwertige Co 60-Quelle kostet heute (in England, also ohne besondere Transportkosten) etwa 200 DM.

[2] Und zwar der Elemente mit den Ordnungszahlen 30 bis 65, also zwischen Zn und Tb des periodischen Systems.

lich werdende Gesundheitsschädigung zu vermeiden. Derartige Präparate enthalten also außer dem ursprünglich eingefüllten Stoff zugleich dessen sämtliche, meist wieder radioaktiven Zerfallsprodukte. In Deutschland wurden früher fast ausschließlich Mesothor-Präparate, im Auslande Präparate mit Radium oder Radiumemanation (Radon) als Ausgangsstoffe benutzt.

Von den zahlreich bekannt gewordenen *künstlichen* Radioisotopen, die Gammastrahler sind, haben sich bisher fünf als für die Gammadurchstrahlung

Tabelle 6. *Übersicht über die zur Zeit wichtigsten Gamma-Strahler für die zerstörungsfreie Materialprüfung.*

Strahler	Ge-win-nung[2]	Halbwertzeit	Härteste γ-Komponenten MeV	Halb-wert-schicht	Zehntel-wert-schicht
				mm Blei	
Radium[1]	nat.	1580 Jahre	2,2/**1,7**/1,1/**0,6**/0,37 . . .	13	43
Radon[1]	nat.	~4 Tage	wie Radium	13	43
Mesothor[1]	nat.	26 Jahre	(2,6)/**1,8**/**0,6** . . .	14	55
Kobalt 60	[n]	~5 Jahre	nur **1,33**/**1,17**	13	51
Tantal 182	[n]	111 Tage	**1,22**/**1,13**/(0,22) . . .	13	46
Caesium 137 . . .	Sp.	27 Jahre	nur **0,66**	8,4	24
Iridium 192 . . .	[n]	74 Tage	0,60/**0,47**/**0,31**/**0,30**/ . . .	2,8	11,5
Thulium 170 . . .	[n]	127 Tage	**0,084**/0,05/ . . .	2	8

brauchbar erwiesen: Kobalt 60, Tantal 182, Caesium 137, Iridium 192 und Thulium 170. Bei den beiden erstgenannten entspricht die Härte ihrer wirksamen Gammastrahlung etwa der härtesten Komponenten einer Bremsstrahlung, die in einer Röntgenröhre bei 1200 kV Röhrenspannung erzeugt wird; da Ta 182 (bei praktisch gleicher Strahlenqualität) aber eine 17fach kleinere Halbwertzeit als Co 60 hat, wird es praktisch kaum benutzt. Die Gammastrahlung des sehr viel an Stelle von Röntgenstrahlen gebrauchten Ir 192 ist wesentlich weicher (härteste Komponenten bei 600 keV, mittlere Energie bei 450 keV); leider beträgt seine Halbwertzeit nur 74 Tage, so daß bei laufendem Gebrauch ein häufiger Ersatz nötig ist. Große Hoffnung wurden daher auf das Spalt-produkt Cs 137 gesetzt, das bei einer

Abb. 45. Einfacher Transport- und Arbeitsbehälter für eine Gammaquelle („Isotopenbombe"). (Hersteller: Bundesanstalt für Materialprüfung, Berlin-Dahlem.)

monochromatischen (!) Strahlung von 660 keV die sehr gute Halbwertzeit von 27 Jahren hat; es zeigte sich aber, daß Cs 137 vermöge seiner doch erheblich härteren Strahlung das Ir 192 nicht in allen Fällen (vor allem nicht bei dünneren Werkstücken) voll ersetzen kann. Nur geringes Interesse hat in der Material-

---

[1] Abgeschlossene technische Präparate mit den angegebenen Elementen als Ausgangsstoffen (MTh mit etwa 30% Ra-Gehalt).

[2] nat. = in Natur vorkommend; [n] = durch Neutronenbeschuß erhalten; Sp = Spaltprodukt.

prüfung das Thulium 170 gefunden (kurze Halbwertzeit, geringe spezifische Aktivität); es kann in der Technik wohl allgemein durch kleinere Röntgeneinrichtungen ersetzt werden. Tab. 6 gibt eine Übersicht über die z. Z. wichtigsten technisch brauchbaren Gammastrahler und einige ihrer Eigenschaften.

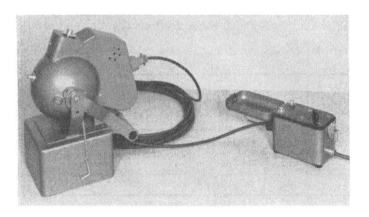

Abb. 46. Gammatransport- und Arbeitssbehälter mit elektromagnetischer Fernbedienung zum Öffnen und Schließen der Klappe und zum Bewegen der Quelle. (Hersteller: Rich. Seifert & Co., Hamburg.)

Abb. 47. Aufbewahrungs-, Transport- und Arbeitsgerät für starke Gammaquellen, fahrbar, mit Bowdenzug zum gefahrlosen Bewegen der Quelle vor Ort und zurück. (Hersteller: Pantatron Ltd., Engl.)

Radioaktive Quellen werden heute[1] ausschließlich in Curie-Einheiten (c) gemessen: 1 c = Menge radioaktiver Kerne, in der die sekundliche Anzahl der Zerfälle 3,700 · 10^{10} beträgt[2,3].

Im Gegensatz zu den schweren und großen Röntgeneinrichtungen sind Gammaquellen selbst klein und leicht. Ein 100 mg Ra -Präparat läßt sich

[1] Nach Festsetzung der Internat. Kommission für Einheiten und Konstanten der Radioaktivität, Amsterdam 1949 und Paris 1950.
[2] 1mc = 10^{-3} c, 1 μ c = 10^{-6} c.
[3] Praktisch kann ein abgeschlossenes Radiumpräparat mit 1 g Ra-Element, das mit seinen Zerfallsprodukten im Gleichgewicht ist, mit 1 c gleichgesetzt werden. Andere natürliche radioaktive Präparate bezog man früher auf Radiummengen gleicher Strahlenintensität, z. B. „MTh-Präparat von 50 mg Radium-Gleichwert", wofür oft (nicht exakt) kurz „50 mg MTh' geschrieben wurde (obwohl das Präparat in Wirklichkeit viel weniger als 50 mg Mesothorium-Element enthielt).

in einer Kugel von 4 mm Durchmesser, ein gleichwertiges MTh-Präparat sogar in einer Kugel von 1,2 mm Durchmesser herstellen. Künstliche Radioisotope werden z. Z. in zylindrischer Form von 2, 4 oder 6 mm Höhe und Basisdurchmesser geliefert, auf Wunsch aber auch in anderen Abmessungen und Formen (z. B. drahtförmig). Zusätzliches Gewicht verursachen aber die notwendigen Schutzschichten bei Handhabung und Transport der ja nicht abschaltbaren Quellen. Ein einfaches Arbeitsgehäuse aus Blei für Iridiumquellen (bis etwa 10 c Ir 192) oder schwache (< 250 mc) Co 60-Quellen zeigt Abb. 45; eine große Anzahl der verschiedenartigsten Formen von Arbeitsgehäusen, z. T. mit Fernbedienung (auch elektromagnetische, Abb. 46) zum Öffnen und Schließen der Gehäuse und zur Entnahme der Quelle zwecks Einsatz für die Prüfung

Abb. 48. Aufbewahrungs-, Transport- und Arbeitsgerät für starke Gammaquellen mit harter Strahlung, fahrbar, mit pneumatischem Transport der Quelle vor Ort und zurück. (,,Rohrpostbombe''.) (Hersteller: Bundesanstalt für Materialprüfung. Berlin-Dahlem.)

sind im Handel. Für sehr starke Quellen mit harter Strahlung (z. B. > 2 c Co 60) empfehlen sich fahrbare, dickwandige Behälter, aus denen die Quelle mechanisch (z. B. Bowdenzug; Abb. 47) oder pneumatisch (mit Druckluft durch einen Schlauch, dessen Kopfende zuvor an die Einsatzstelle der Quelle gebracht wurde; Abb. 48) dirigiert werden kann. Die radioaktiven Stoffe müssen in gut abgeschirmten Behältern (diese am besten in die Erde versenkt) aufbewahrt und in Gehäusen mit starken Wandungen aus hochabsorbierenden Stoffen (Blei, Wolfram), in eine Kiste (zusätzlicher Abstand!) eingesetzt, versandt werden.

c) Nachweis der Gammastrahlen.

Die Gammastrahlen werden bisher ausschließlich durch photographische Schichten oder mit Hilfe des Zählrohrs nachgewiesen. Die Strahlenintensität reicht bisher nicht aus zur Leuchtschirmbetrachtung; es erscheint aber nicht ausgeschlossen, daß die Verwendung starker Radioisotopenquellen und sekundäre Leuchtschirmverstärkung zukünftig eine Gammadurchleuchtung in beschränktem Umfange ermöglichen wird.

α) Gammafilmaufnahmen. Zur Sichtbarmachung gröberer Details — etwa zum Erkennen der inneren Teile einer kleineren Maschine oder von Betoneinlagen oder zum Nachweis gröberer Lunker und Einschlüsse in Gußstücken —, also zum Erzielen der Bildgüteklasse 2 (s. S. 597) benutzt man hochverstärkende Folien und hochempfindliche Röntgenfilme, um die Belichtungszeit möglichst abzukürzen. Für die Ermittlung des besten Abstands Gamma-Quelle → Film (Gl. 6, S. 595) kann im allgemeinen mit $u_i = 0,6$ gerechnet werden. Gammaaufnahmen mit höherer Detailerkennbarkeit, z. B. bei Durchstrahlung von Schweißverbindungen zum Nachweis von Rissen, Schlackeneinschlüssen, Poren usw., können nur (ohne Verstärkerfolie oder) mit Blei-Verstärkerfolien und mit Röntgen-Feinkornfilmen erhalten werden. Die zweckmäßigsten Dicken der Bleifolien sind in Tab. 7 angegeben, u_i ist nach Tab. 3 (S. 596) mit 0,4 anzusetzen.

Tabelle 7. *Zweckmäßige Dicken der Blei-Verstärkerfolien bei Gamma-Filmaufnahmen.*

Strahler	Ir 192	Co 60, Ra, MTh
Vorder-Folie	0,1 bis 0,15	0,15 bis 0,2 mm Blei
Hinter-Folie	$\geqq$0,15	$\geqq$0,2 mm Blei

Die Belichtungsgrößen, ausgedrückt bei Radium-, Radon- oder Mesothorpräparaten meist in Milligrammstunden (mg·h), bei künstlichen radioaktiven Quellen in Millicuriestunden (mc·h), entnimmt man Belichtungsdiagrammen, von denen eines in Abb. 49 wiedergegeben ist. Die für Stahldurchstrahlung gültigen Diagramme für Ra, Rn, MTh, Co 60 und Ta 182 können auch für andere Werkstoffe benutzt werden, wenn man statt der zu durchstrahlenden Dicke d die entsprechende Stahldicke

$$d_{\mathrm{St}} = \frac{\varrho}{7,85} d \qquad (8)$$

(ϱ = Dichte des Werkstoffs)

setzt.

Bei der Durchstrahlung größerer Dicken leichtatomiger Stoffe (Leichtmetall, Beton) kann das Bild durch Einschalten eines 1 bis 2 mm dicken Zinn- oder Bleifilters zwischen Prüfobjekt und Film zur Verringerung der im Prüfobjekt entstehenden Streustrahlen stark verbessert werden.

Zum Erzielen von Filmaufnahmen mit hoher Detailerkennbarkeit können Co 60, Ra und MTh (mit Bleiverstärkerfolien und Röntgen-

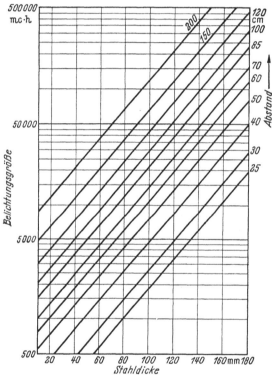

Abb. 49. Belichtungsdiagramm für Gamma-Filmaufnahmen an Stahl mit Co 60-Strahlung.
Bleifolien 0,15/0,15 mm Pb; Feinkornfilm 1954; Schwärzung $S = 1,5$.

feinkornfilm) erst bei Stahldicken über etwa 50 mm verwendet werden; bei Dicken von 100 mm kann dann aber eine Drahterkennbarkeit (S. 596) von $DE = 0,8\%$ erreicht werden. Für Ir 192 liegt (aus Gründen der Belichtungszeit) die obere Grenze bei etwa 40 bis 50 mm Stahl, doch können auch kleinere Wanddicken (bis etwa 10 mm Stahl) so aufgenommen werden, daß die Aufnahmen den Anforderungen nach DIN 54110 (s. Tab. 4, S. 597) gerecht werden. Abb. 50 zeigt im Vergleich mit Abb. 8 (S. 581) den Vorteil einer Gamma- (Ir 192-) Aufnahme bei

Rohrbundnähten: den wesentlich geringeren Arbeitsaufwand. Nicht von innen zugängliche Rundnähte in Rohren können nach der in Abb. 51 skizzierten Methode mit Hilfe einer (später zu verschweißenden) Hilfsbohrung durchstrahlt werden. In beiden Fällen sind wegen des vorgegebenen kleinen Abstands Gammaquelle → Film (s. Gl. 6, S. 595) Quellen mit kleinen räumlichen Dimensionen zu verwenden. Sehr vorteilhaft für Gammadurchstrahlung haben sich die sogenannten

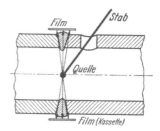

Abb. 50. Zentrale Filmaufnahme einer Rundschweißnaht mittels einer Gammaquelle (vgl. hierzu Abb. 8).

Abb. 51. Zentrale Filmaufnahme einer Rohrrundnaht mittels einer Gammaquelle unter Benutzung einer Hilfsbohrung.

„Karussellaufnahmen" erwiesen, wobei zahlreiche Prüfobjekte, je nach größerer oder geringerer Wanddicke in geringerer oder größerer Entfernung, um die Gammaquelle gruppiert und mit *einer* Durchstrahlung aufgenommen werden.

   β) **Gammaprüfung mit dem Zählrohr.** Sehr vorteilhaft hat sich in manchen Fällen bei der Gammaprüfung die Verwendung des Zählrohrs[1] erwiesen. Seine hohe Empfindlichkeit ermöglicht das verhältnismäßig rasche Abtasten von Prüfobjekten auf Wanddicke, Lunker oder Korrosionen. Wichtig ist allerdings die Einhaltung eines konstanten Abstands Gammaquelle → Zählrohr (was bei rotationssymmetrischem Körper leicht erfüllt werden kann). Das Differentialmeßverfahren mit zwei Zählrohren (und zweckmäßig zwei Gammaquellen, deren Strahlungsintensitäten ja streng konstant bleiben) muß in Räumen wechselnder Temperatur (die Einfluß auf den Verstärker hat) angewandt werden. Die nutzbaren Meßbereiche liegen bei Ir 192 zwischen 10 und 30 mm Stahl, bei Co 60 zwischen 30 und 100 mm Stahl, in beiden Fällen mit

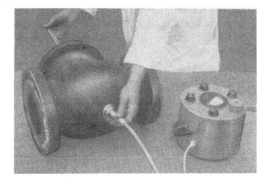

Abb. 52. Prüfung eines Ventilkörpers mittels Gammaquelle und Zählrohr. (In dieser Weise nur statthaft bei laufender genauer Kontrolle der Strahlendosen, die der Prüfer erhält!)

einer Meßgenauigkeit von ± 2,5 % (untere Stahlgrenze) bis ± 1,5 % (obere Stahlgrenzen). Abb. 52 zeigt die Anordnung bei der Wanddickenmessung eines Ventilkörpers. Bei rotationssymmetrischen Prüfobjekten kann das Gammapräparat im Zentrum festgehalten und das Zählrohr allein bewegt werden (oder umgekehrt).

---

[1] s. Fußnote 1, S. 601.

Grenzdicke, kleinster nachweisbarer Fehler, Prüfgeschwindigkeit und Präparatstärke begrenzen sich gegenseitig. So konnte eine etwa 10 m lange Stahltrommel von 220 mm Wanddicke, die unter Benutzung eines MTh-Präparats von 1,2 c in 12 h spiralig abgetastet wurde, auf Hohlstellen von 10 mm und mehr Durchmesser geprüft werden. Ein gleich großer Lunker, der jedoch nur in einer bestimmten Zone eines großen Gußstücks gesucht wurde, konnte (bei geringerer Abtastgeschwindigkeit) noch in 300 mm Wanddicke nachgewiesen werden.

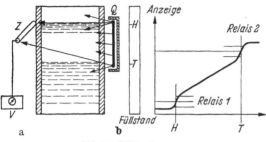

Abb. 53. Füllstandmessung
mit stabförmiger Gammaquelle (Q) und Zählrohr (Z).
Automatische Regelung
zwischen Tiefstand (T) und Höchststand (H).

Gammastrahlen können — in Verbindung mit einem Zählrohr — natürlich an Stelle von Röntgenstrahlen (s. S. 601) für Wanddickenmessungen benutzt werden. Ein besonderes Anwendungsgebiet ist die Messung des Niveaus von Flüssigkeiten oder von Schüttgütern (Kohle, Getreide, Nahrungsmittel, Zement und vieles andere), etwa nach Abb. 53, geworden. Da die Strahlen keiner Wartung bedürfen, ist nicht nur eine laufende Kontrolle, sondern sogar automatische Nachregulierung solcher „Füllstände" möglich und in der Industrie bereits weitgehend eingeführt worden.

5. Normung und Schutzvorschriften.

Die Einführung der Röntgen- und Gammaprüfung als Hilfsmittel der Fertigung, Abnahme und Überwachung wurde unterstützt durch Normen, Richtlinien und Vorschriften, die teilweise dem Schutze der mit den Prüfungen Beschäftigten oder unbeteiligten Personen vor Strahlen- oder Hochspannungsschäden dienen, teilweise der sachgemäßen Durchführung der Untersuchungen. Die z. Z. bestehenden einschlägigen Normen sind in Tab. 8 zusammengestellt, die Verordnungen und Vorschriften zum Personenschutze sind z. Z. in Neubearbeitung.

Tabelle 8. *Deutsche Normen für Röntgen- und Gammaprüfung.*

DIN-Nr.	Ausgabe-Datum	Titel
DIN 6814	10. 56	Röntgentechnik. Begriffe
DIN 54110 (Vornorm)	4. 54	Zerstörungsfreie Prüfung, Richtlinien für die Beurteilung der Bildgüte von Röntgen- und Gammafilmaufnahmen an metallischen Werkstoffen
DIN 54111	8. 54 x	Zerstörungsfreie Prüfung, Richtlinien für die Prüfung von Schweißverbindungen metallischer Werkstoffe mit Röntgen- und Gammastrahlen
DIN 54112	8. 56	Zerstörungsfreie Prüfung, Filme, Verstärkerfolien, Kassetten für Aufnahmen mit Röntgen- und Gammastrahlen, Maße
DIN 54113	7. 56	Technische Röntgeneinrichtungen und -anlagen bis 300 kV, Strahlenschutzregeln für die Herstellung und Errichtung

B. Magnetpulverprüfung.[1]

Die Magnetpulver- oder Feilspäneprüfung (W. E. Hooke 1922; A. V. DE Forest 1929) dient dem Nachweis plötzlicher Änderungen der Permeabilität (z. B. an Rissen, Bindefehlern, Fremdeinschlüssen und Härtungszonen) an oder nahe der Oberfläche magnetisierbarer Werkstücke und Bauteile. Dabei wird das magnetisierte Werkstück mit einem trockenen oder in einer Flüssigkeit aufgeschlämmten magnetisierbaren Pulver bestreut bzw. bespült. Über einer Fehlstelle sammelt sich das Pulver vorzugsweise an und kennzeichnet so deren Vorhandensein und Verlauf.

1. Allgemeine Grundlagen.

Magnetische Kraftlinien werden beim Durchgang durch einen beliebigen Körper über Stellen veränderter magnetischer Durchlässigkeit (Permeabilität) abgelenkt. Ist die Permeabilität der Störstellen wesentlich kleiner als die des gesunden Werkstoffs, so treten die Kraftlinien teilweise aus dem Prüfobjekt aus und nehmen ihren Weg durch die Luft (Abb. 54). Der magnetische Widerstand dieses Luftstreuwegs wird verkleinert, wenn durch aufgebrachtes magnetisierbares Pulver ein bequemerer Weg für die Streulinien geschaffen wird. Die so

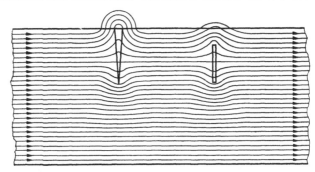

Abb. 54. Kraftlinienverlauf im Bereiche von Fehlstellen in oder nahe der Oberfläche ferromagnetischer Werkstoffe.

erzielte Verringerung der magnetischen Streuwegenergie, bezogen auf die Weglängeneinheit, ist gleich der Kraft, mit der das Magnetpulver über der Fehlstelle festgehalten wird (Richtkraft). Das Zustandekommen einer Magnetpulveranzeige setzt also voraus, daß die Richtkraft größer ist als die mechanischen Kräfte, die das Pulver von der Fehlstelle weg zu bewegen suchen (Abschwemmen, Abfallen, Abblasen); sie kann für bestimmte Annahmen über Permeabilität, Fehlerlage, -größe und -richtung sowie für verschiedene Feldstärken rechnerisch ermittelt werden.

Die mechanischen Kräfte dagegen hängen von der Handhabung des Verfahrens ab; nur für den Fall, daß eine Aufschwemmung lediglich unter dem Einfluß der Schwerkraft an einer geneigten Fläche abläuft, können sie bestimmt werden; aus ihrem Zusammenwirken mit der Richtkraft lassen sich dann die im folgenden Abschnitt angegebenen Grenzwerte der Fehlernachweisbarkeit ermitteln.

2. Fehlernachweisbarkeit in Abhängigkeit von Feldstärke, Fehlergröße und Fehlerlage.

Die im folgenden errechneten und, soweit möglich, experimentell nachgeprüften Leistungsgrenzen des Magnetpulververfahrens wurden ermittelt unter der Voraussetzung eines über den Körperquerschnitt gleichmäßig verteilten, stehenden Magnetfelds, wie es durch einen Gleichstromelektromagneten erzeugt

---

[1] Müller, E. A. W.: Materialprüfung nach dem Magnetpulververfahren. Akad. Verlags-Ges.: Leipzig 1951.

wird, zwischen dessen Pole das Prüfobjekt eingespannt ist. Die Bedeutung der in den folgenden bildlichen Darstellungen auftretenden Größen ergibt sich aus Abb. 55.

Von größter praktischer Bedeutung ist die Frage des Zusammenhangs zwischen nachweisbarer Rißbreite und Feldstärke. Für den Fall, daß der Riß senkrecht zum Magnetfeld und an der Oberfläche des Prüfobjekts verläuft,

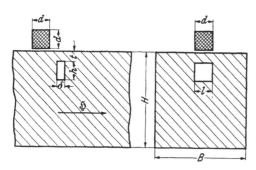

zeigt Abb. 56, daß Risse von $^1/_{1000}$ mm, bei höheren Feldstärken sogar von $^1/_{10000}$ mm Breite noch nachweisbar sein müssen. Diese hohe Empfindlichkeit wird schon bei Feldstärken von etwa 40 AW/cm[1] annähernd erreicht; Steigerung über etwa 90 AW/cm bringt keine wesentliche Zunahme der Fehlernachweisbarkeit.

Diese Feststellungen stehen in Übereinstimmung mit Erfahrungen, die beim Anfertigen von Schliffbildern auf Grund von Magnetpulveranzeigen gemacht wurden.

Abb. 55. Bedeutung der in den Abb. 56 und 57 auftretenden Größen.
H, B Querschnittsmaße des Werkstücks; *h* Fehlerhöhe; *l* Fehlerlänge; *δ* Fehlerbreite; *t* Tiefenlage des Fehlers; *ℌ* Richtung des magnetischen Feldes; *d* Kantenlänge des (würfelförmig angenommenen) Magnetpulverteilchens.

Die Nachweisbarkeit eines Risses ist bei einer bestimmten Feldstärke jedoch nicht nur von seiner Breite, sondern auch von seiner *Gesamtausdehnung* (Fläche) und seinem *Verlauf* zum magnetischen Kraftfluß abhängig. In Abb. 56 sind 2 Kurven für 2,5 und 5% Querschnittsschwächung des Werkstücks durch einen Riß gezeichnet, die den Einfluß der Rißausdehnung erkennen lassen. Dies zeigt noch deutlicher Abb. 57, wo die kleinsten noch nachweisbaren Querschnittsschwächungen in Abhängigkeit von der Feldstärke für oberflächlich verlaufende Risse von $^1/_{100}$ und $^1/_{1000}$ mm Breite aufgetragen sind. Auch in diesem Falle liegen die notwendigen Feldstärken zwischen etwa 40 und 90 AW/cm.

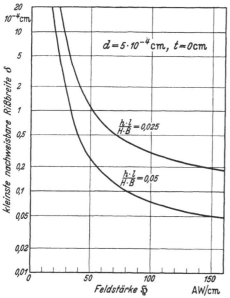

Abb. 56. Nachweisbarkeitsgrenze von Rissen in Abhängigkeit von der magnetischen Feldstärke. (Erklärung der Zeichen vgl. Abb. 55.)

Man muß daraus entnehmen, daß Querschnittsschwächungen in der Größenordnung von 1% notwendig sind, um die Anzeige feiner Risse zu ermöglichen. Diese Feststellung widerspricht jedoch den praktisch gemachten Erfahrungen: In vielen Fällen wurden an großen Bauteilen feinste Risse magnetisch ermittelt, die, auf die Gesamtdicke des Werkstücks bezogen, nur eine verschwindend kleine Querschnittsschwächung hervorrufen. Die Ursache dieses Unterschieds zwischen Rechnung und Erfahrung hängt mit der getroffenen

---

[1] AW (= Amperewindungen) = Stromstärke (in A) × Anzahl der Windungen (s. S. 614).

Annahme der gleichmäßigen Feldverteilung über den ganzen Querschnitt zusammen, eine Voraussetzung, die gerade bei großen Werkstücken niemals erfüllt ist. Hierauf wird im nächsten Abschnitt eingegangen.

Bei den bisherigen Betrachtungen geht die Rißfläche $h \cdot l$ nur dann in voller Größe ein, wenn der Riß senkrecht zur Feldrichtung verläuft, bei schiefem Verlauf ist nur diejenige Komponente der Fläche $h \cdot l$ einzusetzen, die senkrecht zum Magnetfeld steht. Diese Tatsache führt zu der Forderung, daß ein Werkstück zum magnetischen Nachweis *aller* Oberflächenfehler in wenigstens zwei zueinander senkrechten Richtungen magnetisiert werden muß. Von dieser Forderung kann man jedoch abgehen, wenn Form und Beanspruchung des Prüfobjekts ausschließlich bestimmte Fehlerrichtungen auftreten lassen.

So empfindlich das Magnetpulververfahren beim Nachweis von Oberflächenfehlern ist, so wenig befriedigend ist seine Leistung beim Nachweis tiefgelegener Fehler. Die Tiefenwirkung nimmt bei Feldstärken unter 40 AW/cm sehr rasch

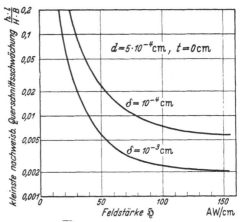

Abb. 57. Kleinste nachweisbare Querschnittsschwächung in Abhängigkeit von der magnetischen Feldstärke. (Erklärung der Zeichen vgl. Abb. 55.)

ab; bei Feldstärken über 60 AW/cm nimmt sie kaum mehr zu. Hier decken sich wieder Erfahrung und rechnerische Ermittlung in befriedigendem Maße.

Eine etwas größere Tiefenwirkung wird durch Anwendung von sog. Magnetdosen erzielt, das sind mit ruhender Magnetpulverflüssigkeit gefüllte Dosen mit Membranböden und durchsichtigem Deckel, die auf das Werkstück aufgesetzt werden. Die im Vergleich zum Überspülen erhöhte Empfindlichkeit wird durch das sehr langsame, also mit geringerer Reibung erfolgende Absetzen des Magnetpulvers bewirkt.

3. Die Felderzeugung.

Die vorstehend ermittelten Grenzen der Fehlernachweisbarkeit gelten, wie schon erwähnt, unter der Voraussetzung eines über den Körperquerschnitt gleichmäßig verteilten Magnetfelds. Dies ist praktisch der Fall, wenn man einfach geformte Werkstücke zwischen die Backen eines mit Gleichstrom gespeisten Elektromagneten einigermaßen symmetrisch einspannt (*Jochmagnetisierung*). Diese älteste Art der Felderzeugung für magnetische Prüfzwecke gestattet verhältnismäßig starke Felder im Prüfobjekt aufzubauen, die bei kleineren Werkstücken bis zur magnetischen Sättigung führen; im übrigen ist die dem Prüfobjekt aufgezwungene magnetische Randspannung nur durch Rücksichten auf Größe und Gewicht des Magneten begrenzt.

Grundsätzlich erhält man also leicht höchstmögliche Empfindlichkeit und Tiefenwirkung des Magnetpulververfahrens mit Hilfe der Jochmagnetisierung. Aber bei der Prüfung sperriger, schlecht zugänglicher oder großer Werkstücke spielen gerade Abmessungen und Gewichte der Magnete eine entscheidende Rolle; mit schweren Magnetgeräten lassen sich Baustellenprüfungen überhaupt nicht durchführen. Man kann sich dann gelegentlich mit kleinen tragbaren Gleichstrommagneten besonderer Formgebung helfen; wenn dabei auch die aufgebrachte Amperewindungszahl niedrig begrenzt ist, so genügt sie doch, um Prüfobjekte mäßiger Dicke abschnittweise ausreichend zu magnetisieren und zu prüfen.

Ähnliche Schwierigkeiten treten beim Prüfen langgestreckter Körper auf Längsrisse ein, wenn man mit Jochmagnetisierung arbeiten will; man müßte auch in diesem Falle zu einem unwirtschaftlichen abschnittweisen Durchschieben der langgezogenen Probe senkrecht zu den Polschuhen greifen und außerdem in zwei zueinander senkrechten Richtungen magnetisieren. Ein weiterer Nachteil der Jochmagnetisierung ist die gelegentliche Notwendigkeit der sorgfältigen Entmagnetisierung in besonderen Geräten, um Störungen im späteren Gebrauch zu vermeiden.

Aus den angeführten Gründen benutzt man mindestens ebenso häufig wie die Jochmagnetisierung auch das Verfahren der *Stromdurchflutung*; dabei wird meist ein Wechselstrom, seltener ein Gleichstrom oder ein gleichgerichteter Wechselstrom durch das Prüfobjekt hindurchgeschickt. Kreisförmig um die Strombahn herum entstehen magnetische Ringfelder, deren Größe durch die Stärke des elektrischen Stroms und den magnetischen Widerstand des Feldlinienwegs im Werkstück bestimmt ist. Bei dieser Art der Magnetisierung ist nun die Prüfung langgestreckter Körper auf Längsrisse sehr einfach, weil auf der ganzen Länge des Prüfobjekts ein dem durchlaufenden Strom entsprechendes, senkrecht zur Längsachse verlaufendes Ringmagnetfeld herrscht; das Feld steht also senkrecht auch zum Verlauf etwaiger Längsrisse. Dazu kommt bei der Wechselstromdurchflutung ein besonderer Vorteil: Durch die mit steigender Frequenz immer stärker ausgeprägte Verdrängung des Stroms zu den Randzonen des Leiters wird auch das Magnetfeld im wesentlichen auf diese Randzonen beschränkt; infolgedessen ist für den Nachweis eines Fehlers in der Randzone nicht mehr die durch ihn verursachte prozentuale Schwächung des gesamten, sondern nur noch des magnetisierten Querschnitts maßgebend. Daraus erklärt sich die hohe Empfindlichkeit dieses Verfahrens beim Nachweis von Oberflächenfehlern, die nur eine kleine Schwächung des Prüfquerschnitts verursachen.

Diese Konzentrierung des Magnetfelds auf einen bestimmten Teil des Werkstücks kann man auch bei der Untersuchung der Innenwandung von Rohren oder Bohrungen ausnutzen; führt man in diesem Falle den felderzeugenden Strom nicht *in* das Prüfobjekt selbst, sondern in einen durch die Bohrung oder das Rohr hindurchgesteckten Leiter, so entsteht die größte magnetische Feldstärke an der dem Leiter zugekehrten Wandung des Prüfobjekts. Auch hier erhält man entsprechend große Empfindlichkeit beim Nachweis von Fehlern, die den Gesamtquerschnitt nur unmerklich schwächen. Beim Prüfen der Innenwand großer Behälter legt man dann zur Verstärkung mehrere Windungen durch die Behälteröffnungen, um eine entsprechend vervielfachte Amperewindungszahl zu erhalten; das Werkstück bildet dabei den Kern eines Ringtransformators. Bei sehr großen Werkstücken und langen stromführenden Leitungen werden die induktiven Widerstände groß, so daß nicht genügend Wechselstrom durch den Leiter fließt. Dann muß man zur Durchflutung mit Gleichstrom oder gleichgerichteten Wechselstrom übergehen, wobei die apparativen Aufwendungen größer sind als die für Wechselstromdurchflutung, bei welcher der Strom einem verhältnismäßig kleinen Tiefspanner entnommen werden kann.

Mit den beschriebenen Arten der Stromdurchflutung kann man in jedem Bauteil die gewünschte Feldrichtung erzielen; es gelingt jedoch nicht immer ohne Verbrennungsgefahr der Kontaktstellen (bei Stromdurchflutung des Prüfobjekts selbst) so hohe Feldstärken zu erzeugen wie bei der Polmagnetisierung. Dazu kommt, daß wegen der bei Wechselstromdurchflutung auftretenden Stromverdrängung die Tiefenwirkung des Verfahrens merklich geringer ist. Als Vorzüge bleiben jedoch bestehen die Anwendung an beliebig gelagerten Werkstücken, die einfache Entmagnetisierung und die Möglichkeit, tragbare Geräte hoher Leistung herzustellen.

Für die Serienprüfung kleiner Teile macht man häufig von der Wirkung des im Werkstück verbliebenen („remanenten") Magnetismus Gebrauch. Man kürzt damit die Prüfzeit ab, weil viele Teile gleichzeitig besprüft werden können. In diesem Fall schickt man mit Hilfe einfacher Spannvorrichtungen einen starken Gleichstromstoß durch das Werkstück und taucht eine große Zahl der magnetisch remanenten Stücke in ein gemeinsames Magnetpulverbad. Der Stromstoß wird entweder durch Akkumulator- oder Kondensatorentladungen erzeugt. Eine neue Lösung der Stoßmagnetisierung ist das *Impulsverfahren*. Dabei wird der einem Tiefspanner entnommene Wechselstrom mechanisch (s. u.) oder mit Trockenzellen gleichgerichtet und durch das Werkstück geschickt. Die Besprüung kann während dieser Impulsmagnetisierung oder im Anschluß daran mit Hilfe des remanenten Felds erfolgen. Der Vorzug des Verfahrens liegt in der Möglichkeit, mit wesentlich verringerter Verbrennungsgefahr an den Kontaktstellen und unter beträchtlich geringerer Erwärmung des Prüfobjekts (kleine Teile!) hohe, gleichgerichtete Stromstöße durch das Prüfobjekt zu leiten; zugleich erweist sich die Tiefenwirkung als erheblich größer als bei Wechselstromdurchflutung.

In vielen Fällen eignet sich auch das Durchschieben der Prüfobjekte durch eine Gleichstromspule (*Spulenmagnetisierung*).

4. Technische Hilfsmittel.

a) Geräte für Polmagnetisierung.

Zur Polmagnetisierung wird das Prüfobjekt entweder zwischen die Pole eines Magnetjochs gespannt (*Jochmagnetisierung*) oder ins Innere einer Stromdurchflossenen Spule gebracht (*Spulenmagnetisierung*).

α) **Jochmagnetisierung.** Ein Jochmagnetisierungsgerät in seiner einfachsten Ausführung zeigt Abb. 58. Der eine Magnetschenkel des Jochs ist verstellbar,

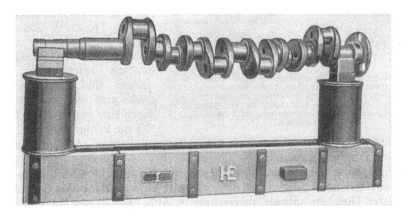

Abb. 58. Einfaches Magnetjoch mit verstellbaren Polen zum Magnetisieren und Entmagnetisieren. (Hersteller: E. Heubach, Berlin-Tempelhof.)

so daß sich die Einspannlänge verändern läßt. Kern und Schenkel des Magnetjochs sind lamelliert, um bei der Entmagnetisierung ausreichende Feldstärken zu erzielen und den verbleibenden Restmagnetismus im Joch herabzudrücken.

Da die erzielte Längsmagnetisierung nur Fehler auffinden läßt, deren Richtung mindestens eine Komponente quer zur Feldrichtung aufweist, so werden heute fast alle größeren Magnetprüfgeräte als „kombinierte" Geräte gebaut, die zugleich die Längsmagnetisierung *und* die Quermagnetisierung mit Hilfe einer Stromdurchflutung gestatten (siehe 4d).

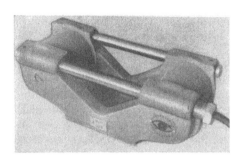

Abb. 59. Fenstermagnet.
(Hersteller: Lab. Prof. R. Berthold, Wildbad.)

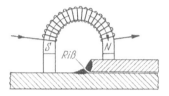

Abb. 60. Prüfung einer Überlappungsnaht auf Risse, Bindefehler und Aufhärtungszonen mittels des Tunnelmagneten.

Als Maß der Feldstärke bei der Jochmagnetisierung wird im allgemeinen die Spulen-Stromstärke (in Verbindung mit der feststehenden Windungszahl) benutzt. Man muß sich aber darüber klar sein, daß dieses Maß nur in grober Annäherung einen Rückschluß auf das im Werkstück wirksame Feld zuläßt, weil die Streuverluste bei Gleichstrommagneten mit großer Einspannlänge erheblich sind.

Derartige Gleichstrommagnete sind schwere Maschinen, auf die das Werkstück aufgelegt wird. Tritt die Forderung auf, große Werkstücke oder Bauteile mit Gleichstrommagneten zu prüfen, so bedarf es tragbarer Sonderausführungen.

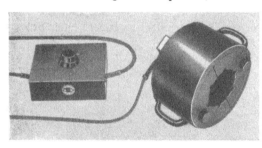

Abb. 61. Magnetspule mit 8000 AW zur Prüfung von widerstandsgeschweißten Rohrverbindungen.
(Hersteller: Lab. Prof. R. Berthold, Wildbad.)
Das Schaltkästchen dient dem stufenlosen Ein- und Ausschalten über Vorwiderstände und Kondensatoren, um Funkenbildung zu vermeiden.

Dazu gehören der „Tunnelmagnet" und seine als „Fenster-" oder „Spaltmagnet" bezeichneten neueren Ausführungsformen (Abb. 59), die bei einem Gewicht von 8 bis 10 kg an 6/12 V-Akkumulator oder an 110/220 V Gleichspannung angeschlossen werden können. Die zwischen den Polschuhen auftretenden Feldstärken sind verhältnismäßig groß und gewährleisten dadurch eine gute Tiefenwirkung. Für die Prüfung dünnwandiger Schweißungen sowie von Kehl- und Überlappungsnähten (Abb. 60) hat sich diese Form bestens bewährt.

β) **Spulenmagnetisierung.** Große ortsfeste Geräte mit Gleichstrom-Jochmagneten sind neuerdings zusätzlich oft mit einer entlang des Gerätes verschiebbaren Gleichstromspule ausgerüstet (s. Abb. 68 — in der Mitte der Prüfstrecke), die entweder allein zum Prüfen kleinerer Teile benutzt werden kann oder zum Nachprüfen (stärkeren Magnetisieren) von Stellen ausgedehnter Prüfobjekte, *die bei der Prüfung mit dem Joch nur schwache Fehleranzeigen ergeben* hatten.

Eine Sonderausführung für die Prüfung widerstandsgeschweißter Rohre zeigt Abb. 61. Die eisengeschlossene Spule für 8000 Amperewindungen wird über das Rohr an der Prüfstelle geschoben und das Magnetöl seitlich durch Öffnungen im Eisenmantel eingespritzt. Nach Entfernen des Magneten, was durch abschraubbare Joche erleichtert wird, kann das Magnetbild betrachtet werden. Wegen der Konzentration des Felds auf die Prüfstelle ist die Tiefenwirkung größer als sonst üblich, so daß auch an der Innenfläche der Rohre genügend hohe Feldstärken für die Magnetpulverprüfung auftreten.

b) Geräte für Wechselstromdurchflutung.

Die Wechselstromdurchflutungsgeräte bestehen aus einem Tiefspanner, der die Netzspannung auf wenige Volt heruntertransformiert; die üblichen maxi-

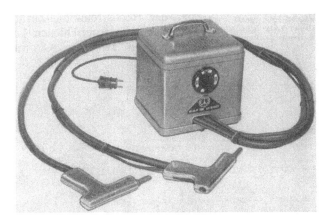

Abb. 62. Tragbares Wechselstrom-Durchflutungsgerät für 800 A_{max}. (Hersteller: W. Tiede, Aalen/Württ.)

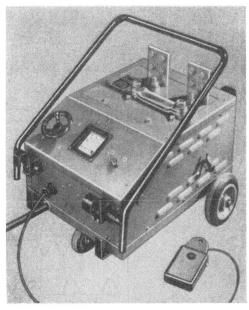

Abb. 63. Tragbares Wechselstrom-Durchflutungsgerät für 800 A_{max} mit 5 Spannungsabgriffen. (Hersteller: Lab. Prof. R. Berthold, Wildbad.)

Abb. 64. Fahrbares Wechselstrom-Durchflutungsgerät für 4000 A_{max}. (Hersteller: Siemens & Halske AG, Karlsruhe.)

malen Stromstärken sind 800 bis 4000 A. Geregelt wird entweder stufenweise oder stufenlos. Bei kleinen tragbaren Geräten ist oft keine Regelung vor-

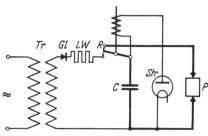

gesehen, da sie nur zum Prüfen bestimmter Abschnitte an größeren Bauteilen — Nietlöcher in Kesseln, Schweißnähte, Bohrungen in Gußteilen u. dgl. —
benutzt werden. Abb. 62 und 63 zeigen
tragbare Wechselstrom-Durchflutungs-
geräte für maximal 800 A, das erste mit
handlichen Tastelektroden; bei dem zweiten Geräte können durch Umstecken
der Hochstromkabel-Zuführungen an die
Sekundärstromschienen 5 Sekundärspannungen zwischen 0,8 und 4 Volt ab-

Abb. 65. Stoßmagnetisierungsgerät zur Serienprüfung kleiner Teile. Schaltschema.
(Hersteller: E. Heubach, Berlin-Tempelhof.)

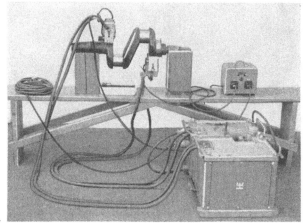

Abb. 66 a) Ansicht.

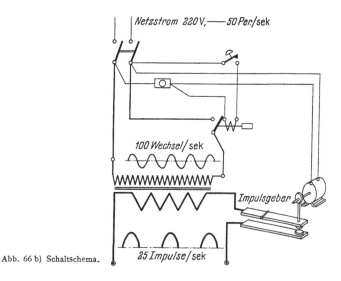

Abb. 66 b) Schaltschema.

Abb. 66. Transportables Impuls-Magnetisierungsgerät für Stromimpulse von max. 4000 A Scheitelwert.
(Hersteller: E. Heubach, Berlin-Tempelhof.)

genommen werden (Gewicht ohne Stromkabel 20 kg). Ein fahrbares Gerät für maximal 4000 A ist in Abb. 64 dargestellt.

c) Stoßmagnetisierungsgeräte.

Zur Serienprüfung von Kleinteilen mittels Restmagnetismus wurden Stoßgeräte entwickelt. Bei einer früheren Ausführungsform werden Elektrolytkondensatoren aufgeladen und über das Werkstück entladen. Die Stromstöße (1 bis 2 in der Sekunde) sind von sehr kurzer Dauer, doch genügen 2 oder 3 Stöße im allgemeinen zur genügenden Magnetisierung. Durch Kippschwingschaltungen (Abb. 65)

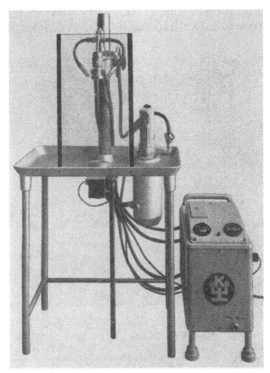

Abb. 67. Weiterentwicklung des in Abb. 66 dargestellten Geräts. Elektrische (geräuschlose) Gleichrichtung des Hochstroms. (Hersteller: W. Kracke, Bremen.)

Abb. 68. Ortsfestes Magnetisierungsgerät für Jochmagnetisierung, Spulenmagnetisierung und Stromdurchflutung. (Hersteller: E. Heubach, Berlin-Tempelhof.)

wird für selbsttätiges Auf- und Entladen der Kondensatoren gesorgt. Ein neueres transportables Impulsgerät, das 25 gleichgerichtete Wechselstromstöße (die eine halbe Periode jeder 2. Periode eines 50 Hz-Netzes) je Sekunde mit 4000 A Scheitelwert gibt, zeigt Abb. 66 a Die Gleichrichtung erfolgt mittels eines Synchronmotors und eines mechanisch betriebenen Exzenters (Abbildung 66 b), in einer modernen Ausführungsform durch Trockengleichrichter (Abb. 67).

d) Kombinierte Magnetisierungsgeräte.

Um das Umspannen der Werkstücke zum Auffinden von Fehlern verschiedener Richtungen zu vermeiden, sind bei großen Geräten Jochmagnetisierung und Stromdurchflutung (und neuerdings auch noch Spulenmagnetisierung durch Zufügung einer beweglichen Spule; Abb. 68) vereint. Das „Magnetöl" (s. folgenden Abschnitt) wird durch eine Umlaufpumpe dauernd in Bewegung gehalten und über eine Spritzdüse über das Prüfobjekt, das gespült ablaufende Öl in einer Wanne

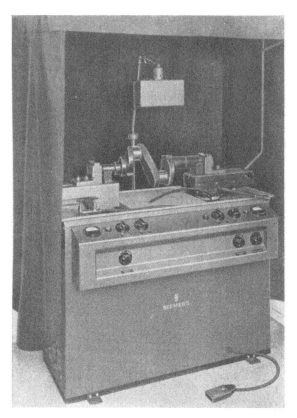

Abb. 69. Ortsfestes Magnetisierungsgerät für Jochmagnetisierung und Stromdurchflutung mit Verdunkelungseinrichtung und UV-Lampe zur Benutzung fluoreszierenden Magnetpulvers. (Hersteller: Siemens & Halske AG, Karlsruhe.)

aufgefangen und der Pumpe wieder zugeführt. Zur Verwendung fluoreszierenden Magnetöls sind die Geräte mit einer Verdunkelungseinrichtung (Vorhang) und UV-Lampe ausgerüstet (Abb. 69).

e) Magnetpulver.

Als „Magnetpulver" wird reines Eisenpulver, Magnetit (Fe_3O_4) oder γ-Fe_2O_3 benutzt. Es kann auf das magnetisierte Prüfobjekt trocken aufgestäubt werden (so viel in den USA), wird meist aber in einer Aufschlämmung in Mineralöl verwandt („Magnetöl"). Neben schwarzen Pulvern sind — zur besseren Erkennung auf dunklen Oberflächen — farbige (besonders rote) Pulver im Handel. Neuerdings sind mit fluoreszierenden Zusätzen zu den Magnetölen die besten Erfahrungen gemacht worden, da die Anzeigen (besonders Ansammlungen an feinen Fehlern) wesentlich leichter, schneller und sicherer erkannt werden; sie müssen natürlich im abgedunkelten Raume (s. Abb. 69), notfalls unter einem Dunkeltuche, im tiefvioletten Lichte betrachtet werden.

f) Prüfdokumente.

Um von einer Magnetpulveruntersuchung Prüfdokumente zu erhalten, kann man oft den Magnetbefund photographisch festhalten. Dies ist bei großen

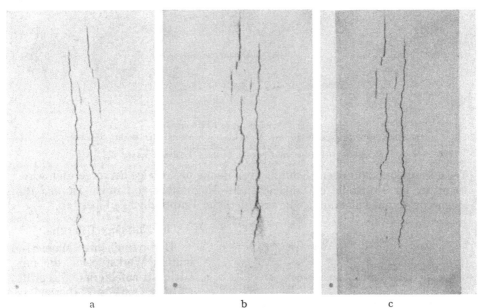

a   b   c

Abb. 70. Magnetpulver-Anzeigen von Oberflächenrissen im Zapfen einer Kurbelwelle (²/₃ natürl. Größe).
a) Abdruck auf Saugpapier (seitenverkehrt).
b) Nach Abb. 71 auf dünnem Papier entwickelte Anzeigen (seitenrichtig).
c) Abdruck auf Tesafilm (seitenrichtig).

Untersuchungsreihen umständlich, besonders dann, wenn mehrere Aufnahmen unter verschiedenen Blickrichtungen notwendig sind (z. B. Rißanzeigen an zylindrischen Körpern). Meist werden deshalb die magnetischen Befunde auf Papier festgehalten. Dazu wird entweder ein saugfähiges Papier nach Entfernen des überschüssigen Magnetöls (evtl. zusätzlich die „Raupen" mit CCl₄ oder Trichloräthylen auswaschen!) auf die Magnetanzeige aufgedrückt; die Pulveransammlung wird vom Papier aufgenommen und kann nach dem Trocknen mit Lack fixiert werden (Abb. 70a; seitenverkehrte Bilder!). Oder angefeuchtetes dünnes Papier wird vor dem Bespülen auf die Prüfstelle aufgepreßt, dann bespült und das Papier nach dem Ablaufen (evtl. wie oben auswaschen!) abgenommen und getrocknet (Abb. 71 und 70b; seitenrichtige Bilder; versagt bei sehr feinen Anzeigen). Ausgewaschene Anzeige können oft

Abb. 71. Herstellung eines Papierbildes von einer Magnetpulveranzeige über dem Papier.

sehr leicht mit gummiertem Cellophan („Tesafilm") abgenommen und auf Papier (in das Protokoll) aufgeklebt werden (Abb. 70c).

g) Magnetische Testkörper.

Zur Feststellung, ob an der Prüfstelle auch eine zuverlässige Magnetpulveranzeige zu erwarten ist, dient der magnetische Testkörper nach Abb. 72. Sein wesentlicher Teil ist ein Weicheisenstück von der Form etwa eines umgestülpten

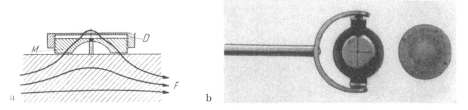

Abb. 72. Magnetischer Testkörper.
a) Schnittbild. *F* magn. Feldlinien; *M* Weicheisenkörper mit Kreuzschlitz (verlötet);
D Abschraubdeckel (Messing).
b) Ansicht (Hersteller: Lab. Prof. R. Berthold, Wildbad/Schwarzwald)

Tellers mit kreuzförmigem Schlitz, über dem eine Anzeige hervorgerufen wird, wenn an der Prüfstelle ein ausreichendes Magnetfeld vorhanden ist *und* die Magnetpulveraufschlämmung die erforderliche Empfindlichkeit besitzt.

Abb. 73. Entmagnetisierungstunnel.
(Hersteller: Heubach-Kracke, Bremen.)

h) Entmagnetisierung.

Der remanente Magnetismus in Werkstücken, die mit Gleichstromfeldern geprüft wurden, muß oft (besonders wenn es sich um bewegte Teile handelt) beseitigt werden. Für kleine Stücke genügt meist das Durchschieben durch eine kräftige Wechselstromspule; große Teile müssen in einem Gleichstrommagneten eingespannt und durch allmähliches Herunterregulieren des Felds unter regelmäßigem Umschalten der Pole entmagnetisiert werden.

Bei geometrisch komplizierten Teilen (z. B. Kurbelwellen) gelingt die völlige Entmagnetisierung jedoch nur, wenn eine Spule benutzt wird, die mit sehr niederfrequentem Wechselstrom beschickt wird.

Ein automatisches Gerät dieser Art wurde vor nicht langer Zeit entwickelt; es arbeitet mit $^1/_4$ bis $^1/_2$ Hz, die Spannung wird innerhalb 40 bis 60 sek auf 0 geregelt (Abb. 73).

5. Normung.

Die Bezeichnungen, Kurzzeichen und Stempelzeichen für die verschiedenen Verfahren der Magnetpulverprüfung sind in DIN 54121 (Ausg. Juli 1956) zusammengestellt.

C. Ultraschall-Prüfung.[1]

Den Vorschlag, Schallwellen hoher Frequenz zur Materialprüfung zu verwenden, machte M. L. F. RICHARDSON 1912. Nachdem M. P. LANGEVIN 1918 gezeigt hatte, daß Quarzschwinger praktisch brauchbare Erzeugungsquellen für solche Wellen sind, wies 1929 S. SOKOLOW auf die Möglichkeit hin, mit Ultraschallwellen Risse in Werkstücken aufzufinden. Zwei Jahre später wurde O. MÜHLHÄUSER das erste Patent zur zerstörungsfreien Materialprüfung mit Ultraschall erteilt. Aber erst 1943 wurde das Verfahren in brauchbarer Form in die Werkstoffprüfung eingeführt (J. GÖTZ; R. BERTHOLD und A. TROST) und hat seitdem eine stürmische Entwicklung gehabt, die zur Zeit noch nicht abgeschlossen ist.

1. Natur und wichtigste Eigenschaften des Ultraschalls.

Unter Ultraschall (übliche Abkürzung: US) versteht man Schwingungen der Materie, deren Frequenzen über der oberen Hörgrenze des menschlichen Ohres (etwa 20000 Hz) liegen. Die Fortpflanzungsgeschwindigkeit v der Schallwellen (in Luft 330 m/s) beträgt in Wasser etwa 1,5 km/s, in Stahl sogar etwa 6 km/s; bei einer Schallfrequenz von 1 Million Hz ist deshalb die Schallwellenlänge in Wasser etwa 1,5 mm, in Stahl 6 mm.

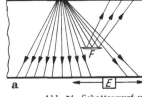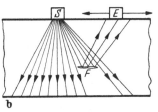

Abb. 74. Schattenwurf und Reflexion von Ultraschallwellen bei Vorhandensein eines Fehlers F.
S Sender; E Empfänger.

Je höher die Frequenz der US-Wellen ist, um so schärfer sind sie gebündelt, d. h. um so schlanker ist der Kegel, in dem sie vom Schallsender abgestrahlt werden. US-Wellen können, wie Lichtstrahlen, an geeigneten Flächen reflektiert und durch Linsensysteme[2] gesammelt bzw. zerstreut werden. Für die zerstörungsfreie Prüfung ist am wichtigsten das Verhalten der US-Strahlen an der Grenze zweier Medien, etwa zwischen Grundwerkstoff (z. B. Metall) und Materialtrennung (Luft oder

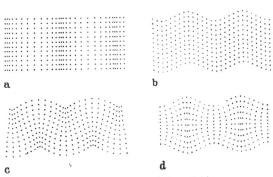

Abb. 75. Wellenarten (schematisch).
a Longitudinalwellen; b Transversalwellen; c Biegewellen; d Dehnwellen.

Abb. 76. „Plattenwellen"
(schematisch).

Schlacke): In Abb. 74 gehen hochfrequente Schallwellen vom Sender S in das Prüfobjekt über, der bei F eine Materialtrennung (z. B. Doppelung) enthält.

---

[1] BERGMANN, L.: Der Ultraschall und seine Anwendung in Wissenschaft und Technik. Stuttgart: Hirzel 1954. — HUETER, TH., u. R. H. BOLT: Sonics. London: Chapman & Hall 1955.

[2] Bei Verwendung von Aluminium-Linsen in Xylol ist der Brechungsindex

$$n = v\,(\mathrm{Al})/v\,(\mathrm{Xyl}) = 4{,}1 \,!$$

Der auf F auftreffende Teil des von S ausgehenden Strahlenkegels wird praktisch völlig reflektiert, während *hinter* F ein „US-Schatten" entsteht. Der Fehler F kann festgestellt werden, entweder durch den „Schatten" (z. B. durch Abtasten der Gegenseite des Prüfobjekts mit einem US-Empfänger; Abb. 74a) oder durch Nachweis der Reflexionen, die von F ausgehen (durch Abtasten der Einschallseite des Prüfobjekts; Abb. 74b).

Die Reflexion erfolgt stets an der *Grenze* zweier Medien und ist im Falle fester Körper/Gas praktisch 100prozentig (die Dicke der Materialtrennung F in Abb. 74 ist daher bedeutungslos). Zur Überleitung der US-Energie vom Sender S in einen festen Körper P (Prüfobjekt) muß P durch eine flüssige Zwischenschicht K (Glycerin, Öl, Wasser) an den Sender „angekoppelt" werden. Bei den Übergängen S/K und K/P geht ein großer Teil der US-Energie verloren, praktisch gelangen aber immer noch 10 bis 30% (abhängig vom Material P) in das Prüfobjekt P.

In Gasen (Luft) und Flüssigkeiten pflanzen sich die Schallwellen aller Frequenzen stets als *Longitudinalwellen* („Druckwellen") fort, d. h. die Teilchen schwingen in Richtung der Fortpflanzung und es bilden sich wandernde periodische Verdichtungen und Verdünnungen aus (Abb. 75a). In festen Körpern, deren Abmessungen groß sind gegen die Schallwellenlänge λ, sind außerdem auch *Transversalwellen* („Schub- oder Scherwellen") möglich, bei denen die Teilchen, ähnlich wie bei gewöhnlichen Wasserwellen, senkrecht zur Fortpflanzungsrichtung schwingen (Abb. 75b); ihre Geschwindigkeit beträgt etwa die Hälfte der der Druckwelle (Tab. 9). Sind die Abmessungen fester Körper klein gegen λ

Tabelle 9. *Ultraschall-Geschwindigkeiten für einige wichtige Werkstoffe.*

Stoff	Dichte ϱ [g/cm³]	Schallgeschwindigkeiten	
		V_{long} [m/s]	$V_{transv.}$ [m/s]
Aluminium	2,7	6300	3080
Elektron	1,8	5960	2910
Stahl	7,85	5850	3230
Grauguß	7,6	4410	2070
Kupfer	8,9	4800	2250
Messing	8,1	4400	2120
Blei	11,4	2160	700
Quarz	2,65	5680	3493
Glas	2,5 bis 5,0	6100 bis 3600	3730 bis 2120
Porzellan	2,4	5340	3120
Plexiglas	1,18	2540	
Trolitul	1,05	2330	1016

oder mit λ vergleichbar, so treten Kombinationen beider Wellenarten auf, die als *Biegewellen* und *Dehnwellen* (Abb. 75c und d) bezeichnet werden; dünne Bleche schwingen dann nach Abb. 76a bzw. b („Plattenwellen"). Schließlich können an der Oberfläche dickerer Werkstücke *Oberflächenwellen* („RAYLEIGH-Wellen") in Art der bekannten Wasserwellen auftreten.

In festen Körpern können sich an Grenzflächen unter bestimmten Bedingungen Wellen der einen Art in Wellen der anderen Art ganz oder teilweise umwandeln bzw. aufspalten. In Abb. 77 ist gezeigt, wie eine in Plexiglas verlaufende Longitudinalwelle, die unter verschiedenen Winkeln auf eine Grenzfläche gegen Stahl auftrifft, teils als Longitudinalwelle in das Plexiglas reflektiert wird, teils in den Stahl hineingebrochen wird und sich hier in eine Longitudinal- und eine Transversalwelle aufspaltet. Die Brechungswinkel der beiden gebrochenen Wellen sind, ihren verschiedenen Wellengeschwindigkeiten zufolge,

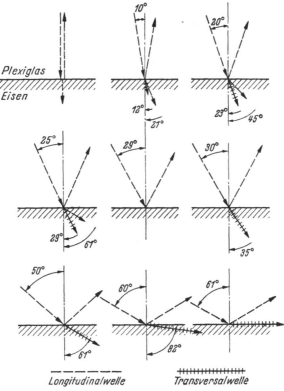

Abb. 77. Reflexion, Brechung und Aufspaltung einer Longitudinalwelle an der Grenze Plexiglas—Stahl.

verschieden. Die Intensitäten der einzelnen reflektierten und gebrochenen Wellenzüge sind von Fall zu Fall unterschiedlich; in Abb. 77 sind sie durch die Länge der Pfeile charakterisiert.

2. Die Erzeugung von Ultraschall.

Zum Erzeugen von Ultraschall zum Zweck der zerstörungsfreien Materialprüfung wird heute ausschließlich der piezoelektrische Effekt benutzt. Schneidet man z. B. aus einem größeren Quarzkristalle Plättchen mit planparallelen, kristallographisch in bestimmter Weise orientierten Stirnflächen heraus und führt diesen Stirnflächen mit Hilfe ihnen aufgebrachter Elektroden hochfrequente elektrische Schwingungen zu, so führt das Plättchen periodische Kontraktionen und Dilatationen — je nach Ladungssinn der Elektroden —, also *mechanische* Schwingungen aus, die auf einen anderen Körper übertragen werden können. Umgekehrt: Wird ein solches mit Elektroden versehenes Plättchen durch auftreffende mechanische (also auch US-) Wellen in Schwingungen versetzt, so erleiden die Elektroden periodische Wechselaufladungen, die nachgewiesen werden können[1]. Piezoelektrische US-Schwinger können auch aus polykristal-

---

[1] Die gleiche Eigenschaft zeigen Kristalle verschiedener anderer Substanzen (Seignettesalz, Ammonphosphat u. a.), die aus vorwiegend mechanischen Gründen weniger geeignet sind.

linem gesintertem Bariumtitanat durch geeignete elektrostatische Behandlung hergestellt werden. — Piezoelektrische Schwinger können also sowohl als *Sender* wie als *Empfänger* von Ultraschallwellen benutzt werden. Durch Magneto- oder Elektrostriktion, Pfeifen, Sirenen u. a. können US-Schwingungen hoher Energie, aber z. Z. für die zerstörungsfreie Materialprüfung nicht genügend hoher Frequenz erzeugt werden.

3. Nachweis von Ultraschall.

1. Der Nachweis von US mit Hilfe eines piezoelektrischen Schwingers ist oben behandelt. Die periodischen elektrischen Aufladungen werden verstärkt und an einem Meßinstrument bzw. Registriergerät oder aber in einer Braun- schen Röhre beobachtet und gemessen.

2. Fällt ein US-Strahl auf feinste, in einer Flüssigkeit suspendierte ,,Ray- leigh-Scheibchen" (z. B. Aluminiumflitterchen von 10 bis 20 μ Durchmesser

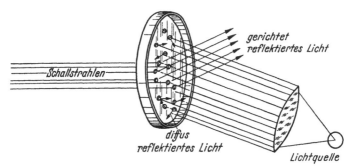

Abb. 78. Prinzip des Schallsichtverfahrens nach Pohlman.

und 1 bis 2 μ Dicke in Xylol oder Tetrachlorkohlenstoff), so werden die Scheibchen je nach auftreffender Intensität mehr oder weniger mit ihrer Fläche senkrecht zur Strahlrichtung gestellt. Ein schräg auf die Suspension auffallendes Licht- strahlenbündel (Abb. 78) wird an den so gerichteten Scheibchen *gerichtet* reflektiert, an den übrigen diffus zerstreut; die von den US-Strahlen getroffenen Stellen der Suspension erscheinen somit hell-glänzend in grauer Umgebung (,,Schallsichtverfahren", Abschn. 4 aβ).

3. Ultraschall entleuchtet angeregte Phosphore (CdS, ZnS o. ä.). Ein aus solchen *nach*leuchtenden Stoffen hergestellter, mit Licht angeregter Schirm leuchtet an den von US-Strahlen getroffenen Stellen heller auf; nach Abschal- ten des Ultraschalls erscheinen diese Stellen dunkler als ihre Umgebung. Kontaktkopien oder Photographie des ,,US-Leuchtschirmbilds" sind möglich.

4. Ultraschall bringt Wärmewirkungen hervor und bewirkt bei manchen Stoffen (,,Thermocoloren") einen Farbumschlag.

5. Ultraschall bringt chemische Wirkungen hervor. So wird farblose Jod- kalium-Stärke-Lösung blau verfärbt.

Die drei letztgenannten Verfahren zur *Sichtbarmachung* des Ultraschalls stehen dem Schallsichtverfahren z. Z. um mehrere Größenordnungen nach. Alle bisher eingeführten Ultraschall-Prüfverfahren benutzen den Ultraschall- Nachweis mit piezoelektrischen Schwingern.

4. Die Verfahren der Ultraschall-Prüfung.

Man unterscheidet heute drei verschiedene Verfahren der Ultraschall- Prüfung (Abb. 79):

a) Durchschallung.

α) Messung der Schallintensität. Durch den Fehler wird die vom Sender auf den Empfänger strahlende Energie ganz oder teilweise abgeschattet (Abb. 79a).

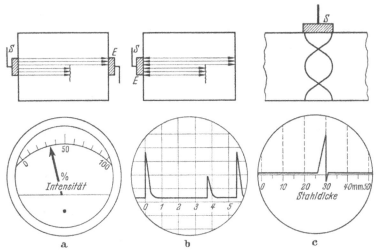

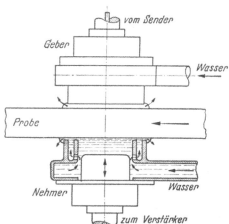

Abb. 79. Die 3 Ultraschall-Prüfverfahren. Prinzip und Art der Anzeige.
a) Durchschallung; b) Impuls-Echo-Verfahren; c) Resonanzverfahren.

Zum Ein- und Ableiten der Schallenergie gibt es verschiedene Arten der Ankoppelung. So können z. B. Sender, Prüfobjekt und Empfänger gemeinsam in einem Flüssigkeitsbade untergebracht werden (ortsfeste Anlagen). Statt dessen kann man Prüfzangen verwenden. Bei dem Zangengeräte nach A. TROST (Abb. 80) erfolgt die Ankopplung durch fließendes Wasser; man erreicht mit ihm hohe Abtastgeschwindigkeiten, muß aber die Unannehmlichkeit der ständigen Wasserbespülung in Kauf nehmen. An Stelle der Wasserankopplung kann Ankopplung durch einen Ölfilm treten.

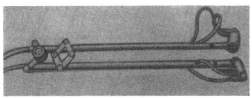

Abb. 80 a   Abb. 80 b
Abb. 80. Ultraschall-Prüfzange für die Durchschallung. (Nach A. TROST.) a) schematisch; b) Ansicht.

Eine moderne Blech-Prüfanlage mit 10 kammartig angeordneten Schallkopfpaaren zeigt Abb. 81. Abb. 82 gibt schematisch weitere Anwendungsbeispiele zum Durchschallungs-Verfahren, 82b unter Ausnutzung von Zwischenreflexionen an den Wänden des Prüfobjekts (Ultraschall-Sender und -Empfänger auf derselben Seite des Prüfobjekts).

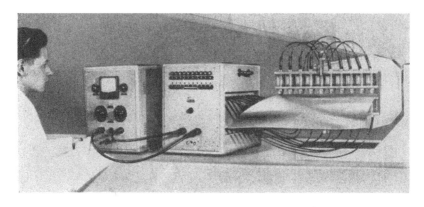

Abb. 81. Prüfung eines Blechs auf Dopplungen nach dem Durchschallungsverfahren.
(Hersteller der Einrichtung: Dr. Lehfeldt & Co, Heppenheim.)

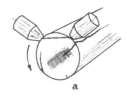

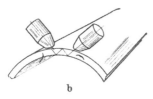

Abb. 82. Prüfung von Stangen (a)
und Rohrwandungen (b)
nach dem Durchschallungsverfahren.

Abb. 83. Ortsfestes Schallsichtgerät.
(Nach R. POHLMAN.) (Hersteller:
Siemens-Reiniger-Werke, Erlangen.)

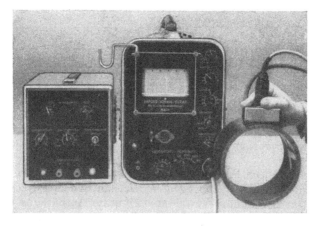

Abb. 84. Impuls-Echo-Gerät bei einer Rohrprüfung, mit Doppelschallkopf und „Monitor".
(Hersteller: Dr. J. und H. Krautkrämer, Köln.)

β) **Schallsicht-Verfahren.** Das Schallsicht-Verfahren nach R. POHLMAN liefert — bei Anwendung hinreichend großer Sender — Ultraschall-Schattenbilder ähnlich den Röntgen-Schattenbildern. Um die notwendige Abbildungsschärfe zu erreichen, wird dabei gewöhnlich ein Ultraschall-Linsen-System benutzt; dadurch wird zwar jeweils nur eine bestimmte Ebene des Prüfobjekts abgebildet, aber die Notwendigkeit, das Prüfobjekt der Tiefe nach durch Bewegung des Linsensystems abzutasten, hat den Vorteil, einen Fehler nach Tiefenlage und Tiefenausdehnung feststellen zu können. Dabei werden auch feinste Materialtrennungen *parallel* zur Ultraschall-Richtung abgebildet. Abb. 83 zeigt ein Schallsicht-Gerät zum Prüfen kleinerer Teile.

b) Impuls-Echo-Verfahren (Messung der Laufzeiten).

Beim Impuls-Echo-Verfahren werden in das Prüfobjekt sehr kurzzeitige Ultraschall-Impulse eingestrahlt, die nach Reflexion am Detail (Fehler) in den Empfänger gelangen. Gemessen wird die Laufzeit des Schallimpulses (Abb. 79b).

Abb. 85. Impuls-Echo-Gerät bei der Prüfung einer großen Stahlwelle, mit Fotozusatz.
(Hersteller: Siemens & Halske AG., Karlsruhe.)

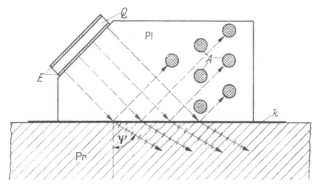

Abb. 86. Winkelkopf (schematisch).

Pr Prüfobjekt; *Q* Quarz; *E* Elektroden; *Pl* Plexiglaskörper; *A* Absorber für die reflekt. Wellen; *ψ* Einschallwinkel; *k* Koppelflüssigkeit; — — — — Longuditinalwelle; —⊢—⊢—⊢— Transversalwelle.

Nach dem Vorgange von Fl. A. FIRESTONE kann ein- und derselbe Schwinger als Sender *und* Empfänger benutzt werden (Radar-Prinzip). Bei dem ältesten

Gerät dieser Art, dem „Reflectoscope" der Sperry Products Inc. werden in jeder Sekunde 60 Impulse von je 5 bis 10 Wellenzügen (Frequenz 1 bis 10 MHz; Impulsdauer 1 μs) ausgesandt, in den Zwischenzeiten dient der Schwinger als Empfänger. Seit 1950 werden ähnliche Geräte gleicher Leistungsfähigkeit

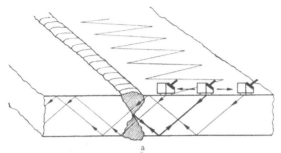

auch in Deutschland hergestellt (Abb. 84 und 85). Bei allen diesen Impuls-Echo-Geräten werden der Eintrittsimpuls sowie die Reflexionen an der Gegenfläche („Rückwandecho") und an einem reflexionsfähigen Detail (Fehler) in einer Braunschen Röhre sichtbar gemacht, so daß (nach entsprechender Eichung) *Wanddicke* und zugleich *Tiefenlage* des Details abgelesen werden können.

b

Abb. 87. Schweißnahtprüfung nach dem Impuls-Echo-Verfahren mit Winkelkopf. a) schematisch; b) Ansicht der Prüfung.

Eine wichtige Erweiterung der Anwendungsgebiete des Ultraschalls ergibt sich aus der Möglichkeit, durch Zwischenschalten eines passend abgeschrägten Keils aus Plexiglas o. ä. („Winkelkopf"; schemat. Darstellung Abb. 86, Ansicht in Abb. 87b) die Ultraschall-Energie unter beliebigem Winkel (bis parallel zur Werkstücksoberfläche) einzustrahlen und so Fehlstellen in fast jeder Richtung zur Oberfläche (nicht nur parallel zu ihr) zu erfassen (Schrägschall-Verfahren)[1]. Damit ist die Prüfung z. B. von Schweißnähten auf Risse, Bindefehler und Schlackenwände möglich; bei dickeren Blechen wird dann der Taster zickzackförmig innerhalb eines Streifens bestimmter Breite neben der Naht bewegt (Abb. 87a). Die Prüfung von Röhren (mit oder

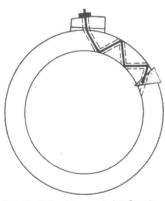

Abb. 88. Rohrprüfung nach dem Impuls-Echo-Verfahren (schematisch).

ohne Längsnaht) zeigt schematisch Abb. 88, die Durchführung (mit Spezial-Schallkopf) Abb. 84.

Die übliche einfache Darstellung der Schallwege durch einfache oder parallele Striche ist nicht immer zulässig. Die Abstrahlung der Ultraschall-Energie von einem gewöhnlichen planen Schallkopfe („Normalkopf") ist nur bis zu einer bestimmten Entfernung vom Schallkopf ein nahezu paralleles Bündel [„Nahzone"], in größerer Entfernung [„Fernzone"] divergent; die Länge der Nahzone ist von Frequenz und Schwinger-Durchmesser abhängig. Durch die Divergenz im Fernfeld können z. B. dann, wenn streifend Wände des Prüfobjekts getroffen werden, durch Aufspalten Schwierigkeiten in der

---

[1] Da bei der Brechung der US-Wellen an der Grenze Keil/Prüfobjekt eine Aufspaltung (s. Abb. 77) stattfindet, wird der Keil meist so gestaltet, daß die stärker gebrochene Longitudinalwelle total in den Keil reflektiert wird und nur die Transversalwelle in das Prüfobjekt eintritt (Abb. 86).

Deutung der Oszillogramme entstehen; so können bei einem stabförmigen Körper nach Abb. 89 a außer dem normalen Rückwandecho R noch später eintreffende Nebenechos $R_1, R_2 \ldots$ entstehen (Abb. 89 b). Oft sind die Anzeigen

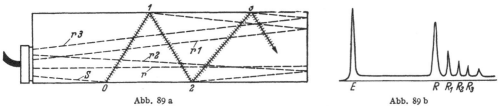

Abb. 89 a   Abb. 89 b
Abb. 89. Aufspalten der Wellen bei dünnen Stäben (a) und Entstehen von Nebenechos (b).

nur richtig zu deuten, wenn man sich in einer maßstäblichen Querschnittszeichnung des Prüfobjekts die möglichen Aufspaltungen, Schallwege und Reflexionen einträgt. Bei komplizierten Werkstücken kann das die Ultraschall-Prüfung in Frage stellen.

Die Empfindlichkeit des Impuls-Echo-Verfahrens ist heute so groß, daß auch Seigerungen, Schlackenzeilen, Ansammlungen von Mikro-Lunkern, sogar grobkörnige Stellen angezeigt werden können. Bei allzu grobem Korn wird der Ultraschall durch die zahlreichen Reflexionen zwischen den Oberflächen der Kristallite verzehrt, und man erhält keine Echos. Die Ultraschall-Prüfung von Grauguß, auch von Kupferguß wird dadurch oft unmöglich.

Für die praktische Durchführung der Prüfungen und für besondere Meßzwecke sind eine Reihe von Zusatz- und Hilfsgeräten entwickelt worden, von denen genannt seien: „*Ortungsstäbe*" zur schnellen Ermittlung der Fehlerlage bei Schrägschall-Verfahren, „*Monitor*" zur automatischen (optischen oder akustischen) Meldung eines Fehlers (s. Abb. 84 links), „*Fernbild-Zusatzgerät*" für die Übertragung des Oszillographenbilds an einen zweiten Ort, „*Interferometer*" zur genauen Bestimmung der Schallgeschwindigkeit in einem Medium.

Das Impuls-Echo-Verfahren hat von allen Ultraschall-Verfahren z. Z. die weiteste Anwendung gefunden.

Abb. 90. Wanddickenmessung nach dem Resonanzverfahren.
(Hersteller des Gerätes: Magnaflux Corp., Chicago [Ill.].)

c) Resonanz-Verfahren.

Ein dem Prüfobjekt aufgesetzter und ihm angekoppelter Schwinger wird zu Schwingungen angeregt, die in einem gewissen Frequenzbereiche periodisch schwanken. Im Falle der Resonanz (Ausbildung stehender Wellen im Werkstück; Abb. 79c) nimmt der Sender primär erhöhte Energie auf. Meist wird das Frequenzband in einer BRAUNschen Röhre abgebildet, die Resonanzfrequenz wird dann durch weiten Ausschlag angezeigt; aus ihr ergibt sich der Weg der

US-Wellen vom Eintritt in das Prüfobjekt bis zur reflektierenden Stelle. Das Verfahren wird z. Z. vornehmlich für *Wanddickenmessungen* von einer Seite des Prüfobjekts aus angewandt (Metall, Gummi, Glas — versagt aber noch bei Holz), kann jedoch auch zum Nachweis von Fehlstellen (Rissen, Lunkern, Einschlüssen, Sitz- und Bindefehlern) und zur Messung ihrer Tiefenlage benutzt werden. Heute sind bereits mehrere Geräte — auch solche mit akustischer oder optischer Anzeige — entwickelt worden und in Gebrauch (Abb. 90).

D. Induktive Verfahren.

1. Theoretische Grundlagen.

a) Einführung.

Allen Wirbelstromverfahren der zerstörungsfreien Werkstoffprüfung ist gemeinsam, daß das zu prüfende Werkstück (Probe) in das magnetische Feld einer von Wechselstrom durchflossenen Spule gebracht wird. Durch dieses magnetische Wechselfeld werden in der Probe Wirbelströme erzeugt, die ihrerseits wieder ein magnetisches Wechselfeld hervorbringen[1]. Abb. 91 beschreibt

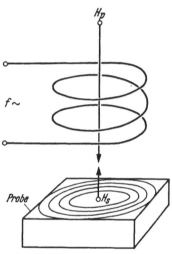

Abb. 91. Schema der auf die metallische Probe aufgesetzten „Tastspule".
H_p Primäres Spulenfeld ohne Probe.
H_s Sekundäres, durch die Wirbelströme in der Probe erzeugtes Magnetfeld.

schematisch diesen Sachverhalt bei einer auf die Probe aufgesetzten Spule (Tastspule). H_p sei das primäre Wechselfeld der Prüfspule, während H_s das sekundäre Wechselfeld, welches von den Wirbelströmen im Werkstück herrührt, darstellt. Abb. 92 stellt das gleiche dar für die andere Gruppe von Prüfspulen bei denen die Probe von der Prüfspule umschlossen wird (Durchlaufspule).

Es bestehen also zwei magnetische Wechselfelder, die sich gegenseitig überlagern. Im Bereich der Prüfspule bildet sich bei Vorhandensein einer Probe dadurch ein anderes Magnetfeld aus als ohne Probe.

Eine Prüfspule ist allgemein elektrisch durch zwei Werte gekennzeichnet:

1. Der induktive Widerstand ωL ($\omega = 2\pi f$, $f =$ Frequenz des Wechselfeldes, $L =$ Selbstinduktion) und

2. Der Ohmsche Widerstand R.

Es ist üblich, diese beiden elektrischen Kennwerte der Prüfspule ωL in der Ordinatenrichtung und R in der Abszissenrichtung aufzutragen, so daß der Scheinwiderstand der Prüfspule durch einen Punkt P in der aus beiden Koordinaten ωL und R gebildeten Ebene, der sogenannten Scheinwiderstandsebene gekennzeichnet ist.

Ohne Probe (leere Spule) möge die Prüfspule die Werte ωL_0 und R_0, dargestellt in der Scheinwiderstandsebene durch den „Leerpunkt" P_0, Abb. 93, aufweisen.

Sobald sich in dem Feld der Prüfspule die Probe befindet, wird durch die Überlagerung des Wirbelstromfeldes der Probe das ursprüngliche Feld der Prüf-

---

[1] Als erster hat W. Gerlach, Z. techn. Physik Bd. 15 (1934) S. 467 auf die Verwendung von Wirbelstromverfahren zur Werkstoffprüfung hingewiesen.

spule verändert. Diese Veränderung des Prüfspulenfeldes wirkt genauso, als ob sich die Eigenschaften der Prüfspule selbst verändert hätten, so daß die Wirkung der Probe auf die Prüfspule beschrieben werden kann durch eine Ver-änderung der Prüfspuleneigenschaften, indem der Scheinwiderstand der „leeren" Spule unter der Wirkung der Probe von P_0 nach P_1 verschoben wird (Abb. 93).

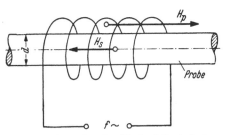

Wie groß diese Verschiebung des Spulenwiderstandes unter Wirkung der Probe (Strecke P_0 bis P_1) ist und in welcher Richtung ($\sphericalangle \alpha$) sie liegt, hängt von folgenden Faktoren ab:

Abb. 92. Schema der „Durchlaufspule" mit Probe. H_p und H_s wie in Abb. 91.

$$\text{Proben-}\\\text{eigenschaften}\begin{cases}\text{1. Elektrische Leitfähigkeit der Probe.}\\\text{2. Abmessungen der Probe (z. B. Stangendurchmesser).}\\\text{3. Magnetische Permeabilität der Probe.}\\\text{4. Eventuelles Vorhandensein von Fehlern (Risse, Lunker usw.)}\\\quad\text{in der Probe.}\end{cases}$$

$$\text{Geräte-}\\\text{eigenschaften}\begin{cases}\text{5. Frequenz des Wechselfelds der Prüfspule (Prüffrequenz).}\\\text{6. Größe und Form der Prüfspule.}\\\text{7. Entfernung der Prüfspule von der Probe (Kopplung zwischen}\\\quad\text{Spule und Probe).}\end{cases}$$

Es ist gelungen, den Einfluß der physikalischen Eigenschaften der Probe auf die Eigenschaften der Prüfspule für alle Prüffrequenzen exakt zu berechnen. Dadurch gelingt umgekehrt in einfacher Weise, wie später näher ausgeführt wird, aus der Größe und Richtung der Veränderung der Prüfspuleneigenschaften unter Wirkung der Probe (Strecke P_0—P_1, Abb. 93) nicht nur die Leitfähigkeit, die Abmessungen und die Permeabilität der Probe ge-trennt voneinander quantitativ zu messen, sondern auch Risse in der Probe nach ihrer Größe und Lage zu bestimmen.

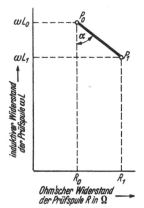

Weiterhin ergibt sich aus den theoretischen und experimentellen Grundlagen der zerstörungsfreien Werkstoffprüfung mit elektromagnetischen Induktions-verfahren für ein bestimmtes Prüfproblem sofort die optimale Prüffrequenz, um z. B. Änderungen der elektrischen Leitfähigkeit (bei der Sortentrennung von Legierungen), Durchmesseränderungen der Probe (bei der Maßkontrolle) oder das Auftreten von Rissen mit der höchsten Empfindlichkeit, die bei einem Wirbel-stromverfahren möglich ist, zur Anzeige zu bringen.

Abb. 93. Scheinwiderstandsebene mit „Leerwert" P_0 und „Voll-wert" P_1 der Prüfspule.

Da bei den elektro-magnetischen Induktionsver-fahren vielfach in extrem kurzer Zeit (von z. B. $1/1000$ s) berührungslos Aussagen über die physikalischen Eigen-schaften der Probe (z. B. Legierung, Wärmebehand-lung, Härte, Einsatztiefe, Randentkohlung, Fehlergröße, Abmessungen usw.) erhalten werden, ist verständlich, daß dieses Verfahren in wachsendem Maße in vollautomatischen Prüfanlagen eingesetzt wird.

Die wachsende Verwendung elektro-magnetischer Induktionsverfahren, ins-besondere in dem letzten halben Jahrzehnt, wurde erst möglich durch die exakte theoretische und experimentelle Klärung der Grundlagen dieses Zweiges der zerstörungsfreien Werkstoffprüfung.

Die Klärung der Grundlagen des elektro-magnetischen Induktionsverfahrens wurde nach zwei Verfahren erreicht. Einmal wurden alle Prüfprobleme, die einer exakten mathematischen Behandlung zugängig waren, quantitativ berechnet.

Zu dieser Gruppe gehören z. B.:

1. der Zylinder[1] (ein- und mehrschichtig),
2. das Rohr[2] (ein- und mehrschichtig),
3. die Kugel[3],
4. das Rotationsellipsoid[4],
} in der Durchlaufspule
5. die Innenspule im Rohr[5],
6. die Aufsatzspule bei der zerstörungsfreien Vermessung dünner Metallschichten[6],
7. die Gabelspule bei der berührungsfreien Messung der Dicke oder des Quadratwiderstands von Metallfolien und -schichten[6],
8. der Zylinder in der Gabelspule[7] (Feldrichtung senkrecht zur Zylinderachse).

Bei der zweiten Gruppe von Prüfproblemen ist eine mathematische Behandlung der Wirbelstromeffekte wegen der Unlösbarkeit der Randwertprobleme unmöglich.

Es wird aber gezeigt, daß das im Abschn. e erläuterte Ähnlichkeitsgesetz der zerstörungsfreien Werkstoffprüfung mit Wirbelströmen es ermöglicht, mit Hilfe von Modellmessungen zu quantitativen Aussagen zu kommen, die auf beliebige Werkstoffe (gekennzeichnet durch die elektrische Leitfähigkeit und die relative Permeabilität) und Probenabmessungen übertragbar sind.

Zu dieser letzten Gruppe der mathematisch nicht berechenbaren, aber durch Modellmessungen ausgewerteten Prüfprobleme gehören u. a.:

1. der Zylinder und das Rohr mit Rissen, Lunkern und anderen Fehlern beliebiger Lage und Form in der Durchlaufspule[8],
2. das exzentrische Rohr in der Durchlaufspule[9],
3. die mit Rissen behaftete Kugel in der Durchlaufspule[10],
4. die Aufsatzspule bei Metallplatten größerer Dicke („Größere Dicke" bedeutet, daß bereits in einem Bereich, der der Metallplattendicke entspricht, ein merklicher Abfall der Feldstärke der Aufsatzspule durch den geometrischen Verlauf des Spulenfelds stattfindet.) mit Variation der elektrischen Leitfähigkeit und der Plattendicke sowie des Abstands der Aufsatzspule von der Metallplatte[11],

[1] Förster, F., u. K. Stambke: Z. Metallkde. Bd. 45 (1954) S. 166 — Inst. Förster: Unveröffentl. Bericht Nr. 27 (1949).
[2] Förster, F., u. K. Stambke: Z. Metallkde. Bd. 45 (1954) S. 166 — Inst. Förster: Unveröffentl. Bericht Nr. 28 (1949).
[3] Förster, F.: Schweiz. Arch. angew. Wiss. Techn. Bd. 19 (1953) S. 57.
[4] Inst. Förster: Unveröffentl. Bericht Nr. 39 (1953).
[5] Inst. Förster: Unveröffentl. Bericht Nr. 40 (1954).
[6] Förster, F.: Z. Metallkde. Bd. 45 (1954) S. 197.
[7] Inst. Förster: Unveröffentl. Bericht Nr. 35 (1952).
[8] Förster, F., u. H. Breitfeld: Z. Metallkde. Bd. 45 (1954) S. 188 — Inst. Förster: Unveröffentl. Bericht Nr. 25 (1948).
[9] Inst. Förster: Unveröffentl. Bericht Nr. 30 (1950).
[10] Förster, F.: Z. Metallkde. Bd. 49 (1958).
[11] Förster, F.: Z. Metallkde. Bd. 43 (1952) S. 163.

5. die Aufsatzspule bei Vorhandensein von Rissen beliebiger Form und Lage in der Platte und im Zylinder (experimentelle Grundlagen der Rißtiefenmessung)[1].

In Tab. 10 sind die theoretisch und experimentell geklärten Wirbelstromprüfprobleme schematisch dargestellt. Viele andere Aufgaben der zerstörungsfreien Prüfung mit Wirbelströmen lassen sich auf diese eingehend behandelten „Normalfälle" zurückführen. Zum Beispiel wird der kurze Zylinder (Rolle aus Rollenlager) in der Durchlaufspule weitgehend durch die Ergebnisse der Kugelrechnung beschrieben, wobei die Bedingungen, wann beim kurzen Zylinder die Kugelergebnisse und wann die Ergebnisse des langen Zylinders gelten und wie das Übergangsgebiet zu behandeln ist, genau bekannt sind.

b) Die effektive Permeabilität als wichtigste Kenngröße der Wirbelstromverfahren.

α) **Die von der Probe völlig ausgefüllte Sekundärspule,** Abb. 94, zeigt schematisch die am häufigsten bei der Wirbelstromprüfung benutzte Anordnung, bei der eine von Wechselstrom der Frequenz f durchflossene Primärspule das primäre Wechselmagnetfeld H_0 erzeugt. Im Inneren der Primärspule ist die Sekundärspule (gekennzeichnet durch die Windungszahl w sowie die mittlere Windungsfläche $\frac{\pi D^2}{4}$ mit D = Sekundärspulen-Durchmesser) befestigt, durch die der zu prüfende Werkstoff als Stange, Rohr, Draht usw. = Probe geschoben wird.

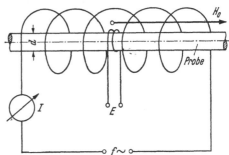

Abb. 94. Schema der „Durchlaufspule"
mit Primär- und Sekundärwicklung.

Die Hauptaufgabe der Wirbelstromprüfung besteht nun darin, aus der an der Sekundärspule gemessenen Spannung E möglichst genaue Aussagen über den in der Sekundärspule befindlichen Werkstoff hinsichtlich seiner elektrischen Leitfähigkeit, seiner magnetischen Permeabilität und seines Durchmessers und eventueller Fehler (Risse, Lunker usw.) machen zu können; denn die genannten physikalischen Eigenschaften der Probe sind in weitem Umfang ein indirektes Kennzeichen für die Legierung, den Aushärtungszustand, die Wärmebehandlung, die mechanische Härte, die Zugfestigkeit, die Einsatztiefe, die Randentkohlung usw.

Erst die genaue Analyse, wie die physikalischen Eigenschaften und eventuelle Fehler der Probe in der Spannung E der Sekundärspule, Abb. 94, in Erscheinung treten, und die daraus erhaltene Vorschrift, wie rückwärts die genannten Werkstoffeigenschaften der Probe aus der Sekundärspannung heraus „präpariert" werden können, macht das Wirbelstromverfahren zu einem quantitativen Meß- und Prüfverfahren.

Die allgemeine Gleichung für die Spannung E_0 an der Sekundärspule *ohne Probe* ist

$$E_0 = 2\pi f\, w\, \frac{\pi D^2}{4}\, \mu_{\text{rel}} H_0\, 10^{-8}\ [\text{Volt}] \tag{8}$$

---

[1] FÖRSTER, F.: Z. Metallkde. Bd. 43 (1952) S. 163 — Inst. Förster: Unveröffentl. Berichte Nr. 45 und Nr. 46 (1956).

Tabelle 10. *Übersicht über die theoretisch und experimentell geklärten Wirbelstromprobleme*

Prüfkörper	Spulenform	Schematische Kennzeichnung des Problems	Einfluß Größen	Problem geklärt durch	Praktische Anwendung zur Prüfung auf	Werkstoff	Prüfgerät	Lit.
Vollzylinder	Durchlaufspule		μ, d, σ	math. Berechnung	Qualität, Legierungszusammensetzung Härte, Zugfestigkeit Abmessungen	Eisen u. Stahl	Magnatest Q	1
	Gabelspule					NE-Metall	Sigmaflux Multitest	
			μ, d, σ	math. Berechnung	Qualität Leitfähigkeitsunterschiede	Stahl	Multitest	
						NE-Metall	Multitest	2
mit Fehlern	Durchlaufspule		Rißform Rißbreite Rißtiefe Rißlänge Rißlage	Modellversuche	Fehlerprüfung	Eisen u. Stahl	Magnatest D Induktives Stangen-Rißprüfgerät	3
						NE-Metall	Stangen- u. Draht-Rißprüfgeräte Multitest Sigmaflux	
mit Fehlern	Gabelspule mit Suchspule		Fehler	Modellversuche	Fehler	NE-Metall	Duometer	4
					Risse Weichfleckigkeit	Stahl		
aus 2 Werkstoffen	Durchlaufspule		μ_1, μ_2 d_1, d_2 σ_1, σ_2	math. Berechnung für NE-Metalle Modellversuche für Stahl	Plattierschichtdicke galvanische Schichtdicke Einsatztiefe Randentkohlung Diffusion Oberflächenhärte	NE-Metall	Multitest Sigmaflux	
						Stahl	Magnatest Q 5 Hz Magnatest Q 50 Hz Magnatest Q 400 Hz Multitest	5

Tabelle 10. (Fortsetzung)

Nr.	Rohr-Typ	Spule	Kenngrößen	Auswertung	Qualitätsprüfung / Anwendung	Werkstoff	Prüfgerät
6	*Rohr*	Durchlaufspule	μ, d_i, d_a, σ	math. Berechnung, Modellversuche für Stahl	Qualitätsprüfung, Legierungszusammensetzung, Leitfähigkeit, Härte, Zugfestigkeit	NE-Metall	Sigmaflux, Multitest
						Stahl	Magnatest Q, Multitest
7	mit Fehlern	Durchlaufspule	Rißform, Rißbreite, Rißtiefe, Rißlänge, Rißlage	Modellversuche	Fehlerprüfung	NE-Metall	Draht- und Stangen-Rißprüfgerät, Sigmaflux, Multitest
						Stahl	Multitest, Magnatest D
8	aus 2 Werkstoffen	Durchlaufspule	μ_1, μ_2, d_1, d_2, σ_1, σ_2	math. Berechnung, Modellversuche für Stahl	Plattierschichtdicke, Diffusion	NE-Metall	Multitest
					Einsatztiefe, Randentkohlung	Stahl	Multitest, Magnatest Q 5, 50 und 400 Hz
9	ungleiche Wanddicke (Exzentrizität)	Durchlaufspule	Exzentrizität, μ, d_i, d_a, σ	Modellversuche	Exzentrizität und Lunkerprüfung	NE-Metall	Multitest, Sigmaflux
						Stahl	Multitest, Magnatest Q
10		Innenspule	d_i, d_a, σ	math. Berechnung	Innenfehler, Innenkorrosion	NE-Metall	Rohr-Innenprüfgerät, Sigmaflux, Multitest
						Stahl	Multitest, Magnatest Q 400 Hz
11	*Ellipsoid*	Durchlaufspule	μ, d, l, σ	math. Berechnung	Qualitätsprüfung von kurzen Teilen	NE-Metall	Multitest

Tabelle 10 (Fortsetzung).

Prüfkörper	Spulenform	Schematische Kennzeichnung des Problems	Einfluß Größen	Problem geklärt durch	Praktische Anwendung zur Prüfung auf	Werkstoff	Prüfgerät	Lit.
Kugel	Durchlaufspule		μ, d, σ	math. Berechnung	Qualitätsprüfung (Legierung, Härte) Abmessungen	Stahl und NE-Metall	Multitest	12
mit Fehlern	Durchlaufspule		Riß μ, d, σ	Modellversuch	Rißprüfung	Stahl und NE-Metall	Multitest	13
	Gabelspule		Fehler	Modellversuch	Risse Weichfleckigkeit	Stahl	Kugel-Rißprüfgerät	14
Flächenhaftes Metall	Tastspule		d, σ	Modellversuch und math. Berechnung	Qualität Leitfähigkeit Legierungszusammensetzung Härte, Porosität Wanddicke	NE-Metall Stahl	Sigmatest Magnatest Q mit Tastspule	15
	Gabelspule		d, σ	math. Berechnung	Dicke von Folien, Blechen und Bändern (Quadratwiderstand)	NE-Metall	Blech- und Folienmesser Quadratwiderstands-Meßgerät	16
2 gleiche NE-Metalle mit Spalt	Tastspule		d_1, d_2, d_3, σ	Modellversuch	Klaffende Dopplungen Blasen usw.	NE-Metall	Multitest	17

Tabelle 10 (Fortsetzung).

Nr.	Gerät	Werkstoff	Anwendung	Verfahren	Kenngrößen	Schema	Sonde	Fall
18	Argentometer	NE-Metall	Dicke von leitenden, nichtferromagnetischen Schichten auf NE-Metallen	Modellversuch	d_1, σ_1, σ_2		Tastspule	2 verschiedene NE-Metalle
19	Zinnschichtdicken-Meßgerät	Weißblech	Metallschichtdicke auf Eisen (Zinnschicht auf Weißblech)	Modellversuch	d_1, σ_1, σ_2		Tastspule	NE-Metall auf ferromagnetischen Werkstoffen
20	Isometer	NE-Metall	Isolierschichtdicke auf NE-Metall	Modellversuch	$d_{Isol.}$		Tastspule	Isolierschicht auf NE-Metall
21	Äquivalent-Silberschichtdicken-Meßgerät	NE-Metall	Dicke von leitenden, nichtferromagnetischen Schichten (Quadratwiderstand)	math. Berechnung	d, σ_1		Tastspule	NE-Metall auf Isolator
22	Defektometer	NE-Metall	Oberflächennahe Fehler Risse, Lunker, Poren	Modellversuche	Rißtiefe Lunker Poren		Tastspule	mit Fehlern
	Rißtiefenmesser	Stahl						

Fußn. zu Tab. 10 s. S. 638.

Fußnoten zu Tabelle 10.

[1] Förster, F., u. H. Breitfeld: Aluminium Bd. 25 (1943) S. 253 — Förster, F.: Métaux, Corrosion, Industries Nr. 316 (1951) — Förster, F.: Schweiz. Archiv Bd. 19 (1953) S. 57 — Förster, F.: Aluminium Bd. 30 (1954) S. 511 — Förster, F., u. K. Stambke: Z. Metallkde. Bd. 45 (1954) S. 166 — Förster, F.: Z. Metallkde. Bd. 45 (1954) S. 180 — Förster, F.: Z. Metallkde. Bd. 45 (1954) S. 206 — Förster, F.: Z. Metallkde. Bd. 49 (1958).

[2] Inst. Förster: Unveröffentl. Ber. Nr. 35 (1052).

[3] Förster, F., u. H. Breitfeld: Z. Metallkde Bd. 45 (1945) S. 188 — Förster, F.: Z. Metallkde. Bd. 49 (1958) — Gromodka, E.: Metall Bd. 5 (1951) S. 335 — Keil, A., u. C. L. Meyer: Z. Metallkde. Bd. 45 (1954) S. 194 — Matthaes, K.: Z. Metallkde. Bd. 39 (1948) S. 257 — Matthaes, K.: Metall Bd. 5 (1951) S. 544 — Sprungmann, K.: Z. Metallkde. Bd. 45 (1954) S. 227 — Sprungmann, K.: Z. Metallkde Bd. 49 (1958).

[4] Inst. Förster: Unveröffentl. Ber. Nr. 36 (1953).

[5] Inst. Förster: Unveröffentl. Ber. Nr. 27 (1949).

[6] Förster, F., u. K. Stambke: Z. Metallkde. Bd. 45 (1954) S. 166.

[7] Inst. Förster: Unveröffentl. Ber. Nr. 25 (1948).

[8] Inst. Förster: Unveröffentl. Ber. Nr. 28 (1949).

[9] Inst. Förster: Unveröffentl. Ber. Nr. 30 (1950).

[10] Inst. Förster: Unveröffentl. Ber. Nr. 40 (1954).

[11] Inst. Förster: Unveröffentl. Ber. Nr. 39 (1953).

[12] Förster, F.: ASTM Spec. Techn. Publ. Nr. 145 (1952) — Förster, F.: Schweiz. Archiv Bd. 19 (1953) S. 57.

[13] Wieland, F., u. F. Rosche: Z. Metallkde. Bd. 45 (1954) S. 231.

[14] Inst. Förster: Unveröffentl. Ber. Nr. 44 (1956).

[15] Blanderer, G.: Grundlagen der Altmetallsortierung, Verl. Banaschewski Wörishofen. 1947. — Breitfeld, H.: Metall Bd. 9 (1955). S. 14 — Bunge, G.: Z. Metallkde. Bd. 45 (1954). S. 204 — Cannon, W. A.: Nondestructive Testing Bd. 13 (1955) S. 32 — Cosgrove, L. A.: Nondestructive Testing Bd. 13 (1955) S. 13 — Förster, F., u. H. Breitfeld: Aluminium Bd. 25 (1943) S. 130 — Förster, F., u. H. Breitfeld: Aluminium Bd. 25 (1943) S. 252 — Förster, F.: Z. Metallkde. Bd. 43 (1952) S. 163 — Förster, F., u. H. Breitfeld: Z. Metallkde. Bd. 43 (1952) S. 172 — Keil, A., u. C. L. Meyer: Z. Metallkde. Bd. 45 (1954) S. 119 — Keil, A.: Z. Metallkde. Bd. 49 (1958) — Nachtigall, E.: Aluminium Bd. 30 (1954) S. 529 — Novotny, H., W. Thury u. H. Landerl: Z. analyt. Chemie Bd. 134 (1951) S. 241 — Staats, H. N.: Materials and Methods Oktober 1953 — Vosskühler, H.: Metall Bd. 3 (1949) S. 247 u. S. 292 — v. Zeppelin, H.: Z. Gießerei Bd. 38 (1951) S. 51.

[16] Förster, F.: Aluminium Bd. 30 (1954) S. 511 — Förster, F.: Z. Metallkde Bd. 45 (1954) S. 197.

[17] Inst. Förster: Unveröffentl. Ber. Nr. 26 (1948).

[18] Inst. Förster: Unveröffentl. Ber. Nr. 38 (1953).

[19] Inst. Förster: Unveröffentl. Ber. Nr. 47 (1956).

[20] Förster, F.: Z. f. wirtschaftl. Fertigung Bd. 8 (1941) S. 145 — Förster, F., u. H. Breitfeld: Aluminium Bd. 25 (1943) S. 130 — Förster, F.: Z. Metallkde. Bd. 43 (1952) S. 163 — Förster, F.: Jahrbuch Oberflächentechnik 1954, Metall-Verlag Berlin, S. 328 — Förster, F.: Aluminium Bd. 30 (1954) S. 511.

[21] Förster, F.: Z. Metallkde. Bd. 45 (1954) S. 197 — Förster, F.: Z. Metallkde. Bd. 49 (1958) — Keil, A., u. G. Offner: Z. Metallkde. Bd. 45 (1954) S. 200 u. F.T.Z. Bd. 6 (1953) S. 73 — Keil, A.: Metalloberfläche A Bd. 6 (1955) S. 81 — Keil, A.: Z. Metallkde Bd. 49 (1958).

[22] Förster, F.: Z. Metallkde. Bd. 43 (1952) S. 163 — Inst. Förster: Unveröffentl. Ber. Nr. 45 (1956) — Inst. Förster: Unveröffentl. Ber. Nr. 46 (1956).

f = Prüffrequenz, $\pi D^2/4$ = Sekundärspulenfläche, D = Sekundärspulen-Durchmesser, w = Sekundärspulen-Windungszahl, μ_{rel} = relative magnetische Permeabilität, H_0 = Feldstärke im Inneren der Prüfspule.

Für alle nicht-ferromagnetischen Werkstoffe (z. B. Al, Cu) und für Luft ist $\mu_{rel} = 1$, für ferromagnetische Werkstoffe (z. B. Fe) wird $\mu_{rel} \approx 100$. Die Feldstärke H_0 entspricht der Kraftliniendichte B, gemessen in Gauß.

Bei einer Sekundärspule *mit Probe* (Metallstange) werden in dieser durch das Primärwechselfeld Wirbelströme erzeugt, da sie wie eine Kurzschlußwindung eines Lufttransformators wirkt. Die Wirbelströme erzeugen ihrerseits ein Magnetfeld, welches die Tendenz hat, das primäre Magnetfeld H_0 im Inneren der Probe zu schwächen. Diesem schwächeren resultierenden Feld entspricht nach Gl. (8) eine Verringerung der Sekundärspannung E_0. Um diese Schwächung rechnerisch zu erfassen, wird der Probe eine über den Querschnitt konstante effektive Permeabilität μ_{eff}, die komplex und kleiner als 1 ist, zugeordnet. Für die Spannung E einer Sekundärspule *mit* Probe gilt dann die Gleichung

$$E = 2\pi f \, w \frac{\pi d^2}{4} \mu_{rel} \mu_{eff} H_0 \, 10^{-8} \; \text{[Volt]}. \tag{9}$$

In Gl. (9) wurde angenommen, daß die Sekundärspule unmittelbar auf die Probe ohne Luftzwischenraum aufgewickelt wurde $(D = d)$. Das in Wirklichkeit immer vorhandene Nebeneinander von Luft und Probe in der Sekundärspule wird später berücksichtigt.

Die mathematischen Berechnungen der effektiven Permeabilität μ_{eff} als Funktion der elektrischen Leitfähigkeit σ, der relativen Permeabilität μ_{rel}, des Probendurchmessers d sowie der Prüffrequenz f, die hier nicht wiedergegeben werden sollen, wurden für den allgemeinen Fall des aus mehreren Schichten verschiedener Leitfähigkeit und Dicke zusammengesetzten Zylinders durchgeführt[1], wobei sich der Zylinder (Probe) aus einheitlichem Werkstoff als Sonderfall aus der allgemeinen Rechnung[2] ergibt. In den bei dieser Berechnung auftretenden BESSEL-Funktionen kommt als Argument A der Ausdruck vor:

$$A = \frac{f \sigma d^2 \mu_{rel}}{5069} \, . \tag{10}$$

f = Frequenz des Primärfeldes in Hz, σ = elektrische Leitfähigkeit in m/Ωmm², d = Probendurchmesser in cm, μ_{rel} = relative Permeabilität.

Nun kann die Prüffrequenz f immer so gewählt werden, daß der Ausdruck A gleich 1 wird. Diese Frequenz soll als Grenzfrequenz f_g bezeichnet werden. f_g berechnet sich dann aus Gl. (10) zu

$$f_g = \frac{5069}{\sigma d^2 \mu_{rel}} \; \text{[Hz]}. \tag{11}$$

Da die effektive Permeabilität nur von der Größe des Arguments A, Gl. (10), abhängig ist, gewinnt die Darstellung der effektiven Permeabilität in Abhängigkeit von f, σ, d und μ_{rel} außerordentlich an Übersichtlichkeit, wenn μ_{eff} als Funktion des Verhältnisses f/f_g, d. h. in Vielfachen der Grenzfrequenz f_g, Gl. (11), dargestellt wird. Tab. 11 und Abb. 95 zeigen als Ergebnis der Rechnung

Tabelle 11. *Abhängigkeit von* $\mu_{eff\,real}$ *und* $\mu_{eff\,imag}$ *von dem Frequenzverhältnis* f/f_g.

f/f_g	$\mu_{eff\,real}$	$\mu_{eff\,imag}$	f/f_g	$\mu_{eff\,real}$	$\mu_{eff\,imag}$
0,00	1,0000	0,0000	10	0,4678	0,3494
0,25	0,9989	0,0311	12	0,4202	0,3284
0,50	0,9948	0,06206	15	0,3701	0,3004
1	0,9798	0,1216	20	0,3180	0,2657
2	0,9264	0,2234	50	0,2007	0,1795
3	0,8525	0,2983	100	0,1416	0,1313
4	0,7738	0,3449	150	0,1156	0,1087
5	0,6992	0,3689	200	0,1001	0,09497
6	0,6360	0,3770	400	0,07073	0,06822
7	0,5807	0,3757	1000	0,04472	0,04372
8	0,5361	0,3692	10000	0,01414	0,01404
9	0,4990	0,3599			

[1] Inst. Förster: Unveröffentl. Ber. Nr. 27 (1949).
[2] FÖRSTER, F., u. K. STAMBKE: Z. Metallkde. Bd. 45 (1954) S. 166.

für den Massivzylinder die Abhängigkeit von μ_{eff} von dem Verhältnis f/f_g in der komplexen Permeabilitätsebene, wobei μ_{eff} in seine beiden Komponenten, den Realteil $\mu_{\text{eff real}}$ und den Imaginärteil $\mu_{\text{eff imag}}$ aufgeteilt worden ist. Da Abb. 95 und Tab. 11 die Grundlage für die zerstörungsfreie Wirbelstromprüfung von

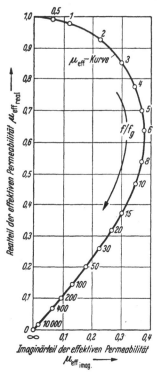

Abb. 95. μ_{eff}-Kurve für einen Massiv-zylinder, der die Sekundärspule voll ausfüllt ($\eta = 1$).

zylindrischen Körpern darstellen, soll das praktische Vorgehen zur Ermittlung von μ_{eff} und damit zur Bestimmung von E nach Gl. (9) an zwei Beispielen erläutert werden.

Dabei ist zu beachten, daß sich die nach dem Sprachgebrauch der Elektrotechnik als imaginär bezeichnete Spannung E_{imag} durch Multiplikation der Gl. (9) mit dem reellen Teil der effektiven Permeabilität ergibt und die reelle Spannung der Sekundärspule E_{real} durch Multiplikation der Gl. (9) mit dem imaginären Teil der effektiven Permeabilität:

$$E_{\text{imag}} = 2\pi f w \frac{\pi d^2}{4} \mu_{\text{rel}} \mu_{\text{eff real}} H_0 \, 10^{-8} \, [\text{Volt}], \quad (12)$$

$$E_{\text{real}} = 2\pi f w \frac{\pi d^2}{4} \mu_{\text{rel}} \mu_{\text{eff imag}} H_0 \, 10^{-8} [\text{Volt}]. \quad (13)$$

Beispiel 1: Gegeben sei ein Kupferstab mit einem Durchmesser $d = 10$ mm und einer Leitfähigkeit $\sigma = 50,6$ m/Ω mm². Für Kupfer ist $\mu_{\text{rel}} = 1$. Aus Gl. (11) berechnet sich die Grenzfrequenz zu $f_g = 100$ Hz. Befindet sich dieser Kupferstab in einer Spule mit der Prüffrequenz $f = 100$ Hz. so ist $f/f_g = 1$. Aus Tabelle 12 wird für $f/f_g = 1$, $\mu_{\text{eff real}} = 0,9798$ und $\mu_{\text{eff imag}} = 0,1216$ entnommen. Aus den Gl. (12) und (13) berechnen sich dann für eine Windung der Sekundärspule ($w = 1$) und für die Feldstärke $H_0 = 1$ Oe die Spannungen $E_{\text{imag}} = 4,83 \cdot 10^{-6}$ Volt und $E_{\text{real}} = 0,600 \times 10^{-6}$ Volt.

Beispiel 2: Gegeben sei ein Eisenstab mit einem Durchmesser $d = 10$ mm und einer Leitfähigkeit $\sigma = 10$ m/Ω mm². Für Eisen ist $\mu_{\text{rel}} = 100$. Wieder nehmen wir eine Windung der Sekundärspule $w = 1$ und eine Feldstärke der Primärspule $H_0 = 1$ Oe an. Aus Gl. (11) berechnet sich f_g zu 5,07 Hz. Bei einer Prüffrequenz von $f = 50$ Hz ergibt sich $f/f_g = 10$ und aus Tabelle 11 $\mu_{\text{eff real}} = 0,47$, $\mu_{\text{eff imag}} = 0,35$. Aus den Gl. (12) und (13) berechnen sich $E_{\text{imag}} = 116,4 \cdot 10^{-6}$ Volt und $E_{\text{real}} = 86,6 \cdot 10^{-6}$ Volt.

β) Die von der Probe nicht völlig ausgefüllte Sekundärspule. Bisher war angenommen worden, daß die Probe mit dem Durchmesser d die Sekundärspule mit dem inneren Durchmesser D ganz ausfüllt, d. h. es wurde $d = D$ gesetzt. Im praktischen Betrieb muß der Spulendurchmesser D immer größer als der Probendurchmesser d sein, damit bei hoher Durchlaufgeschwindigkeit die Prüfstange frei, ohne Berührung der Sekundärspule, passieren kann. In diesem Fall befindet sich zwischen Probe und Sekundärspule ein Luftring mit der Fläche $F_L = \frac{\pi}{4}(D^2 - d^2)$ und den Werten $\mu_{\text{rel}} = 1$ und $\mu_{\text{eff}} = 1$.

Die durch das Primärfeld H in der Sekundärspule induzierte Spannung setzt sich nun aus zwei Anteilen zusammen: dem Anteil des Luftrings,

$$E_{\text{Luft}} = 2\pi f w \frac{\pi}{4}(D^2 - d^2) H_0 \cdot 10^{-8} \, [\text{Volt}] \quad (14)$$

und dem Anteil der Probe

$$E_{\text{Probe}} = 2\pi f w \frac{\pi}{4} d^2 \mu_{\text{rel}} \mu_{\text{eff}} H_0 \cdot 10^{-8} \, [\text{Volt}]. \quad (15)$$

Die Gesamtspannung E setzt sich dann durch vektorielle Addition von Gl. (14) und Gl. (15) zusammen zu:

$$E = E_{\text{Luft}} + E_{\text{Probe}} = 2\pi f w \frac{\pi D^2}{4} \left[1 - \left(\frac{d}{D} \right)^2 + \left(\frac{d}{D} \right)^2 \mu_{\text{rel}} \mu_{\text{eff}} \right] H_0 \cdot 10^{-8} \text{ [Volt]}.$$

$$(16)$$

Das Verhältnis $\left(\dfrac{d}{D} \right)^2$ gibt an, welcher Flächenanteil der Spule von der Probe ausgefüllt ist. Dieses Verhältnis soll der Füllungsgrad η genannt werden.

Der Ausdruck vor und hinter der Klammer in Gl. (16) stellt die Spannung E_0 dar, siehe Gl. (8) mit $\mu_{\text{rel}} = 1$ für Luft.

Setzt man η und E_0 in Gl. (16) ein, so erhält man ohne Probe:

$$E = E_0 (1 - \eta + \eta \, \mu_{\text{eff}}).$$

$$(17)$$

Bei Vorhandensein einer Probe aus ferromagnetischem Werkstoff mit der relativen magnetischen Permeabilität μ_{rel} wird schließlich aus Gl. (17) der Ausdruck

$$E = E_0 (1 - \eta + \eta \, \mu_{\text{rel}} \mu_{\text{eff}}).$$

$$(18)$$

γ) Zusammenhang zwischen μ_{eff}, E und den elektrischen Spulendaten einer Prüfspule mit nur einer primären Wicklung.

Ohne Probe ist eine Prüfspule mit nur einer primären Wicklung durch den induktiven Widerstand ωL_0 und den OHMschen Widerstand R_0 charakterisiert. Die Selbstinduktion L_0 einer zylindrischen Spule ohne Probe ist gegeben durch die Gleichung

$$L_0 = k \frac{w^2 F}{l}.$$

$$(19)$$

$k = $ Konstante, $F = $ Querschnittsfläche, $w = $ Windungszahl und $l = $ Spulenlänge.

Sobald ein Teil der Spule durch eine Probe ausgefüllt ist, berechnet sich analog zu Gl. (18) die Selbstinduktion L zu

$$L = L_0 (1 - \eta + \eta \, \mu_{\text{rel}} \mu_{\text{eff real}}).$$

$$(20)$$

Aus Gl. (12), (13), (18) und (20) ergeben sich schließlich die Beziehungen

$$\frac{E_{\text{imag}}}{E_0} = \frac{\omega L}{\omega L_0} = 1 - \eta + \eta \, \mu_{\text{rel}} \mu_{\text{eff real}},$$

$$(21)$$

$$\frac{E_{\text{real}}}{E_0} = \frac{R - R_0}{\omega L_0} = \eta \, \mu_{\text{rel}} \mu_{\text{eff imag}}.$$

$$(22)$$

Gl. (21) und Gl. (22) sagen aus, daß der gleiche Kurvenverlauf erhalten wird, wenn die beiden Komponenten der Sekundärspannung (E_{imag} und E_{real}) mit Probe, durch die Sekundärspannung E_0 ohne Probe dividiert werden, oder wenn die elektrischen Prüfspuleneigenschaften (ωL und $R - R_0$) durch den induktiven Widerstand ohne Probe ωL_0 dividiert werden. Wir nennen diese Quotienten: *die auf den Leerwert normierten Sekundärspannungen und Spulendaten.*

Wird eine Probe aus nicht-ferromagnetischem Werkstoff (aus nicht rostendem Stahl, Cu, Al) mit $\mu_{\text{rel}} = 1$ betrachtet, die die Prüfspule völlig ausfüllt ($\eta = 1$), so ergeben sich aus Gl. (21) und Gl. (22) die Beziehungen:

$$\mu_{\text{eff real}} = \frac{\omega L}{\omega L_0} = \frac{E_{\text{imag}}}{E_0},$$

$$(23)$$

$$\mu_{\text{eff imag}} = \frac{R - R_0}{\omega L_0} = \frac{E_{\text{real}}}{E_0}.$$

$$(24)$$

Die in Abb. 95 und Tab. 11 dargestellte effektive Permeabilität ist also identisch mit den auf den Leerwert normierten Sekundärspannungen und Spulendaten. *Abb. 95 stellt deshalb nicht nur die Ebene der beiden μ_{ett}-Komponenten, d. h. die komplexe μ_{ett}-Ebene dar, sondern gibt in gleicher Weise die auf den Leerwert normierte Impedanz-Ebene sowie die auf den Leerwert normierte komplexe Ebene der Sekundärspannung wieder.*

Die Impedanz-Ebene wird bei den später besprochenen Prüfverfahren betrachtet, bei denen eine Brückenanordnung mit nur primären Spulen verwendet wird, dagegen beziehen sich alle Überlegungen bei den Prüfanordnungen mit Primär- und Sekundärspule auf die komplexe Spannungsebene. Gl. (23) und Gl. (24) sagen aus, daß beide Prüfanordnungen durch dieselben Gleichungen beschrieben werden.

Bei allen Wirbelstromverfahren ist es daher die nach Gl. (11) und Abb. 95 bzw. Tab. 11 gewonnene effektive Permeabilität, welche zu Informationen über die physikalischen Eigenschaften und über Fehler der Probe benutzt wird. *Die effektive Permeabilität stellt daher die fundamentale Größe bei der zerstörungsfreien Prüfung mit Wirbelströmen dar.*

c) Die verschieden gerichtete Wirkung der elektrischen Leitfähigkeit und des Probendurchmessers bei der Wirbelstromprüfung.

Es soll untersucht werden, wie die physikalischen Eigenschaften σ, μ_{rel} und d der Probe den Wert des Ausdrucks $1 - \eta + \eta\,\mu_{rel}\,\mu_{eff}$ beeinflussen.

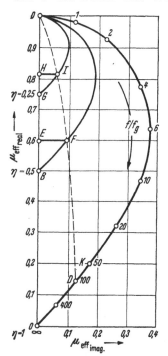

Abb. 96. Darstellung der Gl. (17) für die Füllungsgrade $\eta = 1$, $\eta = 0.5$ und $\mu = 0.25$.

Dieser Ausdruck, der die Spuleneigenschaften (Impedanz) oder Sekundärspannungen der Prüfspule zu berechnen gestattet, enthält sämtliche, bei der Wirbelstromprüfung auftretenden Einflußgrößen; die Größe μ_{eff} wird durch den Quotienten f/f_g bestimmt. f_g enthält nach Gl. (11) die Probeneigenschaften σ, d und η_{rel}. Die Prüffrequenz f ist eine Eigenschaft des Prüfgerätes. Der Füllungsgrad η wird bestimmt durch den Durchmesser der Probe (Probeneigenschaft) und den lichten Durchmesser der Prüfspule (Prüfspuleneigenschaft).

Für die Entwicklung einer ganzen Zahl von praktischen Wirbelstromprüfgeräten war nun die Tatsache entscheidend, daß in dem Ausdruck $1 - \eta + \eta\,\mu_{rel}\,\mu_{eff}$ die elektrische Leitfähigkeit σ nach Gl. (11) nur die Größe μ_{eff}, während der Durchmesser d der Probe sowohl die Größe μ_{eff} als auch den Füllungsgrad η beeinflußt.

Als Beispiel betrachten wir eine Aluminiumstange mit den Eigenschaften $\sigma = 35\ \text{m}/\Omega\text{mm}^2$, $d = 12\ \text{mm}$, $\mu_{rel} = 1$, welche die Prüfspule ganz ausfüllen möge ($\eta = 1$). Aus Gl. (11) berechnet sich die Grenzfrequenz zu $f_g = 100$. Die Prüffrequenz des Geräts sei $f = 10\,000$, d. h. $f/f_g = 100$.

Auf der äußersten Kurve von Abb. 96, die für $\eta = 1$ gilt, ist der Punkt $f/f_g = 100$ (Punkt D) aufzusuchen, um die auf den Leerwert normierte Sekundärspannung der Prüfspule zu erhalten. Nunmehr möge die Aluminiumstange von 12 auf 8,5 mm heruntergedreht werden. Nach Gl. (11) ergibt sich jetzt für f/f_g der Wert 50. Der Füllungsgrad η berechnet sich zu

$$\eta = \left(\frac{8,5}{12}\right)^2 = 0,487 \approx 0,5 \,.$$

Der Ausdruck $1 - \eta + \eta\,\mu_{\text{eff}}$ ist auf Abb. 96 so anzuwenden, daß zuerst in der Ordinatenrichtung der Wert $1 - \eta = 0,5$ (Strecke O—B, Einfluß des Luftrings in der Sekundärspule) aufzutragen ist. Vom Endpunkt B dieser Strecke sind die mit dem Faktor $\eta = 0,5$ zu multiplizierenden Komponenten von μ_{eff} für den Wert $f/f_g = 50$ nach Tab. 11 aufzutragen, und zwar $0,5 \cdot 0,20$ (Strecke B—E) in der Ordinatenrichtung und $0,5 \cdot 0,18$ (Strecke E—F) in der Abszissenrichtung. Die Verminderung des Durchmessers von 12 auf 8,5 mm bewirkt also eine Verschiebung der normierten Sekundärspulen-Spannungswerte oder der normierten Impedanzwerte von Punkt D nach Punkt F.

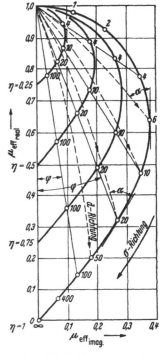

Abb. 97. Scheinwiderstandsebene bzw. komplexe Sekundärspannungsebene (auf Leerwert normiert) für die Füllungsgrade $\eta = 1$, 0,75, 0,5 und 0,25 mit markierten Durchmesser- und Leitfähigkeitsrichtungen.

Wird die Aluminiumstange weiterhin von 8,5 auf 6 mm abgedreht, so berechnet sich $f/f_g = 25$ und $\eta = 0,25$. Es ist also die Strecke $1 - \eta = 0,75$ (Strecke O—G) in der Ordinate aufzutragen und daran der Wert $0,25 \cdot \mu_{\text{eff real}}$ für $f/f_g = 25$ (Strecke G—H) in der Ordinate anzusetzen. An dem so erhaltenen Punkt H ist in der Abszissenrichtung die Strecke $0,25 \cdot \mu_{\text{eff imag}}$ für $f/f_g = 25$ aufzutragen (Punkt I), um den der 6 mm dicken Aluminiumstange entsprechenden Impedanz- oder Spannungswert zu erhalten.

Wird dagegen die elektrische Leitfähigkeit von $\sigma = 35 \text{ m}/\Omega\text{mm}^2$, z. B. durch Erwärmen auf den Wert $\sigma = 17,5 \text{ m}/\Omega\text{mm}^2$ erniedrigt, so wandert der Punkt D von $f/f_g = 100$ zu dem Punkt K mit einem f/f_g-Wert $= 50$, wie nach Gl. (11) zu berechnen ist.

Die Tatsache, daß Leitfähigkeitsänderungen in einer anderen Richtung in der Scheinwiderstandsebene (oder komplexen Spannungsebene) vor sich gehen als Durchmesseränderungen, gibt die später diskutierte apparative Möglichkeit, Leitfähigkeitseffekte (z. B. bei der Legierungssortentrennung) und Durchmessereffekte getrennt voneinander zur Anzeige zu bringen.

Abb. 97 zeigt für $\eta = 1$, 0,75, 0,5 und 0,25 die Scheinwiderstandsebene bzw. die komplexe Spannungsebene, d. h. den Ausdruck $1 - \eta + \eta\,\mu_{\text{eff}}$ für die verschiedenen f/f_g-Werte mit den eingezeichneten Durchmesser- und Leitfähigkeitsrichtungen. Folgende Tatsachen, welche die spätere Grundlage für eine Reihe von praktischen Wirbelstromprüfgeräten darstellen, lassen sich aus Abb. 97 entnehmen:

1. Der Winkel α zwischen σ und d-Richtung nimmt nach kleinen f/f_g-Werten stark ab, d. h. bei kleinen f/f_g-Werten fällt Durchmesser- und Leitfähigkeitsrichtung zusammen. Da die Trennung von Leitfähigkeits- und Durchmessereffekten um so besser durchzuführen ist, je größer der Winkel α ist, muß bei einem f/f_g-Wert oberhalb von 4 gearbeitet werden.

2. Bei großen f/f_g-Werten liegt die Durchmesserrichtung in der Richtung
der Selbstinduktion (bzw. der Imaginärspannung), während Leitfähigkeitseffekte eine Verschiebung der Scheinwiderstandswerte in einem $\measuredangle$ von 45°
zur Abszisse bewirken. Bei sehr kleinen f/f_g-Werten liegt die Durchmesserrichtung fast 90° zu der Widerstandsrichtung (bzw. realen Spannungsrichtung),
wobei Widerstands- und Leitfähigkeitsrichtung um so mehr zusammenfallen,
je kleiner f/f_g ist.

3. Die Verbindungsgerade zwischen dem Punkt $\mu_{eff} = 1$ und einem bestimmten f/f_g-Punkt auf der μ_{eff}-Kurve für $\eta = 1$, schneidet die Kurven für
alle anderen η-Werte bei genau dem gleichen f/f_g-Wert, d. h., der $\measuredangle \varphi$ zwischen
der Ordinate und einem bestimmten f/f_g-Wert ist unabhängig von dem Fül-
lungsgrad η, d. h. unabhängig von den Daten der Prüfspule. Diese Tatsache
bedeutet, daß nur durch Messen des $\measuredangle \varphi$ sich der f/f_g-Wert der Probe
bestimmen läßt. Da ein Prüfgerät normalerweise mit konstanter Prüffrequenz
arbeitet, ist durch $\measuredangle \varphi$ die Größe f_g gegeben. Der Durchmesser der Probe
ist nun leicht durch eine Lehre zu messen, so daß sich aus dem $\measuredangle \varphi$ die Größe f/f_g
und damit aus der Gl. (11) die elektrische Leitfähigkeit σ der Probe quantitativ
ohne Kenntnis der Spulendaten ergibt[1]. Bei der Besprechung der praktischen
Wirbelstromprüfgeräte werden wir auf einige Geräte eingehen, die ohne Kenntnis der Spulendaten nicht nur den genauen Wert des Produkts $\sigma \cdot d^2$ der Probe
direkt abzulesen gestatten, sondern die für jede Empfindlichkeitsstufe quantitativ
angeben, welche Geräteanzeige bei 1% Leitfähigkeitsänderung und 1% Durchmesseränderung oder bei einem Riß mit einer Tiefe von z. B. 5, 10 oder 20%
vom Durchmesser erhalten wird.

d) Die Wirkung von Leitfähigkeit, Probendurchmesser
und relativer Permeabilität bei ferromagnetischen Werkstoffen.

Der Einfluß der elektrischen Leitfähigkeit und des Durchmessers von nicht-
ferromagnetischen Werkstoffen auf die Eigenschaften der Prüfspule wird durch
die Gl. (21) und (22) (für den Fall, daß $\mu_{rel} = 1$ gesetzt wird) und durch Abb. 97
genau beschrieben. Die völlig andersartige Wirkung ferromagnetischer Werkstoffe auf die Prüfspule ist ebenfalls aus den Gl. (21) und (22) abzuleiten. Üblicherweise ist bei ferromagnetischen Werkstoffen $\mu_{rel} \gg 1$, so daß in den Gl. (21)
und (22) insbesondere, wenn der Füllungsgrad η nicht zu kleine Werte annimmt,
$1 - \eta$ gegenüber $\eta \cdot \mu_{rel} \mu_{eff}$ vernachlässigt werden kann.

$$\frac{E_{imag}}{E_0} = \frac{\omega L}{\omega L_0} \approx \eta \, \mu_{rel} \, \mu_{eff \, real}, \tag{25}$$

$$\frac{E_{real}}{E_0} = \frac{R}{\omega L_0} \approx \eta \, \mu_{rel} \, \mu_{eff \, imag}. \tag{26}$$

Für eine Probe, die die Prüfspule ganz ausfüllt (d. h. $\eta = 1$) wird für jeden
Wert der Permeabilität ein Kurvenzug, entsprechend Abb. 95, erhalten, bei
dem die Werte für $\mu_{eff \, real}$ und $\mu_{eff \, imag}$ um den Faktor μ_{rel} vergrößert erscheinen.
Abb. 98 zeigt die Spuleneigenschaften ωL und R einer mit ferromagnetischem
Werkstoff gefüllten Spule. Abb. 98 und Gl. (25) und (26) lassen den Unterschied
im Einfluß des Probendurchmessers auf die Spuleneigenschaften gegenüber
einem nicht-ferromagnetischen Werkstoff (z. B. Nichteisenmetall) deutlich
erkennen.

---

[1] Förster, F.: Z. Metallkde. Bd. 49 (1958).

Die Größe $\mu_{\text{eff real}}$ und $\mu_{\text{eff imag}}$ ist nur von dem Wert f/f_g [Gl. (10)] abhängig.

Die Größe $\eta \cdot \mu_{\text{rel}} = \dfrac{d^2 \mu_{\text{rel}}}{D^2}$ in den Gl. (25) und (26) enthält genau wie der

Wert f/f_g als Bestimmungsgrößen für μ_{eff} immer nur das Produkt aus μ_{rel} und d^2, d. h., μ_{rel} und d müssen in der gleichen Richtung in der Scheinwiderstandsebene liegen. Das Wirbelstromverfahren kann also nicht unterscheiden, ob eine Änderung in der μ_{rel}-d-Richtung durch eine Permeabilitäts- oder einen Durchmessereffekt bewirkt wurde.

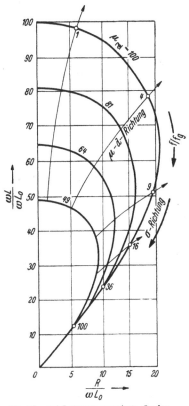

Abb. 98. Auf Leerwert normierte Spuleneigenschaften (Scheinwiderstandswerte) bzw. Sekundärspannungen einer mit einem ferromagnetischen Werkstoff gefüllten Spule für den Füllungsgrad $\eta = 1$ und $\mu_{\text{rel}} = 100, 81, 64, 49$.

Dagegen ist diese gleichlaufende Richtung von besonderer Bedeutung für die Wirbelstromrißprüfung von Stahl, weil darin die Ursache für die empfindliche Erkennbarkeit von Oberflächenrissen geringer Tiefe liegt, denn bei der Stahlrißprüfung mit Wirbelstromverfahren treten sowohl Durchmesserschwankungen als auch Permeabilitätsschwankungen (durch innere Spannungen nach dem Richten usw.) als Störeffekte auf, wobei die Richtung beider einen verhältnismäßig großen Winkel zur Rißrichtung bildet, was vorteilhaft für die Trennung von Fehlereffekt und μ_{rel}-d-Effekten ist.

Bei nicht ferromagnetischen Werkstoffen war mit der Durchmesserzunahme eine Abnahme der Größe μ_{eff} verbunden (Abb. 95). Bei ferromagnetischen Werkstoffen dagegen ergibt sich in dem meßtechnisch interessierenden Bereich ($0 < f/f_g < 200$) ein entgegengesetzter Effekt, weil die Zunahme an magnetisierbarer Substanz (Spannungserhöhung der Sekundärspule) die Feldschwächung durch Wirbelströme (Spannungserniedrigung der Sekundärspule) überwiegt.

Die elektrische Leitfähigkeit σ als Kenngröße für einen Legierungs- oder einen Gefügezustand (Härte) soll durch das Wirbelstromsortierverfahren möglichst unbeeinflußt von immer vorhandenen Durchmesserschwankungen und Permeabilitätsfluktuationen (z. B. als Folge mechanischer Spannungen durch Richten, Ziehen usw.) zur Anzeige kommen. Die σ-Richtung ist identisch mit der μ_{eff}-Richtung als Funktion von f/f_g (Abb. 95 u. Abb. 98). Die verschiedenen Einflußgrößen (d, σ, μ_{rel}) können immer dann um so besser getrennt werden, je größer der Winkel ist, den die verschiedenen Effekte, die voneinander getrennt werden sollen, in der Scheinwiderstandsebene (bzw. der komplexen Sekundärspannungsebene) miteinander bilden. Danach lassen sich Permeabilitäts- und Durchmessereffekte prinzipiell nicht voneinander trennen, da sie immer in gleicher Richtung liegen. Dagegen bildet die σ-Richtung im Gegensatz zu dem Verhalten bei nichtferromagnetischen Werkstoffen gerade bei kleinen f/f_g-Werten ($f/f_g < 15$) einem großen Winkel zu der d–μ_{rel}-Richtung.

Zu dem Realteil des Scheinwiderstandes der Prüfspule (Richtung $\mu_{\text{eff imag}}$) in der Horizontalen, Abb. 98 und nach Gl. (26), der von dem Wirbelstromeffekt einer ferromagnetischen Stange herrührt, addiert sich noch der Hysterese-

Anteil, der aber im allgemeinen klein gegenüber dem Wirbelstromanteil ist und hier nicht näher betrachtet werden soll.

Die vorhergehende Betrachtung gestattet damit, bei nichtferromagnetischen und ferromagnetischen Werkstoffen den Einfluß der elektrischen Eigenschaften (σ) der magnetischen Eigenschaften (μ_{rel}) und der mechanischen Eigenschaften (d) bei gegebener Spulendimension (η) für jede Prüffrequenz zu berechnen. Um-

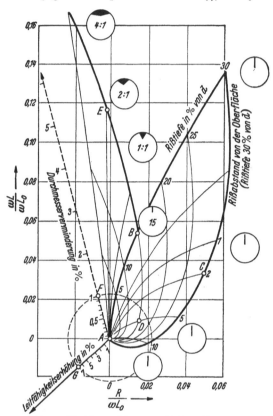

gekehrt läßt sich aus den Scheinwiderstandsänderungen der Prüfspule entnehmen, wodurch diese Scheinwiderstandsänderungen hervorgerufen wurden. Es gelingt mit anderen Worten eine Analyse der physikalischen Ursachen der Scheinwiderstandsänderungen. Zum Beispiel läßt sich bei der laufenden Prüfung von Drähten oder Stangen usw. aus Nichteisenmetallen mit Geräten, die später behandelt werden, unmittelbar die elektrische Leitfähigkeit und der Durchmesser bei berührungsfreiem, schnellem Durchlauf durch die Prüfspule mit einer Unsicherheit von $1^0/_{00}$ ablesen.

e) Theoretische Grundlagen der Rißprüfung von Halbzeug.

Von besonderer Wichtigkeit ist für die zerstörungsfreie Werkstoffprüfung der Nachweis von Rissen, Lunkern und anderen Fehlern in Halbzeug. Während die soeben behandelten Einflüsse der physikalischen Größen auf den Scheinwiderstand der Prüfspule mathematisch berechnet wurden, läßt sich der Einfluß von Rissen und anderen Fehlern auf den Scheinwiderstand der Prüfspule als der einzigen, der Messung zugänglichen Größe nicht mehr berechnen. Es wurden deshalb Modellversuche durch-

Abb. 99. Einfluß von Rissen verschiedener Tiefe, Form und Lage auf den Scheinwiderstand (Sekundärspannung) der Prüfspule bei einer Prüffrequenz $f = 15 f_g$.

Punkt A: Bezugsnullwert der Probe ohne Riß.
Punkt B: Oberflächenhaarriß mit einer Rißtiefe von 15% von d.
Punkt E: Derselbe 15% tiefe Riß, jedoch mit einem Verhältnis von Rißbreite zu Rißtiefe 2:1.
Punkt D: Derselbe 15% tiefe Haarriß wie B, jedoch endet er nicht an der Oberfläche, sondern 5% vom Durchmesser unter der Oberfläche.
Punkt C: 30% tiefer Haarriß, 2% vom Durchmesser unter der Oberfläche endend.
Punkt F: Durchmesserverminderung von 1%.
Punkt G: Leitfähigkeitserhöhung von 7%.

geführt, bei denen im Quecksilber durch Einfügen von Spalten verschiedenster Querschnittsformen künstliche Risse erzeugt wurden, deren Einfluß auf den Scheinwiderstand der Prüfspule bei verschiedenen Prüffrequenzen gemessen wurden[1].

Auf diese Weise wurde der Einfluß der verschiedensten Fehlerformen (Fehlertiefe, Fehlerbreite, Kerbgrund usw.) auf den Scheinwiderstand der Prüfspule

---

[1] Förster, F., u. H. Breitfeld: Z. Metallkde. Bd. 45 (1954) S. 188.

bei verschiedenen Prüffrequenzen, d. h. bei verschiedenen f/f_g-Werten untersucht und experimentell geklärt, welche Fehler im Inneren der Probe noch festgestellt werden können. Die hier modellmäßig gewonnenen Ergebnisse lassen sich durch das Ähnlichkeitsgesetz der zerstörungsfreien Werkstoffprüfung mit Wirbelströmen auf jeden anderen Werkstoff (σ, μ_{rel}), jeden anderen Probedurchmesser (d) und jede andere Prüffrequenz (f) übertragen.

Das Ähnlichkeitsgesetz sagt aus, daß

sowohl die Wirbelstrom- und Feldstärkeverteilung in der Spule als auch die Wirkung auf den Scheinwiderstand der Prüfspule die gleiche ist, wenn bei dem gleichen Vielfachen der Grenzfrequenz gearbeitet wird.

Diese Aussage soll an einem Beispiel erläutert werden: Der Quecksilberzylinder hat einen Durchmesser d von 30 mm, die Leitfähigkeit σ beträgt 1 m/Ωmm², die Grenzfrequenz fg berechnet sich nach Gl. (11) zu 560 Hz. Die Modellmessungen wurden bei dem 5-, 15-, 50- und 150 fachen der Grenzfrequenz durchgeführt.

Abb. 99 gibt als Beispiel die Ergebnisse der Rißmessungen bei dem 15 fachen der Grenzfrequenz wieder ($f/f_g = 15$). Punkt A gibt den Scheinwiderstand der Probe ohne Riß wieder. Gleichzeitig ist die Durchmesser- und die Leitfähigkeitsrichtung eingezeichnet. Die angeschriebenen Werte zeigen die Rißtiefe in Prozenten des Durchmessers an. Die Kurve, an die die Rißtiefenwerte angeschrieben sind, gilt für Haarrisse, die bis zur Oberfläche reichen. Die Modellmessungen wurden bis zu 30% Rißtiefe durchgeführt. Wenn dieser Riß mit einer 30%igen Tiefe nun von der Oberfläche nach innen wandert, ergibt sich die rechts zum Nullpunkt zurücklaufende Kurve, die alle 30% tiefen Risse in verschiedener Lage im Inneren der Probe wiedergibt. Die breiten Oberflächenrisse liegen in der Nähe der Durchmesserrichtung in der Scheinwiderstandsebene. Wenn ein Riß immer flacher wird, so stellt er schließlich eine Durchmesseränderung dar. Da wenig tiefe Risse bis zu 10% der Tiefe ziemlich genau in Richtung des Blindwiderstands (ωL-Richtung) wirken, werden sie durch Verfahren, die nur in der Wirkwiderstandsrichtung verlaufen (R-Richtung) gerade nicht wiedergegeben.

f) Vergleich von Riß-Leitfähigkeits- und Durchmessereffekten in ihrem Einfluß auf die Anzeige der Wirbelstromverfahren.

Von besonderem Interesse ist der Größenvergleich der verschiedenen Einflußgrößen. Aus Abb. 99 geht hervor, daß ein Oberflächenriß von 5% Tiefe denselben Betrag der Scheinwiderstandsänderung bewirkt wie 7% Leitfähigkeitsänderung und 1% Durchmesseränderung. Da die Mehrzahl der bisher bekannt gewordenen Wirbelstromverfahren nur den Betrag und nicht die Phasenrichtung der Scheinwiderstandsänderung anzeigen, läßt sich aus dem soeben genannten Beispiel leicht erkennen, daß kleine, toleranzmäßig zugelassene Durchmesserschwankungen der Probe Risse und Leitfähigkeitsänderungen, d. h. Legierungsänderungen, weit überdecken. Für beliebige Werkstoffe und Probendurchmesser gilt der gleiche Rißeinfluß nach Größe und Phasenwinkel, wenn bei dem gleichen Vielfachen der Grenzfrequenz gearbeitet wird. Als Beispiel diene eine Aluminiumstange von $d = 20$ mm und einer Leitfähigkeit von $\sigma = 35$ m/Ωmm². Nach Gl. (11) berechnet sich die Grenzfrequenz f_g zu 40 Hz. Bei einer Prüffrequenz von $f = 600$, d. h. $f/f_g = 15$, wirkt ein 1 mm tiefer Riß (Rißtiefe 5%) im Betrag so wie eine 7 prozentige Leitfähigkeitsänderung (d. h. Änderung der Leitfähigkeit von $\sigma = 35$ auf $32,5$ m/Ωmm², z.B. durch eine Temperaturerhöhung von etwa 20° C) und eine Durchmesseränderung von 1% = 0,2 mm.

Abb. 100 zeigt schematisch den Einfluß von Rissen bei vier verschiedenen f/f_g-Werten. Die bei den verschiedenen f/f_g-Werten eingezeichneten Flächen umschließen alle möglichen schmalen Risse. Die linke Begrenzung der Fläche enthält die Endpunkte aller zur Oberfläche durchgehenden feinen Risse bis zu einer Maximaltiefe von 30%. Die rechte Begrenzung der Fläche wird erhalten, wenn der tiefste Oberflächenriß von 30% ins Innere der Probe wandert (entsprechend Abb. 99). Die bei den verschiedenen f/f_g-Werten erhaltenen Rißkurven ergeben, daß die Rißempfindlichkeit, d. h. die Scheinwiderstandsänderung für einen bestimmten Oberflächenriß zwischen $f/f_g = 2$ und 30 am größten ist und nach höheren und tieferen Werten abnimmt. Dieses Ergebnis widerlegt die bisherige Annahme, daß zum Nachweis von Oberflächenrissen eine möglichst hohe Frequenz erforderlich sei.

Es zeigt sich nun experimentell, daß die Rißempfindlichkeit mit dem Verhältnis f/f_g etwa in gleicher Weise wie die Leitfähigkeitsempfindlichkeit verläuft, wobei wir unter Leitfähigkeitsempfindlichkeit die Scheinwiderstandsänderung für 1% Leitfähigkeitsänderung verstanden werden soll.

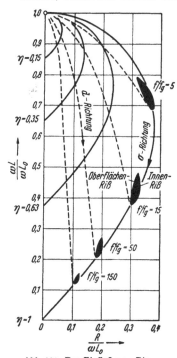

Abb. 100. Der Einfluß von Rissen auf den Spulenscheinwiderstand bei den f/f_g-Werten 5, 15, 50, 150.
Linke Flächenbegrenzung:
Endpunkte der Scheinwiderstands-änderung aller Oberflächenhaarrisse bis max. 30% Rißtiefe.
Rechte Flächenbegrenzung:
Scheinwiderstandsänderung beim nach Innen-Wandern des 30% tiefen Risses.

g) Die Nachweisempfindlichkeit von Leitfähigkeits-, Durchmesser- und Permeabilitätseffekten.

Es ist für viele Aufgaben wichtig zu wissen, wie bei gegebenen Daten des Durchmessers, der Leitfähigkeit und der Permeabilität eine Änderung dieser Größen um 1% auf den Scheinwiderstand der Prüfspule bei beliebigen Frequenzen wirkt. Abb. 101 zeigt den Einfluß einer 1 prozentigen Leitfähigkeits- und Durchmesseränderung auf den Betrag der Scheinwiderstandsänderung in Abhängigkeit von dem Vielfachen der Grenzfrequenz. Aus Abb. 101 ersieht man einmal, daß Durchmesseränderungen wesentlich empfindlicher angegeben werden als Leitfähigkeitsänderungen, und zum anderen, daß bei hohen Vielfachen der Grenzfrequenz $f/f_g > 100$ die Nachweisempfindlichkeit der Leitfähigkeitsänderung (Legierungsänderung oder Leitfähigkeitsänderung durch Aushärten usw.) gegenüber einer Durchmesseränderung der Probe immer stärker zurücktritt. Bei dem Hundertfachen der Grenzfrequenz z. B. bewirkt eine Durchmesseränderung von 1% eine zwanzigmal so große Scheinwiderstandsänderung der Prüfspule wie eine gleich große Leitfähigkeitsänderung. Bei einem Dreitausendfachen der Grenzfrequenz ist das Verhältnis der Durchmesserempfindlichkeit zur Leitfähigkeitsempfindlichkeit bereits 100.

Nun wurde am Quecksilber-Modellversuch festgestellt, daß die Rißnachweisempfindlichkeit sich wie die Empfindlichkeit des Nachweises einer Leitfähigkeitsänderung verhält. Das Maximum der Empfindlichkeit des Nachweises einer Leitfähigkeitsänderung und damit das Maximum der Fehleranzeigeempfindlichkeit liegt bei $f/f_g = 6{,}2$ und fällt nach höheren Vielfachen der Grenzfrequenz, nach Abb. 101, ab.

Für einen gegebenen Werkstoff und Probendurchmesser läßt sich damit nach Gl. (11) unmittelbar berechnen, in welchem Frequenzbereich ein Fehler möglichst empfindlich angezeigt wird.

Bei der Besprechung der praktischen Prüfverfahren wird gezeigt, wie bei einigen Wirbelstromverfahren zur Rißprüfung die Fehlernachweisempfindlichkeit durch Wahl einer völlig falschen Prüffrequenz stark reduziert wird.

h) Feldstärke und Wirbelstromverteilung in der Probe.

Bisher wurde die Wirkung der verschiedenen Einflußgrößen (σ, μ_{rel}, d, f, Risse) auf den Scheinwiderstand der Prüfspule untersucht. Im folgenden wird die Feldstärke- und Wirbelstromverteilung im Inneren der Probe wiedergegeben. Abb. 102 zeigt die Feldstärkeverteilung im Inneren

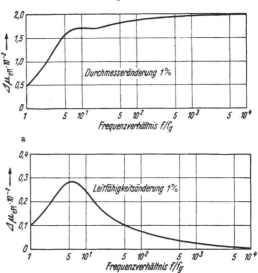

Abb. 101. Absolutwert der Änderung der effektiven Permeabilität (Scheinwiderstand bzw. Sekundärspannung der Prüfspule) in Abhängigkeit vom Verhältnis f/f_g für a) 1% Durchmesseränderung und b) 1% Leitfähigkeitsänderung.

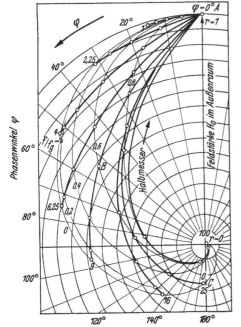

Abb. 102. Feldstärkeverteilung nach Größe und Phasenwinkel in einem Zylinder für verschiedene f/f_g-Werte.
A Feldstärke an der Oberfläche.
B Feldstärke an einem Ort 0,6mal dem Zylinderradius von der Mitte aus gezählt (20% vom Durchmesser unter der Zylinderoberfläche) bei $f/f_g = 9$.
C Feldstärke in der Zylindermitte bei $f/f_g = 25$.

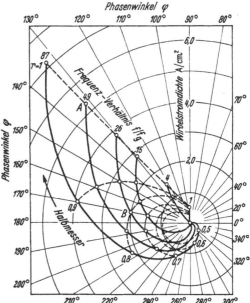

Abb. 103. Verteilung der Wirbelstromdichte im Zylinder bei verschiedenen f/f_g-Werten und einer Außenfeldstärke in der Prüfspule $H_0 = 1$ Oe.
A Wirbelstromdichte (= 5,3 A/cm²) an der Oberfläche des Zylinders bei $f/f_g = 49$.
B Wirbelstromdichte bei 0,8 des Radius (10% vom Durchmesser unter der Oberfläche) bei $f/f_g = 26$.

von zylinderförmigen Proben bei verschiedenen Vielfachen der Grenzfrequenz. Bei niedrigen Vielfachen der Grenzfrequenz tritt im wesentlichen eine Phasenverschiebung nach dem Inneren der Probe auf, während bei hohen Vielfachen der Grenzfrequenz ein starker Feldstärkeabfall neben der Phasenverschiebung

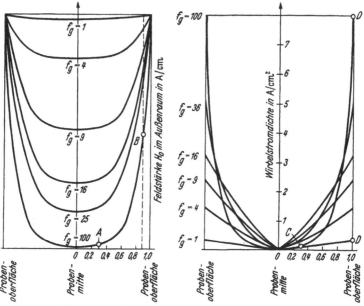

Abb. 104. Betrag von Feldstärke und Wirbelstromdichte über dem Probenradius für verschiedene f/f_g-Werte.

resultiert. Abb. 103 zeigt den Wirbelstromabfall von außen nach innen in Bruchteilen des Probenradius von verschiedenen Vielfachen der Grenzfrequenz. Die Stromdichtewerte gelten für eine Außenfeldstärke H_0 in der Prüfspule von 1 Oe. Fehler oder Störungen im Inneren der Probe können nur nachgewiesen werden, wenn die Wirbelströme durch den Fehler eine Ablenkung oder Unterbrechung erfahren. Im Gegensatz zur Feldstärke verschwindet die Wirbelstromdichte immer im Mittelpunkt der Probe. Dadurch lassen sich Fehler, die genau im Zentrum liegen (zentrische Fadenlunker) nicht feststellen.

Abb. 104, welche den Absolutwert der Feldstärke- und Wirbelstromverteilung bei ganzen Vielfachen der Grenzfrequenz über den Querschnitt der Probe zeigt, soll durch ein Beispiel erläutert werden. Gegeben sei ein Stab aus einer Al-Mg-Cu-Legierung, $\sigma = 20$ m/Ωmm², $d = 16$ mm. Nach Gl. (11) berechnet sich f_g zu 100 Hz. Bei einer Prüffrequenz von 10000 Hz $= 100 f_g$ ist bei 0,3 des Radius von der Probenmitte aus praktisch die Feldstärke ausgelöscht (Punkt A), während bei 0,9 des Radius die Feldstärke auf etwa die Hälfte abgefallen ist (Punkt B). Die Wirbelstromdichte ist bei 100 f_g und dem Abstand von 0,3 des Radius von der Mitte aus genauso groß wie bei 1 f_g (Punkt C). Dagegen ist die Wirbelstromdichte auf der Oberfläche der Probe bei 100 f_g zwanzigmal größer wie bei 1 f_g (Punkt D), d. h. Oberflächenfehler können daher bei sehr kleinen f/f_g-Werten mit nur geringer Empfindlichkeit wiedergegeben werden.

2. Prüfverfahren.

In folgendem werden die Verfahren behandelt, die eine praktische Anwendung gefunden haben. Dabei wird besonders auf die Verfahren näher eingegangen, die in größerem Umfang verwendet werden. Da die meisten dieser

Verfahren nach empirischen Gesichtspunkten ohne Kenntnis der in Abschn. 1 behandelten theoretischen Grundlagen entwickelt wurden, sollen die Anwendungsbereiche und die Grenzen der verschiedenen Verfahren im Lichte der vorher entwickelten Theorie behandelt werden. Die anschließenden Verfahren sollen nach theoretischen und praktischen Gesichtspunkten folgendermaßen klassifiziert werden:

Einteilung nach theoretischen Gesichtspunkten

Die Einteilung nach theoretischen Gesichtspunkten wird vorgenommen, je nachdem, wie die Veränderung des Scheinwiderstandes der Prüfspule bei bestimmten physikalischen Effekten zur Anzeige kommt.

a) Verfahren, die allein den Betrag der Scheinwiderstandsänderung ohne Berücksichtigung der Richtung anzeigen.

b) Verfahren, die nur die reaktive (ωL-Richtung in Abb. 95 und Abb. 97) Komponente bei Änderung des Scheinwiderstandes anzeigen.

c) Verfahren, die nur oder vorwiegend die Widerstandskomponente (Richtung R in Abb. 95 und Abb. 97) bei Änderung des Scheinwiderstandes anzeigen.

d) Verfahren, die die Scheinwiderstandsänderung nach Größe und Richtung anzeigen (Analysierende Vektorverfahren).

e) Verfahren mit Unterdrückung der Anzeige von unerwünschten Effekten (z. B. Messung von Leitfähigkeit oder Rissen, unabhängig von Durchmesserschwankungen, Messung der elektrischen Leitfähigkeit mit Aufsatzspule, unabhängig von isolierenden Zwischenschichten usw.).

Einteilung nach praktischen Gesichtspunkten

f) Verfahren, bei denen das zu prüfende Gut eine Prüfspule durchläuft (Stangen, Rohre, Drähte, Profile).

g) Verfahren, bei denen die Prüfspule als Tastspule auf den Prüfgegenstand aufgesetzt wird (Prüfung von Blöcken, Blechen, Preßteilen auf Leitfähigkeit, Härte, Seigerungen, Risse, Sortierung von Schrott nach Leitfähigkeit der verschiedenen Legierungen, Schnellbestimmung der Leitfähigkeit, Messung der Isolierschichtdicke auf Nichteisenmetallen, Messung der Dicke einer Nichteisenmetallschicht auf einem NE-Metalluntergrund).

h) Verfahren, bei denen das Prüfgut (Blechfolie, dünne Metallschicht) zwischen einer Gabelspule durchläuft.

a) Verfahren, die allein den Betrag der Scheinwiderstandsänderung anzeigen.
Dieses sind bei weitem die häufigsten Verfahren. Ihnen allen ist folgendes Schema eigen, Abb. 105:
Ein Wechselstrom durchfließt zwei Primärspulen (P_1 und P_2). In der einen Spule ist der Prüfgegenstand (Probe), in der anderen Spule eine Vergleichsprobe (Standard) enthalten. Sind beide Proben genau gleich, so tritt an den Sekundärspulen (S_1 und S_2), die gegeneinander geschaltet sind, keine Spannung auf, da sich die Sekundärspannungen aufheben. Unterscheidet sich die zu prüfende Probe in einer Eigenschaft von der Vergleichsprobe (z. B. Leitfähigkeitsänderung, Abmessungsänderung, Permeabilitätsänderung, Riß) so tritt eine Differenzspannung auf. Statt der Anordnung mit Primär- und Sekundärspule, Abb. 105, läßt sich auch die gleichwertige Anordnung nach Abb. 106 verwenden. Die verschiedenen Verfahren unterscheiden sich in der Art der Anzeige der Differenzspannung. W. Schirp[1], K. Matthaes[2] u. a. zeigen die Differenzspannung

---

[1] ETZ Bd. 60 (1939) S. 857 und Bd. 64 (1943) S. 413 — Elektropost Heft 8/9 (1954) S. 234.
[2] Z. Metallkde. Bd. 39 (1948) S. 257.

mit einem Instrument an, während R. J. Brown und J. H. Bridle[1] Verschiedenheiten der beiden Sekundärspulen durch Ablenkung des Leuchtpunkts einer
Kathodenstrahlröhre er-
halten.

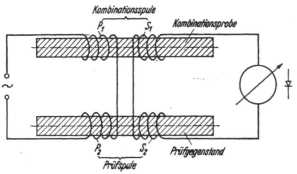

Abb. 105. Schema der Prüfspulenanordnung mit zwei Primär- und
zwei Sekundärspulen.

Bei der „Magnetic Sor-
ting Bridge" der Salford
Electrical Company[2] er-
scheint bei Gleichheit der
beiden Proben eine hori-
zontale Linie auf dem
Kathodenstrahlschirm.
Weicht die Probe vom
Standard ab, so erscheint
gleichzeitig eine Vertikal-
Ablenkung, deren Höhe
dem Grad der Verschie-
denheit zwischen der Probe und dem Standard entspricht. Der Ausschlag ist
proportional dem Betrag der Änderung des Scheinwiderstandes der beiden
Spulen. Es ist jedoch kaum möglich — wie auch in anderen Arbeiten betont
wird[3] —, eine gegebene Größe auf dem Schirm mit einer einzelnen Eigenschaft
des Werkstoffs in Zusammenhang zu bringen.

Eine ähnliche Brücke wurde von D. T. O'Dell[4] zum Nachweis von Spalten
in Wolframdraht benutzt. Da mit einer Prüffrequenz von 20 MHz gearbeitet
wurde, lassen sich praktisch nur Oberflächenrisse finden. Weiterhin ist allgemein bei dieser Frequenz die Empfindlichkeit der Rißanzeige verschwindend
gegenüber der Empfindlichkeit der
Anzeige von Durchmesserschwankungen (Abb. 101). Für einen 2 mm
dicken Wolframdraht berechnet sich
die Grenzfrequenz nach Gl. (11) zu
$f_g = 7000$ Hz. 20 MHz ist das 2860fache
der Grenzfrequenz. Hier ist die Rißempfindlichkeit nur noch 4% derjenigen wie bei dem 6fachen der Grenzfrequenz (Abb. 101). Die Rißempfindlichkeit war ja — wie erwähnt —
etwa proportional zur Leitfähigkeitsempfindlichkeit.

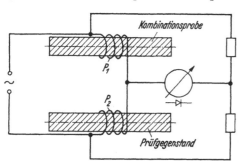

Abb. 106. Zu dem Schema Abb. 105 gleichwertige
Prüfspulenanordnung mit nur zwei Primärspulen. (Der
Unterschied besteht nur darin, daß hier der Ohmsche
Widerstand der Primärspulen in das Meßergebnis eingeht).

Aus den vorher beschriebenen
Modellversuchen und dem Ähnlich-
keitsgesetz läßt sich ableiten, daß bei einer Frequenz von 20 MHz von einem 2mm
dicken Wolframdraht ein bereits tiefer Oberflächenriß von 10% Tiefe ebenso
stark wiedergegeben wird wie eine Durchmesseränderung von 0,15%. Da aber
Wolframdraht meistens gehämmert wird, wobei Durchmesserschwankungen
von 2 bis 3% ständig auftreten, ergibt sich daraus die erhebliche Schwierigkeit
gefährliche Rißeffekte von harmlosen Durchmessereffekten zu trennen.

Neben der Art der Anzeige unterscheiden sich die verschiedenen Brücken-
verfahren in der Art des Abgleichs. Die beiden Spulen (Prüfspule und Vergleichs-

[1] Engineer, Lond. (1943) S. 442.
[2] Bates, L. F., u. N. Underwood: B.I.S.R.A. Report Nr. MG/EB (82), 1948.
[3] Robinson, I. R.: Metal Treatm. Bd. 16 (1949) S. 12.
[4] J. sci. Instrum. Bd. 20 (1943) S. 147.

spule) lassen sich nie so genau wickeln, daß nicht noch eine Restspannung als Differenzspannung auftritt. Es ist deshalb notwendig, durch schaltungstechnische Maßnahmen die Restspannung der Brücke abzugleichen. Während die einfachsten Brücken auf einen Abgleich ganz verzichten (Brücke nach R. J. BROWN und J. H. BRIDLE[1], die mit Ferrometer und Magnetri bezeichnete Brücke französischer Konstruktionen usw.) lassen sich andere Brücken durch einen Widerstand auf Verschiedenheit in der Blindwiderstandsrichtung abgleichen. Die von

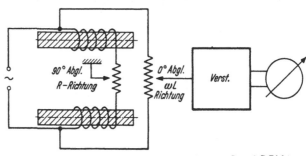

Abb. 107. Schema des elektrischen Abgleichs in der ωL- und R-Richtung bei der von W. SCHIRP und K. MATTHAES benutzten Brückenanordnung.

W. SCHIRP und K. MATTHAES[1−3] verwendete Brücke gestattet einen Abgleich in der Blind- und Wirkwiderstandsrichtung. Abb. 107 zeigt ein Schema der Brücke. Mit dem 0°-Abgleich werden Verschiedenheiten in der ωL-Richtung, Abb. 97, mit dem 90°-Abgleich werden Verschiedenheiten in der R-Richtung abgeglichen.

Jedoch geben alle diese Verfahren erwünschte (Leitfähigkeits-, Rißeffekte) und unerwünschte Effekte (Durchmesserschwankungen) in gleicher Weise wieder. Gerade die toleranzmäßig zugelassenen Durchmesserschwankungen

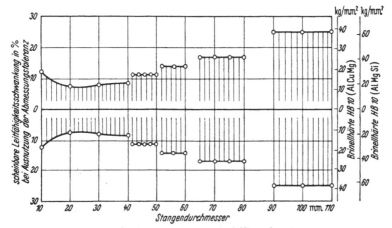

Abb. 108. Scheinbare Leitfähigkeits- und Härteschwankungen die von toleranzmäßig zugelassenen Durchmesseränderungen (DIN 1709) vorgetäuscht werden können.

des Halbzeugs sind die Ursache dafür, daß alle diese Verfahren, welche nur den Betrag der Scheinwiderstandsänderung wiedergeben, sich in der Praxis nicht durchsetzen konnten. Abb. 101 erläutert diesen Sachverhalt. Die Dimensionstoleranzen überdecken in ihrem Wirbelstromeffekt ($\Delta\mu_{eff}$), wie aus Abb. 101 ersichtlich ist, weit den Leitfähigkeitseinfluß, der z. B. bei der Legierungstrennung gemessen werden soll.

Bei einem f/f_g-Verhältnis von 100 wirkt 1% Durchmesseränderung zwanzig mal so stark wie 1% Leitfähigkeitsänderung. Dabei ist ein Effekt von 1%

---

[1] Siehe Fußnote 1, S. 652.
[2] BEUSE, H., u. H. KOELZER: Arch. Eisenhüttenw. Bd. 23 (1952) S. 363.
[3] MATTHAES, K.: Aluminium Bd. 25 (1943) S. 106.

Durchmesseränderung noch innerhalb der Toleranz und daher belanglos, während eine Leitfähigkeitsänderung von 20%, die den gleichen Betrag des Wirbelstromeffektes ($\Delta \mu_{eff}$) hervorruft, bereits verhängnisvoll ist.

Abb. 108 erläutert diesen Sachverhalt an einer Darstellung aus der Praxis der Metallindustrie. Nach DIN 1709 dürfen Metallstangen eine bestimmte, für jeden Durchmesser festgelegte Durchmessertoleranz aufweisen. Die Herstellerfirmen nutzen diese Toleranz im allgemeinen voll aus. Das Halbzeug mit den zugelassenen Durchmesserschwankungen möge nun nach Legierungsverwechslung, falls es sich um eine aushärtbare Legierung handelt, nach Härte mit einem Wirbelstromverfahren sortiert werden. Die in diesem Abschnitt beschriebenen Wirbelstromverfahren sind nicht in der Lage, zwischen Durchmesser- und Leitfähigkeitseffekt zu unterscheiden, da nur der Absolutwert des Wirbelstromeffektes, aber nicht die Richtung in der μ_{eff}-Ebene, Abb. 97, berücksichtigt wurde.

Abb. 108 zeigt die prozentuale Leitfähigkeitsänderung, die den gleichen Absolutwert des Wirbelstromeffektes (d. h. die gleiche Anzeige bei den Geräten dieser Gruppe) bewirkt, wie die toleranzmäßig nach DIN 1709 noch zugelassene Durchmesseränderung in Abhängigkeit vom Stangendurchmesser. Zum Beispiel wird bei einem Stangendurchmesser von 90 mm durch die erlaubte Durchmessertoleranz bei den bisherigen Wirbelstromverfahren eine Leitfähigkeitsschwankung von $\pm 25\%$ vorgetäuscht. Nun sollen aber Legierungen, die sich in ihrer Leitfähigkeit wesentlich geringer als 25% unterscheiden, durch das Wirbelstromverfahren aussortiert werden, was — wie Abb. 97 zeigt — mit den Verfahren, welche nur den Betrag der Scheinwiderstandänderung anzeigen, prinzipiell nicht möglich ist. Ebenso gestatten diese Verfahren keine Härtesortierung von AlCuMg- und AlMgSi-Stangen. Auf der rechten Seite in Abb. 108 ist der durch die toleranzmäßig zugelassene Durchmesserschwankung vorgetäuschte Härtestreubereich für zwei aushärtbare Legierungen angegeben. Der Einfluß der Durchmesserschwankung täuscht z. B. bei einer 90 mm-Stange aus AlMgSi eine Schwankung der Brinellhärte von ± 63 kg/mm² vor, macht also eine Härtesortierung des Halbzeugs unmöglich.

b) Verfahren, die nur die reaktive (ωL-Richtung) Komponente bei Änderung des Scheinwiderstandes anzeigen.

Eine Reihe von Verfahren benutzt die Änderung der Eigenfrequenz eines elektrischen Schwingungskreises durch die zu untersuchenden Effekte. Da die Eigenschwingungszahl eines elektrischen Schwingungskreises nur von der Selbstinduktion L aber in erster Näherung nicht von dem Widerstand R abhängig ist, werden alle physikalischen Effekte wiedergegeben, die eine Änderung des Blindwiderstandsanteils in der Scheinwiderstandsebene, Abb. 97, bewirken. Das sind nach Abb. 99 sowohl Durchmesseränderungen, als auch Leitfähigkeitsänderungen, als auch Oberflächenrisse. Tiefer liegende Innenrisse werden dagegen nicht angezeigt, da sie vorwiegend eine Komponente in der R-Richtung hervorrufen. Der „Radio-Frequency Crack Detector" der Salford Electrical Instr. Co. arbeitet zwischen 50 kHz und 5 MHz. Die Arbeitsweise ist folgendermaßen: Zwei Sender arbeiten auf eine Mischröhre, welche die Differenzfrequenz beider Sender wiedergibt. Bei gleicher Frequenz der beiden Sender verschwindet die Differenzfrequenz. Wenn durch einen der genannten Effekte (Leitfähigkeit, Durchmesser, Permeabilität, Riß) die Frequenz des Senders, in dessen Schwingspule sich die Probe befindet, eine Änderung erfährt, tritt am Ausgang der Mischröhre eine Überlagerungsfrequenz auf, die nach Gleichrichtung von einem Instrument angezeigt wird. Die Mischröhre arbeitet auf einen Resonanzkreis.

Dadurch wird erreicht, daß der Instrumentenausschlag proportional zur Frequenzänderung und damit zur Blindwiderstandsänderung (ω L-Richtung) ist.

Abb. 99 zeigt, daß Oberflächenrisse gerade eine besondere Komponente in der Blindwiderstandsrichtung haben, aber leider liegt die Durchmesserrichtung genauso in der Blindwiderstandsrichtung, und da bei jedem Halbzeug — wie bereits behandelt — sich der Durchmesser innerhalb eines zugelassenen Toleranzfeldes ändert, kann nicht entschieden werden, ob ein Riß oder eine Durchmesseränderung vorliegt.

Aus Abb. 99 kann entnommen werden, daß bei dem 15fachen der Grenzfrequenz ein Riß von 5% Tiefe denselben Betrag der Scheinwiderstandsänderung und auch seiner Blindkomponente bewirkt wie eine Durchmesseränderung

Tabelle 12. *Durchmesseränderung entsprechend einer Rißtiefe von* 5% *in Abhängigkeit von Frequenz-Verhältnis.*

Frequenz-Verhältnis f/f_g	Durchmesseränderung (entspr. 5% Rißtiefe) in %	Frequenz-Verhältnis f/f_g	Durchmesseränderung (entspr. 5% Rißtiefe) in %
15	1	300	0,22
50	0,47	1000	0,112
100	0,33	3000	0,067

von 1%. Ein Riß mit einer Tiefe von 5% des Durchmessers, ist zweifellos ein gefährlicher Fehler. Tab. 12 gibt in Abhängigkeit von dem Frequenz-Verhältnis f/f_g an, durch welche Durchmesseränderung bei einem Verfahren, das nur Blindwiderstandsänderungen anzeigt, eine gleich große Anzeige bewirkt wird wie bei einem 5% tiefen Riß, d. h. bei dem $f/f_g = 1000$ wirkt eine Durchmesseränderung von etwa 0,1% so wie ein Riß von 5%. Nun ist die bei dem „Radio-Frequency-Crack-Detector" benutzte Frequenz so hoch, daß normalerweise bei sehr hohen Vielfachen der Grenzfrequenz gearbeitet wird. Das Verfahren beschränkt sich daher ausschließlich auf Oberflächenrisse und auf äußerst genau geschliffene Proben, wobei nicht annähernd das Optimum in der Fehleranzeigeempfindlichkeit erreicht wird.

c) Verfahren, die nur oder vorwiegend die Widerstandskomponente (R-Richtung) bei Änderungen des Scheinwiderstandes anzeigen.

In den Jahren 1938/39 wurde vom Verfasser ein Verfahren[1] entwickelt, das durch Aufsetzen einer Tastspule unmittelbar die elektrische Leitfähigkeit des unter der Tastspule befindlichen Metalls abzulesen gestattet. Dieses Verfahren arbeitet mit dem sogenannten „anschwingenden Sender". Dabei wird ein Sender durch Rückkopplung so stark erregt, daß er mit einem Bruchteil der Amplitude, wie sie sich bei fester Rückkopplung einstellt, schwingt. Die Prüfspule stellt die Schwingspule des Senders dar und bestimmt gleichzeitig den Rückkopplungsfaktor. Abb. 109 zeigt die Anordnung. Der Schwingkreis ist über den Widerstand R_k rückgekoppelt. Die Anordnung erregt sich selbst zu Schwingungen, wenn die Rückkopplungsbedingung: $K V = 1$ erfüllt ist. Dabei ist V der Verstärkungsgrad der Röhrenschaltung, K der Rückkopplungsfaktor, der durch das Spannungsteilerverhältnis A/B, Abb. 109, gegeben ist.

$$K = \frac{A}{B} = \frac{\dfrac{L}{R C}}{R_k + \dfrac{L}{R C}} \approx \frac{1}{R_k} \frac{L}{R C}. \qquad (27)$$

---

[1] FÖRSTER, F., u. H. BREITFELD: Aluminium Bd. 25 (1943) S. 185 und S. 252.

Der Ausdruck L/RC stellt den Resonanzwiderstand des Schwingkreises dar. Nun ist $R_k \gg L/RC$. Daher ist der Rückkopplungsfaktor bei fest ein gestelltem R_k proportional zu dem Resonanzwiderstand L/RC. Bei anschwingendem Sender wächst in einem gewissen Bereich die Amplitude proportional zum Rückkopplungsfaktor, also proportional zum Verhältnis L/RC. Die Größen L und R lassen sich aber aus der vorher abgeleiteten Theorie für jeden Werkstoff, jede Abmessung und jede Prüffrequenz berechnen.

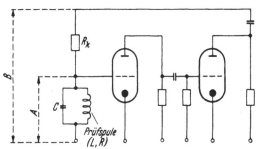

Abb. 109. Schema des rückgekoppelten Senders, dessen Amplitude durch das Verhältnis $\dfrac{1}{R_k}\dfrac{L}{RC}$ bestimmt wird.

Anwendung bei dem „Durokavimeter", dem „Cyclograph", dem Rißprüfgerät für Drähte von Zijlstra, dem Cornelius-Gerät sowie dem Rißtiefenmeßgerät „Sedac" der Magnaflux.

Das Prinzip der Beeinflussung des Rückkopplungsfaktors K durch Änderung der Eigenschaften der Prüfspule L und R wird heute in einer Reihe von Geräten benutzt. U. a. verwendet P. E. Cavanagh bei dem Cyclographen [1] dieses Prinzip. Wie Gl. (27) zeigt, wird die Amplitude des Senders, die in einem gewissen Bereich proportional zu dem Rückkopplungsfaktor K und damit zu L/RC wächst, nicht nur — wie bisher von P. E. Cavanagh angenommen wurde (P. E. Cavanagh spricht von „Core losses") — durch die Widerstandskomponente allein, sondern auch durch die reaktive Komponente ωL beeinflußt, denn eine Verminderung von L, Gl. (27), wirkt in gleicher Weise vermindernd auf die Amplitude der selbsterregten Schwingung, wie eine Vergrößerung von R.

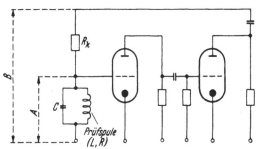

Abb. 110. Wirbelstromanzeige des Cyclographen während des Dauerschwingversuchs über und unter der Dauerschwingfestigkeit nach P. E. Cavanagh (Walzstahl StC 60.61 mit einer Dauerschwingfestigkeit von 33 kg/mm²).

P. E. Cavanagh, der dieses Verfahren der Beeinflussung des Rückkopplungsfaktors durch Änderung der Spuleneigenschaften auf technologische Probleme anwandte, hat in einigen Arbeiten [1] untersucht, wie Dehnungs- und Dauerschwingeffekte in der Cyclographenanzeige (Amplitude des anschwingenden Senders) wiedergegeben werden. So untersuchte er [2] die Wirkung der Dauerschwingbeanspruchung auf die Cyclographenanzeige. Abb. 110 zeigt das Ergebnis, daß die Überschreitung der Dauerschwingfestigkeit schon sehr frühzeitig einen Einfluß auf die Amplitude des Cyclographen erkennen läßt.

Das Verfahren mit dem anschwingenden Sender benutzt auch P. Zijlstra [3] zum Messen von Rissen in Metalldrähten, vornehmlich Einschmelzdrähten. Nun zeigen aber gerade Einschmelzdrähte aus Molybdän und Wolfram starke Dickenschwankungen, da sie meist durch Hämmern heruntergearbeitet werden. In Abschn. 1 wurde untersucht, wie sich Risse im Gegensatz zu Dickenschwankungen in der Scheinwiderstandsebene bemerkbar machen (Abb. 99 und Tab. 11). Danach überwiegen Dickenschwankungen in ihrem Einfluß auf den Scheinwiderstand

[1] ASTM Symposium on Magnetic Testing (1948) S. 123.
[2] Cavanagh, P. E.: ASTM Spec. techn. Publ. Nr. 145, Juni 1952.
[3] Phillips techn. Rdsch. Bd. 11 (1949) S. 12.

und auf die Widerstandskomponente, auf die das Gerät von P. ZIJLSTRA im wesentlichen anspricht, stark den Rißeinfluß. Ein Trennen von schädlichen Rissen und unschädlichen Durchmesserschwankungen der Drähte scheint nach den theoretischen Ergebnissen in Abschn. 1f nicht durchführbar. Tatsächlich weist auch der Autor am Schluß seiner Arbeit darauf hin, daß sein Verfahren auch dazu dient, Verdünnungen und Verdickungen der Prüfdrähte nachzuweisen. Eine Vergrößerung des Durchmessers wirkt nun bei hohen f/f_g-Werten auf die Wirkwiderstandskomponente und damit auf die Geräteanzeige genau so, wie ein schmaler Oberflächenriß (Zunahme des Wirkwiderstands). Das Gerät arbeitet mit einer Frequenz von 5,6 MHz und dient für Drähte von 0,7 bis 2,5 mm Durchmesser. Für einen Wolframdraht von 1,5 mm Durchmesser stellt die Meßfrequenz von 5,6 MHz das etwa 400fache der Grenzfrequenz nach Gl. (11) dar. Dabei ist aber schon die Fehlernachweisempfindlichkeit sechsmal geringer wie bei dem 10fachen der Grenzfrequenz. Eine Frequenz, die um 1 bis 2 Zehnerpotenzen niedriger liegt, würde also die Risse gegenüber den Durchmesserschwankungen wesentlich besser in Erscheinung treten lassen wie bei der gewählten hohen Frequenz.

Ebenfalls das Verfahren des „anschwingenden Senders" benutzt das COR-NELIUS-Gerät[1], das in England von der Wickman-Company vertrieben wird. Der Erbauer gibt als Anwendungsgebiet für sein Gerät die Messung der Härte, der geometrischen Abmessungen, der Risse, der Dicke von Isolierschichten, der elektrischen Leitfähigkeit usw. an. Zweifellos haben alle diese Effekte — wie vorher exakt abgeleitet wurde — einen Einfluß auf die Wirkwiderstandskomponente des Prüfspulenscheinwiderstandes und damit auch auf die Amplitude des „anschwingenden Senders". Indessen ist eine Trennung der verschiedenen Effekte in der eindimensionalen Anzeige prinzipiell nicht möglich, denn immer treten in der Praxis gleichzeitig Änderungen verschiedener Größe auf.

d) Verfahren, die die Scheinwiderstandsänderung nach Größe und Richtung anzeigen.

(Analysierende Vektorverfahren.)

α) Das Punktverfahren. Die Änderung der physikalischen Werte (Leitfähigkeit, Durchmesser, Permeabilität, Risse) spiegelt sich in den oben beschriebenen Änderungen der Scheinwiderstandswerte in ganz bestimmter Richtung wider. Durch das *Multitestgerät*[2] gelingt es, die Scheinwiderstandsebene der Prüfspule auf dem Schirm einer Kathodenstrahlröhre direkt abzubilden, wobei der für gegebene Leitfähigkeit und gegebenen Durchmesser berechenbare Punkt der Scheinwiderstandsebene, Abb. 97, als Leuchtpunkt auf dem Leuchtschirm erscheint. Bei einer Leitfähigkeits- oder Durchmesseränderung folgt der Leuchtpunkt nach Richtung und Entfernung dem vorher besprochenen Verlauf in Abb. 97. Durch zwei Variometer läßt sich das Blickfeld auf dem Schirm der Kathodenstrahlröhre, wie das Blickfeld eines Mikroskops mit einem Kreuztisch für den Objektträger in der reellen wie in der imaginären Richtung an jede Stelle von Abb. 97 schieben. Aus der Richtung einer Punktauslenkung kann daher auf die physikalische Ursache geschlossen werden.

Durch Veränderung des Verstärkungsgrades wird genau wie bei verschiedenem Vergrößerungsmaßstab beim Mikroskop eine mehr oder weniger große Fläche der Scheinwiderstandsebene, Abb. 97, auf der Schirmfläche abgebildet.

---

[1] CORNELIUS, J. R.: Aircraft Produktion Bd. 10 (1948) S. 52.
[2] FÖRSTER, F.: Schweiz. Arch. Bd. 19 (1953) S. 57. — FÖRSTER, F., u. K. STAMBKE: Z. Metallkde. Bd. 45 (1954) S. 166.

In der Tat handelt es sich bei der Abbildung der Scheinwiderstandsebene auf dem Leuchtschirm um einen „mikroskopisch" kleinen Ausschnitt der Scheinwiderstandsebene, denn eine Leitfähigkeits- und Durchmesseränderung der Probe von $0,01\,{}^0/_{00}$ ergibt bei dem höchsten Verstärkungsgrad eine gut ablesbare Auslenkung des Leuchtpunkts auf dem Schirm, wobei die Richtung der Auslenkung nach den vorher dargelegten theoretischen Grundlagen auf ihre Ursache schließen läßt.

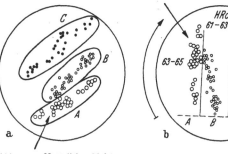

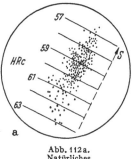

Abb. 111a. Natürliches Multitest-Punktbild für Kugeln in drei Wärmebehandlungs- (Härte-) Zuständen.

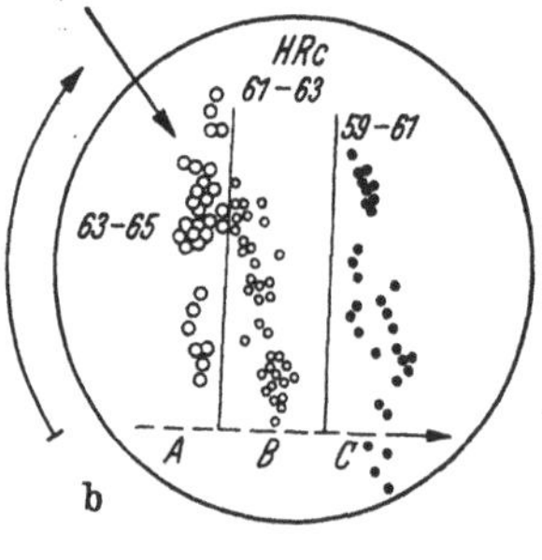

Abb. 111b. Drehung von Abb. 111a, so daß die Härtesortierrichtung horizontal liegt.

Abb. 111a zeigt als Beispiel die Leuchtpunktbilder, die bei der Sortierung von Stahlkugeln in verschiedene Härtegruppen erhalten werden. Die drei Gruppen A, B und C stellen zu harte, richtig gehärtete und zu weiche Kugeln dar. Die starke Streuung der drei Gruppen rührt von den Dimensionsschwankungen der unbearbeiteten Kugeln her. Deutlich ist zu erkennen, daß eine Sortierung nach Härte weder in vertikaler Richtung (Verfahren nach Abschn. b), noch in horizontaler Richtung (Verfahren nach Abschn. c), noch nach dem Betrag (Verfahren nach Abschn. a) möglich wäre, denn jedes Mal würden Kugeln verschiedener Härtegruppen und Dimensionen zusammenfallen. Das Multitestgerät enthält nun einen Phasenschieber, der gestattet, das Schirmbild um den Schirmmittelpunkt um beliebige Winkel zu drehen. Bei Betätigung des Phasenschiebers wandern alle Kugelpunkte, Abb. 111a, um die Bildmitte, wie die Sterne um den Polarstern. Wird nun das Punktbild

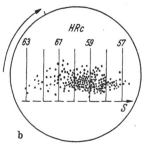

Abb. 112a. Natürliches Multitest-Punktbild.

Abb. 112b. Durch Phasendrehung wurde die „Härterichtung" in die horizontale Sortierrichtung gedreht.

(Abb. 111a) durch den Phasenschieber so verdreht, wie Abb. 111b zeigt, so liegt die für eine Anzeige unerwünschte Eigenschaft, d. h. die Dimensionsrichtung, senkrecht auf der Horizontalen. Die Horizontale wird nun als Sortierrichtung für eine vollautomatische Sortierung benutzt, indem nur die in der Horizontalen wirkende Spannung (Spannung des horizontalen Plattenpaares der Kathodenstrahlröhre) zur Steuerung der Sortierweiche dient. Die Multitestautomatik hat somit die Möglichkeit der beliebigen Sortiergrenzeneinstellung. Durch die Drehung ist eine Trennung der drei Härtegruppen unabhängig von der Dimensionsschwankung möglich, weil nur die Projektion aller Punkte auf die Horizontale beim Sortieren verwertet wird.

Abb. 112a zeigt das natürliche Punktbild bei der Sortierung von Maschinennadeln nach Härte. Durch mechanische Härteprüfung der Nadeln aus verschiedenen Gegenden des Punkthaufens ergibt sich die Härterichtung und eine Härteskale, wie in Abb. 112a angeschrieben. Mit Hilfe des Phasenschiebers wird das Punktbild so gedreht, daß die Härteskale nach Abb. 112b in der Horizontalen liegt, wobei sich nun durch entsprechendes Einstellen der elektronischen Sortiergrenzen eine automatische Sortierung in drei Härtegruppen mit

Abb. 113. Multitestanlagen zum automatischen Aussortieren von rissigen Kugeln.

großer Sortiergeschwindigkeit (bis zu 5 Stück pro Sekunde) ergibt. Die Empfindlichkeit dieses Verfahrens ist so groß, daß sich auch Unruhefedern von Armbanduhren mit einem Gewicht von etwa 1 mg auf Qualität (thermoelastischer Koeffizient) automatisch sortieren lassen.

Abb. 113 zeigt als Beispiel zwei vollautomatische Multitestanlagen in einem Kugellagerwerk zum vollautomatischen Aussortieren von rißbehafteten Kugeln, wobei der größte Teil der Kugelproduktion diese Geräte passiert[1].

Es lassen sich Mengenverteilungskurven (GAUSS-Kurven) durch Auszählen der Punkte im Punktbild aufstellen (Abb. 114). Für eine statistische Auswertung, entsprechend Abb. 114, wurden in letzter Zeit Geräte entwickelt[2], die die GAUSS-Verteilung während des Sortierprozesses vollautomatisch erscheinen lassen.

Bei sehr kleinen Massenteilen (Uhrenteile, Zünderteile usw.) sind die relativen Dimensionsschwankungen besonders groß,

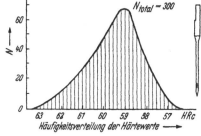

Abb. 114. Statistische Auswertung (GAUSS-Kurve) der Härte-Mengenverteilung aus Abb. 112.

so daß die Möglichkeit, Dimensionseffekte von Leitfähigkeits- und Permeabilitätseffekten zu trennen, überhaupt erst die Möglichkeit einer zerstörungsfreien Qualitätssortierung mit einem Induktionsverfahren ergibt.

Für kugelförmige Körper wurden ähnlich, wie für zylinderförmige Körper, exakte Berechnungen durchgeführt[2], die gestatten; die Scheinwiderstandswerte der Prüfspule zu berechnen, in die eine Kugel mit gegebenem Durchmesser d, μ_{rel} und σ eingeführt wird. Anderseits liegen, entsprechend Abb. 101, für zylinderförmige Körper, auch für Kugeln, mathematische Berechnungen

[1] WIELAND, F., u. F. ROSCHE: Z. Metallkde. Bd. 45 (1954) S. 231.
[2] FÖRSTER, F.: Z. Metallkde. Bd. 49 (1958).

vor, die gestatten, die optimale Prüffrequenz für Leitfähigkeit, Dimension oder Rißprüfung zu entnehmen[1].

β) **Das Ellipsenverfahren.** Während das in Abschn. dα besprochene Verfahren für jede Probe einen Leuchtpunkt auf dem Schirm der Kathodenstrahlröhre erscheinen läßt, wird für die Durchlaufprüfung von Halbzeug das sogenannte Ellipsenverfahren für folgende Prüfungen verwendet:

Sortieren von Metallhalbzeug (Stangen, Rohren und Drähten) nach Legierung, d. h. Sortieren nach elektrischer Leitfähigkeit zur Verwechslungsprüfung.

Sortieren von aushärtbaren Leichtmetall-Legierungen nach Härte.

Kontrolle der gleichmäßigen Härte von Halbzeug, das nach dem Strangpressen unmittelbar abgeschreckt wurde.

Prüfung von Stangen, Rohren und Drähten auf Außen- und Innenfehler.

Berührungslose werkstoffunabhängige Durchmesserbestimmung von Stangen, Rohren und Drähten.

Bei dem Ellipsenverfahren, Abb. 115, speist ein Sender, dessen Frequenz nach der vorhergehenden Theorie optimal für die vorliegende Prüfaufgabe

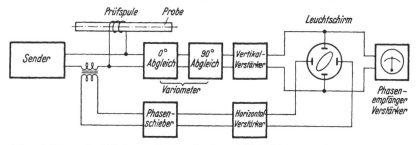

Abb. 115. Schema des Wirbelstrom-Absolutmeßgerätes mit Unterdrückung des Durchmessereinflusses.

gewählt wurde, die Prüfspule. Die Spannung an der Prüfspule wird durch zwei Variometer (0° Abgleich in der ωL- und 90° Abgleich in der R-Richtung) kompensiert, so daß an den Verstärker keine Spannung abgegeben wird. Die Variometer stellen also eine elektrische Nachbildung der Probe dar.

An das horizontale Plattenpaar wird eine Spannung gelegt, deren Phasenlage (das ist die Richtung in der Scheinwiderstandsfläche, Abb. 97) beliebig einstellbar ist. An dem vertikalen Plattenpaar liegt die von einer Änderung der physikalischen Eigenschaft der Probe (σ, d, Riß) herrührende Meßspannung. Nun wird die Spannung am horizontalen Plattenpaar durch den Phasenschieber in die Durchmesserrichtung, Abb. 97, eingestellt. Rührt die am vertikalen Plattenpaar auftretende Spannung von einer Durchmesseränderung der Probe her, so ist die Vertikalspannung in Phase mit der Horizontalspannung, denn für letztere war ja die Durchmesserrichtung eingestellt. Zwei Wechselspannungen, die an den beiden Plattenpaaren der Kathodenstrahlröhre die gleiche Phasenrichtung haben, ergeben auf dem Schirm eine schräge Gerade, d. h., Durchmesseränderungen erscheinen als schräge Gerade, während Risse oder Leitfähigkeitseffekte als Ellipse wiedergegeben werden. Dadurch ist bereits eine Trennung der gefährlichen Risse von den ungefährlichen Durchmesseränderungen in der Art der Anzeige gegeben.

Das Absolutmeßgerät (*Sigmaflux*), Abb. 115, enthält gleichzeitig ein Instrument, das nur Effekte in der Scheinwiderstandsebene anzeigt, die eine Komponente senkrecht zur horizontalen Plattenspannung, in diesem Falle also

---

[1] Förster, F.: Schweiz. Arch. Bd. 19 (1953) S. 57.

senkrecht zur Durchmesserrichtung besitzen. Das Anzeigeinstrument des Sigmafluxgerätes ist also unempfindlich gegenüber Durchmesserschwankungen, zeigt aber Risse und Leitfähigkeitseffekte mit großer Empfindlichkeit an.

Infolgedessen kann die Anzeige von Rißeffekten bisweilen durch die von Legierungseffekten zwischen den Einzelstücken eines Postens Halbzeug der gleichen Legierung überdeckt werden, wenn die Legierung eine verhältnismäßig große Streubreite in der elektrischen Leitfähigkeit aufweist. Das ist z. B. bei Messing oder den AlCuMg-Legierungen der Fall. Bisweilen werden, insbesondere bei den aushärtbaren Leichtmetall-Legierungen, deutliche Leitfähigkeitsunterschiede zwischen Anfang und Ende der gleichen Stange beobachtet, die durch Aushärten in einem Temperaturgefälle bewirkt wurden. Für solche Fälle, bei denen mit einer Schwankung der Leitfähigkeit über der Stange oder dem Rohr zu rechnen ist, wird zur Prüfung auf Risse eine *Differenzspule* in dem Gerät benutzt, wobei eine Zone der Probe mit einer benachbarten Zone elektrisch verglichen wird. Da die beiden Differenzspulen in geringem Abstand voneinander angebracht sind, spielen also Leitfähigkeitsunterschiede, die langsam verlaufen, keine Rolle. Die Nachteile des Differenzspulenverfahrens sind aber:

1. Nur Fehler, die sich in ihrer Tiefe zwischen den Orten der beiden Differenzspulen ändern, können angezeigt werden, so daß also ein längs durch die Stange oder das Rohr gehender Riß konstanter Tiefe nicht angezeigt wird. Ein der Länge nach aufgeplatztes Rohr wird also durch das Prüfgerät mit Differenzspule nicht als fehlerhaft angezeigt.

2. Der Instrumentenausschlag ist nicht proportional zur Fehlergröße, sondern nur proportional zur Differenz der Fehlergröße zwischen den beiden verglichenen Zonen am Ort der beiden Differenzspulen.

Allerdings ist zu sagen, daß Fehler konstanter Tiefe äußerst selten sind. Wenn sie aber auftreten, handelt es sich in der Regel um verhältnismäßig tiefe Risse. Solche Fehler werden jedoch von dem Absolutverfahren, Abb. 115, gut wiedergegeben, da sie die erwähnten Leitfähigkeitsunterschiede weit überdecken.

Wird daher Wert gelegt auf ein gleichzeitiges Erfassen sowohl sehr kleiner Fehler, die normalerweise nur mit dem Differenzspulenverfahren, welches bei sehr hoher Empfindlichkeit arbeitet, gefunden werden können, wie auch größerer durchgehender Fehler konstanter Tiefe, wie sie z. B. ein aufgeplatztes Rohr darstellt, so läßt man in der Praxis das Halbzeug nacheinander zuerst die Differenz- und anschließend die Absolutspule in einem Arbeitsgang passieren. Dabei werden dann außer Leitfähigkeitsabweichungen (Legierungsabweichungen) von dem eingestellten Normalwert sowohl durchgehende Fehler wie auch kleine Fehler durch Instrumentenausschlag und mit Signal angezeigt.

Bei der kontinuierlichen Drahtprüfung liegt das Problem meist so, daß gleichzeitig Fehler (Risse, Lunker, Überziehung, Überwalzung) und Durchmesseränderungen angezeigt werden sollen. Für diese Aufgabe findet allgemein das *Drahtrißprüfgerät*[1] Verwendung, das nicht nur Fehler und Durchmesserschwankungen durch die Art der Anzeige voneinander trennt, sondern auch die Art und Größe des Fehlers (Innenfehler, Oberflächenfehler) während des schnellen, berührungsfreien Drahtdurchlaufs durch die Prüfspule trägheitsfrei anzeigt[2].

Abb. 116 zeigt eine Ansicht des Drahtrißprüfgeräts für Probendurchmesser von 0,4 mm an aufwärts. Dieses Gerät zeichnet auf dem Leuchtschirm einer BRAUNschen Röhre die Art einer Störung im Draht (Durchmesserschwankung,

---

[1] GROMODKA, E.: Z. Metallkde. Bd. 5 (1951) S. 335. — KEIL, A., u. C. L. MEYER: Z. Metallkde. Bd. 45 (1954) S. 194. — KEIL, A.: Z. Metallkde. Bd. 49 (1958).

[2] FÖRSTER, F.: Aluminium Bd. 30 (1954) S. 511 — Z. Metallkde. Bd. 45 (1954) S. 180. — FÖRSTER, F., u. K. STAMBKE: Z. Metallkde. Bd. 45 (1954) S. 166.

Oberflächenriß, Innenfehler usw.) als charakteristische Figur ab, wie aus der Abb. 117 hervorgeht.

γ) Verfahren mit Tastspule. Bei diesem Verfahren, welches das am meisten verwendete Wirbelstromprüfverfahren darstellt, wird die Prüfspule auf das Prüfstück aufgesetzt.

Zuerst wurde experimentell[1] und theoretisch[2] geklärt, wie sich der Scheinwiderstand der Prüfspule beim Aufsetzen auf das Metall ändert, wenn das

unter der Prüfspule befindliche Metall in der Leitfähigkeit und der Dicke variiert. Weiterhin wurde untersucht, wie sich der Scheinwiderstand verändert, wenn sich zwischen Prüfspule und Metall ein „Luftspalt" befindet. Dabei ist belanglos, ob der „Luftspalt" durch eine Oxydschicht, beispielsweise eine Eloxalschicht, eine Schmutzschicht oder eine Farbschicht usw. auf dem Metall gebildet wird, wenn sie nur nichtleitend ist. Aus diesen Untersuchungen sind einige praktische Prüfgeräte hervorgegangen, die eine weite industrielle Verbreitung gefunden haben und im folgenden kurz beschrieben werden sollen.

γα) Messen der elektrischen Leitfähigkeit. Das Sigmatestgerät, Abb. 118, gestattet, nach Aufsetzen der Tastspule unmittelbar die elektrische Leitfähig-

Abb. 116. Drahtrißprüfgerät mit Trennung von Dimensions- und Rißeffekten in der Wirbelstromanzeige.

keit von einer großen, in Absolutwerten der elektrischen Leitfähigkeit geeichten Skale abzulesen. Es wird lediglich eine ebene Aufsatzfläche von etwa 8 mm Durchmesser benötigt. Von 1 mm Blech- oder Wanddicke ab ist die Leitfähigkeitsanzeige unabhängig von der Dicke. Das Verfahren wurde speziell so entwickelt, daß die Leitfähigkeitsanzeige nicht durch Oxyd-, Farb- oder Schmutzschichten auf der Metalloberfläche beeinflußt werden kann. Es läßt

a	b	c	d	e
normal	Durchmesser-Zunahme	Durchmesser-Abnahme	Oberflächen-Riß	Innen-Riß

Abb. 117. Schirmbilder des Drahtrißprüfgerätes bei Durchmesseränderungen, einem Oberflächen- und einem Innenriß.

sich sogar durch ein Papierblatt die Leitfähigkeit des darunter liegenden Metalls genau messen. Das Verfahren arbeitet unabhängig vom Abstand der Prüfspule von dem Metall, sofern der Abstand einen bestimmten Betrag nicht überschreitet. Dieses Gerät wird für folgende metallkundliche Zwecke industriell eingesetzt:

---

[1] Förster, F.: Z. Metallkde. Bd. 43 (1952) S. 163.
[2] Förster, F.: Z. Metallkde. Bd. 45 (1954) S. 1907.

Bestimmung der elektrischen Leitfähigkeit von Werkstoffen für elektrische Leitungen aus Cu, Al und deren Legierungen[1,2].

Bestimmung des Reinheitsgrades von reinen Metallen[2,3,4].

Messung der Härte (als Funktion der Leitfähigkeit) an aushärtbaren Leichtmetall-Legierungen[1,5,6].

Sortieren von verwechselten Metallen[7,8,9,10,11].

Überwachung des Gießvorgangs (Polung) von Cu[9,12].

Seigerungsprüfung[1].

Prüfung auf Porosität[1].

γβ) Messen der Dicke von Isolierschichten auf NE-Metallen und unmagnetisierbaren Stählen. Während das Sigmatestgerät die elektrische Leitfähigkeit eines Metalls unabhängig von Oberflächenschichten aus Oxyd, Schmutz oder

Abb. 118. Das Sigmatestgerät beim Aussortieren einer Legierungsverwechslung durch Aufsetzen der Tastspule auf das Stangenende.

Farbe usw. mißt, zeigt das *Isometer* (Abb. 119) gerade die Dicke solcher isolierenden Oberflächenschichten (z. B. Eloxalschichten) direkt in 1/1000 mm an, und zwar unabhängig von der Leitfähigkeit des unter der Isolierschicht befindlichen Metalls[13].

[1] FÖRSTER, F., u. H. BREITFELD: Z. Metallkde. Bd. 43 (1952) S. 172.
[2] COSGROVE, L. A.: Nondestr. Test. Bd. 13 (1955) S. 13.
[3] NACHTIGALL, E.: Aluminium Bd. 30 (1954) S. 529.
[4] NOVOTNY, H., W. THURY u. H. LANDERL: Z. anal. Chem. Bd. 134 (1951) S. 241.
[5] VOSSKÜHLER, H.: Metall Bd. 3 (1949) S. 247 u. 292.
[6] STAATS, H. N.: Materials and Methods Bd. 25 (1953) S. 288.
[7] BLANDERER, I.: Grundlagen der Altmetallsortierung, Verl. Banaschewski, Wörishofen 1947.
[8] BREITFELD, H.: Metall Bd. 9 (1955) S. 14.
[9] BUNGE, G.: Z. Metallkde. Bd. 45 (1954) S. 204.
[10] CANNON, W. A.: Nondestr. Test. Bd. 13 (1955) S. 32.
[11] FÖRSTER, F., u. H. BREITFELD: Aluminium Bd. 25 (1943) S. 252.
[12] v. ZEPPELIN, H.: Z. Gießerei Bd. 38 (1951) S. 51.
[13] FÖRSTER, F.: Metall Bd. 7 (1953) S. 320 — Aluminium Bd. 30 (1954) S. 511.

Beim Isometer wird Gebrauch gemacht von der Änderung des Schein-widerstandes der Prüfspule beim Vorhandensein von isolierenden Schichten zwischen Tastspule und Metall, die die Spule von der Metalloberfläche „ab-heben", also gerade von dem Effekt, der beim Sigmatestgerät sorgfältig unter-drückt wurde. Dabei ist die Meßfrequenz so gewählt, daß die Leitfähigkeits-empfindlichkeit der Tastspule minimal, dagegen die Abstandsempfindlichkeit maximal wird. Es ist wesentlich, daß bei diesem Verfahren der induktiven

Messung einer Isolierschicht-dicke die chemische Natur der nichtleitenden Schutzschicht in keiner Weise in das Meßergebnis eingeht.

$\gamma\gamma$) *Messen der Dicke von Metallschichten und Folien.* Hier-für stehen zwei praktische Ver-fahren zur Verfügung. Zur Dickenmessung einer Versilbe-rung von Porzellan, der Metall-dicke des Auftrags bei einer sogenannten gedruckten Schal-tung, bei Verspiegelungen usw. wird durch Aufsetzen einer Tastspule das Produkt aus Leit-fähigkeit des Werkstoffs und Metallschichtdicke direkt auf einer Skale abgelesen. Dabei lassen sich noch Schichtdicken

Abb. 119. Das Isoliergerät zur Dickenmessung von Isolier-schichten auf Ne-Metallen und nichtmagnetisierbarem Stahl.

von 10^{-5} mm messen. Das zweite Verfahren zur Dickenmessung von Metallfolien sowie zur Bestimmung des sogenannten Quadratwiderstands von metallisierten Kondensatorpapieren, d. h. des elektrischen Widerstands einer Fläche von 10 mm Breite und 10 mm Länge, von Quadratseite zu Quadratseite gemessen, arbeitet völlig berührungsfrei. Das Prüfgut läuft durch eine Gabelspulenanordnung, deren einer Arm die Senderspule und deren anderer Arm die Empfängerspule enthält. Mit zunehmender Dicke der Folie steigt die Absorption des ma-gnetischen Wechselfelds der Senderspule durch Wirbelströme.

Die Geräte sind so ausgebildet, daß die Abweichung der Foliendicke unab-hängig vom Werkstoff und der Dicke selbst direkt in Prozent von einem ein-gestellten Normalwert angezeigt wird, während die Folie berührungsfrei, mit großer Geschwindigkeit durch die Zange läuft. In neueren Ausführungen wurde dieser berührungsfreie Foliendickenmesser gleichzeitig mit einer automatischen Verstellung der Walzen ausgerüstet.

Bei starken Temperaturänderungen des Prüfgutes während des Walzens ist die Temperaturabhängigkeit der elektrischen Leitfähigkeit zu berücksichtigen, da das berührungsfrei arbeitende Verfahren immer das Produkt aus Leitfähig-keit und Dicke angibt.

$\gamma\delta$) *Messen der Wanddicke von NE-Metallen von einer Seite her und Fest-stellen der Exzentrizität an NE-Metallrohren.* Eine auf den zu vermessenden Körper aufgesetzte Spule genügender Größe, die mit einem Wechselstrom genügend tiefer Prüffrequenz betrieben wird, zeigt im wesentlichen das Produkt aus Leitfähigkeit und Dicke der Metallwand an. Wenn das Gerät nun eine zweite Spule enthält, die mit so hoher Frequenz arbeitet, daß nur die elektrische Leitfähigkeit, unabhängig von der Dicke, gemessen wird, ergibt sich die

Wanddicke, indem das Gerät automatisch den Quotienten aus dem Produkt: Leitfähigkeit mal Dicke und der Leitfähigkeit wiedergibt.

γη) Messen der Dicke einer NE-Metallschicht auf NE-Metalluntergrund. Unter der Voraussetzung, daß die elektrische Leitfähigkeit der metallischen Oberflächenschicht und die des Untergrunds sich genügend unterscheiden, was z. B. bei Silber auf Neusilber der Fall ist usw., ist eine direkte Dickenmessung der Oberflächenschicht mit einem Wirbelstrom-Tastspulverfahren möglich.

γε) Feststellen und Messen der Tiefe von Oberflächenrissen. Durch einen Riß in der Metalloberfläche werden die durch eine Aufsatzspule im Metall erzeugten Wirbelströme abgelenkt, und zwar um so größer, je tiefer der Riß in dem Metall ist. Das *Defektometer* nutzt diese Tatsache zur Fehlersuche sowie zur quantitativen Bestimmung der Rißtiefe aus. Es werden z. B. Leichtmetallkolben serienmäßig mit diesem Gerät auf zugeschmierte Risse im Kolbenboden geprüft. Weitere industrielle Anwendungen sind u. a. die Feststellung von Rissen an Leichtmetallpreßteilen und die Prüfung von inneren Bohrungen auf Risse, z. B. bei Turbinenschaufeln mit Hilfe von Mikrospulen, die in die zu prüfende Bohrung eingeführt werden. Dabei kann zwischen dem Effekt der Veränderung des Spulenabstandes von der inneren Oberfläche und einem Fehler durch die Art der Anzeige unterschieden werden.

e) Die Qualitätsprüfung von Stahl.

α) **Das Magnatest-*Q*-Gerät.** Während die vorher besprochenen Prüfgeräte außer dem Multitestgerät zur Prüfung von nicht- oder nur schwachmagnetisierbaren Werkstoffen dienen, soll im Folgenden die zerstörungsfreie Qualitätsprüfung von ferromagnetischen Werkstoffen mit induktiven Prüfverfahren besprochen werden.

Das Magnatest-*Q*, das heute am häufigsten angewendete Gerät, hat folgende Wirkungsweise[1]:

Ein Prüfspulenpaar, bestehend aus zwei Primär- (P_1 und P_2) und zwei Sekundärspulen (S_1 und S_2), erhält aus einem Stromregelaggregat den feinstufig über einen weiten Bereich einstellbaren Feldstrom (Abb. 120). Zur Prü-

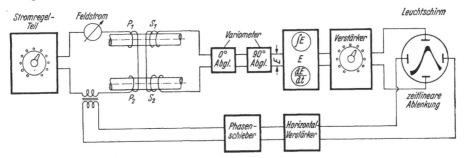

Abb. 120. Schema des Qualitätsprüfgerätes Magnatest-*Q*.

fung wird in jede der beiden Spulen eine Probe eingeführt. Dann tritt an den Enden des Sekundärspulenpaars nur noch eine Restspannung auf, die von der Verschiedenheit der beiden Prüfspulen und der beiden Proben herrührt. Diese Restspannung wird durch ein Variometer für die 0° (ωL)-Richtung und die

[1] FÖRSTER, F.: Z. Metallkde. Bd. 45 (1954) S. 206 — Arch. Eisenhüttenw. Bd. 25 (1954) S. 383. — BUSE, H., u. H. KOELZER: Z. Metallkde. Bd. 45 (1954) S. 677. — FÖRSTER, F.: Z. Metallkde. Bd. 49 (1958).

90° (R)-Richtung kompensiert. Wird nun die eine Probe aus einer Spule entfernt und dafür eine andere Probe in diese Spule eingelegt, so tritt nach den

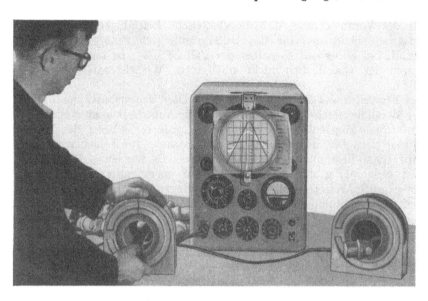

Abb. 121. Magnatest-Q-Gerät mit den beiden Prüfspulen. Auf dem Bildschirm ist das aufgespannte Transparentpapier
zum Kenntlichmachen des Toleranzbereiches (oberer und unterer Toleranzbereich eingezeichnet) zu erkennen.

Variometern eine elektrische Spannung E auf, die von der elektrischen und
magnetischen Verschiedenheit der ausgewechselten Proben, aber nicht von den
Verschiedenheiten der Spulen abhängt. Diese Spannung wirkt über einen Verstärker auf das vertikale Plattenpaar einer Kathodenstrahlröhre.

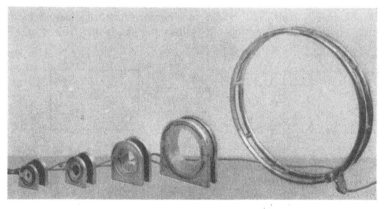

Abb. 122. Prüfspulensatz für das Magnatest-Q mit Durchmessern von 5 bis 700 mm.

An dem horizontalen Plattenpaar liegt eine zeitlineare Spannung, die den
Leuchtpunkt mit konstanter Geschwindigkeit von links nach rechts über den
Bildschirm führt, so daß die von der Probe herrührende Spannung als zeitlinearer
Kurvenzug erscheint. Die Phasenlage dieser Zeitablenkung kann durch einen
Phasenschieber willkürlich verändert werden, so daß jeder beliebige Punkt
des auf dem Schirm erscheinenden Kurvenzugs auf den vertikalen Ablesespalt

in der Mitte des Bildschirms geschoben werden kann. Je nachdem, ob mehr die Oberwellen oder die Grundwelle des Kurvenzugs zur Qualitätsprüfung dienen, kann die Meßspannung elektrisch differenziert oder integriert werden (Abb. 120). Die auf dem Bild-

schirm erscheinenden Kurven-
züge lassen sich auf die magnetischen und elektrischen
Eigenschaften der Probe zurückführen, wobei theoretisch und
experimentell der Zusammenhang der Meßspannung mit den
physikalischen Eigenschaften der
Probe geklärt wurde[1].

Abb. 121 zeigt dieses Gerät
zusammen mit der Kompen-
sations- und der Prüfspule, während Abb. 122 den weiten
Dimensionsbereich der Prüfspulen zum Magnatest-Q erkennen läßt.

Wird z. B. in die Prüfspule
eine Probe aus C 20 oder 9 S 20
oder C 45 eingeführt, so erscheint
jeweils die dem Stahl entsprechende Kurve auf dem
Schirm, Abb. 123. Sobald nicht
nur eine, sondern 1000 Proben
(C 45) durch die Prüfspule laufen,
so ergeben alle 1000 Kurven zusammen ein mehr oder weniger
breites Streuband.

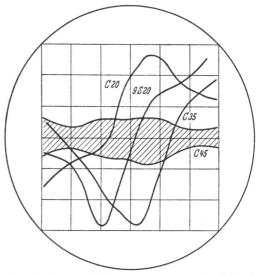

Abb. 123. Magnatest-Q-Bilder der Legierungen: C 20 (1 Probe),
C 35 (1 Probe), 9 S 20 (1 Probe), C 45 (1000 Proben).

Dabei ist es wesentlich, daß
das Streuband sich an irgendeiner Stelle auf dem Schirm von
dem Streuband der Nachbarlegierung genügend unterscheidet. Diese Stelle des größten
Unterschiedes, d. h. optimaler
„Analysemöglichkeit" des gerade
interessierenden Effektes (z. B.
Legierungstrennung, Unterschied
in der Zugfestigkeit oder Härte,
Unterschied in der Einsatztiefe,
Randentkohlung usw.) wird in
die Mitte des Schirmes auf den
Ablesespalt geschoben.

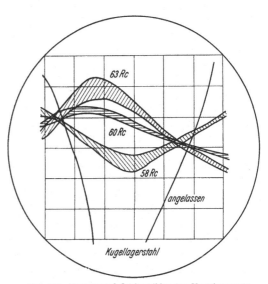

Abb. 124. Magnatest-Q-Schirmbilder für Kugellagerstahl
verschiedener Härte.

Bei der laufenden Prüfung wird auf einem vor dem Schirm gespannten Transparentpapier lediglich der erlaubte Toleranzbereich markiert (Abb. 121), in dem die Leuchtkurven liegen müssen.

Abb. 124 zeigt die Kurvenbilder bei der Härtesortierung von Kugellager-stahl. Durch mechanische Nachmessung der Rockwellhärte der verschiedenen

---

[1] FÖRSTER, F.: Z. Metallkde. Bd. 49 (1958).

Kurven ergibt sich unmittelbar eine HRC-Skale auf dem Ablesespalt des Schirmes.

Dadurch, daß bei jedem der vielen Hunderte von Magnatest-Q-Geräten, die in der Industrie arbeiten, eine große Zahl von solchen Streubändern, ähnlich wie Abb. 123 und 124 im Laufe der Zeit für die verschiedenartigsten Prüfungen, wie Sortieren nach Härte, Einsatztiefe, Kohlenstoffgehalt usw. gewonnen wurde, läßt sich heute der Anwendungsbereich dieses Prüfgerätes bereits recht gut übersehen.

Bei Verwendung des Magnatest-Q für Abnahmezwecke sowie bei dem Vergleich von Meßergebnissen an verschiedenen Orten und Geräten ist es von Bedeutung, daß der Empfindlichkeitsschalter für jede Empfindlichkeitsstufe angibt, wieviel Prozent des „Absolutwertes" der Probe einem Zentimeter auf dem Bildschirm entsprechen. Dabei stellt der „Absolutwert" einer Probe den Ausschlag (Höhe des Maximums der Probenkurve) dar, welcher beim Einführen der Probe in die Prüfspule bei leerer Kompensationsspule auf dem Schirm erscheint. Diese Angabe eines Meßeffektes im Ablesespalt, in Prozenten des „Absolutwertes" der Probe, ist völlig unabhängig von der gewählten Prüfspule und dem Prüfgerät.

Dadurch lassen sich alle Meßergebnisse, z. B. Breite eines Streubandes, entsprechend einer Variation des Kohlenstoffgehaltes um 0,1% in Prozent vom Absolutwert der Probe angeben, oder es läßt sich aussagen, daß bei einer Probe z. B. die Zunahme der Einsatztiefe um 0,1 mm 0,5% des Absolutwertes entspricht usw.

Durch diese Möglichkeit, alle Meßeffekte, z. B. Abstand einer Legierung von der Nachbarlegierung, oder Meßeffekt je 0,1 mm Einsatztiefenzunahme, oder Randentkohlung, oder je 10 kg/mm² Zugfestigkeits-Unterschied von Schmiedeteilen, oder eine Rockwelleinheit von Kugellagerstählen in Prozent vom Absolutwert der Probe auszudrücken, ist das Magnatest-Q-Verfahren für eine quantitative Auswertung des Prüfergebnisses besonders geeignet. Dadurch sind die an verschiedenen Orten erhaltenen Meßergebnisse quantitativ miteinander vergleichbar.

In früheren Veröffentlichungen über die Verwendung von magnetinduktiven Prüfverfahren ist oft zu lesen, daß die Meßergebnisse z. B. „bei der Empfindlichkeitsstufe 5" gewonnen wurden. „Empfindlichkeitsstufe 5" würde nur etwas aussagen bei genauer Kenntnis des Verstärkungsgrades des betreffenden Gerätes, der Spulendaten, des Feldstromes, des Probendurchmessers, der Probenpermeabilität und -leitfähigkeit.

Das Magnatest-Q in der Normalausführung arbeitet mit der Prüffrequenz von 50 Hz. Um bei der Magnatest-Q-Prüfung die Bevorzugung der Eigenschaften in der Nähe der Oberfläche der Probe auszuschalten, wenn es z. B. darum geht, Sortentrennung von randentkohlten Stählen durchzuführen, wurde ein Gerät für eine Prüffrequenz von 5 Hz entwickelt. Bei 5 Hz dringt das Spulenfeld wesentlich tiefer in den Werkstoff ein, und die Geräteanzeige ist repräsentativer für den Gesamtquerschnitt. Tatsächlich zeigte das 5 Hz-Magnatest-Q, z. B. bei der betrieblichen Sortentrennung randentkohlter Rohre, eine erheblich bessere Auflösung. Umgekehrt, wenn es darum geht, gerade schwache Randentkohlungseffekte oder Weichfleckigkeit usw. empfindlich zu erfassen, führt das 500 Hz-Magnatest-Q zu besseren Erfolgen.

β) **Automatische Prüfung mit dem Magnatest-Q-Gerät.** Bei der Beschreibung des Magnatest-Q-Gerätes wurde bereits darauf hingewiesen, daß der Bereich mit der besten Unterscheidungsmöglichkeit des gerade interessierenden Effektes (z. B. Zugfestigkeit oder Einsatztiefe usw.) auf die Schirmmitte, d. h.

auf den dort angebrachten Ablesespalt geschoben wird. Von dem gesamten Kurvenzug der Probe wird nur der in den schmalen Ablesespalt hineinfallende Momentanwert (ungefähr $1/_{10000}$ s) zur Auswertung, d. h. zum Sortieren benutzt,

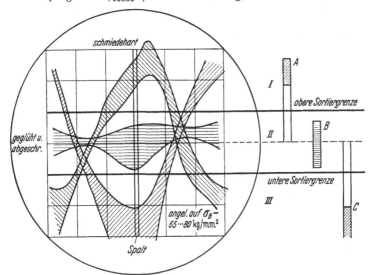

Abb. 125. Magnatest-Q-Streubänder von Schmiedeteilen in den Zuständen: A schmiedehart; B geglüht und abgeschreckt; C angelassen auf σ_B = 54 bis 80 kg/mm².

während der außerhalb des Ablesespaltes liegende Kurvenverlauf unberücksichtigt bleibt.

Bei der Automatisierung des Magnatest-Q-Geräts wird genau das gleiche durch elektronische Hilfsmittel erreicht, indem nur der Momentanwert des

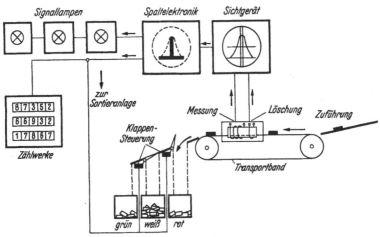

Abb. 126. Blockschema der Automatisierung des Magnatest-Q-Prüfprozesses.

Kurvenzuges in dem Ablesespalt zur Steuerung des Sortiermechanismus herangezogen wird.

Zur Erläuterung des elektronischen Sortierprozesses zeigt Abb. 125 die drei Streubänder einer großen Zahl von Schmiedeteilen in den drei Zuständen:

1. Schmiedehart (oberes Streuband mit dem daneben wiedergegebenen Spaltwert A).

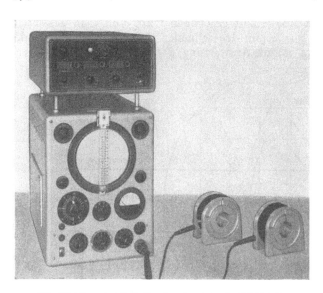

Abb. 127. Magnatest-Q-Gerät mit aufgesetzter Spaltelektronik zum automatischen Sortieren mit Signallampen und Zählwerken.

Abb. 128. Gerät zur automatischen Darstellung der statistischen Meßwert-Mengenverteilung (Gaußsche Kurve) während des Sortierprozesses.

2. Geglüht und abgeschreckt (mittleres Streuband mit dem dazugehörigen Spaltwert B).

3. Angelassen auf $\sigma_B = 65$ bis $80\,\text{kg/mm}^2$ (unteres Streuband mit dem Spaltwert C).

Durch elektronische Hilfsmittel wird nun der momentane Spaltwert einer Kurve zum Schalten von Sortierweichen benutzt, indem alle Spaltwerte, die in Bereich I, II oder III fallen, die entsprechende Sortierklappe, Abb. 126, öffnen. Das Gerät enthält nun eine untere und obere Sortiergrenze, die willkürlich verschiebbar ist. In Abb. 125 sind die Sortiergrenzen so eingestellt, daß sie in der Mitte zwischen den Streubändern der Spaltwerte der Gruppen A, B, C (Abb. 125) zu liegen kommen. Beim Durchlauf des Prüfgegenstandes durch die Prüfspule mittels Transportband genügt $^1/_{50}$ s, d. h. ein Kurvendurchlauf in einer der drei Gruppen I, II oder III, um die entsprechende Sortierklappe zu öffnen. Dadurch, daß nur ein Spaltwert zur Steuerung der Sortierautomatik genügt, zeigt dieses Spaltverfahren die höchste Prüfgeschwindigkeit, die mit einem 50 Hz-Verfahren erzielt werden kann.

Durch die beliebige Verschiebung der Sortiergrenzen kann die Sortierautomatik sehr schnell bestimmten Prüfproblemen angepaßt werden. Zum Beispiel kann das untere Streuband C (angelassen auf $\sigma_B = 65$ bis $80\,\text{kg/mm}^2$) von Abb. 125 durch die Variometer des Magnatest-Q in die Schirmmitte geschoben werden. Durch Umschalten des Empfindlichkeitsschalters auf z. B. viermal höhere Empfindlichkeit wird das Streuband C viermal so breit. Durch entsprechendes Einstellen der Sortiergrenzen läßt sich nun die Gruppe C in drei Zugfestigkeitsgruppen:

Gruppe I $\sigma_B < 70$ kg/mm²,

Gruppe II σ_B zwischen 70 und 80 kg/mm² und

Gruppe III $\sigma_B > 80$ kg/mm²

sortieren.

Abb. 126 zeigt das Blockschema des Zusatzes zur automatischen Prüfung mit dem Magnatest-Q-Gerät. Das zu prüfende Teil (Probe) durchläuft auf dem Transportband die Prüfspule. Beim Spuleneinlauf wird die Sortierklappenstellung von der vorhergehenden Probe „gelöscht". Das Sichtgerät läßt schematisch die Probenkurve erkennen, während auf der Spaltelektronik nur der Spaltmomentanwert in der Mitte des Ablesespaltes elektrisch verwertet wird. Die Spaltelektronik steuert nun innerhalb $^1/_{50}$ s die Sortierklappen, läßt gleichzeitig eine der Sortiergruppe entsprechende farbige Signallampe aufleuchten, zählt die Probe und schaltet das der bestimmten Sortiergruppe zugeordnete Zählwerk um

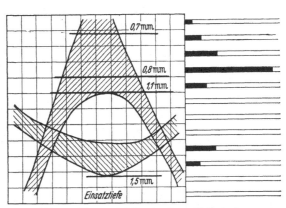

Abb. 129. Magnatest-Q-Streuband von Kettenbuchsen mit verschiedener Einsatztiefe mit der automatisch erhaltenen Einsatztiefen-Mengenverteilung.
(Die häufigste Einsatztiefe liegt bei 0,8 mm).

einen Schritt weiter. Die Spaltelektronik liefert also nicht nur ein automatisches Sortieren, sondern noch zusätzliche Zahlenangaben zur Qualitätskontrolle: Gesamtzahl der geprüften Teile, Anzahl der Proben in Gruppe I, II und III. Da die Zählwerke sich nur mit Spezialschlüssel auf Null zurückstellen lassen, kann das z. B. in einer Nachtschicht erhaltene Ergebnis der Qualitätsprüfung festgehalten werden.

Abb. 127 zeigt das Magnatest-Q-Gerät mit der aufgesetzten Sortierelektronik, auf der die beiden Einstellknöpfe für die Sortiergrenzen, sowie die elektrischen Zählwerke für die Gesamtzahl, sowie die in die verschiedenen Sortiergruppen fallende Probenzahl zu erkennen sind.

Die Automatisierung des Magnatest-Q-Prüfprozesses gestattet nun die automatische Darstellung der statistischen Meßwert-Mengenverteilung der Prüfteile.

Abb. 128 zeigt ein Gerät[1], das in der Lage ist, in Verbindung mit dem Spaltelektronikzusatz des Magnatest-Q-Gerätes die Mengenverteilung der Prüfteile auf die verschiedenen Eigenschaften (Härte, Einsatztiefe, C-Gehalt usw.) automatisch während der Prüfung erscheinen zu lassen. Dazu ist der Ablesespalt in der Bildschirmmitte in zwölf Bereiche geteilt. Jedem dieser zwölf Bereiche entspricht ein Kanal des Gerätes, Abb. 128. Je nachdem, in welchem dieser zwölf Bereiche der Momentanspaltwert der Leuchtkurve des Prüfteiles erscheint, rückt in dem diesem Bereich zugeordneten Kanal der schwarze Indikatorbalken um einen Schritt nach oben. Die gesamte Höhe der Balken kann 100 Schritte erreichen. Während der Sortierung der Prüfteile erscheint als

---

[1] FÖRSTER, F.: Z. Metallkde. Bd. 49 (1958).

die statistische Mengenverteilung der Momentanwerte im Ablesespalt und damit
die entsprechende Mengenverteilung der Prüfteile nach den dem Spaltwert
zugeordneten Werkstoffwerten, wie Härte, Zugfestigkeit, Einsatztiefe, C-Gehalt
usw.

Abb. 129 zeigt die Einsatztiefen-Mengenverteilung von Kettenbuchsen.
Rechts neben dem Magnatest-Q-Streuband ist die direkt von dem ,,Statimat-
gerät", Abb. 128, abphotographierte Einsatztiefen-Mengenverteilung der Prüfteile wiedergegeben. Abb. 129 zeigt z. B. u. a., daß das Maximum der Prüfteile eine Einsatztiefe von 0,8 mm aufweist.

f) Die induktive Rißprüfung von Stahlhalbzeug.[1,2]

Zur Rißprüfung von Stahlhalbzeug wird das Magnatest-D (D = Defekt),
welches ähnlich wie das vorher besprochene Qualitätsprüfgerät Magnatest-Q
aufgebaut ist, verwendet. Da die Rißeffekte wesentlich unter den Effekten
bei der Qualitätsprüfung liegen,
muß bei dem Magnatest-D mit
wesentlich höherer Verstärkung
gearbeitet werden. Bei der
Qualitätsprüfung ist die indi-
viduelle Streuung der Eigenschaften einer Sorte von Probe
zu Probe wesentlich größer hinsichtlich der Wirbelstromanzeige
als der Effekt eines Risses mit
geringer Tiefe. Daher muß bei
der Rißprüfung von Stahlhalbzeug entsprechend dem bei der
NE-Metall-Rißprüfung Ausgeführten, die Prüfung ebenfalls

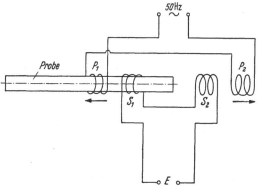

Abb. 130. Spulenanordnung beim Differenzverfahren. (Differenzspulenpaar mit halb eingeführter Probe.)

mit der Differenzspule durchgeführt werden. Abb. 130 zeigt ein Schema der
Spulenanordnung.

Ein starker Strom durchfließt die beiden Primärspulen P_1 und P_2. Im Bereich
der Primärspulen P_1 bzw. P_2 befinden sich die Sekundärspulen S_1 bzw. S_2.
Die beiden Primärspulen und Sekundärspulen sind so gegeneinander geschaltet,
daß am Ende der beiden Sekundärspulen keine Spannung auftritt.

Nunmehr werde in die Differenzspulenanordnung eine Stange aus Stahl
eingeführt, so daß sie nur im Bereich von P_1 und S_1 liegt, wobei nach der Spannung E an der Sekundärspule gefragt wird. Die Stange sei gekennzeichnet durch
eine bestimmte elektrische Leitfähigkeit σ, durch den Stangendurchmesser d
und die relative Permeabilität μ_{rel}.

Bei der Rißprüfung von Stahl wird ausschließlich die Netzfrequenz 50 Hz
verwendet. Entsprechend Abb. 98 wurde nun Abb. 131 für die Prüffrequenz
$f = 50$ Hz gezeichnet. Daher erscheinen an der Normalkurve von Abb. 98
nicht die üblichen f/f_g-Werte, sondern, da f bekannt ist, ergibt sich unmittelbar
eine Skale für das Produkt $\sigma\, d^2 \mu$.

Als Beispiel möge eine Stahlstange die elektrische Leitfähigkeit $\sigma = 10$
m/Ω mm², den Durchmesser $d = 10$ mm und die relative Permeabilität $\mu_{rel} = 100$
haben. Das Produkt von $\sigma\, d^2 \mu_{rel}$ ergibt den Wert 1000. Der **Punkt**

---

[1] Förster, F.: Z. Metallkde. Bd. 45 (1954) S. 221; Bd. 49 (1958).
[2] Sprungmann, K.: Z. Metallkde. Bd. 45 (1954) S. 227; Bd. 49 (1958).

$P_1 = \sigma\,d^2\mu_{\text{rel}} = 1000$, auf der Kurve $\mu_{\text{rel}} = 100$ aufgesucht, ergibt die Blind- und Wirkspannung an der Sekundärspule, Abb. 130. Ändert sich die relative Permeabilität dieser Stange von 100 auf 50 (z. B. durch starke Richtspannungen), so ist der Punkt $P_2 = \sigma\,d^2\mu_{\text{rel}} = 500$ auf der Kurve $\mu_{\text{rel}} = 50$ aufzusuchen.

Die in Abb. 131 eingezeichneten, gestrichelten Linien stellen die „Durchmesser"- und „Permeabilitätslinien" dar, während die dick ausgezogenen Kurven die Leitfähigkeitsrichtung darstellen. Gleichzeitig ist in Abb. 131 an den Stellen $\sigma\,d^2\mu_{\text{rel}} = 500$, 1500, 5000 und 15000 jeweils die Richtung und Größe von Oberflächenrissen mit 30% Tiefe als Pfeil eingezeichnet. Nur wenn die Rißrichtung einerseits und die Permeabilitäts- bzw. Durchmesserrichtung andererseits einen möglichst großen Winkel (Maximum = 90°) miteinander bilden, besteht die Möglichkeit, beide Effekte gut voneinander durch die Art der elektrischen Anzeige zu trennen.

Aus Abb. 131 ist zu entnehmen, daß die Rißrichtung immer mehr in der $\mu_{\text{rel}}-d$-Richtung zu liegen kommt, je größer das Produkt $\sigma\,d^2\mu_{\text{rel}}$ wird, d. h. daß eine exakte Trennung von Rißeffekten und $\mu_{\text{rel}}-d$-Effekten bei großen $\sigma\,d^2\mu_{\text{rel}}$-Werten immer schwieriger wird.

Liegt nun die Stahlstange (Probe) nach Abb. 130 in beiden Spulen, so verschwindet die Spannung E an den Sekundärspulen, da sich die Spannungen von S_1 und S_2 gegeneinander aufheben. Nur wenn sich in S_2 z. B. ein Riß befindet und in S_1 die fehlerfreie Stange vorliegt, tritt eine Spannung entsprechend dem Diagramm, Abb. 132, auf, das einen kleinen Ausschnitt aus dem Diagramm, Abb. 131, vergrößert darstellt. Punkt A in Abb. 132, entsprechend Punkt A in Abb. 131, stellt die Anzeige der fehlerfreien Stange dar, während die Punkte B, C, D, einem Riß mit einer Tiefe von 10, 20, 30% des Stangendurchmessers entsprechen.

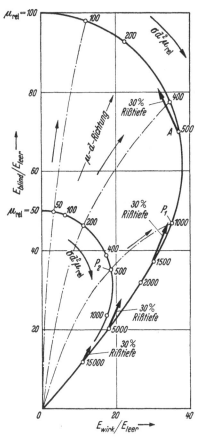

Abb. 131. Blind- und Wirkspannung an dem Sekundärspulenpaar bei halb eingeführter Prüfstange, in Abhängigkeit von den physikalischen Eigenschaften: elektrische Leitfähigkeit σ, Stangendurchmesser d und Permeabilität μ_{rel} der Prüfstange bei einer Prüffrequenz von 50 Hz.

In Abb. 132 ist eine Stange mit einem von 0 auf 30% Rißtiefe anwachsenden Riß dargestellt, über den das Differenz-Sekundärspulenpaar $S_1 S_2$ läuft. Befinden sich S_1 und S_2 jeweils über einem fehlerfreien Stück, so ist die Sekundärspannung $= 0$. Erscheint aber unter S_2 ein Riß von 10% Tiefe (Punkt B), während S_1 sich noch über der fehlerfreien Stange (Punkt A) befindet, so tritt an dem Differenzspulenpaar die Differenzspannung $A-B$, entsprechend Abb. 132c und die Anzeige $A-B$, entsprechend Abb. 132b, auf. Bei weiterem Durchlauf der Stange liegt die Sekundärspule S_1 auf dem Punkt B (10% Rißtiefe) und die Sekundärspule S_2 auf dem Punkt C (20% Rißtiefe). Die jetzt auftretende Differenzspannung ist durch den Vektor $B-C$ in Abb. 132c und Ausschlag $B-C$ in Abb. 132b gegeben. Bei weiterem Stangendurchlauf liegt der 30% tiefe Riß D sowohl in S_1 als auch in S_2, d. h. es tritt keine Differenz in den beiden Differenzsekundärspulen auf, und die Anzeige geht, entsprechend

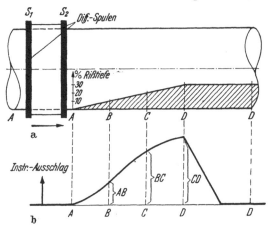

a

b

Abb. 132a. Stange mit einem von Null (Punkt A) auf 30% (Punkt D) anwachsenden Riß mit einem über der Stange befindlichen Differenzspulenpaar S_1, S_2.

Abb. 132b. Die beim Durchlaufen der Prüfstange (Abb. 132a) durch das Differenzspulenpaar erhaltene Rißanzeige, in Abhängigkeit von der Stellung des Differenzspulenpaares.

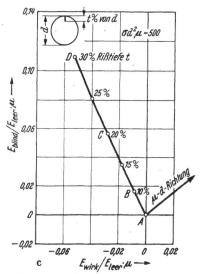

c

Abb. 132c. Diagramm der Änderung der Blind- und Wirkspannung an der Sekundärspule bei einem von Null (Punkt A) auf 30% (Punkt D) anwachsenden Riß.

Abb. 132b, auf Null zurück. Das Differenzverfahren zeigt also nur Änderungen der Rißtiefe an. Dadurch kann ein Riß konstanter Tiefe nicht angezeigt werden. Nun zeigt sich aber, auch bei Stahl, daß flache Risse in ihrer Tiefe normalerweise ständig schwanken bzw. über die Länge einer Stange mehrmals anfangen und enden. Nur bei tiefen Spannungsrissen (z. B. auch bei ganz aufgeplatzter Schweißnaht eines Rohrs) kann der Fehler in konstanter Tiefe durch die ganze Stange (das ganze Rohr) laufen.

Durch Kombination des Rißprüfverfahrens mit Differenzspulen (Magnatest-D) mit dem Absolutverfahren (Magnatest-Q), bei dem die Prüfstange mit einer festen Vergleichsstange verglichen wird, kommen diese konstant tiefen Risse ebenfalls zur Anzeige, da hierbei die geringen Qualitätsschwankungen (Legierung, Charge, Wärmebehandlung usw.) von Stange zu Stange weit durch den tiefen Riß überdeckt werden. Sollen feine Risse festgestellt werden, so kommt nur das Differenzverfahren (Magnatest-D) in Frage, bei dem ein Punkt der Stange mit einem anderen Punkt der gleichen Stange elektrisch verglichen wird, weil die Unterschiede von Stange zu Stange hinsichtlich der physikalischen Konstanten erheblich größer sein können, als die durch feine Risse bewirkten Effekte.

Es liegen heute sowohl industrielle Erfahrungen [1] als auch theoretische Grundlagen [2] über die Rißprüfung mit dem Magnatest-D-Gerät vor. Die Prüfgeschwindigkeit liegt zwischen 1 und 2,5 m/s, wobei bei den Stellen, die für eine Wirbelstromprüfung geeignet sind, noch Risse von etwa 0,15 mm Tiefe ge-

---

[1] Sprungmann, K.: Z. Metallkde. Bd. 45 (1954) S. 227; Bd. 49 (1958).
[2] Förster, F.: Z. Metallkde. Bd. 49 (1958).

funden werden. Voraussetzung für die Prüfung ist die Abwesenheit von starken inhomogenen mechanischen Spannungen, die u. U. Risse vortäuschen können. Schwächere mechanische Spannungen bleiben dagegen unwirksam, weil sie an einer anderen Stelle des Kurvenbildes auf dem Schirm in Erscheinung treten als Risse.

Beim Ablesen des Meßwertes im Ablesespalt oder bei Verwendung der „Spaltelektronik" zur automatischen Prüfung kann der Kurvenzug durch den Phasen-

Abb. 133. Kombinierte Magnatest-*D*- und Magnatest-*Q*-Anlage zur gleichzeitigen Halbzeugprüfung auf Risse und auf Legierungsverwechslung in einem Hüttenwerk.

schieber so verschoben werden, daß am Ort des Ablesespaltes die Ausschläge, welche durch innere Spannungen hervorgerufen werden, gerade einen Nulldurchgang haben, also nicht angezeigt werden.

Die einzelnen Stahlsorten eignen sich verschieden gut zur Rißprüfung. Eine starke Verformung durch Richten oder ein Schälen der Oberfläche setzt die Rißnachweisempfindlichkeit herab.

Das Magnatest-*D*-Gerät kann mit dem Magnatest-*Q*-Gerät gekoppelt werden, um Qualitätsunterschiede, Legierungsverwechslungen, verschiedene Wärmebehandlung usw. sowie durchgehende Risse konstanter Tiefe auszusortieren. Abb. 133 zeigt eine solche Anlage.

Die Kombination der Rißprüfung mit der Qualitätsprüfung zeigt eine Verwandtschaft zu der in USA verwendeten Multi-Method[1] der Magnaflux Corporation. Die in USA gesammelten Erfahrungen hinsichtlich des Einflusses starker inhomogener Spannungen in gerichteten Stahlstangen decken sich durchaus mit den Ergebnissen, die an den vorher beschriebenen Geräten in Europa gewonnen wurden.

3. Schlußbetrachtung.

Das behandelte Gebiet der zerstörungsfreien Werkstoffprüfung mit induktiven Prüfverfahren befindet sich noch stark in der Entwicklung. Die hohe Geschwindigkeit, die diesen Verfahren eigen ist, führt immer mehr dazu, bestimmte wichtige Produktionszweige hundertprozentig auf Qualität zu prüfen.

---

[1] ZUSCHLAG, T.: ASTM *Symposium on Magnetic Testing* (1948) S. 113.

Die in Abschn. 1 gestreiften theoretischen Grundlagen haben zu Verfahren geführt, die eine Trennung der gewünschten und nicht gewünschten Meßgrößen zulassen. Dadurch konnte die Sicherheit in der Anwendung dieser Verfahren in den letzten Jahren gesteigert werden.

Eine große Zahl von metall- und stahlerzeugenden und -verarbeitenden Werken benutzen die in Abschn. 2 behandelten Geräte zur „Abnahme", indem eine Prüfung mit einem induktiven Verfahren vorgeschrieben ist. Es ist zu erwarten, daß dieses Gebiet eine starke Ausweitung erfahren wird, da gerade in Verbindung mit der Automatisierung der Fertigung bestimmter Produkte eine automatische Prüfung der Qualität in verschiedenen Zwischenstadien notwendig wird.

Weiterhin ist die Tendenz zu erkennen, die induktiven Verfahren mit anderen Prüfungen zu kombinieren, z. B. die Rißprüfung oder die Einsatztiefenprüfung mit einer Dimensionssortierung zu verknüpfen. Für solche Kombinationen ist das induktive Prüfverfahren wegen der hohen Meßgeschwindigkeit besonders geeignet.

Zum Schluß soll darauf hingewiesen werden, daß die hier behandelten Verfahren nie kritiklos angewendet werden sollten. In jedem Falle sollte bei Auftauchen eines neuen Problems durch umfangreiche Messungen die Verwendungsmöglichkeit geklärt werden. Ein induktives Meßgerät ist kein Härteprüfgerät und auch keine Zugprüfmaschine, bei welchen die interessierenden Größen direkt zur Anzeige kommen, sondern es wird indirekt aus den Änderungen der elektrischen und magnetischen Eigenschaften auf die technologische Eigenschaft geschlossen.

Die Nichtbeachtung dieser Begrenzung des induktiven Verfahrens hat in den ersten Jahren der Einführung in die Industrie zu Rückschlägen geführt.

Andererseits nimmt die industrielle Verwendung induktiver Prüfverfahren von Jahr zu Jahr derart zu, daß der Wert und die Brauchbarkeit dieser Verfahren nicht in Frage stehen, sofern die Grundlagen und Grenzen des Verfahrens beachtet werden.

X. Einrichtungen und Verfahren der metallographischen Prüfung.[1]

Von **J. Schramm**, BAYONNE, N. J./USA

A. Einleitung.

1. Begriffsbestimmung.

Die Metallographie befaßt sich mit dem inneren Aufbau (*Gefüge*) der metallischen Stoffe und den Zusammenhängen zwischen Aufbau und den Eigenschaften in physikalischer, chemischer, kristallographischer und technologischer Hinsicht[2].

---

[1] Erweitert von E. KRÄGELOH, Stuttgart.

[2] Schrifttum (Auswahl nach Sprachen geordnet).
Deutsch: HANSEN, M.: Der Aufbau der Zweistofflegierungen. Berlin: Springer 1936. — SACHS, G.: Praktische Metallkunde I, II, III. Berlin: Springer 1936. — VOGEL, R.: Die heterogenen Gleichgewichte. Leipzig: Akadem. Verlagsges. 1937. — HANEMANN, H., u. A. SCHRADER: Atlas Metallographicus, I, II: Eisen und Stahl, 2. Aufl. Berlin: Bornträger 1939. — MITSCHE, R., u. M. NIESSNER: Angewandte Metallographie. Leipzig: Barth 1939. — HANEMANN, H., u. A. SCHRADER: Atlas Metallographicus, IIIa: Aluminium. Berlin: Bornträger 1941. — GUERTLER, W.: Einführung in die Metallkunde, I, II. Leipzig: Barth 1943. — HANSEN, M., u. a.: Allgemeine Metallkunde. Wiesbaden: Dieterich 1948. — HANSEN, M., u. a.: Metallkunde der Nichteisenmetalle I, II. Wiesbaden: Dieterich 1948. — GOERENS, P.: Einführung in die Metallographie, 8. Aufl. Halle: Knapp 1948. — JÄNECKE, E.: Kurzgefaßtes Handbuch aller Legierungen, 2. Aufl. Heidelberg: Winter 1949. — MASING, G.: Ternäre Systeme. Leipzig: Akad. Verlagsges. 1949. — MIES, O.: Metallographie. Berlin: Springer 1949. — SCHOTTKY, H.: Praktische Metallprüfung, die metallischen Prüfverfahren und ihre Anwendung. Braunschweig: G. Westermann 1953. — HANEMANN, H., u. A. SCHRADER: Atlas Metallographicus, IIIb: Ternäre Legierungen des Aluminiums. Düsseldorf: Stahleisen 1952. — GUERTLER, W. M.: Metallkunde I, Die freien Metalle. Berlin: Bornträger 1954. — MASING, G.: Grundlagen der Metallkunde in anschaulicher Darstellung. Berlin: Springer 1955. — HOUDREMONT, E.: Handbuch der Sonderstahlkunde. Berlin: Springer 1956. — MASING, G., u. K. LÜCKE: Lehrbuch der allgemeinen Metallkunde. Berlin: Springer 1956.
Englisch: GREAVES, R. H., u. H. WRIGHTON: Practical Microscopical Metallography, Bd. 3. New York: Van Nostrand 1940. — HEYER, R.: Engineering Physical Metallurgy. London: Chapman and Hall 1941. — MASING, G: Introduction to the Theory of Three-Component Systems. New York: Reinhold Publishing Co. 1944. — DESCH, C. H.: Metallography. London: Longmans, Green Co. 1945. — Metals Handbook with Supplements 1954 and 1955. Cleveland: A. S. M. 1948. — KEHL, G. L.: The Principle of Metallographic Laboratory Practice, 3. Aufl. New York: McGraw-Hill 1949. — CHALMERS, B.: The Structure and Mechanical Properties of Metals. London: Chapman and Hall 1951. — SACHS, G., u. K. R. VAN HORN: Practical Metallurgy. Cleveland: A. S. M. 1956. — MASON, C. W.: Introductory Physical Metallurgy. Cleveland: A. S. M. 1956. — HAUGHTON, J. L.: The Constitutional Diagrams of Alloys. London: Inst. of Metals 1956.
Französisch: MARÉCHAL, J.: Les Métaux et Alliages (Traité de Métallographie). Lüttich: Éditions Soledi 1946. — GLAZUNOV, A.: Métallographie. Paris: Dunod 1951.
Russisch: WEKSCHINSKY, S. A.: Neue Methoden zum metallographischen Studium der Legierungen. Moskau 1944. — DERGACHEV, J. A.: Gefüge, Eigenschaften und Untersuchungsmethoden der Metalle. Moskau 1952. — PETROV, D. A.: Ternäre Systeme. Moskau 1953.

2. Geschichtliche Entwicklung.[1]

Die anfänglich für die wissenschaftliche Untersuchung der metallischen Stoffe benutzte *chemische Analyse* gewährt allein keinen Einblick in den eigentlichen Aufbau der Legierungen. Solange keine anderen Hilfsmittel zur Verfügung standen, wußte man nicht, ob die Legierungen als ein Gemenge der reinen Metalle, als Mischkristalle oder als Verbindungen der Metalle angesehen werden sollten. Es bedeutete daher einen großen Fortschritt, als in der zweiten Hälfte des vorigen Jahrhunderts durch H. C. Sorby, A. Martens, E. Heyn, F. Osmond und W. C. Roberts-Austen erstmalig das *Mikroskop* zu metallographischen Untersuchungen herangezogen wurde. Man erkannte nunmehr mit einem Male die große Mannigfaltigkeit des Gefüges der verschiedenen Metalle und Legierungen und es begann damit die Entwicklung der Metallographie, die als zentraler Teil der Metallkunde die anderen Gebiete derselben außerordentlich befruchtete.

. Das Mikroskop war zu dieser Zeit bereits ein gut durchgebildetes Gerät. Am grundsätzlichen Aufbau wurde bei seiner Anwendung in der Metallkunde nichts geändert, es wurde lediglich den besonderen Erfordernissen angepaßt; dabei sind zahlreiche Sondergeräte entstanden, die sich als *Metallmikroskope* glänzend bewährt haben. Seit einigen Jahren tritt für sehr hohe Vergrößerungen das *Elektronenmikroskop* immer mehr in den Vordergrund, nachdem es gelungen ist, gute Abdrucke der Schliffe zu erzeugen. Obwohl Vorschläge und Versuche zur Messung der Temperatur schon früher gemacht worden waren[2], so war eine einwandfreie experimentelle Verfolgung der Erstarrungs- und Schmelzvorgänge sowie der Veränderungen des Gefüges im festen Zustande und damit der Eigenschaften der metallischen Stoffe mit der Temperatur erst mit der Erfindung des *Thermoelements* durch H. Le Chatelier möglich. Man konnte nunmehr Temperaturen bis 1600° C in einfacher Weise und mit großer Genauigkeit messen. An Stelle der bisher gebräuchlichen Begriffe wie Dunkelrotglut, Rotglut, Weißglut usw. traten zahlenmäßige Temperaturangaben.

Um die genaue Lage der Schmelz- und Erstarrungspunkte bzw. -intervalle, der Gefügeumwandlungen im festen Zustande usw. festzulegen, wurde die *thermische Analyse* entwickelt, die darauf beruht, daß alle diese Vorgänge mit Wärmetönungen verbunden sind, die den stetigen Verlauf der Temperatur-Zeit-Kurven der untersuchten Stoffe stören. Mit Hilfe des Thermoelements bot es keine Schwierigkeiten mehr, die zeitliche Änderung der Temperatur bei der Erwärmung oder Abkühlung zu verfolgen. Wo die gewöhnliche thermische Analyse nicht genügte, wie dies insbesondere bei den Umwandlungen im festen Zustand häufig der Fall ist, gelang es durch ein Differenzverfahren die Empfindlichkeit des Untersuchungsverfahrens um ein Vielfaches zu steigern. Im Laufe der Zeit sind neben der thermischen Analyse auch zahlreiche andere Verfahren zur Ermittlung von Gefügeumwandlungen herangezogen worden, wie die Messung der Länge, der Dichte, der elektrischen Leitfähigkeit, der Thermokraft und der magnetischen Eigenschaften (Ferro-, Para- und Dia-Magnetismus), die Bestimmung des elektrischen Potentials und der Kristallstruktur.

Die Gesetze, die bei der Erstarrung und den Umwandlungen im festen Zustande das Verhalten der Legierungen beherrschen, waren bereits vor 1900 durch W. Gibbs und B. Roozeboom niedergelegt. Man vermochte daher vom Anfange an die Ergebnisse der thermischen Analyse von Legierungsreihen oder

---

[1] Siehe auch Einleitung Abschn. 5.
[2] Musschenbroks 1731 und John Daniell 1832, Ausdehnung metallischer Stäbe; Prinsep 1828, Gasthermometer; W. Siemens 1860, Widerstandsänderung eines Platindrahtes.

Systemen, wie es in der Lehre der heterogenen Gleichgewichte heißt (Einstoffsysteme, Zweistoffsysteme usw.) in einwandfreier Form als *Zustandsschaubilder* zusammenzufassen. In Deutschland hat G. TAMMANN das Verdienst, die Kenntnisse über den Aufbau zahlreicher Zweistoffsysteme erheblich erweitert zu haben.

Zur Untersuchung eines Werkstoffs werden nicht alle besprochenen Verfahren gleichzeitig herangezogen. In der Regel genügen 2 bis 3 verschiedene Verfahren, deren Auswahl in erster Linie von der Eigenart des zu untersuchenden Werkstoffs und der gestellten Aufgabe abhängt.

B. Probenherstellung für makroskopische und mikroskopische Untersuchungen.

1. Zweck und Bedeutung der Untersuchungen.

a) Makroskopische Untersuchung.

Bevor eine Probe von dem zu untersuchenden Stück abgetrennt bzw. nach dem Abtrennen zur Herstellung eines Schliffs für die mikroskopische Untersuchung weiterverarbeitet wird, sollte man das Stück stets einer makroskopischen Untersuchung unterwerfen. Dabei ist es gleichgültig, ob es sich bei dem zu untersuchenden Stück um einen schweren Metallblock oder nur um einen kleinen Rundstab von wenigen Zentimetern Länge handelt. Makroskopisch kann man Beobachtungen machen, die bei der mikroskopischen Untersuchung wegen des kleinen Gesichtsfelds oft nicht erfaßt werden können. Die makroskopische Untersuchung wird mit freiem Auge oder mit schwach vergrößernden Geräten durchgeführt, wie einfachen Lupen, binokularen Prismenlupen, den üblichen photographischen Kameras usw. Die Grenze zwischen makroskopischer und mikroskopischer Untersuchung liegt etwa bei einer Vergrößerung von 20:1, in seltenen Fällen noch etwas darüber.

Die Güte eines Stahls oder einer gegossenen Legierung kann oft am Aussehen der Bruchfläche beurteilt werden. Auch die Farbe gibt zum Teil Anhaltspunkte über Art oder Zusammensetzung eines Werkstoffs (z. B. Kupfer, Messing, Neusilber).

Vielfach wird man auch die Schliff-Fläche und sogar die Ätzung zu Hilfe nehmen (siehe auch Abschn. B 3 und 5), um Seigerungen in gegossenen Blöcken oder daraus hergestellten Halbzeugen, Überlappungen, Risse, Gasporen, Lunker, Fließlinien usw. wahrzunehmen.

b) Mikroskopische Untersuchung.

Will man das Mikrogefüge untersuchen, so muß die Probe auf alle Fälle geschliffen, poliert und meistens auch geätzt werden; zur Betrachtung ist ein Mikroskop erforderlich. Von allen Verfahren ist wohl die mikroskopische Prüfung am vielseitigsten; obwohl sie bei unbekannten Stoffen meistens nicht allein angewendet wird, so bedient man sich ihrer neben fast allen anderen Untersuchungsverfahren vor allem deshalb, weil mit Hilfe des Mikroskops außerordentlich schnell und sicher Aussagen gemacht werden können. So enthüllt das Mikroskop oft die ganze *Geschichte der mechanischen und thermischen Behandlungen*, denen die Probe im Laufe der Fertigung und nachher unterworfen war. Grobkorn in Stahl z. B. deutet meist auf eine relativ niedrige Kerbschlagzähigkeit hin. Auch kann der Sauerstoffgehalt von Kupfer abgeschätzt werden, wenn er als Eutektikum aus fein verteiltem Kupfer und Kupferoxydul auftritt (Abb. 1), indem man diese dunkel gefärbten Flächen ausplanimetriert. Ähnlich kann man bei unlegierten C-Stählen den Kohlenstoffgehalt abschätzen, wobei jedoch auf die Abkühlungsgeschwindigkeit zu achten ist. Solche Beispiele könnten noch mehr aufgezählt werden, die angeführten genügen jedoch, um die Vielseitigkeit dieses Prüfverfahrens zu veranschaulichen.

Neuerdings geht man auch dazu über, Bruchflächen mikroskopisch zu untersuchen[1] (*fraktographische Untersuchung*). Hierzu wird die frische Bruchfläche senkrecht betrachtet (s. auch S. 104), zusätzlich kann sie angeätzt werden, auch gibt die Mikrohärte, die spektral-

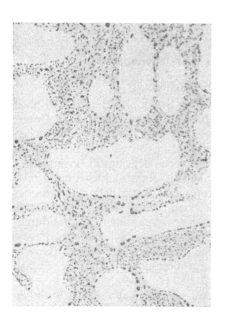

Abb. 1. Kupferoxydul (Cu₂O) in Kupfer. 500:1. Probe während des Raffinierprozesses entnommen (Westinghouse Electric).

Abb. 2. Im Einsatz gehärteter Stahl C 15. 50:1. 1 Std. bei 930 °C im C 5-Bad gehärtet und in Wasser abgeschreckt. Gefüge am Rand (oben) Martensit, nach innen zu Zwischengefüge (Bainit). (Degussa.)

analytische Untersuchung der Bruchfläche selbst usw. weitere Aufschlüsse. Als Beleuchtung wählt man am besten Schräg- oder Dunkelfeldbeleuchtung (C 9). Durch die fraktographische Untersuchung kann man z. B. zeigen, daß Graphitlamellen aufreißen, nicht aber Graphitkugeln, oder feststellen, ob gewisse Sprödbrüche interkristallin (z. B. bei Ausscheidung spröder Phasen in den Korngrenzen) oder transkristallin sind.

2. Probenahme.

Bei den ersten Untersuchungen von metallischen Werkstoffen hat sich bald herausgestellt, daß diese, auch wenn sie durch Gießen aus der gleichen Schmelze und nach gleichem Verfahren hergestellt waren, weder chemisch noch physikalisch einheitlich zu sein brauchen. Die Eigenschaften an verschiedenen Stellen

---

[1] Gießerei Bd. 42 (1955) S. 564. R. PUSCH, Stahl u. Eisen Bd. 75. (1955) S. 335. Fundamental Relations in the Fracturing of Metals. 1952. American Society for Metals, Cleveland.

einer Probe weichen oft ungewollt, oft aber auch gewollt, mehr oder weniger
voneinander ab. So hat z. B. die Haut eines Gußstücks sehr oft eine andere
chemische Zusammensetzung und andere physikalische Eigenschaften als der
Kern. Oder es kann auch vorkommen, daß trotz gleicher chemischer Zusammensetzung (z. B. bei gehärteten Kohlenstoffstählen größeren Querschnitts) die
einzelnen Stellen der Probe voneinander abweichende physikalische und mechanische Eigenschaften aufweisen. Für die Untersuchung ist es also von größter
Bedeutung, von welcher Stelle die Probe entnommen wird; deren Form und
Größe sowie die Art des Herausarbeitens hängt von den jeweiligen Gegebenheiten

ab. Zur Erläuterung sollen im folgenden einige Beispiele besprochen
werden, die zeigen, welch verschiedenartige Gesichtspunkte bei der
Probenahme berücksichtigt werden
müssen.

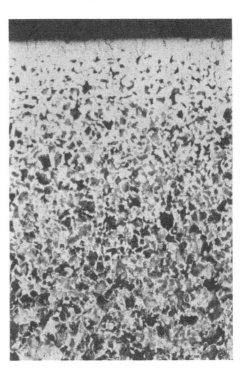

Bei *einsatzgehärtetem Stahl* (Abbildung 2) nimmt der Kohlenstoffgehalt vom Rande ausgehend bis zu
einer bestimmten Tiefe stetig ab. Man
wird also in diesem Falle die Probe
so entnehmen, daß die Randzone
und die Kernzone erfaßt werden.
Ähnliche Verhältnisse liegen auch
bei der *Randentkohlung* vor (Abb. 3),
wo der Kohlenstoff der Randzone
durch Sauerstoff oxydiert. Bei der
Untersuchung solcher Oberflächenschichten, wenn sie sehr dünn sind,
kann ein Schrägschliff sehr vorteilhaft sein.

Ein ebenso anschauliches Beispiel ist die Verteilung von *Schlacke*.
Wird schlackenhaltiger Stahl warm
gewalzt, so streckt sich die Schlacke,
wie Abb. 4 zeigt, in der Walzrichtung. Will man die Schlacke mikroskopisch nachweisen, so geschieht
dies am besten durch einen Schnitt

Abb. 3. Stahl mit etwa 0,7% C im Kern. 100:1.
Starke Randentkohlung (United States Steel).

parallel zur Walzrichtung. Der Nachweis der Schlacke im Schnitt quer zur
Walzrichtung ist wesentlich schwieriger. Kalt gewalztes Metall läßt sich ebenfalls im Schnitt parallel zu der Walzrichtung an den in dieser Richtung gestreckten Körnern erkennen. Ähnlich sind die Gefüge, wenn man von einem
Automatenstahl (∼ 0,1 % S) oder von einer bohr- und drehfähigen Knetlegierung des Kupfers (Abb. 5) oder des Aluminiums einen Schliff parallel zur
Streckrichtung herstellt.

Aus den angeführten Beispielen geht hervor, daß vor der Probenahme vollständige Klarheit darüber herrschen muß, was man prüfen will, welcher Stelle die
Probe entnommen und nach welchem Prüfverfahren sie untersucht werden soll.

Beim Abtrennen der Probe von dem zu untersuchenden Stück durch Sägen
u. ä. müssen Umwandlungen des Gefüges, die infolge zu starker Erwärmung
der Probe auftreten würden, z. B. durch Wasserkühlung, vermieden werden.
Bei weicheren Legierungen könnte die Probe durch das Einspannen verformt

werden und so bei der mikroskopischen Untersuchung zu falschen Schlüssen führen.
Um das zu vermeiden, legt man zwischen Probe und Einspannbacken am besten
zwei Holzstücke oder, bei Blei, Filzscheiben. Man beachte ferner, daß für das

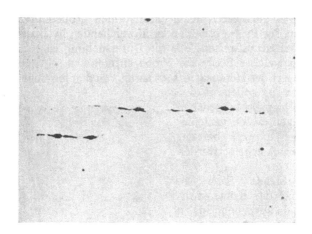

Abb. 4. Schlackenzeilen im Armco-Eisen. (Westinghouse Electric.)

Zersägen von weichen Legierungen andere Sägeblätter verwendet werden als
für harte Legierungen.

Sehr harte Proben (z. B. gehärtete Stähle) können auf verschiedene Art
durchschnitten werden. Sehr schnell geht es, wenn die Probe mit einer dünnen

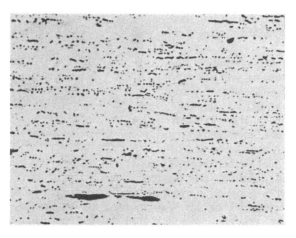

Abb. 5. Bleiverteilung in einer Automatenmessingstange, stranggepreßt. 250:1.
(58% Cu, 2,8% Pb, 0,2% Sn, 0,1% Fe, Rest Zn) chemisch poliert. Ungeätzt. (Diehl GmbH.)

Schmirgelscheibe mit großer Umdrehungsgeschwindigkeit durchschliffen wird.
Dabei muß man wissen, ob eine Erwärmung der Probe statthaft ist oder nicht.
Ferner kann man auch eine Bügelsäge oder rotierende Scheibe verwenden, bei
denen man die Stahlsäge durch nichtgezähnten weichen Bandstahl ersetzt und
während des Arbeitens mit einem Pinsel Schmirgelstaub auf die Schnitt-
stelle aufträgt. Der Staub frißt sich in den weichen Bandstahl ein, wird von

diesem mitgenommen und führt so den Schnitt herbei. Häufig sind Sägen
in Gebrauch, deren Zähne mit Hartmetall besetzt sind. Außerdem werden
wassergekühlte Trennscheiben verwendet (Abb. 6).

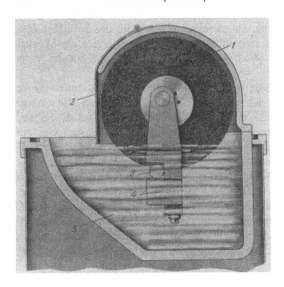

Abb. 6. Wassergekühlte Trennscheibe. (Precision Scientific Company.)

3. Probenvorbereitung für die makroskopische Untersuchung.

Die Form und Größe der zu entnehmenden Probe richtet sich nach der gestellten Aufgabe und nach den vorhandenen Geräten und Einrichtungen. Manchmal sind die zu prüfenden Stücke so klein, daß man sie insgesamt als Probe
verwenden kann. Große Stücke, z. B. lange Stangen, die über ihre ganze Länge
geprüft werden sollen, teilt man zweckmäßigerweise in mehrere kurze Stücke.

Hat man durch Sägen eine oder mehrere Proben entnommen, so kann das
Sägen das unterhalb der geschnittenen Fläche liegende Gefüge stark verändert
haben. Man muß also durch Abdrehen oder Hobeln und evtl. Schleifen so viel
von der zu untersuchenden Fläche entfernen, daß das unveränderte Gefüge,
meistens nach einer anschließenden Ätzung, zum Vorschein kommt. Je schärfer
das Ätzmittel angreift, um so weniger fein braucht die Oberfläche zu sein. So
genügt es, wenn man z. B. die Scheiben von Stahl-, Leichtmetall-, Messing-
und Bronzeblöcken mit einem gut schneidenden Stahl für die üblichen Untersuchungen vorbereitet. Muß nach der spanabhebenden Bearbeitung noch geschliffen werden, so ist ebenfalls auf gute Wärmeabfuhr zu achten (spülen, kühlen).

Brüche, Risse, Überlappungen, usw. sind sehr häufig Gegenstand der makroskopischen Untersuchung. Insofern diese Brüche durch Versagen von Bauteilen,
z. B. in der Form des *Dauerbruchs*, bereits vorliegen, erstreckt sich die ganze
Vorbereitung oft nur auf Säubern der Bruchfläche von anhaftendem Schmutz
(z. B. Staub, Öl, Fett). Oft werden jedoch Brüche im Rahmen der üblichen
Qualitätskontrolle absichtlich erzeugt. Die zur Brucherzeugung notwendigen
Verfahren werden von Fall zu Fall festgelegt. Nicht zu dicke Stangen lassen
sich oft nach Einkerben mit einer Säge und darauffolgende scharfe Schläge mit
einem Hammer brechen. Bei dickeren Stangen, Schmiedestücken, Warmpreß-
teilen u. dergl. benutzt man hierzu meistens Pressen (Zugprüfmaschinen, Schmiede-
pressen usw.).

4. Probenvorbereitung für die mikroskopische Untersuchung.

a) Schleifen.

Zur mikroskopischen Untersuchung wird ein *Schliff* — eine ebene, glatte Fläche — hergestellt. Da es sehr auf die Güte des Schliffes ankommt, sollte man, besonders wenn es sich um schwierig vorzubereitende Werkstoffe handelt, den ganzen Gang der Schliffherstellung mit einem schwach vergrößernden Mikroskop verfolgen.

Die Probe soll vor Beginn des Schleifens wenigstens eine einigermaßen ebene Fläche haben. Es ist deshalb zweckmäßig, wenn die anzuschleifende Fläche durch Drehen, Hobeln oder Feilen vorbereitet wird. Sollte sie zu hart sein, so kann eine ebene Fläche an der Schmirgelscheibe oder auf der Planschleifmaschine hergestellt werden. Geschliffen wird entweder von Hand oder maschinell. Das *Schleifen von Hand* erfordert eine längere Übung, hat aber den Vorzug, daß es auch bei empfindlichen Materialien, also bei sehr weichen oder brüchigen Proben, noch gute Schliffe liefert, deren Anfertigung mit der Maschine unmöglich wäre. So sollten die weichen Kupfer- und Aluminiumlegierungen möglichst nur von Hand geschliffen werden. Mit der *Schleifmaschine* kann man eine große Anzahl von Schliffen schnell, auch durch Ungeübte, anfertigen lassen[1]. Insbesondere dann bietet das große Vorzüge, wenn es sich um leicht vorzubereitende und stets gleichbleibende Proben handelt, wie es z. B. bei Abnahmen von Halbzeug und Reihenuntersuchungen der Werke der Fall ist, bei denen nicht äußerste Ansprüche an die Güte der Schliffe gestellt und keine Mikroaufnahmen gemacht werden. Oft wird auch nur teilweise mit der Maschine geschliffen.

Als *Schleifmittel* werden Schmirgel (Korund Al_2O_3) oder Karborundum (SiC, künstlich hergestellt) verschiedener Körnung verwendet, die in loser pulverförmiger Form oder am häufigsten mit einem Klebemittel auf Papier oder Leinen aufgebracht sind. Auch Diamantpulver wird verwendet, wenn die Gefügebestandteile große Härteunterschiede aufweisen.

Das Schleifen beginnt auf dem gröbsten Papier und die Probe wandert der Reihe nach zu immer feiner werdenden Körnungen. Auf jedem Papier wird so lange geschliffen, bis die Kratzer der vorausgegangenen Bearbeitung verschwunden sind. Das läßt sich am bequemsten dadurch erreichen, daß man die Probe beim Schleifen so hält, daß die durch das neue Papier entstehenden Kratzer senkrecht zu den alten verlaufen. Während des Schleifens darf nicht zu stark auf die Probe gedrückt werden, sonst können die spröden Bestandteile einer Legierung sehr leicht herausbrechen, und gehärtete Stähle könnten sich unzulässig hoch (über 100° C, Martensitumwandlung!) erhitzen. Bei weichen Materialien wiederum könnte

[1] Schrifttum über Schleifen und Polieren: Hanemann, H., u. A. Schrader: Z. Metallkde. Bd. 29 (1937) S. 37. — Lillpopp, E.: Zeiss-Nachr. 1934, H. 7. — Schroeder, K.: Z. Metallkde. Bd. 20 (1928) S. 31. — Schwarz, M. v.: Bl. Untersuch.- u. Forsch.-Instrum. Bd. 10 (1936) S. 19. —Dodwell, R. L., u. M. J. Wahll: Metals & Alloys 1933, S. 181. — Firma Carl Zeiss: Druckschrift Mikro 499: Herstellung metallographischer Proben und Aufnahmen. — Roll, F.: Gießerei Bd. 23 (1936) S. 645. — Diergarten, H., u. W. Erhard: Z. Metallkde. Bd. 30, Berichtheft der Hauptversammlung 1938 der Deutschen Gesellschaft für Metallkunde. — Portevin, A., u. P. Bastien: Réactifs d'attaque métallographique. Paris: Dunod 1937. — Schrader, A.: Ätzheft. Berlin: Bornträger 4. Aufl. 1957. — Berglund, T. u. A. Meyer: Handbuch der metallographischen Schleif-, Polier- und Ätzverfahren. Berlin: Springer 1939. — Pell-Walpole, W. T.: Microscopical Examination as a Guide to Quality in Engineering Tin Bronzes. Greenford (Middlessex): Tin Research Institute 1947. — The Preparation of Tin and Tin Alloys for Microscopic Examination. Greenford (Middlessex): Tin Research Institute.

die Probe in der Schleifebene verformt werden. Außerdem wäre es auch möglich, daß harte Schmirgelkörner in die weichere Probe eingedrückt und durch das Schleifen auf den nächsten Papieren wieder freigelegt werden, wodurch immer wieder grobe Kratzer auf dem Schliff entstehen würden. Um im Laufe des normalen Schleifgangs eine Verschleppung der groben Schmirgelkörner auf die feineren Papiere zu vermeiden, muß der Schliff vor Übergang zum nächsten Papier unter fließendem Wasser mit einem Wattebausch sorgfältig abgewaschen und hiernach abgetrocknet werden. Besonders wenn Probenhalter (vgl. unten) verwendet werden, muß das Abwaschen sorgfältig geschehen, denn in deren Kanten und Ecken können leicht Schmirgelkörner hängen bleiben.

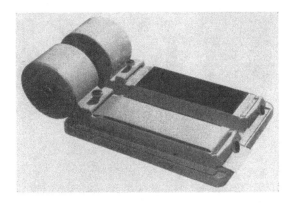

Abb. 7. Vorrichtung zur Schliffherstellung von Hand. (Buehler, Chicago.)

Die *Vorrichtungen für die Anfertigung von Schliffen* von Hand sind denkbar einfach. Das Schmirgelpapier oder -leinen (Format etwa 220 × 340 mm) wird auf eine 5 bis 10 mm dicke Glasplatte gelegt, mit der einen Hand wird festgehalten und mit der anderen die Probe auf ihm geradlinig hin- und herbewegt. Das Papier kann zwecks besseren Halts auf die Platte aufgeklebt, außerdem mit dieser auf ein Schleifbrett oder einen Sockel gelegt werden. Eine andere Vorrichtung zum Schleifen mit Hand ist aus Abb. 7 zu ersehen. Etwa 100 m Schmirgelpapier enthält jede Rolle. Das Papier ist nur etwa 100 mm breit, wodurch das Papier besser

Abb. .8 Bandschleifmaschine.

Abb. 9. Zweispindelige Schleifmaschine.

ausgenützt werden kann. Beim Schleifen mit Maschinen werden *Bandschleifmaschinen* (Abb. 8) und sich drehende *Scheiben* aus Grauguß, Aluminium, Bronze, Messing und Glas mit einem Durchmesser von 200 bis 300 mm angewendet. Bei der ersteren läuft ein gespanntes endloses Band aus Korund- oder Flintleinen (Körnungen 7 bis 4/0) über zwei Walzen, bei letzteren werden die Schmirgelpapier- oder Korundleinenblätter auf den Scheiben befestigt. Die Umdrehungszahl ist für harte Stoffe höher, für weiche niedriger. Eine einzelne Schleifscheibe wird nur selten verwendet, meistens sind 2, 3, 4 und mehr Scheiben mit Einzel- oder gemeinsamem Antrieb zu einer Anlage zusammengefaßt (Abb. 9). Für die Arbeiten auf Schleifmaschinen werden häufig *Schliffhalter* verwendet, die gleichzeitig mehrere Schliffe auf einer Scheibe halten, so daß die Schleifanlage fast vollautomatisch laufen kann[1].

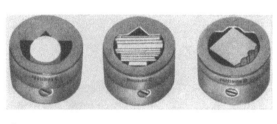

Abb. 10. Probenhalter a) und Einbettringe b).

Bei kleinen Proben empfiehlt sich die Verwendung von *Probenhaltern* oder *Einbettringen*. Bei den ersteren (Abb. 10a) werden die Proben (z. B. Bleche, Drähte usw.) zwischen zwei Backen, bei weichen oder spröden Materialien nötigenfalls mit Korkzwischenlagen, gefaßt, bei den letzteren (Abb. 10b) wird die Probe (z. B. Drehspäne usw.) in einen Spezialkitt (Schellack, Siegellack, Gemisch von Bleiglätte und Glyzerin usw.) oder in Woodsches Metall eingebettet. Gießharze, die bei niedriger Temperatur erhärten, werden häufig verwendet; die Proben werden umgossen, das Erhärten dauert 12 bis 24 Stunden.

In neuerer Zeit werden durchsichtige *Kunstharze* verwendet, in die die Proben bei höherer Temperatur unter Druck eingebettet werden. Der Druck wird entweder durch die üblichen Zugprüfmaschinen oder in kleinen, für diesen Zweck angefertigten hydraulischen Pressen erzeugt (Abb. 11). Die Probe wird mit der Schliffseite nach unten in eine zylindrische Form gelegt, mit Kunstharz bedeckt und elektrisch auf 150° C geheizt, während gleichzeitig 3 min lang mit 1 bis 3 t belastet wird. Nach Abkühlen der Form wird die zylindrische Probe ausgestoßen. Ein beschriebener Zettel kann mit eingepreßt werden. Es gibt farblose und farbige, durchsichtige und undurchsichtige, harte und weiche

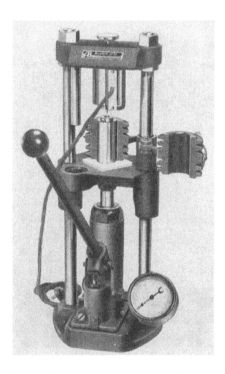

Abb. 11. Kleine hydraulische Presse zum Einbetten von Proben. (Buehler, Chicago.)

[1] Krill, F. M.: Metal Progress Bd. 70 (1956) S. 81. — Automatic Grinding and Polishing: Metallurgia Bd. 54 (1956) S. 52. — Prospekt der Precision Scientific Comp., Chicago.

Kunststoffe, die je nach Art und Härte der Legierung gewählt werden. Da die üblichen Ätzmittel die Kunststoffe nicht angreifen und die Kunststoffe elektrisch neutral sind, so können die Proben zusammen mit dem Kunststoff oder Kunstharz geätzt werden. Sehr weiche Metalle können nur ohne Druck eingebettet werden.

Bei der Anfertigung von Schliffserien werden mehrere Proben gleichzeitig geschliffen und poliert. Die Proben werden entweder mit Gips[1], selbsterhärtendem Lack usw. umgossen oder mit einem erhärtenden Lack auf einen ebenen Probenhalter geklebt[2].

Manchmal ist es notwendig, die Ränder der Proben zu schützen, damit sie durch das Schleifen und Polieren nicht abgerundet werden. Das Aufbringen von galvanischen Kupfer- oder Eisenschichten ist ein sehr wirksamer Schutz. Auf diese Weise erscheinen Ränder mit oder ohne Zunder unter dem Mikroskop vollkommen scharf.

b) Vorpolieren.

Für sorgfältige Arbeiten folgt nach einem Verfahren von H. LE CHATELIER auf das Schleifen gelegentlich das Vorpolieren. Das Schleifen wird mit dem Papier 00 abgebrochen und hieran schließt sich eine Behandlung mit *geschlämmtem Schmirgel* ($1/_2$, 1, 3, 5; 10 bis 20, 20 bis 90, 120 min geschlämmt) oder *geschlämmtem Siliziumkarbid* an. Wie beim Schleifen wandert der Schliff zu immer feiner werdenden Körnungen. Das Vorpolieren kann wieder von Hand auf einem auf eine Spiegelglasplatte gespannten Tuch oder auf einer waagerechten Filzscheibe mit geringer Umdrehungszahl (200 U/min) ausgeführt werden. Etwa 5 g Pulver werden mit dem Finger auf dem Tuch verrieben und dann mit einer reinen, klaren und durch Erkalten dick gewordenen Seifenlösung befeuchtet. Bei Leichtmetalllegierungen ist die Verwendung von Alkohol oder Spiritus empfehlenswert. Um ein Aufrauhen der Oberfläche zu vermeiden, muß sehr naß gearbeitet werden. Bei zu großen Härteunterschieden der Gefügebestandteile kann auf dem Schliff ein Relief entstehen, das Vorpolieren muß dann unterbleiben. In diesem Falle wird das Schleifen bis Papier 6/0 fortgesetzt, wobei ein Bestreichen des Papiers mit Paraffin, Petroleum, Terpentin oder Knochenöl insofern von Vorteil sein kann, als dadurch die Wirkung der Papiere etwas gemildert wird.

c) Polieren.

Unter allen Umständen muß vermieden werden, daß auf die Polierscheiben Schmirgelstaub gebracht wird. Deshalb muß nach dem Schleifen oder Vorpolieren der Schliff sorgfältig abgewaschen und auch der Schmirgelstaub unter den Fingernägeln entfernt werden. Nur auf diese Weise bleibt die Schlifffläche von Riefen frei, die, durch das Ätzen verstärkt, bei der Betrachtung stören würden. Fast durchweg wird maschinell auf *Polierscheiben* poliert, auf die ein weiches, nicht zu dickes *Tuch* feinster Qualität (z. B. Billardtuch) aufgespannt ist. Ist die Faser des Tuchs rauh, so ist es vorteilhaft, das Tuch vor dem ersten Anwenden in Wasser auszukochen. Nach Gebrauch werden die Tücher sorgfältig gewaschen und feucht aufbewahrt. Die Umdrehungszahl der Scheibe hängt von der Härte der Probe ab, bei harten Proben ist sie größer (z. B. Stahl 3000 U/min), bei weichen kleiner (z. B. Blei 500 U/min). Die Schliffe werden mit der Hand oder mit Probenhaltern an die sich drehende Scheibe gedrückt

---

[1] DIERGARTEN, H., u. W. ERHARD: Z. Metallkde. Bd. 30, Berichtheft der Hauptversammlung 1938 der Deutschen Gesellschaft für Metallkunde.
[2] Verfahren von J. SCHRAMM.

und hin- und herbewegt. Die Maschinen sind ein- oder zweispindelig mit senkrechten oder waagerechten Scheiben. In Ausnahmefällen, wenn der Schliff
besonders schonend behandelt werden muß, wird von Hand poliert, wobei es
sich manchmal empfiehlt, statt des Tuchs eine weiche *Seide, Samt,* oder *Leder*
zu verwenden. Neben dem Poliertuch ist für den Erfolg des Polierens das Poliermittel ausschlaggebend. Unter den Poliermitteln steht an erster Stelle die *Tonerde,* gelegentlich werden auch Sidol, Poliergrün (Chromoxyd), Polierrot (Eisenoxyd) und gebrannte Magnesia (z. B. bei Aluminium und dessen Legierungen)
verwendet. Die Poliermittel sind in der Regel in Wasser aufgeschlämmt, nur
wenn die Schliffe von Wasser angegriffen werden, muß in Alkohol oder Öl
aufgeschlämmt werden.

Die Tonerde wird in Wasser aufgeschlämmt und durch Absetzen in Korngrößen getrennt — Tonerde 1, 2 und 3 (nach 3, 12 und 24 h). Zur Unterscheidung
werden die Aufschlämmittel blau, weiß und violett gefärbt. Tonerde 1 eignet
sich für sehr harte und harte Legierungen (Stähle), Tonerde 2 für harte und
mittelharte Legierungen (Bronze, Messing) und Tonerde 3 für weiche Legierungen (Aluminium, Magnesium, Blei).

Das Poliermittel wird entweder als Suspension in Wasser durch Metalle
oder Hartgummizerstäuber oder Spritzflaschen in reichlicher Menge auf die
Polierscheibe gespritzt oder als feines trockenes Pulver auf die feuchte Polierscheibe gestreut. Zu trockenes Polieren würde die Schlifffläche riefig machen.
Die Scheiben werden bei Stillstand mit einem Deckel verschlossen, damit auf
sie aus der Luft keine Staubteilchen fliegen können und die Feuchtigkeit des
Poliermittels nicht verdunstet. Sollte es aber trotzdem einmal auf dem Tuch ein-
trocknen, so muß das Tuch unter fließendem Wasser mit der Bürste gründlich
gereinigt werden. Es ist selbstverständlich, daß bei gleichzeitiger Vorbereitung
harter, mittelharter und weicher Schliffe für jede Tonerde eine besondere Polierscheibe verwendet werden muß. Nach dem Polieren wird der Schliff in Alkohol,
Äther oder Ätzkali zwecks Entfettung mit dem Wattebausch abgerieben, nochmals wiederholt in reinsten Alkohol getaucht, dann mit Heißluft (Fön) getrocknet und bis zur weiteren Untersuchung in einen Exsikkator gelegt.

Für Grauguß werden zur Schonung der Graphitadern besondere Verfahren
angegeben[1]. Danach wird auf wasserfestem Siliziumkarbidpapier naß geschliffen,
auf mit Gießwachs-Tonerde getränktem Tuch vorpoliert und dann mit Dia-
mant-Schleifpaste höchstens 5 min fertig poliert. Notfalls wird noch mit einer
Paste aus kalziniertem Magnesiumoxyd auf „Seloyt"-Tuch (kurzhaariger
Samt) nachpoliert. Die Kosten des Verfahrens sind zwar höher, die Ergebnisse
aber besser als bei normalem Polieren.

Das Polieren mit *Diamantpulver* (Körnungen von 7 bis 0,25 μ), das in Pasten-
form aufgebracht wird, schont ebenso wie das Schleifen mit gröberen Diamant-
körnungen die Oberfläche, da sehr scharfer Schnitt erzielt wird. Da kein Wasser
erforderlich ist, können auch wasserzersetzliche Metalle poliert werden. Weiche
Metalle schmieren nicht, harte Einschlüsse brechen nicht aus, Hohlräume usw.
werden nicht zugeschmiert, ähnlich wie beim Mikrotom. Außerdem wird die
Polierdauer verkürzt.

Das Anfertigen von Schliffen *weicher Metalle,* wie Blei, Zinn, Silber, Gold
usw., ist nach den eben beschriebenen Verfahren sehr schwierig. Blei läßt sich
überhaupt nicht schleifen, aber auch die anderen weichen Metalle nehmen oft
trotz aller Vorsicht Schmirgelkörnchen auf. Bessere Schnittflächen erzielt man

---

[1] Samuels, L. E.: J. Iron Steel Inst. Bd. 177 (1955) S. 23 — Gießerei Bd. 42 (1955)
S. 398.

hier mit einem *Mikrotom*[1]. Dieses Verfahren eignet sich auch für die Herstellung von Schliffen aus härteren Werkstoffen wie Kupfer und Nickel. Abb. 12 zeigt das von G. REINACHER benutzte und verbesserte Mikrotom. Die Probe *1* wird direkt oder nach Einbettung in Plexiglas in den Objekthalter *2* eingespannt,

Abb. 12. Mikrotom. (R. Jung A.G., Heidelberg — verbessert von G. REINACHER, Degussa, Hanau.)

der auf dem Objektschlitten *3* mit Hilfe der Kurbel *4* und des Zahnradgetriebes *5* unter dem Messer *6* durchgeführt wird. Zur richtigen Höheneinstellung des Objekthalters *2* gegenüber dem Messer *6* ist ersterer in einer (auf der Aufnahme nicht sichtbaren) Zylinderführung verstellbar angeordnet. Die Verstellung erfolgt durch die Kurbel *7* über eine Mikrometerschraube mit Zahnkranz *8*. Die geringste, durch den Stift *9* automatisch einstellbare Höhenveränderung (und damit Schnittdicke) beträgt $2\,\mu$. Nach Ausschaltung der automatischen Vorschubregulierung lassen sich von Hand noch etwas feinere Spandicken einstellen. Mit Hilfe des Teilkreises *10* kann die Probe beim Rückwärtsgang um ein bestimmtes Maß abgesenkt und nachher wieder gehoben werden. *11* ist eine Spannzange für Proben in Plexiglas. Meist ist es zweckmäßig, die Proben mit Bohrwasser zu benetzen. Am besten beginnt man mit $10\,\mu$ dicken Spänen und geht beim letzten Schnitt bis unter $2\,\mu$ Spandicke. Als Messer genügt für weiche Werkstoffe Werkzeugstahl, zähere Metalle werden dagegen besser mit Hartmetallschneiden bearbeitet, wodurch auch die Kaltschweißung von Edelmetallbärten an das Messer vermieden wird. Abb. 13 zeigt eine mit dem beschriebenen Gerät präparierte Fläche eines wasserstoffkranken Kupfers im Vergleich zu dem üblichen mit 4/0 (erstes Bild) polierten Schliff. Bei den überschnittenen Proben lassen sich in dem gewählten Beispiel bereits ohne Ätzung (zweites Bild) Gefügeeinzelheiten erkennen, die unter Umständen für Betriebskon-

---

[1] REINACHER, G.: Z. Metallkde. Bd. 47 (1956) S. 607 u. Bd. 48 (1957) S. 610. — LUCAS, E. F.: Proc. Inst. Met. Div. AIME (1927) S. 481 — Met. Handb. 1948 ed., Cleveland, S. 955. — LILLPOPP, E.: Zeiss-Nachr. (1934) S. 20. — BENEDICKS, C., u. O. TENOW: Mikroskopie (1949) S. 129. — Siehe auch J. Iron Steel Inst. Bd. 161 (1949) S. 177.

trollen ausreichen. Im dritten Bild ist dieselbe Probe nach einer Elektrowisch-polierbehandlung zu sehen, auf die auf S. 700 noch näher eingegangen wird.

Abb. 13a. Bild von wasserstoffkrankem Kupfer mit 4/0 geschliffen. 150:1. (G. Reinacher, Degussa, Hanau.)

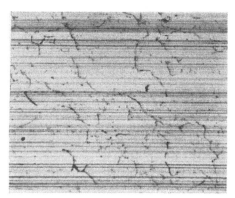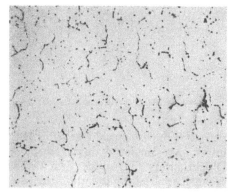

Abb. 13b. Schnittbilder von wasserstoffkrankem Kupfer. 150:1. (G. Reinacher, Degussa, Hanau.)

Betont sei noch, daß Poren und dergleichen durch das Mikrotom weniger ver-wischt werden als bei der üblichen Präparation.

An Stelle des Mikrotoms kann man behelfsmäßig für Blei z. B. auch ein Rasiermesser verwenden, das im Support einer Hobelmaschine befestigt wird. Ferner kann man, wenn das Umschmelzen der Probe statthaft ist, bei niedrig schmelzenden Stoffen eine ebene Fläche dadurch erzielen, daß man die geschmol-zenen Metalle auf ebene Glasplatten gießt.

Teils wird das Mikrotom auch zur Herstellung von Dünnschnitten aus Eisen benutzt, aus denen dann das reine Metall ausgelöst und das Skelett aus Ver-unreinigungen betrachtet wird.

5. Ätzen.

Für die makroskopische und besonders für die mikroskopische Untersuchung muß meist das Gefüge erst durch Ätzen entwickelt werden. Ohne Ätzung lassen sich nichtmetallische Einschlüsse, wie Schlacken, Oxyde, Sulfide, Phos-phide, Graphit usw., durch unterschiedliche Farben und Reflexion erkennen; Risse, Lunker, Gasblasen, Überwalzungen u. dgl. werden ebenfalls in ungeätztem

Zustande beobachtet. Die Abb. 1, 4, 5, 14, 15 und 16 zeigen das Gefüge einiger ungeätzter Proben. Aber auch in diesen Fällen empfiehlt es sich, auf die Untersuchung ohne Ätzung eine solche mit Ätzung folgen zu lassen.

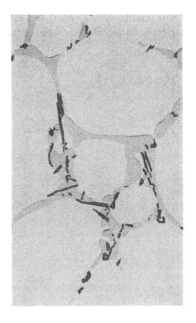

Abb. 14. Automatenstahl. 100 : 1. Nur poliert. Sulfidzeilen. (Degussa.)

Abb. 15. Aluminiumguß (6,6% Cu, 1,34% Si, Rest Al). 300 : 1. Ungeätzt, nur poliert. Aluminiummischkristalle eingebettet in Eutektikum mit Silizium, grau, und Al Cu-Kristallen, dunkel. (H. Hanemann und A. Schrader.)

a) Makroätzung.

Die Makroätzung gestaltet sich etwa folgendermaßen: Reinigen der abgedrehten oder geschliffenen Flächen von Öl- und Fettresten, Erhitzen der Probe in Wasser auf die Temperatur der Ätzlösung, dann Einbringen der Probe in die Ätzlösung, die sich in einem genügend großen Behälter befindet. Belassen der Probe während einer im voraus festgesetzten Zeit im Behälter. Herausnehmen der Probe und Abspülen unter dem Wasserhahn, wobei man die geätzte Fläche häufig mit einer weichen Bürste oder mit Watte abreibt, um anhaftende Ätzprodukte zu beseitigen. Spülen mit Alkohol und Trocknen mit heißer Luft oder Eintauchen in sauberes heißes Wasser und Trocknen der heißen Probe an der Luft. Diese starre Reihenfolge wird auch beibehalten, wenn nacheinander in mehreren Lösungen geätzt wird, wie es z. B. bei der Ätzung von Duralumin oder Messing der Fall ist.

Für die störungsfreie Ausführung der Ätzung benötigt man Schalen, Wannen, Eimer oder Becken mit einem Fassungsvermögen von 20 bis 30 Litern aus Glas, Porzellan, Kunststoffen oder säurefesten Legierungen, Stahl (bei Laugen) und Aluminium (bei Salpetersäure), Gummihandschuhe, Heizplatten, Tauchsieder mit säurebeständiger Schutzschicht, Ätzkörbe und Probenhalter.

b) Mikroätzung.

Das *Feingefüge* wird mit Hilfe der Ätzung entwickelt. Der Mechanismus der Ätzung beruht auf der bevorzugten Abtragung oder Färbung einzelner Stellen der polierten Fläche infolge Verschiedenheiten der chemischen Zusammensetzung der Phasen (z. B. bei mehrphasigen Legierungen), Verschiedenheiten des Angriffes auf Kristallflächen verschiedener Orientierung (z. B. bei einphasigen Legierungen) und Verschiedenheiten der freien Energie innerhalb eines homogenen Kornes (z. B. Korngrenzen).

Am leichtesten werden bei einphasigen Legierungen die regellos orientierten Korngrenzen als Stellen höherer freien Energie angegriffen (Korngrenzenätzung);

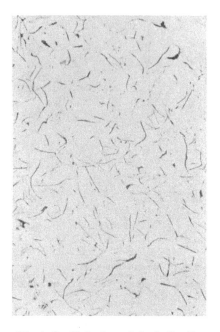

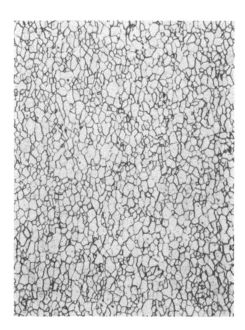

Abb. 16. Graphit im Grauguß, Sandguß, poliert. 100:1. (Internat. Nikel Co.)

Abb. 17. Korngrenzenätzung an weichem Eisen mit 0,06% C. 100:1. (Bethlehem Steel.)

bei schärferer Ätzung werden die Kornflächen je nach Orientierung der Körner verschieden stark aufgerauht (Kornflächenätzung) und schließlich erscheinen Ätzfiguren in den Einzelkörnern (Figurenätzung) durch Abbau der angeschliffenen Mosaikblöckchen. Die verschiedenen Tönungen im Gefügebild werden durch die unterschiedliche Reflexion der aufgerauhten Bezirke verursacht; bei Schrägbeleuchtung im Dunkelfeld ändert sich die Tönung beim Drehen des Schliffs. Bei mehrphasigen Gefügen können die Korngrenzen nicht immer mit Sicherheit unterschieden werden. Das Ätzmittel kann die eine Kristallart bereits weitgehend angeätzt haben (Lokalelement!), noch bevor die Korngrenzen der anderen Kristallart erscheinen. Über die Korngröße gibt in letzterem Falle das Bruchaussehen Aufschluß.

Abb. 17 gibt ein Beispiel für Korngrenzen-, Abb. 18 für Kristallflächenätzung.

Bevor ein gutes Ätzbild erhalten werden kann, ist es immer notwendig, das durch den Schleif- und Polierprozeß verformte Gefüge restlos zu entfernen. Oft muß zwei- oder dreimal hintereinander geätzt und poliert werden, bis man das unverformte Gefüge freigelegt hat, insbesondere wenn die Legierung sehr weich ist, das unrichtige Poliermittel verwendet und während des Polierens zu starker Druck angewendet wurde. Das elektrolytische oder chemische Polieren und Ätzen bietet hier Abhilfe (siehe Abschnitte g und i).

Das Ätzen wird meistens durch *Tauchen* in kalte, warme oder heiße Lösungen durchgeführt. Ein Hin- und Herbewegen der Probe in der Ätzlösung

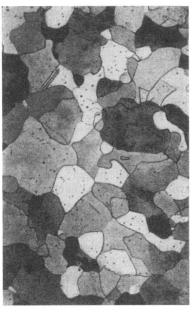

Abb. 18. Kristallflächenätzung an Elektrolyteisen.

Abb. 19. Chromstahl. (13,1% Cr, 0,63% Ni, 0,63% Mn, 0,30% Si, 0,11% C, 0,033% N, Rest Eisen). Thermisch geätzt während 2 Stunden bei 970 °C. Ofenabkühlung. 800:1. Zu beachten die Zwillinge in dem groben Korn, das trotz seiner Umwandlung die Formen des austenitischen Zustandes bewahrt hat. (ARNE FAERDEN.)

verhindert das Festsetzen von Luftblasen, ein schwaches Abreiben der Ätzfläche mit einem mit der Ätzlösung getränkten Wattebausch beschleunigt den Angriff. Durch das Ätzen wird die Schlifffläche matt. Nach genügend langem Angriff des Ätzmittels wird der Schliff in (warmem) Wasser und dann mit reinem Alkohol gespült, mit dem Föhn getrocknet und bis zur Untersuchung in den Exsikkator gelegt. Die Verfahren des *Relief-* und *Ätzpolierens*, die eine starke Reliefwirkung hervorrufen, werden auch häufig angewendet; bei dem ersten Verfahren wird auf einer weichen Unterlage (Gummi, Leder, Pergament) mit wenig Tonerde und Wasser unter sanftem Druck poliert, bei dem zweiten wird ein schwach wirkendes Ätzmittel dem Poliermittel zugefügt und der auf der Scheibe fertigpolierte Schliff von Hand mit dem chemisch wirksamen Poliermittel nachpoliert.

Die *Ätzdauer* schwankt je nach Probe, Ätzmittel und Vergrößerung zwischen wenigen Sekunden und einigen Stunden. Bei Anwendung einer geringeren Vergrößerung kann z. B. stärker geätzt werden als bei hoher Vergrößerung.

Für die mikroskopische Untersuchung der Legierungen ist eine große Anzahl von *Ätzmitteln* angegeben worden. Im allgemeinen soll man mit möglichst wenig Ätzmitteln auskommen, dafür aber um so mehr mit deren Wirkungsweise vertraut sein. Verwendet werden Lösungen von Säuren, Basen und Salzen in Wasser, Alkoholen, Essigsäureanhydrid, Glyzerin usw. Da Alkohol die Schliff-

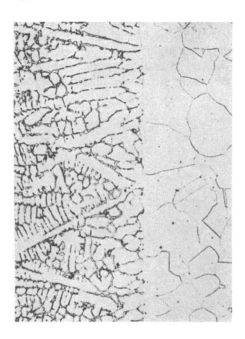

Abb. 20.
Grenzfläche einer Schweißung zwischen einem austenitischen Chrom-Nickel-Stahl und einer Kobaltlegierung. Kathodisch geätzt.
(G. L. Kehl, Columbia University).

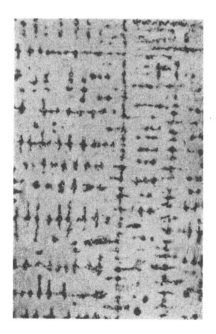

Abb. 21.
Ätzung auf Phosphor (Kristallseigerung) mit dem Oberhofferschen Ätzmittel.

fläche entfettet und deshalb besser benetzt, so greifen alkoholische Lösungen gleichmäßiger an als wäßrige.

Seltener wird die Ätzwirkung durch *Erhitzen* an der Luft (Anlaufenlassen, z. B. Stähle bei 280 bis 300° C), im Stickstoffstrom, Vakuum (Abb. 19), Chlorwasserstoffstrom oder in geschmolzenen Salzen bei höheren Temperaturen hervorgerufen.

Ein neues Ätzverfahren ist die sogenannte *kathodische Ätzung* im Vakuum, bei welcher die Probe als Kathode Teil eines Glimmentladungssystems ist. Auf diese Weise kann man das Gefüge elektrochemisch sehr ungleicher Metalle gut entwickeln; im Gegensatz hierzu ist es oft schwierig, mit den üblichen Lösungen gute Ätzungen bei solchen Legierungen zu erhalten. Abb. 20 zeigt die Grenzfläche einer Schweißung eines austenitischen Stahles und einer hitzebeständigen Kobaltlegierung.

Die Fehler, die beim Ätzen gemacht werden können, sind: Wahl eines ungeeigneten Verfahrens und/oder eines ungeeigneten Ätzmittels. Der Schliff kann ferner durch Über- oder Unterätzung verdorben werden. Dabei ist Unterätzung nicht so schlimm, weil man dann noch ein- oder zweimal nachätzen kann. Ist jedoch überätzt worden, so muß man nochmals polieren, manchmal sogar noch zuvor nachschleifen.

c) Ätzmittel für Eisen und Stahl.[1]

Für die makroskopische Ätzung des Eisens und Stahls sind u. a. die in Tab. 1 unter 1 bis 5 angegebenen Ätzmittel im Gebrauch. Zur Prüfung der *Verteilung des Phosphors* in einer Probe

[1] Metals Handbook 1948 edition, S. 389/397. Cleveland (Ohio): American Society for Metals. — ASTM Standard E 3—46 T, Section 18 to 26. — Schrader, A.: Ätzheft S. 14/25. Berlin: Bornträger 4. Aufl. 1957. — Enos, M.: Visual Examination of Steels. Cleveland (Ohio): American Society for Metals. — Vilella, J.R.: Metallographic Technique for Steels. Cleveland (Ohio): American Society for Metals 1938.

Tabelle 1. *Ätzmittel für Eisen und Stahl*[1].

Nr.	Bezeichnung	Zusammensetzung
	a) Ätzung für makroskopische Untersuchung.	
1	HEYN	10 g Kupferammoniumchlorid, 120 ml Wasser.
2	OBERHOFFER (abgeändertes Reagens von ROSENHAIN) .	500 ml Alkohol, 500 ml dest. Wasser, 42 ml HCl ($d = 1,19$ g/ml), 30 g Eisenchlorid, 1 g Kupferchlorid, 0,5 g Zinnchlorür.
3	Wäßrige Salzsäure	1000 ml Wasser, 1000 ml konz. HCl.
4	BAUMANN	Bromsilberpapier in einer Lösung aus 5 ml Schwefelsäure ($d = 1,84$ g/ml) und 1000 ml dest. Wasser getränkt, auf die Schlifffläche gedrückt und nach 1 bis 2 min in schwachem Bad ausfixiert.
5	FRY	10 ml Salzsäure ($d = 1,19$ g/ml), 100 ml Wasser, 6 g Kupferchlorid, 6 g Eisenchlorid, Probe vor Ätzen 1 h bei 200° C erwärmen.
	b) Ätzung für mikroskopische Untersuchung.	
6	Alkoholische Pikrinsäure . . .	a) 100 ml Äthylalkohol, 4 g Pikrinsäure (rasch); b) 100 ml Isoamylalkohol, 4 g Pikrinsäure (langsam).
7	Alkoholische Pikrinsäure mit HNO_3	a) 100 ml Äthylalkohol, 4 g Pikrinsäure, 5 Tropfen Salpetersäure; b) 100 ml Äthylalkohol, 5 g Pikrinsäure, 50 Tropfen Salpetersäure.
8	Alkoholische Salzsäure . . .	100 ml absol. Alkohol, 1 bis 5 ml konz. Salzsäure.
9	Alkoholische Salpetersäure . .	a) 100 ml absol. Alkohol, 1 bis 5 ml konz. Salpetersäure (rasch); b) 100 ml Isoamylalkohol, 1 bis 5 ml konz. Salpetersäure (langsam).
10	V2A-Beize	50 ml Salzsäure ($d = 1,19$ g/ml), 5 ml Salpetersäure $d = 1,40$ g/ml, 0,15 ml VOGELs Sparbeize (Rhein. Kampferwerke, Düsseldorf-Oberkassel), 50 ml Wasser.
11	Ätzmittel nach VILELLA . . .	50 ml Königswasser, 50 ml Glyzerin.
12	Natriumpikrat	25 g Natriumhydroxyd, 2 g Pikrinsäure, 75 ml Wasser.
13	Ferricyanid	a) 10 g Kaliumferricyanid, 10 g Kaliumhydroxyd, 100 ml Wasser; b) 3 g Kaliumferricyanid, 10 g Kaliumhydroxyd, 100 ml Wasser.
14	Elektrolytisches Ätzmittel . .	a) Ammoniumpersulfatlösung (10%); b) Ammoniumchloridlösung (10%).

werden die Ätzmittel 1 und 2 verwendet (Abb. 21). Das unter 3 angegebene „Tiefätzungsmittel" greift die seigerungsreichen, porösen und rissigen Stellen stark an und läßt somit *Poren, Risse u. dgl.* gut erkennen. Ätzmittel 4 dient zum *Nachweis des Schwefels* im Eisen und Ätzmittel 5 zum *Nachweis von bleibenden Verformungen* (Kraftwirkungslinien). Die Wirkung beruht darauf, daß an solchen Stellen durch ein halbstündiges Anlassen bei 200 bis 300° C feinste Ausscheidungen auftreten und dadurch beim nachträglichen Ätzen ein besonders starker Angriff (Lokalelement) erfolgt (Abb. 22).

Für die mikroskopische Untersuchung des Eisens und Stahls dienen die Lösungen 6 bis 14. Die Ätzmittel 6, 7a und 9 dienen zur ersten orientierenden Untersuchung des Mikrogefüges von allen technischen Eisen- und Stahlsorten,

---

[1] SCHRADER, A.: „Metallographische Technik" in Werkstoffhandbuch Stahl u. Eisen, 3. Aufl., Abschn. V 11. Düsseldorf: Verlag Stahl u. Eisen 1953. — Metals Handbook 1948 edition. S. 390—391, 394—397. Cleveland (Ohio): American Society for Metals.

auch von vergüteten und gehärteten Stählen. Mit den genannten Ätzmitteln lassen sich Ferrit oder Zementit neben Perlit sehr gut nachweisen, da der Ferrit schwach angegriffen wird, während der Zementit unangegriffen bleibt. Hat man schwer angreifbare legierte Stähle, so müssen stärker wirkende Ätzmittel wie 7b, 8, 10, 11 verwendet werden. Durch eine alkalische Natriumpikratlösung (Lösung 12) wird der Zementit braun gefärbt. Die Karbide und Wolframide in den Wolfram-, Chrom- und Schnellarbeitsstählen werden durch Lösung 13a angeätzt. Treten neben Zementit Nitride auf, so kommt Lösung 13b in Anwendung, wobei der Zementit schwarz und der Perlit braun gefärbt werden, aber die Nitride unangegriffen bleiben.

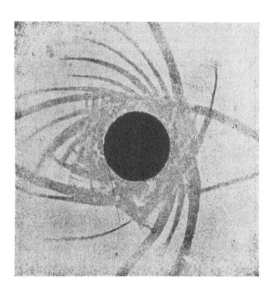

Abb. 22. Ätzung nach Fry (Kraftwirkungslinien).

Weiterhin gibt es auch Ätzmittel, die nur in besonderen Fällen verwendet werden. So lassen sich z. B. Ausscheidungsvorgänge oft auch unter dem Elektronenmikroskop nicht nachweisen, aber durch Pikrinsäurekombinationen[1] werden solche Ausscheidungen selektiv angegriffen. Ein solches Verfahren kann dann als Nachweis für eine Versprödung benutzt werden. Nach W. Werner[1] lassen sich durch eine 30 bis 60 min dauernde Ätzung mit Xylol-Pikrinsäure-Lösung und anschließendes kurzes Polieren die Korngrenzen von anlaßversprödetem Stahl gut sichtbar machen, während sie bei zähem Stahl nicht erscheinen. Nach J. Wallner[2] lassen sich sulfidische Einschlüsse in Eisenlegierungen mit Ferrit durch Doppelätzung (M. Künkele und P. Oberhoffer) gut hervorbringen.

Ein Nachteil solcher selektiv wirkender Ätzmittel ist, daß sie zwar einzelne Gefügebestandteile deutlich hervorheben, daß sie aber nicht alle Gefügebestandteile gleichzeitig erkennen lassen. Deshalb wird für legierte Stähle häufig die Anlaßätzung verwendet, da sie die einzelnen Phasen verschieden färbt; in Zweifelsfällen läßt sich an Hand des Farbumschlags bei einem anderen Ätzmittel (z. B. elektrolytische Ätzung mit Bleiazetatlösung) eine Entscheidung treffen. Temperatur und Dauer der Anlaßätzbehandlung sind verschieden. Gute Erfolge wurden damit bei der Untersuchung der ferritischen Sigmaphase[3] erzielt, aber auch bei Ausscheidung von Karbiden (Zeitstandversuche).

d) Ätzmittel für Kupfer und Kupferlegierungen.

Einige für die Makro- und Mikroätzung häufig angewendete Ätzmittel gehen aus Tab. 2 hervor; daneben gibt es noch viele Sonderätzmittel und Verfahren,

---

[1] Görlich, H. K., u. a.: Arch. Eisenhüttenw. Bd. 25 (1954) S. 613. — Erörterungsbeitrag W. Werner, Arch. Eisenhüttenw. Bd. 27 (1956) S. 147.

[2] Arch. Eisenhüttenwesen Bd. 27 (1956) S. 101.

[3] Braumann, F., u. H. Krächter: Arch. Eisenhüttenw. Bd. 25 (1954) S. 479. — Bungardt, K., u. H. Sychrovsky: Stahl u. Eisen Bd. 75 (1955) S. 25.

die teilweise spezielle Gefügebestandteile erkennen lassen[1]. Ein auch für untereutektoide Stähle brauchbares Verfahren ist nach H. KLEMM[2] die von H. KOSTRON für Aluminiumlegierungen eingeführte Schrumpfätzung, bei

Tabelle 2. *Ätzmittel für Kupfer- und Kupferlegierungen.*

Nr.	Bezeichnung	Zusammensetzung	Bemerkung
1	Ammoniak + Wasserstoffsuperoxyd	50 ml NH_4OH ($d = 0,88$ g/ml) 50 ml H_2O 20 bis 50 ml H_2O_2 (3%)	Mikroätzung Tauchätzung
2	Salpetersäure . .	Verschiedene Konzentrationen mit Spur von $AgNO_3$	Makroätzung, Tiefätzung, Tauchätzung, Nachätzen mit Nr. 3.
3	Ammoniumpersulfat	10 g $(NH_4)_2 S_2O_8$ 100 g H_2O	Mikroätzung, Tauchätzung
4a	Eisenchlorid schwach . . .	4 g $FeCl_3 \cdot 6H_2O$ 30 ml HCl ($d = 1,19$ g/ml) 1250 ml H_2O	Mikroätzung, Tauchätzung
4b	Eisenchlorid stark	5 g $FeCl_3 \cdot 6H_2O$ 30 ml HCl ($d = 1,19$ g/ml) 100 ml H_2O	
5	Elektrolytische Ätzung	30 g $FeSO_4$ 4 g NaOH 100 ml H_2SO_4 1900 ml H_2O	

der eine Schrumpfschicht entsprechend der Kristallstruktur aufreißt und so die Orientierung anzeigt. Ätzmittel: Natriumthiosulfat, Ätzdauer $^1/_2$ bis 3 (Stahl 6) min.

e) Ätzmittel für Aluminium und Aluminiumlegierungen[3].

Die gebräuchlichsten Ätzmittel für Aluminium und seine Legierungen sind in Tab. 3 zusammengefaßt.

f) Ätzmittel für Nichteisenmetalle und deren Legierungen (mit Ausnahme des Kupfers und des Aluminiums).

Für diese Metalle und Legierungen gibt es zahlreiche erprobte Ätzmittel. Als Beispiel soll hier das Bild (Abb. 23)

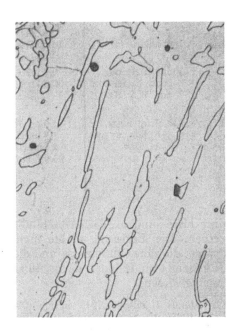

Abb. 23. Gußgefüge von Stellite 6 (58,9% Co, 1,6% Ni, 0,3% Mn, 31,1% Cr, 4,4% W, 1,5% Fe, 0,6% Si, 0,3 Mo, 1,2% C). Von 1250° C abgeschreckt. 500:1. Mit Königswasser geätzt. (Westinghouse Electric.)

---

[1] Ausführlichere Angaben: Metals Handbook 1948 edition. S. 900/902. Cleveland (Ohio): American Society for Metals. — ASTM Standard E 3—46 T Section 15—17. — SCHRADER, A.: Ätzheft S. 12/14. Berlin: Bornträger 4. Aufl. 1957.
[2] Metall Bd. 10 (1956) S. 1117.
[3] Ausführlichere Angaben: A. SCHRADER: Ätzheft S. 5/9, 1941. Berlin: Gebr. Bornträger. — Metals Handbook 1948 edition. S. 798/803. Cleveland (Ohio): American Society for Metals. — ASTM Standard E 3—46 T Section 12—14.

Tabelle 3. *Ätzmittel für Aluminium und Aluminiumlegierungen.*

Nr.	Bezeichnung	Zusammensetzung	Bemerkung
		Makroätzmittel	
1	Salzsäure-Salpetersäure .	100 ml HCl ($d = 1,19$ g/ml) 200 ml HNO_3 ($d = 1,40$ g/ml) 100 ml H_2O	Auch andere Zusammensetzungen sind üblich. Reinaluminium und Legierungen.
2	Königswasser-Flußsäure . .	75 ml HCl ($d = 1,19$ g/ml) 25 ml HNO_3 ($d = 1,40$ g/ml) 5 ml HF (48%ig)	Korngefüge von Gußstücken und der Legierungen AlMn, AlMg 3 Si, AlMgSi, AlMgSi mit geringer Menge von Cu. Dieselbe Lösung kommt auch mit mehr Zusatz von Wasser und mit anderem Verhältnis der Säuren vor, z. B. Tuckersche Lösung.
3	Tuckersche Lösung	45 ml HCl ($d = 1,19$ g/ml) 15 ml HNO_3 ($d = 1,40$ g/ml) 15 ml HF (48%ig) 25 ml H_2O	Gefüge von Schmiede- und Gußstücken.
4	Flußsäure	10 ml HF (48%ig) 90 ml H_2O	Siliziumreiche Guß- und Schmiedestücke.
5	Flicksche Lösung	15 ml HCl ($d = 1,19$ g/ml) 10 ml HF (48%ig) 90 ml H_2O	Korn von AlCuMg-Legierungen.
6	Natronlauge-Salpetersäure .	Vorätzung: 20 g NaOH, 100 ml H_2O Nachätzung: 15 ml HNO_3 ($d = 1,40$ g/ml), 100 ml H_2O	Mit Wattebausch Tauchätzung
		Mikroätzmittel	
7	Natronlauge . . .	1 bis 10 g NaOH 100 ml H_2O	50° C, Tauchätzung. Allgemeine Verwendung.
8	Flußsäurelösung nach E. H. Dix und W. D. Keith	0,5 ml HF (40%ig) 100 ml H_2O	Mit Wattebausch. 15 s. Das Ätzmittel nach Vilella enthält noch HNO_3 und Glyzerin.
9	Ätzmittel nach J. F. Keller und E. H. Dix . .	1,0 ml HF (40%ig) 1,5 ml HCl ($d = 1,19$ g/ml) 2,5 ml HNO_3 ($d = 1,40$ g/ml) 95 ml H_2O	Tauchätzung. Die Mischlösungen nach V. Fuss, Bohner, J. F. Keller und Wilcox und anderen unterscheiden sich lediglich im Verhältnis HCL:HNO_3:HF:H_2O.

einer hitze- und oxydationsbeständigen Legierung — Stellite 6 — gebracht werden. Die Legierung mußte man mit Königswasser ätzen, um die zwei Phasen, die zähe Grundmasse und die darinliegenden harten Karbide, erkennen zu können. Im Rahmen dieses Aufsatzes sei jedoch lediglich auf das Schrifttum verwiesen[1].

---

[1] Metals Handbook 1948 edition. Cleveland (Ohio): American Society for Metals. Zn: S. 1085; Mg: S. 1010; Ni: S. 1044; Pb: S. 955; Sn: S. 1069/1070; *Edelmetalle*: S. 1109; ASTM-Standard E 3—46 T. Zn: 39—41; Mg: Sections 30—32; Ni: Sections 33—34; Pb: Sections 27—29; Sn: Sections 37—38; *Edelmetalle*: Sections 35—36. Schrader, A.: Ätzheft Berlin: Bornträger 4. Aufl. 1957. Zn: S. 32/34; Mg: S. 26; Ni: S. 26; Pb: S. 27/28; Sn: S. 29; Ag: S. 1; W: S. 31.

g) Elektrolytisches Polieren und Ätzen[1].

Die Probe wird meistens bis 4/0 vorgeschliffen. Dann wird sie zur Anode einer galvanischen Zelle gemacht. Die Stromdichte, der Elektrolyt und die Kathode richten sich nach den Bedürfnissen. Die Wirkung kann man sich etwa so vorstellen, daß sich an der Anoden-fläche eine Wolke von Reaktionsproduk-ten anderer Zusammensetzung bildet als die des Elektrolyten. Der elektrische Widerstand der Wolke ist trotz ihrer geringen Dicke ziemlich groß. Die der Kathode zugewandte Seite der Wolke ist ebener als die Metalloberfläche (Abbildung 24), deshalb ist die Stromdichte und damit die Abtragung dort am größ-ten, wo die Wolke den kleinsten Quer-schnitt hat. Dadurch wird die Metall-oberfläche geebnet. Es gibt keine Lösung,

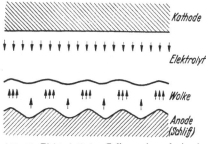

Abb. 24. Elektrolytisches Polieren einer als Anode geschalteten Metallprobe.

die sich als Elektrolyt für alle Legierungen eignet. Für Stahl und Eisen müssen andere Elektrolyte verwendet werden als für Kupferlegierungen oder für

Abb. 25. Elektropoliergerät nach BUEHLER u. WAISMAN. Vorderansicht.

Aluminiumlegierungen. Noch nicht alle, jedoch schon sehr viele Legierungen (Kohlenstoffstähle, legierte Stähle, einschließlich rostfreie Stähle, geknetetes und gegossenes Aluminium und dessen Legierungen, Aluminiumbronze, Kupfer, Magnesium, Zink, Nickel und Nickellegierungen) können nach diesem Verfahren poliert und geätzt werden. Der Hauptvorteil gegenüber den herkömmlichen Verfahren besteht in Folgendem: rasches Arbeiten auch mit ungeübtem Personal, keine verformten Oberflächen. Anschließend an das Polieren kann durch Erniedri-gung der Stromdichte sogleich geätzt werden.

---

[1] SCHAFMEISTER, P., u. K. E. VOLK: Techn. Mitt. Krupp Forschungsber. Bd. 4 (1941) S. 279. — HEYES, J.: Mitt. Forschungsges. f. Blechbearbeitung 1953, H. 4. — JAQUET, P. A.: Metall Bd. 8 (1954) S. 499. — Le Polissage Electrolytique des Surfaces Métalliques et ses Applications. Métaux. St.-Germain-en-Laye. — WINTERFELD, E. K.: Arch. Eisenhüttenw. Bd. 25 (1954) S. 393. — First Supplement to the 1948 edition of the Metals Handbook 1954, 169/179. American Society for Metals, Cleveland (Ohio). — JACQUET, P. E.: Metall-urgical Reviews Bd. 1 (1956) S. 157.

Abb. 25 zeigt ein Gerät zum elektrolytischen Polieren und Ätzen nach Buehler u. Waismann. Abb. 26 ist ein Schnitt durch das Gerät. Die Probe wird von unten bespült und ist bei ausgeschalteter Pumpe frei vom Elektrolyt,

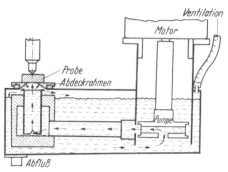

Abb. 26. Elektropoliergerät nach Buehler u. Waisman.
Wirkungsweise. (Buehler, Chicago.)

wodurch auch der Strom unterbrochen wird. Manche Geräte erlauben eine mikroskopische Verfolgung der Polier- und Ätzvorgänge während des Angriffs der Fläche durch die Lösungen[1]. Häufig werden Lösungen der Perchlorsäure angewendet, aber die Arbeitsbedingungen damit müssen genau eingehalten und die Lösungen mit äußerster Vorsicht gehandhabt werden, da heftige Explosionen auftreten können. In den letzten Jahren wurden andere, ungefährlichere Ätzmittel entwickelt, die vielfach an die Stelle von Perchlorsäure getreten sind (z. B. Phosphorsäure, Chromsäure, Bleiazetatlösung). Andere Geräte, unter dem Namen Disa-Electropol und Micropol[2], sind ebenfalls bekannt.

Zur zerstörungsfreien Werkstoffprüfung kann man auch Oberflächen größerer Werkstücke elektrolytisch anätzen und mit geeigneten Mikroskopen (Leitz) betrachten.

h) Elektrowischpolieren[3].

Während das elektrolytische Polieren und Ätzen bei homogenen Stoffen gute Erfolge zeitigt, ist es bei heterogenen, mehrphasigen Stoffen kaum anzuwenden, weil die verschiedenen Phasen zu unterschiedlich abgetragen werden (die edleren bleiben stehen). Wenn man diese Proben aber gleichzeitig auf einer Polierscheibe wischt, so erreicht man eine gleichmäßigere Politur. Zu diesem Zweck wird eine mit Silber plattierte, horizontale Polierscheibe aus Stahl zur Kathode gemacht und mit einem Plexiglasrand versehen, der es erlaubt, das Poliertuch statt mit einer Poliermittelsuspension mit einem geeigneten Elektrolyten zu bedecken. Die als Anode geschaltete, mit dem Mikrotom überschnittene oder vorgeschliffene metallographische Probe wird entweder von Hand oder unter Zuhilfenahme eines Halters über die langsam rotierende Scheibe (90 U/min) gewischt. Als Stromquelle dient ein 10stufiger Gleichrichter mit Einphasen-Zweiweg-Schaltung.

Homogene Legierungen werden am besten weiter elektrolytisch geätzt, bei heterogenen dagegen ist das Gefüge bereits durch das Elektrowischpolieren mehr oder weniger stark entwickelt. Dieses Verfahren ist besonders in Verbindung mit dem Mikrotom für weiche Metalle gut geeignet, da kein Verschmieren stattfindet und auch Poren und dergleichen (physikalische Inhomogenität) gut herauskommen. Das Verfahren hat sich bei anodisch schwer polierbaren Werkstoffen (Edelmetallen) gut bewährt. Es ist auch auf Bronzen und Messing anwendbar.

i) Chemisches Polieren.

Seit kurzer Zeit ist bekannt, daß der elektrische Strom nicht immer notwendig ist, um eine Fläche durch chemisches Abtragen zu polieren. Einige Ver-

[1] VEB Carl Zeiss, Jena.
[2] Struers, H.: Chemiske Laboratorium, Kopenhagen. — Buehler Ltd., Chicago 1 (Ill.). — Knuth-Winterfeldt (Vertrieb P. F. Dujardin u. Co., Düsseldorf).
[3] Reinacher, G.: Z. Metallkde. Bd. 48 (1957) S. 162 — ders.: Metall Bd. 7 (1957) S. 593. — Mazia, J.: Steel (1947) S. 84, 126, 128. — Nagai, K., u. K. Mano: Sci. Rep. Ritu, B (1951) S. 391, (1953) S. 389.

fahren gestatten, Metallschliffe in kurzer Zeit in einer für die mikroskopische Aufnahme geeigneten Güte herzustellen. Die gelegentliche Vorzüglichkeit dieses Verfahren soll am Beispiel der Schliffherstellung von Ms 58 (Abb. 5) erläutert werden. Ein Stück, etwa 10 × 10 mm, wird nach Feilen auf Papieren F und 2/0 vorgeschliffen. Vorbrennen: Der Schliff wird etwa 10 sek in konzentrierte Salpetersäure getaucht und mit Wasser und Alkohol abgespült. Eventuell wird kurz mit Tonerde auf Tuch und Seidensamt poliert. Glanzbrennen: Etwa 30 sek oder, je nach Gefüge, bedeutend kürzer, wird in eine Lösung folgender Zusammensetzung getaucht: 6 Teile konz. H_3PO_4, 3 Teile Essigsäureanhydrid, 1 Teil 70%ige Salpetersäure, 0,5 bis 1 Teil Wasser. Abspülen in Wasser und Alkohol beendet das Polieren. Längeres Tauchen entwickelt die Struktur und erübrigt Ätzen in einem anderen Mittel. Die Dauer der Schliffherstellung vom Feilen bis zum Beginn der mikroskopischen Untersuchung beträgt auch bei ungeschultem Personal etwas weniger als 2 min.

C. Verfahren und Einrichtungen zur Gefügebeobachtung.

1. Die makroskopische Untersuchung — Übersichtsbilder.

a) Lupen.

Große, ebene, farbenreine und verzeichnungsfreie Bilder liefern die *aplanatischen Lupen* nach A. STEINHEIL, welche Systeme von drei verkitteten Linsen darstellen. Die Vergrößerung reicht von 6:1 bis 40:1, der Sehfelddurchmesser ungefähr von 30 bis 5 mm (Abb. 27).

b) Binokulare Prismenlupen und Stereomikroskope.

Bei diesen Geräten sieht man räumlich, es bleibt also die natürliche Plastik des beobachteten Gegenstands erhalten. Risse, Überlappungen,

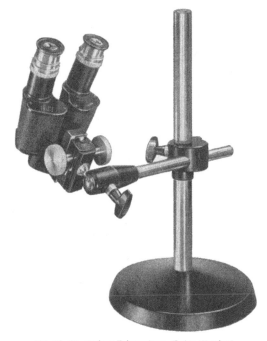

Abb. 27. Aplanatische Lupen in zylinderischer Fassung als Taschenlupe. (Leitz, Wetzlar.)

Abb. 28. Binokulare Prismenlupe. (Leitz, Wetzlar.)

Bruchflächen, Hohlräume, Korrosionen, Seigerungen usw. lassen sich so leicht untersuchen. Weitere Vorteile der Geräte sind Ausnutzung der Sehqualität beider Augen, keine Ermüdung der Augen selbst bei langer Beobachtungsdauer. Nach Vergrößerungsbereich, freiem Objektabstand und Größe des Sehfelds unterscheidet man: binokulare Prismenlupen (3,5:1 bis 30:1) und Stereomikroskope (4:1 bis 200:1). Bei den Stereomikroskopen und bei den meisten

Prismenlupen werden Doppelobjektive verwendet, bei ersteren sind sie auswechselbar, bei letzteren fest eingebaut, so daß bei ersteren die verschiedenen

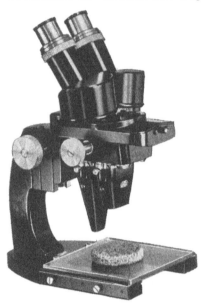

Vergrößerungen durch Wechsel der Oku-
lar- und Objektivpaare, bei letzteren
lediglich durch Wechsel der Okularpaare
erzielt werden.

Abb. 28 zeigt eine Prismenlupe. Die
Okularstutzen sind um die Objektivachsen
drehbar und gestatten so den Augenabstand
des jeweiligen Beobachters einzustellen.
Um ungleiche Sehschärfe beider Augen auszugleichen, ist das eine Okular verschiebbar. Das Gerät wird mittels Zahntrieb
scharf eingestellt.

Der Bau der Stereomikroskope gleicht
dem der Prismenlupe mit 2 Objektiven.
Zur rascheren Arbeit ist das Mikroskop
manchmal mit einem mehrfachen Objektivrevolver ausgestattet. Abb. 29 zeigt das
Leitzsche *Stereomikroskop* mit Objektiv-
schlitten. Die optischen Achsen der beiden
Mikroskoptuben schneiden sich in der Bildebene. Die Bilder werden durch Prismen

Abb. 29. Stereoskopisches Mikroskop mit konver-
gentem Einblick. (Leitz, Wetzlar.)

aufgerichtet und gewendet. Dem Augenabstand und der Sehschärfe des Beob-
achters wird wie bei den Prismenlupen Rechnung getragen. Der Einblick ist
entweder konvergent, wie in Abb. 29, oder parallel, wie bei dem *Stereomikro-*

Abb. 30. Stereomikroskop. (Carl Zeiss Oberkochen.)

skop der Firma Zeiss (Abb. 30). Eine Rändelschraube erlaubt die scharfe Einstellung des Objekts mittels Zahn und Trieb. Ein einfaches Drehen an einer Trommelschraube läßt in schneller Folge fünf verschiedene Vergrößerungen zwischen 6:1 und 40:1 einstellen; mit einem zweiten Okularpaar kann man jeweils die doppelte Vergrößerung, also bis zu 80:1 erzielen. Die geeignete Vergrößerung läßt sich so sehr leicht bestimmen.

c) Das photographische Verfahren.

Dieses soll vor allem das makroskopische Bild mit seinen Einzelheiten als Dokument für spätere Verwendung aufbewaren. Zwar sind in den meisten Fällen die Metallmikroskope auch mit zusätzlichen Einrichtungen für Makrophotographie versehen, doch haben diese Einrichtungen nur eine begrenzte Verwendungsfähigkeit, denn es können nur Stücke mit geringen Abmessungen und einfachen Belichtungsanforderungen aufgenommen werden. Stücke mit sperrigen und verwickelten Formen, die meistens schwierige Belichtungen erforderlich machen, werden am besten mit für diese Zwecke gebauten Vertikal- oder Horizontalkameras aufgenommen.

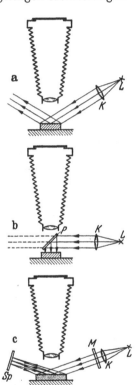

Abb. 31. a bis c. Beleuchtungsarten für makroskopische Aufnahmen.

Beleuchtungseinrichtungen und Beleuchtungsarten. Die in der Metallographie zu untersuchenden Gegenstände (Proben) lassen das Licht nicht durch. Sie werden deshalb im auffallenden Licht und nicht wie die Gesteine, Mineralien u. dgl. im durchfallenden Licht untersucht.

Die Beleuchtung der Probe erfolgt durch Tageslicht, wenn die Brennweite des Objektivs genügend groß ist (über 100 mm), andernfalls mit künstlichem Licht. Beleuchtungseinrichtungen für künstliches Licht sind in großer Anzahl vorhanden. An erster Stelle seien wegen ihrer besonderen Lichtstärke die Kohlelichtbogenlampen für Gleich- und Wechselstrom genannt. Das Licht wird durch eine in dem Lampengehäuse eingebaute Sammellinse (Kollektorlinse LK) parallel gerichtet und fällt so (Abb. 31) auf die Probe. Um ein Erwärmen zu vermeiden, wird nach der Kollektorlinse eine Kühlküvette, in die Wasser gefüllt ist, eingeschaltet. An Stelle der Bogenlampe können auch starke Glühbirnen treten. Oft will man die Probe von allen Seiten beleuchten. Man wendet dann keine punktförmige Lichtquelle an, sondern einen Kranz von Glühbirnen (Ringbeleuchtungseinrichtung von Leitz für das Panphot) oder Sofittenlampen, die über der Probe an der Kamera angebracht werden.

In Abb. 31a treffen die Lichtstrahlen, nachdem sie durch die Linse K parallel gerichtet worden sind, so auf die Probe, daß sie mit der optischen Achse einen Winkel bilden: *schiefe Beleuchtung*. Die Strahlen werden nach dem Auftreffen auf die Probe gespiegelt und mehr oder weniger zerstreut. Nur ein Teil der Strahlen gelangt in das Objektiv und ergibt hohe Kontrastwirkung. So beleuchtet werden vor allem Grobstrukturen (Bruchflächen, unregelmäßig geformte Körper). In Abb. 31b werden die durch K gegangenen parallelen Lichtstrahlen durch eine spiegelnde und durchsichtige Glasplatte P

so reflektiert, daß sie parallel zur optischen Achse der Kamera auf die Probe auftreffen: *senkrechte Beleuchtung*. Ein Teil des Lichts geht allerdings ungenützt durch das durchsichtige Glas. Nach der Reflexion an die Probe tritt ein weiterer Teil der Strahlen durch das Objektiv, der andere wird an der Glasplatte nach *L* reflektiert. Diese Beleuchtung wird bei ebenen oder spiegelnden Flächen angewendet. Häufig werden auch andere Kombinationen angewandt; so werden in Abb. 31c die vom Schliff in der Richtung nach *Sp* reflektierten Strahlen durch diesen Spiegel *Sp* in schiefer Richtung wieder auf das Bild geworfen: *zweiseitig schiefe Beleuchtung*. In Abb. 31b könnte man die durch die Glasplatte *P* nach links gegangenen Strahlen durch einen Spiegel schräg auf den Schliff werfen und so eine Kombination von senkrecht auffallender mit schiefer Beleuchtung erzielen.

Bei Verkleinerungen oder bei ganz schwachen Vergrößerungen genügt ein gewöhnlicher Photoapparat. Es ist dann zweckmäßig, den Apparat so anzuordnen, daß das Objektiv sich senkrecht über der Probe befindet.

2. Vorbemerkung zur mikroskopischen Untersuchung.[1]

Wenn die Entstehung des Bilds nach Durchgang des Lichts durch die Linse eine reine Frage der geometrischen Optik wäre, so könnte man jede beliebige Vergrößerung mit einer genügend korrigierten Linse erzielen. Man müßte den Gegenstand nur in einen bestimmten Abstand vom Brennpunkt bringen, um eine gewünschte Vergrößerung zu erreichen. Bei hohen Vergrößerungen muß jedoch auch die Wellennatur des Lichts berücksichtigt werden (Beugungen, Interferenzen). Die Vergrößerungen, die man mit den Lupen erzielen kann, erreichen mit 30:1 bis 40:1 ihre äußerste Grenze. Will man darüber hinausgehen, so muß man zusammengesetzte Linsensysteme, wie das Mikroskop, mit getrennten Linsenfolgen (Objektiv und Okular) verwenden. Es wird auf S. 711 gezeigt werden, daß jedes Objektiv eine von seiner Bauart abhängige kleinste Einzelheit eines Gegenstands eben noch „aufzulösen" vermag, so daß bei der Vergrößerung hier die obere Grenze liegt.

3. Das Mikroskop und seine Bestandteile.

Das Mikroskop besteht aus den räumlich getrennten 2 Linsenfolgen Objektiv und Okular, dem Tubus, Grob- und Feintrieb, Objekttisch, Ständer (Stativ), Beleuchtungszubehör und Lichtquelle. Abb. 32 zeigt ein *Auflichtmikroskop von Zeiss-Winkel*. Das Objektiv besteht aus einem vierfachen Revolver und kann sehr rasch gewechselt werden, ohne daß die Einstellung geändert werden muß (bei älteren Ausführungen werden die Objektive durch Einschrauben oder -schieben ausgewechselt, was viel umständlicher ist). Das große Triebrad

---

[1] Angerer, E. v.: Wissenschaftl. Photographie. Leipzig: Akad. Verlagsges. 1931. — Stade, G., u. H. Staude: Mikrophotographie. Leipzig: Akad. Verlagsges. 1939. — Malette, J.: La métallographie en couleurs appliquée à l'examen microscopique des métaux ferreux. Paris: Dunod 1938. — Allen, R. M.: The Microscope. New York: D. Van Nostrand Co., Inc. 1940. — Olliver, C. W.: The Intelligent Use of the Microscope. London: Chapman & Hall 1940. — Shillaber, C. P.: Photomicrography in Theory and Practice. New York: John Wiley and Sons, Inc. 1944. — Eastman Kodak Co.: Photomicrography. An Introduction to Photography with the Microscope. Ed. 14. Rochester, N. Y.: Company 1944. — American Society for Testing Materials: Symposium on Metallography in Colour. Philadelphia (Pa.): 1948. — Martin, L. C., and B. K. Johnson: Practical Microscopy. 2. Aufl. London: Blackie and Son, Inc. 1949. — Mott, B. W.: Von Metallen. Endeavour Bd. 12 (1953) S. 154. — Heunert, H. H.: Die Praxis der Mikrophotographie. Springer 1953. — Michel, K.: Die wissenschaftliche und angewandte Photographie. Bd. X. Die Mikrophotographie. Wien: Springer 1956.

(Grobtrieb) ist mit dem Ständer fest verbunden. Durch Drehen kann der Tubus mit Objektiv und Okular gehoben oder gesenkt werden. Die Feineinstellung wird durch die kleinere Mikrometerschraube bewirkt.

Mehr und mehr gehen die Herstellerfirmen jetzt dazu über, den Einblick zwecks Schonung der Augen binokular zu gestalten und ihn auf die andere Seite zu verlegen, damit Objekt und Objektiv besser zugänglich sind.

Als Objekttische werden die verschiedensten Ausführungen verwendet, von denen die einfachste ein mit dem Stativ fest verbundener Tisch ist. Bequemer ist das Arbeiten mit Kreuzschlittentisch, auf dem die Probe in zwei zueinander senkrecht stehenden Richtungen verschoben und — bei drehbarem Tisch — auch gedreht werden kann. Für besonders geformte Probestücke empfiehlt sich die Verwendung von Tischen mit Kugelgelenk und dergleichen. Zur Untersuchung besonders sperriger oder schwerer Proben, die auf den gewöhnlichen Objekttischen keinen Platz finden, gibt es eigens für diesen Zweck angefertigte Stative, an denen das Mikroskop in jede beliebige Lage gebracht werden kann. Als Beleuchtungszubehör wird meistens der Vertikalilluminator (siehe S. 714) verwendet, der das Licht auf die zu untersuchende Stelle fallen läßt. Er wird zwischen Objektiv und Tubus eingeschaltet. Für die subjektive Beobachtung genügen elektrische Birnen mit geringer Helligkeit. Sollen aber Aufnahmen gemacht werden, so müssen stärkere Lichtquellen (Kohle-

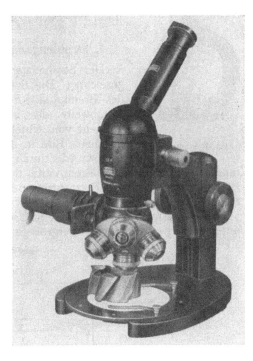

Abb. 32. Auflichtmikroskop. (Zeiss-Winkel, Göttingen.)

lichtbogenlampen, Quecksilberlampen usw.) verwendet werden. Für Aufnahmen können Kameras, die zusammen mit besonderen, für die Photographie geeigneten Okularen auf den Mikroskoptubus aufgesetzt werden, verwendet werden.

An die soeben beschriebenen Mikroskope kann man bei guter Ausrüstung bereits hohe Anforderungen stellen. Sie wurden aber in bezug auf Bequemlichkeit und Leistungsfähigkeit noch weiter verbessert, so daß man zu einer großen Anzahl neuer, wohl teurerer und umfangreicherer, aber hochleistungsfähiger Geräte gekommen ist. Diese sind meistens nach dem Prinzip von H. Le Chatelier als „umgekehrte oder gestürzte Mikroskope" gebaut. Bei dieser Anordnung befindet sich an höchster Stelle der Objekttisch, dann folgt nach unten das Objektiv usw. Solche Mikroskope werden später an Hand einiger gebräuchlicher Ausführungen noch näher beschrieben werden. Es gibt natürlich auch leistungsfähige Metallmikroskope, bei denen die optische Achse waagrecht (Martens-Mikroskop) angeordnet oder die ursprüngliche Bauweise beibehalten worden ist, jedoch werden die Geräte nach H. Le Chatelier bis jetzt vorgezogen, weil der Schliff mit der vorbereiteten Fläche nach unten auf den Objekttisch gelegt werden kann, und weil bei verschieden gestalteten Proben der Objektabstand nicht jedesmal neu eingestellt werden muß. Beim Durchmustern von Schliffen kann die gestürzte Bauart nachteilig sein, wenn nämlich der Schliff auf der Glasplatte verschoben werden muß und dabei verkratzt werden kann. Hierfür fertigt Reichert einen magnetischen Präparathalter an, an dem das Objekt frei verschoben werden kann. In diesem Fall wie auch bei der aufrechten Bauart müssen die Schliffe auf einer ebenen Glasplatte mit einer Handpresse (Abb. 33) so in Plastilin eingebettet werden, daß die Schliffläche parallel zur Glasplatte liegt, die als Unterlage verwendet wird. Neuerdings finden diese *aufrechten Mikroskope* wieder stärkere Verbreitung.

Abb. 33. Schliffpresse.

4. Strahlengang im Mikroskop und Vergrößerung.

Der Strahlengang im Mikroskop ist in Abb. 34 aufgezeichnet. Die Schliffläche AB befindet sich außerhalb des Brennpunkts F_1, aber noch innerhalb der doppelten Brennweite des immer sammelnden *Objektivs* (Ob). Es entsteht vom Objekt ein reelles, stark vergrößertes, umgekehrtes Bild in A_1B_1. Dieses Bild wird durch das *Okular* (Ok) wie durch eine Lupe betrachtet, d. h., es liegt innerhalb der einfachen Brennweite des Okulars in unmittelbarer Nähe des Brennpunkts. Durch die Betrachtung des Bildes durch das Okular entsteht vom reellen Bild A_1B_1 ein virtuelles, stark vergrößertes Bild $A_1'B_1'$.

Bei den Angaben über die *Vergrößerung eines Mikroskops* muß man streng unterscheiden zwischen der Vergrößerung bei Projektion auf die Mattscheibe,

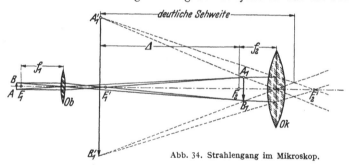

Abb. 34. Strahlengang im Mikroskop.

wie es z. B. bei Mikroaufnahmen üblich ist, und der Vergrößerung bei subjektiver Betrachtung. Die Vergrößerung bei den Mikroaufnahmen läßt sich leicht mit Hilfe eines *Objektmikrometers* ermitteln, indem man dessen mitabgebildete Teilstriche (gewöhnlich ist 1 Teilstrich 0,01 mm) auf der Mattscheibe mit dem Maßstab ausmißt und durch deren wahre Größe teilt. Bei der subjektiven Betrachtung erhält man die Gesamtvergrößerung V_M durch Multiplikation der Einzelvergrößerungen von Objektiv und Okular als das Produkt $V_{Ob} \cdot V_{Ok}$. So z. B. liefert das Objektiv 60:1 und das Okular 7:1 für V_M die Vergrößerung 420:1. Die Angabe der *Vergrößerung des Objektivs*, also 60:1 bezieht sich auf das durch das Objektiv im vorderen Brennpunkt des Okulars entworfene Bild (also in Abb. 34 A_1B_1).

Die *Vergrößerung des Okulars*, also 7:1, ist eine sogenannte *Lupenvergrößerung*. Die Voraussetzung für die Gültigkeit der Formel für die Gesamtvergrößerung ist, daß die optische Tubuslänge eingehalten wird und daß das Auge des Beobachters auf „deutliche Sehweite" 250 mm akkomodiert.

Schwieriger sind die Angaben über die Vergrößerungen, wenn die deutliche Sehweite größer oder kleiner ist als 250 mm, also bei kurz- oder langsichtigem Auge. Für die Berechnung solcher Fälle sind Formeln entwickelt worden, auf die nicht eingegangen werden soll. Es sei lediglich erwähnt, daß ein kurzsichtiges Auge, wenn es von anderen Augenfehlern, wie Astigmatismus usw. frei ist, bei schwachen Vergrößerungen den Gegenstand erheblich größer sieht, als ein normalsichtiges Auge; bei langsichtigem Auge ist es umgekehrt.

Die Gesamtvergrößerung des Mikroskops bei subjektiver Betrachtung, V_M, läßt sich auf einfache Weise so bestimmen, daß man das Mikroskop als eine Lupe auffaßt und mit dem rechten Auge ein in der Brennweite der Gesamtfolge sich befindliches Objektmikrometer betrachtet, während mit dem linken Auge ein in der deutlichen Sehweite sich befindlicher Maßstab betrachtet wird. Der Quotient aus den mit freiem Auge und im Mikroskop gleich lang erscheinenden Strecken ist die Gesamtvergrößerung des Mikroskops V_M.

Für jedes Mikroskop kann man sich eine *Vergrößerungstafel* aufstellen, wenn die Einzelvergrößerungen von Objektiv und Okular bekannt sind. Die Vergrößerungen für mikrophotographische Aufnahmen, die mit dem Objektmikrometer bestimmt werden, kann man sich für jedes Okular in einem Schaubild auftragen.

5. Objektive.

a) Achromate.

Diese sind sphärisch und chromatisch für die mittleren Farben des Spektrums korrigiert, und zwar so, daß etwa die Bilder der Farben *C* (Orange) und *F* (Grün) zusammenfallen. Wird mit einem gelbgrünen *Lichtfilter* beobachtet, so liefern sie scharfe Bilder. Würde man hingegen mit einem violetten Filter beobachten, so sind die Bilder, da für diese Farbe nicht korrigiert ist, unscharf. Aus diesem Grunde müssen photographische Aufnahmen bei Verwendung von Achromaten mit grünem Licht gemacht werden, was dadurch erreicht wird, daß man in den Strahlengang an geeigneter Stelle ein gelbgrünes Filter (gefärbtes Glas) einschaltet. Je dichter das Filter, um so mehr werden die anderen Farben gedämpft. Ein solches Filter dämpft vor allem die kurzwelligen Strahlen, die normalerweise am meisten auf die Platte wirken, so weit, daß sie nicht mehr stören.

Die Bauart dieser Objektive hängt von der Vergrößerung, für die sie verwendet werden sollen, also von der numerischen Apertur (S. 710) ab. Für die geringsten Vergrößerungen reicht eine numerische Apertur von etwa 0,10 aus. Ein solches Objektiv besteht aus zwei getrennten Linsen, die durch Verkittung je einer Linse aus gewöhnlichem Crown- und Flintglas hergestellt werden. Will man bei einem solchen Typus die Apertur vergrößern, so treten die Fehler in immer störenderem Maße hervor, so daß man gezwungen ist, den in Abb. 35 gezeigten neuen Typus zu verwenden. Bei diesem erzeugt eine einfache Linse (Frontlinse, unten) in einem aplanatischen Punkt ein von sphärischer Aberration freies, stark vergrößertes Bild, während die anderen Fehler durch zwei weitere, verkittete Linsen behoben werden. Die stärkeren Objektive dieser Art weisen nicht nur eine, sondern zwei einfache Linsen auf und haben eine numerische Apertur bis ~ 0,85 (Eigenvergrößerung 60:1), während die stärksten Objektive als sogenannte homogene Ölimmersionen gebaut werden. Bei den Immersionssystemen muß zwischen dem Objekt und der Frontlinse Öl eingebracht werden, während die schwächeren Objektive sogenannte Trockensysteme sind. Die Ölimmersion hat zunächst eine Steigerung der numerischen Apertur (S. 710) bis zu 1,3 (Vergrößerung 100:1) zur Folge, außerdem kann ein stärkeres Okular in Anwendung kommen, als bei einem Objektiv der gleichen Apertur, das als *Trockensystem* gebaut ist. Daß man bei den *Ölimmersionen* stärkere Okulare anwenden darf, beruht darauf, daß die sphärischen Abweichungen geringer bleiben. Es ist also nur günstig, wenn Ölimmersion angewendet wird; es ist aber nicht statthaft, zur Steigerung der Apertur ein Trockensystem mit Öl zu benutzen, denn das würde nur eine Bildverschlechterung herbeiführen, da die Objektive entweder als Trockensystem oder für Ölimmersion berechnet werden.

b) Fluoritsysteme (Halbapochromate, Semiapochromate).

Um eine wirksame Verringerung der chromatischen Fehler herbeizuführen, werden besondere Glasarten und Flußspat (Fluorit: CaF_2) verwendet. Die Bauart dieser Objektive ist wie die der Achromate.

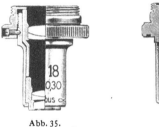

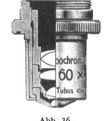

Abb. 35.
Achromat-Objektiv.

Abb. 36.
Apochromat-Objektiv (neu).

c) Apochromate.

Während bei den Achromaten die Bilder zweier Farben des Spektrums gänzlich zusammenfallen, sind die Apochromate so korrigiert, daß die Bilder dreier Farben des Spektrums, d. h. praktisch aller Farben des Spektrums, zusammenfallen. Ein Apochromat gibt also mit allen Lichtfiltern scharfe Bilder. Diese Objektive werden ebenfalls aus besonderen Glasarten und Flußspat hergestellt. Abb. 36 zeigt einen Schnitt durch einen Apochromat als Trockensystem.

6. Okulare.

Das vom Objektiv entworfene Bild wird durch das Okular wie durch eine Lupe betrachtet (Abb. 34). Das Bild befindet sich also im Brennpunkt der Lupe, eine einfache Lupe könnte demnach als Okular genügen. Das hätte aber — von einigen Fehlern abgesehen — zur Folge, daß das Okular zur Erreichung eines ausreichenden Gesichtsfelds unbequem groß würde. Man verwendet deshalb als Okular eine Kombination von zwei Linsen, von denen die eine (Feldlinse oder Kollektiv) in der Nähe des Zwischenbildes $A_1 B_1$ liegt und im Brennpunkt des Okulars ein auffangbares, in Art und Größe etwas verändertes Zwischenbild $A' B'$ entwirft (Abb. 37). Von den verschiedenen Okularen werden verwendet:

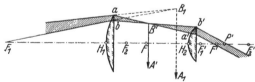

Abb. 37. Strahlengang im Huygens-Okular.

a) Das Huygenssche Okular.

Die Grundpunkte und Schnitte durch dieses sind in Abb. 37 und 38a zu ersehen. Die Punkte mit dem Index 1 beziehen sich auf die Feld-, mit dem Index 2 auf die Augenlinse und ohne Index auf das Gesamtsystem. Der Sonderfall, daß die Feld- und Augenlinsen von gleicher Stärke sind (Ramsdensches Okular) kommt selten vor. Im vorderen Brennpunkt F liegt das reelle Zwischenbild. Die Herstellung des Okulars aus 2 Linsen gibt mehrere Möglichkeiten, die Bildfehler zu beheben. Diese Möglichkeiten liegen in der verschiedenen Stärke der 2 Linsen, in der Anwendbarkeit zweier verschiedener Glasarten und auch in der Umbiegung der Linsen. Indes wird letzterer Weg kaum gegangen, da sowohl Feld- als auch Augenlinsen als plankonvexe Linsen ihre ebenen Seiten dem Auge zukehren. Diese Okulare werden in Verbindung mit dem Achromaten verwendet, sie sind für Vergrößerungen von 4:1 bis 18:1 üblich.

b) Kompensationsokulare.

Die Apochromate und starken Achromate liefern bei der Vergrößerung einen wesentlichen Fehler: einen Farbenunterschied der Vergrößerung — es ist $\beta_F > \beta_C$, wenn F und C die Farben bedeuten, für die das Objektiv korrigiert worden ist. Dieser Fehler des Gesichtsfelds wird durch das Kompensations-

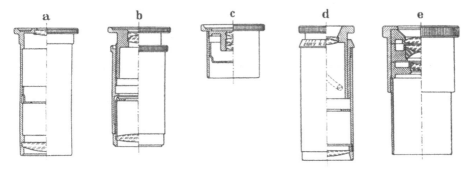

Abb. 38a bis e. Verschiedene Okulare.
a) HUYGENS-Okular; b) Kompensationsokular; c) orthoskopisches Okular; d) Projektionsokular und e) Homal III.

okular behoben. Das Okular muß also die weniger brechbaren Strahlen stärker vergrößern als die stärker brechbaren. Üblich sind Vergrößerungen von 3:1 bis 25:1. Das HUYGENSsche Okular ist in bezug auf die Hebung noch übriger Fehler (Astigmatismus, Verzeichnung) günstig, deshalb wurde die äußere Form dieses Okulars beibehalten, nur die Feld- und Augenlinsen haben, wie aus Abb. 38b hervorgeht, andere Formen bekommen.

c) Orthoskopische Okulare.

Bei den stärksten Okularen werden Feld- und Augenlinse, wie aus Abb. 38c hervorgeht, nicht scharf voneinander getrennt. Dieses Okular wird sowohl als Okular für Achromate (behobener Farbenunterschied der Vergrößerung) als auch als Kompensationsokular für Apochromate hergestellt (Vergrößerung bis 25:1).

Die unter a, b und c beschriebenen Okulare dienen zur subjektiven Betrachtung. Sollen mikrophotographische Aufnahmen gemacht werden, so müssen ebenfalls zwei getrennte Linsenfolgen (Objektiv und Okular) verwendet werden. Die Okulare, mit denen bei der subjektiven Betrachtung gearbeitet wird, werden auch in diesem Falle angewendet: die HUYGENS-Okulare mit den schwachen Achromatobjektiven, die Kompensationsokulare mit allen Apochromat- und Fluoritobjektiven und mit den starken Achromatobjektiven und die Planokulare mit den mittleren und starken Achromaten und allen Fluoritsystemen. Für photographische Zwecke wurden jedoch einige besondere Okulare entwickelt, die ein ebeneres Blickfeld als die unter a, b und c besprochenen erzeugen.

d) Projektionsokulare.

Dies sind besonders berechnete Linsenfolgen; sie bestehen aus 2 Linsen (Feldlinse und Objektivlinse) an Stelle der Augenlinse des gewöhnlichen Huygens-schen Okulars (Abb. 38d). Der Abstand der Linsen ist veränderlich, wodurch erreicht wird, daß das Okular nicht auf unendliche, sondern auf eine endliche, positive Entfernung eingestellt wird und das Bild in endlicher Entfernung entsteht. Diese Okulare sind von vornherein nur für ganz geringe Vergrößerungen (2:1 bis 6:1) berechnet. Wird die Objektivlinse so eingestellt, daß das Bild im Unendlichen entsteht, so kann das Projektionsokular auch zur subjektiven Beobachtung verwendet werden. Es hat dann dem Huygensschen und dem Kompensationsokular gegenüber den Vorteil, daß das Bild fast bis zum Rande geebnet ist. Dieser Gedanke liegt den *komplanatischen Okularen* (Vergrößerung 4:1 bis 18:1) zugrunde, die zur subjektiven Beobachtung verwendet werden, aber ein fast geebnetes Gesichtsfeld aufzeigen.

e) Homale.

Es sind Linsenfolgen mit negativer Brennweite (Abb. 38e). Mit Hilfe passender Glaswahl ist Astigmatismus und Bildfeldwölbung so ausgeglichen, daß die Abweichungen des Objektivs ziemlich behoben sind. Da die verschiedenen Objektive verschiedene, voneinander abweichende Bildfehler zeigen, müßte für jedes Objektiv ein besonderes Homal berechnet werden. Es reicht aber aus, wenn man mehrere Objektive zu einer Gruppe zusammenfaßt und für jede Gruppe nur ein Homal herstellt. Die Homale sind wie die Kompensationsokulare korrigiert, da sie in Verbindung mit den Apochromaten verwendet werden.

f) Sonderokulare[1].

Zur Messung von Korngrößen stellt Reichert Korngrößenmeßokulare her, in deren Strahlengang 6 eckige auswechselbare Raster verschiedener Größen geschaltet werden. Mit 2 Okularen kann man dann ASTM-Korngrößen von 00 bis 12 erfassen. Doppelokulare mit Meßzeiger für 2 Beobachter geben die Möglichkeit, auf Strukturen hinzudeuten und sie auszumessen.

7. Die numerische Apertur. — Das Auflösungsvermögen.

Es wurde schon erwähnt, daß der Vergrößerung einer Linsenfolge, selbst gute sphärische und chromatische Korrektion vorausgesetzt, Grenzen gesetzt sind. Bei den ersten Untersuchungen darüber hat man die grundsätzliche Bedeutung des Begriffs der *numerischen Apertur* erkannt. Man versteht darunter den Ausdruck

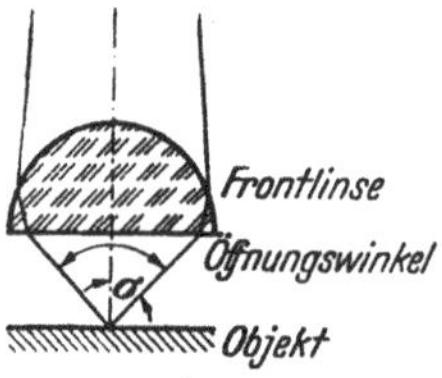

$$A = n \sin \sigma,$$

Abb. 39. Öffnungswinkel des Objektivs.

worin n die Brechungszahl des Mittels zwischen Objekt und Frontlinse des Objektivs und σ nach Abb. 39 den halben Öffnungswinkel bedeuten. Sollen möglichst kleine Einzelheiten des Objekts erkannt werden, so muß A groß werden. Normalerweise befindet sich zwischen Gegenstand und Frontlinse Luft, d. h., n ist gleich 1. An ihrer Stelle wird gelegentlich Monobromnaphthalin, Öl oder Wasser verwendet, wodurch n gleich 1,66; 1,52 oder 1,33 wird. Man sieht also, daß A in keinem Fall, selbst wenn σ seinen größten Wert von 90° annimmt, über 1,66 gesteigert werden kann. Um den

---

[1] Mitsche, R.: Z. Metallk. Bd. 41 (1956) S. 171.

Einfluß der numerischen Apertur zu zeigen, muß man kurz auf die Theorie über die Entstehung des Bildes eingehen. Der Lichtstrahl, der durch das Objektiv auf den Gegenstand fällt, wird an den Struktureinzelheiten des Gegenstands abgebeugt. Es werde als konkretes Beispiel das lamellare Gefüge von Legierungen (z. B. Perlit in Abb. 41a und b) betrachtet. Die Lamellen wirken bei sehr feiner Verteilung genau wie ein Gitter. Der einfallende Strahl (O in Abb. 40a) liefert mehrere Ordnungen abgebeugter Strahlen ($1, 1', 2, 2', 3, 3'$ usw.), die mit dem Hauptstrahl durch die Beziehung

$$\sin w_1' = \frac{\lambda}{\gamma} \ (1.\ \text{Ordnung}); \quad \sin w_2' = \frac{2\lambda}{\gamma} \ (2.\ \text{Ordnung}); \quad \sin w_n' = \frac{n\lambda}{\gamma} \ (n.\ \text{Ordnung})$$

zusammenhängen, wenn w' den Winkel des abgebeugten Strahls mit dem Hauptstrahl o, λ die Wellenlänge und γ den Abstand zweier benachbarter Lamellen bedeuten. Die abgebeugten Strahlen gelangen, wenn sie niedriger Ordnung sind, wieder in das Objektiv (in Abb. 40a Strahl 0, $1'$ und 1, in Abb. 40b 0, 1, $1'$ und 2, $2'$). Wenn sie höherer Ordnung sind, gelangen sie nicht wieder in das Objektiv und sind für die Bildung des Bildes verloren. Das Bild selbst entsteht durch Zusammenwirken der Strahlen aller Ordnungen, die vom Gegenstand in das Objektiv gelangen, und es wird dem Objekt um so ähnlicher, je mehr Ordnungen der abgebeugten Strahlen an seiner Entstehung beteiligt sind. Da nun w_n' höchstens $=\sigma$ sein kann, so müssen λ klein und γ groß sein, oder mit andern Worten, man muß möglichst kurz-

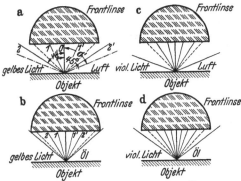

Abb. 40a bis d. Einfluß der Lichtart und Ölimmersion auf die numerische Apertur des Objektivs.

welliges Licht wählen (Abb. 40c und d), um kleine Strukturen γ noch auflösen zu können. In derselben Weise wirkt ein zwischen Objekt und Frontlinse sich befindendes Mittel mit hoher Brechkraft (Abb. 40b und d). Durch schiefe Beleuchtung (Abb. 40a) erhält man einen größeren Öffnungswinkel σ', wie es die strichpunktierte Linie zeigt, und man kann σ' bis auf fast 90° ansteigen lassen, wodurch auch die Apertur größer wird (da $A = n \sin \sigma$).

Das *Auflösungsvermögen* eines Objektivs, d. i. der Abstand γ zweier nebeneinander liegender Gefügebestandteile, die eben noch voneinander unterschieden werden können, ist bei senkrechter Beleuchtung

$$\gamma \geqq \frac{\lambda}{A}$$

bei möglichst schiefer Beleuchtung

$$\gamma \geqq \frac{\lambda}{2A}.$$

Mit Verwendung sehr starker Objektive und Monobromnaphthalinimmersion ($A = 1,60$), Licht von der Wellenlänge 550 mμ und schiefer Beleuchtung erreicht γ einen Wert $550:3,2 = 172$ mμ. Zu kleineren Werten von λ gelangt man durch die Verwendung ultravioletten Lichts[1]. Mit solchem Licht wird aber

---

[1] SMILES, J., u. H. WRIGHTON: The Microscopy of Metals in Ultraviolet Light. Proc. Roy. Soc. Bd. 58 (1934) S. 671/81.

die subjektive Betrachtung unmöglich, es muß photographiert werden und es müssen Objektive aus Quarz oder Flußspat, die meistens nur für eine ganz bestimmte Wellenlänge berechnet werden (*Monochromate*), und ebensolche Okulare verwendet werden. So gelangte man mit $\lambda = 275\ m\mu$ und schiefer Beleuchtung zu einem Auflösungsvermögen von $106\ m\mu$. Um mit den Apochromaten, die für alle Farben des sichtbaren Spektrums korrigiert sind, möglichst weitgehend auflösen zu können, muß man mit blauem Licht arbeiten.

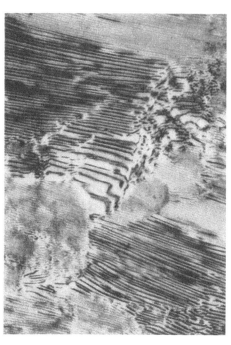

a   b

Abb. 41 a und b. a) Grün-gelbes Licht (5700 A°). 500 : 1. Der Perlit kann nicht überall aufgelöst werden.
b) Ultraviolettes Licht. 1500 : 1. Der Perlit ist überall aufgelöst. (G. L. Kehl, Columbia University.)

Da diese Objektive für die ultravioletten Strahlen nicht korrigiert sind, müssen bei photographischen Aufnahmen Lichtfilter eingeschaltet werden, die die ultravioletten Strahlen absorbieren. Solche Lichtfilter sind: 1000 ml dest. Wasser, 1 ml Schwefelsäure, 3 g Chininsulfat oder 1000 ml dest. Wasser, 5 ml Schwefelsäure, 20 g Chininsulfat. Die Abb. 41 a und b zeigen den Einfluß der Wellenlänge des Lichts.

8. Die nutzbare oder förderliche Vergrößerung.

Bei einem Objektiv von der Apertur A kann man höchstens Einzelheiten von der Größe $\lambda/2A$ erkennen. Diese kleinsten eben noch aufgelösten Einzelheiten werden mit dem Okular vergrößert, bis sie dem Auge unter einem bestimmten Winkel, der zum deutlichen Erkennen notwendig ist, erscheinen. Dieser Winkel beträgt je nach Auge 2' bis 4' bei einer deutlichen Sehweite von 250 mm. Eine Vergrößerung über diesen Wert hinaus hat keinen Zweck, es würden nur „leere" Bilder entstehen, in denen auch nicht mehr Einzelheiten zu erkennen sind, als in denen mit geringerer, aber richtiger Vergrößerung. Unter

Berücksichtigung eines Winkels von *2'* bis *4'*, der zum Erkennen notwendig ist, läßt sich aus der Formel über das Auflösungsvermögen errechnen, wie weit man bei einem gegebenen Objektiv und bei einer gegebenen Wellenlänge des Lichts mit der Vergrößerung des Okulars gehen kann. Die Vergrößerung des Mikroskops liegt bei dem Licht 550 mμ zwischen dem 500- bis 1000fachen Wert der numerischen Apertur des Objektivs, also

$$500\,A < V_M < 1000\,A.$$

An Hand dieser Angabe läßt sich z. B. bestimmen, innerhalb welcher Grenzen ein Apochromat mit $A = 0{,}65$ (Apochromat 30 von Zeiss) verwendet werden kann und welche Okulare dabei benützt werden müssen. Es ergibt sich dafür $325 < V_M < 650$. Da das Apochromat eine Eigenvergrößerung von 30 hat, so muß das Okular eine Vergrößerung von $325:30 = 11$ bis $650:30 = 22$fach haben. Es können also sämtliche Kompensationsokulare zwischen 11 und 22 angewendet werden, also $K\,10\,x$, $K\,15\,x$ und $K\,20\,x$. Will man aber Vergrößerungen über 650, so müssen stärkere Objektive verwendet werden.

9. Die Beleuchtung des Objekts.

Bei durchsichtigen Proben wird so beleuchtet, daß das Licht nach dem Durchgang durch die zu untersuchende Probe in das Objektiv gelangt. Da die Metalle undurchsichtig sind, scheidet eine solche Beleuchtung aus, die Strahlen müssen deshalb von der Ob-
jektivseite her kommen und werden erst nach ihrer Reflexion an der Metallfläche für die Abbildung wirksam. Diese Art wird als „Auflichtung" bezeichnet, im Gegensatz zur „Durchlichtung".

Auf S. 703 wurden die verschiedenen Beleuchtungs- arten für die makroskopische Untersuchung besprochen. Dieselben *Beleuchtungsarten* werden auch für das Mikro- skop angewendet. Das Objekt wird also so beleuchtet, daß alle Strahlen, die an den zur optischen Achse senkrechten Ebenen der Probe spiegeln,

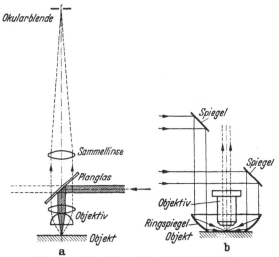

Abb. 42a und b. Hell- und Dunkelfeldbeleuchtung.

entweder in das Objektiv gelangen (*Hellfeld* in Abb. 42a) oder nach der Re- flexion am Objektiv vorbeigehen (*Dunkelfeld* in Abb. 42b). Man unterscheidet demnach zwei verschiedene Arten der Beleuchtung. Bei der ersten Art gelangen die Lichtstrahlen durch das Objektiv selbst zur Probe (Innenbeleuchtung), bei der zweiten Art außerhalb des Objektivs (Außenbeleuchtung). Im wesent- lichen verhalten sich die beiden Beleuchtungsarten wie Positiv und Negativ (Abb. 43a und b). Besondere Vorteile der Dunkelfeldbeleuchtung sind: Fehlen von störenden Reflexen, die bei Hellfeldbeleuchtung im Objektiv entstehen können, deshalb klarere Bilder; Erscheinen von farbigen Gegenständen in ihren charakteristischen Farben, da diese Beleuchtung dem Tageslicht am meisten gleicht (z. B. erscheint in Kupfer das Oxydul leuchtend rot, gegenüber blau bei Hellfeldbeleuchtung); aufgerauhte Oberflächen sind kontrastreicher als bei Hellfeld; Risse und Kratzer werden leichter erkannt, erhöhtes Auflösungsvermögen zufolge größeren Öffnungswinkels. Von einer Objektähnlichkeit des Bildes kann man jedoch nicht mehr sprechen, da die Strahlen niederer Ordnung fehlen.

a

b

Abb. 43 a und b. Magnesiumlegierung mit 9,5% Al, 0,5% Zn und 0,3% Mn, von 425° C sehr langsam abgekühlt, 600:1.
a) Hellfeld; b) Dunkelfeld.

Bei der Hellfeldbeleuchtung in Abb. 42a handelt es sich grundsätzlich um dieselbe Vorrichtung wie in Abb. 31 b mit senkrecht auffallendem Licht. Das Licht geht zum größten Teil geradlinig durch das Planglas weiter und ist für die Beleuchtung verloren. Ein geringerer Teil wird am Planglas gespiegelt, geht jedoch im Gegensatz zu der Beleuchtung in Abb. 31 b durch das Objektiv, beleuchtet den Gegenstand, gelangt nach der Spiegelung wieder in das Objektiv und von hier in das Okular. Im Gegensatz zur Abb. 31 b befindet sich das Planglas nicht zwischen Probe und Objektiv, sondern zwischen Objektiv und Okular. Diese Anordnung mußte gewählt werden, weil man mit der Frontlinse des Objektivs wegen der stärkeren Vergrößerungen sehr nahe an die Probe herangehen muß. Diese Beleuchtungseinrichtung heißt Auflicht- oder *Vertikalilluminator* (Abbildung 44), bei welchem das Licht von der Lichtquelle *L* kommend nach Reflexion an dem mit 45° gegen die optische Achse stehenden „Planglasplättchen" *S* durch das Objektiv zur Probe gelangt. Bei einer einfachen Glasplatte beträgt die Lichtausbeute nur etwa 5%, dagegen bei Verwendung von Überzügen aus Magnesiumfluorid (oben) und Zinksulfid (unten) etwa 20 bis 25%. Die Innenbeleuchtung ermöglicht auch die Anwendung von schrägem Licht (Abb. 45), wobei das Licht so auf das *Planglas* (Abb. 45 a) *oder* das *Prisma* (45 b) des Vertikalilluminators gelangt, daß es nach Durchgang durch das Objektiv schräg zur optischen Achse auf den Gegenstand

gelangt (steilschräge Innenbeleuchtung). Diese schräge Beleuchtung ist ein Zwischending zwischen Hell- und Dunkelfeld, sie läßt Kanten, Löcher usw. wegen der Schattenwirkung besser erkennen, liefert aber weniger fein gezeichnete und dunklere Bilder als die senkrechte Hellfeldbeleuchtung. Bei den totalreflektierenden Prismen geht zwar kein Licht verloren wie beim Planglasplättchen, dafür beträgt aber die Prismenfläche nur etwa $^1/_4$ des Tubusquerschnitts; die Probe erscheint nur wenig heller. Ein Nachteil ist ferner, daß Einzelheiten, die mit ihren Kanten parallel zur Prismenkante verlaufen, weniger aufgelöst werden, als bei Verwendung eines Plan-

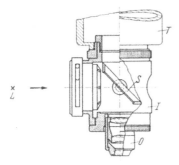

Abb. 44. Vertikalilluminator.

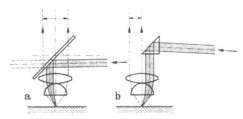

Abb. 45a und b. Steilschräge Innenbeleuchtung.
a) mit Planglasplättchen; b) mit Prisma.

glasilluminators. Das ist darauf zurückzuführen, daß für die Abbildung nur die Strahlen wirksam werden, die in dem vom Prisma nicht versperrten Teil des Tubus verlaufen. An Stelle des totalreflektierenden Prismas können auch kleine, zungenförmige Spiegel verwendet werden.

Bei der Dunkelfeldbeleuchtung (Abb. 42b) wird ebenfalls ein Vertikalilluminator mit einem um 45° zur optischen Achse geneigten, ebenen Ringspiegel verwendet. Oft befinden sich in einem gemeinsamen Vertikalilluminator Planglasplättchen, Prisma und Ringspiegel, so daß man beim Übergang vom Hellfeld zum Dunkelfeld im Vertikalilluminator lediglich den richtigen Spiegel einzuschalten hat (Reichert: Universal-Opakilluminator, Zeiss: kombinierter Illuminator usw.). Die Strahlen gelangen nach Reflexion am Ringspiegel parallel gerichtet oder schwach konvergierend in den Ringkondensor, der sie nach 1 oder 2 Spiegelungen, je nach Bauart, auf die Schlifffläche wirft. Der *Kondensor für Dunkelfeld* wird in verschiedenen Ausführungen hergestellt. Entweder ist er *mit den Objektiven fest verbunden*, so daß das Objektiv sich in der Mitte des Kondensors befindet, oder aber er ist vom Objektiv *getrennt*. Objektive, die mit dem Dunkelfeldkondensor fest verbunden sind, werden von der Firma Reichert (Epilumobjektive, Abb. 46) und Leitz (Ultropak) hergestellt. Das erstere Objektiv ist sowohl für Hellfeld- als auch für Dunkelfeldbeleuchtung anwendbar, so daß man beim Übergang von Hellfeld zu Dunkelfeld im Vertikalilluminator lediglich den Ringspiegel *a* einzuschalten braucht. Das Ultropak besitzt einen in der Höhe verstellbaren Kondensor und ist auch mit Polarisationseinrichtung lieferbar. Zur Erhöhung der Tiefenschärfe können Einhängeblenden benutzt werden, mit einem Reliefkondensor läßt sich nahezu streifende Beleuchtung erzielen. Der Kondensor kann auch mittels Zwischenhülsen für mehrere Objektive benutzt werden, jedoch empfiehlt es sich, für jedes Objektiv einen eigenen Kondensor zu nehmen. Bei den Dunkelfeldkondensoren, die vom Objektiv getrennt hergestellt werden, verwendet man bei schwächeren Vergrößerungen (bis Objektiveigenvergrößerung 40) die gewöhnlichen Objektive, für stärkere Vergrößerungen dienen Sonderobjektive, die wegen unvermeidlicher Reflexe für das Hellfeld nicht benutzt werden sollten. Für jedes Objektiv wäre eigentlich ein besonderer Kondensor erforderlich. Man behilft sich aber damit, daß man für mehrere Objektive einen gemeinsamen Kondensor (Zeiss: Hohlspiegelkondensor Nr. 1, 2 und 3; Leitz: Ringkondensor für schwache Objektive mit Höhenverstellung,

Spiegelkondensor für starke Objektive, ab M 16, Abb. 47 mit Höhenverstellung, oder mit verschiedenen Zwischenstücken) verwendet.

Genau wie es bei der Hellfeldbeleuchtung möglich ist, mit schrägem Licht zu beleuchten, kann man auch beim Dunkelfeld von der allseitigen Beleuchtung abgehen und eine einseitige Beleuchtung verwenden. Es gibt für die einseitige Beleuchtung verschiedene Einrichtungen, von denen eine aus Abb. 48 zu ersehen ist. Eine andere ist die Azimutblende.

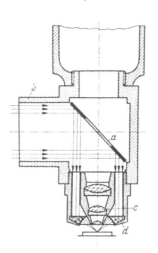

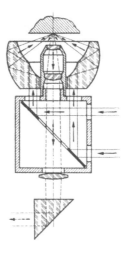

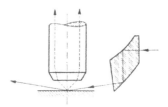

Abb. 46.
Epilumobjektiv von Reichert.
a Ringspiegel; *b* Beleuchtungsstutzen; *c* Objektiv; *d* Dunkelfeldkondensor.

Abb. 47.
Strahlengang im Dunkelfeldilluminator von Leitz.

Abb. 48.
Einseitige Dunkelfeldbeleuchtung.

10. Phasenkontrastverfahren.

F. Zernike[1] führte das Phasenkontrastprinzip für das Durchlichtmikroskop ein, das seit einigen Jahren auch für die Auflichtmikroskopie[2] nutzbar gemacht wird, um eine bessere Kontrastwirkung der Oberfläche zu erzielen. Bei Reflexion von Licht an der Oberfläche werden durch die abwechselnd erhabeneren und tieferen Stellen die verschiedene optische Aktivität der Phasen und andere Gefügeunterschiede des Schliffes *Phasenunterschiede* hervorgerufen. Solche Phasenunterschiede sind auch im reflektierten und gebeugten Licht des gewöhnlichen Mikroskops vorhanden, das menschliche Auge jedoch besitzt nicht die Eigenschaft, zwischen Licht in gleicher und ungleicher Phase zu unterscheiden. Im Phasenkontrastmikroskop werden die Phasenunterschiede durch Beeinflussung der Interferenz der verschiedenen Ordnungen des an derselben Struktureinzelheit gebeugten Lichts in Helligkeitsunterschiede verwandelt und so dem Auge wahrnehmbar gemacht.

Dieses Prinzip wird im Mikroskop folgendermaßen angewendet: Eine Ringblende wird durch den Lichtstrahl auf seinem Wege zum und vom Schliff zweimal (und bei manchen Verfahren, die eine Hilfsoptik zu Hilfe nehmen, dreimal) abgebildet (Abb. 49): erstes Bild im hinteren Brennpunkt des Objektivs, zweites Bild in derselben Größe an derselben Stelle nach erfolgtem Austritt des Lichts

---

[1] Z. techn. Phys. Bd. 16 (1935) S. 454.

[2] Walter, H.: Naturw. Bd. 37 (1950) S. 272. — Gabler, F., u. R. Mitsche: Arch. Eisenhüttenw. Bd. 23 (1952) S. 145. — Mott, B. W.: Endeavour Bd. 12 (1953) S. 154. — McLean, D.: Metal. Treatm. Drop Forgg. Bd. 18 (1951) S. 51. — Braumann, F., u. H. Krächter: Arch. Eisenhüttenw. Bd. 25 (1954) S. 479. — Pusch, R.: Stahl u. Eisen Bd. 75 (1955) S. 335. — Principles of Phase Contrast Metallography. First Supplement to the 1948 edition of the Metals Handbook, 1954, S. 165. — Seminar on Modern Research Techniques in Physical Metallurgy S. 1—32. Cleveland: American Society for Metals 1952.

zum Schliff und Wiedereintritt in das Objektiv vom Schliff (und drittes Bild mit Hilfe einer Hilfsoptik oberhalb des Objektivs). Sind keine beugenden Strukturen im Schliff vorhanden, so wird in der Ebene, wo das Bild der Ringblende entsteht, nur eine weiße Fläche sichtbar; die Abbildung ist dann ein durch das Beugungsmaximum nullter Ordnung erzeugter Ring. Am Gefüge der Probe gebeugte Strahlen dagegen erzeugen neben dem Bild der Ringblende Beugungsfiguren (1. und höhere Ordnungen). Wie bereits auf S. 711 ausgeführt wurde, sind zur Abbildung einer Struktur Strahlen mehrerer Ordnungen nötig, und je mehr Ordnungen beteiligt sind, desto ähnlicher wird das Bild. Wenn nun der bei der Beugung entstehende Phasenunterschied nicht groß ist, und auch keine oder nur geringe Intensitätsunterschiede zwischen den Strahlen verschiedener Ordnung bestehen, so erhält z. B. ein ebener homogener Schliff praktisch keine Kontraste. Man kann nun aber die gebeugten Strahlen um 90° in ihrer Phase gegenüber den ungebeugten verzögern, wenn man ein Viertel-Wellenlängen-

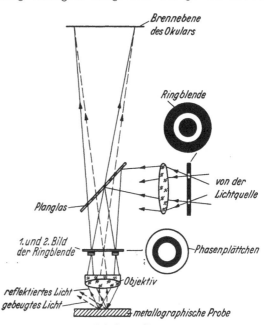

Abb. 49. Prinzip des Phasenkontrastes.

Plättchen, das einen Ringschlitz besitzt, so in den Strahlengang legt, daß das Bild der Ringblende und der Schlitz des Plättchens sich decken. Das ergibt dann einen *positiven Phasenkontrast*, weil die ungebeugten Strahlen nullter Ordnung nicht verzögert werden, während man bei Verzögerung der ungebeugten Strahlen (Viertel-Wellenlängen-Platte als Ring gestaltet, verzögert nullte Ordnung gegen höhere Ordnungen) von *negativem Phasenkontrast* spricht. Die Verzögerungswirkung der Phasenplatte wird durch eine dünne, durchsichtige Schicht aus einem Dielektrikum, z. B. Magnesiumfluorid, erzielt.

Positiver Phasenkontrast liefert von optisch dichteren Stellen dunklere Bilder, ebenso werden tieferliegende Einzelheiten dunkler, höherliegende heller als die Umgebung abgebildet. Das gilt aber nur für verhältnismäßig geringe Höhenunterschiede (bis 500 Å), darüber hinaus kehrt sich das Bild um. Die Höhenunterschiede, die praktisch jeder Schliff aufweist, liegen zwischen 10 bis 100 Å und sind bei Ätzung noch höher. Gerade diese werden durch den Phasenkontrast schön hervorgehoben, während sie bei Hellfeld fast nicht zu erkennen sind. Allerdings liefern auch Stoffunterschiede (Dichte) Kontraste, die von den Höhenunterschieden noch nicht zu trennen sind und die auch bei vollkommen ebener Oberfläche auftreten würden.

Auf Einzelheiten des Verfahrens sei hier nicht weiter eingegangen, sondern nur noch erwähnt, daß man die Kontrastwirkung steigern kann, wenn man die Intensität der ungebeugten Strahlung z. B. durch eine teilweise durchlässige Metallschicht schwächt. Sonderobjektive sind nicht nötig, auf Hellfeldbeleuchtung kann man leicht übergehen, wenn die Phasenplatte ausgerückt wird.

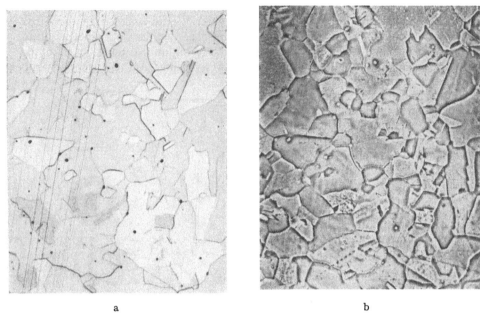

a   b

Abb. 50a und b. Reinnickel. Im Vakuum kathodisch geätzt.
a) Hellfeld; b) Phasenkontrast. 250:1 (G. L. Kehl, Columbia University).

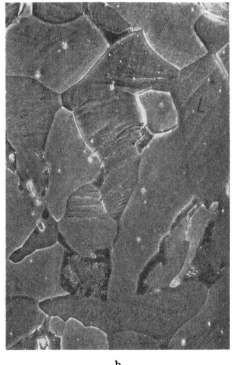

a   b

Abb. 51a und b. Gleitbänder in wechselbeanspruchtem Stahl St 37 (0,5 · 10⁶ Lw bei ± 17,5 kg/mm²).
a) Hellfeld; b) Phasenkontrastverfahren. (A. Schrader, MPI, Düsseldorf.)

Abb. 50 zeigt zwei Aufnahmen von derselben Stelle eines Nickelschliffes nach kathodischer Ätzung im Vakuum (vgl. S. 693), einmal im Hellfeld (Abb. 50a), dann im Phasenkontrast (Abb. 50b). Die zahlreicheren Einzelheiten, die der Phasenkontrast erkennen läßt, sprechen für sich. Abb. 51 zeigt die Anwendung des Phasenkontrastverfahrens bei der Ermittlung von Gleitlinien auf der Oberfläche dauerschwingbeanspruchter Proben. Die Hellfeldbeleuchtung (Abb. 51a) gibt nur gröbere Gleitbänder wieder, während das Phasenkontrastverfahren auch feinere Linien (Abb. 51b, Stelle L) erkennen läßt und die einzelnen Körner überhaupt schärfer kontrastiert. Größere Unebenheiten bei der Oberflächenuntersuchung (>500 Å) können mit diesem Verfahren, wie bereits erwähnt, nicht mit Sicherheit erfaßt werden, man kann sie aber durch Verstellen des Mikroskops messen (1 bis 2 μ).

Die Anwendungsmöglichkeit für das Phasenkontrastverfahren ist also sehr groß. Gefüge aus harten und weichen Bestandteilen (Perlit, Al-Legierungen usw.) ergeben infolge ihrer unterschiedlichen Tiefe schöne Kontraste, auch wird die Martensitstruktur gut aufgelöst. Zu beachten ist aber, daß man nicht zu stark ätzen darf; ferner sollte immer ein Vergleich mit dem Hellfeld möglich sein. Auch auf die Ähnlichkeit von elektronenoptischen und positiven Phasenkontrastbildern sei hier hingewiesen[1]. Die Arbeit mit dem Phasenkontrastverfahren soll besonders bei Reihenuntersuchungen sehr vorteilhaft sein, weil infolge der schärferen Kontraste die Betrachtung nicht so ermüdet.

11. Polarisiertes Licht.[2]

Die Strahlen, die von der Lichtquelle in das Mikroskop gelangen, stellen, wie das gewöhnliche Licht, eine transversale Wellenbewegung dar, deren Schwingungsebene in sehr kurzer Zeit alle möglichen Lagen durchläuft. Im linear polarisierten Licht, das manchmal zu den Untersuchungen verwendet wird, erfolgen die Schwingungen nur in einer bestimmten Ebene. Trifft ein solcher Strahl auf eine geeignete Kristallfläche, so ändert diese den Polarisationszustand des reflektierten Lichts. Die Änderung des Polarisationszustands des Lichts ist für die verschiedenen Stoffe und für die verschiedenen kristallographischen Formen charakteristisch und kann zur Kennzeichnung dieser Kristallarten verwendet werden.

Zur Erzeugung des polarisierten Lichts dient der *Polarisator*, ein NICOLsches Prisma. Dieses besteht, wie Abb. 52 zeigt, aus zwei mit Kanadabalsam aufeinandergekitteten Kalkspatkristallen. Es wird in der Nähe der Aperturblende in den Strahlengang eingeschoben. Das in das Prisma eintretende gewöhnliche Licht (Abbildung 52a) wird in 2 Strahlen (ordentliche

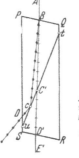
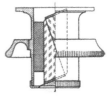

Abb. 52a und b. NICOLsches Prisma. a) Strahlengang, AE' außerordentlicher Strahl, AD ordentlicher Strahl; b) als Aufsteckanalysator.

[1] Cuckow, F. W.: J. Iron Steel Inst. Bd. 161 (1949) S. 1.
[2] Rinne, F., u. M. Berek: Optische Untersuchungen mit dem Polarisationsmikroskop. Leipzig: J. Jänecke 1934. — Schneiderhoehn, H., u. P. Ramdohr: Lehrbuch der Erzmikroskopie. 1. Bd. Berlin: Gebr. Bornträger 1935. — Schwarz, M. v.: Z. Metallkde. Bd. 24 (1932) S. 97. — Schwarz, M. v., u. H. Daschner: Z. Metallkde. Bd. 28 (1936) S. 343. — Schafmeister, P., u. E. Moll: Arch. Eisenhüttenw. Bd. 10 (1936/37) S. 155. — Mott, B. W., u. H. R. Haines: J. Inst. Metals Bd. 80 (1952) Nr. 12 S. 629. — Conn, G. K. T., u. F. J. Bradshaw: Polarised Light in Metallography. Butterworth, London 1952.

und außerordentliche) gespalten. Jeder Strahl ist polarisiert, und zwar stehen die Schwingungsebenen senkrecht aufeinander. Der ordentliche Strahl erleidet an der Kanadabalsamschicht totale Reflexion und wird nach der Seite abgelenkt, während der außerordentliche Strahl durch das zweite Prisma geht und aus diesem parallel zum eintretenden Strahl, nur etwas seitlich verschoben, austritt. Ein solcher paralleler Austritt ist natürlich nur bei bestimmter Lage der kristallographischen Hauptachse des Kalkspatkristalls, bei bestimmten Werten des Brechungswinkels usw. möglich. Inwieweit das polarisierte Licht bei der Reflexion an der Probe verändert worden ist, wird mit einem zweiten Nicolschen Prisma, dem *Analysator*, bestimmt. Dieser befindet sich in dem Tubus, meistens hinter, dem Vertikalilluminator. Stehen Polarisator und Analysator so zueinander, daß sie durch Parallelverschiebung zur Deckung gebracht werden können (Umlenkungen im Mikroskop müssen dabei mitgemacht werden!), so wird das Gesichtsfeld hell aufleuchten, wenn sich bei der Reflexion an der Probe das Licht nicht ändert. Muß aber der Analysator um einen bestimmten Betrag gedreht werden, bis das Gesichtsfeld seine maximale Helligkeit erreicht, so ist der Polarisationszustand durch Reflexion an der Probe verändert worden. Abb. 52b zeigt einen Schnitt durch einen Aufsteckanalysator.

Für die Untersuchungen im polarisierten Licht müssen besondere *Objektive*, die völlig *spannungsfrei* sind und den Polarisationszustand des Lichts nicht ändern dürfen, verwendet werden; z. B. die Apochromate und Fluoritsysteme kommen dafür nicht in Betracht.

Als Beispiel für die Anwendung von polarisiertem Licht seien die Bilder von im Lichtbogen geschmolzenem Zirkonium nach Walzen und Rekristallisation

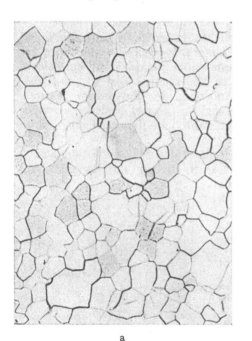 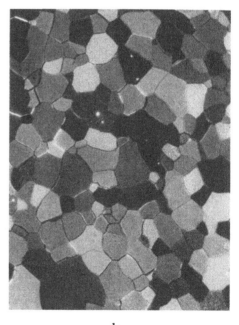

a   b

Abb. 53a und b. Im Lichtbogen geschmolzenes Zirkonium, gewalzt und geglüht bei 750° C. 250 : 1.
a) Hellfeld; b) Polarisiertes Licht. (Westinghouse Electric, F. M. Cain u. T. R. Padden.)

bei 750° C, einmal im Hellfeld, zum andernmal im polarisierten Licht. aufgenommen, angeführt: Abb. 53. Ein anderes gutes Beispiel ist Kupfer mit

Oxydul- und Sulfüreinschlüssen (Cu$_2$O und Cu$_2$S). Betrachtet man eine solche Probe im Hellfeld mit gewöhnlichem Licht, so erscheint das Kupfer hellrot, die Oxydul- und Sulfüreinschlüsse blaugrau. Bei Betrachtung mit polarisiertem Licht lassen sich die Einschlüsse dadurch sehr gut unterscheiden, daß das Oxydul blutrot, das Sulfür blaugrau erscheint. Die einzelnen Mischkristallkörner in Silizium-Kupfer-Legierungen lassen sich in ihren verschiedenen Lagen durch die verschieden hellen und voneinander abweichenden Farben gut erkennen. Schon Unterschiede in der Orientierung bis zu 2° sind feststellbar. Zur Untersuchung von Schlackeneinschlüssen und sonstigen Verunreinigungen kann das polarisierte Licht wertvolle Dienste leisten, aber auch bei der Unterscheidung von verschieden anisotropen Phasen. Eine kubische Phase wird z. B. bei gekreuzten Polarisatoren dunkel bleiben, während anisotrope Phasen beim Drehen wechselnde Helligkeit ergeben, z. B. in Abb. 53 b. Außerdem können innere Spannungen in den Legierungen nachgewiesen werden usw.

Neuerdings werden an Stelle der NICOLschen Polarisationsprismen auch *Polarisationsfolien* unter verschiedenen Firmenbezeichnungen („Polaroid", „Herotar", „Bernotar") verwendet. Sie sind den NICOLschen Prismen vorzuziehen, weil sie auch mit großem Querschnitt angewendet werden können und die Apertur der Beleuchtung wie der Abbildung nicht einschränken. Außerdem sind sie dünner und billiger.

12. Strahlengang, Blenden und Lichtquellen.

Die von der Lichtquelle kommenden Strahlen schneiden sich in der *Aperturblende* (Abb. 54a), indem die Lichtquelle mittels einer Sammellinse (Kollektor) in dieser abgebildet wird. Zwischen Aperturblende und Objektiv kommt eine

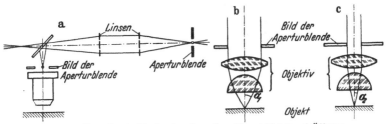

Abb. 54a bis c. Aperturblende a), mit großer b) und kleiner c) Öffnung.

weitere Folge Linsen, die die divergierenden Strahlen nochmals sammelt und nach Umlenkung im Vertikalilluminator in der Nähe der hinteren Linsen des Objektivs zum Schnitt bringt, d. h. die Aperturblende dort abbildet. Von hier gelangen die Strahlen durch das Objektiv zur Probe und schließlich von der Probe zurück durch Objektiv und Okular in das Auge. Ist die Blende ganz geöffnet, so durchsetzen die beleuchtenden Strahlen die ganze Öffnung des Objektivs (Abb. 54b) und beleuchten von der Vorderlinse des Objektivs die Probe in breitem Kegel, was eine große Apertur des Objektivs, damit volles Auflösungsvermögen und größtmögliche Helligkeit gewährleistet. Wird die Aperturblende verkleinert (Abb. 54c), so wird der beleuchtende Strahlenkegel enger, was eine Verkleinerung der Apertur des Objektivs, damit geringeres Auflösungsvermögen und Helligkeit nach sich zieht. Wenn man trotzdem nicht mit der ganz geöffneten Aperturblende arbeitet, so hat das seinen Grund darin, daß von dem an den Objektivlinsen reflektierten Licht Schleier entstehen, die besonders bei Beleuchtung mit Planglasilluminator recht störend sein können. Man blendet also nur so weit ab, als zur Vermeidung der Lichtschleier notwendig ist, denn abgesehen von den obengenannten Nachteilen können bei zu kleiner Blende grobe Strukturen mit Doppelkonturen erscheinen.

Eine weitere wichtige Blende ist die *Leuchtfeldblende* oder *Gesichtsfeldblende*. Sie ist so in den Strahlengang eingebaut, daß sie vom Objektiv auf der Probe scharf abgebildet wird. Schließt man sie, so wird das beleuchtete Feld (das Leuchtfeld) auf der Probe kleiner, ohne daß jedoch die Helligkeit oder das Auflösungsvermögen abnimmt. Ihr Zweck ist, störende Reflexe zu beseitigen und das Bild kontrastreicher zu machen.

Als *Lichtquelle* kommt bei Mikroskopen nur künstliches Licht, wie elektrische Glühbirnen und Bogenlampen in Betracht, die sich lediglich durch ihre Helligkeit unterscheiden. Bei den Lichtquellen ist es wichtig, daß die glühende Fläche möglichst klein ist. Dies ist am besten bei den Bogenlampen erfüllt. Die Lichtquellen werden in gut gelüfteten Metallgehäusen untergebracht, an denen sich an geeigneter Stelle meistens auch ein Kollektor zur Sammlung der Lichtstrahlen befindet. Als Hochleistungslampen für neue Verfahren, wie Phasenkontrast, werden neuerdings Zirkonleuchten[1] (Leuchtdichte 10000 Stilb) benutzt, deren Brennfleck aus weißglühendem Zirkonoxyd besteht und die viel gleichmäßiger brennt als der Lichtbogen; sie ist besonders auch zur Farb-Mikrophotographie geeignet. Noch 2,5mal heller brennen Quecksilber-Höchstdrucklampen, die ein diskontinuierliches Spektrum haben (Gasentladung) und somit für Farbaufnahmen nicht in Betracht kommen; Anwendung bei höchsten verlangten Lichtstärken, z. B. bei Projektion.

13. Metallmikroskope.

In der Abb. 32 (S. 705) wurde ein einfaches Auflichtmikroskop gezeigt, wie es heute für metallographische Untersuchungen vielfach verwendet wird. Für äußerste Ansprüche wird man den großen Metallmikroskopen, die meistens nach dem Prinzip von H. Le Chatelier als „umgekehrte" oder „gestürzte Mi-

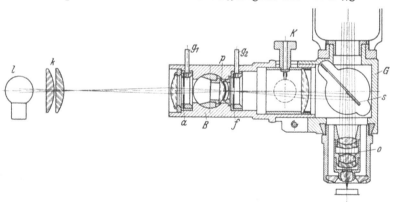

Abb. 55. Universal-Opakilluminator mit senkrechter und steilschräger Innenbeleuchtung (Hellfeld) und Außenbeleuchtung (Dunkelfeld) von Reichert.

kroskope" gebaut sind, den Vorzug geben. Bei guter Ausstattung ist auch das einfache Auflichtmikroskop ein leistungsfähiges Gerät, das durch Photozusätze auch für Aufnahmen verwendet werden kann. Verwendet man besondere Vertikalilluminatoren, so kann man bei diesen einfachen Mikroskopen auch mit

---

[1] Gabler, F.: Metall Bd. 10 (1956), S. 427.

Dunkelfeldbeleuchtung arbeiten. So zeigt z. B. Abb. 55 die Zeichnung des *Universalopakilluminators* der Fa. Reichert für steilschräge Beleuchtung im Hellfeld mit zungenförmigem Spiegel. Will man mit senkrechter Beleuchtung arbeiten, so braucht man die Spiegelebene *s* lediglich in ihrer Richtung nach rechts unten zu verschieben und die Linse *p* im Gegenuhrzeigersinn so zu verdrehen, daß das einfallende Strahlenbündel symmetrisch zur optischen Achse liegt. Bei Dunkelfeldbeleuchtung wird der Knopf *K* um 90° gedreht und es tritt die mit ihm fest verbundene, gestrichelt gezeichnete Scheibenblende in den Strahlengang. Durch geeignete Öffnung der Blenden gelangt das Licht nach Reflexion an *s* außerhalb des Linsensystems des Objektivs zum Gegenstand. Dieser Illuminator kann durch Polarisationseinrichtungen ergänzt werden, so daß man die Vorteile von polarisiertem Licht ebenfalls anwenden kann.

Derartige Metallmikroskope, die fast alle die gleiche Bauart haben und auch ähnlich im Aussehen sind, werden von allen optischen Firmen hergestellt. Sie sind meist mit schrägem, binokularem Einblick versehen, oft auch gleichzeitig für Auflicht und Durchlicht geeignet (Leitz, Ortholux, Reichert, Zetopan). Ebenfalls besteht die Möglichkeit, Durchlichtmikroskope ohne viel Mühe in ein Auflichtmikroskop umzuwandeln, indem man Auflichteinrichtungen anbringt (Standard-Mikroskop von Zeiss).

Für fraktographische Untersuchungen von Bruchflächen wird der Objekttisch allseitig neigbar gebaut, so daß die Bruchkörper in beliebiger Lage betrachtet werden können.

Im folgenden sollen einige bekannte deutsche Metallmikroskope und eins der führenden amerikanischen Mikroskope beschrieben werden.

Abb. 56 zeigt das *Neophot* von VEB Zeiss, Jena, das sich für Vergrößerungen

Abb. 56. Großes Metallmikroskop Neophot. Gesamtansicht. (VEB Zeiss, Jena.)

von 50:1 bis 2000:1 im senkrechten und schrägen Hellfeld, im Dunkelfeld, im polarisierten Licht und Phasenkontrast eignet. Mit diesem Gerät können Übersichtsaufnahmen mit senkrechter und schräger Beleuchtung und Makroaufnahmen mit photographischen Objektiven hergestellt werden. Stativ, Kamera und Beleuchtungseinrichtung ruhen auf einer *optischen Bank*, die in 4 Schwingungstöpfen erschütterungsfrei aufgehängt ist. Die Kamera wird normalerweise für Platten 9 × 12 cm und mit einem größten Balgauszug von 850 mm gebaut. Ein drehbarer Spiegel (ganz links im Bilde) gestattet Beobachtung des auf die Mattscheibe geworfenen Bilds auch im Sitzen vor dem Beobachtungstubus. Die eingestellte Kameralänge wird an einem fest angebrachten Maßstab abgelesen. Die auf beiden Seiten der optischen Bank in der Längsrichtung verlaufenden Wellen betätigen den Grob- und Feintrieb am Mikroskopkörper, so daß der Objekttisch durch Drehen der Stangen gehoben oder gesenkt werden kann. Auf der rechten Seite der Abbildung erkennt man die zweifache Beleuchtungseinrichtung: ganz rechts eine Bogenlampe mit Uhrwerksregulierung

Abb. 57. Mikroskopkörper des Neophot nach Abb. 56.

A Analysator;   *D* Blendenschieber;   *E* Wellen für Grob- und Feinferneinstellung; *F* Feineinstellung; *G* Grobeinstellung; *J* Illuminator;   *L* Leuchtblende;   *M* Maßstab;   *P* Polarisator; *S* Stift für Planglas und Prisma; *T* Tisch; *a* Aperturblende; *p* Projektionstubus; *s* Beobachtungstubus.

in einem Metallgehäuse und dann etwas nach links auf einem Reiter eine Lichtwurflampe 6 V 15 W für die subjektive Beobachtung. Zwischen den beiden Lampen befindet sich eine wassergefüllte Porzellanküvette mit parallelen Glaswänden zur Absorption der Wärmestrahlen.

Das eigentliche Mikroskop ist aus Abb. 57, der Strahlengang bei subjektiver Betrachtung und Photographieren aus Abb. 58 zu ersehen. Der kombinierte Illuminator kann sowohl für Hellfeld- als auch Dunkelfeldbeleuchtung mit gewöhnlichem und polarisiertem Licht verwendet werden. Die Polarisationseinrichtung besteht aus dem ausschwenkbaren Polarisator *P* und dem aus- und einschiebbaren Analysator *A*, der unterhalb des Vertikalilluminators angebracht ist. Am Beleuchtungsansatz sei noch besonders auf die Leuchtfeldblende *L* (Irisblende) und Aperturblende *a* hingewiesen. Die letztere kann aus der optischen Achse herausgeschoben werden, was zu schräger Beleuchtung führt. Dreht man sie in dieser exzentrischen Stellung, so macht der Lichtstrahl die Drehung im Objektiv mit, und es ist so möglich, schiefe Beleuchtung von jeder Richtung her zu erreichen. Für den Phasenkontrast sind einige Zusatzteile zum Mikroskop erforderlich.

Das *Ultraphot II* von Carl Zeiss, Oberkochen, ist für alle Zwecke der Mikroskopie und Mikrophotographie geeignet. Es ermöglicht monokulare und binokulare

Betrachtung, mikroskopische Aufnahmen bis 9 × 12 cm, Untersuchung von Objekten bis 59 mm ∅, mikrokinematographische Aufnahmen bei normalem und langsamem Bildwechsel, Zeichnen nach dem Projektionsbild, Makro- und

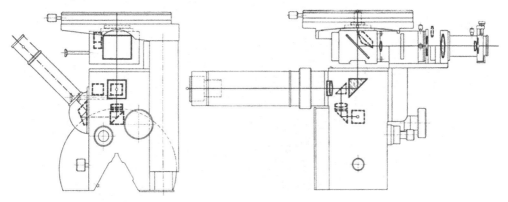

Abb. 58. Strahlengang im Neophot nach Abb. 56.

Mikroprojektion. Es können alle Arten der Beleuchtung (auffallendes oder durchfallendes Licht, Hell- oder Dunkelfeld) und des Lichts (gewöhnliches oder polarisiertes, kurz- oder lang-welliges Licht) angewendet werden. Phasenkontrast ist auch möglich.

Abb. 59 zeigt seine Anwendung als Auflicht-Mikroskop. Der Objekttisch kann gedreht und verstellt werden; der „Photo-kopf" für 9 × 12 cm enthält eine automatische Belichtungs-einrichtung, die den Verschluß von selbst nach ausreichender Belichtung schließt. Er kann gegen einen anderen Photokopf für 18 × 18 cm (ohne selbsttätige Belichtung), Kleinbildkamera oder einen Projektionskopf (Matt-scheibe mit Strichfiguren und Teilungen) ausgewechselt wer-den. Für Übersichtsaufnahmen wird der Tubuskopf gegen einen Luminarkopf ausgetauscht. Die Kameralänge kann durch Knopf-drehung um 300 mm geändert werden. Besondere Auflichtob-jektive — kombiniert mit Spie-

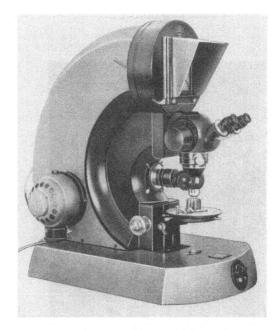

Abb. 59. Ultraphot II von Carl Zeiss, Oberkochen, als Auflicht-Mikroskop.

gelkondensoren bzw. Dunkelfeldlinsen — können an den Grundkörper ge-schraubt oder gesteckt werden. Für Projektionszwecke können Kohlelicht-bogenlampen verwendet werden.

Das *Standard-Metallmikroskop* von Zeiss-Winkel eignet sich besonders zur Reihenuntersuchung von Metallschliffen. Es ist in erster Linie für subjektive

Beobachtungen gedacht und erfüllt alle Forderungen, die an ein sogenanntes Richtreihenmikroskop gestellt werden. Es kann aber auch mit einer Zusatzeinrichtung für photographische Aufnahmen der Schliffbilder ausgestattet werden. Abb. 60 zeigt das Gerät. In dem standfesten runden Fuß ist die Lichtquelle, eine Niedervolt-Glühlampe (6 V, 15 W) untergebracht. Die Lichtaustrittsöffnung enthält eine Irisblende, die als Aperturblende wirkt. Das Beleuchtungssystem enthält eine zentrierbare Leuchtfeldblende. Die Objektive sind auf einem fünffachen Revolver befestigt, der sich ohne Heben des Tisches umschlagen läßt. Das Gehäuse des Beleuchtungssystems trägt einen nach dem Beobachter zu gerichteten Ansatz, an dem man einen monokularen oder binokularen Beobachtungstubus anklemmen kann. Es werden Objektive mit 4- bis 100facher Eigenvergrößerung und Okulare 5× und 10× verwendet; es sind also Vergrößerungen von 20:1 bis 1000:1 möglich.

Abb. 60. Standard-Metallmikroskop von Zeiss-Winkel für Reihenuntersuchung.

Abb. 61 zeigt das *Mikroskop MeF* von Reichert: Sockel gleichzeitig als Kameragehäuse ausgebildet, das eigentliche Mikroskop, den Objekttisch und die Lampe. Mit Hilfe des „Universalopakilluminators" können sämtliche Beleuchtungs- und Lichtarten angewendet werden. Aus Abb. 62 erkennt man den Strahlengang. Vertikalilluminator mit Objektiv und Beobachtungsstutzen können als Ganzes abgenommen und durch langbrennweitige Photoobjektive ersetzt werden. An der Oberseite des Mikroskopkörpers befindet sich eine Schlittenführung, auf welche der Vertikalilluminator oder die kürzerbrennweitigen Photoobjektive (Neupolar $f = 30$ und 50 mm) aufgeschoben werden. Bei subjektiver Beobachtung ist der Okulartubus *Ok* 1 mit Prisma *P* 2 ganz eingeschoben, bei der Photographie ganz herausgezogen. Die Grobeinstellung erfolgt für jedes Objektiv nach einer Skale. Der

Abb. 61. Mikroskop MeF von Reichert.

auf den Objekttisch [viereckiger Kreuztisch 150 mm × 150 mm, drehbarer Kreuztisch („Böhlertisch") 160 mm ⌀] wirkende Grobtrieb besitzt Gewichtsausgleich, wodurch auch schwere Objekte leicht gehoben und gesenkt werden können. Der Feintrieb (0,001 mm Einteilung) wirkt nur auf das Objektiv. Als Lampe, links seitwärts in einem kugelförmigen Gehäuse eines aufstrebenden Tragarms, wird eine Glühbirne L von 6 V verwendet. In dem Innern des Gehäuses befinden sich noch zur besseren Ausnützung des Lichts ein Hohlspiegel, während es mikroskopwärts einen achromatisch-aplanatischen Kollektor K mit Schneckengang trägt. Vor der Lampe sind die ausklappbaren Filterhalter angebracht. Die Kamera ist für das Plattenformat 9 × 12 cm gebaut. Die Mattscheibe M ist als Pult unmittelbar vor den Augen des Beobachters ausgebildet. Im Innern des Sockels ist der Träger für die Aufnahmeokulare $Ok\,2$. Das Auswechseln dieser Okulare geschieht durch Herausklappen ihres Trägers. Bei Aufnahmen

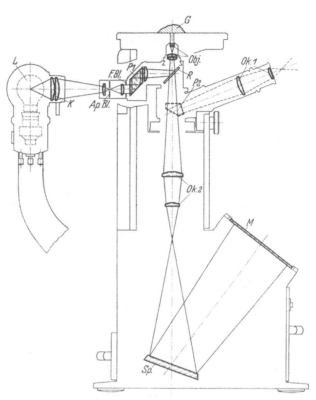

Abb. 62. Strahlengang im Mikroskop MeF nach Abb. 61.
Ap.Bl. Aperturblende; *F.Bl.* Feldblende; *G* Schliff; *K* Kollektor; *L* Lampe; *M* Mattscheibe; *Obj.* Objektiv; *Ok.* 1, *Ok.* 2 Okulare; *P₁*, *P₂* Prismen; *R* Reflektor; *Sp.* Spiegel.

mit Photoobjektiven allein, ohne Okulare, wird dieser Träger aus dem Sockel entfernt. Das Beobachtungsokular $Ok\,1$ und das Photookular $Ok\,2$ sind so ausgeglichen, daß die Bilder im Auge und auf der Mattscheibe gleichzeitig scharf erscheinen. Um dabei der verschiedenen Sehschärfe der Beobachter Rechnung zu tragen, erfolgt die visuelle Einstellung im Okulartubus mittels eines Mikrometer-Planokulars mit für die Sehschärfe des jeweiligen Beobachters einstellbarer Augenlinse. Die Kamera hat einen veränderbaren Balgenauszug, wodurch der Vergrößerungsmaßstab der Mikrophotographien stetig verändert werden kann. Das Mikroskop *MeF* hat das *MeA* praktisch ersetzt, letzteres wird nicht mehr gefertigt. Das *MeF* wird auch mit Zusatzeinrichtungen versehen, die eine Projektion erlauben. Letzteres ist besonders beim Mikroskopieren radioaktiver Substanzen unumgänglich. Auch eine Fernsehkamera kann angeschlossen werden. In solchen Fällen werden dann Zirkonleuchten oder Quecksilber-Höchstdrucklampen verwandt.

Das *Panphot* von Leitz unterscheidet sich von den bisher besprochenen Geräten dadurch, daß bei ihm nicht das LE CHATELIER-Prinzip angewendet wird (Abb. 63). Der Metallschliff zeigt mit seiner polierten Fläche nach oben, so daß der Beobachter jede Stelle der Schlifffläche sehen und nach Wunsch unter das Objektiv schieben kann, was bei gewissen Arbeiten, z. B.

Abb. 63. Panphot von Leitz.

beim Aufsuchen von Rissen, bei Schweißnähten, Einschlüssen usw., von Vorteil ist.

Ein schweres, aufrecht stehendes Grundgestell hat an seiner Vorderseite eine prismatische Führungsschiene zur Befestigung der vertikalen Spiegelreflexkamera, zwei stählerne Schwalbenschwanzführungen zum Einsetzen sowohl des Tubus und des Opakilluminators als auch des Objekttisches. Der eigentliche Mikroskopkörper bietet die Möglichkeit, seine Teile beliebig zu wechseln: drei verschiedene Tuben, zwei Objekttische und drei völlig verschiedene Illuminatoren.

Die 3 Tuben sind: Normaltubus für monokulare Beobachtung im Hellfeld, Binokulartubus für längere Beobachtung und Polarisationstubus mit einem ein- und ausschaltbaren um 90° drehbaren Analysator. Unter den 3 Illuminatoren nimmt der „Panopak" eine Sonderstellung ein, denn der eignet sich als Universalilluminator für Hellfeld- und Dunkelfeldbeleuchtung und ist somit eine Kombination der zwei anderen Illuminatoren, des Opakilluminators und Ultropaks. Das Mikroskop ist mit 2 Lichtquellen ausgestattet: einer Glühlampe (6 Volt, 5 Ampere) für die subjektive Beobachtung und einer Bogenlampe mit Uhrwerkregulierung für Arbeiten im polarisierten Licht und für Mikrophotographie.

Abb. 64 zeigt das Richtreihenmikroskop *Metallux* von Leitz, ein aufrechtes „Normal-Mikroskop" mit einer besonders zweckmäßigen Ausbildung des Stativs. Es ist zur serienmäßigen Untersuchung von Richtreihen gut geeignet. Da die serienmäßige Untersuchung von Schliffen oft für lange Zeit den Beobachter am Mikroskop festhält, so ist auch die Bedienung des Feintriebs und des Kreuztisches mit auf den Tisch gelegten Unterarmen ein beachtlicher Vorteil, der vor Ermüdung schützt. Der fünffache Objektivrevolver ermöglicht ein bequemes und rasches Wechseln der Vergrößerungen. Auch Mikroaufnahmen (sowohl Platten als auch Leica mit Film 24 × 36 mm) können hergestellt werden.

Das Mikroskop ist mit einem monokularen oder binokularen Beobachtungstubus ausgestattet. Es besitzt nur ein Okular, das bei Betätigung des fünffachen Objektivrevolvers jeweils die Vergrößerungen 50:1, 100:1, 200:1, 500:1 und 1000:1 ergibt. Der Opakilluminator hat eine variable Aperturblende. Da nur ein Okular vorhanden ist, ist keine verstellbare Sehfeldblende erforderlich wie bei Mikroskopen mit losen Objektiven und Okularen. Ein ein- und ausschaltbares Umlenkprisma am Tubus ermöglicht den unmittelbaren Übergang von subjektiver Betrachtung zur Mikrophotographie.

Das Metallux wird auch mit Phasenkontrast-Einrichtung geliefert, wofür dem Opakilluminator noch eine Einstelltrommel mit verschiedenen Beleuchtungssätzen vorgeschaltet wird; während der Betrachtung kann man durch Hebeldruck die Phasenkontrastbeleuchtung so beeinflussen, daß eine Hellfeldbeleuchtung entsteht (s. Abschn. C 9).

Der Bau des Richtreihenmikroskops (wozu auch das Standardmikroskop von Zeiss-Winkel gehört, s. Seite 725) bringt für die moderne Werkstoffbeurteilung in der Fertigungsüberwachung, Qualitätskontrolle und Abnahme von Halbzeugen

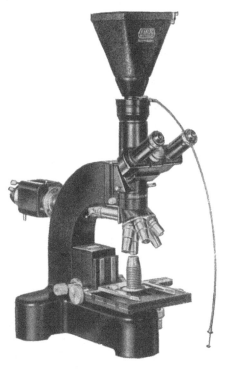

Abb. 64. Metallux von Leitz.

große Vorteile. Mit Hilfe von Standard-Mikroaufnahmen können Befunde durch Ziffern und Buchstaben festgehalten werden. Die Aufnahme erübrigt sich in den meisten Fällen. Übersichtliche Statistiken über die mikroskopischen Untersuchungen können so hergestellt werden.

Das wohl als erstes Mikroskop in Blockbauweise (wie Zeiss: Ultraphot II und Reichert: MeF) gefertigte Metaphot von Busch, Rathenow, wird nicht mehr geliefert. An seine Stelle trat das *Mikrophot A* der VEB Rathenower Optische Werke. Es arbeitet nach dem LE CHATELIER-Prinzip, für die Beleuchtung wird eine Lichtwurflampe 6 V 30 W verwendet. Beim Photographieren wird diese Lampe selbsttätig kurzzeitig überlastet. Für die Aufnahmen kann man entweder mit Kleinbild 24 × 36 mm arbeiten oder mit einer Plattenkassette 4,5 × 6 cm. Letztere enthält 4 Platten, die nacheinander ohne Kassettenwechsel belichtet werden können, während die Kleinbildkassette wie üblich 36 Aufnahmen zuläßt; mit Hilfe eines eingebauten Messers kann der Filmstreifen aber jederzeit abgeschnitten und entwickelt werden.

Der Kreuztisch ist in beiden Richtungen verschiebbar. Die Vergrößerung reicht von etwa 60:1 bis 1800:1 für visuelle Betrachtung und von 20:1 bis 500:1 bei Aufnahmen.

Das *Metallmikroskop* der Firma Bausch and Lomb, das in Abb. 65 gezeigt wird, ist das führende amerikanische Mikroskop. Es ist ein gestürztes Mikroskop mit optischer Bank. Alle Licht- und Beleuchtungsarten, wie natürliches und

a

b

Abb. 65. Metallographic Inverted Microscope.
(Bausch a. Lomb, Rochester, N.Y.) a) Gesamtansicht; b) Ansicht des Mikroskopkörpers.

polarisiertes Licht, Hellfeld und Dunkelfeld können verwendet werden. Makroaufnahme und Mikroaufnahme bis zu einer Vergrößerung von 2000:1 sind möglich. Stoßdämpfer ermöglichen das Arbeiten in schwingenden Räumen. Die Kamera kann auf 1 m Länge ausgezogen werden; ihre Vorderseite hat einen eingebauten Verschluß mit $1/2$, $1/5$, $1/10$, $1/25$ und $1/50$ Sek. Am Mikroskopkörper befinden sich Grob- und Feintrieb für die Scharfeinstellung des Schliffs. Die Beleuchtungseinrichtung besteht aus den üblichen Apertur- und Feldblenden, Kondensor und Lichtquellen (elektrische Birne mit Wechselstrom und regulierte Bogenlampe mit Gleichstrom). Der Vertikalilluminator erlaubt Arbeiten

mit allen Lichtarten, bei polarisiertem Licht auch mit voll geöffneter Aperturblende. Man kann mit monokularem oder binokularem Beobachtungstubus
arbeiten, mit letzterem besonders bei lang dauernden Untersuchungen. Auch
Einrichtungen für Phasenkontrast sind vorhanden.

14. Einrichtungen zur Untersuchung heißer Oberflächen.

Ein Großteil der Untersuchungen von Schliff- und Oberflächen wird bei
Raumtemperatur durchgeführt, erstreckt sich jedoch auch auf Zustände, die nur
bei höheren Temperaturen vorkommen und über die man bei Raumtemperatur
nur indirekt Auskunft erhalten kann. Hierzu werden die Proben von der betreffenden Temperatur so schroff abgeschreckt, daß Umwandlungen entweder unter-
bunden werden oder die während des Abschreckens stattfindenden Reaktionen
das Aussehen des Gefüges so geringfügig verändern, daß ein Rückschluß auf das
vor dem Abschrecken vorhandene Gefüge leicht möglich ist. Das gelingt immer
dann, wenn solche Umwandlungen erst nach einer bestimmten Anlaufzeit in
Gang kommen und wenn sie dann bei Raumtemperatur — z. B. infolge zu geringer Diffusionsgeschwindigkeit — nicht mehr oder doch nur sehr langsam ablaufen. Will man auf diese Art den zeitlichen Ablauf einer Reaktion, z. B. den
Zerfall von Austenit bei 450° C, im Mikroskop beobachten, so genügt eine Probe
allein nicht, sondern man muß dazu eine ganze Reihe von Proben nach verschieden langen Haltezeiten auf der zu untersuchenden Temperatur mehr oder
weniger schroff abschrecken. Auf diese Art kann man z. B. ein recht genaues
Bild über den quantitativen Ablauf der Umwandlung von Stählen erhalten, das
durch Dilatometermessung, Härteprüfung usw. ergänzt wird.

Es liegt auf der Hand, daß die besten Aufschlüsse über solche Vorgänge usw.
durch Betrachten bei der betreffenden Temperatur erhalten werden könnten,
wenn das Mikroskopieren bei erhöhter Temperatur entsprechend einfach wäre.
So führte schon P. Oberhoffer[1] 1909 Versuche mit einem Vakuum-Heizauf-
satz durch. Heute gibt es neben Kühl- und Heiztischen für geringe Temperaturunterschiede auch Heiztische für Temperaturen bis zu 1500° C, so daß man in
der Lage ist, Rekristallisationsvorgänge, Umwandlungen, Schmelz- und Er-
starrungsvorgänge, Unterkühlungsvorgänge usw. zu beobachten. Mit Hilfe der
Farbphotographie und evtl. des polarisierten Lichts lassen sich wertvolle Doku-
mente gewinnen.

Drei besondere Probleme müssen dabei bewältigt werden, nämlich die Erzeugung der Temperatur auf möglichst begrenztem Raum, die Abschirmung
des Objektivs gegen die Hitze und die Vermeidung von Oxydation an der Schliffoberfläche. Ein Kennzeichen aller Heiztische für hohe Temperaturen ist daher,
daß sie die Probe in einer Kammer unter Vakuum oder Schutzgas halten (Abschluß durch Quarzfenster), und daß die Seitenwände der Kammer wasser-
gekühlt sind. Das Objektiv wird entweder etwas entfernter gehalten (deshalb
nur Vergrößerungen bis zu 300:1), oder man verwendet für höhere Vergrößerungen
Spiegelobjektive (Reflexionsmikroskop). Der effektive Abstand Objektiv-
Objekt kann nicht unter ein bestimmtes Maß gesenkt werden, wenn man nicht
das Objektiv z. B. mit Preßluft[2] kühlen will.

Die Entwicklung der Heiztische von 1909 bis zum heutigen Tage wird von
G. Reinacher[3] beschrieben.

In Deutschland hat Leitz den *Heiztisch nach* H. Esser für Normalmikroskope
(Panphot, Metallux Abb. 63 und 64) weiterentwickelt[3]. Bei einer Vergrößerung von

---

[1] Metallurgie Bd. 6 (1909) S. 554.
[2] Proc. Roy. Soc. Bd. 193 (1948) S. 465.
[3] Z. Metallkde. Bd. 45 (1954) S. 453.

400:1 können 1100° C erreicht werden; das Vakuum kann bis etwa 10^{-5} Torr getrieben werden, jedoch werden im allgemeinen mindestens 10^{-3} Torr aufrecht erhalten. Abb. 66a zeigt den Heiztisch in der Ansicht, Abb. 66b im Schnitt (auseinandergezogen). Eine aus-

a

wechselbare keramische Heizpatrone *1* mit Innenwicklung (250 W, 1100° C) nimmt eine zylindrische Probe *2* oder einen Probenhalter für Drähte und Bleche auf. Die Probe wird durch einen Quarz-Deckglas-Revolver *3* und durch ein Quarzfenster *4* beobachtet, die Temperatur wird durch ein Pt/PtRh-Thermoelement *5* in der Probe und möglichst auch durch ein zweites, oben auf der Probe angeheftetes Element (Zufuhr durch Vakuum-

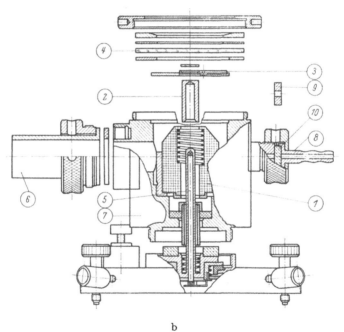

b

Abb. 66a und b. Vakuumheiztisch für aufrechte Mikroskope (Leitz) a) Ansicht; b) Schnitt (auseinandergezogen).
1 Heizpatrone; *2* Probenhalter; *3* Deckglas-Revolver; *4* Quarzfenster; *5* Thermoelement; *6* Vakuumstutzen;
7 Kühlmantel; *8* Guß-Anschluß; *9* Lochdichtung; *10* Scheibendichtung.

stutzen *6*) gemessen. Der Deckglas-Revolver läßt beschlagene Deckgläser schnell auswechseln, er wird durch einen Handmagnet betätigt. Für Aufnahmen usw. ist eine Öffnung ohne Quarzglas vorgesehen. Die ganze Kammer ist von einem wassergekühlten Mantel *7* umgeben. Die Wärmestrahlung ist dabei so gering, daß ein Arbeitsabstand von nur 3,3 mm möglich ist. Auch die Anwendung einer Argon-Atmosphäre (bis 0,5 atü) ist möglich, wenn die Probe eine leicht verdampfende Komponente enthält. In diesem Fall erhält der Anschluß *8* eine Dichtung mit Loch *9* statt der Scheibe *10*. G. REINACHER[1] hat mit dem Heiztisch durch eine von der Degussa hergestellte Heizpatrone aus porösem Aluminiumoxyd und Molybdänheizwicklung Temperaturen von etwa 1500° C erreicht. Die Heizspannung wird dabei mit einem Schiebetransformator zwischen 1 und 12 Volt geregelt. Allerdings muß die Schliffoberfläche dazu bis zur Höhe der obersten Heizwindung in die Kammer zurückgezogen werden, wodurch sich der Arbeitsabstand des Objektivs auf mindestens 13 mm erhöht und die Vergrößerung höchstens noch 200:1 beträgt. G. REINACHER benutzte diesen abgewandelten Heiztisch zur Untersuchung der Eutektika von Platinmetallen.

Ein Heiztisch mit der vielseitigen Anwendungsmöglichkeit des soeben beschriebenen Leitzschen Heiztisches, jedoch für gestürzte Mikroskope, wird von Instrument Division of United Scientific Co. (Boston, USA) für Temperaturen bis 1100° C gebaut. Einen Heiztisch für das Leitz-Auflichtmikroskop für 1100° C und einem Vakuum bis 10^{-4} Torr beschreibt I. PFEIFFER[2].

15. Die Mikrohärteprüfung.

Nicht immer lassen sich Gefügebestandteile unter dem Mikroskop eindeutig erkennen, oft kann aber in Zweifelsfällen bei Kenntnis der Härte des betreffenden Bestandteils eine Entscheidung getroffen werden, oder zumindest können dadurch wertvolle Aufschlüsse erhalten werden.

Eine Kombination von Mikroskop und Vickers- (bzw. Knoop-) Härteprüfer erlaubt nun, die Härte von einzelnen Gefügebestandteilen zu bestimmen. Teilweise werden solche Mikrohärteprüfer als Zusatzgeräte zum Mikroskop geliefert (Reichert, VEB Zeiss Jena), teilweise auch als besondere Geräte. Weitere Einzelheiten siehe Band II, Abschn. V. B. 3 c, S. 408.

16. Die Elektronenmikroskope.[3]

a) Grundlagen.

In Abschn. C 7 wurde bereits dargelegt, daß Lichtmikroskope mit allen Hilfsmitteln Strukturen unter 172 mμ nicht mehr aufzulösen vermögen; bei

---

[1] Rev. Métall. Bd. 4 (1957) S. 321. — [2] Z. Metallkde. Bd. 46 (1957) S. 171.
[3] RUSKA, E., u. B. VON BORRIES: Z. wiss. Mikroskop. Bd. 56 (1939) S. 317. — MAHL, H.: Z. techn. Phys. Bd. 21 (1940) S. 17. — BORRIES, B. VON, u. W. RUTTMANN: Wiss. Veröffentl. Siemens-Werke, Werkstoff-Sonderheft. Berlin 1940, S. 342. — HENNEBERG, W.: Stahl u. Eisen Bd. 61 (1941) S. 769. — BENNEK, H., O. RÜDIGER, F. STÄBLEIN u. K. VOLK: Arch. Eisenhüttenw. Bd. 15 (1941/42), S. 431 — Techn. Mitt. Krupp-Forschungsber. Bd. 5 (1942) S. 59. — POOLE, J. B. LE: Philips techn. Rundschau Bd. 9 (1947). — BORRIES, B. VON: Die Übermikroskopie. Berlin: Dr. Werner Sänger 1949. — MAHL, H., u. E. GÖLZ: Elektronen-Mikroskopie. Leipzig 1951. — GABOR, D.: The Electron Microscope, its Development, Present Performance, and Future Possibilities. London: Hulton Press, Inc. 1945. — ZWORYKIN, V. K., G. A. MORTON, E. G. RAMBERG, J. HILLIER and A. W. VANCE: Electron Optics and the Electron Microscope. New York: John Wiley and Sons, Inc. 1945. — BURTON, E. F., u. W. H. KOHL: The Electron Microscope. 2. Aufl. New York: Reinhold Publishing Co. 1946. — SCHRADER, A.: Z. wiss. Mikroskop. Bd. 60 (1952) S. 309. — HABRAKEN, L.: Sur la métallographie électronique. Lüttich 1953, S. 97, 117 und Add. S. 3. — SCHRADER, A., u. F. WEVER: Arch. Eisenhüttenw. Bd. 23 (1952) S. 489. — DALITZ, V. CH., u. J. A. SCHUCHMANN: Metal Bd. 6 (1952) S. 1 — Optik Bd. 10 (1953) S. 143. — WEGMANN, L.: Optik Bd. 10 (1953) S. 44. — WEVER, F., u. W. KOCH: Stahl u. Eisen Bd. 74 (1954) S. 989. — BRADLEY, D.: Brit. J. Appl. Phys. Bd. 5 (1954) S. 65. — PFEIFFER, J.: Z. Metallkde. Bd. 46 (1955) S. 569. — BRÜCHE, E., u. H. POPPA: Metall Bd. 40 (1956) S. 415.— WEVER, F., u. A. SCHRADER: Arch. Eisenhüttenw. Bd. 26 (1955) S. 475. — COSLETT, V. E.: Endeavour Bd. 15 (1956) S. 153. — NUTTING, J.: Met. Treatm. Bd. 21 (1954) S. 243. — BORRIES, B. VON: Radex-Rdsch. (1956) S. 200. — HANSSEN, K. J.: VDI-Z. Bd. 98 (1956) S. 1709.

Verwendung von ultraviolettem Licht (Wellenlänge 275 mμ) kommt man theoretisch bis auf etwa 106 mμ, kann aber nicht mehr subjektiv beobachten. Legt man als kleinste für das menschliche Auge sichtbare Länge 0,3 mm zugrunde, so ergäbe sich bei einer Auflösung von 200 mμ als förderliche Grenzvergrößerung für das Lichtmikroskop der Wert 1500:1; eine stärkere Vergrößerung bringt dann keinen Gewinn mehr. Will man stärkere Vergrößerungen erreichen, so müssen Strahlen mit wesentlich kleinerer Wellenlänge benutzt werden. Röntgen- und Gammastrahlen kommen jedoch nicht in Betracht, da man kein Mittel kennt, sie abzulenken, also optisch zu brechen. Erst in den Elektronen, deren Wellenlänge von der angelegten Beschleunigungsspannung abhängt, fand man eine geeignete Strahlung; bei den höchsten derzeit in der Elektronenmikroskopie gebräuchlichen Spannungen von 100 kV beträgt ihre Wellenlänge 0,004 mμ (oder 0,04 Å), ist also rd. 100000mal kleiner als die des sichtbaren Lichts. Die Elektronenstrahlen sind — wie Röntgenstrahlen — für das menschliche Auge nicht sichtbar, beeinflussen aber die photographische Platte und können auch auf Leuchtschirmen in sichtbares (langwelliges) Licht umgeformt werden. Die untere Grenze der Auflösung liegt z. Z. bei 10 bis 20 Å (1 bis 2 mμ). Da gute Leuchtschirme und photographische Platten etwa 30 μ auflösen können, genügt also eine elektronenoptische Vergrößerung von 15 000:1 bis 30000:1, wobei man noch eine 10fache Lupen- oder photographische Nachvergrößerung zu Hilfe nehmen muß, um der Auflösungsfähigkeit des menschlichen Auges gerecht zu werden. Bei höherer elektronenoptischer Vergrößerung ist man zwar nicht so sehr von der Qualität der Leuchtschirme und Filme abhängig, begegnet aber anderen Schwierigkeiten.

Die Elektronen werden durch Materie stark beeinflußt, so daß ihre Reichweite in Luft gering ist. Sie sind deshalb nur im Hochvakuum anzuwenden und vermögen nur sehr dünne Stoffe zu durchdringen. Damit scheiden auch materielle Linsen für Elektronenstrahlen aus, diese können jedoch durch magnetische oder elektrische Felder entsprechend beeinflußt und abgelenkt werden. An Stelle von optischen Linsen verwendet man elektrostatische bzw. -magnetische Linsen und unterscheidet danach elektrostatische und elektromagnetische Elektronenmikroskope.

Der grundsätzliche Strahlengang entspricht dem des Lichtmikroskops. Ein glühender Wolframdraht (Glühkathode) emittiert die Elektronen, die durch die angelegte Spannung beschleunigt und durch einen Kondensor gebündelt werden. Durch Kontrastblenden[1] werden störende Strahlen abgefangen — hierbei entstehen aber Röntgenstrahlen, gegen die der Betrachter geschützt werden muß. Die Elektronenstrahlen gehen durch Objekt, Objektivlinse, meist noch eine Zwischenlinse, und die Projektorlinse, werden jeweils entsprechend abgelenkt und erzeugen schließlich auf dem Leuchtschirm oder dem Film ein vergrößertes Abbild des Objekts.

Nach einem Vorschlag von H. Boersch[1] läßt sich das Phasenkontrastverfahren auch für die Elektronenoptik anwenden (Verzögerung durch elektrostatische Felder, Kollodiumhaut als Phasenplättchen). Wichtig für hohe Vergrößerung, da dafür die Kontrastblende weit geöffnet werden muß, das Bild also kontrastärmer wird.

Infolge ihrer kleinen Wellenlänge, die beträchtlich unter der Größenordnung der Gitterabstände von Kristallen liegt, können Elektronenstrahlen auch zur Strukturuntersuchung verwendet werden. Hierzu wird eine zusätzliche Beugungslinse in den Strahlengang geschaltet und die Kontrastblende entfernt,

---

[1] Boersch, H.: Z. Naturforsch. Bd. 2a (1947) S. 615.

da hier Strahlen höherer Ordnung gerade wichtig sind. Durch Verschieben der Kontrastblende lassen sich auch Dunkelfeld-Bilder mit definierten Gitterreflexen (Beugungswinkeln) erzeugen, die vor allem für die kristallographische Forschung von Bedeutung sind. Durch geeignete Einstellung kann man auf ein und demselben Bild einen Übergang von Hell- auf Dunkelfeld erzielen.

Auch stereoskopische Aufnahmen lassen sich mit einem Elektronenmikroskop machen, wenn das Objekt nach beiden Seiten um eine waagerechte Achse gedreht werden kann. Der Drehwinkel beträgt nur wenige Grad und muß nach beiden Seiten gleich sein, ferner darf sich das Objekt selbst dabei nicht verschieben, auch ist eine hohe Tiefenschärfe erforderlich. Die einander entsprechenden Aufnahmen werden nebeneinander wie üblich im Stereoskop betrachtet.

In der Elektronenoptik kennt man ebenfalls Linsenfehler. Durch verschiedene Geschwindigkeit der Elektronen entsteht ein der chromatischen Aberration entsprechender Fehler, der durch gleichmäßige Beschleunigungsspannung und hohes Vakuum auf ein Minimum beschränkt werden kann. Auch Astigmatismus und sphärische Aberration haben ihre Parallelen, ferner verursachen Verunreinigungen der Blenden Fehler.

Die angelegte Spannung ist meist in Stufen regelbar (10 bis 100 kV), damit die Objekte nicht unnötig stark belastet werden müssen; je höher die Beschleunigung, desto härter und durchdringender wird die Strahlung. Mit aus diesem Grund vermeidet man auch lange Direktbeobachtung und macht laufend Aufnahmen, auf denen zudem mehr Einzelheiten zu erkennen sind als auf dem Leuchtschirm.

b) Objekte.

Wegen der bereits erwähnten geringen Durchdringungsfähigkeit der Elektronen können bei der metallographischen Untersuchung nicht die Schliffe selbst durchstrahlt werden, sondern es müssen Abdrucke der Schliffoberfläche aus sehr dünnen Häutchen hergestellt und durchstrahlt werden[1]. Je nach deren Dicke (Bruchteile von μ) und Wichte werden die Strahlen verschieden absorbiert und geben dadurch Kontraste, die dem Originalrelief entsprechen. Nach H. MAHL wird eine Oxyd- oder Lackhaut gewissermaßen als Negativ erzeugt, abgelöst und auf einen Objektträger gebracht (feinmaschige Metallnetze oder durchbohrte Edelmetall-Plättchen). Die Oxydhaut wird bei Aluminium z. B. durch elektrolytische Oxydation erzeugt, hernach wird das darunter befindliche Metall weggelöst, indem man kleine Felder einritzt und die Probe in eine verdünnte Lösung von Brom in Methanol bringt. Das Lackabdruckverfahren ist universeller anwendbar, aber beide erfordern große Geschicklichkeit. Um auch die Oxydhaut überall anwenden zu können und um zu ihrer Ablösung die Proben nicht zerstören zu müssen, kann man mit einer Al-Folie einen (negativen) Abdruck nehmen und diesen dann in bekannter Weise elektrolytisch oxydieren (Prägeabdruck nach J. HUNGER und R. SEELIGER[2]). Die Verfahren ergeben trotz ihrer Ähnlichkeit verschiedene Kontraste. Während die Lackschicht in Vertiefungen dicker ist und dort dunkel erscheint, bildet die gleichmäßig dicke Oxydhaut nur Steilflächen dunkel ab[3].

Eine andere Möglichkeit für die Erzeugung einer Oxydhaut besteht darin, die Schliffoberfläche in ein oxydierendes Salzbad von 500° C zu bringen, u. U. auch durch Oxydation an der Luft bei geeigneter Temperatur. Die Temperatur

---

[1] Eine Ausnahme machen die Auflichtung und die Abbildung durch Selbstemission (Glühen, Ionenbeschuß) von Elektronen, die auf S. 744 besprochen werden.
[2] Z. Metallkde. Bd. 38 (1947) S. 65.
[3] Vgl. GRASENICK, F.: Radex-Rdsch. (1956) S. 226.

muß dann so gefunden werden (I. Pfeiffer), daß eine zusammenhängende, gut ablösbare Haut entsteht, die wegen der Durchstrahlbarkeit nicht dicker als 300 Å sein soll. Die Anlauffarben geben hierzu einen guten Anhalt.

Diese Oxydhaut braucht nicht schräg bedampft zu werden (siehe unten), weil sie je nach Orientierung der Kristalle verschieden dick aufwächst und im allgemeinen gute Kontraste liefert. Hierbei kann es vorkommen, daß Einlagerungen und Verunreinigungen in die Oxydhaut einwachsen und nachher dunkle Stellen in der Abbildung liefern.

Eine weitere Möglichkeit ist das Bedampfen der Schliffe im Hochvakuum (Edelmetalle, Siliziummonoxid, Kohlenstoff), wobei durch Schrägbedampfen besondere Kontraste erzielt werden. Zum Ablösen der Schichten gibt es spezielle Verfahren und Hilfsmittel. Die Kohlenhäutchen haften an der Oberfläche nicht so stark wie die SiO-Schichten; aufgebracht werden sie z. B. im Vakuum nach dem Verfahren von D. E. Bradley, wobei man durch zwei unter leichtem Druck sich berührende Kohlespitzen einen Strom fließen läßt, der die Spitzen zur Verdampfung bringt. Die Probe wird in einiger Entfernung angebracht und notfalls gleichmäßig bewegt (bei runden Oberflächen z. B.). Die Schichtdicke kann man dadurch abschätzen, daß man ein glasiertes Porzellanstück im gleichen Abstand wie die Probe aufhängt und dessen Verfärbung beobachtet (z. B. hellbraun). Danach wird die Probe mit Zaponlack bestrichen, und nach dessen Trocknen die ganze Schicht mit einem Rasiermesser in schmale Streifen geschnitten und mit einer Pinzette vorsichtig abgezogen. Dabei wird das Kohlehäutchen fast nie beschädigt. Neben seiner mechanischen Festigkeit hat es noch den Vorteil, daß seine Eigenstruktur unter 10 Å liegt (organische Präparate oft bis 200 Å) und somit hohe Vergrößerungen erlaubt. Die Größe dieser Eigenstruktur hängt vom Vakuum bei der Bedampfung ab[1]. Zur Kontraststeigerung kann man die Abdrücke noch mit Metall schräg bedampfen. Danach wird die Lackschicht in Amylazetat abgelöst. Die Kohlehäutchen lassen sich im Gegensatz zu den andern Häutchen leicht auffischen, weil sie Licht stärker absorbieren und gut sichtbar sind. Oft wird auch ein Lackabdruck noch zusätzlich schräg bedampft, weil durch die entstehenden Kontraste das Bild viel sicherer gedeutet werden kann.

Analog zum Prägeabdruckverfahren kann man auch positive Kohlenhautabdrücke machen, wenn man das Prüfstück zunächst mit einer dicken Silberschicht bedampft, die leicht abgezogen werden kann. Auf dieses Negativ wird anschließend eine Kohlenhaut (oder SiO) gedampft und dann das Silber mit Salzsäure weggelöst (Doppel-Abdruck nach V. Ch. Dalitz und J. A. Schuchmann).

Eine besondere Form des Abdruckes bildet die Umhüllung[1] (Objekt nachträglich herausgelöst), wobei das Objekt gleichmäßig bedampft wird.

Die Erwärmung der Objekte durch die Elektronenstrahlen (organische Präparate wandeln sich selbst bei schwacher Bestrahlung langsam in Kohlenstoff um) ist sehr unangenehm. Deshalb sucht man den Leuchtfleck klein zu halten, sorgt für gute Wärmeleitung und verwendet möglichst geringe elektronenoptische Vergrößerung und hohe lichtoptische Nachvergrößerung; wie bereits erwähnt, hält man auch die Strahlspannung möglichst gering und arbeitet meist mit photographischen Aufnahmen. Am beständigsten sind wieder Kohlenabdrücke, die sich bis zu hohen Temperaturen nicht umwandeln. Zu Beginn der Bestrahlung von Präparaten entstehen Bedeckungen[1,2] (Kontamination, Aufdampfschichten) auf diesen durch Zersetzung von Kohlenwasserstoffen (von

---

[1] Grasenik, K. F.: Radex-Rdsch. (1956) S. 226.
[2] König, H., u. G. Helwig: Z. Phys. Bd. 129 (1951) S. 491. — Ennos, A. E.: Brit. J. appl. Phys. Bd. 5 (1954) S. 27.

Dichtungen usw. stammend) zu Kohlenstoff, die das Präparat vor weiteren Schäden zunächst schützen.

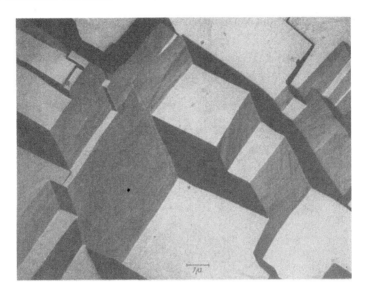

Abb. 67. Reinstaluminium, mit HCl und HNO₂ geätzt, Oxydabdruck. (Werkphoto Carl Zeiss.)

L. Wegmann kommt zu der Feststellung, daß Zeitdauer und Intensität der Strahlung gleicherweise für die Kontrastabnahme verantwortlich sind, die z. B.

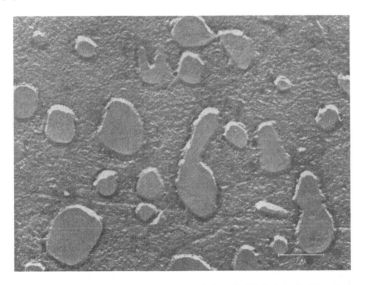

Abb. 68. Kugeliger Perlit, Lackabdruck, Pb-bedampft. (Werkphoto Carl Zeiss.)

durch Umkristallisation von aufgedampftem Gold entsteht. Er empfiehlt, mit der kalten Kathode nach G. Induni[1] das Präparat schonend abzusuchen, dann bei schwacher Beleuchtung die Aufnahme vorzubereiten und erst für die Scharf-

---

[1] Helv. Phys. Acta Bd. 20 (1947) S. 463.

einstellung wieder stark zu beleuchten. Bei empfindlichen Präparaten kann die Scharfstellung auch auf einer benachbarten Stelle erfolgen.

Bei der Deutung der elektronenoptischen Bilder ist also größte Vorsicht angebracht, da infolge der verschiedenen Vorgänge nur allzu leicht Fehler ent-

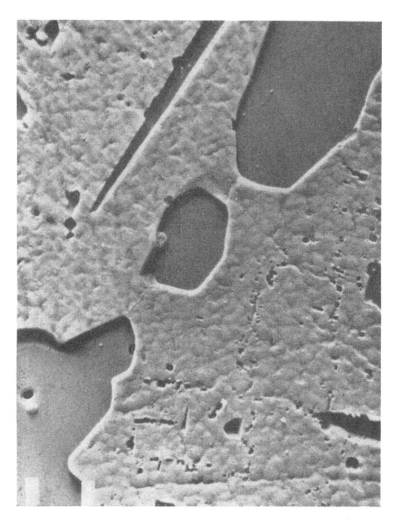

Abb. 69. Rostfreier Stahl, geätzt — Vorbehandlung: 1260° C/H₂O, 100 min 815° C. Formvorabdruck, Cr-bedampft. (Philips 25 000:1, EM 100.)

stehen können; auch kann man nicht erwarten, daß die Abdrücke alle Feinheiten ganz scharf erfassen.

Abb. 67 gibt ein Beispiel für einen Oxydabdruck. Man erkennt, wie die Mosaikstruktur des Aluminiums herausgeätzt wurde — die dunklen Flächen bezeichnen Steilwände, die hellen sind etwa eben. Schrägbedampfte Lackabdrucke von kugeligem Perlit bzw. rostfreiem Stahl (Abb. 68 und 69) zeigen eine gewisse Ähnlichkeit. Da die Perlitstruktur anscheinend schräger bedampft wurde, treten hier die Schlagschatten deutlicher in Erscheinung; helle Kanten sind nicht oder wenig bedampft. Im rostfreien Stahl sind verschieden geformte

Karbide enthalten, die wahrscheinlich verschiedene chemische Zusammensetzung aufweisen.

Beim Abziehen der Lackhaut von Stahlschliffen bleiben ab und zu kleine Karbidteilchen an der Haut haften, da sie aus dem stärker abgeätzten Ferrit herausragen; diese wenig durchlässigen Karbide erscheinen im Bild dunkel.

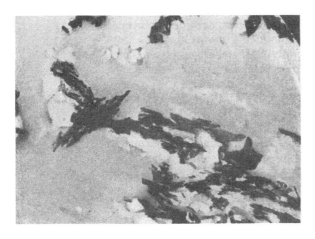

a

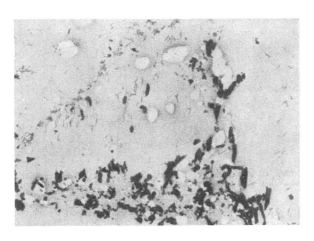

b

Abb. 70. Legierter Stahl (0,14% C, 0,77% Cr, 0,94% Mo, 1,6% Ni), Lackabdruck mit Karbid.
(15000:1; MPI Düsseldorf, A. Schrader.)
a) 930° C/Luft + 3 h 570° C/Luft, geätzt 3 min 4% alkohol. Pikrinsäure. b) 930° C/Luft + 3 h 640° C/Luft, geätzt
2 min 4% alkohol. Pikrinsäure.

Man kann nun durch stärkere Ätzung solche Karbide bewußt freilegen (A. Schrader), so daß sie im Lackabdruck eingeschlossen bleiben und gute Aufschlüsse über ihre Anordnung, Form und Größe ergeben. Besonders bei Ausscheidungsvorgängen erhält man damit schöne Aufschlüsse, wie Abb. 70 zeigt. Während durch Anlassen bei 640° C gröberes Eisenkarbid und sehr feinnadlige Mo_2C-Karbidausscheidungen erzielt wurden (70b), ließen sich in nur auf 570° C angelassenen Proben keine Mo_2C-Ausscheidungen nachweisen (70a). Dieses Ver-

fahren wurde noch weiterentwickelt[1], indem man zunächst nur eine für Ätz-
und Lösungsmittel noch durchlässige Lackschicht (Collodium DAB 6, Mowital F
der Farbwerke Hoechst) aufträgt und durch diese hindurch die Karbide usw.
aus dem Grundmaterial herauslöst (Lösungsätzung). Die Vorätzung kann dann
mit 1%iger alkohol. Salpetersäure, das Heraus-
lösen mit 10%iger Brom-Äthanol-Lösung erfolgen. Ein Vergleich solcher Bilder mit denen
üblicher Lackabdrücke zeigt, daß die Struktureinzelheiten vollkommen gewahrt bleiben. Mit
Hilfe von Beugungsuntersuchungen lassen sich
weitere Aufschlüsse über die Struktur der Karbide gewinnen.

Schließlich zeigt Abb. 71 die Bruchfläche
von Widia (Hartmetall S 1), wobei besonders
die ausgezeichnete Tiefenschärfe zu beachten
ist. Diese ist nur bei Elektronenmikroskopen

Abb. 71. Hartmetall S 1 (Widia), ungeätzter Bruch (Elektr.-opt.
8000:1, 40 kV). (Werkbild Siemens.)

Abb. 72. Elektronenröhre des Elektronenmikro-
skops EM 8 von AEG-Zeiss.

1 Verstellring; *2* Objektiv; *3* Beugungslinse;
4 Aufbau-Schablone; *5* Schnell-Verschluß;
6 Projektive; *7* Einblick-Mikroskop; *8* Katho-
dentisch; *9* Objektschleuse; *10* Verstellstan-
gen-Kupplungen; *11* Stigmator; *12* obere
Spannmutter; *13* Zwischenrohr; *14* untere
Spannmutter; *15* Verstellstangen.

mit ihrer kleinen Apertur und hohen Strahlungsintensität zu erzielen, so daß sich bei
Bruchflächen u. U. auch eine elektronenoptische Betrachtung bei kleineren Vergrö-
ßerungen lohnt, wenn diese zwar auch lichtoptisch noch erzielt werden könnten,
aber dann eben keine Tiefenschärfe hätten[2].

c) Aufbau der Übermikroskope.

Allen Geräten gemeinsam sind die Grundelemente: Strahlenquelle, Kondensor, Linsen, Blenden, Objekttisch, Hochspannungsanlage und Vakuumvorrich-
tung. Die einzelnen Elemente sind je nach Hersteller und System verschieden,
ebenso deren Gesamtanordnung. Die allgemeine Anordnung der Röhre ist senk-

---

[1] Görlich, H. K., u. H. Goosens: Arch. Eisenhüttenw. Bd. 27 (1956) S. 119.
[2] Vgl. auch Mader, W.: Radex-Rdsch. (1956) S. 247.

recht (oben Elektronenquelle) mit Ausnahme des Philips-Geräts EM 100 (Abb. 72 bis 76).

Grundsätzlich soll die Bedienung der Geräte so einfach wie möglich sein, größter Wert wird auch bei allen Fabrikaten darauf gelegt, daß die Objekte schnell gewechselt werden können (Objektschleusen usw.), und daß in rascher Folge Aufnahmen gemacht werden können. Letzteres wird durch Plattenpakete oder Filmkameras erreicht, wobei teilweise die belichteten Platten sofort ausgeschleust werden. Bei allen Wechselvorgängen wird das Vakuum nur wenig verschlechtert und ist nach kurzer Wartezeit wieder hergestellt.

Die beiden Hauptsysteme der Elektronenmikroskope sind:

d) Elektrostatisches System.

Das AEG-Zeiss-*Gerät EM 8* (Abb. 72) arbeitet mit elektrostatischen Linsen. Es wird mit und ohne Zwischenbeschleuniger geliefert und hat maximal 100 bzw. 50 kV Spannung. (Vergrößerung 200:1 bis 15000:1 in 8 Stufen, Auflösung mindestens 20 Å.) Zwar ist bei elektrostatischer Bauweise für hohe Elektronengeschwindigkeiten ein Zwischenbeschleuniger nötig, dieser bringt aber wieder Vorteile wie Veränderbarkeit der Spannung ohne Änderung der Vergrößerung und geringere Isolationsschwierigkeiten, da kein Teil gegen Erde höhere Spannungsdifferenz als 50 kV hat. Die Elektronen treffen dabei nur mit relativ geringer Geschwindigkeit auf dem Leuchtschirm auf, weil sie nach dem Durchgang durch das Objekt wieder gebremst werden. Der Wirkungsgrad von Leuchtschirm und Photoschicht ist bei kleinerer Elektronengeschwindigkeit günstiger, weil dadurch die Objekte geschont werden. Schließlich sind elektrostatische Linsen wesentlich unempfindlicher gegen Spannungsschwankungen, wodurch Aufwand und Störanfälligkeit für den Hochspannungsteil geringer werden; dagegen verschmutzen die Linsen schneller als beim elektromagnetischen System. Das Gerät ist mit Beugungseinrichtung und Stereoeinrichtung versehen; die 24 Photoplatten 6 × 9 cm werden sofort nach Belichten automatisch ausgeschleust, ohne daß die Beobachtung

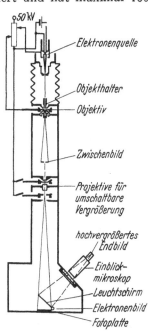

Abb. 73. Schematischer Strahlengang im EM 8 mit elektrostatischen Linsen.

unterbrochen werden muß. Den schematischen Strahlengang der Normalausführung (ohne Zwischenbeschleuniger) zeigt Abb. 73.

e) Elektromagnetisches System.

Es wird weitaus am meisten benützt, erfordert zwar hohe Spannungskonstanz, jedoch sind die Linsen nicht so schmutzempfindlich.

Ein sehr vielseitiges Gerät dieses Typs stellt das *Elmiskop I* von Siemens dar (Abb. 74), das mit Spannungen von 40, 60, 80 und 100 kV arbeitet und mindestens 15 Å auflöst; die Vergrößerung ist in 10 Stufen zwischen 200:1 und 160000:1 regelbar, je nach Schaltung der Linsen. Das Gerät besitzt ein Wechselprojektiv mit 4 Polschuhen und eine Zwischenlinse; großer Wert ist auf Einrichtungen für Beugungsuntersuchungen gelegt. Einen Schnitt durch die Mikroskopröhre zeigt Abb. 75.

Für die photographische Aufnahme enthält das Gerät 12 Platten oder einen Film,
die Platten können einzeln ausgeschleust
werden. Es lassen sich Hell- und Dunkelfeld-
bilder und stereoskopische Aufnahmen herstellen.

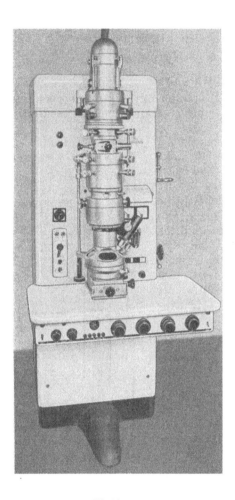

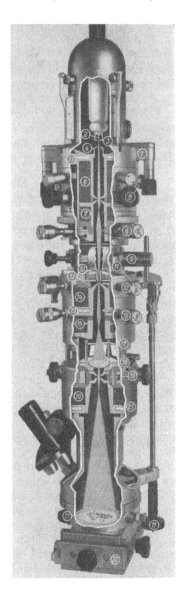

Abb. 74.
Elektronenmikroskop Elmiskop 1. (Siemens und Halske.)

Abb. 75.
Aufgeschnittene Mikroskopröhre des Elmiskop I.

1 Justierung der Strahlquelle;   2 Kathode;
3 Steuerblende; 4 Anode; 5 Schwenk- und Ver-
schiebungstriebe; 6 Kondensorwicklung 1; 7 Kondensorwicklung 2;   8 Kondensorblendentrieb;
9 Schleusengriff;   10 Objektpatrone;   11 Objekttisch und Verstellung;   12 Aperturblendentrieb;
13 Sitz des Stigmators;   14 Objektivwicklung;
15 Zwischenlinsenwicklungen;   16 Zwischenlinsen-
Blendentrieb;   17 Zwischenbildspiegel;   18 Zwi-
schenbildschirm; 19 Polschuhrevolver und Trieb;
20 Projektivwicklung;   21 Endbildschirm;   22 Auf-
nahmekammer;   23 Wasserkühlung.

Auch Philips benützt das elektromagnetische System für *Elektronenmikroskope*. Das 100 kV-Gerät (Abb. 76a) hat
ein schräg gelegtes Mikroskoprohr mit
Beugungs- und Zwischenlinse und erzielt
durch geeignete Kombination Vergrößerungen zwischen 1000:1 und 60000:1. Der
Objekthalter ist besonders einfach ausgebildet, die Blenden können leicht kontrolliert werden. Photographische Aufnahmen sind nur auf einen Rollfilm möglich. Für

geringere Ansprüche wird ein
75 kV-Gerät (Abb. 76b) geliefert, das zwischen

1500:1 und 15000:1

(1000:1 und 10000:1)

vergrößert bei einer Auf-
lösung von mindestens 100Å.
Linsen und Vakuumpumpen
arbeiten mit normaler Luftkühlung, das Gerät kann an
die Lichtsteckdose anges-
schlossen werden und ist
relativ billig, weil es nur
3 Linsen hat. Stereoaufnah-
men sind möglich, die Photo-
einrichtung entspricht dem
100 kV-Gerät. Beide Geräte
haben eine besondere Scharf-
einstellvorrichtung.

Neben ihrem *Standard-
Elektronenmikroskop EMA*
stellt die Radio Corporation
of America (RCA) ein
Mikroskop EMV her, das
mit einer herausnehmbaren
Zwischenlinse arbeitet und
dadurch Vergrößerungen
zwischen 900:1 und 24000:1
erreicht, ohne daß das
Vakuum unterbrochen wird.

Die besprochenen Geräte
sind sehr teuer und nehmen
praktisch eine Sonderstellung ein, sie sind eigentlich
nicht mehr nur Hilfsmittel.
Oft würde aber schon ein
wesentlich geringeres Auflösungsvermögen ausreichen,
und man ist deshalb be-
strebt, für solche Zwecke
Kleinmikroskope zu schaf-
fen, die einfacher zu bedienen, gedrängter im Aufbau
und billiger im Gebrauch
sind. Das bereits bespro-
chene Gerät EM 75 von
Philips ist ein Schritt in
dieser Richtung. Noch weiter ging die RCA mit
der Entwicklung eines
elektromagnetischen Klein-

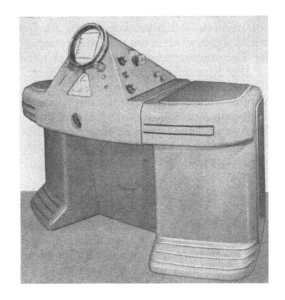

a

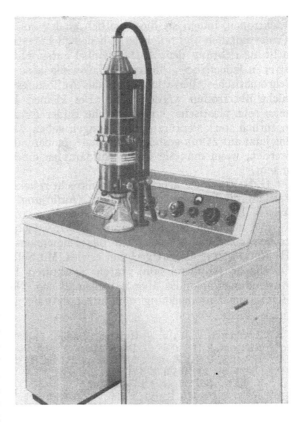

b

Abb. 76. Philips-Elektronenmikroskope. a) 100 kV, b) 75 kV.

mikroskops[1] (*EMC*), das dann mit permanentmagnetischen Linsen zu dem sogenannten Tischmikroskop[2] führte (in Japan von Hitachi). Auch in Deutschland kam inzwischen ein permanentmagnetisches Gerät in Gebrauch[3], das auch für Beugungsuntersuchungen benutzt werden kann.

Die Kleinmikroskope sollen in ihrer Leistungsfähigkeit zwischen großen Geräten und dem Lichtmikroskop liegen, was man mit zwei geeigneten Vergrößerungsstufen ohne weiteres erreichen kann (z. B. 3000:1 und 500:1), auch sollten nach E. Kinder[4] Stereobilder anzustreben sein. Mit 5- bis 10facher Nachvergrößerung erreicht man dann Auflösungen bis zu 10 mμ herunter. Ein entsprechendes Versuchsgerät, das nach dem elektromagnetischen Prinzip arbeitet, wurde von E. Kinder gebaut.

17. Emissionsmikroskope.

Die bisher besprochenen Elektronenmikroskope arbeiten alle nach dem Durchlichtprinzip, d. h. man muß von der zu untersuchenden Oberfläche einen Abdruck machen und diesen durchstrahlen. Auf die mancherlei Schwierigkeiten dieses Verfahrens wurde hingewiesen, und es ist danach verständlich, daß man von Anfang an bestrebt war, auch mit Auflicht zu arbeiten, also die Oberfläche direkt zu betrachten bzw. abzubilden. Man hat dann wenigstens die Sicherheit, daß keine Beschädigungen und Verfälschungen dieser Oberfläche auftreten.

E. Ruska[5] und B. v. Borries[6] verwandten zunächst die außerhalb erzeugten Elektronen, indem sie diese seitlich analog zur Dunkelfeldbeleuchtung auf die Probe einfallen und reflektieren ließen (Schrägstrahlmikroskop, wobei die Beobachtungsrichtung dem Ausfallswinkel entspricht). Die reflektierten Elektronen streuen jedoch bei größeren Einfallswinkeln so stark in ihrer Geschwindigkeit (chromatische Aberration), daß das Auflösungsvermögen der Lichtmikroskope nicht übertroffen werden kann. Bei kleinen Einfallswinkeln dagegen erhält man sehr plastische, kontrastreiche Bilder (scharfe Ätzung vorausgesetzt), die natürlich stark verkürzte Abbildungen geben. Das Auflösungsvermögen konnte bis jetzt auf 25 mμ gesteigert werden[6]. Isolierende Stoffe können nur untersucht werden, wenn man sie durch Aufdampfen einer dünnen Metallschicht leitend macht.

G. Bartz u. a.[7] arbeiten mit senkrecht reflektierten Elektronen (Elektronenspiegel), die Deutung dieser Bilder (Auflösung bis 1000 Å) bereitet Schwierigkeiten. Die Oberfläche darf nur schwach geätzt werden.

Die nächsten Schritte waren, die Oberfläche durch selbstemittierte Elektronen abzubilden, wozu sich das Immersionsobjektiv von E. Brüche und H. Johannson[8] als gut geeignet erwies. Mit Selbstemission durch Erhitzen der Oberfläche (Glühemission) waren Strukturen bis zu 500 Å aufzulösen[9], das Anwendungsgebiet ist aber naturgemäß eng. Neuerdings setzt es Philips mit Erfolg zur Untersuchung von hitzebeständigen Werkstoffen und zur Unter-

---

[1] Zworykin, V. K., u. J. Hillier: J. appl. Phys. Bd. 14 (1943) S. 659.
[2] Reisner, I. H., u. E. G. Dornfeld: J. appl. Phys. Bd. 21 (1950) S. 1131.
[3] Borries, B. v.: Z. wiss. Mikroskop. Bd. 69 (1952) S. 329.
[4] Optik Bd. 10 (1952) S. 171.
[5] Z. Phys. Bd. 111 (1933) S. 492.
[6] Z. Phys. Bd. 118 (1940) S. 370 u. Radex-Rdsch. (1956) S. 202.
[7] Radex-Rdsch. (1956) S. 163.
[8] Naturwiss. Bd. 20 (1932) S. 353.
[9] Mecklenburg, W.: Z. Phys. Bd. 120 (1942) S. 21. — Baas, G., u. W. Rathenau: Philips Techn. Rdsch. Bd. 18 (1956) S. 33.

suchung von Vorgängen bei hoher Temperatur[1] (Beobachtung von Umwandlungen) ein. Zu diesem Zweck wurde das EM 75-Gerät entsprechend umgebaut.

Lichtelektrisch ausgelöste Elektronen (Photoelektronen) führten wegen starker chromatischer Streuung bis jetzt nicht weiter. Durch hohe Feldstärken ausgelöste Elektronen (Feldelektronenmikroskopie)[2] bieten gute Möglichkeiten bei der Untersuchung von Filmen auf Oberflächen von Metallen. Das Auflösungsvermögen ist sehr hoch, die Proben müssen jedoch als Spitzen ausgebildet sein und in hohem Vakuum untersucht werden, da sonst Deckschichten entstehen. H. MAHL[3] hatte zunächst mit durch Ionen ausgelösten Elektronen auch keinen großen Erfolg, G. MÖLLENSTEDT und Mitarbeiter[4] konnten das Verfahren aber weiter entwickeln und schöne Ergebnisse erzielen. Sie stellten fest, daß durch 40 kV-Ionen ausgelöste Elektronen weitgehend monochromatisch sind. Mit Hilfe des bereits erwähnten Immersionsobjektivs von E. BRÜCHE und H. JOHANNSON und scharfer Aperturbegrenzung erreichten sie Auflösungen von 500 Å. Die Probe wird unter einem Winkel von etwa 20° mit Ionen aus einem Gasentladungsrohr (20 kV Spannung) beschossen, die dadurch ausgelösten Elektronen werden durch das unter einer Spannung von —50 kV stehende Objektiv gerichtet und beschleunigt und gelangen über das restliche, einem elektrostatischen Elektronenmikroskop entsprechende Linsensystem zur Abbildung (Leuchtschirm oder photographische Platte). Die Helligkeit (Intensität) kann durch die Stärke der Ionenstrahlung und durch die Aperturblende beeinflußt werden.

Eine Schwierigkeit entsteht noch dadurch, daß die Proben bei Raumtemperatur sich infolge des Ionenbeschusses schon nach kurzer Zeit mit einer Fremdschicht bedecken, die ähnlich einer Schneeschicht die Konturen und Materialunterschiede allmählich verwischt. Durch Erwärmen des Objekts auf etwa 150° C kann das jedoch vermieden werden, wenn auch dadurch die Anwendungsmöglichkeit des Emissionsmikroskops etwas eingeschränkt wird.

Infolge des schrägen Auftreffens der Kanalstrahlen (Ionen) werden nicht alle Objektflächen gleichmäßig zur Elektronenemission angeregt, und es entstehen plastische Bilder mit Licht und Schatten entsprechend der Dunkelfeldbeleuchtung im Lichtmikroskop bzw. Schrägbedampfung im Elektronenmikroskop. Abb. 77 zeigt den geätzten Schliff eines perlitischen Stahls, aus dessen Schattenlängen die Höhe der freigeätzten Karbidlamellen zu 300 bis 600 Å bestimmt werden kann. Das Bild gibt einen guten Begriff von der hohen plastischen Wirkung solcher Abbildungen mit dem Emissionsmikroskop. Man kann auch die einzelnen Körner an ihrer verschieden getönten Grundmasse unterscheiden (was bei 20° z. B. wegen der Fremdschicht nicht möglich wäre); dieser Effekt wird durch das unterschiedliche Emissionsvermögen chemisch gleicher, aber verschieden orientierter Stoffe bewirkt. Noch schärfere Differenzierung wird bei verschiedenen Materialien erzielt. Abb. 78 zeigt die Anwendung des Verfahrens auf die Oberflächenuntersuchung von biegewechselbeanspruchten Proben aus St 37[5]. In ferritischen Körnern entstandene Gleitbänder heben sich plastisch ab, der Pfeil bezeichnet eine dunkle Linie, die als Riß gedeutet werden

---

[1] RATHENAU, G. W., u. G. BAAS: Physika Bd. 17 (1951) S. 117 und Acta Met. Bd. 2 (1954) S. 875.
[2] SCHMID, E., u. F. STANGLER: Radex-Rdsch. (1956) S. 173.
[3] Ann. Phys. Bd. 430 (1938) S. 425.
[4] MÖLLENSTEDT, G., u. H. DÜKER: Optik Bd. 10 (1953) S. 192 und Unveröffentlichte Mitteilung von G. MÖLLENSTEDT. — MÖLLENSTEDT, G., u. H. KELLER: Radex-Rdsch. (1956) S. 153.
[5] WEVER, F., H. HEMPEL u. A. SCHRADER: Arch. Eisenhüttenw. Bd. 26 (1955) S. 739.

könnte. Gerade in solchen Fällen ist es sehr wertvoll, die indirekte Beobachtung mit Hilfe eines Auflichtmikroskops direkt kontrollieren zu können.

Abb. 77. Emissionsmikroskopische Aufnahme. Perlitischer Stahl geätzt, 1000:1 (Originalaufnahme 2300:1). (G. Möllenstedt, Tübingen.) [Aus Handbuch der Physik, Bd. 33, S. 460, Fig. 59 (Verlag Springer).]

18. Mikrophotographie.[1]

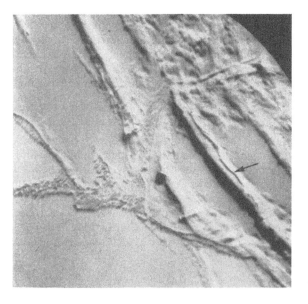

Die Herstellung einer Mikroaufnahme sei in Stichworten zusammengefaßt: Sorgfältiges Schleifen, Polieren und Ätzen des Schliffs. Kontrolle der Lichtquelle, z. B. bei Bogenlampe der Kohlenstifte und Zuführungsdrähte. Wahl der richtigen Objektive und Okulare, dabei beachten, daß die numerische Apertur des

Abb. 78. Gleitbänder bei St 37, 3000:1. (A. Schrader, MPI, Düsseldorf.)

[1] Heunert, H. H.: Praxis der Mikrophotographie. Berlin: Springer 1953. — Michel, K.: Die wissenschaftliche und angewandte Photographie. Bd. X. Die Mikrophotographie. Wien: Springer 1956. — Metals Handbook 1948: Photomicrography S. 162/164. Cleveland (Ohio): American Society for Metals 1948.

Objekts etwa 1/500 bis 1/1000 der Gesamtvergrößerung sein soll. Möglichste Ausnützung der gesamten Länge des Balgens. Kompensationsokulare, wenn Apochromate verwendet werden. Bei starker Vergrößerung nur Planglasilluminator. Aufsuchen der zu photographierenden Stelle der Probe auf der Mattscheibe. Einstellen der Aperturblende auf größte Schärfe des Bilds. Niemals durch die Aperturblende die Lichtstärke reduzieren. Verkleinern der Gesichtsfeldblende so lange, bis ihr Bild auf der Mattscheibe etwas kleiner als die Platte

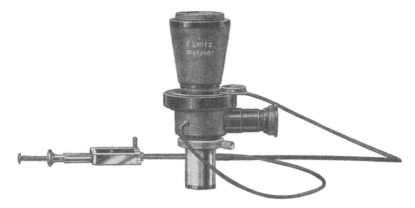

Abb. 79. Mikroansatz zur Herstellung von Mikroaufnahmen mit Hilfe der Kleinbildkamera Leica (Leitz).

wird. Schwingungsdämpfer freimachen. Mit Lupe nochmals Schärfe des Mattscheibenbilds kontrollieren. Schließen des Kameraverschlusses. Einschieben der Kassette mit Platte. Belichten der Platte, evtl. nach vorausgehender Aufnahme einer Probeplatte zur Feststellung der genauen Belichtungszeit.

Die im letzten Jahrzehnt erreichten Fortschritte in der Entwicklung und die Beliebtheit der Kleinbildkamera, wie Leica und Contax, haben auch zu deren Anwendung bei Mikroaufnahmen geführt. Die Vorteile, die aus der Verwendung der *Kleinbildkamera* entstehen, sind: Zeitersparnis durch die Möglichkeit, 36 Aufnahmen hintereinander machen zu können, wesentlich geringere Kosten je Aufnahme als bei einer Plattenaufnahme, übersichtliche Ordnung und bequeme Aufbewahrung der Negative bei geringem Raumbedarf.

Die Anwendungsweise der Leica geht aus Abb. 79 hervor, die einen *Mikroansatz* (*Mikas*) mit automatischem Auslöser zeigt. Anstatt des Objektivs wird der Mikroansatz mit seinem oben sichtbaren Gewinde in das Objektivgewinde des Leicagehäuses geschraubt und dann in Verbindung mit dem Periplanokular Nr 10× auf den Mikroskoptubus aufgesetzt. HUYGENS-Okulare sind unbrauchbar. Die Scharfeinstellung und die Beobachtung des Objekts erfolgt durch den rechten seitlichen Beobachtungsstutzen. Über dem Beobachtungsstutzen befindet sich ein hochwertiger Räderverschluß für Zeit und Moment. Der Verschluß der Leica wird beim Photographieren offen gehalten. Der automatische Drahtauslöser für den Verschluß des Ansatzes schaltet das Prisma für die seitliche Beobachtung für die Dauer der Aufnahme aus.

Da von den Filmen meistens Vergrößerungen gemacht werden müssen, so verwendet man feinkörnige Filme. Bei normalen Ansprüchen an die Bildqualität und bei nicht zu feinen Gefügeeinzelheiten reicht die durch die Vergrößerung erreichte Bildgüte aus. Bei äußersten Ansprüchen und feinsten Bildeinzelheiten ist die Plattenaufnahme vorzuziehen.

Zur Herstellung von *Farbaufnahmen* werden ausschließlich die in der Klein-
bildphotographie üblichen Farbfilme verwendet. Auch aus diesem Grunde ist
die Kleinbildkamera ein wertvolles Zusatzgerät zu den mittleren und großen
Kameramikroskopen. Man kann „Farbnegative" herstellen, von denen man
beliebig viele farbige Papierbilder herstellen kann[1].

D. Öfen und Einrichtungen zur thermischen Behandlung.

1. Verwendungszweck und Ofenarten.[2, 3]

Bei metallkundlichen Arbeiten şind die *Öfen* unentbehrliche Geräte für das
Schmelzen oder die Wärmebehandlung. Das Schmelzen wird aus mehreren Gründen
durchgeführt. So müssen bei der Entwicklung von Legierungen, Aufstellung von
Zustandsbildern usw., oft Legierungen bestimmter, eigens für diese Zwecke ge-
wählter Zusammensetzungen hergestellt werden. Außerdem ist es öfters notwendig,
das Gußgefüge einer Knetlegierung, das durch die mechanische Bearbeitung und
Wärmebehandlung verlorengegangen ist, durch Umschmelzen der Legierung
wiederherzustellen.

Wärmebehandlungen sind unter anderem[4]: *Glühen* (Tempern, Zwischenglühen,
Normalglühen, Lösungsglühen, Homogenisieren, Blankglühen), *Härten*, *Anlassen*
und *Entspannungsglühen*, ferner *Warmauslagerung* bei aushärtbaren Legierungen
usw.

Die Öfen dienen vor allem auch zu den im nächsten Kapitel zu besprechenden
physikalischen und chemischen Untersuchungen der Proben in Abhängigkeit
von der Temperatur. Aus diesen kurzen Andeutungen ist es bereits ersichtlich,
daß die Verwendungszwecke der Öfen äußerst mannigfaltig sind. Es sind so
zahlreiche Ofentypen entstanden, von denen einige der wichtigsten besprochen
werden sollen.

In erster Linie werden für die im Rahmen dieses Aufsatzes zu schildernden
Arbeiten *elektrische Öfen* und in untergeordneterem Maße *Gasöfen* und *ölgefeuerte
Öfen* verwendet. Von den verschiedenen Vorteilen, die die elektrischen Öfen bieten,

---

[1] Photomicrography in Color. First Supplement to the 1948 edition of the Metals Handbook (1954) S. 167/168 American Society for Metals, Cleveland.

[2] Burgers, W. G.: Rekristallisation, verformter Zustand und Erholung. Handbuch
der Metallphysik Bd. 3 II. Leipzig: Akad. Verlagsges. 1941. — Herbers, H.: Härten und
Vergüten des Stahls. Berlin: Springer 1953. — Baukloh, W.: Grundlagen und Ausführung
von Schutzgasglühungen einschließlich der Verhältnisse für das kohlende .Glühen des
Eisens. Berlin: Akademie-Verlag 1949. — Wever, F., u. a.: Atlas zur Wärmebehandlung
der Stähle. Düsseldorf: Stahleisen-Verlag 1954. — American Society for Metals: Heat
Treatment of Metals (A Series of Educational Lectures). Cleveland (Ohio) 1947. — Battelle
Memorial Institute: Steel and Its Heat Treatment. New York: John Wiley and Sons 1948.
— Metals Handbook 1948: Fundamentals of Heat Treatment S. 255/266. Cleveland (Ohio):
American Society for Metals 1948. — Enos, M., and W. E. Fontanie: Elements of Heat
Treatment. New York: John Wiley and Sons 1953. — Grossmann, M. A.: Principles
of Heat Treatment. Cleveland (Ohio): American Society for Metals 1955. — Semaine
d'Etude de la Physique des Métaux 1952. Formation du Grain dans les Métaux par Recristalli-
sation. St. Germain-en-Laye (S. et O.): Editions Métaux 1955.

[3] Wotschke, J.: Grundlagen des elekrischen Schmelzofens. Halle: Knapp 1933. —
Wundram, O.: Elektrowärme in der Eisen- und Metallindustrie. Berlin: Springer 1939. —
Griswold, J.: Fuels, Combustion, and Furnaces. New York: McGraw-Hill Book Company
1946. — Hotchkiss, A. G., and H. M. Webber: Protective Atmospheres. New York: John
Wiley and Sons 1953. — Winkler, O.: Die Technik des Schmelzens und Gießens unter
Hochvacuum. Stahl u. Eisen Bd. 73 (1953) S. 1261. — Seybolt, A. U., u. J. E. Burke:
Procedures in Experimental Metallurgy. New York: John Wiley & Sons 1953.

[4] DIN 17014 Wärmebehandlung von Eisen und Stahl, Fachausdrücke. Berlin-Köln:
Beuth-Vertrieb 1952.

seien nur genannt: Leichte Übertragbarkeit der Energie, Zufuhr fast der gesamten Energie an den zu erhitzenden Stoff, deshalb geringe Belästigung durch Hitze, Abgase, Dämpfe usw., Reinlichkeit des Betriebs, verhältnismäßig geringer Raumbedarf, leichte und schnelle Aufheizung und Regelung, Gleichmäßigkeit in der Wärmeverteilung, Betriebssicherheit ohne besondere Wartung, Möglichkeit auch sehr hohe Temperaturen, z. B. 4000° C zu erreichen. Wenn trotzdem heute Gasöfen immer mehr verwendet werden, so ist das auf den etwas billigeren Betrieb und auch den in der Entwicklung erzielten Fortschritt auf dem Gebiet dieser Öfen, hauptsächlich der Brenner, zurückzuführen. Insbesondere eignen sich die Gasöfen zur Erwärmung von Blöcken und sonstigen Formen von Versuchslegierungen zum Zwecke des Schmiedens, Walzens, für die Wärmebehandlung großer Stücke usw.

2. Gas- und ölbeheizte Öfen.

a) Glühplattenöfen.

Die Öfen findet man in allen Größen, angefangen von den kleinen Werkbanköfen bis zu den größeren Glühplattenöfen der Versuchsanstalten. Die Abb. 80 zeigt einen Ofen mit den Glühraumabmessungen: 1200 mm lang, 600 mm breit und 400 mm hoch. Die vorgewärmte Luft und das Gas treten durch die Brenner in den Ofen und verbrennen in dem Flammenentwicklungsraum. Die Flamme tritt durch seitliche Kanäle in den Glühraum, erhitzt das Glühgut und wird dann durch einen Rückheizkanal in den Luftvorwärmer geleitet. Zum Erreichen konstanter Temperatur ist es wichtig, den Ofen, insbesondere die Türen, von außen her gut abzudichten. Die mit den Heizgasen in Berührung stehenden Platten sind hochfeuerfeste Schamottesteine, die nach außen hin von Isolationsschichten umgeben sind, um Wärmeverluste zu vermeiden. Der Ofen hält gleichmäßige Temperatur,

Abb. 80. Glühplattenofen. (Ruppmann, Stuttgart.)

läßt sich auf jede Temperatur einstellen, schnell anheizen, einfach bedienen und regelt selbsttätig die Temperatur; nach Wunsch kann eine *oxydierende, neutrale oder reduzierende* Atmosphäre angewendet werden. Beschädigte Platten lassen sich an Ort und Stelle leicht ersetzen. Die Zusammensetzung der Heizgase muß laufend überwacht werden, um Schäden der Proben zu vermeiden[1].

---

[1] Es ist so z. B. bekannt, daß man bei Nickellegierungen keine schwefelhaltigen Heizstoffe verwenden darf, da sich im Glühgut (z. B. Block) entlang der Korngrenzen niedrigschmelzende Sulfide bilden, die ein Warmverformen unmöglich machen und auch sonstige Schäden im Werkstoff verursachen.

b) Tiegelöfen.

Die Konstruktion und Arbeitsweise dieser Öfen geht aus Abb. 81 hervor. Luft und Gas (oder Öl) werden durch einen Brenner in den Ofen geleitet. Die

Flamme umspült den Tiegel spiralförmig und tritt durch die Öffnungen des Ofendeckels und der Ausgußschnauze nach außen. Die innere Ausmauerung besteht aus hochfeuerfesten basischen Schamottesteinen, die von einer Isolierschicht umgeben sind. Der Tiegel — meistens aus Graphit — sitzt auf einem Tiegeluntersatz. Bei Durchbruch des Tiegels kann das Metall durch eine Klappe in der Bodenplatte in die unter dem Ofen befindliche Grube fließen. Der Ofen wird von einem schmiedeeisernen Mantel umfaßt und ist zum Zwecke der Entleerung der Schmelze kippbar. Regeleinrichtungen sorgen für genaue Einstellbarkeit des Ofens.

Abb. 81. Gasbeheizter Tiegelofen. (Ruppmann, Stuttgart.)

Auch hier ist es wichtig, die Zusammensetzung des Heizgases oder Öles laufend zu überwachen.

3. Elektrische Öfen.

Man kann 3 Arten von elektrischen Öfen unterscheiden: *Widerstandsöfen, Lichtbogenöfen und Induktionsöfen*. Von diesen kommen für metallkundliche Untersuchungen in der Hauptsache Widerstandsöfen mit indirekter Heizung in Betracht. Bei diesen wird ein sog. Heizrohr, eine Muffel oder Kammer durch Heizleiter erwärmt, und das zu erhitzende Gut wird in den Heizraum gebracht. Die Formen der Widerstandsofen sind sehr mannigfaltig. Grundsätzlich bestehen sie aus einem äußeren Mantel aus einer keramischen Masse (z. B. Schamotte) oder Stahlblech, der die Stoffe zur Wärmeisolierung, die Heizleiter und den Heizraum selbst umschließt. Die Widerstände bestehen aus metallischen oder keramischen Stoffen usw. Für Schmelzarbeiten haben neuerdings vielfach Induktionsöfen, von denen die Vakuum-Hochfrequenzöfen besonders hervorgehoben werden sollen, in das Laboratorium Eingang gefunden. Bei diesen wird nicht wie bei den Widerstandsöfen die Wärme von außen zugeführt, sondern durch Induktionswirkung in der Probe, Schmelzgut usw. selbst erzeugt. Lichtbogenöfen sind für Laboratoriumsarbeiten seltener im Gebrauch, z. B. bei Präzisionsguß von Legierungen für hohe Temperatur. Auch die Vakuum-Lichtbogenöfen haben neuerdings im Zusammenhang mit der Entwicklung auf den Gebieten des Titans, Molybdäns usw. in das Laboratorium Eingang gefunden.

a) Tiegelöfen.

Das Prinzip dieser Öfen geht aus Abb. 82 hervor. Als Tiegel wird je nach Art und Schmelzpunkt der Metalle Eisen oder ein keramischer Stoff, häufig Graphit oder Schamotte, verwendet; der Ofen ist kippbar.

b) Rohröfen mit Draht- und Bandwicklung.

Die Öfen können wegen des hohen Widerstands der Wicklung direkt an das Gleich- oder Wechselstromnetz angeschlossen werden. Da zum Verkürzen der Aufheizzeit beim Aufheizen die Stromstärke höher gewählt werden kann und der Ofen auf die verschiedensten Temperaturen ein- stellbar sein muß, empfiehlt es sich, zwischen Netz und Ofen einen Widerstand oder besser Transformator zu schalten.

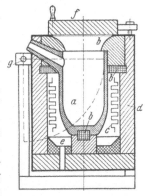

Abb. 83 gibt einen schematischen Schnitt durch einen liegenden Rohrofen. In der Mitte des Ofens be- findet sich der *Heizkörper*, bestehend aus *Rohr* und *Wicklung*. Je nach Verwendungszweck und Temperatur ist das Rohr aus verschiedenen feuerfesten, keramischen Massen, wie Porzellan (bis 1400° C), Pythagorasmasse (bis 1700° C), Tonerde usw. hergestellt. Der Ofen soll möglichst ein langes Heizrohr mit nicht zu großem Durch- messer haben. Denn infolge erhöhter Wärmestrahlung der Stirnflächen fällt die Temperatur von der Rohrmitte nach den beiden Enden ab, und zwar um so mehr, je größer der Rohrdurchmesser und je kürzer das Rohr ist. Das Heizrohr mit der Widerstandswicklung ist nach außen hin sorgfältig isoliert, wobei man besonders darauf ach- ten muß, daß die *Isolationsmasse* keine Verunreinigun- gen enthält, die mit der Widerstandslegierung reagieren und so deren Zerstörung herbeiführen könnten. Die besten Erfahrungen brachten in dieser Hinsicht die Schamottekörnungen, wenn die Temperatur nicht zu hoch ist.

Abb. 82. Elektrisch beheizter Tiegelofen.

a Schmelztiegel; *b* Halte- steine; *c* Heizleiter; *d* Wärmeschutz; *e* Wanne und Abfluß bei Undichtigkeit; *f* Beschickungsöffnung; *g* Kippachse.

Als Widerstandswicklung[1] werden Drähte und Bänder mit möglichst hohem Schmelzpunkt, großer Festigkeit bei hohen Temperaturen und hoher Wider- standsfähigkeit gegen Oxydation verwendet (DIN 17470, Ausg. 11. 51).

Abb. 83 und 84 zeigt als Beispiel einen *Röhrenofen mit Molybdänheiz-*

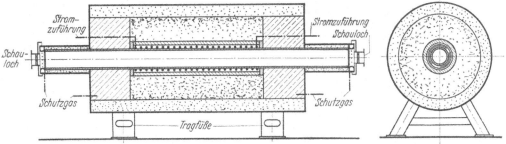

Abb. 83. Schnitt durch Röhrenofen mit Molybdänheizleiter. (Degussa, Hanau.)

wicklung (Degussa). Seine Nutzraumabmessungen sind 50 mm ⌀ und 350 mm Länge oder 75 mm ⌀ und 350 mm Länge. Die in ihm erreichbaren Temperaturen betragen bis 1800° C. Der Molybdänheizkörper ist direkt auf dem Heizrohr aus Degussa- Sintertonerde befestigt und von einem Schutzrohr umgeben, so daß eine leichte Auswechslung des Heizrohrs gewährleistet ist. Die innere Isolation besteht

---

[1] Vgl. HESSENBRUCH W.: Hitzebeständige Legierungen. Berlin: Springer 1939.

ebenfalls aus Sintertonerde, an die sich nach außen hin die üblichen Isolationsschichten anschließen. Am Ofeneingang befinden sich je eine leicht verschließbare Klappe, die mit einem Schauloch versehen sind. Durch diese läßt sich die
Ofentemperatur und die Temperatur der Beschickung mit optischen Temperatur-
meßgeräten leicht über-
wachen. In die Zuführungs-
rohre sind außerdem Gas-
schleier eingebaut, so daß
ein betriebssicheres Arbeiten
mit Wasserstoff als Schutzgas durchführbar ist.

Da die Sinterschutzrohre
nur in beschränkten Längen
hergestellt werden können,
verwendet man für längere
Glühräume andere Öfen. Ein
solcher ist z. B. der Glüh-
kammerofen von Westing-
house Electric (Abb. 90 auf
S. 757).

Abb. 84.
Außenansicht eines Röhrenofens mit Molybdänheizleiter.
(Degussa Hanau.)

Man soll die Gebrauchs-
temperatur von Rohröfen
mit Draht- und Bandwicklung, besonders bei längerem Betrieb, nicht überschreiten, da bereits eine geringfügige Temperatursteigerung einen verhältnismäßig hohen Abfall in der Lebensdauer der Widerstandsdrähte bringt. Zu
hohe Oberflächenbelastung und zu häufiges Ein- und Ausschalten setzen die
Lebensdauer ebenfalls stark herab.

c) Röhrenöfen mit Silit und Cesiwid als Widerstandsmaterial.

Bei *Silit* und *Cesiwid* handelt es sich um Siliziumkarbid (SiC). Der Widerstand dieses Materials beträgt bei 1400° C etwa 1000 Ω mm²/m. Im Betrieb
tritt durch Alterung (Oxydation) eine Widerstandszunahme auf. Die Stäbe
werden in allen Abmessungen von 8 mm $\varnothing$ und 100 mm Länge bis 30 mm $\varnothing$
und 800 mm Länge hergestellt und um das Heizrohr gelegt. Temperaturen bis
1400° C lassen sich bequem erreichen, bei 1500° C wird der Ofen allmählich
zerstört. Ein Ofen mit Siliziumkarbid-Heizstäben („Globar"), jedoch als Kammerofen gebaut, wird in Abschn. 4, S. 755, besprochen.

Temperaturen bis 1700° C lassen sich mit Heizleitern aus Molybdänsilizid
(MoSi₂) erreichen und können mehrere tausend Stunden ohne Schaden aus-
gehalten werden, auch sollen sie beim Abkühlen nicht verspröden[1]. Die Heizleiter lassen sich in beliebiger Form gestalten; da sie gut leiten, müssen sie jedoch
elektrisch sehr hoch belastet werden.

d) Röhrenofen mit Kohle als Widerstandsmaterial.

Werden Temperaturen über 1400 bis 1500° C benötigt, so versagen die
in der üblichen Weise mit Heizleiter-Legierungen, Silitstäben oder Cesiwid-
stäben ausgestatteten Öfen. Man muß in diesem Falle Öfen mit Molybdän-
oder Wolframheizleitern, Heizwiderständen aus Kohlerohren oder Kohlegrieß
oder Induktionsöfen verwenden. Die Öfen mit Kohle (Graphit) als Widerstandsmaterial verlangen jedoch teure Transformatoren, während z. B. die

---

[1] BWK Bd. 7 (1955) S. 556.

Röhrenöfen mit metallischen Heizleitern oder Silit mit billigen Widerständen und Transformatoren auskommen.

Die Kohle wird in loser und gepreßter Form verwendet, demnach ist ihr spezifischer Widerstand und die zum Betrieb erforderliche Spannung sehr verschieden. Die Kohle hat, genau wie das Molybdän und Wolfram, den großen Nachteil, daß sie in normaler Atmosphäre oxydiert. Es muß aus diesem Grunde das Widerstandsmaterial des Ofens sehr oft erneuert werden, oder aber es muß durch Vakuum oder Schutzgas vor dem Verbrennen geschützt werden. Da die Kohle im Betriebe an der Luft verhältnismäßig rasch verbrennt und demzufolge der Widerstand sich dauernd ändert, ist die Regulierungsmöglichkeit bei weitem nicht so günstig, wie bei den Öfen mit Drahtwicklung. Der Vorteil der Öfen liegt vor allem darin, daß trotz einfacher Bauart Temperaturen bis 3000° C erreicht werden können.

Abb. 85 zeigt einen Schnitt durch den Hochtemperaturofen nach W. NERNST u. G. TAMMANN. Der Heizwiderstand besteht aus einem oben und unten offenen Kohlerohr, das unten mit einem Kohlepfropfen zugestopft ist. Das Rohr wird oben und unten durch 2 Konusringe aus Messing, durch die Strom zu- und abgeleitet wird, gehalten. Um ein zu starkes Erhitzen dieser metallischen Teile zu vermeiden, werden die Stirnflächen des Ofens mit Wasser gekühlt. Das Kohlerohr ist nach dem Ofenmantel hin von mehreren Schichten wärmeschützender Stoffe umgeben: ganz innen eine Schicht aus grobkörnigem Kohlegrieß, hierauf Elektrokorund- und schließlich Sterchamol- oder Christobalitschichten. Da das feste Kohlerohr besonders bei höheren Temperaturen einen sehr geringen Widerstand hat, müssen sehr starke

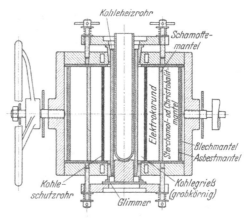

Abb. 85. Schnitt durch einen TAMMANN-Ofen (RUHSTRAT).

Ströme angewendet werden. Trotz sehr hoher Ströme (mehrere hundert bis mehrere tausend Ampere) kommt man mit der Spannung an den Rohrenden nicht über einige wenige Volt. Es müssen deshalb besondere Vorrichtungen vorhanden sein, die einen sehr hohen Strom niedriger Spannung liefern. Der Ofen selbst ist in seiner Bauart sehr einfach, da aber umfangreiche Vorrichtungen für die Stromumwandlung verwendet werden müssen, wird die Anlage teuer. Trotzdem ist der Ofen gerade wegen seiner einfachen Bedienung sehr beliebt. Der Ofen hat Zusatzeinrichtungen für Arbeiten unter Vakuum und in Schutzgasen.

Außer dem TAMMANN-Ofen sind zahlreiche andere Kohlerohröfen in Gebrauch. Es gibt auch Öfen, bei denen in das Kohlerohr von dem einen bis zum anderen Ende ein sich mehrfach um das Rohr windender Schlitz eingeschnitten ist. Solche Öfen sind z. B. die Kohlespiralöfen von H. DIERGARTEN (Vakuumofen zur Bestimmung von Gasen in Metallen) und ARSEM (Vakuumofen).

e) Induktionsöfen.

Bei metallkundlichen Arbeiten hat der eisenfreie Typus des Induktionsofens, der *Hochfrequenzofen* (meistens bis 10000 Hz), insbesondere für das Schmelzen von Legierungen, große Bedeutung erlangt. Bei diesem ist um einen tiegelförmigen Schmelzraum (Abb. 86) eine stromdurchflossene Spule gelegt. Die

Nieder- und Hochfrequenzöfen haben vor allem den Vorteil, daß die Schmelze infolge ihrer ständigen Bewegung sich innig mischt. Die Güsse zeigen, sofern bei der Erstarrung keine Entmischung auftritt, eine hervorragende Gleichmäßigkeit. Ein gewisser Nachteil ist, daß keine Schlacken oder nur solche angewendet werden können, deren Schmelztemperaturen unterhalb der der Legierungen liegen. Der Wärmewirkungsgrad ist sehr hoch. Die Anfertigung des Schmelzgefäßes ist, insbesondere beim Hochfrequenzofen, sehr einfach und die Treffsicherheit in der Zusammensetzung der Legierung sehr gut. Lästig und kostspielig ist die Notwendigkeit, eine besondere Stromquelle mit Regeleinrichtungen beschaffen zu müssen. Es können alle Temperaturen erreicht werden, die der Tiegel aushält, wenn die zugeführte Leistung der Ofengröße und Temperatur angepaßt ist. Kleinere Öfen fassen 5 bis 10 kg Metallschmelze (15 kW Generatorleistung), größere 50 bis 100 kg (50 bis 100 kW). Für die größten Öfen werden die Frequenzen auf 2000, 1000 und 500 Hz herabgesetzt. Man nennt diese Öfen neuerdings Mittelfrequenzöfen. Erst oberhalb 10000 Hz beginnt das Hochfrequenzgebiet.

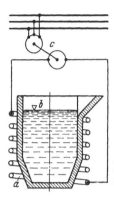

Abb. 86. Hochfrequenzheizung.

a) wassergekühlte Induktionsspule; b) induziertes Schmelzbad; c) umlaufender Frequenzumformer. O. WUNDRAM: Elektrowärme in der Eisen- und Metallindustrie. 1939. Springer.

Die Spule ist aus einem Kupferrohr mit rechteckigem Querschnitt hergestellt und wird zur Kühlung von Wasser durchflossen. Die einzelnen Windungen sind durch Asbest voneinander isoliert. Das in Form fester Stücke eingesetzte Material wird von allein heiß, schmilzt und mischt sich. Es können Temperaturen bis 3400° C erreicht werden.

Für Entwicklungsarbeiten müssen Blöcke in Gewichten von wenigen bis etwa 100 kg in Tausenden von verschiedenen Zusammensetzungen in jedem Jahr hergestellt werden. Hierbei haben sich die Vakuum-Schmelz- und Gießanlagen außerordentlich gut bewährt. Im Rahmen dieses Aufsatzes sei jedoch nur auf Namen von Herstellerfirmen, wie Gerätebau-Anstalt Balzers, Consolidated Vacuum Corp., Stokes Machine Comp usw., verwiesen.

Die induktive Erwärmung wird nicht nur zum Schmelzen, sondern auch für viele Arten der Wärmebehandlung, z. B. Härten, Vergüten, Oberflächenhärten, Anlassen, Glühen, Normalisieren, Hartlöten, und für das Warmverformen angewendet. Die in ein magnetisches Wechselfeld gebrachten Metallkörper erwärmen sich entsprechend der Frequenz. Die Wirbelströme dringen je nach der Höhe der Frequenz verschieden tief in den Körper. Eine Erhöhung der Frequenz bedeutet Herabsetzung der Eindringtiefe der Wirbelströme. Neben der Frequenz spielt auch die elektrische Leistungsdichte pro cm² Oberfläche des zu erwärmenden Körpers eine ausschlaggebende Rolle für die Ausbildung der Erwärmungszone. Außerdem sind noch die Materialeigenschaften des zu behandelnden Werkstücks (Abnahme der elektrischen Leitfähigkeit und der Permeabilität mit steigender Temperatur) und die Aufheizzeit für den Verlauf der Erwärmung bestimmend. Die größte Bedeutung haben die Mittelfrequenzen von 1000 bis 10000 Hz.

f) Vakuum-Lichtbogenöfen.[1]

Der Lichtbogen erhitzt und schmilzt die Beschickung. Die Kupferkokille und der Block mit dem erstarrenden Metallsumpf in seinem Kopf bilden die eine

[1] WINKLER, O.: St. u. E. Bd. 73 (1953) S. 1261. — Z. Metallkde. Bd. 47 (1956) S. 133. O. WINKLER: Z. Metallkde. Bd. 44 (1953) S. 333. — F. BENESOVSKY, K. SEDLATSCHEK und W. WIRTH: Berg- und Hüttenw. Monatshefte der Mont. Hochschule in Leoben Bd. 100 (1955) S. 219. — G. L. HOPKIN, J. E. JONES, A. R. MOSS and D. O. PICKMAN: J. Inst. Met. Bd. 82 (1954) S. 361.

Elektrode, und Wolfram oder die zu einer Elektrode gepreßte Beschickung oder vorgeschmolzene Legierung ist die andere Elektrode. Bei Verwendung von Wolfram wird die Elektrode nicht verbraucht (es sei denn, daß Wolframblöcke hergestellt werden), während bei den Elektroden von der Zusammensetzung der gewünschten Legierung die Elektrode laufend abgeschmolzen und erneuert werden muß.

4. Muffelöfen und Kammeröfen.

In Abb. 87 wird ein runder *Muffelofen* von der Firma Heraeus gezeigt. Er besitzt einen kastenförmigen Glühraum, in dem das zu erhitzende Gut liegt. Der Glühraum wird durch eine geschlossene Muffel aus hochfeuerfestem Material, z. B. Schamotte, gebildet. Die Außenseite der Muffel ist mit

Abb. 87. Muffelofen bis 1000° C. (Heraeus, Hanau.)

Abb. 88. Kammerofen mit elektrischer Beheizung. (Ganser und Weber, Düsseldorf.)

Chromnickeldraht bewickelt. Eine starke Wärmeisolation schützt vor Wärmeverlust. Die Tür liegt in geöffnetem Zustand vor der Muffelöffnung als Abstellplatte, wobei die Glutseite nach unten gekehrt ist. Die Arbeitstemperaturen betragen 600 bis 1000° C. Nutzraummaße sind: 260 mm × 60 mm × 450 mm oder kleiner. Der Ofen dient zum Glühen, Härten und Vergüten in der Fertigung, wie auch für größere Wärmebehandlungen in Laboratorien.

Je nach Höhe der Arbeitstemperatur, die erreicht werden soll, verwendet man elektrische Widerstandsheizung (Wicklungen aus Chromnickel, Megapyr, Wolfram, Silitstäbe) oder auch Gasfeuerung.

Die Kammeröfen unterscheiden sich von den Muffelöfen dadurch, daß der Glühraum nicht aus einem einzigen Stück, sondern aus mehreren, in bestimmter Art zusammengefügten feuerfesten Formsteinen, oft mit feuerfester metallischer Bodenplatte, besteht. Abb. 88 zeigt einen *Einkammerofen*. Seine lichten Maße sind: 150 mm Breite, 130 mm Höhe und 300 mm Tiefe (oder 200 mm × 170 mm × 400 mm). Der Glühraum wird durch 21 haarnadelförmige, freistrahlende Heizelemente beheizt. In den Glühraum können auch Muffeln aus hochhitzebeständigen Legierungen oder keramischen Massen mit oder ohne Verwendung von Schutzgas eingesetzt werden. Die Öfen eignen sich für Betriebstemperaturen bis 1270° C. Es können in ihnen alle Glüh- und Härtungsversuche kurz- und langzeitig ausgeführt werden.

Ein *Kammerofen von Westinghouse Electric* mit „Globar"-Stäben (Globar = Siliziumkarbid) für Arbeiten in Luft, oxydierenden, reduzierenden und neutralen

48*

Atmosphären ist in Abb. 89 dargestellt. Der nutzbare Ofenraum geht bis 600 mm Breite, 450 mm Höhe und 1200 mm Tiefe.

Ein mit Molybdändraht beheizter *Kammerofen von Westinghouse Electric* mit einem langen temperaturkonstanten Herd (750 mm) und Betriebstemperaturen bis 1800° C für relativ große Stücke (200 mm × 150 mm) ist aus Abb. 90 zu ersehen. Der Ofen besteht aus zwei Teilen: dem eigentlichen Glühraum (hinterer Teil) und der wassergekühlten Abkühlungskammer (kleinerer freitragender vorderer Teil). Der Glühraum und die Abkühlungskammer sind durch eine aus Molybdänblech hergestellte, heb- und senkbare Tür voneinander getrennt. Das zu glühende Gut wird durch zwei aufeinanderfolgende und mit Gasschleier versehenen, im Bild nicht sichtbaren Türen an der hinteren Ofenseite, in den Glühraum gehoben. Das Innere des Ofens besteht aus der hochhitzebeständigen Masse Alfrax. Ein Molybdändraht von 9,5 mm hängt in Form von Schleifen an Molybdänstiften, die in die zwei Längsseiten des Ofenraumes eingelassen sind. Ein Gasmengenmesser regelt den Wasserstoffzutritt. Bei Versagen der Wasserstoffzuleitung würden die glühenden Molybdänschleifen durch Oxydation zerstört werden. Um dies zu vermeiden, ist

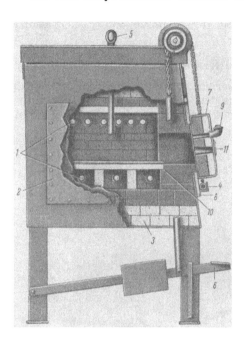

Abb. 89. Kammerofen mit Globarstäben von Westinghouse Electric.

1 Globar-Heizstäbe; *2* Gasdichter Deckel über den Stabenden; *3* zweierlei Isoliersteine; *4* Gasschleier; *5* Thermoelement; *6* Türöffnungsvorrichtung (Fuß oder pneumatisch); *7* gußeiserne Tür; *8* dichte Vorderseite aus Gußeisen; *9* Austritt für Schutzgas; *10* Ofenherd; *11* Schauloch.

eine Stickstoffleitung vorgesehen, die automatisch den Ofenraum bespült, wenn der Wasserstoffdruck nachläßt, und eine weitere Vorrichtung schaltet dann ebenfalls automatisch den Ofenstrom aus. Diese Öfen haben sich bei Glüharbeiten in der Metallkeramik (Sintern) sehr gut bewährt.

5. Salz-, Metall- und Ölbäder. — Anlaßöfen. — Ofenatmosphären.

Sollen Proben kürzere oder längere Zeit bei bestimmten Temperaturen geglüht oder aus ihnen abgeschreckt werden, so werden Bäder aus geschmolzenen Salzen, Blei, Öl usw. verwendet. Die Proben nehmen die gewünschte Temperatur in kürzester Zeit an und die Temperaturen können sehr genau eingestellt werden. Das *geschmolzene Salz* schützt die Probe vor Oxydation, so daß man auch ohne kompliziertere Vorrichtungen, wie Vakuumöfen oder Öfen mit neutralen *Schutzgasen* (Stickstoff, Wasserstoff, Helium, Argon usw.), zunderfreie, blanke Proben erhalten kann. Wird die Probe vom Salz angegriffen, so kann sie in ein blankes Eisenrohr, bei nicht zu großen Abmessungen in Glas (Supremaxglas bis 850° C) oder Quarz (über 800° C) eingeschlossen und so in das Bad getaucht werden.

Sollen Proben angelassen werden, so sind nicht in allen Fällen Salzbäder notwendig. Besonders für niedrigere Temperaturen (unterhalb 300° C) gibt es

Trockenschränke, die elektrisch geheizt werden und die Temperatur auf 1 bis 2° einhalten (DIN 50011 Bl. 1 und 2, Ausg. 10. 55). Für die Aushärtung von Aluminiumlegierungen haben sich diese Schränke (Abb. 91) gut bewährt.

Abb. 90. Molybdändrahtofen von Westinghouse Electric.

1 Tür für Abkühlungskammer; *2* Abkühlungskammer mit Wassermantel; *3* Wasserstoffeintritt; *4* Heb- und senkbare Tür; *5* Leitungen zu Temperaturregler; *6* Gesamtstrahlungspyrometer; *7* Wasserstoffmengenmseser; *8* Kühlwasseraustritt; *9* Sicherheitsorgan zum Abschalten des Ofenstromes und Einschalten des Stickstoffstromes; *10* Stickstoffeintritt; *11* elektrische Leitungen zum Sicherheitsorgan; *12* Kühlwassereintritt; *13* Leitungen für Ofenstrom; *14* Handschalter zum Sicherheitsorgan; *15* Lockflamme; *16* Gasschleier.

Für höhere Temperaturen (z. B. bis 700° C) sind *Anlaßöfen* mit oder ohne Luftumwälzung (Antrieb durch Elektromotor oder Luftturbine) mit horizontalem oder vertikalem Glühraum im Gebrauch, die eine annehmbare Temperaturgleichmäßigkeit und Schnelligkeit im Anwärmen gewährleisten und deshalb ohne weiteres verwendbar sind, wenn es nicht auf größte Genauigkeit ankommt.

Bei Wärmebehandlungen metallischer Stoffe ist die Art der angewendeten Atmosphäre außerordentlich wichtig. Folgende *Atmosphären* werden benützt: Verbrennungsgase, die durch exotherme Reaktionen entstehen, Stickstoff, dissoziiertes Ammoniak, Wasserstoff, Argon und Helium. Die Verbrennungsgase werden durch Verbrennung von gasförmigen

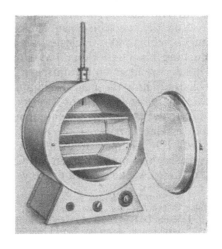

Abb. 91.
Trockenschrank bis 250° C ± 1°.

oder flüssigen Brennstoffen mit Luftüberschuß und anschließender Entfernung von Wasserdampf, Kohlensäure, Schwefeldioxyd und Schwefelwasserstoff, in manchen Fällen auch Oxydation und Entfernung von Kohlenoxyd, erzeugt. Die Anwendung dieser Atmosphären bedingt besondere Geräte[1], um einmal Explosionen zu vermeiden, zum andernmal die richtigen Zusammensetzungen, die je nach Verwendungszweck sehr verschieden sind und auf Grund sorgfältiger Versuche ermittelt werden, zu erhalten.

6. Auskleidung von Öfen, Muffeln, Heizrohre, Thermoelementschutzrohre. Sonstige Geräte aus keramischer Masse.

An das Futter der Öfen werden sehr verschiedene Ansprüche gestellt. Manche Öfen werden bei sehr hohen Temperaturen langzeitig verwendet, manche wiederum kurzzeitig, manche haben nur niedrige Temperaturen auszuhalten, manche müssen rasch auf Temperatur kommen, manche können langsam angeheizt werden usw. Bei Muffeln oder Tiegeln begegnet man ähnlichen Ansprüchen. Es wurden deshalb sehr verschiedene keramische Stoffe entwickelt.

Von den keramischen Massen sind folgende üblich: Glas, Kieselsäure, Tonerdesilikate (Porzellan, Schamotte usw.), Siliziumkarbid, die Oxyde Al_2O_3, BeO, ZrO_2, MgO und ThO_2, Kohlenstoff (Graphit) usw. Manchmal können auch Tiegel aus Stahl verwendet werden, z. B. bei Blei- und Magnesiumlegierungen, da Eisen sich mit diesen nicht legiert. Außerdem kann Stahl, wie bereits erwähnt worden ist, für Salzbäder und dergleichen gebraucht werden. Andere metallische Stoffe, die als Muffeln, Tiegel, Körbe für Salzbäder usw. verwendet werden, sind in den Stahl-Eisen-Werkstoffblättern 470—49 und 471—49 genannt.

a) Von den verschiedenen Glasarten haben sich die *Aluminiumborosilikatgläser* gut bewährt. Jenaer Geräte- und Duranglas können Temperaturen bis 750° C, Supremaxglas bis 850° C aushalten.

b) *Quarz* (SiO_2) kann im weichen Zustand wie Glas zu den verschiedensten Gebrauchsgegenständen verarbeitet werden. Im Handel sind folgende Quarzsorten erhältlich: Quarzglas, Homosil, Rotosil. Die zwei ersten sind durchsichtig, die letztere undurchsichtig. Für Tiegel genügt die letztere Sorte. Die Geräte werden bei ~ 1500° C weich, bei 1700° C lassen sie sich bereits leicht biegen.

c) Die *Tonerdesilikate* kommen in verschiedenen Zusammensetzungen vor.

Von den verschiedenen Marken sei zunächst Hartporzellan genannt, das unglasiert bis 1400° C, glasiert bis 1100° C und, da es gasdicht ist, in evakuiertem Zustand bis 1300° C bei 1 at Druck verwendet wird. Es ist für Laboratorien eine der wichtigsten keramischen Massen. Mit weiterer Steigerung des Tonerdegehalts nimmt die Feuerbeständigkeit zu. So haben die verschiedenen Firmen ihre für ganz bestimmte Zwecke verwendbaren Massen, wie Marquardtsche Masse, Pythagorasmasse, Sillimanit usw. Für Ofenauskleidungen werden Schamottesteine benützt.

d) Für Temperaturen über 1750° C genügen die als feuerfest und hochfeuerfest bekannten Massen auf Grundlage der Aluminiumsilikate nicht mehr[2]. Für diese Zwecke werden die *Oxyde* Al_2O_3, MgO, BeO, ZrO_2 und ThO_2 verwendet.

---

[1] Seybolt, A. U., u. J. E. Burke: Procedures in Experimental Metallurgy. New York: John Wiley & Sons, New York 1953, S. 102—156.

[2] Nach DIN 51060 werden keramische Rohstoffe, Massen und Werkstoffe als „feuerfest" bezeichnet, wenn ihr Segerkegelfallpunkt nach DIN 51063 mindestens dem des kleinen Segerkegels 18/150°C/h entspricht. Sie werden als „hochfeuerfest" bezeichnet, wenn ihr Segerkegelfallpunkt mindestens dem des kleinen Segerkegels 37/150°C/h entspricht.

Es werden aus ihnen Tiegel, Heizröhren, Muffeln, Schiffchen, Thermoelement-
schutzrohre, Ein- und Mehrlochkapillaren, Formsteine für Ofenausmauerungen
(mit 90% Al_2O_3), usw. hergestellt. Die reine *Tonerde* (Al_2O_3) schmilzt bei 2050°C;
sie wird als Sintertonerde (Korund) bis 1950° C verwendet und ist gegen Eisenlegierungen usw. widerstandsfähig. Der kaolingebundene Sinterkorund ist gas-
durchlässig und nur bis 1800° C verwendbar. *Sinterspinell* (MgO · Al_2O_3) schmilzt
bei 2135° C und verhält sich in chemischer Hinsicht noch neutraler als Sinterkorund. In die Gruppe der Spinelle gehören auch die Chromerz- (z. B. Didier:
Furnal) und Chrommagnesitsteine (z. B. Didier: Rubinit). Diese Steine sind
bis zu höchsten Temperaturen reaktionsträge, werden also von Schlacken (z. B.
Eisenschlacken) nicht angegriffen. *Sinterberyllerde* (BeO) schmilzt über 2500°C,
für gasdichte Geräte ist sie bis über 2200° C verwendbar und zufolge ihrer
guten Wärmeleitfähigkeit ist sie besonders temperaturwechselbeständig. *Sinter-
zirkonerde* (ZrO_2) schmilzt bei 2700° C und ist für schwach poröse Geräte bis
2500° C verwendbar. Kohlenstoff wirkt unter Bildung von Karbid auf den
Scherben etwas ein, außerdem sind die Geräte verhältnismäßig temperatur-
wechselempfindlich. Geräte aus *Sinterzirkon* ($ZrSiO_4$) sind bis 1750° C brauchbar.
Sintermagnesia schmilzt bei 2800° C, die Geräte sind bis 2400° C völlig dicht.
Geräte aus geschmolzener *Magnesia* sind bis 2400° C verwendbar, sind aber
porös. Unter stark reduzierendem Einfluß (z. B. Kohlenstoff) wird Magnesia
reduziert und verdampft. Als Auskleidung für Öfen sind Steine unter dem Namen
Magnesit bekannt.

ε) Für die höchsten Temperaturen werden *Kohlenstoff* oder *Graphit* zur
Herstellung der Geräte, Steine usw., verwendet, da sie solche Temperaturen
aushalten, ohne zu erweichen oder zu schmelzen. Ein schwerer Nachteil ist,
daß sie leicht mit Sauerstoff und vor allem stark mit Eisen, Mangan usw.
reagieren. Die Geräte enthalten manchmal etwas Ton als Bindemittel und werden
bei der Herstellung unter hohem Druck gepreßt. Als Rohstoffe werden Graphit
und gemahlener Koks verwendet. Die Didier-Kohlenstoffsteine enthalten z. B.
90% Kohlenstoff.

7. Flüssigkeitsthermometer.

Ihre Anwendungsmöglichkeiten sind bei metallographischen Arbeiten beschränkt, da sie nur unterhalb 600 oder 750° C (Stahl- und Metallrohre mit
Quecksilberfüllung, Sonderglas oder Quarzglas mit Quecksilberfüllung und
Stickstoff über dem Quecksilberfaden zur Vermeidung von Quecksilberdampf)
verwendet werden können. Bei dem Gebrauch der Glasthermometer ist darauf
zu achten, daß man bei ihnen eine Korrektur für den herausragenden Faden
anbringen muß, denn die Temperaturangaben auf der Skale wären nur dann
richtig, wenn der herausragende Faden auch die Temperatur der Flüssigkeits-
kugel haben würde, was praktisch wohl kaum zutrifft. Für Temperaturen unterhalb 0° C werden Thermometer mit *Alkohol-*, *Äther-* und *Pentanfüllung* (— 100°,
— 117°, — 200° C) verwendet.

Nachteilig ist, daß die Flüssigkeitsthermometer eine große Masse und daher
eine große Wärmekapazität und Trägheit haben und daß bei den Glasthermo-
metern an Ort und Stelle abgelesen werden muß.

Auch wurde das niedrigschmelzende *Gallium* (Schmelztemperatur: 30°C)
als Füllung für Quarzthermometer vorgeschlagen (bis 1000° C)[1].

---

[1] Vgl. ARKEL, A. E. VAN: Reine Metalle. Berlin: Springer 1939.

8. Temperaturmessung mit Thermoelementen.[1,2]

Werden 2 Drähte aus verschiedenen Metallen oder Legierungen durch Schweißen, Löten oder mechanisch — allgemein elektrisch leitend — an beiden Enden miteinander zu einem Kreis verbunden und besteht zwischen den „Lötstellen" ein Temperaturunterschied, so fließt in dem Kreis ein elektrischer Strom. Trennt man den Kreis an einer beliebigen Stelle auf, so tritt an der Trennstelle eine elektromotorische Kraft (EMK) auf, die mit einem (zweckmäßig hochohmigen) Millivoltmeter oder nach dem Kompensationsverfahren gemessen werden kann. Diese *Thermospannung* (EMK) ist ein Maß für die Temperaturdifferenz zwischen der *Heißlötstelle* oder „Meßstelle" und der *Kaltlötstelle* oder „Vergleichsstelle". Oft wird die Trennstelle in die Kaltlötstelle gelegt; die Verbindung erfolgt dann über das Instrument, dessen Klemmen die Kaltlötstelle darstellen. Abb. 92 zeigt die EMK-Temperatur-Kurven bei verschiedenen Kombinationen für den Fall, daß die Temperatur der kalten Enden („Kaltlötstelle") 20° C beträgt. Oft aber werden die Thermospannungen für eine Temperatur von 0° C für die Kaltlötstelle angegeben. Sie sind dann um 0,11 mV für das PtRh/Pt-Element höher, wie aus Tab. 4 hervorgeht. Bei den Messungen der Thermokraft muß natürlich darauf geachtet werden, daß zwischen den Lötstellen kein Kurzschluß entsteht, da sonst die Ablesungen am Meßinstrument falsche Werte geben. Deshalb werden ein oder beide Schenkel mit sehr dünnen Röhrchen aus feuerfester Masse (z. B. Pythagorasmasse) oder einem Zweifach-Kapillarrohr umkleidet. Wird jedoch der Kreis an einer Stelle getrennt und ein beliebiges, elektrisch leitendes Zwischenstück eingefügt, so ändert sich die Thermospannung dann nicht, wenn beide Trennstellen auf gleicher Temperatur

---

[1] Schrifttum über Temperaturmessung.

Henning, F.: Temperaturmessung. Leipzig: Barth 1951. — VDI-Temperaturmeß-regeln. Berlin 1940. — Schack, A.: Geräte und Verfahren zu Temperaturmessungen. Mitt. Wärmestelle Ver. dtsch. Eisenhüttenleute Nr. 96 und 97. Düsseldorf: Verl. Stahleisen m. b. H. 1927. — Knoblauch, O., u. H. Hencky: Anleitung zu genauen technischen Temperaturmessungen. München und Berlin: Oldenbourg 1926. — Keinath, G.: Elektrische Temperaturgeräte. München und Berlin: Oldenbourg 1923. — Euler, H., u. K. Guthmann: Fehler bei der Temperaturmessung mit Thermoelementen. Arch. Eisenhüttenw. Bd. 9 (1935/36) S. 73. — Lieneweg, F.: Temperaturmessung. Leipzig: Akademische Verlagsgesellschaft, Geest & Portig K.G. 1950. — Palm, A.: Registrierinstrumente. Berlin: Springer-Verlag 1950. — Symposium on Temperature. Its Measurement and Control in Science and Industry I, II. New York: Reinhold Publishing Corp. 1941, 1955. — Temperature Measurement. American Society for Metals. Cleveland (Ohio) 1956. — Land, T.: Recent Developments in Temperature Measurement. London: Inst. of Metals, Metallurgical Review (1956) Heft 2, S. 272. — Metals Handbook 1948: Pyrometry S. 174/187. American Society for Metals, Cleveland (Ohio) 1948. — Winkler, O.: Temperaturmessung in chemischen Betrieben. Chem.-Ing.-Techn. Bd. 25 (1953) S. 1. — Lindorf, H.: Über technische Temperaturmessung mit Berührungsthermometern. Draht Bd. 4 (1953) S. 348. — Hunzinger, W.: Thermoelektrische Temperaturmessungen für hohe Genauigkeitsanforderungen. Z. Metallkde. Bd. 54 (1953) S. 261.

[2] DIN-Normen über Temperaturmessung mit Thermoelementen.

DIN 43710 (Ausg. 5. 52 ×) Thermoelemente, Thermospannungen und Werkstoffe der Thermopaare.

DIN 43712 (Ausg. 4. 52) Thermoelemente, Thermodraht.

DIN 43713 (Ausg. 5. 53) Thermoelemente, Ausgleichs-Drähte und Litzen.

DIN 43733 (Ausg. 10. 56) Thermoelemente, Übersicht über gerade Thermoelemente für Nenndruckstufe ND 1 nach DIN 2401.

DIN 43720 (Ausg. 4. 57) Thermoelemente, metallene Schutzrohre für Thermoelemente DIN 43733 für Nenndruckstufen ND 1 nach DIN 2401.

DIN 43724 (Ausg. 12. 52) Thermoelemente, Keramische Schutzrohre für Thermoelemente DIN 43733.

DIN 43725 (Ausg. 4. 52) Thermoelemente, Isolierteile für Thermoelemente DIN 43733.

DIN 43732 (Ausg. 9. 55) Thermoelemente, Thermopaare für Thermoelemente DIN 43733.

sind, auch wenn das Zwischenstück an anderer Stelle beliebige Temperaturen hat.

Viel verwendet werden die *Edelmetallelemente*, denn diese lassen sich auf sehr hohe Temperaturen erhitzen, ohne daß sie oxydieren und ihre Thermokraft im Gebrauch ändern, wobei natürlich vorausgesetzt wird, daß sich die

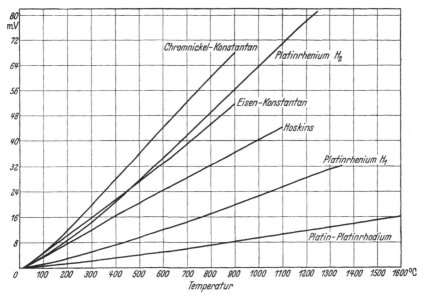

Abb. 92. Thermokraft verschiedener Thermoelemente. Gemessen bei 20° C an der Kaltlötstelle.

Drähte mit dem zu messenden Stoff nicht legieren (z. B. beim Reißen des Schutzrohrs mit flüchtigem Metalldampf usw.). An erster Stelle von diesen sei das von H. LE CHATELIER (s. S. 678) eingeführte Element aus Platin-Platinrhodium genannt, dessen Thermokraft in Tab. 4 angegeben ist. Das Element eignet sich bis

Tabelle 4. *EMK eines Pt-PtRh-Elementes* (*DIN* 43710).

Temperatur der erhitzten Lötstelle in °C	EMK in mV bei einer Kaltlötstelle		Temperatur der erhitzten Lötstelle in °C	EMK in mV bei einer Kaltlötstelle	
	von 20° C	von 0° C		von 20° C	von 0° C
0	—0,11	0,00	800	7,23	7,34
20	0,00	0,11	900	8,36	8,47
100	0,54	0,65	1000	9,50	9,61
200	1,33	1,44	1100	10,66	10,77
300	2,22	2,33	1200	11,85	11,96
400	3,15	3,26	1300	13,04	13,15
500	4,12	4,23	1400	14,25	14,36
600	5,13	5,24	1500	15,45	15,46
700	6,16	6,27	1600	16,62	16,73

1600° C. Will man noch höhere Temperaturen messen, so verwendet man ein Element aus Iridium-Iridiumrhodium (60% Rh), das sich bis 2000° C eignet, oder ein Wolfram-Iridium-Element, das sich in neutraler Atmosphäre bis 2100° C als brauchbar erweist. Für Temperaturen unterhalb 1300° C kann man das Edelmetallelement Platinrhenium oder das Pallaplatelement aus Platinrhodium und Palladiumgold verwenden. Die letzteren zeichnen sich gegenüber dem

Platin-Platinrhodium-Element durch höhere Thermokraft und billigeren Preis aus, jedoch haben sie oberhalb 1000 bis 1100° C keine Konstanz der EMK. Für manche Zwecke, wo es weniger auf genaue absolute Werte, sondern auf möglichst große Differenzen der Thermokraft (z. B. bei Temperaturdifferenz-kurven, thermischen Analysen) ankommt, können sie trotz der obengenannten Nachteile gute Dienste leisten. Des Preises wegen versucht man mit möglichst dünnen Drähten auszukommen (0,5 mm), was aber auch den weiteren Vorteil hat, daß die beiden in die Probe ragenden Drähte sehr wenig Wärme ableiten können, ein Umstand, der bei Messungen mit geringen Probemengen zu beachten ist. Die unterste Grenze für die Drahtdicke ist durch die mechanische Festigkeit der Drähte bei hohen Temperaturen gegeben.

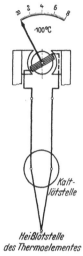

Abb. 93.
Schaltschema eines
Thermoelements und
Temperaturmessung.

Für niedrigere Temperaturen werden *Thermoelemente aus unedlen Metallen* verwendet. Solche sind: Nickelchrom-Nickel bis 1200° C, Elemente aus Konstantan (Legierung mit 50% Cu, 50% Mn) mit Eisen (bis etwa 800° C), seltener mit Kupfer (bis 600° C) oder Chromnickel (bis 900° C); besonders bekannt ist Eisen-Konstantan, die größte Thermokraft besitzt aber Nickelchrom-Konstantan.

Für die Temperaturmessung wird bei nicht zu hohen Ansprüchen die in Abb. 93 dargestellte Meßanordnung verwendet, die aus dem Thermoelement selbst, aus einem Millivoltmeter und einer Kühlflüssigkeit für die Kaltlötstelle besteht. Die einzelnen Teile der Meßanordnung werden den praktischen Bedürfnissen der Genauigkeit, Betriebssicherheit und Bequemlichkeit angepaßt.

Schließlich sei auf einen immer wieder zu beobachtenden Fehler hingewiesen. Da die Heißlötstelle sich in dem Thermoelementschutzrohr befindet und dadurch verdeckt ist, kann es vorkommen, daß sie gar nicht bis zum Boden des Schutzrohrs reicht und somit bei Einschieben mit dem Schutzrohr gar nicht in die Probe oder bis an den zu messenden Ort ragt. Man bekommt in diesem Falle die Temperaturanzeige für die Stelle, an der sich die Heißlötstelle befindet. Deshalb muß man sich stets davon überzeugen, daß die Heißlötstelle den Boden des Schutzrohres berührt.

a) Schutzarmatur.

Da im Laboratorium oft in kleinen Öfen gearbeitet wird, und deshalb das Thermoelement mit seinen Isolierungen nicht zu sperrig sein darf, verwendet man in der Regel dünne Thermoelementdrähte, Kapillarröhrchen und Schutzrohre. Bei größeren Öfen und unter rauheren Arbeitsbedingungen ist der Draht dicker (z. B. bei Eisen-Konstantan-Elementen bis 3 mm ⌀). Die Isolierröhrchen haben eine entsprechend dickere Wandung, und über das Schutzrohr aus Porzellan, Quarz oder Sintertonerde ist meistens noch ein einseitig verschweißtes metallisches Außenrohr geschoben, das je nach den Betriebsbedingungen aus verschiedenen Legierungen hergestellt wird. In seltenen Fällen, z. B. wenn eine besonders schnelle Ansprechempfindlichkeit erforderlich ist, läßt man das (gasdichte) keramische Innenrohr weg. Man kann in diesem Falle sogar so weit gehen, daß man den Boden des metallischen Außenschutzrohrs mit der Heißlötstelle des Thermoelements verschweißt. Jedoch muß selbstverständlich dafür gesorgt sein, daß die übrigen Teile des Thermoelements weder unter sich noch mit dem Außenrohr metallische Berührung haben.

b) Anschlußkopf und Ausgleichsleitung.

Das Thermoelement mit seinem metallischen Außenrohr hat eine Länge von 500 bis 2000 mm. Die freien Enden des Elements liegen im Anschlußkopf (Abb. 94), von wo aus die Ausgleichsleitung zum Meßinstrument führt. Die Ausgleichsleitung ist die künstliche Verlängerung der Thermoelementdrähte mit einem thermoelektrisch gleichartigen, stofflich jedoch sehr verschiedenen Material. Durch sie wird die Vergleichsstelle aus dem Anschlußkopf an einen unter Umständen weit entfernten Ort mit einer möglichst konstanten Umgebungstemperatur verlegt. Beim Anschluß der Ausgleichleitung an den Anschlußkopf muß auf richtige Polung besonders geachtet werden, damit keine zusätzliche Thermospannung entsteht.

c) Abgleichspirale (Abgleichlocken).

Der innere Widerstand der für das Arbeiten im Laboratorium bestimmten Tischinstrumente ist im Vergleich zu dem äußeren Widerstand (Element + Kupferleitung) meistens sehr hoch (etwa 500:1). Treten deshalb im äußeren Kreis durch Verzunderung des Thermoelements und durch Temperaturschwankungen Widerstandsänderungen auf, so ändern sich die Ablesungen für gleiche Temperaturen so geringfügig, daß hierfür normalerweise keine besonderen Korrekturen notwendig sind. Anders ist es aber bei Geräten mit langen Leitungen vom Thermoelement bis zum Millivoltmeter. Der Widerstand dieser *Außenleitungen*, besonders bei langen Ausgleichsleitungen, kann mehrere Ohm betragen. Ist nun auch der innere Widerstand des Millivoltmeters nicht sehr hoch, so können die Meßfehler ins Gewicht fallen. Aus diesem Grunde wird bei der Eichung der Ablesegeräte in der Regel ein Widerstand von 3 Ohm bei den Edelmetall- oder von 6 Ohm bei den Unedelmetallelementen für die Außenleitungen vorgeschrieben. Dieser vorgeschriebene Widerstand ist auf dem Instrument vermerkt. Um die Außenleitungen genau

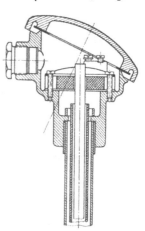

Abb. 94. Anschlußkopf eines Thermoelements, Schnitt. (Hartmann und Braun.)

auf diesen Widerstand abzustimmen, wird die Ausgleichslocke verwendet. Diese wird so lange gekürzt, bis sie zusammen mit der Ausgleichsleitung, dem Thermoelement und der Kupferleitung den vermerkten Widerstand ergibt.

d) Vergleichsstelle.

Für einfache Messungen verwendet man als Vergleichsstelle eine Thermosflasche mit einer Kühlflüssigkeit. Der Zeiger des Millivoltmeters wird auf die Temperatur der Kühlflüssigkeit eingestellt. Man nennt diesen Vorgang „einstellen auf den mechanischen Nullpunkt". Dieses Verfahren ist jedoch z. B. für langanhaltende Glühungen mit Temperaturregistrierung oder für Öfen, in denen regelmäßig die gleichen Arbeiten ausgeführt werden, zu umständlich. Man verwendet deshalb folgende Vergleichsstellen:

Thermostat. Ein wärmeisolierter Raum in der Nähe des Meßinstruments wird durch eine elektrische Heizvorrichtung in Verbindung mit einem Bimetallregler auf meistens 50° C eingestellt. Der mechanische Nullpunkt des Meßinstruments wird in diesem Falle natürlich auch auf 50° C eingestellt. Je nach

Bedarf können an einem Thermostat 1 oder 2 (kleiner Thermostat) oder 10 bis 20 (großer Thermostat) Elemente angeschlossen werden.

Wheatstonesche Brücke mit temperaturabhängigem Widerstand. Die Brücke ist in den Thermoelementkreis geschaltet und bei der Eichtemperatur, z. B. 0° C oder 20° C, abgeglichen. Bei Temperaturänderung ist die Diagonalspannung gerade so groß wie die Thermospannung des betreffenden Elements zwischen Eichtemperatur und der jeweiligen Vergleichstemperatur.

Verfügt man nicht über eine der soeben genannten 2 Vergleichsstellen und verwendet man hierfür z. B. die bereits genannte Thermosflasche, so erhält man richtige Temperaturablesungen, wenn man als mechanischen Nullpunkt des Instruments die Anzeige eines in das Kühlwasser ragenden Quecksilberthermometers einstellt. Bei langen Meßzeiten kann sich jedoch die Temperatur des Kühlwassers ändern. Man kann dann das Millivoltmeter nicht laufend auf die Temperatur der Kühlflüssigkeit einstellen, sondern stellt es zu Beginn der Messung auf 0° C (oder 20° C) und berechnet aus der Differenz zwischen der jeweiligen Temperatur des Kühlwassers und der zu Beginn am Gerät eingestellten Temperatur eine Korrektur, die man zu der Ablesung am Millivoltmeter hinzuschlägt (oder abzieht, wenn die Temperaturdifferenz negativ ist). Die aus der Temperaturdifferenz sich ergebende *Korrektur* ist nötig, weil die Thermoelemente nicht über den ganzen Temperaturbereich das gleiche Verhältnis von Spannungs- zu Temperaturzunahme haben. Man notiert von Ablesung zu Ablesung die Anzeigen des Millivoltmeters und die des Kühlwassers und berechnet jedesmal die Korrektur nach DIN 43 710.

e) Kompensatoren.
Geräte für Aufzeichnung und Regelung der Temperatur.

Wir haben bisher den Fall besprochen, daß die durch die Thermoelemente erzeugte Thermospannung im stromdurchflossenen Zustand am Millivoltmeter in mV oder in °C abgelesen wird. Die genaue EMK erhält man jedoch nur, wenn kein Strom fließt, weshalb bei Messungen, bei denen es auf Genauigkeit ankommt, ein anderes Spannungsmeßverfahren angewendet werden muß. Besonders gut eignen sich dafür die *Kompensationsmeßverfahren*, bei denen der unbekannten Thermospannung eine bekannte, leicht meßbare Spannung (Hilfsspannung) entgegengeschaltet wird, die so lange geändert wird, bis sie so groß ist wie die Thermospannung. In diesem Augenblick fließt im Elementkreis kein Strom: er ist stromlos. Dieser Zustand wird durch ein Nullgalvanometer G im Thermoelementkreis festgestellt. Der Vorteil der Messung ist, daß man von Widerstandsänderungen im Meßstromkreis, die durch Abbrand und Temperaturänderungen des Thermoelements und der Zuleitungen zwangsläufig auftreten, unabhängig wird. Die Grundschaltungen der für Temperaturmessungen angewendeten Kompensationsverfahren gehen aus Abb. 95 a und b hervor. Der Kompensator mit konstantem Widerstand R_k und veränderlichem Hilfsstrom (nach Lindeck-Rothe) und der Kompensator mit konstantem Hilfsstrom (nach Ch. Poggendorf) ergeben als Thermospannung folgenden Wert:

$$E_x = J R_k.$$

Die Messung der Thermospannung in Abb. 95 geschieht mit Hilfe eines empfindlichen Strommessers A, der J ergibt, und Ablesen des Widerstands R_k oder bei weniger empfindlichem Strommesser durch Verwendung des durch E_n (Weston-element) gespeisten Stromkreises, der bei den für die Messung einzustellenden

Widerständen R_R und R_k genau so stromlos sein muß wie der durch E_x gespeiste Kreis. Die Thermospannung ist dann

$$E_x = E_n \frac{R_k}{R_n}$$

($E_n = 1{,}019\,\mathrm{V}$, R_n ist konstant).

Da bei den soeben besprochenen 2 Verfahren die Thermospannung E_x bei Stromlosigkeit des Kompensationskreises gemessen wird, heißen sie *vollpotentiometrisch*. Im Gegensatz hierzu gibt es *halbpotentiometrische Verfahren*, bei

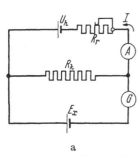

a

Abb. 95 a. Grundschaltung des Kompensationsverfahrens nach Lindeck-Rothe zur Messung der EMK. eines Thermoelements.

Abb. 95 b. Grundschaltung des Kompensationsverfahrens nach Poggendorf zur Messung der EMK. eines Thermoelements.

denen der Hilfsstrom J und der Kompensationswiderstand R_k konstant sind. Als Maß der zu messenden Spannung gilt der Ausschlag des Galvanometers G. Kompensation ist also nur für eine bestimmte Spannung (= Temperatur) vorhanden, während bei allen anderen Temperaturen ein Strom durch G fließt, aus dem die Abweichung von der kompensierten Temperatur berechnet wird.

Nach Art des Abgleichs gibt es Kompensatoren mit Handabgleich und solche mit selbsttätigem Abgleich. Die erstgenannten Kompensatoren dienen zum Überprüfen von Pyrometeranlagen und zum Eichen von Millivoltmetern. Die letztgenannten Kompensatoren dienen vorwiegend zur unmittelbaren Temperaturanzeige, Temperaturregelung und Temperaturaufzeichnung.

9. Einmessen der Thermoelemente.

Das Einmessen von Thermoelementen und Millivoltmeter mit Hilfe der tragbaren Kompensatoren ist in besonderen Druckschriften[1] ausführlich beschrieben. Im Rahmen dieses Aufsatzes kann das Verfahren nicht besprochen werden. Oft kommt es jedoch vor, daß man über den genannten Kompensator nicht verfügt und die in Abb. 93 dargestellte Temperaturmeßanordnung einmessen muß. Das dabei verwendete Verfahren soll am Beispiel des Platin-Platinrhodium-Elements gezeigt werden, wenn das Millivoltmeter vor Anschluß des Thermoelements auf 0° C eingestellt worden ist. Die im Schutzrohr sich befindliche Heißlötstelle wird in Schmelzen von Metallen oder besonderer Legierungen mit bekannten Schmelztemperaturen (vgl. Tab. 5) getaucht. Läßt man nun die Schmelze abkühlen, so wird bei der Erstarrung die Temperatur konstant bleiben, genau, wie gefrierendes Wasser die Temperatur 0° C hat, solange Wasser und Eis in Berührung sind. Beobachtet man also den Zeiger auf der Skale des Millivoltmeters, so wird er bei der Abkühlung der Schmelze langsam fallen, sobald aber die Erstarrung beginnt, stehenbleiben und erst dann wieder fallen, wenn der letzte Rest der Schmelze erstarrt ist. So kann man ein bestimmtes Temperaturgebiet mit verschiedenen konstanten Schmelztemperaturen

---

[1] z. B. TK 12—3, Firma Hartmann und Braun, Frankfurt a. M.

oder Siedetemperaturen belegen und in eine Kurve auftragen. War die Temperatur des Kühlwassers von 0 °C verschieden, so muß eine Korrektur für jede Temperatur angebracht werden, die nach dem auf Seite 764 Gesagten errechnet wird.

Tabelle 5.

Metall	Sn	Cd	Zn	Sb	Ag	Au	Cu	Ni	Pd
Schmelztemperatur °C bei 760 mm Hg	231,9	320,9	419,4	630,5	960,5	1063	1083	1451	1555

Zum Einmessen dürfen nur reine Metalle gebraucht werden, da geringe Verunreinigungen die Schmelztemperatur erheblich verändern können, außerdem muß bei Silber und Kupfer darauf geachtet werden, daß in reduzierender Atmosphäre (z. B. in Kohletiegeln) geschmolzen wird, um Aufnahme von Sauerstoff zu vermeiden, was z. B. bei Kupfer die Schmelztemperatur um 20 °C herabdrücken kann.

10. Widerstandsthermometer.

Sie beruhen darauf, daß der elektrische Widerstand von Metallen mit steigender Temperatur zunimmt, z. B. bei Platin für je 10° Temperatursteigerung um 3,9%. Diese Widerstandsänderung ist in hohem Grade von der Reinheit der Metalle abhängig. Da sich Edelmetalle am leichtesten in der erforderlichen Reinheit darstellen lassen, werden diese verwendet. Sehr gut eignet sich *Platin*, weil es im Gegensatz zu Silber und Gold einen verhältnismäßig hohen spez. Widerstand hat. Mit Hilfe eines solchen Drahts kann man Temperaturen bis 600 °C messen, darüber hinaus wird die Messung ungenau. Auch bei diesen Geräten muß zur Erzielung höchster Genauigkeit der Elementkreis stromlos sein, es muß also nach einem Kompensationsverfahren gemessen werden.

11. Strahlungspyrometer. — Optische Pyrometer.

Ist die Temperatur eines Körpers für Thermoelemente zu hoch, oder kann ein Temperaturfühler (die Heißlötstelle des Thermoelements) mit ihm nicht in Verbindung gebracht werden, so bestimmt man seine Temperatur durch Messung der Strahlungsenergie mit Hilfe von Pyrometern.

Es werden folgende Typen von Pyrometern verwendet: Strahlungsmesser (Gesamtstrahlung oder Teilstrahlung; Pyrradio und Ardometer), Helligkeits- oder optische Pyrometer, Farbpyrometer. Bei dem Gesamtstrahlungspyrometer wird die Strahlungsenergie aller Wellenlängen gemessen, bei dem Teilstrahlungspyrometer nur die Energie eines ausgewählten Teils des Spektrums, während bei dem optischen Pyrometer die Helligkeit der Strahlungsquelle in einem bestimmten Teil des Spektrums mit Hilfe des menschlichen Auges bestimmt wird.

Die Grundlage des *Strahlungspyrometers* ist das Stephan-Boltzmannsche Gesetz. Da die meisten Strahlungspyrometer durch die verschiedenen Wellenlängen unterschiedlich beeinflußt werden, so folgen sie nie genau diesem Gesetz. Das Pyrometer besteht aus einem Empfänger, der als wesentlichen Bestandteil die Heißlötstelle eines Thermoelementes aufweist, die die auf sie fallende Strahlung absorbiert und sich dadurch erwärmt, aus dem Gehäuse mit einer bestimmten, die Strahlung begrenzenden Öffnung, und meistens aus einer Linse oder einem Spiegel zur Sammlung der Strahlen auf dem Empfänger.

Ein *optisches Pyrometer* beruht auf dem Vergleich einer unbekannten und einer bekannten Strahlenquelle. Meistens wird nach dem Prinzip des verschwindenden Glühfadens gemessen. Bei diesem wird die Helligkeit der bekannten Strahlenquelle (Glühfaden) auf die Helligkeit der unbekannten Strahlungsquelle gebracht und dann der zur Speisung des Glühfadens notwendige Strom abgelesen, der ein Maß der Temperatur ist. Meistens ist die Skale des Stromanzeigegeräts auf die Temperatur geeicht. Im allgemeinen verwendet man monochromatisches Licht für die Beobachtung mit dem Auge, da es die Abstimmung erleichtert; es wird durch Einschieben eines Rotfilters in den Okularstutzen des Pyrometers erzeugt. Da der für den Glühfaden verwandte Wolframdraht nicht über 1500° C erhitzt werden soll, schiebt man bei höheren Temperaturen ein Absorptionsfilter in den Objektivstutzen, um mit der Temperatur des Wolframfadens nicht über 1500° C gehen zu müssen.

Es gibt auch optische Pyrometer, bei denen man durch den Glühfaden einen konstanten Strom schickt und die Helligkeit des abgebildeten Körpers mit einem in den Objektivstutzen geschalteten Graukeil der des Glühfadens angleicht. Die bei gleicher Helligkeit erreichte Stellung des Graukeils ist ein Maß für die Temperatur.

E. Verfahren und Einrichtungen zur Ermittlung von Zustandsänderungen.

1. Thermische Analyse.

a) Zustandsänderungen und Wärmetönungen.

Erwärmt man ein Metall, so nimmt im allgemeinen die Temperatur stetig zu, bei bestimmten, für jedes reine Metall charakteristischen Temperaturen aber treten *Haltepunkte* auf, d. h., die Temperatur bleibt eine Zeitlang konstant und steigt dann weiter an. Diese Haltepunkte sind auf Änderungen des Aggregatzustands bzw. auf Umwandlungen des Kristallgitters in festem Zustand zurückzuführen. Jede solche Änderung — ganz allgemein als Phasenänderung bezeichnet — benötigt bei steigender Temperatur zusätzliche Energie, so daß die Temperatur während dieser Zeit nicht zunehmen kann. Entsprechend wird bei der Abkühlung Energie frei, und die Temperatur bleibt wieder eine Weile konstant. Die Zustandsänderungen sind also in allen Fällen mit einer sogenannten *Wärmetönung* verknüpft. Auch die anderen physikalischen Eigenschaften ändern sich unstetig und können als Nachweis für eine Umwandlung dienen.

Bei zusammengesetzten Stoffen (Legierungen) verlaufen die Umwandlungen nur z. T. bei einer bestimmten Temperatur (Haltepunkt), z. B. bei Zweistofflegierungen nur bei Reaktionen zwischen drei Phasen (wenn man vom Dampf als Phase absieht), zum Teil ziehen die Umwandlungen sich über ein *Temperaturintervall* hin, z. B. bei Zweistofflegierungen bei Reaktionen zwischen zwei Phasen; die Temperaturzu- bzw. -abnahme verläuft dann verlangsamt. Das bis jetzt Gesagte gilt streng nur für relativ langsame Temperaturänderungen, im anderen Fall können Unterkühlungen und Unterdrückung von Umwandlungen auftreten, worauf hier jedoch nicht näher eingegangen werden kann.

Experimentell werden die Wärmetönungen so bestimmt, daß man die Probe von hoher Temperatur durch bestimmten, gleichmäßigen Wärmeentzug abkühlen läßt, oder sie, mit ebenfalls gleichmäßiger Wärmezufuhr, auf eine höhere Temperatur erwärmt und dabei gleichzeitig ihre Temperatur in Abhängigkeit von der Zeit mißt. Untersucht man nun in einem Zweistoffsystem eine genügende Anzahl von Legierungen verschiedener Zusammensetzung in dieser Weise, so lassen sich eine Menge Wärmetönungen finden, die bei einer konstanten Temperatur oder in einem Temperaturintervall verlaufende Zustandsänderungen *anzeigen*. Durch *Verbinden* der Punkte, die zur gleichen Zustandsänderung gehören, gelangt man zum *Zustandsschaubild.* Hier sei jedoch betont, daß man nur in einfachen Fällen mit Abkühlungs- bzw. Erhitzungskurven allein durchkommt. Im allgemeinen wird man auch die anderen Eigenschaftsänderungen mit heranziehen, hauptsächlich die Änderungen des mikroskopischen Bildes (s. S. 772).

b) Aufnahme von Abkühlungs- und Erhitzungskurven.

Am einfachsten ist die Temperaturmessung mit Thermoelement (Abb. 93). Im Ofen befindet sich die zu untersuchende Probe, in deren Mitte die Lötstelle des Thermoelements ragt. Hat sie bei der Erhitzung die erforderliche Temperatur erreicht, so wird entweder die Heizung ganz ausgeschaltet und der Ofen samt Probe der Abkühlung überlassen, oder aber wird die Heizung so weit vermindert, daß der Ofen langsam abkühlt. Werden bei dieser Abkühlung die jeweilige Temperatur und die Zeit aufgenommen, so erhält man durch zeichnerische Darstellung die *Abkühlungskurve* (Abb. 96). Macht die Probe keinerlei Umwandlung durch, wie es z. B. bei der Abkühlung einer Kupferprobe von 1000° C der Fall ist, so wird bei der Abkühlung keinerlei Wärme über das normale Maß frei, die Abkühlungskurve hat die in Abb. 96 gezeichnete Form *1* ohne jeglichen Knick in ihrem Verlauf. Kurve *2* gibt die Erstarrung einer Legierung mit Mischkristallen wieder (z. B. C-Stahl mit 0,5% C), es gibt dabei zwei Knickpunkte und dazwischen verlangsamte Abkühlung. Verläuft die Umwandlung mit einem Haltepunkt, also bei einer konstanten Temperatur, was z. B. bei allen Einstoffsystemen (S. 679) der Fall ist, so hat die Abkühlungskurve die Form *3* der Abb. 96, d.h., die Umwandlung läßt sich auf der Kurve durch einen mit der Abszisse parallel verlaufenden Teil erkennen. Diese *3* Grundtypen der Abkühlungskurven treten abgewandelt und kombiniert immer wieder auf. So zeigt z. B. die Kurve *4* die

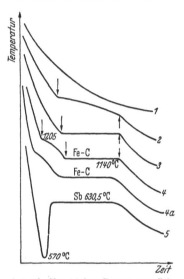

Abb. 96. Verschiedene Formen von Zeit-Temperatur-Kurven (Abkühlung).

1 ohne Wärmetönung; *2* Erstarrung in einem Temperaturintervall; *3* Erstarrung bei konstanter Temperatur; *4* schematische Abkühlungskurve einer Eisen-Kohlenstoff-Legierung mit 3% C; *4 a* wirkliche Kurve einer solchen Legierung; *5* Erstarrungskurve von Antimon.

schematische Abkühlungskurve einer Eisenkohlenstofflegierung mit 3% C zwischen 1500 und 800° C. Hier beginnt die Erstarrung mit Ausscheidung von γ-Mischkristallen (Erstarrungsintervall mit verlangsamter Abkühlung), bis bei 1140° C die Restschmelze bei konstanter Temperatur eutektisch erstarrt (Haltepunkt). Im Laufe der weiteren Abkühlung bis 800 °C macht die Probe, wie an der Abkühlungskurve erkannt werden kann, keine weiteren Zustandsänderungen mehr durch.

Die *Erhitzungskurven* werden, wie die Abkühlungskurven, mit derselben Versuchsanordnung aufgenommen, wobei jedoch die richtige Erhitzungsgeschwindigkeit herausgefunden werden muß. Die Erhitzungskurven werden seltener ermittelt als die Abkühlungskurven, da gegenüber diesen mehr Fehlermöglichkeiten bestehen.

Die bei der thermischen Analyse benötigten Stoffmengen sind sehr verschieden. In der Regel genügen 40 bis 50 g bei Schwermetallen und dementsprechend

weniger bei Leichtmetallen, jedoch werden bei der Untersuchung kleiner Wärmetönungen einige 100 g benötigt. Es kann aber auch vorkommen, daß nur einige
Gramm zur Verfügung stehen. In einem solchen Falle muß für die Aufnahme von
Abkühlungs- oder Erhitzungskurven ein Thermoelement mit einem Drahtdurchmesser von 0,1 mm verwendet werden, um eine allzu starke Wärmeableitung durch dicke Drähte zu vermeiden.

Es kann nun vorkommen, daß sehr geringe Temperaturintervalle genau
untersucht werden müssen, da die Probe gerade in diesem Intervall mehrere
Zustandsänderungen durchmacht, und die Abkühlungskurve demzufolge mehrere
Knicke zeigt, die bei der Ablesung auf dem normalen Millivoltmeter mit seiner
für solche Zwecke zu geringen Genauigkeit gar nicht zu erfassen wären. Oder
aber es können schwache Wärmetönungen vorkommen, die bei üblichem Ablesen, etwa von 10 zu 10°, übersehen würden. Für solche Zwecke ist es empfehlenswert, die Abkühlungskurve mit der LINDECK-ROTHE-Schaltung (Abb. 95)
unter Anwendung des Verfahrens des unterdrückten Meßbereichs aufzunehmen
und dabei an Stelle des Zeigergalvanometers G ein sehr empfindliches Spiegelgalvanometer einzuschalten[1]. Hierbei wird zweckmäßigerweise die Thermospannung mit einer unveränderlichen Gegenspannung kompensiert, die etwa dem
Mittelwert der Thermospannung für das zu untersuchende Temperaturintervall
entspricht. Ohne etwas an der Gegenspannung zu ändern, wird die von dem
Spiegelgalvanometer angezeigte Thermospannung in Abhängigkeit von der Zeit
aufgenommen. Auf diese Weise erhält man eine Zeit-Temperaturkurve, nur mit
mehrfacher (z. B. 100facher) Temperaturempfindlichkeit gegenüber der normalen
Abkühlungskurve. Um in solchen Zeit-Temperaturkurven die richtigen Temperaturen eintragen zu können, müssen während der Abkühlung 3- bis 4mal
an einem normalen mitangeschlossenen Millivoltmeter die Temperaturen abgelesen werden, die zu den gleichzeitig durch das Spiegelgalvanometer erhaltenen Werten geschrieben werden.

c) Fehlerquellen.

In der Abb. 96 wurden die Abkühlungskurven *1, 2, 3, 4* in der idealisierten
Form gezeigt. In Wirklichkeit gibt es zahlreiche Abweichungen von diesen
Formen, die zu fehlerhaften Deutungen führen können. Die wichtigste und fast
immer vorkommende Abweichung ist, daß die Richtungsänderungen auf den
Kurven nicht mit einem scharfen Knick, sondern stets etwas verschwommen
einsetzen, wie es z. B. für die Eisenkohlenstofflegierung mit 3% C in Kurve *4a*
gegenüber deren idealisierter Form in Kurve *4* zu erkennen ist. Die Abweichung von der idealen Form kommt daher, daß die Probe nicht an allen Stellen,
also am Rande und im Inneren, die gleiche Temperatur hat, und daß die Thermo-
elementschutzrohre bei der Abkühlung um einen geringen Betrag kälter als die
Proben sind. Obwohl die Abweichungen von der angezeigten Temperatur
nicht groß sind, genügen sie doch, die Form der Abkühlungskurve zu beeinflussen. Mit aus diesem Grunde muß man langsam abkühlen, um möglichst
kleine Temperaturunterschiede in der Probe und zwischen Probe und Thermoelementschutzrohr zu erzielen. Gute *Isolation der Probe* (zusammen mit der
Heißlötstelle) hilft hier schon viel. Auch die Form der zu untersuchenden
Probe ist auf eine gleichmäßige Temperaturverteilung von Einfluß. So ist es
z. B. viel schwieriger, eine im Verhältnis zu ihrer Dicke sehr lange Probe überall
auf der gleichen Temperatur zu halten, als eine Probe von annähernd kugeliger
Form. Die kugelige Form läßt sich für die Untersuchung nur selten verwirklichen,

---

[1] SCHRAMM, J.: Metallwirtsch. Bd. 14 (1935) S. 995.

es genügt aber, wenn man zylindrische Proben verwendet, die etwa gleiche Länge und Durchmesser haben. Daß die Lötstelle des Thermoelements in der Mitte der Probe sitzen muß, sei nur nebenbei erwähnt, denn sehr oft kommen Fehler dadurch vor, daß die Heißlötstelle des Thermoelements nur 1 bis 2 mm tief, ja manchmal sogar überhaupt nicht in der Probe sitzt. Die Temperaturunterschiede an der Probe können besonders bei Erhitzungskurven groß werden, weshalb diese auch seltener angewendet werden. Oft können auch *Unterkühlungen* zu beachtlichen Abweichungen von der idealen Form der Abkühlungskurve führen, wie es in Abb. 96 an einer Abkühlungskurve für Antimon (Kurve 5) gezeigt wird. Man erkennt, daß die Antimonschmelze bis 570° C, also um 61° C unter ihre Erstarrungstemperatur abgekühlt war und erst dann die Erstarrung eingesetzt hat. Die dabei frei werdende Erstarrungswärme war so groß, daß sie die Probe wiederum auf 631° C erhitzt hat. Hier nun, bei der richtigen Erstarrungstemperatur, der „*Gleichgewichtstemperatur*", erstarrte die Schmelze vollends, und erst nach beendeter Erstarrung sank die Temperatur wieder. Bei dem angeführten Beispiel reichte die Erstarrungswärme aus, um die unterkühlte Probe wieder auf Gleichgewichtstemperatur zu erhitzen. Bei vielen Zustandsänderungen ist aber die frei werdende Wärme dazu zu klein. Man findet dann keinen Haltepunkt mehr, und das Maximum des Wiederanstiegs liegt unter der Gleichgewichtstemperatur, worauf man beim Aufstellen von Zustandsbildern achten muß, denn für diese dürfen nur Gleichgewichtstemperaturen verwendet werden. Eine ähnliche Erscheinung kann auch bei der Erhitzung von Legierungen vorkommen, bei denen die Umwandlung u. U. erst weit oberhalb der Gleichgewichtstemperatur einsetzen kann. Die durch den Versuch gefundene Abweichung der Umwandlungstemperaturen wird als *Hysterese* bezeichnet. Die Hysterese kann dadurch klein gehalten werden, daß man sehr kleine Abkühlungs- und Erhitzungsgeschwindigkeiten anwendet. Ganz verschwindet sie jedoch nie, weil zum Ingangsetzen einer Umwandlung immer ein gewisser Energiebetrag erforderlich ist.

Oft wird gefordert, daß eine Legierung im Gleichgewicht ist. Das Gleichgewicht stellt sich oft erst nach besonderer Wärmebehandlung, wie langem, manchmal Tage, in extremen Fällen Monate und Jahre dauerndem Glühen bei bestimmten Temperaturen ein. Die mangelnde Einstellung des Gleichgewichts ist eine der wichtigsten Fehlerquellen bei der Untersuchung von Zustandsbildern. Die Ursache für das Auftreten eines unvollständigen Gleichgewichtszustands ist, daß sich in den Legierungen verschiedene Vorgänge, wie Diffusion, Umsetzungen usw. abspielen, die mit einer von Fall zu Fall sehr verschiedenen, unter Umständen sehr kleinen Geschwindigkeit verlaufen. Ist die Abkühlungs- oder Erhitzungsgeschwindigkeit größer als die Geschwindigkeit des sich abspielenden Vorgangs, so verläuft dieser Vorgang unvollständig, und die Abweichung vom Gleichgewicht ist mehr oder weniger groß.

Im Vorausgehenden sind die Fehlerquellen ausführlich behandelt worden, weil diese nicht nur bei der thermischen Analyse auftreten, sondern bei jedem der im folgenden noch zu beschreibenden Untersuchungsverfahren vorkommen und die Ergebnisse mehr oder weniger trüben können.

d) Selbstaufzeichnende Geräte.

Für die Aufnahme von Zeit-Temperaturkurven (Abkühlungs- und Erhitzungskurven) gibt es eine Anzahl selbstaufzeichnender Geräte. Ein solches ist das Gerät von Leitz (*Thermochronograph*). Bei diesem trägt die Drehspule des Millivoltmeters für die Temperaturmessung einen Spiegel. Auf diesen fällt von einer festen Lichtquelle durch einen feinen Spalt ein Strahlenbündel, das vom

Spiegel auf eine mit höchstempfindlichem photographischem Papier bespannte, mit konstanter Geschwindigkeit sich drehende Trommel geworfen und darauf als Punkt abgebildet wird. Durch die Bewegung des Spiegels am Millivoltmeter und die Drehung der Trommel erhält man die Temperatur-Zeitkurve in der üblichen Form.

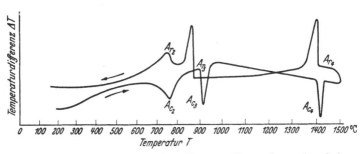

Abb. 98. Temperatur-Temperaturdifferenz-Kurve von Eisen, aufgenommen mit dem SALADIN-LE CHATELIER Doppelgalvanometer.

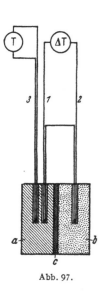

Abb. 97.

Abb. 97. Versuchsanordnung zur Aufnahme von Temperatur-Temperaturdifferenz-Kurven mit Vergleichsprobe.
a Zu untersuchende Probe; *b* Vergleichsprobe; *c* Glimmerplättchen; *1, 2, 3* Thermoelemente.

Die Aufnahme von *Temperatur-Temperaturdifferenz-Kurven* wird besonders viel bei Untersuchungen im festen Zustande, wenn kleine Wärmetönungen auftreten, jedoch auch oft bei der Untersuchung des halbflüssigen Zustands angewendet. Das Prinzip des Verfahrens zeigt Abb. 97. Man erkennt darin 2 Proben, von denen die eine (a) zur Untersuchung, die andere (b) zum Vergleich dient. Als *Vergleichsprobe* wird zweckmäßigerweise ein Material verwendet, das keine Umwandlung erfährt, zumindest nicht in dem zu untersuchenden Temperaturgebiet. Die Proben sind durch ein Glimmerblättchen (c) voneinander isoliert. In jede ragt je ein Thermoelement, *1, 2*, die außerhalb des Ofens über ein sehr empfindliches Galvanometer gegeneinander geschaltet sind. Das dritte Thermoelement *3* dient zur Temperaturmessung der zu untersuchenden Probe. Sind beide Proben auf eine bestimmte Temperatur erhitzt und läßt man sie abkühlen, so schlägt das Galvanometer, das $\varDelta T$ anzeigt, nur dann nicht aus, wenn beide Proben die gleiche Temperatur haben. Das gilt aber nur für den Fall, daß beide Proben vollkommen gleich sind, also gleiche Abmessungen, spezifische Wärme, Wärmeleitfähigkeit usw. haben, und daß der Ofen von beiden Proben stets die gleiche Wärmemenge ableitet. Sobald eine dieser Bedingungen nicht erfüllt ist, schlägt das Galvanometer aus. Es sei nun angenommen, daß beide Proben im festen Zustand keine Umwandlung haben. Wird an diesen Proben die Temperatur-Temperaturdifferenz-Kurve (Ablesung T bzw. $\varDelta T$) aufgenommen, so wird die Kurve ohne plötzliche Richtungsänderung in einem von der Abkühlungsgeschwindigkeit usw. abhängigen Abstand von der Nullinie verlaufen, wie es z. B. aus der Abb. 98 für eine Probe aus Elektrolyteisen im Temperaturintervall 700 bis 100° C zu ersehen ist. Tritt aber in der Probe eine Wärmetönung auf, so wird bei der Abkühlung Wärme frei und die Temperaturdifferenz der beiden Proben wächst, solange die Wärmeabgabe andauert. Auf der Kurve wird also eine plötzliche Richtungsänderung bemerkbar, wie es bei Ar_4, Ar_3 und Ar_2 zu erkennen ist. Beim Erhitzen der gleichen Proben wird bei den Umwandlungen Wärme aufgenommen, was sich wiederum durch plötzliche, diesmal in entgegengesetztem Sinne verlaufende Richtungsänderung auf der Erhitzungskurve bemerkbar macht (Ac_2, Ac_3 und Ac_4). Für die Aufnahme

solcher Kurven gibt es eine Reihe selbstregistrierender Geräte, wie das SALADIN-Gerät mit dem SALADIN-LE CHATELIER-Doppelgalvanometer oder das von BAIKOW abgeänderte KURNAKOW-Gerät, mit dem gleichzeitig die Zeit-Temperatur und Temperatur-Temperaturdifferenz-Kurven aufgenommen werden können.

Oft ist es möglich, *Temperatur-Temperaturdifferenz-Kurven ohne Vergleichsprobe* aufzunehmen. Die Versuchsanordnung[1] zeigt Abb. 99. Man muß dabei darauf achten, daß die Heißlötstellen der gegeneinandergeschalteten Thermoelemente sich an solchen Stellen befinden, die während der Abkühlung oder Erhitzung geringe Temperaturunterschiede haben.

Ein sehr vielseitiges Gerät zum Registrieren von Zeit-Temperatur-Kurven ohne und mit unterdrücktem Meßbereich und Temperaturdifferenz-Temperatur-Kurven wurde von E. WEISSE[2] entwickelt. Das Gerät besteht aus Thermoelement, Fotozellenkompensator, Meßbereichwähler mit eingebautem Normalelement und Registrierinstrument. Der Fotozellenkompensator ist mit 6 Meßbereichen ausgestattet, der niedrigste von 0 bis 1 mV, der höchste von 1 bis 50 mV. Damit können alle in der Praxis vorkommenden Thermospannungen erfaßt werden. Will man innerhalb eines Temperaturbereiches, z. B. im Bereich, der einer Thermospannung von 13 und 14 mV entspricht, arbeiten, so kann man 13 mV durch eine Gegenspannung unterdrücken und den Rest von 1 mV auf die volle Breite des Registrierstreifens schreiben lassen. Die Thermospannung wird im Fotozellenkompensator in einen proportionalen Strom umgewandelt, der die Registrierung durch Linienschreiber, Ein- oder Mehrfarbenschreiber bewirkt.

Abb. 99. Versuchsanordnung zur Aufnahme von Temperatur-Temperaturdifferenz-Kurven ohne Vergleichsprobe. *1, 2, 3* Thermoelemente.

2. Mikroskopische Untersuchungen.

Auf die Bedeutung dieses Untersuchungsverfahrens wurde bereits öfters hingewiesen. Die Verfahren der Schliffherstellung und Ätzung und die Geräte für die Gefügeuntersuchung wurden ebenfalls ausführlich behandelt, so daß hier nur die Anwendungsmöglichkeiten zu besprechen sind.

a) Ermittlung von Zustandsfeldern bei Zweistoffsystemen.

Die Gleichgewichtslinien unterteilen das Zustandsbild in mehrere Felder mit je einer oder 2 Kristallarten (Phasen). Untersucht man unter dem Mikroskop Legierungen geeigneter Zusammensetzung, deren Gefüge bei einer Reihe von Temperaturen ins Gleichgewicht und dann zum Zwecke der Untersuchung durch Abschreckung auf Raumtemperatur gebracht wurde, so lassen sich die im System vorkommenden *Ein- und Zweiphasenfelder* bestimmen. Die einzelnen Kristallarten und -gemische lassen sich unter dem Mikroskop durch charakte-

---

[1] SCHRAMM, J.: Z. Metallkde. Bd. 30 (1938) S. 10.
[2] Aluminium-Archiv Bd. 26 (1939) S. 36.

ristische Merkmale erkennen, wenn es dazu auch oft einiger Übung bedarf. So kann man z. B. im Zweistoffsystem Cu-Zn (Abb. 100) je nach Zn-Gehalt und

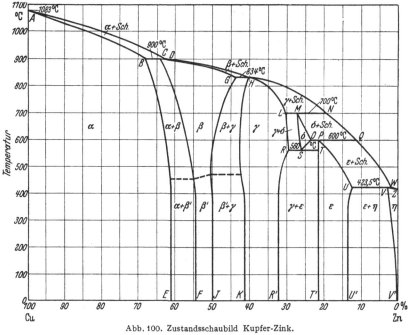

Abb. 100. Zustandsschaubild Kupfer-Zink.

Temperatur die mit den griechischen Buchstaben von α bis η bezeichneten Kristallarten einzeln oder im Gemisch von je zwei Nachbarphasen unterscheiden.

b) Abschrecken der Legierungen.

Nachteilig bei diesen Untersuchungen ist, daß das Mikroskopieren bei höherer Temperatur oft schwierig, umständlich oder zeitraubend ist (z. B. Heiztische nach Leitz oder anderen, Seite 731). Trotz Einführung des Heiztisches wird in der Zukunft doch meistens nach dem alten Verfahren, daß man die Legierungen von höheren Temperaturen *abschreckt* und sie dann bei Raumtemperatur untersucht, verfahren werden. Sehr oft ändert sich während des Abschreckens das Gefüge nicht, nämlich wenn die Abkühlungszeit der erhitzten Probe auf die Temperatur des Abschreckmittels so klein ist, daß während des Abschreckens keinerlei Veränderungen in der Probe auftreten können, und bei Raumtemperatur schließlich die Reaktionsgeschwindigkeit, mit der die Probe dem Gleichgewicht zustrebt, praktisch Null ist. Ändert sich aber das Gefüge während des Abschreckens, weil

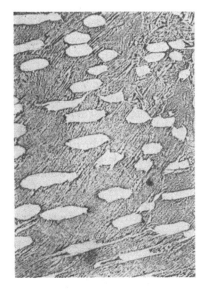

Abb. 101. Kupfer-Zink-Legierung mit 63,5% Cu von 895°C abgeschreckt. Primäre α-Mischkristalle in Grundmasse von β-Mischkristallen (zerfallen).

eine oder mehrere Reaktionen innerhalb der Legierung nicht unterdrückt werden können, so ist man bei einiger Erfahrung fast immer in der Lage, aus dem Aussehen des neuen Bildes auf das bei der Abschreckungstemperatur bestehende Gefüge zu schließen. Eine Legierung mit 63,5% Cu und 36,5% Zn (Abb. 101), die mehrere Stunden bei 895°C geglüht und dann von dieser Temperatur in einer Kochsalzlösung abgeschreckt wurde, zeigt, wie solche Rückschlüsse gemacht werden. Vor dem Abschrecken bestand das Gefüge aus den hellen, großen „primären" kupferreichen α-Mischkristallen, eingebettet in die Grundmasse von kupferärmeren β-Mischkristallen. Während des Abschreckens jedoch schied der β-Mischkristall große Mengen kleinerer α-Mischkristalle ab, die in der Grundmasse deutlich zu erkennen sind und sich eindeutig von den großen α-Kristallen unterscheiden lassen. So kann z. B. bei Stählen aus der Martensit-Verteilung und -Struktur auf den vor dem Abschrecken vorhandenen Austenit zurückgeschlossen werden. Die sogenannten *ZTU-* oder *TTT-Kurven* der verschiedenen Stähle werden durch Abschrecken zahlreicher Proben von unterschiedlichen Temperaturen, bei denen sie während verschieden langer Zeiten gehalten wurden, und anschließende mikroskopische Untersuchung usw. bestimmt.

c) Primäre Kristalle. Eutektikum. Eutektoid. Peritektikum. Peritektoid.

Auch aus der Größe, Form und der gegenseitigen Anordnung der Kristallarten zueinander lassen sich weitgehende Schlüsse ziehen. Das soll z. B. an *Eisenkohlenstofflegierungen* in den Abb. 102a, b, c, d und e mit 3,0, 4,3 und 4,9% C gezeigt werden. In Abb. 102a sieht man große rundliche dunkle *primäre* *γ-Mischkristalle* (oder *Austenit*) in einer Grundmasse eines innigen Gemenges (*Eutektikum*, genannt *Ledeburit*) von kleinen *γ-Mischkristallen* (dunkel) und *Zementit* (hell), in Abb. 102d und e große nadelige helle *primäre Zementitkristalle* in der gleichen Grundmasse des Eutektikums Ledeburit und schließlich in Abb. 102 b und c nur Ledeburit.

Die drei verschiedenen Gefügebilder Abb. 102a, b und d sind durch Entmischung einer homogenen Lösung von Kohlenstoff in flüssigem Eisen entstanden. Es ist aber auch möglich, daß sich ein Mischkristall (feste Lösung) entmischt. Auch in diesem Falle erhält man primär ausgeschiedene *Segregat*-Kristalle, erkenntlich an ihrer Größe, in einer Grundmasse eines einheitlichen Kristalls oder eines feinen Gemenges zweier Kristalle, je nach Verlauf der Gleichgewichtslinien im Zustandsbild.

Es soll im folgenden der *Zerfall des γ-Mischkristalls*, der technisch so wichtig ist, besprochen werden. γ-Mischkristalle mit 0,70% C, von 900°C abgekühlt, werden zwischen 750 und 721°C z. T. große weiße α-Kristalle (*Ferrit*) ausscheiden; wenn infolge Ausscheidung der Rest der γ-Mischkristalle bei 721°C 0,9% C erreicht hat, zerfällt er in ein feines, inniges Gemenge von α + Fe₃C (*Eutektoid*, genannt *Perlit*): Abb. 103a. Mischkristalle mit 1,2% C dagegen scheiden zwischen 850 und 721°C große helle *sekundäre Zementitkristalle*, im vorliegenden Falle in den Korngrenzen, ab, wobei der Rest der γ-Mischkristalle an Kohlenstoff verarmt, bis er wieder bei 721°C 0,9% C erreicht und zu Perlit zerfällt: Abb. 103c. Eine Legierung von 0,9% C zerfällt bei 721°C ganz zu Perlit (Abb. 103b)[1]. Da Perlit durch Zerfall eines festen Stoffs (Mischkristalls) in 2 Kristalle entsteht,

---

[1] Eine Entmischung braucht jedoch nicht immer bis zur Bildung wohldefinierter Gleichgewichtsstrukturen, z. B. eines Eutektoids, zu führen. Die Mischkristalle ändern dann unter Ausscheidung von neuen, oft Nichtgleichgewichtsphasen, nach sehr komplizierten Gesetzen ihre Zusammensetzung (z. B. Aushärtung von Legierungen).

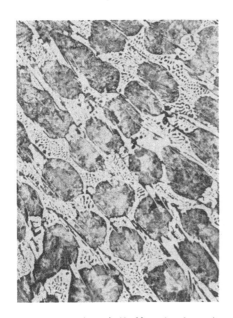

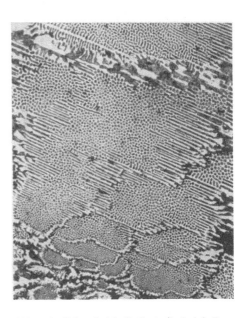

Abb. 102 a. Primärer Austenit (dunkle, mehr oder weniger runde Kristalle) in Ledeburit (= Zementit, hell und Austenit, dunkel). Bei stärkerer Vergrößerung erscheint der Austenit in Perlit (Ferrit u. Zementit) zerfallen. 250:1. (Westinghouse Electric.)

Abb. 102 b. Reiner Ledeburit (Austenit, dunkel; Zementit, hell). 150:1. (United States Steel.)

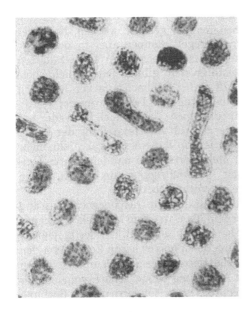

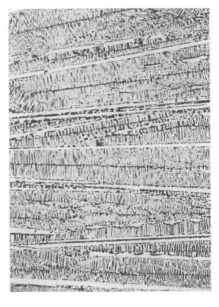

Abb. 102 c. Reiner Ledeburit, wie in Bild 102 b. Die starke Vergrößerung zeigt, daß der Austenit in Perlit zerfallen ist. 2000:1. (United States Steel.)

Abb. 102 d. 4,9% C, 3% Cr, Rest Fe. Primärer Zementit (große helle Platten, erscheinen im Schnitt Nadeln) in Ledeburit. 50:1. Bei starker Vergrößerung (Abb. 102 c) erscheint der Austenit (dunkle Phase) in Perlit zerfallen. (Westinghouse Electric.)

nennt man dieses Gefüge Eutektoid im Gegensatz zu dem aus der Schmelze entstehenden Eutektikum[1].

Außer den eben besprochenen Reaktionen, der Erstarrung einer Schmelze und des Zerfalls einer festen Lösung in 2 Kristallarten, gibt es noch weitere Möglichkeiten, durch die eine Schmelze erstarren oder eine feste Lösung in einem Zweistoffsystem sich umwandeln kann. Diese bestehen darin, daß eine durch die Erstarrung oder Umwandlung im festen Zustand gerade entstandene Kristallart mit der erstarrenden Schmelze bzw. zerfallenden festen Lösung unter Bildung einer neuen Kristallart bei konstanter Temperatur reagiert. Eine solche Reaktion heißt *peritektisch* (*Peritektikum*), wenn sich an ihr eine Schmelze beteiligt, bzw. *peritektoid*, wenn sich nur feste Phasen an ihr beteiligen. Abb. 104 zeigt das charakteristische Bild eines Peritektikums mit in die η-Grundmasse eingelagerten ε-Mischkristallen von einer Legierung mit 5% Cu und 95% Zn (s. Abb. 100 auf Seite 773).

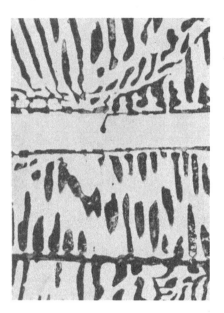

Abb. 102e.   4,9% C, 3% Cr, Rest Fe. Primärer Zementit (große helle Platten, erscheinen im Schnitt als Nadeln) in Ledeburit. 500:1. Bei starker Vergrößerung erscheint der Austenit (dunkle Phase) in Perlit zerfallen. (Westinghouse Electric.)

d) Fehlerquellen.

Die Fehlermöglichkeiten sind auch bei diesem Untersuchungsverfahren zahlreich. Zuerst muß wiederum das unvollständige Gleichgewicht genannt werden. So kann es z.B. vorkommen, daß bei der Untersuchung in Zweistoffsystemen drei feste Phasen nebeneinander gesehen werden. Nach der „Phasenregel" können aber in Zweistoffsystemen im Gleichgewicht nur bei Haltepunkts-Temperaturen 3 Kristallarten nebeneinander vorkommen. In einem Zweistoffsystem gibt es jedoch nicht viele solche ausgezeichnete Temperaturen, so daß es bei Beobachtung von 3 Phasen nebeneinander unwahrscheinlich ist, daß man von der Temperatur der Haltepunkte abgeschreckt hat. Vielmehr ist anzunehmen, daß es sich entweder um ein *unvollständiges Gleichgewicht* handelt, oder daß für die Herstellung der Legierung nicht ganz reine Stoffe verwendet wurden, so daß es sich gar nicht mehr um ein Zweistoffsystem, sondern um ein Mehrstoffsystem handelt (unter Umständen genügen bereits 0,1 bis 0,2% einer *Verunreinigung*, um das Auftreten einer dritten Phase in erheblicher Menge zu verursachen).

Tritt *Kristallseigerung* auf, was einen unvollständigen Gleichgewichtszustand bei Mischkristallen bedeutet, so kann das ebenfalls unter dem Mikroskop erkannt werden. Um eine solche Kristallseigerung handelt es sich z.B. bei der in Abb. 21 gezeigten Ätzung auf „Phosphor", bei der die phosphorreicheren Zonen von den phosphorärmeren durch die verschiedene Schattierung des Schliffs unterschieden werden können. Man erkennt in dieser Abbildung keine scharf voneinander abgegrenzten Kristallite mit verschiedener Anätzung, sondern in der Färbung

---

[1] Weitere Einzelheiten siehe Körber, F., W. Oelsen, H. Schottky u. H. J. Wiester: Das Zustandsschaubild Eisen und Kohlenstoff und die Grundlagen der Wärmebehandlung des Stahls. Neubearbeitet. Düsseldorf: Verlag Stahleisen 1949. — Steffes, M.: Das Eisen-Kohlenstoff-Diagramm. Basel: Verlag für Wissenschaft, Technik und Industrie 1949.

Abb. 103a. Stahl mit 0,7% C, langsam abgekühlt Ferrit (große helle Stelle) in lamellarem Perlit. 1000 : 1. (United States Steel.)

Abb. 103b. Stahl mit 0,85% C, langsam abgekühlt. 500 : 1. Reiner Perlit. (Degussa.)

allmählich ineinander übergehende Stellen, das charakteristische Kennzeichen der Kristallseigerung unter dem Mikroskop. Sollen z. B. abgeschreckte Proben frei von Kristallseigerung sein, so müssen sie vor dem Abschrecken längere Zeit (manchmal mehrere Stunden oder tagelang) bei hoher Temperatur geglüht werden, damit bei der gewünschten Temperatur das Gleichgewicht sich einstellt. Bei dieser Glühung kann sich bei manchen Legierungen infolge bevorzugter Oxydation eines Stoffs (z. B. des Kohlenstoffs in Stahl) oder aber Verdampfung eines Stoffs (z. B. des Zinks in Messing) die Zusammensetzung der Randschicht oder aber bei längerer Einwirkung auch das Innere der Probe vollkommen verändern. Die Veränderung der Zusammensetzung kann vermieden werden, wenn man die Probe vor dem Zutritt des Sauerstoffs schützt (z. B. in Bädern) und die Legierungen, die leicht flüchtige Stoffe enthalten, in verschlossenen Gefäßen (z. B. aus Eisen, Supremaxglas oder Quarz) glüht.

Abb. 103c. Stahl mit 1,2% C, langsam abgekühlt. 500 : 1. Sekundärer Zementit (hell) in den Korngrenzen. Rest des Gefüges Perlit. (Degussa.)

Eine störende Erscheinung ist manchmal die „*Einformung*". Durch diese werden bei hohen Temperaturen, manchmal bereits in einigen Sekunden, die kleinen Kristalle an die großen Kristalle der gleichen Art angelagert, so daß dadurch das ursprüngliche Gefüge vollkommen verändert werden kann.

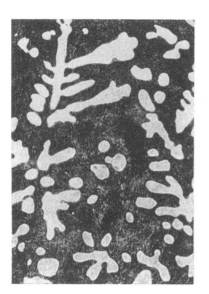

Eine weitere Störung des Gefügebilds wird durch *Unterkühlung* verursacht, da diese die Reihenfolge der Ausscheidungen stark beeinflussen kann. Unter solchen Umständen ist es z. B. möglich, daß man in einem Bild zwei primäre Kristallarten in einer eutektischen Grundmasse vorfindet, was nach dem Erstarrungsvorgang, wie man ihn aus dem Zustandsschaubild ableitet, nicht der Fall sein kann. Durch bestimmte Methoden lassen sich diese Störungen vermeiden (wenn man z. B. durch Impfen das Ingangkommen einer Ausscheidung beschleunigt).

Abb. 104. Kupfer-Zink-Legierung mit 5% Cu, langsam erstarrt.

3. Sonstige Hilfsmittel zur Ermittlung von Zustandsänderungen.

Außer der thermischen Analyse und der mikroskopischen Untersuchung, die für alle Zustandsänderungen brauchbar sind, können in bestimmten Fällen andere Eigenschaften zur Bestimmung von Umwandlungen ausgenützt werden. Sie sollen jedoch lediglich aufgezählt werden, da sie über den Rahmen dieses Buches hinausgehen. Es sind dies hauptsächlich:

Bestimmung der Gitterstruktur mit Röntgenstrahlen,
    der Wärmeausdehnungszahl,
    der Wärmekapazität und spezifischen Wärme,
    des Elastizitätsmoduls,
    der Dämpfung,
    der Thermokraft,
    der magnetischen Kenngrößen,
    des elektrischen Leitwiderstands
    des elektrolytischen Potentials usw.

Alle diese Größen ändern sich in bestimmten Fällen mit Temperaturänderungen, Legierungsänderungen oder Umwandlungen und geben dadurch wichtige Hinweise. Die Meßverfahren sind meist sehr kompliziert, kostspielig und mit entsprechenden Fehlermöglichkeiten verbunden.

XI. Die chemische Untersuchung metallischer Werkstoffe.

Von **W. Lohrer**, Stuttgart

A. Einleitung.

Die Eigenschaften metallischer Werkstoffe hängen weitgehend von ihrer chemischen Zusammensetzung ab. Dabei kommt nicht nur Unterschieden der Gehalte an Legierungsbestandteilen eine große Bedeutung zu, sondern auch oft noch mehr Abweichungen der Gehalte an schädlichen Verunreinigungen.

Grundsätzlich ist es möglich, die chemische Zusammensetzung auf zwei ganz verschiedene Weisen zu bestimmen: 1. durch naßchemische Analyse, für welche meist Probespäne erforderlich sind, 2. durch spektrochemische Analyse (Spektralanalyse), die man gewöhnlich mit einem Teil der metallischen Probe selbst durchführt. Die beiden Untersuchungsarten ergänzen sich in vielfacher Hinsicht. Der Nachweis von Elementen und die Unterscheidung von Werkstoffklassen wird, wenn eine größere Zahl von Untersuchungen anfällt, hauptsächlich spektralanalytisch vorgenommen (durch Beobachtung eines zwischen der Probe und einer Metallscheibe erzeugten elektrischen Lichtbogens mit Hilfe von Glasspektrographen[1]). Nur müssen hier einige Einschränkungen gemacht werden. Die Nichtmetalle lassen sich mit Glasspektrographen nicht und im Ultraviolett nicht gut spektralanalytisch nachweisen (hierher gehören z. B. Kohlenstoff, Phosphor und Schwefel). Auch können niedere Gehalte einer Reihe von Metallen (unter 0,3% Nickel, bzw. Wolfram, Silicium, unter 0,4% Zinn u. a.) nicht mit den meist verwendeten kleineren Spektrographen (Metallspektroskopen) erkannt werden, dagegen noch auf naßchemischem Wege. Deshalb, und da die rein chemischen qualitativen Verfahren nur ziemlich einfache Hilfsmittel erfordern, sind sie für bestimmte Zwecke, auch zur Unterscheidung von Werkstoffklassen, heute noch im Gebrauch.

Für genaue Gehaltsfeststellungen ist der Anteil chemischer Verfahren größer als der spektralanalytischer. Hingegen herrschen für Betriebsanalysen die spektralanalytischen Verfahren vor. Da jedoch Untersuchungen höchster Genauigkeit, abgesehen von der Spurenanalyse, auf chemischem Wege erfolgen, sind chemische Verfahren auch dort von Bedeutung, wo vorwiegend mit Spektrographen gearbeitet wird (chemische Untersuchung von Kontroll- und Eichlegierungen). Von Fall zu Fall werden auch Spuren mit chemischen (polarographischen) Verfahren bestimmt. Ob im einzelnen ein Element chemisch oder spektralanalytisch ermittelt werden soll, hängt von seinem chemischen Verhalten, von der Höhe des Gehaltes, in dem es vorkommt, und von der Zahl der täglich vorzunehmenden Analysen ab. Ferner müssen Elemente, für die spektralanalytische Bestimmungen vorgesehen sind, weitgehend homogen verteilt sein.

---

[1] Metallspektroskope (z. B. nach H. Moritz: Spektrochemische Betriebsanalyse, 2. Aufl. Stuttgart 1955, S. 53 und 111).

In den nachstehenden Abschnitten sollen die Möglichkeiten der chemischen Untersuchung metallischer Werkstoffe erörtert werden, wobei die spektrochemischen Verfahren, weil in Abschn. XII behandelt, ausgenommen sind.

Die verschiedenen Verfahren werden in zwei Hauptabschnitten behandelt. Im ersten Hauptabschnitt wird auf qualitative Untersuchungen eingegangen, deren Zweck ist, festzustellen, welche Elemente überhaupt und in welchen ungefähren Mengenverhältnissen diese vorliegen. Der zweite, größere Hauptabschnitt, enthält die quantitativen Analysenverfahren, welche die Ermittlung der genauen prozentualen Zusammensetzung zum Ziel haben. Da in Eisenlegierungen die Begleitelemente, d. h. Elemente, die von der Gewinnung her vorhanden sein können, eine außerordentliche Rolle spielen, wurden im Hauptteil die Verfahren zur Bestimmung der sechs wichtigsten (Kohlenstoff, Silicium, Mangan, Phosphor, Schwefel, Kupfer) an den Anfang gestellt, bei den Nichteisenmetallen dagegen Abschnitte über die wichtigsten Legierungselemente, welche hauptsächlich als absichtliche Zusätze vorkommen.

B. Qualitative chemische Analysenverfahren.

1. Allgemeines.

Mit Hilfe der qualitativen chemischen Analyse ermittelt man, welche Stoffe eine Probe enthält und möglichst auch die Größenordnung ihrer prozentualen Anteile. Dabei ist der Umfang der in der Praxis gestellten Aufgaben sehr verschieden wie folgt:

a) Feststellung der Art des Grundmetalls bzw. eines Metallüberzugs.

In den meisten Fällen gelingt die Unterscheidung von Stählen, Nichteisenmetallen und Hartmetallen auf Grund der physikalischen Eigenschaften (Aussehen einer blank geschmirgelten Stelle, magnetisches Verhalten, Härte, Wichte). Die chemische Prüfung dient dann nur als Bestätigung, ist aber in Zweifelsfällen maßgebend.

b) Unterscheidung von Werkstoffklassen (zur Vermeidung von Verwechslungen u. dgl.).

Übersicht der qualitativen naßchemischen Analysenverfahren.

| Aufgaben | Tüpfelprüfung am Werkstück | | Auflösung von Spänen oder der ganzen Probe (Abschn. 2 a γ) |
	mit Beobachtung des Lösungsverhaltens (Abschn. 2 a α)	mit Reagenszusatz (Abschn. 2 a β)	
Feststellen des Grundmetalls	Fe, Cu, Ni, Zn, Sn, Al, Mg u. a.	manchmal, z. B. für Cd	selten erforderlich
Feststellen eines Metallüberzugs	Cr, Ni, Zn, Sn auf Stahl u. a.	manchmal, z. B. für Cd	—
Unterscheiden bestimmter Werkstoffklassen	Beispiele: Mo, Cr in nicht mit Ni legierten Stählen	meist gut geeignet, z. B. Stähle, Leichtmetalle	wenn Späne vorhanden, gut geeignet
Untersuchen unbekannter Proben (Prüfung vieler Elemente)	ungeeignet bis auf Ausnahmen	bei nicht zu komplizierten Proben geeignet	wenn Späne erhältlich, gut geeignet

Zur Unterscheidung von Werkstoffklassen genügt häufig der Nachweis eines Elements (bei Kesselbaustählen z. B. oft der Nachweis von Molybdän in über 0,2%). Ferner kann verlangt sein, ziemlich unterschiedliche Gehalte ein und desselben Elements zu erkennen (z. B. von Chrom in Stählen im Bereich 0,6 bis 30%).

c) Qualitative chemische Untersuchung auf viele Elemente in unbekannten Proben.

Zur Lösung dieser Aufgaben hat man die Möglichkeiten der Tüpfelprüfung und die des Nachweises in Lösungen von Spänen bzw. der ganzen Probe, sofern diese fein genug verteilt sind.

Schrifttum.

Handbuch der analytischen Chemie, 2. Teil, Qualitative Verfahren, Berlin/Göttingen/Heidelberg, 1944—1956, Bände I a bis III, IV a β bis VIII b β, (entsprechend dem periodischen System), IX (Vorproben, Lösen, Trennungen), (Bd. IV a α in Vorbereitung).

Gmelins Handbuch der anorganischen Chemie, 8. Aufl. Berlin, 11. Aufl. Leipzig 1952.

Cohen, A.: Rationelle Metallanalysen. Basel 1948.

Feigl, F.: Qualitative Analysis by Spot Test, 3. Ed. New York 1946.

Jander, G., u. H. Wendt: Einführung in das anorg.-chem. Praktikum, 7. Aufl. Stuttgart 1950.

Riesenfeld, E. H.: Anorg. chem. Praktikum, 16. Aufl. Zürich 1951.

Handbuch für das Eisenhüttenlaboratorium, Band 2. Düsseldorf 1941.

2. Stahl und Gußeisen.[1]

a) Tüpfelprüfung und Abdruckverfahren.

Tüpfelprüfung und Abdruckverfahren sind nahezu zerstörungsfreie Verfahren, da sie unmittelbar am Werkstück vorgenommen werden, wobei sich nur geringe Mengen Metall lösen. Vorbedingung ist lediglich eine frisch hergestellte blanke Oberfläche des Probestücks, auf die man die Prüflösung in Tropfenform aufbringt.

α) **Tüpfelprüfung mit Beobachtung des Lösungsverhaltens.** In einfachen Fällen lassen sich aus den mit Tüpfelsäuren erhaltenen Färbungen der Lösungstropfen Rückschlüsse auf den Gehalt an Chrom oder Molybdän ziehen, z. B. in nicht mit Nickel legierten Kesselbaustählen. Auf dem Werkstück, das etwa 20° C und eine möglichst waagerechte Oberfläche haben soll, wird eine Fläche von etwa 1 bis 2 cm² angeschliffen oder angefeilt, mit grobem Schmirgel geglättet (für jede Probe mit frischem Schmirgel) und sofort mit einem Tropfen Tüpfelsäure der in Tab. 1 und 2 angegebenen[2] Zusammensetzung angetüpfelt, der am besten einer Tropfflasche mit 100 bis 150 ml Inhalt entnommen wird. (Die Tüpfelsäuren sind allwöchentlich mit Werkstücken bekannter Zusammensetzung zu prüfen und gegebenenfalls zu erneuern).

Tabelle 1. *Unterscheidung molybdänlegierter Stähle mit über 0,2% Mo bis 1% Mo von Stählen mit weniger als 0,2% Mo (neben bis 1% bzw. 2,5% Cr).*

Tüpfelsäure	Verhalten der Stähle		
	unter 0,2 % Mo	0.2% bis 0,3% Mo	0,5% bis 1% Mo
2 Teile Salpetersäure (Dichte = 1,4 g/ml) + 9 Teile Salzsäure (Dichte = 1,19 g/ml) + 15 Teile Wasser	Säuretropfen nicht gelb gefärbt	Säuretropfen nach 2 bis 4 Min. schwach gelb	Säuretropfen nach 1 Min. stark gelb bis gelbbraun (noch neben 2,5 % Cr)

---

[1] Hierzu auch: E. Baerlecken, Stahl und Eisen Bd. 73 (1953) S. 30.
[2] Nach: Die Wärme, Bd. 11 (1941) S. 127.

Tabelle 2. *Unterscheidung verschieden hoch mit Chrom legierter Stähle von Stählen mit unter etwa 0,6% Chrom.*

Tüpfelsäure	Verhalten der Stähle		
	unter 0,6% Cr	0,6 bis 6% Cr	über etwa 6% Cr
5 Teile Salpetersäure (Dichte = 1,4 g/ml) + 3 Teile Wasser	Säuretropfen wird braun und bleibt bräunlich	Säuretropfen erst bräunlich, dann hellgrün (bleibend)	Säuretropfen unverändert
	bis 8% Cr	13% Cr 17 bis 18% Cr	24% Cr 30% Cr
19 Teile Salpetersäure (Dichte = 1,4 g/ml) + 1 Teil Schwefelsäure (Dichte = 1,84 g/ml) +30 Teile Wasser	Säuretropfen wird braun	Säuretropfen unverändert	
4 Teile Salzsäure (Dichte = 1,19 g/ml) + 3 Teile heißgesättigte wäßrige Kupferchloridlösung + 95 Teile Wasser	rasch roter Kupferüberzug	nach 2 bis 3 Min. roter Kupferüberzug nach 25 bis 25 Min. roter Überzug	kein Angriff
heißgesättigte wäßrige Kupferchloridlösung	Tropfen nach spätestens etwa 20 Sekunden dunkelbraun, roter Niederschlag		erst nach 50 Sek. braun nach $1\frac{1}{2}$ Min. schwarz

β) Tüpfel- und Abdruckverfahren mit Reagenszusatz. Setzt man spezifische Reagentien (die mit einem bestimmten Element reagieren) den durch Tüpfeln mit Säuren erhaltenen Lösungstropfen zu, so lassen sich die meisten Legierungselemente in nahezu allen Stählen nachweisen. Bei den Abdruckverfahren werden die Reagentien nicht wie üblich in gelöster Form angewandt, sondern als Reagenspapier (d. h. man benützt mit Reagenslösung getränktes und getrocknetes Filterpapier), das man auf den Lösungstropfen drückt um einen gefärbten Fleck zu erhalten (kann als Beleg aufbewahrt werden, Nachweis von Nickel und Kobalt nach R. Weihrich[1]). Die Nachweisempfindlichkeit ist nicht so groß wie bei den Tüpfelverfahren mit flüssigen Reagentien.

Nachstehend sind Tüpfelverfahren auf Chrom, Mangan, Molybdän, Nickel, Vanadium und Wolfram angegeben, ferner ein Abdruckverfahren für den Schwefelnachweis nach G. Thanheiser und M. Waterkamp[2]. Die Nachweisgrenzen sind fast durchweg 0,1% oder besser, nur bei Vanadium (0,3%) und Silicium (0,2%) liegt diese Grenze höher.

Chromnachweis mit Diphenylcarbazid. (Unterscheidbar z. B. 0,3/0,5/1/1,7/ 2,5/5/7,5/10/12/18% Cr.) Man ätzt die gereinigte Metallfläche mit Salz-Salpetersäure (zwei Tropfen), bringt die Lösung mit einem kleinen Watteflöckchen auf eine Tüpfelplatte (Porzellanplatte mit Vertiefungen) und mischt gründlich mit 1 bis 2 Tropfen frisch hergestellter Natriumperoxydlösung. Nun wird ein entsprechend großes Stück Filterpapier daraufgelegt, ein etwas kleineres leicht daraufgedrückt, wieder abgehoben und auf der Tüpfelplatte mit je einem Tropfen Diphenylcarbazidlösung und Schwefelsäure (1 + 5) versetzt: karminrote Färbung bei Anwesenheit von Chrom. Ist Molybdän zugegen, so fügt man vor dem Diphenylcarbazid einen Tropfen gesättigte Oxalsäurelösung zu.

---

[1] Weihrich, R.: Die Chemische Analyse in der Stahlindustrie, 4. Aufl., Stuttgart 1954.
[2] Mitt. K.-Wilh.-Inst. Eisenforschg. Bd. 21 (1941) S. 81.

Erforderliche Lösungen:

Salz-Salpetersäure: 1 T. Salzsäure (Dichte = 1,19 g/ml) + 1 T. Salpetersäure (Dichte = 1,4 g/ml) + 2 Tle. Wasser.

Frisch bereitete gesättigte wäßrige Natriumperoxylösung. (Vorsicht! Wegen starker Wärmeentwicklung nur kleine Mengen lösen, stark ätzend, Augen besonders empfindlich.)

Diphenylcarbazidlösung: Für niedere Cr-Gehalte 1% in Alkohol, für höhere Cr-Gehalte 2 bis 3%.

Schwefelsäure (1 + 5): 1 T. Schwefelsäure (Dichte = 1,84 g/ml) vorsichtig in 5 Tle. Wasser in dünnem Strahl eingießen.

Mangannachweis als Permanganat. (Unterscheidbar z. B. 0,6/1/1,7/3/5/10/ 13% Mn.)

Unter 6% Chrom: Man läßt einen Tropfen Salpetersäure (1 + 1) auf der blanken Stahlfläche möglichst ausreagieren, taucht ein Stück Filterpapier (5 mm × 5 mm für bis 10% Mn) ein (für Mangan unter 1% ein größeres), bringt dieses auf die Tüpfelplatte und fügt 2 Tropfen Salpetersäure (1 + 1), 2 Tropfen 0,2%ige Silbernitratlösung sowie einige Kriställchen festes Ammoniumpersulfat zu und mischt gut: Mangan färbt in 5 bis 10 Minuten rosa bis rotviolett.

Über 6% Chrom: Man verfährt analog, nur daß zum Tüpfeln auf dem Stahl Salz-Salpetersäure sowie 2%ige Silbernitratlösung verwendet werden.

Erforderliche Lösungen:

Salpetersäure (1 + 1): 1 T. Salpetersäure + 1 T. Wasser.

Silbernitratlösung, wäßrig, 0,2% bzw. 2%.

Salz-Salpetersäure: 1 T. Salzsäure (Dichte = 1,19 g/ml) + 2 Tle. Salpetersäure (Dichte = 1,4 g/ml) + 3 Tle. Wasser.

Molybdännachweis mit Kaliumxanthogenat (unterscheidbar z. B. 0,1/0,2/0,4/ 0,8 bis 1/2 bis 2,5/4,2/6% Mo).

Auf die gereinigte Metallfläche bringt man 2 Tropfen Salz-Salpetersäure, und wenn diese verbraucht ist, 1 Tropfen Natronlauge (20%). Man rührt gut durch, bedeckt mit Filterpapier entsprechender Größe und läßt zuletzt ein kleineres Stück Filterpapier sich vollsaugen. Dieses wird dann auf der Tüpfelplatte mit einem Tropfen Schwefelsäure (1 + 5) und einigen Körnchen festem Kaliumxanthogenat versetzt: Rosa bis violett ab etwa 0,1% Mo.

Erforderliche Lösungen:

Salz-Salpetersäure und Schwefelsäure wie oben beim Chromnachweis.

Natronlauge, wäßrig, 20%ig.

Nickelnachweis mit Dimethylglyoxim (unterscheidbar z. B. 0,1/0,2/0,4/0,8/ 1,5/3,5/8/12% Ni).

Die gereinigte Stahlfläche wird mit 2 Tropfen Salz-Salpetersäure angeätzt. Man mischt den mit Hilfe eines kleinen Watteflöckchens auf die Tüpfelplatte gebrachten Lösungstropfen gut mit 1 Tropfen 5%iger Wasserstoffperoxydlösung und dann mit 2 Tropfen Ammoniak (Dichte = 0,84 g/ml) gut durch. Nun wird erst die Mischung mit einem entsprechend großen Filterpapier ganz bedeckt und dann ein kleineres Stück Filterpapier leicht angedrückt, abgehoben und mit Dimethylglyoximlösung getüpfelt: Nickel ab etwa 0,14% färbt rot.

Erforderliche Lösungen:

Salz-Salpetersäure wie oben beim Cr-Nachweis.

Wasserstoffsuperoxydlösung 5%ige in brauner Flasche.

Ammoniak (Dichte = 0,84 g/ml).

Dimethylglyoximlösung 1% in Alkohol.

Schwefelnachweis mit Quecksilberchlorid-Gelatinepapier (unterscheidbar z. B. 0,1/0,2/0,28/0,5% S).

Man taucht ein Stück Gelatinepapier 2 Minuten in salzsaure Quecksilberchloridlösung, läßt überschüssige Lösung abfließen und legt das Papier 5 bis 10 Minuten auf die blanke Stahlfläche. Gelbe oder schwarze Stellen auf dem abgehobenen Papier zeigen Schwefel ab 0,1% an.

Salzsaure Quecksilberchloridlösung: 10 g Sublimat, 20 ml Salzsäure (Dichte = 1,19 g/ml) und 100 ml Wasser.

Vanadiumnachweis mit Oxychinolin (unterscheidbar z. B. 0,25/0,5/0,8/1,6/ 2,5/3,5% V).

Auf die blanke Stahlfläche bringt man 2 Tropfen Salpetersäure (1 + 1), läßt reagieren, hebt mit einem Watteflöckchen ab und mischt auf der Tüpfelplatte 1 Tropfen 40%ige Natronlauge zu. Man bedeckt mit einem Stück Filterpapier von 1 cm^2 Größe und zieht in ein kleines Stück Filterpapier einen Teil des Filtrats hoch. Auf dieses läßt man in der Vertiefung einer Tüpfelplatte je 1 Tropfen Essigsäure und Oxychinolinlösung einwirken: Vanadium färbt grünschwarz bis schwarz.

Sonderlösung: Oxychinolinlösung, 1,8 Oxychinolin 2,5% in 6%iger Essigsäure.

Wolframnachweis mit Zinn(II)-chlorid als Wolframblau (unterscheidbar 0,2/0,5/ 1,7/3/4/5/8/12/18% W).

Man ätzt die blanke Stahlfläche mit einem Tropfen Salpetersäure (1 + 1), saugt diesen von der Seite mit Filterpapier weg, bringt auf die gleiche Stelle 1 Tropfen Salzsäure (1 + 1) und 1 Tropfen Wasser, die beide ebenso entfernt werden, sowie ein Stück Filterpapier und von oben her 1 Tropfen salzsaure Zinn(II)-chloridlösung: Blaufärbung bei Gegenwart von Wolfram.

Sonderlösung: 25% Zinn(II)-chlorid in Salzsäure, Dichte = 1,19 g/ml.

Zum Teil ähnliche Tüpfelproben werden auch von H. Fucke und M. Möhrle[1] sowie B. S. Evans und D. G. Higgs[2] beschrieben (Evans und Higgs geben Verfahren u. a. auch für Selen und Blei in Stählen an).

γ) Nachweis der Elemente durch Auflösen von Spänen oder ganzen Proben.
γα) Schnellbestimmungsverfahren für den Nachweis von Chrom, Silizium, Molybdän, Titan, Vanadium, Mangan. Handelt es sich darum, Stahlklassen mit ziemlich unterschiedlichen Gehalten an Silizium, Chrom, Mangan, Molybdän, Vanadium, Titan auseinanderzuhalten, so kann man nach H. Fucke und M. Möhrle[1] das Verfahren von W. Smaczny benützen. Man löst 0,1 g Späne in einem Gemisch von Überchlor-, Salpeter- und Phosphorsäure, erhitzt bis zum Sieden der Überchlorsäure, das man einige Minuten aufrecht erhält, kühlt ab und verdünnt mit Wasser. Chrom ist an der gelben Chromatfärbung, Silizium an einem farblosen, flockigen Niederschlag (Kieselsäure) zu erkennen. Um die andern angeführten Elemente nachzuweisen, versetzt man Anteile der erhaltenen Lösung mit Kaliumxanthogenat (für Molybdän), Wasserstoffsuperoxyd (Titan bzw. Vanadium) sowie Silbernitrat und Persulfat (Mangan). Die mit Wasserstoffperoxyd erhaltene gelbe Peroxydtitansäure kann die bräunliche Vanadiumfärbung verdecken und umgekehrt, je nachdem, welches der beiden Metalle vorherrscht, aber die Fälle sind ziemlich selten, in denen beide gleichzeitig vorkommen.

γβ) Nachweis der Legierungselemente. Nahezu alle vorkommenden Legierungselemente lassen sich gut nachweisen, wenn man das bei der Siliciumschnellbestimmung nach dem Überchlorsäureverfahren abfallende Filtrat zur Unter-

---

[1] Arch. Eisenhüttenw. Bd. 18 (1944/45) S. 47.
[2] Analyst Bd. 70 (1945) S. 75.

suchung benützt. Es lassen sich in Anteilen, die zusammen etwa 0,3 g der Probe entsprechen, unterschiedliche Gehalte an Chrom, Mangan, Nickel (Kobalt), Molybdän, Kupfer, Vanadium, Titan und Wolfram unmittelbar und Aluminium bzw. Niob nach Abtrennung von Eisen bzw. Kieselsäure nachweisen.

Man verfährt nach der Vorschrift von A. SEUTHE und E. SCHÄFER[1] bis zur vollendeten Fällung des Siliziums als Kieselsäure durch die siedende Überchlorsäure und kühlt ab, erst kurze Zeit an der Luft, dann in Wasser. Die Probe wird nahezu fest und zeigt bei Gegenwart von *Chrom* eine rötliche bis orangerote Farbe[2]. Nach Verdünnen mit etwa 60 ml Wasser wird die Kieselsäure abfiltriert und das Filtrat für sich aufgefangen, weil das mit Salzsäure angesäuerte Waschwasser einige der mit dem Filtrat vorzunehmenden qualitativen Nachweisreaktionen stört. Man verdünnt das Filtrat bei einer Einwaage von 1 g auf 100 ml und verwendet Anteile von 2 bis 5 ml zu folgenden Nachweisen.

Mangan: 2 ml mit 5 Tropfen 0,1 n Silbernitratlösung und einer Spatelspitze (0,2 g) Ammoniumpersulfat versetzt: Rotfärbung.

Nickel: 2 ml mit 4 ml 10%iger Natriumzitratlösung, 0,5 ml 1%ige alkoholischer Dimethylglyoximlösung und Ammoniak bis zur alkalischen Reaktion versetzt: Roter Niederschlag zeigt Nickel an.

Kobalt (in Schnelldreh- und Magnetstählen): 2 ml mit 4 ml 10%iger Natriumzitratlösung und Ammoniak bis zur alkalischen Reaktion versetzt ergeben mit 1 bis 2 Tropfen 5%iger Kaliumferricyanidlösung bei Anwesenheit erheblicher Kobaltgehalte eine rötliche Verfärbung.

Molybdän: 2 ml mit 8 ml Wasser und 10 ml schwefelsaurem, Butylglykol enthaltendem Rhodanid-Zinn(II)-chlorid-Reagens nach E. KNUTH-WINTERFELDT[3] versetzt: nach 4 bis 5 Minuten beständige Orangefärbung, dagegen in Abwesenheit von Molybdän Entfärbung der Lösung.

(Kupfer): Erhebliche Kupfergehalte geben sich hierbei als weißer Niederschlag (Kupfer(I)-Rhodanid) zu erkennen.

Kupfer (niedere Gehalte): Nach F. FEIGL[4] gibt man zu einem Tropfen des Filtrats auf einer Tüpfelplatte oder in einem Porzellantiegel einen Tropfen Rhodanidlösung und zwei Tropfen 0,1 n Natriumthiosulfatlösung. Entfärbung in wenigen Sekunden zeigt Kupfer an, bei völliger Abwesenheit von Kupfer tritt vollständige Entfärbung erst nach 20 bis 30 Sekunden ein.

Titan, Vanadium: 5 ml des Filtrats mit 1 Tropfen 3%iger Wasserstoffperoxydlösung versetzt ergibt Gelbfärbung (Titan) bzw. Bräunlichfärbung (Vanadium). Ist Chrom zugegen, so wird das ursprünglich gelbe Filtrat mit Wasserstoffsuperoxyd vorübergehend blau (Chromperoxyd), wonach eine je nach Chromgehalt blaßgrüne bis grüne Färbung entsteht, neben welcher bei nicht zu hohem Chromgehalt die Titan- bzw. Vanadiumfärbung erkennbar ist. Bei hochlegierten Chromstählen führt man die Reaktion in einem weiten Reagensglas aus, setzt zuerst 5 ml Essigester und dann 2 bis 3 Tropfen 3%iges Wasserstoffperoxyd zu und schüttelt sofort das Chromperoxyd aus. Die wäßrige Schicht wird rasch mit einer Pipette entnommen, sie enthält alles Titan und Vanadium und nur noch einen Teil des Chroms.

Ein weiterer Zusatz von einigen Tropfen 3%igem Wasserstoffperoxyd ergibt bräunliche Peroxyvanadiumsäure, die auch auf Zusatz von etwas Natrium-

[1] Siehe R. WEIHRICH: Die Chemische Analyse in der Stahlindustrie, 4. Aufl. (1954), Stuttgart, S. 28.
[2] MAYS, R. J.: Chemist Analyst Bd. 35 (1946) S. 62.
[3] Acta chim. scand. Bd. 4 (1950) S. 963 — Z. analyt. Chem. Bd. 134 (1951/52) S. 75.
[4] FEIGL, F.: Qualitative Analysis by Spot Tests, 3. Aufl., New York 1946.

fluorid bestehenbleibt bzw. gelbe Peroxytitansäure, die durch Natriumfluorid zerstört wird. In Zweifelsfällen und bei Gegenwart von Vanadium gießt man die Probelösung in heiße überschüssige 2n Natronlauge, filtriert und löst den Niederschlag nach dem Auswaschen (am besten Zentrifugieren) in 8 ml 20 %iger Überchlorsäure. Nach kurzem Kochen sowie Abkühlen ist Titan gut an der mit Wasserstoffperoxyd auftretenden Gelbfärbung erkennbar.

Wolfram: Wolfram in erheblichen Gehalten[1] scheidet sich großenteils mit der Kieselsäure als gelbe Wolframsäure ab, die bei der Siliziumbestimmung, wenn nicht über 800° C geglüht wurde, nach dem Abrauchen mit Fluß- und Schwefelsäure im Platintiegel zurückbleibt. In der Wolframsäure kann man durch Lösen in wenig Lauge, Zusatz von Salzsäure und Zinnchlorür das Wolfram als Wolframblau nachweisen.

Aluminium wird nach K. Gleu und R. Schwab[2] in 5 ml des Filtrats der Kieselsäure nachgewiesen.

Niob (*Tantal*) in hochlegierten Chromnickelstählen (Lösen in Königswasser und Abrauchen mit Perchlorsäure). Die erhaltene abfiltrierte und geglühte Kieselsäure wird mit 5 ml Schwefelsäure (1 + 1), 0,5 ml Überchlorsäure und 2 ml Flußsäure im Platintiegel bis zum Rauchen der Schwefelsäure erhitzt, und das Abrauchen fortgesetzt, bis nur noch 1,5 bis 2 ml Schwefelsäure bleiben, die mit 1 bis 2 ml Schwefelsäure und einem Tropfen Perhydrol versetzt werden. Erhebliche Gelbfärbung zeigt Niob an. Gießt man diese mit etwas Wasser vorsichtig verdünnte Lösung in 140 bis 160 ml 0,25 n Salzsäure (1 : 49) und setzt eine Spatelspitze in wenig Wasser gelöstes Natriumbisulfit zu, so scheiden sich beim Kochen oder sofort Niob- und Tantalsäure weiß ab.

γγ) *Spurennachweis von Aluminium, Chrom, Kobalt, Kupfer, Molybdän, Nickel, Titan, Vanadium, Wolfram, Zirkon, Beryllium.* Nach K. Gleu und R. Schwab[2] lassen sich diese Elemente in einer salzsauren Lösung von 0,5 g der Probe in Mengen von 0,05 bis 0,1% und darüber nachweisen, neben bis zu 10% der andern Elemente.

γδ) *Zinn*, das als unerwünschte Verunreinigung, z. B. in Wolframstählen, vorkommen kann, wird nach dem Verfahren des Handbuchs für das Eisenhüttenlaboratorium, Bd. 2, nachgewiesen. Da es sich hier um geringe Spuren handelt, sind 5 bis 10 g Späne erforderlich.

3. Nichteisenmetalle.

a) Unterscheidung.

Die Nichteisenmetalle und ihre Legierungen lassen sich auf Grund der Farbe, der Dichte und des Verhaltens gegen Salzsäure, Natronlauge und Salpetersäure leicht unterscheiden. Aluminium, Magnesium und Zink werden von verdünnter Salzsäure (1:1) stark angegriffen (unter Wasserstoffentwicklung), während sich Silber, Kupfer, Blei, Zinn und Nickel gar nicht bzw. kaum sichtbar lösen. Die Leichtmetalle werden von Zink auf Grund der viel kleineren Wichte unterschieden, ferner löst sich Aluminium in Natronlauge, Magnesium aber nicht. Silber und Kupfer (-legierungen) werden auch von konzentrierter Salzsäure kaum angegriffen, wogegen Blei- (in der Wärme) und Zinnlegierungen in der Kälte mit konzentrierter Salzsäure Wasserstoff entwickeln, nur ganz reines antimonfreies Zinn löst sich äußerst langsam in konzentrierter Salzsäure. Ver-

---

[1] Niedere Wolframgehalte werden am besten nachgewiesen nach VdEh-Schiedsan., S. 122—123 mit 0,1 g Probe und ⅓ der angegebenen Reagensmengen.

[2] Chemiker Z. Bd. 74 (1950) S. 301.

dünnte Salpetersäure (1 : 1) zersetzt die genannten von verdünnter Salzsäure nicht angegriffenen Metalle und ergibt mit Kupfer (-legierungen) eine hellblaue Lösung (auf Zusatz von überschüssigem Ammoniak tiefblau), mit Nickel eine blaßgrüne Lösung (im Tropfen Farbe kaum erkennbar, jedoch auf Zusatz von Ammoniak und Dimethylglyoximlösung starker roter Niederschlag), mit Silber eine farblose Lösung (Zusatz von einem Tropfen verdünnter Salzsäure scheidet weißes Chlorsilber ab), Blei gibt ebenfalls farblose Lösungen, Zinnlegierungen zersetzen sich unter Abscheidung von weißer Zinnsäure (auch zinnhaltige Kupfer- und Bleilegierungen liefern beim Erhitzen ihrer verdünnten salpetersauren Lösungen Niederschläge von Zinnsäure, ähnlich wie Zinn verhält sich Antimon in höheren Gehalten).

b) Nachweis der Bestandteile.

Zum Nachweis der Legierungselemente und Verunreinigungen können wie bei Eisenlegierungen Späneproben aufgelöst oder ohne Zerspanung Tüpfelreaktionen durchgeführt werden. Die Untersuchung von Spänen aus Kupfer, Blei, Zink, Aluminiumlegierungen ist nach den Verfahren von W. BILTZ und W. GEILMANN möglich[1]. Für die qualitative Analyse von Kupfer-, Blei- und Zinklegierungen verfährt man ähnlich, verwendet aber nur etwa den zwanzigsten Teil der für die Reinmetalle benötigten Menge. Die Unterscheidung der verschiedenen Werkstoffklassen, wie sie vor allem B. S. EVANS und D. G. HIGGS ausgearbeitet haben, ist wesentlich einfacher. Es lassen sich nach diesen Autoren nachweisen:

in *Aluminiumlegierungen*[2] Kupfer, Magnesium, Zink, Mangan, Zinn, Eisen, Nickel, Titan, Antimon, Wismut, Blei und Chrom,

in *Magnesiumlegierungen*[2] Aluminium, Mangan, Zink, Kupfer, Antimon und Cadmium,

in *Kupferlegierungen*[3] Mangan, Zink, Zinn, Eisen, Blei, Silizium, Nickel, Aluminium, Beryllium, Arsen, Cadmium, Kobalt, Chrom und Phosphor,

in *Zinklegierungen*[4] Kupfer, Aluminium, Antimon, Zinn, Cadmium und Blei,

in *Bleilegierungen*[4] Zinn, Antimon, Cadmium, Silber, Arsen und Wismut,

in *Zinnlegierungen*[4] Blei, Kupfer, Arsen, Antimon, Zink und Aluminium.

Tüpfelreaktionen für Aluminiumlegierungen hat außerdem M. NIESSNER[5] angegeben (Nachweis von Silizium, Kupfer, Eisen, Magnesium, Zink, Mangan, Nickel, Titan sowie Blei). Handelt es sich um die Unterscheidung der Hauptgattungen von Aluminiumwerkstoffen, so leisten auch schon die Kurzprüfungen von H. GINSBERG[6] gute Dienste.

C. Quantitative chemische Analysenverfahren.

1. Grundlagen.

Während qualitative Prüfungen nur ein ungefähres Bild der Mengenverhältnisse ergeben, liefern quantitative Bestimmungen die genaue prozentuale Werkstoffzusammensetzung. Die erste und sehr wichtige Vorbedingung hierfür ist

---

[1] BILTZ, W., u. W. FISCHER: Ausführung qualitativer chem. Analysen, 12. Aufl., Leipzig 1955, S. 174.
[2] EVANS, B. S., u. D. G. HIGGS: Analyst Bd. 71 (1946) S. 464.
[3] EVANS, B. S., u. D. G. HIGGS: Analyst Bd. 75 (1950) S. 191.
[4] EVANS, B. S., u. D. G. HIGGS: Analyst Bd. 72 (1947) S. 101, 105 u. S. 439.
[5] Berg- und Hüttenm. Mh. Hochsch. Leoben Bd. 93 (1948) S. 167.
[6] GINSBERG, H.: Leichtmetallanalyse, 3. Aufl., Berlin 1955.

eine sorgfältige *Probenahme*[1,2], damit das Ergebnis der Analysen auch den tatsächlichen durchschnittlichen Gehalten der Probe entspricht. Die zweite Vorbedingung besteht in einer zweckmäßigen, genügend feinen, aber auch nicht zu weitgehenden *Zerkleinerung*, damit der Angriff der zum chemischen Aufschluß benutzten Mittel in der richtigen Weise vor sich gehen kann. Zu grobe Späne geben unter Umständen zu unvollständigem Aufschluß (bei Verbrennungen, Schmelzen), zu feine Späne manchmal zu Verlusten Anlaß. Zunächst sollen die einzelnen Verfahrensgruppen kurz gekennzeichnet und soweit dies möglich ist, allgemeine Richtlinien für ihre Anwendung gegeben werden.

a) Gewichtsanalyse (Gravimetrie).

Der gesuchte Stoff wird abgetrennt und entweder in elementarer Form oder häufiger in Form einer geeigneten Verbindung gewogen. Die Genauigkeit ist meist nicht durch die Art der Wägung bedingt, sondern hängt oft vielmehr davon ab, wie weit es gelingt, Verunreinigungen oder Verluste bei der Darstellung der Wägeform auszuschalten. Gewichtsanalysen erfordern vielfach einen verhältnismäßig großen Arbeitsaufwand. Mit geringerem Zeitbedarf kommt man häufig bei der Fällung von Metallen durch den elektrischen Strom aus (*Elektroanalyse*), da hierbei Abtrennung und Wägung gewöhnlich einfacher vor sich gehen. In der Regel ist, abgesehen von sehr niederen Gehalten und von bestimmten Metallen, die gewichtsanalytische bzw. elektroanalytische Bestimmungsweise die genaueste. Man benützt sie daher weitgehend in Untersuchungen höchster Genauigkeit, den Leitanalysen, welche zur Gehaltsermittlung von Analysenkontrollproben und von Normalproben für spektralanalytische Verfahren dienen, sowie häufig in Schiedsanalysen. Das hier Gesagte gilt für folgende Elemente in metallischen Werkstoffen: Kohlenstoff, Silizium, Phosphor, Nickel, Kobalt, Wolfram, Molybdän, Niob (Tantal), Kupfer, Blei, Zink, Aluminium, Magnesium, Wismut und Cadmium.

b) Maßanalyse (Volumetrie).

Der gesuchte Stoff wird mit einer geeigneten Reagenslösung bekannten Gehalts umgesetzt und die dafür benötigte Menge der Reagenslösung gemessen. Das Ende der Umsetzung (Endpunkt) erkennt man entweder am Auftreten (Verschwinden, Wechsel) einer Färbung bzw. eines Niederschlags, hervorgerufen durch einen geringen Überschuß der zugesetzten Reagenslösung (Maßlösung), das heißt mit dem Auge (visuell) oder durch Verfolgen des Potentials einer Elektrode, welche auf die Konzentration des gesuchten Stoffs anspricht (potentiometrische Endpunktsanzeige). Der potentiometrische Endpunkt ist sowohl durch ein bestimmtes Potential der Indikatorelektrode (Umschlagspotential, Abb. 1) gekennzeichnet, als auch dadurch, daß in seiner Nähe die beobachteten Potentialänderungen am größten sind (Auftreten eines „Sprungs").

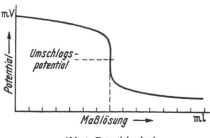

Abb. 1. Potentialverlauf bei potentiometrischer Maßanalyse.

Für die praktische Anwendung haben Maßanalysen (Titrationen) meist den Vorteil des geringeren Zeitbedarfs gegenüber Gewichtsanalysen. Einige Ele-

---

[1] Handbuch für das Eisenhütten-Laboratorium, Bd. 3, Probenahme. Düsseldorf u. Berlin/Göttingen/Heidelberg 1956 (gleichzeitig Analyse der Metalle, Bd. 3).

[2] Weihrich, R.: Die chemische Analyse in der Stahlindustrie, 4. Aufl., Stuttgart 1954.

mente werden auch in sehr genauen Analysen fast ausnahmslos maßanalytisch bestimmt: Mangan, Chrom, Vanadium, Eisen, Zinn, Antimon, Arsen, Schwefel und Stickstoff. In Untersuchungen, zu denen kein allzu hoher Arbeitsaufwand benötigt werden soll und dafür die Genauigkeitsansprüche etwas geringer sind als bei Leit- und Schiedsanalysen, d. h. bei Betriebsanalysen (technischen Analysen), wählt man sehr oft auch für solche Elemente maßanalytische Verfahren, die sich am genauesten gewichtsanalytisch bestimmen lassen, wie Phosphor, Nickel, Kupfer, Blei, Zink, Aluminium und Magnesium.

c) Kolorimetrie und Spektralphotometrie.

Man stellt aus dem gesuchten Stoff zunächst eine beständige, gelöste Verbindung her, die eine genügend empfindliche Färbung besitzt und ermittelt die Konzentration des gesuchten Elements durch Farbvergleich (Kolorimetrie) oder durch Messung der Lichtabsorption für Licht bestimmter Wellenlänge mit Hilfe von meßbar veränderlichen Lichtschwächungsvorrichtungen (Spektralphotometrie). Beide Verfahren können subjektiv mit dem Auge oder objektiv mit Hilfe von photoelektrischen Zellen durchgeführt werden. Man hat es hier nicht mit unmittelbaren Verfahren zu tun, sondern benötigt in der Kolorimetrie bei allen Messungen, in der Spektralphotometrie bei der Eichung der benützten Vorrichtung (Photometer) Vergleichslösungen, welche bekannte Mengen des gesuchten Elements enthalten. Die kolorimetrischen Verfahren wendet man heute nur noch selten an, da mit Spektralphotometern im Gegensatz zu Kolorimetern auch dann noch Messungen möglich sind, wenn die zu untersuchenden Lösungen infolge der Gegenwart von Begleitelementen noch Fremdfärbungen enthalten. Auf diese Weise lassen sich vielfach Elemente ermitteln, die wegen ihres Vorkommens in niederen Gehalten bzw. wegen ihrer besonderen chemischen Eigenschaften nicht so gut gewichts- oder maßanalytisch erfaßbar sind. Derartige Elemente sind: Titan (auch bei sehr genauen Analysen) sowie (in Betriebsanalysen bzw. in Spuren auch bei sehr genauen Analysen) Molybdän, Wolfram, Kupfer, Nickel, Eisen, Silizium, Wismut und Arsen. Ein Vorteil der spektralphotometrischen Verfahren, welcher bei Betriebsanalysen oft ins Gewicht fällt, ist der gegenüber gewichts- und maßanalytischen Methoden viel geringere Materialbedarf.

d) Polarographie.

Bei polarographischer Gehaltbestimmung wird von einer sehr verdünnten Lösung des gesuchten Stoffs mit geeigneten Elektroden (meist tropfende Quecksilberkathode und ruhende Quecksilberanode) eine Stromspannungskurve aufgenommen (Abb. 2), d. h., man beobachtet und zeichnet auf die bei allmählicher, stetiger Erhöhung der kathodischen Polarisierung auftretenden Stromstärken. Bei dieser Messung steigt nach Erreichen des Reduktionspotentials des gelösten Stoffs die Stromstärke stark an und bleibt nach Erreichen eines Sättigungsstroms für einige Zeit nahezu

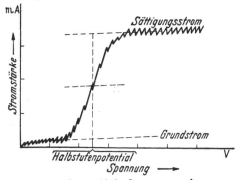

Abb. 2. Polarographische Stromspannungskurve.

konstant. Die Differenz zwischen der vor dem geschilderten starken Anstieg der Stromstärke ermittelten Stromstärke (Grundstrom) und der Stärke des

Sättigungsstroms ist ein Maß für die Konzentration bzw. Menge des untersuchten Stoffs. Voraussetzung ist in jedem Falle eine so geringe Ionenkonzentration des gelösten, bestimmten Metalls, daß die zur tropfenden Quecksilberkathode gelangende Stoffmenge je Zeiteinheit nur bestimmt wird durch die Diffusionsgeschwindigkeit der Metallionen in der Grenzschicht zwischen Lösung und Quecksilberelektrode.

Die Stromspannungskurve, das „Polarogramm", wird meist mit automatisch registrierenden Polarographen aufgenommen, so daß außer dem Material auch der Arbeitsaufwand häufig sehr gering ist (die Hauptarbeit entfällt oft auf die Herstellung der Probelösung). Ein Hauptanwendungsgebiet sind Spurenbestimmungen (Verunreinigungen) in Nichteisenmetallen sowie die Ermittlung bestimmter Legierungselemente, die auf andere Weise nicht so gut erfaßbar sind. Für Eisenlegierungen sind bis jetzt nur wenige vorteilversprechende Verfahren polarographischer Art gefunden worden.

Metalle, welche mit ziemlicher Genauigkeit am schnellsten polarographisch bestimmt werden können, sind: Zink (in Aluminium-, Magnesium- und Blei-Zinn-Legierungen) sowie Blei und Cadmium in Feinzink und dessen Legierungen. Ferner lassen sich polarographisch gut ermitteln: Kupfer, Eisen, Blei und Nickel in Leichtmetallen, Blei, Zink, Cadmium, Nickel (Antimon, Zinn) in Kupferlegierungen sowie Kupfer, Wismut, Zinn, Thallium in Zinklegierungen und Kupfer, Antimon, Zinn (Blei) in Blei- (Zinn-) Legierungen.

Schrifttum.

Handbücher:

Handbuch der analytischen Chemie, 3. Teil, Quantitative Bestimmungs- und Trennungsmethoden, Berlin/Göttingen/Heidelberg 1940—1957, Bände I a bis II b, III a β/III b bis VI a α, VIII b γ (entsprechend dem periodischen System) (restliche Bände in Vorbereitung).

LUNDELL, G. E. F., ü. J. L. HOFFMANN: Applied Inorganic Analysis, New York 1954.

HECHT, FR.: Handbuch der Mikrochemischen Methoden, Bd. 3, Anorganisch analytische Methoden, Wien (in Vorbereitung).

Lehrbücher (hauptsächlich Gewichts- und Maßanalyse):

BILTZ, H., u. W. BILTZ: Ausführung quantitativer Analysen, neubearb. von W. Fischer, 7. Aufl., Stuttgart 1955.

KOLTHOFF, I. M., u. E. B. SANDELL: Textbook of Quantitative Inorganic Analysis, 3. Aufl., London 1952.

LUX, H.: Praktikum der quantitativen anorganischen Analyse, 6. Aufl., Berlin 1949.

WILLARD, H. H., u. N. F. FURMAN: Grundlagen der quantitativen Analyse, übersetzt von H. GRUBITSCH, Wien 1950.

Physiko-chemische Methoden.

BÖTTGER, W.: Physikalische Methoden der analytischen Chemie, 2. Bd., 2. Aufl. (Elektroanalyse, Polarographie) Leipzig 1949.

HEYROVSKY, J.: Polarographisches Praktikum, Berlin/Göttingen/Heidelberg 1948.

KORTÜM, G.: Kolorimetrie und Spektralphotometrie, 3. Aufl., Berlin/Göttingen/Heidelberg 1955.

SCHLEICHER, A.: Elektroanalytische Schnellmethoden, 3. Aufl., Stuttgart 1947.

STACKELBERG, M. v.: Polarographische Arbeitsmethoden, Berlin 1950.

2. Die quantitative chemische Analyse von Stahl und Gußeisen.

a) Allgemeines.

Die große Vielzahl der Eisenlegierungen bildet nach ihrem chemischen Verhalten zwei Gruppen. In der größeren Gruppe befinden sich die salpetersäurelöslichen unlegierten und niedrig legierten Werkstoffe sowie auch die hochlegierten Werkzeugstähle mit Ausnahme der hochgechromten. Die zweite Gruppe enthält die hochlegierten Chrom- und Chromnickelstähle (nichtrostende und hitzebeständige Legierungen, Ventilstähle und gegossene Hartlegierungen, soweit sie einen Chromgehalt von etwa 10% und darüber haben). Die chemisch ziemlich beständigen, in Salpetersäure unlöslichen Legierungen der zweiten Gruppe erfordern in vielen Fällen etwas andere Verfahren als die Werkstoffe der ersten Gruppe. Im übrigen ist bei der quantitativen chemischen Untersuchung von Eisenwerkstoffen bemerkenswert, daß gewöhnlich nahezu alle Elemente für sich in einzelnen Probeeinwaagen ermittelt werden, und zwar vorwiegend ohne vorausgehende Abtrennung anderer anwesender Metalle und Nichtmetalle. Dagegen lassen sich in Kupfer- und Aluminiumlegierungen die meisten Zusätze und Verunreinigungen erst nach der Entfernung störender Elemente ermitteln, und man verwendet bei Nichteisenmetallen häufiger eine Einwaage zur Gehaltsfeststellung mehrerer Bestandteile.

Von den verschiedenen Untersuchungsverfahren sind die genauesten als *Leitverfahren* bezeichnet. Unter den etwas weniger genauen, aber mit geringerem Zeitaufwand durchführbaren *Betriebsverfahren* erfordern sehr viele eine laufende Nachprüfung oder Einstellung mit Hilfe von *Analysen-Kontrollproben*, so besonders die Verfahren zur Bestimmung von Kohlenstoff, Mangan, Schwefel und Phosphor sowie alle photometrischen Verfahren. Hierfür können die in Zusammenarbeit mit dem Chemikerausschuß des VdEh bereitgestellten und von der Bundesanstalt für Materialprüfung (Berlin-Dahlem), Staatliches Materialprüfungsamt Nordrhein-Westfalen (Dortmund-Aplerbeck) und Max-Planck-Institut für Eisenforschung (Düsseldorf) vertriebenen Kontrollproben verwendet werden[1].

Der weitaus größte Teil der heute verwendeten Eisenlegierungen ist genormt[2]. In den USA, Großbritannien, Frankreich und einigen anderen Ländern sind auch *Analysenverfahren genormt*. Diese ,,Standardverfahren'' bilden vielfach eine wertvolle Ergänzung zu den im übrigen Schrifttum veröffentlichten Verfahren, weshalb in den folgenden Abschnitten zum Teil darauf hingewiesen werden soll.

Schrifttum.

Handbuch für das Eisenhüttenlaboratorium, Düsseldorf, Bd. 2, 1941 (im Text als VDEh-Handbuch bezeichnet). Bd. 4, (Schiedsanalysen) 1955 (im Text als VDEh-Schiedsan. bezeichnet). (Bd. 3, Probenahme, Düsseldorf und Berlin/Göttingen/Heidelberg 1956).

ASTM Methods for Chemical Analysis of Metals, Philadelphia 1956 (im Text als ASTM-Handbuch bezeichnet).

British Standard 1121, Part 1—34, London 1943—1953 (im Text als British Standard bezeichnet).

JEAN, M.: Precis d'Analyse Chimique des Aciers et des Fontes, Paris 1949 (im Text als JEAN bezeichnet).

NIEZOLDI, O.: Ausgewählte chemische Untersuchungsmethoden für die Stahl- und Eisenindustrie, 4. Aufl., Berlin 1949 (im Text als NIEZOLDI bezeichnet).

WEIHRICH, R.: Die chemische Analyse in der Stahlindustrie, neubearbeitet von A. WINKEL, 4. Aufl., Stuttgart 1954 (im Text als WEIHRICH-WINKEL bezeichnet).

ZEISS, C.: Absolutkolorimetrische Metallanalysen mit dem Pulfrich-Photometer, 2. Aufl., Jena 1950.

ZIMMERMANN, M.: Photometrische Metall- und Wasseranalysen, Stuttgart 1954.

b) Die Bestimmung der Begleit- und Legierungselemente.

Kohlenstoff. In Eisenwerkstoffen ist Kohlenstoff das wichtigste Begleit- und Legierungselement. Da schon geringe Änderungen des Kohlenstoffgehalts erhebliche Änderung der Werkstoffeigenschaften bewirken, kommt seiner genauen Bestimmung große Bedeutung zu. Alle genauen chemischen Verfahren

---

[1] Stahl u. Eisen Bd. 72 (1952) S. 432.
[2] DIN-Taschenbuch 4, Teil A, 19. Aufl., Berlin/Köln 1958.

beruhen auf der Verbrennung des Kohlenstoffs zu Kohlendioxyd, welches gewichts- oder maßanalytisch sowie gasvolumetrisch erfaßt werden kann. Graphit wird stets gewichtsanalytisch ermittelt.

Verbrennung im Sauerstoffstrom	Gewichtsanalytisches Verfahren	über 0,01 % C
	Gravimetrisches Halbmikroverfahren	über 0,005 % C
	Potentiometrisches Verfahren	über 0,002 % C bis 0,1 %
	Gasvolumetrisches Verfahren	über 0,02 % C [1]

Gewichtsanalytisches Verfahren. Bei der Verbrennung im Sauerstoffstrom werden die Probespäne in Porzellanschiffchen gefüllt und diese in Porzellanröhren eingebracht, welche für Temperaturen bis 1250° C mit Kanthaldrahtöfen und für bis zu 1400° C mit Silitstaböfen geheizt sind. Der zur Verbrennung verwendete Sauerstoff durchströmt vor dem Eintritt in das Verbrennungsrohr mit Natronkalk gefüllte Röhren zur Entfernung des Kohlendioxyds. Nach Verlassen des Verbrennungsrohrs gelangt der Gasstrom zunächst in eine Waschflasche mit Chromschwefelsäure, um Schwefeldioxyd zu beseitigen (bei hohen Schwefelgehalten kann statt dessen ein Röhrchen mit festem Chromtrioxyd oder eine wäßrige Lösung mit 50% Chromtrioxyd, aber auch 15%iges Wasserstoffsuperoxyd verwendet werden). Zum Wägen des Kohlenstoffs wird dann der Gasstrom wie beim Leitverfahren getrocknet und durch Absorptionsröhrchen mit Natronasbest und Trockenmittel geschickt (VDEh-Handbuch, S. 17; ASTM-Handbuch, S. 76). Die Verbrennungstemperaturen sind wie folgt zu wählen: unlegierte und niedriglegierte Werkstoffe: 1100° bis 1150° C, kohlenstoffarme und hochlegierte Werkstoffe: 1200° bis 1250° C, hitzebeständige Legierungen 1350° C. (Dies gilt innerhalb des Verbrennungsrohrs gemessen, bei außen aufsitzendem Thermoelement sind 100° bis 150° C niedrigere Temperaturen zu beobachten.) Zur besseren Verbrennung gibt man zu den Spänen noch Kupferoxyd, Bleidioxyd oder reines Zinn zu, letzteres besonders bei hohem Kohlenstoffgehalt (Grauguß). Handelt es sich um Proben mit hohem Kohlenstoffgehalt, so empfiehlt es sich auch, die Ofentemperatur vor dem Einführen der Probe auf unter 1000° C zu halten und erst nach Anschluß der Sauerstoffzuleitung auf die vorgesehene Arbeitstemperatur zu erhöhen. Die Einwaagen sind wesentlich kleiner als bei der nassen Verbrennung, weshalb bezüglich der Form und Wägung der Absorptionsröhrchen das für die nasse Verbrennung angeführte hier in verstärktem Maße gilt.

Graphit wird zuerst durch Lösen des Eisens isoliert (VDEh-Handbuch, S. 29; ASTM-Handbuch, S. 78, Niezoldi, S. 6). Beim Einführen in den Ofen soll dieser unter 500° C und erst später 1000° C haben.

Gravimetrisches Halbmikroverfahren. Ein verfeinertes gewichtsanalytisches Verfahren, welches bei niederen Kohlenstoffgehalten oft genauere Werte liefert als das übliche Verfahren, haben L. Klinger, W. Koch und G. Blaschzyk ausgearbeitet [2]. Kennzeichnend für diese Halbmikroarbeitsweise ist unter anderem: Einführen der Probe in den Verbrennungsofen innerhalb eines geschlossenen Rohrsystems, um jegliche Verluste zu vermeiden, Verwendung ausgeglühter Porzellanschiffchen und kleiner, leichter Absorptionsröhrchen, damit diese auf der Halbmikrowaage wägbar sind, ferner langsamer Sauerstoffstrom mit Nachverbrennung des teilweise gebildeten Kohlenoxyds über Kupferoxyd in einem zweiten Ofen bei Rotglut. Auf diese Weise lassen sich mit nur geringen Abänderungen auch Mikroproben verbrennen.

---

[1] Als Schiedsverfahren nur für > 0,06% C und < 15% Cr.
[2] Angew. Chem. Bd. 33 (1940) S. 537 und VDEh-Schiedsan., S. 70 (<0,06% C, >15% Cr).

Potentiometrisches Verfahren. Nach dem potentiometrischen Verfahren von W. OELSEN, H. HASE und G. GRAUE[1] bestimmt man vor allem sehr kleine Kohlenstoffgehalte. Das Prinzip ist eine Weiterentwicklung des Barytverfahrens von G. THANHÄUSER und P. DICKENS (VDEh-Handbuch, S. 23) und besteht darin, daß man zur Absorption des durch Verbrennen im Sauerstoffstrom erhaltenen Kohlendioxyds eine je nach C-Gehalt mehr oder weniger verdünnte Bariumhydroxydlösung vorlegt. Während der Probenverbrennung ergänzt man die vorgelegte Lösung durch abgemessene Mengen der gleichen Barytlauge, und zwar in dem Maße, daß das Potential einer in die Lösung tauchenden Platinelektrode annähernd Null bleibt, verglichen mit dem Potential der Normal-Kalomelelektrode. Am Schluß der Bestimmung wird dann genau auf die Potentialdifferenz Null titriert. Man erhält so eine sehr viel höhere Empfindlichkeit als wenn Barytlauge erheblich höherer Konzentration vorgelegt würde.

Gasvolumetrisches Verfahren[2]. Die gasvolumetrischen Verfahren dienen zur schnellen Kohlenstoffbestimmung nicht zu kleiner Gehalte. Während bei den gewichts- und maßanalytischen Verfahren die Einwirkung des Sauerstoffs auf die Probe bei hoher Temperatur verhältnismäßig lange dauert, beschränkt sich die Verbrennungszeit beim gasvolumetrischen Verfahren auf einige Minuten. Diese Zeit reicht zur vollständigen Verbrennung nur aus, wenn genügend feine Späne, sehr hohe Verbrennungstemperaturen und bei hochlegierten Werkstoffen erhebliche Zuschlagsmengen angewandt werden. Ferner muß man häufig Normalstähle mit bekanntem Kohlenstoffgehalt unter den gleichen Bedingungen wie bei der Untersuchung der unbekannten Proben verbrennen.

Als Ofentemperatur wählt man 1250° bis 1280° C für unlegierte Werkstoffe, und 1300° bis 1380° C für legierte bzw. hochlegierte Werkstoffe. Schwerverbrennbaren Proben (mit hohen Zusätzen an Chrom und Nickel) setzt man so viel Kupferoxyd zu, als man von der Probe eingewogen hat, und überstreut mit etwas Bleidioxyd. Die Maßnahmen zur Entfernung des Schwefeldioxyds sind dieselben wie beim gewichtsanalytischen Verfahren. Die Geschwindigkeit des Sauerstoffstroms stellt man so ein, daß bei nieder gestellter Niveauflasche eine etwa 25 ml fassende Bürette in 28 bis 35 Sekunden sich füllt (am einfachsten ist die Kontrolle der eingestellten Sauerstoffgeschwindigkeit mit Hilfe eines Gasgeschwindigkeitsmessers (Rotamesser). Die Geschwindigkeit muß wegen der allmählichen Entleerung der Sauerstoffbombe immer wieder eingestellt werden.

Bei der gasvolumetrischen Bestimmung des Kohlendioxyds wird von den durch Verbrennung erhaltenen Gasen ein bestimmtes Volumen, welches das ganze Kohlendioxyd enthält, abgesperrt, das Kohlendioxyd in Kalilauge absorbiert und die Volumenabnahme festgestellt. Zum Auffangen und Messen dient eine durch Dreiweghahn verschließbare Gasbürette, deren Inhalt dem Kohlenstoffgehalt der Probe angepaßt ist. Durch den am oberen Ende angebrachten Hahn kann die Verbindung zum Verbrennungsrohr oder zu dem mit Kalilauge gefüllten Gefäß hergestellt werden (Abb. 3)[3]. Am unteren verjüngten, mit einer verschiebbaren Skala ausgerüsteten Teil der Bürette ist durch einen etwa einen Meter langen Gummischlauch die mit Sperrflüssigkeit gefüllte Niveauflasche angeschlossen, welche vor der Verbrennung zum Füllen der Bürette mit der Flüssigkeit hochgestellt wird.

Auf das Ergebnis sind eine Reihe verschiedener Faktoren von Einfluß, die unzulässige Abweichungen bewirken können. Nach L. P. PEPKOWITZ und

---

[1] Arch. Eisenhüttenw. Bd. 22 (1951) S. 225 und VDEh-Schiedsan., S. 73.
[2] Als Schiedsverfahren in etwas anderer Weise: VDEh-Schiedsan., S. 66.
[3] *VDEh-Schiedsan., Düsseldorf 1955*, S. 67.

P. CHEBINIAK[1] können die Abweichungen auf ein Mindestmaß herabgesetzt werden durch: 1. Zusatz eines Netzmittels zur Sperrflüssigkeit, damit diese in kurzer Zeit vollständig abläuft und damit eine rasche und gleichmäßige Einstellung des Flüssigkeitsspiegels in der Bürette erreicht wird, 2. Beladung

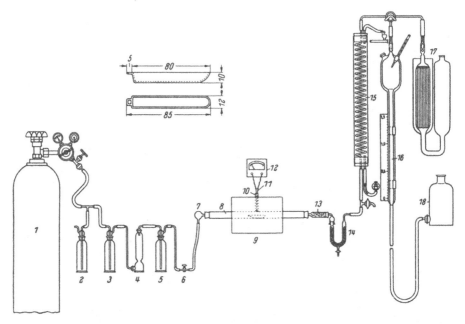

Abb. 3. Gerät zur gasvolumetrischen Kohlenstoffbestimmung. *1* Stahlflasche (Sauerstoff); *2* Waschflasche (Queck-silber); *3* Waschflasche (KOH, 40%ig); *4* Natronasbest-Turm; *5* Waschflasche mit H_2SO_4 (1+5); *6* Hahn; *7* Kugelrohr; *8* Verbrennungsrohr; *9* Ofen; *10* Schutzrohr; *11* Thermoelement; *12* Millivoltmeter; *13* Quarzwatte-filter; *14* Vorlage mit CrO_3—H_2SO_4; *15* Kühler; *16* Gas-Meßbürette; *17* Kalilauge-Gefäß; *18* Niveauflasche.

des Gasstroms vor Eintritt in die Bürette mit Wasserdampf, entsprechend dem Dampfdruck der Sperrflüssigkeit (Vorschalten einer mit Sperrflüssigkeit gefüllten Waschflasche).

Eine oft nicht genügend beachtete Fehlerquelle liegt in stärkeren Schwankungen der Raumtemperatur bzw. ungleicher Erwärmung der einzelnen Apparateteile. Da die gasvolumetrischen Messungen darauf beruhen, daß die Temperatur des abgesperrten Gasvolumens vor und nach der Absorption mit Kalilauge möglichst genau die gleiche ist, soll die Außentemperatur nach Möglichkeit im Laufe der Messungen weder steigen noch fallen. Um Abweichungen, die sich aus einem leichten Auf- oder Abwärtsgehen der Raumtemperatur ergeben können tunlichst zu vermeiden, muß das Gasgemisch in möglichst kurzer Zeit durch die Kalilauge und wieder zurückgedrückt werden. Am besten geeignet sind in dieser Beziehung Apparate, bei welchen man durch Einschaltung von festem Ätzkali zwischen Bürette und Laugengefäß mit einmaligem Hin- und Herspülen der Gase auskommt. Ferner schalten Apparate mit Umlaufkühlung nach A. EDER derartige Fehlermöglichkeiten zum großen Teil aus, auch ersparen sie einen Teil der Umrechnung. Schließlich ist noch darauf zu achten, den toten Raum zwischen Verbrennungsrohr und Gasbürette klein zu halten, damit das beim Verbrennen gebildete Kohlendioxyd sicher vollständig in die Bürette gelangt. Zur Verbindung verwendet man z. B. Halbkapillaren (3 mm Innendurchmesser) und Druckschläuche.

---

[1] Analyt. Chem. Bd. 24 (1952) S. 889.

Silizium. Silizium gehört zu den vorwiegend gewichtsanalytisch (als Dioxyd) bestimmten Elementen. Folgende Verfahren sind die wichtigsten:

	Salzsäureverfahren	über 0,02% Si (titanfreie bzw. W-Stähle mit >1% Mo)
Leitverfahren	Bromsalzsäureverfahren	hochsilizierte Werkstoffe
	Salzsäure/Schwefelsäure-verfahren	Stähle außer hochlegierten Chromstählen, üb. 0,02% Si
	Überchlorsäureverfahren	Stähle und Gußsorten, be-
Betriebsverfahren		sonders mit Chrom hoch- legierte, aber keine W-Stähle
	Überchlorsäureschnell-verfahren	mit >1% Mo

In allen Verfahren wird durch Säurebehandlung der Probe zunächst großenteils lösliche Kieselsäure erhalten. Grundsätzlich ist nur die Art wie diese unlöslich gemacht wird verschieden. Benützt man Schwefel oder Überchlorsäure, so genügt ein verhältnismäßig kurze Zeit dauerndes, starkes Rauchen bzw. Sieden, um das Silizium abzuscheiden, dagegen muß man beim *Salzsäureverfahren* ganz zur Trockne eindampfen und eine Stunde lang auf 120° bis 130° C erhitzen um schwerlösliches Siliziumdioxydhydrat zu bekommen[1]. Aus dem erhitzten Trockenrückstand werden Metallverbindungen mit Salzsäure herausgelöst, worauf, wie bei allen anderen Verfahren auch, filtriert, ausgewaschen, geglüht und gewogen wird. Übersteigt der Siliziumgehalt wenige zehntel Prozent, so muß das Verfahren in sehr genauen Untersuchungen mit den vereinigten Filtraten wiederholt werden. Ferner muß das stets in geringem Maß verunreinigte Siliziumdioxyd mit Fluß- und Schwefelsäure abgeraucht werden, wenn es auf höchste Genauigkeit ankommt. Nach dem Glühen und Wägen des geringen Rückstands ermittelt man Siliziumdioxyd als Gewichtsdifferenz. Bestimmte Werkstoffsorten erfordern eine etwas abgeänderte Arbeitsweise, so stark karbidhaltige Proben, Stähle mit über 1% Vanadium, mit über 2% Molybdän und mehrfach legierte Wolframstähle. (In Gegenwart von Wolframsäure darf die Glühtemperatur des Kieselsäurerückstandes höchstens 800° C betragen.) Titanstähle lassen sich nicht nach dem Salzsäureverfahren untersuchen.

Hochprozentige Siliziumlegierungen lösen sich besser in *Bromsalzsäure* als in Salzsäure allein (VDEh-Handbuch, S. 33). Noch besser eignet sich bei hohen Siliziumgehalten eine Bromwasserstoff-Bromlösung, der Ammoniumchlorid zugesetzt wird, um einen leicht löslichen Trockenrückstand zu erzielen[2].

Beim *Schwefelsäureverfahren* kann rascher aufgelöst werden, wenn man Salzsäure zusetzt (VDEh-Handbuch, S. 33, Beispiel Titanstahl, und S. 34, ASTM-Handbuch, S. 94). Nachteilig ist die große Gefahr des Spritzens infolge der Abscheidung fester Sulfate. Die in Lösung bleibende Siliziummenge ist, bei einmaligem Abrauchen, vor allem bei höheren Gehalt von Silizium, geringer als beim Salzsäureverfahren. Schwefelsäure ist bei Wolfram-Schnelldrehstählen der sonst meist günstigeren Überchlorsäure überlegen.

Die verschiedenen Vorschriften zur genauen Siliziumbestimmung mit *Überchlorsäure* weichen nicht sehr voneinander ab, ein erheblicher Spielraum besteht lediglich in der Wahl des zu Anfang benützten Lösungsmittels. Dieses kann ein Gemisch von Überchlorsäure und Salpeter oder Salzsäure sein oder man löst zuerst in Salpetersäure bzw. Salzsäure und setzt Überchlorsäure später zu

---

[1] STADELER, A.: Bericht Nr. 52 d. VDEh-Chem. Aussch. (1927) Auszug in Stahl u. Eisen Bd. 47 (1927) S. 966 — Siehe auch VDEh-Schiedsan. S. 80.
[2] J. Soc. chem. Ind. Bd. 63 (1944) S. 63.

(ASTM-Handbuch, S. 95, British Standard 1121, Part 10[1], VDEh-Schiedsan. S. 79). Hochprozentige Chromstähle zersetzt man nach M. Dodero und R. Rambeaud[2] am besten zuerst mit Salzsäure bis die Einwirkung beendet ist, dann gibt man Salpetersäure zu und wartet wieder bis der Angriff aufgehört hat, um schließlich mit Überchlorsäure abzurauchen (auflösen in Königswasser an Stelle von Salzsäure gibt etwas zu tiefe Werte, besonders bei hohem Siliziumgehalt). Für die Analyse von Wolfram-Schnelldrehstählen eignet sich das Überchlorsäureverfahren nicht[3].

In der deutschen Literatur sind auch *Überchlorsäureschnellverfahren* beschrieben worden (A. Seuthe und E. Schäfer[4], H. Kempf[5]) bei welchen man mit Überchlorsäure-Salpetersäure auflöst. Hier sei noch darauf hingewiesen, daß beim Arbeiten mit Überchlorsäure besondere Vorsichtsmaßnahmen zu beachten sind (ASTM-Handbuch, S. 4, VDEh-Handbuch, S. 35).

Mangan. Mangan wird meist maßanalytisch bestimmt, kann jedoch in nicht zu hohen Gehalten auch photometrisch ermittelt werden.

Leitverfahren	Volhard-Wolff-Verfahren	über 0,2 % Mn
	Lingane-Karplus-Verfahren	über 0,1 % Mn
	Wismutatverfahren	0,05 bis 10 % Mn
	Persulfat-Silbernitrat-Oxydation und Titration mit Eisen(II)-Sulfat	0,2 bis 14 % Mn
Betriebsverfahren	Verfahren nach Smith Photometrische Bestimmung	0,1 bis 10 % Mn unter 2 % Mn

Beim Verfahren nach J. Volhard und N. Wolff wird Mangan in fast neutralem Medium (unter Zusatz von Zinkoxyd) mit eingestellter Permanganatlösung titriert (Oxydation des Mangans der Probe zu vierwertigem Mangan). Da die Umsetzung nicht vollkommen stöchiometrisch verläuft, muß die Permanganatlösung unter den gleichen Bedingungen eingestellt werden, wie bei der Titration der Proben (VDEh-Schiedsan. S. 82). Chloride stören nicht (Auflösen der Probe in Salzsäure). Eisen und alle anderen mehr als zweiwertigen Metalle werden durch das zugesetzte Zinkoxyd ausgefällt und vor der Titration durch partielles Filtrieren abgetrennt. Kobalt muß man ebenfalls entfernen, da es zu hohe Werte verursacht.

Sehr störungsfrei ist die Arbeitsweise von J. Lingane und J. R. Karplus[6]. Ihr liegt die mit Permanganat bewirkte Oxydation von zwei- zu dreiwertigem Mangan zugrunde, welche in Pyrophosphatlösung von p_H 4 bis 6 vor sich geht. Jede Vortrennung entfällt, da weder Chrom noch Kobalt stören. Der Endpunkt wird potentiometrisch oder einfacher polarometrisch erkannt[7]: Ein Galvanometer, das mit je einem in die Probelösung eintauchenden Platin- und Silberdraht verbunden ist, gibt im Endpunkt den ersten bleibenden Ausschlag. In etwas abgeänderter Form läßt sich das Verfahren nach P. Rocquet[8] auf Gehalte bis herab zu 0,1 % Mangan anwenden.

---

[1] Siehe auch Metallurgia Bd. 38 (1948) S. 346.

[2] Revue Metall., Memoir., Bd. 47 (1950) S. 315 — VDEh-Schiedsan. S. 79, ASTM-Handbuch, S. 95, Fußnote 30.

[3] Arch. Eisenhüttenw. Bd. 10 (1936/37) S. 549.

[4] Arch. Eisenhüttenw. Bd. 2 (1928/29) S. 425 — siehe auch VDEh-Handbuch S. 35.

[5] Stahl u. Eisen Bd. 62 (1942) S. 136.

[6] Industr. Engng. Chem., Anal. Ed. 18 (1946) S. 190.

[7] Goffart, G., G. Michel u. T. Pitance: Analyt. Chim. Acta Bd. 1 (1947) S. 393.

[8] Rev. Métall. Memoires Bd. 44 (1947) S. 156.

Das *Wismutatverfahren* (ASTM-Handbuch, S. 79, JEAN, S. 36) beruht auf der Oxydation von zwei- zu siebenwertigem Mangan mit Natriumwismutat in verdünnter Salpeter- oder Schwefelsäure. Unverbrauchtes Wismutat wird abfiltriert, wonach man Eisen(II)-Sulfatlösung in gemessenem Überschuß zugibt und mit Permanganat zurücktitriert. Mehr als geringe Chrommengen erfordern eine Zinkoxydfällung, Kobalt stört ebenfalls und muß zuvor entfernt werden.

Unter gewissen Bedingungen kann die Oxydation des zweiwertigen Mangans zum siebenwertigen durch *Persulfat-Silbernitrat* (Verfahren der B.I.S.R.A.[1]) so geleitet werden, daß durch Kochen während einer ziemlich genau begrenzten Zeit das überschüssige Persulfat sich zersetzt, das Mangan dagegen siebenwertig bleibt. Dadurch kann man mit Eisen(II)-Sulfat und Kaliumdichromat titrieren. Der Endpunkt ist in Gegenwart von größeren Nickel- und Kobaltmengen infolge Verwendung von Diphenylaminsulfonat als Indikator besser erkennbar, als bei Rücktitration mit Permanganat. Damit Chrom und Vanadium nicht stören, wird die Probelösung zuvor mit Zinkoxyd behandelt.

Beim Persulfat-Silbernitrat-Verfahren nach SMITH sind ziemlich kleine Einwaagen zu wählen, wenn man in salpetersaurer oder salpeter-schwefelsaurer Lösung arbeitet (VDEh-Handbuch, S. 37, JEAN, S. 47, WEIHRICH-WINKEL, S. 22). Als reduzierende Maßlösung dient gewöhnlich eine solche von Arsenit, welche aber unbedingt mit Normalstählen einzustellen ist. Die Reaktion zwischen Permanganat und Arsenit führt nicht zu einer bestimmten Wertigkeit, sondern je nach den Bedingungen zu dreiwertigem Mangan neben zwei- oder vierwertigem (gelbe bis braune Lösung), lediglich ein Gemisch von Arsenit und Nitrit reduziert siebenwertiges Mangan sehr weitgehend zu zweiwertigem Mangan, so daß in Abwesenheit färbender Ionen im Endpunkt ein Umschlag von Rosa nach Farblos stattfindet[2]. In Gegenwart von Phosphorsäure können Mangangehalte bis zu etwa 10% erfaßt werden. Kobalt stört in Gehalten von einigen Prozenten nicht, wenn man genügend Säure zusetzt (ASTM-Handbuch, S. 81). Chrom muß von etwa 2% ab mit Zinkoxyd entfernt werden (VDEh-Handbuch, S. 38).

Die photometrische Manganbestimmung ist von Vorteil, wenn der Chromgehalt 2% übersteigt und daher nicht das Arsenitverfahren ohne Abtrennung des Chroms durchgeführt werden kann. Nach J. J. LINGANE und J. W. COLLAT[3] lassen sich Mangan und Chrom in ein und derselben Probelösung ermitteln, wenn durch Perjodat bzw. Persulfat-Silbernitrat zum siebenwertigen Mangan und sechswertigen Chrom oxydiert wurde. Man muß nur bei zwei verschiedenen Wellenlängen photometrieren. Dieses Verfahren ist eine Weiterentwicklung der Arbeitsweise von H. PINSL[4] und wurde von F. F. POLLAK und J. W. NICHOLAS[5] mit einem Filterphotometer überprüft.

Phosphor. In den zuverlässigsten Verfahren dienen Magnesiumpyrophosphat und Ammoniumphosphormolybdat als Wägeformen. Bei Betriebsanalysen wird Ammoniumphosphormolybdat meist maßanalytisch bewertet.

Leitverfahren	Magnesiaverfahren Wägung als Phosphormolybdat	Molybdatverfahren
Betriebsverfahren	alkalimetrische Titration	

[1] Metallurgia Bd. 38 (1948) S. 347.
[2] SANDELL, E. B., I. M. KOLTHOFF u. J. J. LINGANE: Industr. Engng. Chem., Anal. Ed. 7 (1935) S. 256.
[3] Analyt. Chem. Bd. 22 (1950) S. 166.
[4] Arch. Eisenhüttenw. Bd. 10 (1936/1937) S. 139.
[5] Metallurgia Bd. 44 (1951) S. 319.

Zunächst wird der gesamte Phosphor der Probe in Phosphat umgewandelt und dieses als Ammoniumphosphormolybdat ausgefällt. Bei dem *Magnesia-verfahren* löst man den erhaltenen gelben Niederschlag in Ammoniak, scheidet Magnesiumammoniumphosphat ab und glüht zu Pyrophosphat (VDEh-Handbuch, S. 44, ASTM-Handbuch, S. 83, Weihrich-Winkel, S. 35). Das Magnesia-verfahren ist besonders bei höheren Phosphorgehalten geeignet.

Zum *Wägen des Phosphormolybdats* selbst kann man dieses[1] bei 105° C trocknen oder stärker erhitzen zur Bildung von Phosphormolybdänsäureanhydrid.

Bei all diesen Arbeitsweisen braucht Silizium, bis zu 0,5 %, außer in Schieds-analysen[1], nicht abgetrennt zu werden. Vielmehr kann in solchen Fällen nach dem Lösen in Salpetersäure, wobei fünf- und dreiwertiger Phosphor entsteht, und der Oxydation des dreiwertigen Phosphors mit Permanganat, gleich die Molybdat-fällung angeschlossen werden (VDEh-Handbuch, S. 44, ASTM-Handbuch, S. 84). Bei höheren Gehalten an Silizium wird es zusammen mit der Oxydation des dreiwertigen Phosphors durch Eindampfen der salpetersauren Lösung, Rösten des Rückstands und Aufnahmen mit Salzsäure[2] oder durch Abrauchen mit Überchlorsäure und Verdünnen mit Wasser[3] abgeschieden. Werkstoffe, die in Salpetersäure unlöslich sind, behandelt man mit einem Gemisch von Salpeter- und Salzsäure und beseitigt die Salzsäure durch Einengen sowie Oxydation mit Permanganat oder Abrauchen mit Überchlorsäure.

Besondere Sorgfalt ist auf die Phosphormolybdatfällung zu verwenden. Eine Mitabscheidung überschüssiger Molybdänsäure tritt bei zu hoher Tem-peratur oder zu langem Stehen auf und stört naturgemäß die Wägung des Phosphormolybdats bzw. des Phosphormolybdänsäureanhydrids sowie die maß-analytische Bewertung, da die Molybdänsäure in nicht auswaschbarer Form mitgerissen wird. Dagegen spielt überschüssige Molybdänsäure im Molybdat-Magnesia-Verfahren keine Rolle infolge der Umfällung als Magnesiumammo-niumphosphat.

Maßanalytisch läßt sich der säurefrei gewaschene Phosphormolybdatnieder-schlag in der Weise bewerten, daß man ihn in Wasser und eingestellter Natron-lauge löst und den Laugenüberschuß mit eingestellter Schwefelsäure zurück-titriert. Als Indikator dient Phenolphthalein (VDEh-Handbuch, S. 45, ASTM-Handbuch, S. 87, Weihrich-Winkel, S. 31). Bei Schnellanalysen beschränkt man die Fällungsdauer durch Benützen mechanischer Schütteleinrichtungen auf wenige Minuten[4]. Um auch für phosphorarme Werkstoffe eine rasche Ab-scheidung zu erzielen, ist der Zusatz einer bekannten Menge Phosphat erfor-derlich[5]. Steht keine Schüttelmaschine zur Verfügung, so bringt das Verfahren von J. I. Kassner und M. A. Ozier[6] den geringsten Arbeitsaufwand: Die wie üblich zur Fällung vorbereitete Probelösung wird mit Molybdatlösung, welche bestimmte Mengen Zitronensäure und Ammoniumnitrat enthält, 10 bis 15 min gekocht und heiß filtriert. Die Zitronensäure verhindert eine Mitabscheidung von überschüssiger Molybdänsäure. (Durch Siedesteinchen, z. B. aus Silizium-karbid, sorgt man für gleichmäßiges Sieden.) Die Titration kann gut in der oben angegebenen Weise mit Phenolphthalein als Indikator ausgeführt werden. Da die Zitronensäure-Molybdatlösung jahrelang unverändert bleibt, im Gegensatz zu den gewöhnlich verwendeten salpetersauren, zitratfreien Molybdatlösungen,

---

[1] VDEh-Schiedsan. S. 85.

[2] VDEh-Handbuch S. 43 — ASTM-Handbuch S. 86.

[3] Seuthe, A., u. E. Schäfer: Arch. Eisenhüttenw. Bd. 10 (1936/37) S. 28 — B.I.S.R.A.: J. Iron Steel Inst. Bd. 155 (1947) S. 373.

[4] Kempf, H.: Stahl u. Eisen Bd. 62 (1942) S. 62.

[5] Seuthe, A.: Stahl u. Eisen Bd. 62 (1942) S. 53.

[6] Analyt. Chemistry Bd. 22 (1950) S. 1216.

eignet sich das „Zitromolybdatverfahren" auch sehr gut für seltener durchzuführende Bestimmungen, weil unbedenklich ein großer Reagensvorrat bereitgestellt werden kann.

Schwefel. Zwei Hauptverfahren zur Schwefelbestimmung sind allgemein anwendbar, die Wägung vor allem höherer Gehalte in Form von Bariumsulfat und das Verbrennungsverfahren zur raschen Untersuchung aller Gehaltsbereiche. Nur beschränkt anwendbar ist das Entwicklungsverfahren, welches zudem mehr Arbeitsaufwand erfordert als das Verbrennungsverfahren.

Leitverfahren	Ätherverfahren Zink-Reduktionsverfahren	gewichtsanalytisch als Bariumsulfat
	Verbrennungsverfahren	maßanalytisch
Betriebsverfahren	Entwicklungsverfahren	

Wägeverfahren. Zum Fällen des Schwefels als Bariumsulfat wird in Salpetersäure gelöst sowie Alkalinitrat zugesetzt. Man dampft ein und erhitzt den Rückstand so hoch, daß die Nitrate eben zerstört werden. Der Schwefel bleibt dabei als Alkalisulfat zurück neben den Oxyden des Eisens und der Legierungsbestandteile. Aus der daraus mit Salzsäure erhältlichen Lösung schüttelt man beim Ätherverfahren den größten Teil des Eisens mit Äthyläther aus (VDEh-Handbuch, S. 53, WEIHRICH-WINKEL, S. 41) oder reduziert das Eisen mit Zink zur Wertigkeitsstufe zwei, bevor man Sulfat durch Bariumchlorid aus schwach salzsaurer Lösung als Bariumsulfat abscheidet (ASTM-Handbuch, S. 89).

In den *Verbrennungsverfahren* erhitzt man die Probe im Sauerstoffstrom auf sehr hohe Temperatur und titriert das entstehende Schwefeldioxyd alkalimetrisch oder jodometrisch während oder unmittelbar nach seiner Absorption in geeigneten Lösungen: Sowohl Verbrennungstemperatur als auch Geschwindigkeit des Sauerstoffstroms müssen höher sein als für die in gewisser Weise ähnliche Kohlenstoffbestimmung. Nach C. H. HALE und W. F. MUEHLBERG[1] sind 1300 bis 1400° C nötig (hochlegierte Stähle erfordern noch höhere Temperaturen (ASTM-Handbuch, S. 158) um eine möglichst vollständige, gleichbleibende Ausbeute an Schwefeldioxyd zu erhalten. Diese ist auch unter den günstigsten Bedingungen nicht ganz hundertprozentig. Die Geschwindigkeit des Sauerstoffstroms soll so hoch sein, daß auch während der eigentlichen Verbrennungsperiode ein Überschuß an Sauerstoff vorhanden ist und noch durch die Absorptionslösung perlt. Zum Einstellen der Maßlösung müssen Normalstähle von ähnlichem Schwefelgehalt wie in den zu untersuchenden Proben unter genauer Beibehaltung der Arbeitsbedingungen verbrannt werden. Diese Kontrolle wird am besten unmittelbar vor und nach der Verbrennung einer nicht zu großen Reihe unbekannter Proben vorgenommen, da sich durch Bindung eines Teils des Schwefeldioxyds an allmählich wachsende Ablagerungen von Eisenoxyd im Verbrennungsrohr die Bedingungen etwas ändern. Das Rohr ist daher auch von Zeit zu Zeit zu reinigen bzw. zu wechseln, am häufigsten bei Analysen von Gußeisen.

Zur Titration nach C. HOLTHAUS[2] absorbiert man das Schwefeldioxyd in verdünnter Wasserstoffsuperoxydlösung, die eine mehr als der entstehenden Menge Sulfat äquivalente Menge Lauge enthält und titriert mit n/40 Schwefelsäure zurück. Auch die einfachere Arbeitsweise der Absorption in neutraler

---

[1] Industr. Engng. Chem., Anal. Ed. 8. (1936) S. 317.
[2] Stahl u. Eisen Bd. 44 (1924) S. 1514 — Arch. Eisenhüttenw. Bd. 5 (1931/32) S. 102 und Bd. 8 (1934/35) S. 349 — Siehe auch VDEh-Handbuch S. 56 und WEIHRICH-WINKEL S. 38.

Wasserstoffperoxydlösung und unmittelbaren Titration mit eingestellter Lauge ist möglich (VDEh-Handbuch, S. 58) und wird zum potentiometrischen Festlegen des Endpunkts vorgezogen[1]. Bei der jodometrischen Titration absorbiert man das Schwefeldioxyd in stärkehaltigem Wasser, das durch Jod eben bläulich gefärbt wurde. Das Jod kann in Form von Jodlösung oder als Kaliumjodatlösung zusammen mit Jodid zugegeben werden.

Das *Entwicklungsverfahren* beruht auf dem Lösen der Probe in Salzsäure und dem jodometrischen (oder gewichtsanalytischen) Erfassen des gebildeten Schwefelwasserstoffs (VDEh-Handbuch, S. 55, ASTM-Handbuch, S. 91, WEIHRICH-WINKEL, S. 39). Eine ganze Reihe von Legierungselementen (Chrom, Molybdän, Wolfram, Vanadium, Nickel, Kobalt, Titan) bindet den Schwefel in einer mehr oder weniger in Salzsäure unlöslichen Form und macht das Entwicklungsverfahren für derart legierte Werkstoffe unbrauchbar. Auch bei Gußeisen bestehen gewisse Beschränkungen.

Kupfer. Kupfer wird gewichts- und maßanalytisch oder photometrisch bestimmt.

Leitverfahren	Salizylaldoximverfahren Elektrolytisches Verfahren	alle Gehalte über etwa 1% Cu
Betriebsverfahren	Jodometrische Titration (Sulfid- und Rhodanidverfahren) Photometrische Verfahren	alle Gehalte unter 1,5% Cu

Bei dem genauesten *Salizylaldoximverfahren* (VDEh-Schiedsan., S. 100) benützt man die selektive Abscheidung des Kupfers aus essigsaurer, tartrathaltiger Lösung als Salizylaldoximverbindung, welche nach dem Trocknen (105° C) wägbar ist. Zuvor wird allerdings Kupfer als Sulfid gefällt (gegebenenfalls hat das Abtrennen von Wolfram vorauszugehen). Molybdänhaltige Proben erfordern zweimaliges Fällen des Kupfers durch Salizylaldoxim mit zwischengeschaltetem Umwandeln in Sulfid.

Zur genauen *elektrolytischen* Erfassung (ASTM-Handbuch, S. 96) wird Kupfer ähnlich wie vorstehend zunächst als Sulfid gefällt, zum Oxyd verglüht, aber dann aus schwefel-salpetersaurer Lösung elektrolytisch abgeschieden.

Auch zur *jodometrischen Titration* mit Natriumthiosulfat muß Kupfer zuerst als Sulfid abgetrennt werden[2]. Man glüht ebenso zum Oxyd, stellt eine schwach essigsaure Lösung her und titriert nach Kaliumjodidzusatz sofort mit eingestelltem Thiosulfat (Indikator: Stärke). Geringe Mengen Eisen sind mit Fluorid zu maskieren, Moybdän stört ab 0,25%, Vanadium ab 0,05%.

Ein anderer für Schnellanalysen gangbarer Weg besteht in der Fällung als Kupfer(I)-Rhodanid, welches mit Salzsäure und Jodatlösung im Überschuß versetzt, Jodmonochlorid liefert. Die Rücktitration erfolgt mit Thiosulfat[3].

Für die Durchführung der *photometrischen Verfahren* benötigt man nur verhältnismäßig kleine Einwaagen und Chemikalienmengen. Auch der Arbeitsaufwand ist ziemlich gering. Am gebräuchlichsten sind zwei Arten von Verfahren: Einmal ergeben Kupferlösungen mit überschüssiger Ammoniaklösung eine tiefblaue Färbung (Kupfertetramminkomplex), ferner erzeugt Diäthyldithiocarbamat noch

---

[1] THANHEISER, G., u. P. DICKENS: Arch. Eisenhüttenw. Bd. 7 (1933/34) S. 557 — VDEh-Schiedsan. S. 89.

[2] VDEh-Handbuch S. 63 — ASTM-Handbuch S. 98 — B.I.S.R.A.: Metallurgia Bd. 38 (1948) S. 342.

[3] CLARDY, F. B., J. C. EDWARDS u. J. L. LEAVITT: Industr. Engng. Chem., Anal. Ed. 17 (1945) S. 791.

in sehr verdünnten Kupferlösungen eine gelbbraune Färbung von kolloid verteiltem Kupferdithiocarbamat. Zur Ermittlung als Tetramminkomplex trennt man nach W. Koch und K. Behrens[1] störende Metalle, wie Chrom, Kobalt u. a. durch Sulfidfällung ab, löst in Salpetersäure und photometriert mit Rotfilter nach Zusatz von Ammoniak und Filtration. Die Sulfidfällung gelingt am besten in schwefelsaurer Lösung[2]. Eine Möglichkeit der unmittelbaren Kupferbestimmung bietet das Diäthyldithiocarbamatverfahren von F. W. Haywood und A. A. R. Wood[3]. Das Kupfer wird hierbei in stark ammoniakalischer, Citrat- und Gummiarabikum enthaltender Lösung durch Zusatz von Natriumdiäthyldithiocarbaminat angefärbt (Eisen und niedere Gehalte an Legierungselementen stören nicht). Nach J. L. Hague, E. D. Brown und H. A. Bright[4] erzielt man durch Extraktion des Kupfer-Dithiocarbaminats mit Butylacetat genaue Ergebnisse.

Chrom. Zur Bestimmung von Chrom kommen wie zu der von Mangan maßanalytische und allenfalls photometrische Verfahren in Frage.

Leitverfahren	Persulfat-Silbernitrat-Oxydation	über 0,15 % Cr
	Natriumperoxydaufschluß	kohlenstoffreiche hochleg. Cr-Stähle
Schnellverfahren	Überchlorsäureoxydation	über 0,2 % Cr
(Leitverfahren)	Kolorimetrisches Verfahren (ASTM)	unter 0,2 % Cr
Schnellverfahren	Photometrische Verfahren	etwa 0,03 bis 18 % Cr

Persulfat-Silbernitrat-Oxydation. Bei der Arbeitsweise nach M. Philips[5] löst man in verdünnter Schwefel- und Phosphorsäure, oxydiert Eisen(II)-Verbindungen mit Salpetersäure und schließlich dreiwertiges Chrom mit Persulfat-Silbernitrat unter Kochen zur sechswertigen Stufe. Nebenbei gebildetes Permanganat ergibt nach Chloridzusatz in der Siedehitze wieder Mangan(II)-Sulfat, gleichzeitig zersetzen sich die letzten Reste von unverbrauchtem Persulfat und wird Silber als Chlorid gefällt. Das sechswertig gebliebene Chrom läßt sich mit eingestellter überschüssiger Eisen(II)-Lösung reduzieren, wonach man mit Permanganat zurückmessen kann. Eine etwaige Ermittlung von Vanadium ist in sehr einfacher Weise anzuschließen. Noch genauer, insbesondere bei höheren Chromgehalten, ist die potentiometrische Titration (VDEh-Handbuch, S. 91, VDEh-Schiedsan. S. 96, ASTM-Handbuch, S. 106, Niezoldi, S. 30). Man oxydiert ebenfalls mit Persulfat-Silbernitrat und zerstört Permanganat sowie das überschüssige Oxydationsmittel wie bei dem Verfahren nach M. Philips, titriert aber dann unmittelbar mit Eisen(II)-Sulfat, wobei allerdings Vanadium mit erfaßt wird. (Der Chromgehalt ergibt sich aus der Summe Chrom + Vanadium als Differenz und dem Vanadiumgehalt.)

Stähle mit hohem Chrom und zugleich hohem Kohlenstoffgehalt werden am besten mit *Natriumperoxyd aufgeschlossen* zur jodometrischen Titration des Chroms[6].

[1] Arch. Eisenhüttenw. Bd. 23 (1952) S. 35.
[2] Werz, W., u. A. Neuberger: Arch. Eisenhüttenw. Bd. 23 (1952) S. 37.
[3] Analyst Bd. 68 (1943) S. 206.
[4] J. Res. Nat. Bur. Stand. Bd. 47 (1951) S. 380.
[5] Stahl u. Eisen Bd. 27 (1907) S. 1164 — Siehe VDEh-Handbuch S. 88 — ASTM-Handbuch S. 105. — Weihrich-Winkel, S. 45.
[6] Schiffer, E., u. P. Klinger: Arch. Eisenhüttenw. Bd. 4 (1930) S. 7.

Beim *Schnellverfahren* wird mit Überchlorsäure oxydiert, welche im Gegensatz zu Persulfat-Silbernitrat Mangan nicht verändert[1]. Nachdem man einige Minuten die konzentriert überchlorsaure Lösung zum Sieden erhitzt hat, wird lediglich rasch gekühlt, mit Wasser verdünnt sowie kurz gekocht um Chlor zu vertreiben und die noch warme Lösung unmittelbar mit Eisen(II)-Sulfat potentiometrisch titriert. Chromverluste bei der Oxydation durch die Überchlorsäure vermeidet man am sichersten durch Auffangen der Dämpfe[2].

Sehr niedere Chromgehalte werden besser *kolorimetrisch*[3] als maßanalytisch ermittelt.

Die gleichzeitige *photometrische* Ermittlung von Chrom und Mangan erfordert einen etwas geringeren Arbeitsaufwand als die maßanalytische Bestimmung dieser beiden Elemente zusammen, sofern Mangan nicht, ohne Abtrennung von Chrom, nach den üblichen Schnellverfahren bestimmt werden kann. Man oxydiert zu Permanganat bzw. Chromat und photometriert bei zwei verschiedenen Wellenlängen nach J. J. LINGANE und J. W. COLLAT[4] oder F. F. POLLAK und J. W. NICHOLAS[5].

Nickel. Nickel wird in Eisenwerkstoffen gewöhnlich gewichtsanalytisch (Wägung als Dimethylglyoximverbindung) oder maßanalytisch (cyanometrisch) ermittelt, kann in niederen Gehalten recht gut auch photometrisch bestimmt werden.

Leitverfahren	Dimethylglyoximverfahren	alle Gehalte
Betriebsverfahren	Cyanometrisches Verfahren Photometrisches Verfahren	höhere Gehalte niedere Gehalte

Das gewichtsanalytische *Dimethylglyoximverfahren* (VDEh-Schiedsan. S. 105, ASTM-Handbuch, S. 101, NIEZOLDI, S. 24, WEIHRICH-WINKEL, S. 48) beruht auf der Fällung des Nickels in ammoniakalischer, tartrat- oder citrathaltiger Lösung mit in Alkohol gelöstem Dimethylglyoxim. Von den Elementen, die in üblichen Gehalten in Eisenwerkstoffen vorkommen, brauchen nur Silizium, Wolfram, Niob und Tantal sowie sehr große Kupfermengen abgetrennt zu werden. Es ist vor allem darauf zu achten, keinen übermäßig hohen Reagensüberschuß zu verwenden (auf 200 ml Lösung höchstens etwa 5 ml 1%iges Reagens im Überschuß), da sonst, besonders bei längerem Stehen, leicht festes Dimethylglyoxim abgeschieden wird. Filtrieren und Auswaschen erfolgt am besten bei etwa 20 bis 25° C, da bei wesentlich höherer Temperatur die Löslichkeit von Nickeldimethylglyoxim nicht ganz zu vernachlässigen ist, zumal wenn es sich um kleine Nickelmengen handelt[6].

Bei dem *cyanometrischen Verfahren* (VDEh-Handbuch, S. 97, ASTM-Handbuch, S. 103) braucht man Silizium nicht abzutrennen, dagegen stören auch kleine Mengen Kupfer und Kobalt, die deshalb durch Schwefelwasserstoff- bzw. Dimethylglyoximfällung entfernt werden. Nicht zu große, bekannte Kupfer- und Kobaltgehalte können, da diese Metalle mit Cyanid ähnlich wie Nickel reagieren, auch durch entsprechende Korrekturen berücksichtigt werden.

[1] JEAN, S. 182. — SEUTHE, A., u. E. SCHÄFER: Arch. Eisenhüttenw. Bd. 10 (1936/37) S. 549. — SEUTHE, A.: Stahl u. Eisen Bd. 62 (1942) S. 54. — WILLARD, H. H., u. PH. YOUNG: Industr. Engng. Chem., Anal. Bd. 6 (1934) S. 48.
[2] SCHULDINER, S., u. B. CLARDY: Industr. Engng. Chem., Anal. Ed. 18 (1946) S. 728.
[3] ASTM-Handbuch S. 107.
[4] Analyt. Chem. Ed. 22 (1950) S. 166.
[5] Metallurgia Bd. 44 (1951) S. 319.
[6] MINSTER, J. T.: Analyst Bd. 71 (1948) S. 424.

Man titriert in schwach ammoniakalischer citrathaltiger Lösung (mit Silberjodid als Indikator). Schneller und auch sicherer verläuft die potentiometrische Titration (VDEh-Handbuch, S. 101, ASTM-Handbuch, S. 103, Weihrich-Winkel, S. 170, Niezoldi, S. 26).

Die photometrischen Verfahren beruhen auf der Farbreaktion sehr verdünnter, ammoniakalischer Nickellösungen mit Dimethylglyoxim unter Zusatz eines Oxydationsmittels, welche zu einer braunroten Komplexverbindung führt. Mit der erreichbaren Genauigkeit und den möglichen Störungen hat sich M. D. Cooper[1] sehr eingehend befaßt.

Kobalt. Kobalt ist in genauen Untersuchungen gewichtsanalytisch, in Betriebsanalysen maßanalytisch und photometrisch zu bestimmen.

Leitverfahren	Nitrosonaphtholverfahren	kleine Gehalte
	elektrolytisches Verfahren	sehr hohe Gehalte
Betriebsverfahren	Potentiometrisches Verfahren	über etwa 0,2% Co
	Photometrisches Verfahren	alle Gehalte

Leitverfahren. Die gewichtsanalytische Erfassung des Kobalts erfordert, im Gegensatz zur Ermittlung des chemisch ähnlichen Nickels, ein Abtrennen der drei- und vierwertigen, bei der elektrolytischen Arbeitsweise auch noch der zweiwertigen Metalle. Beim Nitrosonaphtholverfahren (VDEh-Schiedsan., S. 98, ASTM-Handbuch, S. 118, Niezoldi, S. 45, Weihrich-Winkel, S. 68) führt man deshalb zunächst eine Zinkoxydtrennung durch (Entfernung von Eisen, Chrom u. a.) und fällt dann aus schwach salzsaurer Lösung mit essigsaurem Nitrosonaphtholreagens. Kobalt wird schließlich nach dem Glühen des Niederschlags als Kobaltoxyd (Co_3O_4) gewogen. Wesentlich zeitraubender als die vorgenannte Arbeitsweise ist die elektrolytische (VDEh-Handbuch, S. 107).

Das potentiometrische Verfahren nach P. Dickens und G. Maassen[2] beruht auf der potentiometrisch verfolgten Oxydation des zweiwertigen Kobalts zur dreiwertigen Stufe mit Hilfe von eingestellter Kaliumferricyanidlösung in ammoniakalischem citrathaltigem Medium. Die Durchführung erfordert eine verhältnismäßig kurze Zeit, da keine Trennungen notwendig sind. Man muß lediglich durch Abrauchen mit Überchlorsäure Chrom zu Chromat oxydieren und für Mangan eine Korrektur anbringen, weil Mangan sich ganz ähnlich wie Kobalt verhält und mittitriert wird (das heißt der Mangangehalt muß bekannt sein).

Unter den *photometrischen Verfahren* sind vor allem zwei hervorzuheben, welche eine unmittelbare Kobaltbestimmung ermöglichen, das Nitroso-R-Salzverfahren und das Kobalt(III)-Amminverfahren. Am selektivsten läßt sich mit Nitroso-R-Salz eine tiefrote Kobaltfärbung erzeugen, welche durch verdünnte Salpetersäure bei kurzem Kochen nicht zerstört wird, während die gefärbten Nitroso-R-Salzverbindungen anderer Metalle unter diesen Bedingungen zerstört werden[3]. B. Bagshawe und J. O. Hobson[4] haben das Verfahren als den meisten anderen Schnellverfahren überlegen erkannt. Photometriert man Kobalt als Kobalt(III)-Ammin nach E. Piper und H. Hagedorn[5], so erfordern nur ziem-

[1] Analyt. Chem. Bd. 23 (1950) S. 875.
[2] Arch. Eisenhüttenw. Bd. 9 (1935/36) S. 487. VDEh-Handbuch, S. 110.
[3] Haywood, F. W., u. A. A. R. Wood: J. Soc. Chem. Ind. Bd. 62/63 (1943) 44 S. 37.
[4] Analyst Bd. 73 (1948) S. 152.
[5] Arch. Eisenhüttenw. Bd. 22 (1951) S. 99.

lich hohe Chrom- und Kupfergehalte eine Zinkoxydtrennung. (Man oxydiert zweiwertiges Kobalt mit Hilfe von Kaliumferricyanid in ammoniakalischer, citrathaltiger Lösung zu einer rotgefärbten Verbindung der Wertigkeitsstufe drei.

Wolfram. Wolfram kann gewichtsanalytisch und in Betriebsanalysen auch photometrisch ermittelt werden. Die Wägeform für alle gewichtsanalytischen Verfahren (Cinchonin-, Quecksilbernitrat-, Salzsäure- und Schnellverfahren nach W. Brüggemann) ist Wolframtrioxyd.

Leitverfahren	Cinchoninverfahren	über 0,25 % W
	Cinchoninverfahren mit Anreicherung	0,03 bis 0,3 % W
	Quecksilbernitratverfahren	sehr hohe Gehalte
	Salzsäureverfahren	über 1 % W
Schnellverfahren	Salzsäureschnellverfahren	über 1 % W
	Photometrische Verfahren	0,1 bis 5 % W

Das *Cinchoninverfahren* (VDEh-Handbuch, S. 119, ASTM-Handbuch, S. 116, Jean, S. 247) beruht darauf, daß Alkaloide (Cinchonin, Chinin) Wolfram aus mineralsauren Lösungen vollständig abscheiden. Da der Hauptteil des Wolframs gewöhnlich schon beim Behandeln der Probe mit Salz- und Salpetersäure (bzw. beim Kochen einer alkalischen Aufschlußlösung mit Salzsäure) als schwerlösliche Wolframsäure erhalten wird, brauchen meist nur noch die in Lösung gebliebenen Anteile durch Erhitzen mit Cinchoninhydrochlorid gefällt zu werden. Niedere Wolframgehalte erfordern anschließend noch ein längeres Stehenlassen, sehr geringe Gehalte eine Anreicherung vor der Fällung (ASTM-Handbuch, S. 118, Jean, S. 248). Nach dem Filtrieren, Auswaschen und Veraschen des Filters wird zum Entfernen von Kieselsäure mit Schwefel- und Flußsäure abgeraucht und schließlich bei 750° bis 800° C geglüht. In dem so erhaltenen rohen Wolframtrioxyd hat man noch kleine Mengen von Verunreinigungen, wie Eisenoxyd sowie gegebenenfalls Oxyde von Molybdän, Vanadium, Chrom (und selten Titan, Niob) zu berücksichtigen.

Das Fällen des Wolframs mit *Quecksilber(II)-nitrat* nach H. Blumenthal[1] nimmt man in der Lösung eines unmittelbaren, alkalischen Aufschlusses vor. Zusammen mit Wolfram werden aber auch Chrom, Molybdän und Vanadium sowie der Phosphor des Werkstoffs abgeschieden. Beim Glühen erhält man daher neben Wolframtrioxyd noch die Oxyde der genannten Elemente, welche zu bestimmen und vom Gewicht des geglühten Niederschlags abzuziehen sind. Damit für Wolfram kein zu großer Fehler entsteht, muß dieses gegenüber Chrom, Molybdän und Vanadium stark überwiegen.

Das *Salzsäureverfahren* (VDEh-Schiedsan., S. 118, Jean, S. 245, Weihrich-Winkel, S. 53) ist dem gleichnamigen Verfahren für die Siliziumbestimmung ähnlich, nur daß man bei Wolframgehalten über 1% stets mit Salpetersäure oxydiert und den Hauptteil des Wolframs vor dem Einengen abfiltriert.

Das *Schnellverfahren* von W. Brüggemann (VDEh-Handbuch, S. 119, Jean, S. 245) ist gekennzeichnet durch Zersetzen der Probe mit Salzsäure, deren Konzentration und Menge dem Wolframgehalt angepaßt ist, und Einengen der Lösung vor der äußerst sorgfältig vorzunehmenden Oxydation mit Salpetersäure.

Zur *photometrischen* Wolframbestimmung benützt man am häufigsten die Reduktion zu fünfwertigem Wolfram in Gegenwart von Rhodanid.[2] Gute Er-

---

[1] Metall u. Erz Bd. 39 (1942) S. 253.
[2] VDEh-Schiedsan. S. 121.

gebnisse werden besonders nach der Arbeitsweise der B.I.S.R.A.[1] erzielt, unter Verwendung von Zinn(II)-chlorid zusammen mit Titan(III)-chlorid als Reduktionsmittel.

Molybdän. Molybdän wird in Leitanalysen gewichtsanalytisch als Trioxyd, in Betriebs- und Schnellanalysen dagegen gewöhnlich photometrisch ermittelt. Maßanalytische Verfahren spielen nur bei höheren Gehalten eine gewisse Rolle.

Leitverfahren	Sulfidverfahren Benzoinoxim-Sulfidverfahren	höhere Gehalte 0,02 bis 2 % Mo
Betriebs- und Schnellverfahren	Potentiometrische Titration Photometrische Rhodanidverfahren Photometrische Phenylhydrazin- verfahren	höhere Gehalte bis 2 % (3,2 %) Mo über 1 % Mo

Das *Sulfidverfahren* beruht auf der Fällung des Molybdäns als Sulfid, welches umgefällt und zu der Wägeform Trioxyd abgeröstet wird (VDEh-Handbuch, S. 124, ASTM-Handbuch, S. 113, JEAN, S. 219, WEIHRICH-WINKEL, S. 59). Kleine, als Verunreinigung des Niederschlags vorhandene Mengen Kupfer und Eisen kann man mit Natronlauge abtrennen, als Oxyde wägen und das Gewicht abziehen. Von über 0,15 % Kupfer ab ist diese Arbeitsweise unsicher, so daß ebenso, wenn Zinn zugegen ist, besondere Maßnahmen notwendig sind (VDEh-Handbuch, S. 126). Wählt man Bleimolybdat als Wägeform, so stört zwar Kupfer nicht, doch erhält man keine so genauen Ergebnisse, außer bei mehrfachem Umfällen des MoS_3[2].

Beim *Benzoinoxim-Sulfidverfahren* wird Molybdän in mineralsaurer Lösung als weiße voluminöse Molybdän-Benzoinoximverbindung abgeschieden und nach der ursprünglichen Arbeitsweise von H. B. KNOWLES zu Molybdäntrioxyd verascht (ASTM-Handbuch, S. 111, JEAN, S. 217). Kupfer und Zinn stören im Gegensatz zum Sulfidverfahren nicht. Dagegen wird Wolfram (auch Niob und Tantal) vollständig mitgefällt, doch läßt sich in vielen Fällen die Bestimmung des Wolframs mit der des Molybdäns verbinden. Am sichersten arbeitet man nach dem abgeänderten Verfahren der B. I. S. R. A.[3], da hier nur wenige Male ausgewaschen werden muß. Das Molybdänbenzoinoxim wird hierbei samt dem Filter in konzentrierter Schwefelsäure unter Zusatz von Salpetersäure zersetzt und die Lösung alkalisch gemacht. Nach Zusatz von Tartrat und Einleiten von Schwefelwasserstoff scheidet man Molybdän schließlich durch Ansäuern als Sulfid ab. Bis zu einem Wolframgehalt von 0,5 % ist der Molybdänniederschlag wolframfrei und kann deshalb nach dem Veraschen ohne jede Korrektur als Trioxyd gewogen werden. Das Verfahren ist deshalb besonders geeignet für die häufigen Fälle, bei welchen die in Molybdänstählen meist vorkommenden Spuren von Wolfram nicht bestimmt werden sollen.

Unter den *maßanalytischen Verfahren* sind die beiden potentiometrischen nach P. KLINGER, E. STENGEL und W. KOCH[4] bzw. E. SCHÄFER[5] am zuverlässigsten.

In den *photometrischen Rhodanidverfahren* erzeugt man in verdünnt schwefelsaurer Lösung das gelblichrote Molybdän(V)-rhodanid. Von entscheidender Bedeutung sind die Bedingungen unter welchen das Molybdän mit Zinn(II)-chlorid reduziert wird. Einerseits muß das dunkelrote Eisen(III)-rhodanid sicher voll-

[1] J. Iron Steel Instit. Bd. 172 (1952) S. 413 — Britisch Standard 1121: Part 26 (1953).
[2] KLINGER, P.: Arch. Eisenhüttenw. Bd. 14 (1940/41) S. 157. VDEh-Schiedsan. S. 103.
[3] J. Iron Steel Inst. Bd. 171 (1952) S. 75.
[4] Arch. Eisenhüttenw. Bd. 8 (1934/35) S. 433.
[5] Arch. Eisenhüttenw. Bd. 11 (1937/38) S. 297.

ständig entfärbt werden, ohne daß andererseits das fünfwertige Molybdän allzusehr der Gefahr einer Weiterreduktion und damit einer Farbschwächung ausgesetzt wird. Das wohl bekannteste Verfahren nach A. EDER[1] erfordert, die photometrischen Messungen in stets gleichen Zeitabständen nach dem Zusatz des Zinn(II)-chlorids durchzuführen, weil das Molybdän(V)-rhodanid allmählich weiterreduziert wird. Dies kann man zwar weitgehend durch Zusatz begrenzter Mengen Salpetersäure[2] oder Überchlorsäure[3] hintanhalten, aber nicht ganz beseitigen, was besonders für Reihenanalysen nachteilig ist.

Stabile Färbungen ergeben sich bei der Extraktion mit organischen Lösungsmitteln (ASTM-Handbuch, S. 116).

Eine in der Wirkung die Extraktion eher noch übertreffende aber wesentlich einfachere Arbeitsweise fanden M. KAPRON und P. L. HEHMANN[4] im Zusatz des mit Wasser mischbaren Butylglykols vor der Reduktion des Molybdäns mit Zinn(II)-chlorid. Die Färbung hält sich tagelang.

Nach E. KNUTH-WINTERFELDT[5] können die nötigen Reagenzien (Butylglykol, verdünnte Schwefelsäure, Rhodanid, Salzsäure und Zinn(II)-chlorid) in einer Lösung vereinigt werden, womit man zu einer sehr genauen und besonders bei niedrig legierten Stählen äußerst einfachen Arbeitsweise gelangt.

Das *photometrische Phenylhydrazinverfahren* nach G. H. AYRES und B. L. TUFFLY[6] beruht auf der Bildung eines kirschroten Azofarbstoffs bei kurzem Erhitzen der 50% Essigsäure enthaltenden molybdänhaltigen Probelösung auf Siedetemperatur. Besonders für höhere Gehalte geeignet, läßt sich die Anfärbung bei 5% Molybdän und darüber unmittelbar durchführen, bei unter 5% Molybdän reduziert man zuvor den größten Teil des Eisens durch Zusatz von schwefliger Säure und Wegkochen des Überschusses. Wenn der Wolframgehalt der Probe das fünffache bzw. der Chrom- oder Kobaltgehalt mehr als das zwanzigfache des Molybdängehalts betragen, ergeben sich Über- bzw. Unterwerte. Ebenso schwächt Vanadium in Mengen von über $\frac{4}{5}$ der Molybdänmenge die Färbung und muß, wie auch zu große Chrom- und Kobaltmengen, mit Hilfe von Natronlauge abgetrennt werden [nach Zusatz von Eisen(II)-salz] wie bei dem Verfahren nach A. EDER (VDEh-Handbuch, S. 132).

Vanadium. Der Vanadiumgehalt von Eisenwerkstoffen wird gewöhnlich maßanalytisch ermittelt. Für genaue Untersuchungen eignet sich vor allem das potentiometrische Verfahren (visuelle Verfahren erfordern bei hochlegierten Stählen die Elektrolyse mit einer Quecksilberkathode als Vortrennung (ASTM-Handbuch, S. 108)].

Leitverfahren	Potentiometrisches Verfahren (nach Permanganatoxydation)	
		alle Gehalte
Betriebs- und Schnellverfahren	Potentiometrische Titration (Überchlorsäureverfahren)	
	Titration mit Permanganat Titration mit Kaliumdichromat	in mit Chrom, Kobalt, Wolfram niedrig legierten Stählen

[1] LADISCH, R.: Chemiker-Ztg. Bd. 68 (1944) S. 27 — Siehe auch VDEh-Handbuch S. 130 und WEIHRICH-WINKEL S. 183.
[2] VOLLMERT, F., u. A. KÖNIG: Stahl u. Eisen Bd. 63 (1943) S. 790.
[3] COX, H., u. A. A. POLLITT: J. Soc. chem. Ind. Bd. 63 (1944) S. 375.
[4] Industr. Engng. Chem., Anal. Ed. 17 (1945) S. 573.
[5] Acta chim. scand. Bd. 4 (1950) S. 963 — Z. anal. Chem. Bd. 134 (1951/52) S. 75.
[6] Analyt. Chem. Bd. 23 (1951) S. 304.

Bei sämtlichen *potentiometrischen Verfahren* liegt der eigentlichen Vanadium-bestimmung eine Reduktion von fünf- zu vierwertigem Vanadium zugrunde [Titration mit Eisen(II)-sulfat]. Am zuverlässigsten ist das Permanganat-Oxydationsverfahren[1].

Nach E. Schäfer und A. Seuthe[2] können nach vorausgehender Oxydation mit Überchlorsäure Vanadium und Chrom in einer Lösung nacheinander titriert werden. Man mißt zuerst bei 70°C die Summe von Chrom und Vanadium poten-tiometrisch mit Eisen(II)-sulfat, dann titriert man ebenso fünfwertiges Vana-dium allein, das man mit Permanganat oxydiert hat (Chrom bleibt hierbei drei-wertig).

Unter den *visuell-maßanalytischen Verfahren* ist die Permanganattitration von vierwertigem Vanadium wohl am verbreitetsten (VDEh-Handbuch, S. 138, ASTM-Handbuch, S. 110). Liegen größere Mengen von Chrom, Kobalt, Mangan oder Wolfram vor, so sind potentiometrische Verfahren anzuwenden, insbesondere bei niederen Vanadiumgehalten.

Die Permanganattitration verläuft etwas langsam, da Permanganat bei Raumtemperatur das vierwertige Vanadium nur zögernd oxydiert. Rascher, besonders bei höheren Vanadiumgehalten, gelingt die Titration mit Dichromat nach W. B. Shaw[3], die auf der Reduktion von fünfwertigem Vanadium mit überschüssiger Eisen(II)-sulfatlösung und der Rücktitration mit Dichromat beruht. In der Arbeitsweise der B.I.S.R.A.[4] ist der Analysengang zur Herstel-lung einer Vanadium(V)-lösung ganz ähnlich wie beim potentiometrischen Per-mangantoxydationsverfahren. Der Permanganatüberschuß wird mit Hilfe von Nitrit und dieses wieder mit Amidosulfonsäure beseitigt, wonach Eisen(II)-sulfat-lösung zugegeben und mit Dichromat zurückgemessen wird. Bei diesem Ver-fahren verlaufen alle Reaktionen fast momentan, so daß gegenüber der visuellen Permanganattitration ein mehr oder weniger großer Zeitgewinn erzielbar ist.

Titan. Titan wird vorwiegend photometrisch bestimmt, da die Genauigkeit der photometrischen Verfahren für die meist unter ein Prozent liegenden Ge-halte gut ausreicht.

Titan kommt gewöhnlich in hochlegierten Chromstählen vor. Beim Kupferron-verfahren trennt man außer Chrom auch Eisen ab, entweder mit Äther (VDEh-Handbuch, S. 153) oder einfacher, wenn auf bestimmte Weise gelöst wurde, durch die Kupferronfällung selbst[5]. Als einziges Element das Titan hierbei begleitet, muß Vanadium besonders berücksichtigt werden.

Mit Hilfe von monochromatischem Licht lassen sich Titan und Vanadium in einer Lösung auch gleichzeitig bestimmen durch Messungen bei zwei ver-schiedenen Wellenlängen. Störend große Chrommengen filtriert man als Chrom-trioxyd ab[6].

Eine weitere Möglichkeit besteht in der Ermittlung des Titans mit Hilfe von Hydrochinon, welches mit Vanadium nicht reagiert, so daß dieses nicht stört[7].

Aluminium. Die genaue Bestimmung des Aluminiums in Eisenwerkstoffen gehört mit zu den zeitraubendsten. Als zuverlässigstes Verfahren ist das Oxin-

[1] VDEh-Schiedsan.
[2] Seuthe, A., u. E. Schäfer: Arch. Eisenhüttenw. Bd. 10 (1936/37) S. 549.
[3] Metallurgia Bd. 41 (1950) S. 234.
[4] J. Iron Steel Inst. Bd. 171, I (1952) S. 81.
[5] Cunningham, Th. R.: Industr. Engng. Chem., Anal. Ed. 5 (1933) S. 305 — Siehe auch ASTM-Handbuch S. 121.
[6] Weissler, A.: Industr. Engng. Chem., Anal. Ed. 17 (1945) S. 695.
[7] Johnson, J. M.: Iron Age Bd. 156 (1946) S. 66.

verfahren anzusprechen[1]. Für Betriebsanalysen niederer Aluminiumgehalte eignen sich auch photometrische Verfahren[2].

Niob (und Tantal). Niob kann gewichtsanalytisch oder maßanalytisch bzw. photometrisch bestimmt werden. Die gewichtsanalytische Ermittlung des Niobs ist ziemlich schwierig, sofern eine Trennung von Tantal erforderlich ist, das stets in mehr oder weniger großen Mengen zusammen mit Niob vorkommt. Bei mit Niob allein legierten Werkstoffen kommt man meist jedoch mit der Feststellung der Summe von Niob und Tantal aus, da sich Tantal ganz ähnlich wie Niob verhält. Das maßanalytische Verfahren ist etwas einfacher und wird daher oft angewandt, wenn Niob und Tantal zu bestimmen sind (Tantal ergibt sich dann als Differenz). Photometrische Verfahren eignen sich zur Erfassung niederer Niobgehalte und zu Schnellanalysen.

Sowohl zur gravimetrischen als auch zur maßanalytischen Bestimmung hat man zum großen Teil zunächst die gleichen Arbeitsgänge durchzuführen. Nach B. Rogers[3] ist das Verfahren von Th. R. Cunningham[4] das beste: Niob und Tantal werden durch zweimalige Hydrolyse in überchlorsaurem Medium bzw. 2%iger Salzsäure mit Hilfe von schwefliger Säure abgeschieden, gleichzeitig von Verunreinigungen weitgehend befreit und als Niob- + Tantalpentoxyd gewogen. Falls erforderlich, kann Niob maßanalytisch (durch Titration mit Permanganat) erfaßt werden. Eine ausführliche Diskussion des Verfahrens veröffentlichte B. Rogers[3], und gab Hinweise für den Fall, daß noch Wolfram und Molybdän zugegen sind. Titan wird nur, wenn es in einem Gehalt von mehr als 0,1% vorkommt, zu einem kleinen Teil bei Niob und Tantalpentoxyd gefunden und ist photometrisch zu ermitteln. An keiner Stelle der Arbeitsgänge muß ein Aufschluß vorgenommen werden, was einen gewissen Vorteil bedeutet.

Nach M. Waterkamp[5] geben die Verfahren von Th. R. Cunningham[4], P. Klinger und W. Koch[6] sowie G. Thanheiser[7] übereinstimmende Mittelwerte.

Photometrisch kann Niob in konzentriert schwefelsaurer Lösung auf Grund der Gelbfärbung mit Wasserstoffsuperoxyd ermittelt werden[6]. Man stellt zunächst die Summe der Oxyde von Niob und Tantal (sowie vorhandenem Titan) fest. Man schließt dann mit Kaliumbisulfat auf und bestimmt zunächst in verdünnt schwefelsaurer Lösung Titan, engt die gesamte Prüflösung nach Zusatz von Schwefelsäure bis zum starken Rauchen ein und stellt den Niobgehalt nun in einer Lösung fest, die durch Zusatz von rauchender Schwefelsäure auf ein Gehalt von nahezu 100% Schwefelsäure gebracht und mit wenig 30%igem Wasserstoffperoxyd angefärbt wird. Titan ergibt in konzentrierter Schwefelsäure nur eine sehr geringe Färbung mit Wasserstoffperoxyd und kann durch eine Korrektur berücksichtigt werden.

Stickstoff. Stickstoff ist unter den in Eisenwerkstoffen vorkommenden, in freiem Zustand gasförmigen Elementen das einzige, welches verhältnismäßig häufig auf chemischem Wege bestimmt wird. Der in Form von Nitriden vorliegende Stickstoff setzt sich beim Lösen bzw. Aufschließen zu Ammonium-

---

[1] VDEh-Schiedsan. S. 92.
[2] VDEh-Handbuch S. 504. — Ikenberry, L. C., u. A. Thomas: Analyt. Chem. Bd. 23 (1951) S. 1806. — Kassner, J. L., u. M. A. Ozier: Analyt. Chem. Bd. 23 (1951) S. 1453.
[3] Metallurgia Bd. 37 (1948) S. 326.
[4] Industr. Engng. Chem., Anal. Ed. 10 (1938) S. 233 — Siehe auch ASTM-Handbuch S. 150.
[5] Arch. Eisenhüttenw. Bd. 20 (1949) S. 6.
[6] Arch. Eisenhüttenw. Bd. 13 (1939/40) S. 127. VDEh-Handbuch S. 174,
[7] Mitt. K.-Wilh.-Inst. Eisenforschg. Bd. 22 (1940) S. 260.

stickstoff um. Aus diesem macht man durch Natronlauge Ammoniak frei und destilliert mit Wasserdampf in sehr verdünnte überschüssige, eingestellte Säure. Titriert man den Säureüberschuß zurück, so liefert unter Berücksichtigung des Blindverbrauchs der benützten Reagenzien die überdestillierte Ammoniakmenge ein Maß für den Stickstoffgehalt. Zur Ermittlung des säurelöslichen Stickstoffs genügt Auflösen in verdünnten Mineralsäuren (VDEh-Handbuch, S. 454). Soll auch der säureunlösliche Stickstoff erfaßt werden, so kann man nach Zersetzen mit verdünnter Säure durch Asbest filtrieren und den Rückstand mit Schwefelsäure und Kaliumbisulfat aufschließen (VdEh-Schiedsan., S. 107). Wenn man säurelöslichen und in verdünnten Säuren unlöslichen Stickstoff nicht getrennt feststellen will, wird die ganze Probemenge sogleich unter Bedingungen aufgeschlossen, welche den gesamten Stickstoff in einem Arbeitsgang in Ammoniumstickstoff verwandeln (ASTM-Handbuch, S. 131).

3. Die quantitative chemische Analyse der Nichteisenmetallegierungen.

Als die wesentlichsten Metalle und Metallegierungen sollen hier behandelt werden: Kupfer, Nickel, Zink, Aluminium, Magnesium, Titan, Blei sowie Zinn und deren Legierungen. Einzelheiten über die beschriebenen Analysenverfahren geben die von der Gesellschaft Deutscher Metallhütten- und Bergleute herausgegebenen Handbücher[1] und weitere Nachschlagewerke[2] (siehe auch S. 788, 790).

a) Kupferlegierungen und Reinkupfer.

Kupfer und Blei. Kupfer läßt sich in seinen Legierungen stets als solches bestimmen und zwar am genauesten elektrolytisch. Blei wird am genauesten als Sulfat gewogen oder als elektrolytisch gefälltes Dioxyd. Zur Betriebskontrolle werden schnellelektrolytische und maßanalytische, für Blei auch photometrische Verfahren angewandt.

Leitverfahren	Kupfer elektrolytisch, Blei als Sulfat	0,1 bis 35% Pb
	Kupfer und Blei elektrolytisch aus salpetersaurer Lösung	0,1 bis 2 % Pb 0,1 bis 4 % Pb
Betriebsverfahren	Kupfer aus stark schwefelsaurer Lösung elektrolytisch, Blei als Sulfat	0,1 bis 35% Pb
Schnellverfahren	Kupfer und Blei maßanalytisch (Blei auch photometrisch)	0,1 bis 4 % Pb

Zur *elektrolytischen Bestimmung* des Kupfers aus schwefel- und salpetersaurer Lösung schließt man die Probe mit verdünnter Salpetersäure auf, fügt heißes Wasser zu und filtriert, falls die Lösung nicht klar ist. Bei einer Gesamteinwaage von 10 g (Schiedsv., S. 225) raucht man $^1/_5$ des Filtrats mit Schwefelsäure ab, fällt durch Verdünnen mit Wasser Bleisulfat aus und filtriert dieses nach längerem Stehen ab zur Bleibestimmung (vorhandenes Silizium scheidet sich

[1] Analyse der Metalle, Berlin/Göttingen/Heidelberg, Bd.1, Schiedsverfahren, 2. Aufl., 1949 (im Text als Schiedsv. bezeichnet), Bd. 2, Betriebsverfahren, 1953 (im Text als Betriebsv. bezeichnet).
[2] ASTM Methods for Chemical Analysis of Metals, Philadelphia 1956 (im Text als ASTM-Handbuch bezeichnet). — COHEN, A.: Rationelle Metallanalyse, Basel 1948 (im Text mit COHEN bezeichnet). — STACKELBERG, M. v.: Polarographische Arbeitsmethoden, Berlin 1950. — GINSBERG, H.: Leichtmetallanalyse, 3. Aufl, Berlin 1955. (im Text mit GINSBERG bezeichnet).

als Kieselsäure mit ab und muß berücksichtigt werden (ASTM-Handbuch, S. 322)]. Zu dem nach Abfiltrieren des Bleis erhaltenen Filtrat gibt man schließlich eine bestimmte Menge Salpetersäure und elektrolysiert unter Zusatz von Harnstoff oder besser Amidosulfosäure[1]. Etwas einfacher verfährt man mit einer 2 g-Einwaage (ASTM-Handbuch, S. 305). Liegen erhebliche Zinngehalte vor (über 0,3%), so enthält die beim Aufschließen mit Salpetersäure gebildete und hernach abfiltrierte Zinnsäure merkliche Mengen Kupfer (Blei), die bei genauen Analysen zurückgewonnen werden müssen (Schiedsv. S. 232, ASTM-Handbuch, S. 307, 320).

Für die gleichzeitige elektrolytische Abscheidung von Kupfer und Blei aus salpetersaurer Lösung wird wie oben geschildert aufgeschlossen und die Zinnsäure abfiltriert, das Filtrat gleich elektrolysiert und nicht erst Schwefelsäure zugesetzt und abgeraucht. Kupfer scheidet sich an der verwendeten Platinnetzkathode, Blei als Dioxyd an der Platinanode ab, welche, wenn mehr als sehr geringe Gehalte an Blei vorliegen, aus einem kleinen zylindrischen Netz besteht. Kupfer und Bleidioxyd werden nach Beendigung der Elektrolyse in geeigneter Weise abgespült, getrocknet und gewogen (ASTM-Handbuch, S. 287, 306, 319). Lediglich bei erheblich manganhaltigen Proben sind besondere Maßnahmen erforderlich, da mit dem Bleidioxyd Mangan zum Teil mit ausfällt (ASTM-Handbuch, S. 321).

In *Betriebsanalysen* löst man meist 1 g der Probe in verdünnter Salpetersäure, entfernt etwa gebildete Zinnsäure und elektrolysiert unter Zusatz von Amidosulfosäure[1, 2]. Hier ist es im allgemeinen nicht nötig, die abfiltrierte Zinnsäure bei niederen Zinngehalten (unter 1 bis 2%) auf Kupfer (Blei) zu prüfen, besonders wenn die Zinnsäure erst nach dem völligen Lösen der Probe in der Kälte (Cohen, S. 266, 254) durch Kochen und Einengen abgeschieden und so ziemlich rein erhalten wurde. Nur wenn mehr als Spuren Silizium vorliegen (Cohen, S. 251) oder, wenn zum Abscheiden der Zinnsäure zu weit eingeengt wird, adsorbiert der Zinniederschlag ziemliche Mengen Kupfer. Mit dem *elektrolytisch gefällten Bleidioxyd* abgeschiedenes Mangan kann in nicht allzugroßen Mengen auf einfache Weise berücksichtigt werden (Cohen, S. 89). Die meist vorkommenden niederen Bleigehalte (unter 0,5%) lassen sich jedoch auch nach C. Goldberg[2] bei Mangangehalten bis etwa 3% manganfrei abscheiden, wenn man dem Elektrolyten eine begrenzte kleine Menge Schwefelsäure zusetzt.

Aus genügend stark schwefelsaurer Lösung läßt sich Kupfer in Gegenwart erheblicher Zinnmengen elektrolytisch bestimmen ohne daß zu hohe Werte erzielt werden[3]. Antimon jedoch scheidet sich mit ab und Kupfer ist aus phosphor- und salpetersaurer Lösung umzufällen (Ermittlung des Antimons als Differenz). Blei wird zuvor als Sulfat abgetrennt.

Das gebräuchlichste Verfahren zur *maßanalytischen Kupferbestimmung* ist das jodometrische. Nach W. Orlik und W. Tietze[4] löst man in Schwefel-Salpetersäure, dampft überschüssige Salpetersäure weg und verdünnt. Das durch Kupfer aus einem zugesetzten Jodid-Rhodanid-Gemisch freigemachte Jod wird mit Thiosulfat titriert. Bei der Arbeitsweise von F. F. Pollak und F. Pellowe[5] setzt man nach dem Lösen und Wegkochen der Stickoxyde Harnstoff zu und kann so unmittelbar in schwach salpetersaurer Lösung titrieren ohne mit Schwefelsäure

[1] Silverman, L.: Industr. Engng. Chem., Anal. Ed. 17 (1945) S. 270.
[2] Goldberg, C.: The Iron Age Bd. 166, I (1950) S. 87.
[3] Norwitz, G.: Analyt. Chim. Acta Bd. 4 (1950) S. 536.
[4] Chemiker-Ztg. Bd. 54 (1930) S. 174 — Siehe auch Betriebsv. Teil I, S. 428 und Cohen S. 264.
[5] Metal Industry Bd. 66 (1945) S. 210 u. 231.

abzurauchen. Noch einfacher ist das Verfahren von R. C. Brastedt[1], die durch Lösen (in der Kälte vorgenommen) entstandenen Stickoxyde mit Amidosulfosäure zu beseitigen, so daß keine Zeit für Auskochen verlorengeht und fast unmittelbar nach dem Aufschließen titriert werden kann.

Die Grundlage der maßanalytischen Ermittlung von Blei besteht in der Bleichromatfällung aus essigsaurer Lösung (Kupfer stört nicht, Zinnsäure muß erst bei über 1% Zinn entfernt werden) und der Chromattitration mit Eisen(II)-salz und Dichromat[2]. Die Arbeitsweise von R. E. Oughtred[3] ermöglicht die quantitative Erfassung ziemlich kleiner Bleimengen als Chromat, das auch photometrisch oder kolorimetrisch bewertbar ist.

Zink. Zink kann in genauen Untersuchungen als Zinkoxyd gewogen werden. Ferner kommt noch die Ferrocyanidtitration in Frage. In Betriebsanalysen läßt sich Zink meist einfacher in Form des Zinkquecksilberrhodanids wägen oder titrieren und häufig auch jodometrisch ermitteln, das einfachste Verfahren ist jedoch das polarographische.

Leitverfahren	Zinksulfidverfahren { Wägung als Oxyd / Ferrocyanidtitr.	alle Legierungen
Betriebsverfahren	Rhodanidverfahren, gewichts- oder maßanalytisch	hoher Mangangehalt stört
Schnellverfahren	Jodometrische Titration	Messing
	Polarographische Bestimmung	alle Legierungen

Bei dem *Zinksulfidverfahren* wird die Fällung in schwach schwefelsaurer Lösung mit dem durch Schwefelsäure vom Nitrat befreiten Kupferelektrolysat vorgenommen. Vorher müßten die mit Schwefelwasserstoff aus mineralsaurer Lösung fällbaren Metalle entfernt werden (Schiedsv., S. 228). Das abfiltrierte und gewaschene Zinksulfid kann vorsichtig zu Zinkoxyd verglüht oder in Säure gelöst und mit Kaliumferrocyanid-Maßlösung titriert werden (Schiedsv., S. 228, 233, ASTM-Handbuch, S. 292, 310, 324).

Beim *Rhodanidverfahren* geht man von einem aliquoten Teil des Kupferelektrolysats aus, oxydiert Eisen und fällt nach genügendem Verdünnen Zinkquecksilberrhodanid aus, das gewogen, oder, besonders bei niederen Zinkgehalten, mit Jodat titriert wird[4]. Steht keine entkupferte Prüflösung zur Verfügung, so läßt sich Kupfer als Kupfer(I)-rhodanid entfernen (in einer Filtration zusammen mit Blei als Sulfit und Zinn als Hydroxyd). Ähnlich wie bei der Zinkbestimmung in Aluminiumlegierungen (Betriebsv. Teil I, S. 112) stören niedere Mangangehalte bei genügender Verdünnung nicht. Lediglich hohe Mangangehalte (über 3 bis 4%) erfordern zuvor die Isolierung als Zinksulfid, welches zur Rhodanidfällung in Säure gelöst wird. Nickel über 0,1 bis 0,2% ist mit Dimethylglyoxim vor der Zinkbestimmung zu entfernen.

Nach F. F. Pollak und F. Pellowe[5] kann man Zink mit Thiosulfatlösung bestimmen, durch Titrieren des Jods, das sich auf Zusatz von Kaliumferricyanid und Kaliumjodid in der zinkhaltigen Probelösung bildet. Als Vortrennung ist bei der Analyse von Messing gewöhnlich nur eine Kupfer(I)-Rhodanidfällung erforderlich, während kleine Mengen Eisen durch Phosphorsäure maskiert werden können und niedere Gehalte an Blei und Zinn nicht stören.

[1] Analytical Chemistry Bd. 24 (1952) S. 1040.
[2] Pollak, F. F., u. F. Pellowe: Metal Industry Bd. 66 (1945) S. 231.
[3] Analyst Bd. 70 (1945) S. 253.
[4] Price, J. M.: Metallurgia Bd. 42 (1950) S. 269.
[5] Metal Industry Bd. 66 (1945) S. 233.

Polarographisch läßt sich Zink auf verschiedene Weise bestimmen. Am schnellsten, besonders bei Messing, führt die Arbeitsweise von M. Sherman[1] zum Ziel, welche mit Hilfe der Kupferabtrennung durch Acetylen die Zinkermittlung in kurzer Zeit ermöglicht.

Zinn. Die genauesten Verfahren zur Zinnbestimmung sind die maßanalytischen. Durch Wägen des Dioxyds erhält man nur orientierende Werte (Betriebsv., Teil I, S. 437), es sei denn, daß die von dem Dioxyd adsorbierten Verunreinigungen berücksichtigt werden (A. Cohen, S. 251).

Leitverfahren	Mangandioxydverfahren nach Blumenthal Eisenhydroxydverfahren	alle Gehalte
	Verfahren nach Norwitz (bzw. ASTM)	0,1 bis 10 % (0,1 bis 1,5)
Betriebsverfahren	Zinnsäureverfahren	0,2 bis 2 %
	Kupferentfernung mit Eisen	höhere Gehalte

Bei der *maßanalytischen* Bestimmung des Zinns muß in jedem Falle Kupfer entfernt werden. Als sehr zuverlässiges Abtrennverfahren hat sich das Ausfällen des Zinns mit Hilfe von Mangandioxydhydrat nach H. Blumenthal[2] erwiesen, ferner die Zinnfällung mit Eisenhydroxyd[3]. Die abfiltrierten und ausgewaschenen Oxydhydrate löst man in Salzsäure, reduziert das Zinn unter Luftabschluß zur Wertigkeitsstufe 2 und titriert mit Jod- oder Kaliumjodatlösung in Kohlendioxydatmosphäre. Die Reduktion ist mit Aluminium (Schiedsv., S. 231, 471, Cohen, S. 255), mit Eisen, Nickel oder Blei möglich.

Niedere und mittlere Zinngehalte lassen sich im Elektrolysat der nach G. Norwitz[4] durchgeführten elektrolytischen Kupferfällung ermitteln, die aus stark schwefelsaurer Lösung erfolgt. Man reduziert und titriert wie oben geschildert. (Blei wird vor der Elektrolyse als Sulfat abgeschieden.) Nach ASTM-Handbuch, S. 308 bestimmt man ähnlich Zinn bis zu 1,5 %.

Höhere Gehalte können dadurch schnell bestimmt werden, daß man Kupfer mit Eisenpulver auszementiert und abfiltriert und im Filtrat die Zinntitration durchführt (Betriebsv., Teil I, S. 437).

Mangan. Zur Bestimmung von Mangan stehen mehrere maßanalytische und photometrische Verfahren zur Verfügung, die nachstehend zusammengefaßt sind:

Leitverfahren	Titration mit Permanganat Wismutatverfahren	über 0,1 % 0,1 bis 6 %
Schnellverfahren	Titration mit Arsenit Photometrische Verfahren	0,1 bis 4 % 0,01 bis 2 %

Mit *Permanganat* wird zweiwertiges Mangan nach J. Volhard und N. Wolff in nahezu neutraler Lösung titriert (Oxydation zu vierwertigem Mangan) (Schiedsv., S. 233, Betriebsv., Teil I, S. 433).

---

[1] Foundry Bd. 78 (1950) S. 94.
[2] Z. anal. Chem. Bd. 74 (1928) S. 33 — Siehe auch Schiedsv. S. 230 und ASTM-Handbuch S. 284.
[3] Price, J. M.: Metallurgia Bd. 42 (1950) S. 42 — Ferner ASTM-Handbuch S. 290, 322.
[4] Analyt. Chim. Acta Bd. 4 (1950) S. 536.

Die Maßlösung ist mit Manganlösung bekannten Gehalts einzustellen. Bei dem neueren Verfahren nach J. I. LINGANE und R. KARPLUS[1] führt die Permanganat-Titration in neutraler pyrophosphathaltiger Lösung zur dreiwertigen Stufe und man kann mit dem theoretischen Faktor arbeiten. Chrom und Kobalt stören nicht, der Endpunkt ergibt sich potentiometrisch oder einfacher polarometrisch[2].

Das *Wismutatverfahren* (ASTM-Handbuch, S. 332) beruht auf der Oxydation von zweiwertigem Mangan zu siebenwertigem mit Natriumwismutat und der Titration des so erhaltenen Permanganats nach dem Abfiltrieren des überschüssigen Oxydationsmittels. Lediglich erhebliche Chrom- und Kobaltmengen stören.

Zur *Arsenittitration* kann man mit Persulfat-Silbernitrat ebenfalls zum siebenwertigen Mangan oxydieren und ohne Entfernung des überschüssigen Oxydationsmittels mit Natriumarsenitlösung titrieren. (Schiedsv., S. 226, ASTM-Handbuch, S. 301, 333.)

Unter den *photometrischen* Verfahren ist das Perjodatverfahren am zuverlässigsten (ASTM-Handbuch, S. 301, 366). Ferner ist noch das Persulfat-Silbernitrat-Verfahren gebräuchlich, vor allem in Betriebsanalysen (Betriebsv., Teil I, S. 433).

Nickel. Nickel wird durchweg mit Dimethylglyoxim bestimmt. Als Legierungsbestandteil wird Nickel in Form des Nickel(II)-dimethylglyoxims gewogen, in sehr niederen Gehalten kann Nickel als lösliche, rotbraune Dimethylglyoximverbindung einer höheren Wertigkeitsstufe des Nickels photometrisch erfaßt werden (Betriebsv., Teil I, S. 430, ASTM-Handbuch, S. 294, 312 und 330). Da Kupfer stört, außer bei hohen Nickelgehalten, muß meist zunächst Kupfer entfernt werden. Im einzelnen muß man beachten, den Reagensüberschuß nicht zu groß und die Temperatur beim Filtrieren und Auswaschen nicht zu hoch zu wählen[3]. Kobalt und dreiwertiges Eisen dürfen nicht gleichzeitig zugegen sein, da sie zusammen ebenfalls einen Niederschlag mit dem Nickelreagenz ergeben. Man reduziert in diesem Falle vor dem Fällen des Nickels das Eisen zur zweiwertigen Stufe.

Photometrisch werden Spuren von Nickel (sowie in Betriebsanalysen je nachdem auch Gehalte bis zu einigen Prozent) bestimmt. (Betriebsv., Teil I, S. 429, ASTM-Handbuch, S. 357). Nur die Anwesenheit erheblicher Manganmengen erfordert besondere Berücksichtigung[4].

Aluminium. Die wichtigsten Verfahren zur Bestimmung des Aluminiums sind in der folgenden Tabelle angeführt:

Leitverfahren	Gewichtsanalytisch als Oxyd oder Oxinat	0,1 bis 12%
Betriebsverfahren	Gewichtsanalytisch als Phosphat	2 bis 20%
Schnellverfahren	Maßanalytisch mit Fluorid Photometrisch	0,5 bis 12% Spuren (unter 0,1%)

Die *gewichtsanalytische* Bestimmung erfolgt entweder nach Abscheiden des Kupfers durch Elektrolyse sowie Abtrennen des Eisens auf die übliche Art

---

[1] Industr. Engng. Chem., Anal. Ed. 18 (1946) S. 191.
[2] GOFFART, G., G. MICHEL u. T. PITANCE: Analyt. Chim. Acta Bd. 1 (1947) S. 393.
[3] MINSTER, J. T.: Analyst Bd. 71 (1948) S. 424.
[4] COOPER, M. D.: Analyt. Chemistry Bd. 23 (1950) S. 875 — Ferner ASTM-Handbuch S. 357.

(Schiedsv., S. 226, 227) und auch nach Fällen des Kupfers mit Schwefelwasserstoff[1] oder nach Abtrennen der störenden Elemente durch Elektrolyse mit einer Quecksilber-Kathode (ASTM-Handbuch, S. 327).

Für die Ermittlung als Phosphat muß ebenfalls Kupfer entfernt werden, jedoch Eisen nicht (Schiedsv., S. 227).

Mit *Natriumfluorid* läßt sich Aluminium recht schnell in schwach essigsaurer Lösung unter Zusatz von Salicylsäure (Eisensalicylatfärbung als Indikator) titrieren[2].

Nach einer Vortrennung durch Quecksilberkathoden-Elektrolyse lassen sich Aluminiumspuren in Bronzen genau photometrisch bestimmen[3]. Die photometrische Schnellbestimmung nach H. Pohl[4] beruht auf Abtrennung von Kupfer und Eisen mit Natronlauge und der Anfärbung des Aluminiums mit Eriochromcyanin.

Eisen. Die genaue Bestimmung des Eisengehalts wird maßanalytisch vorgenommen, niedere Gehalte bestimmt man schneller photometrisch, in beiden Fällen gewöhnlich nach Entfernen des Kupfers.

Zur maßanalytischen Eisenbestimmung kann man Kupfer elektrolytisch abtrennen, das Eisen mit Ammoniak fällen und mit Titan(III)-chlorid titrieren (Schiedsv., S. 227). Die Titration ist auch mit Permanganat möglich (nach C. Zimmermann und C. Reinhardt, Betriebsv., Teil I, S. 429) sowie noch besser mit Kaliumdichromat. Dieses wird auch in Verfahren benützt, bei welchen das Eisen nur mit Hilfe von Ammoniak von Kupfer getrennt wird (ASTM-Handbuch, S. 297, 312 und 330). Die photometrische Eisenbestimmung als Salicylat kann unter bestimmten Bedingungen ohne Kupferabtrennung durchgeführt werden (ASTM-Handbuch, S. 300). Trennt man Kupfer ab, so kann man Salicylat (Betriebsv., Teil I, S. 429) oder Rhodanid zum Anfärben des Eisens benützen.

Antimon. Arsen. Antimon und Arsen können maßanalytisch oder photometrisch bestimmt werden.

Antimon läßt sich zusammen mit Zinn mit Hilfe von Mangandioxyd vom Kupfer trennen und mit Jod titrieren (Schiedsv., S. 231, ASTM-Handbuch, S. 315, 338).

Erhebliche Antimonmengen können bei der elektrolytischen Kupferbestimmung als Differenz ermittelt werden (Wägen von Kupfer + Antimon und Kupfer allein).

Die photometrische Schnellbestimmung des Antimons ist mit Rhodamin-B nach einer Extraktion durch Äthylacetat möglich[5].

Arsen wird mit Hilfe der Destillation in Form von Trichlorid abgetrennt und jodometrisch oder mit Bromat titriert (ASTM-Handbuch, S. 315, 337, 338). Zur Schnellbestimmung von Arsen kann man auch aus salzsaurer Lösung mit Hypophosphit fällen, abfiltrieren, mit Jodlösung in Arsensäure umwandeln und als Molybdänblau photometrieren[6].

Silizium. Silizium wird gewöhnlich als Siliziumdioxyd gewichtsanalytisch ermittelt, in Spuren wohl auch photometrisch als gelbe Silikomolybdänsäure.

Die genauesten Verfahren, besonders in Gegenwart von Zinn, sind das Schwefelsäure- und das Überchlorsäureverfahren (ASTM-Handbuch, S. 326,

---

[1] Pollack, F. F., u. F. Pellowe: Metal Ind. Bd. 66 (1945) S. 210 u. 231.
[2] Kirunnen, J., u. B. Merikanto: Analyt. Chem. Bd. 23 (1951) S. 1690.
[3] Price, J. M.: Metallurgia Bd. 42 (1950) S. 263.
[4] Z. anal. Chem. Bd. 133 (1951) S. 322.
[5] White, C. E., u. H. R. Rose: Analyt. Chem. Bd. 25 (1953) S. 351.
[6] Case, O. P.: Analyt. Chem. Bd. 20 (1948) S. 902.

COHEN, S. 306 bzw. ASTM-Handbuch, S. 327). Durch Aufschließen mit Salpetersäure und Eindampfen mit Salzsäure erhält man bei Gegenwart von Zinn eine ziemlich unreine Kieselsäure (Schiedsv., S. 226).

Die photometrischen Verfahren ermöglichen eine zum Teil schnellere Bestimmung, da hierbei wirksamere Aufschlußmittel als bei dem gravimetrischen Verfahren verwendet werden können (ASTM-Handbuch, S. 368).

Phosphor. Phosphor kann in Bronzen nach Abtrennen des Zinns (Schiedsv., S. 233) oder unmittelbar[1] mit Hilfe von Ammoniummolybdat erfaßt werden. Das gefällte Ammoniumphosphormolybdat wird entweder getrocknet und gewogen (Schiedsv., S. 229) oder alkalimetrisch bestimmt (ASTM-Handbuch, S. 314, 335).

Reinkupfer. Bei der chemischen Untersuchung von Reinkupfer ist insbesondere die elektrolytische Bestimmung des Kupfers von Bedeutung, die in ähnlicher Weise wie in Kupferlegierungen, aber mit wesentlich höherer Einwaage (etwas über 5 g, für die Auswaage wird das gleiche 5 g-Gewicht verwendet) vorgenommen wird (Betriebsv., Teil I, S. 423, ASTM-Handbuch, S. 372). Bezüglich der Bestimmung von Verunreinigungen sei auf Schiedsv., S. 217 und Betriebsv., Teil I, S. 424—427, verwiesen.

b) Nickellegierungen und Reinnickel.

Die quantitative chemische Analyse des Nickels und seiner Legierungen wird mit Verfahren vorgenommen, die zum Teil den für Eisenlegierungen gebrauchten, zum Teil den auf Kupferlegierungen angewandten ähnlich sind, je nachdem, ob es sich um Nickel, Nickel-Chrom- und Nickel-Eisen-Legierungen oder um Nickel-Kupfer-Legierungen handelt[2].

c) Zinklegierungen und Reinzink.

Unter den Zinkwerkstoffen besitzen die auf der Grundlage Feinstzink aufgebauten Legierungen die größte Bedeutung. Als Legierungsbestandteile sind hauptsächlich zu berücksichtigen: Aluminium, Kupfer, Blei, Eisen und in kleinen Mengen Magnesium. Als Verunreinigungen Kadmium (Blei), Zinn, Wismut, Thallium. Vorschriften zur chemischen Analyse von Zinklegierungen werden in Schiedsv., S. 457, Betriebsv., Teil II, S. 232 und ASTM-Handbuch, S. 508 gegeben.

d) Aluminiumlegierungen und Reinaluminium.

Für den Gang der chemischen Untersuchung von Aluminiumlegierungen hat man allgemein zwei Möglichkeiten. Die eine besteht darin, nahezu so viel Einwaagen zu verwenden, als Elemente zu bestimmen sind. Auf diese Weise geht man vielfach bei Gußlegierungen vor, in welchen häufig ein bis zwei Bestandteile in höheren Gehalten und daher kleinen Einwaagen, ferner einige Zusätze in niederen Gehalten und mittleren Einwaagen zu ermitteln sind, während die Verunreinigungen ziemlich große Einwaagen erfordern. Bei Knetlegierungen, die nahezu alle einen so niedrigen Siliziumgehalt haben, daß dieser als Kieselsäure unmittelbar durch Lösen und Abrauchen mit Säuregemischen erfaßt werden kann, macht man eher von der Möglichkeit Gebrauch, von einigen wenigen größeren Einwaagen auszugehen und in jeder zwei und mehr Elemente zu bestimmen. Jedoch verwendet man auch hier für die Metalle Chrom und

---

[1] KASSNER, S. L., u. M. A. OZIER: Analyt. Chem. Bd. 22 (1950) S. 1216 — Ferner ASTM-Handbuch S. 314, 335.
[2] Schiedsv. S. 272 — Betriebsv. Teil I, S. 558 und 562 — ASTM-Handbuch S. 225, 240 bzw. 204 und 267.

Vanadium besondere Einwaagen, ebenso für die Verunreinigungen wie Zinn. Schließlich sei noch erwähnt, daß in genormten Analysenverfahren (bis jetzt nur im Ausland) bei allen Legierungen meist für jedes Element eine besondere Einwaage vorgesehen ist.

Silizium. Die untere Gehaltsgrenze für Silizium in Reinaluminium und Aluminiumlegierungen ist 0,1 bis 0,2%, in Knetlegierungen gehen die Gehalte im allgemeinen bis 1,2%, in Gußlegierungen zum Teil über 22%. Nur besondere (Reinst-) Aluminiumsorten sind weitgehend siliziumfrei. Siliziumgehalte über 0,1% werden am zuverlässigsten gewichtsanalytisch bestimmt (Wägung als Siliziumdioxyd). In einfachen Ausführungsformen dient dieses Verfahren auch zur Betriebskontrolle, besonders bei mittleren und höheren Gehalten, doch lassen sich bis zu etwa 14% Silizium mit guten lichtelektrischen Photometern auch ziemlich schnell photometrisch ermitteln. Gehalte unter 0,1% stellt man auch in genauen Untersuchungen kolorimetrisch fest.

	Verfahren nach Otis-Handy		0,1 bis 0,6
Genaue Verfahren	Leit-verfahren	nach Regelsberger, alkalischer Aufschluß, Schwefelsäurezusatz	über 0,1
		nach ASTM, alkalischer Aufschluß, Überchlorsäurezusatz	0,05 bis 14
Betriebs- und Schnellverfahren	Gelatineverfahren		über 0,1
	Gekürzte Otis-Handy-Verfahren Überchlorsäure-schnellverfahren { unmittelbares Verf. alkalischer Aufschluß		0,1 bis 0,7 0,1 bis 1 über 1
	Modifiziertes Fuchshuber-Verfahren		über 1
	Kolorimetrische Verfahren Photometrisches Verfahren nach Stumm		unter 0,1 0,05 bis 14

Bei der gewichtsanalytischen Siliziumbestimmung handelt es sich um folgende Vorgänge:

a) Auflösung (Umwandlung von Silizid und elementarem Silizium in Kieselsäure).

b) Dehydratisieren (Unlöslichmachen der Kieselsäure durch Wasserentzug).

c) Abfiltrieren und Auswaschen der Kieselsäure.

d) Glühen zu Siliziumdioxyd und Wägen (bei genauen Analysen noch Verflüchtigen als Fluorid und Wägen des Rückstands).

In den einzelnen Verfahren werden vor allem die Auflösung und das Dehydratisieren auf verschiedene Weise vorgenommen, während das Abfiltrieren und die Vorgänge bis zur Wägung stets weitgehend ähnlich verlaufen. Die Art des Auflösens richtet sich nach dem Siliziumgehalt.

Bei niederen Gehalten schließt man mit Säuren auf nach Otis-Handy (Schiedsv., S. 31, 42, ASTM-Handbuch, S. 379, Betriebsv., Teil I, S. 98, S. 102).

Bei höheren Gehalten (in *Leitverfahren* auch bei niederen Gehalten) zersetzt man die Probe zunächst mit Natronlauge, um auch metallisches Silizium zu lösen und säuert erst dann an, damit das gebildete Silikat in Kieselsäure umgewandelt wird. Das Dehydratisieren mit Schwefelsäure bei den älteren Verfahren hat sehr vorsichtig zu geschehen, um Verluste durch Stoßen zu vermeiden. Vor dem Filtrieren müssen die gebildeten Sulfate durch Wasserzusatz und

Kochen wieder gelöst werden. Blei scheidet sich als Sulfat mit der Kieselsäure ab, und erfordet besondere Maßnahmen (Schiedsv., S. 32, 42; Betriebsv., Teil I, S. 100). In den neueren Verfahren benützt man Überchlorsäure, welche keine schwerlöslichen Salze bildet. Jedoch ist hier streng auf bestimmte Vorsichtsmaßnahmen zu achten, da heiße Überchlorsäure und ihre Dämpfe mit organischen Stoffen heftig explodieren können (ASTM-Handbuch, S. 4 und S. 377, Betriebsv., Teil I, S. 102).

Das *Gelatineverfahren* beruht auf der Ausflockung der Kieselsäure durch Gelatinezusatz bei genügender Säurekonzentration. Es besitzt insofern gewisse Vorteile, als zum Dehydratisieren nicht mit einer hochsiedenden Säure abgeraucht werden muß (Schiedsv., S. 42, Betriebsv., Teil I, S. 100).

Dem von P. LISAN und H. K. KATZ[1] sowie G. NORWITZ[2] *modifizierten* FUCHS-HUBER-*Verfahren* liegt die Auflösung der Probe in phosphorsäurehaltiger Salpetersäure Überchlorsäuremischung zugrunde, die auch metallisches Silizium aufschließt und durch Abrauchen dehydratisierte Kieselsäure ergibt. Das Verfahren verlangt einige Übung und wird vor allem auf hochsiliziumhaltige Werkstoffe angewandt.

Die *kolorimetrische Bestimmung* des Siliziums wird durch Farbvergleich der gelben Silikomolybdänsäure mit einer eingestellten Pikrinsäurelösung durchgeführt. Gewisse Legierungsbestandteile stören oder geben Überbefunde (Betriebsv., Teil I, S. 101).

Das *photometrische Verfahren* ist mit sehr geringem Materialbedarf und in ziemlich kurzer Zeit durchführbar, allerdings ist ein Spektralphotometer mit Monochromator oder ein Filterphotometer, das einen eng begrenzten Spektralbereich ausfiltert, erforderlich. Der Aufschluß erfolgt mit Natronlauge in Messinggefäßen, die Natronlauge wird aus Nickelbehältern mit einer Metallpipette entnommen (Wägung der Lauge). Zur Anfärbung mit Molybdat wird in überschüssige Säure eingegossen und mit Hilfe eines pH-Meters die günstigste Säurekonzentration eingestellt ($pH = 1,4$). Mit monochromatischem Licht ist bei 12% Silizium eine Genauigkeit von etwa $\pm 0,1\%$ erreichbar[3].

Kupfer und Blei. Kupfer und Blei werden, vor allem in genauen Untersuchungen, aus einer Probelösung ermittelt. Während Kupfer als wichtiger Legierungsbestandteil bis zu etwa 10% auftritt, kommt Blei meist nur als Verunreinigung vor, selten als gewollter Zusatz in Automatenlegierungen (bis etwa 1%).

Zur genauen Bestimmung von mehr als Spuren Kupfer und Blei bedient man sich der elektrolytischen Verfahren, Spuren von Kupfer werden photometrisch ermittelt. Betriebs- und Schnellanalysen des Kupfer- und Bleigehalts lassen sich elektrolytisch, photometrisch oder polarographisch vornehmen.

Die *elektrolytischen Verfahren* beruhen auf der Ausfällung des Kupfers als Metall an einer Platinnetz-Kathode und des Bleis als Dioxyd an einer Platinanode bei 2 bis 2,5 V. Beide Metalle werden gleichzeitig an den jeweiligen gewogenen Elektroden abgeschieden. Die Elektroden werden nach der Elektrolyse getrocknet und wieder gewogen. Nach L. SILVERMAN[4] setzt der Zusatz von Amidosulfosäure den Zeitbedarf erheblich herab gegenüber der bei Harnstoffzusatz erzielten Elektrolysendauer.

Bei *sehr genauen Untersuchungen* müssen Kupfer und Blei von störenden Begleitelementen getrennt werden. Das ASTM-Verfahren (ASTM-Handbuch,

---

[1] Analyt. Chem. Bd. 19 (1947) S. 252.
[2] Analyt. Chem. Bd. 20 (1948) S. 182.
[3] STUMM, J. J.: Amer. Soc. Test. Mater. Proc. Bd. 44 (1944) S. 749.
[4] *Industr. Engng. Chem.*, Anal. Ed. 17 (1945) S. 270.

52

S. 383) ist auf alle Legierungen anwendbar. Nur für wismutfreie Legierungen
eignen sich Verfahren, bei welchen lediglich mit Alkalisulfid getrennt wird
(Schiedsv., S. 51, Cohen, S. 84, Ginsberg, S. 217). Hierbei scheidet sich
auch bei erheblichen Mangangehalten Mangandioxyd mit dem Bleidioxyd ab,
das dann am besten nach ASTM-Handbuch, S. 321 zu behandeln ist.

	Verfahren	Kupfer	Blei
elektrolyt. Leit- verfahren	Sulfidtrennung in saurer Lösung nach ASTM, Wismut entfernt Sulfidtrennung beim alkalischen Aufschluß, wismutfreie Legierungen	0,02 bis 12 0,05 bis über 5	0,03 bis 1 0,05 bis 1
Leitverfahren	Blei als Sulfat gravimetrisch	—	über 0,02
elektrolyt. Betriebs- verfahren	Alkalischer Aufschluß, Fällung aus schwefelsaurer Lösung Alkalischer Aufschluß, Fällung aus salpetersaurer Lösung	über 0,05 über 0,05	Spuren nicht ermittelt 0,1 bis 2
Schnell- verfahren	Kupfer, Ammoniakverfahren Kupfer, mit Diäthyldithiocarbonat Blei, Benzidinverfahren	0,01 bis 6,5 0,0001 bis 10 —	— — 0,02 bis 0,4
	Blei, polarographisch	—	0,03 bis 3

Zur Bestimmung des *Bleis als Sulfat* löst man die Probe in Natronlauge
unter Zusatz von Natriumsulfid, zersetzt die abgeschiedenen Sulfide mittels
Salzsäure und Wasserstoffsuperoxyd und raucht mit Schwefelsäure ab (Schiedsv.,
S. 34 und S. 51).

Elektrolysiert man in Gegenwart größerer Mengen Silizium, so ist eine Umfällung des Kupfers zu empfehlen (ab über 5 % Silizium). Bei der elektrolytischen
Abscheidung des Kupfers aus *schwefelsaurer Lösung* stören Antimon und Wismut.

Elektrolysiert man aus *salpetersaurer Lösung*, so wird Wismut mit ausgefällt,
Antimon in Spuren jedoch nicht. Bleidioxyd, das in Gegenwart erheblicher
Manganmengen durch Mangandioxyd verunreinigt wird, kann umgefällt werden
(Betriebsv., Teil I, S. 63) oder man löst es zur maßanalytischen Berücksichtigung
des Mangangehalts auf (Cohen, S. 79).

Ammoniak im Überschuß erzeugt mit Kupferlösungen den tief blauen Kupfertetramminkomplex. Metalle, die schwerlösliche Hydroxyde bilden, lassen sich
durch Zitrat in Lösung halten. Silizium über 1,5 %, Nickel und Kobalt über
0,5 % sowie erhebliche Mengen Chrom verursachen zu hohe Befunde. Das Verfahren ist besonders für Knetlegierungen geeignet (Betriebsv., Teil I, S. 78, 79).

Diäthyldithiocarbamat reagiert mit Kupfer selektiv in stark ammoniakalischem, zitrathaltigem Medium unter Bildung eines braunen Innerkomplexes,
der in Gegenwart von Gummiarabikum fein verteilt entsteht und kolorimetriert
werden kann (Betriebsv., Teil I, S. 80). Wismut sowie höhere Gehalte an Nickel,
Kobalt und Blei stören die Ermittlung niederer Kupfergehalte.

Die kolorimetrische Bleibestimmung mit *Benzidin* beruht auf der Erzeugung
von Benzidinblau mittels elektrolytisch gefälltem Bleidioxyd. Blei wird zuvor
mit Natronlauge und Sulfid von Aluminium und durch Auswaschen des Blei-
sulfids mit Schwefelsäure von Mangan getrennt.

Das *polarographische* Verfahren nach W. Stross[1] erfordert etwa ebensoviel
Zeit wie das Benzidinverfahren, ist aber genauer. Man löst in bestimmter Menge

---

[1] Metallurgia Bd. 37 (1947) S. 49.

Salzsäure und Chlorat, setzt zur Erzielung von $pH = 3$ eine abgemessene Menge Sodalösung zu und reduziert Eisen und zur Fällung von Kupfer als Kupfer(I)-rhodanid mit Hydroxylamin. Schließlich nimmt man in der auf die angedeutete Weise vorbereiteten Lösung die Bleistufe auf.

Magnesium und Nickel. Magnesium ist in Zusätzen bis etwa 9%, Nickel bis etwa 3,5% zu finden. Beide Metalle werden häufig aus einer Einwaage bestimmt. In genauen Untersuchungen wendet man gewichtsanalytische Verfahren an (Magnesium als Pyrophosphat, Nickel als Dimethylgloximverbindung). Bei Betriebsanalysen kommen für Magnesium noch die Acetontrocknung des Magnesiumammoniumphosphats sowie die Titration mit Komplexon und die des Oxinats in Frage, und für Nickel die kolorimetrische bzw. photometrische Ermittlung.

Magnesium:

	Leitverfahren für Legierungen (ASTM)	0,03 bis 12
	Leitverfahren für Reinmetall	Spuren
Genaue Verfahren	Verfahren nach BLUMENTHAL für Proben mit nieder. Siliziumgehalt	0,1 bis 9
	Salzsäure-Lösungsverfahren für Proben mit höher. Siliziumgehalt	0,1 bis 9
	Oxinverfahren, maßanalytisch	0,01 bis 15
Schnell-verfahren	Acetonverfahren	0,1 bis 9
	Oxinschnellverfahren nach Eisen	0,2 bis 7,5
	Komplexonverfahren[1]	0,1 bis 5

Die *Leitverfahren* beruhen auf der Fällung als Magnesiumammoniumphosphat nach einer Reihe von Vortrennungen und dem Wägen als Pyrophosphat (Legierungen: ASTM-Handbuch, S. 393, Reinmetall: Schiedsv., S. 36).

Zur Magnesiumbestimmung nach H. BLUMENTHAL[2] kann das Filtrat der Siliziumbestimmung nach OTIS-HANDY benützt werden (Schiedsv., S. 44), oder man zersetzt mit Natronlauge und ermittelt Magnesium im Rückstand (Betriebsv., Teil I, S. 81, COHEN, S. 145).

Durch Lösen siliziumreicher Legierungen in *Salzsäure* läßt sich der Hauptteil des Siliziums in metallischer Form abtrennen, wodurch die Analyse erleichtert wird. Vor der Magnesiumfällung ist dann nur noch die Entfernung des größten Teils von Aluminium mit Natronlauge und des Mangans mit Peroxydisulfat erforderlich. Lediglich wenn Nickel vorliegt, wird auch dieses noch mit Dimethylglyoxim gefällt und das Magnesium durch Phosphat hinterher (Schiedsv., S. 46, 50, 51; COHEN, S. 149, 145).

Das Oxinverfahren nach R. BAUER und J. EISEN[3] beruht auf der Entfernung von Aluminium (und Silizium) durch Natronlauge und der störenden andern Elemente mit Zinkoxyd sowie (in essigsaurer abgestumpfter Lösung) mit Oxin. Der Oxinzusatz wird so bemessen, daß er zum Fällen des Magnesiums im Filtrat reicht. Magnesium läßt sich dann durch Ammoniak abscheiden und mit Bromat titrieren. Da die Fällung mit Oxin sehr viel rascher vollständig ist als die mit Phosphat, benötigt man beim Oxinverfahren etwas weniger Zeit, doch muß Nickel in einer besonderen Einwaage erfaßt werden.

Beim *Acetonverfahren* schließt man je nach Siliziumgehalt auf besondere Weise mit Natronlauge auf (Betriebsv., Teil I, S. 86). Aus der Lösung des nach

---

[1] ASTM-Handbuch, S. 406 (Äthylendiamintetraacetatverfahren).
[2] Mitt. dtsch. Mat.-Prüf.-Anst. Bd. 22 (1933) S. 42.
[3] Aluminium Bd. 23 (1941) S. 290 — Siehe auch Betriebsv. Teil I, S. 87.

Verdünnen und Aufkochen abfiltrierten Rückstands fällt man Mangan (Nickel) und schließlich Magnesium ähnlich wie beim Salzsäure-Lösungsverfahren, jedoch wird hier das Magnesiumammoniumphosphat durch Waschen mit Aceton und einige Minuten im Vakuumexsiccator getrocknet und als solches gewogen.

In der Oxinschnellbestimmung nach J. EISEN[1] werden nach einem Natronlaugeaufschluß die noch vorliegenden störenden Metalle aus der Lösung des Laugerückstands mittels Oxin entfernt und das Magnesium schließlich wie im Verfahren nach R. BAUER und J. EISEN[2] ermittelt.

Nickel:

Leitverfahren	Nickel-Einzelbestimmung nach ASTM mit Dimethylglyoxim	0,01 bis 5% Ni
Betriebs- verfahren	Bestimmung in einer zur Magnesium- fällung vorbereiteten Lösung	0,01 bis 5% Ni
Schnell- verfahren	Kolorimetrisch oder photometrisch Polarographisch nach SCOTT	0,01 bis 2,5% Ni 0,05 bis 0,5% Ni

Die genaue Nickelbestimmung wird in schwach ammoniakalischer tartrathaltiger Lösung, aus welcher störende Elemente abgetrennt wurden, mit *Dimethylglyoximlösung* vorgenommen (ASTM-Handbuch, S. 399, Schiedsv., S. 46).

Bei Betriebsanalysen läßt sich Nickel ohne Kupferentfernung in der Magnesiumeinwaage ermitteln (COHEN, S. 153), am einfachsten vor der Magnesiumbestimmung.

Die *kolorimetrische oder photometrische* Nickelbestimmung beruht auf der Anfärbung geringer Mengen Nickel durch bestimmte Oxydationsmittel in ammoniakalischer Dimethylglyoximlösung. Es entsteht ein rotbrauner Komplex einer höheren Wertigkeitsstufe des Nickels. Mehr als geringe Mengen Kupfer werden zuvor abgetrennt[3].

Niedere Nickelgehalte können gleichzeitig mit kleinen Zinkmengen polarographisch erfaßt werden[4].

Zink. Zink kommt als Legierungsbestandteil hauptsächlich in hochfesten Knetlegierungen vor und ist als Verunreinigung ziemlich häufig. Es wird am zuverlässigsten gewichtsanalytisch als Zinkquecksilberrhodanid ermittelt, das besonders in kleinen Mengen auch gut titriert werden kann. Zu Betriebsuntersuchungen wird meist das Rhodanidverfahren in abgekürzter Form oder das polarographische Verfahren verwendet.

Genaue Verfahren	Rhodanid-Leitverfahren Genaues Rhodanid-Betriebsverfahren	0,01 bis 10% Zn
Schnell- verfahren	Rhodanid-Kurzverfahren Polarograph. Verfahren nach STROSS Polarograph. Verfahren nach SCOTT	0,02 bis 10% Zn 0,02 bis 15% Zn 0,05 bis 0,5% Zn

Bei dem *Rhodanid-Leitverfahren* nach R. BAUER und J. EISEN[5] zersetzt man mit Natronlauge in Gegenwart von Natriumsulfid, elektrolysiert die salpeter-

---

[1] Z. Metall Bd. 5 (1951) S. 436 — Siehe auch Betriebsv. Teil I, S. 89.
[2] Aluminium Bd. 23 (1941) S. 290 — Siehe auch Betriebsv. Teil I, S. 87.
[3] COOPER, M. D.: Analyt. Chem. Bd. 23 (1951) S. 880 — Siehe auch Betriebsv. Teil I, S. 96.
[4] SCOTT, A.: Analyst Bd. 73 (1948) S. 613.
[5] Metall u. Erz Bd. 39 (1942) S. 100 — Siehe auch Schiedsv. S. 44 — Betriebsv. Teil I, S. 111.

schwefelsaure Lösung des Rückstands und fällt Blei als Sulfat. Vor der endgültigen Fällung als Rhodanid wird Zink in Form des Sulfids isoliert (nach Abtrennung der Schwefelwasserstoffgruppe). Hohe Siliziumgehalte machen eine besondere Entfernung des Siliziums notwendig.

Das genaue *Rhodanid-Betriebsverfahren* von R. BAUER und J. EISEN beruht auf zum Teil besonderen Vortrennungen und der Titration des Zinkquecksilberrhodanids mit Kaliumjodat.

Das Rhodanid-Kurzverfahren ist dann sehr einfach durchführbar, wenn, wie meist, Nickel und Kobalt nur in Spuren vorliegen. Man kann Kupfer mit Thiosulfat beseitigen (Betriebsv., Teil I, S. 112) oder Zink im Elektrolysat der Kupfer-Blei-Fällung bestimmen (Schiedsv., S. 44), wobei durch genügende Verdünnung das Mitfällen von Mangan zu verhindern ist.

In dem sehr allgemein anwendbaren *polarographischen* Verfahren nach W. STROSS und G. H. OSBORN[1] werden einfache Vortrennungen mit Hilfe einer Zentrifuge vorgenommen und Zink in Natronlauge ermittelt neben bis 10% Kupfer, 3% Nickel, 1,5% Eisen und den normalerweise vorkommenden Mengen Wismut, Blei, Kadmium und Antimon sowie 13% Silizium.

Niedere Zinkgehalte können gleichzeitig mit kleinen Nickelmengen polarographisch erfaßt werden.

Mangan. Mangan ist bis zu 1,5% in den meisten Knetlegierungen enthalten. Die gebräuchlichsten Bestimmungsverfahren, vorwiegend maßanalytische, sind grundsätzlich von der Stahlanalyse her bekannt und nachstehend zusammengestellt:

Leitverfahren	VOLHARD-WOLFF-Titration mit Permanganat	über 0,05%
Schnellverfahren	Persulfat-Silbernitrat-Verfahren	0,05 bis 2%
	Photometrisches Verfahren	0,01 bis 1,5

Bei dem Verfahren nach J. VOLHARD und N. WOLFF[2] wird der größte Teil des Aluminiums mit Natronlauge abgetrennt und Mangan in Gegenwart von Zinkoxyd, d. h. in nahezu neutraler Lösung siedend heiß mit Permanganat titriert. (Empirische Einstellung der Maßlösung ist erforderlich, wenn auf hohe Genauigkeit Wert gelegt wird.)

Beim Persulfat-Silbernitrat-Verfahren läßt sich zum Lösen der meisten Legierungen das für Stähle verwendete Säuregemisch anwenden (ASTM-Handbuch, S. 390).

Bei Legierungen mit höherem Siliziumgehalt schließt man zunächst mit Natronlauge auf und führt Oxydation und Titration in salpetersaurer Lösung aus (Betriebsv., Teil I, S. 91). Dieses Verfahren verlangt in noch stärkerem Maß wie das vorgenannte eine empirische Einstellung der Maßlösung, am besten durch zwei Proben mit bekannten, verschiedenen Gehalten (z. B. 0,3 und 0,8%).

Zur *photometrischen* Bestimmung als Permanganat wird ebenfalls mit Peroxydisulfat-Silbernitrat oxydiert. Am einfachsten geht man vom Filtrat der Siliziumbestimmung aus (Betriebsv., Teil I, S. 92).

Eisen. Eisen ist gewöhnlich als Begleitelement in ziemlich niederen Gehalten zu ermitteln. Häufig werden folgende maßanalytische und kolorimetrische Verfahren angewandt:

---

[1] Light Metals Bd. 7 (1944) S. 323. — STROSS, W.: Metallurgia Bd. 36 (1947) S. 163 u. 223.
[2] Stahl u. Eisen Bd. 33 (1913) S. 633 — Siehe auch Betriebsv. Teil I, S. 94.

Leitverfahren	Titan(III)-chlorid-Titration	über 0,05 %
Schnellverfahren	Titration mit Kaliumdichromat nach Norwitz	
	Kolorimetrisches (Sulfosalicylsäure) Verfahren	0,01 bis 3 %

Mit *Titan(III)-chlorid* läßt sich dreiwertiges Eisen unmittelbar titrieren unter Zusatz von Rhodanid als Indikator. Kupfer muß zuvor entfernt werden, im übrigen kann man das Filtrat der Siliziumbestimmung nach Otis-Handy oder F. Regelsberger verwenden oder eine besondere Einwaage auflösen. Die Maßlösung ist vor Luftsauerstoff geschützt aufzubewahren und am besten mit Eisen(III)-chloridlösung bekannten Gehalts einzustellen (Schiedsv., S. 32, ASTM-Handbuch, S. 379).

Eine recht schnell durchführbare Titration mit Kaliumdichromat ist nach G. Norwitz[1] möglich. Man löst in Salzsäure, reduziert durch zwei Minuten dauerndes Kochen mit Granalien von reinem Zink, wobei auch Kupfer gefällt wird, filtriert und kühlt. Titan und Zinn lassen sich mit Sublimat und kurzem Luftdurchleiten selektiv oxydieren. Titriert wird mit Diphenylaminosulfonsäure als Indikator und der unbegrenzt haltbaren Dichromat-Maßlösung.

Das *Sulfosalicylsäureverfahren* (Betriebsv., Teil I, S. 68) verlangt keine Vortrennung, lediglich die Einstellung eines pH-Werts von 3,5 zum Anfärben mit Sulfosalicylsäure und Photometrieren in grünem Licht.

Titan. Titan ist in Spuren ein steter Begleiter und kommt als Zusatz bis zu etwa 0,5 % (Gußlegierungen) vor. Es wird im allgemeinen kolorimetrisch ermittelt als gelbe Peroxyverbindung in schwefelsaurer Lösung (Schiedsv., S. 34, 46, 50, 51, Betriebsv., Teil I, S. 104) oder in der gleichen Form photometrisch (ASTM-Handbuch, S. 382) (bei Verwendung eines guten Photometers stören die für gewöhnlich anzutreffenden Elemente, wie 12% Kupfer, 4% Nickel, 1% Chrom nicht, lediglich Vanadium und Molybdän geben störende Färbungen).

Chrom und Vanadium. Chrom kann als Zusatz (meist bis 0,3 %) in einer ganzen Reihe von Knetlegierungen auftreten, vor allem zusammen mit etwa 0,03 % Vanadium in AlZnMg-Knetlegierungen.

Chrom bestimmt man ähnlich wie in Stählen (ASTM-Handbuch S. 397, Betriebsv., Teil I, S. 65).

Vanadium wird in Gehalten von 0,002 bis 0,4 % kolorimetrisch, nach Anreicherung, als Peroxyvanadiumsäure ermittelt (Betriebsv., Teil I, S. 106).

Zinn. Zinn kommt gewöhnlich nur als Verunreinigung vor. Es wird maßanalytisch ermittelt mit Jod- oder Jodatlösung nach Reduktion zur Zinn(II)-stufe. Bei der genauen Analyse von Legierungen mit erheblichem Gehalt an Kupfer muß dieses zuvor abgetrennt werden (Schiedsv., S. 47). Einfachere Betriebsverfahren werden in Betriebsv., Teil I, S. 118, in ASTM-Handbuch, S. 402 und in Cohen, S. 122 angegeben.

e) Magnesiumlegierungen.

Die Magnesiumlegierungen werden nach Verfahren untersucht, die zum großen Teil sich an die für Aluminiumlegierungen benützten anlehnen (Schiedsv., S. 240—245, Betriebsv., Teil I, S. 477—488, ASTM-Handbuch, S. 409—432).

---

[1] Metallurgia Bd. 43 (1951) S. 154.

f) Titanlegierungen.

Untersuchungsverfahren für Titanlegierungen sind nur im ASTM-Handbuch (S. 433—454) und in GINSBERG (S. 243—274) beschrieben.

g) Blei- und Zinnlegierungen.

Für die quantitative chemische Analyse von Blei-Zinn-Legierungen ist kennzeichnend, daß zur genauen Ermittlung von Blei, Kupfer, Kadmium, Nickel und der meisten Verunreinigungen Zinn sowie Antimon zu entfernen sind. Ziemlich einfach kann dagegen Antimon, und häufig auch Zinn, bestimmt werden. In niedrig legierten Bleisorten wird der Bleigehalt sehr häufig als Differenz zwischen der Gehaltssumme der andern Elemente und Hundert errechnet.

Antimon und Zinn. Antimon und Zinn werden stets maßanalytisch ermittelt, und zwar aus einer oder aus zwei getrennten Einwaagen. Will man eine möglichst hohe Genauigkeit erzielen, so schließt man 10 g der Probe auf, etwa mit Brom-Salzsäure und verwendet aliquote Teile der erhaltenen Lösung zu den einzelnen Bestimmungen. In Betriebsanalysen geht man von 1 bis 2 g aus und zersetzt die feinen Späne am besten mit konzentrierter Schwefelsäure. — Als Schnellverfahren, vor allem für niedere Antimongehalte, kommen schließlich noch polarographische Verfahren in Frage.

Leitverfahren	Aufschluß mit Bromsalzsäure, keine Sulfidtrennung	neben Spuren von Kupfer bzw. Eisen
	Aufschluß mit Salzsäure und Brom oder Chlorat, Sulfidtrennung	bei erheblichen Kupfer- und Eisengehalten
Betriebs-verfahren	Salzsäure-Eisenchlorid-Verfahren	(Zinnlegierungen)
	Schwefelsäure-Aufschluß Antimon und Zinn in einer Einwaage ASTM-Verfahren	{ neben Kupfer und neben geringen Mengen Eisen { neben bis 10 % Kupfer und bis zu 0,5 % Eisen
Schnell-verfahren	Antimon polarographisch, in stark salzsaurer Lösung	in Hartblei, Kabel-mantelblei

Bestimmung von Antimon durch Aufschluß mit Bromsalzsäure: Bromsalzsäure löst die hier vorliegenden Metalle in ihren höchsten Wertigkeiten. Kochen mit Sulfit reduziert das vierwertige Zinn nicht, wohl dagegen Antimon zur Stufe III und ebenso Arsen, das aber dabei verflüchtigt wird. In der nachfolgenden Titration mit Kaliumbromat wird deshalb nur Antimon erfaßt (sofern Kupfer und Eisen höchstens spurenweise zugegen). Als Indikator verwendet man am besten etwas abgemessene Methylorangelösung, deren Bromatverbrauch bekannt ist (Schiedsv., S. 100, COHEN, S. 225).

Bestimmung von Zinn durch Aufschluß mit Bromsalzsäure: Nach der Antimon-Titration kann man Zinn in der gleichen Probelösung ermitteln, wozu man diese durch doppelte Fällung mittels Eisenpulver von Antimon befreit, oder man löst eine besondere Einwaage mit Salzsäure unter Chloratzusatz und entfernt Antimon ebenfalls mittels Eisenpulver (Schiedsv., S. 100 oder S. 483). Bei der Antimon-Abtrennung bildet sich großenteils schon das zur Zinn-Titration notwendige zweiwertige Zinn. Man vervollständigt schließlich die Reduktion mit Aluminium unter Luftabschluß und titriert mit Jod- oder Jodatlösung.

Beim *Aufschluß mit Salzsäure* stören Kupfer und Eisen die Antimonbestimmung, da sie durch Sulfit ebenfalls reduziert und daher dann von Bromat erfaßt werden. Dagegen wird die Zinnbestimmung in Salzsäure nur durch erhebliche Mengen Kupfer beeinträchtigt. Ist deshalb Kupfer bzw. Eisen in störenden Mengen zugegen, so geht der Ermittlung von Zinn und Antimon eine Sulfidtrennung voraus (Schiedsv., S. 481).

Beim *Salzsäure-Eisenchlorid-Verfahren* genügt einmaliges Fällen des Antimons mit Eisenpulver in den meisten Fällen (Betriebsv., Teil II, S. 274), außer wenn wenig Zinn neben sehr viel Antimon vorliegt.

Schließt man mit *konzentrierter Schwefelsäure* auf, so erhält man Antimon und Arsen in dreiwertiger Form, Zinn vierwertig und Kupfer (sowie Blei) zweiwertig. Eine Reduktion ist daher zur Titration des Antimons nicht nötig und man hat nur Arsen nach dem Verdünnen mit Wasser und Salzsäurezusatz durch Kochen und Einengen bis auf ein bestimmtes Volumen zu verflüchtigen, bevor Antimon mit Bromat titriert werden kann (Betriebsv., Teil I, S. 211).

Zinn ist ähnlich wie oben geschildert, im Anschluß an die Antimon-Titration maßanalytisch zu erfassen (Betriebsv., Teil I, S. 211).

Weitere Verfahren, nach welchen Zinn ohne Sulfidtrennung bestimmt wird, geben das ASTM-Handbuch, S. 471, 479, Cohen, S. 209 und J. W. Price[1] an.

Polarographisch läßt sich Antimon nach R. Kraus und J. V. A. Novak[2] in 8 n-Salzsäure ermitteln. Dies fand unabhängig grundsätzlich auch H. F. Hourigan[3], der aber bezüglich der Eichung eine etwas andere Arbeitsweise vorschlug.

Blei und Kupfer. In genauen Analysen ermittelt man Blei meist gewichtsanalytisch als Sulfat und Kupfer elektrolytisch. Für Betriebsuntersuchungen sind gewichts- und maßanalytische Bestimmungen (Blei als Chromat, Kupfer jodometrisch) sowie die elektrolytische Abscheidung von Blei als Dioxyd gebräuchlich. Schließlich könnten als Schnellverfahren noch photometrische (Kupfer) und polarographische Verfahren angewandt werden.

Genaue Verfahren	Sulfidverfahren	Blei- und Zinnlegierungen
	Brom-Bromwasserstoffverfahren ASTM-Verfahren	Zinnlegierungen Blei- und Zinnlegierungen
Betriebsverfahren	Brom-Bromwasserstoffverfahren Blei und Kupfer maßanalytisch	Weißmetalle Zinnlote
	Schwefelsäure-Bromwasserstoffverfahren	Weiß- und Letternmetalle, Zinnlote
Schnellverfahren	Bleititration nach Savelsberg	Höhere Bleigehalte
	Kupfer unmittelbar photometrisch	1 bis 10% Kupfer
	Kupfer kolorimetrisch in Spuren	Lote, Letternmetalle
	Polarographische Verfahren	Weißmetalle

Beim *Sulfidverfahren* werden Bleilegierungen mit verdünnter Salpeter- und Weinsäure, Zinnlegierungen mit Salzsäure/Chlorat gelöst (Schiedsv., S. 101 bzw. S. 484). In beiden Fällen setzt man Natronlauge im Überschuß sowie Natriumsulfid zu, wobei sich Blei und Kupfer als Sulfide abscheiden, dagegen Zinn, Antimon und Arsen gelöst bleiben. Die gefällten Sulfide zersetzt man mittels

---

[1] Metal Ind. Bd. 71 II (1947) S. 399.
[2] Chemie Bd. 56 (1943) S. 43 u. S. 302. — Siehe auch M. v. Stackelberg: Polarographische Arbeitsmethoden, Berlin 1950, S. 185.
[3] Analyst Bd. 71 (1946) S. 524.

Salpetersäure und raucht mit Schwefelsäure ab. Aufnehmen mit Wasser und Stehenlassen ergibt Bleisulfat, das abfiltriert und gewogen wird, während das Filtrat zur elektrolytischen Bestimmung des Kupfers dient.

Beim genauen *Brom-Bromwasserstoff-Verfahren* nach H. BLUMENTHAL[1] und W. PRICE[2] löst man Zinnlegierungen in Brom-Bromwasserstoffsäure und engt stark ein. Zinn, Antimon und Arsen verflüchtigen sich als Bromide, Blei sowie Kupfer bleiben im Rückstand. Dieser liefert mit Salpetersäure eine Nitratlösung, aus welcher Bleisulfat (Abrauchen mittels Schwefelsäure) oder, nach Neutralisieren in essigsaurem Medium, Bleichromat fällbar ist, während Kupfer elektrolytisch oder jodometrisch bestimmt werden kann. In nicht zu großen Mengen läßt sich Blei ebenfalls, gleichzeitig mit Kupfer, elektrolytisch ermitteln.

Nach dem *ASTM-Verfahren* (ASTM-Handbuch, S. 483) kann man auch Legierungen mit hohem Bleigehalt gemäß einem dem eben beschriebenen ähnlichen Verfahren untersuchen.

In Betriebsanalysen wird das nach W. PRICE[2] gefällte Bleichromat maßanalytisch bewertet [Eisen(II)-sulfat/Dichromat-Titration].

Beim *Schwefelsäure-Bromwasserstoffverfahren* löst man in Königswasser und raucht mit Schwefelsäure sowie Schwefelsäure und Bromwasserstoffsäure ab, um Zinn, Antimon sowie Arsen zu entfernen. Erkaltet und mit Wasser versetzt ergibt das Filtrat Bleisulfat, welches in Ammoniumacetat gelöst und zu Chromat umgesetzt wird. Kupfer läßt sich im Filtrat der Sulfatfällung elektrolytisch abscheiden (Betriebsv., Teil II, S. 274).

Höhere Bleigehalte können auch nach W. SAVELSBERG[3] als Chromat maßanalytisch bestimmt werden. Man zersetzt die Probe durch Salpetersäure, verdünnt mit heißem Wasser und filtriert die Zinnsäure ab. Das im Filtrat gefällte Bleichromat wird schließlich jodometrisch titriert.

Die *unmittelbare photometrische* Kupferbestimmung in Zinnlegierungen nach G. NORWITZ[4] beruht auf der Anfärbung des Kupfers mit Ammoniak aus einer Lösung heraus, die Phosphorsäure enthält, um Zinn sowie Antimon an einer Niederschlagsbildung zu hindern.

Um Kupferspuren *kolorimetrisch* zu ermitteln, trennt man den größten Teil des Bleis als Chlorid ab und hält zur Erzeugung der Tetramminfärbung Zinn sowie Antimon durch Tartrat in Lösung (Betriebsv., Teil II, S. 276).

Zu der *polarographischen* Untersuchung von Weißmetallen nach D. COZZI[5] wird die Bleistufe in Kalilauge als Grundlösung aufgenommen und die Kupferstufe in sulfit- sowie ammoniumchloridhaltiger Ammoniaklösung (ausgefällte Hydroxyde von Zinn, Antimon und Blei werden nicht abfiltriert).

Arsen. Arsen ist gewöhnlich nur in geringen Mengen zu berücksichtigen. Da es sich chemisch ähnlich verhält wie Antimon und meist ebenfalls maßanalytisch bestimmt wird, hängt die Genauigkeit der Arsenbestimmung sehr von der Schärfe der Arsen-Antimon-Trennung ab.

Leitverfahren. Arsen wird von Antimon gewöhnlich durch Überdestillieren des Arsentrichlorids getrennt. Diese Destillation muß in genauen Analysen, besonders wenn mehr als wenige % Antimon vorliegen, mit dem ersten Destillat wiederholt werden (Schiedsv., S. 100, ASTM-Handbuch, S. 481).

---

[1] Metall u. Erz Bd. 37 (1940) S. 293 — Siehe auch Schiedsv. S. 482.
[2] Metal Industry Bd. 71 II (1947) S. 399.
[3] Erzmetall Bd. 3 (1950) S. 47 — Siehe auch Betriebsv. Teil II, S. 274.
[4] Analyt. Chem. Bd. 20 (1948) S. 469.
[5] Analyt. Chem. Bd. 22 (1950) S. 204. — Siehe auch M. v. STACKELBERG: Polarographische Arbeitsmethoden, Berlin 1950, S. 186.

Bei *Betriebsuntersuchungen* genügt meist eine Destillation (Betriebsv., Teil I, S. 211, Teil II, S. 271, ASTM-Handbuch S. 472).

Zur *photometrischen* Bestimmung des Arsens als Molybdänblau muß stets nur einmal destilliert werden (ASTM-Handbuch, S. 487).

Leit- verfahren	wiederholte Destillation	Schwefelsäure oder Salzsäure/Eisenchlorid- Aufschluß	maßanalytisch
Betriebs- verfahren	einmalige Destillation	Schwefelsäure-Aufschluß	photometrisch
Schnell- verfahren	ohne Destillation	Salpeter-/Überchlorsäure- oder Schwefelsäure-Aufschluß	kolorimetrisch als Arsensol

Nach L. Silverman[1] kann man Arsen unmittelbar in Form einer kolloidalen Lösung von elementarem Arsen abschätzen, die in stark salzsaurer Lösung mit Hypophosphit erhalten wird.

Wismut, Eisen, Nickel, Aluminium, Zink, Cadmium. Wismut, Eisen, Aluminium und Zink kommen als Verunreinigungen vor. Nickel wird ziemlich selten als Zusatz benützt, Cadmium etwas häufiger.

Wismut ist auf trockenem Wege oder polarographisch erfaßbar (Betriebsv., Teil I, S. 212, Teil II, S. 275), ferner meist hinreichend genau photometrisch (ASTM-Handbuch, S. 473). Auch in dem nach dem Sulfidverfahren erhaltenen Bleiniederschlag läßt sich Wismut photometrisch bzw. kolorimetrisch ermitteln[2], dagegen bei der Bromidtrennung nur unter bestimmten Bedingungen (Betriebsv., Teil II, S. 274, ASTM-Handbuch, S. 473) da ein Teil des Wismuts flüchtig ist, wenn Brom-Bromwasserstoffsäure allein etwa nach dem Verfahren von H. Blumenthal[3] zur Entfernung von Zinn benützt wird.

Eisen und Nickel bleiben bei den zur Abtrennung von Zinn und Antimon verwendeten Verfahren stets mit Blei und Kupfer zusammen und werden nach dem Ausfällen dieser beiden gemäß folgender Verfahren bestimmt:

Eisen: Kolorimetrisch Nickel: Gewichtsanalytisch	Schiedsverfahren S. 101	Sulfid-Leitver- fahren
	Betriebsverfahren Teil II S. 274	Brom-Brom- wasserstoff- verfahren
Eisen und Nickel: Photometrisch	ASTM-Handbuch S. 493 bzw. 495	
Nickel: Polarographisch	Betriebsverfahren Teil II S. 274	

Aluminium und Zink bestimmt man am besten in Probelösungen, welche mit Hilfe von Brom-Bromwasserstoffsäure von Zinn und Antimon befreit wurden (Schiedsv., S. 482), so als Aluminiumphosphat bzw. als Zinkoxyd[1], oder (Zink) polarographisch (Betriebsv., Teil II, S. 275, ASTM-Handbuch, S. 476, 485).

Cadmium in erheblichen Gehalten wird am einfachsten durch Wägen vor und nach Sublimation im Vakuum bei Rotglut ermittelt[2] oder polarographisch (Betriebsv., Teil II, S. 275).

---

[1] Iron Age Bd. 164 (1949) S. 96.
[2] Price, W.: Metall Ind. Bd. 71 II (1947) S. 399 — Siehe auch Betriebsv. Teil II, S. 271 u. S. 273.
[3] Metall u. Erz Bd. 37 (1940) S. 233 — Siehe auch Schiedsv. S. 482.

XII. Spektrochemische Analyse.

Von **W. Seith**† und **H. de Laffolie**, Münster (Westf.).

A. Einleitung.

Die chemische Zusammensetzung eines metallischen Werkstoffs bildet die erste Grundlage seiner Beurteilung. Alle anderen Eigenschaften werden gewohnheitsgemäß mit seiner Zusammensetzung in Zusammenhang gebracht. So verstehen wir unter Stahl, Messing, Bronze Legierungen bestimmter Metallkombinationen. Auch die mannigfachen Legierungen der Leichtmetalle Aluminium und Magnesium sind nach ihrer chemischen Zusammensetzung abgegrenzt und mit bestimmten Bezeichnungen versehen. Bei der Herstellung einer Legierung für einen bestimmten Zweck sucht man zunächst die gewünschte Zusammensetzung zu erhalten, die die übrigen Eigenschaften, oder wenigstens die Möglichkeit, diese durch entsprechende Nachbehandlung zu erreichen, mit sich bringt. Die chemische Analyse stellt somit die wichtigste Untersuchungsform der metallischen Werkstoffe dar, und es ist nicht zu verwundern, daß man bestrebt ist, zur Analyse der Metalle alle modernen Hilfsmittel heranzuziehen, welche eine Vereinfachung des Analysengangs sowie eine Steigerung der Empfindlichkeit und Genauigkeit ermöglichen. Ein solches Prüfverfahren ist die spektrochemische Analyse, die sich aus mehreren Gründen ganz besonders zur Metallanalyse eignet. Während der letzten beiden Jahrzehnte wurden auf dem Gebiet der spektrochemischen Analyse große Fortschritte erzielt.

Die spektrochemische Analyse erlaubt die Bestimmung aller Metalle. In einer Reihe von Fällen gelingt es auch, nichtmetallische Elemente in die Analyse einzubeziehen. Wesentlich ist, daß es nur wenige und minder wichtige Elemente sind, die Schwierigkeiten bereiten, während die überwiegende Mehrzahl den normalen spektrochemischen Verfahren zugänglich ist.

Jede Atomart kann, wenn ihr bestimmte Energiemengen zugeführt werden, diese in Form von Licht wieder aussenden. Dieses Licht enthält einzelne diskrete Wellenlängen. Die Wellenlängen, die auftreten können, sind durch den Aufbau des betreffenden Atoms und nur durch diesen bedingt. Sie sind unabhängig davon, ob nur eine Atomart vorhanden ist (reines Metall) oder gleichzeitig mehrere verschiedene Atomarten vorhanden sind (Legierung). Hierdurch erkennt man schon einen wesentlichen Vorteil der spektrochemischen Analyse gegenüber der gewöhnlichen chemischen Analyse. Während dort die Stoffe durch chemische Operationen von ihren Begleitern getrennt werden müssen, ist es hier nur nötig, das ausgestrahlte Licht nach Wellenlängen zu trennen und zu identifizieren. Hierzu dient ein Spektralapparat. Durch photographische Aufnahme oder durch direkte Beobachtung wird das entstehende Spektrum festgehalten und ausgewertet.

Grundlagen und Technik der spektrochemischen Analyse sind in einer Reihe von Büchern[1] ausführlich beschrieben. In zusammenfassenden Berichten[2] ist der jeweilige Stand des Gebiets geschildert[3]. Zur Bezeichnung ist zu sagen: Die Anwendung der Spektroskopie auf chemische Probleme nennt man Spektrochemie und der Teil der Spektrochemie, der sich mit analytischen Fragen befaßt (Spektralanalyse) heißt spektrochemische Analyse (spectrochemical analysis).

Die für unsere Betrachtungen ausschlaggebende Tatsache ist, daß jedes angeregte Atom Licht definierter Wellenlängen aussendet, das zur Identifizierung dieses Elements dienen kann. Die Analyse des Lichts geschieht im Spektralapparat durch räumliche Trennung der verschiedenen Wellenlängen.

B. Spektrographen.

1. Prismenspektrographen.

Zur Zerlegung des Lichts in seine einzelnen Wellenlängen (Dispersion) dient entweder ein Prisma (Prismenspektrograph) oder ein Gitter (Gitterspektrograph). Die Dispersion im Prisma beruht darauf, daß sich der Brechungsindex n des Prismenmaterials mit der Wellenlänge λ des Lichts ändert und somit jede Wellenlänge um einen anderen Winkel abgelenkt wird. $D = -\dfrac{dn}{d\lambda}$ ist die Dispersion des Prismenmaterials. D ist für verschiedene Prismenmaterialien verschieden und ändert sich mit der Wellenlänge derart, daß D mit zunehmendem λ kleiner wird. Der für die spektrochemische Analyse wichtigste Spektralbereich liegt im Ultravioletten von 2000 bis 4000 Å (1 Å = 10^{-8} cm). Hier verwendet man vorwiegend Quarzprismen. Für den sichtbaren Bereich nimmt man zumeist

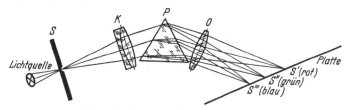

Abb. 1. Strahlengang im Prismenspektrographen.

Glasprismen. Abb. 1 zeigt den grundsätzlichen Aufbau eines Prismenspektrographen, wie man ihn bei kleinen und mittleren Geräten findet. Das zu unter-

[1] Zum Beispiel Brode, W. R.: Chemical Spectroscopy. 2. Aufl. New York 1949. — Harvey, C. E.: Spectrochemical procedures. Glendale, Calif. 1950. — Michel, P.: La Spectroscopie d'émission. Paris 1953. — Moritz, H.: Spektrochemische Betriebsanalyse. 2. Aufl. Stuttgart 1956. — Nachtrieb, N. H.: Principles and practice of spectrochemical analysis. New York 1950. — Sawyer, R. A.: Experimental spectroscopy. 2. Aufl. New York 1951. — Seith, W., u. K. Ruthardt: Chemische Spektralanalyse. 5. Aufl. Berlin 1958. — Twyman, F.: Metal spectroscopy. London 1951.

[2] Zum Beispiel Seith, W.: Z. Elektrochem. Bd. 48 (1942) S. 33 — Seith, W.: Spektralanalyse, Naturforschung und Medizin in Deutschland 1939—1946. (FIAT review) Bd. 29, S. 92—123. — Rollwagen, R.: Spectrochim. Acta Bd. 3 (1949) S. 603.

[3] Um die Ergebnisse der Forschung auf dem Gebiet der Spektrochemie zu sammeln, wurde im Jahre 1939 ein eigenes Forschungsarchiv (Spectrochimica Acta) gegründet, das bis Kriegsende im Verlag Julius Springer, Berlin erschien und heute in den Händen des Verlages Pergamon Press, London und New York ist.
In den USA bringt die „Society for Applied Spectroscopy" eine eigene Zeitschrift heraus.
Ein Referatenorgan, in dem alle seit 1933 veröffentlichten spektrochemischen Arbeiten referiert werden, ist „Spectrochemical Abstracts" (Hilger and Watts, London).

suchende Licht fällt zunächst auf einen Spalt S. Dieser liegt in der Brennebene einer Linse K, des Kollimators. Im Prisma P wird das Licht abgelenkt und zerlegt, so daß jeder Wellenlänge eine bestimmte Richtung zukommt. Eine zweite Linse O, die Kameralinse, sammelt nun die aus der ganzen Prismenfläche austretenden Strahlen wieder und entwirft stigmatische Bilder S', S'', S''' des Spalts, die je nach der Wellenlänge des Lichts, mit der der Spalt beleuchtet wird, an einer bestimmten Stelle der Photoplatte erscheinen. Bei der Beleuchtung des Spalts mit solchem Licht, das aus verschiedenen diskreten Wellenlängen zusammengesetzt ist, liefert jede Wellenlänge ein eigenes Spaltbild. Es entstehen also so viele Spaltbilder, wie das eingestrahlte Licht verschiedene Wellenlängen enthält. Da die Spaltbilder schmale Linien sind, hat sich hierfür die Bezeichnung

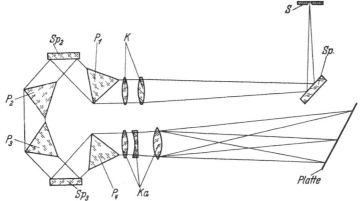

Abb. 2. Strahlengang im Vier-Prismen-Quarzspektrographen von Fueß, Berlin–Steglitz.
S Spalt; Sp_1 bis Sp_3 Spiegel; K Kollimator; P_1 bis P_4 Prismen; Ka Kameraobjektiv.

Spektrallinien eingebürgert. Die Spaltbilder entstehen in der Brennebene der Linse O. Die Brennweite dieser Linse ist aber von der Wellenlänge abhängig (keine chromatische Korrektur), deshalb steht die Platte schräg vor der Kameralinse.

In größeren Geräten sind entweder mehrere Prismen eingebaut (Abb. 2), oder es wird die LITTROW-Aufstellung angewendet, bei der das Licht Prisma und Linse zweimal durchläuft, was eine wesentliche Einsparung an Prismen- und Linsenmaterial mit sich bringt (Abb. 3). Die Abb. 4 und 5 zeigen je einen Spektrographen mittlerer Dispersion, Abb. 6 zeigt einen großen LITTROW-Spektrographen.

Die für die Leistungsfähigkeit eines Spektrographen wichtigsten Eigenschaften sind die Dispersion und das

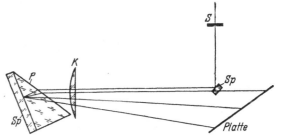

Abb. 3. Strahlengang im LITTROW-Spektrographen.
S Spalt; Sp Spiegel; K Kollimator; P Prisma.

Auflösungsvermögen. Haben zwei Spektrallinien mit dem Wellenlängenunterschied $\Delta\lambda$ (in Å) auf dem Strahlungsempfänger (Photoplatte, Film) den Abstand Δa (in mm), dann ist die „lineare Dispersion" $\frac{\Delta a}{\Delta\lambda}$ (mm/Å). In der Praxis verwendet man jedoch zumeist den Kehrwert dieses Ausdrucks und versteht

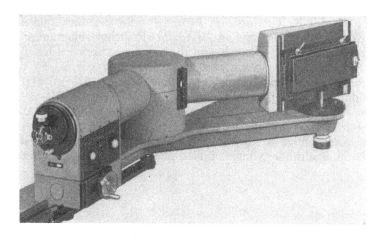

Abb. 4. UV-Spektrograph „Q 24" von Carl Zeiss.

Abb. 5. Quarzspektrograph 110 M von Fueß, Berlin-Steglitz.

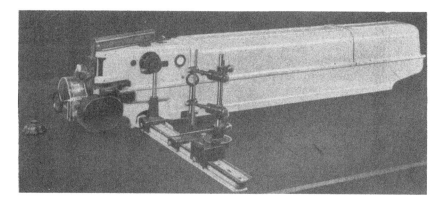

Abb. 6. Großer Quarz- und Glasspektrograph von Hillger and Watts Ltd., London.

unter „Dispersion des Spektrographen" (Å/mm) denjenigen Wellenlängenabstand in Å, den 2 Spektrallinien haben, die auf dem Strahlungsempfänger
1 mm auseinanderliegen. Ein kleiner Zahlenwert bedeutet somit eine große
Dispersion. Unter dem Auflösungsvermögen R versteht man folgendes:
Werden bei unendlich schmalem Spektrographenspalt zwei gleich starke
Spektrallinien mit den Wellenlängen λ und $\lambda + \varDelta\lambda$ gerade noch voneinander getrennt wahrgenommen, dann ist $R = \dfrac{\lambda}{\varDelta\lambda}$. Das (theoretische) Auflösungsvermögen R_0 eines Prismenspektrographen errechnet sich zu $R_0 = -b\dfrac{dn}{d\lambda}$,
wobei b die Länge der Prismenbasis ist (in einem Mehrprismengerät ist für b
die Summe der Basislängen aller Prismen zu setzen). In guten Apparaten erreicht R praktisch R_0. Das Auflösungsvermögen ist durch die Beugung des Lichts
in der Kameraöffnung begrenzt. Im allgemeinen wird ein Spektrograph so konstruiert, daß sein Auflösungsvermögen dem Auflösungsvermögen guter photographischer Emulsionen angepaßt ist. Ein solcher Spektrograph heißt auch
Normalspektrograph.

Das Spektrum wird meist auf 240 mm langen Platten aufgenommen. Bei
Spektrographen mittlerer Dispersion wird der Wellenlängenbereich von 2200
bis 5000 Å mit einer einzigen Aufnahme erfaßt. Diese Geräte sind somit starr
aufgebaut. Bei den Spektrographen großer Dispersion sind für den genannten
Bereich mehrere Aufnahmen erforderlich; die Geräte müssen für jeden Wellenlängenbereich besonders eingestellt werden, was bei modernen Apparaten durch
Verstellen an einer einzigen Wellenlängentrommel geschieht.

Die Lichtstärke des Spektrographen, die maßgeblich durch das Öffnungs-
verhältnis der Kamera bestimmt ist, hat keine so große Bedeutung. Lediglich
für die Untersuchung sehr lichtschwacher Erscheinungen (Ramanspektroskopie)
baut man Spektrographen mit großer Lichtstärke.

2. Gitterspektrographen.

Im Gitterspektrographen erfolgt die Dispersion durch Beugung des Lichts
an einem Strichgitter, wobei jede Wellenlänge um einen anderen Winkel ge-
beugt wird. Die Dispersion ist dabei (im Gegensatz zum Prismenspektrographen)
praktisch unabhängig von der Wellenlänge. Während aber bei einem Prisma
von jeder diskreten Wellenlänge nur ein einziges Spaltbild entsteht, entstehen
bei einem Gitter gleichzeitig mehrere Spaltbilder. Im Gitterspektrographen
treten die Spektren in mehreren Ordnungen auf, die sich zum Teil überlagern.
Zum Beispiel fällt eine Spektrallinie von 2500 Å im Spektrum zweiter Ordnung
mit einer Spektrallinie von 5000 Å im Spektrum erster Ordnung zusammen.
Verwendet werden entweder Plangitter oder Hohlgitter. Die Gitter werden in
spiegelndes Metall geschnitten, wobei auf 1 mm bis zu 1200 Gitterstriche
kommen. Durch Fehler bei der Herstellung der Gitter entstehen in der Nach-
barschaft von starken Spektrallinien Nebenlinien, sog. „Geister". Bei guten
Gittern ist die Intensität der „Geister" nur 0,1% von der Intensität der zugehörigen Hauptlinien. Unter Umständen kann aber doch ein „Geist" einer
starken Linie des Grundelements der Probe mit einer Nachweislinie eines
Spurenelements verwechselt werden.

Abb. 7 zeigt die Aufstellung eines Hohlgitters nach C. RUNGE und F. PASCHEN.
Spalt S, Gitter Gi und der Film (Strahlungsempfänger) liegen auf dem Umfang
eines Kreises (ROWLAND-Kreis), dessen Durchmesser gleich dem Krümmungsradius des Gitters ist. Spalt und Gitter stehen fest; lediglich die Filmkassette
ist zum Einstellen des gewünschten Spektralbereichs beweglich. Als weitere

Gitteraufstellung unter Verwendung des ROWLAND-Kreises sei die EAGLE-Aufstellung erwähnt. Hier werden beim Wechsel des Spektralbereichs Gitter und Filmkassette bewegt. Der ganze Spektrograph wird dadurch gegenüber der

RUNGE-PASCHEN-Aufstellung erheblich raumsparender. Die Gitterspektrographen unter Verwendung des ROWLAND-Kreises zeigen Astigmatismus. Die Spektrallinien sind wohl der Breite nach scharf, sind aber ihrer Länge nach nicht scharf begrenzt. Bei diesen Geräten kann man z. B. am Spalt kein Stufenfilter anbringen, es sei denn, daß zusätzlich Zylinderlinsen eingebaut werden. Frei von Astigmatismus sind Hohlgitterspektrographen in der Aufstellung nach F. L. O. WADSWORTH (Abb. 8). Das vom Spalt S ausgehende Licht geht über einen Hohlspiegel Sp und

Abb. 7. Hohlgitteraufstellung nach RUNGE-PASCHEN.

fällt als paralleles Bündel auf das Gitter Gi, von wo aus es auf den Film fokussiert wird. Abb. 9 zeigt die Aufstellung eines Plangitters nach H. EBERT. Das Licht fällt vom Spalt S auf einen Hohlspiegel Sp, von dort als paralleles Bündel auf das Plangitter Gi, wieder auf den Spiegel und von hier auf die Platte. Die Dispersion im Gitterspektrographen ist um so größer, je enger die einzelnen Gitterstriche aneinanderliegen und je größer der Abstand vom Gitter bis

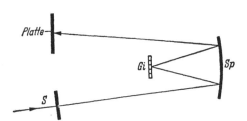

Abb. 8. Hohlgitteraufstellung nach WADSWORTH.

Abb. 9. Plangitteraufstellung nach EBERT.

zum Strahlungsempfänger ist. Das Auflösungsvermögen ist durch die einfache Gleichung $R_0 = n\,N$ gegeben, worin n die Ordnungszahl des Spektrums und N die Gesamtzahl der Gitterstriche bedeutet. Bei einem Gitterspektrographen nach F. L. O. WADSWORTH ist der Abstand vom Gitter bis zum Strahlungsempfänger nur rund halb so groß wie bei dem gleichen Gitter in der Aufstellung nach L. RUNGE und F. PASCHEN. Die Dispersion ist daher hier nur halb so groß. Das Auflösungsvermögen ist jedoch in beiden Fällen das gleiche.

Abb. 10 zeigt einen universell verwendbaren großen Gitterspektrographen mit zwei Plangittern in EBERT-Aufstellung. Die beiden Gitter sind unabhängig voneinander. Mit diesem Gerät können in einer Aufnahme zwei verschiedene Spektralbereiche mit verschiedener Dispersion gleichzeitig aufgenommen werden (s. auch Abb. 14).

Abb. 11 zeigt die Teilansicht eines weiteren großen Plangitterspektrographen. Das Besondere an diesem Gerät ist der „Order Sorter". Durch ein Geradsichtprisma zwischen Lichtquelle und Spalt wird das Licht vorzerlegt, wodurch der Spalt der Höhe nach mit Licht aus verschiedenen Spektralbereichen beleuchtet wird. Auf der Platte erscheinen dann die einzelnen Spektralbereiche untereinander und jeweils in einer anderen Ordnung. Hierdurch kann man einerseits mit einer einzigen Aufnahme bei großer Dispersion einen großen Wellenlängenbereich erfassen und andererseits auch, ohne daß Überlagerungen auftreten, mit hohen Ordnungen arbeiten, wodurch man zu sehr großer Dispersion kommt.

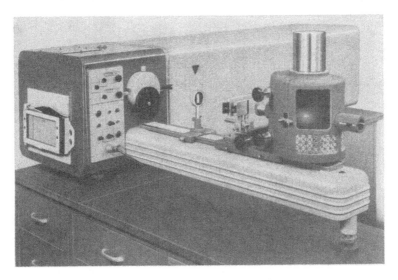

Abb. 10. Doppelgitterspektrograph von Bausch and Lomb Optical Co., Rochester, N. Y

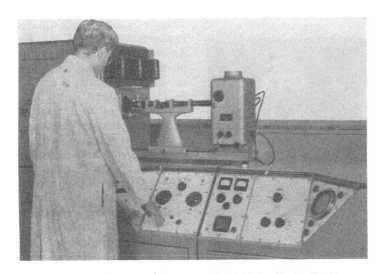

Abb. 11. EBERT-Plangitterspektrograph von Jarrel-Ash Co., Newtonville, Mass.

Zum Beispiel erhält man in der 24sten Ordnung eine Dispersion von 0,25 Å/mm (Dispersion in der ersten Ordnung 5 Å/mm).

Ein weiteres Gerät, mit dem man eine extrem große Dispersion (verbunden mit „guter" Lichtstärke) erzielen kann, ist der Echelle-Spektrograph. Dies ist ein LITTROW-Spektrograph, bei dem hinter dem Prisma an Stelle des Spiegels (Abb. 3) ein Plangitter mit besonders profilierten Gitterstrichen, das sogenannte „Echelle", angebracht ist. Die Dispersionsrichtung des Echelles ist senkrecht zu der des Prismas. Abb. 12 zeigt einen Echelle-Spektrographen. Das Echelle ist leicht gegen einen Spiegel auszuwechseln, womit das Gerät dann als einfacher

Abb. 12. LITTROW-Echelle-Spektrograph von Bausch and Lomb Optical Co., Rochester, N.Y.

LITTROW-Spektrograph arbeitet. Abb. 13 zeigt übereinanderkopiert einen Ausschnitt aus dem Eisenspektrum mit dem Fe-Triplett bei 3100 Å[1], einmal mit einem LITTROW-Spektrographen (senkrechte Linien) und einmal mit einem Echelle-Spektrographen aufgenommen (waagerechte Linien). Als Beispiel der Anwendung eines Echelle-Spektrographen für spektrochemische Analysen sei die Bestimmung von Stickstoff in Stahl angeführt[2].

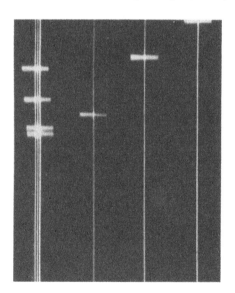

Abb. 13. LITTROW- und Echelle-Spektrum des Fe-Tripletts bei 3100 Å.

In Abb. 14 sind Spektralbereiche und Dispersion verschiedener Spektrographen aufgetragen. In Tab. 1 werden Dispersion und Auflösung eines 175 cm-LITTROW-Spektrographen und eines 150 cm-Gitterspektrographen (RUNGE-PASCHEN-Aufstellung, Gitter mit 960 Strichen pro mm) miteinander verglichen. Unter Auflösung ist der gerade noch zu trennende Wellenlängenabstand $\Delta\lambda$ eingetragen. Auffällig ist, daß bei kurzen Wellenlängen trotz der viel größeren Dispersion die Auflösung des Prismenspektrographen nicht viel größer ist als die des Gitterspektrographen im Spektrum erster Ordnung.

[1] Die Prüfung darauf, ob dieses Triplett aufgelöst wird, liefert eines der ersten Urteile über die Eigenschaften eines Spektrographen. Mittlere Spektrographen (Abb. 4 und 5) vermögen dieses Triplett in drei Linien aufzulösen. Die Wellenlängen sind: 3100,67; 3100,30; 3099,97 und 3099,90 Å.

[2] BUNGE, E. F., u. F. R. BRYAN: Appl. Spectr. Bd. 10 (1956) S. 68.

Tabelle 1. *Vergleich von Dispersion und Auflösung bei Prisma und Gitter.*

Wellenlänge λ in Å	175 cm LITTROW-Spektrograph		150 cm Gitterspektrograph			
			Spektrum 1. Ordnung		Spektrum 2. Ordnung	
	Dispersion in Å/mm	Auflösung Δλ in Å	Dispersion in Å/mm	Auflösung Δλ in Å	Dispersion in Å/mm	Auflösung Δλ in Å
2000	1,2	0,020	7	0,040	3,5	0,020
2500	2,5	0,058	7	0,051	3,5	0,026
3000	4,6	0,136	7	0,061	3,5	0,031
3500	7,2	0,269	7	0,072	3,5	0,036
4000	11,5	0,476	7	0,082	3,5	0,041

Über den Vergleich von Gitter und Prisma für spektrochemische Analysen siehe [1] und [2].

3. Lichtführung.

Für die Lichtführung von der Lichtquelle zum Spektrographen gelten im allgemeinen folgende Gesichtspunkte:

1. Es soll möglichst viel Licht in den Spektrographen hineinkommen.

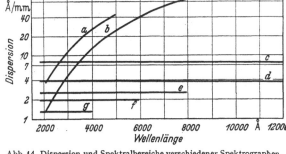

Abb. 14. Dispersion und Spektralbereiche verschiedener Spektrographen. *a* Fuess 110 M; *b* Fues 110 H; *c* bis *g* Bausch and Lomb Doppelgitterspektrograph; *c* Gitter 1, erste Ordnung; *d* Gitter 2, erste Ordnung und Gitter 1, zweite Ordnung; *e* Gitter 1, dritte Ordnung; *f* Gitter 2, zweite Ordnung; *g* Gitter 2, dritte Ordnung.

2. Der Spektrographenspalt soll über seine ganze Länge die gleiche Leuchtdichte haben.

Beide Forderungen werden erfüllt, wenn die Lichtquelle durch eine möglichst dicht vor dem Spalt angebrachte Linse in der Öffnungsblende des Spektrographen abgebildet wird, und zwar so, daß das Bild der Lichtquelle die Blende vollständig ausfüllt[3]. Die sehr häufig angewendete Lichtführung ist die mit

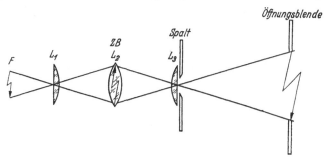

Abb. 15. Ausleuchtung des Spektrographen mit Zwischenabbildung.

Zwischenabbildung der Lichtquelle (Abb. 15). Die Linse L_1 bildet die Lichtquelle F in der Ebene ZB ab; die Linse L_2 bildet L_1 auf dem Spalt ab; die Linse L_3 bildet L_2 (und damit auch F) in der Öffnungsblende des Spektrographen ab.

---

[1] GATTERER, A.: Spectrochim. Acta Bd. 5 (1952) S. 30.
[2] SCHUHKNECHT, W.: Z. analyt. Chem. Bd. 136 (1952) S. 81.
[3] Die Öffnungsblende eines Prismenspektrographen ist die Kameralinse bzw. der Kollimator; die Öffnungsblende eines Gitterspektrographen ist das Gitter.

Durch einen links von F angebrachten Hohlspiegel kann man die Lichtquelle in sich selbst abbilden, wodurch die in den Spektrographen gehende Lichtmenge annähernd verdoppelt wird[1]. In manchen Fällen wird auch die Lichtquelle auf dem Spalt abgebildet.

Ist F in Abb. 15 eine strichförmige, parallel zum Spalt laufende Lichtquelle, dann geht bei weit geöffnetem Spalt durch die Mitte der Öffnungsblende (als Bild von F) ein senkrechter Strich. Wird die Spaltweite verringert, dann wird zunächst der Strich in der Öffnungsblende dunkler (Blendenwirkung des Spalts). Gleichzeitig macht sich aber auch die Beugung des Lichts am Spalt bemerkbar. Der Strich in der Öffnungsblende verbreitert sich mit abnehmender Spaltweite (Beugungsbild nullter Ordnung) und zeigt zu beiden Seiten die Beugungsbilder der höheren Ordnungen. Diejenige Spaltbreite, bei der die Halbwertsbreite des Beugungsbilds nullter Ordnung gleich dem Durchmesser der Öffnungsblende ist, nennt man die „förderliche Spaltweite". Bei dieser förderlichen Spaltweite geht noch der größte Teil des in den Spalt einfallenden Lichts durch die Öffnungsblende hindurch. Wird der Spalt über die förderliche Spaltweite hinaus weiter geöffnet, dann werden die Spektrallinien zwar breiter, aber nur unwesentlich stärker. Unterhalb der förderlichen Spaltweite nimmt die Stärke der Spektrallinien sehr rasch ab. Bei qualitativen Analysen und insbesondere bei der Spurensuche soll man stets die förderliche Spaltweite einstellen. Bei quantitativen Analysen hingegen stellt man zweckmäßigerweise eine größere Spaltweite ein, um breitere Spektrallinien zu erhalten, die für die photographisch-photometrische Messung günstiger sind. Bei Spektrographen mittlerer Dispersion (Abb. 4 und 5) beträgt die förderliche Spaltweite etwa 4 bis 10 μ. Für quantitative Analysen werden Spaltweiten von 20 bis 40 μ empfohlen.

Abb. 16. Funkenstativ von Steinheil, München.

C. Lichtquellen.

1. Allgemeines.

Der Lichtquelle fällt die Aufgabe zu, die Probe zu verdampfen (eventuell vorhandene Verbindungen in die Atome zu zerlegen) und den Dampf zum Leuchten anzuregen. Die Verwendung der Flamme als spektrochemische Lichtquelle hat im Laufe der Zeit zu einer eigenen Arbeitsmethodik, der Flammenphotometrie oder Flammenspektrometrie geführt, worauf hier nicht näher eingegangen

---

[1] Nordmeyer, M.: Spectrochim. Acta Bd. 7 (1955) S. 128.

wird. Die für unsere Betrachtungen in Frage kommenden Lichtquellen sind der elektrische Funke und der Lichtbogen.

Die zu untersuchende metallische Probe wird als die eine Elektrode in ein Funkenstativ gespannt. Als zweite Elektrode dient entweder ein weiteres Stück der gleichen Probe oder reine Kohle (sogenannte Spektralkohle), in manchen Fällen auch ein reines Metall, z. B. Cu oder Ag. Das Funkenstativ wird mit dem Ausgang eines Funken- oder Bogengenerators verbunden. Hat man stäbchenförmige Proben (die am häufigsten verwendete Probenform), nimmt man ein Stativ nach Abb. 16; für Proben beliebiger Form nimmt man ein Stativ nach Abb. 17 und für Proben mit ebener Fläche (Scheiben oder Quader) ein Stativ nach Abb. 18 (siehe auch Abb. 27).

2. Hochspannungsfunke.

Heute werden fast nur noch sogenannte gesteuerte Funkenerzeuger verwendet. Sehr verbreitet ist der FEUSSNER-Funkenerzeuger, dessen Grundschaltung Abb. 19 zeigt. Der Hochspannungstransformator T lädt den Kondensator C ($\approx 3000\,\mathrm{pF}$) auf etwa $12\,\mathrm{kV}$ auf. St, das Steuerorgan, ist ein synchron mit der Netzfrequenz rotierender Unterbrecher, der so justiert ist, daß er jedesmal dann schließt, wenn C auf die Scheitelspannung aufgeladen ist. Wenn St schließt, zündet die Analysenfunkenstrecke AF und der Kondensator entlädt sich über die Selbstinduktion L, AF und St. Ein Einzelfunke dauert etwa 10^{-5} bis 10^{-4} Sekunden und besteht aus einigen Schwingungen eines hochfrequenten Wechselstrombogens, dessen Frequenz im wesentlichen durch L und C festgelegt ist. Die Brennspannung des Bogens beträgt etwa $60\,\mathrm{V}$, die Spitzenstromstärke geht bis $1000\,\mathrm{A}$.

Abb. 17. Universalelektrodenhalter zum Funkenstativ von Steinheil, München.

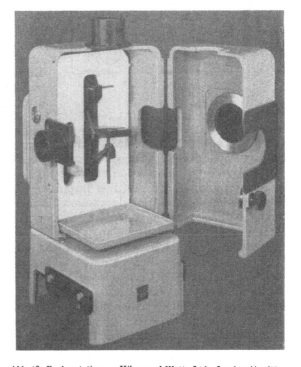

Abb. 18. Funkenstativ von Hilger and Watts Ltd., London (Ausführung für Flachproben, mit anderem Elektrodenhalter auch für stabförmige Elektroden).

Die Kondensatorentladung läßt sich auch durch eine feststehende Steuerfunkenstrecke (SF in Abb. 20) steuern. Die Analysenfunkenstrecke ist durch einen hochohmigen Widerstand R_2 überbrückt; vor der Zündung liegt dadurch

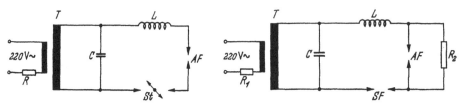

Abb. 19. Grundschaltung des FEUSSNER-Funkenerzeugers.   Abb. 20. Funkenerzeuger mit feststehender Steuerfunkenstrecke.

die ganze Kondensatorspannung an SF. Sobald an SF die Überschlagsspannung erreicht ist, zündet SF und praktisch die gesamte Kondensatorspannung liegt nun an AF, worauf auch AF zündet. Die handelsüblichen Funkenerzeuger beruhen durchweg auf den Grundschaltungen von Abb. 19 oder 20. Transformatorspannung, C und L sind in weiten Grenzen variierbar, wodurch die Anregungsbedingungen in weiten Grenzen den gerade vorliegenden Bedürfnissen angepaßt werden können. Die Funkenfolge, d. h. die Anzahl der Einzelfunken je Sekunde, ist durch die Netzfrequenz gegeben, bei dem üblichen 50 Hz-Netz gehen pro Sekunde 100 Funken über.

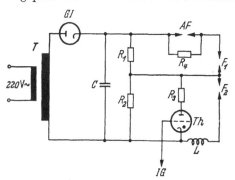

Abb. 21. BARDOCZ-Funkenerzeuger.

Ein anderes Prinzip der Steuerung ist von A. BARDOCZ[1] angegeben. Abb. 21 zeigt die Schaltung. Der Hochspannungstransformator T lädt über die Gleichrichterröhre Gl den Kondensator C auf. Durch den hochohmigen Spannungsteiler R_1, R_2 (je etwa 100 MΩ) wird die Spannung an C halbiert, so daß vor der Zündung an den beiden Hilfsfunkenstrecken F_1

und F_2 je die halbe Kondensatorspannung liegt. F_1 und F_2 sind so justiert, daß sie bei dieser Spannung gerade noch nicht zünden. Das Gitter der Thyratronröhre Th ist negativ vorgespannt, wodurch diese Röhre sperrt. Gelangt nun von einem Impulsgenerator IG ein positiver Impuls an das Gitter von Th, so zündet Th. Hierdurch kommt praktisch die gesamte Kondensatorspannung an F_1, worauf F_1 zündet. Nun liegt fast die ganze Kondensatorspannung an AF. AF zündet, worauf die Kondensatorspannung nun an F_2 liegt (R_3 ist hinreichend hochohmig) und F_2 auch zündet. Jetzt spielt sich die eigentliche Entladung in dem Kreis C, AF, F_1, F_2, L ab. Der normale Betrieb des Geräts ist so, daß während der einen Halbwelle der Netzfrequenz C aufgeladen wird und während der anderen Halbwelle (wenn Gl sperrt) der Funke gezündet wird. Für die hier gezeichnete Schaltung ergibt sich damit eine Funkenfolge von 50 Funken je Sekunde. Es lassen sich aber leicht durch das Netz synchronisierte Impulsgeneratoren bauen, deren Impulsfolge irgendein rationaler Bruchteil der Netzfrequenz ist, z. B. 50, 25, $12^1/_2$, wodurch sich die Funkenfolge weitgehend verändern läßt.

---

[1] Spectrochim. Acta Bd. 7 (1955) S. 307; Bd. 8 (1956) S. 152.

3. Bogen.

Die einfachste Anordnung für einen Gleichstrombogen zeigt Abb. 22. Der Bogen wird mechanisch durch Berührung der Elektroden gezündet (die meisten Funkenstative sind für mechanische Zündung eingerichtet). Der Bogen (Dauerbogen) brennt so lange, bis von außen die Stromzufuhr unterbrochen wird. Ein Nachteil dieses Dauerbogens ist, daß sich die Elektroden sehr stark erhitzen und wegschmelzen, versprühen oder zum Glühen kommen und „weißes" Licht ausstrahlen, das zu einem störenden Untergrund führt.

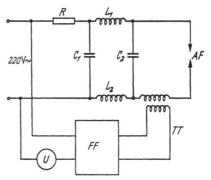

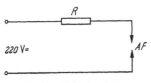

Abb. 22. Gleichstrombogen.

Abb. 23. PFEILSTICKER-Abreißbogen.

Zweckmäßiger sind Abreißbögen. Abb. 23 zeigt die in Deutschland weitverbreitete Anordnung des Wechselstromabreißbogens nach K. PFEILSTICKER. Gezündet wird mit hochgespannter Hochfrequenz. Zur Zündung dient der FEUSSNER-Funkenerzeuger (FF), dessen Ausgang an die Primärwicklung eines Teslatransformators TT gelegt ist. C_1, C_2, L_1 und L_2 sind Siebglieder, die verhindern sollen, daß Hochfrequenz in das Netz gelangt. In dem Augenblick, in dem die Netzspannung gerade ihren Scheitelwert erreicht, entstehen in FF hochfrequente Schwingungen, die durch TT übertragen an AF gelangen, worauf in AF ein sehr lichtschwacher Funke übergeht, der den Bogen zündet. Nach etwas weniger als einer viertel Periode der Netzfrequenz, nämlich dann, wenn die Netzspannung unter die Bogenbrennspannung gesunken ist, reißt der Bogen ab. Sobald nun, mit umgekehrter Polarität, wieder die Scheitelspannung des Netzes erreicht ist, wird AF erneut gezündet und so fort. Im Eingang des Funkenerzeugers liegt noch ein rotierender Schalter U, der den Funkenerzeuger periodisch ein- und ausschaltet, z. B. $^1/_3$ s ein, $^2/_3$ s aus. Zur Zündung des Abreißbogens läßt sich auch mit Vorteil der BARDOCZ-Funkenerzeuger verwenden. Wird dieser mit einem Impulsgenerator gesteuert, der in der Sekunde 50, 25, $12^1/_2$ usw. Impulse liefert, dann brennt, trotz Stromversorgung mit Wechselstrom, in AF ein Gleichstromabreißbogen, der jeweils etwas kürzer als eine viertel Periode der Netzfrequenz brennt und in einer Sekunde 50, 25, $12^1/_2$ usw. mal gezündet wird.

4. Niederspannungsfunke.

Schaltet man in Abb. 23 an Stelle des Siebkondensators C_2 einen großen Kondensator ein (20 bis 100 μF), dann tritt in AF eine stromstarke, funkenartige Entladung, der sogenannte Niederspannungsfunke auf. Nimmt man einen sehr großen Kondensator (1000 μF) und hält man außerdem die Selbstinduktion des Teslatransformators sowie die ohmschen Widerstände im Entladungskreis möglichst klein, dann tritt ein Niederspannungsfunke mit einer Stromstärke von über 1000 A auf (PFEILSTICKER-Funke), in dem auch die schwer anregbaren Elemente (Halogene), deren Spektren im Bogen und im FEUSSNER-

Funken nicht erscheinen, angeregt werden[1]. Der Pfeilsticker-Funke muß natürlich mit Gleichspannung versorgt werden.

Wird der Niederspannungsfunke nicht unmittelbar von dem 220 V-Netz versorgt, sondern die Spannung erst auf 500 bis 2000 V herauftransformiert, dann geht der Niederspannungsfunkenerzeuger in einen „Mittelspannungs-funkenerzeuger" über. Im Entladekreis ist zur Begrenzung der Stromstärke meist noch ein Dämpfungswiderstand angebracht.

In industriemäßig hergestellten Funkenerzeugern sind häufig Hochspannungs-funken-, Niederspannungsfunken- und Bogengenerator in einem Gerät ver-einigt und werden mitunter mit dem Spektralapparat zu einer geschlossenen Einheit aufgebaut (Abb. 11, 30 bis 33).

5. Vergleich von Funke und Bogen.

Im Funken und Bogen werden die Atome im wesentlichen durch Elektronen-stoß angeregt. Die Geschwindigkeit der Elektronen ist im Bogen verhältnismäßig klein; damit ist auch die Energie, die ein Elektron beim Stoß auf ein Atom übertragen kann, gering. Im Bogen werden im wesentlichen nur diejenigen Spektrallinien auftreten, deren Grundzustand das neutrale Atom ist. Man be-zeichnet den Bogen als eine „weiche" Lichtquelle. Im Funken hingegen ist die Elektronengeschwindigkeit groß; außer den „Bogenlinien" werden auch die zu den Ionen gehörenden Linien angeregt (Funkenlinien). Den Funken nennt man eine „harte" Lichtquelle. Das Spektrum des Funkens ist linienreicher als das des Bogens. Dazu kommt im Funken im allgemeinen noch eine ziemlich starke Konti-nuumstrahlung (Untergrund). Die umgesetzte Energie und damit auch die Strah-lungsintensität ist im Bogen groß, im Funken klein. Der Bogen ist eine starke, der Funke eine schwache Lichtquelle. Der Bogen eignet sich besonders für quali-tative Analysen (Spurensuche), während der Funke im allgemeinen für quanti-tative Analysen geeigneter ist.

D. Qualitative Analyse.

Es wurde früher betont, daß jede Atomart eine mehr oder weniger große Anzahl von Linien liefert, die für die betreffende Atomart charakteristisch sind. Diejenigen von ihnen, die mit abnehmender Konzentration des betreffenden Elements zuletzt verschwinden, nennt man „Restlinien" oder auch „letzte Linien". Es sind dies meist die sogenannten Grundlinien, d. h. diejenigen, die mit dem geringsten Energieaufwand angeregt werden können. In manchen Fällen liegen diese Grundlinien jedoch für die Analyse ungünstig. Man hat daher den Begriff der „Analysenlinien" eingeführt und bezeichnet damit einfach diejenigen Linien, die für die praktische Analyse in Betracht kommen. Diese sind in einer Reihe von Werken zusammengestellt.

Bei der Durchführung einer qualitativen Analyse wird man nun nicht eine große Zahl von Linien eines bestimmten Elements aufzusuchen haben, sondern es genügt die Anwesenheit einer oder einiger der empfindlichsten Linien des betreffenden Elements, um dessen Vorhandensein eindeutig festzulegen. Man wird dabei so vorgehen, daß man zunächst diejenige Linie aufsucht, welche als die empfindlichste angegeben ist. Bei ihrem Vorhandensein wird man zur Kon-trolle noch weitere Linien aufsuchen. Dies ist wichtig, wenn das gesuchte Element

---

[1] Pfeilsticker, K.: Spectrochim. Acta Bd. 1 (1940) S. 424 — Mikrochim. Acta (1955) S. 358.

nur in geringer Menge vorhanden ist, die nachzuweisenden Linien also schwach
sind.

Zur Auswertung projiziert man das Spektrum mit einem Spektrenpro-
jektor auf einen weißen Schirm oder auf eine Mattscheibe (Abb. 26, 37).
Hat man eine Wellenlängenskala mit aufgenommen (Spektrographen mittlerer
Dispersion haben zumeist eine leicht aufkopierbare Wellenlängenskala), kann
man an Hand dieser Skala eine erste Orientierung vornehmen. Kommt es darauf
an, die Wellenlänge einer Linie möglichst exakt zu bestimmen, um z. B. die
Verwechslung mit einer eng benachbarten auszuschließen, so muß man die
Lage der Linie zu den nächsten bekannten Nachbarlinien ausmessen und ihre
Wellenlänge interpolieren. Mit Vorteil vergleicht man das Spektrum mit einem

Abb. 24. Ausschnitt aus dem Eisenspektrum, wie man es zur Wellenlängeninterpolation benutzt (nach SCHEIBE).

gleichzeitig aufgenommenen Eisenspektrum, dessen Linienreichtum nur kleine
Interpolationsstrecken notwendig macht. Mit Hilfe einer Stufenblende, mit
der man verschiedene Stellen des Spektrographenspalts abdecken kann, werden
die beiden Spektren, ohne die Platte verschieben zu müssen, so nacheinander
aufgenommen, daß sie sich eben berührend übereinanderliegen. Bei der Projektion des Spektrums kann man ein Eisenspektrum auf Papier, das in der
gleichen Vergrößerung aufgenommen ist, direkt an das zu untersuchende anlegen. Ein solches Eisenspektrum (Abb. 24), in dem viele Linien bezeichnet
und dessen übrige Linien in einer Tabelle zusammengestellt sind, wurde von
G. SCHEIBE und Mitarbeitern herausgegeben[1,2]. Wenn man sich im Spektrum
eines Elements rasch orientieren will, benutzt man mit Vorteil den Atlas der
Restlinien von A. GATTERER und E. JUNKES[3].

Am sichersten geht man bei der Durchführung einer qualitativen Analyse
so vor, daß man mit Hilfe einer Stufenblende eine Aufnahme der Probe mit

---

[1] Zu beziehen durch R. Fueß, Berlin-Steglitz.

[2] Weiterhin sind zu nennen: F. GÖSSLER: Bogen- und Funkenspektrum des Eisens
von 4555 Å bis 2227 Å mit gleichzeitiger Angabe der Analysenlinien der wichtigsten Metalle.
Verlag G. Fischer, Jena 1942. — GATTERER, A.: Grating Spectrum of Iron. Verlag Specola
Vaticana, Città del Vaticano 1951.

[3] GATTERER, A., u. J. JUNKES: Atlas der Restlinien, Bd. 1, Spektren von 30 Elementen.
Verlag Specola Vaticana, Città del Vaticano 1947.

einer (schwach belichteten) Aufnahme des reinen Elements, auf dessen Anwesenheit geprüft werden soll, koppelt. Abb. 25 zeigt ein einfaches Beispiel,

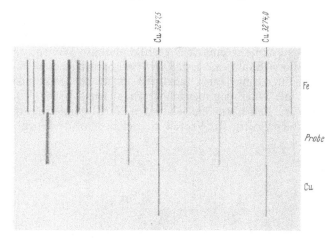

Abb. 25. Nachweis von Kupfer in Blei.

den Nachweis von Kupfer in Blei. Das Bild zeigt untereinander Ausschnitte aus folgenden Spektren: Eisen, Probe (Pb mit 0,003% Cu), Kupfer. Die beiden Cu-Linien aus dem Kupferspektrum gehen in dem Spektrum der Probe weiter, der Nachweis ist somit positiv.[1]

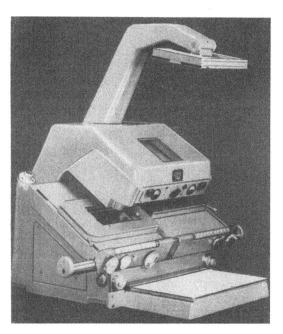

Abb. 26. Doppelprojektor von Steinheil, München.

Diese Arbeitsweise ist etwas umständlich und zeitraubend, zumal wenn es sich darum handelt, auf eine ganze Anzahl von Elementen zu prüfen. Eine wesentliche Arbeitserleichterung bringt hier ein Doppelprojektor (Abb. 26), mit dem gleichzeitig die Spektren von zwei verschiedenen Platten projiziert werden können. Auf der „Vergleichsplatte" werden, im Kontakt mit Fe, die Spektren all der Elemente aufgenommen, die für die Analyse in Betracht kommen, auf der „Analysenplatte" braucht dann nur einmal (wieder im Kontakt mit Fe) das Analysenspektrum aufgenommen zu werden. Die beiden Platten werden so übereinander projiziert, daß sich die Fe-Spektren aus beiden Platten genau decken. Auf dem Projektionsschirm hat man dann ein ähnliches

---

[1] Das Bild zeigt weiterhin, daß auch das für die obere Aufnahme verwendete Eisen Kupfer enthält.

Bild wie in Abb. 25. Man kann so schnell und sicher das Analysenspektrum mit allen auf der Vergleichsplatte aufgenommenen Spektren vergleichen. Mitunter werden Doppelprojektor und Spektrallinienphotometer in einem einzigen Gerät vereinigt.

Wenn auch in manchen Fällen die Verunreinigungen und Zusätze sehr in die Augen springende Linien erzeugen, bedarf doch die Beurteilung linienreicher Spektren besonderer Sorgfalt, wenn man sich nicht unangenehmen Fehlschlüssen aussetzen will. Es tritt nämlich, zumal bei Spektrographen mittlerer Dispersion, häufig der Fall ein, daß Linien, die als Nachweislinien eines Elements benutzt werden, mit Linien eines ebenfalls vorhandenen Elements zusammenfallen oder so nahe benachbart sind, daß sie nicht mehr voneinander getrennt werden (Koinzidenz). Ein Beispiel: Eisen soll auf Nickel geprüft werden. Zum Nachweis steht eine Reihe von Linien zur Verfügung, 3619,4; 3524,5; 3515,1; 3493,0 usw. Zunächst ist zur Linie Ni 3619,4 zu sagen, daß sie mit der mittelstarken Eisenlinie 3618,8 nahe zusammenfällt, Ni 3619,4 kann also nicht zum Nachweis kleiner Nickelmengen in Eisen dienen. Die zweite Nickellinie ist 3524,5; auch diese liegt nahe bei Eisenlinien, nämlich bei Fe 3521,3 und Fe 3526,2. Diese beiden Fe-Linien sind jedoch schwächer als die benachbarte Linie Fe 3558,5. Tritt nun in der Gegend von 3524 Å eine Linie auf, die stärker ist als Fe 3558,5, so müssen die dort liegenden Eisenlinien durch die Linie Ni 3524,5 verstärkt sein, und der Nickelnachweis muß als positiv angesehen werden. Enthält die Probe außer Fe z. B. auch noch Co, so wird der Nachweis noch komplizierter, denn es liegt an dieser Stelle auch noch die Linie Co 3523,4. Diese ist wenig schwächer als Co 3409,2. Nur wenn diese Co-Linie nicht vorhanden ist, ist der beschriebene Nickelnachweis sicher. Im anderen Falle kommt nur eine Ni-Linie in Frage, die nicht durch Co gestört wird. Dies trifft für Ni 3050,8 und 3002,5 zu. Allerdings ist dort wieder wie oben Vorsicht wegen schwacher Eisenlinien am Platze. Je größer Dispersion und Auflösung des Spektrographen sind, um so weniger treten die Störungen durch Koinzidenzen auf.

Es ist zu beachten, daß besonders im Funken neben den Linien der Analysensubstanz auch solche angeregt werden, die von den Gasen der Luft herrühren und die deshalb „Luftlinien" genannt werden. Auch diese sind in Tabellen zu finden. Die stärksten sind:

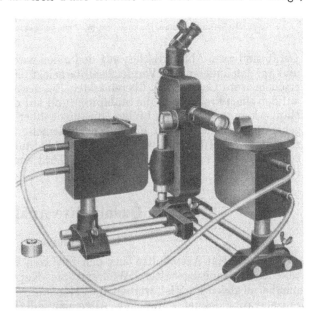

Abb. 27. Metallspektroskop von Fueß, Berlin-Steglitz.

3933,6; 3995,1; 4069,9; 4072,3; 4075,9; 4414,9; 4447,0; 4630,5; 5679,5; 5941,6. Diese Linien können natürlich auch Koinzidenzen herbeiführen; so fällt die stärkste Bleilinie 4057,8 mit der allerdings schwachen Luftlinie gleicher Wellenlänge zusammen. Eine der stärksten Kobaltlinien, 3995,3, koinzidiert mit Luft 3995,1.

Ferner kann es vorkommen, daß eine Nachweislinie innerhalb einer Bande liegt. So fällt die Thalliumlinie 3775,7 bei Anwesenheit von Kohle in die Cyanbanden. Die Banden bestehen aus einzelnen nahe beieinanderliegenden Linien. Die Tl-Linie fällt nun gerade in die Lücke zweier solcher Linien und füllt diese aus. Mit dem Auge ist das nur schwer zu erkennen. Man photometriert deshalb das Spektrum am besten mit einem registrierenden Photometer aus und wird aus dem Fehlen der sonst regelmäßig wiederkehrenden Lücke auf die Anwesenheit von Thallium schließen.

Viele Elemente haben im sichtbaren Spektralbereich brauchbare Analysenlinien. Man kann hier, unter Umgehung der photographischen Aufzeichnung, mit Hilfe eines Spektroskops das Spektrum unmittelbar beobachten. Abb. 27 zeigt ein für spektrochemische Analysen entwickeltes Metallspektroskop. An dem

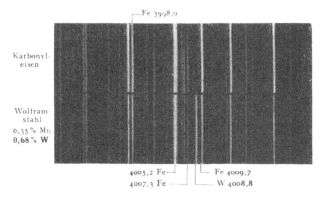

Abb. 28. Spektroskopischer Nachweis von Wolfram in legiertem Stahl (nach Schliessmann).

Gerät sind zwei Abfunktische; auf den einen wird die zu untersuchende Probe und auf den anderen eine Vergleichsprobe gelegt. Die Spektren der beiden Proben erscheinen im Gesichtsfeld übereinander. Bei der Analyse eines Stahls wird man auf den einen Probentisch die Stahlprobe und auf den anderen reines Eisen legen. Man erkennt sofort alle Linien, die nicht über die ganze Länge des Spalts gehen, als solche, die zu einem Zusatzelement des Stahls gehören. Abb. 28 zeigt als Beispiel den Nachweis von Wolfram in Stahl. Mit Hilfe eines Photometerzusatzes lassen sich mit dem genannten Gerät auch quantitative Analysen ausführen [1].

E. Quantitative Analyse.

1. Allgemeines.

Abb. 29 zeigt Ausschnitte aus den Spektren von 3 Messingproben mit verschiedenen Mangangehalten. Während die Kupferlinie in allen 3 Spektren annähernd gleich stark ist, werden die 3 Manganlinien mit abnehmender Mangankonzentration immer schwächer. Allgemein gilt folgendes: Wird eine Probe, die aus den Elementen G (Grundelement) und Z (Zusatzelement) bestehen möge, verdampft, und der Dampf zum Leuchten angeregt, dann enthält das Licht der leuchtenden Dampfwolke sowohl das Spektrum des Elements Z als auch das des Elements G. Aus dem Spektrum von Z greifen wir eine Spektrallinie λ_Z und aus dem Spektrum von G eine Linie λ_G heraus. Die Strahlungsintensität

---

[1] Mielenz, K. D.: Chemiker-Ztg. Bd. 80 (1956) S. 70.

von λ_Z sei I_Z, die von λ_G sei I_G. Dann wird offensichtlich das Intensitätsverhältnis I_Z/I_G eine Funktion des Mischungsverhältnisses c_Z/c_G der beiden Elemente Z und G in der Probe sein.

Die Erfahrung hat gezeigt, daß diese Funktion im allgemeinen eine einfache Potenzfunktion mit einem Exponenten in der Nähe von 1 ist. In logarithmischer Schreibweise heißt das:

$$\log \frac{c_Z}{c_G}$$
$$= \eta \log \frac{I_Z}{I_G} + \text{konst.}$$

c_Z/c_G, das Mischungsverhältnis, ist das, was man in der Spektrochemie unter der Konzentration k des Elements Z versteht. Schreibt man noch für den Logarithmus einer Intensität das Symbol Y, dann wird mit $Y_Z - Y_G = \varDelta Y$

$$\log k = \eta \, \varDelta Y + \log k_0.$$

k_0 ist diejenige Konzentration, bei der die beiden Linien intensitätsgleich sind, $\varDelta Y$ also verschwindet.

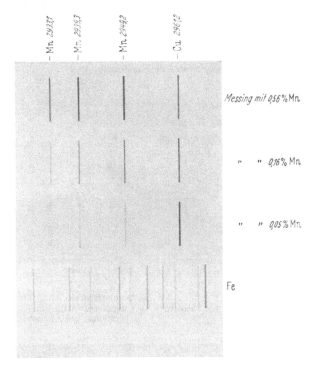

Abb. 29. Messing mit verschiedenen Mangangehalten.

Die beiden Konstanten η und k_0 werden bei der Eichung des Verfahrens dadurch festgelegt, daß an einer Reihe von Proben mit bekanntem k $\varDelta Y$ gemessen wird. Die Durchführung einer quantitativen Analyse besteht dann darin, $\varDelta Y$, d. h. das Intensitätsverhältnis zweier Spektrallinien zu messen. Ausgewertet wird im allgemeinen graphisch; man spricht daher weniger von einer Eichgleichung als vielmehr von einer Eichkurve (Haupteichkurve, Eichgerade). Am Schluß einer Analyse soll meist die chemische Konzentration c_Z stehen. Ist die Konzentration c_G des Grundelements bekannt (z. B. durch den Legierungstyp), dann errechnet man c_Z nach

$$c_Z = k \, c_G.$$

Ist c_G nicht bekannt, werden aber alle Beimengungen $Z_1, Z_2, Z_3 \ldots$ mit den spektrochemischen Konzentrationen $k_1, k_2, k_3 \ldots$ bestimmt, dann ist

$$c_{Z1} = \frac{k_1}{1 + \text{Summe der } k \text{ aller Beimengungen}}.$$

Bei der Analyse ziemlich reiner Metalle ($c_G \sim 99\%$) sind k und c_Z praktisch gleich.

Das Intensitätsverhältnis zweier Spektrallinien wird entweder unmittelbar photoelektrisch gemessen, oder es werden die Schwärzungen photographierter Spektrallinien in einem Spektrallinienphotometer gemessen, und aus den Schwärzungen wird auf das Intensitätsverhältnis geschlossen.

2. Direkte Messung.

Die Erfindung der Photo-Sekundär-Elektronen-Vervielfacher (SEV) war der wesentliche Meilenstein in der Entwicklung direktanzeigender Spektralapparate,

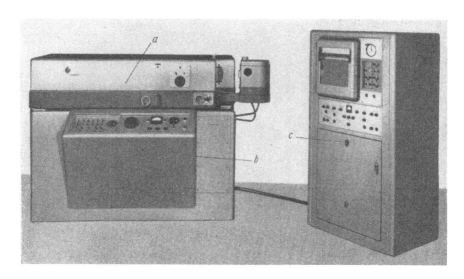

Abb. 30. Quantograph von ARL, Glendale, Calif.

a Spektralapparat (mit Plangitter);   *b* „Multisource" (Mittelspannungsfunkenerzeuger);   *c* elektronische Meß-einrichtung und Anzeigeteil.

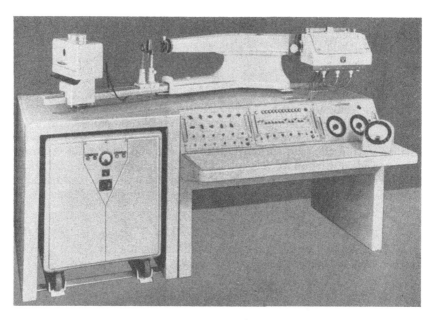

Abb. 31. Mittlerer Quarzspektrograph mit Direktanzeigeeinrichtung und „BNF-Source" von Hilger and Watts Ltd., London.

die man im Gegensatz zu Spektrographen (photographische Aufzeichnung) Spektrometer nennt. Wesentliche Kennzeichen der SEV sind hohe Verstärkung (10^6fach), geringer Störpegel sowie Proportionalität zwischen Lichtintensität und Anodenstrom über einen Bereich von mehr als sechs Zehnerpotenzen. Ein Spektrometer unterscheidet sich dadurch von einem Spektrographen, daß an Stelle der Kassette für die Photoplatte bzw. den Film eine Reihe von Austrittsspalten angebracht werden, die so justiert sind, daß durch jeden Spalt gerade die gewünschte Spektrallinie hindurchgeht. Hinter jedem Spalt sitzt ein SEV. Die Photoströme in den SEV sind den Intensitäten der betreffenden Spektrallinien proportional. Das Intensitätsverhältnis kann nun entweder mittels eines Schreibers in jedem Augenblick angezeigt werden (z. B. beim „Spectro-lecteur") oder es werden von den SEV-Strömen Kondensatoren aufgeladen, und zwar so lange, bis der zu dem Grundelement gehörende Kondensator eine bestimmte Spannung erreicht hat, worauf die Spannungen an den übrigen Kondensatoren, die zu den einzelnen Zusatzelementen gehören, gemessen werden (z. B. beim „Quantometer"). Abb. 30 zeigt den „Quantograph" der ARL (Applied Research Laboratories). Das Gerät arbeitet entweder als Spektrograph, als „Quantometer" (gleichzeitiges direktes Messen von maximal 20 Spektrallinien) oder als Monochromator. Abb. 31 zeigt einen mittleren Quarzspektrographen mit einer Zusatzeinrichtung für Direktmessung. Hiermit können gleichzeitig bis zu 11 Linien

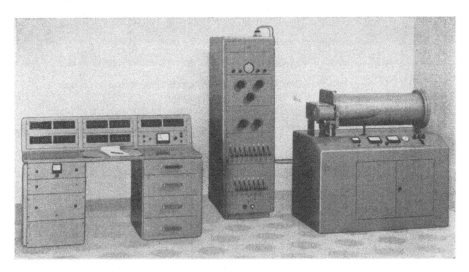

Abb. 32. Direktanzeigeeinrichtung mit Vakuumspektrometer von Optica, Milano.

ausgemessen und damit gleichzeitig bis zu 10 Elemente bestimmt werden. Abb. 32 zeigt ein Vakuum-Hohlgitterspektrometer für den Wellenlängenbereich von 1750 bis 3100 Å. Dieses Gerät ist für die gleichzeitige Bestimmung von S, C, P, Mn und Si in Stahl entwickelt. Die Intensitätsverhältnisse der Spektrallinien werden bei diesem Gerät an Dekadenzählröhren angezeigt, die auf dem Schreibtisch angebracht sind. Das in Abb. 33 gezeigte Gerät ist ein Prismenspektrometer. In diesem Gerät sind nur zwei SEV eingebaut, von denen der eine auf eine Linie des Grundelements eingestellt wird, während der zweite automatisch durch das ganze Spektrum gefahren wird, wobei das Programm so eingestellt werden kann, daß dieser zweite SEV auf den Linien, die gemessen werden sollen, einige Zeit verweilt, während der Zwischenraum zwischen diesen Linien schnell durchfahren wird.

In manchen Fällen kann man auf einen Spektralapparat verzichten und statt dessen Interferenzfilter mit engen Durchlaßbereichen verwenden. Bei dem in Abb. 34 dargestellten Gerät wird das Licht des Funkens in 2 Bündel aufgeteilt, von denen jedes durch ein Interferenzfilter geht. Hinter den Filtern sitzt je ein SEV. Um z. B. Zink in Messing zu bestimmen, nimmt man ein erstes Filter, das im wesentlichen nur die Zn-Linie 4722 und ein zweites, das die Cu-Liniengruppe bei 5150 Å hindurchläßt.[1]

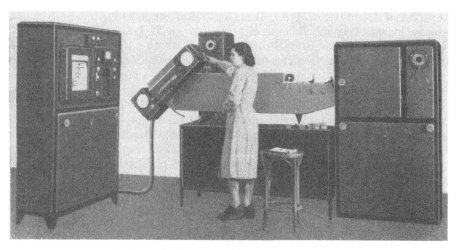

Abb. 33. Spektro-lecteur von CAMECA, Courbevoie, Seine.

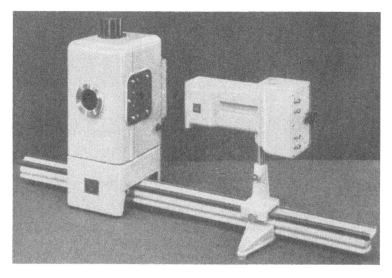

Abb. 34. Analysengerät für Legierungen von Hilger and Watts Ltd., London.

3. Photographisch-photometrische Messung.

Um aus einem photographierten Spektrum das Intensitätsverhältnis zweier Spektrallinien zu bestimmen, muß man die Kennlinie der verwendeten Photoplatte kennen, in der Ursache und Wirkung gegeneinander aufgetragen sind.

---

[1] In Deutschland werden direkt anzeigende Geräte industriemäßig noch nicht hergestellt, wohl aber wird an der Entwicklung von Spektrometern gearbeitet. — Diebel, E. und W. Hanle: Eisenhüttenw. Bd. 28 (1957) S. 127.

Ursache ist die Belichtung, Wirkung ausgeschiedenes metallisches Silber, das die Durchsichtigkeit der Platte vermindert. Als Maß für die Wirkung verwendet man zumeist die Schwärzung S, die durch die folgende Meßvorschrift definiert ist (Abb. 35): Das durch die Linsen L_1 und L_2 gebündelte Licht der Glühlampe Gl durchstrahlt die Photoplatte P. L_3 bildet die Platte auf dem Projektionsschirm Sch ab. In dem

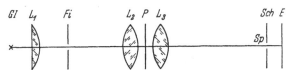

Abb. 35. Optische Anordnung in einem Spektrallinienphotometer.

Schirm befindet sich ein Photometerspalt Sp, hinter dem ein lichtelektrisches Meßorgan E (Thermoelement, Photozelle, SEV) angebracht ist. Der Photostrom wird von einem Galvanometer angezeigt. Ist der Galvanometerausschlag A_0, wenn eine unbelichtete Plattenstelle (Zwischenraum zwischen zwei Spektren) auf Sp projiziert wird und ist er A, wenn eine belichtete Plattenstelle (Spektrallinie) auf Sp projiziert wird, dann ist die Schwärzung dieser Plattenstelle $S = \log \frac{A_0}{A}$ (die Schwärzung ist dabei, im Gegensatz zur Definition von S in der bildmäßigen Photographie, auf den Schleier der Platte bezogen).

Die Zuverlässigkeit einer Schwärzungsmessung wird durch Streulicht, das durch Reflexion und Streuung des Lichts an den Begrenzungsflächen der Linsen im Photometer zustandekommt, beeinträchtigt. Um den Einfluß des Streulichts zu vermindern, werden in Spektrallinienphotometern Farbfilter mit einem engen Spalt angebracht, die entweder (wie in Abb. 35 durch L_2) auf der Photoplatte

Abb. 36. Schnellphotometer II von VEB Carl Zeiß Jena.

abgebildet werden oder sich unmittelbar vor der Platte befinden. Abb. 36 zeigt ein in Deutschland weit verbreitetes Schnellphotometer. Das Gerät aus Abb. 37 ist zugleich Photometer und Projektor.

Als Maß für die Belichtung verwendet man den Logarithmus der Strahlungsintensität, Y. Die Kennlinie, in der S gegen Y aufgetragen ist, heißt Schwärzungskurve. Da es bei einer spektrochemischen Analyse nur darauf ankommt, Intensitätsverhältnisse zu messen, kann der Nullpunkt der Y-Achse stets beliebig gewählt werden.

Von den zahlreichen Verfahren, Schwärzungskurven zu gewinnen, kommen für unsere Betrachtungen nur solche in Frage, die sich schnell durchführen lassen, denn 1. ändert sich die Gestalt der Schwärzungskurve mit der Wellenlänge und 2. hat jede Platte eine etwas andere Kennlinie, so daß die Schwärzungskurve für jede Wellenlänge und auf jeder Platte neu bestimmt werden muß.

Drei Verfahren seien kurz skizziert:

a) Vor dem Spektrographenspalt wird ein geeichtes Stufenfilter (Quarz-scheibe, auf die bis zu sieben verschieden dichte Streifen aus Al, Sb, Cr oder einem Platinmetall aufgedampft sind) angebracht. Jede Spektrallinie erscheint dann in soviel verschiedenen Belichtungen, wie das Filter Stufen hat (Abb. 38)

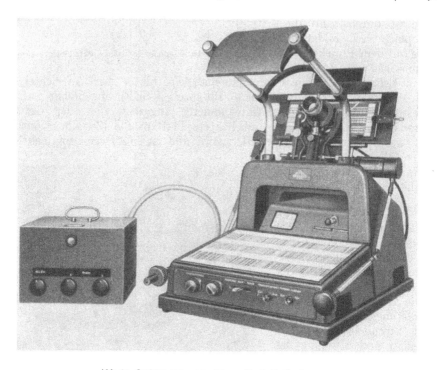

Abb. 37. Spektrenauswertegerät von Fueß, Berlin-Steglitz.

Abb. 38. Ausschnitt aus dem Eisenspektrum, Aufnahme mit 7-Stufenfilter.

Die Schwärzungen einer Spektrallinie in den einzelnen Belichtungen gegen den Logarithmus der Durchsichtigkeit der betreffenden Filterstufen aufgetragen, liefert die Schwärzungskurve.

b) Im Eisenspektrum sind von H. M. CROSSWHITE[1] eine Reihe gut reproduzierbarer Intensitätsverhältnisse von Fe-Linien sorgfältig ausgemessen worden, die das schnelle und einfache Aufstellen einer Schwärzungskurve ermöglichen.

c) In Deutschland wenig bekannt ist ein von J. R. CHURCHILL angegebenes Verfahren, nach dem eine Schwärzungskurve durch praktisch beliebig viel Meßpunkte, und damit praktisch beliebig genau festgelegt werden kann[2]. Hierauf sei etwas ausführlicher eingegangen: Mit einem Zweistufenfilter vor dem Spektrographenspalt wird ein Viellinienspektrum (z. B. Fe) aufgenommen. In dem Wellenlängenbereich, für den man die Schwärzungskurve aufstellen

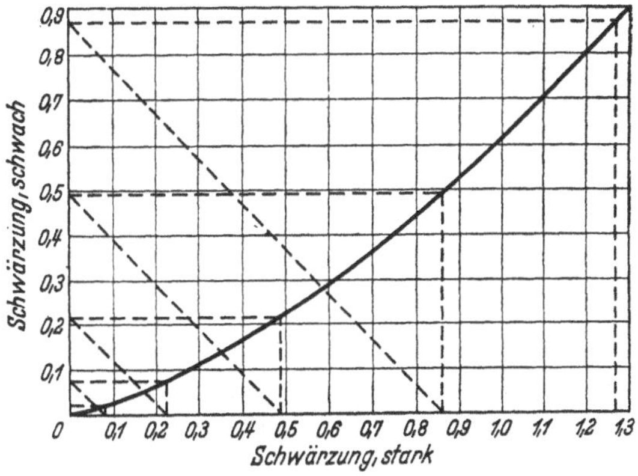

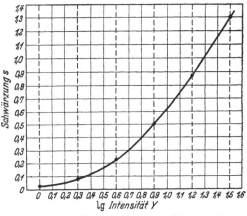

Abb. 39. Vorkurve, nach CHURCHILL.

will, werden die Schwärzungen einer ganzen Anzahl von Linien in beiden Filterstufen gemessen. In einem Diagramm wird die Schwärzung jeder Linie in der starken Filterstufe (S_{stark}) gegen die Schwärzung der gleichen Linie in der schwachen Filterstufe (S_{schwach}) aufgetragen. Die durch die einzelnen Punkte gezogene Kurve ist die Vorkurve (Abb. 39). Sind die Durchlässigkeiten der beiden Filterstufen z. B. 100% und 50%, dann ist der Logarithmus des Transparenzverhältnisses der beiden Filterstufen (ΔY_m, Filterwert) rund 0,3. In einem S-Y-Diagramm werden auf der Y-Achse die Stellen $Y = 0; 0,3; 0,6; 0,9$ usw. markiert. Nun wird der erste Punkt der Schwärzungskurve beliebig festgelegt, z. B. $S = 0,02$ und $Y = 0$. In der Vorkurve sucht man auf der Achse der schwachen Belich-

Abb. 40. Aus der Vorkurve gewonnene Schwärzungskurve.

tung die Schwärzung 0,02 auf und liest die zugehörige Schwärzung für die starke Belichtungsstufe ab, z. B. 0,075. Dem Übergang von der schwachen Belichtung auf die starke Belichtung entspricht aber eine Zunahme des Y um 0,3, so daß sich der zweite Punkt der Schwärzungskurve mit den Koordinaten $Y = 0,3$ und $S = 0,075$ ergibt. Jetzt wird auf der Achse der schwachen Belichtung die Schwärzung 0,075 aufgesucht usw., bis die ganze Schwärzungskurve beschrieben ist (Abb. 40).

---

[1] Spectrochim. Acta Bd. 4 (1950) S. 122.
[2] Industr. Engng. Chem. An. Ed. Bd. 16 (1944) S. 653.

Infolge des Reziprozitätsfehlers photographischer Emulsionen ist es wichtig, daß die Aufnahmen für die Gewinnung der Schwärzungskurve mit den gleichen Anregungsbedingungen und insbesondere mit der gleichen Belichtungszeit ausgeführt werden, wie die Aufnahmen der Analysenspektren.

Hat man die Schwärzungskurve aufgestellt, dann geschieht die Auswertung des Analysenspektrums wie folgt: Die Schwärzungen der beiden Linien λ_Z und λ_G werden gemessen; sie seien S_Z und S_G. Mit diesen beiden Schwärzungen geht man in die Schwärzungskurve (Abb. 41 a) und liest die zugehörigen Y-Werte

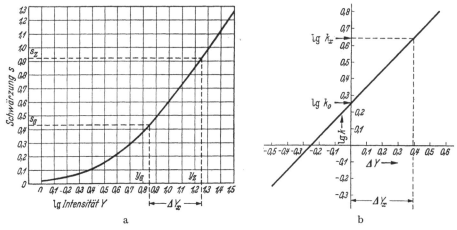

a   b

Abb. 41 a u. b. Auswertung mit Schwärzungs- (a) und Eichkurve (b).

ab, deren Differenz ΔY_x ist. Mit dem ΔY_x geht man nun in die Eichkurve (Abb. 41 b), aus der schließlich $\log k_x$ abgelesen wird (ist S_Z größer als S_G, dann ist ΔY positiv, anderenfalls negativ).

Es war schon darauf hingewiesen worden, daß, zumal im Funken, der Linienstrahlung eine kontinuierliche Untergrundstrahlung überlagert ist, die zu einer Untergrundschwärzung führt. Was im Photometer gemessen wird, ist die von einer Linie und dem darunter liegenden Untergrund zusammen erzeugte Schwärzung, aus der sich über die Schwärzungskurve das Y von Linie + Untergrund ergibt. Was man braucht, ist aber das Y der Linie allein. Zur Eliminierung des Untergrunds wird außer der von Linie und Untergrund gemeinsam erzeugten Schwärzung unmittelbar neben der Linie die Schwärzung des Untergrunds allein gemessen. Über die Schwärzungskurve ergeben sich die zugehörigen Y, die entlogarithmiert (Übergang von Y auf I) die Intensitäten liefern, deren Differenz die Intensität der Linie ist. Der Logarithmus hiervon ist schließlich das gesuchte Y der Linie. Diese Rechenoperation läßt sich mit Hilfe der Gaussschen Subtraktionslogarithmen sehr vereinfachen[1].

Das hier kurz geschilderte Verfahren der photographisch-photometrischen Auswertung ist das allgemeine (sogenannte „leitprobenfreie") Verfahren. Fast sämtliche in der Praxis angewendeten speziellen Verfahren lassen sich, zum Teil mit zusätzlichen Annahmen, aus diesem allgemeinen Verfahren ableiten, auch diejenigen, bei denen die Schwärzungskurve scheinbar nicht eingeht[2].

Infolge der komplizierten Gestalt der Schwärzungskurve ist es eine langwierige Arbeit, eine zuverlässige Schwärzungskurve aufzustellen. Es erhebt sich die Frage, ob man nicht statt S eine andere Kenngröße für die photogra-

---

[1] HONERJÄGER-SOHM, M., u. H. KAISER: Spectrochim. Acta Bd. 2 (1944) S. 396.
[2] KAISER, H.: Spectrochim. Acta Bd. 2 (1941) S. 1.

phische Wirkung auftragen kann, die zu einer einfacheren und möglichst zu einer geraden Kennlinie führt. Zu einer solchen geraden Kennlinie kommt man durch die SEIDEL-Transformation[1]. In der SEIDEL-Kennlinie wird anstatt S die neue Kenngröße

$$P = S - \varkappa D$$

aufgetragen. Hierin ist $\varkappa$ die Transformationszahl und D die Funktion $\log\dfrac{A_0}{A} - \log\left(\dfrac{A_0}{A} - 1\right)$. In Abb. 42 ist eine SEIDEL-Kennlinie aufgetragen. Die SEIDEL-Kennlinie hat die einfache Gestalt:

$$P = \gamma (Y - Y_e),$$

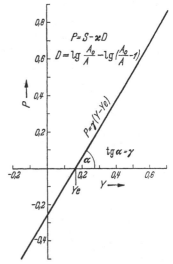

Abb. 42. SEIDEL-Kennlinie.

worin γ die Steilheit der Geraden und Y_e, als Maß für die Empfindlichkeit der Emulsion, der Logarithmus derjenigen Intensität ist, die zu $P = 0$ führt. Infolge der freien Verfügbarkeit über den Nullpunkt der Y-Achse in der Kennlinie, kann man Y_e beliebig festsetzen, so daß man für die SEIDEL-Kennlinie lediglich γ braucht. Grundsätzlich benötigt man dann zum Aufstellen der Kennlinie nur zwei Schwärzungsmessungen, z. B. die Schwärzungen einer Spektrallinie in den beiden Stufen eines Zweistufenfilters mit bekanntem Filterwert. Infolge der Streuung photographisch-photometrischer Messungen wird man aber im allgemeinen mehrere benachbarte Spektrallinien in den beiden Stufen eines Zweistufenfilters ausmessen und aus diesen Messungen entweder γ numerisch berechnen oder die SEIDEL-Transformation mit der Vorkurvenmethode von J. R. CHURCHILL kombinieren[2,3].

Sämtliche bei der Auswertung auftretenden Rechenoperationen, einschließlich SEIDEL-Transformation und Untergrundkorrektur, lassen

Abb. 43. Rechengerät ARISTO-Respektra von Dennert und Pape, Hamburg.

[1] KAISER, H.: Spectrochim. Acta Bd. 3 (1948) S. 159.
[2] SCHMIDT, R.: Rev. Trav. chim. Pays-Bas Bd. 67 (1948) S. 737.
[3] DE LAFFOLIE, H.: Colloquium Spectroscopicum Internationale VI, Pergamon Press Ltd., London (1957) S. 401.

sich sehr schnell und einfach mit dem in Abb. 43 dargestellten Rechengerät ausführen[1]. Wird die Auswertung von zwei Personen vorgenommen, von denen die eine am Photometer mißt und die andere die Meßwerte am Rechengerät einstellt, dann fallen die Analysenergebnisse (ohne daß irgendein Zwischenwert aufgeschrieben werden muß) in dem gleichen Rhythmus an, wie am Photometer abgelesen wird.

4. Auswahl der Linien.

Für die Auswahl der Analysenlinien gilt eine Reihe von Forderungen:

a) Die Linien sollen keine Selbstabsorption zeigen.

b) Die Differenz der Strahlungsintensität ΔY des Linienpaars soll gegen Änderungen der Anregungsbedingungen möglichst unempfindlich sein. Diese Forderung geht Hand in Hand mit der Wahl der günstigsten Anregungsbedingungen. Diejenige Anregung ist die günstigste, bei der das ausgewählte Linienpaar am besten reproduziert wird.

c) Die Linien sollen frei von Störlinien und möglichst frei von Untergrund sein. Auch diese Forderung geht zum Teil mit der Wahl der Anregungsbedingungen Hand in Hand. Hierzu kommen bei photographisch-photometrischer Auswertung noch:

d) Die Linien sollen möglichst nahe beieinander liegen.

e) Die Linien sollen in der Mitte des Konzentrationsbereichs, in dem analysiert wird, intensitätsgleich sein.

In vielen Fällen, zumal bei linienarmen Spektren, kann man nicht sämtliche Forderungen zugleich erfüllen. Hat man keine geeigneten Linien nahe beieinander liegen, kann man sich mit einem „Brückenspektrum"[2] helfen, wodurch die Auswertung allerdings komplizierter wird. Sind die Linien in der Mitte des Konzentrationsbereichs nicht intensitätsgleich, kann man alle Aufnahmen mit einem Stufenfilter machen und dann die eine Linie in der einen und die zweite Linie in einer anderen Filterstufe messen.

5. Beschaffenheit der Proben.

Die für eine spektrochemische Analyse verbrauchte Substanzmenge ist äußerst gering und kommt dazu noch von einer lokal eng begrenzten Stelle der

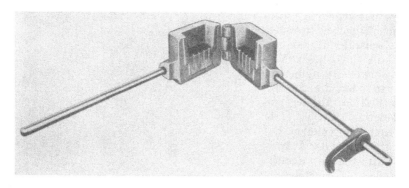

Abb. 44. Kokille für Stabelektroden von ARL, Glendale, Calif.

Elektrode. Die Proben müssen daher vollkommen homogen sein. Metallische Proben werden in eigens für spektrochemische Analysen konstruierten Kokillen

[1] Kaiser, H.: Spectrochim. Acta Bd. 4 (1951) S. 351.
[2] Kaiser, H.: Spectrochim. Acta Bd. 2 (1941) S. 1.

gegossen, die soweit wie möglich ein lunker- und seigerungsfreies Erstarren der Proben gewährleisten. Verwendet werden Stabelektroden oder Scheibenelektroden. Abb. 44 zeigt eine Kokille für stabförmige Elektroden. Stabelektroden erhalten nach dem Guß auf der Drehbank eine bestimmte Form der Abfunkfläche, zumeist Kugelkuppe oder ebene Stirnfläche mit abgerundeten Kanten; Scheibenelektroden (ebene Abfunkfläche) werden angeschliffen. Die Elektrodenform ist ein wichtiger Bestandteil der Arbeitsvorschrift; sie muß streng eingehalten werden und vor allen Dingen gleich der Form der für die Eichung des Verfahrens verwendeten Elektroden sein. Diesen Eichelektroden ist natürlich ganz besondere Aufmerksamkeit zu schenken. Für eine Reihe der wichtigsten Legierungstypen sind Eichelektroden im Handel erhältlich[1].

Für die Analyse von Lösungen werden einige Tropfen der Lösung mit einer kleinen Schlaufe aus Platindraht oder mit einer Mikropipette auf eine Kohleelektrode gebracht, die zweckmäßigerweise durch „Vorfunken" der Kohle vorher angewärmt wird, wodurch die Lösung schnell eintrocknet. Abb. 45 zeigt eine andere

Abb. 45. Lösungsanalyse mit Kohlerad.

Anordnung für die Lösungsanalyse. Etwa $1/2$ ml der Lösung wird in ein kleines Porzellanschiffchen gegeben, in das ein kleines rotierendes Kohlerad taucht, das die eine Elektrode bildet. Gegenelektrode ist ein angespitzter Kohlestab.

Metallflitter, Pulver usw. werden (gegebenenfalls unter Beimengen von Kohlepulver) in die Bohrung einer vorgeformten Kohleelektrode gegeben und gegen

Abb. 46. Elektrodenpreßgesenk von Ringsdorff-Werke, Bad Godesberg-Mehlem.

eine angespitzte Kohleelektrode gefunkt. Pulverförmige Substanzen, mit Kohlepulver gemischt, lassen sich leicht brikettieren. Abb. 46 zeigt ein von W. SEIDEL entwickeltes Elektroden-Preßgesenk, mit dem 2 mm × 2 mm × 20 mm große Elektroden hergestellt werden können.

---

[1] Zum Beispiel Eichelektroden der Bundesanstalt für Materialprüfung, Berlin-Dahlem.

6. Abfunkeffekt.

Das Intensitätsverhältnis zweier Spektrallinien wird sich häufig während der ersten Zeit des Abfunkens recht beachtlich ändern (Abfunkeffekt)[1]. In Abb. 47 ist die Schwärzungsdifferenz ΔS des Linienpaars Fe 2756/Al 2816

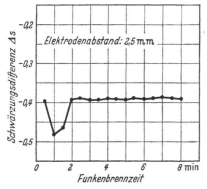

Abb. 47. Abfunkkurve des Linienpaares Fe 2756/Al 2816 nach KAISER.

einer Al-Si-Legierung mit 2,5 mm Elektrodenabstand gegen die Funkenbrennzeit aufgetragen. Nach 2 min ist ΔS und damit auch das Intensitätsverhältnis konstant geworden. In diesem Falle wird man bei einer Analyse 2 min „vorfunken" und erst dann den Verschluß des Spektrographen öffnen und damit die Belichtung beginnen. Die Aufnahme von Abfunkkurven ist bei der Ausarbeitung einer Analysenvorschrift unumgänglich, um die für die Analyse nötige Vorfunkzeit zu ermitteln. Diese Vorfunkzeit ist im allgemeinen um so kürzer, je kleiner die vom Funken bearbeitete Fläche der Elektrode ist. Abfunkkurven lassen sich besonders bequem mit einem nicht integrierenden Spektrometer wie dem „Spectro-lecteur" gewinnen.

7. Richtigkeit und Genauigkeit.

Wir müssen grundsätzlich zwischen zwei Arten von Fehlern unterscheiden, den systematischen Fehlern, die die Richtigkeit beeinflussen und den zufälligen Fehlern, die die Genauigkeit beeinflussen. Systematische Fehler können z. B. auftreten: durch Seigerung der metallischen Probe, andere Elektrodenform und anderen Elektrodenabstand als bei der Eichung des Verfahrens, falsche Filterwerte der Stufenfilter (wirken sich nur bei Untergrundkorrektur aus), falsche photographische Kennlinie usw. Systematische Fehler haben immer ein bestimmtes Vorzeichen und können grundsätzlich entweder vermieden oder durch Rechnung eliminiert werden[2]. Anders die zufälligen Fehler, durch die die Ergebnisse einer großen Anzahl von Analysen um einen Mittelwert streuen. Als Maß für die zufälligen Fehler verwendet man zumeist die in % ausgedrückte relative mittlere Abweichung der Ergebnisse vom Mittelwert und nennt diese „Streuung" oder „relative Standardabweichung". H. KAISER und H. SPECKER[3] schlagen die Bezeichnung „Genauigkeit" für den Kehrwert der relativen Standardabweichung vor. Zum Beispiel hat ein Verfahren mit einer relativen Standardabweichung von 10% die Genauigkeit 10, bei einer relativen Standardabweichung von 1% ist die Genauigkeit 100 usw.[4]

Wenn wir nach der Streuung eines spektrochemischen Analysenverfahrens fragen, teilen wird diese zweckmäßig auf in einen Anteil, der durch die Probe und die Lichtquelle und einen anderen Teil, der durch den Strahlungsempfänger und die Auswertung in das Verfahren kommt. Bei sorgfältiger Justierung der Lichtquelle, sorgfältiger Herstellung der Proben, günstiger Wahl von Anregung und Analysenlinien liegt der erste Teil häufig unter 1%. Bei einem Spektro-

[1] KAISER, H.: Spectrochim. Acta Bd. 1 (1939) S. 1. — KAISER, H., u. F. ROSENDAHL: Michrochim Acta (1955) S. 265.
[2] KAISER, H.: Spectrochim. Acta Bd. 3 (1948) S. 278.
[3] Z. analyt. Chem. Bd. 149 (1956) S. 46.
[4] Von diesem Begriff der Genauigkeit wird auch im folgenden Gebrauch gemacht.

meter ist die Streuung der lichtelektrischen Messung durchweg noch eine Größenordnung kleiner, so daß dieser erste Anteil allein die Genauigkeit bestimmt. Für Analysen mit dem „Quantometer" gibt M. F. HASLER[1] die in Tab. 2 wiedergegebenen Genauigkeiten an.

Bei der photographisch-photometrischen Auswertung hat der photographische Prozeß einen großen Einfluß auf die Genauigkeit.[2] Bei sorgfältiger Verarbeitung der Photoplatten und sorgfältiger Aufstellung der photographischen Kennlinie ist die Genauigkeit der Messung durch den Photometrierfehler, die Körnigkeit der Emulsion und deren Gradation (Kennliniensteilheit) gegeben.

Tabelle 2. *Spektrometrische Analysengenauigkeit nach* M. F. HASLER.

Legierungstyp	Element	Genauigkeit
Aluminiumlegierungen	Si	166
	Cu	143
Austenitischer Stahl (18/8)	Cr	166
	Ni	166
Niedrig legierter Stahl	Cr	125
	Ni	166
	Mn	77
Zinklegierungen	Al	67
	Cu	91
Messing	Ni	77
	Pb	91
	Zn	250

Je steiler und je feinkörniger eine Emulsion ist, mit einer um so größeren Genauigkeit kann ein ΔY bestimmt werden. In günstigen Fällen ist die relative Standardabweichung für die photographisch-photometrische Messung eines Intensitätsverhältnisses kleiner als 1%. Ein günstiger Fall liegt vor, wenn

a) die Linien nahe beieinanderliegen,

b) das auszumessende ΔY möglichst klein ist (Eichkurve nur für einen kleinen Konzentrationsbereich),

c) harte und feinkörnige Platten verwendet werden,

d) der Spektrographenspalt bei der Aufnahme möglichst weit geöffnet wird, so daß die Linien breit werden,

e) die Schwärzungen im „günstigen Schwärzungsbereich" liegen (hängt von der Emulsion und der Wellenlänge ab, liegt aber durchweg im Bereich von $S = 0{,}3$ bis $S = 1{,}1$).

Häufig macht man keine exakte Auswertung und gibt sich mit einer relativen Standardabweichung von 5 bis 10% zufrieden. Ein vereinfachtes photographisch-photometrisches Meßverfahren wird man immer dann heranziehen, wenn Probe und Lichtquelle schon einen Streuanteil von 5 bis 10% in das Analysenverfahren bringen.

8. Einfluß dritter Legierungsbestandteile.

Es tritt mitunter der Fall ein, daß das Intensitätsverhältnis I_{Z1}/I_G zweier Spektrallinien durch das Hinzukommen eines dritten Legierungsbestandteils Z_2 verändert wird (Einfluß dritter Partner). Die Nichtbeachtung dieses Effekts kann zu großen systematischen Fehlern führen, wenn die bei der Eichung verwendeten Eichproben Z_2 nicht, oder in wesentlich anderer Konzentration enthalten. Über die Ursache dieses Effekts kann man nur in einzelnen Fällen etwas

[1] Spectrochim. Acta Bd. 6 (1953) S. 69.
[2] HONERJÄGER-SOHN, M., u. H. KAISER: Spectrochim. Acta Bd. 3 (1949) S. 498.

aussagen. Wichtig ist, daß man den Effekt vielfach unterdrücken kann. Zum Beispiel wird in Aluminiumlegierungen das Intensitätsverhältnis Mg/Al durch Zink (10% Zn) beeinflußt[1]. Der Einfluß verschwindet, wenn man die Probe gegen eine Zinkelektrode funkt, oder wenn die Probe gelöst und die Lösung von Kohleelektroden abgefunkt wird. In manchen Fällen führt auch schon eine Änderung der Anregung zum Ziel. In anderen Fällen tut es eine Änderung der Atmosphäre[2], wozu es mitunter schon genügt, die Probe gegen Kohle zu funken.

F. Nachweisgrenze.

Es ist schon wiederholt die Rede davon gewesen, daß der Ausstrahlung der Spektrallinien eine kontinuierliche Untergrundstrahlung überlagert ist. Wird die Konzentration eines gesuchten Elements kleiner und kleiner, dann werden die Spektrallinien dieses Elements immer schwächer, während der Untergrund annähernd gleich stark bleibt, so daß die Linien schließlich im Untergrund versinken. Wenn auch die „letzten" Linien nicht mehr aus dem Untergrund herausragen, ist das betreffende Element unter die Nachweisgrenze gesunken. Die Nachweisgrenze einer Spektrallinie liegt an der Stelle, wo sich die Linie gerade noch aus dem Untergrund heraushebt. Um die Nachweisgrenze zu möglichst kleinen Konzentrationen hinauszuschieben, wird man die Anregung von vornherein so wählen, daß der Untergrund möglichst schwach wird (Bogen). Durch Verkleinern der Öffnung des Spektrographenspalts oder Übergang auf einen Spektrographen größerer Auflösung läßt sich der Untergrund noch „verdünnen". Ist durch alle solche Maßnahmen eine Arbeitsvorschrift aufgestellt, dann ist die Nachweisgrenze nur noch durch die Eigenschaften des verwendeten Strahlungsempfängers bestimmt. Bei einem Spektrometer ist es das Rauschen der SEV und der angeschlossenen elektronischen Meßeinrichtung, bei einem Spektrographen mit photographischer Aufzeichnung des Spektrums sind es Körnigkeit und Gradation der verwendeten Emulsion, wodurch die Nachweisgrenze festgelegt wird.

Die Nachweisgrenze wird dadurch definiert, daß an der Grenze der Nachweisbarkeit einer Spektrallinie das Intensitätsverhältnis von Linie + Untergrund zum Untergrund das Dreifache der Standardabweichung für die Messung eines Intensitätsverhältnisses sein soll[3]. Diese Festsetzung bedeutet für den Nachweis einer Spektrallinie an der Nachweisgrenze eine statistische Sicherheit von 99,7%, d. h. im Mittel wird es in 1000 Fällen dreimal vorkommen, daß eine Spektrallinie mit einer zufälligen Schwärzungsschwankung verwechselt wird. Weiterhin sagt diese Definition, daß an der Grenze der Nachweisbarkeit die relative Standardabweichung für die Bestimmung der Konzentration 40% beträgt. In Tab. 3 ist für einige häufig verwendete Emulsionen das Intensitätsverhältnis von Linie zu Untergrund an der Nachweisgrenze angegeben[4]. Bei den größeren Wellenlängen liegen diese Verhältnisse günstiger, weil hier die Kennlinien steiler verlaufen. Bei den verschiedenen Emulsionen unterscheiden sich diese Verhältnisse und damit auch die Konzentration an der Nachweisgrenze zum Teil um mehr als den Faktor 10. Wichtig ist, daß die Aufnahmen so lange belichtet werden, daß die Schwärzung des Untergrunds im günstigen Schwärzungsbereich liegt, in dem die volle photometrische Meßgenauigkeit vorhanden ist. Beim Aufstellen der Tabelle ist ein

---

[1] Balz, G.: Z. Metall Bd. 30 (1938) S. 206.
[2] Seith, W., u. H. Hessling: Z. Elektrochem. Bd. 49 (1943) S. 210.
[3] Kaiser, H.: Spectrochim. Acta Bd. 3 (1948) S. 40.
[4] De Laffolie, H.: Mikrochim Acta (1956) S. 304.

Tabelle 3. *Intensitätsverhältnis von Linie zu Untergrund an der Nachweisgrenze.*

	4300 Å I_L/I_U	3500 Å I_L/I_U	2800 Å I_L/I_U
Gevaert Super Chromosa	1: 13	1:12	1: 9
Ilford Chromatic	1: 31	1:18	1:16
Ilford Ordinary.	1: 26	1:18	1:14
Kodak SA 1	1: 89	1:48	1:31
Kodak SA 2	1: 29	1:21	1:17
Agfa Spektral-blau-hart	1: 48	1:29	1:19
Ilford Process	1: 71	1:47	1:33
Ilford Thin Film Half Tone	1:145	1:64	1:30

strukturloser Untergrund vorausgesetzt. Vielfach ist der Untergrund durch Banden strukturiert, dann liegen die Verhältnisse schlechter.

Die Konzentration an der Nachweisgrenze läßt sich weiterhin noch dadurch herabsetzen, daß eine Analyse mehrere Mal durchgeführt wird. Macht man eine Analyse viermal, dann liegt die Nachweisgrenze um den Faktor 2 tiefer, macht man die Analyse neunmal, dann sinkt die Nachweisgrenze um den Faktor 3 usw.

Aus dem Vorhergegangenen dürfte klar geworden sein, daß die Nachweisgrenze durch die Arbeitsvorschrift festgelegt ist, und dann nur für diese Arbeitsvorschrift gilt. Um die Nachweisgrenze zu berechnen, wird mit Eichproben höherer Gehalte (die chemisch genau analysiert werden können) eine auf den Untergrund bezogene Eichkurve aufgestellt, die bis zu demjenigen kleinstmöglichen Intensitätsverhältnis verlängert wird, das durch die Eigenschaften der verwendeten Emulsion gegeben ist.

G. Spurenanreicherung.

Liegt in einer Probe die Konzentration eines gesuchten Elements unterhalb der Nachweisgrenze, dann muß der spektrochemischen Analyse eine chemische Anreicherung vorausgehen. Häufig angewendet wird die elektrochemische Anreicherung, die bei den edlen Metallen besonders einfach ist, da sie sich aus Lösungen auf unedlen Metallen von selbst ohne Stromzuführung von außen abscheiden. Wenn man beispielsweise einen emaillierten Kupferdraht, der nur an der Spitze etwas blank gemacht ist, in die Lösung eines Quecksilbersalzes taucht, so scheidet sich Hg auf der Oberfläche ab, das sich bequem nachweisen läßt, wenn man die Spitze anfunkt. Das Verfahren der elektrochemischen Anreicherung ist von A. SCHLEICHER[1] und seinen Mitarbeitern zu einem leistungsfähigen Analysengang ausgearbeitet worden. Die Arbeitsweise ist folgende: Ein Tropfen (0,1 ml) einer 2n-salzsauren Lösung der Probe wird auf einen Platin-Tiegeldeckel gebracht, der an einem Funkenstativ befestigt ist. In den Tropfen taucht eine Kupferdrahtkathode, die im Stativ schon in der für die nachfolgende Aufnahme richtigen Stellung befestigt ist. Es wird nun 30 min mit 2 V und 40 mA elektrolysiert, wobei zur Unterdrückung der Chlorentwicklung einige Kristalle Hydrazin-Hydrochlorid zugesetzt werden. Auf dem Kupferdraht scheiden sich ab: Hg, Pb, Bi, Cu, As, Sb, Sn, Re, Se, Te, Au und Pt. Ferner Ag und Cd, diese beiden jedoch nicht vollständig. Nun wird der Platin-Deckel entfernt und statt dessen ein zweiter Kupferdraht in das Funkenstativ gespannt und eine Aufnahme mit dem Abreißbogen gemacht. Daraufhin wird die Lösung, die jetzt ammoniakalisch gemacht wird, nochmals mit einem zweiten

---

[1] Z. anal. Chem. Bd. 101 (1935) S. 241. — SCHLEICHER, A., u. L. LAURS: Z. anal. Chem. Bd. 108 (1937) S. 241.

Kupferdraht auf die gleiche Weise mit 4 V 80 mA 30 min lang elektrolysiert. Man erhält nun auf dem Draht: Ag, Cd, Tl, Ga, In, Ge, Zn, Ni, Mo, V, U, Fe, Cr, Al und Mn. Außer den genannten 27 Elementen können in einer weiteren Analyse die Alkalien und Erdalkalien abgeschieden werden. Zu diesem Zweck wird die Kupferdrahtelektrode mit etwa 0,5 mg Hg überzogen. Dieses Quecksilber dient als Kathode für die Elektrolyse, die mit 5,5 V und 60 mA durchgeführt wird und 20 bis 30 min dauert. Bei der Elektrolyse werden Silber und Hydrazin als Depolarisatoren verwendet. Die Alkalien und Erdalkalien werden als Amalgame abgeschieden.

Ein von W. Seith und J. Herrmann[1] zur Analyse von Feinzink ausgearbeitetes Verfahren beruht darauf, daß die Verunreinigungen Bi, Cd, Pb, Sn und Tl edler sind als Zink. Ein Zinkstab wird etwa 60 mm tief in die Lösung eingetaucht, worauf sich die genannten Verunreinigungen in dünner Schicht auf dem Stab

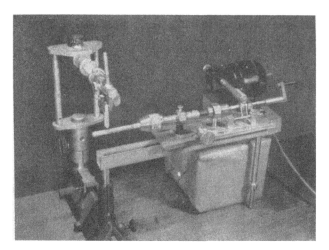

Abb. 48. Drehelektrode.

abscheiden. Zum Abfunken wird der Stab, wie Abb. 48 zeigt, waagerecht schraubenförmig unter einer Gegenelektrode aus Reinstaluminium durchgedreht.

Bei der Anreicherung durch Fällen wird man ein solches Element zugeben, das bei der Fällung das anzureichernde mitreißt, z. B. wird man bei der Anreicherung von Cd die Lösung zuvor mit etwas Zinksalz versetzen und dann ZnS und CdS gemeinsam fällen. Bei der Anreicherung von Tl wird man die ammoniakalische Lösung mit einem Kupfersalz versetzen und durch Zugabe von KJ Kupfer und Thallium gemeinsam als Jodide fällen. Das hinzugegebene Element kann bei der Auswertung als Bezugselement dienen; es wird das Intensitätsverhältnis einer Linie des gesuchten Elements zu einer Linie des Bezugselements gemessen.

In neuerer Zeit erlangen die Anreicherungsverfahren durch Verteilung zwischen zwei miteinander nicht mischbaren Lösungsmitteln immer größere Bedeutung[2]. Man kann dabei entweder den Hauptbestandteil mit einem selek-

---

[1] Spectrochim. Acta Bd. 1 (1941) S. 548.
[2] Specker, H.: Arch. Eisenhüttenw. Bd. 26 (1955) S. 267. — Specker, H., u. H. Hartkamp: Angew. Chem. Bd. 67 (1955) S. 173. — Specker, H., u. W. Doll: Z. anal. Chem. Bd. 152 (1956) S. 178.

tiven organischen Lösungsmittel ausschütteln, wobei die Spurenelemente in der wäßrigen Phase verbleiben; oder es werden, nach Maskieren der Hauptbestandteile als stabile Komplexverbindungen, die Spurenelemente mit organischen Lösungsmitteln als Chelatkomplexe ausgeschüttelt. Wichtig ist, daß die verwendeten Lösungsmittel selektiv sind und daß der Verteilungskoeffizient zwischen Wasser und dem betreffenden Lösungsmittel für die Spurenelemente bzw. die Hauptbestandteile groß ist. Zum Beispiel ist der Verteilungskoeffizient für Eisen(III)-thiozyanat zwischen einer Mischung aus Tetrahydrofuran und Äther (als die „organische" Phase) und Wasser etwa 1000:1. Wird die Lösung eines Stahls zweimal mit dieser Mischung ausgeschüttelt, dann wird hierdurch von dem Eisen mehr als 99,999% abgetrennt. Leider gehen dabei auch einige wichtige Elemente wie Cu, Co, Mo und V mit in die organische Phase.

Bei allen Anreicherungsverfahren ist die Gefahr des Einschleppens groß. Es muß peinlich sauber gearbeitet werden; alle verwendeten Chemikalien müssen zuvor sorgfältig gereinigt werden.

H. Halbquantitative Analyse.

Zwischen der qualitativen Analyse auf der einen Seite und der quantitativen Analyse auf der anderen Seite liegt, ohne scharfe Grenzen, das weite Gebiet der halbquantitativen Analyse. Tab. 4 gibt eine Übersicht über die ungefähre Genauigkeit dieser 3 Analysentypen.

Tabelle 4. *Übersicht über Analysengenauigkeit.*

Analyse	Genauigkeit
Qualitativ	—
	↘ ↗ 0,1
Halbquantitativ	3
	↘ 10
Quantitativ	↗ 100

Aus einer Aufnahme für eine qualitative Analyse lassen sich meist schon sofort einige halbquantitative Aussagen gewinnen. Man kann z. B. sofort sagen, ob in einer Probe Cu ein Hauptbestandteil ist (das Cu-Spektrum dominiert), oder ob in der Probe nur Spuren Cu vorhanden sind (nur die stärksten Cu-Linien treten auf). Mit einiger Erfahrung kann man aus solchen Aufnahmen die Größenordnung der Konzentration schätzen (Genauigkeit 0,1).

Von der quantitativen Analyse unterscheidet sich die halbquantitative Analyse im wesentlichen in 3 Punkten:

1. Kürzere Analysendauer.
2. Vereinfachte Auswertung.
3. Allgemeines Analysenverfahren.

Kürzere Analysendauer und vereinfachte Auswertung gehen durchweg Hand in Hand.

Sind zwei benachbarte Spektrallinien λ_Z und λ_G gleich stark, dann erzeugen sie auf der Photoplatte die gleiche Schwärzung. Diese Schwärzungsgleichheit zweier Spektrallinien läßt sich visuell einigermaßen zuverlässig feststellen. In der Auswertung tritt an Stelle der Schwärzungsmessung mit dem Photometer die visuelle Abschätzung auf Schwärzungsgleichheit. Wird die Linie λ_Z mit mehreren Linien des Grundelements verglichen, dann ergeben sich (jeweils für Schwärzungsgleichheit) Eichpunkte für eine Reihe verschiedener Konzentrationen, zwischen denen durch Abschätzen interpoliert werden kann (Verfahren der homologen Linienpaare von W. GERLACH und E. SCHWEITZER[1]). Arbeitet

---

[1] GERLACH, W., u. E. SCHWEITZER: Die chemische Emissionsspektralanalyse, I. Teil. Leipzig 1930.

man mit einem Spektroskop (Abb. 27), dann können die Intensitäten der Linien unmittelbar miteinander verglichen werden. Eine halbquantitative Analyse eines Stahls läßt sich so in etwa einer Minute durchführen.

Eine wichtige Bedingung bei der quantitativen Analyse ist die Gleichartigkeit der Proben. Es kann z. B. eine Arbeitsvorschrift, die für eine bestimmte Stahlsorte gut ist, für eine andere Stahlsorte völlig unbrauchbar sein. Es liegt daher nahe, nach einem für alle Substanzen gültigen Analysenverfahren zu suchen, das dann freilich nur ein halbquantitatives Verfahren sein kann oder auf der Grenze zwischen den halbquantitativen und den quantitativen Verfahren liegt.

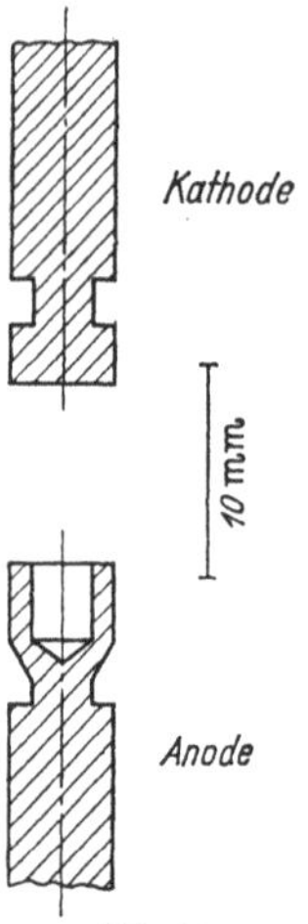

Am bekanntesten ist das halbquantitative Verfahren von C. E. Harvey [1]. 10 mg der Probe (Pulver oder Feilicht) werden mit 10 mg Kohlepulver gemischt und in die untere Kohleelektrode aus Abb. 49 gefüllt. Zwischen den beiden Elektroden wird ein Gleichstrombogen gebrannt, wobei die untere Elektrode die Anode ist. Der Bogen wird so lange gebrannt, bis die gesamte Analysensubstanz verdampft ist (bis die Anode bis zu der Einschnürung abgebrannt ist). Die Auswertung beruht auf den Voraussetzungen:

1. Die Intensität einer Spektrallinie ist der Konzentration des betreffenden Elements proportional.

2. Die Intensität des Untergrunds ist konstant.

Gemessen wird das Intensitätsverhältnis von Linie zu Untergrund. Nach der Formel $c = K \dfrac{I_L}{I_U}$ wird aus den Meßwerten die Konzentration berechnet. K ist der einmal empirisch festgelegte sogenannte Empfindlichkeitsfaktor für das betreffende Element.

Das Harveysche Verfahren wurde von zahlreichen Autoren weiterentwickelt; genannt seien die Arbeiten von N. W. H. Addink [2]. Während bei C. E. Harvey das Verhältnis von verdampfter Analysensubstanz zu verdampfter Kohle 1:14 beträgt, ist dieses Verhältnis bei Addink 1:40. Hierdurch wird der Einfluß der Analysensubstanz auf die Bogentemperatur und damit auf die Anregungsbedingungen noch weiter vermindert. Weiterhin verwendet Addink ein anderes

Abb. 49.
Elektrodenform
nach Harvey.

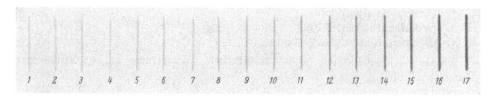

Abb. 50. SPD-Skala nach Addink.

Auswerteverfahren. Der grundsätzliche Unterschied zwischen dem Auswerteverfahren von Addink und dem in Kap. E beschriebenen allgemeinen Verfahren ist, daß Addink nicht die Intensität einer Linie λ_Z mit der einer Linie λ_G (bzw. wie bei Harvey, mit dem Untergrund) vergleicht (innerer Standard), sondern

[1] Harvey, C. H.: A Method of Semi-Quantitative Spectrographic Analysis. Glendale, Calif. 1947.
[2] Spectrochim. Acta Bd. 7 (1955) S. 45.

nur die Intensität von λ_z mißt und zum Schluß eine äußere Normierung durchführt (äußerer Standard). Zur Intensitätsmessung (Schwärzungsmessung) verwendet ADDINK an Stelle eines Photometers die in Abb. 50 gezeigte sogenannte SPD-Skala (Standard Paper Density)[1]. Die SPD-Skala wird neben das projizierte Spektrum gelegt und derjenige Skalenstrich aufgesucht, der die gleiche Schwärzung hat wie die auszumessende Spektrallinie.

I. Technische Beispiele.

An Hand technischer Beispiele seien einige spezielle Anwendungen besprochen.

Ein wesentlicher Vorteil der spektrochemischen Analyse liegt in der Möglichkeit einer Lokalanalyse. Man kann den Funken oder Bogen an einer bestimmten Stelle des zu untersuchenden Werkstücks übergehen lassen und so diese begrenzte Stelle analysieren. Hieraus ergeben sich mannigfache praktische Möglichkeiten, die noch verhältnismäßig wenig ausgenutzt werden.

a) R. RAMB[2] beschreibt, daß Zinkbleche, die zur Untersuchung gebracht wurden, Fehler auf der Oberfläche zeigten, die sich als schmale, schwarze Streifen bemerkbar machten. Es wurden nun die Blechstücke zerschnitten und gegen solche Streifen als Gegenelektrode eingespannt, die einwandfrei erschienen. Das fehlerhafte Blech lag dabei horizontal, während die Gegenelektrode senkrecht dazu gestellt war. Während des Anfunkens wurden die Streifen durch den Funkenweg gezogen. Das Spektrogramm ließ deutlich erkennen, daß es sich bei den schwarzen Streifen um Anhäufungen von Eisen gehandelt hat.

b) Es soll die Zusammensetzung eines Lots bestimmt werden, mit welchem zwei Bleche miteinander verlötet sind. Zu diesem Zweck werden die Bleche zerschnitten und so gebogen, daß man zwei Lötstellen als Elektroden gegeneinander anfunken kann. Zwei Beispiele (Messing mit Weichlot und Nickel mit Hartlot gelötet) sind bei W. SEITH und K. RUTHARDT[3] ausgeführt. In den Spektrogrammen läßt sich die Zusammensetzung der Lote erkennen.

c) Die Analyse eines plattierten Blechs[4] aus einer Aluminiumlegierung soll in der Weise vorgenommen werden, daß die Zusammensetzung der Plattierungsschicht und des Grundmetalls festgestellt wird. Der Funke greift in der ersten Zeit des Übergangs nur die Oberfläche an und gibt ein Spektrum, aus dem sich die Zusammensetzung der Plattierung entnehmen läßt. Nach längerem Anfunken derselben Stelle oder nach mechanischer Entfernung der Plattierungsschicht läßt sich das Grundmetall untersuchen. Es ist auf diese Weise möglich, eine eventuelle Diffusion der Bestandteile aus dem Grundmaterial durch die Plattierungsschicht festzustellen. Dieses ist besonders wichtig bei Duraluminblechen, die eine Schutzschicht aus korrosionsbeständigem Metall tragen. Bei einer Warmbehandlung kann das Kupfer durch die Plattierung nach außen diffundieren und die Eigenschaften der Oberfläche sehr zu ihrem Nachteil verändern. Abb. 51 zeigt das Spektrogramm der Untersuchung eines verzinnten Eisenrohrs.

d) Bei den zahlreichen Untersuchungen von W. SEITH und Mitarbeitern über die Diffusion von Metallen im festen Zustand war die spektrochemische Analyse ein unentbehrliches Hilfsmittel. Es ist für die mathematische Aus-

[1] ADDINK, N. W. H.: Spectrochim. Acta Bd. 4 (1950) S. 36.
[2] Metallwirtsch. Bd. 16 (1937) S. 1102.
[3] SEITH, W., u. K. RUTHARDT: Chemische Spektralanalyse. 5. Aufl. Berlin 1958.
[4] GERLACH, W., u. A. KEIL: Aluminium Bd. 19 (1937) S. 749.

wertung solcher Versuche wichtig, daß die Analyse in einer möglichst dünnen Schicht ausgeführt wird.

e) Ein weiteres hierher gehörendes Beispiel ist der sogenannte Korngrenzeneffekt. Macht man zwei Aufnahmen einer heterogenen Legierung, wobei man

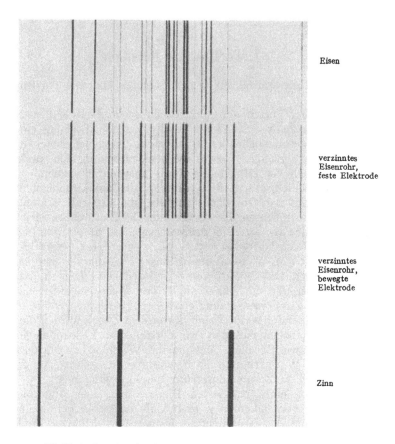

Abb. 51. Analyse einer Oberflächenschicht mit bewegter Elektrode.

das eine Mal eine Bruchfläche, das andere Mal eine Schnittfläche anfunkt, so bekommt man unter Umständen verschieden aussehende Spektren, nämlich dann, wenn sich eine Komponente an den Korngrenzen anreichert.

f) Es muß noch erwähnt werden, daß die spektrochemische Analyse auch als Verfahren der „zerstörungsfreien Materialuntersuchung" angewendet werden kann. Es lassen sich Werkstücke analysieren, die nachher wieder in Gebrauch genommen werden sollen. Bei einer geschickten Nachbearbeitung wird man es dem Stück unter Umständen gar nicht ansehen, daß es spektrochemisch untersucht wurde.

g) Die spektrochemische Analyse eignet sich ferner zur Untersuchung extrem kleiner Stücke. Ein eindrucksvolles Beispiel dieser Art stammt von W. Gerlach[1]. Es handelte sich darum, festzustellen, aus welchem Material zwei Metallsplitterchen bestanden, die aus dem Auge eines Menschen entfernt worden

---

[1] Metallwirtsch. Bd. 16 (1937) S. 1083.

waren. Es sollte nämlich entschieden werden, ob diese von einer Kriegsverletzung herrührten. Die Splitter waren so klein, daß der eine eben noch mit bloßem Auge, der andere nur mit der Lupe zu sehen war. Zur Analyse wurden die Splitterchen mit spektralreiner Vaseline auf eine spektralreine Kohle aufgeklebt und im Bogen aufgenommen. Das Spektrum ergab, daß die Splitter aus Blei bestanden, welches Sb, Fe und Cu enthielt.

h) Einen ähnlichen Fall stellte die Untersuchung einer Lagerschale dar[1]. Diese war mit einer Kupfer-Blei-Legierung ausgegossen. Sie hatte narbige Risse auf der Oberfläche, und es hatten sich kleine Metallsplitterchen eingefressen. Diese Flitter wurden mit einem Beinstichel aus dem Lagermetall gelöst und einzeln wie im vorigen Beispiel untersucht. Es stellte sich heraus, daß ein Teil der Flitter aus Aluminium, ein anderer aus Eisen bestand. Das Eisen enthielt etwas Mangan, das Aluminium etwas Silizium. Damit war erwiesen, daß es sich um fremde Bestandteile handelte, die irgendwie in das Lager gekommen waren.

i) Aus einer Reihe von Untersuchungen von G. W. BALZ[2] stammen die drei folgenden Beispiele. Das erste (Abb. 52) zeigt ein Spektrum von Zünd-

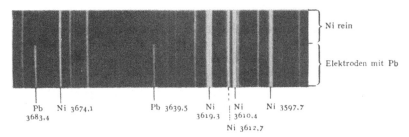

Abb. 52. Zündkerzenelektrode mit Blei als Antiklopfmittel (nach BALZ).

kerzenelektroden, die aus einem Motor stammten, dessen Betriebsstoff Bleitetraäthyl zugesetzt war. Die geringen Bleimengen, die sich dabei auf den Elektroden absetzen, sind im Spektrum deutlich sichtbar.

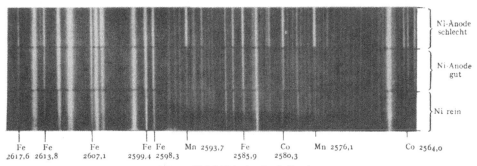

Abb. 53. Nickelelektroden (nach BALZ).

Nickelelektroden in Elektrolysetrögen erwiesen sich zum Teil als ungeeignet. Während die chemische Vollanalyse sehr zeitraubend gewesen wäre, ließ das Spektrogramm ohne weiteres einen hohen Mangangehalt bei den ungeeigneten Elektroden erkennen (Abb. 53).

---

[1] GERLACH, W.: Z. Elektrochem. Bd. 30 (1938) S. 88.
[2] Metallwirtsch. Bd. 17 (1938) S. 1226.

Abb. 54 zeigt Ausschnitte aus den Spektren eines Diamantpulvers, wie es zum Schleifen benutzt wird, reinem Diamantpulver auf Kupfer-Hilfselektroden und reiner Kohle. In dem Spektrum des Schleifmittels treten die Elemente

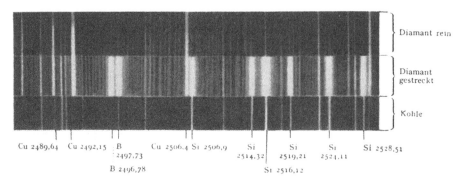

Abb. 54.. Gestrecktes Schleifpulver (nach BALZ).

Bor und Silizium deutlich hervor, woraus man schließen kann, daß dieses Diamantpulver durch andere Schleifmittel gestreckt wurde.

j) Bei Lokalanalysen ist es oft wichtig, die Funkeneinschlagstelle auf der Probe zu begrenzen, um kleine Einschlüsse und Verunreinigungen analysieren zu können. Zu diesem Zwecke deckten G. THANHEISER und J. HEYES[1] die Oberfläche der Probe mit einem dünnen Glimmerplättchen ab, das eine kleine Durchbohrung hatte, welche auf die markierte Stelle eines Metallschliffs zu liegen· kam. Mit Hilfe besonderer Bohrer gelang es, Bohrungen von 0,02 mm Durchmesser auszuführen und damit kleinste Einschlüsse zu fixieren. In Abb. 55

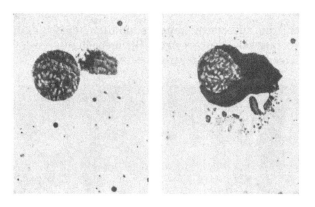

Abb. 55. Einschluß in einer Stahlprobe vor und nach dem Anfunken (nach THANNHEISER und HEYES).

ist das Schliffbild eines Stahls dargestellt, der mit Vanadium desoxydiert war und noch 0,06% V enthielt. Dieses war nicht gleichmäßig verteilt, sondern in oxydierten Einschlüssen angehäuft. Im Bilde ist ein solcher Einschluß vor und nach dem Übergang des Funkens zu sehen. Das zugehörige Spektrum, in Abb. 56 oben, läßt deutlich drei Vanadiumlinien erkennen, während das untere Spektrum, das dem Grundmetall zugehört, keine Vanadiumlinie enthält.

---

[1] Naturwiss. Bd. 29 (1941) S. 288.

k) Während die vorher angeführten Beispiele der Lokalanalyse mit der normalen spektrochemischen Ausrüstung ausgeführt waren, haben G. Scheibe und J. Martin [1] ein spezielles Gerät konstruiert, das es erlaubt, kleinste Flächenelemente (10^{-3} bis 10^{-4} cm²) fortlaufend anzufunken und so z. B. Metallschliffe abzutasten. Das wesentliche Kennzeichen des Verfahrens ist, daß dieser feine Funke an der Stelle steht, an der sich sonst der Spektrographenspalt befindet. Das Spektrum besteht in diesem Falle aus Bildern des Funkens. Dieser wird von einem eigens konstruierten Funkenerzeuger gespeist, der eine tonfrequente Folge streng polarisierter, aperi-

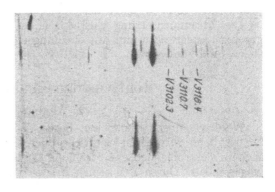

Abb. 56. Spektrogramm zu Abb. 55.

odischer Überschläge liefert. Als eine Elektrode dient der zu untersuchende Metallschliff, der als Plan- oder Zylinderschliff ausgebildet ist. Die Gegen-

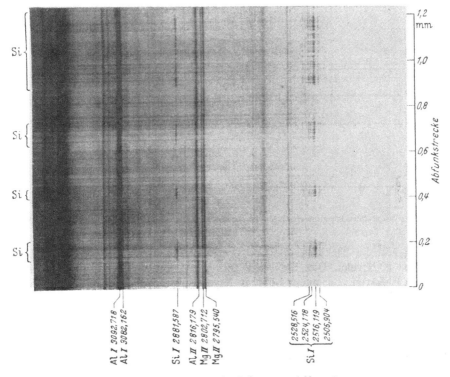

Abb. 57. Fahrspektrogramm (nach Scheibe und Martin).

elektrode ist in einem Quarzrohr untergebracht, das eine kapillare Öffnung von nur 0,01 bis 0,02 mm Weite hat, wodurch der Funke die gewünschte Begrenzung

---

[1] Spectrochim. Acta Bd. 1 (1939) S. 47.

erfährt. Plattenkassette und Metallschliff sind in ihrer Bewegung gekoppelt. Die Entladung kann ständig in einer inerten Gasatmosphäre gehalten werden.

Funke und Schliff lassen sich während der Aufnahme durch zwei Mikroskope beobachten. Abb. 57 zeigt das Fahrspektrogramm einer Aluminiumlegierung.

Die Zusammensetzung wird durch das Fahrspektrogramm genau wiedergegeben. Seigerungen und Ausscheidungen in den Korngrenzen kann man feststellen und analysieren.

K. Röntgenstrahl-Fluoreszenz-Analyse.

1. Allgemeines.

Werden schnelle Elektronen durch den Aufprall auf Materie plötzlich gebremst, dann wird deren kinetische Energie zum Teil in Wärme, zum Teil aber auch in elektromagnetische Strahlung kurzer Wellenlänge (Röntgen-Strahlung) umgewandelt. Durch den reinen Bremsvorgang der Elektronen an der Anode oder Antikathode der Röntgenröhre wird ein kontinuierliches Röntgenspektrum emittiert („weißes Röntgenlicht"). Darüber hinaus regen die schnellen Elektronen das Anodenmaterial zur Emission des Röntgenlinienspektrums an. Abb. 58a zeigt ein vereinfachtes Energieniveauschema des Kupferatoms. Die niedrigste Energie haben die beiden Elektronen auf der innersten, der K-Schale. Dann folgen die 8 Elektronen auf der L-Schale usw. Ein schnelles Elektron

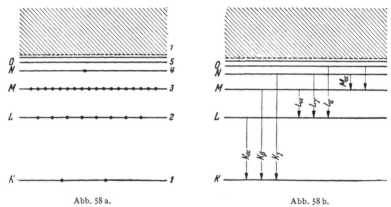

Abb. 58 a.   Abb. 58 b.

Abb. 58. a) Vereinfachtes Energieniveauschema des Kupferatoms; b) Zustandekommen der Röntgen-Spektrallinien
(nach Finkelnburg).

vermag nun ein Elektron aus dem Verband herauszulösen, z. B. ein Elektron aus dem K-Niveau. Das K-Niveau füllt sich von selbst dadurch wieder auf, daß ein Elektron von einem höheren Niveau auf das K-Niveau fällt (Abb. 58b). Die hierbei frei werdende Energie wird in Form einer Röntgen-Spektrallinie ausgestrahlt. Wir haben mehrere Linienserien, als kurzwelligste die K-Serie, daran schließt sich die L-Serie an usw. Die höheren Energieniveaus sind mehrfach, wodurch die einzelnen Linien noch aufspalten, z. B. $K\alpha 1$ und $K\alpha 2$, aber das soll hier nicht interessieren. Noch ein Wort über Absorption. Während es bei den „optischen" Spektren Absorption sowohl von Linien als auch von Banden als auch von Kontinua gibt, gibt es bei den Röntgen-Spektren lediglich Absorption der Seriengrenzkontinua. Ein von einem Atom absorbiertes, genügend energiereiches Photon löst aus dem Verband ein Elektron heraus, z. B. ein K-Elektron. Dieser Prozeß führt nun wieder zur Emission der Spektrallinien. Das ist in kurzen Worten die Röntgenstrahl-Fluoreszenz.

Da nun jedes chemische Element sein eigenes charakteristisches Röntgenspektrum hat, so kann man aus dem Vorhandensein bestimmter Spektrallinien eine Auskunft über das Vorhandensein eines gesuchten Elements und damit eine Antwort auf eine analytisch qualitative Fragestellung erhalten. Weiterhin kann man aus dem Intensitätsverhältnis zweier Spektrallinien von zwei verschiedenen Elementen auf das Mischungsverhältnis dieser beiden Elemente in der Probe schließen, womit man eine Antwort auf eine analytisch quantitative Fragestellung erhält. Als Spektrallinien kommen für den Zweck einer chemischen Analyse nur die stärksten in Frage, das sind die Kα-Linien, und bei den schweren Elementen, bei denen die Kα-Linien zu kurzwellig sind, nimmt man die Lα-Linien.

Um die Probe zur Emission des Röntgen-Linienspektrums anzuregen, kann man die Probe auf die Anode einer Röntgenröhre geben und dem Bombardement der schnellen Elektronen aussetzen (Primäremission). Das erfordert natürlich eine Röhre, die man auseinandernehmen kann. Hochvakuumröhren mit thermischer Elektronenemission erweisen sich dabei als ungünstig, besser sind gasgefüllte Röhren mit kalter Kathode. Die Probe darf bei den hohen Temperaturen, die an der Anode entstehen, nicht schmelzen und muß in einem guten Wärmeleitkontakt mit der Anode stehen. Am besten eignen sich als Proben Blechscheiben, die auf die Anode fest aufgeschraubt werden. Diese ganze Arbeitstechnik ist umständlich und zeitraubend. Hinzu kommt, daß stets etwas Probenmaterial verdampft und sich zum Teil am Röhrenfenster niederschlägt. Das führt zu Absorption und Fluoreszenz, wodurch die Spektrallinien von Proben, die früher einmal analysiert waren, in späteren Aufnahmen immer wieder erscheinen. Diese Fehlerquelle kann dadurch hintangehalten werden, daß die Röhre häufig von innen gründlich gereinigt wird. Alles in allem blieb die ganze Methodik der Primäremission auf wenige Sonderfälle beschränkt und konnte sich nicht als Verfahren im größeren Umfang durchsetzen. Ganz anders sieht die Situation bei der Sekundäremission oder Fluoreszenz aus. Hierbei wird die Probe mit Röntgenlicht bestrahlt und dadurch zur Sekundäremission angeregt. Als Röhren werden hierbei Hochvakuumröhren mit thermischer Elektronenemission und Wolframanode verwendet. Günstige Betriebsbedingungen für die Röhre sind: 50 kV und 35 mA.

Die Sekundäremission hat gegenüber der Primäremission eine Reihe von Vorteilen. Zunächst ist die Beschaffenheit der Probe gleichgültig, es kann ein kompaktes Metall sein, ein Pulver, Glas, Flüssigkeit usw. Dann ist die Probe auch keinen hohen Temperaturen mehr ausgesetzt. Weiterhin ist es eine wirklich zerstörungsfreie Untersuchung, was insbesondere bei Mikroanalysen wichtig ist. Die Substanz ist nach der Analyse noch genau so vorhanden wie vorher. Für die Routineanalyse ist darüber hinaus noch die Zeit für die Probenvorbereitung wichtig. Und das ist hier besonders günstig. Die Probe kann in sehr vielen Fällen ohne jegliche Vorbereitung einfach unter die Röntgenröhre gelegt werden.

2. Spektralapparate.

Das dispergierende Medium in einem Röntgen-Spektralapparat ist ein Kristall. Besonders häufig werden Einkristalle aus Al oder LiF verwendet. Es gibt zwei Typen von Spektralapparaten, nämlich die mit ebenem Kristall und die mit gebogenem Kristall. Abb. 59a zeigt den Strahlengang unter Verwendung eines Spektralapparates mit ebenem Kristall. Die Probe befindet sich nahe vor dem Fenster der Röntgenröhre. Zwischen Probe und Kristall oder (wie in Abb. 59a) zwischen Kristall und Empfänger ist die SOLLER-Blende angebracht.

Die SOLLER-Blende besteht aus einer großen Anzahl feiner, langer Kanäle und bewirkt, daß bei kleiner Divergenz der Strahlung ein breites Strahlenbündel wirksam wird. Als Empfänger dient entweder ein GEIGER-Rohr oder ein Szintillator mit nachgeschaltetem Sekundär-Elektronen-Vervielfacher (SEV). Zum Einstellen einer gewünschten Wellenlänge werden Kristall und Zählrohr um den Mittelpunkt des Meßkreises gedreht. Abb. 59b zeigt die Anordnung mit

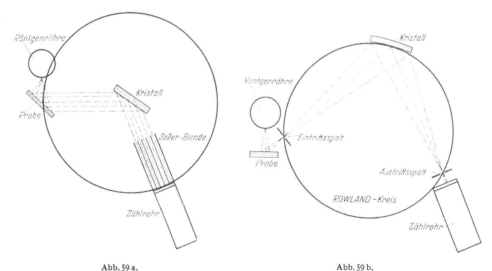

Abb. 59 a.   Abb. 59 b.
Abb. 59. Strahlengang bei der Fluoreszenzanalyse   a) mit ebenem Kristall;   b) mit gebogenem Kristall.

einem gebogenen Kristall. Eintrittsspalt, Kristall und Austrittsspalt liegen auf dem Umfang des ROWLAND-Kreises. Der Kristall ist um einen Radius gebogen, der gleich ist dem Durchmesser des ROWLAND-Kreises. Senkrecht zur Biegerichtung wird der Kristall konkav geschliffen, und zwar um einen Radius, der gleich ist dem halben Durchmesser des ROWLAND-Kreises. Zur Wellenlängeneinstellung werden Kristall und Austrittsspalt auf dem Umfang des ROWLAND-Kreises bewegt. Ein Vergleich zwischen den Spektralapparaten mit ebenem und mit gebogenem Kristall fällt zugunsten der Apparate mit gebogenem Kristall aus. Die Überlegenheit liegt darin, daß die Spektralapparate mit gebogenem Kristall „lichtstärker" sind und eine größere Auflösung haben. Für die chemische Analyse bedeuten größere Lichtstärke und größere Auflösung eine bessere Nachweisempfindlichkeit. Man kann für die Fluoreszenzanalyse natürlich auch solche Geräte verwenden, wie sie für die Feinstrukturuntersuchung benutzt werden[1].

Bei der Ausführung einer Analyse kann man nun so vorgehen, daß durch Drehen von Kristall und Zählrohr das ganze Spektrum durchfahren und mit einem Schreiber registriert wird. Abb. 60 zeigt ein solches Spektrogramm. Die Probe war ein Stahl mit 20% Cr, 5% Mo, 2% Nb und 2% Ni. Bei einer quantitativen Analyse, z. B. bei der Bestimmung von Cr in Stahl, müssen wir das Intensitätsverhältnis von Cr $K\alpha$ zu Fe $K\alpha$ bilden[2]. In dem Spektrogramm von

---

[1] KRÄCHTER, H., u. W. JÄGER: Arch. Eisenhüttenw. Bd. 28 (1957) S. 633.
[2] Bei der Bestimmung von Cr in Stahl kann anstatt des Intensitätsverhältnisses von Cr $K\alpha$ zu Fe $K\alpha$ auch das Intensitätsverhältnis von Cr $K\alpha$ zur gesamten von der Probe ausgehenden Strahlung gemessen werden. Bei sehr sorgfältiger Stabilisierung von Strom und Spannung der Röntgenröhre und keinen zu großen Forderungen an die Genauigkeit genügt es auch, die Intensität von Cr $K\alpha$ allein zu messen.

Abb. 60 werden diese beiden Linien nacheinander gemessen. Besser wäre es, wenn wir diese beiden Linien gleichzeitig messen würden. Um das zu erreichen, können wir noch einen zweiten Spektralapparat anbringen (in Abb. 59b z. B. links von der Probe).

Wenn jetzt ein Stahl untersucht werden soll, wird der eine Apparat fest auf Fe Kα eingestellt und der andere nacheinander auf die Linien der Elemente, die bestimmt werden sollen. Man kann nun noch einen Schritt weitergehen und noch mehr Spektralapparate anbringen und so eine ganze Anzahl von Linien gleichzeitig messen[1]. Unter der Bezeichnung ,,Röntgenstrahl-Quantometer PXQ" bringen die Applied Research Laboratories (s. S. 847) ein Gerät heraus,

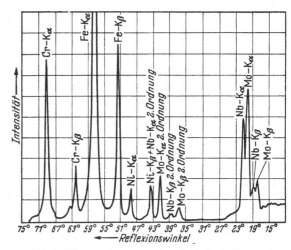

Abb. 60. Röntgenspektrogramm eines Stahls (nach KRÄCHTER).

in das maximal 23 Spektralapparate eingebaut werden können. Mit diesem Gerät können somit gleichzeitig bis zu 23 Spektrallinien gemessen werden.

3. Chemisch-analytische Beurteilung.

Bei der Beurteilung eines Verfahrens vom chemisch-analytischen Standpunkt sind es im wesentlichen folgende Gesichtspunkte, die über die Brauchbarkeit eines Analysenverfahrens entscheiden: Analysendauer, Nachweisempfindlichkeit, Richtigkeit und Genauigkeit.

Der Forderung nach kurzer *Analysendauer* trägt insbesondere die Entwicklung des Röntgenstrahl-Quantometers Rechnung. Die Analyse einer Probe auf eine ganze Anzahl von Elementen dauert mit diesem Gerät insgesamt etwa $2^1/_2$ Minuten.

Für die *Nachweisempfindlichkeit* gelten hier die gleichen Gesichtspunkte wie in Abschnitt F. Der Linienstrahlung ist eine kontinuierliche Untergrundstrahlung überlagert. Der Untergrund entsteht im wesentlichen durch die Streuung des weißen Röntgenlichts an der Probe. Abb. 61 gibt einen ungefähren Überblick über die praktisch zu erreichende Nachweisempfindlichkeit[2]. Aufgetragen ist die Konzentration an der Nachweisgrenze gegen die Ordnungszahl des Analysenelements. Eine Analyse der ganz leichten Elemente ist praktisch nicht möglich, da deren Kα-Strahlung so langwellig ist, daß sie in der Luft und in den Fenstern stark absorbiert wird. Das Diagramm fängt an mit Element Nr. 19, dem K, das sich bis zu einer Konzentration von etwa 0,1% herab nachweisen läßt. Geht die Röntgenstrahlung statt durch Luft durch Helium, liegt die Nachweisgrenze um etwa den Faktor 4 tiefer (gestrichelter Kurventeil). Geht man im Periodensystem weiter, dann sinkt die Konzentration an der Nachweisgrenze sehr stark. In der Gruppe Fe, Co, Ni, Cu hat man ein ausgesprochenes Minimum,

---

[1] KEMP, J. W., M. F. HASLER, J. L. JONES and L. ZEITZ: Spectrochim. Acta Bd. 7 (1955) S. 141.
[2] HASLER, M. F.: Colloquium Spectroscopicum Internationale VI, Pergamon Press Ltd., London (1957) S. 97.

die Nachweisempfindlichkeit für diese Elemente ist mit $10^{-4}\%$ sehr hoch. Wenn man im Periodensystem weiter fortschreitet, wird die Nachweisempfindlichkeit wieder schlechter. Bei Element Nr. 55, dem Cs, liegt die Grenze wieder bei einer Konzentatiron von etwa 0,1%. Kα hat für Cs eine Wellenlänge von 0,4 Å. Cs Lα

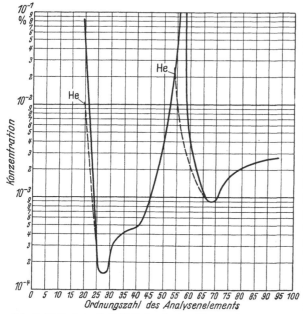

hat aber eine Wellenlänge von 2,9 Å und wird damit für die Messung günstiger. Der zweite Teil der Kurve ist unter Verwendung der Lα-Linien gewonnen, es ist wieder der gleiche Kurvenverlauf wie im ersten Teil. Das zweite Minimum liegt in der Lanthanidengruppe. Die Lα-Strahlung ist viel schwächer als die Kα-Strahlung, deshalb hat das zweite Minimum auch keinen so niedrigen Wert wie das erste. Abb. 61 gibt nur eine ungefähre Übersicht. Von großem Einfluß auf die Nachweisgrenze sind die Hauptbestandteile der Probe. Abb. 62 zeigt die Nachweisgrenze von Fe in Abhängigkeit von dem

Abb. 61. Nachweisempfindlichkeit der einzelnen Elemente (nach Hasler).

Hauptbestandteil der Probe. Für den Nachweis von Fe in den ganz leichten Stoffen haben wir die sehr hohe Empfindlichkeit von besser als $10^{-4}\%$. Das wäre der Nach-

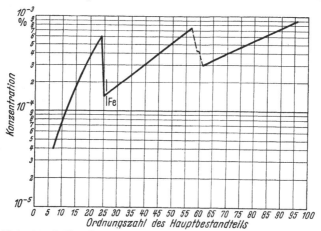

Abb. 62. Nachweisempfindlichkeit des Eisens in Abhängigkeit vom Hauptbestandteil (nach Hasler).

weis in wäßrigen Lösungen, in organischen Stoffen, in Mg-Al-Legierungen usw. Je näher der Hauptbestandteil im Periodensystem dem Fe kommt, um so schlechter wird die Empfindlichkeit. Das ist im wesentlichen dadurch verursacht, daß Fe Kα in die K-Absorptionskante der betreffenden Elemente fällt. Zwei Nummern vor dem Fe, das ist beim Cr, ist die Absorption von Fe-Kα besonders stark. Beim nächsten Element, dem Mn, ist die K-Absorptionskante schon kurzwelliger als Fe Kα, und die Nachweisempfindlichkeit steigt stark an. Mit weiter zunehmender Ordnungszahl des Hauptbestandteils machen sich jetzt die langwelligen Ausläufer der L-Absorptionskante bemerkbar.

Den größten Einfluß auf die *Richtigkeit* (systematische Fehler) eines Analysenergebnisses üben dritte Komponenten durch Absorption aus. Zum Beispiel wird Fe Kα durch Cr stark absorbiert. Bei Proben mit gleichen Fe-Gehalten, aber verschiedenen Cr-Gehalten wird, trotz gleicher Fe-Gehalte, Fe Kα um so schwächer werden, je höher der Cr-Gehalt ist. Es gibt theoretische Ansätze, um diesen Einfluß rechnerisch zu berücksichtigen[1]. Der Praktiker wird aber meistens so vorgehen, daß er für die Eichung des Analysenverfahrens solche chemisch analysierte Proben verwendet, die die betreffenden Störelemente in den Konzentrationen enthalten, wie sie bei den späteren Analysen auch vorkommen[2]. Eine weitere Quelle systematischer Fehler sind Störlinien, deren Auftreten durch die kristalline Struktur der Proben verursacht ist[3].

Nun käme als letzter Punkt die Frage nach der *Genauigkeit*. Bei einem reinen Stoff, d. h. einer Konzentration von 100%, kann man bei einer Belichtungszeit von 1 Minute für eine Linie damit rechnen, daß während dieser Zeit 10^6 Photonen der betreffenden Linie auf den Strahlungsempfänger gelangen. Es werden somit 10^6 Impulse gezählt. Die Streuung, mit der diese 10^6 Impulse gezählt werden, ist $100/\sqrt{10^6} = 0,1\%$. Bei einer Konzentration von 1% werden nur noch 10^4 Impulse gezählt, die um 1% streuen und bei einer Konzentration von 0,01% sind es nur noch 100 Impulse, die um 10% streuen. Zu diesem Fehleranteil hinzu kommen noch die Fehler, die die Probe und das elektronische Meßgerät hineinbringen. Beide können zu je 0,2% veranschlagt werden. Darüber hinaus ist für kleine Konzentrationen noch der Fehleranteil zu berücksichtigen, der durch den Untergrund verursacht wird und der an der Nachweisgrenze 40% beträgt (s. S. 858). Für die insgesamt zu erwartende Analysengenauigkeit ergeben sich somit die in Tab. 5 wiedergegebenen Zahlenwerte.

Tabelle 5.
Analysengenauigkeit.

Konzentration	Genauigkeit (s. Absch. E 7)
0,01%	2,5 bis 10
1%	20 bis 100
100%	350

4. Vergleich mit der optischen Emissions-Analyse.

Ein Vergleich der Röntgenstrahl-Fluoreszenz-Analyse mit der optischen Emissionsanalyse zeigt, daß sich beide Methoden gut ergänzen. Wo die rasche und zuverlässige Lösung eines analytischen Problems bei der einen Methode Schwierigkeiten bereitet, ist dies bei der anderen oft in einfacher Weise zu erreichen. Einige Gesichtspunkte seien kurz aufgezeigt.

Die Probenvorbereitung ist in all den Fällen für die Fluoreszenzanalyse einfacher, in denen die Probe nicht als kompakter metallischer Körper vorliegt und damit nicht unmittelbar als Elektrode für die optische Analyse verwendet werden kann. Weiterhin ist bei der Fluoreszenzanalyse die von der Röntgenröhre bestrahlte Fläche der Probe (s. Abb. 59) 100- bis 1000mal größer als die beim Funkenübergang zwischen zwei Elektroden vom Funken bearbeitete Fläche, so daß die Forderung nach gleichmäßiger Beschaffenheit der Probe bei der Fluoreszenzanalyse keine so große Bedeutung hat wie bei der optischen Analyse[4].

[1] SHERMAN, J.: Spectrochim. Acta Bd. 7 (1955) S. 283.
[2] ADLER, I., and J. M. AXELROD: Spectrochim. Acta Bd. 7 (1955) S. 91.
[3] EBERT, F., u. A. WAGNER: Z. Metallkde. Bd. 48 (1957) S. 646.
[4] Bei Spektralapparaten mit gebogenem Kristall läßt es sich aber auch einrichten, daß nur die Strahlung von einer sehr kleinen Fläche der Probe in den Spektralapparat gelangt (Mikroanalyse, Mindestmenge der Substanz hierbei etwa 10 mg).

Die Nachweisempfindlichkeit für die leichten Elemente ist bei der optischen Analyse erheblich besser. Bei einigen, den optischen Verfahren schwer zugänglichen Elementen (Se, Br, J) sowie bei einigen schweren Elementen (z. B. Lanthanide, Ta, W, U) ist die Nachweisempfindlichkeit mit der Fluoreszenzanalyse zum Teil wesentlich besser.

Die Genauigkeit bei der optischen Analyse ist in sehr weiten Grenzen unabhängig von der Konzentration, die Genauigkeit bei der Fluoreszenzanalyse ist demgegenüber in starkem Maße von der Konzentration abhängig (Tab. 5). Bei der Bestimmung kleiner Konzentrationen (Spurenelemente) ist die optische Analyse überlegen, während bei der Bestimmung höherer Konzentrationen (Hauptbestandteile) die Fluoreszenzanalyse in den meisten Fällen zu genaueren Analysenergebnissen führt.

Namenverzeichnis.

Sachverzeichnis.

721/65/56—III/18/203

Printed in the United States
By Bookmasters